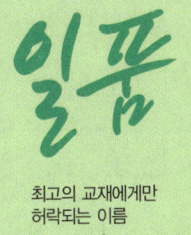

최고의 교재에게만
허락되는 이름

「일품」 합격수험서로 녹색자격증 취득한다!
자격증 취득은 원리에 충실해야 합니다. 최적의 길잡이가 되어드리겠습니다.

「일품」 합격수험서로 녹색직업 부자된다!
다른 수험서와 차별화된 차이점은 조그마한 부분에서부터 시작됩니다.

365일 저자상담직통전화
010-7209-6627

JN373747

지난 40여 년 동안 수많은 수험생들이 세화출판사의 안전수험서로 합격의 기쁨을 누렸습니다.

많은 독자들의 추천과 선택으로 대한민국 안전수험서 분야 1위 석권을 꾸준히 지키고 있는 도서출판 세화는 항상 수험생들의 안전한 합격을 위해 최신기출문제를 백과사전식 해설과 함께 빠르게 증보하고 있습니다.
저희 세화는 독자 여러분의 안전한 합격을 응원합니다.

40년의 열정, 40년의 노력, 40년의 경험

정부가 위촉한 대한민국 산업현장 교수!
안전수험서 판매량 1위 교재 집필자인
정재수 안전공학박사가 제안하는
과목별 **321** 공부법!!

[되고 법칙]

돈이 없으면 벌면 되고 잘못이 있으면 고치면 되고 안되는 것은 되게 하면 되고, 모르면 배우면 되고, 부족하면 메우면 되고, 잘 안되면 될때까지 하면 되고, 길이 안보이면 길을 찾을때까지 찾으면 되고, 길이 없으면 길을 만들면 되고, 기술이 없으면 연구하면 되고, 생각이 부족하면 생각을 하면 된다.

*수험정보나 일정에 대하여 궁금하시면 세화홈페이지(www.sehwapub.co.kr)에 접속하여 내려받으시고 게시판에 질문을 남기시거나 궁금한 점이 있으시면 언제든지 아래의 번호로 전화하세요.

| 3단계 대비학습 | 365일 합격상담직통전화 | **010-7209-6627** |

---

1 필기 합격

| 3단계 | 합격단계 | · 합격날개 · 과목별 필수요점 및 문제 |

| 2단계 | 기본단계 | · 필수문제 · 최근 3개년 3단계 과년도 |

| 1단계 | 만점단계 | · 알짬QR · 1주일에 끝나는 합격요점 |

2 필기 과년도 33년치 3주 합격

| 3단계 | 합격단계 | · 기사—공개문제 22개년도 (2003~2024년)기출문제 · 산업기사—공개문제 23개년도 (2002~2024년)기출문제 |

| 2단계 | 기본단계 | · 기사—미공개문제 11개년도 (1992~2002년)기출문제 · 산업기사—미공개문제 10개년도 (1992~2001년)기출문제 |

| 1단계 | 만점단계 | · 알짬QR · 1주일에 끝나는 계산문제총정리 · 미공개 문제 및 지난과년도 |

산업안전 우수 숙련 기술자 (숙련 기술장려법 제10조)

정/직한 수험서!
재/수있는 수험서!
수/석예감 수험서!

아래와 같은 방법으로 공부하시면 반드시 합격합니다.

• 특허 제 10-2687805호 •

자격증 취득은 기초부터 차근차근 다져나가는 것이 중요합니다. 필기에서는 과목별 요점정리와 출제예상 문제를, 과년도에서는 최근 기출문제와 계산문제 총정리를, 실기 필답형에서는 합격예상작전과 과년도 기출문제를, 실기 작업형에서는 최근 기출문제 풀이 중심으로 공부하시면 됩니다.

필기시험 합격자에게는 2년간 실기시험 수험의 응시가 주어지고, 최종 실기시험 합격자는 21C 유망 녹색자격증 취득의 기쁨이 주어지게 됩니다.

일품 필기 → 일품 필기 과년도 → 일품 실기 필답형 → 일품 실기 작업형

---

3 실기 필답형 **4주 합격**   ## 4 실기 작업형 **1주 합격**

3단계 합격단계	과목별 필수요점 및 출제예상문제

⇩

2단계 기본단계	• 기본 : 과년도 출제문제 (1991~2000년) • 필수 : 과년도 출제문제 (2001~2024년)

⇩

1단계 만점단계	• 알짬QR • • 실기필답형 1주일 최종정리 • 1991~2010년 기출문제

3단계 합격단계	과년도 출제문제 (2017~2024년)

⇩

2단계 기본단계	각 과목별 필수 요점 및 문제

⇩

1단계 만점단계	• 알짬QR • • 2000~2016년 기출문제

*산재사고로 피해를 입으신 근로자 및 유가족들에게 심심한 조의와 유감을 표합니다.

2025
개정29판 총50쇄

CBT 백과사전식 NCS적용문제해설

▶ ISO 9001:2015 인증
▶ 안전연구소 인정

**녹색자격증
녹색직업**

세계유일무이
365일 저자상담직통전화
010-7209-6627

ONLY ONE 합격교재 전과목 7개년 7회분 무료강좌

산업안전실기
기사/산업기사 작업형

25개년 기출문제 상세 해설

대한민국 산업현장교수/기술지도사
안전공학박사/교육학명예박사

정재수 지음

「산업안전 우수 숙련기술자 선정」

**안전분야 베스트셀러
26년 독보적 1위**

최신 기출문제 수록

산업안전, 건설안전 기사·지도사·기능장·기술사 등 관련 자격 및 의문사항에 대하여
365일 24시간 성심 성의껏 답변해 드리고 있습니다. 저자와 상담 후 교재를 구입하세요.
www.sehwapub.co.kr

대한민국 최초, 최다, 최고, 최상, 최적 적중률의 안전관리 완벽합격!
• 특허 제10-2687805호 •
명칭 : 국가직무능력표준에 따른 자격사 교육 콘텐츠 생성 자동화 방법, 장치 및 시스템

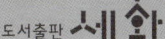
도서출판 세화

머리말

21C의 vision을 목표로 산업안전기사/산업기사 1차 관문(필기시험)을 통과하고 최종 합격을 위하여 이 책을 구입한 독자께 감사드린다.

본 산업안전기사/산업기사 실기 작업형은 산업안전기사/산업기사의 합격 국가기술 자격증을 반드시 취득할 수 있게 구성하였으며 여러 합격자의 삶에 새로운 좌표가 될 거라고 확신한다.

기계, 전기, 화학, 건설 등은 그 시대 문화의 가장 큰 산물이며 그 가운데 재해는 날로 대형화 다양하여 천재보다 인재형 재해가 대부분인 것이 사실이다.

21C 시대의 요청은 Lady First가 아닌 Safety Fisrt일 것이다.

안전은 동적인 생명체이며 인간의 모든 활동을 수행하는 공간이자 도구이다. 따라서 이 공간의 안전성 확보는 필수적이다.

오늘날 대부분의 건축물 및 구조물은 초고층, 대형공간 내의 건축물, 인텔리전트의 건축물 등이 속속 들어서고 있고, 대형화, 복잡화, 다양화, 다기능화되어 가는 경향 속에서 인명과 재산을 재해로부터 보호하기 위해서는 안전만이 필수이자 전부일 것이다.

본 책자는 대한민국정부가 인정하고 산업안전보건법이 보장하는 산업안전기사/산업기사 자격취득을 필요로 하는 **2025년** 합격 예비수험생에게 필요한 내용으로 100[%] 적중을 목표로 구성하였다.

▲ 본서의 특징

첫째, 산업안전기사/산업기사 실기 작업형 시험과 똑같은 내용, 똑같은 방법으로 수험생에게 꼭 필요한 내용만으로 구성하였다.

둘째, 산업안전기사/산업기사 실기 작업형 최종합격을 위해서는 필수적이며, 경험 없는 독학생을 위하여 최대의 동영상 그림을 삽입하였다.

셋째, Key Point란을 수록하여 수험생이 기억 후 시험장에 갈 수 있게 하였다.

넷째, 만점작전, 시험요령을 수록하여 감독관, 채점관의 심리까지 파악할 수 있도록 구성하여 수험생은 눈으로 본서를 읽으며 합격할 수 있도록 구성하였다.

다섯째, 시험요령, 재료목록, 공구목록, 시설목록 등을 수록하여 수험자가 방안에서 독학으로도 합격할 수 있도록 구성하였다.

저자는 1987년 산업안전기사/산업기사 도서를 국내에 최초 출간 후 '98년 11월 국가기술시험 개정 및 2025년 NCS 출제기준이 변경된 내용을 가지고 작업형 실기 실시로 인하여 여러 독자들의 요청에 의해 자료를 정리하여 출간하였으나 미진한 부분이 많다고 사료되며 앞으로 지속적인 노력으로 수정 보완하여 보는 이마다 100[%] 합격할 수 있는 산업안전기사/산업기사 실기 작업형 지침서 및 만점 합격서가 될 수 있도록 약속합니다.

본서가 출간되기까지 살아계셔서 역사하시며 항상 은혜주시는 하나님께 먼저 감사드립니다.

끝으로 어려운 가운데도 새로운 출판사로 거듭나기 위해 끊임없이 노력하시는 도서출판 세화 박용 사장님과 직원 여러분께 감사드립니다.

저자 씀

이 책을 보는 방법

도서출판 세화의 수험서는 누구나 쉽고 재미있게 공부할 수 있도록...
또한 자신감 있게 시험에 응시할수 있도록 구성되어 있습니다.

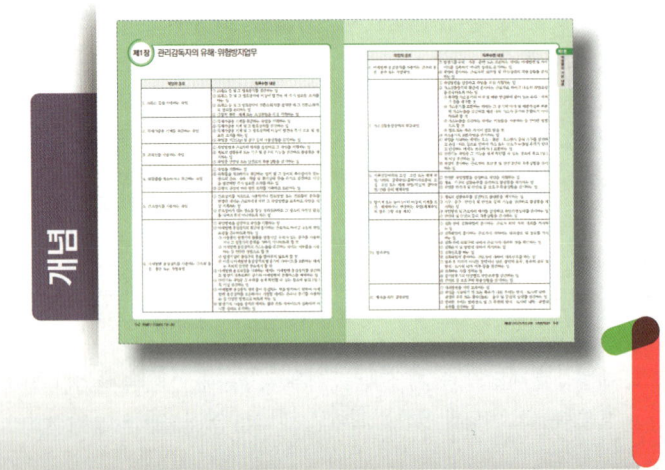

1 이론, 요점정리

간단하고 명료하게 요점을 개념별로 정리하여 문제해결 능력을 강화할 수 있도록 하였습니다.

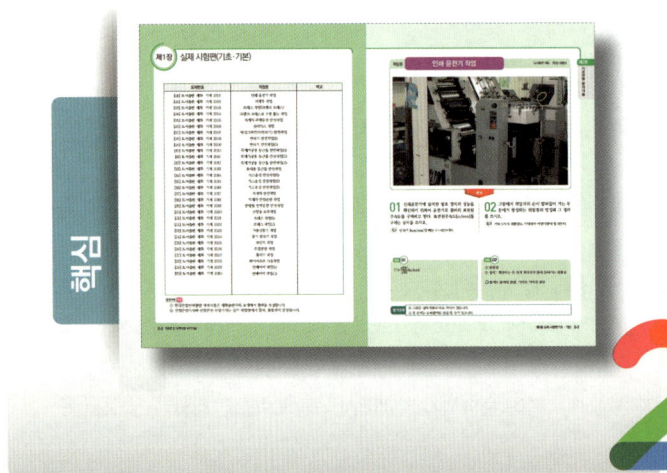

2 이미지

각 이론당 실사 이미지를 전면 컬러로 구성하여 시안성이 좋도록 하였으며 빠른 이해를 도울 수 있도록 하였습니다.

출제예상문제

3차 관문인 작업형의 실제시험과 똑같이 구성하였으며 최근 심도있게 거론되는 출제예상문제를 빠짐없이 수록하여 실전감각을 키울 수 있도록 하였습니다.

과년도 출제문제

최근 기출문제를 수록하여 출제유형과 경향에 익숙해 질 수 있도록 하였고 최종 응용력 강화훈련을 할 수 있도록 하였습니다.

정답 및 해설

만점작전 시험요령으로 채점관, 감독관의 심리까지 파악할 수 있도록 구성하였습니다. 수검자, 시험요령, 재료목록, 시설목록을 수록하여 언제 문제가 출제되었는지 한눈에 알 수 있도록 하였습니다.

차례 Contents

제1편 작업형의 기본 내용

제1장	관리감독자의 유해·위험방지업무	1-2
제2장	작업시작 전 점검사항	1-7
제3장	차량계 건설기계	1-9
제4장	안전보건교육 교육과정별 교육시간	1-10
제5장	안전보건교육 교육대상별 교육 내용	1-13
제6장	안전관리자를 두어야 할 사업의 종류·규모 및 안전관리자의 수 및 선임방법	1-20
제7장	사전조사 및 작업계획서 내용	1-23

제2편 기계·기구 및 설비 안전관리

제1장	실제 시험편(기초·기본)	2-2
제2장	현장 안전편(응용)	2-36

제3편 전기설비 안전관리

제1장	실제 시험편(기초·기본)	3-2
제2장	현장 안전편(응용)	3-30

제4편 화학설비 안전관리

제1장	실제 시험편(기초·기본)	4-2
제2장	현장 안전편(응용)	4-30

제5편 건설공사 안전관리

제1장	실제 시험편(기초·기본)	5-2
제2장	안전편(응용)	5-38
제3장	현장 안전편(응용)	5-66

제6편 보호구 관리하기

제1장	보호구 사진	6-2

과년도 출제문제

2000 ~ 2017년 과년도 출제문제 QR코드 수록
(세화출판사 홈페이지에서도 출력 가능)

2018년

산업안전기사	: 2018년 4월 21일 1회(1부)	4
산업안전기사	: 2018년 4월 21일 1회(2부)	13
산업안전기사	: 2018년 4월 21일 1회(3부)	22
산업안전산업기사	: 2018년 4월 21일 1회(1부)	31
산업안전산업기사	: 2018년 4월 21일 1회(2부)	40
산업안전기사	: 2018년 7월 8일 2회(1부)	49
산업안전기사	: 2018년 7월 8일 2회(2부)	58
산업안전기사	: 2018년 7월 8일 2회(3부)	67
산업안전산업기사	: 2018년 7월 8일 2회(1부)	76
산업안전산업기사	: 2018년 7월 8일 2회(2부)	85
산업안전기사	: 2018년 10월 14일 3회(1부)	94
산업안전기사	: 2018년 10월 14일 3회(2부)	103
산업안전기사	: 2018년 10월 14일 3회(3부)	112
산업안전산업기사	: 2018년 10월 14일 3회(1부)	121
산업안전산업기사	: 2018년 10월 14일 3회(2부)	130

2019년

산업안전기사	: 2019년 4월 20일 1회(1부)	142
산업안전기사	: 2019년 4월 20일 1회(2부)	151
산업안전기사	: 2019년 4월 20일 1회(3부)	160
산업안전산업기사	: 2019년 4월 21일 1회(1부)	169
산업안전산업기사	: 2019년 4월 21일 1회(2부)	178
산업안전기사	: 2019년 7월 6일 2회(1부)	187
산업안전기사	: 2019년 7월 6일 2회(2부)	196
산업안전기사	: 2019년 7월 6일 2회(3부)	205
산업안전산업기사	: 2019년 7월 6일 2회(1부)	214
산업안전산업기사	: 2019년 7월 6일 2회(2부)	223
산업안전기사	: 2019년 10월 19일 3회(1부)	232
산업안전기사	: 2019년 10월 19일 3회(2부)	241
산업안전기사	: 2019년 10월 19일 3회(3부)	250
산업안전산업기사	: 2019년 10월 19일 3회(1부)	259
산업안전산업기사	: 2019년 10월 19일 3회(2부)	268

2020년

산업안전기사	: 2020년 5월 16일 1회(1부)	280
산업안전기사	: 2020년 5월 16일 1회(2부)	289
산업안전기사	: 2020년 5월 16일 1회(3부)	298
산업안전산업기사	: 2020년 5월 16일 1회(1부)	307
산업안전산업기사	: 2020년 5월 16일 1회(2부)	316
산업안전기사	: 2020년 7월 27일 2회(1부)	325
산업안전기사	: 2020년 7월 27일 2회(2부)	334
산업안전기사	: 2020년 8월 2일 2회(1부)	343
산업안전기사	: 2020년 8월 2일 2회(2부)	352
산업안전기사	: 2020년 8월 2일 2회(3부)	361
산업안전산업기사	: 2020년 7월 25일 2회(1부)	370
산업안전산업기사	: 2020년 7월 25일 2회(2부)	379
산업안전산업기사	: 2020년 7월 25일 2회(3부)	388
산업안전기사	: 2020년 10월 10일 3회(1부)	397
산업안전기사	: 2020년 10월 10일 3회(2부)	406
산업안전기사	: 2020년 10월 10일 3회(3부)	415
산업안전산업기사	: 2020년 10월 17일 3회(1부)	424
산업안전산업기사	: 2020년 10월 17일 3회(2부)	433
산업안전산업기사	: 2020년 10월 17일 3회(3부)	442
산업안전기사	: 2020년 11월 22일 4회(1부)	451
산업안전기사	: 2020년 11월 22일 4회(2부)	460
산업안전기사	: 2020년 11월 22일 4회(3부)	469
산업안전산업기사	: 2020년 11월 15일 4회(1부)	478
산업안전산업기사	: 2020년 11월 22일 4회(1부)	487
산업안전산업기사	: 2020년 11월 22일 4회(2부)	496

2021년

산업안전기사	: 2021년 5월 2일 1회(1부)	506
산업안전기사	: 2021년 5월 2일 1회(2부)	515
산업안전기사	: 2021년 5월 2일 1회(3부)	524
산업안전산업기사	: 2021년 5월 5일 1회(1부)	533
산업안전산업기사	: 2021년 5월 5일 1회(2부)	542
산업안전기사	: 2021년 7월 18일 2회(1부)	551
산업안전기사	: 2021년 7월 18일 2회(2부)	560
산업안전기사	: 2021년 7월 18일 2회(3부)	569
산업안전산업기사	: 2021년 7월 24일 2회(1부)	578
산업안전산업기사	: 2021년 7월 24일 2회(2부)	587
산업안전기사	: 2021년 10월 23일 3회(1부)	596
산업안전기사	: 2021년 10월 23일 3회(2부)	605
산업안전기사	: 2021년 10월 23일 3회(3부)	614

산업안전산업기사 : 2021년 10월 24일 3회(1부)	623
산업안전산업기사 : 2021년 10월 24일 3회(2부)	632

2022년

산업안전기사 : 2022년 5월 13일 1회(1부)	642
산업안전기사 : 2022년 5월 15일 1회(1부)	651
산업안전기사 : 2022년 5월 15일 1회(2부)	660
산업안전기사 : 2022년 5월 15일 1회(3부)	669
산업안전산업기사 : 2022년 5월 20일 1회(1부)	678
산업안전산업기사 : 2022년 5월 21일 1회(1부)	687
산업안전산업기사 : 2022년 5월 21일 1회(2부)	696
산업안전기사 2022년 7월 30일 2회(1부)	705
산업안전기사 2022년 7월 30일 2회(2부)	714
산업안전기사 2022년 7월 30일 2회(3부)	723
산업안전산업기사 2022년 8월 7일 2회(1부)	732
산업안전산업기사 2022년 8월 7일 2회(2부)	741
산업안전산업기사 2022년 8월 7일 2회(3부)	750
산업안전기사 2022년 10월 22일 3회(1부)	759
산업안전기사 2022년 10월 22일 3회(2부)	768
산업안전기사 2022년 10월 22일 3회(3부)	777
산업안전산업기사 2022년 10월 23일 3회(1부)	786
산업안전산업기사 2022년 10월 23일 3회(2부)	795

2023년

산업안전기사 2023년 4월 29일 1회(1부)	806
산업안전기사 2023년 4월 29일 1회(2부)	815
산업안전기사 2023년 4월 29일 1회(3부)	824
산업안전기사 2023년 4월 30일 1회(1부)	833
산업안전산업기사 2023년 5월 7일 1회(1부)	842
산업안전산업기사 2023년 5월 7일 1회(2부)	851
산업안전기사 2023년 7월 29일 2회(1부)	860
산업안전기사 2023년 7월 29일 2회(2부)	869
산업안전기사 2023년 7월 29일 2회(3부)	878
산업안전산업기사 2023년 7월 30일 2회(1부)	887
산업안전산업기사 2023년 7월 30일 2회(2부)	896
산업안전기사 2023년 10월 14일 3회(1부)	905
산업안전기사 2023년 10월 14일 3회(2부)	914
산업안전기사 2023년 10월 14일 3회(3부)	923
산업안전산업기사 2023년 10월 15일 3회(1부)	932
산업안전산업기사 2023년 10월 15일 3회(2부)	941

2024년

산업안전기사	2024년	5월	4일 1회(1부)	952
산업안전기사	2024년	5월	4일 1회(2부)	961
산업안전기사	2024년	5월	4일 1회(3부)	970
산업안전기사	2024년	5월	4일 1회(4부)	979
산업안전산업기사	2024년	5월	11일 1회(1부)	988
산업안전산업기사	2024년	5월	11일 1회(2부)	997
산업안전기사	2024년	08월	03일 2회(1부)	1006
산업안전기사	2024년	08월	03일 2회(2부)	1015
산업안전기사	2024년	08월	03일 2회(3부)	1024
산업안전산업기사	2024년	08월	11일 2회(1부)	1033
산업안전산업기사	2024년	08월	11일 2회(2부)	1042
산업안전기사	2024년	11월	03일 3회(1부)	1051
산업안전기사	2024년	11월	03일 3회(2부)	1060
산업안전기사	2024년	11월	03일 3회(3부)	1069
산업안전산업기사	2024년	10월	27일 3회(1부)	1078
산업안전산업기사	2024년	10월	27일 3회(2부)	1087

안전관리헌장

개정 : 안전행정부고시 제2014-7호

재난 및 안전관리기본법 제7조에 의하여 안전관리헌장을 다음과 같이 개정 고시합니다.

2014년 1월 29일
안전행정부장관

    안전은 재난, 안전사고, 범죄 등의 각종 위험에서 국민의 생명과 건강 그리고 재산을 지키는 가장 중요한 근본이다.

    모든 국민은 안전할 권리가 있으며, 안전문화를 정착시키는 일은 국민의 행복과 국가의 미래를 위해 반드시 필요하다.

    이에 우리는 다음과 같이 다짐한다.

Ⅰ. 모든 국민은 가정, 마을, 학교, 직장 등 사회 각 분야에서 안전수칙을 준수하고 안전 생활을 적극 실천한다.

Ⅰ. 국가와 지방자치단체는 국민의 안전기본권을 보장하는 안전종합대책을 수립하고, 안전을 위한 투자에 최우선의 노력을 하며, 어린이, 장애인, 노약자는 특별히 배려한다.

Ⅰ. 자원봉사기관, 시민단체, 전문가들은 사고 예방 및 구조 활동, 안전 관련 연구 등에 적극 참여하고 협력한다.

Ⅰ. 유치원, 학교 등 교육 기관은 국민이 바른 안전 의식을 갖도록 교육하고, 특히 어릴 때부터 안전 습관을 들이도록 지도한다.

Ⅰ. 기업은 안전제일 경영을 실천하고, 위험 요인을 없애 사고가 발생하지 않도록 적극 노력한다.

국가직무능력 표준(NCS)

가. 자격종목

1) 개념

자격종목은 국가기술자격의 등급을 직종별로 구분한 것으로 국가기술자격 취득의 기본단위를 말함(국가기술자격별 2조). 자격종목 개편은 국가기술자격 종목 신설의 필요성, 기존 자격종목의 직무내용, 범위 및 난이도, 산업현장 적합도 등을 고려하여 새로운 국가기술자격을 신설하거나 기존의 국가기술자격을 통합, 폐지하는 것을 의미함

2) 구성요소

자격종목 개편은
  ① 자격종목
  ② 직무내용
  ③ 검토대상 능력군
  ④ 검정필요여부
  ⑤ 출제기준과 비교
  ⑥ 검토의견
  ⑦ 추가·삭제가 포함되어야 함

구성요소	세부 내용
자격종목	검토대상 국가기술자격 종목 제시
직무내용	자격종목의 직무내용 제시
검토대상 능력군	검토대상 능력군의 능력단위, 능력단위요소, 수행준거 제시
검정필요여부	수행준거 중 자격검정에 필요한 부분 제시
출제기준과 비교	검정이 필요한 수행준거와 출제기준을 비교
검토의견	비교를 통해 현행 국가기술자격의 출제기준 검토
추가·삭제	출제기준 검토를 통해 추가나 삭제가 필요한 부분 제시

나. 출제기준

1) 개념

출제기준은 자격검정의 대상이 되는 종목의 과목별 출제의 대상범위를 나타낸 것으로 출제문제 작성방법과 시험내용범위의 기준을 의미함(국가기술자격법 시행규칙 제38조)

2) 구성요소

출제기준은
  ① 직무분야
  ② 자격종목
  ③ 적용기간
  ④ 직무내용

⑤ 필기검정방법 ⑥ 문제수
⑦ 시험기간 ⑧ 필기과목명
⑨ 필기과목 출제 문제수 ⑩ 실기검정방법
⑪ 시험기간 ⑫ 실기과목명
⑬ 필기, 실기과목별 주요항목 ⑭ 세부항목
⑮ 세세항목이 포함되어야 함

구성요소		세부내용
직무분야		해당 자격이 활용되는 직무분야
자격종목		국가기술자격의 등급을 직종별로 구분한 것 국가기술자격 취득의 기본단위
적용기간		작성된 출제기준이 개정되기 전까지 실제 자격검정에 적용되는 기간
직무내용		자격을 부여하기 위하여 개인의 능력의 정도를 평가해야 할 내용
필기과목	필기검정방법	필기시험의 검정방법 현행 국가기술자격에서는 객관식, 단답형 또는 주관식 논문형이 있음
	문제수	필기시험의 전체 문제수 제시
	시험기간	필기시험 시간
	필기과목명	기술자격의 종목별 필기시험과목
	출제 문제수	필기시험의 문제수

PART 1 작업형의 기본 내용

- **제1장** 관리감독자 유해·위험방지업무
- **제2장** 작업시작 전 점검사항
- **제3장** 차량계 건설기계
- **제4장** 안전보건교육 교육과정별 교육시간
- **제5장** 안전보건교육 교육대상별 교육 내용
- **제6장** 안전관리자를 두어야 할 사업의 종류·규모 및 안전관리자의 수·선임방법
- **제7장** 사전조사 및 작업계획서 내용

제1장 관리감독자의 유해·위험방지업무

작업의 종류	직무수행 내용
1. 프레스 등을 사용하는 작업	① 프레스 등 및 그 방호장치를 점검하는 일 ② 프레스 등 및 그 방호장치에 이상이 발견된 때 즉시 필요한 조치를 하는 일 ③ 프레스 등 및 그 방호장치에 전환스위치를 설치한 때 그 전환스위치의 열쇠를 관리하는 일 ④ 금형의 부착·해체 또는 조정작업을 직접 지휘하는 일
2. 목재가공용 기계를 취급하는 작업	① 목재가공용 기계를 취급하는 작업을 지휘하는 일 ② 목재가공용 기계 및 그 방호장치를 점검하는 일 ③ 목재가공용 기계 및 그 방호장치에 이상이 발견된 즉시 보고 및 필요한 조치를 하는 일 ④ 작업중 지그(Jig) 및 공구 등의 사용상황을 감독하는 일
3. 크레인을 사용하는 작업	① 작업방법과 근로자의 배치를 결정하고 그 작업을 지휘하는 일 ② 재료의 결함유무 또는 기구 및 공구의 기능을 점검하고 불량품을 제거하는 일 ③ 작업중 안전대 또는 안전모의 착용상황을 감시하는 일
4. 위험물을 제조하거나 취급하는 작업	① 작업을 지휘하는 일 ② 위험물을 제조하거나 취급하는 설비 및 그 설비의 부속설비가 있는 장소의 온도·습도·차광 및 환기상태 등을 수시로 점검하고 이상을 발견하면 즉시 필요한 조치를 하는 일 ③ ②항의 규정에 따라 행한 조치를 기록하고 보관하는 일
5. 건조설비를 사용하는 작업	① 건조설비를 처음으로 사용하거나 건조방법 또는 건조물의 종류를 변경한 때에는 근로자에게 미리 그 작업방법을 교육하고 작업을 직접 지휘하는 일 ② 건조설비가 있는 장소를 항상 정리정돈하고 그 장소에 가연성 물질을 내버려 두지 아니하도록 하는 일
6. 아세틸렌 용접장치를 사용하는 금속의 용접·용단 또는 가열작업	① 작업방법을 결정하고 작업을 지휘하는 일 ② 아세틸렌 용접장치의 취급에 종사하는 근로자로 하여금 다음의 작업요령을 준수하도록 하는 일 　㉮ 사용중인 발생기에 불꽃을 발생시킬 우려가 있는 공구를 사용하거나 그 발생기에 충격을 가하지 아니하도록 할 것 　㉯ 아세틸렌 용접장치의 가스누출을 점검하는 때에는 비눗물을 사용하는 등 안전한 방법으로 할 것 　㉰ 발생기실의 출입구의 문을 열어두지 않도록 할 것 　㉱ 이동식 아세틸렌 용접장치의 발생기에 카바이드를 교환하는 때에는 옥외의 안전한 장소에서 할 것 ③ 아세틸렌 용접작업을 시작하는 때에는 아세틸렌 용접장치를 점검하고 발생기 내부로부터 공기와 아세틸렌의 혼합가스를 배제하는 일 ④ 안전기는 작업중 그 수위를 쉽게 확인할 수 있는 장소에 놓고 1일 1회 이상 점검하는 일 ⑤ 아세틸렌 용접장치 내의 물이 동결되는 것을 방지하기 위하여 아세틸렌 용접장치를 보온하거나 가열할 때에는 온수나 증기를 사용하는 등 안전한 방법으로 하도록 하는 일 ⑥ 발생기의 사용을 중지한 때에는 물과 잔류 카바이드가 접촉하지 아니한 상태로 유지하는 일

작업의 종류	직무수행 내용
6. 아세틸렌 용접장치를 사용하는 금속의 용접·용단 또는 가열작업	⑦ 발생기를 수리·가공·운반 또는 보관하는 때에는 아세틸렌 및 카바이드를 접촉하지 아니한 상태로 유지하는 일 ⑧ 작업에 종사하는 근로자의 보안경 및 안전장갑의 착용상황을 감시하는 일
7. 가스집합용접장치의 취급작업	① 작업방법을 결정하고 작업을 직접 지휘하는 일 ② 가스집합장치의 취급에 종사하는 근로자로 하여금 다음의 작업요령을 준수하도록 하는 일 ㉮ 부착할 가스용기의 마개 및 배관 연결부에 붙어 있는 유류·찌꺼기 등을 제거할 것 ㉯ 가스용기를 교환하는 때에는 그 용기의 마개 및 배관연결부 부분의 가스누출을 점검하고 배관 내의 가스가 공기와 혼합되지 아니하도록 할 것 ㉰ 가스누출을 점검하는 때에는 비눗물을 사용하는 등 안전한 방법으로 할 것 ㉱ 밸브 또는 콕은 서서히 열고 닫을 것 ③ 가스용기의 교환작업을 감시하는 일 ④ 작업을 시작하는 때에는 호스·취관·호스밴드 등의 기구를 점검하고 손상·마모 등으로 인하여 가스 또는 산소가 누출될 우려가 있다고 인정하는 때에는 보수하거나 교환하는 일 ⑤ 안전기는 작업중 그 기능을 쉽게 확인할 수 있는 장소에 두고 1일 1회 이상 점검하는 일 ⑥ 작업에 종사하는 근로자의 보안경 및 안전장갑의 착용상황을 감시하는 일
8. 거푸집 및 동바리의 고정·조립 또는 해체 작업/노천 굴착작업/흙막이지보공의 고정·조립 또는 해체 작업/터널의 굴착작업/구축물 등의 해체작업	① 안전한 작업방법을 결정하고 작업을 지휘하는 일 ② 재료·기구의 결함유무를 점검하고 불량품을 제거하는 일 ③ 작업중 안전대 및 안전모 등 보호구 착용상황을 감시하는 일
9. 높이 5미터 이상의 비계를 조립·해체하거나 변경하는 작업(해체작업의 경우 ① 항 적용 제외)	① 재료의 결함유무를 점검하고 불량품을 제거하는 일 ② 기구·공구·안전대 및 안전모 등의 기능을 점검하고 불량품을 제거하는 일 ③ 작업방법 및 근로자의 배치를 결정하고 작업진행상태를 감시하는 일 ④ 안전대 및 안전모 등의 착용상황을 감시하는 일
10. 달비계 작업(제1편제7장제4절)	① 작업용 섬유로프, 작업용 섬유로프의 고정점, 구명줄의 고정점, 작업대, 고리걸이용 철구 및 안전대 등의 결손 여부를 확인하는 일 ② 작업용 섬유로프 및 안전대 부착설비용 로프가 고정점에 풀리지 않는 매듭방법으로 결속되었는지 확인하는 일 ③ 근로자가 작업대에 탑승하기 전 안전모 및 안전대를 착용하고 안전대를 구명줄에 체결했는지 확인하는 일 ④ 작업방법 및 근로자 배치를 결정하고 작업 진행 상태를 감시하는 일
11. 발파작업	① 점화 전에 점화작업에 종사하는 근로자 외의 자의 대피를 지시하는 일 ② 점화작업에 종사하는 근로자에 대하여는 대피장소 및 경로를 지시하는 일 ③ 점화 전에 위험구역 내에서 근로자가 대피한 것을 확인하는 일 ④ 점화순서 및 방법에 대하여 지시하는 일 ⑤ 점화신호를 하는 일 ⑥ 점화작업에 종사하는 근로자에 대하여 대피신호를 하는 일 ⑦ 발파 후 터지지 아니한 장약이나 남은 장약의 유무, 용수의 유무 및 암석·토사의 낙하 여부 등을 점검하는 일 ⑧ 점화하는 자를 정하는 일 ⑨ 공기압축기의 안전밸브 작동유무를 점검하는 일 ⑩ 안전모 등 보호구의 착용상황을 감시하는 일

작업의 종류	직무수행 내용
12. 채석을 위한 굴착작업	① 대피방법을 미리 교육하는 일 ② 작업을 시작하기 전 또는 폭우가 내린 후에는 암석 · 토사의 낙하 · 균열의 유무 또는 함수(含水) · 용수 및 동결의 상태를 점검하는 일 ③ 발파한 후에는 발파장소 및 그 주변의 암석 · 토사의 낙하 · 균열의 유무를 점검하는 일
13. 화물취급작업	① 작업방법 및 순서를 결정하고 작업을 지휘하는 일 ② 기구 및 공구를 점검하고 불량품을 제거하는 일 ③ 그 작업장소에는 관계근로자 외의 자의 출입을 금지시키는 일 ④ 로프 등의 해체작업을 하는 때에는 하대(荷臺) 위의 화물의 낙하위험 유무를 확인하고 그 작업의 착수를 지시하는 일
14. 부두 및 선박에서의 하역작업	① 작업방법을 결정하고 작업을 지휘하는 일 ② 통행설비 · 하역기계 · 보호구 및 기구 · 공구를 점검 · 정비하고 이들의 사용상황을 감시하는 일 ③ 주변 작업자간의 연락조정을 행하는 일
15. 전로 등 전기작업 또는 그 지지물의 설치, 점검, 수리 및 도장 등의 작업	① 작업구간 내의 충전전로 등 모든 충전 시설을 점검하는 일 ② 작업방법 및 그 순서를 결정(근로자 교육 포함)하고 작업을 지휘하는 일 ③ 작업근로자의 보호구 또는 절연용 보호구 착용 상황을 감시하고 감전재해 요소를 제거하는 일 ④ 작업 공구, 절연용 방호구 등의 결함 여부와 기능을 점검하고 불량품을 제거하는 일 ⑤ 작업장소에 관계 근로자 외에는 출입을 금지하고 주변 작업자와의 연락을 조정하며 도로작업 시 차량 및 통행인 등에 대한 교통통제 등 작업전반에 대해 지휘 · 감시하는 일 ⑥ 활선작업용 기구를 사용하여 작업할 때 안전거리가 유지되는지 감시하는 일 ⑦ 감전재해를 비롯한 각종 산업재해에 따른 신속한 응급처치를 할 수 있도록 근로자들을 교육하는 일

16. 관리대상 유해물질을 취급하는 작업	① 관리대상 유해물질을 취급하는 근로자가 물질에 오염되지 않도록 작업방법을 결정하고 작업을 지휘하는 업무
	② 관리대상 유해물질을 취급하는 장소나 설비를 매월 1회 이상 순회점검하고 국소배기장치 등 환기설비에 대해서는 다음 각 호의 사항을 점검하여 필요한 조치를 하는 업무. 단, 환기설비를 점검하는 경우에는 다음의 사항을 점검
	  ㉮ 후드(hood)나 덕트(duct)의 마모 · 부식, 그 밖의 손상여부 및 정도
	  ㉯ 송풍기와 배풍기의 주유 및 청결 상태
	  ㉰ 덕트 접속부가 헐거워졌는지 여부
	  ㉱ 전동기와 배풍기를 연결하는 벨트의 작동 상태
	  ㉲ 흡기 및 배기 능력 상태
	③ 보호구의 착용 상황을 감시하는 업무
	④ 근로자가 탱크 내부에서 관리대상 유해물질을 취급하는 경우에 다음의 조치를 했는지 확인하는 업무
	  ㉮ 관리대상 유해물질에 관하여 필요한 지식을 가진 사람이 해당 작업을 지휘
	  ㉯ 관리대상 유해물질이 들어올 우려가 없는 경우에는 작업을 하는 설비의 개구부를 모두 개방
	  ㉰ 근로자의 신체가 관리대상 유해물질에 의하여 오염되었거나 작업이 끝난 경우에는 즉시 몸을 씻는 조치
	  ㉱ 비상시에 작업설비 내부의 근로자를 즉시 대피시키거나 구조하기 위한 기구와 그 밖의 설비를 갖추는 조치

작업의 종류	직무수행 내용
	㉮ 작업을 하는 설비의 내부에 대하여 작업 전에 관리대상 유해물질의 농도를 측정하거나 그 밖의 방법으로 근로자가 건강에 장해를 입을 우려가 있는지를 확인하는 조치 ㉯ ㉮에 따른 설비 내부에 관리대상 유해물질이 있는 경우에는 설비 내부를 충분히 환기하는 조치 ㉰ 유기화합물을 넣었던 탱크에 대하여 ①부터 ⑥까지의 조치 외에 다음의 조치 　㉠ 유기화합물이 탱크로부터 배출된 후 탱크내부에 재유입되지 않도록 조치 　㉡ 물이나 수증기 등으로 탱크 내부를 씻은 후 그 씻은 물이나 수증기 등을 탱크로부터 배출 　㉢ 탱크 용적의 3배 이상의 공기를 채웠다가 내보내거나 탱크에 물을 가득 채웠다가 내보내거나 탱크에 물을 가득 채웠다가 배출 ⑤ ②목에 따른 점검 및 조치 결과를 기록·관리하는 업무
17. 허가대상 유해물질 취급작업	① 근로자가 허가대상 유해물질을 들이마시거나 허가대상 유해물질에 오염되지 않도록 작업수칙을 정하고 지휘하는 업무 ② 작업장에 설치되어 있는 국소배기장치나 그 밖에 근로자의 건강장해 예방을 위한 장치 등을 매월 1회 이상 점검하는 업무 ③ 근로자의 보호구 착용 상황을 점검하는 업무
18. 석면 해체·제거작업	① 근로자가 석면분진을 들이마시거나 석면분진에 오염되지 않도록 작업방법을 정하고 지휘하는 업무 ② 작업장에 설치되어 있는 석면분진 포집장치, 음압기 등의 장비의 이상 유무를 점검하고 필요한 조치를 하는 업무 ③ 근로자의 보호구 착용 상황을 점검하는 업무
19. 고압작업	① 작업방법을 결정하여 고압작업자를 직접 지휘하는 업무 ② 유해가스의 농도를 측정하는 기구를 점검하는 업무 ③ 고압작업자가 작업실에 입실하거나 퇴실하는 경우에 고압작업자의 수를 점검하는 업무 ④ 작업실에서 공기조절을 하기 위한 밸브나 콕을 조작하는 사람과 연락하여 작업실 내부의 압력을 적정한 상태로 유지하도록 하는 업무 ⑤ 공기를 기압조절실로 보내거나 기압조절실에서 내보내기 위한 밸브나 콕을 조작하는 사람과 연락하여 고압작업자에 대하여 가압이나 감압을 다음과 같이 따르도록 조치하는 업무 　㉮ 가압을 하는 경우 1분에 제곱센티미터당 0.8킬로그램 이하의 속도로 함 　㉯ 감압을 하는 경우에는 고용노동부장관이 정하여 고시하는 기준에 맞도록 함 ⑥ 작업실 및 기압조절실 내 고압작업자의 건강에 이상이 발생한 경우 필요한 조치를 하는 업무
20. 밀폐공간작업	① 산소가 결핍된 공기나 유해가스에 노출되지 않도록 작업시작전에 해당 근로자의 작업을 지휘하는 업무 ② 작업을 하는 장소의 공기가 적절한지를 작업시작전에 측정하는 업무 ③ 측정장비·환기장치 또는 송기마스크 등을 작업 시작전에 점검하는 업무 ④ 근로자에게 송기마스크 등의 착용을 지도하고 착용 상황을 점검하는 업무

[표] 안전보건표지의 종류와 형태(제6조 제1항 관련)

① 금지표지	101 출입금지	102 보행금지	103 차량통행금지	104 사용금지	105 탑승금지	106 금연	107 화기금지

108 물체이동금지	② 경고표지	201 인화성 물질경고	202 산화성 물질경고	203 폭발성 물질경고	204 급성독성 물질경고	205 부식성 물질경고	206 방사성 물질경고

207 고압전기 경고	208 매달린 물체경고	209 낙하물 경고	210 고온 경고	211 저온 경고	212 몸균형 상실경고	213 레이저 광선경고	214 발암성·변이원성·생식독성·전신독성·호흡기과민성 물질 경고

215 위험장소 경고	③ 지시표지	301 보안경 착용	302 방독마스크 착용	303 방진마스크 착용	304 보안면 착용	305 안전모 착용	306 귀마개 착용

307 안전화 착용	308 안전장갑 착용	309 안전복 착용	④ 안내표지	401 녹십자 표지	402 응급구호 표지	403 들것	404 세안장치

405 비상용기구	406 비상구	407 좌측비상구	408 우측비상구	⑤ 관계자외 출입금지	501 허가대상물질 작업장	502 석면취급/ 해체작업장	503 금지대상물질의 취급 실험실 등
					관계자외 출입금지 (허가물질 명칭) 제조/사용/보관 중 보호구/보호복 착용 흡연 및 음식물 섭취 금지	관계자외 출입금지 석면 취급/ 해체 중 보호구/보호복 착용 흡연 및 음식물 섭취 금지	관계자외 출입금지 발암물질 취급 중 보호구/보호복 착용 흡연 및 음식물 섭취 금지

제2장 작업시작 전 점검사항

작업의 종류	점검수행 내용
1. 프레스 등을 사용하여 작업을 할 때	① 클러치 및 브레이크의 기능 ② 크랭크축·플라이휠·슬라이드·연결봉 및 연결 나사의 풀림유무 ③ 1행정 1정지기구·급정지장치 및 비상정지장치의 기능 ④ 슬라이드 또는 칼날에 의한 위험방지 기구의 기능 ⑤ 프레스의 금형 및 고정볼트 상태 ⑥ 방호장치의 기능 ⑦ 전단기(剪斷機)의 칼날 및 테이블의 상태
2. 로봇의 작동범위내에서 그 로봇에 관하여 교시 등(로봇의 동력원을 차단하고 행하는 것을 제외한다)의 작업을 할 때	① 외부전선의 피복 또는 외장의 손상유무 ② 매니퓰레이터(manipulator) 작동의 이상유무 ③ 제동장치 및 비상정지장치의 기능
3. 공기압축기를 가동할 때	① 공기저장 압력용기의 외관상태 ② 드레인밸브의 조작 및 배수 ③ 압력방출장치의 기능 ④ 언로드밸브의 기능 ⑤ 윤활유의 상태 ⑥ 회전부의 덮개 또는 울 ⑦ 그 밖의 연결부위의 이상유무
4. 크레인을 사용하여 작업을 할 때	① 권과방지장치·브레이크·클러치 및 운전장치의 기능 ② 주행로의 상측 및 트롤리가 횡행(橫行)하는 레일의 상태 ③ 와이어로프가 통하고 있는 곳의 상태
5. 이동식 크레인을 사용하여 작업을 할 때	① 권과방지장치 그 밖의 경보장치의 기능 ② 브레이크·클러치 및 조정장치의 기능 ③ 와이어로프가 통하고 있는 곳 및 작업장소의 지반상태
6. 리프트(간이리프트를 포함한다)를 사용하여 작업을 할 때	① 방호장치·브레이크 및 클러치의 기능 ② 와이어로프가 통하고 있는 곳의 상태
7. 곤돌라를 사용하여 작업을 할 때	① 방호장치·브레이크의 기능 ② 와이어로프·슬링와이어 등의 상태
8. 양중기의 와이어로프·달기체인·섬유로프·섬유벨트 또는 훅·샤클·링 등의 철구(이하 "와이어로프 등"이라 한다)를 사용하여 고리걸이작업을 할 때	와이어로프 등의 이상유무
9. 지게차를 사용하여 작업을 할 때	① 제동장치 및 조종장치 기능의 이상유무 ② 하역장치 및 유압장치 기능의 이상유무 ③ 바퀴의 이상유무 ④ 전조등·후미등·방향지시기 및 경보장치 기능의 이상유무
10. 구내운반차를 사용하여 작업을 할 때	① 제동장치 및 조종장치 기능의 이상유무 ② 하역장치 및 유압장치 기능의 이상유무 ③ 바퀴의 이상유무 ④ 전조등·후미등·방향지시기 및 경음기 기능의 이상유무 ⑤ 충전장치를 포함한 홀더 등의 결합상태의 이상유무
11. 고소작업대를 사용하여 작업을 할 때	① 비상정지장치 및 비상하강방지장치 기능의 이상유무 ② 과부하방지장치의 작동유무(와이어로프 또는 체인구동방식의 경우) ③ 아웃트리거 또는 바퀴의 이상유무 ④ 작업면의 기울기 또는 요철유무

작업의 종류	점검수행 내용
12. 화물자동차를 사용하는 작업을 행하게 할 때	① 제동장치 및 조종장치의 기능 ② 하역장치 및 유압장치의 기능 ③ 바퀴의 이상유무
13. 컨베이어 등을 사용하여 작업을 할 때	① 원동기 및 풀리기능의 이상유무 ② 이탈 등의 방지장치기능의 이상유무 ③ 비상정지장치 기능의 이상유무 ④ 원동기·회전축·기어 및 풀리 등의 덮개 또는 울 등의 이상유무
14-1. 차량계건설기계를 사용하여 작업을 할 때	브레이크 및 클러치 등의 기능
14-2. 용접·용단 작업 등의 화재위험작업을 할 때	① 작업 준비 및 작업 절차 수립 여부 ② 화기작업에 따른 인근 가연성물질에 대한 방호조치 및 소화기구 비치 여부 ③ 용접불티 비산방지덮개 또는 용접방화포 등 불꽃·불티 등의 비산을 방지하기 위한 조치 여부 ④ 인화성 액체의 증기 또는 인화성 가스가 남아 있지 않도록 하는 환기 조치 여부 ⑤ 작업근로자에 대한 화재예방 및 피난교육 등 비상조치 여부
15. 이동식 방폭구조 전기기계·기구를 사용할 때	전선 및 접속부 상태
16. 근로자가 반복하여 계속적으로 중량물을 취급하는 작업을 할 때	① 중량물 취급의 올바른 자세 및 복장 ② 위험물의 비산에 따른 보호구의 착용 ③ 카바이드·생석회 등과 같이 온도상승이나 습기에 의하여 위험성이 존재하는 중량물의 취급방법 ④ 그 밖의 하역운반기계 등의 적절한 사용방법
17. 양화장치를 사용하여 화물을 싣고 내리는 작업을 할 때	① 양화장치(揚貨裝置)의 작동상태 ② 양화장치에 제한하중을 초과하는 하중을 실었는지 여부
18. 슬링 등을 사용하여 작업을 할 때	① 훅이 붙어 있는 슬링·와이어슬링 등의 매달린 상태 ② 슬링·와이어슬링 등의 상태(작업시작 전 및 작업중 수시로 점검)

[표] 안전보건표지의 색채, 색도기준 및 용도

색채	색도기준	용도	사용례
빨간색	7.5R 4/14	금지	정지신호, 소화설비 및 그 장소, 유해행위의 금지
		경고	화학물질 취급장소에서의 유해·위험 경고
노란색	5Y 8.5/12	경고	화학물질 취급장소에서의 유해·위험경고, 이 외의 위험경고, 주의표지 또는 기계방호물
파란색	2.5PB 4/10	지시	특정 행위의 지시 및 사실의 고지
녹색	2.5G 4/10	안내	비상구 및 피난소, 사람 또는 차량의 통행표지
흰색	N9.5		파란색 또는 녹색에 대한 보조색
검은색	N0.5		문자 및 빨간색 또는 노란색에 대한 보조색

[참고] 1. 허용 오차 범위 H=±2, V=±0.3, C=±1(H는 색상, V는 명도, C는 채도를 말한다)
2. 위의 색도기준은 한국산업규격(KS)에 따른 색의 3속성에 의한 표시방법(KSA 0062 기술표준원 고시 제2008-0759)에 따른다.

제3장 차량계 건설기계

1. 도저형 건설기계(불도저, 스트레이트도저, 틸트도저, 앵글도저, 버킷도저 등)
2. 모터그레이더(motor grader, 땅 고르는 기계)
3. 로더(포크 등 부착물 종류에 따른 용도 변경 형식을 포함한다)
4. 스크레이퍼(scraper, 흙을 절삭·운반하거나 퍼 고르는 등의 작업을 하는 토공기계)
5. 크레인형 굴착기계(클램쉘, 드래그라인 등)
6. 굴착기(브레이커, 크러셔, 드릴 등 부착물 종류에 따른 용도 변경 형식을 포함한다)
7. 항타기 및 항발기
8. 천공용 건설기계(어스드릴, 어스오거, 크롤러드릴, 점보드릴 등)
9. 지반 압밀침하용 건설기계(샌드드레인머신, 페이퍼드레인머신, 팩드레인머신 등)
10. 지반 다짐용 건설기계(타이어롤러, 매커덤롤러, 탠덤롤러 등)
11. 준설용 건설기계(버킷준설선, 그래브준설선, 펌프준설선 등)
12. 콘크리트 펌프카
13. 덤프트럭
14. 콘크리트 믹서 트럭
15. 도로포장용 건설기계(아스팔트 살포기, 콘크리트 살포기, 아스팔트 피니셔, 콘크리트 피니셔 등)
16. 골재 채취 및 살포용 건설기계(쇄석기, 자갈채취기, 골재살포기 등)
17. 제1호부터 제16호까지와 유사한 구조 또는 기능을 갖는 건설기계로서 건설작업에 사용하는 것

[참고]

[표] 강관비계의 조립간격

강관비계의 종류	조립간격(단위 : m)	
	수직방향	수평방향
단관비계	5	5
틀비계(높이가 5[m] 미만인 것은 제외한다)	6	8

[표] 굴착면의 기울기 기준

지반의 종류	굴착면의 기울기
모래	1 : 1.8
연암 및 풍화암	1 : 1.0
경암	1 : 0.5
그 밖의 흙	1 : 1.2

제4장 안전보건교육 교육과정별 교육시간

1. 근로자 안전보건교육

교육과정	교육대상		교육시간
(가) 정기교육	1) 사무직 종사 근로자		매반기 6시간 이상
	2) 그 밖의 근로자	가) 판매업무에 직접 종사하는 근로자	매반기 6시간 이상
		나) 판매업무에 직접 종사하는 근로자 외의 근로자	매반기 12시간 이상
(나) 채용시의 교육	1) 일용근로자 및 근로계약기간이 1주일 이하인 기간제근로자		1시간 이상
	2) 근로계약기간이 1주일 초과 1개월 이하인 기간제근로자		4시간 이상
	3) 그 밖의 근로자		8시간 이상
(다) 작업내용 변경시 교육	1) 일용근로자 및 근로계약기간이 1주일 이하인 기간제근로자		1시간 이상
	2) 그 밖의 근로자		2시간 이상
(라) 특별교육	1) 일용근로자 및 근로계약기간이 1주일 이하인 기간제 근로자 : 별표5제1호라목(제39호는 제외한다)에 해당하는 작업에 종사하는 근로자에 한정한다.		2시간 이상
	2) 일용근로자 및 근로계약기간이 1주일 이하인 기간제근로자 : 별표5제1호라목제39호에 해당하는 작업에 종사하는 근로자에 한정한다.		8시간 이상
	3) 일용근로자 및 근로계약기간이 1주일 이하인 기간제근로자를 제외한 근로자 : 별표5제1호라목에 해당하는 작업에 종사하는 근로자에 한정한다.		가) 16시간 이상(최초 작업에 종사하기 전 4시간 이상 실시하고 12시간은 3개월 이내에서 분할하여 실시 가능) 나) 단기간 작업 또는 간헐적 작업인 경우에는 2시간 이상
(마) 건설업 기초 안전보건교육	건설 일용근로자		4시간 이상

[비고] ① 위 표의 적용을 받는 "일용근로자"란 근로계약을 1일 단위로 체결하고 그 날의 근로가 끝나면 근로관계가 종료되어 계속 고용이 보장되지 않는 근로자를 말한다.
② 일용근로자가 위 표의 나목 또는 라목에 따른 교육을 받은 날 이후 1주일 동안 같은 사업장에서 같은 업무의 일용근로자로 다시 종사하는 경우에는 이미 받은 위 표의 나목 또는 라목에 따른 교육을 면제한다.
③ 다음 각 목의 어느 하나에 해당하는 경우는 위 표의 가목부터 라목까지의 규정에도 불구하고 해당 교육과정별 교육시간의 2분의 1 이상을 그 교육시간으로 한다.
   ㉮ 영 별표 1 제1호에 따른 사업
   ㉯ 상시근로자 50명 미만의 도매업, 숙박 및 음식점업
④ 근로자가 다음 각 목의 어느 하나에 해당하는 안전교육을 받은 경우에는 그 시간만큼 위 표의 가목에 따른 해당 반기의 정기교육을 받은 것으로 본다.
   ㉮ 「원자력안전법 시행령」 제148조제1항에 따른 방사선작업종사자 정기교육
   ㉯ 「항만안전특별법 시행령」 제5조제1항제2호에 따른 정기안전교육
   ㉰ 「화학물질관리법 시행규칙」 제37조제4항에 따른 유해화학물질 안전교육
⑤ 근로자가 「항만안전특별법 시행령」 제5조제1항제1호에 따른 신규안전교육을 받은 때에는 그 시간만큼 위 표의 나목에 따른 채용 시 교육을 받은 것으로 본다.
⑥ 방사선 업무에 관계되는 작업에 종사하는 근로자가 「원자력안전법 시행규칙」 제138조제1항제2호에 따른 방사선작업종사자 신규교육 중 직장교육을 받은 때에는 그 시간만큼 위 표의 라목에 따른 특별교육 중 별표 5 제1호라목의 33.란에 따른 특별교육을 받은 것으로 본다.

[표] 관리감독자 안전보건교육(제26조제1항 관련)

교육과정	교육시간
가. 정기교육	연간 16시간 이상
나. 채용 시 교육	8시간 이상
다. 작업내용 변경 시 교육	2시간 이상
라. 특별교육	16시간 이상(최초 작업에 종사하기 전 4시간 이상 실시하고, 12시간은 3개월 이내에서 분할하여 실시 가능)
	단기간 작업 또는 간헐적 작업인 경우에는 2시간 이상

2. 안전보건관리책임자 등에 대한 교육

교육대상	교육시간	
	신규교육	보수교육
안전보건관리책임자	6시간 이상	6시간 이상
안전관리자, 안전관리전문기관의 종사자	34시간 이상	24시간 이상
보건관리자, 보건관리전문기관의 종사자	34시간 이상	24시간 이상
건설재해예방전문지도기관의 종사자	34시간 이상	24시간 이상
석면조사기관의 종사자	34시간 이상	24시간 이상
안전보건관리담당자	–	8시간 이상
안전검사기관 · 자율안전검사기관 종사자	34시간 이상	24시간 이상

3. 검사원 성능검사 교육

교육과정	교육대상	교육시간
성능검사 교육	–	28시간 이상

[참고]

[표] 안전거리

구분	안전거리
1. 단위공정시설 및 설비로부터 다른 단위공정시설 및 설비의 사이	설비의 바깥 면으로부터 10미터 이상
2. 플레어스택으로부터 단위공정시설 및 설비, 위험물질 저장탱크 또는 위험물질 하역설비의 사이	플레어스택으로부터 반경 20미터 이상. 다만, 단위공정시설 등이 불연재로 시공된 지붕 아래에 설치된 경우에는 그러하지 아니하다.

구 분	안전거리
3. 위험물질 저장탱크로부터 단위공정시설 및 설비, 보일러 또는 가열로의 사이	저장탱크의 바깥 면으로부터 20미터 이상. 다만, 저장탱크의 방호벽, 원격조종화설비 또는 살수설비를 설치한 경우에는 그러하지 아니하다.
4. 사무실·연구실·실험실·정비실 또는 식당으로부터 단위공정시설 및 설비, 위험물질 저장탱크, 위험물질 하역설비, 보일러 또는 가열로의 사이	사무실 등의 바깥 면으로부터 20미터 이상. 다만, 난방용 보일러인 경우 또는 사무실 등의 벽을 방호구조로 설치한 경우에는 그러하지 아니하다.

4. 건설업 기초안전 보건교육에 대한 내용 및 시간

교육 내용	시간
가. 건설공사의 종류(건축·토목 등) 및 시공 절차	1시간
나. 산업재해 유형별 위험요인 및 안전보건조치	2시간
다. 안전보건관리체제 현황 및 산업안전보건 관련 근로자 권리·의무	1시간

제5장 안전보건교육 교육대상별 교육 내용

1. 근로자 안전보건교육

(1) 채용시의 교육 및 작업내용 변경시의 교육내용

① 산업안전 및 사고 예방에 관한 사항
② 산업보건 및 직업병 예방에 관한 사항
③ 위험성 평가에 관한 사항
④ 산업안전보건법령 및 산업재해보상보험 제도에 관한 사항
⑤ 직무스트레스 예방 및 관리에 관한 사항
⑥ 직장 내 괴롭힘, 고객의 폭언 등으로 인한 건강장해 예방 및 관리에 관한 사항
⑦ 기계·기구의 위험성과 작업의 순서 및 동선에 관한 사항
⑧ 작업 개시 전 점검에 관한 사항
⑨ 정리정돈 및 청소에 관한 사항
⑩ 사고 발생 시 긴급조치에 관한 사항
⑪ 물질안전보건자료에 관한 사항

(2) 근로자의 정기안전보건교육내용

① 산업안전 및 사고예방에 관한 사항
② 산업보건 및 직업병예방에 관한 사항
③ 위험성 평가에 관한 사항
④ 건강증진 및 질병예방에 관한 사항
⑤ 유해·위험 작업환경 관리에 관한 사항
⑥ 산업안전보건법령 및 산업재해보상보험 제도에 관한 사항
⑦ 직무스트레스 예방 및 관리에 관한 사항
⑧ 직장 내 괴롭힘, 고객의 폭언 등으로 인한 건강장해 예방 및 관리에 관한 사항

(3) 관리감독자 정기안전보건교육내용

① 산업안전 및 사고 예방에 관한 사항
② 산업보건 및 직업병 예방에 관한 사항
③ 위험성 평가에 관한 사항
④ 유해·위험 작업환경 관리에 관한 사항
⑤ 산업안전보건법령 및 산업재해보상보험 제도에 관한 사항
⑥ 직무스트레스 예방 및 관리에 관한 사항
⑦ 직장 내 괴롭힘, 고객의 폭언 등으로 인한 건강장해 예방 및 관리에 관한 사항
⑧ 작업공정의 유해·위험과 재해 예방대책에 관한 사항
⑨ 사업장 내 안전보건관리체제 및 안전·보건조치 현황에 관한 사항
⑩ 표준안전 작업방법 결정 및 지도·감독 요령에 관한 사항

⑪ 현장근로자와의 의사소통능력 및 강의능력 등 안전보건교육 능력 배양에 관한 사항
⑫ 비상시 또는 재해 발생 시 긴급조치에 관한 사항
⑬ 그 밖의 관리감독자의 직무에 관한 사항

(4) 관리감독자 채용시 및 작업내용 변경시 교육내용

① 산업안전 및 사고 예방에 관한 사항
② 산업보건 및 직업병 예방에 관한 사항
③ 위험성평가에 관한 사항
④ 산업안전보건법령 및 산업재해보상보험 제도에 관한 사항
⑤ 직무스트레스 예방 및 관리에 관한 사항
⑥ 직장 내 괴롭힘, 고객의 폭언 등으로 인한 건강장해 예방 및 관리에 관한 사항
⑦ 기계·기구의 위험성과 작업의 순서 및 동선에 관한 사항
⑧ 작업 개시 전 점검에 관한 사항
⑨ 물질안전보건자료에 관한 사항
⑩ 사업장 내 안전보건관리체제 및 안전·보건조치 현황에 관한 사항
⑪ 표준안전 작업방법 결정 및 지도·감독 요령에 관한 사항
⑫ 비상시 또는 재해 발생 시 긴급조치에 관한 사항
⑬ 그 밖의 관리감독자의 직무에 관한 사항

2. 특별교육대상 작업별 교육

작 업 명	교 육 내 용
(1) 고압실 내 작업(잠함공법이나 그 밖의 압기공법으로 대기압을 넘는 기압인 작업실 또는 수갱 내부에서 하는 작업만 해당한다)	• 고기압 장해의 인체에 미치는 영향에 관한 사항 • 작업의 시간·작업방법 및 절차에 관한 사항 • 압기공법에 관한 기초지식 및 보호구 착용에 관한 사항 • 이상 발생 시 응급조치에 관한 사항 • 그 밖에 안전보건관리에 필요한 사항
(2) 아세틸렌용접장치 또는 가스집합용접장치를 사용하는 금속의 용접·용단 또는 가열작업(발생기·도관 등에 의하여 구성되는 용접장치만 해당한다)	• 용접 흄, 분진 및 유해광선 등의 유해성에 관한 사항 • 가스용접기, 압력조정기, 호스 및 취관두 등의 기기점검에 관한 사항 • 작업방법·순서 및 응급처치에 관한 사항 • 안전기 및 보호구 취급에 관한 사항 • 화재예방 및 초기대응에 관한 사항 • 그 밖에 안전보건관리에 필요한 사항
(3) 밀폐된 장소(탱크 내 또는 환기가 극히 불량한 좁은 장소를 말한다)에서 하는 용접작업 또는 습한 장소에서 하는 전기용접장치	• 작업순서, 안전작업방법 및 수칙에 관한 사항 • 환기설비에 관한 사항 • 전격 방지 및 보호구 착용에 관한 사항 • 질식 시 응급조치에 관한 사항 • 작업환경 점검에 관한 사항 • 그 밖에 안전보건관리에 필요한 사항
(4) 폭발성·물반응성·자기반응성·자기발열성 물질, 자연발화성 액체·고체 및 인화성 액체의 제조 또는 취급작업(시험연구를 위한 취급작업은 제외한다)	• 폭발성·물반응성·자기반응성·자기발열성 물질, 자연발화성 액체·고체 및 인화성 액체의 성질이나 상태에 관한 사항 • 폭발 한계점, 발화점 및 인화점 등에 관한 사항 • 취급방법 및 안전수칙에 관한 사항 • 이상 발견 시의 응급처치 및 대피 요령에 관한 사항

작 업 명	교 육 내 용
	• 화기·정전기·충격 및 자연발화 등의 위험방지에 관한 사항 • 작업순서, 취급주의사항 및 방호거리 등에 관한 사항 • 그 밖에 안전보건관리에 필요한 사항
(5) 액화석유가스·수소가스 등 인화성 가스 또는 폭발성 물질 중 가스의 발생장치 취급 작업	• 취급가스의 상태 및 성질에 관한 사항 • 발생장치 등의 위험 방지에 관한 사항 • 고압가스 저장설비 및 안전취급방법에 관한 사항 • 설비 및 기구의 점검 요령 • 그 밖에 안전보건관리에 필요한 사항
(6) 화학설비 중 반응기, 교반기·추출기의 사용 및 세척작업	• 각 계측장치의 취급 및 주의에 관한 사항 • 투시창·수위 및 유량계 등의 점검 및 밸브의 조작주의에 관한 사항 • 세척액의 유해성 및 인체에 미치는 영향에 관한 사항 • 작업 절차에 관한 사항 • 그 밖에 안전보건관리에 필요한 사항
(7) 화학설비의 탱크 내 작업	• 차단장치·정지장치 및 밸브개폐장치의 점검에 관한 사항 • 탱크 내의 산소농도 측정 및 작업환경에 관한 사항 • 안전보호구 및 이상 발생 시 응급조치에 관한 사항 • 작업절차·방법 및 유해·위험에 관한 사항 • 그 밖에 안전보건관리에 필요한 사항
(8) 분말·원재료 등을 담은 호퍼·저장창고 등 저장탱크의 내부작업	• 분말·원재료의 인체에 미치는 영향에 관한 사항 • 저장탱크 내부작업 및 복장보호구 착용에 관한 사항 • 작업의 지정·방법·순서 및 작업환경 점검에 관한 사항 • 팬·풍기(風旗) 조작 및 취급에 관한 사항 • 분진 폭발에 관한 사항 • 그 밖에 안전보건관리에 필요한 사항
(9) 다음 각 목에 정하는 설비에 의한 물건의 가열·건조작업 가. 건조설비 중 위험물 등에 관계되는 설비로 속부피가 1세제곱미터 이상인 것 나. 건조설비 중 가목의 위험물 등의 물질에 관계되는 설비로서, 연료를 열원으로 사용하는 것(그 최대연소소비량이 매 시간당 10킬로그램 이상인 것만 해당한다) 또는 전력을 열원으로 사용하는 것(정격소비전력이 10킬로와트 이상인 경우만 해당한다)	• 건조설비 내외면 및 기기기능의 점검에 관한 사항 • 복장보호구 착용에 관한 사항 • 건조 시 유해가스 및 고열 등이 인체에 미치는 영향에 관한 사항 • 건조설비에 의한 화재·폭발 예방에 관한 사항
(10) 다음 각 목에 해당하는 집재장치(집재기·가선·운반기구·지주 및 이들에 부속하는 물건으로 구성되고, 동력을 사용하여 원목 또는 장작과 숯을 담아 올리거나 공중에서 운반하는 설비를 말한다)의 조립, 해체, 변경 또는 수리작업 및 이들 설비에 의한 집재 또는 운반작업 가. 원동기의 정격출력이 7.5킬로와트를 넘는 것	• 기계의 브레이크 비상정지장치 및 운반경로, 각종 기능 점검에 관한 사항 • 작업시작 전 준비사항 및 작업방법에 관한 사항 • 취급물의 유해·위험에 관한 사항 • 구조상의 이상 시 응급처치에 관한 사항 • 그 밖에 안전보건관리에 필요한 사항

작업명	교육 내용
나. 지간의 경사거리 합계가 350미터 이상인 것 다. 최대사용하중이 200킬로그램 이상인 것	
(11) 동력에 의하여 작동되는 프레스기계를 5대 이상 보유한 사업장에서 해당 기계로 하는 작업	• 프레스의 특성과 위험성에 관한 사항 • 방호장치 종류와 취급에 관한 사항 • 안전작업방법에 관한 사항 • 프레스 안전기준에 관한 사항 • 그 밖에 안전보건관리에 필요한 사항
(12) 목재가공용 기계(둥근톱기계, 띠톱기계, 대패기계, 모떼기기계 및 라우터만 해당하며, 휴대용은 제외한다)를 5대 이상 보유한 사업장에서 해당 기계로 하는 작업	• 목재가공용 기계의 특성과 위험성에 관한 사항 • 방호장치의 종류와 구조 및 취급에 관한 사항 • 안전기준에 관한 사항 • 안전작업방법 및 목재 취급에 관한 사항 • 그 밖에 안전보건관리에 필요한 사항
(13) 운반용 등 하역기계를 5대 이상 보유한 사업장에서의 해당 기계로 하는 작업	• 운반하역기계 및 부속설비의 점검에 관한 사항 • 작업순서와 방법에 관한 사항 • 안전운전방법에 관한 사항 • 화물의 취급 및 작업신호에 관한 사항 • 그 밖에 안전보건관리에 필요한 사항
(14) 1톤 이상의 크레인을 사용하는 작업 또는 1톤 미만의 크레인 또는 호이스트를 5대 이상 보유한 사업장에서 해당 기계로 하는 작업	• 방호장치의 종류, 기능 및 취급에 관한 사항 • 걸고리·와이어로프 및 비상정지장치 등의 기계·기구 점검에 관한 사항 • 화물의 취급 및 작업방법에 관한 사항 • 작업신호 및 공동작업에 관한 사항 • 그 밖에 안전보건관리에 필요한 사항
(15) 건설용 리프트·곤돌라를 이용한 작업	• 방호장치의 기능 및 사용에 관한 사항 • 기계, 기구, 달기체인 및 와이어 등의 점검에 관한 사항 • 화물의 권상·권하 작업방법 및 안전작업지도에 관한 사항 • 기계·기구의 특성 및 동작원리에 관한 사항 • 신호방법 및 공동작업에 관한 사항 • 그 밖에 안전보건관리에 필요한 사항
(16) 주물 및 단조작업	• 고열물의 재료 및 작업환경에 관한 사항 • 출탕·주조 및 고열물의 취급과 안전작업방법에 관한 사항 • 고열작업의 유해·위험 및 보호구 착용에 관한 사항 • 안전기준 및 중량물 취급에 관한 사항 • 그 밖에 안전보건관리에 필요한 사항
(17) 전압이 75볼트 이상인 정전 및 활선작업	• 전기의 위험성 및 전격 방지에 관한 사항 • 해당 설비의 보수 및 점검에 관한 사항 • 정전작업·활선작업 시의 안전작업방법 및 순서에 관한 사항 • 절연용 보호구, 절연용 보호구 및 활선작업용 기구 등의 사용에 관한 사항 • 그 밖에 안전보건관리에 필요한 사항
(18) 콘크리트 파쇄기를 사용하여 하는 파쇄작업(2미터 이상인 구축물의 파쇄작업만 해당한다)	• 콘크리트 해체 요령과 방호거리에 관한 사항 • 작업안전조치 및 안전기준에 관한 사항 • 파쇄기의 조작 및 공통작업신호에 관한 사항 • 보호구 및 방호장비 등에 관한 사항 • 그 밖에 안전보건관리에 필요한 사항

작 업 명	교 육 내 용
(19) 굴착면의 높이가 2미터 이상이 되는 지반굴착(터널 및 수직갱 외의 갱굴착은 제외한다)작업	• 지반의 형태·구조 및 굴착 요령에 관한 사항 • 지반의 붕괴재해예방에 관한 사항 • 붕괴 방지용 구조물 설치 및 작업방법에 관한 사항 • 보호구의 종류 및 사용에 관한 사항 • 그 밖에 안전보건관리에 필요한 사항
(20) 흙막이 지보공의 보강 또는 동바리를 설치하거나 해체하는 작업	• 작업안전 점검 요령과 방법에 관한 사항 • 동바리의 운반·취급 및 설치 시 안전작업에 관한 사항 • 해체작업 순서와 안전기준에 관한 사항 • 보호구 취급 및 사용에 관한 사항 • 그 밖에 안전보건관리에 필요한 사항
(21) 터널 안에서의 굴착작업(굴착용 기계를 사용하여 하는 굴착작업 중 근로자가 칼날 밑에 접근하지 않고 하는 작업은 제외한다) 또는 같은 작업에서의 터널 거푸집 지보공의 조립 또는 콘크리트 작업	• 작업환경의 점검 요령과 방법에 관한 사항 • 붕괴 방지용 구조물 설치 및 안전작업방법에 관한 사항 • 재료의 운반 및 취급·설치의 안전기준에 관한 사항 • 보호구의 종류 및 사용에 관한 사항 • 소화설비의 설치장소 및 사용방법에 관한 사항 • 그 밖에 안전보건관리에 필요한 사항
(22) 굴착면의 높이가 2미터 이상이 되는 암석의 굴착작업	• 폭발물 취급 요령과 대피 요령에 관한 사항 • 안전거리 및 안전기준에 관한 사항 • 방호물의 설치 및 기준에 관한 사항 • 보호구 및 작업신호 등에 관한 사항 • 그 밖에 안전보건관리에 필요한 사항
(23) 높이가 2미터 이상인 물건을 쌓거나 무너뜨리는 작업(하역기계로만 하는 작업은 제외한다)	• 원부재료의 취급방법 및 요령에 관한 사항 • 물건의 위험성·낙하 및 붕괴재해예방에 관한 사항 • 적재방법 및 전도 방지에 관한 사항 • 보호구 착용에 관한 사항 • 그 밖에 안전보건관리에 필요한 사항
(24) 선박에 짐을 쌓거나 부리거나 이동시키는 작업	• 하역 기계·기구의 운전방법에 관한 사항 • 운반·이송경로의 안전작업방법 및 기준에 관한 사항 • 중량물 취급 요령과 신호 요령에 관한 사항 • 작업안전점검과 보호구 취급에 관한 사항 • 그 밖에 안전보건관리에 필요한 사항
(25) 거푸집 동바리의 조립 또는 해체 작업	• 동바리의 조립방법 및 작업 절차에 관한 사항 • 조립재료의 취급방법 및 설치기준에 관한 사항 • 조립 해체 시의 사고예방에 관한 사항 • 보호구 착용 및 점검에 관한 사항 • 그 밖에 안전보건관리에 필요한 사항
(26) 비계의 조립·해체 또는 변경작업	• 비계의 조립순서 및 방법에 관한 사항 • 비계작업의 재료 취급 및 설치에 관한 사항 • 추락재해 방지에 관한 사항 • 보호구 착용에 관한 사항 • 그 밖에 안전보건관리에 필요한 사항
(27) 건축물의 골조, 다리의 상부구조 또는 탑의 금속제의 부재로 구성되는 것(5미터 이상인 것만 해당한다)의 조립·해체 또는 변경작업	• 건립 및 버팀대의 설치순서에 관한 사항 • 조립 해체 시의 추락재해 및 위험요인에 관한 사항 • 건립용 기계의 조작 및 작업신호방법에 관한 사항 • 안전장비 착용 및 해체순서에 관한 사항 • 그 밖에 안전보건관리에 필요한 사항

작 업 명	교 육 내 용
(28) 처마 높이가 5미터 이상인 목조건축물의 구조 부재의 조립이나 건축물의 지붕 또는 외벽 밑에서의 설치작업	• 붕괴・추락 및 재해 방지에 관한 사항 • 부재의 강도・재질 및 특성에 관한 사항 • 조립・설치순서 및 안전작업방법에 관한 사항 • 보호구 착용 및 작업점검에 관한 사항 • 그 밖에 안전보건관리에 필요한 사항
(29) 콘크리트 인공구조물(그 높이가 2미터 이상인 것만 해당한다)의 해체 또는 파괴작업	• 콘크리트 해체기계의 점검에 관한 사항 • 파괴 시의 안전거리 및 대피 요령에 관한 사항 • 작업방법・순서 및 신호 요령에 관한 사항 • 해체・파괴 시의 작업안전기준 및 보호구에 관한 사항 • 그 밖에 안전보건관리에 필요한 사항
(30) 타워크레인을 설치(상승작업을 포함한다)・해체하는 작업	• 붕괴・추락 및 재해 방지에 관한 사항 • 설치・해체순서 및 안전작업방법에 관한 사항 • 부재의 구조・재질 및 특성에 관한 사항 • 신호방법 및 요령에 관한 사항 • 이상 발생 시 응급조치에 관한 사항 • 그 밖에 안전보건관리에 필요한 사항
(31) 보일러(소형 보일러 및 다음 각 목에서 정하는 보일러는 제외한다)의 설치 및 취급 작업 가. 몸통 반지름이 750밀리미터 이하이고 그 길이가 1,300밀리미터 이하인 증기보일러 나. 전열면적이 3제곱미터 이하인 증기보일러 다. 전열면적이 14제곱미터 이하인 온수보일러 라. 전열면적이 30제곱미터 이하인 관류보일러	• 기계 및 기기 점화장치 계측기의 점검에 관한 사항 • 열관리 및 방호장치에 관한 사항 • 작업순서 및 방법에 관한 사항 • 그 밖에 안전보건관리에 필요한 사항
(32) 게이지압력을 제곱센티미터당 1킬로그램 이상으로 사용하는 압력용기의 설치 및 취급작업	• 안전시설 및 안전기준에 관한 사항 • 압력용기의 위험성에 관한 사항 • 용기 취급 및 설치기준에 관한 사항 • 작업안전 점검방법 및 요령에 관한 사항 • 그 밖에 안전보건관리에 필요한 사항
(33) 방사선 업무에 관계되는 작업(의료 및 실험용은 제외한다)	• 방사선의 유해・위험 및 인체에 미치는 영향 • 방사선의 측정기기 기능의 점검에 관한 사항 • 방호거리・방호벽 및 방사선물질의 취급 요령에 관한 사항 • 응급처치 및 보호구 착용에 관한 사항 • 그 밖에 안전보건관리에 필요한 사항
(34) 밀폐공간에서의 작업	• 산소농도 측정 및 작업환경에 관한 사항 • 사고 시의 응급처치 및 비상시 구출에 관한 사항 • 보호구 착용 및 사용방법에 관한 사항 • 밀폐공간작업의 안전작업방법에 관한 사항 • 그 밖에 안전보건관리에 필요한 사항

작 업 명	교 육 내 용
(35) 허가 및 관리 대상 유해물질의 제조 또는 취급작업	• 취급물질의 성질 및 상태에 관한 사항 • 유해물질이 인체에 미치는 영향 • 국소배기장치 및 안전설비에 관한 사항 • 안전작업방법 및 보호구 사용에 관한 사항 • 그 밖에 안전보건관리에 필요한 사항
(36) 로봇작업	• 로봇의 기본원리·구조 및 작업방법에 관한 사항 • 이상 발생 시 응급조치에 관한 사항 • 안전시설 및 안전기준에 관한 사항 • 조작방법 및 작업순서에 관한 사항
(37) 석면해체·제거작업	• 석면의 특성과 위험성 • 석면해체·제거의 작업방법에 관한 사항 • 장비 및 보호구 사용에 관한 사항 • 그 밖에 안전보건관리에 필요한 사항
(38) 가연물이 있는 장소에서 하는 화재위험작업	• 작업준비 및 작업절차에 관한 사항 • 작업장 내 위험물, 가연물의 사용·보관·설치 현황에 관한 사항 • 화재위험작업에 따른 인근 인화성 액체에 대한 방호조치에 관한 사항 • 화재위험작업으로 인한 불꽃, 불티 등의 비산(飛散)방지조치에 관한 사항 • 인화성 액체의 증기가 남아 있지 않도록 환기 등의 조치에 관한 사항 • 화재감시자의 직무 및 피난교육 등 비상조치에 관한 사항 • 그 밖에 안전보건관리에 필요한 사항
(39) 타워크레인을 사용하는 작업시 신호업무를 하는 작업	• 타워크레인의 기계적 특성 및 방호장치 등에 관한 사항 • 화물의 취급 및 안전작업방법에 관한 사항 • 신호방법 및 요령에 관한 사항 • 인양물건의 위험성 및 낙하·비래·충돌재해 예방에 관한 사항 • 인양물이 적재될 지반의 조건, 인양하중, 풍압 등이 인양물과 타워크레인에 미치는 영향 • 그 밖에 안전보건관리에 필요한 사항

제6장 안전관리자를 두어야 할 사업의 종류·규모 및 안전관리자의 수 및 선임방법

사업의 종류	사업장의 상시근로자 수	안전관리자의 수	안전관리자의 선임방법
1. 토사석 광업 2. 식료품 제조업, 음료 제조업 3. 섬유제품 제조업; 의복 제외 4. 목재 및 나무제품 제조업; 가구 제외 5. 펄프, 종이 및 종이제품 제조업 6. 코크스, 연탄 및 석유정제품 제조업 7. 화학물질 및 화학제품 제조업; 의약품 제외 8. 의료용 물질 및 의약품 제조업 9. 고무 및 플라스틱제품 제조업 10. 비금속 광물제품 제조업 11. 1차 금속 제조업 12. 금속가공제품 제조업; 기계 및 가구 제외 13. 전자부품, 컴퓨터, 영상, 음향 및 통신장비 제조업 14. 의료, 정밀, 광학기기 및 시계 제조업 15. 전기장비 제조업 16. 기타 기계 및 장비 제조업 17. 자동차 및 트레일러 제조업 18. 기타 운송장비 제조업 19. 가구 제조업 20. 기타 제품 제조업 21. 산업용 기계 및 장비 수리업 22. 서적, 잡지 및 기타 인쇄물 출판업 23. 폐기물 수집, 운반, 처리 및 원료 재생업 24. 환경 정화 및 복원업 25. 자동차 종합 수리업, 자동차 전문 수리업 26. 발전업 27. 운수 및 창고업	상시근로자 50명 이상 500명 미만	1명 이상	별표 4 각 호의 어느 하나에 해당하는 사람(같은 표 제3호·제7호 및 제9호부터 제12호까지에 해당하는 사람은 제외한다)을 선임해야 한다.
	상시근로자 500명 이상	2명 이상	별표 4 각 호의 어느 하나에 해당하는 사람(같은 표 제7호 및 제9호부터 제12호까지에 해당하는 사람은 제외한다)을 선임하되, 같은 표 제1호·제2호(「국가기술자격법」에 따른 산업안전산업기사의 자격을 취득한 사람은 제외한다) 또는 제4호에 해당하는 사람이 1명 이상 포함되어야 한다.
28. 농업, 임업 및 어업 29. 제2호부터 제21호까지의 사업을 제외한 제조업 30. 전기, 가스, 증기 및 공기조절 공급업(발전업은 제외한다) 31. 수도, 하수 및 폐기물 처리, 원료 재생업(제23호 및 제24호에 해당하는 사업은 제외한다) 32. 도매 및 소매업 33. 숙박 및 음식점업 34. 영상·오디오 기록물 제작 및 배급업 35. 방송업 36. 우편 및 통신업 37. 부동산업 38. 임대업; 부동산 제외	상시근로자 50명 이상 1천명 미만. 다만, 제37호의 사업(부동산 관리업은 제외한다)과 제40호의 사업의 경우에는 상시근로자 100명 이상 1천명 미만으로 한다.	1명 이상	별표 4 각 호의 어느 하나에 해당하는 사람(같은 표 제3호 및 제9호부터 제12호까지에 해당하는 사람은 제외한다. 다만, 제28호 및 제30호부터 제46호까지의 사업의 경우 별표 4 제3호에 해당하는 사람에 대해서는 그렇지 않다)을 선임해야 한다.

사업의 종류	사업장의 상시근로자 수	안전관리자의 수	안전관리자의 선임방법
39. 연구개발업 40. 사진처리업 41. 사업시설 관리 및 조경 서비스업 42. 청소년 수련시설 운영업 43. 보건업 44. 예술, 스포츠 및 여가 관련 서비스업 45. 개인 및 소비용품수리업(제25호에 해당하는 사업은 제외한다) 46. 기타 개인 서비스업 47. 공공행정(청소, 시설관리, 조리 등 현업업무에 종사하는 사람으로서 고용노동부장관이 정하여 고시하는 사람으로 한정한다) 48. 교육서비스업 중 초등ㆍ중등ㆍ고등 교육기관, 특수학교ㆍ외국인학교 및 대안학교 (청소, 시설관리, 조리 등 현업업무에 종사하는 사람으로서 고용노동부장관이 정하여 고시하는 사람으로 한정한다)	상시근로자 1천명 이상	2명 이상	별표 4 각 호의 어느 하나에 해당하는 사람(같은 표 제7호ㆍ제11호 및 제12호에 해당하는 사람은 제외한다)을 선임하되, 같은 표 제1호ㆍ제2호ㆍ제4호 또는 제5호에 해당하는 사람이 1명 이상 포함되어야 한다.
49. 건설업	공사금액 50억원 이상(관계수급인은 100억원 이상) 120억원 미만(「건설산업기본법 시행령」 별표 1 제1호가목의 토목공사업의 경우에는 150억원 미만)	1명 이상	별표 4 제1호부터 제7호까지 및 제10호부터 제12호까지의 어느 하나에 해당하는 사람을 선임해야 한다.
	공사금액 120억원 이상(「건설산업기본법 시행령」 별표 1 제1호가목의 토목공사업의 경우에는 150억원 이상) 800억원 미만		별표 4 제1호부터 제7호까지 및 제10호의 어느 하나에 해당하는 사람을 선임해야 한다.
	공사금액 800억원 이상 1,500억원 미만	2명 이상. 다만, 전체 공사기간을 100으로 할 때 공사 시작에서 15에 해당하는 기간과 공사 종료 전의 15에 해당하는 기간(이하 "전체 공사기간 중 전ㆍ후 15에 해당하는 기간"이라 한다) 동안은 1명 이상으로 한다.	별표 4 제1호부터 제7호까지 및 제10호의 어느 하나에 해당하는 사람을 선임하되, 같은 표 제1호부터 제3호까지의 어느 하나에 해당하는 사람이 1명 이상 포함되어야 한다.
	공사금액 1,500억원 이상 2,200억원 미만	3명 이상. 다만, 전체 공사기간 중 전ㆍ후 15에 해당하는 기간은 2명 이상으로 한다.	별표 4 제1호부터 제7호까지 및 제12호의 어느 하나에 해당하는 사람을 선임하되, 같은 표 제12호에 해당하는 사람은 1명만 포함될 수 있고, 같은 표 제1호 또는 「국가기술자격법」에 따른 건설안전기술사(건설안전기사 또는 산업안전기사의 자격을 취득

사업의 종류	사업장의 상시근로자 수	안전관리자의 수	안전관리자의 선임방법
	공사금액 2,200억원 이상 3천억원 미만	4명 이상. 다만, 전체 공사기간 중 전·후 15에 해당하는 기간은 2명 이상으로 한다.	한 후 7년 이상 건설안전 업무를 수행한 사람이거나 건설안전산업기사 또는 산업안전산업기사의 자격을 취득한 후 10년 이상 건설안전 업무를 수행한 사람을 포함한다) 자격을 취득한 사람(이하 "산업안전지도사등"이라 한다)이 1명 이상 포함되어야 한다.
	공사금액 3천억원 이상 3,900억원 미만	5명 이상. 다만, 전체 공사기간 중 전·후 15에 해당하는 기간은 3명 이상으로 한다.	별표 4 제1호부터 제7호까지 및 제12호의 어느 하나에 해당하는 사람을 선임하되, 같은 표 제12호에 해당하는 사람이 1명만 포함될 수 있고, 산업안전지도사등이 2명 이상 포함되어야 한다. 다만, 전체 공사기간 중 전·후 15에 해당하는 기간에는 산업안전지도사등이 1명 이상 포함되어야 한다.
	공사금액 3,900억원 이상 4,900억원 미만	6명 이상. 다만, 전체 공사기간 중 전·후 15에 해당하는 기간은 3명 이상으로 한다.	
	공사금액 4,900억원 이상 6천억원 미만	7명 이상. 다만, 전체 공사기간 중 전·후 15에 해당하는 기간은 4명 이상으로 한다.	별표 4 제1호부터 제7호까지 및 제12호의 어느 하나에 해당하는 사람을 선임하되, 같은 표 제12호에 해당하는 사람은 2명까지만 포함될 수 있고, 산업안전지도사등이 2명 이상 포함되어야 한다. 다만, 전체 공사기간 중 전·후 15에 해당하는 기간에는 산업안전지도사등이 2명 이상 포함되어야 한다.
	공사금액 6천억원 이상 7,200억원 미만	8명 이상. 다만, 전체 공사기간 중 전·후 15에 해당하는 기간은 4명 이상으로 한다.	
	공사금액 7,200억원 이상 8,500억원 미만	9명 이상. 다만, 전체 공사기간 중 전·후 15에 해당하는 기간은 5명 이상으로 한다.	별표 4 제1호부터 제7호까지 및 제12호의 어느 하나에 해당하는 사람을 선임하되, 같은 표 제12호에 해당하는 사람은 2명까지만 포함될 수 있고, 산업안전지도사등이 3명 이상 포함되어야 한다. 다만, 전체 공사기간 중 전·후 15에 해당하는 기간에는 산업안전지도사등이 3명 이상 포함되어야 한다.
	공사금액 8,500억원 이상 1조원 미만	10명 이상. 다만, 전체 공사기간 중 전·후 15에 해당하는 기간은 5명 이상으로 한다.	
	1조원 이상	11명 이상[매 2천억원(2조원이상부터는 매 3천억원)마다 1명씩 추가한다]. 다만, 전체 공사기간 중 전·후 15에 해당하는 기간은 선임 대상 안전관리자 수의 2분의 1(소수점 이하는 올림한다) 이상으로 한다.	

비고
1. 철거공사가 포함된 건설공사의 경우 철거공사만 이루어지는 기간은 전체 공사기간에는 산입되나 전체 공사기간 중 전·후 15에 해당하는 기간에는 산입되지 않는다. 이 경우 전체 공사기간 중 전·후 15에 해당하는 기간은 철거공사만 이루어지는 기간을 제외한 공사기간을 기준으로 산정한다.
2. 철거공사만 이루어지는 기간에는 공사금액별로 선임해야 하는 최소 안전관리자 수 이상으로 안전관리자를 선임해야 한다.

제7장 사전조사 및 작업계획서 내용

작업명	사전조사 내용	작업계획서 내용
1. 타워크레인을 설치·조립·해체하는 작업	-	가. 타워크레인의 종류 및 형식 나. 설치·조립 및 해체순서 다. 작업도구·장비·가설설비(假設設備) 및 방호설비 라. 작업인원의 구성 및 작업근로자의 역할 범위 마. 제142조에 따른 지지 방법
2. 차량계 하역운반기계 등을 사용하는 작업	-	가. 해당 작업에 따른 추락·낙하·전도·협착 및 붕괴 등의 위험 예방대책 나. 차량계 하역운반기계 등의 운행경로 및 작업방법
3. 차량계 건설기계를 사용하는 작업	해당 기계의 전락(轉落), 지반의 붕괴 등으로 인한 근로자의 위험을 방지하기 위한 해당 작업장소의 지형 및 지반상태	가. 사용하는 차량계 건설기계의 종류 및 성능 나. 차량계 건설기계의 운행경로 다. 차량계 건설기계에 의한 작업방법
4. 화학설비와 그 부속설비 사용작업	-	가. 밸브·콕 등의 조작(해당 화학설비에 원재료를 공급하거나 해당 화학설비에서 제품 등을 꺼내는 경우만 해당한다) 나. 냉각장치·가열장치·교반장치(攪拌裝置) 및 압축장치의 조작 다. 계측장치 및 제어장치의 감시 및 조정 라. 안전밸브, 긴급차단장치, 그 밖에 방호장치 및 자동경보장치의 조정 마. 덮개판·플랜지(flange)·밸브·콕 등의 접합부에서 위험물 등의 누출 여부에 대한 점검 바. 시료의 채취 사. 화학설비에서는 그 운전이 일시적 또는 부분적으로 중단된 경우의 작업방법 또는 운전 재개 시의 작업방법 아. 이상 상태가 발생한 경우의 응급조치 자. 위험물 누출 시의 조치 차. 그 밖에 폭발·화재를 방지하기 위하여 필요한 조치
5. 제318조에 따른 전기작업	-	가. 전기작업의 목적 및 내용 나. 전기작업 근로자의 자격 및 적정 인원 다. 작업 범위, 작업책임자 임명, 전격·아크 섬광·아크 폭발 등 전기 위험 요인 파악, 접근 한계거리, 활선접근 경보장치 휴대 등 작업시작 전에 필요한 사항 라. 제328조의 전로차단에 관한 작업계획 및 전원(電源) 재투입 절차 등 작업 상황에 필요한 안전 작업 요령 마. 절연용 보호구 및 방호구, 활선작업용 기구·장치 등의 준비·점검·착용·사용 등에 관한 사항

작업명	사전조사 내용	작업계획서 내용
		바. 점검·시운전을 위한 일시 운전, 작업 중단 등에 관한 사항 사. 교대 근무 시 근무 인계(引繼)에 관한 사항 아. 전기작업장소에 대한 관계 근로자가 아닌 사람의 출입금지에 관한 사항 자. 전기안전작업계획서를 해당 근로자에게 교육할 수 있는 방법과 작성된 전기안전작업계획서의 평가·관리계획 차. 전기 도면, 기기 세부 사항 등 작업과 관련되는 자료
6. 굴착작업	가. 형상·지질 및 지층의 상태 나. 균열·함수(含水)·용수 및 동결의 유무 또는 상태 다. 매설물 등의 유무 또는 상태 라. 지반의 지하수위 상태	가. 굴착방법 및 순서, 토사 반출 방법 나. 필요한 인원 및 장비 사용계획 다. 매설물 등에 대한 이설·보호대책 라. 사업장 내 연락방법 및 신호방법 마. 흙막이 지보공 설치방법 및 계측계획 바. 작업지휘자의 배치계획 사. 그 밖에 안전보건에 관련된 사항
7. 터널굴착작업	보링(boring) 등 적절한 방법으로 낙반·출수(出水) 및 가스폭발 등으로 인한 근로자의 위험을 방지하기 위하여 미리 지형·지질 및 지층상태를 조사	가. 굴착의 방법 나. 터널지보공 및 복공(覆工)의 시공방법과 용수(湧水)의 처리방법 다. 환기 또는 조명시설을 설치할 때에는 그 방법
8. 교량작업	–	가. 작업 방법 및 순서 나. 부재(部材)의 낙하·전도 또는 붕괴를 방지하기 위한 방법 다. 작업에 종사하는 근로자의 추락 위험을 방지하기 위한 안전조치 방법 라. 공사에 사용되는 가설 철구조물 등의 설치·사용·해체 시 안전성 검토 방법 마. 사용하는 기계 등의 종류 및 성능, 작업방법 바. 작업지휘자 배치계획 사. 그 밖에 안전보건에 관련된 사항
9. 채석작업	지반의 붕괴·굴착기계의 굴러 떨어짐 등에 의한 근로자에게 발생할 위험을 방지하기 위한 해당 작업장의 지형·지질 및 지층의 상태	가. 노천굴착과 갱내굴착의 구별 및 채석방법 나. 굴착면의 높이와 기울기 다. 굴착면 소단(小段)의 위치와 넓이 라. 갱내에서의 낙반 및 붕괴방지 방법 마. 발파방법 바. 암석의 분할방법 사. 암석의 가공장소 아. 사용하는 굴착기계·분할기계·적재기계 또는 운반기계(이하 "굴착기계 등"이라 한다)의 종류 및 성능 자. 토석 또는 암석의 적재 및 운반방법과 운반경로 차. 표토 또는 용수(湧水)의 처리방법
10. 건물 등의 해체작업	해체건물 등의 구조, 주변 상황 등	가. 해체의 방법 및 해체 순서도면 나. 가설설비·방호설비·환기설비 및 살수·방화설비 등의 방법 다. 사업장 내 연락방법 라. 해체물의 처분계획 마. 해체작업용 기계·기구 등의 작업계획서

작업명	사전조사 내용	작업계획서 내용
		바. 해체작업용 화약류 등의 사용계획서 사. 그 밖에 안전보건에 관련된 사항
11. 중량물의 취급 작업	–	가. 추락위험을 예방할 수 있는 안전대책 나. 낙하위험을 예방할 수 있는 안전대책 다. 전도위험을 예방할 수 있는 안전대책 라. 협착위험을 예방할 수 있는 안전대책 마. 붕괴위험을 예방할 수 있는 안전대책
12. 궤도와 그 밖에 관련설비의 보수·점검작업 13. 입환작업(入換作業)	–	가. 적절한 작업 인원 나. 작업량 다. 작업순서 라. 작업방법 및 위험요인에 대한 안전조치 방법 등

PART 2
기계·기구 및 설비 안전관리

제1장 　실제 시험편(기초·기본)

제2장 　현장 안전편(응용)

제1장 실제 시험편(기초·기본)

도해번호	작업명	비고
[01] 도서출판 세화 기계 2001	인쇄 운전기 작업	
[02] 도서출판 세화 기계 2002	지게차 작업	
[03] 도서출판 세화 기계 2003	프레스 작업(크랭크 프레스)	
[04] 도서출판 세화 기계 2004	크랭크 프레스로 구멍 뚫는 작업	
[05] 도서출판 세화 기계 2005	지게차 주행운전 안전작업	
[06] 도서출판 세화 기계 2006	슬라이스 작업	
[07] 도서출판 세화 기계 2007	탁상그라인더(연삭기) 안전작업	
[08] 도서출판 세화 기계 2008	연삭기 안전작업(1)	
[09] 도서출판 세화 기계 2009	연삭기 안전작업(2)	
[10] 도서출판 세화 기계 2010	목재가공용 둥근톱 안전작업(1)	
[11] 도서출판 세화 기계 2011	목재가공용 둥근톱 안전작업(2)	
[12] 도서출판 세화 기계 2012	목재가공용 둥근톱 안전작업(3)	
[13] 도서출판 세화 기계 2013	휴대용 둥근톱 안전작업	
[14] 도서출판 세화 기계 2014	가스용접 안전작업(1)	
[15] 도서출판 세화 기계 2015	가스용접 안전작업(2)	
[16] 도서출판 세화 기계 2016	가스용접 안전작업(3)	
[17] 도서출판 세화 기계 2017	지게차 안전작업	
[18] 도서출판 세화 기계 2018	지게차 안전운반 작업	
[19] 도서출판 세화 기계 2019	중량물 인력운반 안전작업	
[20] 도서출판 세화 기계 2020	산업용 로봇작업	
[21] 도서출판 세화 기계 2021	프레스 작업(1)	
[22] 도서출판 세화 기계 2022	프레스 작업(2)	
[23] 도서출판 세화 기계 2023	사출성형기 작업	
[24] 도서출판 세화 기계 2024	공기 압축기 작업	
[25] 도서출판 세화 기계 2025	보일러 작업	
[26] 도서출판 세화 기계 2026	주물공장 작업	
[27] 도서출판 세화 기계 2027	롤러기 작업	
[28] 도서출판 세화 기계 2028	와이어로프 사용작업	
[29] 도서출판 세화 기계 2029	컨베이어 작업(1)	
[30] 도서출판 세화 기계 2030	컨베이어 작업(2)	

합격자의 조언
① 한국산업인력공단 자격시험은 세화출판사의 교재에서 합격을 보장합니다.
② 산업안전기사와 산업안전산업기사는 실기 작업형에서 합격, 불합격이 결정됩니다.

| 작업명 | 인쇄 윤전기 작업 | 도서출판 세화 기계-2001 |

예제

01 인쇄윤전기에 설치한 방호 장치의 성능을 확인하기 위하여 윤전기로 롤러의 표면원주속도를 구하려고 한다. 표면원주속도[m/min]를 구하는 공식을 쓰시오.

> 참고 단위가 [mm/min]일 때는 V=πDN이다.

02 그림에서 작업자의 손이 말려들어 가는 부분에서 형성되는 위험점의 명칭과 그 정의를 쓰시오.

> 참고 기타 5가지 위험점도 기억해야 이번시험에 합격한다.

정답 01

$V = \dfrac{\pi DN}{1000} \text{[m/min]}$

정답 02

① 물림점
② 정의 : 회전하는 두 개의 회전체에 물려 들어가는 위험점

예 롤러와 롤러의 물림, 기어와 기어의 물림

합격대책
① 그림은 실제시험과 다소 차이가 있습니다.
② 본 문제는 도해없이도 답을 할 수가 있습니다.

| 작업명 | 지게차 작업 | 도서출판 세화 **기계-2002** |

예제

01 지게차 작업시 발생되는 위험요인(사고요인 : 3대위험)을 쓰시오.

02 지게차 작업시 운전자의 머리를 보호하기 위한 방호장치를 쓰시오.

정답 01
① 물체의 낙하
② 보행자 등과의 접촉
③ 차량의 전도

정답 02
헤드 가드

합격대책
① 그림은 실제시험과 다소 차이가 있습니다.
② 본 문제는 도해없이도 답을 할 수가 있습니다.

| 작업명 | 프레스작업(크랭크 프레스) | 도서출판 세화 기계-2003 |

예제

01 크랭크 프레스에 광전자식 안전장치가 설치될 때 이 안전장치의 급정지 시간이 5[ms]였다면 광축의 설치거리를 계산하시오.

보충학습 안전거리 $(S) = 1.6[t]$
이때 t는 보통 ms(millisecond)로 측정되며 1.6의 수치는 사람이 반사적으로 움직일 수 있는 손의 속도로 단위는 [m/s]이다.

02 01의 그림에서 작업자가 몸을 기울인 채 손으로 이물질을 제거하는 작업을 하다가 실수로 페달을 밟아 손을 다치는 사고가 발생하였다. 이러한 사고를 방지하기 위하여 조치하여야 할 사항을 2가지만 쓰시오.

정답 01

8[mm]
[풀이방법]
D(설치거리) = $1.6(T_l + T_s)$
= $1.6 \times Tm = 1.6 \times 5[ms]$
= 8[mm]

정답 02

① 이물질을 제거할 때에는 손으로 제거하는 것보다는 플라이어(집게) 등의 수공구를 사용한다.
② 프레스(press)를 일시 정지할 때에는 페달에 U자형 덮개를 씌운다.

| 작업명 | 크랭크 프레스로 구멍 뚫는 작업 | 도서출판 세화 **기계-2004** |

예제

01 크랭크 프레스로 철판에 구멍 뚫는 작업을 하고 있다. 사용하고 있는 크랭크 프레스에는 급정지 기구가 부착되어 있지 않다. 이 프레스에 설치하여 사용할 수 있는 유효한 방호장치 3가지를 쓰시오.

보충학습 [표] 급정지 기구에 따른 프레스 방호장치

구분	방호장치 종류
급정지 기구가 부착되어 있어야만 유효한 방호장치	① 양수 조작식 방호장치 ② 감응식 방호장치
급정지 기구가 부착되어 있지 않아도 유효한 방호장치	① 양수 기동식 방호장치 ② 게이트 가드식 방호장치 ③ 수인식 방호장치 ④ 손쳐내기식 방호장치

정답 01
① 양수기동식 방호장치
② 게이트 가드식 방호장치
③ 손쳐내기식 방호장치
④ 수인식 방호장치

02 01에 나타낸 프레스기에 금형을 설치할 때 점검사항 3가지를 쓰시오.

정답 02
① 다이홀더와 펀치의 직각도
② 생크홀과 펀치의 직각도
③ 펀치와 다이의 평행도
④ 펀치와 볼스터면의 평행도
⑤ 다이와 볼스터의 평행도

합격대책 ① 모든 그림이 실제시험 그림과 동일하지는 않습니다.
② 정답은 ○○기관에서 미공개했지만 모범답안입니다.

| 작업명 | 지게차 주행운전 안전작업 | 도서출판 세화 기계-2005 |

예제

01 지게차 주행안전 작업사항 중 잘못된 내용을 적으시오.

02 지게차의 작업시작 전 점검사항 3가지를 쓰시오.

정답 01
① 화물적재시에는 지상에서 5~10[cm] 지점까지 들어올린 후 일단 정지하고 이상이 없을 때 운행한다.
② 비포장도로, 좁은 통로, 언덕 등에서는 급출발, 급정지 등은 피한다.
③ 항상 전후좌우에 주의한다.
④ 창고의 출입구, 건널다리 등 요철이 있는 곳에서는 세심한 주의를 요한다.
⑤ 적재화물이 크고 시계를 방해할 경우는 유도자의 유도에 의해서 후진으로 경적을 울리면서 서행한다.
⑥ 경사면을 오를 때는 포크의 선단 또는 팔레트의 아랫부분이 노면에 접촉되지 않을 정도로 가능한 한 낮게 놓고 운행한다.
⑦ 경사면을 내려갈 때는 후진 운전을 하고 엔진 브레이크를 사용한다.

정답 02
① 제동장치 및 조종장치 기능의 이상 유무
② 하역장치 및 유압장치 기능의 이상 유무
③ 바퀴의 이상 유무
④ 전조등 · 후미등 · 방향지시기 및 경보장치 기능의 이상 유무

합격대책
① 모든 그림이 실제 시험그림과 동일하지는 않습니다.
② 문제의 내용은 실제시험과 동일합니다.

| 작업명 | 슬라이스 작업 | 도서출판 세화 기계-2006 |

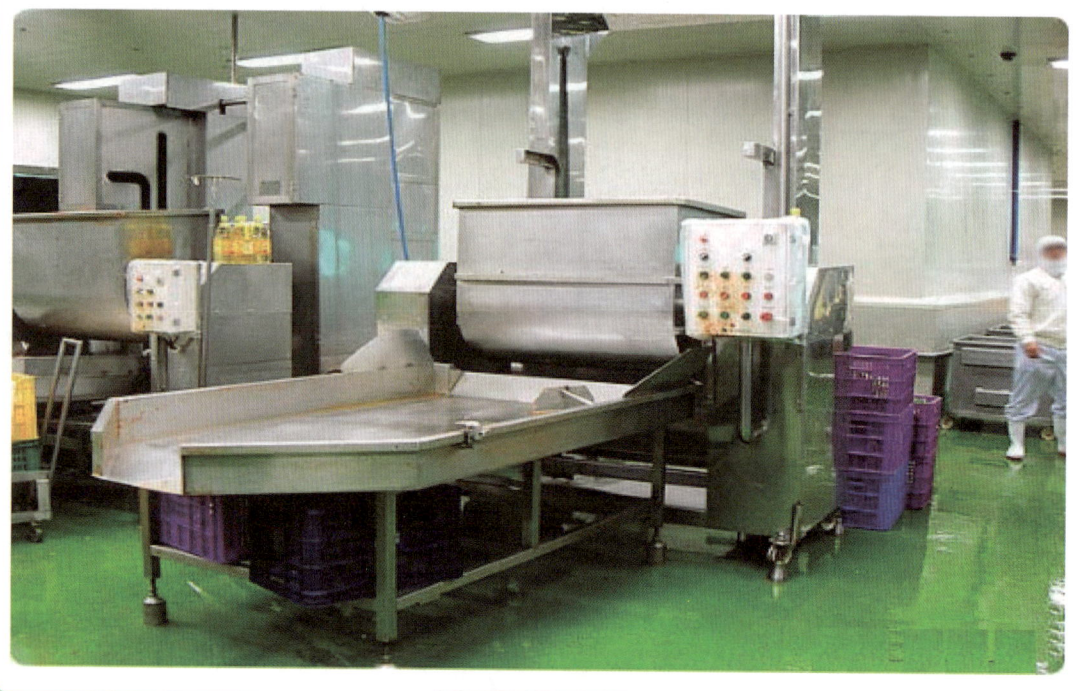

예제

01 김치제조 공장에서 슬라이스 작업중 작동이 멈춰 기계를 점검하고 있는 도중에 재해가 발생한 상황을 보여주고 있다. 슬라이스 기계에서 무채를 썰어내는 부분에서 형성되는 위험점은 무엇인가?

02 01에서 동종의 재해를 방지하기 위한 안전예방 대책 3가지만 쓰시오.

정답 01
절단점

정답 02
① 슬라이스 부분 덮개 설치
② 울 설치
③ 시건장치 설치

합격대책
① 문제의 내용은 동일하게 출제될 수 있습니다.
② 이번 시험에도 출제될 수 있습니다.

| 작업명 | 탁상그라인더(연삭기) 안전작업 | 도서출판 세화 기계-2007 |

예제

01 연삭기 안전 작업시 핵심위험 요인 4가지를 쓰시오.

보충학습 절삭 속도 계산식 **예** 밀링 $V = \dfrac{\pi DN}{1,000}$ [m/min]

여기서, V : 절삭 속도,
D : 밀링커터의 지름[mm],
N : 밀링커터의 1분간 회전수[rpm]

예 지름 150[mm]의 밀링 커터를 매분 220회전시켜 절삭하면 그 절삭속도는
$V = \dfrac{\pi \times 150 \times 220}{1,000} = 103.5$ [m/min]

02 연삭기 안전작업시 안전작업 수칙을 쓰시오.

정답 01
① 숫돌의 파괴, 파편의 비래 등에 의한 위험이 높다.
② 회전하는 숫돌에 닿아 절단, 스침 등의 상해위험이 높다.
③ 공작물의 파편이나 칩의 비래에 의한 위험이 높다.
④ 회전하는 숫돌과 덮개 혹은 고정부의 사이에 낄 위험이 높다.

정답 02
① 연삭숫돌은 조심하여 취급하고 설치 전에 반드시 손상유무를 점검한다.
② 연삭숫돌에는 충격이 가지 않도록 한다.
③ 연삭숫돌은 규격에 맞는 크기의 것을 규정속도로 사용한다.
④ 안전덮개는 반드시 설치된 상태에서 사용한다.

합격대책
① 연삭기에 대한 출제예상 문제를 모두 기술할 예정입니다.
② 절삭속도 공식은 모든 기계가 동일합니다.

| 작업명 | 연삭기 안전작업(1) | 도서출판 세화 기계-2008 |

예제

01 연삭작업시 연삭기 사용 전 점검 사항을 쓰시오.

02 연삭숫돌의 안전점검 항목 및 부착방법을 쓰시오.

정답 01
① 연삭기는 연삭숫돌 부위에 덮개가 설치되어 있는 것을 사용한다.
② 덮개는 숫돌이 파괴 비산되어도 방호할 수 있을 정도로 튼튼한지, 뒤의 그림의 노출각을 가지는지를 확인하고 사용한다.
③ 휴대용 연삭기는 덮개가 부착되어 있는 것을 사용한다.
④ 연삭숫돌과 작업대의 간격은 1~3[mm]를 유지하고, 연삭숫돌과 덮개의 간격은 3~10[mm]를 유지한다.

정답 02
(1) 연삭 숫돌은 작업시간 전에 외관검사를 실시한다.
 ① 숫돌에 갈라짐, 잔금, 이빠짐, 흠 등이 있지 않은가?
 ② 숫돌이 지나치게 마모되어 있지 않는가?
(2) 숫돌을 목재해머로 가볍게 두드려 소리로 이상유무를 확인한다.
 ① 깨끗한 소리 : 정상
 ② 둔탁한 소리 : 결함
(3) 연삭숫돌을 고정시키는 플랜지의 직경 및 접촉폭은 고정측과 이동측이 동일한 값을 가져야 하며, 플랜지 직경은 연삭숫돌 직경의 1/3이상이 되도록 한다.
(4) 볼트는 너무 세게 조이지 않도록 한다.
(5) 부착 후 숫돌의 균형을 확인한다.

> **참고** 각종 연삭기 덮개 표준양식 및 각도

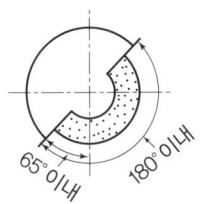

① 원통 연삭기, 센터리스연삭기, 공구연삭기, 만능연삭기 기타 이와 비슷한 연삭기

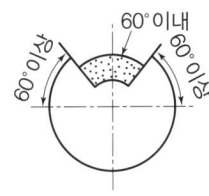

② 연삭숫돌의 상부를 사용하는 것을 목적으로 하는 탁상용 연삭기

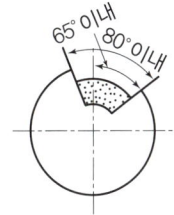

③ ② 및 ⑥이외의 탁상용 연삭기 기타 이와 유사한 연삭기

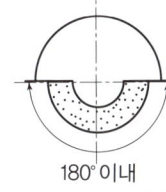

④ 휴대용 연삭기, 스윙연삭기, 슬래브 연삭기 기타 이와 비슷한 연삭기

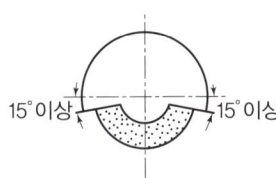

⑤ 평면연삭기, 절단연삭기, 기타 이와 비슷한 연삭기

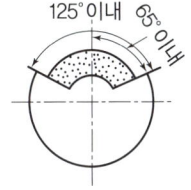

⑥ 일반 연삭작업 등에 사용하는 목적으로 하는 탁상용 연삭기

[법령정보(2008년 12월 31일 고시 제2008-19호)]
연삭기
제29조(적용대상) 이 장은 연삭용 숫돌을 동력 회전체에 부착하여 고속으로 회전시키면서 가공재료를 연마 또는 절삭(grinding)하는 연삭기로서 숫돌의 직경이 5[cm] 이상인 것에 대하여 적용한다.
제30조(방호조치) ① 연삭기의 연삭숫돌에는 덮개를 설치하여야 하며, 그 덮개는 숫돌 파괴시의 충격에 견딜 수 있는 충분한 강도를 가진 것이어야 한다.
② 제①항에 따른 덮개는 법 제35조 제1항에 따른 자율안전확인 신고를 한 제품이어야 한다.
제31조(설치방법) 연삭숫돌에 덮개를 하지 아니하는 노출각도는 다음 각 호의 1과 같다.
　　1. 탁상용연삭기의 노출각도는 90[°] 이내로 하되, 숫돌의 주축에서 수평면 이하의 부문에서 연삭하여야 할 경우에는 노출도를 125[°]까지 증가시킬 수 있다.
　　2. 연삭숫돌의 상부를 사용하는 것을 목적으로 하는 연삭기의 노출각도는 60[°] 이내로 한다.
　　3. 휴대용연삭기의 노출각도는 180[°] 이내로 한다.
　　4. 원통형연삭기의 노출각도는 180[°] 이내로 하되, 숫돌의 주축에서 수평면 위로 이루는 원주각도는 65[°] 이상이 되지 않도록 하여야 한다.
　　5. 절단 및 평면연삭기의 노출각도는 150[°] 이내로 하되, 숫돌의 주축에서 수평면 밑으로 이루는 덮개의 각도는 15[°] 이상이 되도록 하여야 한다.

| 작업명 | 연삭기 안전작업(2) | 도서출판 세화 기계-2009 |

예제

01 연삭작업 중 일반적인 안전조치사항을 쓰시오.

정답 01

① 연삭숫돌을 사용하는 작업을 할 때에는 작업시작 전 1분 이상, 연삭숫돌을 교체한 경우에는 3분 이상 공회전을 시켜 기계에 이상이 있는지를 확인하여야 한다.
② 시운전 중에는 연삭숫돌의 회전 방향 및 위험구역에서 벗어나 있는다.
③ 연삭숫돌에 표시되어 있는 최고 사용 원주속도를 초과하여 사용하지 않는다.
④ 연마작업시 파편이나 칩의 비래에 의한 위험에 대비, 고정식 연삭기에 투명한 비상방지판을 설치하고 작업자는 보안경을 착용한다.
⑤ 연삭작업을 중지할 때는 숫돌이 회전하는 상태로 방치하지 않도록 한다.
⑥ 작업을 중단할 때는 전원스위치를 끄고, 숫돌이 확실히 정지하지 않은 상태에서 손으로 만지지 않도록 한다.
⑦ 강렬한 소음과 분진이 발생되는 연마작업의 경우에는 귀마개·귀덮개 등 방음보호구와 분진 마스크를 착용한다.
⑧ 분진이 많이 발생하는 연마작업은 국소배기장치로 흡입되도록 조치한 후 작업한다.

| 작업명 | 목재가공용 둥근톱 안전작업(1) | 기계-2010 |

예제

01 화면에서 목재가공용 둥근톱 작업시 위험요인을 쓰시오.

02 목재가공용 둥근톱 작업시 안전작업 수칙을 쓰시오.

정답 01
① 안전장치를 사용하지 않고 결함이 있는 톱날을 끼워 사용할 경우 사고발생 위험이 높다.
② 톱날과 근로자의 신체접촉에 의한 위험이 있다.
③ 목재와 톱날의 간섭으로 인해 반발하는 목재에 의해 근로자가 타격당할 수 있다.

정답 02
① 손상 또는 변형된 톱날의 사용을 금지한다.
② 공회전을 시켜 이상유무를 확인한다.
③ 작업대는 작업에 알맞은 높이로 조정한다.
④ 톱날이 재료보다 너무 높게 튀어나오지 않도록 조정한다.
⑤ 분할날은 톱날의 크기와 두께에 따라 적절히 선택한다.
⑥ 보안경, 안전화 등 보호구를 착용한다.
⑦ 작업중에는 장갑을 착용하지 않는다.
⑧ 톱날교체 및 보수작업시 반드시 전원을 차단한다.
⑨ 전원차단 후 회전하는 톱날을 정지시키기 위해 톱날을 옆에서 눌러 정지시키지 않도록 한다.

| 작업명 | 목재가공용 둥근톱 안전작업(2) | 도서출판 세화 **기계-2011** |

예제

01 목재가공용 둥근톱 작업시 안전장치의 사용방법 및 조정방법을 쓰시오.

02 목재가공용 둥근톱기계의 정지방법을 쓰시오.

정답 01

(1) 안전작업에 필요한 다음과 같은 안전 및 보조장치를 사용한다.
  ① 분할날 ② 평행조정기 ③ 직각정규 ④ 밀대 ⑤ 톱날덮개
(2) 톱날덮개(톱날접촉 예방장치)는 정확히 설치하고 조정한다.
  ① 고정식 접촉예방장치는 하단과 테이블 사이의 높이를 최대 25[mm]로 제한하고 하단과 가공재의 간격을 8[mm] 이내로 조정한다.
  ② 가동식 접촉예방장치는 목재를 절단하지 않을 때는 테이블에 접촉되도록 하여 작업자의 손이 톱날에 접촉되는 것을 방지한다.
(3) 둥근톱에는 재료를 분리할 수 있는 분할날이 부착되어 있어야 한다.
(4) 분할날과 톱니 사이의 간격이 12[mm] 이내가 되도록 조정한다.
(5) 반발방지조 및 반발방지롤 등 반발방지기구를 사용하여 가공재의 반발을 방지한다.

정답 02

① 작업의 중단, 기계의 수리·보수, 둥근톱의 교체, 주변의 청소 등을 할 경우에는 반드시 둥근톱의 전원스위치를 끈 후 해당 작업을 한다.
② 작업중 이상이 발견되었을 경우는 즉시 둥근톱의 전원스위치를 끈다.

| 작업명 | 목재가공용 둥근톱 안전작업(3) |

01 목재가공용 둥근톱 가공작업중 안전조치사항을 쓰시오.

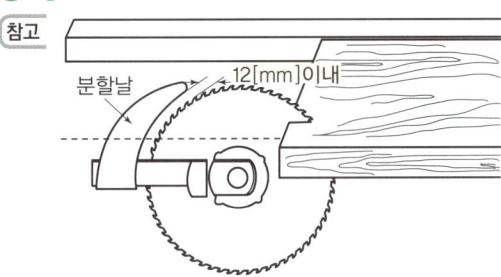

정답 01

① 나뭇조각이나 톱밥 등을 제거하기 위해 회전하는 톱날 주변에서 손으로 밀어내지 않는다.
② 가공중에 톱밥을 제거할 경우는 컴프레서를 이용, 압축공기로 제거하거나 브러시 등 전동공구를 사용한다.
③ 재료의 가공작업은 톱날회전방향의 정면에 서서 하지 말고 약간 측면에서 한다.
④ 재료절단시에는 무리하게 밀어 넣지 말고 절단하기 어려운 재료는 천천히 밀어 넣어 톱날의 훼손, 목재의 반발 등이 생기지 않도록 한다.
⑤ 두께가 얇은 목재의 가공작업시에는 누름판 등을 사용하여 안전하게 작업한다.
⑥ 강렬한 소음이 발생하는 가공작업시에는 귀마개 또는 귀덮개 등 방음보호구를 착용한다.
⑦ 가공시 발생되는 분진에 의한 건강장해를 예방하기 위해 분진 마스크를 착용한다.

| 작업명 | 휴대용 둥근톱 안전작업 | 도서출판 세화 기계-2013 |

예제

01 휴대용 둥근톱 작업시 안전작업방법을 쓰시오.

참고

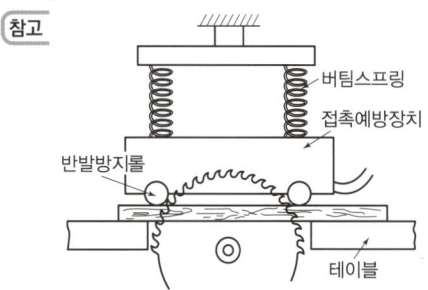

정답 01

① 18[mm] 이상 절단시 휴대용 둥근톱에 분할날을 장착하여 사용한다.
② 분할날과 톱니와의 간격은 5[mm] 이내를 유지한다.
③ 절단위치를 정확히 조정한다.(원목의 경우 재료 두께보다 10[mm] 이상이 되어야 한다.)
④ 톱날이 돌아가는 상태로 휴대용 톱을 재료 위에 놓아서는 안된다.
⑤ 톱니 전체에 고정된 덮개를 씌운다.
⑥ 덮개 하부의 안전장치는 밀폐된 경우 외에는 고정시켜서는 안된다.
⑦ 휴대용 둥근톱에는 톱날 뒷부분의 복개장치와 되튀김을 방지하기 위한 조정 가능한 반발예방장치가 설치되어야 한다.

| 작업명 | 가스용접 안전작업(1) | 도서출판 세화 기계-2014 |

예제

01 가스용접 작업시 핵심위험요인을 쓰시오.

02 가스용접 작업시 안전작업수칙을 쓰시오.

정답 01
① 가스용기의 넘어짐과 충격 등에 의한 폭발위험이 있다.
② 주변의 가연성 물질에 불꽃이 튀어 화재가 발생할 수 있다.
③ 불꽃, 용접불똥 등에 의해 작업자가 화상을 입을 수 있다.

정답 02
① 가스용기는 열원으로부터 먼 곳에 세워서 보관하고 전도방지 조치를 한다.
② 용접작업중 불꽃 등의 튐 등에 의하여 화상을 입지 않도록 방화복이나 가죽앞치마, 가죽 장갑 등의 보호구를 착용한다.
③ 시력보호를 위한 적절한 보안경을 착용한다.
④ 산소밸브는 기름이 묻지 않도록 한다.
⑤ 가스호스는 꼬이거나 손상되지않도록하고 용기에 감지않는다.
⑥ 안전한 호스연결기구(호스클립, 호스밴드 등)만을 사용한다.
⑦ 검사받은 압력조정기를 사용하고 안전밸브 작동시에는 화재·폭발 등의 위험이 없도록 가스용기를 연결시킨다.
⑧ 가스호스의 길이는 최소 3[m] 이상 되어야 한다.
⑨ 호스를 교체하고 처음 사용하는 경우에는 사용하기 전에 호스 내의 이물질을 깨끗이 불어내고 사용한다.
⑩ 토치와 호스연결부 사이에 역화방지를 위한 안전장치가 설치되어 있는 것을 사용한다.

| 작업명 | **가스용접 안전작업(2)** | 도서출판 세화 기계-2015 |

예제

01 환기가 불충분한 장소에서의 가연성 가스를 사용한 용접작업시 준수사항을 쓰시오.

02 가스용기 취급시 준수사항을 쓰시오.

정답 01
① 호스와 취관은 손상에 의하여 누출될 우려가 없는지 확인한다.
② 호스 등의 접속부분은 호스밴드, 클립 등의 조임기구를 사용하여 확실하게 조인다.
③ 가스공급구의 밸브, 콕에는 여기에 접속된 가스 등의 호스를 사용하는 자의 명찰을 부착하는 등 오조작을 방지하기 위한 조치를 한다.
④ 용단작업시에는 산소의 과잉방출로 인한 화상의 예방을 위하여 충분히 환기한다.
⑤ 작업을 중단하거나 작업장을 떠날 때에는 공급구의 밸브, 콕을 잠근다.
⑥ 작업을 하지 않을 때는 가스 호스를 해체하거나 환기가 충분한 장소로 이동시킨다.

정답 02
① 위험한 장소, 통풍이 안되는 장소에 보관, 방치하지 않는다.
② 용기의 온도를 40[℃] 이하로 유지한다.
③ 충격을 가하지 않도록 하고 충격에 대비하여 방호울 등을 설치한다.
④ 건설현장이나 설비공사시에는 용기고정장치 또는 끌차를 사용한다.
⑤ 운반시 캡을 씌워 충격에 대비한다.
⑥ 사용시에는 용기의 마개 주위에 있는 유류, 먼지를 제거한다.
⑦ 밸브는 서서히 열어 급작스럽게 가스가 분출되지 않도록 하고 충격에 대비한다.
⑧ 사용중인 용기와 사용 전의 용기를 명확히 구별하여 보관한다.
⑨ 용기의 부식, 마모, 변형상태를 점검한 후 사용한다.

| 작업명 | 가스용접 안전작업(3) |

예제

01 가스용접시 용접작업장의 안전조치 사항을 쓰시오.

02 가스용접 작업중 안전조치사항을 쓰시오.

정답 01
① 용접작업장에는 분말소화기와 같은 적절한 소화기를 비치한다.
② 아세틸렌 용접장치에 대하여는 그 취관마다 안전기를 설치한다.
③ 가스집합장치는 화기를 사용하는 설비로부터 5[m] 이상 떨어진 장소에 설치한다.
④ 도관에는 아세틸렌관과 산소관과의 혼동을 방지하기 위한 표시를 한다.

정답 02
① 퓸 또는 분진이 발산되는 옥내작업장에 대하여는 국소배기장치를 설치하는 등 필요한 조치를 한다.
② 용접작업시 발생하는 불꽃이나 불똥의 튀튐을 고려하여 인화물질과 충분한 이격거리를 확보한다.
③ 탱크내부 등 통풍이 불충분한 장소에서 용접작업을 할 때에는 탱크내부의 산소농도를 측정하여 산소농도가 18[%] 이상이 되도록 유지하거나, 공기호흡기 등 호흡용 보호구를 착용한다.

| 작업명 | 지게차 안전작업 | 도서출판 세화 기계-2017 |

예제

01 지게차 작업시 위험요인을 쓰시오.

02 지게차 작업시 안전작업수칙을 쓰시오.

정답 01
① 불안정하게 적재한 화물이 떨어져 재해가 발생할 수 있다.
② 적재물에 의한 시야방해로 보행자와의 접촉 및 충돌위험이 있다.
③ 화물의 과적재, 노면정비불량, 급가속, 급선회, 급정지에 따라 지게차가 넘어질 수 있다.

정답 02
① 작업자는 작업계획서를 충분히 숙지한 후 이에 따라 운반작업을 실시한다.
② 포크 위에 사람을 태워서 들어올리거나 하지 않는다.
③ 허용하중을 초과하여 화물을 적재하지 않는다.
④ 포크에 와이어 등을 걸어서 짐을 매달지 않는다.
⑤ 작업장소 및 지반형태에 적합하게 정해진 운반제한속도를 준수한다.
⑥ 작업지휘자나 유도자의 지휘에 따르고 지반의 침하나 노면의 붕괴에 유의하면서 운전한다.
⑦ 작업에 필요한 신호방법을 익히고 이에 따른다.
⑧ 지게차는 반드시 유자격자가 운전하여야 하고, 운전자는 지게차에서 이탈시에는 반드시 포크를 가장 낮은 위치에 두고 시동을 끄고 운전열쇠를 지참한다.
⑨ 지게차의 포크 밑에 들어가서 작업하지 않도록 한다.
⑩ 지정승차석 외에는 탑승을 금지시킨다.

작업명	지게차 안전운반 작업

예제

01 지게차로 화물하역 운반작업시 안전작업방법을 쓰시오.

02 01의 그림에서 지게차의 주행시 좌우안정도 공식을 쓰시오.

정답 01
① 운전원은 운반하여야 할 화물을 점검하고 기준중량을 초과하지 않도록 한다.
② 포크의 발은 화물의 크기보다 긴 것을 사용하여 하역작업의 안정성을 높인다.
③ 화물을 바로잡기 위하여 포크를 사용하여 밀거나 부딪치지 않는다.
④ 화물의 폭에 따라 포크의 간격을 조절하여 무게의 중심을 중앙에 오도록 한다.

정답 02
좌우안정도[%] = (15 + 1.1V)
∴ V : 최고속도[km/h]

| 작업명 | 중량물 인력운반 안전작업 | 도서출판 세화 기계-2019 |

예제

01 중량물을 인력으로 운반시 위험요인을 쓰시오.

정답 01
① 부적절한 자세 또는 무리하게 무거운 화물을 들거나 운반할 경우 요통이 발생할 수 있다.
② 화물을 들거나 내려놓을 때 손·발 등에 협착위험이 있다.
③ 화물 자체의 위험성(뜨거움, 차가움, 거칠음, 날카로움, 깨짐)에 의한 베임, 찢어짐 등 재해가 일어날 수 있다.

02 중량물을 인력으로 운반시 안전작업수칙을 쓰시오.

정답 02
① 작업 전에 허리를 중심으로 가벼운 운동을 실시하여 근육을 풀어준다.
② 작업 전에 통로상의 장애요소(노면 패임, 돌, 못 튀어나옴, 미끄럼 등)를 제거한다.
③ 작업할 때는 규정에 맞는 작업복 및 보호구를 몸에 밀착되게 착용한다.
④ 운반중량은 작업조건, 화물의 형상, 성별, 연령 등 제반 조건에 따라 다르므로 무리하지 않는 범위 내에서 작업한다.
⑤ 중량물을 운반하기 전에 반드시 대상물체를 가볍게 움직여 본 후 운반토록 한다.
⑥ 화물의 특성(유해·위험성, 무게 중심, 유동성)을 사전에 파악하여 대비한다.
⑦ 화물을 쥐는 방법 등 운반하는 자세 및 순서를 충분히 훈련하여 몸에 배도록 한다.
⑧ 혼자 운반하기 어려운 경우 2인 이상이나 운반보조기구를 활용한다.
⑨ 여러 명이 협동운반할 경우에는 작업환경에 알맞은 신호방법을 정하고 반드시 지킨다.

산업용 로봇작업

예제

01 화면(사진)과 같이 로봇작업시 위험요인을 기술하시오.

정답 01
① 작업영역이 커 작업자가 로봇의 작업영역 내에 들어가 있는 경우가 많으며 운동의 형태를 예상하기 힘들어 충돌할 위험이 크다.
② 교시나 보수시 오동작, 불의의 작동 또는 순서를 무시한 초기화에 의한 충돌위험이 있다.
③ 로봇이 연산중 또는 주변기기의 이상이나 작업을 기다리고 있는 등으로 정지하고 있을 때 고장으로 오인하여 위험구역 내로 진입하여 위험을 초래할 수 있다.

02 산업용 로봇 작업시 교시내용을 기술하시오.

정답 02
① 교시는 원칙적으로 방호구역 밖에서 실시한다.
② 교시는 이상시 취할 행동을 숙지하고 있고, 훈련되고 허가된 자가 정해진 순서에 따라 작업한다.
③ 방호구역 내에서 교시를 하는 경우에 해당 로봇은 낮은 속도로 운전되는 상태이어야 한다.
④ 비상정지장치가 작동되어 운전이 정지된 후 재가동할 경우 필요한 이상상태가 완전히 해제되었는지 확인한다.
⑤ 복수작업자가 작업하는 경우 상호간에 신호방법을 미리 정해놓는다.
⑥ 교시작업자는 비상정지장치 내지 수단을 가지고 있어야 하고, 방호구역 밖의 다른 사람이 운전하지 않도록 조치한다.
⑦ 여러 로봇이 복합된 작업장에서는 주변의 로봇에 의한 위험을 배제하고 작업한다.
⑧ 교시하는 자가 로봇 가동부분 전체 작동상태에 대하여 파악할 수 없을 때는 별도의 감시인을 배치하여 이상시 비상정지시키고 종사자 이외의 자의 출입을 통제한다.
⑨ 프로그램의 확인을 위한 운전은 방호구역 밖에서 실시한다.

| 작업명 | 프레스 작업(1) | 도서출판 세화 **기계-2021** |

예제

01 프레스 작업시 금형의 부착방법을 기술하시오.

02 프레스 작업을 2인 1조 또는 3인 1조 공동작업시 준수사항을 쓰시오.

정답 01

(1) 금형의 부착준비를 철저히 한다.
　① 작업에 알맞은 프레스 능력인가를 확인할 것
　② 금형의 운반은 신중하게 할 것
　③ 금형 부착(조립) 전에 외관검사를 할 것
(2) 금형의 조립순서를 준수한다.
　① 동력(모터)의 정지를 확인할 것(안전블록 사용)
　② 녹아웃 바를 벗겨낼 것(낙하 위험)
　③ 슬라이드 하사점 부분까지 내린다.(미동작업)
　④ 슬라이드의 높이를 조절한다.(셧 하이트도 체크할 것)
　⑤ 금형 부착면을 다듬는다.(볼스터 및 슬라이드 밑면, T홈, 쿠션핀 등)
　⑥ 금형의 고정

정답 02

① 공동작업자 전원이 동시조작하지 않으면 기계가 작동되지 않는 구조일 것
② 1인 작업, 2인 작업, 연속 작업 등 작업구분 전환 키 스위치는 작업자가 임의로 전환해서는 안된다.
③ 전환 키 스위치의 위치선정, 키의 보관 등은 엄격히 관리할 것

| 작업명 | 프레스 작업(2) | 도서출판 세화 기계-2022 |

예제

01 프레스 기계의 안전장치 종류를 쓰고 용도를 기술하시오.

02 프레스 방호장치를 클러치별, 작업별로 선택하시오.

정답 01

(1) 광전자식
  ① 급정지장치가 없는 구조의 프레스는 사용을 금할 것
     (예) 슬라이딩핀 클러치, 롤링키 클러치)
  ② 프레스 정지기능에 알맞은 안전거리가 확보될 것
  ③ 스트로크 지정길이에 따라 광축수가 알맞아야 함
  ④ 안전울 또는 가드를 병행하여 사용한다.
  ⑤ 광축수와 방호높이는 다음과 같다.
     (방호높이(L)=슬라이드 조절량+섕크 길이)

(2) 양수조작식
  ① 1행정 1정지 기능이 있는 프레스에 사용할 것
  ② 양수버튼의 거리는 300[mm] 이상일 것
  ③ 양손으로 동시에 0.5초 이내 버튼을 눌렀을 때만 작동할 것

정답 02

클러치별	포지티브 클러치		프릭션 클러치		작 업 별			
방호 장치별	120SPM 미만	120SPM 이상	120SPM 미만	120SPM 이상	굽힘·절단작업		펀치작업	
					대형	소형	대형	소형
양수조작식	×	○	○	○	○	○	○	○
광전자식	×	×	○	○	×	○	×	○
손쳐내기식	○	×	○	×	×	○	×	○
수 인 식	○	×	○	×	×	○	×	○

| 작업명 | 사출성형기 작업 |

예제

01 화면과 같이 사출성형기 작업시 위험요인을 쓰시오.

02 사출성형기 작업시 연동장치의 구조 및 기능 확인방법을 쓰시오.

정답 01
① 형조임기구에 의한 협착위험이 높다.
② 용융수지가 비산되거나 흘러 화상을 입을 위험이 높다.
③ 가공물이 낙하되거나 금형 교체시 충돌하여 상해를 입을 위험이 높다.

정답 02
① 조작스위치가 있는 면에는 두 가지 이상의 연동장치가 있는 안전문이 설치되어 있고, 운전조작은 그 면에서만 가능하도록 되어 있는 구조
② 조작스위치가 없는 면에는 하나의 연동장치가 있는 안전문이 설치되어 있는 구조
③ 자동·반자동 운전의 경우 노즐 접촉이 완료되지 않으면 사출이 되지 않는 기능
④ 안전문을 열었을 때에는 수동운전만 가능하여 저속운전으로 사출기구 내의 용융재료를 청소할 수 있는 구조
⑤ 성형구역 내에 사람이 들어갈 경우에는 안전매트, 광선식 검출장치, 감지커튼 등이 설치되어 기계 작동이 안되거나 기계적으로 안전문이 닫히는 것을 방지하는 구조

작업명	공기 압축기 작업

예제

01 화면과 같이 공기압축기의 (1) 공기 필터의 교환 방법과 (2) 오일필터의 교환방법을 기술하시오.

02 화면(CD-ROM 그림)과 같이 공기 압축기 설치시 주의사항을 쓰시오.

정답 01

(1) 공기필터의 교환
  ① 공기압축기를 정지시킨다.
  ② 뚜껑을 잡고 있는 볼트를 풀어 뚜껑을 열고 먼지를 제거한다.
  ③ 필터를 꺼내 깨끗이 닦거나 압축 공기로 제거한다.
  ④ 필터에 기름칠을 하지 않는다.
(2) 오일필터의 교환
  ① 공기압축기를 정지시키고 압력을 충분히 뺀다.
  ② 오일필터 렌치로 필터를 빼낸다.
  ③ 새로운 필터의 개스킷에 기름을 얇게 바른다.
  ④ 세퍼레이터에 사용한 오일과 동일한 오일을 넣은 다음 필터를 끼우고 손으로 잠근다.
  ⑤ 공기압축기가 작동하고 있을 때 오일 필터가 꽉 잠겼는지 확인한다.

정답 02

① 공기압축기의 소음, 진동으로 주위에 방해가 되지 않는 장소에 설치한다.
② 설치하는 기반은 견고한 장소를 선택하며, 연약한 지반은 적절히 말뚝박기를 하고 기초 콘크리트 철근으로 충분히 보강한다.
③ 가급적 온도 및 습도가 낮은 곳에 설치해서 응축수 발생을 줄인다.
④ 공랭식 공기압축기는 온풍을 통풍덕트를 이용하여 실외로 유도하는 것이 좋다.
⑤ 실내에 공기압축기를 설치하는 경우에는 공기흡입구를 되도록 온도, 습도가 낮은 곳에 위치하도록 한다.
⑥ 공기탱크를 옥외에 설치하는 경우는 일광이 없고 되도록 공기압축기에 가까운 장소를 선택한다.

| 작업명 | **보일러 작업** | 도서출판 세화 **기계-2025** |

예제

01 화면(CD-ROM 그림)과 같이 보일러 작업 시 위험요인을 기술하시오.

정답 01
① 노내의 연소가스에 돌연 착화하면 급격한 연소를 일으켜 미연소가스의 양, 농도 및 쌓인 그을음에 따라 큰 폭발이 되는 경우가 있다.
② 보일러의 수위가 안전저수면 이하가 되면 급격한 압력상승에 따라 본체가 파열될 위험이 높다.
③ 보일러 구조상 청소가 곤란한 경우 스케일 부착으로 인해 과열이 생기는 수가 있다.

02 보일러 저수위 사고 방지에 관한 작업시 준수사항을 쓰시오.

정답 02
(1) 저수위 사고를 방지하기 위해서는 보일러의 가동 전에 우선 다음의 사항을 확인한다.
 ① 급수탱크의 수위
 ② 분출장치의 폐지상태
 ③ 급수배관 밸브의 개폐
 ④ 수면측정장치, 각 연락배관의 밸브 또는 콕의 상태
 ⑤ 보일러의 수위
(2) 보일러 내에서 증발이 시작하면 점차 압력이 상승하지만 연소가 안정되고 소정 압력에 달할 때까지는 보일러로부터 눈을 떼지 말고 압력이나 수위의 움직임 및 연소를 감시한다.
(3) 보일러의 압력이 일정압력 이상이 되면 바로 증기를 사용하지 말고 다음 사항을 확인 후 이상이 없을 때 송기를 시작한다.
 ① 수면측정장치의 기능
 ② 수위검출기의 작동상황
 ③ 연료차단밸브, 연료리턴밸브의 기능
 ④ 분출장치에서의 누설 유무
 ⑤ 수위검출기의 증기와 물쪽 연락관 및 배수관에 설치되어 있는 밸브 또는 콕의 상태

작업명	주물공장 작업

예제

01 주물공장에서 작업시 위험요인을 기술하시오.

02 주물공장에서 작업시 안전작업수칙을 쓰시오.

정답 01
① 고온의 용탕에 의한 화상과 수분의 반응 및 용제사용에 의한 폭발위험이 있다.
② 중량물 취급에 의한 협착 및 요통위험이 있다.
③ 분진 및 소음에 의한 건강장애를 입을 수 있다.

정답 02
① 원료는 수분이 부착되지 않은 것을 사용하고 용탕을 받을 용기의 내부는 충분히 건조한 후 사용한다.
② 중량물 취급시에는 적절한 이동 기계·기구를 사용하고 인력은 되도록 사용하지 않도록 하며 인력 운반시 안전수칙을 준수한다.
③ 기계에 의한 중량물 이동시에는 경고음을 주면서 지정된 통로로 이동한다.
④ 톱 및 연삭기(그라인더) 등 위험 기계를 사용할 때는 안전덮개가 설치된 상태에서 사용한다.
⑤ 복사열 및 분진 등으로부터 신체적 건강을 보호할 수 있도록 개인보호구를 착용한 후 작업한다.
⑥ 알코올 등 휘발성 물질의 사용은 용해로 및 주입작업 등 인화요인이 있는 곳으로부터 안전거리를 확보하고 충분한 환기를 시킨다.
⑦ 작업장은 원료, 제품, 공구 등이 쌓여 있지 않도록 항상 깨끗이 정리정돈된 상태에서 작업한다.

작업명: **롤러기 작업**

예제

01 화면과 같이 롤러기 작업시 안전작업방법을 기술하시오.
　[합격정보] 방호장치 자율안전기준 고시(2021-23)

정답 01

(1) 롤러기의 작업 전에는 안전점검을 실시한다.
　① 급정지장치 등 안전장치의 이상유무(급정지 장치의 기능은 매일 점검하여야 하며 급정지성능(거리) 측정은 월 1회 이상 실시하여 이상유무를 확인)
　② 급정지장치의 급정지 성능을 점검

앞면 롤의 표면속도 [m/min]	정지거리
30 미만	앞면롤 원주의 1/3 이내
30 이상	앞면롤 원주의 1/2.5 이내

　③ 각종 기기표시 및 누유 등 기계의 이상유무
　④ 급정지장치의 설치 위치는 다음과 같다.

종류	설치위치
손조작식	밑면에서 1.8[m] 이내
복부조작식	밑면에서 0.8[m] 이상 1.1[m] 이내
무릎조작식	밑면에서 0.6[m] 이내

(2) 롤러기의 시동 후 3분간 기계의 상태를 주의깊게 관찰한 후 안전작업기준에 따라 작업을 수행한다.

　① 안전작업 순서를 철저히 준수
　② 작업중에는 정신을 집중
　③ 물림점에는 어떠한 경우에도 손을 넣지 말 것
　④ 롤 사이에 불순물이 끼이거나 위치 수정 등 손을 넣어야 할 필요가 있는 경우, 기계를 정지한 후 제거
　⑤ 작업에 수공구가 필요한 경우 안전기준에 적합한 것을 사용(임의 제작사용 금지)
(3) 2인 이상의 협동작업인 경우 의사전달은 확실한 방법으로 하여야 한다.
(4) 롤러기 작업중에는 주유·분해·수리 등 위험한 행위를 하지 않는다.
(5) 롤러에는 안전작업을 해치는 환경을 조성하지 않는다.
　① 작업발판의 높이는 근로자의 신체조건에 맞추어 안정된 자세로 작업할 수 있어야 한다.
　② 롤러기 주위에 필요없는 적재물을 쌓아두지 않는다.
(6) 작업자의 복장은 단정하여 말려들 위험이 없도록 한다.
　① 작업복(옷소매, 옷자락 등), 두발 등을 단정히 한다.
　② 작업상태에 따라 필요한 보호구를 착용한다.
(7) 작업이 끝난 후 기계의 정비점검 및 청소 등 정리정돈을 하여 주요 정비·점검 기록을 유지관리한다.

작업명	와이어로프 사용작업

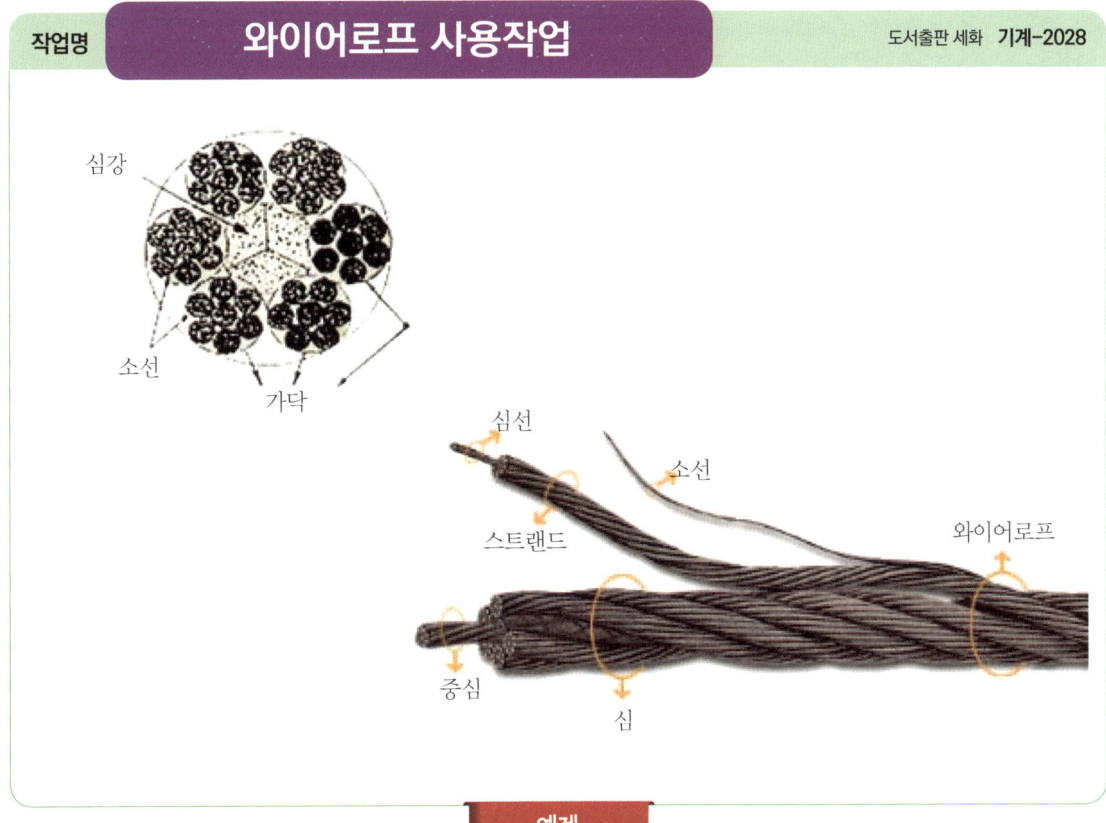

예제

01 와이어로프 사용시 위험요인을 쓰시오.

02 와이어로프 사용시 작업안전수칙을 기술하시오.

정답 01
① 불량 와이어로프의 절단에 의한 화물의 낙하·비래 위험이 높다.
② 와이어로프 단말부의 가공 부적정에 의한 매듭 풀림 등으로 탈락위험성이 높다.
③ 줄걸이 방법 불량으로 화물의 흔들림에 의하여 충돌·협착 위험성이 높다.

정답 02
① 손상이 있거나 변형된 것은 사용을 금지한다.
② 사용기준과 폐기기준을 정확히 준수한다.
③ 화물의 규격에 따라 적정한 길이의 것을 사용한다.
④ 정격하중 이상의 사용을 금한다.
⑤ 와이어로프는 화물을 완전하게 건 후 권상토록 한다.
⑥ 모서리를 가진 화물의 접촉부는 보호대로 잘 감싼다.
⑦ 급권상, 급회전, 급제동에 의한 충격하중을 받지 않도록 한다.
⑧ 매달린 화물 밑에는 근로자의 출입을 금지한다.
⑨ 줄걸이 작업자는 화물에 와이어로프가 압착될 때 손이 협착되지 않도록 주의한다.
⑩ 줄걸이 와이어로프의 보관장소에서 반출시 점검표에 따라 사전점검을 실시한다.
⑪ 보관시에는 지면에서 30[cm] 이상 떨어져 있도록 보관한다.
⑫ 부식 또는 변질에 유의한다.
⑬ 와이어로프를 높은 곳에서 내릴 때는 크레인이나 지게차를 이용한다.

> 참고

(1) 권상용 와이어로프의 안전강도 확인
　① 와이어로프의 실제사용 안전율은 다음 식에 의하여 계산한다.
　　※ 안전율(N)=절단하중/사용하중
　　　여기서 절단하중이란 KSD3514(또는 JIS G3525) 규정에 따라 선정된 와이어로프 규정에 따라 결정되는 파단시의 하중을 말한다. 이때 이 하중은 와이어로프 체결방법에 따라 로프의 강도 감소를 감안한 값이어야 한다.

종류	형태	효율
소켓(Socket)	Open / Closed	100[%]
팀블(Thimble)		24[mm] : 95[%] 26[mm] : 92.5[%]
웨지(Wedge)		75~90[%]
아이스플라이스 (Eye Splice)		6[mm] : 90[%] 9[mm] : 88[%] 12[mm] : 86[%] 18[mm] : 82[%]
클립(Clip)		75~80[%]

　　※ 사용하중이란 달기기구에 매달은 하물의 하중을 말한다.

　② 위에서 계산된 안전율은 크레인 제작기준·안전기준 및 검사기준에서 요구되는 다음의 값 이상이어야 한다.

와이어로프의 종류	안전율
권상용 와이어로프 지브의 기복용 와이어로프 크레인의 주행용 와이어로프	5.0
가이로프 및 고정용 와이어로프	4.0
운전실 등 권상용 와이어로프	9.0

　　※ 안전율=로프 절단하중[Ton]×로프 걸이수[n]×시브효율/(정격하중[Ton]+훅 블록 자중[Ton])

(2) 와이어로프의 점검관리 방법
　① 외부에 기름을 칠하여 녹이 슬지 않도록 할 것
　② 심강에 기름이 마르지 않도록 할 것
　③ 와이어로프 직경이 7[%] 이상 마모되면 교환할 것
　④ 한번 꼰 길이에 10[%] 이상의 소선이 절단되면 교환할 것
　⑤ 이음매 부분 및 말단 부분의 이상유무를 점검할 것

작업명: **컨베이어 작업(1)**

도서출판 세화 기계-2029

제2편 기계·기구 및 설비 안전관리

예제

01 컨베이어 작업시 위험요인을 기술하시오.

02 컨베이어 작업시 안전작업수칙을 쓰시오.

정답 01
① 컨베이어의 최초 운전개시 및 정지시 신호 불일치에 의한 협착사고 위험이 높다.
② 수리 보수중 미확인 상태에서 전원 투입 및 불시 운전으로 말려 들어갈 위험이 있다.
③ 불안전한 상태의 복장착용(소맷단, 바지자락, 끈, 수건, 갈고리 등 착용)에 의해 끌려들어갈 위험이 있다.

정답 02
① 컨베이어의 작업 전에는 반드시 작업시작 전 점검을 실시하고 이상 발견시에는 즉시 정비한다.
② 컨베이어 부근에서 작업하는 근로자의 복장은 몸에 알맞은 것으로 착용시키고, 말려들거나 이동하는 기계부분에 접촉될 우려가 있는 물품을 휴대시키지 말고 안전화를 착용시켜야 한다.
③ 컨베이어에 물체를 적하할 때는 가동중에 떨어지지 않도록 안전하게 싣고 정해진 물품 외에는 싣지 않아야 하며 함부로 사람이 탑승하여서는 안된다.
④ 스위치를 넣을 때는 사전에 분명한 신호를 하여야 한다.
⑤ 컨베이어를 운전한 상태에서 벨트나 기계부분을 정비, 보수, 청소하지 않는다.
⑥ 작업중인 컨베이어를 넘어가기 위해 기체에 올라타는 일이 없도록 한다.
⑦ 각종 방호장치를 해제한 채로 작업하지 않는다.

| 작업명 | 컨베이어 작업(2) | 도서출판 세화 **기계-2030** |

예제

01 컨베이어 작업시 (1) 주요 점검사항 (2) 운전 전 점검사항을 각각 기술하시오.

02 컨베이어 운전중 금지사항을 기술하시오.

KEY ① 운전중의 점검은 반드시 육안으로 하고 컨베이어에 접근하지 않는다.
② 지정 점검자가 점검토록 하고 관계자 이외에는 접근시키지 않는다.

정답 01

(1) 주요 점검사항
　① 컨베이어 파손의 유무
　② 과부하(Over Load)
　③ 현저한 컨베이어 치우침, 편하중 유무
　④ 컨베이어의 미끄럼 유무
　⑤ 모터, 감속기 및 기계부품의 파손, 이상음, 발열, 진동 유무
　⑥ 컨베이어 상부에 철판, 나무토막 등의 이물 유무
　⑦ 통로, 계단, 난간의 손상 여부
(2) 운전 전 점검사항
　① 가동할 컨베이어 주변에 타근로자가 있지 않은가, 주변에 방해물은 없는가를 확인한다.
　② 운전할 컨베이어 번호를 방송하든가 또는 경보를 울린다.
　③ 조작은 규정대로 행한다.(1, 2회 순간동작으로 운전하면서 운전레버를 투입한다.)
　④ 무부하상태로 운전하면서 주요 점검사항을 확인한다.

정답 02

① 풀리, 캐리어 및 롤 등 회전체에 부착된 분말 등의 제거
② 회전체에 직접 급유
③ 스크레이퍼(Scraper), 스커트의 조정
④ 역전방지장치의 점검 · 정비
⑤ 회전상태가 불량한 캐리어의 조정

용어정의 ([위험기계·기구 방호조치 기준] 2020년 1월 15일 고시 제2020-38호)

(1) "방호조치"라 함은 위험기계·기구의 위험장소 또는 부위에 근로자가 통상적인 방법으로는 접근하지 못하도록 하는 제한조치를 말하며, 방호망, 방책, 덮개 또는 각종 방호장치 등을 설치하는 것을 포함한다.
(2) "예초기 날접촉 예방장치"란 예초기의 절단날 또는 비산물로부터 작업자를 보호하기 위해 설치하는 보호덮개 등의 장치를 말한다.
(3) "회전체 접촉 예방장치"란 원심기의 케이싱 또는 하우징 내부의 회전통 등에 작업자의 신체 일부가 접촉되는 것을 방지하기 위해 설치하는 덮개 등의 장치를 말한다.
(4) "압력방출장치"란 공기압축기에 부속된 압력용기의 과도한 압력상승을 방지하기 위하여 설치하는 안전밸브, 언로드밸브 등의 장치를 말한다.
(5) "금속절단기 날접촉 예방장치"란 띠톱, 둥근톱 등 금속절단기의 절단날 또는 비산물로부터 작업자를 보호하기 위하여 설치하는 장치를 말한다.
(6) "헤드가드"란 지게차를 이용한 작업 중에 위쪽으로부터 떨어지는 물건에 의한 위험을 방지하기 위하여 운전자의 머리 위쪽에 설치하는 덮개를 말한다.
(7) "백레스트"란 지게차를 이용한 작업 중에 마스트를 뒤로 기울일 때 화물이 마스트 방향으로 떨어지는 것을 방지하기 위해 설치하는 짐받이 틀을 말한다.
(8) "구동부 방호 연동장치"란 진공포장기, 랩핑기의 구동부에 설치되는 방호장치 등이 개방되었을 때 기계의 작동이 정지되도록 하거나 방호장치가 닫힌 상태에서만 기계가 작동되도록 상호 연결시키는 것을 말한다.

제2장 현장 안전편(응용)

도해번호	작업명	비고
[01] 도서출판 세화 기계 2001	탁상그라인더 작업	
[02] 도서출판 세화 기계 2002	프레스 금형 교체작업	
[03] 도서출판 세화 기계 2003	급유배관 가스 절단	
[04] 도서출판 세화 기계 2004	인쇄 윤전기 점검	
[05] 도서출판 세화 기계 2005	플랜지 부분 물누수 수리	
[06] 도서출판 세화 기계 2006	판재 구멍뚫는(Piercing) 작업	
[07] 도서출판 세화 기계 2007	인쇄기 회전 롤 청소	
[08] 도서출판 세화 기계 2008	둥근톱으로 절단작업	
[09] 도서출판 세화 기계 2009	대패로 각재작업	
[10] 도서출판 세화 기계 2010	철판 구멍뚫는 작업	
[11] 도서출판 세화 기계 2011	전동톱 목재 절단	
[12] 도서출판 세화 기계 2012	프레스작업	
[13] 도서출판 세화 기계 2013	밸브에 맹판 설치	
[14] 도서출판 세화 기계 2014	밸브 분해	
[15] 도서출판 세화 기계 2015	호퍼슈트 막힘 제거	
[16] 도서출판 세화 기계 2016	석고모델 세우기	
[17] 도서출판 세화 기계 2017	사다리 작업	
[18] 도서출판 세화 기계 2018	압연기 점검	
[19] 도서출판 세화 기계 2019	컨베이어 스위치 작동	
[20] 도서출판 세화 기계 2020	드릴로 구멍뚫는 작업	
[21] 도서출판 세화 기계 2021	용접로봇 수리작업	
[22] 도서출판 세화 기계 2022	인쇄기 청소	
[23] 도서출판 세화 기계 2023	소성 애자 샘플 다루기	
[24] 도서출판 세화 기계 2024	V벨트 교환	
[25] 도서출판 세화 기계 2025	철사 펜치 절단	

합격자의 조언
① 한국산업인력공단 자격시험은 세화출판사의 교재에서 합격을 보장합니다.
② 산업안전기사와 산업안전산업기사는 실기 작업형에서 합격, 불합격이 결정됩니다.

| 작업명 | 탁상그라인더 작업 | 도서출판 세화 기계-2001 |

작업 상황

- 탁상그라인더에서 환봉을 연마하고 있다.

위험의 포인트

① 받침이 없어서 환봉이 튀어 날아올 때 손발에 맞아 다치게 된다.
② 보안경을 쓰지 않아서 눈에 쇳가루가 들어가게 된다.
③ 그라인더 커버가 불안전해서, 파손된 숫돌의 파편이 얼굴에 맞아 다치게 된다.
④ 조정편이 없어서 숫돌의 파편이 날아와 직접 맞게 된다.
⑤ 받침이 없어서 손의 균형이 무너져 그라인더에 접촉하게 된다.
⑥ 그라인더와 숫돌이 파손되어 날아와 주변에 있는 사람이 맞아 다치게 된다.
⑦ 투시판 커버가 없어서 쇳가루가 얼굴에 맞아 다치게 된다.
⑧ 환봉의 마찰열로 뜨겁게 되어 손을 뗄 때 발에 맞는다.
⑨ 정리정돈이 안되어 걸려 넘어진다.

참고사항 1998년 11월 출제

| 작업명 | 프레스 금형 교체작업 | 도서출판 세화 **기계-2002** |

작업 상황
- 프레스 금형을 상, 하형 함께 교체한다.

위험의 포인트
① 형의 장치 운반 때, 떨어져서 발에 맞는다.
② 슬라이드가 하사점까지 내려오지 않은 상태에서 장치하면 파손된다.
③ 조이는 기구인 스패너 등이 맞지 않으면 미끄러지기도 하고, 조이는 기구가 나빠 작업중 사고가 일어나게 된다.

지시의 포인트
① 안전화와 가죽장갑을 착용하고, 소리를 지르면서 운반한다.
② 프레스 주위를 정리 정돈한다.
③ 슬라이드가 하사점인 것을 확인한다.
④ 볼트를 맞췄다 뗐다 할 수 있는 장치, 조이는 기구는 바른 치공구를 사용한다.

참고사항

| 작업명 | 급유배관 가스 절단 | 도서출판 세화 기계-2003 |

작업 상황
- 급유관 부식 때문에 흄관상에서 배관교체를 하고 있다.

위험의 포인트
① 발이 미끄러져 균형을 잃어 넘어지게 된다.
② 작업 장소에 놓여 있는 공구가 떨어져 아래에서 작업하고 있는 사람이 맞는다.
③ 배관절단시 작동유가 분출해서 안면에 화상을 입게 된다.
④ 가스절단의 불꽃이 가스 용기에 점화해서 용기가 폭발하게 된다.
⑤ 상부에 오를 때 사다리를 고정하고 있는 작동유 배관이 꺾여져, 사다리와 함께 떨어지게 된다.

참고사항

| 작업명 | 인쇄 윤전기 점검 | 도서출판 세화 기계-2004 |

작업 상황
- 윤전기의 점검 정비를 하고 있다.

위험의 포인트
① 확인하지 않고 왼손으로 누름단추를 누르고 있어서 오조작으로 기계가 불의에 돌아 오른손이 말려 들어가게 된다.
② 벨트 위에 발을 걸치고 작업하고 있어서 벨트가 돌 때 발이 걸려 앞으로 넘어지게 된다.
③ 혼자서 작업을 하기 때문에, 연결된 다른 기계에서 회전할 때 피할 수 없어 상처를 입게 된다.
④ 작업자세가 앞으로 구부러져 요통을 느끼게 된다.
⑤ 기계 내부에 머리를 넣고 있어서 자세를 변화시킬 때 부딪치게 된다.

참고사항

| 작업명 | 플랜지 부분 물누수 수리 | 도서출판 세화 **기계-2005** |

작업 상황

- 배수 파이프의 플랜지 부분에 물이 누출되어서 가까이 있는 빈 드럼통을 사용해 너트를 조이고 있다.

위험의 포인트

① 스패너가 미끄러워, 균형을 잃어서 넘어진다.
② 드럼통이 높아서 올라갈 때 넘어진다.
③ 발돋움하고 있어서 균형을 잃어 넘어진다.
④ 발판이 좁아서 발을 헛디뎌 넘어진다.
⑤ 중심이 앞쪽으로 쏠려 있어 힘을 줄 때 드럼통이 넘어지게 된다.

참고사항

| 작업명 | 판재 구멍 뚫는(Piercing) 작업 | 도서출판 세화 기계-2006 |

작업 상황

- 수인식 안전 장치가 부착된 크랭크 프레스를 사용해서 판재의 구멍을 뚫는 작업을 하고 있다.

위험의 포인트

① 수인 끈이 길어서 손을 넣을 때 프레스가 작동하게 된다.
② 페달 커버가 없어서, 잘못 페달을 밟아서 프레스가 작동해서 손을 끼이게 된다.
③ 보안경을 쓰고 있지 않아서 눈에 이물이 들어간다.
④ 귀마개를 하고 있지 않아서 난청이 된다.

참고사항

| 작업명 | 인쇄기 회전 롤 청소 | 도서출판 세화 **기계-2007** |

작업 상황
- 운전중의 인쇄롤이 죄어 들어가는 쪽에서 양손으로 걸레를 가지고 청소하고 있다.

위험의 포인트
① 회전중 롤러의 죄어 들어가는 쪽에서 직접 손으로 눌러 닦고 있어서 손이 말려 들어가게 된다.
② 체중을 걸쳐 닦고 있어서 말려 들어가게 된다.
③ 안전장치가 없어서 걸레를 위로 넣었을 때 롤러가 멈추지 않아 손이 말려 들어간다.
④ 잉크의 시너를 흡입해서, 몽롱해져 넘어지게 된다.

참고사항

| 작업명 | 둥근톱으로 절단작업 | 도서출판 세화　기계-2008 |

작업 상황

- 장갑을 끼고 둥근톱으로 절단작업을 하고 있다.

위험의 포인트

① 장갑의 선단이 톱니에 걸려서 손을 잘린다.
② 반발예방장치가 없어서, 판이 반발해서 맞는다.
③ 접촉예방장치가 없어서 손을 잘린다.
④ 보호안경을 쓰고 있지 않아서, 톱밥이 눈에 들어간다.
⑤ 벨트 커버가 없어서, 손발이 말려 들어간다.
⑥ 슬리퍼를 신고 있어서 발을 다친다.
⑦ 수공구를 사용하지 않아서 손을 잘린다.
⑧ 집진장치가 없어서, 호흡기 장해가 된다.

참고사항

| 작업명 | 대패로 각재작업 | 도서출판 세화 기계-2009 |

작업 상황
- 손으로 미는 대패로 각재 깎는 작업을 하고 있다.

위험의 포인트
① 날 접촉예방장치가 없어서 손을 잘리게 된다.
② 밀기막대를 사용하지 않아서 손을 잘리게 된다.
③ 보안경을 쓰고 있지 않아서 대팻밥이 눈에 들어가게 된다.
④ 대팻밥으로 인해 발이 미끄러져 넘어지게 된다.
⑤ 정규를 사용하지 않아서 손을 잘리게 된다.

참고사항

| 작업명 | 철판 구멍뚫는 작업 | 도서출판 세화 기계-2010 |

작업 상황

- 전기 드릴로 철판에 구멍을 뚫고 있다.

위험의 포인트

① 드릴에 바짓가랑이가 말려 들어가 다치게 된다.
② 드릴의 앞이 받침대에 파고 들어가, 그 반동으로 드릴 본체가 회전해 핸들에 허리를 맞게 된다.
③ 드릴이 구부러져, 드릴 본체가 발 위에 낙하하여 다치게 된다.
④ 철판이 회전해서 왼발의 정강이를 맞게 된다.
⑤ 받침대가 넘어져, 그 탄력으로 드릴 본체가 넘어져 다치게 된다.

참고사항

작업명	전동톱 목재 절단	도서출판 세화 **기계-2011**

작업 상황
- 혼자서 가공대에 목재를 올려 놓고, 전동 둥근톱으로 절단작업을 하고 있다.

위험의 포인트
① 좌측발이 코드에 감기어서 균형을 잃어 넘어져 다치게 된다.
② 둥근톱을 누를 때 좌측발로 코드를 밟아서, 균형을 잃어 넘어지게 된다.
③ 재료를 누르고 있는 오른발이 미끄러져 균형을 잃어 넘어져 다치게 된다.
④ 재료의 고정이 불충분해, 절단중에 둥근톱 및 재료가 반발해서 맞게 된다.
⑤ 절단중 가루가 눈에 들어가게 된다.
⑥ 절단을 시작해서, 둥근톱으로 우측발을 잘리게 된다.

참고사항

| 작업명 | 프레스 작업 | 도서출판 세화 **기계-2012** |

작업 상황

- 크랭크 프레스에서 철판에 구멍을 뚫는 작업을 하고 있다.

위험의 포인트

① 안전망이 없어서 손을 다치게 된다.
② 페달 커버가 없어서, 잘못 발로 밟아 프레스가 작동해서 손을 다치게 된다.
③ 보호안경을 하고 있지 않아서 눈에 이물이 들어가게 된다.
④ 전구가 쇠붙이에 접촉해서 감전하게 된다.
⑤ 정리정돈이 안되어서 걸려 넘어져 프레스기계에 맞아 다치게 된다.

참고사항

| 작업명 | 밸브에 맹판 설치 | 도서출판 세화 **기계-2013** |

파열된 보일러 SHELL

소각로 및 운전실 설치장소

파열된 연관

닫힌 상태의 보일러 스팀 OUTLET 밸브

작업 상황
- 시설담당자가 탱크 개방을 하기 위해 수입한 밸브에 맹판 설치작업을 하고 있다.

위험의 포인트
① 기름받이가 탱크측과 어스가 안되어 있어 정전기에 의해 인화하게 된다.
② 공구 볼트류가 산란해 있어서 분실하기도 하고 밟아서 상처를 입게 된다.
③ 개방금지표시가 없어서 잘못 밸브를 개방하게 된다.

참고사항

| 작업명 | 밸브 분해 | 도서출판 세화 기계-2014 |

작업 상황
- 컨트롤 밸브를 2인이 분해하고 있다.

위험의 포인트
① 정과 망치가 튀어서 파편이 날아가 상처를 입게 된다.
② 보안경을 사용하지 않아서 파편이 눈에 들어가 실명하게 된다.
③ 불안정한 밸브를 손으로 잡고 있어서 밸브가 넘어져 발을 다치게 된다.
④ 이야기하면서 작업에 주의가 결여되어 망치가 손을 치게 된다.
⑤ 장갑을 끼고 있어 망치를 휘두를 때 망치가 미끄러져 손에 상처를 입게 된다.

참고사항

작업명	호퍼슈트 막힘 제거	도서출판 세화 기계-2015

작업 상황
- 탑 내에서 벨트 컨베이어로 고형물을 이송중, 호퍼 하부가 막혀 망치로 두드리고 있다.

위험의 포인트
① 벨트 컨베이어에 발이 감겨 굴러 떨어지게 된다.
② 발을 헛디뎌 굴러 떨어지게 된다.
③ 무리한 자세로 허리를 삐게 된다.
④ 두드리는 진동으로 이물이 떨어져 눈에 들어가게 된다.
⑤ 헛쳐서 몸의 균형을 잃어 굴러 떨어지면 다치게 된다.

참고사항

| 작업명 | 석고모델 세우기 | 도서출판 세화 기계-2016 |

작업 상황
- 와이어로프용의 구멍에 철봉(직경 30[mm])을 넣어 석고모델(중량 200[kg])을 세우려 하고 있다.

위험의 포인트
① 들어올릴 때 앞으로 구부정한 자세가 되어서 허리를 다치게 된다.
② 철봉이 빠져 석고모델이 떨어져서 발에 맞게 된다.
③ 석고모델이 반대쪽으로 굴러 떨어져 사람이 맞게 된다.
④ 석고모델이 미끄러져 하중으로 앞으로 구부정한 자세가 되어 허리를 다치게 된다.
⑤ 철봉이 구멍에 들어갈 때, 입구에서 손을 끼게 된다.

참고사항

| 작업명 | 사다리 작업 | 도서출판 세화 기계-2017 |

작업 상황
- 플랜지에서 스팀이 새고 있어 사다리에 올라가서 수리를 하고 있다.

위험의 포인트
① 사다리를 고정하고 있지 않아서 넘어지면 B에 맞고 A는 추락하게 된다.
② A가 몽키스패너를 떨어뜨리면 B가 맞게 된다.
③ A는 안전벨트를 착용하지 않고 있어서 추락하게 된다.
④ 사다리가 미끄러져 넘어지면, A는 손잡이에 매달려 팔에 화상을 입게 된다.
⑤ A는 안전모의 턱끈을 하고 있지 않아서 추락할 때 머리를 맞게 된다.
⑥ A는 증기에 화상을 입게 된다.
⑦ B는 호주머니에 손을 넣고 있어서, 사다리가 넘어지면 사다리를 떠받치러 갈 때 걸려 넘어져 얼굴을 다치게 된다.

참고사항

| 작업명 | 압연기 점검 | 도서출판 세화 기계-2018 |

작업 상황
- 작업중 열간 박판 압연기 스탠드 위에 올라가 기어 박스의 유량점검을 하고 있다.

위험의 포인트
① 스탠드에 승강할 때 계단에서 미끄러 떨어져, 압연기의 롤에 말려들어가 다치게 된다.
② 열기와 증기로 흔들거려 스탠드 위에서 추락하여 다치게 된다.
③ 안전모를 착용하지 않아서 넘어질 때 머리를 다치게 된다.
④ 보호안경을 하고 있지 않아서, 스케일이 눈에 들어가게 된다.
⑤ 증기와 스케일 분진으로 시계가 나빠 위를 주행하고 있는 크레인의 매달린 짐에 맞아 추락하게 된다.
⑥ 스탠드 위에 기름이 넘쳐 흘러 미끄러져 추락하여 다치게 된다.

참고사항

작업명	컨베이어 스위치 작동	도서출판 세화 기계-2019

작업 상황

- 작업개시 전에 A는 컨베이어의 구동체인에 이상을 알고 안전커버를 벗기고 점검조정을 하고 있다.
- B는 미리 오후의 작업을 위해 컨베이어의 스위치를 넣으려 하고 있다.

위험의 포인트

① B가 벨트 컨베이어의 스위치를 넣고 있어서, A가 구동체인에 말려들어가 다치게 된다.
② 방호울이 없어서 A, B 그외 통행하는 사람이 호퍼 슈트에 넘어져 다치게 된다.
③ 스위치 커버가 파손되어 있어서 B가 감전하게 된다.
④ A는 안전모를 착용하지 않아서 머리를 맞게 된다.

참고사항

| 작업명 | 드릴로 구멍뚫는 작업 | 도서출판 세화 기계-2020 |

작업 상황
- 목장갑을 끼고 탁상드릴로 구멍을 뚫는 작업을 하고 있다.

위험의 포인트
① 목장갑을 사용하고 있어서 드릴에 말려 들어가게 된다.
② 가공물을 고정하고 있지 않아서 드릴에 휘말린다.
③ 보안경을 하고 있지 않아서 가루가 눈에 들어가게 된다.
④ 벨트 커버가 없어서 손이 말려 들어가게 된다.

참고사항

작업명	용접로봇 수리 작업

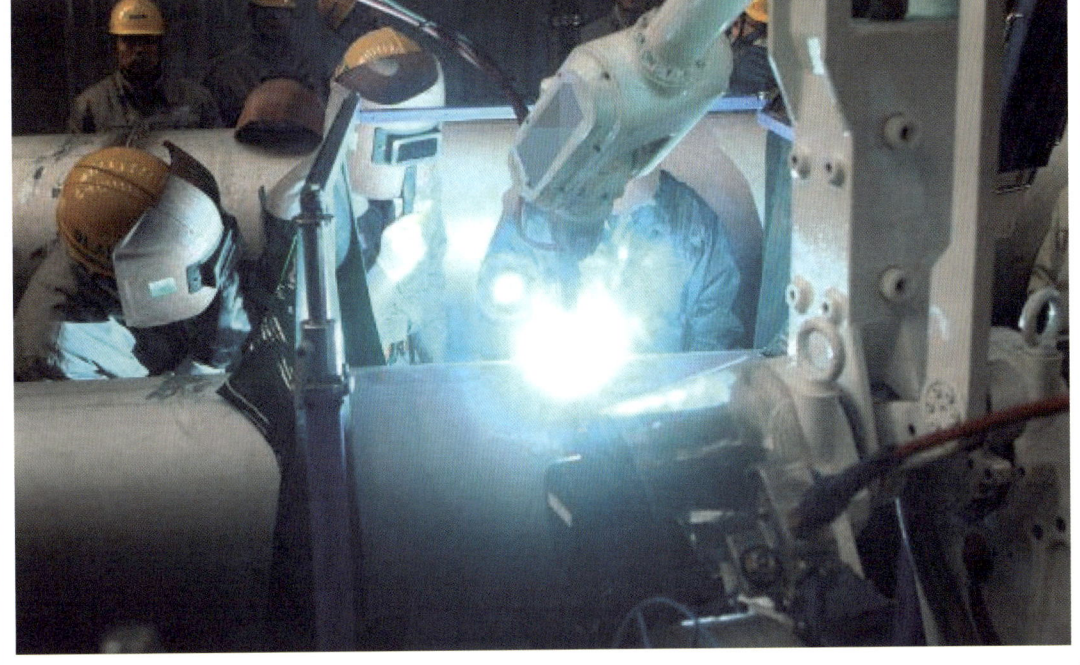

작업 상황
- 용접로봇이 작동을 정지하고 있어서 안전울 가운데에 들어가 점검을 하고 있다.

위험의 포인트
① 로봇이 정지하고 있지만, 언제 작동을 개시하는가 알지 못하게 된다.
② 위험영역 내에 들어가서, 작동할 때 로봇의 팔에 접촉하게 된다.
③ 로봇에 등을 향하고 있어서, 갑작스런 작동에 대응할 수 없게 된다.
④ 안전울의 출입구에 체인이 없어서 자유로이 출입할 수 있어서 로봇에 튕기게 된다.
⑤ 차광판이 설치되어 있지 않아서 주변 작업자에게 해롭게 된다.

참고사항

| 작업명 | 인쇄기 청소 | 도서출판 세화 **기계-2022** |

작업 상황
- 롤을 운전하면서 헝겊으로 청소하고 있다.

위험의 포인트
① 헝겊과 함께 손이 롤에 말려 들어가게 된다.
② 작업자의 위치에서 롤의 상황이 보이지 않아 손을 끼이게 된다.

참고사항

작업명	소성 애자 샘플 다루기

작업 상황
- 애자 소성품을 파쇄해서 샘플을 채취하고 있다.

위험의 포인트
① 맨손으로 작업을 하고 있어서 파편에 손을 잘리게 된다.
② 소성물 위에 발을 놓고 있어서 넘어지면 다치게 된다.
③ 파편이 산란해 걸려 넘어져 다치게 된다.
④ 파편이 날아서 눈에 들어가게 된다.
⑤ 파편이 날아서 얼굴에 맞게 된다.
⑥ 해머에 발을 다친다.
⑦ 해머의 머리가 빠져 날아가 부근의 작업자에게 맞게 된다.

참고사항

| 작업명 | V벨트 교환 | 도서출판 세화   **기계-2024** |

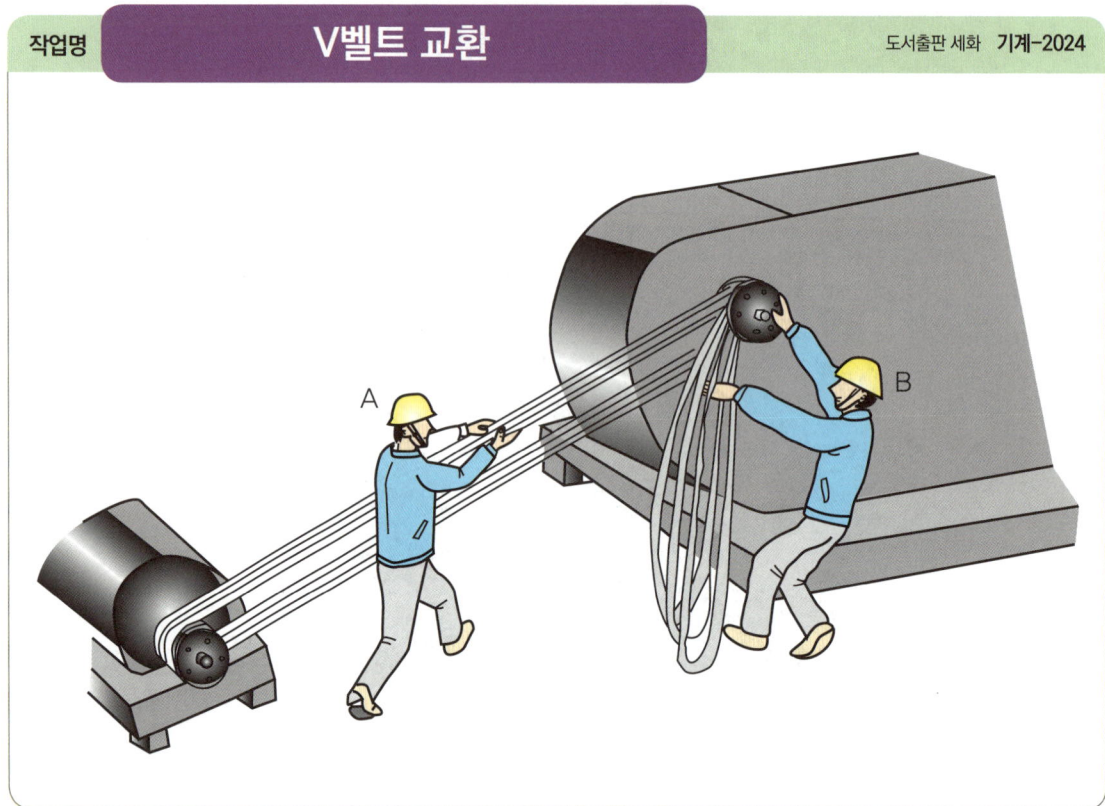

작업 상황
- 정지중의 공조기 V벨트를 교환하는 작업으로 새로운 벨트를 짜넣고 있다.

위험의 포인트
① A가 V벨트를 잡아당길 때 B의 왼손이 말려 들어가 다치게 된다.
② A가 V벨트를 잡아당길 때 균형을 잃어 넘어지게 되면 다치게 된다.
③ B가 V벨트를 풀리에 걸칠 때, 손을 끼게 된다.
④ B가 손을 벨트 사이에 넣고 있어서 풀리에 끼이게 된다.
⑤ 짜넣고 있는 벨트 외에 불필요한 벨트가 걸쳐 있어서 말려 들어가게 된다.

참고사항

| 작업명 | 철사 펜치 절단 | 도서출판 세화 기계-2025 |

작업 상황
- 철사의 끝을 잡아당기면서 필요한 길이를 펜치로 자르려 하고 있다.

위험의 포인트
① 절단된 탄력으로 철사가 튀어서 눈에 박혀 다치게 된다.
② 맨손을 보지 않고서 펜치에 손을 끼게 된다.
③ 행거에서 철사가 미끄러져 내려 얼굴에 맞아 다치게 된다.

참고사항

PART 3

전기설비 안전관리

제1장 실제 시험편(기초·기본)

제2장 현장 안전편(응용)

제1장 실제 시험편(기초·기본)

도해번호	작업명	비고
[01] 도서출판 세화 전기 3001	VDT(영상표시단말기)	
[02] 도서출판 세화 전기 3002	VDT(영상표시단말기) 안전작업	
[03] 도서출판 세화 전기 3003	VDT(영상표시단말기) 안전작업방법(1)	
[04] 도서출판 세화 전기 3004	VDT(영상표시단말기) 안전작업방법(2)	
[05] 도서출판 세화 전기 3005	VDT(영상표시단말기) 안전작업방법(3)	
[06] 도서출판 세화 전기 3006	진동공구 안전작업(1)	
[07] 도서출판 세화 전기 3007	진동공구 안전작업(2)	
[08] 도서출판 세화 전기 3008	전신주 형강 교체 작업	
[09] 도서출판 세화 전기 3009	가설전기작업(1)	
[10] 도서출판 세화 전기 3010	가설전기작업(2)	
[11] 도서출판 세화 전기 3011	활선작업 및 활선근접 작업(1)	
[12] 도서출판 세화 전기 3012	활선작업 및 활선근접 작업(2)	
[13] 도서출판 세화 전기 3013	고압 및 특별고압 활선근접 작업	
[14] 도서출판 세화 전기 3014	정전작업(1)	
[15] 도서출판 세화 전기 3015	정전작업(2)	
[16] 도서출판 세화 전기 3016	교류아크 용접 작업(1)	
[17] 도서출판 세화 전기 3017	교류아크 용접 작업(2)	
[18] 도서출판 세화 전기 3018	방폭지역에서 작업(1)	
[19] 도서출판 세화 전기 3019	방폭지역에서 작업(2)	
[20] 도서출판 세화 전기 3020	정전기 발생 작업 안전(1)	
[21] 도서출판 세화 전기 3021	정전기 발생 작업 안전(2)	
[22] 도서출판 세화 전기 3022	정전기 발생 작업	

합격자의 조언
① 한국산업인력공단 자격시험은 세화출판사의 교재에서 합격을 보장합니다.
② 산업안전기사와 산업안전산업기사는 실기 작업형에서 **합격, 불합격**이 결정됩니다.

| 작업명 | **VDT(영상표시단말기)** | 도서출판 세화 전기-3001 |

예제

01 VDT(영상표시단말기) 안전작업수칙 3가지를 쓰시오.

보충학습 VDT 증후군(Visual Display Terminal syndrome)

02 VDT(영상표시단말기) 작업으로 인해 올 수 있는 장애를 쓰시오.

정답 01
① 실내는 명암의 대조가 심하지 아니하도록 하고 직사광선이 유입되지 아니하는 구조로 할 것.
② 저휘도형의 조명기구를 사용하고 창, 벽면 등은 반사되지 아니하는 재질을 사용할 것.
③ 컴퓨터 단말기 등에서 발생되는 유해 광선 또는 전자파로 인한 건강장해를 방지하기 위하여 유해광선 또는 전자파의 차단 또는 중화장치를 설치할 것.
④ 컴퓨터 단말기 및 키보드를 설치하는 책상 및 의자는 작업에 종사하는 근로자에 따라 그 높낮이를 조절할 수 있는 구조로 할 것.
⑤ 연속적인 컴퓨터 단말기 작업에 종사하는 근로자에 대하여는 작업시간중에 적정한 휴식시간을 부여할 것.

정답 02
① 반복작업으로 인한 어깨결림, 손목통증장애
② 장시간 앉아 있는 작업자세로 인한 요통장애
③ 장시간 화면에의 시선집중 등으로 인한 시력 부담 및 저하 장애

| 작업명 | **VDT(영상표시단말기) 안전작업** | 도서출판 세화 전기-3002 |

예제

01 VDT(영상표시단말기) 작업시 핵심위험요인을 쓰시오.

02 VDT(영상 표시 단말기) 작업시 안전작업수칙을 쓰시오.

정답 01
① 반복작업으로 인한 어깨결림, 손목통증 등의 장해를 입을 수 있다.
② 장시간 앉아 있는 작업자세로 인한 요통 위험이 있다.
③ 장시간 화면에의 시선집중 등으로 인한 시력부담 및 저하를 가져올 수 있다.

정답 02
① 작업자는 등이 의자 등받이에 충분히 지지되도록 의자 깊숙히 앉는다.
② 모니터는 보기 편한 위치로 조정한다.
③ 키보드는 조작하기 편한 위치에 놓는다.
④ 보기에 적당한 밝기로, 실내외 작업의 밝기 차이를 가능한 한 작게 한다.
⑤ 태양광선이 직접 비칠 경우 블라인드나 커튼을 사용하여 광선을 차단한다.
⑥ 화면에 조명기구나 창 등의 물체가 반사되어 눈부심 등이 일어나지 않도록 한다.
⑦ 작업개시 전 조명기구, 화면, 키보드, 의자 등을 점검한다.
⑧ 가능하면 VDT 작업과 다른 작업을 번갈아가면서 하여 VDT 작업으로 인한 피로를 줄이도록 한다.
⑨ VDT(영상표시단말기) 작업 휴식시간에는 편히 쉬면서 먼 곳을 바라보는 등의 방법으로 눈의 휴식을 취한다.
⑩ 전선의 엉킴, 지나친 꺾임, 짓눌림 등에 의해 전선의 피복이 손상되지 않도록 점검한다.
⑪ 한 콘센트에서 많은 전선을 인출하거나, 다른 기계·기구 등을 함께 사용하여 과부하에 의한 화재가 발생하지 않도록 한다.

| 작업명 | VDT(영상표시단말기) 안전작업방법(1) | 도서출판 세화 전기-3003 |

예제

01 VDT 작업시 올바른 작업자세를 쓰시오.

02 VDT 작업시 작업의자의 조정방법 및 올바른 사용방법을 쓰시오.

정답 01
① VDT 작업자의 손등은 팔뚝과 일직선을 유지하여 손목이 아래 또는 위로 꺾이지 않도록 한다.
② 작업자의 시선은 모니터 상단의 위치에서 아래쪽 방향으로 10~15[°]범위 이내로 유지되어야 한다.
③ 작업자의 팔뚝과 위팔의 각도는 90[°]이상이 유지되도록 한다.
④ 작업자 무릎의 굽혀짐은 90[°]전후가 되도록 한다.
⑤ 작업자의 발바닥이 작업장 바닥면에 닿도록 하고 닿지 않을 경우 발 받침대를 사용한다.

정답 02
① 의자는 안정감이 있고 이동·회전이 자유롭고 높이의 조정이 용이하며, 미끄러지지 않는 구조의 것을 사용한다.
② 의자 등받이는 각도의 조절이 가능하고 작업자의 요추 부위를 지지하여 척추가 정상 형태를 유지할 수 있는 것을 사용한다.
③ 의자의 높이는 35~45[cm]의 범위에서 조정이 가능한 것으로 한다.
④ VDT 취급 작업자의 필요에 따라 팔걸이가 있는 것을 사용한다.
⑤ 작업시 VDT 취급 작업자의 등이 등받이에 닿을 수 있도록 의자 끝부분에서 등받이까지의 깊이가 38~42[cm] 범위로 적절해야 하며 의자 바닥의 폭은 40~45[cm] 범위로 한다.

| 작업명 | **VDT(영상표시단말기) 안전작업방법(2)** | 도서출판 세화 전기-3004 |

예제

01 VDT 작업시 올바른 작업대의 조정 및 사용방법을 쓰시오.

정답 01

(1) 작업대의 높이(키보드 지지대가 별도로 설치된 경우는 키보드 지지대 높이)
  ① 높이 조정이 가능한 작업대를 사용하는 경우에는 바닥면에서 작업대 표면까지의 높이가 65[cm] 전후에서 작업자의 체격에 알맞도록 조정하여 고정한다.
  ② 높이가 조정되지 않는 작업대를 사용하는 경우에는 바닥면에서 작업대까지의 높이가 60~70[cm] 범위의 것을 선택한다.
(2) 작업대는 모니터, 키보드 및 마우스, 서류받침대 기타 작업에 필요한 기구를 적절하게 배치할 수 있도록 충분한 넓이와 공간을 확보하도록 한다.
(3) 작업대 끝면과 키보드 사이의 간격은 15[cm] 이상을 확보한다.
(4) 작업대 아래공간은 작업자가 다리를 편안하게 놓을 수 있는 충분한 공간이 확보되도록 한다.
(5) 작업대의 앞쪽 가장자리는 둥글게 처리된 것을 사용하여 작업자의 신체를 보호하도록 한다.

02 VDT 작업시 작업환경 관리 방법을 쓰시오.

정답 02

① VDT를 취급하는 작업장 주변환경의 밝기는 화면의 바탕색이 검정색 계통일 때 300~500[lux], 흰색 계통일 때 500~700[lux]를 유지하도록 한다.
② 화면은 눈부심 방지를 위하여 보안기 등을 이용하여 빛이 반사되지 않도록 한다.
③ 프린터의 소음이 심할 때는 칸막이, 박스 등을 설치하거나 프린터의 배치변경 등 조치를 취한다.
④ 정전기의 방지를 위해 접지를 하거나 알코올 등으로 화면을 깨끗이 닦는다.
⑤ VDT 작업을 주목적으로 하는 작업실 내의 온도는 하절기 23~26[℃], 동절기 18~24[℃], 습도는 40~70[%]를 유지하도록 한다.
⑥ VDT 취급작업자는 작업개시 전 또는 휴식시간에 조명기구, 화면, 키보드, 의자 및 작업대 등을 점검하여 조정하도록 한다.
⑦ VDT 취급작업자는 수시 또는 정기적으로 작업장소, VDT 기기 및 부대기구들을 청소하여 항상 청결을 유지하고 VDT 화면은 매일 깨끗하게 닦도록 한다.

1. 안전인증대상 기계 및 방호장치·보호구 시행령 제74조(안전인증 대상기계 등)

구분	대상
기계기구 및 설비 (9종)	1. 프레스 2. 전단기 및 절곡기 3. 크레인 4. 리프트 5. 압력용기 6. 롤러기 7. 사출성형기 8. 고소작업대 9. 곤돌라
방호장치 (9종)	1. 프레스 및 전단기 방호장치 2. 양중기용 과부하방지장치 2. 보일러 압력방출용 안전밸브 4. 압력용기 압력방출용 안전밸브 5. 압력용기 압력방출용 파열판 6. 절연용 방호구 및 활선작업용 기구 7. 방폭구조 전기기계·기구 및 부품 8. 추락·낙하·붕괴 등의 위험 방지 및 보호에 필요한 가설기자재로서 고용노동부장관이 정하여 고시하는 것 9. 충돌·협착 등의 위험 방지 및 보호에 필요한 가설기자재로서 고용노동부장관이 정하여 고시하는 것
보호구 (12종)	1. 추락 및 감전 위험방지용 안전모 2. 안전화 3. 안전장갑 4. 방진마스크 5. 방독마스크 6. 송기마스크 7. 전동식 호흡보호구 8. 보호복 9. 안전대 10. 차광 및 비산물 위험방지용 보안경 11. 용접용 보안면 12. 방음용 귀마개 또는 귀덮개

2. 안전인증대상 기계 세부기준 시행규칙 제107조

① 설치·이전하는 경우 안전인증을 받아야 하는 기계 [24. 7. 28 기사필답형]
    가. 크레인
    나. 리프트
    다. 곤돌라

② 주요 구조 부분을 변경하는 경우 안전인증을 받아야 하는 기계 및 설비
    가. 프레스
    나. 전단기 및 절곡기(折曲機)
    다. 크레인
    라. 리프트
    마. 압력용기
    바. 롤러기
    사. 사출성형기(射出成形機)
    아. 고소(高所)작업대
    자. 곤돌라

| 작업명 | VDT(영상표시단말기) 안전작업방법(3) | 도서출판 세화 전기-3005 |

예제

01 VDT 작업시 VDT 및 보조기구의 올바른 사용방법을 쓰시오.

02 VDT 작업시 작업시간의 관리 방법 및 VDT 체조 방법을 쓰시오.

정답 01
① VDT 화면은 회전, 경사조절이 가능하고 문자나 도형을 읽기 쉽도록 충분한 크기의 모니터를 사용한다.
② 연속적으로 자료 입력을 수행하는 VDT 취급작업자는 손목의 부담을 줄일 수 있도록 적절한 손목받침대를 사용한다.

정답 02
① 1회 연속 작업시간이 1시간을 넘지 않도록 하고 다음 연속 작업까지의 사이에 10~15분의 휴식을 취한다.
② VDT 작업 외의 다른 작업을 부여하여 번갈아 작업함으로써 연속된 VDT 작업시간을 줄이도록 한다.
③ VDT 체조나 스트레칭 등의 적당한 운동을 하여 피로를 풀어준다.

참고 VDT 체조 방법

①

등을 곧바로 세우고, 목을 뒤로 쭉 젖혀서 좌우로 크게 천천히 돌린다.
- 목, 어깨의 결림을 풀어주어 움직임을 부드럽게 한다.

②

양팔을 뒤로 뻗고 가슴을 펴고 턱을 뒤로 젖히며 손끝을 뻗는다.
- 목, 어깨, 팔의 긴장을 풀어준다.

③

팔꿈치를 가볍게 구부린 채 어깨를 부드럽게 돌린다.
- 어깨, 등의 혈액흐름을 좋게 하고, 피로나 결림을 풀어준다.

④

손과 팔의 힘을 빼고 흔든다.
- 손과 손가락의 혈액흐름을 좋게 하고, 결림이나 뻐근함을 해소한다.

⑤

등받이에 기대고 천천히 가슴을 편다음, 팔을 아래로 쭉 뻗고 등, 어깨, 목의 힘을 빼면서 상체를 앞으로 숙인다.
- 목, 어깨, 등, 허리의 긴장을 풀고, 피로나 뻐근함을 해소한다.

⑥

가볍게 양쪽 다리를 모아서 올리고, 발목을 뻗어서 돌리거나 움직인다.
- 다리의 울혈을 없애고, 피로나 뻐근함을 해소한다.

⑦

책상을 양손으로 잡고 양팔 사이에 머리를 넣고 어깨, 등, 허리를 쭉 뻗듯이 천천히 웅크린 다음, 책상을 그대로 잡고 일어서면서 가슴과 턱을 쭉 내민다.
- 등, 허리, 다리의 피로나 뻐근함을 풀어준다.

⑧

⑨

한손으로 책상을 잡고, 다른 한손과 허리를 비틀어 뒤로 뻗으면서, 시선은 뻗은 손을 향한다.
- 팔, 가슴, 허리의 긴장을 풀어서 동작을 원활하게 한다.

합격자의 조언 ① 건강이 안전입니다.
② 안전이 건강 아닐까요?

| 작업명 | 진동공구 안전작업(1) | 도서출판 세화 전기-3006 |

예제

01 진동공구 작업시 위험요인 및 작업시간관리 방법을 쓰시오.

02 진동공구로 작업시 안전작업수칙을 쓰시오.

정답 01

(1) 위험요인
  ① 자동톱, 공기해머, 전동연마기 등의 진동으로 인한 손가락의 감각 마비가 발생할 수 있다.
  ② 진동 작업시 발생되는 소음으로 인한 청력손실 위험이 있다.

(2) 작업시간 관리 방법
  ① 1일 진동작업 종사시간은 2시간을 초과하지 않도록 한다.
  ② 1회연속 진동작업시간은 10분 이내로 한다.
  ③ 진동작업을 1회 연속할 경우 5분 이상의 휴식시간을 갖는다.

정답 02

① 진동이 손잡이로 전파되지 않는 공구를 사용한다.
② 진동공구는 가능한 한 공구를 기계적 힘을 이용하여 지지토록 한다.
③ 진동공구의 손잡이는 너무 세게 잡지 않도록 하고 사전에 반복훈련을 실시한다.
④ 작업장 내의 온도가 14[℃] 이하이면 보온대책을 강구한다.
⑤ 1회 연속 진동작업을 가급적 10분 이내로 하고 전체 작업시간을 최소화한다.
⑥ 소음이 발생되는 진동작업시에는 청력보호구를 착용한다.
⑦ 진동작업시에는 진동방지장갑을 착용하여 진동폭로를 감소시킨다.
⑧ 착암기 등 진동공구 취급근로자는 연 1회 이상 정기적으로 특수건강진단을 받도록 한다.

| 작업명 | 진동공구 안전작업(2) | 도서출판 세화 전기-3007 |

예제

01 진동공구로 작업시 공구의 선택방법 및 안전조치사항을 쓰시오.

02 진동공구 작업시 작업상의 안전조치 사항을 쓰시오.

정답 01
(1) 공구에 내장되어 있는 동력장치는 가능한 한 진동발생이 적은 것으로 한다.
(2) 진동공구 사용시에 발생하는 진동이 발생부분 이외의 부분에 전달되지 않도록 한다.
(3) 손잡이 부분은 다음 요건에 적합하도록 해야 한다.
  ① 손잡이를 적절하게 잡고 작업할 수 있는 것일 것.
  ② 적정한 각도로 부착되어 있고 보통의 사용상태에서 손가락 및 손목에 무리한 힘을 가할 필요가 없는 것일 것.
  ③ 공구의 중심과 비교해서 적정한 위치에 부착되어 있는 것일 것.
  ④ 진동공구의 손잡이 등 잡는 부분은 방진고무 등의 방진 재료를 끼워서 공구에 부착시킨 것일 것.
  ⑤ 손으로 쥐는 부위는 작업자의 손의 크기에 맞는 것일 것. 에어 호스 또는 코드는 적정한 위치 및 각도에 부착되어야 한다.
(6) 동력절단기, 휴대용 연삭기 등은 가급적 가벼운 것으로 한다.

정답 02
① 작업개시 전·후에 손·발·어깨·허리 등을 가볍게 풀어 주는 체조를 한다.
② 한랭장소에서 진동작업을 하는 경우에는 적절한 보온조치를 취한 후 작업에 임한다.
③ 작업중 파편의 비래 등에 대비한 안전조치를 강구한다.
④ 강렬한 진동을 발생시키는 작업장에서는 소음 발생수준을 측정하여 기준을 초과할 경우 귀마개·귀덮개 등 적절한 보호구를 착용한다.

| 작업명 | 전신주 형강 교체 작업 | 도서출판 세화 전기-3008 |

예제

01 화면은 전신주의 형강 교체 작업을 하고 있다. 정전작업시 조치사항 3가지를 쓰시오.

02 화면(CD-ROM)에서 작업자가 착용해야 할 보호구 2가지를 쓰시오.

KEY ▶ 2000년 9월 5일 기사
2000년 11월 9일 산업기사 출제

정답 01
① 전로의 개로에 사용한 개폐기에 잠금 장치를 하고 통전 금지에 관한 표지판을 설치하는 등 필요한 조치를 할 것.
② 개로된 전로가 전력케이블·전력콘덴서 등을 가진 것으로서 잔류전하에 의하여 위험이 발생할 우려가 있는 것에 대하여는 해당 잔류전하를 확실히 방전시킬 것.
③ 개로된 전로의 충전 여부를 검전기구에 의하여 확인하고 오통전, 다른 전로와 오통전 후 다른 전로로부터의 유도 또는 예비동력원의 역송전에 의한 감전의 위험을 방지하기 위하여 단락접지기구를 사용하여 확실하게 단락 접지할 것.

정답 02
① 안전모
② 안전대

| 작업명 | 가설전기작업(1) | 전기-3009 |

예제

01 가설전기 작업시 위험요인을 쓰시오.

02 가설 전기 작업시 안전작업수칙을 쓰시오.

정답 01
① 습기가 많은 곳에서 가설전선 피복이 손상될 경우 감전 위험이 높다.
② 도로 및 통로에 노출된 가설전선의 손상으로 인한 감전 위험이 높다.
③ 가설전선 접속시 접속불량으로 인한 감전위험이 높다.

정답 02
① 100[V], 200[V]의 저압전기에서도 감전재해가 발생되므로 주의한다.
② 감전우려가 있는 곳에서는 고무장갑, 고무장화를 사용한다.
③ 가설전기는 임시배전반상의 누전 차단기에서 인출되있는지 점검한다.
④ 습기가 많은 곳의 가설전선이 바닥에 깔려 있는지 확인하고, 수시로 피복의 손상 여부를 점검한다.
⑤ 손이 습한 상태로 가설전선, 전동기계기구를 사용해서는 안된다.

| 작업명 | 가설전기작업(2) | 도서출판 세화 전기-3010 |

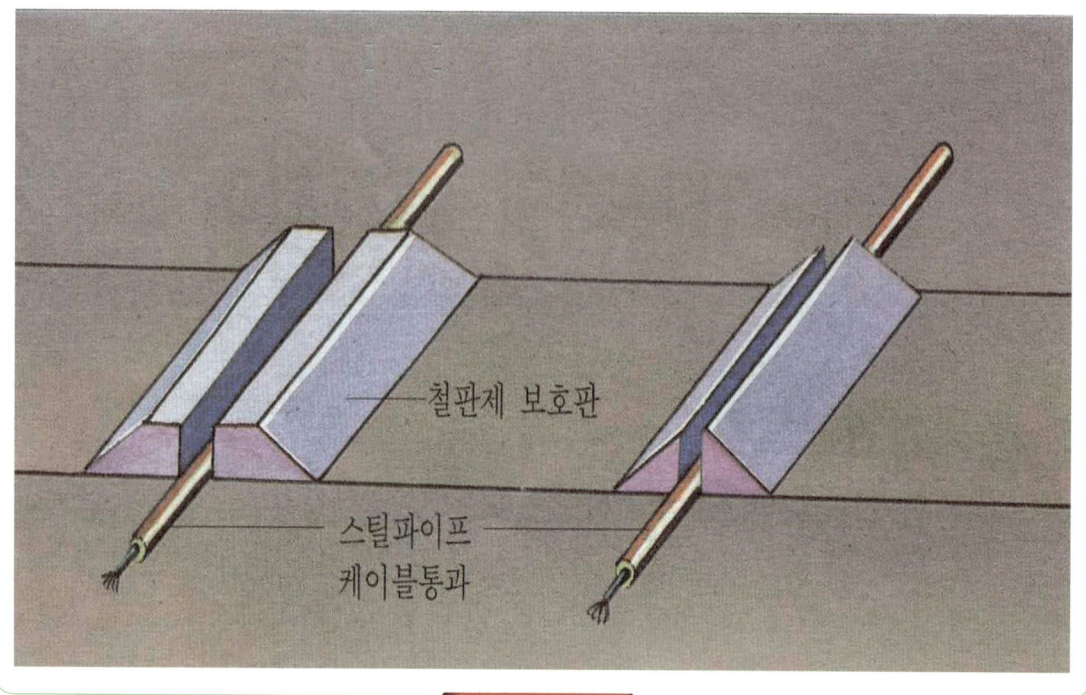

예제

01 도로 및 통로상의 가설전선 안전 조치사항을 쓰시오.

02 이동용 가설전선 안전조치사항을 쓰시오.

정답 01
① 가설전선은 지중 또는 가공으로 포설해야 하며, 도로 및 통로에 노출되도록 설치하면 안된다.
② 가공으로 포설할 경우 내후성 및 인장강도 등이 좋은 OW(옥외형 비닐절연)전선을 사용하고, 절연애자로써 전선을 지지하며, 가공선로 주의 표시 및 높이를 표시한다.
③ 지중으로 포설할 경우 외부충격으로부터 피복이 보호될 수 있고, 내수성·내산성 등이 좋은 케이블을 사용한다.
④ 케이블을 직접 매설할 경우에는 습기 또는 물기가 많은 장소를 피한다. 가설전선 정리용 철물을 사용하여 통로상의 가설전선을 정리한다.

정답 02
① 가설전선은 반드시 규격품을 사용해야 한다.
② 노후된 전선을 사용하거나 전선이 꼬일 경우 또는 접속부의 절연처리가 불량할 경우 감전, 화재위험이 있다.
③ 코드선이 너무 가늘면 과열되어 화재를 야기시킨다.
④ 작업시 코드선 정리정돈이 불량하면 넘어지거나 도구를 떨어뜨리게 된다.

작업명	활선작업 및 활선근접 작업(1)

예제

01 활선작업시 위험요인을 쓰시오.

02 활선작업시 안전작업수칙을 쓰시오.

정답 01
① 활선상태에서 절연용 방호구와 보호구의 미착용 또는 오착용으로 인한 감전 위험이 높다.
② 활선상태를 정전상태로 착각하여 접촉시 감전된다.
③ 타작업시 이동용 크레인의 붐 등이 배전선로에 접촉되어 감전사고가 발생한다.

정답 02
① 작업시작 전 사전에 작업계획을 수립한 후 시행한다.
② 작업시작 전 작업내용을 충분히 이해한다.
③ 작업시 전기작업용 고무장갑 등 절연용 보호구를 착용한다.
④ 충전부분에 절연용 방호구를 장착하는 등 감전위험 방지조치를 한다.
⑤ 절연용 보호구 및 방호구는 잘 손질하여야 하며, 손상 유무를 반드시 확인한다.
⑥ 주상에서 방호작업은 2명이 하고, 단독작업은 가급적 피한다.
⑦ 작업지휘자를 지정한다.

| 작업명 | 활선작업 및 활선근접 작업(2) | 도서출판 세화 전기-3012 |

예제

01 활선작업시에 작업계획 수립과 작업표준 작성방법을 기술하시오.

정답 01

(1) 활선 및 활선근접 작업은 시작 전 사전 작업계획을 수립한다.
(2) 작업대상의 충전전로 전압에 따라 접근한계거리, 작업위치를 정한다.
(3) 작업에 따른 위험성을 종합적으로 검토하여 이에 필요한 방호대책을 수립한다.
(4) 작업에 필요한 공구의 적합 여부, 작업인원 및 작업시간에 대하여 사전에 면밀히 검토한다.
(5) 사소하고 쉬운 작업이라도 반드시 작업계획에 포함하여 수립한다.
 ① 활선작업, 활선근접작업시는 작업표준을 작성하고, 이에 정한 순서에 따라 작업한다.
 ② 작업표준은 작업의 불안전, 비능률, 불합리성을 없애고 불안전 행동을 제거하도록 작성한다.
 ③ 신규작업, 임시작업, 긴급작업 등 표준화가 되어 있지 않는 작업은 사전에 충분히 협의하여 작업순서를 결정하고, 작업예정표를 작성한다.

02 특별고압에서 방호조치사항을 기술하시오.

정답 02

(1) 특별고압 송전선로와 병가된 가공배전선로를 정전시키고 작업하는 경우, 유도현상으로 인한 감전의 위험을 방지하기 위하여, 절연용 보호구를 착용하는 외에 배전선로에 단락접지를 실시하여 전하를 소멸시킨 후 작업을 시작하도록 해야 한다.
(2) 특별고압 송전선로에 접근하여 배전선로 지지물의 신설, 철거 등을 할 때에는 다음과 같은 조치를 해야 한다.
 ① 지지물의 전체 길이, 이동식 크레인 붐의 길이, 구조 등을 검토하여 작업범위의 폭과 길이 등을 확실히 파악한다.
 ② 작업범위에 가장 가까운 부분의 특별고압 송전선로의 지상높이, 작업범위와 이격거리, 최고 전압 등을 현지조사에 의한 목측과 동시에 특별고압 송전선로의 관리자와 밀접한 협의를 하여 확인한다.
 ③ 작업범위와 특별고압 송전선로와의 안전한 이격거리는 섬락의 우려가 있는 접근한계거리, 바람에 의한 전선의 이동폭, 목측거리의 오차 등을 고려하여 충분한 안전공간을 확보한다.
 ④ 작업시 이동식 크레인의 차체에 접지를 실시한다.
 ⑤ 지지물을 취급하는 작업자는 전기용 고무장갑, 전기용 장화 등 절연용 보호구를 착용해야 한다.

| 작업명 | 고압 및 특별고압 활선근접 작업 |

예제

01 고압 및 특별고압 활선근접작업시 안전조치사항을 쓰시오.

정답 01
① 접근한계거리를 목측으로 확인하여, 충전부와의 사이에 충분한 거리를 유지한다.
② 활선근접 작업은 활선작업과 같은 수준으로 방호하여, 안전을 확보한다.
③ 작업지휘자는 작업내용과 작업현장의 상태를 잘 검토하여 통로, 작업구역 등을 작업자 전원에게 이해시킨 후 작업한다.

(주) 용어 정의
1. 안전거리 : 충전부위에 대하여 인체부위가 통전 및 정전유도에 대한 보호조치를 하지 않고서는 이 이내에 접근해서는 안되는 거리를 말하며 날씨 및 눈어림차를 감안, 충분한 거리를 유지해야 한다.
2. 활선작업거리 : 활선장구를 사용할 경우 활선장구의 충전부 접촉점과 작업원의 손으로 잡은 부분과의 최소 한계거리를 말하며, 작업원은 항상 이 거리 이상을 유지하여야 하고 동시에 충전부와 인체부위는 안전거리 이상을 유지하여야 한다.

| 작업명 | 정전작업(1) | 도서출판 세화 전기-3014 |

예제

01 정전작업시 위험요인을 쓰시오

02 정전작업시 안전작업수칙을 쓰시오.

정답 01
① 정전작업중 제3자가 착각이나 오인으로 전기를 넣어 감전될 수 있다.
② 전력케이블이나 전력 콘덴서가 설치된 설비에서 전원 차단 후 잔류 전하를 방전시키지 않고 곧바로 작업시 감전될 위험이 있다.
③ 역송전으로 인한 감전의 위험이 크다.

정답 02
① 정전작업 요령을 작성하여 작업자에게 주지시킨 후 작업한다.
② 개로된 개폐기에 잠금 장치를 하거나, 통전금지 사항을 표시하는 꼬리표를 부착한다.
③ 커패시터 등 잔류전하가 발생할 우려가 있는 전로는 방전코일 등을 사용하여 확실하게 방전시킨 후 작업한다.
④ 역송전 등에 의한 감전재해를 예방하기 위해 단락접지를 실시한 후 작업한다.
⑤ 안전작업 수칙 및 정전작업 요령을 숙지한다.

작업명	정전작업(2)	도서출판 세화 전기-3015

예제

01 전기 정전 작업시 안전작업 방법을 기술하시오.

02 활선작업에서 작업자의 절연보호방법을 기술하시오.

정답 01
① 개로된 개폐기에 시건을 하거나, 통전금지 사항을 표시한다.
② 잔류전하가 발생하는 전로인 경우, 해당 잔류전하를 확실히 방전시키는 조치를 한다.
③ 정전전로는 감전기구로 정전을 확인한다.
④ 오통전, 다른 전로와의 혼촉이나 유도를 방지하기 위하여 단락접지기구로 확실하게 단락접지를 한다.
⑤ 특별고압 송전선과 병가된 가공전로를 정전하여 작업하는 경우는 반드시 단락접지를 하고 작업에 착수한다.
⑥ 작업종료 후 개로된 전로를 통전하고자 할 때는 해당작업에 종사하는 근로자에게 통지 및 안전조치 후 단락접지기구를 제거하고 통전한다.

정답 02
① 작업자가 고압전로를 직접 취급하는 작업을 할 때에는 절연용 보호구를 착용한다.
② 충전부분에 절연용 방호구를 장착하는 등 감전의 위험을 방지하기 위한 조치를 취한다.
③ 고전압 충전전로에서 활선작업용 기구를 사용하여 활선작업을 할 때에는 작업자의 동작범위나 작업공구류가 규정된 접근한계거리에 들어가지 않도록 한다.

작업명: **교류아크 용접 작업(1)**

도서출판 세화 전기-3016

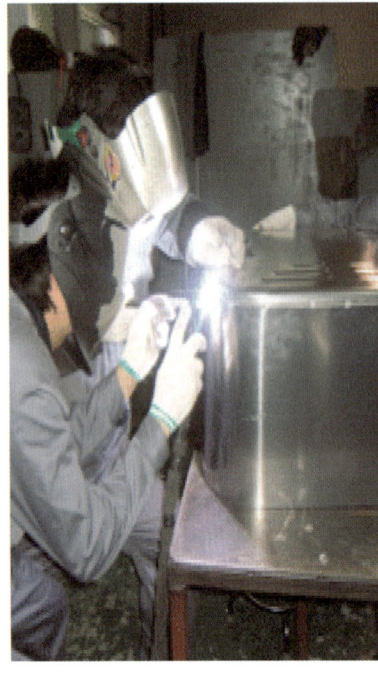

예제

01 화면과 같이 교류아크 용접 작업시 위험요인을 기술하시오.

02 화면(CD-ROM 그림)과 같이 교류아크 용접작업시 안전작업수칙을 기술하시오.

정답 01
① 용접봉 홀더에의 접촉으로 인한 감전의 우려가 있다.
② 불꽃, 용접불똥 등에 의해 화상 및 화재가 발생할 우려가 있다.
③ 용접아크에서 발생하는 유해광선으로 인한 시력손상 및 흄 중독을 일으킬 우려가 있다.

정답 02
① 감전재해를 방지하기 위하여 홀더는 용접봉을 물어주는 부분을 제외하고는 절연처리된 절연형 홀더(안전홀더)를 사용한다.
② 감전보호를 위하여 자동전격방지기를 사용한다.
③ 용접작업을 중지하고 작업장소를 떠날 경우 용접기의 전원개폐기를 차단한다.
④ 케이블의 피복이 손상된 경우 즉시 절연을 보수하거나 신품으로 교환한다.
⑤ 용접작업 근처에 소화기를 준비한다.
⑥ 자동전격방지기의 작동상태를 점검한다.
⑦ 케이블 피복의 손상여부를 확인한다.
⑧ 용접기의 1차측 배선과 2차측 배선 및 용접기 단자와의 접속이 확실한가를 점검한다.

| 작업명 | 교류아크 용접 작업(2) |

예제

01 교류아크 용접 작업 전 준수사항을 기술하시오.

정답 01
① 전원개폐기의 과전류 차단기가 적정한 용량의 것이 사용되고 있는지, 가열되어 변색되어 있는지의 여부를 확인한다.
② 옥내 또는 선박, 탱크, 차량, 덕트, 연도, 수관, 갱 등의 내부에서 아크 용접작업을 하는 경우는 국소배기장치 등을 설치하거나 또는 호흡용 보호구를 사용한다.

02 교류아크용접 작업시 준수사항을 쓰시오.

정답 02
① 용접기 2차측 회로에 사용되는 케이블이 손상되지 않도록 통로 등을 횡단할 때는 방호덮개를 사용한다.
② 용접작업중 불꽃 등에 의하여 화상을 입지 않도록 보안면, 절연장갑, 가죽앞치마, 발덮개, 안전화 등의 보호구를 착용한다.
③ 시력보호를 위하여 적합한 보안경을 착용한다.
④ 용접품 등의 흡입으로 인한 중독을 방지하기 위하여 방진마스크를 착용한다.
⑤ 주위의 가연물(기름, 나뭇조각, 도료, 내장재, 전선 등), 폭발성 물질 또는 인화성 가스로 인해 인화, 폭발, 화재가 발생하지 않도록 작업 전에 조치를 취한다.
⑥ 고소작업시 작업자가 추락하지 않도록 안전대 착용 등의 제반조치를 취한다.
⑦ 드럼통, 탱크, 배관 등의 용접 수리작업시 내부의 인화성 액체나 인화성 가스, 증기가 존재하지 않도록 내용물을 충분히 청소하고 위험한 물질을 완전히 제거한 후 작업한다.
⑧ 용접기 모재나 정반을 접지시킨다.
⑨ 용접기 외함을 대지에 접지시킨다.
⑩ 작업자가 감전 쇼크로 인해 호흡이 정지되었을 때는 즉시 인공 호흡을 실시한다.

| 작업명 | 방폭지역에서 작업(1) | 전기-3018 |

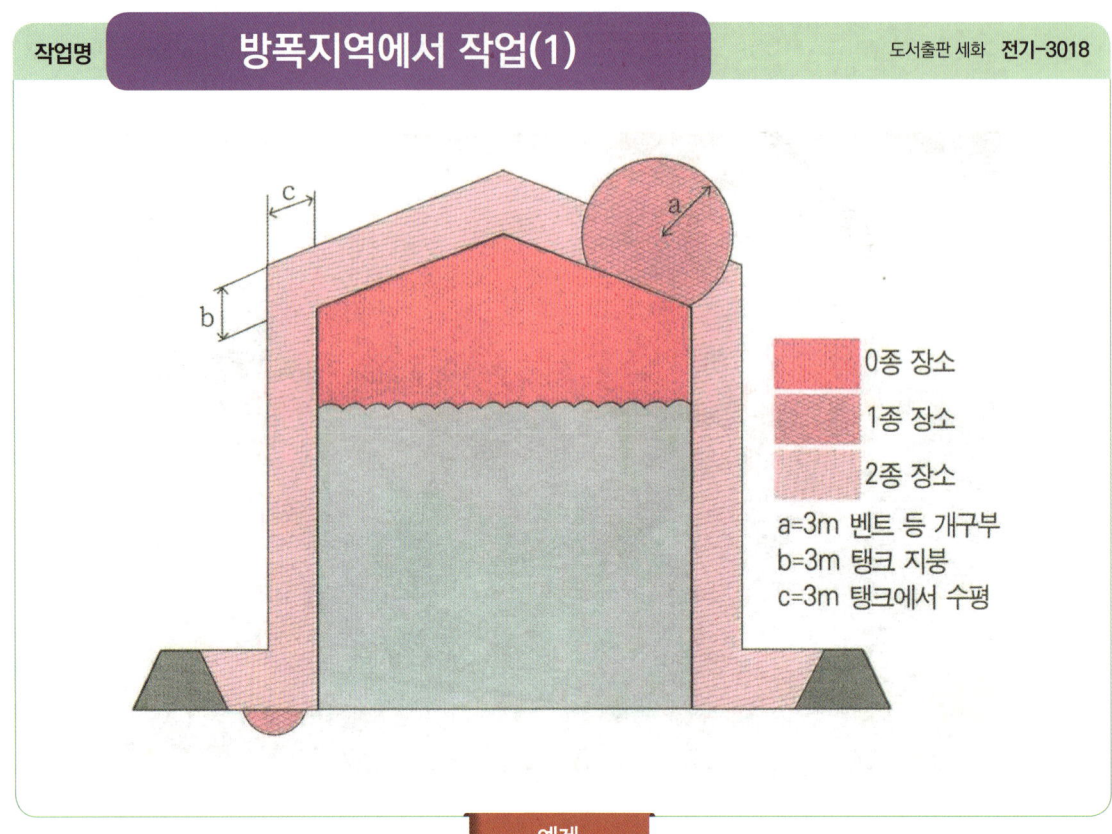

예제

01 화면과 같이 방폭지역에서 작업시 위험요인을 쓰시오.

02 방폭지역에서 작업시 작업안전수칙을 쓰시오.

정답 01
① 작업 중에 인화성 물질·인화성 가스 등의 누출 위험이 있다.
② 작업 중에 마찰열·전기 스파크로 인한 화재·폭발위험이 있다.

정답 02
① 방폭지역 내의 설비는 방폭지역의 범위가 최소화되도록 설계·운전 및 보수한다.
② 인화성 가스 등의 누출 등 비상시에는 전기설비의 격리·공정운전의 정지·누출 물질의 저장 또는 비상배출설비 구비 등의 조치를 취한다.
③ 설정된 방폭지역 구분도는 임의로 변경하지 않는다.
④ 방폭지역 내에 설치되는 제어실·조정실 등은 양압시설로 한다.
⑤ 설정된 방폭지역에 적합한 전기기기를 설치한다.

> **참고** 방폭지역의 구분

화재·폭발을 일으킬 수 있는 인화성 물질의 증기 또는 인화성 가스가 공기 중으로 누출되거나 누출될 우려가 있는 장소를 방폭지역이라 하며, 그 위험도에 따라 다음과 같이 0종, 1종 또는 2종 장소로 구분한다.

[표 1] 가스방폭지역의 구분

방폭지역	적 요
0종 장소	인화성 물질의 증기·인화성 가스에 의한 폭발위험분위기가 지속적 또는 장기간 존재하는 지역
1종 장소	정상작동상태에서 인화성 물질의 증기·인화성 가스에 의한 폭발위험분위기가 존재하기 쉬운 지역
2종 장소	정상작동상태에서 인화성 물질의 증기·인화성 가스에 의한 폭발위험분위기가 존재할 우려가 없으나 존재하게 될 경우, 그 빈도가 아주 적고 단기간동안 존재할 수 있는 지역

[표 2] 방폭구조의 선정기준

방폭지역	적합한 방폭구조
0종 장소	본질안전방폭구조(ia)
1종 장소	내압방폭구조(d), 압력방폭구조(p), 유입방폭구조(o), 안전증방폭구조(e), 본질안전방폭구조(i), 몰드방폭구조(m)
2종 장소	1종장소 및 2종장소에 사용 가능한 방폭구조, 비점화방폭구조(n), 기타 2종장소에서 사용토록 특별히 고안된 방폭구조

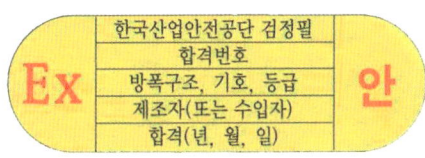

[그림] 합격표시의 예

| 작업명 | 방폭지역에서 작업(2) | 도서출판 세화 전기-3019 |

예제

01 방폭지역 내에서 화기작업시 작업안전수칙을 쓰시오.

KEY 원칙적으로 금하되 불가피할 경우에는 "안전작업 허가 지침"에 따른다.

정답 01

① 작업구역의 설정 : 작업시 발생할 수 있는 화염 또는 스파크 등의 영향 범위 내를 작업구역으로 설정·표시하고 통행 및 출입을 제한한다.
② 인화성·급성독성물질의 가스농도 측정 : 작업시작 전에 작업구역 내의 가스농도를 측정하고 그 사항을 기록한다.
③ 차량 등의 출입제한 : 불꽃을 발생하는 내연설비의 장비, 차량 등은 작업 구역 내의 출입을 통제한다.
④ 밸브 차단 표지 부착 : 작업목적으로 밸브 차단 또는 맹판 설치시에는 표지를 부착하여 실수로 여는 일이 없도록 한다.
⑤ 인화성·급성독성 물질의 방출 및 처리 : 인화성·급성독성물질이 들어 있는 배관·용기 또는 인접에서 화기작업을 하는 경우, 작업 전에 물질의 안전 방출 및 세정을 하고 가스 농도 측정 후 작업을 수행한다.
⑥ 인화성 물질의 격리 : 전기스파크·용접불똥 등이 인접 인화성 물질을 인화시킬 우려가 있는 경우, 불연성 물질로 격리하고 개방부분은 작업 전에 밀폐한다.
⑦ 작업의 입회 : 작업시에는 입회자를 선임하여, 작업 시작 전 또는 작업중 안전상태의 확인과 작업중의 가스측정 등 필요한 조치를 취하도록 한다.

02 방폭지역 내에서 상온작업시 안전수칙을 기술하시오.

KEY ▶ 화기작업에 준한 필요한 안전조치를 취한다.

정답 02

① 작업구역의 설정
② 인화성·급성독성 물질의 가스농도 측정
③ 밸브 차단 표지 부착
④ 인화성·급성독성물질의 방출 및 처리

| 작업명 | **정전기 발생 작업 안전(1)** | 도서출판 세화 **전기-3020** |

예제

01 정전기 발생작업장에서 작업시 위험요인을 기술하시오.

02 정전기 작업장에서 작업시 안전수칙을 쓰시오.

정답 01
① 인화성 액체, 인화성 가스·분진의 저장·취급시 발생하는 정전기 스파크로 인한 화재·폭발위험이 있다.
② 정전기의 인체대전으로 인한 불쾌감·상해 또는 생산장애 등의 위험이 있다.

> **참고** 정전기 위험 공정 및 설비
> - 인화성 액체 및 인화성 가스의 저장·취급 및 건조 등의 설비
>   - 도전성 용기, 저장탱크, 배관계통, 운반차량, 이동용 용기 등
> - 인화성 분진을 저장·취급하는 설비
>   - 사일로
> - 압축공기 등을 이용한 분체 이송·분무 등의 설비
>   - 이송작업, 포집작업 등
> - 화약류 제조 및 발파 등의 설비

정답 02
① 정전기 불꽃(Spark)이 발생할 우려가 있는 곳에서는 인화성 물질 등의 제거, 속도 또는 양의 제어, 정전기 완화 등의 조치를 취한다.
② 유체의 배관, 덕트, 필터 등의 통과시 유속을 제한하여 정전기의 발생을 제한 또는 억제한다.
③ 도전성 물체는 접지시키거나 접지된 타물체와 접속(본딩)한다.
④ 공정에 지장을 주지 않는 한도 내에서 공기중의 상대습도를 50[%] 이상으로 올린다.
⑤ 도전성 재료를 사용하여 정전기의 대전을 방지한다.
⑥ 제전기를 사용하여 공기를 이온화시킨다.

| 작업명 | **정전기 발생 작업 안전(2)** | 도서출판 세화 **전기-3021** |

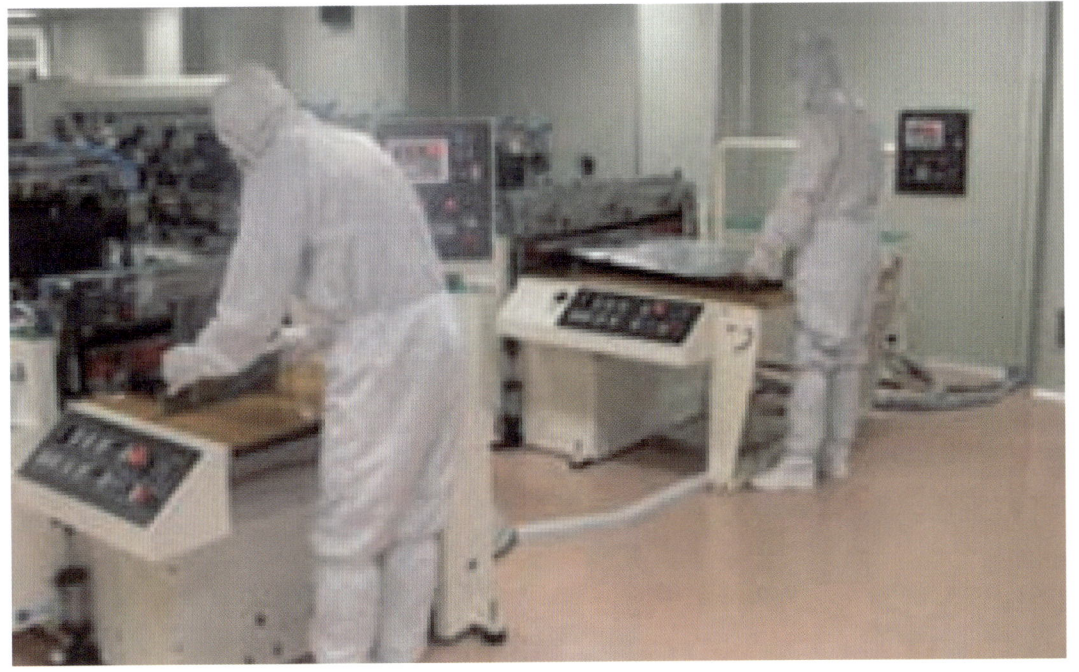

예제

01 정전기 발생 작업장에서 인화성 액체, 인화성 가스, 분진의 저장 취급시 대전방지 조치사항을 기술하시오.

02 정전기 발생작업장에서 컴퓨터 등의 취급 시 부품파괴 또는 오작동 방지사항을 쓰시오.

정답 01
① 도전성 용기에 주입시는 본딩·접지시키고, 저장·취급시 충분한 정치시간을 둔다.
② 고무타이어 운반차량의 경우, 운반체와 주입배관 사이를 상호 본딩시킨다.
③ 가스 취급시에는 수분, 먼지, 녹 등의 입자 제거를 위한 필터를 설치하고, 가스가 누설되지 않도록 주의한다.
④ 분진 취급시에는 가급적 이송속도를 작게 하고, 굴곡이나 좁힘 등 이송에 방해되는 것을 피하며, 필터·이송관 등을 도전성의 재료로 사용하도록 한다.

정답 02
① 작업자의 대전방지 조치를 취한다.
② 정전기 대전방지 성능이 있는 작업복이나 제전복 등을 착용한다.
③ 정전기 대전방지용 안전화나 손목접지대를 착용하도록 한다.
④ 카페트를 깔 경우에는 정전기 대전방지용 카페트를 사용한다.
⑤ 바닥 위의 모든 금속체는 접지·본딩시킨다.

| 작업명 | **정전기 발생 작업** | 도서출판 세화 **전기-3022** |

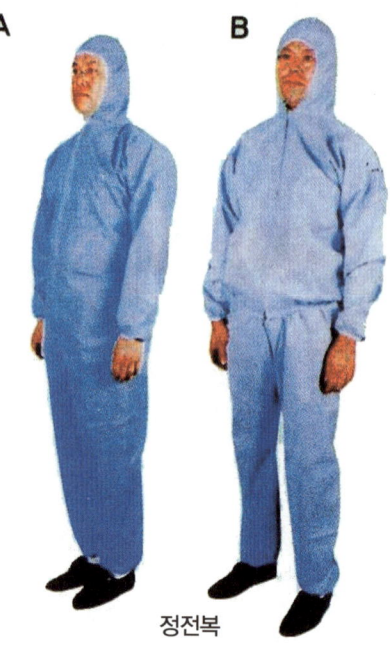

정전복

예제

01 정전기 발생 작업장에서 작업시 작업자의 대전방지 조치사항을 기술하시오.

02 정전기 작업에서 특히 화재, 폭발위험 장소에서 의복의 방전방지 대책을 기술하시오.

정답 01
① 작업공정상 지장을 초래하지 않는 범위 내에서, 가습 등의 방법을 이용하여 작업장 내의 상대습도를 높인다.
② 정전기 대전방지 성능이 있는 작업복 등을 착용한다.
③ 정전기 대전방지용 안전화 또는 도전성이 있는 손목접지대를 착용한다.(단, 손목접지대에는 감전사고를 방지하기 위한 1[MΩ] 정도의 직렬 저항 연결)
④ 정전기의 축적이 우려되는 모든 도전체는 접지시킨다.

정답 02
① 작업자에게 정전기 대전방지 성능이 있는 면제품의 작업복이나 제전복을 착용하게 한다.
② 방폭지역 등에서 옷을 갈아입거나 터는 등의 행위를 금한다.

제2장 현장 안전편(응용)

도해번호	작업명	비고
[01] 도서출판 세화 전기 3001	전신주 장애물작업	
[02] 도서출판 세화 전기 3002	전동공구 운반	
[03] 도서출판 세화 전기 3003	수은등 안정기 운반작업	
[04] 도서출판 세화 전기 3004	휴대용 전기드릴작업	
[05] 도서출판 세화 전기 3005	콘크리트전주 트럭 적재	
[06] 도서출판 세화 전기 3006	연마작업과 혼재작업	
[07] 도서출판 세화 전기 3007	현장공사 배전반작업	
[08] 도서출판 세화 전기 3008	전구 교체작업	

합격자의 조언
① 한국산업인력공단 자격시험은 세화출판사의 교재에서 합격을 보장합니다.
② 산업안전기사와 산업안전산업기사는 실기 작업형에서 **합격, 불합격**이 결정됩니다.

| 작업명 | **전신주 장애물작업** | 도서출판 세화 전기-3001 |

작업 상황

- 전신주를 올라가는 도중에 장애물을 넘으려 하고 있다.

위험의 포인트

① 올라갈 때 표지에 맞아 상처를 입게 된다.
② 비계 볼트가 빠져 추락하게 된다.
③ 안전대 로프, 보조로프를 벗을 시 균형을 잃어 추락하게 된다.
④ 표지가 흔들려, 균형을 잃어 추락하게 된다.
⑤ 손, 발이 미끄러져 추락하게 된다.

참고사항

| 작업명 | 전동공구운반 | 도서출판 세화 전기-3002 |

작업 상황
- 2인이 계단 위로 전동공구를 운반하고 있다.

위험의 포인트
① 메는 봉이 구부러져, 공구가 미끄러 떨어져 A, B가 상처를 입는다.
② 로프가 끊어져서 공구가 미끄러 떨어져 A, B가 상처를 입는다.
③ 계단에서 걸려 넘어져, 공구가 A에 맞는다.
④ 2인의 호흡이 맞지 않아서 넘어진다.
⑤ 짐이 흔들려 균형을 잃어 넘어진다.
⑥ 2인의 신장이 달라 A에게 짐이 걸려 떨어진다.
⑦ 메는 봉과 로프를 결속하지 않아서 로프가 밀려 A에게 짐이 걸린다.
⑧ B가 양손으로 메고 있어서 피로해 메는 봉이 떨어진다.

참고사항

작업명	수은등 안정기 운반작업

작업 상황
- 철 구조물 위의 수은등 안정기 교환을 위해, 안정기를 로프에 매달아 올리고 있다.

위험의 포인트
① 걸터앉은 상태로서 균형을 잃어, 공중에 매달리게 된다.
② 매달아 올리고 있는 안정기가 미끄러져 떨어져 아래 작업자에게 맞는다.
③ 철 구조상의 떼어 놓은 안정기가 떨어져 아래 작업자에게 맞는다.
④ 한쪽 줄의 끝을 고정하지 않았기 때문에 바로 아래 로프를 아래 작업자가 끌어 균형을 잃게 된다.
⑤ 작업복의 소매를 걷고 있어서 철 구조물 승강시에 찰과상을 입게 된다.

참고사항

| 작업명 | 휴대용 전기드릴작업 | 도서출판 세화 전기-3004 |

작업 상황
- 이동사다리 위에 올라가 전기드릴로 구멍을 뚫는 작업을 하고 있다.

위험의 포인트
① 이동사다리 위의 작업자는 발판이 좁아 몸의 균형을 잃어 넘어져 다치게 된다.
② 드릴의 칩이 날아와 작업자의 눈에 들어가게 된다.
③ 드릴이 구부러져 들어가 꺾이면서 균형을 잃어 넘어져 다치게 된다.
④ 통행인이 코드에 걸려 넘어져 다치게 된다.

참고사항

| 작업명 | 콘크리트전주 트럭 적재 | 도서출판 세화 전기-3005 |

작업 상황

- 콘크리트 전주를 트럭에 적재하고 있다.

위험의 포인트

① 전주를 짐받이에서 내릴 때, A가 손을 전주와 짐받이 사이에 끼이게 된다.
② 전주가 회전해서 A, B의 몸에 맞아 다치게 된다.
③ 짐받이에 타고 있을 때 와이어가 벗어나 A가 미끄러 떨어진 전주 밑에 깔려 다치게 된다.
④ 전주의 균형이 무너져 전주의 끝이 내려가 운전자 B가 맞아 다치게 된다.
⑤ 크레인 운전자 B가 급히 붐을 움직여서 전주를 받치고 있는 A가 넘어져 다치게 된다.
⑥ 입회자 C가 안전모를 착용하고 있지 않아서, 회전할 때 전주가 머리에 맞아 상처를 입게 된다.

참고사항

| 작업명 | 연마작업과 혼재작업 | 도서출판 세화 전기-3006 |

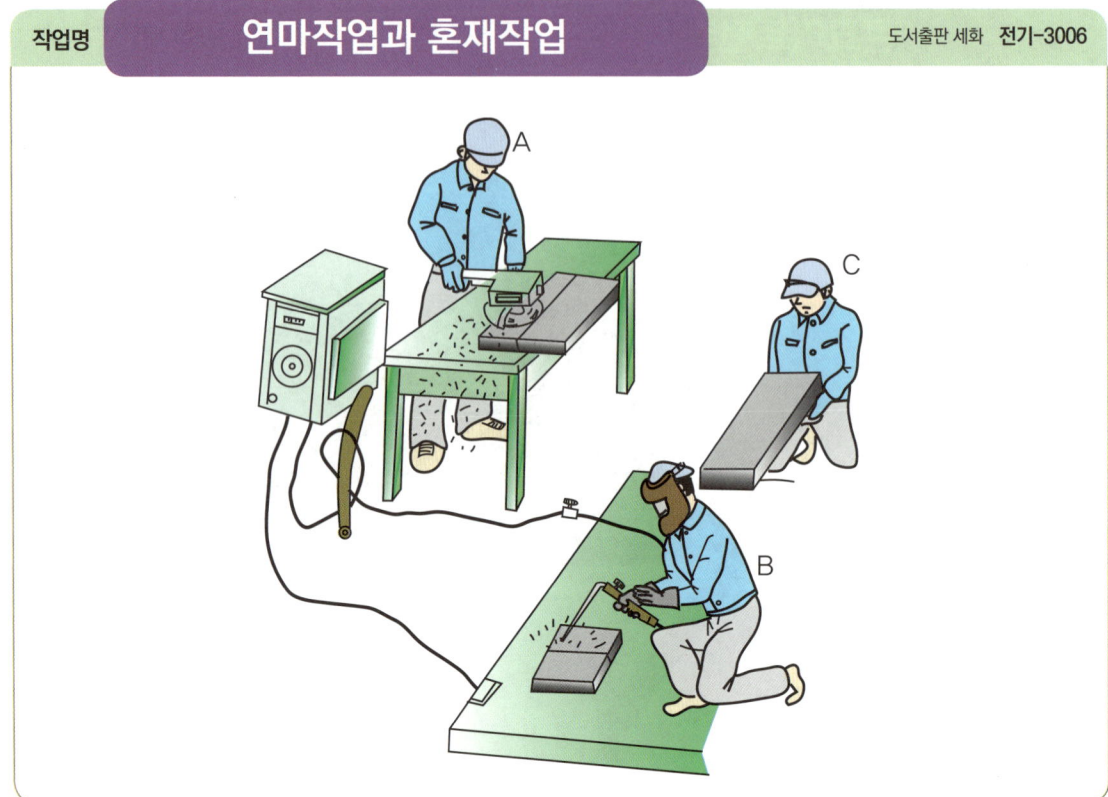

작업 상황

- B는 전기용접작업을 하고 있고, A는 연마작업을 하고 있다.
- C는 재료를 정리하고 있다.

위험의 포인트

① 그라인더와 숫돌이 깨져 파편이 비산해서 A,B,C에 맞게 된다.
② 캡타이어 코드의 피복이 파손되어 있어 접촉 감전하게 된다.
③ A,C 및 주변 작업자가 전기용접의 빛에 전기성 안염이 된다.
④ 그라인더의 가루가 A,C의 눈에 들어가게 된다.
⑤ 전기용접기의 케이스 어스가 없어서 감전하게 된다.
⑥ B가 코드를 끌어당길 때 코드에 휘감기어 파이프가 A에 맞게 된다.
⑦ A,B,C는 마스크를 하고 있지 않아서 용접품으로 호흡기를 다치게 된다.

참고사항

| 작업명 | 현장공사 배전반 작업 | 도서출판 세화 전기-3007 |

작업 상황
- 공사현장의 가설배전반에서 전원을 취해 강재의 연마작업을 하고 있다.

위험의 포인트
① 스위치 덮개가 파손되어 있어서 스위치 조작 때 감전하게 된다.
② 방진안경을 하고 있지 않아서 가루가 눈에 들어가게 된다
③ 배전반에 펜치나 드라이버가 있어서 출입할 때 합선이 된다.
④ 마스크를 하고 있지 않아서 진폐가 된다.
⑤ 그라인더의 어스가 없어서 감전하게 된다.
⑥ 배전반의 문이 열려 있어서 통행 때 맞아서 다치게 된다.
⑦ 스위치를 개폐할 때 바람에 문이 닫혀 손을 끼이게 된다.

참고사항

| 작업명 | 전구 교체작업 | 도서출판 세화 전기-3008 |

작업 상황
- 전주에 부착된 전구가 끊어졌으므로 교체 작업을 하고 있다.

참고사항
① 수험생 스스로 해결해 보세요.
② 이번시험에도 출제될 수 있습니다.

PART 4

화학설비 안전관리

제1장 실제 시험편(기초·기본)

제2장 현장 안전편(응용)

제1장 실제 시험편(기초·기본)

도해번호	작업명	비고
[01] 도서출판 세화 화학 4001	유기용제 취급작업(1)	
[02] 도서출판 세화 화학 4002	유기용제 취급작업(2)	
[03] 도서출판 세화 화학 4003	유기용제 취급작업(3)	
[04] 도서출판 세화 화학 4004	유기용제 취급 안전작업(1)	
[05] 도서출판 세화 화학 4005	유기용제 취급 안전작업(2)	
[06] 도서출판 세화 화학 4006	산소결핍장소 안전작업(1)	
[07] 도서출판 세화 화학 4007	산소결핍장소 안전작업(2)	
[08] 도서출판 세화 화학 4008	산소결핍장소 안전작업(3)	
[09] 도서출판 세화 화학 4009	도장 안전작업(1)	
[10] 도서출판 세화 화학 4010	도장 안전작업(2)	
[11] 도서출판 세화 화학 4011	도장 안전작업(3)	
[12] 도서출판 세화 화학 4012	화학설비(정유공장) 작업	
[13] 도서출판 세화 화학 4013	크롬도금 안전작업(1)	
[14] 도서출판 세화 화학 4014	크롬도금 안전작업(2)	
[15] 도서출판 세화 화학 4015	LPG 취급 안전작업(1)	
[16] 도서출판 세화 화학 4016	LPG 취급 안전작업(2)	
[17] 도서출판 세화 화학 4017	LPG 취급 안전작업(3)	
[18] 도서출판 세화 화학 4018	LPG 용접작업	
[19] 도서출판 세화 화학 4019	용기내부작업	
[20] 도서출판 세화 화학 4020	석면취급작업	
[21] 도서출판 세화 화학 4021	유해광선작업	
[22] 도서출판 세화 화학 4022	고열작업환경	
[23] 도서출판 세화 화학 4023	절삭유 취급작업	
[24] 도서출판 세화 화학 4024	그라비어 인쇄작업	
[25] 도서출판 세화 화학 4025	T.C.E 세정작업	
[26] 도서출판 세화 화학 4026	아세틸렌 취급작업	

합격자의 조언
① 한국산업인력공단 자격시험은 세화출판사의 교재에서 합격을 보장합니다.
② 산업안전기사와 산업안전산업기사는 실기 작업형에서 **합격, 불합격**이 결정됩니다.

| 작업명 | **유기용제 취급작업(1)** | 도서출판 세화 **화학-4001** |

제4편 화학설비 안전관리

예제

01 유기용제 취급시 위험요인을 쓰시오.

> 참고 흡연금지, 화기사용금지 및 방독마스크 착용 등의 표시

구분	표지예	비고
출입금지		바탕 : 흰색 기본모형 : 빨간색 관련부호 및 그림 : 검정색
화기금지		
방독마스크 착용		바탕 : 파란색 관련그림 : 흰색

02 유기용제 취급시 안전작업수칙을 쓰시오.

정답 01
① 유기용제 중독에 의해 건강장해를 입을 수 있다.
② 유기용제는 인화성과 휘발성이 있어 화재 및 폭발사고의 위험이 높다.

정답 02
① 유기용제는 국소배기장치 또는 전체환기장치가 설치된 장소에서 취급한다.
② 유기용제가 갑자기 눈에 들어갔을 때는 눈을 물로 씻는다.
③ 공구류는 불꽃이 튀지 않는 방폭 공구를 사용한다.

| 작업명 | 유기용제 취급작업(2) | 도서출판 세화 화학-4002 |

예제

01 유기용제 취급작업장에서 국소배기장치 및 전체환기장치의 점검 내용 및 사용방법을 쓰시오.

정답 01

① 후드는 유기용제 증기발산원마다 설치되어 있는가를 점검한다.
② 국소배기장치를 통해 유기용제 증기가 잘 흡입되고 있는가를 점검한다.
③ 국소배기장치는 설치목적에 알맞도록 가동하고 작업중 작업자가 임의로 가동을 중지시켜서는 안된다.
④ 국소배기장치가 정상가동이 되지 않는 경우에는 작업자는 이상 상태를 즉시 관리감독자에게 보고하고 지시에 따른다.
⑤ 작업이 종료된 이후에도 작업장 내에 유기용제 증기를 발생하는 제품 등이 있는 경우에는 유해·위험요인이 제거될 때까지 국소배기장치를 계속 가동시킨다.
⑥ 국소배기장치를 설치·개조·수리한 후 처음 사용하는 때는 다음 사항을 점검한다.
　㉮ 덕트 및 배풍기의 분진 퇴적 상태
　㉯ 덕트 접속부의 이완유무
　㉰ 흡기 및 배기의 적정성
　㉱ 후드·덕트 및 배풍기 날개 등의 부식여부
　㉲ 기타 국소배기장치의 성능 유지를 위해 필요한 사항
⑦ 전체환기장치가 가동되는 작업장에서 작업자는 유기용제 증기가 흡입되지 않는 위치에서 작업한다.

| 작업명 | 유기용제 취급작업(3) | 도서출판 세화 화학-4003 |

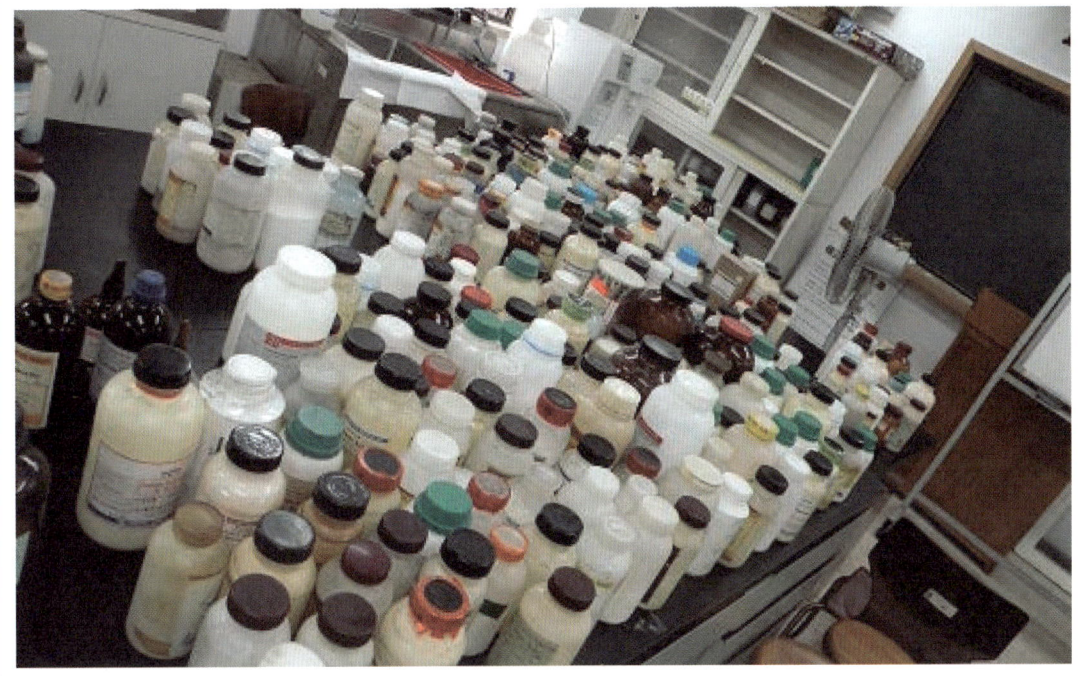

예제

01 유기용제 등의 구분표시 상황을 쓰시오.

정답 01

① 제1종 유기용제 : 적색
② 제2종 유기용제 : 황색
③ 제3종 유기용제 : 청색

참고 유해물질의 유해그림

구 분	유해그림		구 분	유해그림
제조금지 물질	독성물질 Toxic		특정화학물질 제2·3류, 유기용제류, 기타유해물질	유해물질 Harmful substance
특정화학물질 제1류	고독성물질 Highly toxic			

| 작업명 | 유기용제 취급 안전작업(1) | 도서출판 세화 화학-4004 |

01 유기용제 사고발생시 행동방법을 쓰시오.

02 유기용제 사용으로 인한 화재·폭발 예방조치 사항을 쓰시오.

정답 01
① 환기설비의 고장 또는 유기용제의 누출 등에 의해 급성 중독의 위험이 있는 경우에는 현장으로부터 즉시 대피토록 한다.
② 사고발생시 사고수습을 위해 투입되는 작업자는 유기가스용 방독면 또는 송기마스크 등을 착용한다.

정답 02
① 유기용제 작업장 내에서는 화기의 사용을 금지하고 외부로부터 불꽃 등이 유입되지 않도록 한다.
② 방폭지역 내에 설치된 기계, 기구, 조명기구 등은 방폭용을 사용한다.

참고 출입금지 및 인화성물질 경고 등의 표시

구 분	표지예	비 고
출입금지		바 탕 : 흰색 기본모형 : 빨간색 관련부호 및 그림 : 검은색
인화성 물질경고		바 탕 : 무색 기본모형 : 빨간색 관련부호 및 그림 : 검은색

| 작업명 | 유기용제 취급 안전작업(2) | 도서출판 세화 화학-4005 |

예제

01 유기용제의 피부접촉, 흡입, 화재의 발생시 응급조치사항을 쓰시오.

02 유기용제 취급시 작업자의 개인 위생 관리 방법을 쓰시오.

정답 01
① 유기용제 등이 피부에 접촉된 경우에는 즉시 세제 또는 물로 씻어내고, 씻은 후에도 계속 가렵고 염증이 발생하면 즉시 의사의 검진을 받는다.
② 유기용제 등이 눈에 들어간 경우에는 즉시 많은 양의 물로 씻어 내고 안과의사의 검진을 받는다.
③ 어두운 곳에서 재해가 발생한 경우에는 성냥 등 화기사용을 금지하고 방폭구조로 된 전등을 이용한다.

정답 02
① 유기용제작업장 내에서는 흡연을 하지 않는다.
② 유기용제작업장 내에서는 음식물을 취식하지 않는다.
③ 유기용제작업 실시 후 식사를 하는 경우에는 손이나 얼굴을 깨끗이 씻고, 별도의 방에서 식사한다.
④ 유기용제 작업장에서는 필요시 보호구를 착용한 후 작업에 임하도록 하고 사용한 보호구는 불순물 및 감염물을 제거한 후 청결한 장소에 보관한다.
⑤ 비상시 사용한 호흡용 보호구는 적어도 1개월 또는 매 사용 후마다 소독하여 보관한다.
⑥ 작업을 종료한 경우에는 샤워 시설 등을 이용하여 손, 얼굴 등을 씻거나 목욕을 실시한다.
⑦ 퇴근시에는 작업복을 벗고 평상복으로 갈아 입는다.

| 작업명 | **산소결핍장소 안전작업(1)** | 도서출판 세화 화학-4006 |

예제

01 산소결핍장소에서의 작업시 위험요인을 쓰시오.

> **정답 01**
> ① 산소농도가 18[%] 이하인 밀폐장소에서 작업할 경우 산소결핍증을 초래할 우려가 있다.
> ② 메탄가스, 유기용제 증기에 불꽃, 정전기가 일어날 경우 화재·폭발 발생위험이 있다.

02 산소결핍장소에서의 작업시 안전수칙을 쓰시오.

> **정답 02**
> ① 산소결핍 위험이나 가능성이 있는 장소에서의 작업시는 작업시작 전에 필히 산소농도 및 유해가스 농도 등을 측정하여야 한다.
> ② 산소농도를 측정하여 산소농도가 18[%] 미만일 경우는 환기를 실시한다.
> ③ 환기가 실시되었을 경우는 산소 농도가 18[%] 이상인가를 확인하고 작업을 실시하여야 하며 작업 도중에도 계속 환기를 실시하여야 한다.
> ④ 산소결핍위험장소에서의 환기는 급·배기를 동시에 실시함을 원칙으로 한다.
> ⑤ 폭발·산화 등을 방지하기 위하여 환기를 실시할 수 없는 장소나 산소결핍 위험장소에 들어갈 때는 송기마스크, 공기호흡기, 산소호흡기 등 호흡용 보호구를 착용하고 안전대의 착용, 추락방지용 그물망 설치 등의 사전조치를 하여야 한다.
> ⑥ 감독자는 항상 작업상황을 살펴보고 이상이 있을 경우에는 관계자에게 연락할 수 있는 체제를 유지한다.

| 작업명 | 산소결핍장소 안전작업(2) | 도서출판 세화 화학-4007 |

예제

01 산소결핍 일반작업장소에서 작업시 안전수칙을 쓰시오.

정답 01

(1) 환기설비를 할 수 없거나 환기를 하여도 충분한 환기가 어려운 경우 호흡용 보호구를 사용한다.
(2) 사다리를 사용하여 내부로 내려가야 하는 경우 안전대, 기타 구명밧줄을 사용한다.
(3) 작업자를 출입시킬 때에는 인원점검을 실시하고, 관계자 이외의 자의 출입을 금지하며, 보기 쉬운 장소에 다음 사항을 표시한다.
  ① 관계자 이외의 자의 출입금지
  ② 산소결핍에 의한 위험이 있다는 내용
  ③ 출입의 경우 취해야 할 조치
  ④ 사고발생시의 조치
  ⑤ 공기호흡기, 안전대, 산소농도 측정기, 송기설비 등의 보관 장소
  ⑥ 산소결핍 등 위험작업 안전·보건담당자의 이름 및 그의 직무
(4) 근접한 작업장과의 작업시간, 작업시기 등에 대한 상호연락을 취한다.
(5) 이상을 조기에 발견하여 적절한 조치를 실시하기 위한 감독자를 배치한다.
  - 외부로부터 내부의 감독이 가능한 경우 개구부의 외측에 감독자를 배치하고, 외부에서의 감시가 곤란한 경우 작업종사 근로자 중에서 통보자를 정하고 외부의 감독자와 연락할 수 있는 통보시설을 갖춘다.

합격자의 조언 ① 산소결핍 장소에서 작업시 착용할 보호구를 기억한다.
② 산소결핍 : 대기중에서 산소농도가 18[%] 이하인 상태

| 작업명 | 산소결핍장소 안전작업(3) | 도서출판 세화 화학-4008 |

작업자와 감시인 간의 연락장비 구비

예제

01 산소결핍 특수장소에서 작업시 안전작업방법을 쓰시오.

정답 01
① 터널, 기타 갱의 굴착공사에 있어서 메탄 또는 탄산가스의 분출 우려가 있는 경우에는 존재 유무의 조사, 처리방법, 굴삭시기, 작업순서를 정한다.
② 탄산가스용 소화설비를 비치한 경우 불의의 접촉에 의한 전도, 작동을 방지하고, 임의작동 금지표시를 한다.
③ 탱크내부 등 환기가 불충분한 장소에서 용접을 하는 경우 연속환기를 실시하고 근로자는 공기 호흡기 등을 사용한다.
④ 냉장실, 탱크 등의 출입구는 임의적으로 닫히지 않거나 내부에서 쉽게 열 수 있는 구조인가를 확인한다.
⑤ 반응탑 등의 내부작업시 불활성 기체의 누출 및 유입을 방지하기 위한 밸브, 콕 등의 잠금장치, 잠금장치의 개방금지표시, 불활성 기체를 직접 외부로 방출시키는 설비를 해야 한다.
⑥ 가스 등의 송급, 부패 또는 분해 물질이 발생하는 배관, 부속설비의 해체, 부착 또는 개조 등의 작업시는 작업지휘자를 지정하며, 작업장소에 가스가 유입되지 않도록 차단하고, 지속적으로 환기하고, 공기호흡기 등 보호구를 착용한다.
⑦ 압기공법에 의한 작업시는 우물, 배관 등에 대하여 공기누출 유무 및 정도와 산소농도 등의 측정을 실시하고, 누출시 관계근로자에게 통보하며, 누출방지대책을 주지시키고, 관계근로자 이외의 자의 출입금지 등의 조치를 취한다.
⑧ 산소결핍 위험이 있는 지하실, 피트 등의 내부는 산소결핍공기가 누출될 우려가 있는 곳을 밀폐하거나 산소결핍공기를 직접 외부로 방출하기 위한 조치를 취한 후 작업을 한다.

> [참고] 산소농도에 따른 작업자의 산소결핍증 증상

산소농도 18[%]
안전한계이나 연속환기가 필요

산소농도 16[%]
호흡, 맥박의 증가, 두통, 메스꺼움, 토할 것 같음

산소농도 12[%]
어지럼증, 토할 것 같음, 근력저하, 체중지지 불능으로 추락 (죽음에 이른다)

산소농도 10[%]
안면창백, 의식불명, 구토(토한 것이 기도를 폐쇄하여 질식사)

산소농도 8[%]
실신 혼절 7~8분 이내에 사망

산소농도 6[%]
순간에 혼절, 호흡정지, 경련, 6분이면 사망

| 작업명 | **도장 안전작업(1)** | 도서출판 세화　화학-4009 |

예제

01 도장작업시 유해위험요인을 쓰시오.

> **정답 01**
> ① 도료 및 용제에 의한 화재 · 폭발 위험이 높다.
> ② 도료 및 용제에 의한 유기용제 중독 위험이 높다.
> ③ 표면처리 작업에서 공구 취급 부주의로 사고발생 위험이 높다.

02 도장작업시 안전작업수칙을 쓰시오.

> **정답 02**
> ① 표면처리시 사용되는 공구는 사용 전에 점검하고 용도에 알맞게 사용한다.
> ② 고소작업시는 사다리, 안전대 등을 사용하여 추락재해 등에 대한 예방대책을 강구한 후 작업에 임한다.
> ③ 도장작업장에서 사용하는 공구는 불꽃이 발생하지 않는 재질의 공구를 사용하도록 한다.
> ④ 실내 도장작업시는 항상 환기장치를 가동하고 작업한다.
> ⑤ 도장작업장 내에서는 화기사용을 엄금하며 사용시에는 사전승인을 받도록 한다.
> ⑥ 도료 및 용제는 지정된 장소에서 보관 · 취급하고 물질안전보건 자료를 비치 · 게시한다.
> ⑦ 작업시에는 유기가스용 방독마스크, 보안경, 안전장갑 등을 착용한다.
> ⑧ 작업장 내에서는 흡연 및 음식물 취식을 금지한다.
> ⑨ 작업 후에는 세척 및 목욕을 실시한다.
> ⑩ 밀폐된 장소에서 작업시는 산소 및 인화성 가스 농도를 확인하고 작업을 시작한다.
> ⑪ 도장설비에서는 방폭형 전기기구를 사용하고, 수리가 필요한 경우는 담당자에게 의뢰한다.

| 작업명 | 도장 안전작업(2) | 화학-4010 |

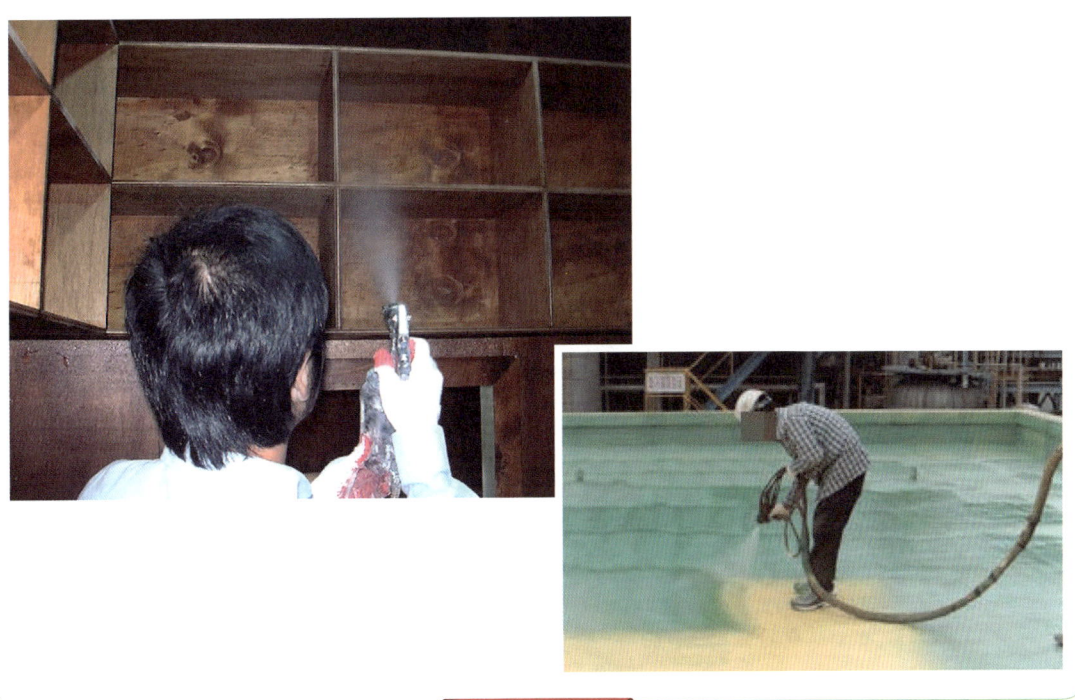

예제

01 도장작업시 안전작업 방법을 쓰시오.

정답 01
(1) 도료와 용제에 의한 화재·폭발 위험방지를 위하여 폭발범위 내에서 작업해서는 안된다.
(2) 고소작업시에는 규격에 알맞은 이동식 사다리를 사용하여야 한다.
   ① 사다리의 폭은 30[cm] 이상의 것을 사용한다.
   ② 다리 밑부분에는 미끄럼 방지 장치를 부착하여 넘어짐을 방지한다.
   ③ 사다리와 지면과의 각도는 75[°]전후가 되도록 한다.
   ④ 가로대는 25~35[cm] 범위 내에서 등간격으로 설치한다.
(3) 도료 및 용제 취급작업시는 허용 농도 이하에서 작업한다.
(4) 도장작업시 비산하는 용제증기가 허용농도를 넘지 않도록 국소배기장치 또는 전체환기장치를 가동하여 환기시킨다.
(5) 국소배기장치는 적정하게 설치·작동되고 있는가를 점검한다.
(6) 국소배기장치 및 전체환기장치는 가동중 작업자가 임의로 가동을 중지시켜서는 안된다.
(7) 도장기기 및 설비에 대해서는 정전기 축적을 방지하기 위하여 접지를 한다.
(8) 인체의 대전방지를 위하여 정전안전화 및 정전작업복을 착용하여 작업하고 작업장의 습도가 60[%] 이상을 유지하도록 물분무 또는 가습을 실시한다.
(9) 도장설비에 사용되는 전기설비는 방폭구역 내에서는 방폭형으로 한다.
(10) 유기용제 취급작업자는 특수건강 진단을 6개월에 1회 이상 정기적으로 받도록 한다.
(11) 산소농도가 18[%] 미만인 장소에서는 송기마스크를 착용한다.
(12) 도장작업중 유기용제의 피부접촉, 흡입 등의 경우는 즉시 응급 조치를 취한다.
(13) 도장작업장에는 소화기를 비치한다.
(14) 작업자는 출·퇴근시 탈의실, 샤워실 등 부대시설을 활용하여 개인위생관리를 철저히 하도록 한다.

| 작업명 | 도장 안전작업(3) | 도서출판 세화 화학-4011 |

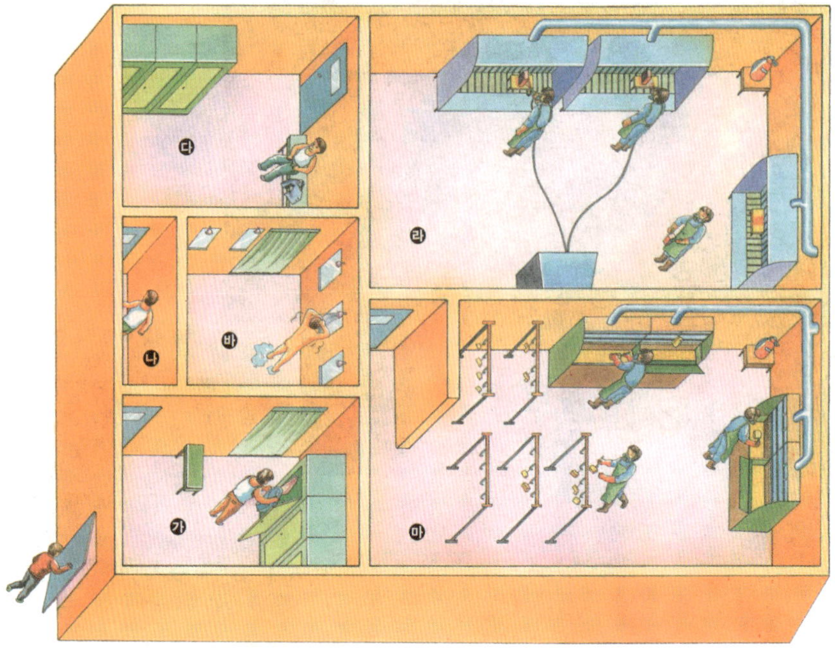

㉮ 일상복 탈의실
㉯ 통로
㉰ 작업복 탈의실
㉱ 도장작업실
㉲ 도금작업실
㉳ 샤워실

예제

01 유기용제 취급작업장 출입작업자의 (1) 출근시 작업장에 들어가는 순서와 (2) 퇴근시 작업장에서 나오는 순서를 쓰시오.

정답 01

(1) 출근시 작업장에 들어가는 순서
   ㉮ → ㉯ → ㉰ → ㉱, ㉲
(2) 퇴근시 작업장에서 나오는 순서
   ㉱, ㉲ → ㉰ → ㉳ → ㉮

| 작업명 | 화학설비(정유공장) 작업 | 도서출판 세화 화학-4012 |

예제

01 동영상은 화학설비를 보여주고 있다. 화학설비종류 3가지를 쓰시오.(6점)

참고 산업안전보건기준에 관한 규칙 별표 7(화학설비 및 부속설비의 종류)

02 화면과 연관한 특수화학설비 내부의 이상상태를 조기에 파악하기 위하여 설치해야 할 장치를 3가지 쓰시오.

참고 산업안전보건기준에 관한 규칙 제273조~제276조(계측장치 등의 설치)

정답 01
① 반응기·혼합조 등 화학물질 반응 또는 혼합장치
② 증류탑·흡수탑·추출탑·감압탑 등 화학물질 분리장치
③ 저장탱크·계량탱크·호퍼·사일로 등 화학물질 저장 또는 계량설비
④ 응축기·냉각기·가열기·증발기 등 열교환기류
⑤ 고로 등 점화기를 직접 사용하는 열교환기류
⑥ 캘린더(calender)·혼합기·발포기·인쇄기·압출기 등 화학제품 가공설비
⑦ 분쇄기·분체분리기·용융기 등 분체화학물질 취급장치
⑧ 결정조·유동탑·탈습기·건조기 등 분체화학물질분리장치
⑨ 펌프류·압축기·이젝터 등 화학물질 이송 또는 압축설비

정답 02
① 온도계·유량계·압력계 등의 계측장치
② 자동경보장치
③ 긴급차단장치
④ 예비동력원

합격대책 2000년 9월 기사 출제문제

| 작업명 | **크롬도금 안전작업(1)** | 도서출판 세화　화학-4013 |

예제

01 화면은 크롬 도금을 실시하는 작업현장의 설명이다. 크롬 도금조 작업시 준수사항을 기술하시오.

정답 01
① 도금조에는 PUSH-PULL 또는 측방형·슬롯형 등의 국소배기 장치를 도금조에 가장 근접하게 설치하고, 작업시간 동안 정상적으로 가동하는지 여부를 수시 확인한다.
② 크롬도금조에 소형 플라스틱 볼을 넣어 크롬산 미스트가 발생되는 표면적을 최대한 줄여 크롬산 미스트 발생량을 최소화하고, 계면 활성제를 도금액과 함께 투입하여 크롬산 미스트의 발생을 억제토록 한다.
③ 도금작업장의 바닥은 불침투성의 재료로 하고, 작업시 누출된 도금액은 물로 세척하여 제거한다.
④ 도금조 내부의 전기적 이상에 의한 스파크 발생에 주의하며, 도금조 내부온도가 45~55[℃]가 유지되도록 관리한다.
⑤ 도금액을 옮길 때는 규정된 배관을 사용하고 고무호스 등의 사용은 금한다.
⑥ 각종 스위치 등 전기시설 취급시는 젖은 손으로 조작하지 않는다.

02 화면(CD-ROM 그림)에 의하여 작업시 국소배기장치 설치조건 3가지를 쓰시오.

정답 02
① 후드는 분진 발생장소마다 설치하고 외부식 후드의 경우에는 해당 분진 발생 장소로부터 가까운 위치에 설치할 것.
② 덕트는 가능한 한 길이가 짧고 굴곡의 수가 적으며 적당한 부위에 청소구를 설치하여 청소하기 쉬운 구조로 할 것.
③ 제진장치를 부설하는 국소배기장치의 배풍기는 제진을 한 후의 공기가 통과하는 위치에 설치할 것.
④ 배기구는 옥외에 설치할 것.

| 작업명 | 크롬도금 안전작업(2) | 도서출판 세화 화학-4014 |

예제

01 동영상은 크롬도금 작업이다. 이 작업에서 위험요인을 쓰시오.

정답 01

① 크롬 또는 크롬화합물의 분진·퓸·미스트를 흡입하면 코의 점막에 염증 또는 비중격천공을 일으키며, 피부에 접촉되면 피부궤양을 일으킬 수 있다.
② 크롬산은 강력한 산화제로 열과 환원제에 노출, 접촉되면 화재·폭발 우려가 있다.
③ 산과 알칼리 물질은 부식성이 강하여 피부·호흡기계의 점막 등에 닿으면 화상과 염증을 일으킨다.

02 크롬도금작업시 안전작업수칙을 쓰시오.

정답 02

① 작업을 할 때에는 항상 불침투성 보호의와 고무장갑·장화 등의 보호구를 착용한 후 작업한다.
② 크롬 등의 원료계량 작업과 연마 작업시에는 방진마스크를 착용한 후 작업하여야 하며, 산처리작업과 도금조에 퇴적된 슬러지 제거 작업시에는 방독마스크 등 호흡용 보호구를 반드시 착용하고 작업한다.
③ 국소배기장치의 가동 유무와 후드 개구면 주위에 흡입 방해물이 있는지를 수시 확인한다.
④ 도금약품을 운반하거나 저장할 때는 도금약품에 누출될 염려가 없도록 견고한 용기를 사용한다.
⑤ 약품보관은 지정된 장소에 보관하고 담당자 이외에는 취급하지 않는다.
⑥ 버너나 배관 등은 수시로 확인하며 취급자 이외에는 손대지 않는다.
⑦ 중량물 운반시에는 2인 1조로 작업하거나 장비를 이용하여 작업한다.
⑧ 크롬 등이 신체에 접촉했을 때는 즉시 깨끗한 물로 15분 이상 씻어내야 하며 작업종료 후 손발을 깨끗이 씻고 목욕을 실시토록 한다.
⑨ 작업장 내에서는 흡연 및 음식물의 취식을 금하며, 식사 전에는 손과 얼굴을 깨끗이 씻는다.

| 작업명 | **LPG 취급 안전작업(1)** | 도서출판 세화 화학-4015 |

예제

01 화면과 같이 공기중에 LP 가스가 누출하였다. 공기와 혼합된 기체의 조성은 공기 50[%], 프로판 45[%], 부탄 5[%]라 가정하면 이때 혼합기체의 폭발하한계를 구하라.(단, 공기중 프로판 및 부탄의 폭발하한계는 3.2[%], 2.1[%], 1.8[%]이다)

참고 ① 계산시 1.8~2.1 사이 값이 나와야 한다.
② 계속 출제 예상문제

02 프로판가스의 용기 저장소로서 부적절한 장소 3가지를 쓰시오.

참고 산업안전보건기준에 관한 규칙 제234조(가스등의 용기)

정답 01

① 프로판 가스의 조성 : $\dfrac{45}{50} \times 100 = 90[\%]$

② 부탄가스의 조성 : $\dfrac{5}{50} \times 100 = 10[\%]$

③ 혼합가스의 폭발하한계 : $\dfrac{100}{\dfrac{90}{2.1} + \dfrac{10}{1.8}} = 2.06[\%]$

정답 02

① 통풍이나 환기가 불충분한 장소
② 화기를 사용하는 장소 및 부근
③ 위험물 또는 인화성 액체를 취급하는 장소 및 그 부근

| 작업명 | LPG 취급 안전작업(2) | 도서출판 세화 화학-4016 |

예제

01 LPG 취급시 위험요인을 쓰시오.

정답 01

① LPG는 프로판·부탄이 주성분으로 증기의 비중은 공기의 약 1.5배로 누출시 지상에 체류하기 쉽다.
② 인화폭발의 위험성이 크다.

02 LPG 취급시 안전작업수칙을 쓰시오.

정답 02

① 가스연소기에 점화할 때에는 먼저 점화원을 제공한 후 가스를 공급하여 점화한다.
② 고압가스 취급은 관계자 이외의 사람이 취급하거나 접근해서는 안된다.
③ 충전용기는 40[℃] 이하로 저장하고, 직사광선 또는 발열체로부터 보호한다.
④ 사용하지 않는 용기는 반드시 보호캡을 씌워서 밸브의 손상을 방지한다.
⑤ 고압가스 용기는 소정의 용기검사를 필한 용기를 사용해야 한다.
⑥ LPG 취급 지역 내에서 금속·철재공구·자재 등을 던지거나 타격해서는 안된다.
⑦ 가스용기를 도관에 연결할 때는 확실히 하고, 연결 후 비눗물 검사를 하여 누설이 있을 경우 가스를 완전히 차단 후 다시 연결한다.
⑧ 고압가스 충전용기의 밸브는 서서히 개폐하고 밸브 또는 배관을 가열할 때는 열습포나 40[℃] 이하의 더운물을 사용한다.
⑨ 고압가스 저장 및 취급 장소에서는 유지류나 인화성 물질을 사용하거나 방치하지 않는다.

| 작업명 | **LPG 취급 안전작업(3)** | 도서출판 세화 화학-4017 |

예제

01 LPG 제조시설, 저장시설의 수리 또는 청소작업시 준수사항을 쓰시오.

02 LPG 제조시설에서 탱크로리로부터 가스를 인입받을 때 준수사항을 쓰시오.

정답 01

① 수리 등을 할 때에는 다른 부분으로부터 유해한 물질이 들어오지 않도록 개방부분 전후의 연결부에 맹판을 설치하고 위험꼬리표를 부착한다.
② 시설내부를 수리하고자 할 때에는 작업절차를 준수하고, 공기로 재치환 후 공기중의 산소농도가 18[%] 이상일 때 출입한다.
③ 시설내부를 수리하고자 할 때에는 내부의 가스를 안전하게 배출하고, 내부의 가스를 불활성가스 또는 수증기로 치환한다.
④ 안전허가 발급절차에 따라 작업허가를 받은 후 작업한다.

정답 02

① 접지 클램프로 접지하고, 탱크로리와 저장탱크와의 안전거리를 유지한다.
② 가스충전중 표시를 차량 전후 10[m] 지점에 각각 설치한 후 화기작업 또는 타 차량의 통행을 금지한다.
③ 충전작업이 완료되면 안전 커플링으로부터 누설이 없는가를 확인하고 접속구를 해제 후 발차시킨다.
④ 차량을 고정시킨 후 정지목을 설치한다.
⑤ 차량을 정차한 후 5분 이상 경과한 다음 접속구를 연결한다.
⑥ 탱크레벨을 사전에 확인하고 용기 내 용량의 90[%] 미만으로 충전한다.

| 작업명 | **LPG 용접작업** | 도서출판 세화 화학-4018 |

예제

01 LPG 용접작업시 준수사항을 쓰시오.

정답 01

① 호스 등을 용기밸브에 걸어두지 않는다.
② LPG를 화기가 있는 근처로 배출하지 않는다.
③ 용접기를 사용하기 전에 조절기와 호스가 단단히 연결되어 있는가를 확인한다.
④ 가스 용기는 공병이라도 롤러나 물건을 고이는 받침 등으로 이용하지 않는다.
⑤ 조절기나 화구를 다른 목적에 사용해서는 안된다.
⑥ 산소용접기에 점화시 화상을 입지 않도록 점화봉을 사용한다.
⑦ LPG 용기에 열이나 충격을 가하지 말고, 용기의 저장은 통풍이 잘되는 곳에 직사광선을 피하고 저장온도는 40[℃] 이하가 되도록 한다.
⑧ 좁은 공간에 점화시 외부에서 점화한다.
⑨ 용접호스의 불의의 파손을 방지하기 위하여 필요한 예방조치를 취한다.
⑩ 산소 조절기를 인화성 가스 조절기로 사용하거나 인화성 가스 조절기를 산소 조절기로 사용해서는 안된다.
⑪ 산소·LPG 용기와 작업지점 사이에는 장해물이 없어야 한다.
⑫ 가스용기·조절기·토치 및 기타 용접기는 원형을 조정·변경·개조하거나 다른 용도로 사용하지 않는다.
⑬ 용접·절단 및 화기를 사용하는 작업에는 소화기를 비치 후 작업한다.
⑭ 일정시간 이상 작업중단시 조절기 내 가스압력을 제거하고, 용접기 옆의 용기밸브를 잠그고, 조절기 및 호스를 떼어 압력을 제거한다.
⑮ 가열되거나 가스가 누설되고 있을 때 화구 이외에 점화된 토치를 사용해서는 안된다.
⑯ 산소·LPG 용기는 전용운반 수레를 사용하여 운반하며, 체인블록·기중기 등으로 운반해서는 안된다.
⑰ 산소·LPG용기는 활선이나 전기기구의 접지선과의 접촉을 방지한다.
⑱ 용기를 수직으로 세워두는 경우 넘어지지 않도록 체인 등으로 묶어둔다.

| 작업명 | 용기내부작업 | 화학-4019 |

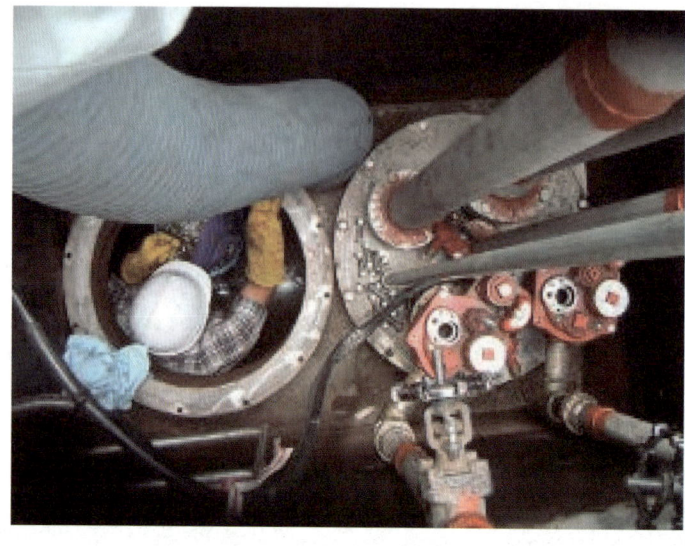
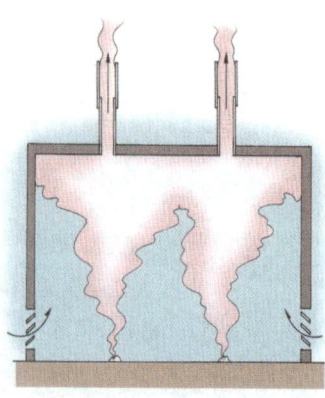

예제

01 용기내부 작업시 위험요인을 기술하시오.

정답 01
① 용기 내에 처음 들어가는 경우에는 항시 잠재위험이 존재한다.
② 산소결핍증, 가스중독, 화상, 약상 등의 재해를 입을 수 있다.

02 용기내부 작업시 안전작업수칙을 쓰시오.

정답 02
① 용기 내에 들어가기 전에 용기 내부를 충분히 환기시킨다.
② 용기 내부의 산소농도를 측정하여 그 값이 18[%] 이상을 유지하여야 한다.
③ 용기 내부의 가스검지를 실시하여 인화성 가스는 폭발하한 농도가 25[%] 이하이어야 하며, 유독가스의 경우는 인체에 유해하지 않을 정도로 충분히 저농도를 유지하여야 한다.
④ 구조상 환기가 어려운 용기류에 대하여는 휴식 후 다시 용기에 돌아갈 때에도 산소농도 측정 및 가스검지를 실시한다.
⑤ 용기 안에서 점검 또는 작업하는 동안에는 용기 밖에 감시자를 입회시키고, 점검작업중임을 알리는 표지판을 설치한다.
⑥ 작업은 2명 이상이 실시함을 원칙으로 한다.
⑦ 점검작업중에 악취가 느껴지거나 기름 누설, 가스 누설 등의 이상 징후가 감지되는 경우에는 즉시 점검을 중지하고 용기 외부로 빠져 나와 점검책임자에게 알린다.
⑧ 용기내부의 조명등을 가설하거나 손전등을 휴대하여 필요한 조도를 확보한 후에 점검을 시작한다.
⑨ 인화성 가스 또는 증기가 발생할 우려가 있는 장소에서 사용하는 전기 및 기계기구 등은 방폭구조의 것을 사용한다.
⑩ 전기 및 기계기구 등은 절연상태를 점검하고 누전차단기의 사용 등 필요한 감전방지 조치를 한다.

작업명	석면취급작업

예제

01 석면 취급작업에서 (1) 위험요인 (2) 주요업종 (3) 석면함유제품 등을 기술하시오.

정답 01

(1) 위험요인
  석면분진에 폭로시 석면폐증·악성중피종·폐암 등의 발생위험이 높다.
(2) 주요업종
  ① 석면방직업
  ② 조립금속업
  ③ 건축자재업
  ④ 단열재 제조업
  ⑤ 브레이크 라이닝 제조업
(3) 석면함유제품
  ① 석면직물
  ② 석면시멘트
  ③ 석면지
  ④ 단열재
  ⑤ 브레이크 라이닝
  ⑥ 방화복
  ⑦ 페인트
  ⑧ 타일

02 석면 취급시 안전작업수칙을 기술하시오.

정답 02

① 석면취급 작업은 석면분진이 타 근로자에게 확산되지 않도록 다른 작업장소와 격리하여 실시한다.
② 석면은 밀폐설비 또는 국소배기장치가 설치된 장소에서 취급한다.
③ 작업자가 상시 접근할 필요가 없는 설비는 밀폐된 장소에서 석면을 취급한다.

| 작업명 | 유해광선작업 | 도서출판 세화 화학-4021 |

예제

01 유해광선 작업시 위험요인을 쓰시오.

02 용접작업시 유해광선 관리 준수사항을 쓰시오.

정답 01
① 작업자가 유해광선에 직접 노출, 폭로되면 눈 및 피부 등에 장애 위험이 있다.
② 작업자가 유해광선에 과다 피폭되면, 급성 또는 만성중독 증상을 일으킬 수 있다.
③ 유기용제 등이 자외선과 광화학반응하여 맹독성 가스 등을 발생할 수 있다.

정답 02
① 불필요한 아크광의 방사량을 줄이기 위하여 용접작업자는 적정사용 전류를 설정하여 사용하고, 과도한 전류사용을 억제한다.
② 용접작업시에는 눈·피부 등에 유해광선 노출을 차단하기 위하여 용접보안면 또는 보안경 및 보호장갑·보호의 등을 반드시 착용한다.
③ 앉은 자세에서의 용접작업시에는 무릎 안쪽의 자외선 투과량을 억제하기 위하여 가급적 보호앞치마를 착용하고 작업한다.
④ 페인트 등이 묻어 있는 물체의 용접시에는 모재에 묻어 있는 유기용제 또는 페인트 등을 충분히 제거한 후 용접한다.

| 작업명 | 고열작업환경 | 화학-4022 |

예제

01 고열작업시 위험요인을 쓰시오.

02 고열작업에서 발생할 수 있는 고열건강장해의 유형을 쓰시오.

정답 01
① 고열작업에 의하여 열실신, 열경련, 열피로, 열사병 등의 건강장애를 일으킬 수 있다.
② 심장계통에 질환이 있는 자, 비만자, 고혈압, 알레르기성 체질인 자, 45세 이상의 고령자, 피부질환을 앓고 있거나 땀이 잘 나지 않는 자 등은 고열작업에 각별한 주의를 해야 한다.

정답 02
① 열실신 : 혈관장애, 뇌의 산소부족 등으로 실신 또는 현기증이 나타나는 증상
② 열경련 : 심한 육체적 노동으로 근육에 경련을 일으키는 증상
③ 열피로 : 땀을 많이 흘려 염분손실이 많을 때 발생하며 피로감, 구역, 현기증, 근육의 경련 등을 일으키는 증상
④ 열사병 : 고온, 다습한 환경에 폭로될 때 갑자기 발생하는 체온조절 장해를 말하며 중추신경계통의 장해, 전신의 발한정지, 체온상승 등을 일으키며 때로는 생명을 앗아간다.

| 작업명 | 절삭유 취급작업 | 도서출판 세화 화학-4023 |

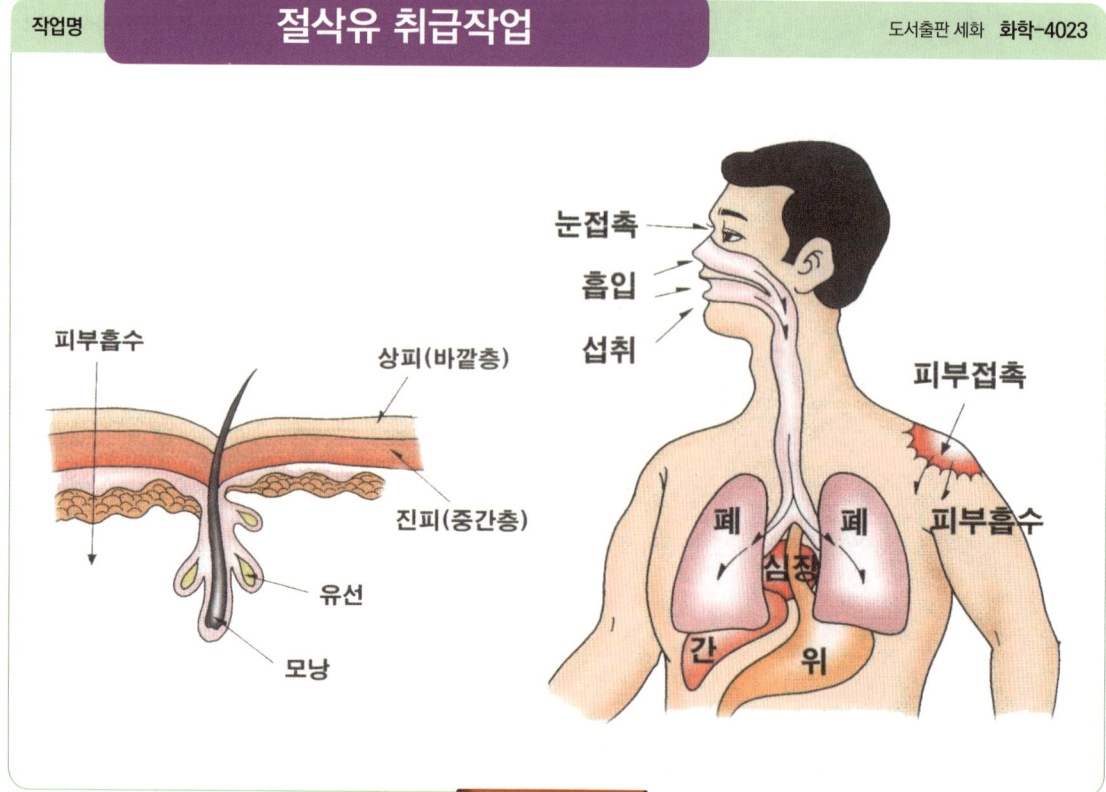

예제

01 절삭유 취급작업시 위험요인을 쓰시오.

정답 01
① 금속가공시 취급하는 절삭유로 인하여 각종 피부질환에 이환될 가능성이 높다.
② 호흡기를 통해 광물유를 흡입하였을 경우 폐렴이 발생할 수 있다.

02 절삭유 취급작업시 안전작업수칙을 쓰시오.

정답 02
① 기계바닥으로 금속가공유가 새어나오거나 튀어서 바닥으로 누출되지 않도록 한다.
② 바닥에 고인 금속가공유는 미끄러워 안전사고의 발생원인이 되거나 증기화되어 공기 중으로 날아갈 수 있으므로 항상 청결을 유지한다.
③ 심각한 기계의 결함이나 작동 미숙 등의 원인으로 금속가공유가 바닥으로 흘러 넘칠 수 있으므로 흡착제 등을 비치한다.
④ 가공유 내 미생물의 증식을 억제하기 위하여 정기적으로 가공유의 pH를 점검한다.(일반적으로 pH 8.5~9.0을 유지해야 함)
⑤ 발생하는 오일 미스트의 제거를 위해 발생원에 가깝게 배기후드를 설치하는 등 국소배기장치를 적정하게 설치·가동한다.
⑥ 절삭유 취급근로자는 방진마스크를 착용하여 작업하고, 방진 마스크는 필터 내 박테리아에 의한 호흡기질환이 발생할 수 있으므로 정기적으로 마스크를 소독하여 사용하거나 교환한다.

| 작업명 | 그라비어 인쇄작업 | 도서출판 세화 화학-4024 |

예제

01 그라비어 인쇄작업시 위험요인을 쓰시오.

02 그라비어 인쇄 작업시 안전작업수칙을 쓰시오.

정답 01
① 잉크 또는 희석제 등에 함유된 유기용제의 증기노출에 의한 급만성 중독이 발생한다.
② 불꽃 등 점화원에 위한 화재위험이 있다.

정답 02
① 인쇄, 배합 등 작업시 국소배기 및 전체환기장치를 반드시 가동한다.
② 잉크, 희석제 등의 보관용기는 견고한 뚜껑이나 마개로 밀봉한다.
③ 작업장 내에서는 금연하고, 음식물을 취식하지 않는다.
④ 불꽃이 발생하는 화기를 작업장으로 반입하지 않는다.
⑤ 잉크 등의 용기는 옥외의 환기가 양호한 장소에 보관한다.
⑥ 작업시 유기용제용 방독마스크 등 개인보호구를 착용한다.
⑦ 잉크 등의 용기는 운반용 기계·기구를 사용하여 파손에 의해 누출되지 않도록 이송한다.
⑧ 세척, 청소시 사용한 헝겊이나 휴지는 뚜껑이 있는 불연성 용기에 담아 작업종료시 처리한다.
⑨ 작업장 내 비치 및 게시된 MSDS 자료의 내용을 숙지하여 유기용제 증기에 노출되지 않는 방법으로 작업에 임하고 누출사고시 적절히 대처한다.
⑩ 유기용제 중독자 발생시 신속히 관리감독자에게 연락한다.

| 작업명 | T. C. E 세정작업 | 도서출판 세화 화학-4025 |

예제

01 T.C.E 세정작업시 위험요인을 쓰시오.

02 T.C.E 세정작업시 안전작업수칙을 쓰시오.

정답 01
① 유해광선에 의해 독성 가스와 부식성 가스가 발생될 수 있다.
② 장기간 폭로시 간 장해, 불규칙 심장박동 등을 일으킬 수 있다.
③ 과폭로시 의식불명, 사망을 일으킬 수 있다.

정답 02
① 저장시는 밀폐 가능한 용기에 넣어 어두운 곳에 저장한다.
② 알루미늄, 아연 등의 경금속이나 강염기와 분리시키고 저장소의 바닥 쪽을 환기시킨다.
③ 작업시 보안경을 착용하고 필요시 보호장갑, 장화 등을 착용한다.
④ 국소배기장치는 작업자의 호흡기를 거치지 않게 하고 작업시 위치에 주의한다.
⑤ 사용시를 제외하고는 세정액 용기의 뚜껑을 덮어 놓는다.
⑥ 세정조에 역류응축기를 설치한 경우 냉각라인을 수시 점검하여 성능을 유지한다.
⑦ 세정설비 내부로 들어갈 때는 세정설비 내의 세정액을 완전히 제거, 건조시키고 환기한 후 산소 농도가 18[%] 이상 되는지 확인하고 작업에 임한다.

| 작업명 | **아세틸렌 취급작업** | 도서출판 세화 화학-4026 |

예제

01 아세틸렌 충전작업시 안전한 방법을 기술하시오.

02 가스역화 사고원인을 쓰시오.

정답 01
① 충전중의 압력은 온도에 관계없이 25[kg/cm²] 이하로 한다.
② 충전후의 압력은 15[℃]에서 15.5[kg/cm²] 이하로 한다.
③ 충전 후 24시간동안 정치한다.
④ 충전은 서서히 하며, 1회에 끝내지 말고 정치시간을 두어 2~3회에 걸쳐 충전한다.
⑤ 충전 전에 빈 용기는 다공물질의 침하에 의한 포켓 유무를 확인하기 위하여 음향검사를 한다.
⑥ 아세틸렌의 충전용 교체밸브는 충전 장소에서 격리하여 설치한다.

정답 02
① 호스가 낡거나 또는 미세한 구멍이 있어 가스가 샐 경우
② 가스 토치가 노후 또는 조절밸브가 헐거울 경우
③ 팁(Tip)이 노후하거나 막혔을 경우
④ 가스 용기 내의 가스를 거의 다 사용해 가스압이 현저히 저하됐을 경우

제2장 현장 안전편(응용)

도해번호	작업명	비고
[01] 도서출판 세화 화학 4001	가스용접작업	
[02] 도서출판 세화 화학 4002	왁스 바닥청소	
[03] 도서출판 세화 화학 4003	외등 도장작업	
[04] 도서출판 세화 화학 4004	폐유 운반	
[05] 도서출판 세화 화학 4005	포크리프트 버킷에 드럼통놓기	
[06] 도서출판 세화 화학 4006	지붕 페인트칠	
[07] 도서출판 세화 화학 4007	비상용 샤워 점검	
[08] 도서출판 세화 화학 4008	봄베 운반	
[09] 도서출판 세화 화학 4009	드럼통 증기 세정	
[10] 도서출판 세화 화학 4010	배(Ship) 개조공사	
[11] 도서출판 세화 화학 4011	철판 절단작업	
[12] 도서출판 세화 화학 4012	플랜지 밸브 제거	
[13] 도서출판 세화 화학 4013	흡 연	
[14] 도서출판 세화 화학 4014	드럼통 일으키는 작업	
[15] 도서출판 세화 화학 4015	롤링타워 위 도장작업	
[16] 도서출판 세화 화학 4016	광재 처리작업	
[17] 도서출판 세화 화학 4017	지하피트 도장작업	

합격자의 조언

① 한국산업인력공단 자격시험은 세화출판사의 교재에서 합격을 보장합니다.
② 산업안전기사와 산업안전산업기사는 실기 작업형에서 **합격, 불합격**이 결정됩니다.

| 작업명 | 가스용접작업 | 도서출판 세화 화학-4001 |

작업 상황
- 라이터로 점화해, 가스용접작업을 시작하려 하고 있다.

위험의 포인트
① 올바른 착화기를 사용하지 않기 때문에 착화할 때 손에 화상을 입게 된다.
② 가죽장갑을 끼고 있지 않아 착화할 때 손에 화상을 입게 된다.
③ 호스의 파손 개소에서 가스가 누출하여 인화해서 역화해 용기가 폭발하게 된다.
④ 호스가 각재나 정반의 모서리에 비벼 찢어져 가스가 누출되어 인화 폭발하게 된다.
⑤ 용접용 안경을 착용하지 않아 눈이 아프게 된다.

참고사항

| 작업명 | 왁스 바닥청소 | 도서출판 세화 **화학-4002** |

작업 상황

- 왁스로 바닥을 닦고 있다.

위험의 포인트

① 작업중 이동할 때 발이 미끄러져 넘어져 다치게 된다.
② 문 밖에서 들어온 사람이 발이 미끄러져 넘어지게 된다.
③ 코드에 다리가 감겨, 넘어진다.
④ 코드 피복이 찢어져 있어 바닥이 젖어 누전된다.

| 참고사항 | 1998년 11월 출제 |

| 작업명 | 외등 도장작업 | 도서출판 세화 화학-4003 |

작업 상황
- 외등에 도장작업을 하기 위하여 사다리를 세우고 올라가고 있다.

위험의 포인트
① 사다리가 흔들려서 추락한다.
② 양손으로 물건을 잡고 있기 때문에 균형을 잃어 추락한다.

COMMENT
① 위와 같은 단순작업에는 자주 사다리가 사용된다.
② 보고 느끼는 것은 높고 낮음의 차이가 그다지 없기 때문에 사용도 안이하게 하기 쉽다.
③ 조건이 갖추어지면 인간은 높이 2[m] 이하에서도 추락하여 사망한다는 것을 잊어서는 안된다.

참고사항

| 작업명 | 폐유 운반 | 도서출판 세화 화학-4004 |

작업 상황

- 선원이 폐유를 배에서 지상으로 옮기고 있다.

위험의 포인트

① 통에 뚜껑을 하고 있지 않아서 기름이 넘쳐 흐르게 된다.
② 통의 크기가 달라, 균형을 잃어 넘어지게 된다.
③ 폐유가 지나치게 무거워 비틀거려 넘어지게 된다.
④ 흘러넘친 폐유에 미끄러져 넘어진다.
⑤ 오른손으로 로프를 잡지 않아서 통이 흔들려 기름이 넘쳐 흐른다.
⑥ 막대기 끝까지 로프가 벗겨져 통이 매달려 넘어진다.

| 작업명 | 포크리프트 버킷에 드럼통놓기 | 도서출판 세화 화학-4005 |

작업 상황
- 포크리프트 버킷에 드럼통(약 30[kg])을 끌어 놓으려 하고 있다.

위험의 포인트
① 들어올릴 때 손이 미끄러져 왼발에 떨어져 다치게 된다.
② 우측발이 미끄러져 앞으로 넘어져, 드럼통에 왼발의 정강이를 맞아 다치게 된다.
③ 질질 끌 때에 양손이 미끄러져, 드럼통을 떨어뜨려 왼발에 맞는다.
④ 질질 끌 때에 양손이 미끄러져 드럼통이 떨어져 버킷에 머리를 맞아 다치게 된다.
⑤ 버킷을 지면에 붙이지 않아서 지게차가 움직여 발을 끼이게 된다.
⑥ 운전자와 작업자의 신호가 나빠 끼이게 된다.

참고사항

작업명	지붕 페인트칠	도서출판 세화 화학-4006

작업 상황
- 붓으로 지붕의 페인트칠을 하고 있다.

위험의 포인트
① 칠하는 데 열중하여 발이 미끄러져 떨어져 다치게 된다.
② 발판이 움직여 함께 넘어진다.
③ 일어설 때, 균형을 잃어 넘어지게 된다.
④ 말을 걸어 뒤돌아 볼 때, 균형을 잃어 넘어지게 된다.
⑤ 발판이 움직여 사다리가 넘어져, 통행인에 맞아 다치게 된다.

| 작업명 | 비상용 샤워 점검 | 도서출판 세화 화학-4007 |

작업 상황
- 실험실 앞에 있는 비상용 샤워(유해약액 부착 세정용)의 정기 점검을 하고 있다.

위험의 포인트
① 물이 그치지 않아, 양동이에서 넘쳐 머리에 물을 뒤집어 쓰게 된다.
② 양동이를 잡고 있는 손의 균형을 잃어 떨어지게 된다.
③ 옆의 양동이에 걸려 넘어져 다치게 된다.
④ 넘친 물로 발이 미끄러져 넘어지게 된다.
⑤ 통행인이 옆의 양동이에 걸려 넘어지게 된다.

참고사항

| 작업명 | 봄베 운반 | 도서출판 세화 화학-4008 |

작업 상황
- 아세틸렌 용기를 호이스트 크레인으로 운반하고 있는 A가 B에게 말을 걸고 있다.

위험의 포인트
① 한줄걸이를 한 아세틸렌 용기가 미끄러 떨어져 A의 다리 위에 떨어지게 된다.
② A는 B에게 이야기하면서 옆을 향해 걷고 있을 때 하수구에 걸려 넘어지게 된다.
③ 용기가 떨어질 때 밸브가 파손되어 가스가 누출되어 폭발한다.
④ A가 걸려 넘어질 때 용기와 팬던트 스위치를 놓쳐, 호이스트가 정지하지 않아 폭주해서 다른 물건에 맞게 된다.

참고사항

| 작업명 | 드럼통 증기 세정 | 도서출판 세화 **화학-4009** |

작업 상황
- 3인이 드럼통의 증기 세정을 하고 있다.

위험의 포인트
① A가 잡고 있는 노즐이 흔들려 B,C에 증기가 닿아 화상을 입게 된다.
② B가 드럼통을 넘기고 있을 때 뜨거워진 손을 놓아 드럼통이 넘어져 C가 맞게 된다.
③ 드럼통을 들어올릴 때 C가 허리를 삐게 된다.
④ 뜨거워진 드럼통에 손을 데게 된다.
⑤ C가 드럼통을 떨어뜨려 발을 다치게 된다.
⑥ C의 오른손이 세우고 있는 드럼통의 사이에 끼게 된다.
⑦ A,B,C 모두 보안경을 하고 있지 않아서 눈에 이물이 들어가게 된다.

참고사항

| 작업명 | 배(Ship) 개조공사 | 도서출판 세화 화학-4010 |

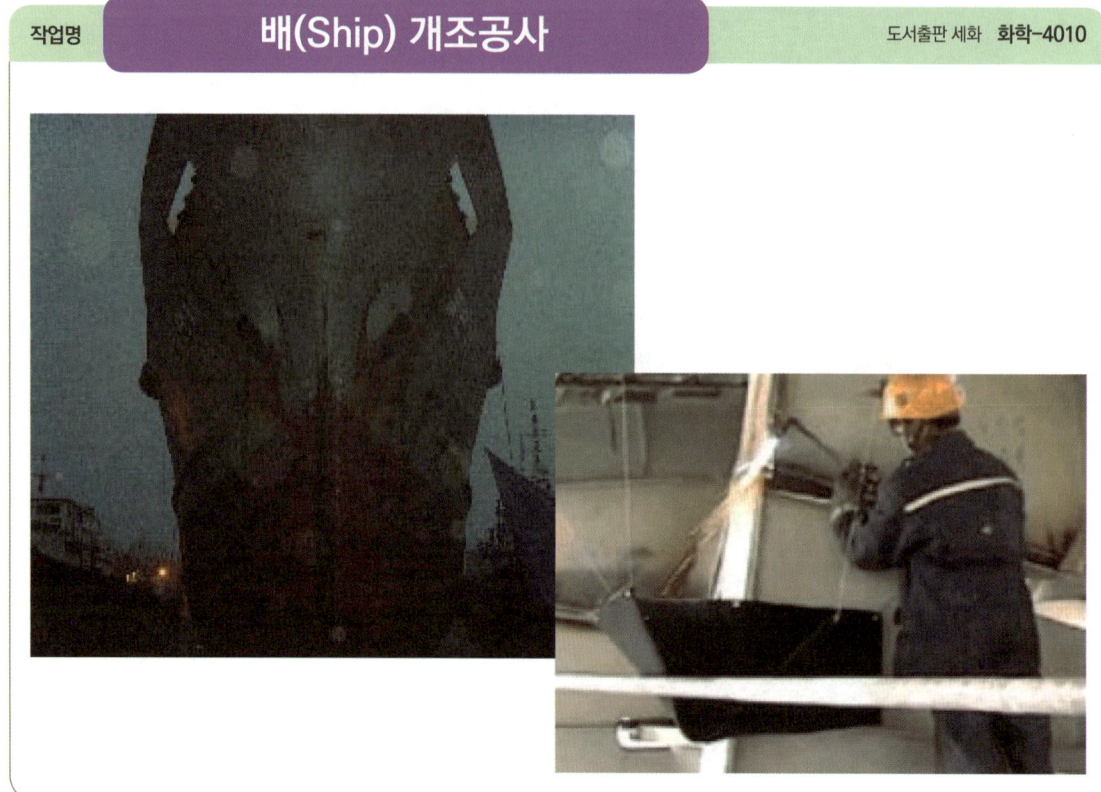

작업 상황
- 배 가운데에서 개조공사를 위해 가스절단하고 있다.

위험의 포인트
① 용기가 넘어져 낙하할 때, 작업자가 당겨져 추락하게 된다.
② 가스절단의 불똥이 반대쪽 사람에게 화상을 입히게 된다.
③ 가스절단의 불똥이 반대쪽에 남아, 작업 종료 후 화재가 일어난다.
④ 철판의 모서리에 호스가 절단되어, 인화폭발하게 된다.
⑤ 작업자가 균형을 잃어 넘어져 다치게 된다.
⑥ 안전모의 턱끈을 매지 않아서 벗겨져 머리를 다치게 된다.

참고사항

| 작업명 | 철판 절단작업 | 도서출판 세화 화학-4011 |

작업 상황
- 철판을 가스절단하려 하고 있다.

위험의 포인트
① 아세틸렌 봄베에서 아세틸렌이 흘러나와 폭발하게 된다.
② 가죽장갑을 끼고 있지 않아서, 역화할 때 화상을 입게 된다.
③ 호스를 강하게 끌면, 호스가 빠져 인화폭발하게 된다.
④ 호스를 강하게 끌면 봄베가 넘어져 작업자에게 맞아 다치게 된다.

참고사항

| 작업명 | 플랜지 밸브 제거 | 도서출판 세화 **화학-4012** |

작업 상황
- 반응가마 밑의 플랜지 밸브를 혼자서 떼어내고 있다.

위험의 포인트
① 너트가 풀릴 때 손이 미끄러져 밸브가 떨어져 발을 다치게 된다.
② 밸브를 혼자서 무릎으로 받치고 있어서, 허리를 다치게 된다.
③ 너트가 풀릴 때 밸브의 무게로 목을 삐게 된다.
④ 눈높이에서 작업하고 있어서 눈에 녹 등의 먼지가 들어가게 된다.
⑤ 일어설 때 가마 밑에 머리를 다치게 된다.

| 작업명 | 흡 연 | 도서출판 세화 화학-4013 |

작업 상황

- 발포스티로폼 제품을 포장하는 작업장에서 2인이 담배를 피우고 있다.

위험의 포인트

① 담뱃불이 발포스티로폴에 인화해서 가스중독이 된다.
② 담뱃불로 화재가 일어나게 된다.

참고사항

| 작업명 | 드럼통 일으키는 작업 | 도서출판 세화 화학-4014 |

[작업자 키에 맞는 작업높이]

작업 상황
- 약 100[ℓ]가 들어 있는 드럼통을 세우려 하고 있다.

위험의 포인트
① 한 사람이 드럼통을 세우고 있어서 허리를 삐게 된다.
② 장갑을 끼고 있지 않아서 손을 베이게 된다.
③ 손이 미끄러져 드럼통이 발 위에 떨어져 발을 다치게 된다.
④ 바닥에 기름이 흘러 있어 미끄러져 드럼통이 발 위에 떨어져 다치게 된다.

| 작업명 | 롤링타워 위 도장작업 | 도서출판 세화 화학-4015 |

제4편 화학설비 안전관리

작업 상황

- A는 롤링타워에 올라서서 도장을 하고 있다.
- B는 롤링타워를 끌어 이동시키려 하고 있다.

위험의 포인트

① 난간이 없고 안전벨트를 하지 않아서 A가 균형을 잃으면 추락하게 된다.
② A가 도장작업중, B가 롤링타워를 끌어당겨 균형을 잃어 추락하게 된다.
③ 호스를 끌어당길 때 바퀴에 걸려 반동으로 A가 넘어지게 된다.
④ B가 롤링타워를 끌어당길 때 걸려 넘어져 바퀴에 발을 끼이게 된다.
⑤ 수건 마스크 때문에 A가 유기용제 중독이 된다.
⑥ B는 안전모를 쓰지 않고 있어서 넘어질 때 머리를 맞게 된다.

참고사항

| 작업명 | 광재처리작업 | 도서출판 세화 화학-4016 |

작업 상황
- 광재처리장에서 A는 광재를 처리하려고 한다.
- B는 물을 끼얹고 있을 때 광재대차가 와서 일시 중지했다.

위험의 포인트
① A가 처리하려는 광재에 물이 고여 있어 수증기폭발을 일으켜 A, B가 화상을 입게 된다.
② A가 광재대차에서 넘어져 상처를 입게 된다.
③ 다음 광재대차의 브레이크가 듣지 않아 A의 광재대차에 충돌하면 다치게 된다.
④ 선로의 지반이 무너져 광재대차와 함께 A가 넘어지면 다치게 된다.

| 작업명 | 지하피트 도장작업 | 도서출판 세화 화학-4017 |

작업 상황
- 지하피트 내면을 도장하고 있다.
- Fan으로 송기하고 있다.

위험의 포인트
① 유기용제 가스가 충만해서 전구의 스파크에 인화 폭발하게 된다.
② 송기가 불충분해서 산소결핍이 되어 넘어지게 된다.
③ 통행인이 알지 못해 개구부에서 추락하게 된다.
④ 컴프레서가 낙하하게 된다.
⑤ 유기용제 중독이 된다.
⑥ 전구에 닿아 감전하게 된다.
⑦ 보호안경을 하고 있지 않아서 눈이 아프게 된다.

참고사항

PART 5

건설공사 안전관리

제1장 실제 시험편(기초·기본)

제2장 안전편(응용)
- 건설 및 건설기계 안전도해 및 상황

제3장 현장 안전편(응용)
- 기타 기계기구 안전도해 및 상황

제1장 실제 시험편(기초·기본)

도해번호	작업명	비고
[01] 도서출판 세화 건설 5001	철골 안전작업	2002.5.4적중
[02] 도서출판 세화 건설 5002	터널굴착 폭발작업(1)	2000.11.19적중
[03] 도서출판 세화 건설 5003	터널굴착 폭발작업(2)	2000.9.5적중
[04] 도서출판 세화 건설 5004	이동식 크레인 안전작업	2001.2.18적중
[05] 도서출판 세화 건설 5005	매달린 짐 아래서 신호작업	2001.11.4적중
[06] 도서출판 세화 건설 5006	이동식 크레인 안전작업(1)	
[07] 도서출판 세화 건설 5007	이동식 크레인 안전작업(2)	
[08] 도서출판 세화 건설 5008	터널 안전작업	
[09] 도서출판 세화 건설 5009	터널 굴착 안전작업	
[10] 도서출판 세화 건설 5010	인력 굴착작업(1)	
[11] 도서출판 세화 건설 5011	인력 굴착작업(2)	
[12] 도서출판 세화 건설 5012	철근 배근작업	
[13] 도서출판 세화 건설 5013	철근 배근 운반작업	
[14] 도서출판 세화 건설 5014	콘크리트 타설작업(1)	
[15] 도서출판 세화 건설 5015	콘크리트 타설작업(2)	
[16] 도서출판 세화 건설 5016	대형 바닥 개구부 주변작업	
[17] 도서출판 세화 건설 5017	바닥개구부 주변 작업	
[18] 도서출판 세화 건설 5018	소형 바닥 개구부 주변 작업	
[19] 도서출판 세화 건설 5019	가설자재 인양작업(1)	
[20] 도서출판 세화 건설 5020	가설자재 인양작업(2)	
[21] 도서출판 세화 건설 5021	곤돌라 작업(1)	
[22] 도서출판 세화 건설 5022	곤돌라 작업(2)	
[23] 도서출판 세화 건설 5023	곤돌라 작업(3)	
[24] 도서출판 세화 건설 5024	타워 크레인 작업(1)	
[25] 도서출판 세화 건설 5025	타워 크레인 작업(2)	
[26] 도서출판 세화 건설 5026	타워 크레인 작업(3)	
[27] 도서출판 세화 건설 5027	단관비계 작업	
[28] 도서출판 세화 건설 5028	이동식 비계 작업	
[29] 도서출판 세화 건설 5029	철골 작업	
[30] 도서출판 세화 건설 5030	굴삭기 작업	
[31] 도서출판 세화 건설 5031	건설용 리프트 작업	
[32] 도서출판 세화 건설 5032	천장 크레인 작업	
[33] 도서출판 세화 건설 5033	갱폼(gang form) 작업	
[34] 도서출판 세화 건설 5034	사다리 작업	

합격자의 조언

① 한국산업인력공단 자격시험은 세화출판사의 교재에서 합격을 보장합니다.
② 산업안전기사와 산업안전산업기사는 실기 작업형에서 **합격, 불합격**이 결정됩니다.

| 작업명 | 철골 안전작업 | 건설-5001 |

예제

01 화면을 참고하여 철골작업시 작업을 중지해야 할 경우는?(3가지 기술)

참고 산업안전보건기준에 관한 규칙 제383조(작업의 제한)

02 화면은 교량공사에 관한 사항으로 강교량의 조립시에는 고장력 볼트를 주로 사용하며, 고장력 볼트이음에는 볼트에 도입되는 축력이 매우 중요하다. 볼트의 축력을 측정하기 위하여 토크 렌치를 이용하여 토크를 측정하였더니 80[kg·m]이었다. 볼트의 축력을 구하라(단, 토크계수 K=0.15, 볼트 직경 d=22[mm]).

정답 01

① 풍속이 초당 10[m] 이상인 경우
② 강우량이 시간당 1[mm] 이상인 경우
③ 강설량이 시간당 1[cm] 이상인 경우

정답 02

$T = KNd$
$N = \dfrac{T}{Kd} = \dfrac{80}{0.15 \times 22} = 24.24 [\text{ton}]$

참고사항 2002년 5월 4일 산업기사 적중

| 작업명 | **터널굴착 폭발작업(1)** | 도서출판 세화 **건설-5002** |

예제

01 화면은 터널 내 발파작업에 관한 사항이다. 동화상 내용 중 잘못된 사항을 적으시오.

02 화면에서 발파 후에는 낙반의 위험을 방지하기 위한 부석의 유무 또는 불발화약의 유무를 확인하기 위해 발파작업장에 접근한다. 발파 후 몇 분이 경과한 후에 접근해야 하는가?

① 전기뇌관에 의한 발파인 경우 (분) 이상
② 전기뇌관 이외의 것에 의한 발파인 경우 (분) 이상

참고 산업안전보건기준에 관한 규칙 제348조(발파의 작업기준)

정답 01
마스크, 안전모 등 안전장구류 미착용

정답 02
① 5분 이상
② 15분 이상

참고사항 2000년 11월 19일 산업기사 출제

| 작업명 | 터널굴착 폭발작업(2) | 건설-5003 |

예제

01 터널굴착 작업중 측정장비를 배치하여 1일 1회 이상 측정해야 하는 내용을 3가지 쓰시오.

02 터널 굴착작업에 사용하는 발파용 재료를 쓰시오.

정답 01
① 공기중 산소 함유량
② 일산화탄소
③ 인화성 가스
④ 유해성 가스 농도

정답 02
다이너마이트

참고사항 2000년 9월 5일 기사 출제

| 작업명 | 이동식 크레인 안전작업 | 도서출판 세화 건설-5004 |

예제

01 화면(CD-ROM 그림)과 같이 이동식 크레인 작업하는 때에 사업주로서 작업시작 전 점검할 사항 3가지를 쓰시오.

참고 산업안전보건기준에 관한 규칙 [별표 3](작업시작전 점검사항)

02 화면과 같이 작업시 위험요인 3가지를 쓰시오.

정답 01
① 권과 방지장치 그 밖의 경보장치의 기능
② 브레이크 · 클러치 및 조정장치의 기능
③ 와이어로프가 통하고 있는 곳 및 작업장소의 지반 상태

정답 02
① 이동식 크레인으로 각종 자재를 운반작업시 운반중인 자재에 근로자가 충돌하거나, 운반물이 낙하할 위험이 있다.
② 이동식 크레인으로 자재 운반작업 중 특고압전선에 접촉함으로 인한 감전 위험이 있다.
③ 아우트리거 지반침하시 크레인이 전도될 위험이 있다.

| 참고사항 | 2001년 2월 18일 기사 출제 |

| 작업명 | 매달린 짐 아래서 신호작업 | 도서출판 세화 건설-5005 |

예제

01 동영상에서 보는 바와 같이 와이어 로프 걸기시 양중용 와이어로프의 안전계수와 슬링 와이어의 매다는 각도는 얼마가 적당한가?

> 참고 특수한 구조 이외는 60[°] 초과시 불안정함

02 화면과 같이 동화상에 나타난 작업은 매달린 물체가 흔들리며 골조에 부딪쳐 위험하다. 또한 신호방법이 서로 맞지 않아 작업자 위로 자재가 낙하할 위험이 있다. 그 대책을 3가지만 쓰시오.

> KEY ▶ 선택 3개, 2점×3개=6점

정답 01
① 안전계수 : 5
② 각도 : 60[°] 이내

정답 02
① 보조(유도)로프로 흔들림을 방지한다.
② 무전기 등을 사용하여 신호하거나 일정한 신호방법을 미리 정하여 둔다.
③ 슬링 와이어의 체결상태 확인(길이가 긴 자재 인양시 로프를 1번 감아서 인양)

참고사항 2000년 11월 14일 산업기사 출제

| 작업명 | 이동식 크레인 안전작업(1) | 도서출판 세화 건설-5006 |

예제

01 이동식 크레인 작업시 안전작업수칙을 쓰시오.

02 이동식 크레인 작업시 일반적인 안전조치 사항을 쓰시오.

정답 01
① 이동식 크레인으로 자재를 운반중에는 붐대의 작업반경 내 출입을 하지 않도록 한다.
② 자재 인양작업시에는 작업 전 와이어로프의 결함여부를 반드시 확인하고, 이상 발견시 작업책임자로 하여금 교체를 요구한다.
③ 철근다발 등 길이가 긴 자재를 인양시에는 반드시 2줄걸이로 단단히 결속하여 인양토록 한다.
④ 모든 인양작업은 신호수의 지시에 따라 실시토록 한다.
⑤ 작업 전 반드시 장비 신호규정을 숙지토록 한다.
⑥ 붐대의 직하부에는 절대 접근하지 않도록 한다.
⑦ 크레인 훅 해지장치의 이상유무를 사전 점검한다.

정답 02
① 권과방지장치, 과하중 경보장치 등을 설치한다.
② 와이어로프는 안전기준에 적합한 것을 사용하고, 굵기에 따른 체결방법을 준수한다.
③ 인양용 와이어로프의 연결사용을 금지하고, 훅해지장치를 설치한다.
④ 적재물에는 탑승을 금지하고, 부득이한 경우 전용 탑승설비를 설치한다.
⑤ 작업반경 내 관계자 외의 출입을 금지하고 신호수를 배치한다.
⑥ 아우트리거, 가대의 침하방지 조치를 한다.
⑦ 인양화물이 요동하지 않도록 유도로프를 설치한다.
⑧ 크레인으로 자재운반 작업중 붐대가 특고압전선에 접촉되지 않도록 조심한다.

| 작업명 | 이동식 크레인 안전작업(2) | 도서출판 세화 건설-5007 |

예제

01 이동식 크레인 작업시 운전자 준수사항을 쓰시오.

02 이동식 크레인 작업시 (1) 훅에 슬링을 거는 방법 (2) 걸림각도에 따른 하중 변화를 쓰시오.

정답 01
① 자기판단에 의해 조작하지 말고, 신호수의 신호에 따라 작업한다.
② 화물을 매단 채 운전석을 이탈하지 말아야 한다.
③ 작업이 끝나면 동력을 차단시키고, 정지조치를 확실히 하여 둔다.

정답 02
(1) 훅에 슬링을 거는 방법 : 훅에 슬링을 걸 때에는 훅의 위험 단면을 피하여 걸어야 한다.
(2) 걸림각도에 따른 하중변화 : 걸림각도는 60° 이내가 적당하고, 특수한 구조의 슬링 이외에는 90°를 초과하면 불안전하게 된다.

| 작업명 | 터널 안전작업 | 도서출판 세화 건설-5008 |

예제

01 터널굴착작업시 위험요인을 쓰시오.

정답 01
① 터널 천공 및 강지보공 작업시 터널 상부에서 낙석의 낙하·비래 위험이 높다.
② 터널 내부에서 발파작업시 터널의 붕괴위험이 있다.
③ 터널 내부작업은 소음 및 분진이 심하게 발생하는 등 작업환경이 열악하여 건강장애의 위험이 높다.

02 터널굴착작업시 작업안전수칙을 쓰시오.

정답 02
① 터널 내 작업지역은 항상 비상시에 대한 대비를 하여야 한다.
② 특히, 장비의 통행이나 발파작업시 사고위험이 높으므로 행동을 신중히 하여야 한다.
③ 터널 내부에서는 마스크, 안전모 등 안전장구류를 반드시 착용한다.
④ 성냥, 라이터 등 발화물질을 가지고 터널 내부로 들어가지 않도록 한다.
⑤ 낙석, 붕괴조짐 등 위험요인의 발견 및 사고발생시에는 작업책임자에게 즉시 보고하고, 필요한 조치를 하도록 한다.
⑥ 터널 굴착작업시 막장의 부석, 균열유무를 보링 등 적절한 방법으로 사전확인 후 작업에 임한다.
⑦ 터널 막장 굴착작업자는 무리한 수평굴착을 피한다.
⑧ 천공작업시 작업대차로부터 추락하지 않도록 무리한 천공, 무리한 동작을 금한다.
⑨ 지정된 차량 이외의 차량에 탑승을 삼간다.
⑩ 운반작업시, 운반에 적합한 기구를 사용하고 기구의 이상 유무를 사전에 점검한다.

| 작업명 | 터널굴착 안전작업 | 도서출판 세화 건설-5009 |

예제

01 터널굴착시 안전한 작업방법을 쓰시오.

정답 01

(1) 작업 전 다음 사항에 대한 시공계획을 작성하고, 시공계획에 의거 작업을 실시한다.
 - 굴착방법(인력, 장비굴착 등), 터널지보공·복공·용수처리방법, 환기조명시설(막장 60[lux], 통로 50[lux], 입구 30[lux]) 등
(2) 천공, 부석정리, 숏크리트, 지보공설치 등의 작업시에는 안전모 등의 개인보호구를 철저히 착용토록 한다.
(3) 터널 발파 후 부석정리를 철저히 하여 후속 작업자가 낙석으로 인한 사고를 당하지 않도록 하며, 부석처리작업이 위험하다고 판단될 경우에는 굴삭기 등의 장비를 사용토록 한다.
(4) 붕괴징후 발생시 재해발생을 신속히 알리기 위한 비상벨을 설치토록 한다.
(5) 수직구 등 낙하물의 위험이 있는 장소에 접근시에는 작업책임자의 지시에 따른다.
(6) 터널 굴착작업중 공기중 산소함유량, 일산화탄소, 인화성 가스, 유해성 가스 농도를 측정하기 위한 측정장비를 비치하고, 1일 1회 이상 측정토록 한다.
(7) 유해가스로 인하여 화재폭발 위험이 있는 경우 가스농도를 조기에 파악하기 위하여 자동경보장치를 설치토록 한다.
(8) 상하동시작업은 가급적 피하되, 불가피한 경우에는 낙하물이 낙하하지 않도록 유의한다.
(9) 작업대차 등 작업발판에는 무리한 자재적치 금지 및 정리정돈을 철저히 한다.
(10) 숏크리트 노즐이 막힐 경우 압력 상승에 의한 충돌위험이 높으므로 노즐이 막히지 않도록 하고, 노즐이 막혔을 경우 이상압력에 의한 충돌이 발생하지 않도록 조치한다.
(11) 천공작업시 잔류화약의 유무를 사전에 확인하여 잔류화약 폭발로 인한 사고를 방지토록 한다.
(12) 터널 내에서는 흡연, 인화성 인화물질의 저장, 개방된 화기물 사용을 금지하고, 터널 입구에 위험물 보관대를 설치토록 한다.

| 작업명 | 인력 굴착작업(1) | 건설-5010 |

사고현장

예제

01 인력굴착작업시 위험요인을 쓰시오.

02 인력굴착 작업시 안전작업수칙을 쓰시오.

정답 01
① 인력으로 지반 굴착작업 중 토사붕괴의 위험이 높다.
② 인력굴착 후 상·하수도관 등 배관 매설작업 중 로프에 매달린 흄관에 충돌하거나 흄관의 낙하위험이 있다.

정답 02
① 인력굴착시 토질에 따라 안전한 경사를 유지한다.
② 곡괭이, 삽 등으로 굴착시, 부석이 낙하할 우려가 있으므로 조심한다.
③ 비가 내린 뒤에는 토사가 붕괴되기 쉬우므로 붕괴여부에 대한 점검을 한 후에 작업에 임한다.
④ 작업장 근처의 담장, 벽 등에 균열이 보이면, 즉시 현장책임자에게 보고한다.
⑤ 굴착면 하부에서는 휴식을 취해서는 안된다.
⑥ 굴삭기와 조합작업시에는 신호수의 통제에 따르고, 장비의 작업반경 내에는 접근하지 않는다.
⑦ 굴착 깊이가 1.5[m] 이상인 경우는 피난통로를 설치한다.
⑧ 바닥은 수평을 유지토록 하고, 국부적으로 너무 많이 파내지 않도록 한다.
⑨ 관리감독자의 지휘하에 작업한다.

작업명	인력 굴착작업(2)	도서출판 세화 건설-5011

사고현장

예제

01 인력굴착작업시 안전작업방법을 기술하시오.

정답 01

① 굴착된 흙이나 자재 등은 굴착 깊이만큼 떨어져 적재하여야 한다.
② 균열, 부석, 용수 등의 상황변화를 수시로 확인한다.
③ 가스관, 상·하수관 등 지하매설물에 대한 파손방지에 항상 유의한다.
④ 굴착시에는 원칙적으로 흙막이 지보공를 설치토록 한다.
⑤ 흙막이 지보공을 설치하지 않는 경우 굴착깊이는 1.5[m] 정도 이하이어야 한다.
⑥ 흙막이 지보공은 반드시 조립도에 의거 설치한다.
⑦ 건설장비의 운행경로 및 출입방법을 작업 전 숙지토록 한다.
⑧ 건설장비 근접작업시 반드시 유도자의 지시에 따른다.
⑨ 야간작업시에는 충분한 조명설비를 설치토록 한다.
⑩ 지반의 종류에 따라 [표]와 정해진 굴착면의 높이와 기울기로 굴착토록 한다.
⑪ 발파 등에 의해 붕괴되기 쉬운 상태의 지반 굴착면 기울기는 45[°] 이하 또는 높이 2[m] 미만으로 한다.
⑫ 굴착면이 높은 경우 계단식(소단)으로 굴착하고, 소단의 폭은 수평거리 2[m] 정도로 한다.
⑬ 도랑파기 후 관을 와이어로프에 매달아 매설위치로 이동하는 과정에서의 충돌, 깔림사고 방지에 항상 유의토록 하고, 매달기 와이어로프의 상태를 항상 점검토록 한다.

[표] 굴착면의 기울기

지반의 종류	굴착면의 기울기
모래	1 : 1.8
연암 및 풍화암	1 : 1.0
경암	1 : 0.5
그 밖의 흙	1 : 1.2

| 작업명 | 철근 배근작업 | 도서출판 세화 건설-5012 |

예제

01 철근기계운반시 안전작업방법을 기술하시오.

02 철근가공작업시 안전작업방법을 쓰시오.

정답 01
① 운반작업시 작업책임자를 배치하여 수신호 또는 표준신호 방법에 의하여 시행한다.
② 기계운반시 2개소 이상 체결하여 인양한다.
③ 인양작업 전 슬링용 와이어로프의 손상상태 및 훅의 해지장치 유무를 점검한다.
④ 인양을 위한 와이어 로프 체결시 로프와 기구의 허용하중을 검토하여 과다하게 인양하지 않도록 한다.
⑤ 거푸집, 비계 등에 다량의 철근을 걸쳐 놓거나 적재하지 않도록 하며, 양단부에만 각재를 고이고 적재할 경우 각재에만 집중하중이 작용하게 되므로 이러한 방법을 금하고, 하중이 가능한 한 등분포되도록 적재한다.
⑥ 인양중 인양물 하부 및 부근에는 관계근로자 이외의 사람의 출입을 금지한다.

정답 02
① 철근 반입시 강도별, 규격별로 정리하여, 적재된 철근을 중간이나 밑에서부터 빼내어 적재된 철근이 무너지는 경우가 없도록 반입·저장한다.
② 철근가공 작업중 주위는 작업책임자가 상주하여야 하고 정리정돈되어 있어야 하며, 작업자 이외에는 출입을 금지하여야 한다.
③ 철근가공시 철근은 가공작업 작업틀에 확실하게 고정하고, 무리한 힘을 가하지 않는다.
④ 가공작업자는 안전모 및 안전보호장구를 착용하여야 한다.
⑤ 철근절단기를 이용한 절단작업시 2인1조로 운영하여 철근의 튕김에 의한 손충돌을 방지하도록 한다.

| 작업명 | 철근 배근 운반작업 | 도서출판 세화 건설-5013 |

예제

01 철근을 인력으로 운반시 안전작업 방법을 기술하시오.

02 철근 배근 작업시 안전준수사항을 기술하시오.

정답 01
① 철근운반시 1인당 무게는 25[kg] 정도 이내로 하고, 무리한 운반을 삼간다.
② 긴 철근의 경우 2인 이상이 1조가 되어 어깨메기로 하여 운반하고, 부득이 한 사람이 운반할 때에는 한쪽을 어깨에 메고 한쪽 끝을 끌면서 운반한다.
③ 2개 이상의 철근을 운반할 때에는 양끝을 묶어 운반한다.
④ 내려놓을 때는 튕기지 않도록 던지지 말고 천천히 내려놓는다.

정답 02
① 슬래브 단부 및 개구부 주위에는 표준안전난간이나 방호망을 설치하는 등의 방법으로 추락방지 조치를 한다.
② 벽체·기둥 등 위치가 높은 부분의 작업시 안전한 작업발판을 설치하고 작업한다.
③ 수직으로 높게 설치된 기둥 또는 벽체의 장척 철근은 연결되는 부재 상호간 및 띠철근 등과의 결속을 견고히 하고, 전도방지를 위한 버팀을 안전하게 설치한다.
④ 철근의 이음방법, 이음위치, 배근간격 및 피복두께 등 철근배근을 설계도면과 동일하게 배근하도록 하고, 특히 내민 보나 슬래브부분의 상부근이 부재 하부로 처지지 않도록 한다.

| 작업명 | 콘크리트 타설작업(1) | 도서출판 세화 건설-5014 |

예제

01 콘크리트 타설작업시 위험요인을 쓰시오.

02 콘크리트 타설작업시 안전작업 수칙을 기술하시오.

정답 01
① 구조물 단부 타설시 추락위험이 높다.
② 콘크리트 타설작업중 거푸집 동바리 붕괴위험이 높다.
③ 펌프카 타설시 이상압력으로 플렉시블 호스에 충돌위험이 높다.
④ 콘크리트 압송관의 파열로 인한 자갈 등 골재의 비래위험이 높다.

정답 02
① 콘크리트 펌프카에서 호스 등이 압력에 의해 불시에 움직이는 경우가 있으므로 주의한다.
② 콘크리트 압송을 시작하기 전에 압송관의 이상여부 및 압송관 연결부위가 확실하게 고정되어 있는지 확인한다.
③ 믹서차량 슈트를 설치시에는 손가락이 끼이지 않도록 주의한다.
④ 콘크리트 흐름이 멈추지 않은 상태에서 슈트를 떼어내지 않도록 주의한다.
⑤ 슬래브 단부 등 구조물의 끝에서 작업시에는 반드시 안전대를 사용한다.
⑥ 호스 끝부분이 요동치지 않도록 호스 손잡이를 설치하여 확실히 붙잡고 타설하도록 한다.

| 작업명 | 콘크리트 타설작업(2) | 도서출판 세화 건설-5015 |

예제

01 콘크리트 타설작업시 안전작업방법을 기술하시오.

정답 01

① 콘크리트는 정해진 타설순서에 의거 실시토록 한다.
② 콘크리트 타설 도중에는 거푸집 동바리의 이상유무를 확인하는 감시인을 배치하고, 이상 발견시는 즉시 작업을 중단하고 대피토록 한다.
③ 구조물 단부 타설시에는 추락방지 조치로서 안전난간 및 추락방지망을 설치하고, 반드시 안전대를 사용토록 한다.
④ 콘크리트를 한 곳에만 치우쳐서 타설할 경우 거푸집의 변형 및 편심하중에 의한 붕괴사고가 발생되므로 하중이 균등분포되도록 타설순서를 준수토록 한다.
⑤ 플렉시블 호스는 이상압력 발생 방지를 위해 반경 1[m] 이내로 구부리지 않도록 한다.
⑥ 펌프카 붐대 직하부에서 호스를 잡는 행위를 금지한다.
⑦ 진동다짐기 사용시 지나친 진동은 거푸집 도괴의 원인이 될 수 있으므로 각별히 유의토록 한다.
⑧ 진동다짐기의 전선은 캡타이어 케이블을 사용하고 접지를 실시하는 등 감전방지 조치를 실시한다.
⑨ 레미콘트럭 및 펌프카 운전자는 배치된 차량유도자의 지시에 따른다.
⑩ 펌프카의 배관상태를 확인하고 레미콘트럭, 펌프카 및 호스의 연결작업을 확인하여야 하며 장비사양의 적정호스길이를 초과하여 연결하지 않도록 한다.
⑪ 호스 손잡이는 호스에서 빠지지 않도록 견고하게 결속한다.
⑫ 펌프카의 붐대를 조정할 때에는 주변 [표]의 특고압 전선 등과의 이격거리를 준수토록 한다.
⑬ 아우트리거를 사용할 때에는 지반의 부등침하로 펌프카가 전도되지 않도록 유의한다.

[표] 전로전압별 이격거리

전로의 전압		이격거리[m]
저압	교류 1,000[V] 이하	1
고압	교류 1,000[V] 초과 7,000[V] 이하 직류 1,500[V] 초과 7,000[V] 이하	1.2
특별고압 7,000[V] 초과		2.0 (60[kV] 이상에서는 10[kV] 단수마다 0.2[m] 증가)

| 작업명 | 대형 바닥 개구부 주변 작업 | 도서출판 세화 건설-5016 |

예제

01 대형 바닥개구부 주변 작업시 위험요인을 기술하시오.

02 대형 바닥 개구부 주변 작업시 안전작업수칙을 쓰시오.

정답 01
① 바닥개구부에 안전난간이 없는 경우 작업자가 추락할 수 있다.
② 바닥개구부로 공구 및 자재가 낙하하는 경우 하부의 작업자가 맞을 수 있다.
③ 개구부 주변에서 장비를 사용하여 작업중 장비가 낙하할 수 있다.

정답 02
① 안전난간을 임의로 제거하여서는 안된다. 단, 부득이하게 작업형편상 제거시에는 작업종료와 동시에 원상태로 복구토록 한다.
② 안전난간을 타용도로 사용하여서는 안된다.
③ 안전난간에 자재 등을 기대어 적재하는 행위를 하여서는 안된다.
④ 안전난간을 밟고 승강하는 행위를 하여서는 안된다.
⑤ 개구부 주변은 항상 정리정돈 및 청결을 유지한다.
⑥ 개구부 주변작업시에는 반드시 안전대를 착용토록 한다.
⑦ 개구부 발생 즉시 안전기준에 의거 안전시설을 설치토록 한다. 안전시설 설치 완료 후에는 안전관리자의 확인을 받고 후속작업을 시작한다.
⑧ 안전시설 제거시에는 반드시 안전관리자의 승인을 받도록 한다.

| 작업명 | 바닥 개구부 주변 작업 | 도서출판 세화 건설-5017 |

예제

01 대형 바닥개구부 주변작업시 안전작업방법을 기술하시오.

02 소형 바닥개구부 주변작업시 위험요인을 쓰시오.

정답 01
① 안전난간을 설치토록 한다.(난간기둥 간격 2[m] 이하)
② 안전난간에는 수직방호망을 설치토록 한다.(바닥에 충분히 접하도록)
③ 높이 10[m] 이내마다 수평 추락방지망을 설치토록 한다.(일시적 해체가능 구조)
④ 낙하물방지용 폭목을 설치하고 안전표지판을 설치하여 작업자에 대한 주의를 환기시킨다.
⑤ 지하층 개구부 주변은 충분한 조도를 확보토록 한다.
⑥ 최하층 바닥개구부 하부에는 낙하물방지조치를 하고 작업자 접근제한 조치를 한다.
⑦ 개구부 주변에는 안전대 부착고리를 설치한다.

정답 02
① 작업장 내 바닥개구부의 안전난간이 없는 경우 주변작업 중 추락위험이 높다.
② 작업장 내 바닥개구부 주변에 적치한 공구나 자재의 낙하로 개구부 아래 작업자가 맞을 위험이 높다.

| 작업명 | 소형 바닥 개구부 주변 작업 | 도서출판 세화 건설-5018 |

예제

01 소형 바닥개구부 주변작업시 안전작업수칙을 기술하시오.

02 소형 개구부 주변작업시 안전작업방법을 쓰시오.

정답 01
① 관리감독자는 해당 작업구역 내 작업자에게 위험개구부의 위치설명 등의 교육은 물론 책무를 충실히 이행한다.
② 소형 바닥개구부에는 개구부의 형상 및 크기에 적합한 덮개 또는 방호울을 설치하고, 필요한 경우 방호망을 설치하거나 안전대를 착용하는 등의 안전조치를 한다.
③ 방호시설에는 "추락주의" 등의 안전표지를 부착하고, 설치된 방호시설을 임의로 조립·변경·해체하지 않는다.
④ 작업여건상 부득이 방호시설을 해체한 경우 작업종료와 동시에 원상으로 복구한다.

정답 02
① 파이프 샤프트 등의 소형 개구부에는 덮개 설치를 원칙으로 한다.
② 덮개는 상부판과 스토퍼로 구성되며, 스토퍼와 상부판의 결합부는 변형·변위가 발생하지 않도록 한다.
③ 덮개의 재료는 손상·변형·부식이 없는 것으로 합판(12[mm] 이상)또는 철근(D13 이상)을 사용한다.
④ 상부판에는 "개구부 주의", "추락위험" 등의 안전표지를 부착한다.

작업명: **가설자재 인양작업(1)**

예제

01 가설자재 인양작업시 위험요인을 기술하시오.

02 가설자재 인양작업시 안전작업수칙을 기술하시오

정답 01
① 상부층으로 가설자재를 인양하기 위하여 인위적으로 설치한 개구부에 추락·낙하할 위험이 있다.
② 상부층으로 가설자재를 인양하는 작업자의 불안전한 행동으로 인한 추락·낙하 위험이 있다.

정답 02
① 작업자는 안전대·안전모 등 개인보호구를 반드시 착용하고 작업한다.
② 높이 2[m] 이상인 작업장소에서는 반드시 안전기준에 적합한 작업 발판이 견고하게 설치되었는지를 점검한다. 상부층으로 가설자재를 인양시에 낙하·비래의 위험이 있으므로 최하층에서는 작업자의 출입을 통제한다.
③ 발코니 개구부를 통하여 상부층으로 가설자재를 인양시에는 추락 및 낙하물 방지망이 훼손되었는지, 밀실하게 설치되었는지 점검한다.
④ 별도의 가설자재 인양용 작업발판을 설치시에는 적정한 하중을 고려하여 많은 양의 자재를 적재하지 않도록 한다.
⑤ 상부층에서 작업하는 작업자는 몸이 아래로 향하고 있으므로 항상 주의를 요한다.
⑥ 자재인양을 위해 인위적으로 설치한 개구부에는 덮개 및 안전난간 등이 적절하게 설치되었는지 수시로 점검한다.

| 작업명 | 가설자재 인양작업(2) | 도서출판 세화 건설-5020 |

예제

01 가설자재 중 외부비계상 작업 발판의 안전한 작업방법을 기술하시오.

02 슬래브 개구부를 이용한 지하층의 안전한 작업방법을 기술하시오.

정답 01
① 높이 2[m] 이상인 작업장소에서의 자재인양시에는 안전기준에 적합한 작업발판을 설치한다.
② 작업발판상에는 안전난간대를 설치한다.
③ 작업발판 설치시에는 발코니 개구부에서 외부 비계까지 밀실하게 설치하여 작업통로로 이용토록 한다.
④ 작업발판 하부에는 추락·낙하 재해 발생을 방지하기 위한 추락 및 낙하물 방지망을 설치한다.

정답 02
① 하부층에서 상부층으로 자재인양을 위해 인위적으로 설치된 슬래브 개구부에는 안전난간을 설치하여 안전대를 걸고 작업한다.
② 개구부 주변은 충분한 조도를 확보한다.
③ 개구부 주변에는 안전대 부착고리를 설치한다.
④ 자재인양 후 인위적으로 설치된 슬래브 개구부를 존치시킬 때에는 견고한 덮개 또는 안전난간 등을 설치한 후 존치시킨다.
⑤ 자재인양시에는 최하층에서 작업자가 통행하지 못하도록 출입을 통제한다.

| 작업명 | 곤돌라 작업(1) | 도서출판 세화 건설-5021 |

예제

01 곤돌라 작업시 위험요인을 쓰시오.

02 화면과 같이 곤돌라 작업시 안전작업수칙을 기술하시오.

정답 01
① 로프의 파단으로 인하여 근로자가 추락할 위험이 있다.
② 로프의 불확실한 체결로 케이지나 화물이 추락하여 재산상의 손실을 입힌다.
③ 추락한 케이지나 화물에 의해 지상의 근로자나 재산에 피해를 입힌다.

정답 02
(1) 곤돌라 작업범위가 도로와 겹칠 때에는 도로사용 허가를 받는다.
(2) 지상방호가 확실하도록 조치하고 신호수를 배치한다.
(3) 곤돌라 작업에 관한 특별교육을 받은 자만 작업한다.
(4) 작업 전에 반드시 점검표에 의한 점검을 실시한다.
(5) 2인 이상의 작업원이 곤돌라를 사용할 때는 정해진 신호에 의해 작업한다.
(6) 작업자는 반드시 안전모와 안전화를 착용한다.
(7) 정해진 적재하중 이상은 절대로 적재하지 않는다.
(8) 작업시 케이지의 수평상태를 수시로 조정한다.
(9) 탑승하거나 탑승자가 내릴 때에는 반드시 정지한 상태를 확인한 후 신속히 행동한다.

| 작업명 | 곤돌라 작업(2) | 도서출판 세화 건설-5022 |

예제

01 곤돌라 작업시 작업시작 전 점검항목을 쓰시오.

02 곤돌라 운동부에서 점검항목을 기술하시오.

정답 01

① 와이어로프는 단선, 마모, 킹크 등의 변형이 없고 그리스의 윤활상태가 좋은가?
② 클립, 딤블, 새클 등의 체결방법은 정확하고, 손상이나 부식된 곳은 없는가?
③ 지지대에는 와이어로프가 정상적으로 단단히 매어져 있으며, 고정에는 이상이 없는가?
④ 생명줄에는 확실하게 결속되고, 지지대와의 거리는 유지되어 있는가?
⑤ 발판은 부식이나 손상이 없고 용접부의 이음은 확실한가?
⑥ 볼트, 너트 등이 빠지거나 낙하 가능성이 있는 틈새는 없는가?
⑦ 옆 난간의 상태는 하중이나 사람을 지탱하기에 충분한가?
⑧ 권과방지장치는 정상적으로 작동되는가?
⑨ 하한 리미트스위치, 비상정지 스위치는 접촉시 정상적으로 작동하는가?
⑩ 작동시 이상음이 없고 상하동작이 원활한가?

정답 02

① 로프의 꼬임 중에서 1회전 꼬임 사이에 가닥선의 10[%] 이상이 절단되면 사용할 수 없다.
② 로프지름의 감소가 원래의 지름보다 7[%] 이상 감소되면 안된다.
③ 킹크가 발생한 와이어로프도 그대로 사용해서는 안된다.
④ 상태가 너무 불량한가 조사한다.
⑤ 가닥선의 표면이 부식되었는지 조사한다.

| 작업명 | 곤돌라 작업(3) | 건설-5023 |

예제

01 화면과 같이 곤돌라 본체 점검항목을 기술하시오.

02 곤돌라 고장시 긴급처리 사항을 기술하시오.

정답 01
① 케이지의 부식, 손상, 용접부의 이상여부
② 볼트, 너트 등의 체결부의 풀림 유무
③ 완충고무의 손상이나 이탈여부
④ 이동용 바퀴의 상태
⑤ 와인더, 컨트롤 박스 등의 부착볼트, 너트, 와셔, 스프링 등의 탈락여부
⑥ 정전시에 사용할 수동핸들은 준비되어 있는지의 여부
⑦ 브레이크의 작동상태 양호여부
⑧ 와이어로프의 상태
⑨ 전선 연결구 및 손상여부
⑩ 누전방지장치의 작동여부

정답 02
(1) 정전으로 기계장치가 정지했을 때
  ① 조작반의 전원스위치를 내리고
  ② 고장의 원인을 확인한 후 해당부서에 연락(임의로 보수 금지)
  ③ 수동운전장치로 하강한다.
(2) 와이어로프가 승강장치 내에서 파단되어 그 기능이 정지되었을 때에는 관계자에게 연락한 후 지시에 따라 행동한다.
(3) 기타의 이상 발생시에도 승강장치를 정지시킨 후 관계자에게 연락한다.

| 작업명 | **타워 크레인 작업(1)** | 도서출판 세화 건설-5024 |

예제

01 화면과 같이 타워 크레인 작업시 위험요인을 쓰시오.

02 타워 크레인 작업시 안전작업 수칙을 쓰시오.

정답 01
① 타워크레인 설치 및 해체작업은 고소작업에 따른 추락위험이 있다.
② 권상작업시 와이어로프의 절단, 줄걸이 방법의 잘못으로 화물의 낙하위험이 있다.
③ 마스트 상승작업시 무게중심의 이동으로 균형을 상실, 본체의 낙하 또는 붕괴위험이 있다.

정답 02
① 타워크레인의 운전은 반드시 유자격자가 한다.
② 권상, 권하, 선회, 주행 등의 조작은 급격한 기동, 정지를 하지 않는다.
③ 크레인 동작시 이상음, 이상진동이 있으면 즉시 운전을 정지하고 점검·보수한다.
④ 크레인의 모든 작동은 반드시 지정된 신호자의 신호에 따라 실시한다.
⑤ 작업풍속이 15[m/sec] 이상 악천후시는 작업을 중지하고 선회브레이크를 풀어 지브가 자유선회하도록 한다.
⑥ 크레인을 동작하기 전에는 작업 반경 내에 장애물의 유무를 확인한다.
⑦ 모든 리미트스위치 및 제동장치를 작업 시작 전 반드시 점검하고 작동한다.
⑧ 현장에 2대 이상의 타워크레인이 설치되어 상호겹침이 예상되는 경우에는 근접설치된 크레인과 최소 2[m]의 안전거리를 준수한다.

| 작업명 | 타워 크레인 작업(2) |

예제

01 화면과 같이 타워 크레인 작업시 안전한 운전방법을 기술하시오.

02 타워 크레인 줄걸이 작업시 준수사항을 기술하시오.(단, 축에 화물을 걸거나 풀어내리는 작업자)

정답 01
① 정격하중, 성능 및 안전장치 기능을 완전히 이해하고, 유자격자만이 운전한다.
② 신호수의 신호에 따라 정격하중 이내에서만 작업한다.(신호자는 반드시 1인)
③ 하중이 지면 위에 있는 채로 선회동작을 하지 말아야 한다.
④ 운전자가 운전석을 떠날 때는 슬루잉 브레이크를 해체하고, 주행형인 경우는 레일 트랙에 고정하고 주전원을 차단한다.
⑤ 어떤 물체를 파괴할 목적으로 크레인을 사용해서는 안된다.

정답 02
① 지정된 작업자가 줄걸이 작업을 실시한다.
② 여러 명이 줄걸이 작업을 해야 할 경우 반드시 작업 지휘자의 지시에 따라 작업한다.
③ 권상하중 작업반경 내에 다른 작업자가 근접하지 못하게 하며, 자신도 머물러 있어서는 안된다.
④ 인양하중을 직접 손으로 다루지 말고 인양도구를 사용한다.

| 작업명 | 타워 크레인 작업(3) | 도서출판 세화 건설-5026 |

예제

01 타워 크레인의 설치 해체 작업시 준수사항을 기술하시오.

02 텔레스코핑의 작업순서를 쓰시오.

정답 01
① 작업순서에 의거 작업한다.
② 관계근로자 이외의 자의 출입을 금지한다.
③ 폭풍, 폭우 등 악천후시 작업을 금지한다.
④ 충분한 공간을 확보한다.
⑤ 들어 올리거나 내릴 때는 균형을 유지한다.
⑥ 충분한 기초응력을 갖는 기초를 설치한다.
⑦ 규격품의 조립용 볼트를 사용하고 대칭으로 설치한다.

정답 02
① 반드시 제작처에서 제시한 작업 순서를 준수한다.
② 텔레스코핑 작업은 풍속 12.5[m/sec](45[kg/h])이내에서만 실시한다.
③ 텔레스코핑 작업중에는 반드시 타워크레인의 균형을 유지한다.
④ 텔레스코핑 작업중 절대로 선회, 트롤리 이동 및 권상작업 등 일체의 작동을 금지한다.
⑤ 마지막 마스트를 올려 정확히 안착 후 볼트 또는 핀으로 체결을 완료할 때까지는 어떤 이유로도 선회 및 주행작동을 해서는 안된다.

| 작업명 | **단관비계 작업** | 도서출판 세화 건설-5027 |

예제

01 화면과 같이 단관비계 작업시 위험요인을 쓰시오.

02 화면과 같이 단관비계 조립에서 안전작업 방법을 쓰시오.

정답 01
① 불안전한 비계조립은 전도, 낙하, 추락 등의 재해발생 위험이 높다.
② 비계 내부에서의 상·하 이동 및 비계의 출입을 위한 연결통로 미설치에 의한 추락 및 낙하재해 발생 위험이 높다.
③ 높이 2[m] 이상의 비계작업에서 안전대 미착용에 의한 추락재해 발생 위험이 높다.

정답 02
① 비계조립은 관리감독자의 직접 지시에 따라 실시한다.
② 비계기둥은 기초를 보강하여 침하하거나 이동하지 않도록 한다.
③ 비계기둥의 간격은 보(띠장) 방향으로 1.85[m] 이하, 간사이(장선) 방향으로 1.5[m] 이하로 설치한다. 단, 첫번째 보는 지상으로부터 2[m] 이하에 설치한다.
④ 비계기둥의 최고부로부터 31[m]되는 지침 밑부분의 비계기둥은 2본의 강관으로 묶어 조립한다.
⑤ 기둥간격 10[m]마다 45[°]의 처마방향 가새를 설치하여야 하며, 가새는 교차하는 모든 비계기둥에 결속한다.
⑥ 벽연결 간격은 수직 및 수평으로 5.0[m] 이내마다 설치한다.
⑦ 벽연결이 인장재와 압축재로 구성되어 있을 때에는 그 간격을 1.0[m]이내로 한다.
⑧ 비계기둥간의 적재하중은 400[kg]을 초과하지 않도록 한다.

| 작업명 | 이동식 비계작업 | 도서출판 세화 건설-5028 |

예제

01 화면과 같이 이동식 비계작업시 위험요인을 쓰시오.

02 이동식 비계 사용상 안전조치 사항을 쓰시오.

정답 01
① 이동식 비계 위에서 중량물 취급작업중 몸의 균형을 잃고 추락할 위험이 있다.
② 이동식 비계에 탑승한 채로 이동할 경우 몸의 균형을 잃고 추락할 위험이 높다.
③ 불량하게 조립된 이동식 비계를 사용할 경우 비계 자체의 뒤틀림·전도로 인해 추락할 수 있다.

정답 02
① 재료, 공구 등은 달기로프 및 달기포대를 사용하여 올리거나 내린다.
② 이동시킬 때에는 넘어질 우려가 없도록 미리 노면상태를 확인한다.
③ 이동식 비계는 가능한 한 작업 장소 가까이에 설치한다.
④ 요철 또는 경사가 심한 경우 Jack 등을 사용하여 작업발판이 수평상태를 유지토록 한다.
⑤ 작업자가 임의로 난간대 및 폭목 등 안전설비를 제거해서는 안된다.
⑥ 이동식 비계의 작업발판의 상부에서 사다리 등을 설치 및 사용하지 않도록 한다.

| 작업명 | 철골 작업 | 도서출판 세화 건설-5029 |

예제

01 철골작업시 위험요인을 쓰시오.

정답 01
① 철골기둥이나 보를 따라 이동시 추락위험이 높다.
② 타워크레인 등 장비의 조립, 해체 또는 인양시 도괴위험이 높다.
③ 크레인으로 철골부재를 옆으로 끄는 등의 잘못된 방법은 대형 사고를 일으킬 수 있다.

02 화면과 같이 철골작업시 작업안전수칙을 기술하시오.

정답 02
① 공중작업시는 안전대를 철저히 착용하고 작업한다.
② 철골작업자는 안전모, 안전화 등 개인보호구를 착용하고 작업한다.
③ 안전대 지지로프는 부재와 함께 인양하여 부재의 가조립과 동시에 설치한다.
④ 철골에 사다리, 트랩 등 수직 승강용 통로를 우선적으로 설치, 확보한다.
⑤ 작업발판은 가능한 한 부재를 양중하기 전에 지상에서 부착시킨다.
⑥ 추락방지설비로 방호망이 견고하게 설치되었는지 확인한다.
⑦ 작업구역 내에는 관계자 이외는 출입하지 않으며 양중하는 부재의 아래 및 중기의 회전반경 내에 들어가지 않는다.
⑧ 재료, 기구, 공구 등의 수직운반은 달줄, 달포대 등을 사용한다.
⑨ 차량의 반출입 때는 유도를 확실히 하고 제3자에게 피해가 되지 않도록 한다.
⑩ 철골부재를 인양할 때에는 일정한 신호방법을 정하여 한다.
⑪ 강풍, 우천 등의 악천후시는 작업을 중지한다.

| 작업명 | 굴삭기 작업 | 도서출판 세화 건설-5030 |

예제

01 화면과 같이 굴삭기 작업시 위험요인을 기술하시오.

02 굴삭기 작업시에 운전자 운전석이탈시 안전조치사항을 쓰시오.

정답 01
① 경사지에서 작업할 때 굴삭기가 전도될 위험이 있다.
② 굴삭기 회전반경 내에서 근로자가 굴삭기와 충돌할 위험이 있다.
③ 붐을 올리고 수리·점검작업시 붐이 일시 하강할 위험이 있다.

정답 02
① 버킷을 반드시 지면에 내려 놓는다.
② 원동기를 정지하고 브레이크를 걸어 둔다.
③ 운전실의 시건장치를 확인한다.

| 작업명 | **건설용 리프트 작업** | 도서출판 세화 　건설-5031 |

예제

01 건설용 리프트 작업시 위험요인을 쓰시오.

02 리프트 운전 중 운전조치사항을 쓰시오.

정답 01
① 출입문 연동장치의 미설치 또는 작동상태가 불량할 경우 추락위험이 있다.
② 안전장치가 손상되거나 부착되지 않은 리프트를 사용할 경우 추락위험이 있다.
③ 리프트 승강로 밖으로 신체의 일부를 내민 경우 충돌·협착될 위험이 있다.

정답 02
리프트 운행 중 이상음 및 진동이 발생하면 운행을 중단하고, 안전관계자에게 알려 다음 사항을 점검받도록 한다.
① 랙과 피니언 기어의 물림상태
② 가이드 롤러의 구름접촉 상태
③ 브레이크의 미끄러짐
④ 감속기 브레이크 모터의 과열 여부
⑤ 화물용 리프트 운반구에는 사람이 탄 채 승강하지 않도록 한다.
⑥ 상승조작시는 경보 등의 방법으로 상부작업자에게 리프트의 상승을 알린다.
⑦ 적재한 화물의 무너짐 등 운전 중 이상이 발생하면 즉시 비상정지 버튼을 눌러 운반구를 비상정지시킨다.

| 작업명 | 천장 크레인 작업 | 도서출판 세화 건설-5032 |

예제

01 화면과 같이 천장 크레인 작업시 위험요인을 쓰시오.

02 크레인에 사용하는 (1) 와이어로프 (2) 체인 (3) 훅, 훅 해지장치, 시브 등의 안전기준을 각각 기술하시오.

정답 01
① 권상작업시 와이어로프의 절단 및 줄걸이 방법 잘못으로 인한 화물의 낙하위험이 있다.
② 운전(조작) 및 신호의 불일치로 크레인 또는 화물에 충돌될 수 있다.
③ 안전장치(과부하방지, 권과방지, 충돌방지) 등의 불량으로 크레인의 오동작에 의한 재해를 입을 수 있다.

정답 02
(1) 크레인에 사용하는 와이어로프의 안전기준
 ① 와이어로프의 1꼬임에서 소선수가 10[%] 이상 절단되지 않을 것
 ② 직경 감소는 공칭지름의 7[%] 이하일 것
 ③ 킹크, 부식, 이음매가 없을 것
 ④ 단발고정은 손상, 풀림, 탈락이 없을 것
(2) 크레인에 사용하는 체인의 안전기준
 ① 링지름이 10[%] 이상 감소되지 않을 것
 ② 링길이가 5[%] 이상 늘어나지 않을 것
 ③ 균열, 흠, 변형 등이 없을 것
(3) 크레인에 사용하는 훅, 훅 해지장치, 시브 등의 안전기준
 ① 훅 본체는 균열, 변형 등이 없고 국부 마모는 5[%] 이내일 것
 ② 훅 해지장치는 견고하게 부착되어 있을 것
 ③ 시브홈의 마모는 와이어로프 직경의 20[%] 이하일 것

| 작업명 | 갱폼(gang form) 작업 | 도서출판 세화 건설-5033 |

예제

01 화면(CD-ROM 그림)과 같이 갱폼작업시 위험요인을 기술하시오.

02 갱폼 작업시 안전작업수칙을 기술하시오.

정답 01
① 구조물 내부에서 갱폼 작업발판으로 이동시 추락 위험이 높다.
② 갱폼 작업발판 설치상태가 불량하여 전도, 낙하, 추락 등의 위험이 높다.

정답 02
① 갱폼(GANG FORM) 작업발판에서 작업하는 작업자는 안전모, 안전대 등의 개인보호구를 착용한다.
② 구조물 내부에서 갱폼 작업발판으로 이동시에는 반드시 지정된 통로를 이용한다.
③ 갱폼 작업발판은 가능한 한 갱폼을 인양하기 전 받침대에 견고히 결속되었는지 점검 후 인양한다.
④ 낙하 및 추락방지 설비로 수직방호망이 견고하게 설치되었는지 확인한다.
⑤ 형틀작업(조립, 해체)시 갱폼이 파이프 데릭 또는 타워크레인 훅에 견고하게 고정되었는지 점검 후 작업한다.
⑥ 갱폼 인양 훅이 지름 19[mm] 이상 환봉으로 제작, 설치되어 있는지 점검한다.
⑦ 폭풍, 폭설, 폭우 등의 악천후 작업에 있어서 작업자에게 위험이 미칠 우려가 있을 때에는 작업을 중지한다.

| 작업명 | 사다리 작업 | 도서출판 세화 건설-5034 |

예제

01 화면과 같이 사다리 작업시 위험요인을 쓰시오.

정답 01
① 사다리 자체의 결함으로 부러짐에 의한 사고위험이 있다.
② 사다리 바닥의 미고정으로 미끄러짐에 의한 사고위험이 있다.
③ 사다리 이용자세 불량으로 사고위험이 있다.

02 화면과 같이 사다리 작업시 안전작업방법을 기술하시오.

정답 02
① 사람이나 설비가 통행하는 장소에는 사다리를 설치하지 않는다.
② 사람이나 운반차량이 빈번히 지나는 곳에는 사다리 작업 중임을 알리는 표지판을 붙이고 유도자를 배치한다.
③ 이상이 있는 사다리를 임시로 고쳐 사용하지 않는다.
④ 사다리를 운반할 때에는 사다리 앞끝을 낮추고 코너를 돌 때나 문턱을 넘을 때 충돌하지 않도록 주의한다.
⑤ 사다리의 경사는 사다리 길이의 1/3에서 1/4 사이에 설치한다.
⑥ 사다리 끝면은 벽면 상단부로부터 60[cm] 이상의 여유를 둔다.
⑦ 슬리퍼를 신고 사다리에 오르는 것을 금하며, 사다리 답단에 미끄러운 물질이 묻어 있어서는 안된다.
⑧ 사다리가 옆으로 넘어지지 않도록 정확하게 설치한다.
⑨ 사다리를 오르내릴 때는 올바른 자세를 유지한다.
⑩ 공구 등 작업용구를 가지고 사다리를 이용할 경우에는 반드시 공구 등을 몸에 부착하고 두손으로 사다리를 잡고 오르내린다.
⑪ 사다리는 사용 후에 반드시 수평으로 보관한다.

NOTE

제2장 안전편(응용)

도해번호	작업명	비고
[01] 도서출판 세화 건설 5001	핸드롤러 가포장작업	
[02] 도서출판 세화 건설 5002	중량물 들어올리는 공동작업	
[03] 도서출판 세화 건설 5003	건물기둥 설치용 구멍파기작업	
[04] 도서출판 세화 건설 5004	비계 위 대들보 올리는 작업	
[05] 도서출판 세화 건설 5005	두 사람이 발판조립작업	
[06] 도서출판 세화 건설 5006	배관 도장작업	
[07] 도서출판 세화 건설 5007	Heater 가열 분석 작업	
[08] 도서출판 세화 건설 5008	나선형 계단 승강	
[09] 도서출판 세화 건설 5009	트럭 크레인 작업	
[10] 도서출판 세화 건설 5010	구내 철도레일 점검작업	
[11] 도서출판 세화 건설 5011	백호(포크레인) 굴착작업	
[12] 도서출판 세화 건설 5012	철근 하차 작업	
[13] 도서출판 세화 건설 5013	열간 코일 번호확인작업	
[14] 도서출판 세화 건설 5014	강판 뒤집기작업	
[15] 도서출판 세화 건설 5015	맨홀뚜껑 열기작업	
[16] 도서출판 세화 건설 5016	문을 열면서 대차작업	
[17] 도서출판 세화 건설 5017	드럼통 낙하 이동작업	
[18] 도서출판 세화 건설 5018	골판자 상자 제품쌓기	
[19] 도서출판 세화 건설 5019	매달린 짐 아래서 신호작업	
[20] 도서출판 세화 건설 5020	목재 운반작업	
[21] 도서출판 세화 건설 5021	가설비계 위 작업	
[22] 도서출판 세화 건설 5022	훅의 방치	
[23] 도서출판 세화 건설 5023	형강의 줄걸이작업	
[24] 도서출판 세화 건설 5024	파이프 줄걸이 신호작업	
[25] 도서출판 세화 건설 5025	장방형 재료 돌리기	
[26] 도서출판 세화 건설 5026	광석탑 슬래그 제거작업	
[27] 도서출판 세화 건설 5027	선로 작업	

합격자의 조언
① 한국산업인력공단 자격시험은 세화출판사의 교재에서 합격을 보장합니다.
② 산업안전기사와 산업안전산업기사는 실기 작업형에서 **합격, 불합격**이 결정됩니다.

| 작업명 | 핸드롤러 가포장작업 | 도서출판 세화 건설-5001 |

작업 상황
- 핸드롤러를 사용해서 가포장작업을 하고 있다.

위험의 포인트
① 안전시설(작업중 표시, 세이프티 콘 등)이 없기 때문에 트럭에 부딪친다.
② 작업자가 후방의 트럭과 롤러 사이에 끼인다.
③ 작업자가 물러서다 트럭에 부딪친다.

COMMENT
① 핸드롤러를 사용해서 일반적으로 하고 있는 가포장 작업이다.
② 특히 위험한 작업이라고 할 수는 없지만 사고가 끊이지 않는다.
③ 평소 아무렇지 않게 실시되고 있는 작업의 함정을 이 도해 안에서 찾아내기 바란다.

| 참고사항 | 1998년 11월 출제 |

| 작업명 | 중량물 들어올리는 공동작업 | 도서출판 세화 건설-5002 |

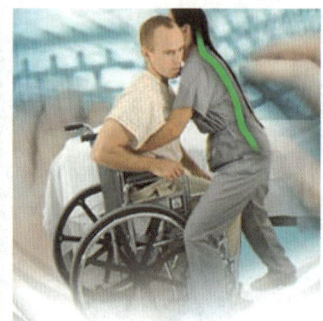

작업 상황

- 원지를 두는 장소에서 폭 1.2[m]의 원지(약 60[kg])를 대차(높이 50[cm])에 올려놓으려 하고 있다.

위험의 포인트

① 엉거주춤한 작업으로 허리를 삐게 된다.
② 두 사람의 균형이 맞지 않아서 원지가 기울어 떨어지게 된다.
③ 가운데를 지나치게 쥐어 축수에 손가락을 끼이게 된다.
④ 올려놓을 때 대차가 움직여 바퀴에 발을 다치게 된다.

| 작업명 | 건물기둥 설치용 구멍파기작업 | 도서출판 세화　건설-5003 |

흙막이 미설치 사고현장

작업 상황

- A는 건물기둥용 구멍파기, B는 파올린 토사를 치우고 있다.

위험의 포인트

① 굴삭토가 떨어져 A의 머리에 맞는다.
② 토사가 무너져 A가 생매장당하게 된다.
③ A가 파올린 토사는 B에 맞는다.
④ A는 긴급시 대피를 할 수 없다.
⑤ B의 삽이 떨어져 A에 맞는다.

COMMENT

소규모의 굴삭작업은 인원도 분산배치되고 감시의 눈도 미치지 못하기 쉽기 때문에 현장에서는 종종 안전모의 착용이나 흙이 무너지는 것을 막는 지보공 등에 대한 안전수칙이 무시되기 쉽다. 작업 규율을 지키기 위해서도 이들 작업자에게 위험요인을 인식시키는 일이 중요하다.

| 참고사항 | 1998년 11월 출제 |

| 작업명 | 비계 위 대들보 올리는 작업 | 도서출판 세화 건설-5004 |

작업 상황
- 이동 비계 위에서 대들보를 올리는 작업을 하고 있다.

위험의 포인트
① 대들보가 바람에 흔들려서 작업자가 추락하게 된다.
② 비계가 전체적으로 낮아서 발돋움을 할 때 허리를 다치게 된다.
③ 작업바닥까지의 승강 설비가 없어서 올라가는 중에 넘어지게 된다.
④ 비계 밴드가 없어서 비계판이 빗나가게 된다.

| 작업명 | 두 사람이 발판조립작업 | 도서출판 세화 건설-5005 |

작업 상황

- A와 B가 조립식 발판조립을 하고 있다.

위험의 포인트

① A가 밟고 있는 발판 판자가 미끄러져 A가 추락한다.
② A,B가 안전대를 사용하지 않았기 때문에 추락한다.
③ 발판 판자 1장을 사용해서 작업하고 있기 때문에 발을 헛디뎌 추락한다.
④ B는 불안정한 위치에서 작업을 하고 있기 때문에 발을 헛디뎌 추락한다.
⑤ 조립발판이 전도하여 A,B가 추락한다.

COMMENT

① 발판의 조립, 해체는 관리감독자의 지휘에 따르고 정해진 안전조치를 하고 작업하여야 한다.
② 예지된 위험의 대책을 조치하는 일은 물론이고 관리자, 감독자가 주위의 작업환경 등을 감안하여 적절한 작업지시를 하는 일이 필요하다.

| 작업명 | 배관 도장작업 | 도서출판 세화 건설-5006 |

작업 상황
- 목제 사다리에 올라 지상 2[m]의 용수배관을 도장하고 있다.

위험의 포인트
① 양손에 물건을 갖고 있어서, 몸의 균형을 잃어 굴러떨어져 다치게 된다.
② 사다리에 미끄럼방지가 없어서 사다리가 미끄러져 넘어져 다치게 된다.
③ 사다리의 상단이 묶여 있지 않아서 사다리가 좌, 우로 넘어진다.
④ 도장위치가 얼굴보다 높아서 도료의 비말이 눈에 들어가게 된다.
⑤ [도장중] 또는 [페인트 도장]의 표시가 없어서 제3자가 손을 대게 된다.

| 작업명 | Heater 가열 분석 작업 | 도서출판 세화 건설-5007 |

작업 상황
- 작업대에서 가스버너와 전기 곤로를 사용해서 원료유의 가열 작업을 행하고 있다.

위험의 포인트
① 수분을 함유한 원료유가 급격히 끓게 된다.
② 급하게 끓게 된 열유로 화상을 입게 된다.
③ 돌비된 기름에 인화된다.
④ 용기가 넘어져 열유로 발에 화상을 입는다.
⑤ 가열중에 비커가 깨져 인화된다.

작업명	나선형 계단 승강	도서출판 세화 건설-5008

작업 상황
- 페인트통을 가지고 나선형 계단을 오르고 있다.

위험의 포인트
① 작업자가 곁눈질을 하면서 계단을 오르고 있어 걸려서 넘어진다.
② 난간을 잡지 않고 올라가기 때문에 발을 헛디뎌 전락한다.
③ 잡고 있는 도구가 계단의 난간지주에 걸려서 지상으로 떨어져 아래 사람에게 맞게 된다.

COMMENT
주위에 한눈을 팔면서 나선형 계단을 승강할 때 걸려서 예상하지 못한 재해가 된다.
나선형 계단 승강시에는 반드시 난간 잡는 것을 습관화해야 한다.

| 작업명 | **트럭 크레인 작업** | 도서출판 세화 건설-5009 |

작업상황
- 2층 옥상에 cooling tower를 올리기 위해 이동식 크레인을 운전하고 2층 지붕에서 신호한다.

위험의 포인트
① 크레인의 끝이 고압선에 닿아 위에서 짐을 매달고 있는 줄걸이 신호자가 감전하게 된다.
② 크레인의 훅에서 로프가 벗겨져 적재할 짐이 낙하해서 밑의 작업자에게 맞게 된다.
③ 매단 짐이 흔들려 건물 지붕에 접촉해서 유리창이 깨지게 된다.

COMMENT
① 고압선에 절연 커버를 설치하면서 작업
② 줄걸이 작업자는 훅이 벗겨지는가를 충분히 알고 있는 것을 운전수와 함께 지적 확인
③ 신호자는 옥상에서 감아올리는 신호를 하고 지붕의 높이보다 1[m] 위쪽인 것을 확인하고 수평 이동의 신호

| 작업명 | 구내 철도레일 점검작업 | 도서출판 세화 건설-5010 |

작업 상황
- 화차 진입 예정 전 1시간 이내에 구내 철도레일의 점검을 한다.

위험의 포인트
① 화차가 진입해 오면 튕기게 된다.
② 점검을 진행하면서 열중하지 않으면 배후에서 화차가 진입해 튕기게 된다.
③ 공동 작업자가 소리를 질러 신호하든가, 듣지 못하는 점검자가 진입해 온 화차에 튕기게 된다.
④ 걸려 넘어지게 된다.

COMMENT
① 1인은 화차의 진입방향을 항상 감시하여 신호를 하고 다른 1인은 점검
② 화차의 진입방향을 향하고 점검을 진행
③ 신호는 반드시 호각을 사용하고 화차 통과 후 연속해서 진입해 오지 않는가를 지적 확인
④ 작업에 들어가기 전에는 안전모와 목장갑을 착용

| 작업명 | 백호(포크레인) 굴착작업 | 도서출판 세화 건설-5011 |

작업 상황
- 배관이 매설되어 있는 석유공장에서 백호로 굴착을 하고 있다.

위험의 포인트
① 작업 입회자가 없어서 백호 끝이 보이지 않아 배관을 손상하게 된다.
② 케이블 절단에 의한 감전이 된다.
③ 매설 기름배관의 파손에 의한 기름 누출로 화재가 일어나게 된다.

작업명	철근 하차작업	도서출판 세화 건설-5012

작업 상황
- 철근뭉치(길이 3[m], 무게 800[kg]) 5뭉치를 트럭에서 내리기 위해 줄걸이와 신호를 한다.

위험의 포인트
① 매달아 올릴 때 짐이 흔들려 트럭 짐받이 위의 작업자에 맞아 넘어진다.
② 손상된 줄걸이 와이어를 사용해서 절단된 짐이 낙하해서 작업자가 깔리게 된다.
③ 짐과 트럭의 중심이 잡히지 않아 매달아 올려 이동 때 미끄러져 낙하하게 된다.

COMMENT
① 줄걸이 뒤에 지상에서 떨어져 일단 정지하고 중심을 확인하면서 트럭에서 지상에 내린다.
② 매단 짐을 내리면서 지상에서 신호한다.
③ 줄걸이 와이어를 사용 전에 점검하고 손상이 없으면 적정한 치수인 것을 확인하고 줄걸이를 한다.

| 작업명 | 열간 코일 번호확인작업 | 도서출판 세화 건설-5013 |

작업 상황
- 2단 적재하고 있는 열간코일(외경 1,500[mm], 80[℃])의 제조번호와 order 번호를 확인 한다. 가까이에서는 크레인으로 코일 운반작업을 실시하고 있다.

위험의 포인트
① 코일에 닿아서 화상을 입게 된다.
② 크레인으로 운반해 온 코일에 머리가 맞아 넘어져 다치게 된다.
③ 크레인으로 코일을 내릴 때 무너져 끼이게 된다.

COMMENT
① 목장갑을 사용한다.
② 크레인 접근을 한 사람이 감시한다.
③ 크레인이 접근하면 일시 대피한다.

작업명	강판 뒤집기작업	도서출판 세화 건설-5014

작업 상황
- 강판(12×1,500×1,900[mm] 하나의 중량 약 560[kg])을 뒤집기 위해 3[ton] 호이스트 크레인의 조작과 전용고리에 줄걸이와 신호를 한다.

위험의 포인트
① 급히 매달아 올릴 때, 짐이 흔들려서 몸에 맞아 다치게 된다.
② 강판에서 치구가 벗겨져 떨어진 강판이 발에 맞아 다치게 된다.
③ 뒤집기 위해 일단 받칠 때 손가락을 끼이게 된다.

COMMENT
① 감아올릴 때는 서서히 행하고 수직으로 되기 직전에 일단 정지해서 중심을 잡고 뒤집는 조작을 한다.
② 전용고리가 완전히 삽입하고 있는 것을 지적 확인으로 확인하고 신호한다.
③ 매달아 올려 뒤집을 때는 강판이 낙하해도 몸에 맞지 않도록 거리를 둔다.
④ 크레인 조작은 뒤집는 방향과 직각의 위치에서 행한다.

| 작업명 | 맨홀뚜껑 열기작업 | 도서출판 세화 건설-5015 |

작업 상황
- 두 사람이 맨홀 뚜껑을 열려고 한다.

위험의 포인트
① 보안시설이 없어서 위험하게 된다.
② 스피드건을 사용하고 있지 않아서 요통을 일으키게 된다.
③ 두 사람의 호흡이 맞지 않아서 요통을 일으키게 된다.
④ 맨홀 뚜껑을 내릴 때 발을 끼이게 된다.

참고사항 1998년 11월 출제

| 작업명 | 문을 열면서 대차작업 | 도서출판 세화 건설-5016 |

작업 상황
- 원료를 대차에 올려 놓고 뒷걸음질하면서 밖으로 나가려 하고 있다.

위험의 포인트
① 문턱과 바퀴 사이에 왼발이 끼어서 상처를 입게 된다.
② 바퀴가 문턱에 닿을 때 충격으로 짐이 낙하해서 다리에 맞는다.
③ 오른손을 문에 끼어 상처를 입는다.
④ 문턱에 다리가 걸려 넘어진다.

| 작업명 | 드럼통 낙하 이동작업 | 건설-5017 |

작업상황
- 홈 위에서 기름이 들어 있는 드럼통을 떨어뜨리고 있다.

위험의 포인트
① 장갑을 끼지 않아서 손이 잘리게 된다.
② 드럼통을 낙하할 때 아래에서 받는 사람이 다치게 된다.
③ 드럼통에 멈춤장치를 하지 않아서 저절로 굴러 사람이 맞게 된다.
④ 드럼통 낙하의 충격으로 배수구 철판의 덮개가 튀어 사람이 다치게 된다.

| 작업명 | 골판지 상자 제품쌓기 | 건설-5018 |

작업 상황
- A와 B 두 사람이 골판지 상자 제품을 쌓아올리고 있다.

위험의 포인트
① A가 균형을 잃어 이동사다리에서 넘어지게 된다.
② 이동사다리에 열림, 멈춤장치가 없어서 다리가 걸려 A가 넘어지게 된다.
③ 높이 쌓은 짐이 무너져 A, B에 맞아 다치게 된다.
④ A가 미끄러져서 짐이 B의 얼굴에 맞아 다치게 된다.
⑤ A의 뒤쪽 통로에서 온 짐 운반차가 이동사다리에 맞아 이동사다리가 넘어져 A, B가 넘어져 다치게 된다.
⑥ 이동사다리의 발에 미끄러짐방지가 없어서 넘어져 A, B가 다치게 된다.

| 작업명 | 매달린 짐 아래서 신호작업 | 도서출판 세화 건설-5019 |

작업 상황
- 매달린 짐의 바로 아래서 받침목을 설치하면서 감아 내려놓으려고 신호를 하고 있다.
- 크레인 운전자는 매달린 짐을 감아 내려놓고 있다.

위험의 포인트
① 신호자가 사각이 되어 운전자가 볼 수 없어 예상운전을 하면서 감아 내려 신호자가 사이에 끼여 다치게 된다.
② 매달린 짐의 한가운데서 신호를 하고 있어 와이어가 끊어질 때 밑에 깔리게 된다.
③ 착지할 때 받침목과 짐 사이에 손을 끼게 된다.
④ 신호가 잘 보이지 않아서 몸을 내민 운전자가 운전실에서 추락하게 된다.
⑤ 크레인 훅 해지장치가 안되어서 신호자가 걸려 넘어져 다치게 된다.

| 작업명 | 목재 운반작업 | 도서출판 세화 건설-5020 |

작업 상황

- 제재소에서 목재를 운반하고 있다.

위험의 포인트

① B가 비틀거려 넘어져 메고 있는 판자 목재가 C,D에 맞게 된다.
② A,B가 어깨높이를 다르게 메고 있어서 내릴 때 목을 다치게 된다.
③ 물고 있는 담배를 던져서 톱밥에 인화해서 화재가 일어나게 된다.
④ C,D가 재목을 들어 올릴 때 요통이 된다.
⑤ 목재가 넘어져 C,D의 손발을 다치게 된다.
⑥ A,B가 걸려 넘어져 재목이 떨어지게 된다.
⑦ 못을 밟아 찔리게 된다.
⑧ 안전모를 착용하지 않아서 머리를 맞아 다치게 된다.
⑨ 목재를 떨어뜨릴 때 발을 다치게 된다.

| 작업명 | **가설비계 위 작업** | 도서출판 세화 건설-5021 |

작업 상황
- 가설비계 위에 공구상자를 로프로 묶어 끌어올리고 있다.

위험의 포인트
① 로프가 풀어져서 공구상자가 떨어져 B가 맞게 된다.
② 공구상자에서 공구가 떨어져 B가 맞게 된다.
③ 난간이 없고 안전벨트도 착용하지 않아서 균형을 잃을 때 A가 추락하게 된다.
④ 비계가 꺾어져 A가 추락하게 된다.
⑤ 발판이 미끄러져 A는 추락하고 B는 밑에 깔리게 된다.
⑥ 발이 미끄러져 A가 추락하게 된다.
⑦ 승강설비가 없어서 승강할 때 넘어지면 다치게 된다.

| 작업명 | **훅의 방치** | 도서출판 세화 건설-5022 |

작업 상황

- A는 호이스트 크레인으로 운반해온 짐을 내리고 줄걸이 와이어를 빼내고 있다. 훅과 펜던트 스위치는 그대로 방치하고 있다.
- B는 대차에 짐을 높이 싣고 밀면서 작업통로로 운반하고 있다.

위험의 포인트

① 크레인 훅과 펜던트 스위치가 통로의 한가운데 낮게 방치되어 있어서 B가 미는 대차에 맞아 짐이 무너지게 된다.
② 대차에 짐을 높게 쌓고 있어서 B는 앞이 보이지 않아 훅에 걸려 짐이 무너지게 된다.
③ 통로에서 등을 뒤로하고 작업하고 있는 A는 B가 미는 대차에 맞게 된다.
④ A가 줄걸이 와이어를 빼낼 때 훅에 얼굴을 부딪치게 된다.
⑤ 와이어와 짐의 귀퉁이에 받침을 하지 않아서 운반중 와이어가 끊어져 짐이 떨어지게 된다.
⑥ B는 짐을 높이 쌓아 앞을 볼 수 없어 옆으로 돌진하는 부근의 작업자, 통행인에 맞아 상처를 입게 된다.

| 작업명 | 형강의 줄걸이작업 | 도서출판 세화 건설-5023 |

작업 상황

- I형강을 크레인으로 운반하기 위해 I형강의 위에 올라가 줄걸이 와이어를 크레인 훅에 걸려고 한다.

위험의 포인트

① I형강 위에 올라가 줄걸이를 하고 있을 때 I형강이 무너져 다리를 끼이게 된다.
② 매달린 채로 올려 주행중 I형강 위에 놓여 있는 스패너가 떨어져 밑의 사람이 다치게 된다.
③ I형강의 귀퉁이에 받침이 없어서 와이어로프가 끊어져 짐이 떨어지게 된다.
④ 훅에 해지장치가 없어서 짐을 내릴 때 와이어가 벗겨져 I형강이 무너져 작업자가 맞아 다치게 된다.
⑤ 매달린 채로 올릴 때 중심이 맞지 않아 와이어 중심에 따라 I형강이 미끄러 떨어져 작업자에게 맞게 된다.
⑥ 줄걸이를 할 때 크레인 운전자가 감아올려서 손을 끼이게 된다.
⑦ 크레인 운전자가 줄걸이를 하고 있어서 크레인을 움직일 때 훅이 머리에 맞으면 다치게 된다.
⑧ 안전모의 턱끈을 매고 있지 않아서 넘어질 때 머리를 다치게 된다.

| 작업명 | 파이프 줄걸이 신호작업 | 도서출판 세화 건설-5024 |

작업상황
- 200[kg]의 파이프를 2층(높이 10[m])에 매달아 올리기 위해 지상에서 한 사람은 줄걸이작업을 하고 한 사람은 2층의 크레인 운전자에게 신호를 한다.

위험의 포인트
① 짐이 흔들려서 신호자가 매달린 짐에 맞는다.
② 지상에서 떨어질 때 짐이 흔들려서 짐과 벽 사이에 끼이게 된다.
③ 매달아 올리는 중에 매단 짐이 회전한다.

COMMENT
① 짐이 흔들리지 않도록 중심을 확인해서 줄걸이를 한다.
② 지상에서 떨어질 때는 벽에서 떨어져 10[cm] 정도 매달아 올려 일단 정지 후 신호를 해서 짐이 흔들림이 없는 것을 확인하면서 다시 매달아 올려 신호를 한다.
③ 예비로프를 파이프에 장치한다.

| 작업명 | 장방형 재료 돌리기 | 도서출판 세화 건설-5025 |

작업 상황
- 크레인에 매달려 있는 상태에서 장방형의 재료(120[kg])를 A,B가 돌리고 있다.

위험의 포인트
① 와이어로프가 중앙에 모여 매단 짐의 균형이 무너져 떨어지게 된다.
② 2인의 호흡이 맞지 않아 허리를 삐게 된다.
③ 맨손으로 회전하고 있어 매단 짐의 모서리에 손을 다치게 된다.
④ 와이어로프가 끊어져 매단 짐이 떨어져 반대쪽으로 넘어진다.

| 작업명 | 광석탑 슬래그 제거작업 | 도서출판 세화 건설-5026 |

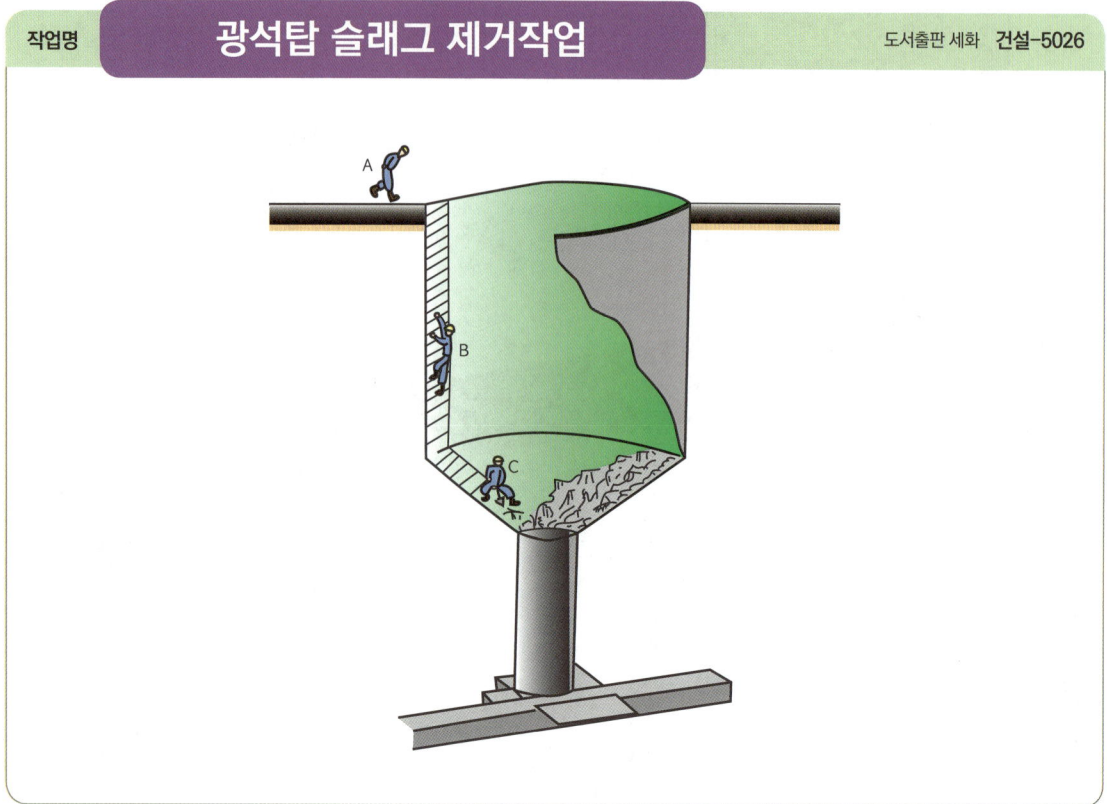

작업 상황
- A는 탑 위에서 감시, B는 승강계단을 내려가고 있다.
- C는 탑 내에서 슬래그 제거작업을 하고 있다.

위험의 포인트
① 산소농도측정을 실시하지 않고 탑내에 들어가 작업중 산소결핍상태가 된다.
② 슬래그 제거 작업중 진동으로 탑 측벽 퇴적물이 낙하해서 몸에 맞아 다치게 된다.
③ B가 승강계단을 내려올 때 발을 헛디뎌서 넘어져 다치게 된다.
④ 슬래그 제거작업중 퇴적물이 무너져 발이 미끄러져 다치게 된다.
⑤ 슬래그 제거작업중 분진이 눈에 들어가게 된다.

| 작업명 | 선로 작업 | 건설-5027 |

작업 상황
- 두 사람이 선로정리작업을 하고 있다.

위험의 포인트
① 선로를 매달아 올려 이동할 때 중심을 매달지 않아서 균형이 무너져 선로에 손발 등이 끼이게 된다.
② 궤도와 궤도 사이에서 작업하고 있어서 끼이게 된다.
③ 궤도에 걸쳐 있는 다리가 빗나가 궤도에서 다리를 다치게 된다.
④ 감아올리는 기계에 손을 끼이게 된다.

제3장 현장 안전편(응용)

도해번호	작업명	비고
[01] 도서출판 세화 건설 5001	포크리프트 구내주행	
[02] 도서출판 세화 건설 5002	트럭에서 철근다발 내리기작업	
[03] 도서출판 세화 건설 5003	고속도로 지그재그 운전	
[04] 도서출판 세화 건설 5004	주차된 차 옆 오토바이 고속질주	
[05] 도서출판 세화 건설 5005	텅빈 직선도로 고속질주	
[06] 도서출판 세화 건설 5006	반대편 차 앞 물이 고여 있음	
[07] 도서출판 세화 건설 5007	2단 캐비닛을 의자로 운반작업	
[08] 도서출판 세화 건설 5008	전방 지하철 공사장 트럭 주행	
[09] 도서출판 세화 건설 5009	크레인으로 트럭 끌어올리는 작업	
[10] 도서출판 세화 건설 5010	자동차 정비작업	
[11] 도서출판 세화 건설 5011	벨트 컨베이어에서 짐내리기 작업	
[12] 도서출판 세화 건설 5012	책상 위 형광등 교체작업	
[13] 도서출판 세화 건설 5013	차 밑에서 트럭 점검작업	

합격자의 조언
① 한국산업인력공단 자격시험은 세화출판사의 교재에서 합격을 보장합니다.
② 산업안전기사와 산업안전산업기사는 실기 작업형에서 **합격, 불합격**이 결정됩니다.

| 작업명 | 포크리프트(Fork lift) 구내주행 | 도서출판 세화 건설-5001 |

작업 상황
- 포크리프트 구내에서 자전거 뒤를 주행하고 있다.

위험의 포인트
① 자전거가 비틀거려 포크리프트의 포크에 걸리게 된다.
② 포크리프트가 자전거에 충돌하게 된다.

| 작업명 | 트럭에서 철근다발 내리기작업 | 도서출판 세화 건설-5002 |

작업 상황
- 철근다발을 트럭에서 내리고 있다.

위험의 포인트
① A가 트럭의 끝에 서 있어서 짐과 같이 추락하여 다치게 된다.
② B의 왼손이 차와 철근다발 사이에 있어서 짐의 반동 등으로 끼이게 된다.
③ B쪽에 짐이 지나치게 모여 있어서 짐이 미끄러 떨어져 A 및 B가 부상을 입게 된다.
④ 현재의 짐을 내릴 때 나머지 철근다발이 반대쪽으로 떨어져 차의 반동으로 A 및 B가 부상을 입게 된다.

| 작업명 | 고속도로 지그재그 운전 | 도서출판 세화 건설-5003 |

작업 상황
- 고속도로의 추월차선을 주행중인 승용차 앞을 대형 트럭 2대가 지그재그로 운전하고 있다.

위험의 포인트
① 후속 승용차가 지그재그 트럭에 접촉하게 된다.
② 지그재그 트럭이 중앙분리대를 폭주 돌파하게 된다.

| 작업명 | 주차된 차 옆 오토바이 고속질주 | 도서출판 세화 건설-5004 |

작업 상황
- 오토바이가 주차하고 있는 차량의 좌측을 주행하고 있다.

위험의 포인트
① 주차중의 차 사이에서 사람이 나와 오토바이에 접촉하게 된다.
② 주차중 차의 측문이 급히 열려 오토바이에 접촉하여 넘어져 다치게 된다.
③ 정거하고 있는 차가 급히 출발하여 오토바이에 접촉하게 된다.

| 작업명 | 텅빈 직선도로 고속질주 | 도서출판 세화 건설-5005 |

작업 상황
- 한산한 직선도로를 승용차가 주행하고 있다.

위험의 포인트
① 속도를 지나치게 내면 전주에 충돌하게 된다.
② 앉아 졸면서 운전하면 전주에 충돌하게 된다.
③ 술에 취해 운전하면 코스를 이탈하게 된다.

| 작업명 | 반대편 차 앞 물이 고여 있음 | 도서출판 세화 건설-5006 |

작업 상황
- 승용차가 빗속을 주행중 맞은편 차선상에 대형 트럭이 맹렬한 속도로 주행하여 오고 있다. 트럭 앞에는 물이 고여 있다.

위험의 포인트
① 트럭이 물이 고여 있는 곳을 달리면 물이 튀어 승용차의 창문에 맞아 시계를 방해하여 운전을 잘못하게 된다.
② 물이 고여 핸들을 잡은 트럭이 꾸불꾸불 나가 승용차에 충돌하게 된다.

| 작업명 | 2단 캐비닛을 의자로 운반작업 | 도서출판 세화 건설-5007 |

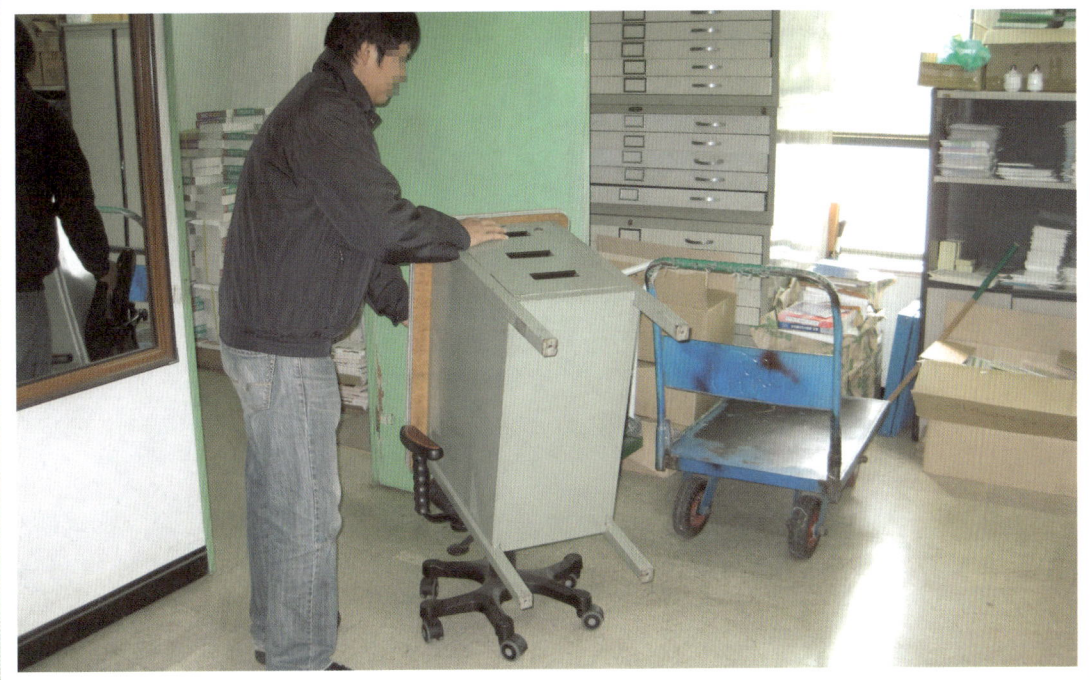

작업 상황
- 대차가 없어서 한 사람이 캐비닛을 의자 위에 올려서 운반하려 하고 있다.

위험의 포인트
① 의자보다 캐비닛이 커서 떨어지게 된다.
② 짐에 힘을 주어 회전의 위험을 보지 못하게 된다.
③ 캐비닛의 서랍이 튀어나와서 균형을 잃어 떨어지면 다치게 된다.
④ 의자의 발에 부딪쳐 넘어져 다치게 된다.
⑤ 맨손으로 짐을 운반하고 있어서 손을 다치게 된다.

| 작업명 | 전방 지하철 공사장 트럭 주행 | 도서출판 세화 건설-5008 |

작업 상황
- 트럭이 중량물(강재)을 적재하고 주행하여 나가는 길 앞에는 지하철 공사현장이 있어 철판으로 덮여 있다.

위험의 포인트
① 복공판이 어긋나 뒷바퀴가 빠지게 된다.
② 진동으로 짐이 무너져 작업자에게 맞게 된다.
③ 공사구역에서 나오는 트럭과 접촉하게 된다.

| 작업명 | 크레인으로 트럭 끌어올리는 작업 | 도서출판 세화 건설-5009 |

작업 상황

- 시트 파일 8톤을 적재하고 공사현장으로 향하던 10톤 트럭이 노반이 약한 곳에서 뒷바퀴가 빠져 끌어올리려고 지원을 행할 때 트럭 크레인의 줄걸이와 신호를 한다.

위험의 포인트

① 시트 파일의 위에서 신호를 해 감아 올릴 때 짐이 무너져 시트 파일과 함께 추락해 밑에 깔리게 된다.
② 줄걸이 와이어 로프가 절단해서 그 충격으로 짐이 무너져 미끄러져 떨어진 시트 파일이 작업자에게 맞는다.
③ 지상에서 떨어질 때 트럭이 이동해서 크레인이 넘어진다.

COMMENT

① 감아올리는 신호는 지상에서 행한다.
② 시트 파일의 짐이 무너진 상태를 확인하고서 줄걸이를 한다.
③ 사용 전에 줄걸이 와이어의 치수, 파손이 없는가를 확인한다.
④ 줄걸이의 중심을 수직으로 감아올리고 트럭의 앞바퀴 전후에 바퀴 멈춤을 한다.

| 작업명 | 자동차 정비작업 | 도서출판 세화 건설-5010 |

작업 상황

- 자동차 정비공장에서 잭으로 올려놓은 승용차 아래에 들어가 수리를 하고 있다.

위험의 포인트

① 바퀴 멈춤을 하고 있지 않아서 차가 움직여 잭에서 빠져 밑에 깔리게 된다.
② 발판이 없어서 잭에서 차가 빠져 떨어질 때 밑에 깔리게 된다.
③ 안경을 쓰고 있지 않아서 눈에 이물이 들어가게 된다.
④ 잭이 고장나서 차가 떨어져 밑에 깔리게 된다.
⑤ 작업모를 쓰지 않아서 머리를 다치게 된다.

작업명: **벨트 컨베이어에서 짐내리기 작업**   도서출판 세화 건설-5011

작업 상황
- A와 B는 항공편 화물을 벨트 컨베이어에 의해 팔레트 트레일러에 옮기고 있다.

위험의 포인트
① A가 벨트에서 발이 미끄러져 얼굴을 화물에 강타당하여 다치게 된다.
② A가 트레일러의 롤러에 발을 끼어 지상으로 넘어지게 된다.
③ B가 벨트 차의 사이드 범퍼에 의해 발이 미끄러져서 지상으로 넘어지게 된다.
④ A와 B의 호흡이 맞지 않아 A가 화물 아래 깔리게 된다.
⑤ A의 손의 위치가 나빠 화물에 손을 끼이게 된다.

| 작업명 | 책상 위 형광등 교체작업 | 도서출판 세화 건설-5012 |

작업 상황
- 책상 위에 접의자를 놓고 그 위에서 형광등을 교체하고 있다.

위험의 포인트
① 다리의 위치를 이동시킬 때 의자가 접어져 넘어지면 다치게 된다.
② 균형을 잃어 뛰어내릴 때 발을 삐게 된다.
③ 교체작업에 열중하여 의자에서 미끄러져 넘어지면 다치게 된다.
④ 전구가 파손되어 손을 다치게 된다.
⑤ 내려올 때 책상에서 뛰어내려 미끄러져 넘어져 다치게 된다.

| 작업명 | 차 밑에서 트럭 점검작업 | 도서출판 세화 건설-5013 |

작업 상황

- A는 운전석에서, B는 차 밑에서 점검작업을 실시하고 있다.

위험의 포인트

① A는 밑에 있고 B의 일을 알지 못해 차를 움직이게 된다.
② A가 클러치 페달을 밟아 차량 하부의 클러치 레버에 B의 손가락이 끼여 다치게 된다.
③ 차량에 바퀴 멈춤이 없어서 경사진 노면에서 차량이 이동하게 된다.
④ B 주위에 방호울이 없어서 다른 차량이 옆을 지나 B가 다치게 된다.

제1장 보호구 사진

도해번호	작업명	비고
[01] 도서출판 세화 보호구 6001	안전모(1)	
[02] 도서출판 세화 보호구 6002	안전모(2)	
[03] 도서출판 세화 보호구 6003	안전모(3)	
[04] 도서출판 세화 보호구 6004	차광용 보안경	
[05] 도서출판 세화 보호구 6005	보안경(1)	
[06] 도서출판 세화 보호구 6006	보안경(2)	
[07] 도서출판 세화 보호구 6007	보안면	
[08] 도서출판 세화 보호구 6008	귀덮개	발파용
[09] 도서출판 세화 보호구 6009	방진마스크(1)	
[10] 도서출판 세화 보호구 6010	방진마스크(2)	
[11] 도서출판 세화 보호구 6011	방독마스크(유기가스용)	
[12] 도서출판 세화 보호구 6012	방독마스크(할로겐가스용)	
[13] 도서출판 세화 보호구 6013	방독마스크(일산화탄소용)	
[14] 도서출판 세화 보호구 6014	방독마스크(암모니아용)	
[15] 도서출판 세화 보호구 6015	방독면(황화수소용)	
[16] 도서출판 세화 보호구 6016	방독마스크(아황산황용)	
[17] 도서출판 세화 보호구 6017	공기호흡기	2001 출제
[18] 도서출판 세화 보호구 6018	송기마스크	2001 출제
[19] 도서출판 세화 보호구 6019	고무장갑	
[20] 도서출판 세화 보호구 6020	안전화(소방용)	
[21] 도서출판 세화 보호구 6021	고무제 안전화	
[22] 도서출판 세화 보호구 6022	안전화(1)	
[23] 도서출판 세화 보호구 6023	안전화(2)	
[24] 도서출판 세화 보호구 6024	안전화(절연용)	
[25] 도서출판 세화 보호구 6025	1개 걸이 안전대(1)	
[26] 도서출판 세화 보호구 6026	1개걸이 안전대(건설용)(2)	
[27] 도서출판 세화 보호구 6027	U자걸이 안전대(3)	
[28] 도서출판 세화 보호구 6028	안전블록	2004 출제
[29] 도서출판 세화 보호구 6029	안전대 죔줄	
[30] 도서출판 세화 보호구 6030	안전그네(1)	
[31] 도서출판 세화 보호구 6031	안전그네(2)	
[32] 도서출판 세화 보호구 6032	안전그네(3)	
[33] 도서출판 세화 보호구 6033	방열복 상의	
[34] 도서출판 세화 보호구 6034	방열복 하의	
[35] 도서출판 세화 보호구 6035	안전장갑(고열작업용)	
[36] 도서출판 세화 보호구 6036	방열두건	
[37] 도서출판 세화 보호구 6037	방열화	
[38] 도서출판 세화 보호구 6038	방열장갑 및 방열복	

합격자의 조언

① 한국산업인력공단 자격시험은 세화출판사의 교재에서 합격을 보장합니다.
② 산업안전기사와 산업안전산업기사는 실기 작업형에서 **합격, 불합격**이 결정됩니다.

보호구 명칭	안전모(1)	도서출판 세화 **보호구-6001**
		CD-ROM상 나타나는 보호구 그림

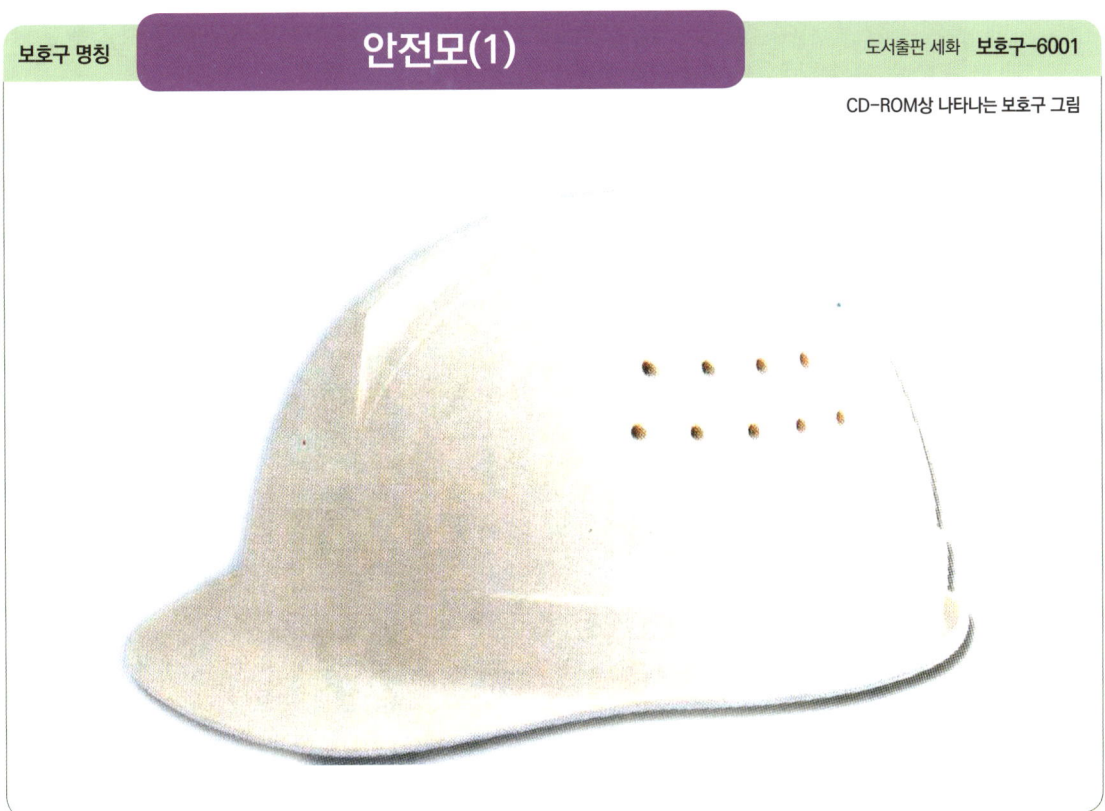

보호구 착용 대상 작업

머리보호구(안전모, 작업모)

보호구를 사용하여야 할 작업명	비고
동력으로 작동되는 기계에 두발 또는 피복이 말려 들어갈 위험이 있을 때	작업모
크레인, 리프트의 조립 또는 해체작업	비래낙하용
최대 적재량이 5톤 이상 화물차에 화물을 싣거나 내리는 작업 달비계 또는 비계를 조립, 해체, 변경작업(높이 5[m] 이상)	추락용
굴착작업	비래낙하용
채석작업	비래낙하용
낙하비래에 의한 위험이 있을 때	비래낙하용
해체작업	비래낙하용
하적단 위에서 작업할 때(높이 2[m] 이상)	추락용
항만하역작업	비래낙하용
벌목, 적재, 운재작업	비래낙하용

합격대책: 화면상에 나타나는 보호구를 보면서 위 작업에 해당하는 안전모를 쓰고 번호를 쓴다.

| 보호구 명칭 | 안전모(2) | 도서출판 세화 보호구-6002 |

CD-ROM상 나타나는 보호구 그림

보호구 착용 대상 작업

머리보호구(안전모, 작업모)

합격 대책 6001, 6002, 6003 등 3종류 안전모는 동일하다.

| 보호구 명칭 | 안전모(3) | 도서출판 세화 보호구-6003 |

CD-ROM상 나타나는 보호구 그림

제6편 보호구 관리하기

보호구 착용 대상 작업

유해 광선들의 시력장애에도 착용

합격 대책

안전모는 모든 작업장에서 착용한다.
결론은 모두 쓴다. 이렇게 ①, ②, ③ : 안전모

| 보호구 명칭 | 차광용 보안경 | 도서출판 세화 보호구-6004 |

CD-ROM상 나타나는 보호구 그림

보호구 착용 대상 작업

보호구를 사용하여야 할 작업	비고
유해한 광선에 의한 시력장해의 우려가 있는 장소	보안경
가공물 절단 또는 절삭편의 비래에 의한 위험방지를 위한 덮개, 울이 없는 경우	
용광로, 용선로 또는 유리용해로 기타 다량의 고열물을 취급하는 장소로서 해당 고열물의 비산, 유출 등에 의한 화상 기타 위험을 방지하기 위해	보안경
아세틸렌 용접장치에 의한 용접, 용단작업	보안경 (차광용)
가스 집합 용접장치에 의한 용접, 용단작업	보안경

합격 대책

| 보호구 명칭 | 보안경 | 도서출판 세화 보호구-6005 |

CD-ROM상 나타나는 보호구 그림

제6편 보호구 관리하기

보호구 착용 대상 작업

일반 작업장 착용
① 가공물 절단
② 절삭편 비래

합격 대책

| 보호구 명칭 | 보안경 | 도서출판 세화 보호구-6006 |

CD-ROM상 나타나는 보호구 그림

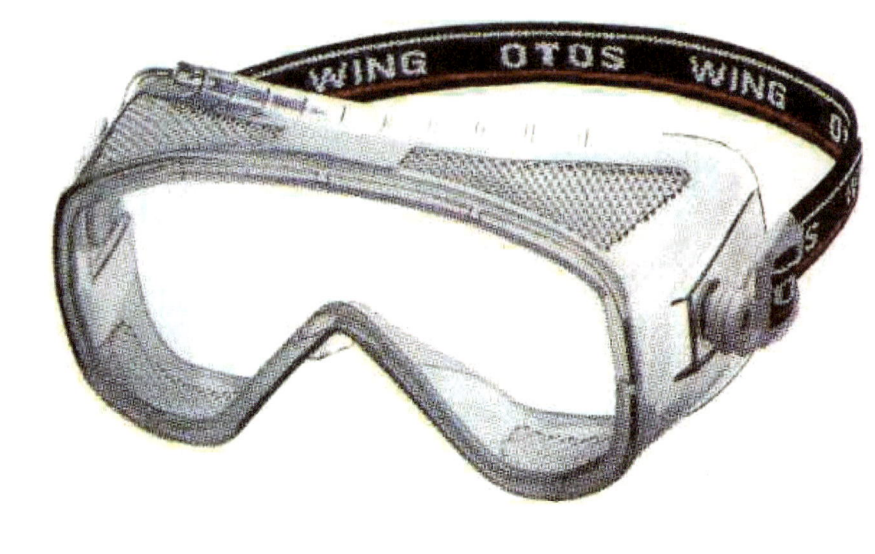

보호구 착용 대상 작업

① 분진
② 분해물
③ 화공약품 작업시
④ 발파작업

합격대책: 2005년 5월 4일 산업기사 출제

| 보호구 명칭 | 보안면 | 도서출판 세화 보호구-6007 |

CD-ROM상 나타나는 보호구 그림

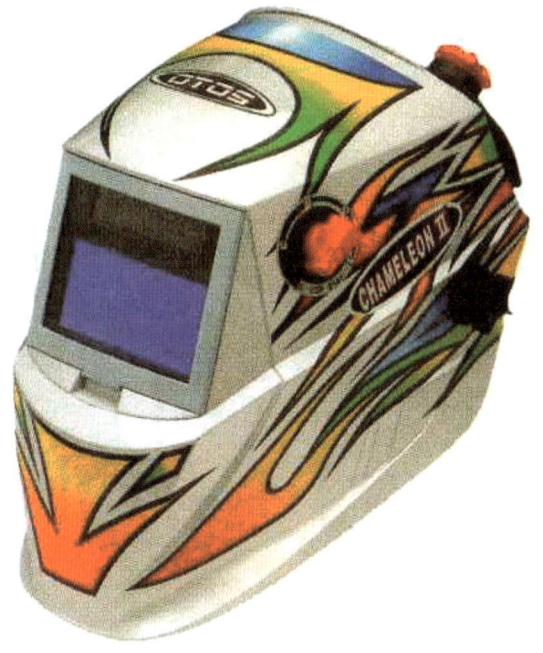

보호구 착용 대상 작업

(1) 용도 : 자동 조절 용접면
(2) 사용작업 : 용접작업

합격대책

| 보호구 명칭 | 귀덮개 | 도서출판 세화 보호구-6008 |

CD-ROM상 나타나는 보호구 그림

보호구 착용 대상 작업

발파천공작업

합격 대책 2002년 5월 4일 산업기사 출제

| 보호구 명칭 | **방진마스크(1)** | 도서출판 세화 보호구-6009 |

CD-ROM상 나타나는 보호구 그림

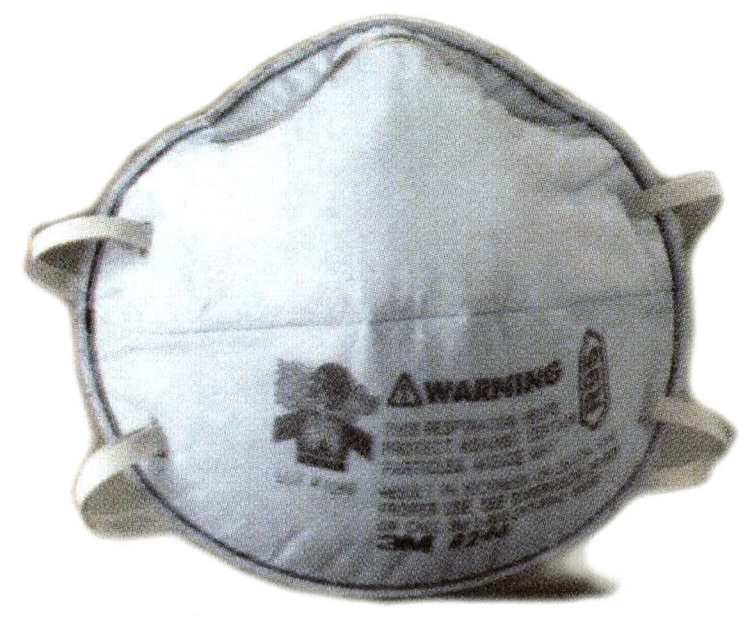

보호구 착용 대상 작업

(1) 작업용도
    ① 주조   ② 하체코팅   ③ 석유화학
    ④ 인쇄   ⑤ 담배제조   ⑥ 농약살포
    ⑦ 저농도 유기용제 및 악취발생 분진 작업

(2) 특징
    ① 우수한 분진포집 효율의 필터에 활성탄층을 첨가, 저농도 유기용제 및 악취 등도 효과적으로 제거해 주는 제품
    ② 성능
        ㉠ 분집포집 효율 : 평균 99.5[%]   ㉡ 흡기저항 상승률 : 39[%]
        ㉢ 흡기저항 : 3[mmH$_2$O]   ㉣ 중량 : 12[g]
        ㉤ 배기저항 : 3[mmH$_2$O]   ㉥ 사적 : 76[m^3]
        ㉦ 가습시 흡기저항 : 4[mmH$_2$O]

합격대책

2002년 5월 4일 산업기사 출제

| 보호구 명칭 | 방진마스크(2) | 도서출판 세화　보호구-6010 |

CD-ROM상 나타나는 보호구 그림

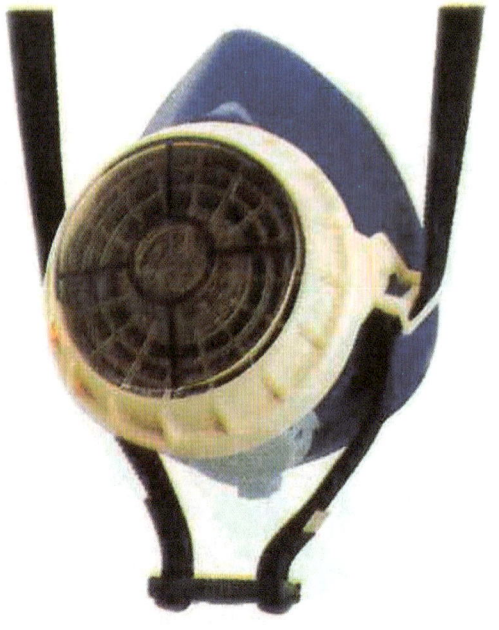

보호구 착용 대상 작업

(1) 방독마스크의 종류

종 류	시 험 가 스	정화통외부측면 표시색
유기화합물용	시클로헥산(C_6H_{12}) 디메틸에테르(CH_3OCH_3) 이소부탄(C_4H_{10})	갈색
할로겐용	염소가스 또는 증기(Cl_2)	회색
황화수소용	황화수소가스(N_2S)	회색
시안화수소용	시안화수소가스(HCN)	회색
아황산용	아황산가스(SO_2)	노란색
암모니아용	암모니아가스(NH_3)	녹색

복합용 및 겸용의 정화통 : ① 복합용[해당가스 모두 표시(2층분리)]
　　　　　　　　　　　　② 겸용[백색과 해당가스 모두 표시(2층분리)]

(2) 등급 및 사용장소

등급	사용장소
고농도	가스 또는 증기의 농도가 100분의 2(암모니아에 있어서는 100분의 3) 이하의 대기 중에서 사용하는 것
중농도	가스 또는 증기의 농도가 100분의 1(암모니아에 있어서는 100분의 1.5) 이하의 대기 중에서 사용하는 것
저농도 및 최저농도	가스 또는 증기의 농도가 100분의 0.1 이하의 대기 중에서 사용하는 것으로서 긴급용이 아닌 것

비고 : 방독마스크는 산소농도가 18[%] 이상인 장소에서 사용하여야 하고, 고농도와 중농도에서 사용하는 방독마스크는 전면형(격리식, 직결식)을 사용해야 한다.

(3) 형태 및 구조

종류	격리식		직결식	
	전면형	반면형	전면형	반면형
구성	정화통, 연결관(직결식제외) 흡기밸브, 안면부, 배기밸브, 머리끈			
흡입	정화통 → 연결관		정화통 → 흡기밸브	
배기	배기밸브 → 외기중으로			
구조	안면부 전체를 덮음	코 및 입 부분을 덮음	정화통이 직접연결된 상태로 안면부 전체 덮음	안면부와 정화통이 직접 연결된 상태로 코 및 입부분을 덮음

합격대책 2002년 5월 4일 산업기사 출제

| 보호구 명칭 | **방독마스크(유기화합물용)** | 도서출판 세화 **보호구-6011** |

CD-ROM상 나타나는 보호구 그림

보호구 착용 대상 작업

위생보호구
   (1) 종류 : 유기가스용
   (2) 기호 : C
   (3) 색상 : 갈색
   (4) 해당작업
      ① 알코올류　　　　　　　② 유기용제류
      ③ 석탄석유증류물　　　　④ 고분자화합물과 그 모노머
      ⑤ 훈증소독제　　　　　　⑥ 이황화탄소
      ⑦ 사에틸염화황

합격대책
① 방독마스크의 종류를 기억한다.
② 기호를 보면 알 수 있다.

보호구 명칭	**방독마스크(할로겐용)**	도서출판 세화 **보호구-6012**
		CD-ROM상 나타나는 보호구 그림

보호구 착용 대상 작업

위생보호구
(1) 종류 : 할로겐가스용
(2) 기호 : A
(3) 색상 : 회색
(4) 해당작업(예)
  ① 염소
  ② 불소
  ③ 브롬
  ④ 요오드포스겐
  ⑤ 기타 유기성 산성가스

합격대책

기호 : A(할로겐 가스용)이다.

| 보호구 명칭 | **방독마스크(일산화탄소용)** | 도서출판 세화 **보호구-6013** |

CD-ROM상 나타나는 보호구 그림

보호구 착용 대상 작업

위생보호구

   (1) 종류 : 일산화탄소용

   (2) 기호 : E

   (3) 색상 : 적색

   (4) 해당작업(용도) : 일산화탄소

합격 대책

| 보호구 명칭 | **방독마스크(암모니아용)** | 도서출판 세화　**보호구-6014** |

CD-ROM상 나타나는 보호구 그림

보호구 착용 대상 작업

(1) 종류 : 암모니아용
(2) 기호 : H
(3) 색상 : 녹색
(4) 해당작업(예) : 암모니아

합격
대책

보호구 명칭	방독면(황화수소용)	도서출판 세화 보호구-6015

CD-ROM상 나타나는 보호구 그림

보호구 착용 대상 작업

보호구를 사용하여야 할 작업명	비고
가스·증기·미스트·퓸·분진이 발생되는 작업	방독마스크 방진마스크
납 업무를 행하는 옥내작업	유기가스용
신규 96조 5호 중 라, 아목에 해당하는 업무	
전체 환기장치를 설치한 유기용제 제조·취급 장소의 유기용제 업무	유기용마스크
유기용제 증기 발산원을 밀폐하는 설비 및 국소 배기장치를 설치하지 아니한 유기용제 취급·제조업무, 유기용제 분무업무 등	유기용마스크
특정 화학물질의 제조·취급작업장 선창 등에서 분진이 발생하는 하역작업	

합격대책

| 보호구 명칭 | 방독마스크(아황산용) | 도서출판 세화 보호구-6016 |

CD-ROM상 나타나는 보호구 그림

보호구 착용 대상 작업

(1) 종류 : 아황산용
(2) 기호 : Ⅰ
(3) 색상 : 노란색
(4) 해당작업(용도)
　① 아황산
　② 황

합격대책

| 보호구 명칭 | 공기호흡기 | 도서출판 세화 **보호구-6017** |

CD-ROM상 나타나는 보호구 그림

보호구 착용 대상 작업

질식사 방지용
　① 석유화학공장
　② 산업체 비상용

합격 대책 2001년 4월 29일, 2002년 7월 7일 출제

보호구 명칭	송기마스크	도서출판 세화 보호구-6018
		CD-ROM상 나타나는 보호구 그림

제6편 보호구 관리하기

보호구 착용 대상 작업

산소농도 18[%] 미만인 탱크 내 작업

합격대책 보호구 6017·6018 등은 산소농도 18[%] 미만 상태

| 보호구 명칭 | 고무장갑 | 도서출판 세화 보호구-6019 |

CD-ROM상 나타나는 보호구 그림

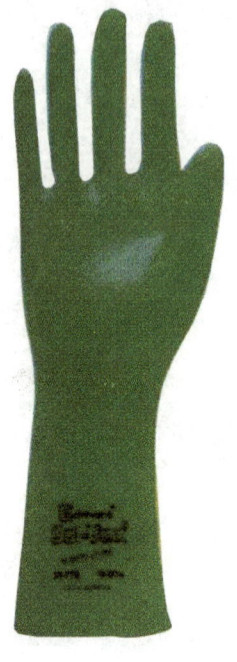

보호구 착용 대상 작업

① 내용매용
② 내유성용

합격 대책

보호구 명칭	안전화(소방용)	도서출판 세화 **보호구-6020**
		CD-ROM상 나타나는 보호구 그림

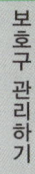

보호구 착용 대상 작업

소방용

합격 대책

| 보호구 명칭 | 고무제안전화 | 도서출판 세화 보호구-6021 |

CD-ROM상 나타나는 보호구 그림

보호구 착용 대상 작업

절연장화(7,000[V]/20,000[V])

합격대책 2005년 7월 15일 기사 출제

보호구 명칭	안전화(1)	도서출판 세화 **보호구-6022**

CD-ROM상 나타나는 보호구 그림

제6편 보호구 관리하기

보호구 착용 대상 작업

① 중화학공업현장
② 건설현장
③ 광·임업 작업장
④ 중량물 제작 운반작업장
⑤ 철강고열작업장
⑥ 내산내유 절연작업

합격
대책

보호구 명칭	안전화(2)	도서출판 세화 보호구-6023
		CD-ROM상 나타나는 보호구 그림

보호구 착용 대상 작업

보호구를 사용하여야 할 작업명	비고
용광로 주변 작업 정전기로 인한 화재 폭발방지 - 위험물을 탱크로리, 탱크차, 드럼 등에 주입 - 탱크로리, 탱크차, 드럼 등 위험물 저장설비 - 인화성 물질을 함유하는 도료 접착제 등을 보존하는 설비 - 위험물 건조설비 또는 그 부속설비 - 가연성 또는 분진을 취급하는 설비	안전화 정전기 안전화
정전기로 인한 감전의 위험이 있을 때	정전기 안전화
중량물 작업	안전화

합격 대책

보호구 명칭	**안전화(절연용)**	도서출판 세화 **보호구-6024**

CD-ROM상 나타나는 보호구 그림

제6편 보호구 관리하기

보호구 착용 대상 작업

합격 대책

보호구 사진 **6-27**

| 보호구 명칭 | **1개걸이 안전대(1)** | 도서출판 세화 **보호구-6025** |

CD-ROM상 나타나는 보호구 그림

보호구 착용 대상 작업

보호구를 사용하여야 할 작업명
분쇄기, 혼합기 개구부에서 전락방지 크레인, 리프트의 조립·해체작업 승강기의 승강로탑, 가이드레일 지지탑의 조립, 해체작업 거푸집 지보공을 고정하거나 조립, 해체하는 작업 등 달비계 또는 비계의 조립, 해체, 변경작업(높이 5[m] 이상) 굴착작업 흙막이지보공 작업 발파작업 터널작업 채석작업 추락에 의한 위험방지(높이 2[m] 이상) 산소결핍에 의한 추락위험이 있을 때

합격 대책

| 보호구 명칭 | **1개걸이 안전대(2)** | 도서출판 세화 보호구-6026 |

CD-ROM상 나타나는 보호구 그림

제6편 보호구 관리하기

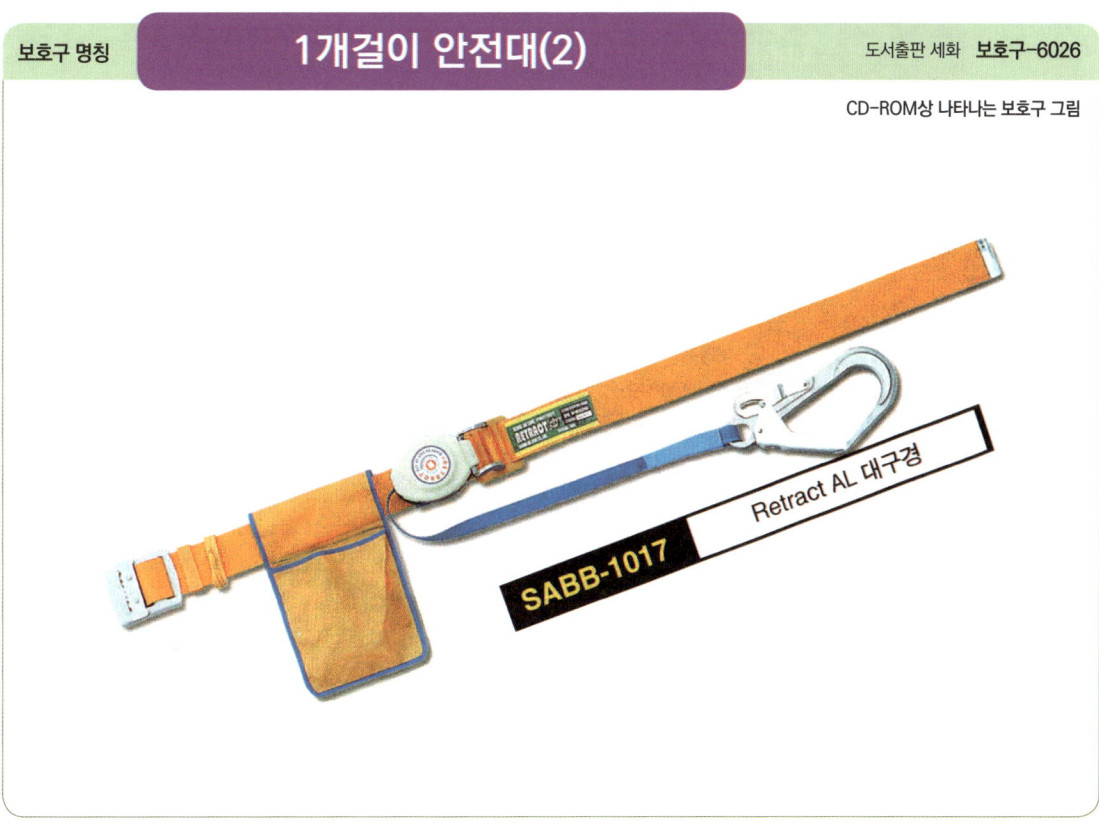

보호구 착용 대상 작업

합격 대책

보호구 명칭	U자걸이 안전대(3)	도서출판 세화 **보호구-6027**

CD-ROM상 나타나는 보호구 그림

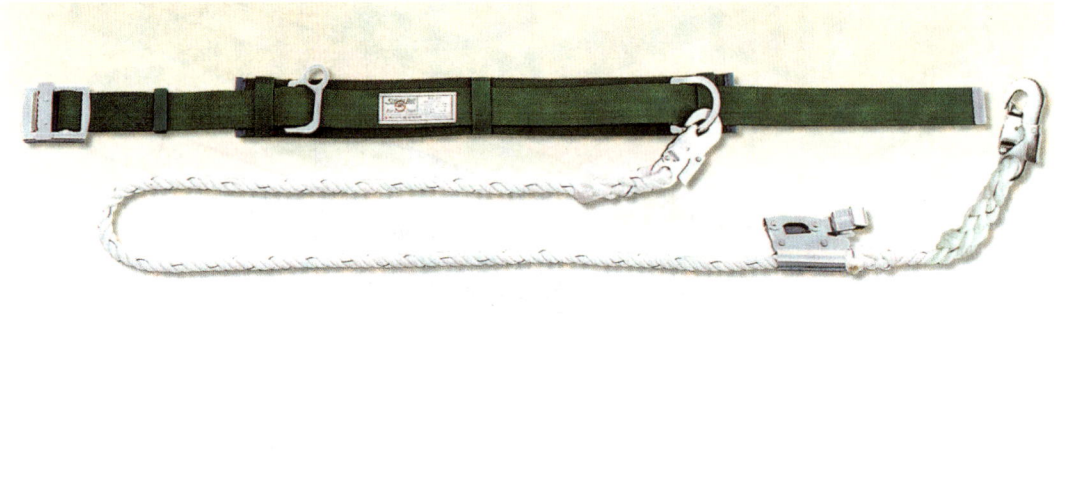

보호구 착용 대상 작업

합격 대책

보호구 명칭	안전블록	도서출판 세화 보호구-6028

CD-ROM상 나타나는 보호구 그림

보호구 착용 대상 작업

추락억제 장치

합격대책

2004년 7월 10일 산업기사 출제

| 보호구 명칭 | 안전대 죔줄 | 도서출판 세화 보호구-6029 |

CD-ROM상 나타나는 보호구 그림

보호구 착용 대상 작업

합격 대책

보호구 명칭	안전그네(1)	도서출판 세화 보호구-6030
		CD-ROM상 나타나는 보호구 그림

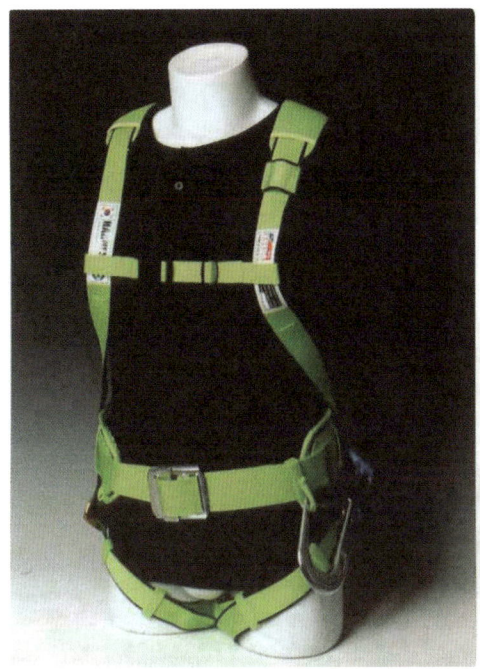 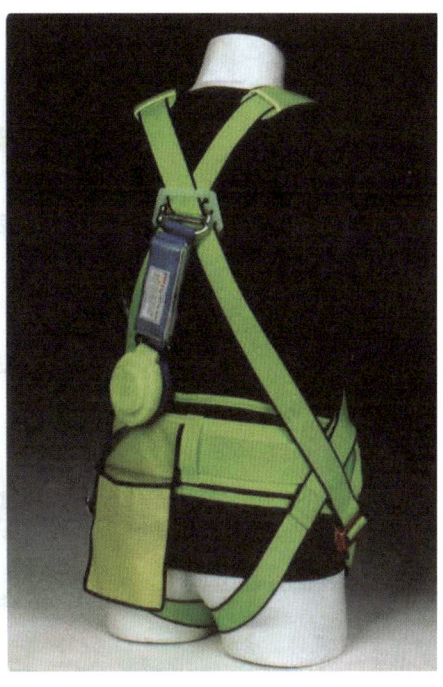

제6편 보호구 관리하기

보호구 착용 대상 작업

합격 대책

| 보호구 명칭 | 안전그네(2) | 도서출판 세화 보호구-6031 |

CD-ROM상 나타나는 보호구 그림

보호구 착용 대상 작업

합격 대책

보호구 명칭	안전그네(3)	도서출판 세화 보호구-6032

CD-ROM상 나타나는 보호구 그림

보호구 착용 대상 작업

합격 대책

| 보호구 명칭 | 방열복 상의 | 도서출판 세화 보호구-6033 |

CD-ROM상 나타나는 보호구 그림

보호구 착용 대상 작업

고열작업(6034, 6035, 3036, 6037, 6038) 공통착용 보호구

합격
대책

보호구 명칭	방열복 하의	도서출판 세화 보호구-6034

CD-ROM상 나타나는 보호구 그림

보호구 착용 대상 작업

합격 대책

보호구 명칭	**안전장갑(고열작업용)**	도서출판 세화 **보호구-6035**

CD-ROM상 나타나는 보호구 그림

보호구 착용 대상 작업

(1) 보호장갑

보호구를 사용하여야 할 작업명	비고
병원체 등에 의하여 오염될 우려가 있는 작업	불침투성
피부에 장해를 주는 물질을 취급하는 업무	
베릴륨을 제조 또는 취급하는 작업	보호장갑
제조 금지물질을 제조·사용하는 경우	보호장갑
디클로로벤지딘을 제조하는 업무	보호장갑
조사·연구를 위한 디클로로벤지딘을 제조하는 경우	
특정화학물질을 제조·취급 작업장 설비 등의 개조·수리 청소작업	보호장갑

(2) 용접, 용단용 보호장갑

보호구를 사용하여야 할 작업명	비고
아세틸렌 용접작업에 의한 용접, 용단작업	
가스용접 장치에 의한 용접 용단작업	

합격 대책

| 보호구 명칭 | 방열두건 | 도서출판 세화 보호구-6036 |

CD-ROM상 나타나는 보호구 그림

보호구 착용 대상 작업

① 고온작업용
② 1,000[℃] 강한 열에도 사용 가능

합격 대책

보호구 명칭	방열화	도서출판 세화 보호구-6037

CD-ROM상 나타나는 보호구 그림

보호구 착용 대상 작업

합격 대책

| 보호구 명칭 | 방열장갑 및 방열복 | 도서출판 세화 보호구-6038 |

CD-ROM상 나타나는 보호구 그림

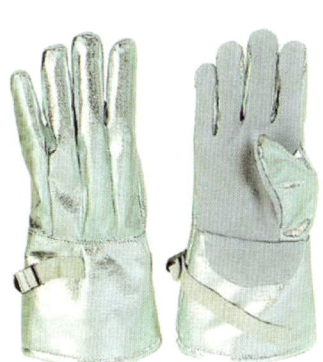

보호구 착용 대상 작업

보호구를 사용하여야 할 작업명	비고
−18[℃] 이하인 급냉동어장 하역작업	방한복
	방한화
	방한모
납장치 내부에서 작업	위생보호의류
베릴륨 등을 제조 또는 취급작업	보호의
용광로, 용선로 또는 유리용해로 기타 다량의 고열물 취급(비산, 유출에 의한 화상방지)	방열복

합격 대책

2001년 4월 29일 산업기사 출제

산업안전기사/산업기사 실기 작업형

합격 정보
① 2000~2017년 과년도 문제 및 정답 : QR 수록 ② 세화출판사 홈페이지 출력가능

2018
- 기사 (04월 21일 제1회 1부 시행)
- 기사 (04월 21일 제1회 2부 시행)
- 기사 (04월 21일 제1회 3부 시행)
- 산업기사 (04월 21일 제1회 1부 시행)
- 산업기사 (04월 21일 제1회 2부 시행)
- 기사 (07월 08일 제2회 1부 시행)
- 기사 (07월 08일 제2회 2부 시행)
- 기사 (07월 08일 제2회 3부 시행)
- 산업기사 (07월 08일 제2회 1부 시행)
- 산업기사 (07월 08일 제2회 2부 시행)
- 기사 (10월 14일 제3회 1부 시행)
- 기사 (10월 14일 제3회 2부 시행)
- 기사 (10월 14일 제3회 3부 시행)
- 산업기사 (10월 14일 제3회 1부 시행)
- 산업기사 (10월 14일 제3회 2부 시행)

2019
- 기사 (04월 20일 제1회 1부 시행)
- 기사 (04월 20일 제1회 2부 시행)
- 기사 (04월 20일 제1회 3부 시행)
- 산업기사 (04월 21일 제1회 1부 시행)
- 산업기사 (04월 21일 제1회 2부 시행)
- 기사 (07월 06일 제2회 1부 시행)
- 기사 (07월 06일 제2회 2부 시행)
- 기사 (07월 06일 제2회 3부 시행)
- 산업기사 (07월 06일 제2회 1부 시행)
- 산업기사 (07월 06일 제2회 2부 시행)
- 기사 (10월 19일 제3회 1부 시행)
- 기사 (10월 19일 제3회 2부 시행)
- 기사 (10월 19일 제3회 3부 시행)
- 산업기사 (10월 19일 제3회 1부 시행)
- 산업기사 (10월 19일 제3회 2부 시행)

2020
- 기사 (05월 16일 제1회 1부 시행)
- 기사 (05월 16일 제1회 2부 시행)
- 기사 (05월 16일 제1회 3부 시행)
- 산업기사 (05월 16일 제1회 1부 시행)
- 산업기사 (05월 16일 제1회 2부 시행)
- 기사 (07월 27일 제2회 1부 시행)
- 기사 (07월 27일 제2회 2부 시행)
- 기사 (08월 02일 제2회 1부 시행)
- 기사 (08월 02일 제2회 2부 시행)
- 기사 (08월 02일 제2회 3부 시행)
- 산업기사 (07월 25일 제2회 1부 시행)
- 산업기사 (07월 25일 제2회 2부 시행)
- 산업기사 (07월 25일 제2회 3부 시행)
- 기사 (10월 10일 제3회 1부 시행)
- 기사 (10월 10일 제3회 2부 시행)
- 기사 (10월 10일 제3회 3부 시행)
- 산업기사 (10월 17일 제3회 1부 시행)
- 산업기사 (10월 17일 제3회 2부 시행)
- 산업기사 (10월 17일 제3회 3부 시행)
- 기사 (11월 22일 제4회 1부 시행)
- 기사 (11월 22일 제4회 2부 시행)
- 기사 (11월 22일 제4회 3부 시행)
- 산업기사 (11월 15일 제4회 1부 시행)
- 산업기사 (11월 22일 제4회 1부 시행)
- 산업기사 (11월 22일 제4회 2부 시행)

2021
- 기사 (05월 02일 제1회 1부 시행)
- 기사 (05월 02일 제1회 2부 시행)
- 기사 (05월 02일 제1회 3부 시행)
- 산업기사 (05월 05일 제1회 1부 시행)
- 산업기사 (05월 05일 제1회 2부 시행)
- 기사 (07월 18일 제2회 1부 시행)
- 기사 (07월 18일 제2회 2부 시행)
- 기사 (07월 18일 제2회 3부 시행)
- 산업기사 (07월 24일 제2회 1부 시행)
- 산업기사 (07월 24일 제2회 2부 시행)
- 기사 (10월 23일 제3회 1부 시행)
- 기사 (10월 23일 제3회 2부 시행)
- 기사 (10월 23일 제3회 3부 시행)
- 산업기사 (10월 24일 제3회 1부 시행)
- 산업기사 (10월 24일 제3회 2부 시행)

2022
- 기사 (05월 13일 제1회 1부 시행)
- 기사 (05월 15일 제1회 1부 시행)
- 기사 (05월 15일 제1회 2부 시행)
- 기사 (05월 15일 제1회 3부 시행)
- 산업기사 (05월 20일 제1회 1부 시행)
- 산업기사 (05월 21일 제1회 1부 시행)
- 산업기사 (05월 21일 제1회 2부 시행)
- 기사 (07월 30일 제2회 1부 시행)
- 기사 (07월 30일 제2회 2부 시행)
- 기사 (07월 30일 제2회 3부 시행)
- 산업기사 (08월 07일 제2회 1부 시행)
- 산업기사 (08월 07일 제2회 2부 시행)
- 산업기사 (08월 07일 제2회 3부 시행)
- 기사 (10월 22일 제3회 1부 시행)
- 기사 (10월 22일 제3회 2부 시행)
- 기사 (10월 22일 제3회 3부 시행)
- 산업기사 (10월 23일 제3회 1부 시행)
- 산업기사 (10월 23일 제3회 2부 시행)

2023
- 기사 (04월 29일 제1회 1부 시행)
- 기사 (04월 29일 제1회 2부 시행)
- 기사 (04월 29일 제1회 3부 시행)
- 기사 (04월 30일 제1회 1부 시행)
- 산업기사 (05월 07일 제1회 1부 시행)
- 산업기사 (05월 07일 제1회 2부 시행)
- 기사 (07월 29일 제2회 1부 시행)
- 기사 (07월 29일 제2회 2부 시행)
- 기사 (07월 29일 제2회 3부 시행)
- 산업기사 (07월 30일 제2회 1부 시행)
- 산업기사 (07월 30일 제2회 2부 시행)
- 기사 (10월 14일 제3회 1부 시행)
- 기사 (10월 14일 제3회 2부 시행)
- 기사 (10월 14일 제3회 3부 시행)
- 산업기사 (10월 15일 제3회 1부 시행)
- 산업기사 (10월 15일 제3회 2부 시행)

2024
- 기사 (05월 04일 제1회 1부 시행)
- 기사 (05월 04일 제1회 2부 시행)
- 기사 (05월 04일 제1회 3부 시행)
- 기사 (05월 04일 제1회 4부 시행)
- 산업기사 (05월 11일 제1회 1부 시행)
- 산업기사 (05월 11일 제1회 2부 시행)
- 기사 (08월 03일 제2회 1부 시행)
- 기사 (08월 03일 제2회 2부 시행)
- 기사 (08월 03일 제2회 3부 시행)
- 산업기사 (08월 11일 제2회 1부 시행)
- 산업기사 (08월 11일 제2회 2부 시행)
- 기사 (11월 03일 제3회 1부 시행)
- 기사 (11월 03일 제3회 2부 시행)
- 기사 (11월 03일 제3회 3부 시행)
- 산업기사 (10월 27일 제3회 1부 시행)
- 산업기사 (10월 27일 제3회 2부 시행)

시험 전 필독사항(합격만점 요령)

① 시험문제지를 받는 즉시 응시하고자 하는 종목의 문제지가 맞는지 여부를 확인한다.
② 시험문제지 총 면수·문제번호 순서·인쇄상태 등을 확인하고, 수험번호와 성명을 기재한다.
③ 부정행위 방지를 위하여 답안 작성(계산식 포함)은 흑색만 사용하여야 하며, 흑색을 제외한 유색 필기구 또는 연필류를 사용하거나 2가지 이상의 색을 혼합하여 사용하였을 경우 그 문항은 0점으로 처리된다.
④ 답란에는 문제와 관련없는 낙서나 특이한 기록사항 등을 기재하여서는 아니 되며, 부정의 목적으로 특이한 표식을 하였다고 판단될 경우에는 모든 문항이 0점 처리된다.
⑤ 답안을 정정할 때에는 반드시 정정부분을 두 줄(=)로 그어 표시하여야 하며, 두 줄로 긋지 않은 답안은 정정하지 않은 것으로 간주한다.
⑥ 계산문제는 반드시「계산과정」과「답」란에 계산과정과 답을 정확하게 기재하여야 하며 계산과정이 틀리거나 없는 경우 0점 처리된다. (단, 계산연습이 필요한 경우에는 계산연습란을 이용하여야 하며, 계산연습란은 채점대상이 아니다.)
⑦ 계산문제는 최종 결과값(답)에서 소수 셋째자리에서 반올림하여 둘째 자리까지 구하여야 하나 개별문제에서 소수처리에 대한 요구사항이 있을 경우에는 그 요구사항을 따른다. (단, 문제의 특수한 성격에 따라 정수로 표기하는 문제도 있으며, 반올림한 값이 0이 되는 경우에는 첫 유효숫자까지 기재하되 반올림하여 기재하여야 한다.)
⑧ 답에 단위가 없으면 오답으로 처리된다. (단, 문제의 요구사항에 단위가 주어졌을 경우는 생략되어도 무방하다.
⑨ 문제에서 요구한 가지 수(항수) 이상을 답란에 표기한 경우에는 답란 기재순으로 요구한 가지 수(항수)만 채점하여 한 항에 여러 가지를 기재하더라도 한 가지로 보며 그 중 정답과 오답이 함께 기재되어 있을 경우에는 오답으로 처리된다.
⑩ 한 문제에서 소문제로 파생되는 문제나 가지수를 요구하는 문제는 대부분의 경우 부분배점을 적용한다.
⑪ 부정 또는 불공정한 방법(시험문제 내용과 관련된 메시지 사용 등)으로 시험을 치른 자는 부정행위자로 처리되어 해당 시험을 중지 또는 무효로 하고, 5년간 국가기술 자격검정의 응시자격이 정지된다.
⑫ 복합형 시험의 경우 시험의 전 과정(필답형, 작업형)을 응시하지 않은 경우 채점대상에서 제외한다.
⑬ 저장 용량이 큰 전자계산기 및 유사 전자제품 사용시에는 반드시 저장된 메모리를 초기화한 후 사용하여야 하며, 시험위원이 초기화 여부를 확인할 경우에는 협조하여야 한다. 초기화되지 않은 전자계산기 및 유사 전자제품을 사용하여 적발시에는 부정행위로 간주한다.
⑭ 시험위원이 시험 중 신분확인을 위하여 신분증과 수험표를 요구할 시에는 반드시 제시하여야 한다.
⑮ 시험 중에는 통신기기 및 전자기기 (휴대용 전화기 등)를 지참하거나 사용할 수 없다.
⑯ 문제 및 답안(지), 채점기준은 일체 공개하지 않는다.
⑰ 의문사항은 각 과목별 저자가 365일 상담하니 010-7209-6627로 전화주세요.
⑱ 합격만을 생각하며 혼을 바쳐 교재를 집필하였다.

강조사항

① 본 문제의 그림(동영상 및 사진)은 세화를 사랑하는 수많은 독자들이 E-mail, fax, 전화, 문자, 편지 등으로 보낸 문제를 편집부에서 재작성 후 저자가 확인 후 출판하였으나 학자의 견해에 따라서 조금의 차이가 있을 수 있습니다.
② 세화의 독자는 꼭 뒷부분(최근기출문제)부터 보시면 신출제경향과 최종합격의 비결이 될 것입니다.
③ 경고 : 타출판사, 학원, 대학, 까페 등에서 복제하지 않길 간곡히 부탁드리고 복제시 저작권 및 출판권을 침해하여 의법처단됩니다.

2018년도 과년도 출제문제

- 산업안전기사(2018년 04월 21일 제1회 1부 시행)
- 산업안전기사(2018년 04월 21일 제1회 2부 시행)
- 산업안전기사(2018년 04월 21일 제1회 3부 시행)
- 산업안전산업기사(2018년 04월 21일 제1회 1부 시행)
- 산업안전산업기사(2018년 04월 21일 제1회 2부 시행)
- 산업안전기사(2018년 07월 08일 제2회 1부 시행)
- 산업안전기사(2018년 07월 08일 제2회 2부 시행)
- 산업안전기사(2018년 07월 08일 제2회 3부 시행)
- 산업안전산업기사(2018년 07월 08일 제2회 1부 시행)
- 산업안전산업기사(2018년 07월 08일 제2회 2부 시행)
- 산업안전기사(2018년 10월 14일 제3회 1부 시행)
- 산업안전기사(2018년 10월 14일 제3회 2부 시행)
- 산업안전기사(2018년 10월 14일 제3회 3부 시행)
- 산업안전산업기사(2018년 10월 14일 제3회 1부 시행)
- 산업안전산업기사(2018년 10월 14일 제3회 2부 시행)

자격종목 및 등급(선택분야)	시험시간	배점	시행일
산업안전기사	60분	45점	2018년 4월 21일 1회(1부)

참고사항
① 본 그림은 꼭 실제시험문제와 동일하지 않을 수도 있음
② 그림 및 동영상은 참고만 하세요.(문제의 질의 내용은 동일함)

동영상 설명
운전석에서 내려 덤프트럭 적재함을 올리고 실린더 유압장치 밸브를 수리하던 중 적재함 사이에 끼임

01
동영상은 덤프트럭 적재함을 올리고 실린더 유압장치 밸브를 수리하던 중 발생한 재해사례이다. 동영상과 같이 차량계 하역운반기계 등의 수리 또는 부속장치의 장착 및 해체작업을 하는 때에 작업지휘자의 준수사항 3가지를 쓰시오.(6점)

합격정보
① 산업안전보건기준에 관한 규칙 제20조(출입의 금지 등)
② 산업안전보건기준에 관한 규칙 제176조(수리 등의 작업시의 조치)

합격KEY
① 2008년 7월 13일 출제 ② 2008년 10월 5일 출제
③ 2009년 9월 20일 출제 ④ 2012년 7월 14일 산업기사 출제
⑤ 2012년 10월 21일 출제 ⑥ 2013년 10월 12일 제3회(문제 2번) 출제
⑦ 2017년 10월 22일 제3회(문제 2번) 출제

정답
① 포크·버킷·암 또는 이들에 의하여 지지되어 있는 화물의 밑에 근로자를 출입시키지 말 것
② 작업순서를 결정하고 작업을 지휘할 것
③ 안전지주 또는 안전블록 등의 사용상황 등을 점검할 것

💬 **합격자의 조언** 조사나 문맥이 모범답안과 다르더라도 의미가 같으면 정답으로 인정한다.

자격종목 및 등급(선택분야)	시험시간	형별	시행일
산업안전기사	60분	45점	2018년 4월 21일 1회(1부)

참고사항
① 본 그림은 꼭 실제시험문제와 동일하지 않을 수도 있음
② 그림 및 동영상은 참고만 하세요.(문제의 질의 내용은 동일함)

02 화면은 DMF작업장에서 한 작업자가 방독마스크, 안전장갑, 보호복 등을 착용하지 않은 채 유해물질 DMF작업을 하고 있다. 피부자극성 및 부식성 관리대상 유해물질 취급시 비치하여야 할 보호장구 3가지를 쓰시오.(6점)

합격KEY
① 2014년 7월 13일 제2회 3부(문제 2번) 출제
② 2015년 10월 11일 제3회 1부 출제
③ 2017년 7월 2일 제2회(문제 2번) 출제

정답
① 불침투성 보호장갑
② 불침투성 보호복
③ 불침투성 보호장화

💬 **합격자의 조언** 2014년 7월 6일 실기필답형 출제

자격종목 및 등급(선택분야)	시험시간	배점	시행일
산업안전기사	60분	45점	2018년 4월 21일 1회(1부)

참고사항
① 본 그림은 꼭 실제시험문제와 동일하지 않을 수도 있음
② 그림 및 동영상은 참고만 하세요.(문제의 질의 내용은 동일함)

03 작업자가 전주에 올라가다 표지판에 부딪혀 추락하는 재해가 발생하였다. 재해발생 원인 2가지를 쓰시오.(4점)

합격KEY ① 2013년 10월 12일(문제 3번) 출제
② 2015년 7월 18일 제2회 출제
③ 2016년 10월 15일 제3회(문제 3번) 출제

정답
① 추락방지대 미착용 및 수직구명줄 미설치로 재해발생
② 안전대 또는 고소작업대를 사용하지 않아 재해발생

자격종목 및 등급(선택분야)	시험시간	형별	시행일
산업안전기사	60분	45점	2018년 4월 21일 1회(1부)

참고사항
① 본 그림은 꼭 실제시험문제와 동일하지 않을 수도 있음
② 그림 및 동영상은 참고만 하세요.(문제의 질의 내용은 동일함)

04 동영상은 고소작업대 작업을 하고 있다. 고소작업대 작업시 작업시작전 점검사항 2가지를 쓰시오.(4점)

[참고] 산업안전보건기준에 관한 규칙 [별표 3] 작업시작전 점검사항

정답
① 비상정지장치 및 비상하강 방지장치 기능의 이상 유무
② 과부하 방지장치의 작동 유무(와이어로프 또는 체인구동방식의 경우)
③ 아웃트리거 또는 바퀴의 이상 유무
④ 작업면의 기울기 또는 요철 유무
⑤ 활선작업용 장치의 경우 홈 · 균열 · 파손 등 그 밖의 손상 유무

자격종목 및 등급(선택분야)	시험시간	배점	시행일
산업안전기사	60분	45점	2018년 4월 21일 1회(1부)

참고사항
① 본 그림은 꼭 실제시험문제와 동일하지 않을 수도 있음
② 그림 및 동영상은 참고만 하세요.(문제의 질의 내용은 동일함)

05 동영상에서 항타기 또는 항발기 조립시 점검사항 2가지를 쓰시오.(4점)

참고 산업안전보건기준에 관한 규칙 제207조(조립시 점검)

합격KEY
① 2008년 4월 26일 출제
② 2010년 9월 19일 출제
③ 2016년 10월 15일 제3회(문제 5번) 출제

정답
① 본체연결부의 풀림 또는 손상의 유무
② 권상용 와이어로프·드럼 및 도르래의 부착상태의 이상유무
③ 권상장치의 브레이크 및 쐐기장치 기능의 이상유무
④ 권상기의 설치상태의 이상유무
⑤ 리더(leader)의 버팀 방법 및 고정상태의 이상유무
⑥ 본체·부속장치 및 부속품의 강도가 적합한지 여부
⑦ 본체·부속장치 및 부속품에 심한 손상·마모·변형 또는 부식이 있는지 여부

자격종목 및 등급(선택분야)	시험시간	형별	시행일
산업안전기사	60분	45점	2018년 4월 21일 1회(1부)

참고사항
① 본 그림은 꼭 실제시험문제와 동일하지 않을 수도 있음
② 그림 및 동영상은 참고만 하세요.(문제의 질의 내용은 동일함)

06 사진은 유해물질에 근로자가 노출되는 것을 막기 위하여 사용하는 방독마스크이다. 사진을 참고하여 보호구 성능검정 규정에 따른 다음 각 물음에 답하시오.(단, 정화통의 외부측면은 녹색)(5점)
① 방독마스크의 종류를 쓰시오.
② 방독마스크 정화통의 주성분(흡수제)을 1가지만 쓰시오.
③ 방독마스크 정화통의 시험가스를 1가지만 쓰시오.

참고 시험가스 농도가 0.5[%], 파과 농도가 20[ppm](±20[%])이었을 때 파과시간 : 40[분] 이상

합격KEY
① 2007년 10월 14일 출제　　② 2008년 10월 5일 출제
③ 2014년 4월 25일 제3부 출제　　④ 2014년 4월 25일 제2부 출제
⑤ 2014년 10월 5일(문제 7번) 출제　　⑥ 2015년 7월 18일(문제 6번) 출제
⑦ 2017년 4월 22일 제1회(문제 6번) 출제

정답
① 종류 : 암모니아용
② 주성분 : 큐프라마이트
③ 시험가스 : 암모니아(NH_3)가스

자격종목 및 등급(선택분야)	시험시간	배점	시행일
산업안전기사	60분	45점	2018년 4월 21일 1회(1부)

참고사항
① 본 그림은 꼭 실제시험문제와 동일하지 않을 수도 있음
② 그림 및 동영상은 참고만 하세요.(문제의 질의 내용은 동일함)

07
화면은 승강기 컨트롤 패널을 맨손으로 점검(전압측정) 중 발생한 재해사례이다. 감전 방지대책 3가지를 서술하시오.(6점)

채점기준
① 택 3개, 2점×3개=6점
② 조사나 문맥이 모범답안과 다르더라도 의미가 같으면 정답 인정

합격KEY
① 2004년 7월 10일 출제
③ 2009년 9월 20일 출제
⑤ 2013년 7월 20일 기사 출제
⑦ 2015년 10월 11일 제3회 기사 출제
② 2007년 7월 15일 출제
④ 2010년 4월 24일 기사 출제
⑥ 2014년 10월 5일 제3회 제3부 기사(문제 6번) 출제
⑧ 2017년 10월 22일 제3회(문제 6번)

정답
① 각 차단기별로 회로명을 표기하여 오동작을 막는다.
② 잠금장치(시건장치) 및 표찰(TAG)을 사용하여 해당자 이외에 오작동을 막는다.
③ 작업자에게 해당 작업시의 전기위험에 대한 안전교육을 실시한다.
④ 작업자 간의 정확성을 기하기 위해 무전기 등의 연락가능장비를 이용하여 여러 차례 확인하는 절차를 준수한다.

08 사진은 교각공사 등의 철근조립(가공)작업 방법을 보여주고 있다. 철근작업시 준수사항 2가지를 쓰시오.(4점)

참고 건설공사 표준안전 작업지침 제11조(가공)

정답
① 철근가공 작업장 주위는 작업책임자가 상주하여야 하고 정리정돈되어 있어야 하며, 작업원 이외는 출입을 금지하여야 한다.
② 가공 작업자는 안전모 및 안전보호장구를 착용하여야 한다.

자격종목 및 등급(선택분야)	시험시간	배점	시행일
산업안전기사	60분	45점	2018년 4월 21일 1회(1부)

참고사항
① 본 그림은 꼭 실제시험문제와 동일하지 않을 수도 있음
② 그림 및 동영상은 참고만 하세요.(문제의 질의 내용은 동일함)

동영상 설명
고무장갑, 고무장화를 착용하고 담배를 피우면서 작업

09 동영상은 자동차부품을 도금한 후 세척하는 과정이다. 이 영상을 참고하여 위험예지훈련을 하고자 한다면 이와 연관된 행동목표 2가지만 제시하시오.(4점)

합격KEY
① 2004년 10월 2일 출제
② 2007년 4월 28일 출제
③ 2008년 7월 13일 출제
④ 2011년 5월 7일 산업기사 출제
⑤ 2013년 10월 12일 제3회(문제 9번) 출제

정답
① 작업 중 흡연을 하지 말자.
② 세척 작업시 불침투성 보호(의)복을 착용하자.

문제 및 답안(지), 점수, 채점기준은 일체 공개하지 않는다.

비번호
총 점

자격종목 및 등급(선택분야)	시험시간	형별	시행일
산업안전기사	60분	45점	2018년 4월 21일 1회(2부)

참고사항
① 본 그림은 꼭 실제시험문제와 동일하지 않을 수도 있음
② 그림 및 동영상은 참고만 하세요.(문제의 질의 내용은 동일함)

동영상 설명
작업자 2명이 전주 위에서 작업을 하고 있다. 작업자 1명은 변압기 위에 올라가서 볼트를 풀면서 흡연을 하며 작업을 하고 있고, 잠시 후 영상은 전주 아래부터 위를 보여주는데 발판용 볼트에 C.O.S(Cut Out Switch)가 임시로 걸쳐있음이 보인다. 그리고 다른 작업자 근처에선 이동식크레인에 작업대를 매달고 또 다른 작업을 하는 화면을 보여 준다.

01 화면의 전기형강작업 중 위험요인(결여사항) 3가지를 기술하시오.(6점)

합격KEY
① 2000년 9월 6일 기사 출제
② 2007년 4월 28일 기사 출제
③ 2009년 9월 19일 기사 출제
④ 2010년 7월 11일 출제
⑤ 2014년 7월 13일 기사 출제
⑥ 2014년 10월 5일(문제 3번) 출제
⑦ 2016년 7월 3일 제2회(문제 3번) 출제
⑧ 2017년 10월 22일 제3회(문제 1번) 출제

정답
① 작업중 흡연
② 작업자가 딛고 선 발판이 불안전
③ C.O.S(Cut Out Switch)를 발판용(볼트)에 임시로 걸쳐 놓았다.

자격종목 및 등급(선택분야)	시험시간	배점	시행일
산업안전기사	60분	45점	2018년 4월 21일 1회(2부)

참고사항
① 본 그림은 꼭 실제시험문제와 동일하지 않을 수도 있음
② 그림 및 동영상은 참고만 하세요.(문제의 질의 내용은 동일함)

02 화면은 건설용 리프트를 사용하여 작업하는 내용이다. 이 리프트의 작업시작 전 점검 내용을 2가지만 쓰시오.(4점)

[참고] 산업안전보건기준에 관한 규칙 [별표 3] 작업시작 전 점검 사항

[보충학습] 건설용 리프트 : 동력을 사용하여 가이드레일을 따라 상하로 움직이는 운반구를 매달아 사람이나 화물을 운반하는 설비

[합격KEY] ① 2006년 9월 23일 산업기사 출제 ② 2009년 4월 19일 출제
③ 2011년 5월 7일 산업기사 출제 ④ 2012년 7월 14일 제2회(문제 2번) 출제

정답
① 방호장치 · 브레이크 및 클러치의 기능
② 와이어로프가 통하고 있는 곳의 상태

💬 **합격자의 조언** 실기 작업형 시험은 기사, 산업기사 구분없이 공부하셔야 만점이 가능합니다.

자격종목 및 등급(선택분야)	시험시간	형별	시행일
산업안전기사	60분	45점	2018년 4월 21일 1회(2부)

참고사항
① 본 그림은 꼭 실제시험문제와 동일하지 않을 수도 있음
② 그림 및 동영상은 참고만 하세요.(문제의 질의 내용은 동일함)

동영상 설명
자동차부품(브레이크 라이닝)을 화학약품을 사용하여 세척하는 작업과정(세정제가 바닥에 흘어져 있으며, 고무장화 등을 착용하지 않고 작업을 하고 있음)을 보여주고 있다.

03 자동차 브레이크 라이닝을 세척 중이다. 착용해야할 보호구 3가지를 쓰시오.(6점)

합격KEY
① 2006년 9월 23일 산업기사 출제
② 2013년 10월 12일 제3회 출제
③ 2016년 10월 9일(문제 3번) 출제
④ 2017년 4월 22일 제1회(문제 3번) 출제

정답
① 불침투성 보호의(복)
② 방독마스크
③ 보안경

자격종목 및 등급(선택분야)	시험시간	배점	시행일
산업안전기사	60분	45점	2018년 4월 21일 1회(2부)

참고사항
① 본 그림은 꼭 실제시험문제와 동일하지 않을 수도 있음
② 그림 및 동영상은 참고만 하세요.(문제의 질의 내용은 동일함)

동영상 설명
동영상에서 작업자 A, B가 작업을 하고 있다. 창틀에서 작업 중인 A가 처마 위에 있는 B에게 작업발판을 건네준 후 B가 있는 옆 처마 위로 이동하다 발을 헛디뎌 바닥으로 추락하는 장면이다.(주변이 정리정돈 되어있지 않고, A작업자가 밟고 있던 콘크리트 부스러기가 추락할 때 같이 떨어진다.)

04
화면은 아파트 창틀에서 작업 중 발생한 재해사례이다. 이 영상의 작업자의 ① 사고 원인, ② 재해 발생형태, ③ 기인물을 쓰시오. (6점)

참고 산업안전보건기준에 관한 규칙 제42조(추락의 방지)

합격KEY
① 2004년 10월 2일 출제
② 2006년 7월 5일 출제
③ 2014년 4월 25일 출제
④ 2014년 7월 13일 산업기사 출제
⑤ 2014년 10월 5일(문제 1번) 출제
⑥ 2016년 4월 23일 제1회(문제 1번) 출제

정답
(1) 추락사고원인
  ① 안전난간 미설치
  ② 안전대 미착용
  ③ 추락방호망 미설치
(2) 재해발생형태 : 추락
(3) 기인물 : 작업발판

자격종목 및 등급(선택분야)	시험시간	형별	시행일
산업안전기사	60분	45점	2018년 4월 21일 1회(2부)

참고사항
① 본 그림은 꼭 실제시험문제와 동일하지 않을 수도 있음
② 그림 및 동영상은 참고만 하세요.(문제의 질의 내용은 동일함)

05 사출성형기 V형 금형 작업중 끼인 이물질을 제거하다가 감전 재해가 발생한 사례이다. 동영상에서 발생한 감전재해 방지대책 2가지를 쓰시오.(4점)

합격KEY ① 2004년 10월 2일(문제 2번)
② 2007년 4월 28일 출제
③ 2013년 4월 27일 출제
④ 2017년 10월 22일 제3회(문제 5번) 출제

정답
① 작업시작 전 전원을 차단한다.
② 작업시 안전 보호구를 착용한다.
③ 감시인을 배치 후 작업한다.
④ 금형에서 이물질제거는 전용공구를 사용한다.

자격종목 및 등급(선택분야)	시험시간	배점	시행일
산업안전기사	60분	45점	2018년 4월 21일 1회(2부)

참고사항
① 본 그림은 꼭 실제시험문제와 동일하지 않을 수도 있음
② 그림 및 동영상은 참고만 하세요.(문제의 질의 내용은 동일함)

06 동영상은 스팀배관의 보수를 위해 누출 부위를 점검하던 중에 발생한 재해사례이다. 동영상에서와 같은 재해를 산업재해 기록·분류에 관한 기준에 따라 분류할 때 해당하는 재해발생형태를 쓰시오.(4점)

보충학습 재해 분류 및 분석
(1) 미국의 ANSI, Z16 분류
   ① 상해의 종류 ② 상해의 부위 ③ 가해물 ④ 사고의 형 ⑤ 불안전한 상태 ⑥ 기인물 ⑦ 불안전한 행위
(2) ILO의 재해 원인 분류

분류항목	내 용
재해형태	추락, 낙반 등
매개물	기계류, 운송 및 기중장비, 기타장비, 재료, 물질, 작업환경 등
재해의 성격	골절, 외상, 타박상 등
상해 부위	머리, 손, 발 등

(3) KOSHA CODE : 산업재해 용어 정의

합격KEY ① 2007년 7월 15일 출제 ② 2008년 10월 5일 출제
③ 2011년 7월 30일 출제 ④ 2012년 10월 21일 출제
⑤ 2015년 4월 25일 제1회(문제 7번) 출제

정답 스팀누출에 의한 화상 또는 이상온도 노출·접촉

자격종목 및 등급(선택분야)	시험시간	형별	시행일
산업안전기사	60분	45점	2018년 4월 21일 1회(2부)

참고사항
① 본 그림은 꼭 실제시험문제와 동일하지 않을 수도 있음
② 그림 및 동영상은 참고만 하세요.(문제의 질의 내용은 동일함)

07 보호구 사진을 참고하여 방열복, 방열두건, 방열장갑 등의 내열원단 시험성능기준 항목 5가지를 쓰시오. (5점)

참고 보호구 성능검정규정(방열복) [표 5] 방열복의 시험성능기준

합격KEY ① 2013년 4월 27일(문제 8번) 출제
② 2016년 4월 23일 제1회(문제 7번) 출제

정답
① 난연성
② 절연저항
③ 인장강도
④ 내열성
⑤ 내한성

자격종목 및 등급(선택분야)	시험시간	배점	시행일
산업안전기사	60분	45점	2018년 4월 21일 1회(2부)

참고사항
① 본 그림은 꼭 실제시험문제와 동일하지 않을 수도 있음
② 그림 및 동영상은 참고만 하세요.(문제의 질의 내용은 동일함)

동영상 설명
소형변압기(일명 Down TR, 크기는 가로 세로 15cm 정도로 작은 변압기임)의 양쪽에 나와 있는 선을 일반 작업복만 입은 작업자(안전모 미착용, 보안경 미착용, 맨손, 신발 안보임)가 양손으로 들고 유기화합물통(스테인리스강으로 사각형)에 넣었다 빼서 앞쪽 선반에 올리는 작업함(유기화합물을 손으로 작업) 화면 바뀌면서 선반 위 소형변압기를 건조시키기 위해 음식점 냉장고(문 4개짜리 냉장고) 처럼 생긴 곳에 다가 넣고 문을 닫는 화면을 보여 준다.

08 동영상은 변압기를 유기화합물에 담가서 절연처리하고 건조작업을 하고 있다. 이 작업시 착용이 필요한 보호구를 다음에 제시된 대로 쓰시오.(4점)
① 손
② 눈
③ 피부(몸)

합격KEY
① 2006년 4월 29일(문제 2번)　　② 2007년 4월 28일 출제
③ 2007년 10월 14일 출제　　　　④ 2009년 9월 19일 출제
⑤ 2011년 5월 7일 제1회 출제　　⑥ 2014년 7월 13일 제2회 출제
⑦ 2015년 4월 25일(문제 8번) 출제　⑧ 2017년 10월 22일 제3회(문제 8번) 출제

정답
① 손 : 절연 고무장갑
② 눈 : 보안경
③ 피부(몸) : 절연 보호복

자격종목 및 등급(선택분야)	시험시간	형별	시행일
산업안전기사	60분	45점	2018년 4월 21일 1회(2부)

참고사항
① 본 그림은 꼭 실제시험문제와 동일하지 않을 수도 있음
② 그림 및 동영상은 참고만 하세요.(문제의 질의 내용은 동일함)

09 사진의 프레스 A-1의 방호장치명과 사용용도를 쓰시오.(6점)

합격정보 방호장치 자율안전 기준고시

보충학습 [표] 광전자식 방호장치의 종류

구분	종류	용도
광전자식 방호장치	A-1	프레스 또는 전단기에서 일반적으로 많이 활용하고 있는 형태로서 투광부, 수광부, 컨트롤 부분으로 구성된 것으로서 신체의 일부가 광선을 차단하면 기계를 급정지시키는 방호장치
	A-2	급정지기능이 없는 프레스의 클러치 개조를 통해 광선 차단 시 급정지시킬 수 있도록 한 방호장치

정답
① 방호장치명 : 광전자식 방호장치
② 용도 : 신체의 일부가 광선을 차단하면 기계를 급정지시키는 방호장치

문제 및 답안(지), 점수, 채점기준은 일체 공개하지 않는다.

자격종목 및 등급(선택분야)	시험시간	배점	시행일
산업안전기사	60분	45점	2018년 4월 21일 1회(3부)

참고사항
① 본 그림은 꼭 실제시험문제와 동일하지 않을 수도 있음
② 그림 및 동영상은 참고만 하세요.(문제의 질의 내용은 동일함)

동영상 설명
작업자가 인쇄용 윤전기의 전원을 끄지 않고 빙글빙글 서로 맞물려서 돌아가는 롤러를 걸레로 닦고 있다. 닦을 때 체중을 실어서 힘 있게 닦고, 위험하게 맞물리는 지점까지 걸레를 집어넣고 닦는다. 그 순간 작업자의 손이 롤러기 사이에 끼어서 사고를 당하고 사고 발생 후 전원을 차단하고 손을 빼내는 화면을 보여준다.

01 화면은 인쇄용 롤러를 청소하는 작업 중에 발생한 재해사례이다. 이 동영상을 보고 작업시 핵심 위험 요인을 2가지만 쓰시오.(4점)

참고 제2편 제2장 현장 안전편(응용) : 기계-2007

합격KEY
① 2006년 9월 23일 산업기사 출제
② 2007년 4월 28일 출제
③ 2007년 7월 15일 출제
④ 2012년 4월 28일 출제
⑤ 2013년 4월 27일 산업기사 출제
⑥ 2013년 7월 20일 출제
⑦ 2014년 10월 5일 출제
⑧ 2016년 4월 23일 제1회 산업기사(문제 1번) 출제

정답
① 회전중 롤러의 죄어 들어가는 쪽에서 직접 손으로 눌러 닦고 있어서 손이 말려 들어가게 된다.
② 체중을 걸쳐 닦고 있어서 말려 들어가게 된다.
③ 안전(방호)장치가 없어서 걸레를 위로 넣었을 때 롤러가 멈추지 않아 손이 말려 들어간다.

자격종목 및 등급(선택분야)	시험시간	형별	시행일
산업안전기사	60분	45점	2018년 4월 21일 1회(3부)

참고사항
① 본 그림은 꼭 실제시험문제와 동일하지 않을 수도 있음
② 그림 및 동영상은 참고만 하세요.(문제의 질의 내용은 동일함)

02 동영상은 높이가 2[m] 이상인 작업장소에서 근로자가 작업발판 위에서 작업을 하고 있다. ① 비계 발판의 폭 몇 (　)[cm] 이상, ② 발판틈새는 몇 (　)[cm] 이하가 적정한지 쓰시오.(4점)

참고 ① 산업안전보건기준에 관한 규칙 제56조(작업발판의 구조)
② 부분점수 있다.(2점×2개=4점)

합격KEY ① 2006년 4월 29일 출제　　　　　　② 2007년 7월 15일 출제
③ 2010년 7월 11일 출제　　　　　　④ 2015년 10월 11일(문제 3번) 산업기사 출제
⑤ 2016년 4월 23일 제1회 출제　　　⑥ 2016년 10월 9일 산업기사 출제
⑦ 2017년 4월 22일 제1회 3부 출제　⑧ 2017년 7월 2일 제2회(문제 2번) 출제

정답
① 40
② 3

자격종목 및 등급(선택분야)	시험시간	배점	시행일
산업안전기사	60분	45점	2018년 4월 21일 1회(3부)

참고사항
① 본 그림은 꼭 실제시험문제와 동일하지 않을 수도 있음
② 그림 및 동영상은 참고만 하세요.(문제의 질의 내용은 동일함)

03 동영상에서와 같은 화학설비 중 특수화학설비 내부의 이상상태를 조기에 파악하기 위하여 설치해야 할 장치를 3가지만 쓰시오. (6점)

참고
① 산업안전보건기준에 관한 규칙 제273~276조(계측장치 등의 설치)
② 2점×3개=6점(택 3개)

합격KEY
① 2003년 7월 19일 산업기사 출제
② 2005년 10월 1일 출제
③ 2007년 4월 28일 출제
④ 2007년 10월 13일 산업기사 출제
⑤ 2008년 10월 5일 출제
⑥ 2010년 7월 11일 산업기사 출제
⑦ 2013년 7월 20일 출제
⑧ 2014년 10월 5일(문제 4번) 출제
⑨ 2015년 7월 18일 제2회 3부 산업기사(문제 2번) 출제
⑩ 2015년 10월 11일 출제
⑪ 2016년 10월 15일 제3회(문제 2번) 산업기사 출제

정답
① 온도계·유량계·압력계 등의 계측장치
② 자동경보장치(설치가 곤란한 경우는 감시인 배치)
③ 긴급차단장치(원재료 공급차단, 제품방출, 불활성 가스 주입, 냉각용수 공급 등)
④ 예비동력원

자격종목 및 등급(선택분야)	시험시간	형별	시행일
산업안전기사	60분	45점	2018년 4월 21일 1회(3부)

참고사항
① 본 그림은 꼭 실제시험문제와 동일하지 않을 수도 있음
② 그림 및 동영상은 참고만 하세요.(문제의 질의 내용은 동일함)

04
동영상은 밀폐공간에서 작업을 하고 있다. 보기의 ( )에 알맞은 숫자를 쓰시오.(4점)

[보기]
"적정한 공기"라 함은 산소농도의 범위가 (①)[%] 이상, (②)[%] 미만, 이산화탄소의 농도가 (③)[%] 미만, 일산화탄소 농도가 30[ppm] 미만, 황화수소의 농도가 (④)[ppm] 미만인 수준의 공기를 말한다.

참고 산업안전보건기준에 관한 규칙 제618조(정의)

합격KEY ① 2006년 4월 29일(문제 3번) 출제
② 2016년 7월 3일 제2회(문제 3번) 출제
③ 2017년 10월 22일 제3회(문제 4번) 출제

정답
① 18
② 23.5
③ 1.5
④ 10

자격종목 및 등급(선택분야)	시험시간	배점	시행일
산업안전기사	60분	45점	2018년 4월 21일 1회(3부)

참고사항
① 본 그림은 꼭 실제시험문제와 동일하지 않을 수도 있음
② 그림 및 동영상은 참고만 하세요.(문제의 질의 내용은 동일함)

05 화면은 이동식 크레인을 이용하여 철제 배관을 인양하는 작업으로 신호수의 신호에 따라 철제 배관을 인양 중 H빔에 부딪치면서 흔들리는 동영상이다. 배관 인양 작업시 위험요인 3가지를 쓰시오.(6점)

합격KEY
① 2015년 7월 18일 기사(문제 8번) 출제
② 2016년 7월 3일 산업기사 출제
③ 2016년 10월 9일(문제 1번) 출제
④ 2017년 4월 22일 제1부 출제
⑤ 2017년 10월 22일 제3회(문제 1번) 출제

정답
① 와이어로프의 안전상태가 불안정하여 위험하다.
② 작업 반경 내 관계근로자 이외의 외부 작업자가 출입하여 위험하다.
③ 훅의 해지장치 및 안전상태가 불안정하여 위험하다.

자격종목 및 등급(선택분야)	시험시간	형별	시행일
산업안전기사	60분	45점	2018년 4월 21일 1회(3부)

참고사항
① 본 그림은 꼭 실제시험문제와 동일하지 않을 수도 있음
② 그림 및 동영상은 참고만 하세요.(문제의 질의 내용은 동일함)

동영상 설명
항타기·항발기 장비로 땅을 파고 전주를 묻는 장면인데 항타기에 고정된 전주가 조금 불안정한 듯싶더니 조금씩 돌아가서 항타기로 전주를 조금 움직이는 순간 인접 활선 전로에 접촉되어서 스파크가 일어난 상황

06 화면은 콘크리트 전주 세우기 작업 도중에 발생한 사례이다. 동영상에서와 같은 재해발생 원인 중 직접원인에 해당되는 것은 무엇인지 쓰시오.(4점)

합격KEY
① 2004년 10월 2일(문제 2번) ② 2007년 7월 15일 출제
③ 2008년 10월 5일 출제 ④ 2011년 5월 7일 출제
⑤ 2011년 7월 30일 출제 ⑥ 2012년 7월 14일 출제
⑦ 2012년 10월 21일 출제 ⑧ 2013년 10월 12일 산업기사 출제
⑨ 2014년 7월 13일 제2회 출제 ⑩ 2017년 4월 22일 제1회 출제

정답
인접활선 전로에 접촉

💬 **합격자의 조언** ① 실기 작업형은 반드시 기사·산업기사 함께 보셔야 만점합격이 가능합니다.
② 동일년도 동일회 산업기사 출제

자격종목 및 등급(선택분야)	시험시간	배점	시행일
산업안전기사	60분	45점	2018년 4월 21일 1회(3부)

참고사항
① 본 그림은 꼭 실제시험문제와 동일하지 않을 수도 있음
② 그림 및 동영상은 참고만 하세요.(문제의 질의 내용은 동일함)

동영상 설명
항타기·항발기 장비로 땅을 파고 전주를 묻는 장면인데 항타기에 고정된 전주가 조금 불안정한 듯싶더니 조금씩 돌아가서 항타기로 전주를 조금 움직이는 순간 인접 활선 전로에 접촉되어서 스파크가 일어난 상황

07 동영상은 콘크리트 전주 세우기 작업 도중에 발생한 재해사례이다. 동영상에서와 같은 재해를 예방하기 위한 대책 중 관리적 대책을 3가지만 쓰시오.(6점)

합격KEY
① 2004년 10월 2일 (문제 2번)
② 2007년 7월 15일 출제
③ 2008년 10월 5일 출제
④ 2011년 5월 7일 제1회(문제 6번) 출제

정답
① 해당 충전전로를 이설할 것
② 감전의 위험을 방지하기 위한 방책을 설치할 것
③ 해당 충전전로에 절연용 방호구를 설치할 것
④ 감시인을 두고 작업을 감시하도록 할 것

자격종목 및 등급(선택분야)	시험시간	형별	시행일
산업안전기사	60분	45점	2018년 4월 21일 1회(3부)

참고사항
① 본 그림은 꼭 실제시험문제와 동일하지 않을 수도 있음
② 그림 및 동영상은 참고만 하세요.(문제의 질의 내용은 동일함)

08 동영상은 밀폐된 공간에서 작업을 하고 있다. 밀폐공간 작업시 안전작업수칙 3가지를 쓰시오.(6점)

채점기준
① 6개 중 3개만 선택하세요.
② 2점×3개=6점

합격KEY
① 2003년 10월 12일 출제
② 2007년 4월 28일 출제
③ 2010년 4월 24일 산업기사 출제
④ 2011년 5월 7일 산업기사 출제
⑤ 2012년 7월 14일 출제
⑥ 2014년 4월 25일 산업기사 제1회 2부 출제
⑦ 2017년 7월 2일 제2회(문제 5번) 출제

정답
① 작업시작 전 산소 농도 및 유해가스 농도 등을 측정한다.
② 산소 농도가 18[%] 미만일 때는 환기를 실시한다.
③ 산소 농도가 18[%] 이상인가를 확인하고 작업을 실시하며 작업도중에도 계속 환기를 실시한다.
④ 급기·배기를 동시에 실시함을 원칙으로 한다.
⑤ 환기를 실시할 수 없거나 산소결핍 위험 장소에 들어갈 때는 호흡용 보호구를 착용한다.
⑥ 감독자는 항상 작업상황을 살피고 이상시 연락을 할 수 있는 체제를 유지한다.

자격종목 및 등급(선택분야)	시험시간	배점	시행일
산업안전기사	60분	45점	2018년 4월 21일 1회(3부)

참고사항
① 본 그림은 꼭 실제시험문제와 동일하지 않을 수도 있음
② 그림 및 동영상은 참고만 하세요.(문제의 질의 내용은 동일함)

09 화면의 보호구 (1) 명칭 (2) 보호구가 갖추어야 할 구조를 2가지 쓰시오.(5점)

참고 보호구 성능검정규정(안전대) 고용노동부고시 제2014-46호

합격KEY
① 2007년 10월 14일 출제 ② 2009년 9월 19일 출제
③ 2011년 5월 7일 출제 ④ 2012년 7월 14일 출제
⑤ 2015년 4월 25일 제1회 출제 ⑥ 2016년 10월 15일 제3회(문제 9번) 출제
⑦ 2017년 10월 22일 제3회(문제 9번) 출제

정답
(1) 명칭 : 안전블록
(2) 갖추어야 하는 구조
 ① 추락 발생시 추락을 억제할 수 있는 자동잠김장치를 갖추어야 한다.
 ② 안전블록 부품은 부식방지처리를 해야 한다.

문제 및 답안(지), 점수, 채점기준은 일체 공개하지 않는다.

자격종목 및 등급(선택분야)	시험시간	형별	시행일
산업안전산업기사	60분	45점	2018년 4월 21일 1회(1부)

참고사항
① 본 그림은 꼭 실제시험문제와 동일하지 않을 수도 있음
② 그림 및 동영상은 참고만 하세요.(문제의 질의 내용은 동일함)

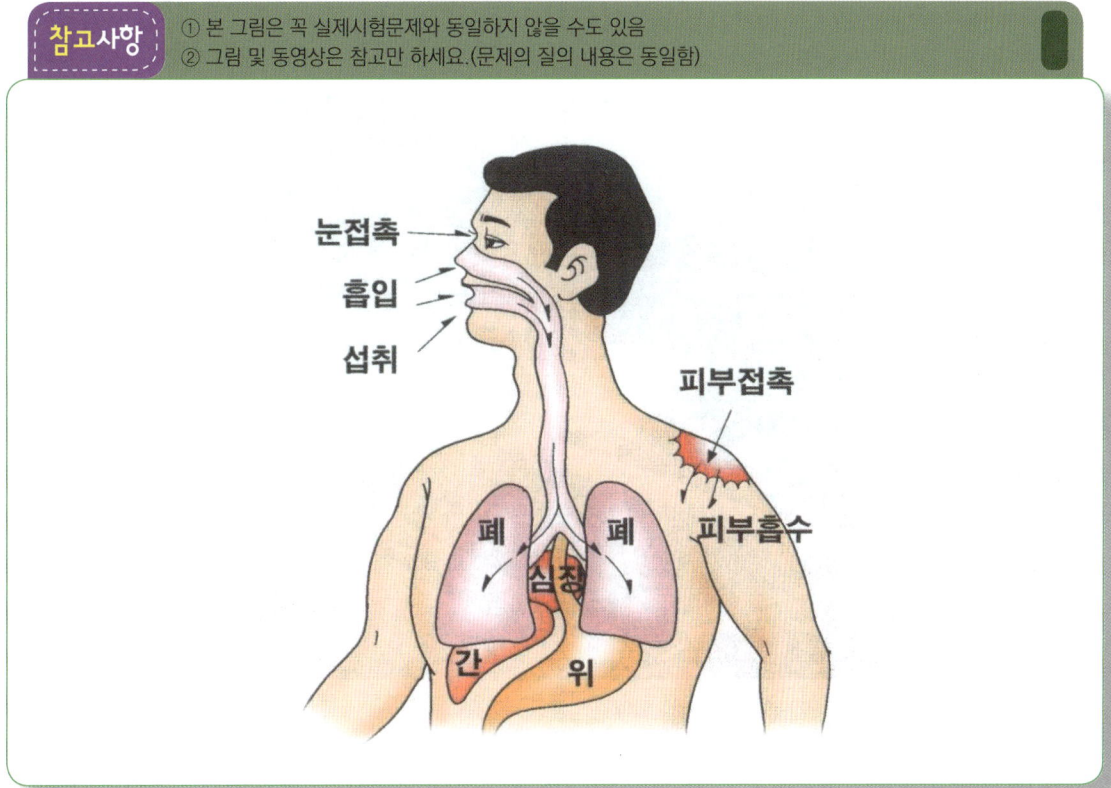

01
유리병을 황산(H_2SO_4)에 세척시 발생하는 ① 재해형태 ② 재해정의(세부내용)를 각각 쓰시오. (4점)

참고 KOSHA CODE : 산업재해 용어 정의

합격KEY ① 2013년 10월 12일(문제 7번) 기사 출제
② 2016년 4월 23일 기사(문제 1번) 출제

정답
① 재해형태 : 유해·위험물질 노출·접촉
② 재해정의 : 유해·위험물질 노출·접촉 또는 흡입하였거나 독성동물에 쏘이거나 물린 경우

💬 **합격자의 조언** 작업형 만점합격은 기사·산업기사 모두 보셔야 합니다.

자격종목 및 등급(선택분야)	시험시간	배점	시행일
산업안전산업기사	60분	45점	2018년 4월 21일 1회(1부)

참고사항
① 본 그림은 꼭 실제시험문제와 동일하지 않을 수도 있음
② 그림 및 동영상은 참고만 하세요.(문제의 질의 내용은 동일함)

동영상 설명
작업자가 도금된 제품상태를 확인하기 위해 냄새를 맡고 있다.

02 화면은 크롬 도금 공정 중에 도금의 상태를 검사하는 내용이다. 화면에서와 같은 작업시 근로자가 착용해야 할 보호구의 종류를 2가지만 쓰시오.(단, 고무장갑과 고무장화는 제외한다.)(4점)

참고 제4편 제1장 실제시험편(기초, 기본) : 화학-4013, 4014

합격KEY
① 2006년 9월 23일 출제
② 2012년 4월 28일 기사 출제
③ 2013년 4월 27일 제1회 1부(문제 1번) 기사 출제
④ 2015년 4월 25일(문제 1번) 출제
⑤ 2016년 7월 3일(문제 2번) 출제

정답
① 불침투성 보호의(복)
② 방독마스크

💬 **합격자의 조언** ① 반드시 실기작업형은 기사와 산업기사가 공통으로 된 교재를 보셔야 만점합격 합니다.
② 이유는 기사에서 출제된 문제가 동일하게 산업기사에 출제됩니다.

자격종목 및 등급(선택분야)	시험시간	형별	시행일
산업안전산업기사	60분	45점	2018년 4월 21일 1회(1부)

참고사항
① 본 그림은 꼭 실제시험문제와 동일하지 않을 수도 있음
② 그림 및 동영상은 참고만 하세요.(문제의 질의 내용은 동일함)

03 화면은 작업자가 컨베이어가 작동하는 상태에서 컨베이어 벨트 끝부분에 올라서서 불안정한 자세로 형광등을 교체하다 추락하는 재해사례를 보여 주고 있다. 작업자의 불안전한 행동 2가지를 쓰시오. (4점)

합격KEY
① 2015년 4월 25일 기사 (문제 8번) 출제
② 2016년 7월 3일 기사 제2회 출제
③ 2016년 10월 15일 기사 (문제 9번) 출제

정답
① 작동하는 컨베이어에 올라가 작업하는 자세가 불안정하여 추락할 위험이 있다.
② 컨베이어 전원을 차단하지 않고 작업을 하고 있어 추락 위험이 있다.

자격종목 및 등급(선택분야)	시험시간	배점	시행일
산업안전산업기사	60분	45점	2018년 4월 21일 1회(1부)

참고사항
① 본 그림은 꼭 실제시험문제와 동일하지 않을 수도 있음
② 그림 및 동영상은 참고만 하세요.(문제의 질의 내용은 동일함)

동영상 설명
가스용접작업 중에 맨얼굴로 목장갑을 끼고 작업하면서 산소통 줄을 당겨서 호스가 뽑혀 산소가 새어나오고 불꽃이 튐

04 동영상은 가스용접작업 중 발생한 재해사례이다. 동영상을 참고하여 (1) 위험요인과 (2) 안전대책 1가지씩 쓰시오.(4점)

참고 2008년 7월 13일(문제 2번)

합격KEY ① 2010년 9월 19일 출제 제3회(문제 4번) 출제
② 2015년 4월 25일 제1회 (문제 4번) 출제

정답
(1) 위험요인
① 작업자가 용접용 보안면과 용접용 장갑을 착용하지 않고 있어 화상의 위험이 있다.
② 용기를 눕혀서 보관, 작업 실시함과 별도의 안전장치가 없어 폭발위험이 있다.
(2) 안전대책
① 용접용 보안면과 용접용 장갑을 착용하고 작업한다.
② 용기를 세워서 체인 등으로 묶어서 넘어지지 않도록 고정한다.

합격자의 조언 반드시 위험요인과 안전대책이 일치해야 합니다.

자격종목 및 등급(선택분야)	시험시간	형별	시행일
산업안전산업기사	60분	45점	2018년 4월 21일 1회(1부)

참고사항
① 본 그림은 꼭 실제시험문제와 동일하지 않을 수도 있음
② 그림 및 동영상은 참고만 하세요.(문제의 질의 내용은 동일함)

가설펜스용

지하층작업용

계단난간대용

A형펜스용

동영상 설명
① 일반 차량도로 공사에서 붉은 도로구획 전면 점검 중 전선과 전선을 연결한 부분(절연테이프로 Taping 처리됨)을 작업자가 만지다 감전사고를 일으킴.
② 이때 작업자는 맨손이었으며 안전화는 착용한 상태, 또한 전원을 인가한 상태임

05 화면은 도로에서 가설전선 점검 작업 중 발생한 재해사례이다. 이 영상을 참고하여 감전사고 예방대책 3가지를 쓰시오.(6점)

합격KEY
① 2004년 10월 2일 기사 출제
② 2005년 5월 7일 출제
③ 2007년 10월 13일 출제
④ 2013년 4월 27일 출제
⑤ 2014년 7월 13일 제2회 제1부(문제 9번) 출제
⑥ 2015년 10월 11일 제3회 2부 출제
⑦ 2017년 7월 2일 제2회(문제 9번) 출제

정답
① 이동전선 절연조치를 할 것
② 누전차단기를 설치할 것
③ 정전작업실시
④ 작업근로자 감전에 대비한 보호구착용(절연보호구 착용)

합격자의 조언 조사나 문맥이 모범답안과 다르더라도 의미가 같으면 정답으로 인정되니 공란을 두지 말고 꼭 쓰세요.

자격종목 및 등급(선택분야)	시험시간	배점	시행일
산업안전산업기사	60분	45점	2018년 4월 21일 1회(1부)

참고사항
① 본 그림은 꼭 실제시험문제와 동일하지 않을 수도 있음
② 그림 및 동영상은 참고만 하세요.(문제의 질의 내용은 동일함)

동영상 설명
동영상에서 작업자 A, B가 작업을 하고 있다. 창틀에서 작업 중인 A가 처마 위에 있는 B에게 작업발판을 건네준 후 B가 있는 옆 처마 위로 이동하다 발을 헛디뎌 바닥으로 추락하는 장면이다.(주변이 정리정돈 되어있지 않고, A작업자가 밟고 있던 콘크리트 부스러기가 추락할 때 같이 떨어진다.)

06 화면은 아파트 창틀에서 작업 중 발생한 재해사례를 나타내고 있다. 해당 동영상에서 작업자는 발판에서 떨어지고 있다. ① 재해발생형태 ② 사고원인 2가지를 쓰시오.(6점)

참고 산업안전보건기준에 관한 규칙 제42조(추락의 방지)

합격KEY
① 2004년 10월 2일 기사 출제
② 2006년 7월 15일 기사 출제

정답
(1) 재해발생형태 : 추락(떨어짐)
(2) 사고원인
 ① 작업발판 미설치
 ② 안전대 미착용
 ③ 추락방호망 미설치

자격종목 및 등급(선택분야)	시험시간	형별	시행일
산업안전산업기사	60분	45점	2018년 4월 21일 1회(1부)

참고사항
① 본 그림은 꼭 실제시험문제와 동일하지 않을 수도 있음
② 그림 및 동영상은 참고만 하세요.(문제의 질의 내용은 동일함)

동영상 설명
이동식크레인을 이용하여 작업하다 붐대가 전선에 닿아 감전되는 동영상

07 화면은 30[kV] 전압이 흐르는 고압선 아래에서 작업 중 발생한 재해사례이다. 크레인을 이용하여 고압선 주위에서 작업할 경우 사업주의 감전 조치사항(동종 재해예방을 위한 작업지휘자) 3가지를 쓰시오.(6점)

참고 산업안전보건기준에 관한 규칙 제322조(충전전로 인근에서의 차량·기계장치 작업)

합격KEY
① 2004년 10월 2일 (문제 2번)　② 2007년 7월 15일 출제
③ 2008년 10월 5일 출제　　　　④ 2011년 5월 7일 출제
⑤ 2011년 7월 30일 출제　　　　⑥ 2012년 7월 14일 출제
⑦ 2012년 10월 21일 출제　　　 ⑧ 2013년 10월 12일 산업기사 출제
⑨ 2014년 7월 13일 제2회 출제　⑩ 2015년 10월 11일 제3회 출제
⑪ 2016년 10월 9일(문제 7번) 출제

정답
① 차량 등을 충전부로부터 300[cm] 이상 이격시키되, 대지전압이 50[kV]를 넘는 경우 10[kV] 증가할 때마다 10[cm]씩 증가한다.
② 접지된 차량등이 충전전로와 접촉할 우려가 있을 경우 지상의 근로자가 접지점에 접촉하지 않도록 조치한다.
③ 차량과 근로자가 접촉하지 않도록 방책을 설치하거나 감시인을 배치한다.

자격종목 및 등급(선택분야)	시험시간	배점	시행일
산업안전산업기사	60분	45점	2018년 4월 21일 1회(1부)

참고사항
① 본 그림은 꼭 실제시험문제와 동일하지 않을 수도 있음
② 그림 및 동영상은 참고만 하세요.(문제의 질의 내용은 동일함)

08 동영상은 흙막이 지보공 설치작업을 하고 있다. 정기 점검사항 3가지를 쓰시오.(6점)

보충학습 터널 지보공의 수시 점검사항 4가지
① 부재의 손상·변형·부식·변위·탈락의 유무 및 상태
② 부재의 긴압의 정도
③ 부재의 접속부 및 교차부의 상태
④ 기둥침하의 유무 및 상태

합격정보 ① 산업안전보건기준에 관한 규칙 제347조(붕괴 등의 위험방지)
② 산업안전보건기준에 관한 규칙 제366조(붕괴 등의 방지)

합격KEY ① 2006년 4월 29일 기사 출제
② 2007년 7월 15일 출제
③ 2012년 10월 21일(문제 8번) 출제
④ 2016년 4월 23일 제1회(문제 8번) 출제
⑤ 2017년 10월 22일 제3회(문제 8번) 출제

정답
① 부재의 손상·변형·부식·변위 및 탈락의 유무와 상태
② 버팀대의 긴압의 정도
③ 부재의 접속부·부착부 및 교차부의 상태
④ 침하의 정도

자격종목 및 등급(선택분야)	시험시간	형별	시행일
산업안전산업기사	60분	45점	2018년 4월 21일 1회(1부)

참고사항
① 본 그림은 꼭 실제시험문제와 동일하지 않을 수도 있음
② 그림 및 동영상은 참고만 하세요.(문제의 질의 내용은 동일함)

09 가죽제 안전화의 성능기준항목(시험) 종류 5가지를 쓰시오.(5점)

합격KEY
① 2007년 4월 28일 출제
③ 2011년 7월 30일 유사문제
⑤ 2013년 7월 20일 출제
⑦ 2014년 10월 5일 기사 (문제 4번) 출제
⑨ 2017년 10월 22일 제3회 기사 출제
② 2009년 4월 26일 출제
④ 2012년 4월 28일 출제
⑥ 2014년 7월 13일 기사 출제
⑧ 2015년 7월 18일 기사 (문제 4번) 출제

정답
① 은면결렬시험
③ 내부식성시험
⑤ 내유성시험
⑦ 내충격성시험
⑨ 내답발성시험
② 인열강도시험
④ 인장강도시험
⑥ 내압박성시험
⑧ 박리저항시험

문제 및 답안(지), 점수, 채점기준은 일체 공개하지 않는다.

비번호
총 점

자격종목 및 등급(선택분야)	시험시간	배점	시행일
산업안전산업기사	60분	45점	2018년 4월 21일 1회(2부)

참고사항
① 본 그림은 꼭 실제시험문제와 동일하지 않을 수도 있음
② 그림 및 동영상은 참고만 하세요.(문제의 질의 내용은 동일함)

01 화면은 이동식 크레인을 이용하여 철제 배관을 인양하는 작업으로 신호수의 신호에 따라 철제 배관을 인양 중 H빔에 부딪치면서 흔들리는 동영상이다. 배관 인양 작업시 위험요인 3가지를 쓰시오.(6점)

합격KEY
① 2015년 7월 18일 기사(문제 8번) 출제
② 2016년 7월 3일 출제
③ 2016년 10월 9일(문제 1번) 출제
④ 2017년 4월 22일 제1부 출제
⑤ 2017년 10월 22일 기사 출제

정답
① 와이어로프의 안전상태가 불안정하여 위험하다.
② 작업 반경 내 관계근로자 이외의 외부 작업자가 출입하여 위험하다.
③ 훅의 해지장치 및 안전상태가 불안정하여 위험하다.

자격종목 및 등급(선택분야)	시험시간	형별	시행일
산업안전산업기사	60분	45점	2018년 4월 21일 1회(2부)

참고사항
① 본 그림은 꼭 실제시험문제와 동일하지 않을 수도 있음
② 그림 및 동영상은 참고만 하세요.(문제의 질의 내용은 동일함)

동영상 설명
작업자 한명이 콘센트에 플러그를 꽂고 그라인더 작업 중이고, 다른 작업자가 다가와서 작업을 위해 콘센트에 플러그를 꽂고 주변을 만지는 도중 감전이 발생하는 동영상

02 동영상은 분전반 전면에 위치한 그라인더 기기재해사례이다. 동영상을 참고하여 위험요인을 2가지만 쓰시오.(4점)

합격KEY
① 2008년 7월 13일 출제
② 2009년 4월 26일 기사 출제
③ 2009년 9월 20일 출제
④ 2014년 7월 13일(문제 2번) 출제
⑤ 2016년 4월 23일(문제 2번) 출제
⑥ 2017년 4월 22일 제1회(문제 2번) 출제

정답
① 작업자가 맨손으로 작업을 실시하여 감전의 위험이 있다.
② 보수작업임을 나타내는 안전표지판 미설치 및 감시인 미배치

자격종목 및 등급(선택분야)	시험시간	배점	시행일
산업안전산업기사	60분	45점	2018년 4월 21일 1회(2부)

참고사항
① 본 그림은 꼭 실제시험문제와 동일하지 않을 수도 있음
② 그림 및 동영상은 참고만 하세요.(문제의 질의 내용은 동일함)

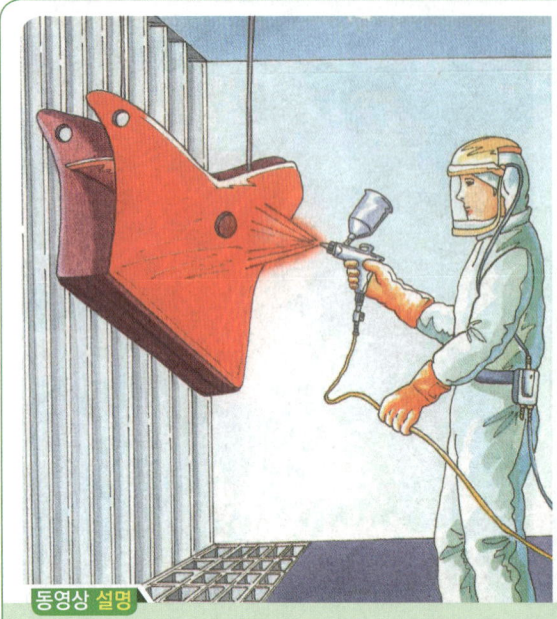

동영상 설명
작업자가 스프레이 건을 이용한 페인트로 철재 도장작업을 하는 모습

03 화면에서와 같이 도료 및 용제를 취급하는 작업장에서는 반드시 마스크를 착용해야 한다. 방독마스크 흡수제의 종류 3가지를 쓰시오.(4점)

합격KEY
① 2012년 7월 14일 출제
② 2012년 10월 21일 기사 출제
③ 2013년 4월 27일 기사 출제
④ 2013년 10월 12일 출제
⑤ 2016년 7월 3일 출제
⑥ 2016년 10월 15일 제3회 2부 기사 출제
⑦ 2017년 7월 2일 기사 출제
⑧ 2017년 10월 22일 제3회(문제 6번) 출제

정답
① 활성탄
② 소다라임
③ 호프카라이트
④ 실리카겔
⑤ 큐프라마이트

자격종목 및 등급(선택분야)	시험시간	형별	시행일
산업안전산업기사	60분	45점	2018년 4월 21일 1회(2부)

참고사항
① 본 그림은 꼭 실제시험문제와 동일하지 않을 수도 있음
② 그림 및 동영상은 참고만 하세요.(문제의 질의 내용은 동일함)

동영상 설명
인화성 물질 저장창고에 인화성 물질을 저장한 드럼(200[ℓ]용)이 여러 개 있고 한 작업자가 인화성 물질이 든 운반용 캔(약 40[ℓ])을 몇 개 운반하다가 잠시 쉬려고 인화성 물질을 저장한 드럼 옆에서 웃옷을 벗는 순간 "퍽" 하고 폭발사고가 발생함.

04 화면은 인화성 물질의 취급 및 저장소이다. 인화성 물질의 증기, 인화성 가스 또는 인화성 분진이 존재하여 폭발 또는 화재가 발생할 우려가 있을 경우의 예방대책을 3가지 쓰시오.(단, 점화원에 관한 내용은 제외)(6점)

합격KEY ① 2004년 10월 2일 기사출제
② 2010년 9월 19일 출제
③ 2014년 10월 5일 제3회(문제 8번) 출제

정답
① 통풍·환기 및 제진 등의 조치를 할 것
② 폭발 또는 화재를 미리 감지할 수 있는 가스검지 및 경보장치를 설치하고 그 성능이 발휘될 수 있도록 할 것
③ 불꽃 또는 아크를 발생하거나 고온으로 될 우려가 있는 화기 또는 기계·기구 및 공구 등을 사용하지 말 것

자격종목 및 등급(선택분야)	시험시간	배점	시행일
산업안전산업기사	60분	45점	2018년 4월 21일 1회(2부)

참고사항
① 본 그림은 꼭 실제시험문제와 동일하지 않을 수도 있음
② 그림 및 동영상은 참고만 하세요.(문제의 질의 내용은 동일함)

05 화면은 크롬 도금 공정 중에 도금의 상태를 검사하는 내용이다. 동영상에 나타난 도금조에 적합한 국소배기장치의 명칭과 크롬산 미스트의 발생을 억제하는 방법을 쓰시오.(4점)

합격KEY
① 2006년 9월 23일 출제
② 2012년 10월 21일 출제
③ 2014년 10월 5일(문제 5번) 출제
④ 2016년 4월 23일 제1회 (문제 5번) 출제

정답
① 국소배기장치명 : PUSH-PULL(기타 가능 답안 : 측방형, 슬롯형)
② 크롬산 미스트 발생 억제 방법 : 크롬도금조에 소형 플라스틱 볼을 넣어 크롬산 미스트가 발생되는 표면적을 최대한 줄여 크롬산 미스트 발생량을 최소화하고, 계면 활성제를 도금액과 함께 투입하여 크롬산 미스트의 발생을 억제토록 한다.

자격종목 및 등급(선택분야)	시험시간	형별	시행일
산업안전산업기사	60분	45점	2018년 4월 21일 1회(2부)

참고사항
① 본 그림은 꼭 실제시험문제와 동일하지 않을 수도 있음
② 그림 및 동영상은 참고만 하세요.(문제의 질의 내용은 동일함)

동영상 설명
동영상은 탱크 내부 밀폐된 공간에서 작업자가 그라인더 작업을 하고 있고, 다른 작업자가 외부에 설치된 국소배기장치를 발로 차서 전원공급이 차단되어 내부 작업자가 의식을 잃고 쓰러지는 화면을 보여 준다.

06 화면의 밀폐된 공간에서 그라인더 작업시 위험요인 3가지를 쓰시오.(6점)

합격KEY ① 2015년 4월 25일 기사 출제
② 2016년 4월 23일 제1회 2부 출제
③ 2017년 7월 2일 제2회(문제 6번) 출제

정답
① 작업시작 전 산소농도 및 유해가스 농도 등의 미 측정과 작업 중에도 계속 환기를 시키지 않아 위험
② 환기를 실시할 수 없거나 산소결핍 위험 장소에 들어갈 때 호흡용 보호구를 착용하지 않아 위험
③ 국소배기장치의 전원부에 잠금장치가 없고, 감시인을 배치하지 않아 위험

자격종목 및 등급(선택분야)	시험시간	배점	시행일
산업안전산업기사	60분	45점	2018년 4월 21일 1회(2부)

참고사항
① 본 그림은 꼭 실제시험문제와 동일하지 않을 수도 있음
② 그림 및 동영상은 참고만 하세요.(문제의 질의 내용은 동일함)

동영상 설명
이동식크레인을 이용하여 작업하다 붐대가 전선에 닿아 감전되는 동영상

07 화면은 30[kV] 전압이 흐르는 고압선 아래에서 작업 중 발생한 재해사례이다. 크레인을 이용하여 고압선 주위에서 작업할 경우 사업주의 감전 조치사항(동종 재해예방을 위한 작업지휘자) 2가지를 쓰시오.(4점)

[참고] 산업안전보건기준에 관한 규칙 제322조(충전전로 인근에서의 차량·기계장치 작업)

정답
① 차량 등을 충전부로부터 300[cm] 이상 이격시키되, 대지전압이 50[kV]를 넘는 경우 10[kV] 증가할 때마다 10[cm] 씩 증가한다.
② 접지된 차량등이 충전전로와 접촉할 우려가 있을 경우 지상의 근로자가 접지점에 접촉하지 않도록 조치한다.
③ 차량과 근로자가 접촉하지 않도록 방책을 설치하거나 감시인을 배치한다.

사고지점
(7층 리프트탑승구)

사고상황 재연
(고개를 내밀다 협착)

08 화면은 건설작업용 리프트의 안전을 확인하는 내용이다. 이 리프트의 방호장치 3가지를 쓰시오. (6점)

참고
① 산업안전보건기준에 관한 규칙 제134조(방호장치의 조정)
② 위험기계·기구 방호장치 기준 제18조(방호장치)

합격KEY
① 2007년 7월 15일 출제
② 2010년 4월 24일 출제
③ 2014년 7월 13일 제2회 제2부(문제 6번) 출제
④ 2015년 10월 11일 제3회 1부 출제
⑤ 2017년 7월 2일 제2회(문제 8번) 출제

정답
① 과부하방지장치
② 권과방지장치
③ 비상정지장치
④ 조작반에 잠금장치

자격종목 및 등급(선택분야)	시험시간	배점	시행일
산업안전산업기사	60분	45점	2018년 4월 21일 1회(2부)

참고사항
① 본 그림은 꼭 실제시험문제와 동일하지 않을 수도 있음
② 그림 및 동영상은 참고만 하세요.(문제의 질의 내용은 동일함)

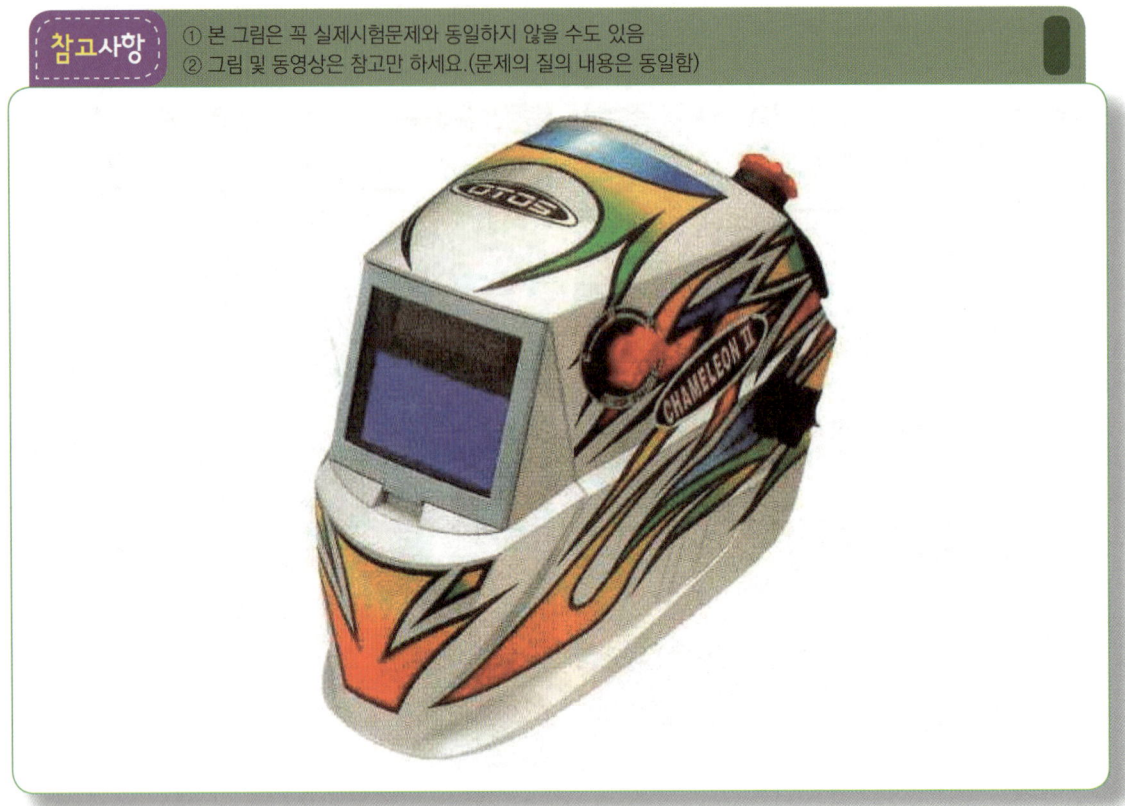

09 화면에 나타난 보호구(보안면) 면체의 성능기준 항목 3가지를 쓰시오. (5점)

합격KEY
① 2014년 4월 25일(문제 8번) 출제
② 2016년 7월 3일 제2회(문제 9번) 출제

정답
① 내식성
② 내노후성
③ 내발화성
④ 내충격성
⑤ 투과율

문제 및 답안(지), 점수, 채점기준은 일체 공개하지 않는다.

비번호
총 점

자격종목 및 등급(선택분야)	시험시간	형별	시행일
산업안전기사	60분	45점	2018년 7월 8일 2회(1부)

참고사항
① 본 그림은 꼭 실제시험문제와 동일하지 않을 수도 있음
② 그림 및 동영상은 참고만 하세요.(문제의 질의 내용은 동일함)

동영상 설명
단무지가 있고 무릎 정도 물이 차 있는 상태에서 펌프 작동과 동시에 감전되는 동영상

01 화면의 동영상은 습윤상태에서 작업 중 감전재해를 당한 사례이다. 동영상을 참고하여 동종의 재해가 발생하지 않도록 예방조치사항 2가지만 쓰시오.(4점)

참고 각 2점×2개=4점

합격KEY
① 2002년 5월 4일 출제
② 2003년 5월 4일 출제
③ 2003년 10월 12일 출제
④ 2008년 7월 13일 출제

정답
① 모터와 전선의 이음새 부분을 작업 전 확인 또는 작업 전 펌프의 작동여부를 확인한다.
② 수중 및 습윤한 장소에서 사용하는 전선은 수분의 침투가 불가능한 것을 사용한다.
③ 감전 방지용 누전 차단기를 설치한다.

자격종목 및 등급(선택분야)	시험시간	배점	시행일
산업안전기사	60분	45점	2018년 7월 8일 2회(1부)

참고사항
① 본 그림은 꼭 실제시험문제와 동일하지 않을 수도 있음
② 그림 및 동영상은 참고만 하세요.(문제의 질의 내용은 동일함)

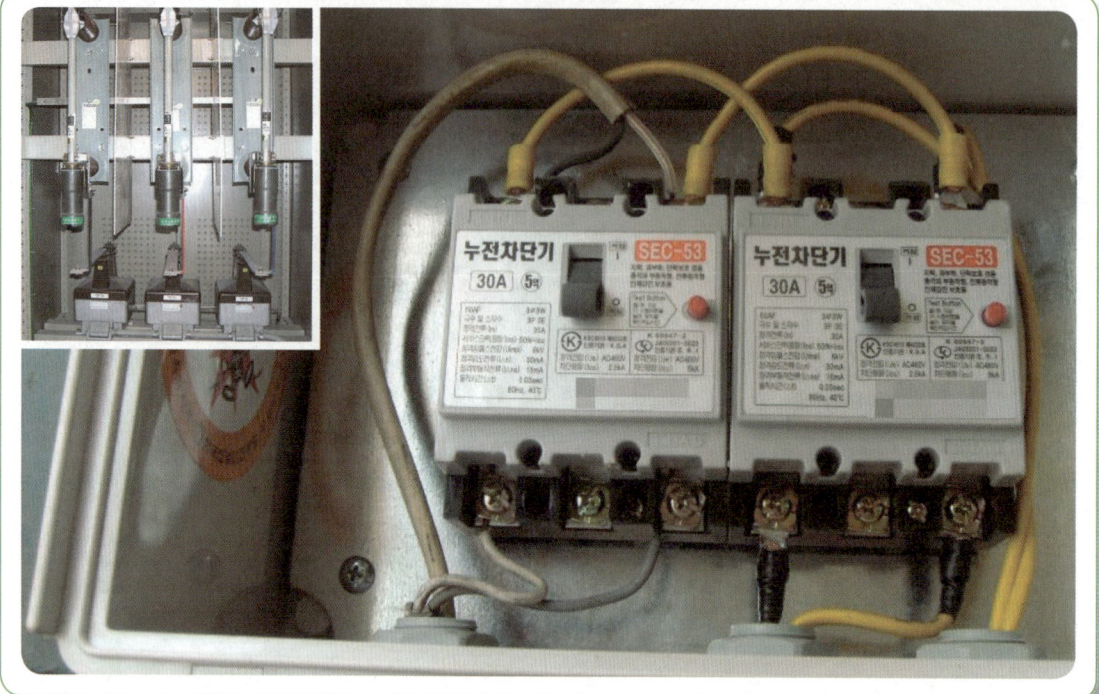

02 동영상은 작업자가 퓨즈 교체 작업 중 감전사고가 발생했다. 산업안전보건법상 누전차단기 설치 장소 3가지를 쓰시오.(6점)

참고 산업안전보건기준에 관한 규칙 제304조(누전차단기에 의한 감전방지)

합격KEY ① 2006년 4월 29일 산업기사 출제
② 2010년 7월 11일 출제
③ 2013년 10월 12일(문제 2번) 출제
④ 2016년 4월 23일 제1회 1부 출제

정답
① 대지전압이 150[V]를 초과하는 이동형 또는 휴대형 전기 기계·기구
② 물 등 도전성이 높은 액체가 있는 습윤장소에서 사용하는 저압(1,500[V] 이하 직류전압이나 1,000[V] 이하의 교류전압을 말한다)용 전기기계·기구
③ 철판·철골 위 등 도전성이 높은 장소에서 사용하는 이동형 또는 휴대형 전기기계·기구
④ 임시배선의 전로가 설치되는 장소에서 사용하는 이동형 또는 휴대형 전기기계·기구

자격종목 및 등급(선택분야)	시험시간	형별	시행일
산업안전기사	60분	45점	2018년 7월 8일 2회(1부)

참고사항
① 본 그림은 꼭 실제시험문제와 동일하지 않을 수도 있음
② 그림 및 동영상은 참고만 하세요.(문제의 질의 내용은 동일함)

[동영상 설명] 타워크레인으로 쇠파이프(비계)를 권상하여 작업자(신호수)가 있는 곳에서 다소 흔들리며 내리다 작업자와 부딪히는 동영상

03 동영상은 타워크레인을 이용하여 자재를 운반하는 도중에 발생한 재해사례이다. 재해발생 원인 중 타워크레인 운전시 준수되지 않은 안전작업방법을 2가지만 쓰시오.(4점)

[채점기준]
① 조사나 문맥이 모범답안과 다르더라도 의미가 같으면 정답으로 인정
② 택 2, 2개 모두 맞으면 4점, 1개 맞으면 2점, 그 외 0점

[합격KEY]
① 2006년 9월 23일 출제　　　② 2007년 10월 14일 출제
③ 2008년 7월 13일 출제　　　④ 2012년 4월 28일 출제
⑤ 2012년 7월 14일 출제　　　⑥ 2013년 10월 12일(문제 7번) 출제
⑦ 2015년 7월 18일 제2회 출제　　⑧ 2016년 10월 15일 제3회 1부 출제

[정답]
① 신호수를 배치하지 않았다.
② 무전기 등을 사용하여 신호하거나 일정한 신호방법을 미리 정하지 않았다.
③ 권상하중을 작업자 위로 통과시키면 안 된다.
④ 유도(보조) 로프를 설치하지 않았다.
⑤ 크레인 작업반경 밖의 적당한 위치에 하중을 내려놓기 위해서 매단 하물(하중)을 흔들어서는 안 된다.

자격종목 및 등급(선택분야)	시험시간	배점	시행일
산업안전기사	60분	45점	2018년 7월 8일 2회(1부)

참고사항
① 본 그림은 꼭 실제시험문제와 동일하지 않을 수도 있음
② 그림 및 동영상은 참고만 하세요.(문제의 질의 내용은 동일함)

04 동영상은 이동식 비계의 설치상태가 불량하여 발생된 재해 사례이다. 이동식 비계의 올바른 설치 (조립)기준을 3가지만 쓰시오.(6점)

참고 산업안전보건기준에 관한 규칙 제68조(이동식 비계)

정답
① 이동식 비계의 바퀴에는 뜻밖의 갑작스러운 이동 또는 전도를 방지하기 위하여 브레이크·쐐기 등으로 바퀴를 고정시킨 다음 비계의 일부를 견고한 시설물에 고정하거나 아웃트리거(outrigger)를 설치하는 등 필요한 조치를 할 것
② 승강용사다리는 견고하게 설치할 것
③ 비계의 최상부에서 작업을 하는 경우에는 안전난간을 설치할 것
④ 작업발판은 항상 수평을 유지하고 작업발판 위에서 안전난간을 딛고 작업을 하거나 받침대 또는 사다리를 사용하여 작업하지 않도록 할 것
⑤ 작업발판의 최대적재하중은 250[kg]을 초과하지 않도록 할 것

자격종목 및 등급(선택분야)	시험시간	형별	시행일
산업안전기사	60분	45점	2018년 7월 8일 2회(1부)

참고사항
① 본 그림은 꼭 실제시험문제와 동일하지 않을 수도 있음
② 그림 및 동영상은 참고만 하세요.(문제의 질의 내용은 동일함)

05 동영상은 프레스기로 철판에 구멍을 뚫는 작업 중 이 기계에 급정지기구가 부착되어 있지 않아 재해가 발생한 사례이다. 이 프레스에 설치하여 사용할 수 있는 유효한 방호장치를 2가지 쓰시오.(4점)

보충학습

[표] 급정지 기구에 따른 방호장치

구분	종류	
급정지 기구가 부착되어 있어야만 유효한 방호장치	① 양수 조작식 방호장치	② 감응식 방호장치
급정지 기구가 부착되어 있지 않아도 유효한 방호장치	① 양수 기동식 방호장치 ③ 수인식 방호장치	② 게이트 가드 방호장치 ④ 손쳐 내기식 방호장치

합격KEY
① 2000년 11월 9일 출제
③ 2002년 10월 6일 출제
⑤ 2003년 5월 4일 산업기사 출제
⑦ 2010년 4월 24일 산업기사 출제
⑨ 2013년 7월 20일 출제
⑪ 2015년 10월 11일 출제
② 2001년 2월 18일 출제
④ 2002년 10월 6일 산업기사 출제
⑥ 2008년 10월 5일 산업기사 출제
⑧ 2012년 7월 14일 산업기사 출제
⑩ 2014년 7월 13일 제2회 제1부 산업기사 출제
⑫ 2016년 10월 15일 제3회 2부 출제

정답
① 양수 기동식
② 게이트 가드식(가드식)
③ 손쳐내기식
④ 수인식

자격종목 및 등급(선택분야)	시험시간	배점	시행일
산업안전기사	60분	45점	2018년 7월 8일 2회(1부)

참고사항
① 본 그림은 꼭 실제시험문제와 동일하지 않을 수도 있음
② 그림 및 동영상은 참고만 하세요.(문제의 질의 내용은 동일함)

06 동영상은 터널 지보공 설치작업을 하고 있다. 수시 점검사항 3가지를 쓰시오. (6점)

참고
① 산업안전보건기준에 관한 규칙 제347조(붕괴 등의 위험방지)
② 산업안전보건기준에 관한 규칙 제366조(붕괴 등의 방지)

정답
① 부재의 손상·변형·부식·변위·탈락의 유무 및 상태
② 부재의 긴압의 정도
③ 부재의 접속부 및 교차부의 상태
④ 기둥침하의 유무 및 상태

07 사진은 일반적인 콘크리트 타설작업 방법이다. 콘크리트 타설시 안전기준 2가지를 쓰시오. (4점)

참고 산업안전보건기준에 관한 규칙 제334조(콘크리트의 타설작업)

정답
① 당일의 작업을 시작하기 전에 해당 작업에 관한 거푸집동바리 등의 변형 · 변위 및 지반의 침하 유무 등을 점검하고 이상이 있으면 보수할 것
② 작업 중에는 거푸집동바리 등의 변형 · 변위 및 침하 유무 등을 감시할 수 있는 감시자를 배치하여 이상이 있으면 작업을 중지하고 근로자를 대피시킬 것
③ 콘크리트 타설작업시 거푸집 붕괴의 위험이 발생할 우려가 있으면 충분한 보강조치를 할 것
④ 설계도서상의 콘크리트 양생기간을 준수하여 거푸집동바리 등을 해체할 것
⑤ 콘크리트를 타설하는 경우에는 편심이 발생하지 않도록 골고루 분산하여 타설할 것

자격종목 및 등급(선택분야)	시험시간	배점	시행일
산업안전기사	60분	45점	2018년 7월 8일 2회(1부)

참고사항
① 본 그림은 꼭 실제시험문제와 동일하지 않을 수도 있음
② 그림 및 동영상은 참고만 하세요.(문제의 질의 내용은 동일함)

08 동영상은 변압기를 유기화합물에 담가서 절연처리하고 건조작업을 하고 있다. 이 작업시 착용이 필요한 보호구를 다음에 제시된 대로 쓰시오.(6점)
  (1) 손
  (2) 눈
  (3) 피부

합격KEY
① 2006년 4월 29일(문제 2번)   ② 2007년 4월 28일 출제
③ 2007년 10월 14일 출제   ④ 2009년 9월 19일 출제
⑤ 2011년 5월 7일 출제   ⑥ 2014년 7월 13일 제2회 2부 출제
⑦ 2018년 4월 21일 제1회 2부 출제

정답
(1) 손 : 절연 고무장갑
(2) 눈 : 보안경
(3) 피부 : 절연 보호복

💬 **합격자의 조언** 본 문제의 목적은 절연과 건조입니다.

자격종목 및 등급(선택분야)	시험시간	형별	시행일
산업안전기사	60분	45점	2018년 7월 8일 2회(1부)

참고사항
① 본 그림은 꼭 실제시험문제와 동일하지 않을 수도 있음
② 그림 및 동영상은 참고만 하세요.(문제의 질의 내용은 동일함)

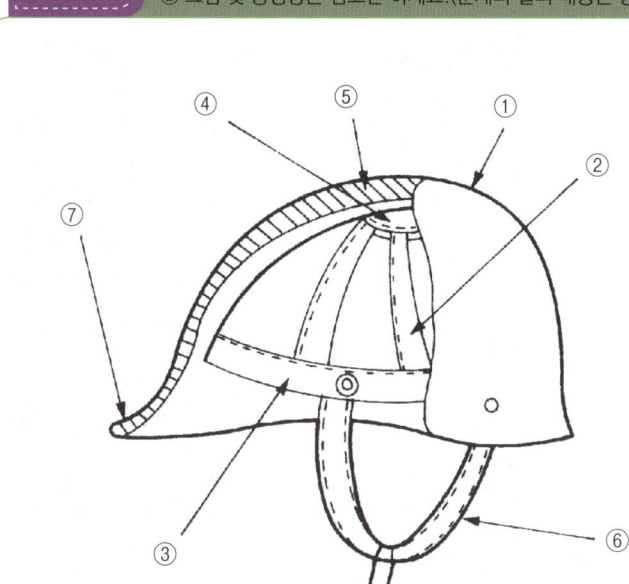

번호		명 칭
①		(①)
②	착	머리 받침끈
③	장	(②)
④	체	머리 받침 고리
⑤		(③)
⑥		(④)
⑦		(⑤)

09 동영상의 보호구를 참고하여 안전모 그림의 세부 명칭을 ( )에 쓰시오.(5점)

합격KEY
① 2006년 4월 29일(문제 5번) 출제
② 2016년 4월 23일(문제 9번) 출제
③ 2017년 4월 22일 제1회 3부 출제

정답
① 모체
② 머리 고정(받침)대
③ 충격 흡수재(자율안전확인에서는 제외)
④ 턱끈
⑤ 모자챙(차양)

문제 및 답안(지), 점수, 채점기준은 일체 공개하지 않는다.

비번호
총 점

자격종목 및 등급(선택분야)	시험시간	배점	시행일
산업안전기사	60분	45점	2018년 7월 8일 2회(2부)

참고사항
① 본 그림은 꼭 실제시험문제와 동일하지 않을 수도 있음
② 그림 및 동영상은 참고만 하세요.(문제의 질의 내용은 동일함)

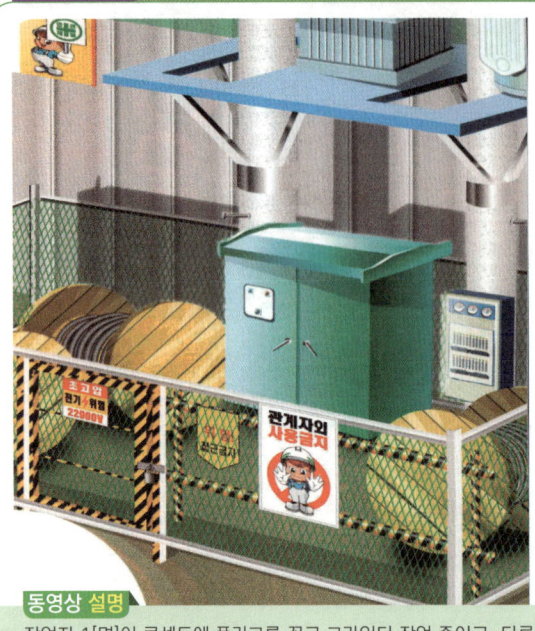

동영상 설명
작업자 1[명]이 콘센트에 플러그를 꽂고 그라인더 작업 중이고, 다른 작업자가 다가와서 작업을 위해 콘센트에 플러그를 꽂고 주변을 만지는 도중 감전이 발생하는 동영상

01 동영상은 분전반 전면에 위치한 그라인더 기기재해사례이다. 동영상을 참고하여 위험요인을 2가지만 쓰시오.(4점)

합격KEY
① 2008년 7월 13일 출제
② 2009년 4월 26일 기사 출제
③ 2009년 9월 20일 출제
④ 2014년 7월 13일(문제 2번) 출제
⑤ 2016년 4월 23일(문제 2번) 출제
⑥ 2017년 4월 22일 제1회 산업기사 출제

정답
① 작업자가 맨손으로 작업을 실시하여 감전의 위험이 있다.
② 보수작업임을 나타내는 안전표지판 미설치 및 감시인 미배치

자격종목 및 등급(선택분야)	시험시간	형별	시행일
산업안전기사	60분	45점	2018년 7월 8일 2회(2부)

참고사항
① 본 그림은 꼭 실제시험문제와 동일하지 않을 수도 있음
② 그림 및 동영상은 참고만 하세요.(문제의 질의 내용은 동일함)

02 화면에서 가압상태의 LPG가 대기 중에 유출되어 순간적으로 기화가 일어나 점화원에 의해 발생하는 (1) 폭발의 종류 (2) 폭발의 원인을 쓰시오.(4점)

합격KEY
① 2002년 10월 6일 출제
② 2011년 7월 30일 출제
③ 2012년 7월 14일 산업기사 출제
④ 2013년 10월 12일 산업기사 제3회 제2부(문제 8번) 출제
⑤ 2015년 10월 11일(문제 5번) 출제
⑥ 2017년 4월 22일 제1회(문제 5번) 출제
⑦ 2017년 10월 22일 제3회 2부 출제

정답
(1) 폭발의 종류 : 증기운 폭발(UVCE : Unconfined Vapor Cloud Explosion)
(2) 폭발의 원인 : 저온 액화가스의 저장탱크나 고압의 인화성 액체용기가 파괴되어 다량의 인화성 증기가 폐쇄공간이 아닌 대기중으로 급격히 방출되어 공기 중에 분산 확산되어 있는 상태

자격종목 및 등급(선택분야)	시험시간	배점	시행일
산업안전기사	60분	45점	2018년 7월 8일 2회(2부)

참고사항
① 본 그림은 꼭 실제시험문제와 동일하지 않을 수도 있음
② 그림 및 동영상은 참고만 하세요.(문제의 질의 내용은 동일함)

03 동영상은 건물해체에 관한 장면이다. 동영상에서와 같은 작업시 해체계획에 포함되어야 할 사항을 4가지만 쓰시오.(단, 그 밖에 안전·보건에 관한 사항은 제외한다.)(4점)

참고
① 택 4개(1점×4개=4점)
② 산업안전보건기준에 관한 규칙 [별표 4] 사전조사 및 작업계획서 내용

합격KEY
① 2004년 4월 29일 산업기사 출제
② 2008년 10월 5일 산업기사 출제
③ 2009년 7월 11일 출제
④ 2011년 5월 7일 산업기사 출제
⑤ 2011년 10월 22일 출제
⑥ 2012년 7월 14일 출제
⑦ 2013년 4월 27일 출제
⑧ 2013년 10월 12일 제3회 출제
⑨ 2014년 10월 5일 산업기사 출제
⑩ 2015년 4월 25일(문제 6번) 출제
⑪ 2015년 7월 18일 (문제 9번) 출제
⑫ 2016년 7월 3일 제2회 2부 출제
⑬ 2017년 7월 2일 제2회 1부 출제

정답
① 해체의 방법 및 해체순서도면
② 가설설비·방호설비·환기설비 및 살수·방화설비 등의 방법
③ 사업장 내 연락방법
④ 해체물의 처분계획
⑤ 해체작업용 기계·기구 등의 작업계획서
⑥ 해체작업용 화약류 등의 사용계획서

자격종목 및 등급(선택분야)	시험시간	형별	시행일
산업안전기사	60분	45점	2018년 7월 8일 2회(2부)

참고사항
① 본 그림은 꼭 실제시험문제와 동일하지 않을 수도 있음
② 그림 및 동영상은 참고만 하세요.(문제의 질의 내용은 동일함)

04 화면은 크랭크 프레스로 철판에 구멍을 뚫는 작업을 하고 있다. 위험 예지 포인트(핵심위험요인)를 3가지 적으시오.(6점)

채점기준
① 5개 중 3개만 선택
② 배점 : 2점×3개=6점

합격KEY
① 2002년 10월 6일 출제
② 2003년 5월 4일 산업기사(문제 1번) 출제
③ 2015년 7월 18일(문제 5번) 출제
④ 2017년 4월 22일 제1회 1부 출제

정답
① 프레스 페달을 발로 밟아 프레스의 슬라이드가 작동해 손을 다친다.
② 금형에 붙어 있는 이물질을 제거하려다 손을 다친다.
③ 금형에 붙어 있는 이물질을 제거하려다 눈에 이물질이 들어가 눈을 다친다.
④ 주변정리가 되어 있지 않아 주변의 물건에 발이 걸려 넘어져 프레스 기계에 부딪친다.
⑤ 작업자의 실수로 슬라이드가 하강하여 작업자가 다친다.

자격종목 및 등급(선택분야)	시험시간	배점	시행일
산업안전기사	60분	45점	2018년 7월 8일 2회(2부)

참고사항
① 본 그림은 꼭 실제시험문제와 동일하지 않을 수도 있음
② 그림 및 동영상은 참고만 하세요.(문제의 질의 내용은 동일함)

05 화면은 교량 하부 점검 중 발생한 재해사례이다. 영상을 참고하여 사고 원인 3가지를 쓰시오.(6점)

참고
① 택 3, 2점×3개=6점
② 조사나 문맥이 모범답안과 다르더라도 의미가 같으면 정답 인정

합격KEY
① 2004년 7월 10일 출제
② 2006년 7월 15일 출제
③ 2015년 4월 23일 제1회 2부 출제

정답
① 안전대 부착 설비 및 안전대 착용을 하지 않았다.
② 안전난간 설치 불량
③ 수직방호망 미설치(추락방호망 미설치)
④ 작업자 주변 정리정돈 불량
⑤ 작업 전 작업발판 등 부속설비 점검 미비

자격종목 및 등급(선택분야)	시험시간	형별	시행일
산업안전기사	60분	45점	2018년 7월 8일 2회(2부)

참고사항
① 본 그림은 꼭 실제시험문제와 동일하지 않을 수도 있음
② 그림 및 동영상은 참고만 하세요.(문제의 질의 내용은 동일함)

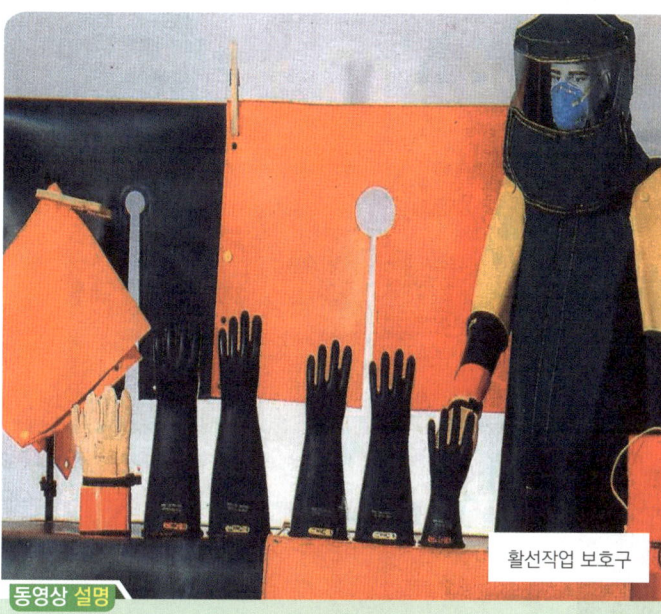
활선작업 보호구

활선작업

동영상 설명
화면에서 작업자 2[명]이 전주에서 활선작업을 하고 있다. 작업자 1[명]은 밑에서 절연방호구를, 다른 작업자 1[명]은 크레인 위에서 물건을 받아 활선에 절연방호구 설치 작업을 하다 감전사고가 발생한다.

06
화면은 활선작업에 대한 동영상이다. 이와 같이 활선작업시 내재되어 있는 핵심 위험 요인을 3가지만 쓰시오. (6점)

참고 배점 : 2점×3개=6점

합격KEY
① 2006년 9월 23일 산업기사 출제
② 2007년 10월 14일 출제
③ 2012년 7월 14일 출제
④ 2013년 4월 27일 산업기사 출제
⑤ 2015년 4월 25일(문제 6번) 출제
⑥ 2016년 4월 23일(문제 6번) 출제
⑦ 2017년 4월 22일 제1부 출제
⑧ 2018년 4월 22일 제1회 3부 출제

정답
① 작업자의 복장이 갖추어져 있지 않았다.
② 신호전달이 잘 이루어지지 않았다.
③ 작업자가 안전확인(활선 또는 사선)을 소홀히 했다.

자격종목 및 등급(선택분야)	시험시간	배점	시행일
산업안전기사	60분	45점	2018년 7월 8일 2회(2부)

참고사항
① 본 그림은 꼭 실제시험문제와 동일하지 않을 수도 있음
② 그림 및 동영상은 참고만 하세요.(문제의 질의 내용은 동일함)

[그림1] 진공퍼지작업기계

[그림2] 압력퍼지작업기계

07 산소결핍작업 중 퍼지하는 상황이 있는데 퍼지작업의 종류 4가지를 쓰시오.(4점)

합격KEY
① 2002년 5월 4일 출제
③ 2007년 4월 28일 출제
⑤ 2012년 4월 28일 출제
⑦ 2015년 7월 18일 제2회 1부(문제 9번) 출제
⑨ 2017년 4월 22일 제1회 2부 출제
② 2003년 5월 4일(문제 5번) 출제
④ 2009년 7월 11일 출제
⑥ 2012년 10월 21일(문제 9번) 출제
⑧ 2015년 10월 11일(문제 9번) 출제

정답
① 진공퍼지(저압퍼지 : vacuum purging)
② 압력퍼지(pressure purging)
③ 스위프퍼지(sweep-through purging)
④ 사이펀퍼지(siphon purging)

자격종목 및 등급(선택분야)	시험시간	형별	시행일
산업안전기사	60분	45점	2018년 7월 8일 2회(2부)

참고사항
① 본 그림은 꼭 실제시험문제와 동일하지 않을 수도 있음
② 그림 및 동영상은 참고만 하세요.(문제의 질의 내용은 동일함)

08 동영상은 높이가 2[m] 이상인 작업장소에서 근로자가 작업발판 위에서 작업을 하고 있다. 작업발판 설치기준 3가지를 쓰시오.(6점)

참고
① 산업안전보건기준에 관한 규칙 제56조(작업발판의 구조)
② 부분점수 있다.(2점×3개=6점)

합격KEY
① 2006년 4월 29일 출제
② 2007년 7월 15일 출제
③ 2010년 7월 11일 출제
④ 2015년 4월 25일(문제 6번) 출제
⑤ 2016년 7월 3일 제2회 출제
⑥ 2016년 10월 15일 제3회(문제 6번) 출제
⑦ 2017년 10월 22일 제3회 1부 출제

정답
① 발판재료는 작업시의 하중을 견딜 수 있도록 견고한 구조로 할 것
② 작업발판의 폭은 40[cm] 이상으로 하고, 발판재료 간의 틈은 3[cm] 이하로 할 것. 다만, 외줄비계의 경우에는 고용노동부장관이 별도로 정하는 기준에 따른다.
③ 추락의 위험이 있는 장소에는 안전난간을 설치할 것. 다만, 작업의 성질상 안전난간을 설치하는 것이 곤란한 경우, 작업의 필요상 임시로 안전난간을 해체할 때에 추락방호망을 설치하거나 근로자로 하여금 안전대를 사용하도록 하는 등 추락위험 방지 조치를 한 경우에는 그러하지 아니하다.
④ 작업발판의 지지물은 하중에 의하여 파괴될 우려가 없는 것을 사용할 것
⑤ 작업발판 재료는 뒤집히거나 떨어지지 않도록 둘 이상의 지지물에 연결하거나 고정시킬 것
⑥ 작업발판을 작업에 따라 이동시킬 경우에는 위험 방지에 필요한 조치를 할 것

💬 **합격자의 조언** ( ) 안에 알맞은 내용 넣기로 출제된 문제도 있습니다.

자격종목 및 등급(선택분야)	시험시간	배점	시행일
산업안전기사	60분	45점	2018년 7월 8일 2회(2부)

참고사항
① 본 그림은 꼭 실제시험문제와 동일하지 않을 수도 있음
② 그림 및 동영상은 참고만 하세요.(문제의 질의 내용은 동일함)

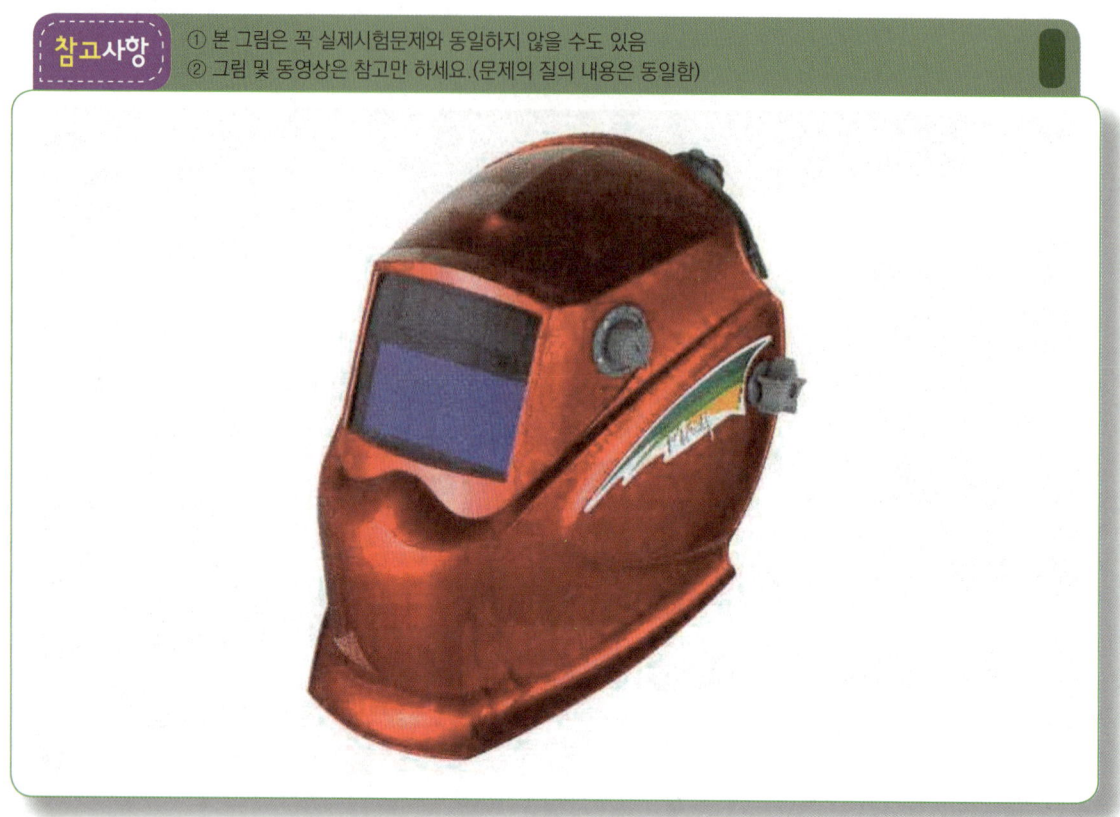

09 보호구 사진을 참고하여 보안면의 (1) 등급과 (2) 채색 투시부의 차광도를 구분하여 투과율[%]을 쓰시오. (5점)

합격KEY
① 2011년 9월 22일 출제
② 2012년 10월 21일 제3회 2부 출제
③ 2015년 4월 25일 제1회(문제 9번) 출제
④ 2017년 10월 22일 제3회 산업기사 출제

정답
(1) 등급 : 4A, 4B, 4C
(2) 투과율

차광도	투과율[%]
밝 음	50±7
중간밝기	23±4
어 두 움	14±4

문제 및 답안(지), 점수, 채점기준은 일체 공개하지 않는다.

비번호
총 점

자격종목 및 등급(선택분야)	시험시간	형별	시행일
산업안전기사	60분	45점	2018년 7월 8일 2회(3부)

참고사항
① 본 그림은 꼭 실제시험문제와 동일하지 않을 수도 있음
② 그림 및 동영상은 참고만 하세요.(문제의 질의 내용은 동일함)

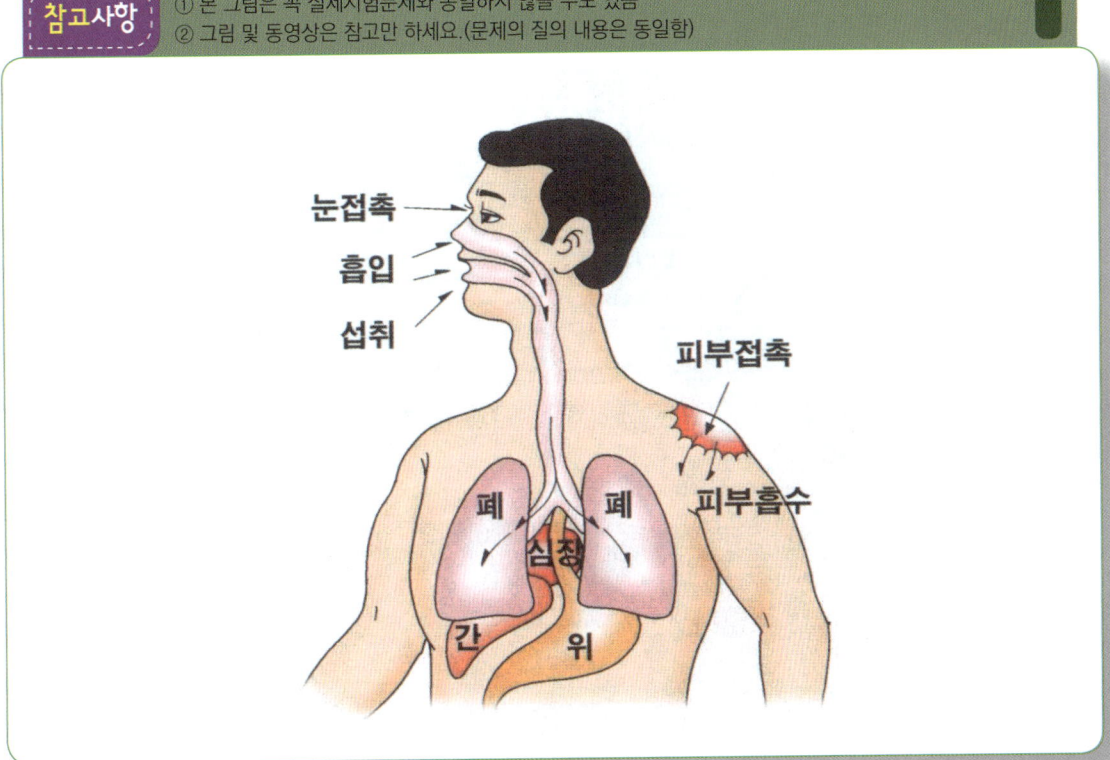

01
유리병을 황산(H_2SO_4)에 세척시 발생하는 (1) 재해형태 (2) 재해정의(세부내용)를 각각 쓰시오.(4점)

참고 KOSHA CODE : 산업재해 용어 정의

합격KEY
① 2013년 10월 12일 (문제 7번) 출제
② 2016년 4월 23일 (문제 1번) 출제
③ 2018년 4월 21일 제1회 1부 출제

정답
(1) 재해형태 : 유해·위험물질 노출·접촉
(2) 재해정의 : 유해·위험물질 노출·접촉 또는 흡입하였거나 독성동물에 쏘이거나 물린 경우

💬 **합격자의 조언** 작업형 만점합격은 기사·산업기사 모두 보셔야 합니다.

자격종목 및 등급(선택분야)	시험시간	배점	시행일
산업안전기사	60분	45점	2018년 7월 8일 2회(3부)

참고사항
① 본 그림은 꼭 실제시험문제와 동일하지 않을 수도 있음
② 그림 및 동영상은 참고만 하세요.(문제의 질의 내용은 동일함)

02 사진은 거푸집 및 동바리의 설치 잘못으로 거푸집의 붕괴사고가 발생한 장면이다. 거푸집동바리 해체작업시 준수사항 3가지를 쓰시오.(6점)

참고　산업안전보건기준에 관한 규칙 제333조(조립·해체 등 작업시의 준수사항)

정답
① 해당 작업을 하는 구역에는 관계 근로자가 아닌 사람의 출입을 금지할 것
② 비, 눈, 그 밖의 기상상태의 불안정으로 날씨가 몹시 나쁜 경우에는 그 작업을 중지할 것
③ 재료, 기구 또는 공구 등을 올리거나 내리는 경우에는 근로자로 하여금 달줄·달포대 등을 사용하도록 할 것
④ 낙하·충격에 의한 돌발적 재해를 방지하기 위하여 버팀목을 설치하고 거푸집동바리 등을 인양장비에 매단 후에 작업을 하도록 하는 등 필요한 조치를 할 것

자격종목 및 등급(선택분야)	시험시간	형별	시행일
산업안전기사	60분	45점	2018년 7월 8일 2회(3부)

참고사항
① 본 그림은 꼭 실제시험문제와 동일하지 않을 수도 있음
② 그림 및 동영상은 참고만 하세요.(문제의 질의 내용은 동일함)

동영상 설명
단무지가 있고 무릎 정도 물이 차 있는 상태에서 펌프 작동과 동시에 감전

03 화면은 작업자가 수중펌프 접속부위에 감전되어 발생한 재해사례이다. 어떻게 하면 재해를 예방할 수 있는지 방안 3가지를 쓰시오.(6점)

참고 2점×3개=6점

합격KEY
① 2002년 5월 4일 출제
② 2012년 4월 28일 출제
③ 2014년 10월 5일 제3회 2부(문제 4번) 출제
④ 2015년 10월 11일 제3회 출제
⑤ 2016년 10월 9일(문제 4번) 출제
⑥ 2017년 4월 22일 제1회 3부 출제

정답
① 모터와 전선의 이음새 부분을 작업 전 확인 또는 작업 전 펌프의 작동여부 확인
② 수중 및 습윤한 장소에서 사용하는 전선은 수분의 침투가 불가능한 것을 사용
③ 누전차단기 설치

자격종목 및 등급(선택분야)	시험시간	배점	시행일
산업안전기사	60분	45점	2018년 7월 8일 2회(3부)

참고사항
① 본 그림은 꼭 실제시험문제와 동일하지 않을 수도 있음
② 그림 및 동영상은 참고만 하세요.(문제의 질의 내용은 동일함)

04 화면은 아파트 창틀에서 이동 작업 중 발생한 재해사례이다. 이 영상의 작업자가 추락사고를 방지할 수 있는 보호망의 (1) 명칭 (2) 가로×세로 규격을 쓰시오.(5점)

참고 산업안전보건기준에 관한 규칙 제42조(추락의 방지)

정답
(1) 명칭 : 추락방호망
(2) 규격 : 10[cm] 이하

자격종목 및 등급(선택분야)	시험시간	형별	시행일
산업안전기사	60분	45점	2018년 7월 8일 2회(3부)

참고사항
① 본 그림은 꼭 실제시험문제와 동일하지 않을 수도 있음
② 그림 및 동영상은 참고만 하세요.(문제의 질의 내용은 동일함)

05 화면과 같이 이동식 크레인 작업하는 때에 사업주로서 작업시작 전 점검할 장치는?(단, 경보장치는 제외한다).(2가지)(4점)

참고
① 산업안전보건기준에 관한 규칙 [별표 3] 작업시작 전 점검사항
② 2점×2개=4점

합격KEY
① 2002년 10월 6일(문제 7번) 출제
② 2007년 7월 15일(문제 7번) 출제
③ 2015년 10월 11일 제3회 2부 출제

정답
① 권과 방지장치
② 브레이크
③ 클러치
④ 조정장치

자격종목 및 등급(선택분야)	시험시간	배점	시행일
산업안전기사	60분	45점	2018년 7월 8일 2회(3부)

참고사항
① 본 그림은 꼭 실제시험문제와 동일하지 않을 수도 있음
② 그림 및 동영상은 참고만 하세요.(문제의 질의 내용은 동일함)

동영상 설명
타워크레인으로 쇠파이프(비계)를 권상하여 작업자(신호수)가 있는 곳에서 다소 흔들리며 내리다 작업자와 부딪히는 동영상

06 동영상은 타워크레인을 이용하여 자재를 운반하는 도중에 발생한 재해사례이다. 재해발생 원인 중 타워크레인 운전시 준수되지 않은 안전작업방법을 3가지만 쓰시오.(6점)

채점기준 ① 조사나 문맥이 모범답안과 다르더라도 의미가 같으면 정답으로 인정
② 택 3. 3개 모두 맞으면 6점, 2개 맞으면 4점, 1개 맞으면 2점, 그 외 0점

합격KEY ① 2006년 9월 23일 출제 ② 2007년 10월 14일 출제
③ 2008년 7월 13일 출제 ④ 2012년 4월 28일 출제
⑤ 2012년 7월 14일 출제 ⑥ 2013년 10월 12일(문제 7번) 출제
⑦ 2015년 7월 18일 제2회 출제 ⑧ 2016년 10월 15일 제3회 1부 출제

정답
① 신호수를 배치하지 않았다.
② 무전기 등을 사용하여 신호하거나 일정한 신호방법을 미리 정하지 않았다.
③ 권상하중을 작업자 위로 통과시키면 안 된다.
④ 유도(보조) 로프를 설치하지 않았다.
⑤ 크레인 작업반경 밖의 적당한 위치에 하중을 내려놓기 위해서 매단 하물(하중)을 흔들어서는 안 된다.

자격종목 및 등급(선택분야)	시험시간	형별	시행일
산업안전기사	60분	45점	2018년 7월 8일 2회(3부)

참고사항
① 본 그림은 꼭 실제시험문제와 동일하지 않을 수도 있음
② 그림 및 동영상은 참고만 하세요.(문제의 질의 내용은 동일함)

07 화면은 실험실에서 크롬도금작업을 하고 있다. 화학물질(유해물질) 취급시 일반적인 주의사항 4가지를 쓰시오.(4점)

참고 6개 중 4개 선택, 1점×4개=4점

합격KEY
① 2001년 11월 11일 산업기사 출제
② 2012년 4월 28일 출제
③ 2013년 7월 20일 출제
④ 2014년 10월 5일 제3회 제3부(문제 2번) 출제
⑤ 2015년 10월 11일(문제 1번) 출제
⑥ 2017년 4월 22일 제1회 2부 출제

정답
① 유해물질에 대한 사전 조사
② 유해물 발생원인 봉쇄
③ 작업공정의 은폐, 작업장의 격리
④ 유해물의 위치, 작업공정의 변경
⑤ 실내환기와 점화원의 제거(밀폐공간 환풍기 설치, 국소배기장치 설치)
⑥ 환경의 정돈과 청소

채점기준
① 합격에도 기본이 필요합니다.
② 실기작업형은 기사, 산업기사 구분없이 10년치는 보셔야 안전하게 합격됩니다.

자격종목 및 등급(선택분야)	시험시간	배점	시행일
산업안전기사	60분	45점	2018년 7월 8일 2회(3부)

참고사항
① 본 그림은 꼭 실제시험문제와 동일하지 않을 수도 있음
② 그림 및 동영상은 참고만 하세요.(문제의 질의 내용은 동일함)

동영상 설명
동영상은 MCC패널 점검중으로 개폐기에는 통전중이라는 표지가 붙어 있고 작업자(면장갑 착용)가 개폐기문을 열어 전원을 차단하고 문을 닫은 후 다른 곳 패널에서 작업하려다 쓰러진 상황이다.

08 화면은 승강기 컨트롤 패널을 맨손으로 점검(전압측정) 중 발생한 재해사례이다. 감전 방지대책 3가지를 서술하시오.(6점)

참고
① 택 3개, 2점×3개=6점
② 조사나 문맥이 모범답안과 다르더라도 의미가 같으면 정답 인정

합격KEY
① 2004년 7월 10일 출제
② 2007년 7월 15일 출제
③ 2009년 9월 20일 출제
④ 2010년 4월 24일 기사 출제
⑤ 2013년 7월 20일 기사 출제
⑥ 2014년 10월 5일 제3회 제3부 기사(문제 6번) 출제
⑦ 2015년 10월 11일 제3회 기사 출제
⑧ 2017년 10월 22일 제3회(문제 6번)
⑨ 2018년 4월 21일 제1회 1부 출제

정답
① 각 차단기별로 회로명을 표기하여 오동작을 막는다.
② 잠금장치(시건장치) 및 표찰(TAG)을 사용하여 해당자 이외에 오작동을 막는다.
③ 작업자에게 해당 작업시의 전기위험에 대한 안전교육을 실시한다.
④ 작업자 간의 정확성을 기하기 위해 무전기 등의 연락가능장비를 이용하여 여러 차례 확인하는 절차를 준수한다.

09 화면의 보호구를 보고 방독마스크의 안전인증 외에 추가표시 사항 4가지를 쓰시오. (4점)

정답
① 파과곡선도
② 사용시간 기록카드
③ 정화통 외부 측면의 표시색
④ 사용상 주의사항

자격종목 및 등급(선택분야)	시험시간	배점	시행일
산업안전산업기사	60분	45점	2018년 7월 8일 2회(1부)

참고사항
① 본 그림은 꼭 실제시험문제와 동일하지 않을 수도 있음
② 그림 및 동영상은 참고만 하세요.(문제의 질의 내용은 동일함)

동영상 설명
철골구조물에서 작업자 2[명]이 볼트 체결작업 중 1[명]이 추락하는 화면(추락방지망 미설치, 근로자 안전대 미착용)

01 화면을 참고하여 철골작업시 작업을 중지해야 할 경우 3가지를 기술하시오.(6점)

참고
① 산업안전보건기준에 관한 규칙 제383조(작업의 제한)
② 2점×3개=6점

합격KEY
① 2003년 7월 19일 출제   ② 2010년 4월 24일 출제
③ 2011년 7월 30일 출제   ④ 2012년 4월 28일 출제
⑤ 2014년 10월 5일(문제 7번) 출제   ⑥ 2015년 7월 18일 제2회 출제
⑦ 2016년 10월 9일(문제 6번) 출제   ⑧ 2017년 4월 22일 제1회 1부 출제

정답
① 풍속이 초당 10[m] 이상인 경우
② 강우량이 시간당 1[mm] 이상인 경우
③ 강설량이 시간당 1[cm] 이상인 경우

자격종목 및 등급(선택분야)	시험시간	형별	시행일
산업안전산업기사	60분	45점	2018년 7월 8일 2회(1부)

참고사항
① 본 그림은 꼭 실제시험문제와 동일하지 않을 수도 있음
② 그림 및 동영상은 참고만 하세요.(문제의 질의 내용은 동일함)

동영상 설명
시내버스를 정비하기 위하여 차량용 리프트로 차량을 들어올린 상태에서 한 작업자가 버스 밑에 들어가 샤프트계통을 점검하고 있다. 그런데 다른 한 사람이 주변상황을 전혀 살피지 않고 버스에 올라 엔진을 시동하였다. 그 순간 밑에 있던 작업자의 팔이 버스의 회전하는 샤프트에 말려들어 협착사고를 일으킨다.(이때 주변에는 작업감시자가 없는 상황)

02 화면은 버스정비작업 중 재해가 발생한 사례이다. 버스정비작업 중 안전을 위해 취해야 할 사전안전조치 사항 2가지를 쓰시오.(4점)

채점기준
① 조사나 문맥이 모범답안과 다르더라도 의미가 같으면 정답으로 한다.
② 택 2, 2점×2개=4점

합격KEY
① 2004년 10월 2일 (문제 1번)
② 2007년 4월 28일 출제
③ 2008년 4월 26일 출제
④ 2015년 4월 25일 제1회 출제
⑤ 2016년 10월 15일 제3회 3부 출제

정답
① 정비작업 중임을 나타내는 표지판을 설치할 것
② 작업과정을 지휘할 관리자를 배치할 것
③ 기동(시동)장치에 잠금장치를 할 것
④ 작업시 운전금지를 위하여 열쇠를 별도 관리할 것

자격종목 및 등급(선택분야)	시험시간	배점	시행일
산업안전산업기사	60분	45점	2018년 7월 8일 2회(1부)

참고사항
① 본 그림은 꼭 실제시험문제와 동일하지 않을 수도 있음
② 그림 및 동영상은 참고만 하세요.(문제의 질의 내용은 동일함)

03 화면에서와 같이 DMF 등 유해물(화학물질) 취급시(제조·수입·운반·저장) 취급 근로자가 쉽게 볼 수 있는 장소에 명칭 등의 게시 사항을 3가지 쓰시오.(6점)

참고 산업안전보건기준에 관한 규칙 제442조(명칭 등의 게시)

합격KEY
① 2007년 10월 13일 출제
② 2013년 4월 27일 기사 출제
③ 2014년 4월 25일(문제 7번) 출제
④ 2015년 7월 18일 제2회 출제
⑤ 2016년 10월 15일 제3회(문제 5번) 출제
⑥ 2017년 10월 22일 제3회 1부 출제

정답
① 관리대상 유해물질의 명칭
② 인체에 미치는 영향
③ 취급상 주의사항
④ 착용하여야 할 보호구
⑤ 응급조치와 긴급 방재 요령

자격종목 및 등급(선택분야)	시험시간	형별	시행일
산업안전산업기사	60분	45점	2018년 7월 8일 2회(1부)

참고사항
① 본 그림은 꼭 실제시험문제와 동일하지 않을 수도 있음
② 그림 및 동영상은 참고만 하세요.(문제의 질의 내용은 동일함)

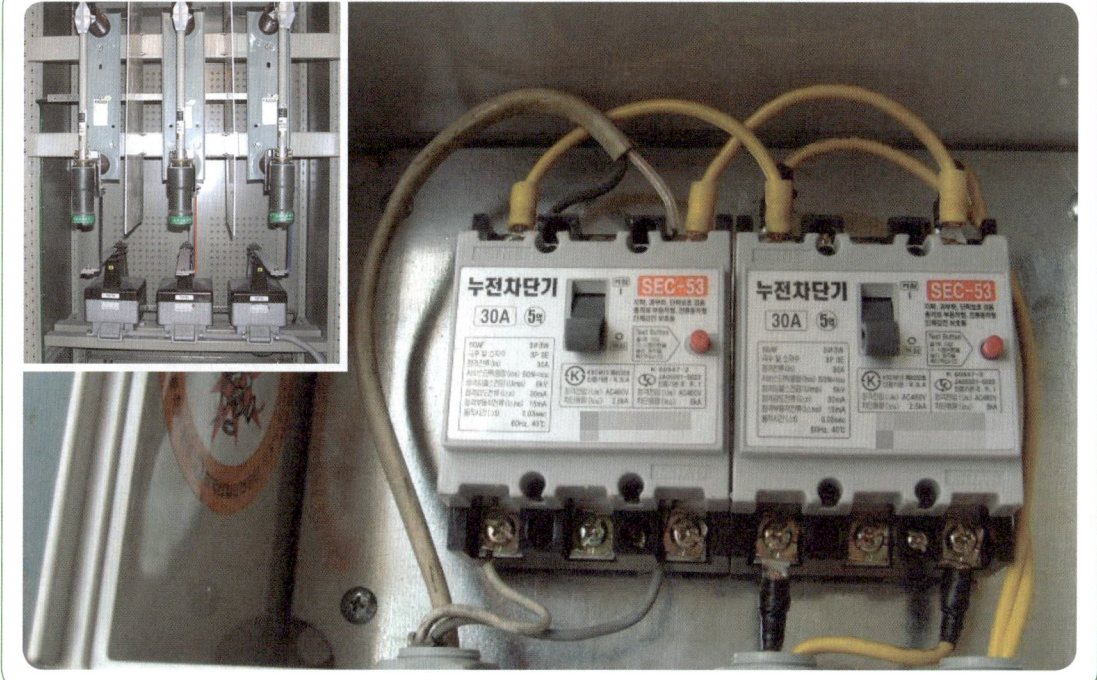

04 동영상에서 작업자가 퓨즈 교체 작업 중 감전사고가 발생했다. 감전위험요인 2가지를 쓰시오.(4점)

참고 산업안전보건기준에 관한 규칙 제304조(누전차단기에 의한 감전방지)

합격KEY ① 2014년 7월 13일 제2회 제1부(문제 4번) 출제
② 2015년 10월 11일(문제 4번) 출제
③ 2017년 4월 22일 제1회 2부 출제

정답
① 전원을 차단하지 않고 퓨즈교체 작업을 함
② 절연용보호구 미착용

자격종목 및 등급(선택분야)	시험시간	배점	시행일
산업안전산업기사	60분	45점	2018년 7월 8일 2회(1부)

참고사항
① 본 그림은 꼭 실제시험문제와 동일하지 않을 수도 있음
② 그림 및 동영상은 참고만 하세요.(문제의 질의 내용은 동일함)

동영상 설명
피트 내에서 나무판자로 엉성하게 이어붙인 발판 위에서 벽면에 돌출되어 있는 못을 망치로 제거하는 동영상

05 화면은 승강기 설치 전 피트 내부에서 청소작업 중에 승강기의 개구부로 작업자가 추락하여 사망사고가 발생한 재해사례이다. 이 영상에서 나타난 핵심위험요인을 3가지 쓰시오.(6점)

참고 산업안전보건기준에 관한 규칙 제43조(개구부 등의 방호조치)

합격KEY
① 2006년 9월 23일 기사 출제　② 2007년 10월 14일 기사 출제
③ 2009년 4월 26일 기사 출제　④ 2011년 5월 7일 출제
⑤ 2014년 10월 5일 출제　⑥ 2015년 7월 18일 기사 출제
⑦ 2016년 4월 23일(문제 5번) 출제　⑧ 2016년 7월 3일 제2회 기사 출제
⑨ 2016년 10월 15일 제3회 기사 출제　⑩ 2017년 10월 22일 제3회 1부 출제

정답
① 작업발판이 고정되어 있지 않았다.
② 작업자가 안전난간 및 안전대를 걸지 않고 작업하였다.
③ 수직형 추락방망을 설치하지 않았다.

자격종목 및 등급(선택분야)	시험시간	형별	시행일
산업안전산업기사	60분	45점	2018년 7월 8일 2회(1부)

참고사항
① 본 그림은 꼭 실제시험문제와 동일하지 않을 수도 있음
② 그림 및 동영상은 참고만 하세요.(문제의 질의 내용은 동일함)

동영상 설명
위험물질 실험실에서 위험물이 든 병을 발로 차서 깨뜨리는 장면

06 위험물을 다루는 바닥이 갖추어야 할 조건(유해물질 바닥의 구조) 2가지를 쓰시오.(4점)

합격KEY
① 2008년 4월 26일 출제
② 2009년 7월 11일 출제
③ 2010년 9월 19일 출제
④ 2013년 7월 20일 출제
⑤ 2014년 10월 5일 제3회 출제
⑥ 2016년 10월 15일 제3회 2부 출제

정답
① 누출시 액체가 바닥이나 피트 등으로 확산되지 않도록 경사 또는 바닥의 둘레에 높이 15[cm] 이상의 턱을 설치한다.
② 바닥은 콘크리트 기타 불침유 재료로 하고, 턱이 있는 쪽은 낮고 경사지게 한다.

자격종목 및 등급(선택분야)	시험시간	배점	시행일
산업안전산업기사	60분	45점	2018년 7월 8일 2회(1부)

참고사항
① 본 그림은 꼭 실제시험문제와 동일하지 않을 수도 있음
② 그림 및 동영상은 참고만 하세요.(문제의 질의 내용은 동일함)

동영상 설명
작업자가 인쇄용 윤전기의 전원을 끄지 않고 빙글빙글 서로 맞물려서 돌아가는 롤러를 걸레로 닦고 있다. 닦을 때 체중을 실어서 힘 있게 닦고, 위험하게 맞물리는 지점까지 걸레를 집어넣고 닦는다. 그 순간 작업자의 손이 롤러기 사이에 끼어서 사고를 당하고 사고 발생 후 전원을 차단하고 손을 빼내는 화면을 보여준다.

07
화면의 인쇄윤전기 재해사례에서 나타나는 위험점을 기계의 운동 형태에 따라 분류하고자 할 때 해당되는 (1) 위험점의 명칭 (2) 정의 등을 쓰시오.(4점)

합격KEY
① 2000년 9월 5일 출제
② 2002년 5월 4일 출제
③ 2006년 9월 23일 출제
④ 2009년 4월 26일 출제
⑤ 2010년 7월 11일 출제
⑥ 2012년 7월 14일 출제
⑦ 2012년 10월 21일 산업기사 출제
⑧ 2013년 10월 12일 출제
⑨ 2015년 4월 25일 산업기사 출제
⑩ 2015년 7월 18일 산업기사 출제
⑪ 2016년 4월 23일 출제
⑫ 2016년 10월 9일 산업기사(문제 4번) 출제
⑬ 2017년 10월 22일 제3회 3부 출제

정답
(1) 위험점의 명칭 : 물림점(nip point)
(2) 정의 : 회전하는 두 개의 회전체에 물려 들어가는 위험점
   예 롤러와 롤러의 물림, 기어와 기어의 물림

💬 **합격자의 조언** 그 외 5가지 위험점 기억하세요.(차후 시험 대비)

자격종목 및 등급(선택분야)	시험시간	형별	시행일
산업안전산업기사	60분	45점	2018년 7월 8일 2회(1부)

08 화면 속 작업자는 교류아크용접 작업을 진행하고 있다. 이 용접기의 방호장치 '사용 전 점검사항' 3가지를 쓰시오.(6점)

합격KEY ① 2014년 10월 5일 제3회 출제
② 2016년 10월 15일 제3회 1부 출제

정답
① 전격방지기 외함의 접지상태
② 전격방지기 외함의 뚜껑상태
③ 전자접촉기의 작동상태
④ 이상소음, 이상냄새의 발생유무
⑤ 전격방지기와 용접기와의 배선 및 이에 부속된 접속기구의 피복 또는 외장의 손상 유무

합격자의 조언 산업안전기사 및 산업안전산업기사 필기 출제

자격종목 및 등급(선택분야)	시험시간	배점	시행일
산업안전산업기사	60분	45점	2018년 7월 8일 2회(1부)

참고사항
① 본 그림은 꼭 실제시험문제와 동일하지 않을 수도 있음
② 그림 및 동영상은 참고만 하세요.(문제의 질의 내용은 동일함)

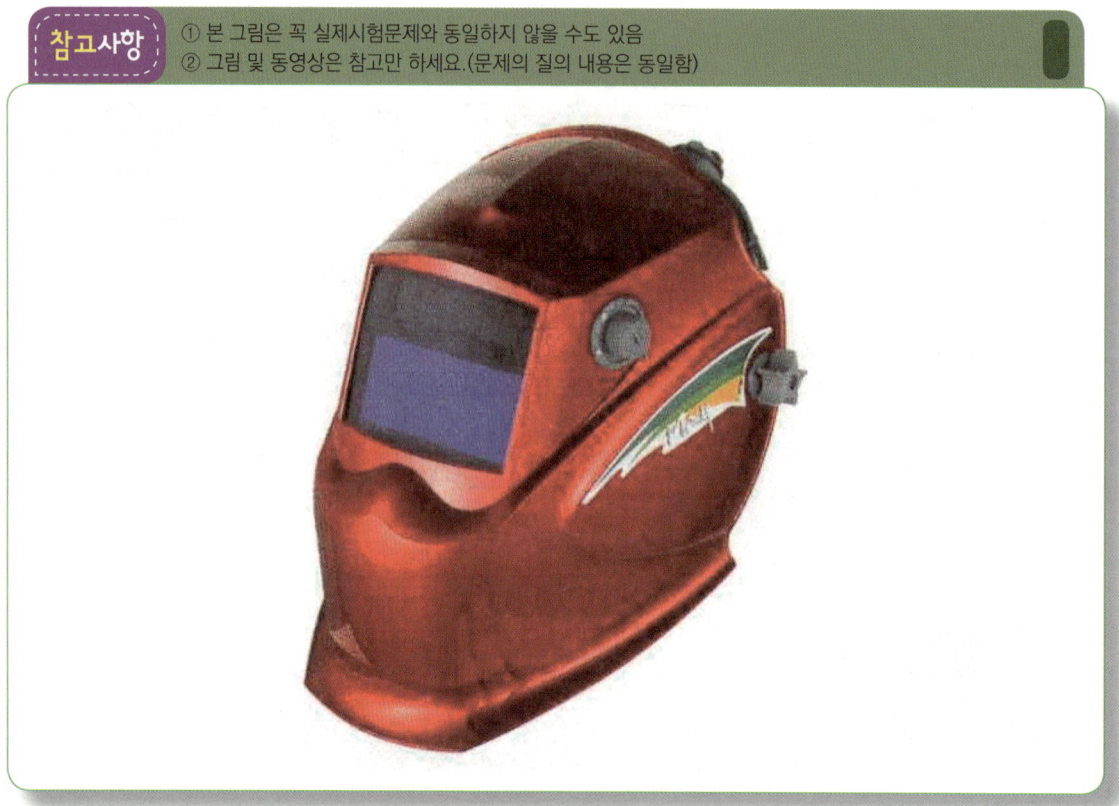

09 보호구 사진을 참고하여 보안면의 (1) 등급을 나누는 기준 (2) 투과율의 종류를 3가지 쓰시오.(5점)

합격KEY ① 2014년 7월 13일(문제 9번) 출제
② 2017년 4월 22일 제1회 1부 출제

정답

(1) 등급기준 : 차광도 번호
(2) 투과율의 종류
  ① 자외선 최대 분광 투과율
  ② 시감 투과율
  ③ 적외선 투과율

자격종목 및 등급(선택분야)	시험시간	형별	시행일
산업안전산업기사	60분	45점	2018년 7월 8일 2회(2부)

참고사항
① 본 그림은 꼭 실제시험문제와 동일하지 않을 수도 있음
② 그림 및 동영상은 참고만 하세요.(문제의 질의 내용은 동일함)

동영상 설명
동영상에서 작업자 A, B가 작업을 하고 있다. 창틀에서 작업 중인 A가 처마 위에 있는 B에게 작업발판을 건네준 후 B가 있는 옆 처마 위로 이동하다 발을 헛디뎌 바닥으로 추락하는 장면이다.(주변이 정리정돈 되어있지 않고, A작업자가 밟고 있던 콘크리트 부스러기가 추락할 때 같이 떨어진다.)

01 화면은 아파트 창틀에서 작업 중 발생한 재해사례를 나타내고 있다. 해당 동영상에서 작업자의 추락사고 (1) 기인물 (2) 가해물을 쓰시오.(4점)

합격KEY ① 2004년 10월 2일 기사 출제
② 2006년 7월 15일 기사 출제
③ 2015년 4월 25일 (문제 1번) 출제
④ 2016년 7월 3일 제2회 1부 출제

정답
(1) 기인물 : 작업발판
(2) 가해물 : 바닥

자격종목 및 등급(선택분야)	시험시간	배점	시행일
산업안전산업기사	60분	45점	2018년 7월 8일 2회(2부)

참고사항
① 본 그림은 꼭 실제시험문제와 동일하지 않을 수도 있음
② 그림 및 동영상은 참고만 하세요.(문제의 질의 내용은 동일함)

동영상 설명
작업자 2[명]이 전주 위에서 작업을 하고 있다. 작업자 1[명]은 변압기 위에 올라가서 볼트를 풀면서 흡연을 하며 작업을 하고 있고, 잠시 후 영상은 전주 아래부터 위를 보여주는데 발판용 볼트에 C.O.S(Cut Out Switch)가 임시로 걸쳐있음이 보인다. 그리고 다른 작업자 근처에선 이동식크레인에 작업대를 매달고 또 다른 작업을 하는 화면을 보여 준다.

02 화면의 전기형강작업 중 위험요인(결여사항) 3가지를 기술하시오.(6점)

합격KEY
① 2000년 9월 6일 기사 출제　　② 2007년 4월 28일 기사 출제
③ 2009년 9월 19일 기사 출제　　④ 2010년 7월 11일 출제
⑤ 2014년 7월 13일 기사 출제　　⑥ 2014년 10월 5일(문제 3번) 출제
⑦ 2016년 7월 3일 제2회(문제 3번) 출제　　⑧ 2017년 10월 22일 제3회(문제 1번) 출제
⑨ 2018년 4월 21일 기사 출제

정답
① 작업중 흡연
② 작업자가 딛고 선 발판이 불안전
③ C.O.S(Cut Out Switch)를 발판용(볼트)에 임시로 걸쳐 놓았다.

자격종목 및 등급(선택분야)	시험시간	형별	시행일
산업안전산업기사	60분	45점	2018년 7월 8일 2회(2부)

03 화면은 배관 전기 용접작업에 관한 내용이다. 동영상의 내용 중 위험요인이 내재되어 있다. 감전되기 쉬운 장비의 부품(명칭)을 4가지 쓰시오.(4점)

참고

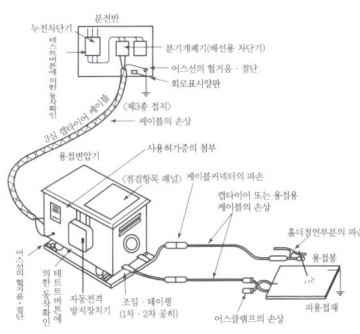

[그림] 교류아크용접기의 안전점검 계통도

합격KEY ① 2004년 10월 2일 기사 출제   ② 2007년 4월 28일 기사 출제
③ 2014년 7월 13일 제2회 제1부(문제 3번) 출제   ④ 2015년 10월 11일 제3회 2부 출제
⑤ 2017년 7월 2일 제2회 1부 출제

정답
① 용접홀더   ② 용접케이블
③ 용접봉   ④ 피용접재
⑤ 용접기 본체(케이스)   ⑥ 용접기 리드 단자

자격종목 및 등급(선택분야)	시험시간	배점	시행일
산업안전산업기사	60분	45점	2018년 7월 8일 2회(2부)

참고사항
① 본 그림은 꼭 실제시험문제와 동일하지 않을 수도 있음
② 그림 및 동영상은 참고만 하세요.(문제의 질의 내용은 동일함)

04 화면의 승강기 방호장치의 종류 6가지를 쓰시오.(6점)

참고 산업안전보건기준에 관한 규칙 제134조(방호장치의 조정)

정답
① 과부하 방지장치   ② 권과방지 장치
③ 비상정지장치   ④ 파이널 리미트 스위치
⑤ 속도 조절기   ⑥ 출입문인터록

자격종목 및 등급(선택분야)	시험시간	형별	시행일
산업안전산업기사	60분	45점	2018년 7월 8일 2회(2부)

참고사항
① 본 그림은 꼭 실제시험문제와 동일하지 않을 수도 있음
② 그림 및 동영상은 참고만 하세요.(문제의 질의 내용은 동일함)

동영상 설명
경사진(30[°] 정도) 컨베이어 기계가 작동하고, 작업자는 작동중인 컨베이어 위에 1명 아래쪽 작업장 바닥에 1명이 있다. 기계 오른쪽에 있는 포대를 컨베이어 벨트 위로 올리는 작업을 하는 동영상이다. 화면 오른쪽에 포대가 많이 쌓여 있고, 작업자 한명은 경사진 컨베이어 위 회전하는 벨트 양끝부분(철로된 모서리)에 양발을 벌리고 서 있으며, 밑에 작업자가 포대를 일정한 방향이 아닌 삐뚤(각기 다르게)게 컨베이어에 올리고 있다. 컨베이어 위에 양발을 벌리고 있는 작업자 발에 포대 끝부분이 부딪쳐 무게 중심을 잃고 기계 오른쪽으로 쓰러진 후 팔이 기계 하단으로 들어가면서 아파하는데 아래쪽 작업자가 와서 안아주는 동영상이다.

05
화면상에서 작업자 측면에서의 (1) 잘못된 작업방법 2가지와 (2) 조치사항을 쓰시오.(4점)

합격KEY
① 2014년 7월 13일 출제
② 2014년 10월 5일(문제 6번) 출제
③ 2015년 7월 18일(문제 5번) 출제
④ 2017년 4월 22일 기사 출제

정답
(1) 잘못된 작업 방법
① 작업자가 양발을 컨베이어 양끝에 지지하여 불안전한 자세로 작업을 하고 있다.
② 시멘트 포대가 작업자의 발을 치고 있어서 작업자가 넘어져 상해를 당할 수 있다.
(2) **조치사항** : 피재기계정지

자격종목 및 등급(선택분야)	시험시간	배점	시행일
산업안전산업기사	60분	45점	2018년 7월 8일 2회(2부)

참고사항
① 본 그림은 꼭 실제시험문제와 동일하지 않을 수도 있음
② 그림 및 동영상은 참고만 하세요.(문제의 질의 내용은 동일함)

06 화면은 대기중에 LPG가 누출되어 사고가 발생한 사례이다. 동영상을 참고하여 (1) 사고형태와 (2) 기인물은 무엇인지 쓰시오.(4점)

합격KEY
① 2000년 11월 14일 기사 출제
② 2005년 5월 7일 기사 출제
③ 2009년 9월 20일 출제
④ 2010년 4월 24일 기사 출제
⑤ 2011년 7월 30일(문제 3번) 출제
⑥ 2016년 4월 23일 제1회 1부 출제

정답
(1) 사고형태 : 폭발
(2) 기인물 : 프로판가스(LPG)

자격종목 및 등급(선택분야)	시험시간	형별	시행일
산업안전산업기사	60분	45점	2018년 7월 8일 2회(2부)

참고사항
① 본 그림은 꼭 실제시험문제와 동일하지 않을 수도 있음
② 그림 및 동영상은 참고만 하세요.(문제의 질의 내용은 동일함)

07 동영상은 전주를 옮기다가 작업자가 전주에 맞아 사고를 당하였다. (1) 재해요인(형태) (2) 가해물과 (3) 전기작업시 사용할 수 있는 안전모의 종류를 쓰시오.(6점)

합격KEY
① 2006년 4월 29일 출제
② 2007년 4월 28일 출제
③ 2012년 7월 14일 산업기사 출제
④ 2012년 10월 21일 출제
⑤ 2014년 4월 25일 제1회 제3부 출제
⑥ 2015년 10월 11일 산업기사 출제
⑦ 2016년 10월 9일(문제 8번) 출제
⑧ 2017년 4월 22일 제1회 2부 출제

정답
(1) 재해요인(형태) : 비래(물체에 맞음)
(2) 가해물 : 전주
(3) 전기용 안전모의 종류 : AE형, ABE형

자격종목 및 등급(선택분야)	시험시간	배점	시행일
산업안전산업기사	60분	45점	2018년 7월 8일 2회(2부)

참고사항
① 본 그림은 꼭 실제시험문제와 동일하지 않을 수도 있음
② 그림 및 동영상은 참고만 하세요.(문제의 질의 내용은 동일함)

08 화면은 이동식 크레인을 이용하여 철제 배관을 인양하는 작업으로 신호수의 신호에 따라 철제 배관을 인양 중 H빔에 부딪치면서 흔들리는 동영상이다. 배관 인양 작업시 위험요인 3가지를 쓰시오.(6점)

합격KEY ① 2015년 7월 18일 기사 (문제 8번) 출제
② 2016년 7월 3일 제2회 1부 출제

정답
① 와이어로프의 안전상태가 불안정하여 위험하다.
② 작업 반경 내 관계근로자 이외의 외부 작업자가 출입하여 위험하다.
③ 훅의 해지장치 및 안전상태가 불안정하여 위험하다.

자격종목 및 등급(선택분야)	시험시간	형별	시행일
산업안전산업기사	60분	45점	2018년 7월 8일 2회(2부)

참고사항
① 본 그림은 꼭 실제시험문제와 동일하지 않을 수도 있음
② 그림 및 동영상은 참고만 하세요.(문제의 질의 내용은 동일함)

09 화면은 방음보호구를 보여주고 있다. ①, ② 기호를 쓰시오. (5점)

[표] 종류 및 등급

종류	등급	기호	성능
귀마개	1종	①	저음부터 고음까지 차음하는 것
	2종	②	주로 고음을 차음하여 회화음 영역인 저음은 차음하지 않는 것
귀덮개	-	EM	

합격KEY ① 2015년 7월 18일(문제 9번) 출제　② 2016년 4월 23일 (문제 9번) 출제
③ 2016년 7월 3일 기사 출제　④ 2016년 10월 15일 제3회(문제 9번) 출제
⑤ 2017년 10월 22일 제3회 1부 출제

정답
① EP-1
② EP-2

자격종목 및 등급(선택분야)	시험시간	배점	시행일
산업안전기사	60분	45점	2018년 10월 14일 3회(1부)

참고사항
① 본 그림은 꼭 실제시험문제와 동일하지 않을 수도 있음
② 그림 및 동영상은 참고만 하세요.(문제의 질의 내용은 동일함)

01 화면은 지게차가 주행안전작업을 하고 있다. 지게차의 작업시작전 점검사항 3가지를 쓰시오.(6점)

참고 산업안전보건기준에 관한 규칙 [별표 3] 작업시작전 검검사항

정답
① 제동장치 및 조종장치 기능의 이상 유무
② 하역장치 및 유압장치 기능의 이상 유무
③ 바퀴의 이상 유무
④ 전조등·후미등·방향지시기 및 경보장치 기능의 이상 유무

02 화면은 콘크리트파일을 설치하기 위한 작업과정이다. 항타기 권상장치의 드럼축과 권상장치로부터 첫 번째 도르래의 축 간의 거리를 권상장치의 드럼폭의 (①)배 이상으로 해야 하며 권상장치의 드럼 (②)을 지나야 하며 축과 (③)에 있어야 한다. (   )에 알맞은 내용을 쓰시오.(6점)

참고 산업안전보건기준에 관한 규칙 제216조(도르래의 부착 등)

합격KEY
① 2004년 10월 2일 산업기사(문제 4번)
② 2005년 10월 1일 산업기사(문제 4번)
③ 2007년 7월 15일 출제
④ 2010년 7월 11일 출제
⑤ 2012년 4월 28일 출제
⑥ 2013년 7월 20일 제2회 제1부(문제 4번) 출제
⑦ 2015년 10월 11일 제3회(문제 4번) 출제
⑧ 2017년 10월 22일 제3회(문제 4번) 출제

정답
① 15
② 중심
③ 수직면상

자격종목 및 등급(선택분야)	시험시간	배점	시행일
산업안전기사	60분	45점	2018년 10월 14일 3회(1부)

참고사항
① 본 그림은 꼭 실제시험문제와 동일하지 않을 수도 있음
② 그림 및 동영상은 참고만 하세요.(문제의 질의 내용은 동일함)

활선작업 보호구

활선작업

동영상 설명
화면에서 작업자 2명이 전주에서 활선작업을 하고 있다. 작업자 1명은 밑에서 절연방호구를 다른 작업자 1명은 크레인 위에서 물건을 받아 활선에 절연방호구 설치 작업을 하다 감전사고가 발생한다.

03 화면은 활선작업에 대한 동영상이다. 이와 같이 활선작업시 내재되어 있는 핵심 위험 요인을 3가지 쓰시오.(6점)

참고 배점 : 2점×3개=6점

합격KEY
① 2006년 9월 23일 산업기사 출제 ② 2007년 10월 14일 출제
③ 2012년 7월 14일 출제 ④ 2013년 4월 27일 산업기사 출제
⑤ 2015년 4월 25일(문제 6번) 출제 ⑥ 2016년 4월 23일(문제 6번) 출제
⑦ 2017년 4월 22일 제1부 출제 ⑧ 2017년 4월 22일 제1회(문제 6번) 출제

정답
① 작업자의 복장이 갖추어져 있지 않았다.
② 신호전달이 잘 이루어지지 않았다.
③ 작업자가 안전확인(활선 또는 사선)을 소홀히 했다.

자격종목 및 등급(선택분야)	시험시간	형별	시행일
산업안전기사	60분	45점	2018년 10월 14일 3회(1부)

참고사항
① 본 그림은 꼭 실제시험문제와 동일하지 않을 수도 있음
② 그림 및 동영상은 참고만 하세요.(문제의 질의 내용은 동일함)

04 화면은 승강기 설치작업을 하고 있다. 승강기 방호장치 6가지를 쓰시오.(6점)

참고) 산업안전보건기준에 관한 규칙 제134조(방호장치의 조정)
합격KEY ▶ 2018년 7월 8일 산업기사 제2회(문제 4번) 출제

정답
① 과부하 방지장치
② 권과방지 장치
③ 비상정지장치
④ 제동장치
⑤ 파이널 리미트 스위치(final limit switch)
⑥ 속도 조절기
⑦ 출입문인터록(inter lock)

자격종목 및 등급(선택분야)	시험시간	배점	시행일
산업안전기사	60분	45점	2018년 10월 14일 3회(1부)

참고사항
① 본 그림은 꼭 실제시험문제와 동일하지 않을 수도 있음
② 그림 및 동영상은 참고만 하세요.(문제의 질의 내용은 동일함)

05 선박 내부에서 공기압축기 작업 도중에 작업자가 가스질식으로 의식을 잃은 장면이다. 이와 같은 사고에 대비하여 필요한 호흡용 보호구를 2가지만 쓰시오.(4점)

채점기준
(1) 택 2. 2개 모두 맞으면 4점, 1개 맞으면 2점, 그 외 0점
(2) 유사(가능한)답안
① 에어라인 마스크　　　　　② 호스마스크
③ 복합식 에어라인 마스크　　④ 산소호흡기

합격KEY ① 2005년 7월 15일 산업기사 출제　　② 2006년 9월 23일 출제
③ 2014년 10월 5일(문제 5번) 출제　　④ 2015년 7월 18일 제2회 제3부(문제 5번) 출제
⑤ 2015년 10월 11일 제3회 산업기사 출제　⑥ 2017년 10월 22일 기사(문제 5번) 출제

정답
① 송기마스크
② 공기호흡기

자격종목 및 등급(선택분야)	시험시간	형별	시행일
산업안전기사	60분	45점	2018년 10월 14일 3회(1부)

참고사항
① 본 그림은 꼭 실제시험문제와 동일하지 않을 수도 있음
② 그림 및 동영상은 참고만 하세요.(문제의 질의 내용은 동일함)

06 높이가 2[m] 이상인 작업장소에서 근로자가 작업발판 위에서 작업을 하고 있다. 작업발판 설치기준 2가지를 쓰시오.(4점)

참고 산업안전보건기준에 관한 규칙 제56조(작업발판의 구조)
부분점수 있다.(2점×3개=6점)

합격KEY
① 2006년 4월 29일 출제 ② 2007년 7월 15일 출제
③ 2010년 7월 11일 출제 ④ 2015년 4월 25일(문제 6번) 출제
⑤ 2016년 7월 3일 제2회 출제 ⑥ 2016년 10월 15일 제3회(문제 6번) 출제
⑦ 2017년 10월 22일 기사 3회(문제 6번) 출제

정답
① 발판재료는 작업시의 하중을 견딜 수 있도록 견고한 구조로 할 것
② 작업발판의 폭은 40[cm] 이상으로 하고, 발판재료 간의 틈은 3[cm] 이하로 할 것. 다만, 외줄비계의 경우에는 고용노동부장관이 별도로 정하는 기준에 따른다.
③ 추락의 위험이 있는 장소에는 안전난간을 설치할 것. 다만, 작업의 성질상 안전난간을 설치하는 것이 곤란한 경우, 작업의 필요상 임시로 안전난간을 해체할 때에 추락방호망을 설치하거나 근로자로 하여금 안전대를 사용하도록 하는 등 추락위험 방지 조치를 한 경우에는 그러하지 아니하다.
④ 작업발판의 지지물은 하중에 의하여 파괴될 우려가 없는 것을 사용할 것
⑤ 작업발판 재료는 뒤집히거나 떨어지지 않도록 둘 이상의 지지물에 연결하거나 고정시킬 것
⑥ 작업발판을 작업에 따라 이동시킬 경우에는 위험 방지에 필요한 조치를 할 것

💬 **합격자의 조언** ( )안에 알맞은 내용 넣기로 출제된 문제도 있습니다.

자격종목 및 등급(선택분야)	시험시간	배점	시행일
산업안전기사	60분	45점	2018년 10월 14일 3회(1부)

참고사항
① 본 그림은 꼭 실제시험문제와 동일하지 않을 수도 있음
② 그림 및 동영상은 참고만 하세요.(문제의 질의 내용은 동일함)

동영상 설명
가스용접작업 중에 맨얼굴로 목장갑을 끼고 작업하면서 산소통 줄을 당겨서 호스가 뽑혀 산소가 새어나오고 불꽃이 튐

07 동영상은 가스용접작업 중 발생한 재해사례이다. 동영상을 참고하여 위험요인(문제점) 2가지를 쓰시오. (4점)

참고 2008년 7월 13일(문제 2번)

합격KEY
① 2010년 9월 19일 출제 제3회(문제 4번) 출제
② 2015년 4월 25일(문제 4번) 출제
③ 2015년 7월 18일 산업기사(문제 9번) 출제

정답
① 작업자가 용접용 보안면과 용접용 장갑을 착용하지 않고 있어 화상의 위험이 있다.
② 용기를 눕혀서 보관, 작업 실시함과 별도의 안전장치가 없어 폭발위험이 있다.

자격종목 및 등급(선택분야)	시험시간	형별	시행일
산업안전기사	60분	45점	2018년 10월 14일 3회(1부)

참고사항
① 본 그림은 꼭 실제시험문제와 동일하지 않을 수도 있음
② 그림 및 동영상은 참고만 하세요.(문제의 질의 내용은 동일함)

동영상 설명
박공지붕 위쪽과 바닥을 보여준다. 오른쪽에 안전난간, 추락방지망이 미설치된 모습이 보이고, 지붕 위쪽 중간에서 커피를 마시면서 앉아 휴식을 취하는 작업자(안전모, 안전화 착용함)들이 보인다. 작업자 왼쪽과 뒤편에 적재물이 적치되어 있는데, 뒤에 있던 삼각형 적재물이 굴러와 작업자 등에 맞아 작업자가 앞으로 쓰러지는 동영상이다.

08
화면은 박공지붕 설치 작업 중 발생한 재해사례이다. 해당 화면은 박공지붕의 비래에 의해 재해가 발생하였음을 나타내고 있다. 그 위험요인(문제점)과 안전대책 2가지를 쓰시오.(4점)

채점기준
① 택 2, 2점×2개=4점
② 조사나 문맥이 모범답안과 다르더라도 의미가 같으면 정답 인정

합격KEY
① 2004년 7월 10일 출제
② 2006년 9월 23일 출제
③ 2007년 10월 13일 출제
④ 2008년 4월 26일 출제
⑤ 2009년 9월 19일 출제
⑥ 2011년 7월 30일 산업기사 출제
⑦ 2012년 4월 28일 출제
⑧ 2012년 7월 14일 산업기사 출제
⑨ 2013년 4월 27일 출제
⑩ 2013년 7월 20일 출제
⑪ 2013년 10월 12일 산업기사 출제
⑫ 2014년 4월 25일 산업기사 출제
⑬ 2014년 7월 13일 산업기사 출제
⑭ 2014년 10월 5일 제3회(문제 3번) 출제
⑮ 2015년 7월 18일 제2회(문제 8번) 출제
⑯ 2017년 10월 22일 기사 제3회(문제 8번) 출제

정답
(1) 위험요인
① 근로자가 위험한 장소에서 휴식을 취하고 있다.
② 추락방호망이 설치되지 않았다.
③ 한곳에 과적하여 적치하였다.
④ 안전대 부착설비가 없고, 안전대를 착용하지 않았다.

(2) 안전대책
① 근로자는 위험한 장소에서 휴식을 취하지 않는다.
② 추락방호망을 설치한다.
③ 한곳에 과적하여 적치하지 않는다.
④ 안전대 부착설비를 설치하고, 안전대를 착용한다.

자격종목 및 등급(선택분야)	시험시간	배점	시행일
산업안전기사	60분	45점	2018년 10월 14일 3회(1부)

참고사항
① 본 그림은 꼭 실제시험문제와 동일하지 않을 수도 있음
② 그림 및 동영상은 참고만 하세요.(문제의 질의 내용은 동일함)

① 단화　　② 중단화　　③ 장화

09 사진의 가죽제안전화의 뒷굽높이를 제외한 몸통높이(h)를 쓰시오. (5점)

합격KEY ① 2012년 10월 11일 제3회(문제 9번) 출제
② 2017년 10월 22일 기사 제3회(문제 9번) 출제

정답
① 단화 : 113[mm] 미만
② 중단화 : 113[mm] 이상
③ 장화 : 178[mm] 이상

자격종목 및 등급(선택분야)	시험시간	형별	시행일
산업안전기사	60분	45점	2018년 10월 14일 3회(2부)

참고사항
① 본 그림은 꼭 실제시험문제와 동일하지 않을 수도 있음
② 그림 및 동영상은 참고만 하세요.(문제의 질의 내용은 동일함)

01 이동식 크레인 작업시작전 점검사항 3가지를 쓰시오.(6점)

참고 산업안전보건기준에 관한 규칙 [별표 3] 작업시작전 점검사항

정답
① 권과방지장치나 그 밖의 경보장치의 기능
② 브레이크·클러치 및 조정장치의 기능
③ 와이어로프가 통하고 있는 곳 및 작업장소의 지반상태

자격종목 및 등급(선택분야)	시험시간	배점	시행일
산업안전기사	60분	45점	2018년 10월 14일 3회(2부)

참고사항
① 본 그림은 꼭 실제시험문제와 동일하지 않을 수도 있음
② 그림 및 동영상은 참고만 하세요.(문제의 질의 내용은 동일함)

동영상 설명
덤프트럭 기사가 운전석에서 내려 덤프트럭 적재함을 올리고 실린더 유압장치 밸브를 수리하던 중 적재함 사이에 끼임

02 동영상은 덤프트럭 적재함을 올리고 실린더 유압장치 밸브를 수리하던 중 발생한 재해사례이다. 동영상과 같이 차량계 하역운반기계 등의 수리 또는 부속장치의 장착 및 해체작업을 하는 때에 작업지휘자를 지정하여 준수하여야 할 사항 2가지를 쓰시오.(4점)

참고
① 산업안전보건기준에 관한 규칙 제20조(출입의 금지 등)
② 산업안전보건기준에 관한 규칙 제176조(수리 등의 작업시의 조치)

합격KEY
① 2008년 7월 13일 출제   ② 2008년 10월 5일 출제
③ 2009년 9월 20일 출제   ④ 2012년 7월 14일 출제
⑤ 2015년 10월 11일 기사 제3회(문제 2번) 출제

정답
① 작업순서를 결정하고 작업을 지휘할 것
② 안전지주 또는 안전블록 등의 사용상황 등을 점검할 것

💬 **합격자의 조언** 조사나 문맥이 모범답안과 다르더라도 의미가 같으면 정답으로 인정한다.

자격종목 및 등급(선택분야)	시험시간	형별	시행일
산업안전기사	60분	45점	2018년 10월 14일 3회(2부)

참고사항
① 본 그림은 꼭 실제시험문제와 동일하지 않을 수도 있음
② 그림 및 동영상은 참고만 하세요.(문제의 질의 내용은 동일함)

03 동영상에서와 같은 화학설비 중 특수화학설비 내부의 이상상태를 조기에 파악하기 위하여 설치해야 할 장치를 3가지만 쓰시오. (6점)

참고
① 산업안전보건기준에 관한 규칙 제273~276조(계측장치 등의 설치)
② 2점×3개=6점(택 3개)

합격KEY
① 2003년 7월 19일 산업기사 출제
② 2005년 10월 1일 출제
③ 2007년 4월 28일 출제
④ 2007년 10월 13일 산업기사 출제
⑤ 2008년 10월 5일 출제
⑥ 2010년 7월 11일 산업기사 출제
⑦ 2013년 7월 20일 출제
⑧ 2014년 10월 5일(문제 4번) 출제
⑨ 2015년 7월 18일 제2회 3부 산업기사(문제 2번) 출제
⑩ 2015년 10월 11일 기사 출제
⑪ 2016년 10월 15일 산업기사 제3회(문제 2번) 출제

정답
① 온도계·유량계·압력계 등의 계측장치
② 자동경보장치(설치가 곤란한 경우는 감시인 배치)
③ 긴급차단장치(원재료 공급차단, 제품방출, 불활성 가스 주입, 냉각용수 공급 등)
④ 예비동력원

자격종목 및 등급(선택분야)	시험시간	배점	시행일
산업안전기사	60분	45점	2018년 10월 14일 3회(2부)

참고사항
① 본 그림은 꼭 실제시험문제와 동일하지 않을 수도 있음
② 그림 및 동영상은 참고만 하세요.(문제의 질의 내용은 동일함)

동영상 설명
작업자가 교류아크용접을 한다. 용접을 한 번 하고서 슬러지를 털어낸 뒤 육안으로 확인 후 다시 한 번 용접을 위해 아크불꽃을 내는 순간 감전되어 쓰러진다.(작업자는 일반 캡 모자와 목장갑 착용)

04 화면은 교류아크용접 작업중 재해가 발생한 사례이다. (1) 기인물과 (2) 이 작업시 눈과 감전재해위험으로부터 작업자를 보호하기 위해 착용해야 할 보호구 명칭 두 가지를 쓰시오.(4점)

합격KEY
① 2004년 10월 2일 산업기사 출제
② 2014년 4월 25일 출제
③ 2014년 10월 5일 (문제 2번) 산업기사 출제
④ 2016년 7월 3일 산업기사 제2회 출제
⑤ 2016년 10월 15일 기사 제3회(문제 2번) 출제

정답
(1) 기인물 : 교류아크용접기
(2) 보호구
   ① 차광보안경(용접용 보안면)
   ② 안전장갑(용접용 장갑)

자격종목 및 등급(선택분야)	시험시간	형별	시행일
산업안전기사	60분	45점	2018년 10월 14일 3회(2부)

참고사항
① 본 그림은 꼭 실제시험문제와 동일하지 않을 수도 있음
② 그림 및 동영상은 참고만 하세요.(문제의 질의 내용은 동일함)

[동영상 설명] 기울어진(30[°] 정도) 컨베이어 기계가 작동하고, 작업자는 작동중인 컨베이어 위에 1[명] 아래쪽 작업장 바닥에 1[명]이 있다. 기계 오른쪽에 있는 포대를 컨베이어 벨트 위로 올리는 작업을 하는 동영상이다. 화면 오른쪽에 포대가 많이 쌓여 있고, 작업자 1[명]은 경사진 컨베이어 위 회전하는 벨트 양끝부분(철로된 모서리)에 양발을 벌리고 서 있으며, 밑에 작업자가 포대를 일정한 방향이 아닌 삐뚤(각기 다르게)게 컨베이어에 올리고 있다. 컨베이어 위에 양발을 벌리고 있는 작업자 발에 포대 끝부분이 부딪혀 무게 중심을 잃고 기계 오른쪽으로 쓰러진 후 팔이 기계 하단으로 들어가면서 아파하는데 아래쪽 작업자가 와서 안아주는 동영상이다.

05 화면상에서 작업자 측면에서의 잘못된 작업방법 2가지를 쓰시오.(4점)

합격KEY
① 2014년 7월 13일 기사 출제
② 2014년 10월 5일 기사 (문제 6번) 출제
③ 2015년 7월 18일 기사 (문제 5번) 출제
④ 2016년 7월 3일 산업기사 제2회(문제 5번) 출제

정답
① 작업자가 양발을 컨베이어 양끝에 지지하여 불안전한 자세로 작업을 하고 있다.
② 시멘트 포대가 작업자의 발을 치고 있어서 작업자가 넘어져 상해를 당할 수 있다.

자격종목 및 등급(선택분야)	시험시간	배점	시행일
산업안전기사	60분	45점	2018년 10월 14일 3회(2부)

참고사항
① 본 그림은 꼭 실제시험문제와 동일하지 않을 수도 있음
② 그림 및 동영상은 참고만 하세요.(문제의 질의 내용은 동일함)

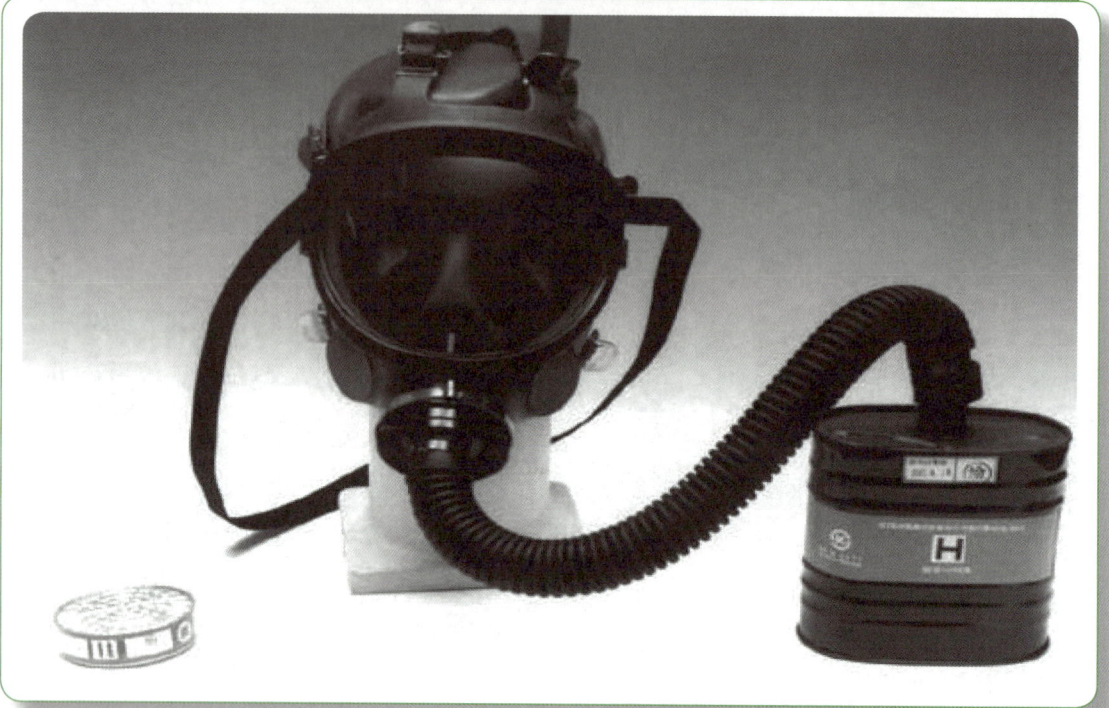

06 사진은 유해물질에 근로자가 노출되는 것을 막기 위하여 사용하는 방독마스크이다. 사진을 참고하여 보호구 성능검정 규정에 따른 다음 각 물음에 답하시오.(단, 정화통의 외부측면은 녹색)(5점)
① 방독마스크의 종류를 쓰시오.
② 방독마스크 정화통의 주성분(흡수제)을 1가지만 쓰시오.
③ 방독마스크 정화통의 시험가스를 1가지만 쓰시오.

참고 시험가스 농도가 0.5[%], 파과 농도가 20[ppm](±20[%])이었을 때 파과시간 : 40[분] 이상

합격KEY ① 2007년 10월 14일 출제 ② 2008년 10월 5일 출제
③ 2014년 4월 25일 제3부 출제 ④ 2014년 4월 25일 제2부 출제
⑤ 2014년 10월 5일(문제 7번) 출제 ⑥ 2015년 7월 18일(문제 6번) 출제
⑦ 2017년 4월 22일 기사 제1회(문제 6번) 출제

정답
① 종류 : 암모니아용
② 주성분 : 큐프라마이트
③ 시험가스 : 암모니아(NH_3)가스

자격종목 및 등급(선택분야)	시험시간	형별	시행일
산업안전기사	60분	45점	2018년 10월 14일 3회(2부)

참고사항
① 본 그림은 꼭 실제시험문제와 동일하지 않을 수도 있음
② 그림 및 동영상은 참고만 하세요.(문제의 질의 내용은 동일함)

동영상 설명
피트 내에서 나무판자로 엉성하게 이어붙인 발판 위에서 벽면에 돌출되어 있는 못을 망치로 제거하는 동영상

07 화면은 승강기 설치 전 피트 내부에서 청소작업 중에 승강기의 개구부로 작업자가 추락하여 사망사고가 발생한 재해사례이다. 이 영상에서 나타난 핵심위험요인을 3가지 쓰시오.(6점)

참고 산업안전보건기준에 관한 규칙 제43조(개구부 등의 방호조치)

합격KEY
① 2006년 9월 23일 기사 출제
② 2007년 10월 14일 기사 출제
③ 2009년 4월 26일 기사 출제
④ 2011년 5월 7일 출제
⑤ 2014년 10월 5일 출제
⑥ 2015년 7월 18일 기사 출제
⑦ 2016년 4월 23일(문제 5번) 출제
⑧ 2016년 7월 3일 제2회 기사 출제
⑨ 2016년 10월 15일 제3회 기사 출제
⑩ 2017년 10월 22일 산업기사 제3회(문제 5번) 출제

정답
① 작업발판이 고정되어 있지 않았다.
② 작업자가 안전난간 및 안전대를 걸지 않고 작업하였다.
③ 수직형 추락방망을 설치하지 않았다.

08
화면은 폭발성 화학물질 취급 중 작업자의 부주의로 발생한 사고 사례이다. 동영상에서 나타난 바와 같이 폭발성 물질 저장소에 들어가는 작업자가 신발에 물을 묻히는 이유는 무엇인지 설명하고, 화재시 적합한 소화방법은 무엇인지 쓰시오. (6점)

① 이유
② 소화방법

채점기준
① 조사나 문맥이 모범답안과 다르더라도 의미가 같으면 정답으로 인정한다.
② 냉각소화란 말만 들어가면 정답으로 인정한다.

합격KEY
① 2004년 10월 2일 출제
② 2005년 10월 1일 출제
③ 2009년 4월 26일 출제
④ 2012년 4월 28일 출제
⑤ 2013년 7월 20일 출제
⑥ 2014년 10월 5일(문제 5번) 출제
⑦ 2015년 7월 18일 제2회 출제
⑧ 2016년 10월 15일 기사 제3회(문제 8번) 출제

정답
① 이유 : 폭발성이 높은 화학약품을 취급할 때 정전기에 의한 폭발 위험성이 있으므로 작업화와 바닥면의 접촉으로 인한 정전기 발생을 줄이기 위해서이다.
② 소화방법 : 다량 주수에 의한 냉각소화

자격종목 및 등급(선택분야)	시험시간	형별	시행일
산업안전기사	60분	45점	2018년 10월 14일 3회(2부)

참고사항
① 본 그림은 꼭 실제시험문제와 동일하지 않을 수도 있음
② 그림 및 동영상은 참고만 하세요.(문제의 질의 내용은 동일함)

[사진] 가설통로 vs 사다리식통로(출처 : 네이버블로그)

09 동영상에서 가설통로의 설치기준에 관한 사항에서 ① 경사는 (   )[°]이하 ② 미끄러지지 아니하는 구조로 할 때 경사의 각도 (   )[°]를 쓰시오.(4점)

참고 산업안전보건기준에 관한 규칙 제23조(가설통로의 구조)

정답
① 30
② 15

자격종목 및 등급(선택분야)	시험시간	배점	시행일
산업안전기사	60분	45점	2018년 10월 14일 3회(3부)

참고사항
① 본 그림은 꼭 실제시험문제와 동일하지 않을 수도 있음
② 그림 및 동영상은 참고만 하세요.(문제의 질의 내용은 동일함)

01 동영상은 LPG 저장소에 가스누설감지경보기의 미설치로 인한 재해가 발생한 사례이다. 가스누설감지경보기의 적절한 설치 위치와 폭발범위에 대한 경보설정값[%]을 쓰시오.(6점)
① 설치위치 :
② 경보설정값 :

참고 배점 각 3점

합격KEY
① 2002년 10월 6일 산업기사 출제
② 2003년 5월 4일 산업기사 출제
③ 2005년 10월 1일 출제
④ 2008년 10월 5일 산업기사 출제
⑤ 2014년 4월 25일(문제 2번) 출제
⑥ 2015년 7월 18일 제2회 2부 출제
⑦ 2017년 7월 2일 기사 제2회(문제 2번) 출제

정답
① 설치위치 : LPG는 공기보다 무거우므로 바닥에 인접한 낮은 곳에 설치한다.
② 경보설정값 : 폭발하한계(L.F.L or L.G.L)의 25[%] 이하

자격종목 및 등급(선택분야)	시험시간	형별	시행일
산업안전기사	60분	45점	2018년 10월 14일 3회(3부)

참고사항
① 본 그림은 꼭 실제시험문제와 동일하지 않을 수도 있음
② 그림 및 동영상은 참고만 하세요.(문제의 질의 내용은 동일함)

02 화면을 보고 지게차 주행안전작업 사항 중 잘못된 내용(사고위험요인)을 3가지 쓰시오.(6점)

합격KEY
① 2000년 11월 9일 산업기사 출제
③ 2006년 7월 15일 출제
⑤ 2013년 7월 20일(문제 3번) 출제
⑦ 2017년 4월 22일 기사 제1회(문제 3번) 출제
② 2004년 4월 29일 출제
④ 2011년 5월 7일 출제
⑥ 2015년 7월 18일(문제 3번) 출제

정답
① 전방의 시야 불충분으로 지게차에 의해 다른 작업자가 다칠 수 있다.
② 물건을 과적하여 운전자의 시야를 가려 다른 작업자가 다칠 수 있다.
③ 물건을 불안정하게 적재하여 화물이 떨어져 다른 작업자가 다칠 수 있다.
④ 다른 작업자가 작업통로에 나와서 작업을 하고 있어 지게차에 의해 다칠 수 있다.
⑤ 난폭한 운전·과속으로 운전자 본인이 다치거나 다른 작업자가 다칠 수 있다.

자격종목 및 등급(선택분야)	시험시간	배점	시행일
산업안전기사	60분	45점	2018년 10월 14일 3회(3부)

참고사항
① 본 그림은 꼭 실제시험문제와 동일하지 않을 수도 있음
② 그림 및 동영상은 참고만 하세요.(문제의 질의 내용은 동일함)

동영상 설명
작업자가 안전대를 착용하고 전주에 올라서서 작업발판(볼트)을 딛고 변압기 볼트를 조이는 중 추락하는 동영상이다.

03 화면은 작업자가 변압기 볼트를 조이는 장면이다. 위험요인 2가지를 쓰시오.(4점)

합격KEY ① 2014년 10월 5일(문제 3번) 출제
② 2016년 4월 23일 제1회 1부 출제
③ 2017년 7월 2일 기사 제2회(문제 3번) 출제

정답
① 작업자가 안전대를 전주에 걸지 않고 작업하여 위험하다.
② 작업자가 딛고 선 발판이 불안하다.

자격종목 및 등급(선택분야)	시험시간	형별	시행일
산업안전기사	60분	45점	2018년 10월 14일 3회(3부)

참고사항
① 본 그림은 꼭 실제시험문제와 동일하지 않을 수도 있음
② 그림 및 동영상은 참고만 하세요.(문제의 질의 내용은 동일함)

동영상 설명
공작물을 손으로 잡고 작업하다가 공작물이 튀는 현상임

04 화면은 장갑을 착용한 작업자가 드릴작업을 하면서 이물질을 입으로 불어 제거하고, 동시에 손으로 제거하려다가 드릴에 손을 다치는 사고 사례 장면을 보여주고 있다. 동영상에 나타나는 위험요인 2가지를 쓰시오.(4점)

합격KEY
① 2008년 4월 26일
② 2009년 4월 26일
③ 2011년 7월 30일 산업기사 출제
④ 2012년 7월 14일
⑤ 2012년 7월 14일 산업기사 출제
⑥ 2017년 10월 22일 기사 제3회(문제 4번) 출제

정답
① 보안경을 착용하지 않고 이물질을 입으로 불어 제거하다가 이물질이 눈에 들어갈 위험이 있다.
② 브러시를 사용하지 않고 회전체에 장갑을 착용한 손으로 이물질을 제거하다가 손이 다칠 위험이 있다.

자격종목 및 등급(선택분야)	시험시간	배점	시행일
산업안전기사	60분	45점	2018년 10월 14일 3회(3부)

참고사항
① 본 그림은 꼭 실제시험문제와 동일하지 않을 수도 있음
② 그림 및 동영상은 참고만 하세요.(문제의 질의 내용은 동일함)

05 동영상은 건물해체에 관한 장면이다. 동영상에서와 같은 작업시 해체계획에 포함되어야 할 사항을 3가지 쓰시오.(단, 그 밖에 안전·보건에 관한 사항은 제외한다.)(6점)

참고 산업안전보건기준에 관한 규칙 [별표 4] 사전조사 및 작업계획서 내용

합격KEY
① 2004년 4월 29일 산업기사 출제
② 2008년 10월 5일 산업기사 출제
③ 2009년 7월 11일 출제
④ 2011년 5월 7일 산업기사 출제
⑤ 2011년 10월 22일 출제
⑥ 2012년 7월 14일 출제
⑦ 2013년 4월 27일 출제
⑧ 2013년 10월 12일 제3회 출제
⑨ 2014년 10월 5일 산업기사 출제
⑩ 2015년 4월 25일(문제 6번) 출제
⑪ 2015년 7월 18일 (문제 9번) 출제
⑫ 2016년 7월 3일 제2회 2부 출제
⑬ 2017년 7월 2일 제2회(문제 4번) 출제

정답
① 해체의 방법 및 해체순서도면
② 가설설비·방호설비·환기설비 및 살수·방화설비 등의 방법
③ 사업장 내 연락방법
④ 해체물의 처분계획
⑤ 해체작업용 기계·기구 등의 작업계획서
⑥ 해체작업용 화약류 등의 사용계획서

자격종목 및 등급(선택분야)	시험시간	형별	시행일
산업안전기사	60분	45점	2018년 10월 14일 3회(3부)

참고사항
① 본 그림은 꼭 실제시험문제와 동일하지 않을 수도 있음
② 그림 및 동영상은 참고만 하세요.(문제의 질의 내용은 동일함)

동영상 설명
작업자가 인쇄용 윤전기의 전원을 끄지 않고 빙글빙글 서로 맞물려서 돌아가는 롤러를 걸레로 닦고 있다. 닦을 때 체중을 실어서 힘 있게 닦고, 위험하게 맞물리는 지점까지 걸레를 집어넣고 닦는다. 그 순간 작업자의 손이 롤러기 사이에 끼어서 사고를 당하고 사고 발생 후 전원을 차단하고 손을 빼내는 화면을 보여준다.

06 화면의 인쇄윤전기 재해사례에서 나타나는 위험점을 기계의 운동 형태에 따라 분류하고자 할 때 해당되는 ① 위험점의 명칭 ② 정의 등을 쓰시오.(4점)

합격KEY
① 2000년 9월 5일 출제
③ 2006년 9월 23일 출제
⑤ 2010년 7월 11일 출제
⑦ 2012년 10월 21일 산업기사 출제
⑨ 2015년 4월 25일 산업기사 출제
⑪ 2016년 4월 23일 출제
⑬ 2017년 10월 22일 기사 제3회(문제 6번) 출제

② 2002년 5월 4일 출제
④ 2009년 4월 26일 출제
⑥ 2012년 7월 14일 출제
⑧ 2013년 10월 12일 출제
⑩ 2015년 7월 18일 산업기사 출제
⑫ 2016년 10월 9일 산업기사(문제 4번) 출제

정답
① 위험점의 명칭 : 물림점(nip point)
② 정의 : 회전하는 두 개의 회전체에 물려 들어가는 위험점
　예) 롤러와 롤러의 물림, 기어와 기어의 물림

💬 **합격자의 조언** 그 외 5가지 위험점 기억하세요.(차후 시험 대비)

자격종목 및 등급(선택분야)	시험시간	배점	시행일
산업안전기사	60분	45점	2018년 10월 14일 3회(3부)

참고사항
① 본 그림은 꼭 실제시험문제와 동일하지 않을 수도 있음
② 그림 및 동영상은 참고만 하세요.(문제의 질의 내용은 동일함)

동영상 설명
와이어로프에 묻은 기름과 이물질 등을 청소하던 중 재해발생

07 화면은 승강기 와이어에 묻은 기름과 먼지를 청소하는 도중에 발생한 재해사례이다. 영상을 보고 ① 위험점 ② 재해발생형태 ③ 재해의 정의를 쓰시오.(6점)

합격KEY
① 2006년 9월 23일 출제
② 2009년 4월 26일 출제
③ 2009년 9월 20일 산업기사 출제
④ 2010년 9월 19일 출제
⑤ 2014년 10월 5일 제3회 제1부(문제 7번) 출제
⑥ 2015년 10월 11일 기사 제3회(문제 7번) 출제

[표] 기계 설비에 의해 형성되는 위험점 6가지

종류	특 징	위험점 기계
협착점 (Squeeze-point)	왕복운동하는 운동부와 고정부 사이에 형성 (작업점이라 부르기도 함)	① 프레스 금형 조립부위 ② 전단기의 누름판 및 칼날부위 ③ 선반 및 평삭기의 베드 끝 부위
끼임점 (Shear-point)	고정부분과 회전 또는 직선운동부분에 의해 형성	① 연삭숫돌과 작업대 ② 반복동작되는 링크기구 ③ 교반기의 교반날개와 몸체사이
절단점 (Cutting-point)	회전운동부분 자체와 운동하는 기계 자체에 의해 형성	① 밀링컷터 ② 둥근톱 날 ③ 목공용 띠톱 날 부분
물림점 (Nip-point)	회전하는 두 개의 회전축에 의해 형성(회전체가 서로 반대방향으로 회전하는 경우)	① 기어와 피니언 ② 롤러의 회전 등
접선물림점 (Tangential Nip-point)	회전하는 부분이 접선방향으로 물려 들어가면서 형성	① V벨트와 풀리 ② 기어와 랙 ③ 롤러와 평벨트 등
회전말림점 (Trapping-point)	회전체의 불규칙 부위와 돌기 회전 부위에 의해 형성	① 회전축 ② 드릴축 등

정답 ① 위험점 : 회전말림점   ② 재해의 발생형태 : 협착   ③ 정의 : 물건에 끼워진 상태 또는 말려든 상태

08 타워크레인 작업시 순간풍속이 초당 (①)[m]를 초과하는 경우 타워크레인의 설치·수리·점검 또는 해체 작업을 중지하여야 하며, 순간풍속이 초당 (②)[m]를 초과하는 경우에는 타워크레인의 운전작업을 중지하여야 한다. ( )를 쓰시오.(4점)

> 참고 산업안전보건기준에 관한 규칙 제37조(악천후 및 강풍시 작업중지)
> 합격KEY 2020년 7월 25일 실기 필답형(기사·산업기사) 출제

정답
① 10
② 15

자격종목 및 등급(선택분야)	시험시간	배점	시행일
산업안전기사	60분	45점	2018년 10월 14일 3회(3부)

참고사항
① 본 그림은 꼭 실제시험문제와 동일하지 않을 수도 있음
② 그림 및 동영상은 참고만 하세요.(문제의 질의 내용은 동일함)

〈보기〉

종류	질 량[단위 kg]
방 열 상 의	(①)
방 열 하 의	(②)
방열일체복	(③)
방 열 장 갑	(④)
방 열 두 건	(⑤)

09 보호구 사진을 참고하여 방열복의 보기의 종류에 따른 (　) 에 질량[kg]을 쓰시오.(5점)

참고 보호구 성능검정규정(방열복) 제152조(질량)

합격KEY ① 2007년 7월 15일 출제
② 2016년 10월 15일 기사 제3회(문제 9번) 출제

정답
① 3.0
② 2.0
③ 4.3
④ 0.5
⑤ 2.0

자격종목 및 등급(선택분야)	시험시간	형별	시행일
산업안전산업기사	60분	45점	2018년 10월 14일 3회(1부)

참고사항
① 본 그림은 꼭 실제시험문제와 동일하지 않을 수도 있음
② 그림 및 동영상은 참고만 하세요.(문제의 질의 내용은 동일함)

동영상 설명
① 에어배관을 파이프렌치나 전용공구가 아닌 일반 빼찌로 작업하다 재해가 발생하는 동영상이다.
② 안전모착용, 주위에 작업지휘자는 없다.

01 화면은 에어배관 작업 중 고압의 증기 누출로 작업자가 눈에 재해를 당하는 영상이다. 에어배관 작업시 위험요인을 2가지 쓰시오.(4점)

합격KEY ① 2014년 7월 23일 제2회 제1부(문제 1번) 출제
② 2015년 10월 11일(문제 1번) 출제
③ 2017년 4월 22일 제1회(문제 1번) 출제

정답 ① 보안경을 착용하지 않은 관계로 고압증기에 의한 눈 부위 손상의 위험이 존재한다.
② 배관에 남은 고압증기를 제거하지 않았고, 전용공구를 사용하지 않아 위험이 존재한다.

자격종목 및 등급(선택분야)	시험시간	배점	시행일
산업안전산업기사	60분	45점	2018년 10월 14일 3회(1부)

참고사항
① 본 그림은 꼭 실제시험문제와 동일하지 않을 수도 있음
② 그림 및 동영상은 참고만 하세요.(문제의 질의 내용은 동일함)

02 동영상은 높이가 2[m] 이상인 작업장소에서 근로자가 작업발판 위에서 작업을 하고 있다. ① 비계발판의 폭 몇 ( )[cm] 이상, ② 발판틈새는 몇 ( )[cm] 이하가 적정한지 쓰시오.(4점)

참고
① 산업안전보건기준에 관한 규칙 제56조(작업발판의 구조)
② 부분점수 있다.(2점×2개=4점)

합격KEY
① 2006년 4월 29일 출제 ② 2007년 7월 15일 출제
③ 2010년 7월 11일 출제 ④ 2015년 10월 11일(문제 3번) 산업기사 출제
⑤ 2016년 4월 23일 제1회 출제 ⑥ 2016년 10월 9일 산업기사 출제
⑦ 2017년 4월 22일 제1회 3부 출제 ⑧ 2017년 7월 2일 기사 제2회(문제 2번) 출제

정답
① 40
② 3

자격종목 및 등급(선택분야)	시험시간	형별	시행일
산업안전산업기사	60분	45점	2018년 10월 14일 3회(1부)

참고사항
① 본 그림은 꼭 실제시험문제와 동일하지 않을 수도 있음
② 그림 및 동영상은 참고만 하세요.(문제의 질의 내용은 동일함)

03 화면을 보고 지게차 주행안전작업 사항 중 잘못된 내용(사고위험요인)을 3가지 쓰시오.(6점)

합격KEY
① 2000년 11월 9일 산업기사 출제
② 2004년 4월 29일 출제
③ 2006년 7월 15일 출제
④ 2011년 5월 7일 출제
⑤ 2013년 7월 20일(문제 3번) 출제
⑥ 2015년 7월 18일(문제 3번) 출제
⑦ 2017년 4월 22일 기사 1회(문제 3번) 출제

정답
① 전방의 시야 불충분으로 지게차에 의해 다른 작업자가 다칠 수 있다.
② 물건을 과적하여 운전자의 시야를 가려 다른 작업자가 다칠 수 있다.
③ 물건을 불안정하게 적재하여 화물이 떨어져 다른 작업자가 다칠 수 있다.
④ 다른 작업자가 작업통로에 나와서 작업을 하고 있어 지게차에 의해 다칠 수 있다.
⑤ 난폭한 운전·과속으로 운전자 본인이 다치거나 다른 작업자가 다칠 수 있다.

자격종목 및 등급(선택분야)	시험시간	배점	시행일
산업안전산업기사	60분	45점	2018년 10월 14일 3회(1부)

참고사항
① 본 그림은 꼭 실제시험문제와 동일하지 않을 수도 있음
② 그림 및 동영상은 참고만 하세요.(문제의 질의 내용은 동일함)

04 동영상은 밀폐공간에서 작업을 하고 있다. 보기의 ( )에 알맞은 숫자를 쓰시오.(4점)

[보기]
"적정한 공기"라 함은 산소농도의 범위가 (①)[%] 이상, (②)[%] 미만, 이산화탄소의 농도가 (③)[%] 미만, 일산화탄소 농도가 30[ppm] 미만, 황화수소의 농도가 (④)[ppm] 미만인 수준의 공기를 말한다.

참고 산업안전보건기준에 관한 규칙 제618조(정의)

합격KEY
① 2006년 4월 29일(문제 3번) 출제
② 2016년 7월 3일 제2회(문제 3번) 출제
③ 2017년 10월 22일 기사 제3회(문제 4번) 출제

정답
① 18
② 23.5
③ 1.5
④ 10

자격종목 및 등급(선택분야)	시험시간	형별	시행일
산업안전산업기사	60분	45점	2018년 10월 14일 3회(1부)

참고사항
① 본 그림은 꼭 실제시험문제와 동일하지 않을 수도 있음
② 그림 및 동영상은 참고만 하세요.(문제의 질의 내용은 동일함)

05 동영상은 밀폐된 공간에서 작업을 하고 있다. 밀폐공간 작업시 안전작업수칙 3가지를 쓰시오.(6점)

채점기준 ① 6개 중 3개만 선택하세요.
② 2점×3개=6점

합격KEY
① 2003년 10월 12일 출제
② 2007년 4월 28일 출제
③ 2010년 4월 24일 산업기사 출제
④ 2011년 5월 7일 산업기사 출제
⑤ 2012년 7월 14일 출제
⑥ 2014년 4월 25일 산업기사 제1회 2부 출제
⑦ 2017년 7월 2일 기사 제2회(문제 5번) 출제

정답
① 작업시작 전 산소 농도 및 유해가스 농도 등을 측정한다.
② 산소 농도가 18[%] 미만일 때는 환기를 실시한다.
③ 산소 농도가 18[%] 이상인가를 확인하고 작업을 실시하며 작업도중에도 계속 환기를 실시한다.
④ 급기·배기를 동시에 실시함을 원칙으로 한다.
⑤ 환기를 실시할 수 없거나 산소결핍 위험 장소에 들어갈 때는 호흡용 보호구를 착용한다.
⑥ 감독자는 항상 작업상황을 살피고 이상시 연락을 할 수 있는 체제를 유지한다.

자격종목 및 등급(선택분야)	시험시간	배점	시행일
산업안전산업기사	60분	45점	2018년 10월 14일 3회(1부)

참고사항
① 본 그림은 꼭 실제시험문제와 동일하지 않을 수도 있음
② 그림 및 동영상은 참고만 하세요.(문제의 질의 내용은 동일함)

동영상 설명
철골구조물에서 작업자 2명이 볼트 체결작업 중 1명이 추락하는 화면(추락방지망미설치, 근로자 안전대 미착용)

06 화면을 참고하여 철골작업시 작업을 중지해야 할 경우 3가지를 기술하시오.(6점)

[채점기준]
① 산업안전보건기준에 관한 규칙 제383조(작업의 제한)
② 2점×3개=6점

[합격KEY]
① 2003년 7월 19일 출제
② 2010년 4월 24일 출제
③ 2011년 7월 30일 출제
④ 2012년 4월 28일 출제
⑤ 2014년 10월 5일(문제 7번) 출제
⑥ 2015년 7월 18일 제2회 출제
⑦ 2016년 10월 9일(문제 6번) 출제
⑧ 2017년 4월 22일 제1회(문제 6번) 출제

[정답]
① 풍속이 초당 10[m] 이상인 경우
② 강우량이 시간당 1[mm] 이상인 경우
③ 강설량이 시간당 1[cm] 이상인 경우

자격종목 및 등급(선택분야)	시험시간	형별	시행일
산업안전산업기사	60분	45점	2018년 10월 14일 3회(1부)

참고사항
① 본 그림은 꼭 실제시험문제와 동일하지 않을 수도 있음
② 그림 및 동영상은 참고만 하세요.(문제의 질의 내용은 동일함)

동영상 설명
정지된 컨베이어를 작업자가 점검을 하고 있다. 컨베이어는 작은 공장에서 볼 수 있는 그런 작업용 컨베이어 정도이다. 작업자가 점검 중일 때 다른 작업자가 전원 스위치 쪽으로 서서히 다가오더니 전원버튼을 누른다. 그 순간 점검중이던 작업자가 벨트에 손이 끼이는 사고를 당하는 화면을 보여 준다.

07 동영상은 컨베이어 작업을 하고 있다. 컨베이어의 작업시작 전 점검사항 3가지를 쓰시오.(6점)

참고 산업안전보건기준에 관한 규칙 [별표 3] 작업시작 전 점검사항

합격KEY
① 2006년 4월 29일 (문제 1번) ② 2007년 7월 15일 출제
③ 2008년 4월 26일 출제 ④ 2009년 7월 11일 출제
⑤ 2010년 7월 11일 산업기사 출제 ⑥ 2011년 10월 22일 산업기사 출제
⑦ 2013년 4월 27일 제1회 출제 ⑧ 2015년 4월 25일 제1회 2부 출제
⑨ 2017년 7월 2일 1부, 3부 출제 ⑩ 2017년 7월 2일 제2회 기사(문제 8번) 출제

정답
① 원동기 및 풀리기능의 이상유무
② 이탈 등의 방지장치 기능의 이상유무
③ 비상정지장치 기능의 이상유무
④ 원동기 · 회전축 · 기어 및 풀리 등의 덮개 또는 울 등의 이상유무

자격종목 및 등급(선택분야)	시험시간	배점	시행일
산업안전산업기사	60분	45점	2018년 10월 14일 3회(1부)

참고사항
① 본 그림은 꼭 실제시험문제와 동일하지 않을 수도 있음
② 그림 및 동영상은 참고만 하세요.(문제의 질의 내용은 동일함)

동영상 설명
소형변압기(일명 Down TR, 크기는 가로 세로 15cm 정도로 작은 변압기임)의 양쪽에 나와 있는 선을 일반 작업복만 입은 작업자(안전모 미착용, 보안경 미착용, 맨손, 신발 안보임)가 양손으로 들고 유기화합물통(스테인리스강으로 사각형)에 넣었다 빼서 앞쪽 선반에 올리는 작업함(유기화합물을 손으로 작업) 화면 바뀌면서 선반 위 소형변압기를 건조시키기 위해 음식점 냉장고(문 4개짜리 냉장고) 처럼 생긴 곳에 다가 넣고 문을 닫는 화면을 보여 준다.

08 동영상은 변압기를 유기화합물에 담가서 절연처리하고 건조작업을 하고 있다. 이 작업시 착용이 필요한 보호구를 다음에 제시된 대로 쓰시오.(4점)
① 손
② 눈

합격KEY
① 2006년 4월 29일(문제 2번) ② 2007년 4월 28일 출제
③ 2007년 10월 14일 출제 ④ 2009년 9월 19일 출제
⑤ 2011년 5월 7일 제1회 출제 ⑥ 2014년 7월 13일 제2회 출제
⑦ 2015년 4월 25일(문제 8번) 출제 ⑧ 2017년 10월 22일 기사 제3회(문제 8번) 출제

정답
① 손 : 절연 고무장갑
② 눈 : 보안경

자격종목 및 등급(선택분야)	시험시간	형별	시행일
산업안전산업기사	60분	45점	2018년 10월 14일 3회(1부)

참고사항
① 본 그림은 꼭 실제시험문제와 동일하지 않을 수도 있음
② 그림 및 동영상은 참고만 하세요.(문제의 질의 내용은 동일함)

09 화면의 보호구 (1) 명칭 (2) 보호구가 갖추어야 할 구조를 2가지 쓰시오.(5점)

참고 보호구 성능검정규정(안전대) 고용노동부고시 제2014-46호

합격KEY
① 2007년 10월 14일 출제
② 2009년 9월 19일 출제
③ 2011년 5월 7일 출제
④ 2012년 7월 14일 출제
⑤ 2015년 4월 25일 제1회 출제
⑥ 2016년 10월 15일 제3회(문제 9번) 출제
⑦ 2017년 10월 22일 기사 제3회(문제 9번) 출제

정답
(1) 명칭 : 안전블록
(2) 갖추어야 하는 구조
 ① 추락 발생시 추락을 억제할 수 있는 자동잠김장치를 갖추어야 한다.
 ② 안전블록 부품은 부식방지처리를 해야 한다.

문제 및 답안(지), 점수, 채점기준은 일체 공개하지 않는다.

자격종목 및 등급(선택분야)	시험시간	배점	시행일
산업안전산업기사	60분	45점	2018년 10월 14일 3회(2부)

참고사항
① 본 그림은 꼭 실제시험문제와 동일하지 않을 수도 있음
② 그림 및 동영상은 참고만 하세요.(문제의 질의 내용은 동일함)

동영상 설명
남자 근로자가 회전하는 탁상공구연삭기에 환봉을 연삭 작업중 환봉이 튕겨서 작업자를 가격하는 장면임

01 화면은 봉강 연마 작업중 발생한 사고사례이다. 기인물은 무엇이며, 연마작업시 파편이나 칩의 비래에 의한 위험에 대비하기 위해 설치해야 하는 방호장치명을 쓰시오.(4점)
① 기인물 : (2점)
② 방호장치명 : (2점)

참고 위험기계·기구 방호장치기준 제30조(방호조치)

합격KEY
① 2004년 10월 2일 산업기사출제   ② 2005년 10월 1일 산업기사 출제
③ 2010년 7월 11일 출제   ④ 2011년 10월 22일 출제
⑤ 2012년 10월 21일 출제   ⑥ 2013년 4월 27일 출제
⑦ 2015년 7월 18일 산업기사 (문제 3번) 출제   ⑧ 2017년 4월 22일 산업기사 출제
⑨ 2017년 10월 22일 기사(문제 1번) 출제

정답
① 기인물 : 탁상공구연삭기
② 방호장치명 : 투명한 비산 방지판

자격종목 및 등급(선택분야)	시험시간	형별	시행일
산업안전산업기사	60분	45점	2018년 10월 14일 3회(2부)

참고사항
① 본 그림은 꼭 실제시험문제와 동일하지 않을 수도 있음
② 그림 및 동영상은 참고만 하세요.(문제의 질의 내용은 동일함)

02 동영상에서 나타난 것처럼 지게차에 적재된 화물이 현저하게 시계를 방해할 경우 운전자의 안전 조치사항 3가지만 쓰시오.(6점)

합격KEY ① 2001년 4월 29일 (문제 2번) 출제
② 2007년 4월 28일 출제
③ 2011년 7월 30일 출제
④ 2014년 4월 25일 (문제 2번) 출제
⑤ 2016년 7월 3일 기사(문제 2번) 출제

정답
① 하차하여 주변의 안전을 확인한다.
② 유도하는 사람을 지정하여 지게차를 유도하든가 후진으로 서행한다.
③ 경적과 경광등을 사용한다.

자격종목 및 등급(선택분야)	시험시간	배점	시행일
산업안전산업기사	60분	45점	2018년 10월 14일 3회(2부)

참고사항
① 본 그림은 꼭 실제시험문제와 동일하지 않을 수도 있음
② 그림 및 동영상은 참고만 하세요.(문제의 질의 내용은 동일함)

동영상 설명
자동차부품(브레이크 라이닝)을 화학약품을 사용하여 세척하는 작업과정(세정제가 바닥에 흩어져 있으며, 고무장화 등을 착용하지 않고 작업을 하고 있음)을 보여주고 있다.

03 자동차 브레이크 라이닝을 세척 중이다. 착용해야할 보호구 3가지를 쓰시오.(6점)

합격KEY
① 2006년 9월 23일 산업기사 출제
② 2013년 10월 12일 제3회 출제
③ 2016년 10월 9일(문제 3번) 출제
④ 2017년 4월 22일 기사(문제 3번) 출제

정답
① 불침투성 보호의(복)
② 방독마스크
③ 보안경

자격종목 및 등급(선택분야)	시험시간	형별	시행일
산업안전산업기사	60분	45점	2018년 10월 14일 3회(2부)

참고사항
① 본 그림은 꼭 실제시험문제와 동일하지 않을 수도 있음
② 그림 및 동영상은 참고만 하세요.(문제의 질의 내용은 동일함)

동영상 설명
작업자가 컨베이어 위에서 벨트 양쪽의 기계에 두 발을 걸치고 물건을 올리는 작업중 벨트에 신발 밑창이 딸려가서 넘어지고 옆에 다른 근로자가 부축하는 동영상임

04
동영상은 경사용 컨베이어를 이용하여 화물을 운반하는 작업 중에 발생한 재해사례이다. 동영상을 참고하여 컨베이어에 설치하여야 하는 방호조치를 3가지 쓰시오.(6점)

참고
① 산업안전보건기준에 관한 규칙 제192조(비상정지장치)
② 산업안전보건기준에 관한 규칙 제193조(낙하물에 의한 위험 방지)

합격KEY
① 2008년 4월 26일 출제 ② 2008년 7월 13일 출제
③ 2009년 4월 26일 출제 ④ 2012년 4월 28일 기사 출제
⑤ 2013년 4월 27일 출제 ⑥ 2013년 10월 12일 제3회 2부 출제
⑦ 2015년 4월 25일(문제 3번) 출제 ⑧ 2016년 7월 18일 제2회 출제
⑨ 2016년 10월 9일(문제 3번) 출제 ⑩ 2017년 4월 22일 제1회(문제 3번) 출제

정답
① 비상정지장치
② 덮개
③ 울

자격종목 및 등급(선택분야)	시험시간	배점	시행일
산업안전산업기사	60분	45점	2018년 10월 14일 3회(2부)

참고사항
① 본 그림은 꼭 실제시험문제와 동일하지 않을 수도 있음
② 그림 및 동영상은 참고만 하세요.(문제의 질의 내용은 동일함)

동영상 설명
운전석에서 내려 덤프트럭 적재함을 올리고 실린더 유압장치 밸브를 수리하던 중 적재함 사이에 끼임

05 동영상은 덤프트럭 적재함을 올리고 실린더 유압장치 밸브를 수리하던 중 발생한 재해사례이다. 동영상과 같이 차량계 하역운반기계 등의 수리 또는 부속장치의 장착 및 해체작업을 하는 때에 작업지휘자의 준수사항 2가지를 쓰시오.(4점)

참고
① 산업안전보건기준에 관한 규칙 제20조(출입의 금지 등)
② 산업안전보건기준에 관한 규칙 제176조(수리 등의 작업시의 조치)

합격KEY
① 2008년 7월 13일 출제 ② 2008년 10월 5일 출제
③ 2009년 9월 20일 출제 ④ 2012년 7월 14일 산업기사 출제
⑤ 2012년 10월 21일 출제 ⑥ 2013년 10월 12일 제3회(문제 2번) 출제
⑦ 2017년 10월 22일 기사(문제 2번) 출제

정답
① 포크·버킷·암 또는 이들에 의하여 지지되어 있는 화물의 밑에 근로자를 출입시키지 말 것
② 작업순서를 결정하고 작업을 지휘할 것
③ 안전지주 또는 안전블록 등의 사용상황 등을 점검할 것

합격자의 조언 조사나 문맥이 모법답안과 다르더라도 의미가 같으면 정답으로 인정한다.

자격종목 및 등급(선택분야)	시험시간	형별	시행일
산업안전산업기사	60분	45점	2018년 10월 14일 3회(2부)

참고사항
① 본 그림은 꼭 실제시험문제와 동일하지 않을 수도 있음
② 그림 및 동영상은 참고만 하세요.(문제의 질의 내용은 동일함)

동영상 설명
작업자가 스프레이 건을 이용한 페인트로 철재 도장작업을 하는 모습

06 화면에서와 같이 도료 및 용제를 취급하는 작업장에서는 반드시 마스크를 착용해야 한다. 흡수제의 종류 2가지를 쓰시오.(4점)

합격KEY
① 2012년 7월 14일 출제
② 2012년 10월 21일 기사 출제
③ 2013년 4월 27일 기사 출제
④ 2013년 10월 12일 출제
⑤ 2016년 7월 3일 출제
⑥ 2016년 10월 15일 제3회 2부 기사 출제
⑦ 2017년 7월 2일 기사 출제
⑧ 2017년 10월 22일 제3회(문제 6번) 출제

정답
① 활성탄
② 소다라임
③ 호프카라이트
④ 실리카겔
⑤ 큐프라마이트

자격종목 및 등급(선택분야)	시험시간	배점	시행일
산업안전산업기사	60분	45점	2018년 10월 14일 3회(2부)

참고사항
① 본 그림은 꼭 실제시험문제와 동일하지 않을 수도 있음
② 그림 및 동영상은 참고만 하세요.(문제의 질의 내용은 동일함)

동영상 설명
공장지붕에서 여러 명의 작업자가 커피를 마시고 휴식 중 한 명의 작업자가 바닥으로 떨어져 사망

07 화면은 공장 지붕 철골상에 패널 설치 중 작업자가 실족하여 사망한 재해사례이다. 이 영상 내용을 참고하여 재해원인 2가지를 쓰시오.(4점)

참고 조사나 문맥이 모범답안과 다르더라도 의미가 같으면 정답 인정

합격KEY
① 2004년 10월 2일 출제
② 2005년 10월 1일 출제
③ 2007년 10월 13일 출제
④ 2009년 7월 11일 출제
⑤ 2015년 4월 25일 제1회 제2부 기사(문제 1번) 출제
⑥ 2015년 10월 11일 출제
⑦ 2016년 7월 3일 기사 출제
⑧ 2016년 10월 15일(문제 7번) 출제
⑨ 2017년 4월 22일 제1회(문제 7번) 출제
⑩ 2017년 10월 22일 제3회(문제 7번) 출제

정답
① 안전대 부착설비 미설치 및 안전대 미착용
② 추락방호망 미설치

자격종목 및 등급(선택분야)	시험시간	형별	시행일
산업안전산업기사	60분	45점	2018년 10월 14일 3회(2부)

참고사항
① 본 그림은 꼭 실제시험문제와 동일하지 않을 수도 있음
② 그림 및 동영상은 참고만 하세요.(문제의 질의 내용은 동일함)

동영상 설명
동영상은 MCC패널 점검 중으로 개폐기에는 통전중이라는 표지가 붙어 있고 작업자(면장갑 착용)가 개폐기문을 열어 전원을 차단하고 문을 닫은 후 다른 곳 패널에서 작업하려다 쓰러진 상황이다.

08
화면은 승강기 컨트롤 패널을 맨손으로 점검(전압측정) 중 발생한 재해사례이다. 감전 방지대책 3가지를 서술하시오.(6점)

참고
① 택 3개, 2점×3개=6점
② 조사나 문맥이 모범답안과 다르더라도 의미가 같으면 정답 인정

합격KEY
① 2004년 7월 10일 출제 ② 2007년 7월 15일 출제
③ 2009년 9월 20일 출제 ④ 2010년 4월 24일 기사 출제
⑤ 2013년 7월 20일 기사 출제 ⑥ 2014년 10월 5일 제3회 제3부 기사(문제 6번) 출제
⑦ 2015년 10월 11일 제3회 기사 출제 ⑧ 2017년 10월 22일 제3회(문제 6번) 출제

정답
① 각 차단기별로 회로명을 표기하여 오동작을 막는다.
② 잠금장치(시건장치) 및 표찰(TAG)을 사용하여 해당자 이외에 오작동을 막는다.
③ 작업자에게 해당 작업시의 전기위험에 대한 안전교육을 실시한다.
④ 작업자 간의 정확성을 기하기 위해 무전기 등의 연락가능장비를 이용하여 여러 차례 확인하는 절차를 준수한다.

자격종목 및 등급(선택분야)	시험시간	배점	시행일
산업안전산업기사	60분	45점	2018년 10월 14일 3회(2부)

참고사항
① 본 그림은 꼭 실제시험문제와 동일하지 않을 수도 있음
② 그림 및 동영상은 참고만 하세요.(문제의 질의 내용은 동일함)

09 화면에서와 같이 DMF 등 유해물(화학물질) 취급시(제조·수입·운반·저장) 취급 근로자가 쉽게 볼 수 있는 장소에 명칭 등의 게시 사항을 5가지 쓰시오.(5점)

참고 산업안전보건기준에 관한 규칙 제442조(명칭 등의 게시)

합격KEY
① 2007년 10월 13일 출제
② 2013년 4월 27일 기사 출제
③ 2014년 4월 25일(문제 7번) 출제
④ 2015년 7월 18일 제2회 출제
⑤ 2017년 10월 15일 제3회(문제 5번) 출제
⑥ 2017년 10월 22일 제3회(문제 3번) 출제

정답
① 관리대상 유해물질의 명칭
② 인체에 미치는 영향
③ 취급상 주의사항
④ 착용하여야 할 보호구
⑤ 응급조치와 긴급 방재 요령

합격자의 조언 2014년 7월 6일 실기필답형에도 출제

문제 및 답안(지), 점수, 채점기준은 일체 공개하지 않는다.

비번호
총 점

2019년도 과년도 출제문제

- 산업안전기사(2019년 04월 20일 제1회 1부 시행)
- 산업안전기사(2019년 04월 20일 제1회 2부 시행)
- 산업안전기사(2019년 04월 20일 제1회 3부 시행)
- 산업안전산업기사(2019년 04월 21일 제1회 1부 시행)
- 산업안전산업기사(2019년 04월 21일 제1회 2부 시행)
- 산업안전기사(2019년 07월 06일 제2회 1부 시행)
- 산업안전기사(2019년 07월 06일 제2회 2부 시행)
- 산업안전기사(2019년 07월 06일 제2회 3부 시행)
- 산업안전산업기사(2019년 07월 06일 제2회 1부 시행)
- 산업안전산업기사(2019년 07월 06일 제2회 2부 시행)
- 산업안전기사(2019년 10월 19일 제3회 1부 시행)
- 산업안전기사(2019년 10월 19일 제3회 2부 시행)
- 산업안전기사(2019년 10월 19일 제3회 3부 시행)
- 산업안전산업기사(2019년 10월 19일 제3회 1부 시행)
- 산업안전산업기사(2019년 10월 19일 제3회 2부 시행)

자격종목 및 등급(선택분야)	시험시간	배점	시행일
산업안전기사	60분	45점	2019년 4월 20일 1회(1부)

참고사항
① 본 그림은 꼭 실제시험문제와 동일하지 않을 수도 있음
② 그림 및 동영상은 참고만 하세요.(문제의 질의 내용은 동일함)

01 화면 속 작업자는 교류아크용접 작업을 진행하고 있다. 이 용접기의 방호장치 자동전격방지기 종류 3가지를 쓰시오.(6점)

참고
① 방호장치 자율안전기준 고시[고용노동부고시 제2015-94호(2015.12.24)]
② 전격방지기의 성능기준(제5조 관련)

번호	구분	내용
1	종류	전격방지기 종류 ① 외장형, ② 내장형 ③ 저저항시동형(L형) ④ 고저항시동형(H형)

정답
① 외장형
② 내장형
③ 저저항시동형(L형)
④ 고저항시동형(H형)

합격자의 조언   산업안전기사 및 산업안전산업기사 필기 출제

자격종목 및 등급(선택분야)	시험시간	형별	시행일
산업안전기사	60분	45점	2019년 4월 20일 1회(1부)

참고사항
① 본 그림은 꼭 실제시험문제와 동일하지 않을 수도 있음
② 그림 및 동영상은 참고만 하세요.(문제의 질의 내용은 동일함)

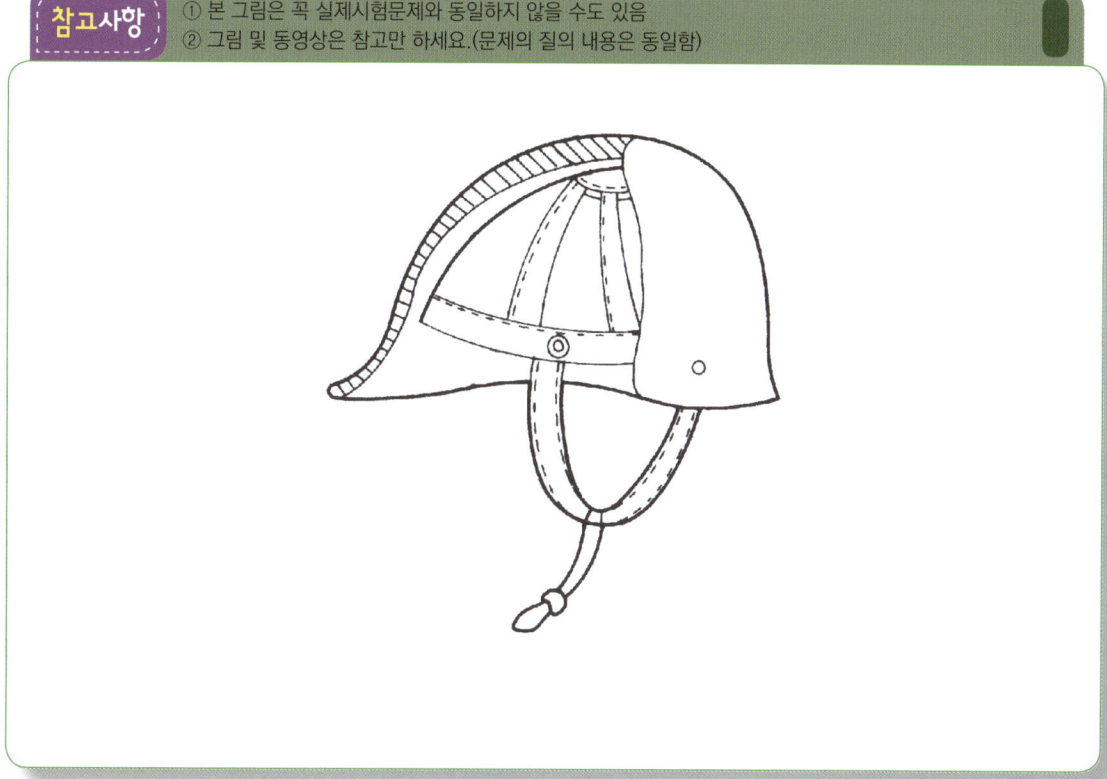

02 사진의 보호구를 참고하여 [표] 안전모 시험성능기준 ①, ②, ③의 (   )를 쓰시오. (6점)

[표] 안전모의 성능기준

구분	항목	시험성능기준
시험 성능 기준	내관통성	AE, ABE종 안전모는 관통거리가 (①)[mm] 이하이고, AB종 안전모는 관통거리가 (②)[mm] 이하이어야 한다.(자율안전확인에서는 관통거리가 11.1[mm] 이하)
	충격 흡수성	최고전달충격력이 (③)[N]을 초과해서는 안되며, 모체와 착장체의 기능이 상실되지 않아야 한다.
	내전압성	AE, ABE종 안전모는 교류 20[kV]에서 1분간 절연파괴 없이 견뎌야 하고, 이때 누설되는 충전전류는 10[mA] 이하이어야 한다.(자율안전확인에서는 제외)
	내수성	AE, ABE종 안전모는 질량증가율이 1[%] 미만이어야 한다.(자율안전확인에서는 제외)
	난연성	모체가 불꽃을 내며 5초 이상 연소되지 않아야 한다.
	턱끈풀림	150[N] 이상 250[N] 이하에서 턱끈이 풀려야 한다.
부가 성능 기준	측면 변형 방호	최대 측면변형은 40[mm], 잔여변형은 15[mm] 이내이어야 한다.
	금속 용융물 분사방호	- 용융물에 의해 10[mm] 이상의 변형이 없고 관통되지 않아야 한다. - 금속 용융물의 방출을 정지한 후 5초 이상 불꽃을 내며 연소되지 않을 것(자율안전확인에서는 제외)

정답
① 9.5
② 11.1
③ 4,450

자격종목 및 등급(선택분야)	시험시간	배점	시행일
산업안전기사	60분	45점	2019년 4월 20일 1회(1부)

참고사항
① 본 그림은 꼭 실제시험문제와 동일하지 않을 수도 있음
② 그림 및 동영상은 참고만 하세요.(문제의 질의 내용은 동일함)

03 동영상은 영상표시단말기(VDT) 작업에 관한 영상이다. 동영상을 참고하여 개선해야 할 사항을 2가지만 쓰시오.(4점)

합격정보 영상표시단말기(VDT) 취급근로자 작업관리지침(고용노동부고시 제2004-50호 : 2004.11.1)

채점기준 2점×2개=4점

합격KEY
① 2002년 5월 4일 산업기사 출제　　② 2008년 10월 5일 출제
③ 2010년 9월 19일 산업기사 출제　　④ 2011년 10월 22일 출제
⑤ 2012년 4월 18일 산업기사(문제 2번) 출제　　⑥ 2015년 7월 18일 제2회 3부 출제
⑦ 2017년 7월 2일 제2회 1부(문제 3번)출제

정답
① 작업자가 의자의 등받이에 충분히 지지되어 있지 않다.
② 모니터가 보기 편한 위치에 조정되어 있지 않다.
③ 키보드가 조작하기 편한 위치에 놓여 있지 않다.

자격종목 및 등급(선택분야)	시험시간	형별	시행일
산업안전기사	60분	45점	2019년 4월 20일 1회(1부)

참고사항
① 본 그림은 꼭 실제시험문제와 동일하지 않을 수도 있음
② 그림 및 동영상은 참고만 하세요.(문제의 질의 내용은 동일함)

04 화면은 건물해체에 관한 장면으로 작업자가 위험부분에 머무르는 것이 사고요인으로 판단된다. 동종사고 예방차원에서 작업자는 해체장비로부터 최소 얼마 이상 떨어져야 하는가?(4점)

참고 건물해체물과 해체장비의 간격 : 4[m] 이상

합격KEY
① 2003년 7월 19일 산업기사 출제
② 2014년 4월 25일 제1회 제2부(문제 4번) 출제
③ 2015년 10월 11일 제3회 3부(문제 4번) 출제

정답
4[m]

💬 **합격자의 조언** 동영상·사진·그림이 필요하지 않습니다. 지문만 있으면 됩니다.

자격종목 및 등급(선택분야)	시험시간	배점	시행일
산업안전기사	60분	45점	2019년 4월 20일 1회(1부)

참고사항
① 본 그림은 꼭 실제시험문제와 동일하지 않을 수도 있음
② 그림 및 동영상은 참고만 하세요.(문제의 질의 내용은 동일함)

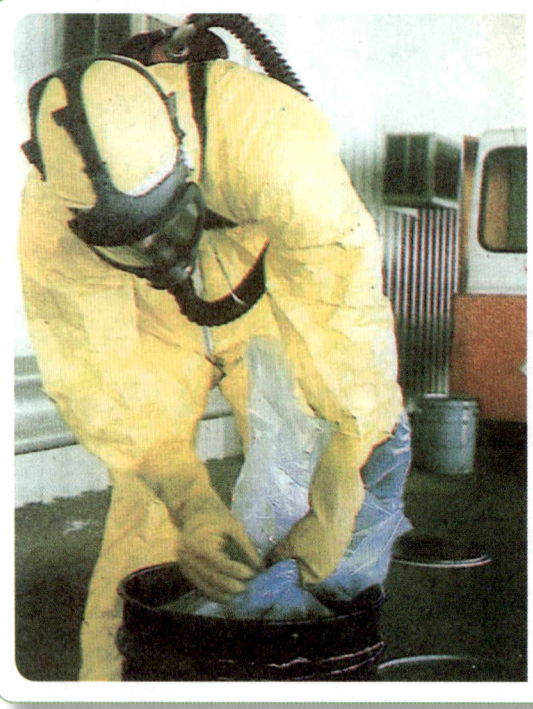

[그림] 브레이크 라이닝

05 화면은 석면 취급작업과정을 보여주고 있다. 이 작업의 안전작업수칙에 대하여 3가지를 쓰시오.(6점)

합격KEY ① 2003년 7월 19일 산업기사 출제
② 2014년 4월 25일 제1부 출제
③ 2014년 4월 25일 제1회 3부(문제 6번) 출제

정답
① 석면취급 작업시 석면분진이 다른 근로자에게 확산되지 않도록 다른 작업장소와 격리하여 실시한다.
② 석면은 밀폐설비 또는 국소배기 장치가 설치된 장소에서 취급한다.
③ 석면을 직접 사용하는 작업 및 석면이 붙어 있는 물질을 파쇄 또는 해체하는 작업은 가능한 한 습식 상태로 작업을 실시한다.
④ 석면작업장에서는 흡연 및 음식물을 섭취하지 않는다.

자격종목 및 등급(선택분야)	시험시간	형별	시행일
산업안전기사	60분	45점	2019년 4월 20일 1회(1부)

참고사항
① 본 그림은 꼭 실제시험문제와 동일하지 않을 수도 있음
② 그림 및 동영상은 참고만 하세요.(문제의 질의 내용은 동일함)

진공퍼지작업기계

압력퍼지작업기계

동영상 설명
공장 배기구 같은데서 하얀 증기가 나오고 나서 한 작업자가 내부에서 그라인더로 연마하며 작업 장면을 보여준다.

06
산소결핍작업 중 퍼지하는 상황이 있는데 아래 내용과 연관하여 퍼지의 목적을 쓰시오.(6점)
① 인화성 가스 및 지연성 가스의 경우(2점)
② 급성독성 가스의 경우(2점)
③ 불활성 가스의 경우(2점)

보충학습 퍼지의 종류 4가지
① 진공 퍼지(저압 퍼지 : vacuum purging) ② 압력 퍼지(pressure purging)
③ 스위프 퍼지(sweep-through purging) ④ 사이펀퍼지(siphon purging)

합격KEY
① 2002년 5월 4일 출제   ② 2003년 5월 4일(문제 5번)
③ 2007년 4월 28일 출제 ④ 2009년 7월 11일 출제
⑤ 2012년 4월 28일 출제 ⑥ 2014년 7월 13일(문제 9번) 출제
⑦ 2016년 4월 23일 제1회 3부 출제 ⑧ 2017년 7월 2일 제2회 2부(문제 6번) 출제

정답
① 인화성 가스 및 지연성 가스 : 화재 폭발 사고와 산소 결핍 사고의 방지
② 급성독성 가스 : 중독 사고의 방지
③ 불활성 가스 : 산소 결핍 사고의 방지

💬 **합격자의 조언** 보충학습 도 자주 출제됩니다.

자격종목 및 등급(선택분야)	시험시간	배점	시행일
산업안전기사	60분	45점	2019년 4월 20일 1회(1부)

참고사항
① 본 그림은 꼭 실제시험문제와 동일하지 않을 수도 있음
② 그림 및 동영상은 참고만 하세요.(문제의 질의 내용은 동일함)

07 화면은 항타기·항발기 작업하는 주위에서 2~3명의 작업자가 안전모를 착용하고 작업하는 중, 순간적으로 근처 전선에서 스파크가 발생한 사례이다. 고압선 주위에서 항타기·항발기 작업 시 관리적 대책 2가지를 쓰시오.(4점)

합격KEY
① 2004년 10월 2일 (문제 2번)
② 2007년 7월 15일 출제
③ 2008년 10월 5일 출제
④ 2011년 5월 7일 출제
⑤ 2011년 7월 30일 출제
⑥ 2012년 7월 14일 출제
⑦ 2014년 10월 5일 제3회 2부(문제 7번) 출제

정답
① 해당 충전로를 이설할 것
② 감전의 위험을 방지하기 위한 울타리를 설치할 것
③ 해당 충전로에 절연용 방호구를 설치할 것
④ 감시하는 사람을 두고 작업을 감시하도록 할 것

자격종목 및 등급(선택분야)	시험시간	형별	시행일
산업안전기사	60분	45점	2019년 4월 20일 1회(1부)

참고사항
① 본 그림은 꼭 실제시험문제와 동일하지 않을 수도 있음
② 그림 및 동영상은 참고만 하세요.(문제의 질의 내용은 동일함)

동영상 설명
동영상은 MCC패널 점검 중으로 개폐기에는 통전중이라는 표지가 붙어 있고 작업자(면장갑 착용)가 개폐기문을 열어 전원을 차단하고 문을 닫은 후 다른 곳 패널에서 작업하려다 쓰러진 상황이다.

08 화면은 승강기 컨트롤 패널을 맨손으로 점검(전압측정) 중 발생한 재해사례이다. 감전 방지대책 2가지를 서술하시오.(4점)

채점기준
① 택 2개, 2점×2개=4점
② 조사나 문맥이 모범답안과 다르더라도 의미가 같으면 정답 인정

합격KEY
① 2004년 7월 10일 출제　　② 2007년 7월 15일 출제
③ 2009년 9월 20일 출제　　④ 2010년 4월 24일 기사 출제
⑤ 2013년 7월 20일 기사 출제　　⑥ 2014년 10월 5일 제3회 제3부 기사(문제 6번) 출제
⑦ 2015년 10월 11일 제3회 기사 출제　　⑧ 2017년 10월 22일 제3회(문제 6번) 출제
⑨ 2018년 10월 14일 제3회 2부 산업기사 출제

정답
① 각 차단기별로 회로명을 표기하여 오동작을 막는다.
② 잠금장치(시건장치) 및 표찰(TAG)을 사용하여 해당자 이외에 오작동을 막는다.
③ 작업자에게 해당 작업시의 전기위험에 대한 안전교육을 실시한다.
④ 작업자 간의 정확성을 기하기 위해 무전기 등의 연락가능장비를 이용하여 여러 차례 확인하는 절차를 준수한다.

자격종목 및 등급(선택분야)	시험시간	배점	시행일
산업안전기사	60분	45점	2019년 4월 20일 1회(1부)

참고사항
① 본 그림은 꼭 실제시험문제와 동일하지 않을 수도 있음
② 그림 및 동영상은 참고만 하세요.(문제의 질의 내용은 동일함)

09 화면의 보호구 (1) 명칭 (2) 보호구가 갖추어야 할 구조를 2가지 쓰시오.(5점)

참고 보호구 성능검정규정(안전대) 고용노동부고시 제2014-46호

합격KEY
① 2007년 10월 14일 출제
③ 2011년 5월 7일 출제
⑤ 2015년 4월 25일 제1회 출제
⑦ 2017년 10월 22일 기사 제3회(문제 9번) 출제
② 2009년 9월 19일 출제
④ 2012년 7월 14일 출제
⑥ 2016년 10월 15일 제3회(문제 9번) 출제
⑧ 2018년 10월 14일 제3회 1부 산업기사 출제

정답
(1) 명칭 : 안전블록
(2) 갖추어야 하는 구조
① 추락 발생시 추락을 억제할 수 있는 자동잠김장치를 갖추어야 한다.
② 안전블록 부품은 부식방지처리를 해야 한다.

문제 및 답안(지), 점수, 채점기준은 일체 공개하지 않는다.

비번호
총 점

01 화면은 방음보호구(귀덮개)를 보여주고 있다. [표] ①, ②, ③의 (   )를 쓰시오. (6점)

[표] 차음성능

중심주파수[Hz]	차음치[dB]		
	EP-1	EP-2	EM
125	10 이상	10 미만	5 이상
250	15 이상	10 미만	10 이상
500	15 이상	10 미만	(①) 이상
1,000	20 이상	20 미만	25 이상
2,000	25 이상	20 이상	(②) 이상
4,000	25 이상	25 이상	(③) 이상
8,000	20 이상	20 이상	20 이상

정답
① 20
② 30
③ 35

자격종목 및 등급(선택분야)	시험시간	배점	시행일
산업안전기사	60분	45점	2019년 4월 20일 1회(2부)

참고사항
① 본 그림은 꼭 실제시험문제와 동일하지 않을 수도 있음
② 그림 및 동영상은 참고만 하세요.(문제의 질의 내용은 동일함)

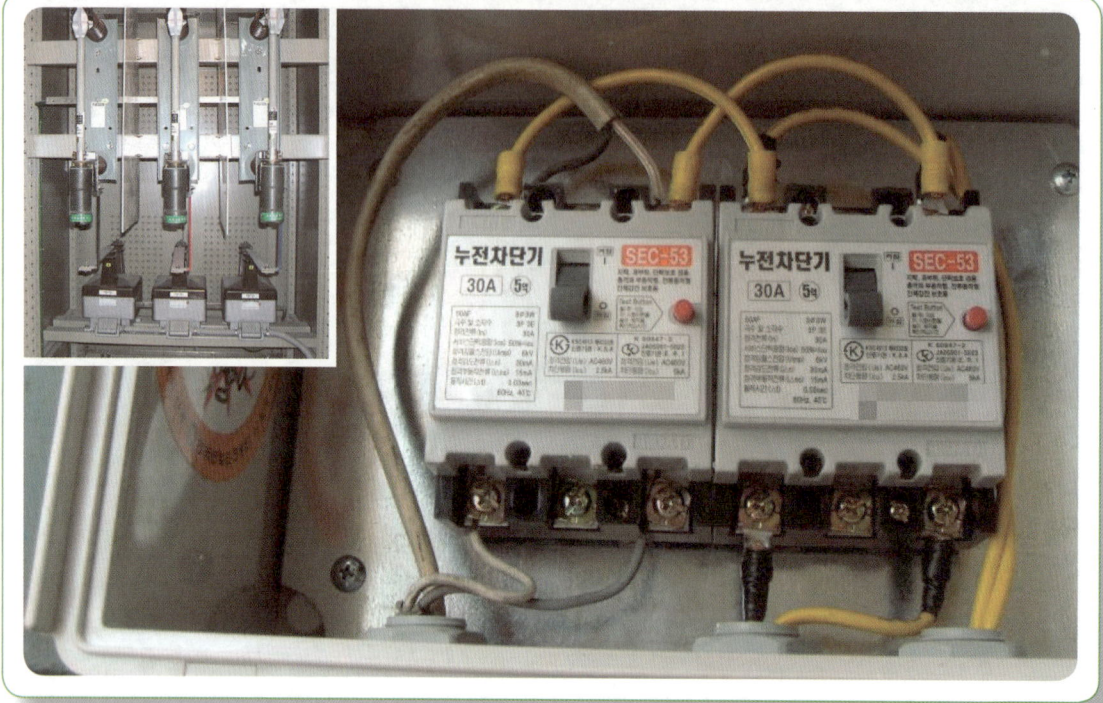

02 동영상은 작업자가 퓨즈 교체 작업 중 감전사고가 발생했다. 산업안전보건법상 누전차단기 설치 장소 3가지를 쓰시오.(6점)

참고 산업안전보건기준에 관한 규칙 제304조(누전차단기에 의한 감전방지)

합격KEY ① 2006년 4월 29일 산업기사 출제
② 2010년 7월 11일 출제
③ 2013년 10월 12일(문제 2번) 출제
④ 2016년 4월 23일 제1회 1부 출제
⑤ 2018년 7월 8일 제2회 1부(문제 2번) 출제

정답
① 대지전압이 150[V]를 초과하는 이동형 또는 휴대형 전기 기계·기구
② 물 등 도전성이 높은 액체가 있는 습윤장소에서 사용하는 저압(1,500[V] 이하 직류전압이나 1,000[V] 이하의 교류전압을 말한다)용 전기기계·기구
③ 철판·철골 위 등 도전성이 높은 장소에서 사용하는 이동형 또는 휴대형 전기기계·기구
④ 임시배선의 전로가 설치되는 장소에서 사용하는 이동형 또는 휴대형 전기기계·기구

자격종목 및 등급(선택분야)	시험시간	형별	시행일
산업안전기사	60분	45점	2019년 4월 20일 1회(2부)

참고사항
① 본 그림은 꼭 실제시험문제와 동일하지 않을 수도 있음
② 그림 및 동영상은 참고만 하세요.(문제의 질의 내용은 동일함)

03 동영상은 터널작업에서 다이너마이트를 사용하고 있다. 터널 등의 건설작업에 있어서 낙반 등에 의하여 근로자에게 위험을 미칠 우려가 있을 때 위험을 방지하기 위하여 필요한 조치사항을 2가지만 쓰시오.(4점)

참고 산업안전보건기준에 관한 규칙 제351조(낙반 등에 의한 위험방지)

합격KEY
① 2007년 4월 28일 출제
② 2008년 7월 13일 출제
③ 2010년 9월 19일 출제
④ 2012년 10월 21일 출제
⑤ 2014년 4월 25일(문제 8번) 출제
⑥ 2016년 4월 23일 제1회 2부(문제 8번) 출제

정답
① 터널지보공 및 록볼트 설치
② 부석(浮石)의 제거

자격종목 및 등급(선택분야)	시험시간	배점	시행일
산업안전기사	60분	45점	2019년 4월 20일 1회(2부)

참고사항
① 본 그림은 꼭 실제시험문제와 동일하지 않을 수도 있음
② 그림 및 동영상은 참고만 하세요.(문제의 질의 내용은 동일함)

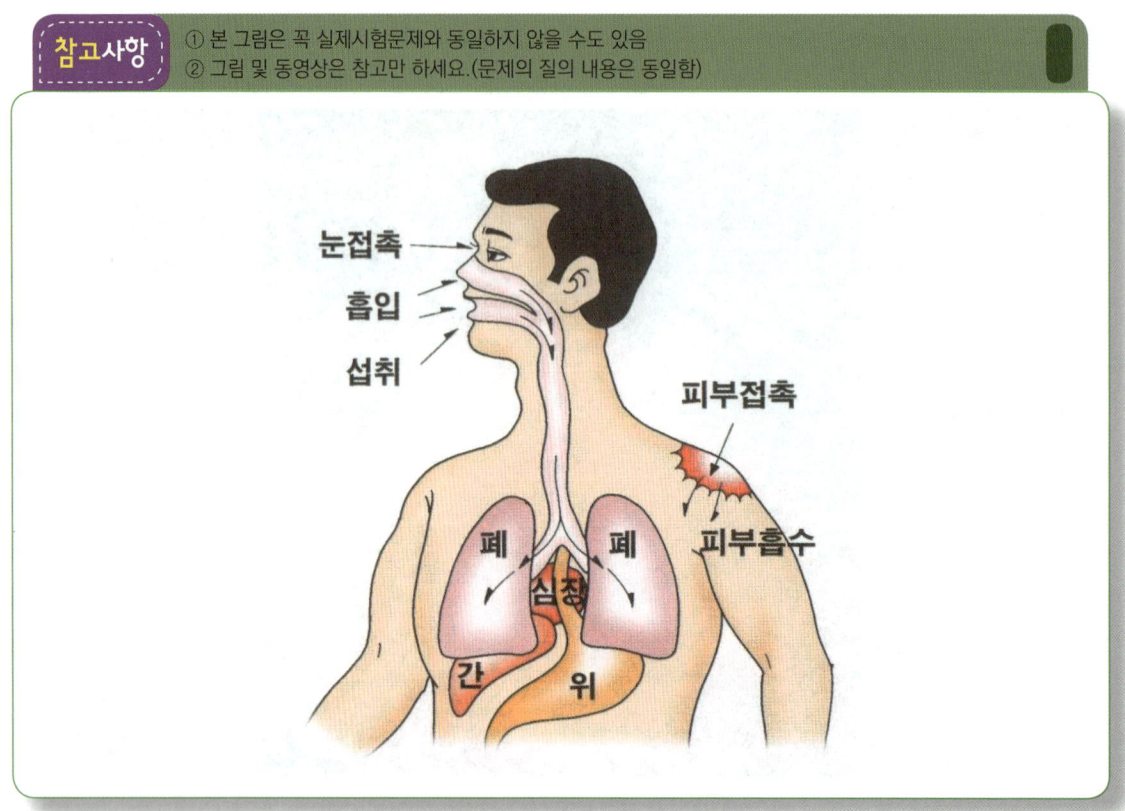

04 화면에서와 같이 장기간 근무할 경우 유해화학물질(H_2SO_4)이 작업자의 체내에 유입될 수 있다. 침입 경로 3가지를 쓰시오.(6점)

합격KEY
① 2001년 4월 29일 기사 출제
③ 2009년 4월 26일 출제
⑤ 2011년 5월 7일 기사 출제
⑦ 2015년 4월 25일 기사 출제
⑨ 2016년 7월 3일 제2회 2부 출제
② 2007년 10월 13일 출제
④ 2010년 4월 24일 기사 출제
⑥ 2012년 7월 14일 출제
⑧ 2016년 4월 23일 산업기사 (문제 3번) 출제
⑩ 2017년 7월 2일 제2회 3부(문제 4번) 출제

정답
① 호흡기
② 소화기
③ 피부점막

자격종목 및 등급(선택분야)	시험시간	형별	시행일
산업안전기사	60분	45점	2019년 4월 20일 1회(2부)

참고사항
① 본 그림은 꼭 실제시험문제와 동일하지 않을 수도 있음
② 그림 및 동영상은 참고만 하세요.(문제의 질의 내용은 동일함)

진공퍼지작업기계

압력퍼지작업기계

05 화면에서와 같은 작업현장(밀폐공간)에서 관리 감독자의 직무 3가지를 쓰시오. (6점)

참고 산업안전보건기준에 관한 규칙 [별표 2] 관리감독자의 유해·위험방지

합격KEY ① 2003년 7월 19일 출제
② 2013년 7월 20일 제2회 출제
③ 2016년 10월 15일 제3회 1부(문제 5번) 출제

정답
① 산소가 결핍된 공기나 유해가스에 노출되지 않도록 작업 시작 전에 해당 근로자의 작업을 지휘하는 업무
② 작업을 하는 장소의 공기가 적절한지를 작업 시작 전에 측정하는 업무
③ 측정장비·환기장치 또는 송기마스크 등을 작업 시작 전에 점검하는 업무
④ 근로자에게 송기마스크 등의 착용을 지도하고 착용 상황을 점검하는 업무

자격종목 및 등급(선택분야)	시험시간	배점	시행일
산업안전기사	60분	45점	2019년 4월 20일 1회(2부)

참고사항
① 본 그림은 꼭 실제시험문제와 동일하지 않을 수도 있음
② 그림 및 동영상은 참고만 하세요.(문제의 질의 내용은 동일함)

06 동영상은 작업자가 수중펌프 접속부위에 감전되어 발생한 사고이다. 작업자가 감전 사고를 당한 원인을 인체의 피부저항과 관련하여 설명하시오.(4점)

합격KEY
① 2003년 7월 19일 출제
② 2008년 10월 5일 출제
③ 2015년 4월 25일(문제 4번) 출제
④ 2016년 7월 3일 제2회(문제 4번) 출제
⑤ 2017년 10월 22일 제3회 2부(문제 6번) 출제

정답 인체가 젖어 있는 상태에서의 피부저항은 보통 상태의 약 1/25로 감소(저하)하기 때문에 감전되기 쉽다.

자격종목 및 등급(선택분야)	시험시간	형별	시행일
산업안전기사	60분	45점	2019년 4월 20일 1회(2부)

참고사항
① 본 그림은 꼭 실제시험문제와 동일하지 않을 수도 있음
② 그림 및 동영상은 참고만 하세요.(문제의 질의 내용은 동일함)

동영상 설명
이동식크레인을 이용하여 작업하다 붐대가 전선에 닿아 감전되는 동영상

07 화면은 30[kV] 전압이 흐르는 고압선 아래에서 작업 중 발생한 재해사례이다. 크레인을 이용하여 고압선 주위에서 작업할 경우 사업주의 감전 조치사항(동종 재해예방을 위한 작업지휘자) 3가지를 쓰시오.(6점)

참고 산업안전보건기준에 관한 규칙 제322조(충전전로 인근에서의 차량·기계장치 작업)

합격KEY
① 2004년 10월 2일 (문제 2번) ② 2007년 7월 15일 출제
③ 2008년 10월 5일 출제 ④ 2011년 5월 7일 출제
⑤ 2011년 7월 30일 출제 ⑥ 2012년 7월 14일 출제
⑦ 2012년 10월 21일 출제 ⑧ 2013년 10월 12일 산업기사 출제
⑨ 2014년 7월 13일 제2회 출제 ⑩ 2015년 10월 11일 제3회 출제
⑪ 2016년 10월 9일(문제 7번) 출제 ⑫ 2018년 4월 21일 제1회 1부 산업기사 (문제 7번) 출제

정답
① 차량 등을 충전부로부터 300[cm] 이상 이격시키되, 대지전압이 50[kV]를 넘는 경우 10[kV] 증가할 때마다 10[cm] 씩 증가한다.
② 접지된 차량등이 충전전로와 접촉할 우려가 있을 경우 지상의 근로자가 접지점에 접촉하지 않도록 조치한다.
③ 차량과 근로자가 접촉하지 않도록 방책을 설치하거나 감시인 배치한다.

자격종목 및 등급(선택분야)	시험시간	배점	시행일
산업안전기사	60분	45점	2019년 4월 20일 1회(2부)

참고사항
① 본 그림은 꼭 실제시험문제와 동일하지 않을 수도 있음
② 그림 및 동영상은 참고만 하세요.(문제의 질의 내용은 동일함)

08 화면에서와 같이 안전장치가 없는 둥근톱 기계에 고정식 접촉예방장치를 설치하고자 한다. 이때 하단과 테이블 사이의 높이와 하단과 가공재 사이의 간격을 얼마로 조정하는가?(4점)
① 하단과 테이블 사이 높이 :
② 하단과 가공재 사이 간격 :

참고 (배점)각 2점×2=4점

합격KEY
① 2003년 7월 19일 산업기사(문제 2번) 출제　② 2004년 4월 29일(문제 2번) 출제
③ 2007년 4월 28일 출제　④ 2007년 10월 14일(문제 2번) 출제
⑤ 2016년 7월 3일 제2회 출제　⑥ 2016년 10월 15일 제3회(문제 6번) 출제
⑦ 2017년 10월 22일 제3회 1부(문제 8번) 출제

정답
① 25[mm] 이하
② 8[mm] 이하

자격종목 및 등급(선택분야)	시험시간	형별	시행일
산업안전기사	60분	45점	2019년 4월 20일 1회(2부)

참고사항
① 본 그림은 꼭 실제시험문제와 동일하지 않을 수도 있음
② 그림 및 동영상은 참고만 하세요.(문제의 질의 내용은 동일함)

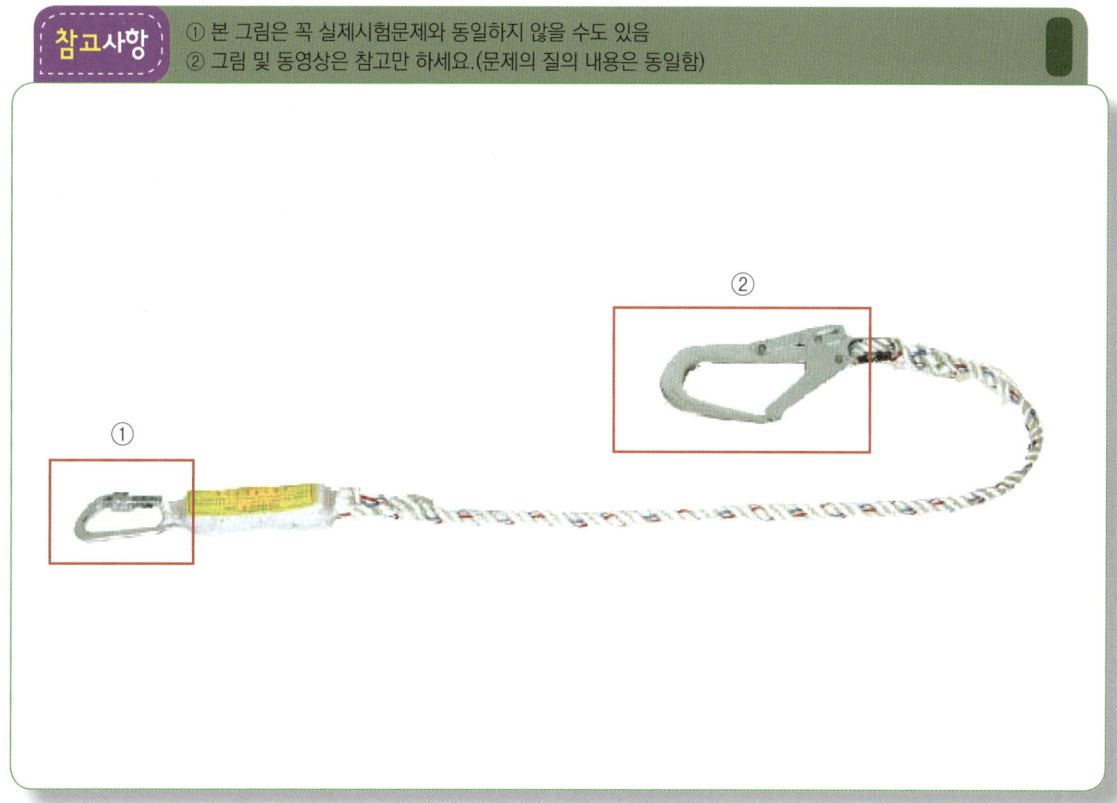

09 화면은 추락을 방지하기 위하여 사용하는 안전대의 한 종류이다. 다음 각 물음에 답하시오.(5점)
(1) 보호구 안전인증 규정에서 분류한 안전대의 명칭을 쓰시오.(3점)
(2) ①과 ②의 명칭을 쓰시오.(2점)

참고

[표] 안전대의 종류

종류	사용구분
벨트식(B식) 안전그네식(H식)	U자걸이 전용
	1개걸이 전용
안전그네식(H식)	안전블록
	추락 방지대

합격KEY
① 2012년 7월 14일 산업기사 출제
② 2012년 4월 28일 출제
③ 2013년 4월 27일 산업기사 출제
④ 2014년 7월 13일(문제 2번) 산업기사 출제
⑤ 2015년 7월 18일 제2회 제2부(문제 2번) 출제
⑥ 2015년 10월 11일(문제 2번) 출제
⑦ 2016년 4월 23일(문제 9번) 출제
⑧ 2017년 4월 22일 산업기사 제1회 2부 출제
⑨ 2017년 7월 2일 제2회 2부(문제 9번) 출제

정답
(1) 안전대 명칭 : 죔줄
(2) 명칭
 ① 카라비너
 ② 훅

문제 및 답안(지), 점수, 채점기준은 일체 공개하지 않는다.

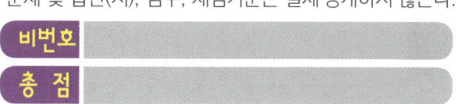

자격종목 및 등급(선택분야)	시험시간	배점	시행일
산업안전기사	60분	45점	2019년 4월 20일 1회(3부)

참고사항
① 본 그림은 꼭 실제시험문제와 동일하지 않을 수도 있음
② 그림 및 동영상은 참고만 하세요.(문제의 질의 내용은 동일함)

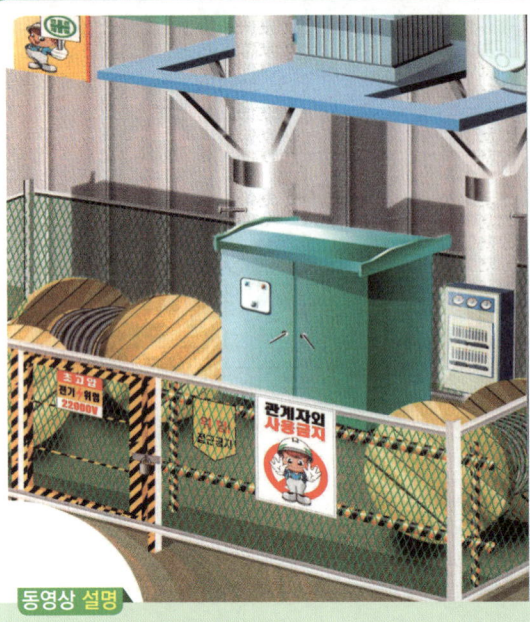

동영상 설명
작업자 1[명]이 콘센트에 플러그를 꽂고 그라인더 작업 중이고, 다른 작업자가 다가와서 작업을 위해 콘센트에 플러그를 꽂고 주변을 만지는 도중 감전이 발생하는 동영상

01 동영상은 분전반 전면에 위치한 그라인더 기기 재해사례이다. 동영상을 참고하여 위험요인을 2가지만 쓰시오.(4점)

합격KEY
① 2008년 7월 13일 출제
② 2009년 4월 26일 기사 출제
③ 2009년 9월 20일 출제
④ 2014년 7월 13일(문제 2번) 출제
⑤ 2016년 4월 23일(문제 2번) 출제
⑥ 2017년 4월 22일 제1회 산업기사 출제
⑦ 2018년 7월 8일 제2회 2부(문제 9번) 출제

정답
① 작업자가 맨손으로 작업을 실시하여 감전의 위험이 있다.
② 보수작업임을 나타내는 안전표지판 미설치 및 감시인 미배치

자격종목 및 등급(선택분야)	시험시간	형별	시행일
산업안전기사	60분	45점	2019년 4월 20일 1회(3부)

참고사항
① 본 그림은 꼭 실제시험문제와 동일하지 않을 수도 있음
② 그림 및 동영상은 참고만 하세요.(문제의 질의 내용은 동일함)

02 화면은 지게차에 경유를 주입하는 동안에 운전자가 시동을 건 채 내려 다른 작업자와 흡연을 하며 이야기를 나누고 있음을 나타내고 있다. 이 화면에서 지게차 운전자의 흡연(담뱃불)에 해당하는 발화원의 형태를 무엇이라 하는지 쓰시오.(4점)

보충학습 나화(裸火) : 담배나 성냥에 의한 화재

합격KEY ① 2008년 10월 5일 산업기사 출제
② 2010년 7월 11일 출제
③ 2012년 10월 21일 출제
④ 2014년 4월 25일(문제 3번) 출제
⑤ 2014년 4월 25일(문제 3번) 출제
⑥ 2017년 4월 22일 제1회 1부(문제 2번) 출제

정답 나화

자격종목 및 등급(선택분야)	시험시간	배점	시행일
산업안전기사	60분	45점	2019년 4월 20일 1회(3부)

참고사항
① 본 그림은 꼭 실제시험문제와 동일하지 않을 수도 있음
② 그림 및 동영상은 참고만 하세요.(문제의 질의 내용은 동일함)

활선작업 보호구

활선작업

동영상 설명
화면에서 작업자 2명이 전주에서 활선작업을 하고 있다. 작업자 1명은 밑에서 절연방호구를 다른 작업자 1명은 크레인 위에서 물건을 받아 활선에 절연방호구 설치 작업을 하다 감전사고가 발생한다.

03 화면은 활선작업에 대한 동영상이다. 이와 같이 활선작업시 내재되어 있는 핵심 위험 요인을 3가지 쓰시오.(6점)

참고 2점×3개=6점

합격KEY
① 2006년 9월 23일 산업기사 출제
② 2007년 10월 14일 출제
③ 2012년 7월 14일 출제
④ 2013년 4월 27일 산업기사 출제
⑤ 2015년 4월 25일(문제 6번) 출제
⑥ 2016년 4월 23일(문제 6번) 출제
⑦ 2017년 4월 22일 제1부 출제
⑧ 2017년 4월 22일 제1회(문제 6번) 출제
⑨ 2018년 10월 14일 제3회 1부(문제 3번) 출제

정답
① 작업자의 복장이 갖추어져 있지 않았다.
② 신호전달이 잘 이루어지지 않았다.
③ 작업자가 안전확인(활선 또는 사선)을 소홀히 했다.

자격종목 및 등급(선택분야)	시험시간	형별	시행일
산업안전기사	60분	45점	2019년 4월 20일 1회(3부)

참고사항
① 본 그림은 꼭 실제시험문제와 동일하지 않을 수도 있음
② 그림 및 동영상은 참고만 하세요.(문제의 질의 내용은 동일함)

동영상 설명
공장지붕에서 여러 명의 작업자가 커피를 마시고 휴식 중 한 명의 작업자가 바닥으로 떨어져 사망

04 화면은 공장 지붕 철골상에 패널 설치 중 작업자가 실족하여 사망한 재해사례이다. 이 영상 내용을 참고하여 재해원인 2가지를 쓰시오.(4점)

참고 조사나 문맥이 모범답안과 다르더라도 의미가 같으면 정답 인정

합격KEY
① 2004년 10월 2일 출제
② 2005년 10월 1일 출제
③ 2007년 10월 13일 출제
④ 2009년 7월 11일 출제
⑤ 2015년 4월 25일 제1회 제2부 기사(문제 1번) 출제
⑥ 2015년 10월 11일 출제
⑦ 2016년 7월 3일 기사 출제
⑧ 2016년 10월 15일(문제 7번) 출제
⑨ 2017년 4월 22일 제1회(문제 7번) 출제
⑩ 2017년 10월 22일 제3회(문제 7번) 출제
⑪ 2018년 10월 14일 제3회 2부 산업기사 출제

정답
① 안전대 부착설비 미설치 및 안전대 미착용
② 추락방호망 미설치

자격종목 및 등급(선택분야)	시험시간	배점	시행일
산업안전기사	60분	45점	2019년 4월 20일 1회(3부)

참고사항
① 본 그림은 꼭 실제시험문제와 동일하지 않을 수도 있음
② 그림 및 동영상은 참고만 하세요.(문제의 질의 내용은 동일함)

동영상 설명
항타기·항발기 장비로 땅을 파고 전주를 묻는 장면인데 항타기에 고정된 전주가 조금 불안정한 듯싶더니 조금씩 돌아가서 항타기로 전주를 조금 움직이는 순간 인접 활선 전로에 접촉되어서 스파크가 일어난 상황

05 동영상은 콘크리트 전주 세우기 작업 도중에 발생한 재해사례이다. 동영상에서와 같은 재해를 예방하기 위한 대책 중 관리적 대책을 3가지만 쓰시오.(6점)

합격KEY
① 2004년 10월 2일 (문제 2번)
② 2007년 7월 15일 출제
③ 2008년 10월 5일 출제
④ 2011년 5월 7일 제1회(문제 6번) 출제
⑤ 2018년 4월 21일 제1회 3부 (문제 7번) 출제

정답
① 해당 충전전로를 이설할 것
② 감전의 위험을 방지하기 위한 방책을 설치할 것
③ 해당 충전전로에 절연용 방호구를 설치할 것
④ 감시인을 두고 작업을 감시하도록 할 것

자격종목 및 등급(선택분야)	시험시간	형별	시행일
산업안전기사	60분	45점	2019년 4월 20일 1회(3부)

참고사항
① 본 그림은 꼭 실제시험문제와 동일하지 않을 수도 있음
② 그림 및 동영상은 참고만 하세요.(문제의 질의 내용은 동일함)

가설펜스용

가설펜스용

지하층작업용

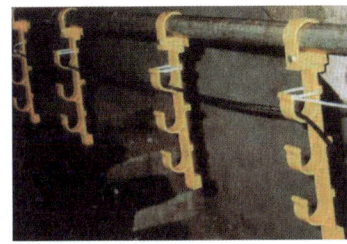
계단난간대용

A형펜스용

동영상 설명
일반 차량도로 공사에서 붉은 도로구획 전면 점검 중 전선과 전선을 연결한 부분(절연테이프로 Taping 처리됨)을 작업자가 만지다 감전사고를 일으킴.(이때 작업자는 맨손이었으며 안전화는 착용한 상태, 또한 전원을 인가한 상태임)

06
화면은 도로에서 가설전선 점검 작업 중 발생한 재해사례이다. 이 영상을 참고하여 감전사고 예방대책 3가지를 쓰시오.(6점)

합격KEY
① 2004년 10월 2일 기사 출제
② 2005년 5월 7일 출제
③ 2007년 10월 13일 출제
④ 2013년 4월 27일 출제
⑤ 2014년 7월 13일 제2회 제1부(문제 9번) 출제
⑥ 2015년 10월 11일 제3회 2부 출제
⑦ 2017년 7월 2일 제2회 1부 산업기사 출제

정답
① 이동전선 절연조치를 할 것
② 누전차단기를 설치할 것
③ 정전작업실시
④ 작업근로자 감전에 대비한 보호구착용(절연보호구 착용)

💬 **합격자의 조언** 조사나 문맥이 모범답안과 다르더라도 의미가 같으면 정답으로 인정되니 공란을 두지 말고 꼭 쓰세요.

자격종목 및 등급(선택분야)	시험시간	배점	시행일
산업안전기사	60분	45점	2019년 4월 20일 1회(3부)

참고사항
① 본 그림은 꼭 실제시험문제와 동일하지 않을 수도 있음
② 그림 및 동영상은 참고만 하세요.(문제의 질의 내용은 동일함)

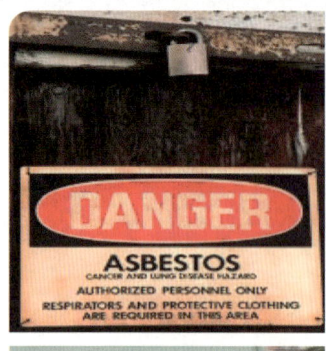

07 화면은 브레이크 라이닝을 작업하는 화면으로 작업자가 마스크를 착용하고 있으나 석면분진폭로 위험성에 노출되어 있어 작업자에게 직업성 질환으로 이환될 우려가 있다. 장기간 폭로 시 어떤 종류의 직업병이 발생할 위험이 있는지 서술하시오.(6점)

합격KEY
① 2003년 7월 19일 산업기사(문제 6번) 출제
② 2007년 7월 15일(문제 6번) 출제
③ 2013년 4월 27일(문제 7번) 출제
④ 2015년 7월 18일 산업기사(문제 7번) 출제
⑤ 2017년 4월 22일 산업기사 출제
⑥ 2017년 10월 22일 제3회 1부(문제 7번) 출제

정답
해당 작업자가 착용한 마스크는 방진전용마스크가 아니기 때문에, 석면분진이 마스크를 통해 흡입될 수 있어 폐암, 석면폐증, 악성중피종과 같은 직업병이 발생할 수 있다.

💬 **합격자의 조언** 반드시 서술식으로 써야 정답입니다.

자격종목 및 등급(선택분야)	시험시간	형별	시행일
산업안전기사	60분	45점	2019년 4월 20일 1회(3부)

참고사항
① 본 그림은 꼭 실제시험문제와 동일하지 않을 수도 있음
② 그림 및 동영상은 참고만 하세요.(문제의 질의 내용은 동일함)

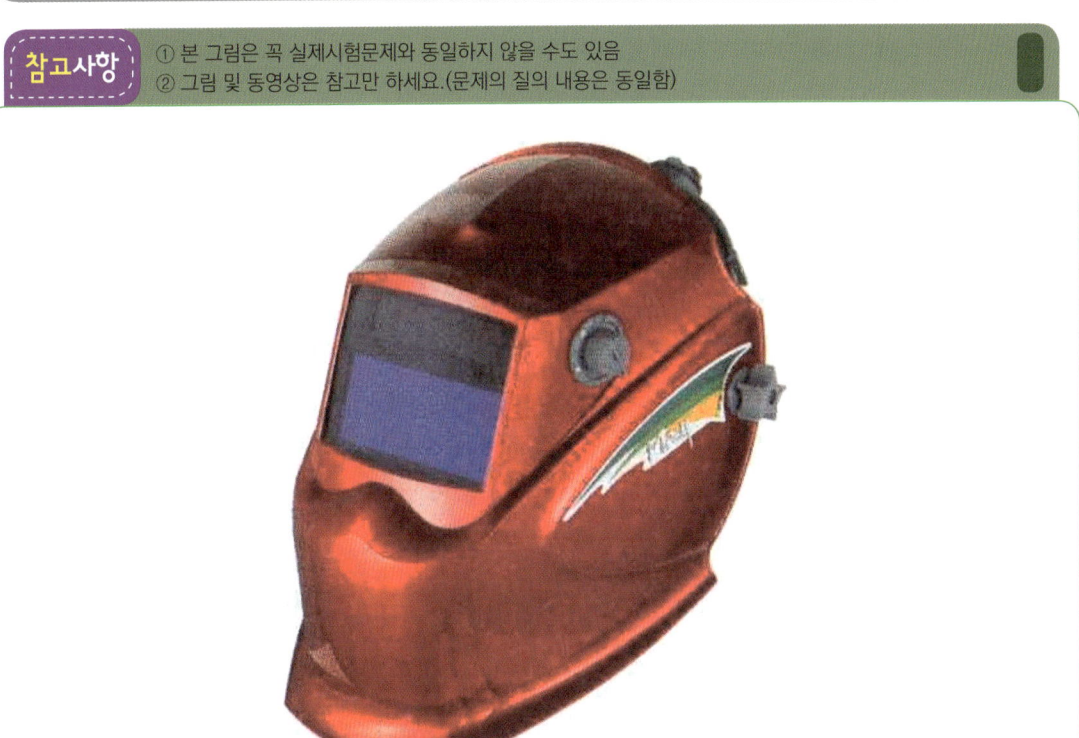

08 보호구 사진을 참고하여 보안면의 (1) 등급을 나누는 기준 (2) 투과율의 종류를 3가지 쓰시오.(4점)

합격KEY ① 2014년 7월 13일(문제 9번) 출제
② 2017년 4월 22일 제1회 1부 출제
③ 2018년 7월 8일 제2회 1부 산업기사 출제

정답
(1) 등급기준 : 차광도 번호
(2) 투과율의 종류
　① 자외선 최대 분광 투과율
　② 시감 투과율
　③ 적외선 투과율

자격종목 및 등급(선택분야)	시험시간	배점	시행일
산업안전기사	60분	45점	2019년 4월 20일 1회(3부)

참고사항
① 본 그림은 꼭 실제시험문제와 동일하지 않을 수도 있음
② 그림 및 동영상은 참고만 하세요.(문제의 질의 내용은 동일함)

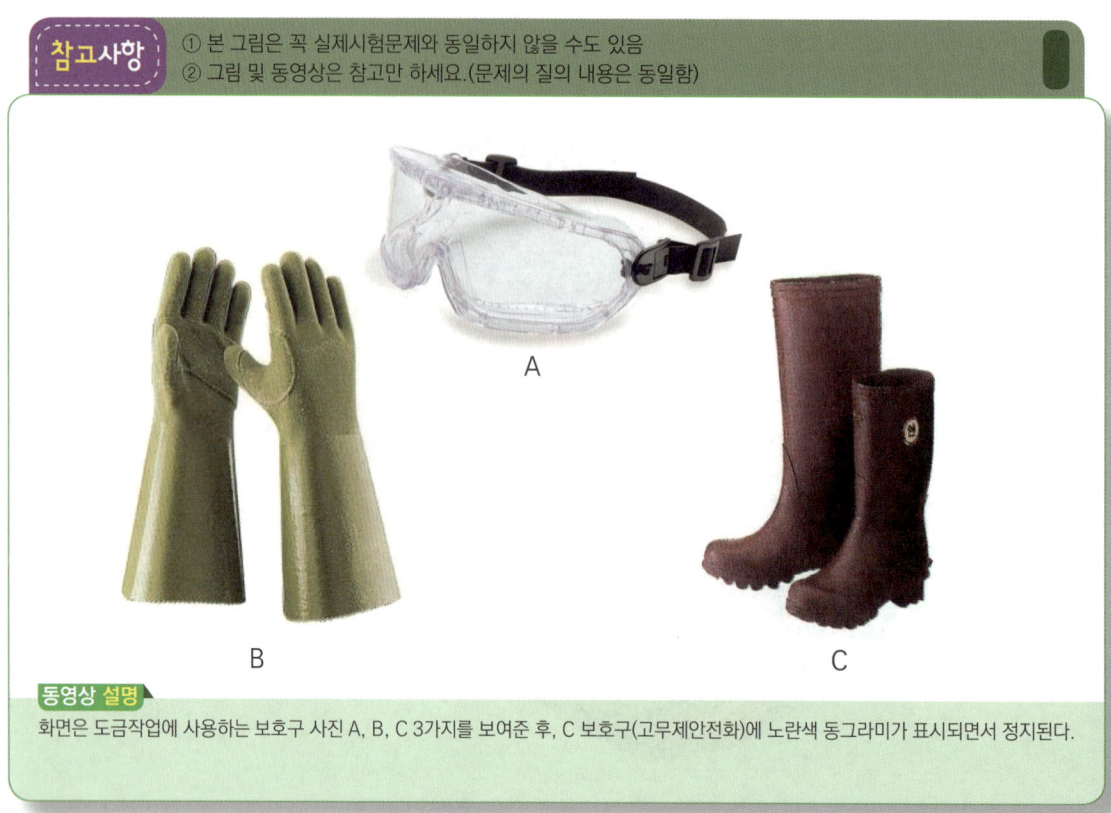

동영상 설명
화면은 도금작업에 사용하는 보호구 사진 A, B, C 3가지를 보여준 후, C 보호구(고무제안전화)에 노란색 동그라미가 표시되면서 정지된다.

09 동영상에서 C보호구의 사용 장소에 따른 분류 2가지를 쓰시오.(5점)

참고 고용노동부 고시 제2014-46호(보호구안전인증 고시 : 2014.11.20)

합격KEY
① 2005년 10월 1일 산업기사 출제
② 2012년 10월 21일 출제
③ 2013년 7월 20일 출제
④ 2014년 10월 5일 산업기사 출제
⑤ 2017년 4월 22일 제1회 1부(문제 9번) 출제

정답

구 분	사용장소
일반용	일반작업장
내유용	탄화수소류의 윤활유 등을 취급하는 작업장

문제 및 답안(지), 점수, 채점기준은 일체 공개하지 않는다.

비번호
총 점

자격종목 및 등급(선택분야)	시험시간	형별	시행일
산업안전산업기사	60분	45점	2019년 4월 21일 1회(1부)

참고사항
① 본 그림은 꼭 실제시험문제와 동일하지 않을 수도 있음
② 그림 및 동영상은 참고만 하세요.(문제의 질의 내용은 동일함)

활선작업 보호구

활선작업

동영상 설명
화면에서 A작업자가 변압기의 2차 전압을 측정하기 위해 유리창 너머의 B작업자에게 전원을 투입하라는 신호를 보낸다. 측정 완료 후 다시 차단하라고 신호를 보내고 측정기기를 철거하다 감전사고가 발생되는 장면을 보여주고 있다.(작업자는 맨손, 슬리퍼 착용)

01 화면과 같이 작업자가 착용하여야 할 보호구 2가지를 쓰시오.(4점)

합격KEY ① 2015년 7월 18일 제2회(문제 1번) 출제
② 2017년 10월 22일 제3회(문제 1번) 출제

정답
① 내전압용 절연장갑
② 절연장화

자격종목 및 등급(선택분야)	시험시간	배점	시행일
산업안전산업기사	60분	45점	2019년 4월 21일 1회(1부)

참고사항
① 본 그림은 꼭 실제시험문제와 동일하지 않을 수도 있음
② 그림 및 동영상은 참고만 하세요.(문제의 질의 내용은 동일함)

동영상 설명
사출성형기가 개방된 상태에서 금형에서 이물질을 제거하다가 손이 눌리는 상태임

02 사출성형기 V형 금형 작업중 재해가 발생한 사례이다. 동영상에서 발생한 (1) 재해형태와 (2) 법적인 방호장치를 쓰시오.(4점)

참고 산업안전보건기준에 관한 규칙 제121조(사출성형기 등의 방호장치)

합격KEY
① 2010년 4월 24일 출제
② 2013년 4월 27일 제1회(문제 7번) 출제
③ 2015년 4월 25일 제1회 제2부(문제 7번) 출제
④ 2015년 10월 11일 제3회 2부 출제
⑤ 2017년 7월 2일 제2회 1부(문제 5번) 출제

정답
(1) 재해형태 : 협착(끼임)
(2) 방호장치
① 게이트가드(gate guard)
② 양수조작식

자격종목 및 등급(선택분야)	시험시간	형별	시행일
산업안전산업기사	60분	45점	2019년 4월 21일 1회(1부)

참고사항
① 본 그림은 꼭 실제시험문제와 동일하지 않을 수도 있음
② 그림 및 동영상은 참고만 하세요.(문제의 질의 내용은 동일함)

03 선박 내부에서 공기압축기 작업 도중에 작업자가 가스질식으로 의식을 잃는 장면이다. 이와 같은 사고에 대비하여 필요한 호흡용 보호구를 2가지만 쓰시오.(4점)

[채점기준]
(1) 택 2. 2개 모두 맞으면 4점, 1개 맞으면 2점, 그 외 0점
(2) 유사(가능한)답안
　① 에어라인 마스크　　　　　　　② 호스마스크
　③ 복합식 에어라인 마스크　　　　④ 산소호흡기

[합격KEY]
① 2005년 7월 15일 산업기사 출제　　② 2006년 9월 23일 출제
③ 2014년 10월 5일(문제 5번) 출제　　④ 2015년 7월 18일 제2회 제3부(문제 5번) 출제
⑤ 2015년 10월 11일 제3회 산업기사 출제　⑥ 2017년 10월 22일 기사(문제 5번) 출제
⑦ 2017년 10월 14일 제3회 1부 기사 출제

[정답]
① 송기마스크
② 공기호흡기

자격종목 및 등급(선택분야)	시험시간	배점	시행일
산업안전산업기사	60분	45점	2019년 4월 21일 1회(1부)

참고사항
① 본 그림은 꼭 실제시험문제와 동일하지 않을 수도 있음
② 그림 및 동영상은 참고만 하세요.(문제의 질의 내용은 동일함)

동영상 설명
작동되는 양수기를 수리하는 모습·잡담을 하며 수공구를 던져주고 하다가 손을 벨트(접선물림점)에 물리는 동영상

04
동영상은 양수기 수리작업 도중에 발생한 재해사례이다. 동영상을 참고하여 위험요인을 3가지만 쓰시오.(6점)

합격KEY
① 2008년 7월 13일 출제
② 2009년 9월 19일 출제
③ 2013년 10월 12일(문제 2번) 출제
④ 2016년 4월 23일 제1회 2부 출제
⑤ 2017년 7월 2일 제2회 기사 출제

정답
① 작업자들이 작업에 집중을 하지 못하고 있어 작업복과 손이 말려들어갈 위험이 있다.
② 작업자 중 한 명이 기계 위에 손을 올려놓고 있어 미끄러져 말려들어갈 위험이 있다.
③ 수리작업 전에 전원을 차단시켜 정지시키지 않아 작업복이 말려들어갈 위험이 있다.

자격종목 및 등급(선택분야)	시험시간	형별	시행일
산업안전산업기사	60분	45점	2019년 4월 21일 1회(1부)

참고사항
① 본 그림은 꼭 실제시험문제와 동일하지 않을 수도 있음
② 그림 및 동영상은 참고만 하세요.(문제의 질의 내용은 동일함)

05 화면은 이동식 크레인을 이용하여 철제 배관을 인양하는 작업으로 신호수의 신호에 따라 철제 배관을 인양 중 H빔에 부딪치면서 흔들리는 동영상이다. 배관 인양 작업시 위험요인 3가지를 쓰시오.(6점)

합격KEY
① 2015년 7월 18일 기사 (문제 8번) 출제
② 2016년 7월 3일 제2회 1부 출제
③ 2018년 7월 8일 제2회 2부(문제 8번) 출제

정답
① 와이어로프의 안전상태가 불안정하여 위험하다.
② 작업 반경 내 관계근로자 이외의 외부 작업자가 출입하여 위험하다.
③ 훅의 해지장치 및 안전상태가 불안정하여 위험하다.

자격종목 및 등급(선택분야)	시험시간	배점	시행일
산업안전산업기사	60분	45점	2019년 4월 21일 1회(1부)

참고사항
① 본 그림은 꼭 실제시험문제와 동일하지 않을 수도 있음
② 그림 및 동영상은 참고만 하세요.(문제의 질의 내용은 동일함)

06 화면에서 가압상태의 LPG가 대기중에 유출되어 순간적으로 기화가 일어나 점화원에 의해 발생하는 폭발의 종류를 쓰시오.(4점)

보충학습 증기운
① 저온 액화가스의 저장탱크나 고압의 인화성 액체용기가 파괴되어 다량의 인화성 증기가 폐쇄공간이 아닌 대기중으로 급격히 방출되어 공기 중에 분산 확산되어 있는 상태
② 인화성 가스 또는 기화하기 쉬운 인화성 액체 등이 저장된 고압가스 용기(저장탱크)의 파괴로 인하여 대기중으로 유출된 인화성 증기가 구름을 형성(증기운)한 상태에서 점화원이 증기운에 접촉하여 폭발(가스폭발)하는 현상

합격KEY ① 2002년 10월 6일 기사 출제　　② 2011년 7월 30일 기사 출제
③ 2012년 7월 14일 출제　　④ 2013년 10월 12일 제3회 제2부(문제 8번) 출제
⑤ 2015년 10월 11일 제3회 2부(문제 8번) 출제

정답　증기운 폭발(UVCE : Unconfined Vapor Cloud Explosion)

자격종목 및 등급(선택분야)	시험시간	형별	시행일
산업안전산업기사	60분	45점	2019년 4월 21일 1회(1부)

참고사항
① 본 그림은 꼭 실제시험문제와 동일하지 않을 수도 있음
② 그림 및 동영상은 참고만 하세요.(문제의 질의 내용은 동일함)

동영상 설명
공장지붕에서 여러 명의 작업자가 작업중 한 명의 작업자가 바닥으로 떨어져 사망

07 화면은 공장 지붕 철골상에 패널 설치 중 작업자가 실족하여 사망한 재해사례이다. 이 영상 내용을 참고하여 재해원인 2가지를 쓰시오.(6점)

참고 조사나 문맥이 모범답안과 다르더라도 의미가 같으면 정답 인정

합격KEY
① 2004년 10월 2일 산업기사 출제
② 2005년 10월 1일 산업기사 출제
③ 2007년 10월 13일 산업기사 출제
④ 2009년 7월 11일 산업기사 출제
⑤ 2015년 4월 25일 제1회 제2부(문제 1번) 출제
⑥ 2015년 10월 11일 산업기사 출제
⑦ 2016년 7월 3일 제2회 기사 출제

정답
① 안전대 부착설비 미설치 및 안전대 미착용
② 추락방호망 미설치

자격종목 및 등급(선택분야)	시험시간	배점	시행일
산업안전산업기사	60분	45점	2019년 4월 21일 1회(1부)

참고사항
① 본 그림은 꼭 실제시험문제와 동일하지 않을 수도 있음
② 그림 및 동영상은 참고만 하세요.(문제의 질의 내용은 동일함)

동영상 설명
동영상에서 작업자 A, B가 작업을 하고 있다. 창틀에서 작업 중인 A가 처마 위에 있는 B에게 작업발판을 건네준 후 B가 있는 옆 처마 위로 이동하다 발을 헛디뎌 바닥으로 추락하는 장면이다.(주변이 정리정돈 되어있지 않고, A작업자가 밟고 있던 콘크리트 부스러기가 추락할 때 같이 떨어진다.)

08 화면은 아파트 창틀에서 작업 중 발생한 재해사례이다. 이 영상의 작업자의 추락사고 원인 3가지를 쓰시오.(6점)

참고 산업안전보건기준에 관한 규칙 제42조(추락의 방지)

합격KEY
① 2004년 10월 2일 출제
② 2006년 7월 5일 출제
③ 2014년 4월 25일 출제
④ 2014년 7월 13일 산업기사 출제
⑤ 2014년 10월 5일(문제 1번) 출제
⑥ 2016년 4월 23일(문제 1번) 출제
⑦ 2017년 4월 22일 제1회 1부 출제
⑧ 2017년 7월 2일 제2회 2부 기사 출제

정답
① 작업발판 미설치
② 안전대 미착용
③ 추락방호망 미설치

자격종목 및 등급(선택분야)	시험시간	형별	시행일
산업안전산업기사	60분	45점	2019년 4월 21일 1회(1부)

참고사항
① 본 그림은 꼭 실제시험문제와 동일하지 않을 수도 있음
② 그림 및 동영상은 참고만 하세요.(문제의 질의 내용은 동일함)

09 화면은 내전압용 절연장갑을 보여주고 있다. 화면을 참고하여 각 등급을 쓰시오.(5점)

[표] 절연장갑의 등급 및 표시

등급	최대사용전압		등급별 색상
	교류[V, 실효값]	직류[V]	
①	500	750	갈색
②	1,000	1,500	빨간색
③	7,500	11,250	흰색
④	17,000	25,500	노란색
⑤	26,500	39,750	녹색
⑥	36,000	54,000	등색

참고 고용노동부고시 제2017-64호(보호구안전인증고시 2017.11.14)

합격KEY ① 2013년 10월 12일 제3회 제1부(문제 6번) 출제
② 2015년 10월 11일 제3회 1부(문제 9번) 출제

참고 직류는 교류값에 1.5를 곱해준다.
  예 ① 500×1.5=750[V]
  ② 17,000×1.5=25,500[V]

정답 ① 00 ② 0 ③ 1 ④ 2 ⑤ 3 ⑥ 4

자격종목 및 등급(선택분야)	시험시간	배점	시행일
산업안전산업기사	60분	45점	2019년 4월 21일 1회(2부)

참고사항
① 본 그림은 꼭 실제시험문제와 동일하지 않을 수도 있음
② 그림 및 동영상은 참고만 하세요.(문제의 질의 내용은 동일함)

01 화면은 이동식 크레인을 이용하여 철제 배관을 인양하는 작업으로 신호수의 신호에 따라 철제 배관을 인양 중 H빔에 부딪치면서 흔들리는 동영상이다. 배관 인양 작업시 위험요인 3가지를 쓰시오.(6점)

합격KEY ① 2015년 7월 18일 기사 (문제 8번) 출제
② 2016년 7월 3일 제2회 1부 출제
③ 2018년 7월 8일 제2회 2부(문제 8번) 출제

정답
① 와이어로프의 안전상태가 불안정하여 위험하다.
② 작업 반경 내 관계근로자 이외의 외부 작업자가 출입하여 위험하다.
③ 훅의 해지장치 및 안전상태가 불안정하여 위험하다.

자격종목 및 등급(선택분야)	시험시간	형별	시행일
산업안전산업기사	60분	45점	2019년 4월 21일 1회(2부)

참고사항
① 본 그림은 꼭 실제시험문제와 동일하지 않을 수도 있음
② 그림 및 동영상은 참고만 하세요.(문제의 질의 내용은 동일함)

동영상 설명
작업자 한명이 콘센트에 플러그를 꽂고 그라인더 작업 중이고, 다른 작업자가 다가와서 작업을 위해 콘센트에 플러그를 꽂고 주변을 만지는 도중 감전이 발생하는 동영상

02 동영상은 분전반 전면에 위치한 그라인더 기기 재해사례이다. 동영상을 참고하여 위험요인을 2가지만 쓰시오.(4점)

합격KEY
① 2008년 7월 13일 출제
② 2009년 4월 26일 기사 출제
③ 2009년 9월 20일 출제
④ 2014년 7월 13일(문제 2번) 출제
⑤ 2016년 4월 23일(문제 2번) 출제
⑥ 2017년 4월 22일 제1회 1부(문제 2번) 출제

정답
① 작업자가 맨손으로 작업을 실시하여 감전의 위험이 있다.
② 보수작업임을 나타내는 안전표지판 미설치 및 감시인 미배치

자격종목 및 등급(선택분야)	시험시간	배점	시행일
산업안전산업기사	60분	45점	2019년 4월 21일 1회(2부)

참고사항
① 본 그림은 꼭 실제시험문제와 동일하지 않을 수도 있음
② 그림 및 동영상은 참고만 하세요.(문제의 질의 내용은 동일함)

동영상 설명
작업자가 안전대를 착용하고 전주에 올라서서 작업발판(볼트)을 딛고 변압기 볼트를 조이는 중 추락하는 동영상이다.

03 화면의 전기형강작업중 발생한 재해에서 재해형태와 위험요인(결여사항)을 쓰시오. (6점)

합격KEY
① 2000년 9월 6일 출제
② 2007년 4월 28일 출제
③ 2009년 9월 19일 출제
④ 2010년 7월 11일 산업기사 출제
⑤ 2014년 7월 13일 제2회 3부 기사 출제

정답
(1) 재해형태 : 추락(떨어짐)
(2) 위험요인
  ① 작업중 흡연
  ② 작업자가 딛고 선 발판이 불안전
  ③ C.O.S(Cut Out Switch)를 발판용(볼트)에 임시로 걸쳐 놓았다.

자격종목 및 등급(선택분야)	시험시간	형별	시행일
산업안전산업기사	60분	45점	2019년 4월 21일 1회(2부)

참고사항
① 본 그림은 꼭 실제시험문제와 동일하지 않을 수도 있음
② 그림 및 동영상은 참고만 하세요.(문제의 질의 내용은 동일함)

동영상 설명
작업자가 교류아크용접을 한다. 용접을 한 번 하고서 슬러지를 털어낸 뒤 육안으로 확인 후 다시 한 번 용접을 위해 아크불꽃을 내는 순간 감전되어 쓰러진다.(작업자는 일반 캡 모자와 목장갑 착용)

04 화면은 교류아크용접 작업중 재해가 발생한 사례이다. (1) 기인물과 이 작업시 눈과 감전재해위험으로부터 작업자를 보호하기 위해 착용해야 할 (2) 보호구 명칭 두 가지를 쓰시오.(4점)

합격KEY
① 2004년 10월 2일 출제
② 2014년 4월 25일 기사 출제
③ 2014년 10월 5일(문제 2번) 출제
④ 2016년 7월 3일 제2회 출제
⑤ 2016년 10월 15일 제3회 기사 출제
⑥ 2017년 10월 22일 제3회 2부(문제 2번) 출제

정답
(1) 기인물 : 교류아크용접기
(2) 보호구
　① 차광보안경(용접용 보안면)
　② 안전장갑(용접용 장갑)

자격종목 및 등급(선택분야)	시험시간	배점	시행일
산업안전산업기사	60분	45점	2019년 4월 21일 1회(2부)

참고사항
① 본 그림은 꼭 실제시험문제와 동일하지 않을 수도 있음
② 그림 및 동영상은 참고만 하세요.(문제의 질의 내용은 동일함)

05 화면은 크롬도금을 실시하는 작업현장의 장면이다. 크롬 또는 크롬화합물의 퓸, 분진, 미스트를 장기간 흡입하여 발생되는 ① 직업병명과 ② 증상은 무엇인가?(6점)

합격KEY
① 2000년 11월 9일 출제
② 2001년 4월 29일 출제
③ 2004년 4월 29일 기사 출제
④ 2006년 7월 15일 기사 출제
⑤ 2007년 10월 13일 출제
⑥ 2011년 10월 22일(문제 4번) 출제
⑦ 2015년 7월 18일(문제 4번) 출제
⑧ 2017년 4월 22일 제1회 2부(문제 5번) 출제

정답
① 직업병명 : 비중격천공
② 증상 : 코에 구멍이 뚫림

자격종목 및 등급(선택분야)	시험시간	형별	시행일
산업안전산업기사	60분	45점	2019년 4월 21일 1회(2부)

참고사항
① 본 그림은 꼭 실제시험문제와 동일하지 않을 수도 있음
② 그림 및 동영상은 참고만 하세요.(문제의 질의 내용은 동일함)

동영상 설명
박공지붕 위쪽과 바닥을 보여준다. 오른쪽에 안전난간, 추락방지망이 미설치된 모습이 보이고, 지붕 위쪽 중간에서 커피를 마시면서 앉아 휴식을 취하는 작업자(안전모, 안전화 착용함)들이 보인다. 작업자 왼쪽과 뒤편에 적재물이 적치되어 있는데, 뒤에 있던 삼각형 적재물이 굴러와 작업자 등에 맞아 작업자가 앞으로 쓰러지는 동영상이다.

06 화면은 박공지붕 설치 작업 중 발생한 재해사례이다. 해당 화면은 박공지붕의 비래에 의해 재해가 발생하였음을 나타내고 있다. 그 위험요인(문제점)과 안전대책 2가지를 쓰시오.(4점)

합격KEY
① 2004년 7월 10일 출제 ② 2006년 9월 23일 출제
③ 2007년 10월 13일 출제 ④ 2008년 4월 26일 출제
⑤ 2009년 9월 19일 출제 ⑥ 2011년 7월 30일 산업기사 출제
⑦ 2012년 4월 28일 출제 ⑧ 2012년 7월 14일 산업기사 출제
⑨ 2013년 4월 27일 출제 ⑩ 2013년 7월 20일 출제
⑪ 2013년 10월 12일 산업기사 출제 ⑫ 2014년 4월 25일 산업기사 출제
⑬ 2014년 7월 13일 산업기사 출제 ⑭ 2014년 10월 5일 제3회(문제 3번) 출제
⑮ 2015년 7월 18일 제2회(문제 8번) 출제 ⑯ 2017년 10월 22일 기사 제3회(문제 8번) 출제

정답
(1) 위험요인
 ① 근로자가 위험한 장소에서 휴식을 취하고 있다.
 ② 추락방호망이 설치되지 않았다.
 ③ 한곳에 과적하여 적치하였다.
 ④ 안전대 부착설비가 없고, 안전대를 착용하지 않았다.
(2) 안전대책
 ① 근로자는 위험한 장소에서 휴식을 취하지 않는다.
 ② 추락방호망을 설치한다.
 ③ 한곳에 과적하여 적치하지 않는다.
 ④ 안전대 부착설비를 설치하고, 안전대를 착용한다.

자격종목 및 등급(선택분야)	시험시간	배점	시행일
산업안전산업기사	60분	45점	2019년 4월 21일 1회(2부)

참고사항
① 본 그림은 꼭 실제시험문제와 동일하지 않을 수도 있음
② 그림 및 동영상은 참고만 하세요.(문제의 질의 내용은 동일함)

동영상 설명
① 변전실 주위에서 작업자 4명이 공놀이를 하던 중 공이 변전실로 들어가 작업자 1명이 변전실 안 공을 줍는 순간 감전
② 변전실 시건장치 없음

07 화면은 건물 옥상 변전실 근처에서 공놀이를 하다가 울타리 안쪽에 위치한 변압기 상단의 충전부에 떨어진 공을 줍기 위하여 출입문을 통해 들어가 공을 꺼내려 하고 있다. 화면의 재해방지대책 3가지를 쓰시오.(6점)

합격KEY
① 2006년 9월 23일 기사 출제
② 2008년 4월 26일 출제
③ 2009년 7월 11일 출제
④ 2013년 7월 20일 출제
⑤ 2015년 7월 18일(문제 4번) 출제
⑥ 2017년 4월 22일 제1회 1부(문제 7번) 출제

정답
① 변전실에 관계자 외의 자 출입을 막기 위해 출입구에 잠금장치를 한다.
② 전원을 차단하고, 정전을 확인 후 작업자로 하여금 공을 제거하도록 한다.
③ 변전실 근처에서 공놀이를 할 수 없도록 하고 안전표지판을 부착한다.
④ 작업자들에게 변전실의 전기위험에 대한 안전교육을 실시한다.

자격종목 및 등급(선택분야)	시험시간	형별	시행일
산업안전산업기사	60분	45점	2019년 4월 21일 1회(2부)

참고사항
① 본 그림은 꼭 실제시험문제와 동일하지 않을 수도 있음
② 그림 및 동영상은 참고만 하세요.(문제의 질의 내용은 동일함)

동영상 설명
인화성 물질 저장창고에 인화성 물질을 저장한 드럼(200[ℓ]용)이 여러 개 있고 한 작업자가 인화성 물질이 든 운반용 캔(약 40[ℓ])을 몇 개 운반하다가 잠시 쉬려고 인화성 물질을 저장한 드럼 옆에서 웃옷을 벗는 순간 "퍽" 하고 폭발사고가 발생함

08 화면은 인화성 물질의 취급 및 저장소이다. 인화성 물질의 증기, 인화성 가스 또는 인화성 분진이 존재하여 폭발 또는 화재가 발생할 우려가 있을 경우의 예방대책을 2가지 쓰시오.(4점)

합격KEY ① 2004년 10월 2일 기사출제
② 2010년 9월 19일 출제
③ 2013년 7월 20일 제2회 2부(문제 8번) 출제

정답
① 통풍·환기 및 제진 등의 조치를 할 것
② 폭발 또는 화재를 미리 감지할 수 있는 가스검지 및 경보장치를 설치하고 그 성능이 발휘될 수 있도록 할 것
③ 불꽃 또는 아크를 발생하거나 고온으로 될 우려가 있는 화기 또는 기계·기구 및 공구 등을 사용하지 말 것

자격종목 및 등급(선택분야)	시험시간	배점	시행일
산업안전산업기사	60분	45점	2019년 4월 21일 1회(2부)

참고사항
① 본 그림은 꼭 실제시험문제와 동일하지 않을 수도 있음
② 그림 및 동영상은 참고만 하세요.(문제의 질의 내용은 동일함)

09 화면은 방음보호구를 보여주고 있다. ①, ② 기호를 쓰시오.(5점)

[표] 종류 및 등급

종류	등급	기호	성능
귀마개	1종	①	저음부터 고음까지 차음하는 것
	2종	②	주로 고음을 차음하여 회화음 영역인 저음은 차음하지 않는 것
귀덮개	-	EM	

합격KEY
① 2015년 7월 18일(문제 9번) 출제
③ 2016년 7월 3일 기사 출제
⑤ 2017년 10월 22일 제3회 1부 출제
② 2016년 4월 23일 (문제 9번) 출제
④ 2016년 10월 15일 제3회(문제 9번) 출제
⑥ 2018년 7월 8일 제2회 2부(문제 9번) 출제

정답
① EP-1
② EP-2

문제 및 답안(지), 점수, 채점기준은 일체 공개하지 않는다.

비번호
총 점

자격종목 및 등급(선택분야)	시험시간	형별	시행일
산업안전기사	60분	45점	2019년 7월 6일 2회(1부)

참고사항
① 본 그림은 꼭 실제시험문제와 동일하지 않을 수도 있음
② 그림 및 동영상은 참고만 하세요.(문제의 질의 내용은 동일함)

01 화면은 지게차 주행안전작업을 하고 있다. 지게차의 작업시작전 점검사항 3가지를 쓰시오.(6점)

[합격정보] 산업안전보건기준에 관한 규칙 [별표 3] 작업시작전 검검사항
[합격KEY] 2018년 10월 14일 제3회 출제

정답
① 제동장치 및 조종장치 기능의 이상 유무
② 하역장치 및 유압장치 기능의 이상 유무
③ 바퀴의 이상 유무
④ 전조등·후미등·방향지시기 및 경보장치 기능의 이상 유무

자격종목 및 등급(선택분야)	시험시간	배점	시행일
산업안전기사	60분	45점	2019년 7월 6일 2회(1부)

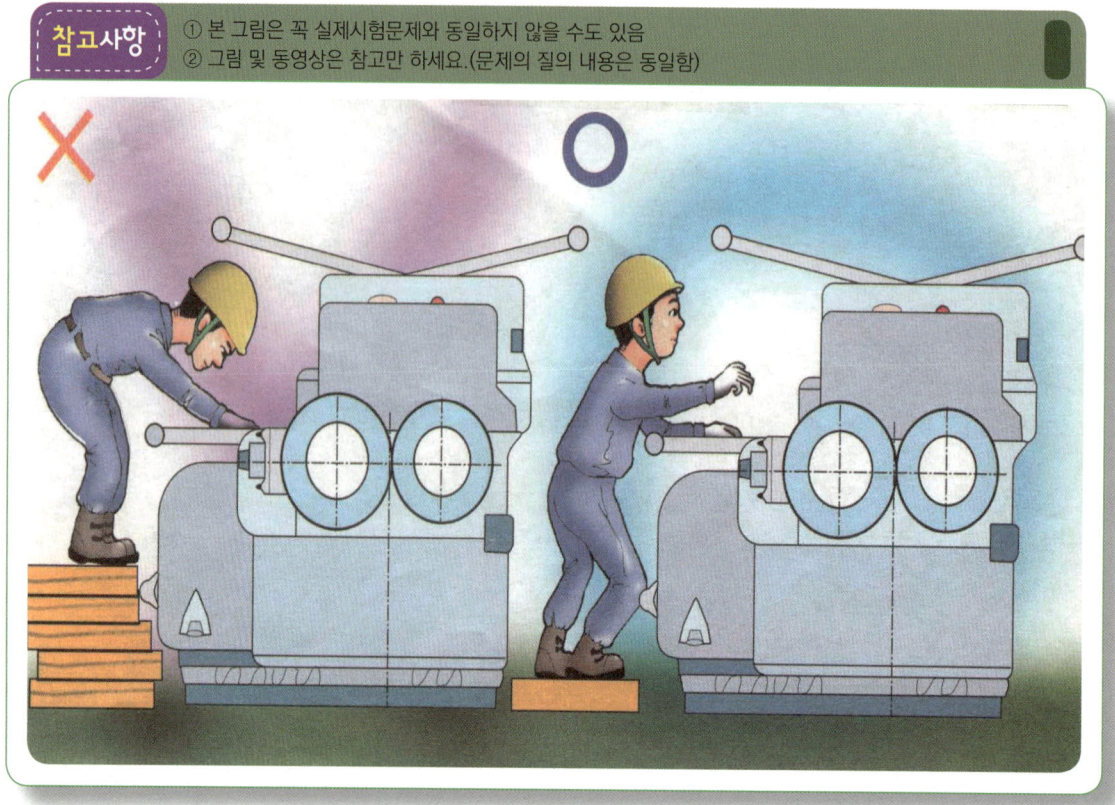

02 화면의 롤러기를 보고 롤러기 방호장치 3가지와 설치위치를 쓰시오. (6점)

[참고] 산업안전실기작업형 p.2-30(예제 1)
[합격정보] 방호장치 자율안전기준 고시(2021-23)
[별표 3] 롤러기 급정지장치 성능기준(제7조 관련)
[합격KEY] 2017년 4월 22일 제1회 3부(문제 2번) 출제

정답

방호장치	설치위치
손조작식	밑면에서 1.8[m] 이내
복부조작식	밑면에서 0.8[m] 이상 1.1[m] 이내
무릎조작식	밑면에서 0.6[m] 이내

자격종목 및 등급(선택분야)	시험시간	형별	시행일
산업안전기사	60분	45점	2019년 7월 6일 2회(1부)

참고사항
① 본 그림은 꼭 실제시험문제와 동일하지 않을 수도 있음
② 그림 및 동영상은 참고만 하세요.(문제의 질의 내용은 동일함)

03 동영상은 2만볼트가 인가된 배전판의 작업 중 발생한 재해사례이다. 이 동영상을 참고하여 전주작업시 착용하는 안전대의 종류 2가지를 쓰시오.(4점)

보충학습

[표] 안전대의 종류

종류	사용구분
벨트식(B식) 안전그네식(H식)	U자걸이 전용
	1개걸이 전용
안전그네식(H식)	안전블록(H식 적용)
	추락방지대(H식 적용)

합격KEY ① 2012년 4월 28일(문제 1번)
② 2012년 4월 28일 제1회 2부(문제 2번) 출제
③ 2015년 10월 11일 제3회 3부(문제 3번) 출제

정답
① 벨트(B)식
② 안전그네(H)식

자격종목 및 등급(선택분야)	시험시간	배점	시행일
산업안전기사	60분	45점	2019년 7월 6일 2회(1부)

참고사항
① 본 그림은 꼭 실제시험문제와 동일하지 않을 수도 있음
② 그림 및 동영상은 참고만 하세요.(문제의 질의 내용은 동일함)

04 동영상은 높이가 2[m] 이상인 작업장소에서 근로자가 작업발판 위에서 작업을 하고 있다. ① 비계발판의 폭 몇 (　)[cm] 이상, ② 발판틈새는 몇 (　)[cm] 이하가 적정한지 쓰시오.(4점)

참고 산업안전보건기준에 관한 규칙 제56조(작업발판의 구조)
보충설명 부분점수 있다.(2점×2개=4점)

합격KEY
① 2006년 4월 29일 출제
③ 2010년 7월 11일 출제
⑤ 2016년 4월 23일 제1회 출제
⑦ 2017년 4월 22일 제1회 3부 출제
⑨ 2018년 10월 14일 제3회 1부 산업기사 출제
② 2007년 7월 15일 출제
④ 2015년 10월 11일(문제 3번) 산업기사 출제
⑥ 2016년 10월 9일 산업기사 출제
⑧ 2017년 7월 2일 기사 제2회(문제 2번) 출제

정답
① 40
② 3

자격종목 및 등급(선택분야)	시험시간	형별	시행일
산업안전기사	60분	45점	2019년 7월 6일 2회(1부)

참고사항
① 본 그림은 꼭 실제시험문제와 동일하지 않을 수도 있음
② 그림 및 동영상은 참고만 하세요.(문제의 질의 내용은 동일함)

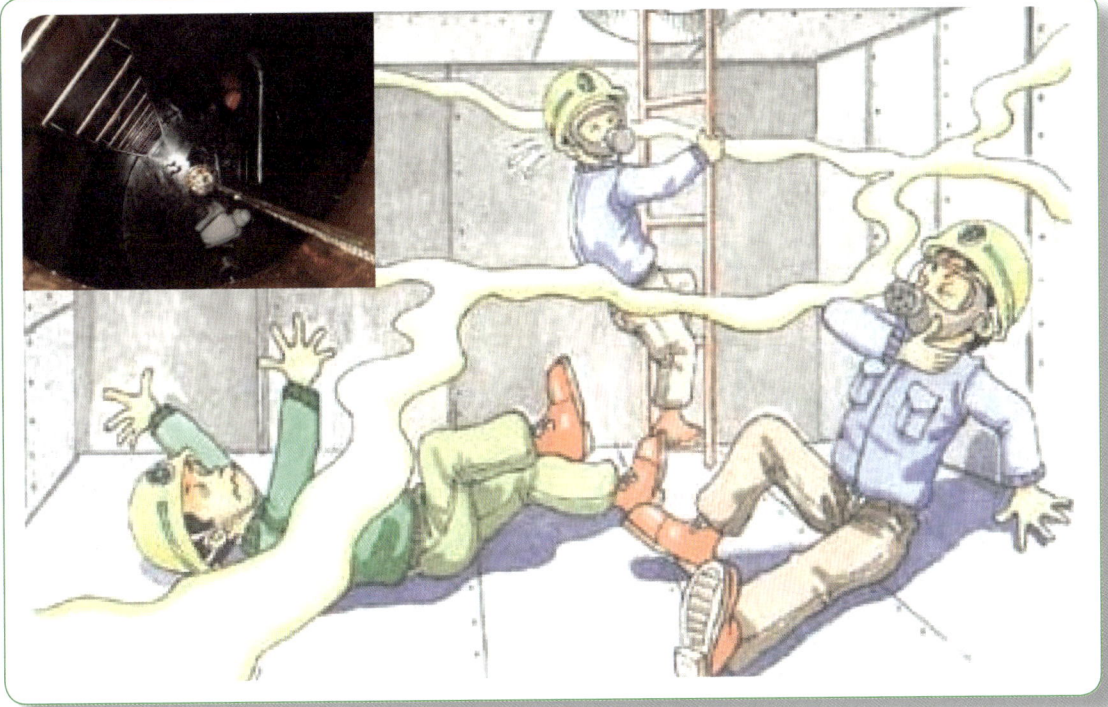

05 화면은 선박 밸러스트 탱크 내부의 슬러지를 제거하는 작업 도중에 작업자가 가스질식으로 의식을 잃었다. 이와 같은 사고에 대비하여 구조자가 착용해야 할 보호구를 쓰시오.(5점)

채점기준 유사(가능한)답안
① 에어라인 마스크
② 호스마스크
③ 복합식 에어라인 마스크
④ 산소호흡기
⑤ 공기호흡기

합격KEY
① 2005년 7월 15일 산업기사 출제
② 2006년 9월 23일 출제
③ 2014년 10월 5일(문제 5번) 출제
④ 2015년 7월 18일(문제 5번) 출제
⑤ 2016년 4월 23일 제1회 1부 출제

정답 송기마스크

자격종목 및 등급(선택분야)	시험시간	배점	시행일
산업안전기사	60분	45점	2019년 7월 6일 2회(1부)

참고사항
① 본 그림은 꼭 실제시험문제와 동일하지 않을 수도 있음
② 그림 및 동영상은 참고만 하세요.(문제의 질의 내용은 동일함)

06
동영상에서 항타기 또는 항발기 조립시 점검사항 2가지를 쓰시오.(4점)

합격정보 산업안전보건기준에 관한 규칙 제207조(조립시 점검)

합격KEY
① 2008년 4월 26일 출제
② 2010년 9월 19일 출제
③ 2016년 10월 15일 제3회(문제 5번) 출제
④ 2018년 4월 21일 제1회(문제 5번) 출제

정답
① 본체연결부의 풀림 또는 손상의 유무
② 권상용 와이어로프 · 드럼 및 도르래의 부착상태의 이상유무
③ 권상장치의 브레이크 및 쐐기장치 기능의 이상유무
④ 권상기의 설치상태의 이상유무
⑤ 리더(leader)의 버팀 방법 및 고정상태의 이상유무
⑥ 본체 · 부속장치 및 부속품의 강도가 적합한지 여부
⑦ 본체 · 부속장치 및 부속품에 심한 손상 · 마모 · 변형 또는 부식이 있는지 여부

자격종목 및 등급(선택분야)	시험시간	형별	시행일
산업안전기사	60분	45점	2019년 7월 6일 2회(1부)

참고사항
① 본 그림은 꼭 실제시험문제와 동일하지 않을 수도 있음
② 그림 및 동영상은 참고만 하세요.(문제의 질의 내용은 동일함)

07 보호구 사진을 참고하여 방열복, 방열두건, 방열장갑 등의 내열원단 시험성능기준 항목 5가지를 쓰시오.(5점)

합격정보 보호구 성능검정규정(방열복) [표 5] 방열복의 시험성능기준

합격KEY
① 2013년 4월 27일(문제 8번) 출제
② 2016년 4월 23일 제1회(문제 7번) 출제
③ 2018년 4월 21일 제1회(문제 7번) 출제

정답
① 난연성
② 절연저항
③ 인장강도
④ 내열성
⑤ 내한성

자격종목 및 등급(선택분야)	시험시간	배점	시행일
산업안전기사	60분	45점	2019년 7월 6일 2회(1부)

참고사항
① 본 그림은 꼭 실제시험문제와 동일하지 않을 수도 있음
② 그림 및 동영상은 참고만 하세요.(문제의 질의 내용은 동일함)

08 화면에서와 같이 터널 굴착공사시 이용되는 계측방법에 대하여 3가지를 쓰시오.(6점)

합격정보 터널공사 표준안전지침-NATM공법 제25조(계측의 목적)

채점기준
① 5개 중 3개만 선택
② 2점×3=6점

합격KEY
① 2001년 4월 29일 산업기사출제
② 2003년 5월 4일 출제
③ 2007년 4월 28일 출제
④ 2010년 4월 24일 출제
⑤ 2013년 7월 20일(문제 7번) 출제
⑥ 2016년 4월 23일 제1회 3부 출제
⑦ 2017년 7월 2일 제2회(문제 7번) 출제

정답
① 천단 침하 측정
② 내공변위 측정
③ 지중변위 측정
④ 록볼트(rock bolt) 측정
⑤ Shotcrete 응력측정

자격종목 및 등급(선택분야)	시험시간	형별	시행일
산업안전기사	60분	45점	2019년 7월 6일 2회(1부)

참고사항
① 본 그림은 꼭 실제시험문제와 동일하지 않을 수도 있음
② 그림 및 동영상은 참고만 하세요.(문제의 질의 내용은 동일함)

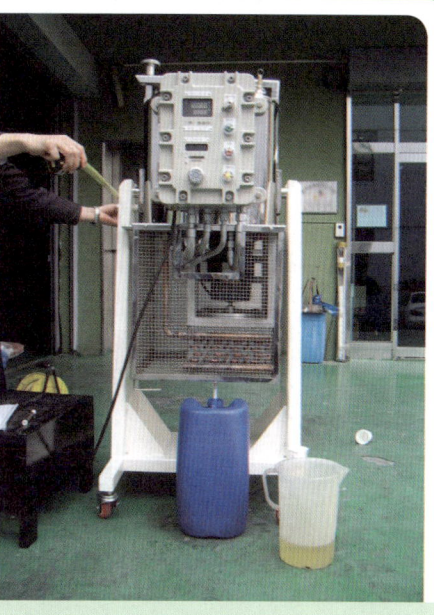

동영상 설명
지하실 방수작업시의 안전미비점을 물어보는 문제. 뛰어다니지도 않고 통째로 뿌리지도 않습니다. 지하실 벽 방수공사를 하다가 시너통을 들고 다른 곳으로 사다리를 타고 내려가서 시너를 어디에다 옮겨 담습니다. 그리고 작업자의 손목시계가 자꾸 클로즈업됨. 즉 산소결핍을 호소하고 있음.

09 동영상에서 근로자는 밀폐공간에서 방수작업을 하고 있다. 동영상에서 (1) 산소결핍기준과 (2) 산소결핍 방지대책 3가지를 쓰시오.(5점)

참고
① 산업안전보건기준에 관한 규칙 제618조(정의)
② 산업안전보건기준에 관한 규칙 제377조(잠함등 내부에서 작업)

정답
(1) **산소결핍기준** : 공기중의 산소농도가 18[%] 미만인 상태
(2) **산소결핍시 방지대책**
  ① 산소결핍의 우려가 있는 경우에는 산소의 농도를 측정하는 사람을 지명하여 측정하도록 할 것
  ② 근로자가 안전하게 오르내리기 위한 설비를 설치할 것
  ③ 굴착깊이가 20[m]를 초과하는 경우에는 해당 작업장소와 외부와의 연락을 위한 통신설비 등을 설치할 것

문제 및 답안(지), 점수, 채점기준은 일체 공개하지 않는다.

자격종목 및 등급(선택분야)	시험시간	배점	시행일
산업안전기사	60분	45점	2019년 7월 6일 2회(2부)

참고사항
① 본 그림은 꼭 실제시험문제와 동일하지 않을 수도 있음
② 그림 및 동영상은 참고만 하세요.(문제의 질의 내용은 동일함)

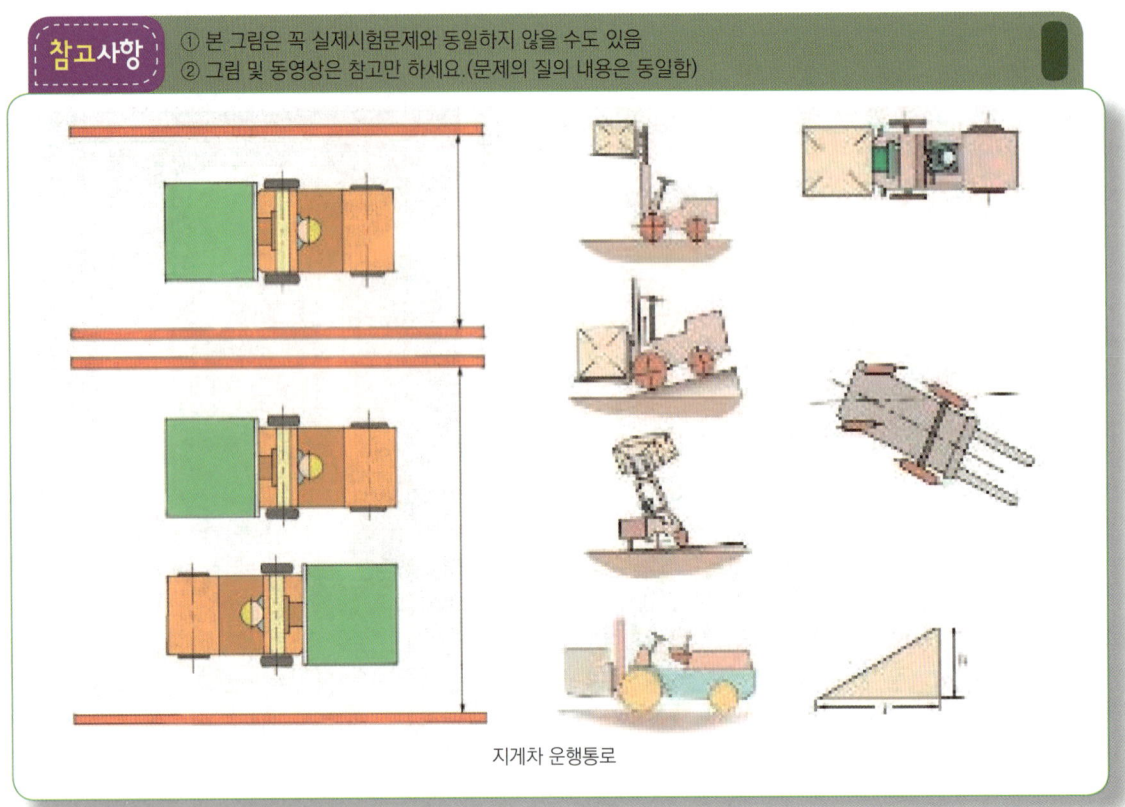

지게차 운행통로

01 동영상은 지게차로 운반 작업을 하고 있다. 지게차의 각각 안정도를 쓰시오.(4점)
 ① 하역작업시 전후 안정도 :
 ② 주행시 전후 안정도 :
 ③ 하역작업시 좌우 안정도 :
 ④ 5[km]의 속도로 주행시 좌우안정도 :

합격KEY
① 2006년 4월 29일 출제
② 2012년 4월 28일 출제
③ 2013년 7월 20일 (문제 2번) 출제
④ 2016년 7월 3일 제2회(문제 4번) 출제

정답
① 4[%]   ② 18[%]
③ 6[%]
④ 좌우안정도＝(15＋1.1V)＝15＋1.1×5＝20.5[%]

💬 **합격자의 조언** ① 13년전 문제도 출제됩니다.
② 과년도문제는 최소 10년치 이상 보는 것이 기본이고, 안전한 합격이 가능합니다.

자격종목 및 등급(선택분야)	시험시간	형별	시행일
산업안전기사	60분	45점	2019년 7월 6일 2회(2부)

참고사항
① 본 그림은 꼭 실제시험문제와 동일하지 않을 수도 있음
② 그림 및 동영상은 참고만 하세요.(문제의 질의 내용은 동일함)

02 화면은 건설작업용 리프트를 사용하여 작업하는 내용이다. 이 리프트의 작업시작 전 점검 내용을 2가지만 쓰시오.(4점)

참고: 산업안전보건기준에 관한 규칙 [별표 3] 작업시작 전 점검 사항

합격KEY
① 2006년 9월 23일 산업기사 출제
② 209년 4월 19일 출제
③ 2011년 5월 7일 산업기사 출제
④ 2012년 7월 14일 제2회 출제
⑤ 2018년 4월 21일 제1회 출제

정답
① 방호장치·브레이크 및 클러치의 기능
② 와이어로프가 통하고 있는 곳의 상태

합격대책: 실기 작업형 시험은 기사, 산업기사 구분없이 공부하셔야 만점이 가능합니다.

자격종목 및 등급(선택분야)	시험시간	배점	시행일
산업안전기사	60분	45점	2019년 7월 6일 2회(2부)

참고사항
① 본 그림은 꼭 실제시험문제와 동일하지 않을 수도 있음
② 그림 및 동영상은 참고만 하세요.(문제의 질의 내용은 동일함)

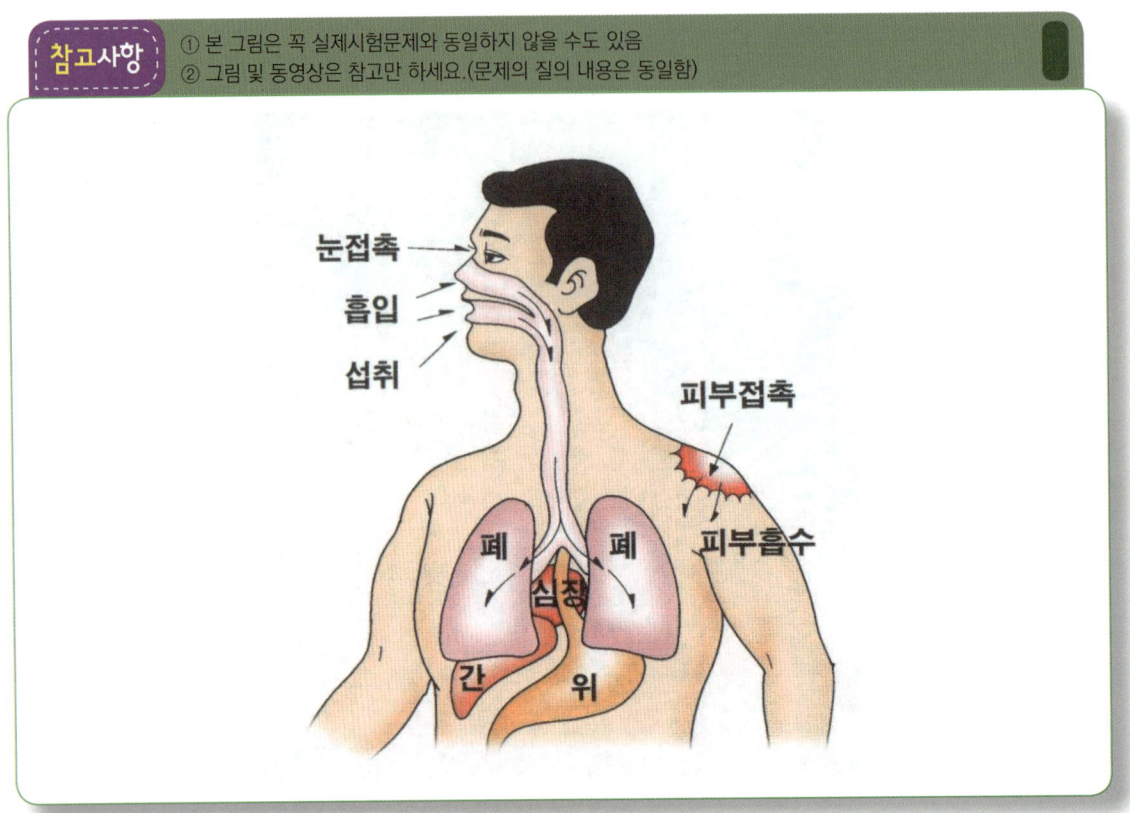

03 화면에서와 같이 장기간 근무할 경우 유해화학물질(H_2SO_4)이 작업자의 체내에 유입될 수 있다. 침입 경로 3가지를 쓰시오.(6점)

합격KEY
① 2001년 4월 29일 기사 출제
③ 2009년 4월 26일 출제
⑤ 2011년 5월 7일 기사 출제
⑦ 2015년 4월 25일 기사 출제
⑨ 2016년 7월 3일 제2회(문제3번) 출제
② 2007년 10월 13일 출제
④ 2010년 4월 24일 기사 출제
⑥ 2012년 7월 14일 출제
⑧ 2016년 4월 23일 산업기사 (문제 3번) 출제

정답
① 호흡기
② 소화기
③ 피부점막

자격종목 및 등급(선택분야)	시험시간	형별	시행일
산업안전기사	60분	45점	2019년 7월 6일 2회(2부)

참고사항
① 본 그림은 꼭 실제시험문제와 동일하지 않을 수도 있음
② 그림 및 동영상은 참고만 하세요.(문제의 질의 내용은 동일함)

동영상 설명
피트 내에서 나무판자로 엉성하게 이어붙인 발판 위에서 벽면에 돌출되어 있는 못을 망치로 제거하는 동영상

04 화면은 작업자가 피트 뚜껑을 한쪽으로 열어 놓고 불안정한 나무 발판 위에 발을 올려놓은 상태에서 왼손으로 뚜껑을 잡고 오른손으로 플래시를 안쪽으로 비추면서 내부를 점검하는 중에 발이 미끄러지는 장면을 보여주고 있다. 피트에서 작업을 할 때 지켜야 할 안전 작업수칙 2가지를 쓰시오.(4점)

참고 산업안전보건기준에 관한 규칙 제43조(개구부 등의 방호조치)

합격KEY ① 2016년 10월 9일(문제 4번) 출제
② 2017년 4월 22일 제1회(문제 4번) 출제

정답
① 안전대 부착설비 설치 및 안전대를 착용한다.
② 추락방호망을 설치한다.
③ 작업 중임을 알리는 안내표지판을 설치한다.

자격종목 및 등급(선택분야)	시험시간	배점	시행일
산업안전기사	60분	45점	2019년 7월 6일 2회(2부)

참고사항
① 본 그림은 꼭 실제시험문제와 동일하지 않을 수도 있음
② 그림 및 동영상은 참고만 하세요.(문제의 질의 내용은 동일함)

동영상 설명
피트 내에서 나무판자로 엉성하게 이어붙인 발판 위에서 벽면에 돌출되어 있는 못을 망치로 제거하는 동영상

05 화면은 승강기 설치 전 피트 내부에서 청소작업 중에 승강기의 개구부로 작업자가 추락하여 사망사고가 발생한 재해사례이다. 이 영상에서 나타난 핵심위험요인을 3가지 쓰시오.(6점)

참고 산업안전보건기준에 관한 규칙 제43조(개구부 등의 방호조치)

합격KEY
① 2006년 9월 23일 기사 출제　　② 2007년 10월 14일 기사 출제
③ 2009년 4월 26일 기사 출제　　④ 2011년 5월 7일 출제
⑤ 2014년 10월 5일 출제　　　　⑥ 2015년 7월 18일 기사 출제
⑦ 2016년 4월 23일(문제 5번) 출제　⑧ 2016년 7월 3일 제2회 기사 출제
⑨ 2016년 10월 15일 제3회 기사 출제　⑩ 2017년 10월 22일 제3회 산업기사(문제 5번) 출제

정답
① 작업발판이 고정되어 있지 않았다.
② 작업자가 안전난간 및 안전대를 걸지 않고 작업하였다.
③ 수직형 추락방망을 설치하지 않았다.

자격종목 및 등급(선택분야)	시험시간	형별	시행일
산업안전기사	60분	45점	2019년 7월 6일 2회(2부)

참고사항
① 본 그림은 꼭 실제시험문제와 동일하지 않을 수도 있음
② 그림 및 동영상은 참고만 하세요.(문제의 질의 내용은 동일함)

06 사출성형기 V형 금형 작업중 끼인 이물질을 제거하다가 감전 재해가 발생한 사례이다. 동영상에서 발생한 감전재해 방지대책 2가지를 쓰시오. (4점)

합격KEY
① 2004년 10월 2일(문제 2번)
② 2007년 4월 28일 출제
③ 2013년 4월 27일 출제
④ 2017년 10월 22일 제3회(문제 5번) 출제

정답
① 작업시작 전 전원을 차단한다.
② 작업시 안전 보호구를 착용한다.
③ 감시인을 배치 후 작업한다.
④ 금형에서 이물질제거는 전용공구를 사용한다.

자격종목 및 등급(선택분야)	시험시간	배점	시행일
산업안전기사	60분	45점	2019년 7월 6일 2회(2부)

참고사항
① 본 그림은 꼭 실제시험문제와 동일하지 않을 수도 있음
② 그림 및 동영상은 참고만 하세요.(문제의 질의 내용은 동일함)

07 화면은 이동식 크레인을 이용하여 철제 배관을 인양하는 작업으로 신호수의 신호에 따라 철제 배관을 인양 중 H빔에 부딪치면서 흔들리는 동영상이다. 배관 인양 작업시 위험요인 3가지를 쓰시오.(6점)

합격KEY ① 2015년 7월 18일 기사 (문제 8번) 출제
② 2016년 7월 3일 제2회 산업기사(문제 8번) 출제

정답
① 와이어로프의 안전상태가 불안정하여 위험하다.
② 작업 반경 내 관계근로자 이외의 외부 작업자가 출입하여 위험하다.
③ 훅의 해지장치 및 안전상태가 불안정하여 위험하다.

자격종목 및 등급(선택분야)	시험시간	형별	시행일
산업안전기사	60분	45점	2019년 7월 6일 2회(2부)

참고사항
① 본 그림은 꼭 실제시험문제와 동일하지 않을 수도 있음
② 그림 및 동영상은 참고만 하세요.(문제의 질의 내용은 동일함)

08 동영상은 전주를 옮기다가 작업자가 전주에 맞아 사고를 당하였다. ① 재해요인(형태) ② 가해물과 ③ 전기작업시 사용할 수 있는 안전모의 종류를 쓰시오.(6점)

합격KEY
① 2006년 4월 29일 출제
② 2007년 4월 28일 출제
③ 2012년 7월 14일 산업기사 출제
④ 2012년 10월 21일 출제
⑤ 2014년 4월 25일 제1회 제3부 출제
⑥ 2015년 10월 11일 산업기사 출제
⑦ 2016년 10월 9일(문제 8번) 출제
⑧ 2017년 4월 22일 제1회 산업기사(문제 8번) 출제

정답
① 재해요인(형태) : 비래(물체에 맞음)
② 가해물 : 전주
③ 전기용 안전모의 종류 : AE형, ABE형

자격종목 및 등급(선택분야)	시험시간	배점	시행일
산업안전기사	60분	45점	2019년 7월 6일 2회(2부)

참고사항
① 본 그림은 꼭 실제시험문제와 동일하지 않을 수도 있음
② 그림 및 동영상은 참고만 하세요.(문제의 질의 내용은 동일함)

09 화면의 분리식 방진마스크의 여과재분진 등 포집효율을 쓰시오.(5점)

형태 및 등급		염화나트륨(NaCl) 및 파라핀 오일(Paraffin oil) 시험[%]
분리식	특급	①
	1급	②
	2급	③

참고 방진마스크의 성능기준(고용노동부고시 제2012-83호:2012.9.25)

합격KEY ① 2009년 9월 19일 출제 ② 2011년 7월 30일 출제
③ 2014년 10월 5일 1부 출제 ④ 2014년 10월 5일 제3회(문제 9번) 출제

정답
① 특급 : 99.95[%] 이상
② 1급 : 94.0[%] 이상
③ 2급 : 80.0[%] 이상

자격종목 및 등급(선택분야)	시험시간	형별	시행일
산업안전기사	60분	45점	2019년 7월 6일 2회(3부)

참고사항
① 본 그림은 꼭 실제시험문제와 동일하지 않을 수도 있음
② 그림 및 동영상은 참고만 하세요.(문제의 질의 내용은 동일함)

동영상 설명
샌드페이퍼를 손가락에 감아 공작물 구멍을 다듬고 있다.

01 화면의 동영상은 선반작업 중 발생한 재해사례이다.
동영상에서와 같이 안전준수사항을 지키지 않고 작업할 때 일어날 수 있는 재해요인을 3가지 쓰시오.(6점)

보충학습 회전말림점(trapping point) : 회전축, 커플링 등과 같이 회전하는 물체에 작업복 등이 말려드는 위험이 존재하는 점

합격KEY
① 2004년 7월 10일 출제
② 2014년 4월 25일 제1회 출제
③ 2015년 4월 25일 제1회(문제 1번) 출제

정답
① 회전물에 샌드페이퍼를 감아 손으로 지지하고 있기 때문에 작업복과 손이 감겨 들어간다.
② 작업에 집중하지 못하여(옆눈질) 실수로 작업복과 손이 말려 들어간다.
③ 손을 기계 위에 올려놓고 작업을 하고 있어 손이 미끄러져 회전물에 말려 들어간다.

자격종목 및 등급(선택분야)	시험시간	배점	시행일
산업안전기사	60분	45점	2019년 7월 6일 2회(3부)

참고사항
① 본 그림은 꼭 실제시험문제와 동일하지 않을 수도 있음
② 그림 및 동영상은 참고만 하세요.(문제의 질의 내용은 동일함)

02 동영상에서와 같은 화학설비 중 특수화학설비 내부의 이상상태를 조기에 파악하기 위하여 설치해야 할 장치를 3가지만 쓰시오. (6점)

[참고] 산업안전보건기준에 관한 규칙 제273~276조(계측장치 등의 설치)

[채점기준] 2점×3개=6점(택 3개)

[합격KEY]
① 2003년 7월 19일 산업기사 출제
② 2005년 10월 1일 출제
③ 2007년 4월 28일 출제
④ 2007년 10월 13일 산업기사 출제
⑤ 2008년 10월 5일 출제
⑥ 2010년 7월 11일 산업기사 출제
⑦ 2013년 7월 20일 출제
⑧ 2014년 10월 5일(문제 4번) 출제
⑨ 2015년 7월 18일 제2회 3부 산업기사(문제 2번) 출제
⑩ 2015년 10월 11일 기사 출제
⑪ 2016년 10월 15일 제3회 산업기사(문제 2번) 출제

정답
① 온도계·유량계·압력계 등의 계측장치
② 자동경보장치(설치가 곤란한 경우는 감시인 배치)
③ 긴급차단장치(원재료 공급차단, 제품방출, 불활성 가스 주입, 냉각용수 공급 등)
④ 예비동력원

자격종목 및 등급(선택분야)	시험시간	형별	시행일
산업안전기사	60분	45점	2019년 7월 6일 2회(3부)

참고사항
① 본 그림은 꼭 실제시험문제와 동일하지 않을 수도 있음
② 그림 및 동영상은 참고만 하세요.(문제의 질의 내용은 동일함)

03 동영상은 높이가 2[m] 이상인 작업장소에서 근로자가 작업발판 위에서 작업을 하고 있다. ① 비계 발판의 폭 몇 (　)[cm] 이상, ② 발판틈새는 몇 (　)[cm] 이하가 적정한지 쓰시오.(4점)

참고 산업안전보건기준에 관한 규칙 제56조(작업발판의 구조)

보충설명 부분점수 있다.(2점×2개=4점)

합격KEY
① 2006년 4월 29일 출제　　　　② 2007년 7월 15일 출제
③ 2010년 7월 11일 출제　　　　④ 2015년 10월 11일(문제 3번) 산업기사 출제
⑤ 2016년 4월 23일 제1회 출제　⑥ 2016년 10월 9일 산업기사 출제
⑦ 2017년 4월 22일 제1회 3부 출제　⑧ 2017년 7월 2일 제2회(문제 2번) 출제
⑨ 2018년 10월 14일 제3회 산업기사 출제

정답
① 40
② 3

자격종목 및 등급(선택분야)	시험시간	배점	시행일
산업안전기사	60분	45점	2019년 7월 6일 2회(3부)

참고사항
① 본 그림은 꼭 실제시험문제와 동일하지 않을 수도 있음
② 그림 및 동영상은 참고만 하세요.(문제의 질의 내용은 동일함)

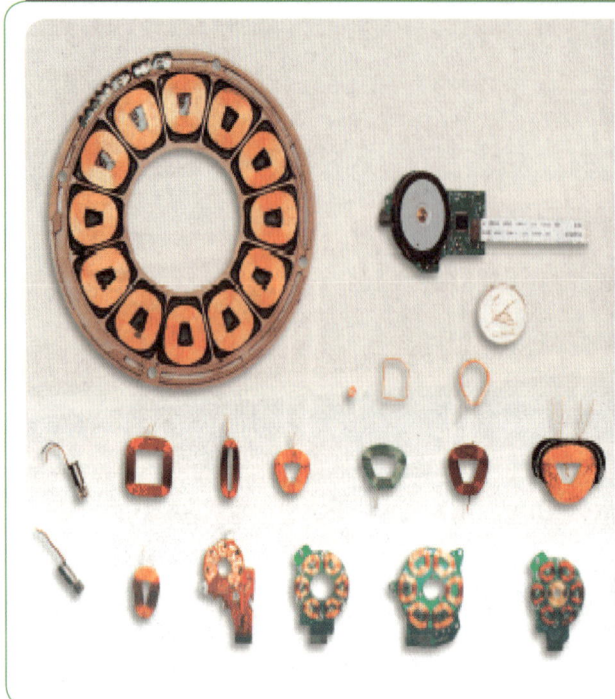
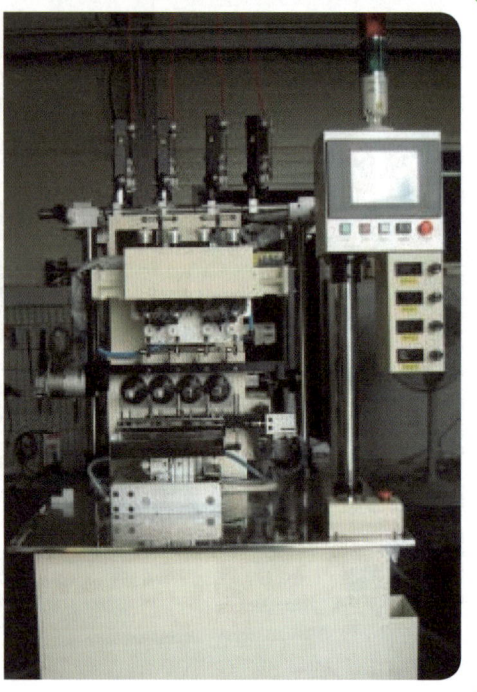

04
화면은 작업자가 전동 권선기에 동선을 감는 작업 중 기계가 정지하여 점검 중 발생한 재해사례이다. 재해유형(형태)과 재해 발생 원인이 무엇인지 1가지 서술하시오.(4점)
(1) 재해유형(형태) : (2점)
(2) 재해원인 : (2점)

채점기준 조사나 문맥이 모범답안과 다르더라도 의미가 같으면 정답으로 인정한다.(공지사항)

합격KEY
① 2004년 10월 2일 출제
③ 2007년 4월 28일 출제
⑤ 2012년 10월 21일 출제
⑦ 2014년 10월 5일 제3회 출제
⑨ 2017년 7월 2일 제2회(문제 5번) 출제
② 2005년 10월 1일 (문제 2번)
④ 2011년 10월 22일 출제
⑥ 2013년 4월 27일 제1회 출제
⑧ 2015년 4월 25일 제1회 1부 출제

정답
① 재해유형(형태) : 감전
② 재해원인 : 작업자가 내전압용 절연장갑 등 절연용 보호구를 착용하지 않은 채 맨손으로 동선을 감는 중 기계를 정비하였기 때문에 감전되었다.

자격종목 및 등급(선택분야)	시험시간	형별	시행일
산업안전기사	60분	45점	2019년 7월 6일 2회(3부)

참고사항
① 본 그림은 꼭 실제시험문제와 동일하지 않을 수도 있음
② 그림 및 동영상은 참고만 하세요.(문제의 질의 내용은 동일함)

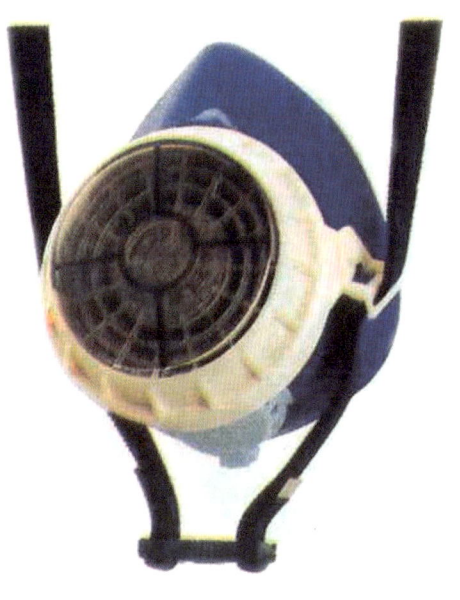

05 화면의 보호구의 ① 명칭 ② 등급 ③ 산소농도 [%] 이상을 쓰시오.(6점)

명칭	①
등급	②
산소농도	③

참고 방진마스크의 성능기준(고용노동부고시 제2012-83호)

합격KEY
① 2009년 9월 19일 출제
② 2011년 7월 30일 출제
③ 2012년 4월 28일 출제
④ 2014년 10월 5일 2부 출제
⑤ 2014년 10월 5일 제3회 제1부(문제 2번) 출제
⑥ 2015년 10월 11일 제3회(문제 5번) 출제

정답
① 방진마스크
② 특급 · 1급 · 2급
③ 18

자격종목 및 등급(선택분야)	시험시간	배점	시행일
산업안전기사	60분	45점	2019년 7월 6일 2회(3부)

참고사항
① 본 그림은 꼭 실제시험문제와 동일하지 않을 수도 있음
② 그림 및 동영상은 참고만 하세요.(문제의 질의 내용은 동일함)

06 보호구 방열복의 내열원단 시험성능시험과 절연저항 시험에서 다음의 (   )를 쓰시오. (6점)
① 잔염시간 : (   )초 이내
② 탄화길이 : (   )[mm] 이내
③ 절연저항 : (   )[MΩ] 이상

합격정보 보호구 안전인증고시 2020. 1. 15. 제8조(방열복 성능 기준)

정답
① 2
② 102
③ 1

자격종목 및 등급(선택분야)	시험시간	형별	시행일
산업안전기사	60분	45점	2019년 7월 6일 2회(3부)

참고사항
① 본 그림은 꼭 실제시험문제와 동일하지 않을 수도 있음
② 그림 및 동영상은 참고만 하세요.(문제의 질의 내용은 동일함)

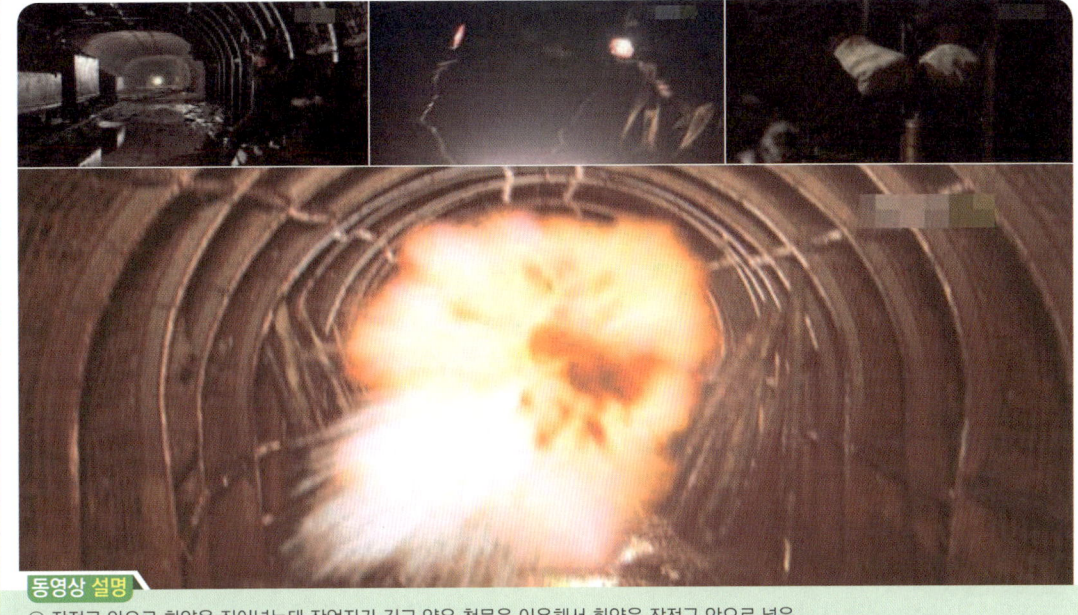

동영상 설명
① 장전구 안으로 화약을 집어넣는데 작업자가 길고 얇은 철물을 이용해서 화약을 장전구 안으로 넣음
② 3~4개 정도 밀어 넣고, 접속한 전선을 꼬아서 주변 선에 올려놓음
③ 폭파 스위치 장비를 보여주고 터널을 보여주는 동영상

07 화면은 터널 내 발파작업에 관한 사항이다. 동영상 내용 중 근로자가 화약장전시 위험요인 1가지를 쓰시오.(5점)

참고 산업안전보건기준에 관한 규칙 제348조(발파의 작업기준)

합격KEY
① 2000년 11월 9일 출제
③ 2009년 7월 11일 출제
⑤ 2013년 4월 27일 출제
⑦ 2014년 7월 13일 (문제 3번) 출제
⑨ 2016년 7월 3일 제2회(문제 7번) 출제
② 2007년 4월 28일 출제
④ 2012년 7월 14일 산업기사 출제
⑥ 2013년 10월 12일 산업기사 출제
⑧ 2015년 7월 18일 산업기사 (문제 7번) 출제

정답
폭약을 장전할 때에는 마찰·충격·정전기 등에 의한 폭발의 위험성이 있으므로 강봉(철근)을 사용하지 말고 규정된 장전봉, 안전한 재료를 사용해야 하는데 얇은 철물을 이용하고 있다.

자격종목 및 등급(선택분야)	시험시간	배점	시행일
산업안전기사	60분	45점	2019년 7월 6일 2회(3부)

참고사항
① 본 그림은 꼭 실제시험문제와 동일하지 않을 수도 있음
② 그림 및 동영상은 참고만 하세요.(문제의 질의 내용은 동일함)

동영상 설명
고무장갑, 고무장화를 착용하고 담배를 피우면서 작업

08 동영상은 자동차부품을 도금한 후 세척하는 과정이다. 이 영상을 참고하여 위험예지훈련을 하고자 한다면 이와 연관된 행동목표 2가지만 제시하시오.(4점)

합격KEY
① 2004년 10월 2일 출제
② 2007년 4월 28일 출제
③ 2008년 7월 13일 출제
④ 2011년 5월 7일 산업기사 출제
⑤ 2013년 10월 12일 제3회 출제
⑥ 2018년 4월 21일 제1회 출제

정답
① 작업 중 흡연을 하지 말자.
② 세척 작업시 불침투성 보호(의)복을 착용하자.

자격종목 및 등급(선택분야)	시험시간	형별	시행일
산업안전기사	60분	45점	2019년 7월 6일 2회(3부)

참고사항
① 본 그림은 꼭 실제시험문제와 동일하지 않을 수도 있음
② 그림 및 동영상은 참고만 하세요.(문제의 질의 내용은 동일함)

동영상 설명
작업자 한 명이 콘센트에 플러그를 꽂고 그라인더 작업 중이고, 다른 작업자가 다가와서 작업을 위해 콘센트에 플러그를 꽂고 주변을 만지는 도중 감전이 발생하는 동영상

09 화면상에서 분전반 전면에 위치한 그라인더 기기를 활용한 작업에서 위험요인 2가지를 쓰시오.(4점)

합격KEY ▶ 2015년 7월 18일 산업기사 출제

정답
① 작업자가 맨손으로 작업을 하여 위험하다.
② 작업자가 내전압용 절연장갑 등 절연용 보호구를 착용하지 않아 위험하다.

자격종목 및 등급(선택분야)	시험시간	배점	시행일
산업안전산업기사	60분	45점	2019년 7월 6일 2회(1부)

참고사항
① 본 그림은 꼭 실제시험문제와 동일하지 않을 수도 있음
② 그림 및 동영상은 참고만 하세요.(문제의 질의 내용은 동일함)

동영상 설명
① 에어배관을 파이프렌치나 전용공구가 아닌 일반 뺀찌로 작업하다 재해가 발생하는 동영상이다.
② 안전모착용, 주위에 작업지휘자는 없다.

01 화면은 에어배관 작업 중 고압의 증기 누출로 작업자가 눈에 재해를 당하는 영상이다. 에어배관 작업시 위험요인을 2가지 쓰시오.(4점)

합격KEY
① 2014년 7월 23일 제2회 제1부(문제 1번) 출제
② 2015년 10월 11일(문제 1번) 출제
③ 2017년 4월 22일 제1회(문제 1번) 출제
④ 2018년 10월 14일 제3회(문제 1번) 출제

정답
① 보안경을 착용하지 않은 관계로 고압증기에 의한 눈 부위 손상의 위험이 존재한다.
② 배관에 남은 고압증기를 제거하지 않았고, 전용공구를 사용하지 않아 위험이 존재한다.
③ 작업자가 딛고 선 이동식사다리 설치가 불안전하여 추락 위험성이 있다.

자격종목 및 등급(선택분야)	시험시간	형별	시행일
산업안전산업기사	60분	45점	2019년 7월 6일 2회(1부)

참고사항
① 본 그림은 꼭 실제시험문제와 동일하지 않을 수도 있음
② 그림 및 동영상은 참고만 하세요.(문제의 질의 내용은 동일함)

02 동영상은 변압기의 전압을 측정하는 작업중에 발생한 재해사례이다. 동영상에서와 같은 재해를 방지하기 위하여 변압기의 활선 유무를 확인할 수 있는 방법을 3가지만 쓰시오.(6점)

채점기준 3가지 모두 맞으면 6점, 2가지 맞으면 4점, 1가지 맞으면 2점

합격KEY ① 2005년 10월 1일 기사 출제
② 2008년 7월 13일 출제
③ 2009년 9월 20일 출제
④ 2012년 10월 21일 출제
⑤ 2014년 10월 5일(문제 3번) 출제
⑥ 2016년 4월 23일 제1회(문제 7번) 출제

정답
① 검전기로 확인한다.
② 접지봉으로 접촉 확인한다.
③ 테스터의 지시치를 확인한다.

자격종목 및 등급(선택분야)	시험시간	배점	시행일
산업안전산업기사	60분	45점	2019년 7월 6일 2회(1부)

참고사항
① 본 그림은 꼭 실제시험문제와 동일하지 않을 수도 있음
② 그림 및 동영상은 참고만 하세요.(문제의 질의 내용은 동일함)

동영상 설명
화면은 경사진(30[°] 정도) 컨베이어 기계가 작동하고, 작업자는 작동 중인 컨베이어 위에 1명과 아래쪽 작업장 바닥에 1명이 있으며, 기계 오른쪽에 있는 포대를 컨베이어 벨트 위로 올리는 작업을 하는 동영상이다. 화면 오른쪽에 포대가 많이 쌓여 있고, 작업자 한 명은 경사진 컨베이어 위에 회전하는 벨트 양끝부분 철로된 모서리에 양발을 벌리고 서 있으며, 밑에 작업자가 포대를 일정한 방향이 아닌 비뚤(각기 다르게)게 포대를 컨베이어에 올리는 중 컨베이어 위에 양발을 벌리고 있는 작업자 발에 포대 끝부분이 부딪쳐 무게 중심을 잃고 기계 오른쪽으로 쓰러진 후 팔이 기계 하단으로 들어가면서 아파하는데 아래쪽 작업자가 와서 안아주는 동영상이다.

03 동영상은 경사용 컨베이어를 이용하여 화물을 운반하는 작업 중에 발생한 재해사례이다. 동영상을 참고하여 컨베이어에 설치하여야 하는 방호조치를 3가지 쓰시오. (6점)

참고
① 산업안전보건기준에 관한 규칙 제192조(비상정지장치)
② 산업안전보건기준에 관한 규칙 제193조(낙하물에 의한 위험 방지)

합격KEY
① 2008년 4월 26일 출제
② 2008년 7월 13일 출제
③ 2009년 4월 26일 출제
④ 2012년 4월 28일 기사 출제
⑤ 2013년 4월 27일 출제
⑥ 2013년 10월 12일 제3회 2부 출제
⑦ 2015년 4월 25일(문제 3번) 출제
⑧ 2016년 7월 18일 제2회 출제
⑨ 2016년 10월 15일 제3회(문제 3번) 출제

정답
① 비상정지장치
② 덮개
③ 울

자격종목 및 등급(선택분야)	시험시간	형별	시행일
산업안전산업기사	60분	45점	2019년 7월 6일 2회(1부)

참고사항
① 본 그림은 꼭 실제시험문제와 동일하지 않을 수도 있음
② 그림 및 동영상은 참고만 하세요.(문제의 질의 내용은 동일함)

04 동영상은 건물해체에 관한 장면이다. 동영상에서와 같은 작업시 해체계획에 포함되어야 할 사항을 3가지 쓰시오.(단, 그 밖에 안전·보건에 관한 사항은 제외한다.)(6점)

참고 산업안전보건기준에 관한 규칙 [별표 4] 사전조사 및 작업계획서 내용

합격KEY
① 2004년 4월 29일 산업기사 출제
② 2008년 10월 5일 산업기사 출제
③ 2009년 7월 11일 출제
④ 2011년 5월 7일 산업기사 출제
⑤ 2011년 10월 22일 출제
⑥ 2012년 7월 14일 출제
⑦ 2013년 4월 27일 출제
⑧ 2013년 10월 12일 제3회 출제
⑨ 2014년 10월 5일 산업기사 출제
⑩ 2015년 4월 25일(문제 6번) 출제
⑪ 2015년 7월 18일 (문제 9번) 출제
⑫ 2016년 7월 3일 제2회 2부 출제
⑬ 2017년 7월 2일 제2회(문제 4번) 출제
⑭ 2018년 10월 14일 제3회(문제 5번) 출제

정답
① 해체의 방법 및 해체순서도면
② 가설설비·방호설비·환기설비 및 살수·방화설비 등의 방법
③ 사업장 내 연락방법
④ 해체물의 처분계획
⑤ 해체작업용 기계·기구 등의 작업계획서
⑥ 해체작업용 화약류 등의 사용계획서

자격종목 및 등급(선택분야)	시험시간	배점	시행일
산업안전산업기사	60분	45점	2019년 7월 6일 2회(1부)

참고사항
① 본 그림은 꼭 실제시험문제와 동일하지 않을 수도 있음
② 그림 및 동영상은 참고만 하세요.(문제의 질의 내용은 동일함)

05 사출성형기 V형 금형 작업중 끼인 이물질을 제거하다가 감전 재해가 발생한 사례이다. 동영상에서 발생한 감전재해 방지대책 2가지를 쓰시오. (4점)

합격KEY
① 2004년 10월 2일(문제 2번)
② 2007년 4월 28일 출제
③ 2013년 4월 27일 출제
④ 2017년 10월 22일 제3회(문제 5번) 출제
⑤ 2018년 4월 21일 제1회(문제 5번) 출제

정답
① 작업시작 전 전원을 차단한다.
② 작업시 안전 보호구를 착용한다.
③ 감시인을 배치 후 작업한다.
④ 금형에서 이물질제거는 전용공구를 사용한다.

자격종목 및 등급(선택분야)	시험시간	형별	시행일
산업안전산업기사	60분	45점	2019년 7월 6일 2회(1부)

참고사항
① 본 그림은 꼭 실제시험문제와 동일하지 않을 수도 있음
② 그림 및 동영상은 참고만 하세요.(문제의 질의 내용은 동일함)

06
동영상은 터널 지보공 설치작업을 하고 있다. 수시 점검사항 3가지를 쓰시오.(6점)

참고 ① 산업안전보건기준에 관한 규칙 제347조(붕괴 등의 위험방지)
② 산업안전보건기준에 관한 규칙 제366조(붕괴 등의 방지)

합격KEY 2018년 7월 8일 제2회 기사 출제

정답
① 부재의 손상·변형·부식·변위·탈락의 유무 및 상태
② 부재의 긴압의 정도
③ 부재의 접속부 및 교차부의 상태
④ 기둥침하의 유무 및 상태

자격종목 및 등급(선택분야)	시험시간	배점	시행일
산업안전산업기사	60분	45점	2019년 7월 6일 2회(1부)

참고사항
① 본 그림은 꼭 실제시험문제와 동일하지 않을 수도 있음
② 그림 및 동영상은 참고만 하세요.(문제의 질의 내용은 동일함)

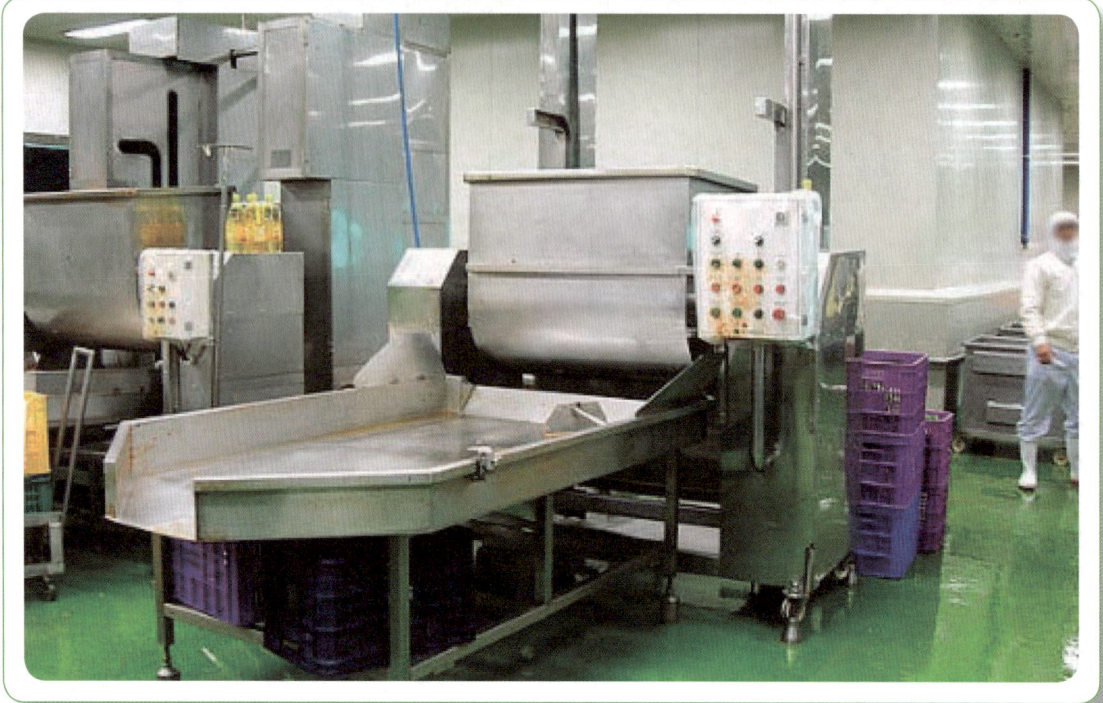

07 화면은 무채를 썰어내는 기계 작동 중 기계가 갑자기 멈추자 작업자가 점검하는 장면이다. 위험예지포인트를 2가지 적으시오.(4점)

배점기준
① 2점×2개=4점
② 부분점수 있습니다.

합격KEY
① 2002년 5월 4일 기사 출제
② 2003년 5월 4일 기사 출제
③ 2003년 10월 12일 기사 출제
④ 2007년 10월 13일 출제
⑤ 2014년 7월 13일 제2회 2부 출제
⑥ 2017년 7월 2일 제2회(문제 7번) 출제

정답
① 기계를 정지시킨 상태에서 점검하지 않아 손을 다칠 위험이 있다.
② 인터로크 또는 연동 방호장치가 설치되어 있지 않다.

자격종목 및 등급(선택분야)	시험시간	형별	시행일
산업안전산업기사	60분	45점	2019년 7월 6일 2회(1부)

참고사항
① 본 그림은 꼭 실제시험문제와 동일하지 않을 수도 있음
② 그림 및 동영상은 참고만 하세요.(문제의 질의 내용은 동일함)

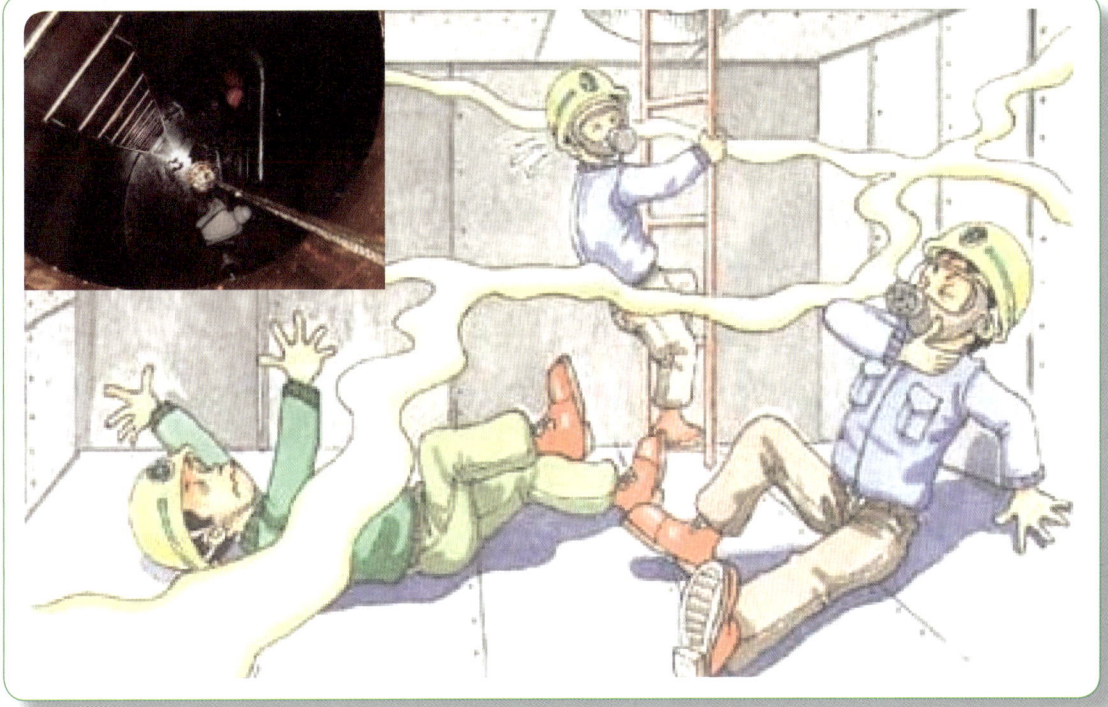

08 화면은 선박 밸러스트 탱크 내부의 슬러지를 제거하는 작업 도중에 작업자가 가스질식으로 의식을 잃었다. 이와 같은 사고에 대비하여 필요한 호흡용 보호구를 2가지만 쓰시오.(4점)

배점기준
(1) 택 2. 2개 모두 맞으면 4점, 1개 맞으면 2점, 그 외 0점
(2) 유사(가능한)답안
　① 에어라인 마스크　　　　② 호스마스크
　③ 복합식 에어라인 마스크　④ 산소호흡기

합격KEY
① 2005년 7월 15일 출제
② 2006년 9월 23일 출제
③ 2014년 10월 5일 (문제 5번) 기사 출제
④ 2015년 7월 18일 제2회 제3부 (문제 5번) 기사 출제
⑤ 2015년 10월 11일 출제
⑥ 2016년 10월 9일 기사 출제
⑦ 2017년 4월 22일 제1회(문제 8번) 출제

정답
① 송기마스크
② 공기호흡기

자격종목 및 등급(선택분야)	시험시간	배점	시행일
산업안전산업기사	60분	45점	2019년 7월 6일 2회(1부)

참고사항
① 본 그림은 꼭 실제시험문제와 동일하지 않을 수도 있음
② 그림 및 동영상은 참고만 하세요.(문제의 질의 내용은 동일함)

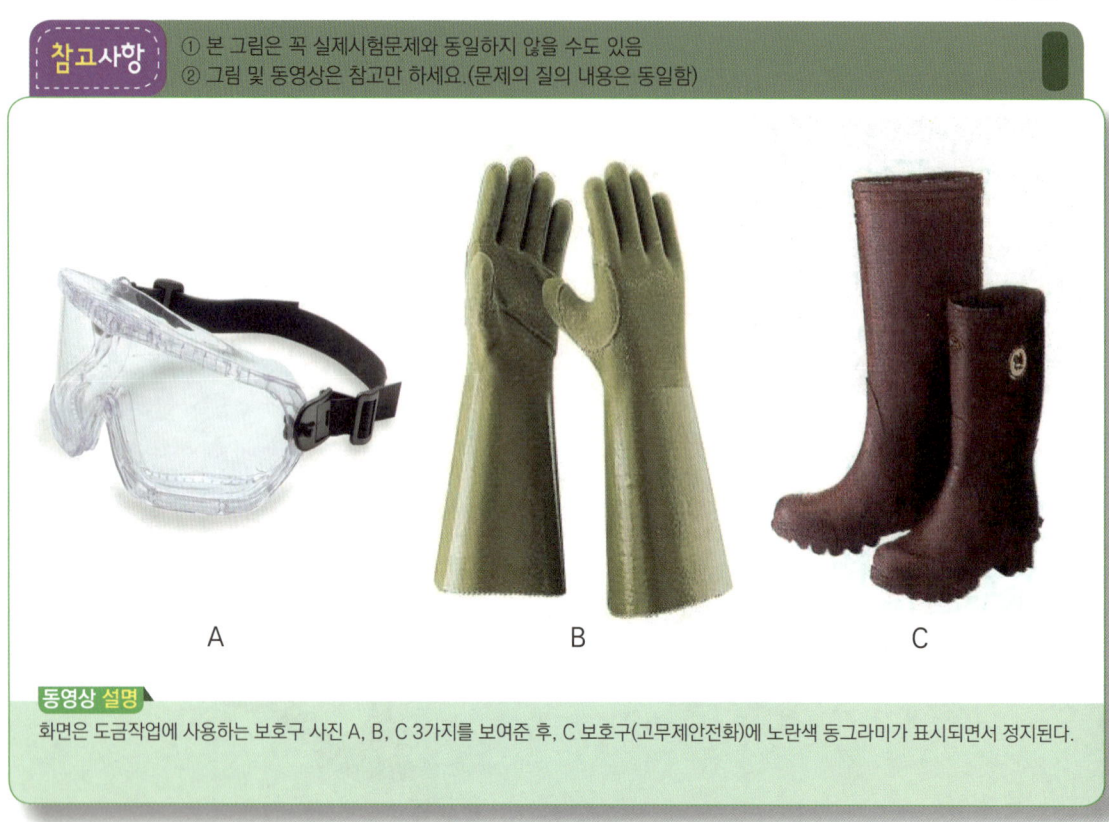

A　　　　　　　　B　　　　　　　　C

동영상 설명
화면은 도금작업에 사용하는 보호구 사진 A, B, C 3가지를 보여준 후, C 보호구(고무제안전화)에 노란색 동그라미가 표시되면서 정지된다.

09 동영상에서 C보호구의 사용 장소에 따른 분류 2가지를 쓰시오.(5점)

합격정보 고용노동부 고시 제2014-46호(보호구안전인증 고시 : 2014.11.20)

합격KEY
① 2005년 10월 1일 산업기사 출제　　② 2012년 10월 21일 출제
③ 2013년 7월 20일 출제　　　　　　④ 2014년 10월 5일 산업기사 출제
⑤ 2017년 4월 22일 제1회 1부(문제 9번) 출제　⑥ 2019년 4월 20일 제1회(문제 9번) 출제

정답

구 분	사용장소
일반용	일반작업장
내유용	탄화수소류의 윤활유 등을 취급하는 작업장

자격종목 및 등급(선택분야)	시험시간	형별	시행일
산업안전산업기사	60분	45점	2019년 7월 6일 2회(2부)

참고사항
① 본 그림은 꼭 실제시험문제와 동일하지 않을 수도 있음
② 그림 및 동영상은 참고만 하세요.(문제의 질의 내용은 동일함)

01 화면은 작업자가 가정용 배전반 점검을 하다 딛고 있는 의자(발판)가 불안정하여 추락하는 재해사례이다. 화면에서 점검시 불안전한 행동 2가지를 쓰시오.(4점)

합격KEY ① 2015년 4월 25일 (문제 8번) 출제
② 2016년 7월 3일 제2회(문제 6번) 출제

정답
① 절연용 보호구를 착용하지 않아 감전에 위험이 있다.
② 작업자가 딛고 있는 의자(발판)가 불안정하여 추락위험이 있다.

자격종목 및 등급(선택분야)	시험시간	배점	시행일
산업안전산업기사	60분	45점	2019년 7월 6일 2회(2부)

참고사항
① 본 그림은 꼭 실제시험문제와 동일하지 않을 수도 있음
② 그림 및 동영상은 참고만 하세요.(문제의 질의 내용은 동일함)

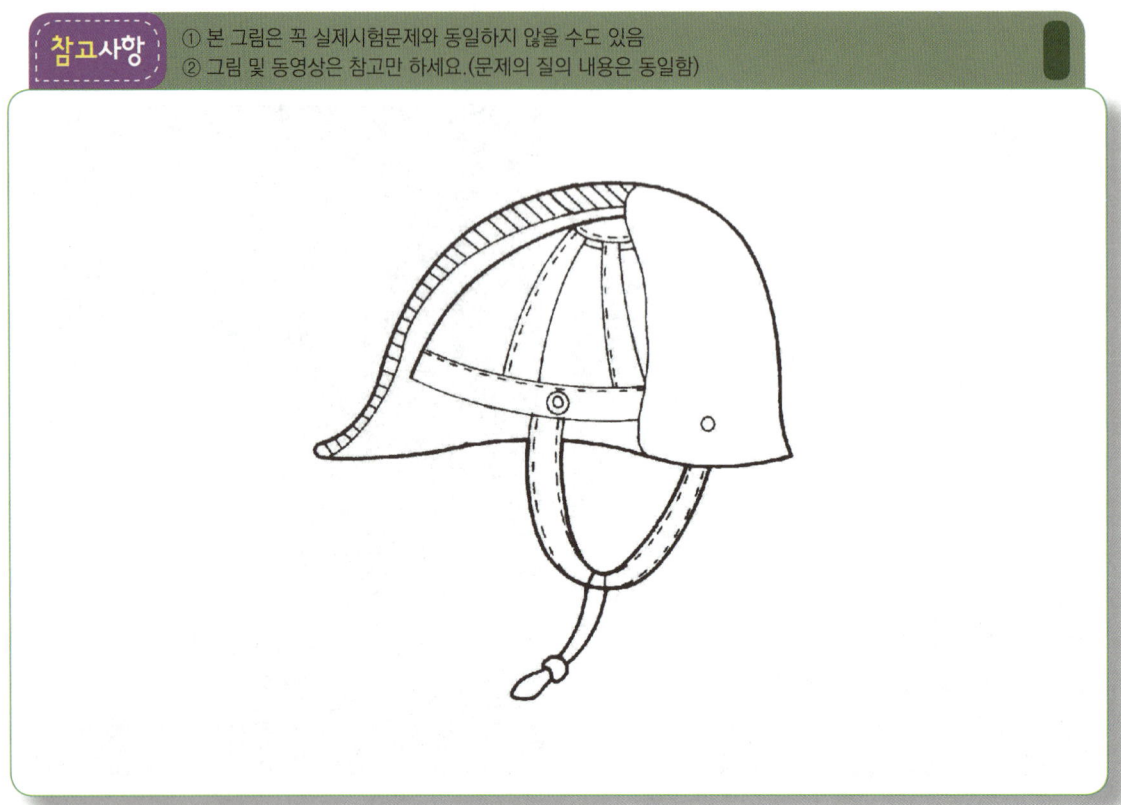

02 사진의 보호구를 참고하여 ① 종류와 ② 사용구분과 용도를 쓰시오. (6점)

정답

① 종류(기호)	② 사용구분	비고
AB	물체의 낙하 또는 비래 및 추락에 의한 위험을 방지 또는 경감시키기 위한 것	
AE	물체의 낙하 또는 비래에 의한 위험을 방지 또는 경감하고, 머리부위 감전에 의한 위험을 방지하기 위한 것	내전압성
ABE	물체의 낙하 또는 비래 및 추락에 의한 위험을 방지 또는 경감하고, 머리부위 감전에 의한 위험을 방지하기 위한 것	내전압성

자격종목 및 등급(선택분야)	시험시간	형별	시행일
산업안전산업기사	60분	45점	2019년 7월 6일 2회(2부)

참고사항
① 본 그림은 꼭 실제시험문제와 동일하지 않을 수도 있음
② 그림 및 동영상은 참고만 하세요.(문제의 질의 내용은 동일함)

03 화면은 작업자가 컨베이어가 작동하는 상태에서 컨베이어 벨트 끝부분에 올라서서 불안정한 자세로 형광등을 교체하다 추락하는 재해사례를 보여 주고 있다. 작업자의 불안전한 행동 2가지를 쓰시오. (4점)

합격KEY
① 2015년 4월 25일 기사 (문제 8번) 출제
② 2016년 7월 3일 기사 제2회 출제
③ 2016년 10월 15일 기사 (문제 9번) 출제
④ 2018년 4월 21일 제1회(문제 3번) 출제

정답
① 작동하는 컨베이어에 올라가 작업하는 자세가 불안정하여 추락할 위험이 있다.
② 컨베이어 전원을 차단하지 않고 작업을 하고 있어 추락 위험이 있다.

자격종목 및 등급(선택분야)	시험시간	배점	시행일
산업안전산업기사	60분	45점	2019년 7월 6일 2회(2부)

참고사항
① 본 그림은 꼭 실제시험문제와 동일하지 않을 수도 있음
② 그림 및 동영상은 참고만 하세요.(문제의 질의 내용은 동일함)

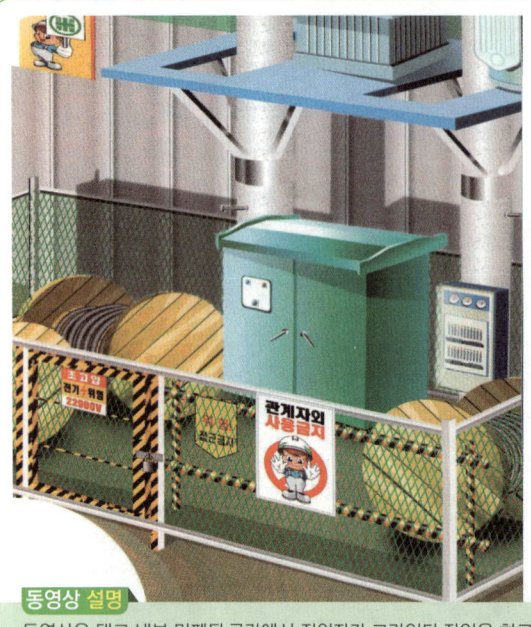 

동영상 설명
동영상은 탱크 내부 밀폐된 공간에서 작업자가 그라인더 작업을 하고 있고, 다른 작업자가 외부에 설치된 국소배기장치를 발로 차서 전원공급이 차단되어 내부 작업자가 의식을 잃고 쓰러지는 화면을 보여 준다.

04 화면의 밀폐된 공간에서 그라인더 작업시 (1) 위험요인 3가지 (2) 조치사항 3가지를 쓰시오.(6점)

합격KEY
① 2015년 4월 25일 기사 출제
② 2016년 4월 23일 제1회 2부 출제
③ 2017년 7월 2일 제2회(문제 6번) 출제

정답
(1) 위험요인
① 작업시작 전 산소농도 및 유해가스 농도 등에 미 측정과 작업 중에도 계속 환기를 시키지 않아 위험
② 환기를 실시할 수 없거나 산소결핍 위험 장소에 들어갈 때 호흡용 보호구를 착용하지 않아 위험
③ 국소배기장치의 전원부에 잠금장치가 없고, 감시인을 배치하지 않아 위험

(2) 조치사항
① 작업시작 전 산소농도 및 유해가스 농도 등을 측정하고, 작업 중에도 계속 환기 시킨다.
② 환기를 실시할 수 없거나 산소결핍 위험 장소에 들어갈 때는 호흡용보호구를 반드시 착용시킨다.
③ 국소배기장치의 전원부에 잠금장치를 하고 감시인을 배치시킨다.

자격종목 및 등급(선택분야)	시험시간	형별	시행일
산업안전산업기사	60분	45점	2019년 7월 6일 2회(2부)

참고사항
① 본 그림은 꼭 실제시험문제와 동일하지 않을 수도 있음
② 그림 및 동영상은 참고만 하세요.(문제의 질의 내용은 동일함)

동영상 설명
화면은 기울어진(30[°] 정도) 컨베이어 기계가 작동하고, 작업자는 작동중인 컨베이어 위에 1[명]과 아래쪽 작업장 바닥에 1[명]이 있으며, 기계 오른쪽에 있는 포대를 컨베이어 벨트 위로 올리는 작업을 하는 동영상이다. 화면 오른쪽에 포대가 많이 쌓여 있고, 작업자 1[명]은 경사진 컨베이어 위에 회전하는 벨트 양끝부분 철로 된 모서리에 양발을 벌리고 서 있으며, 밑에 작업자가 포대를 일정한 방향이 아닌 삐뚤(각기 다르게)게 포대를 컨베이어에 올리는 중 컨베이어 위에 양발을 벌리고 있는 작업자 발에 포대 끝부분이 부딪혀 무게 중심을 잃고 기계 오른쪽으로 쓰러진 후 팔이 기계 하단으로 들어가면서 아파하는데 아래쪽 작업자가 와서 안아주는 동영상이다.

05 화면상에서 작업자 측면에서의 (1) 잘못된 작업방법 2가지와 (2) 조치사항을 쓰시오.(6점)

합격KEY
① 2014년 7월 13일 출제
② 2014년 10월 5일(문제 6번) 출제
③ 2015년 7월 18일(문제 5번) 출제
④ 2017년 4월 22일 기사 출제
⑤ 2018년 7월 8일 제2회(문제 5번) 출제

정답
(1) 잘못된 작업 방법
① 작업자가 양발을 컨베이어 양끝에 지지하여 불안전한 자세로 작업을 하고 있다.
② 시멘트 포대가 작업자의 발을 치고 있어서 작업자가 넘어져 상해를 당할 수 있다.
(2) 조치사항 : 피재기계정지

자격종목 및 등급(선택분야)	시험시간	배점	시행일
산업안전산업기사	60분	45점	2019년 7월 6일 2회(2부)

참고사항
① 본 그림은 꼭 실제시험문제와 동일하지 않을 수도 있음
② 그림 및 동영상은 참고만 하세요.(문제의 질의 내용은 동일함)

동영상 설명
박공지붕 위쪽과 바닥을 보여준다. 오른쪽에 안전난간, 추락방지망이 미설치된 모습이 보이고, 지붕 위쪽 중간에서 커피를 마시면서 앉아 휴식을 취하는 작업자(안전모, 안전화 착용함)들이 보인다. 작업자 왼쪽과 뒤편에 적재물이 적치되어 있는데, 뒤에 있던 삼각형 적재물이 굴러와 작업자 등에 맞아 작업자가 앞으로 쓰러지는 동영상이다.

06
화면은 박공지붕 설치 작업 중 발생한 재해사례이다. 해당 화면은 박공지붕의 비래에 의해 재해가 발생하였음을 나타내고 있다. 그 위험요인(문제점)과 안전대책 2가지를 쓰시오.(4점)

합격KEY
① 2004년 7월 10일 출제
② 2006년 9월 23일 출제
③ 2007년 10월 13일 출제
④ 2008년 4월 26일 출제
⑤ 2009년 9월 19일 출제
⑥ 2011년 7월 30일 산업기사 출제
⑦ 2012년 4월 28일 출제
⑧ 2012년 7월 14일 산업기사 출제
⑨ 2013년 4월 27일 출제
⑩ 2013년 7월 20일 출제
⑪ 2013년 10월 12일 산업기사 출제
⑫ 2014년 4월 25일 산업기사 출제
⑬ 2014년 7월 13일 산업기사 출제
⑭ 2014년 10월 5일 제3회(문제 3번) 출제
⑮ 2015년 7월 18일 제2회(문제 8번) 출제
⑯ 2017년 10월 22일 기사 제3회(문제 8번) 출제
⑰ 2019년 4월 21일 제1회(문제 6번) 출제

정답

(1) 위험요인
① 근로자가 위험한 장소에서 휴식을 취하고 있다.
② 추락방호망이 설치되지 않았다.
③ 한곳에 과적하여 적치하였다.
④ 안전대 부착설비가 없고, 안전대를 착용하지 않았다.

(2) 안전대책
① 근로자는 위험한 장소에서 휴식을 취하지 않는다.
② 추락방호망을 설치한다.
③ 한곳에 과적하여 적치하지 않는다.
④ 안전대 부착설비를 설치하고, 안전대를 착용한다.

자격종목 및 등급(선택분야)	시험시간	형별	시행일
산업안전산업기사	60분	45점	2019년 7월 6일 2회(2부)

동영상 설명
공장지붕에서 여러 명의 작업자가 작업중 한 명의 작업자가 바닥으로 떨어져 사망

07 화면은 공장 지붕 철골상에 패널 설치 중 작업자가 실족하여 사망한 재해사례이다. 이 영상 내용을 참고하여 재해원인 2가지를 쓰시오. (4점)

채점기준 조사나 문맥이 모범답안과 다르더라도 의미가 같으면 정답인정

합격KEY
① 2004년 10월 2일 산업기사 출제
② 2005년 10월 1일 산업기사 출제
③ 2007년 10월 13일 산업기사 출제
④ 2009년 7월 11일 산업기사 출제
⑤ 2015년 4월 25일 제1회 제2부(문제 1번) 출제
⑥ 2015년 10월 11일 산업기사 출제
⑦ 2016년 7월 3일 제2회 기사 출제
⑧ 2019년 4월 21일 제1회(문제 7번) 출제

정답
① 안전대 부착설비 미설치 및 안전대 미착용
② 추락방호망 미설치

자격종목 및 등급(선택분야)	시험시간	배점	시행일
산업안전산업기사	60분	45점	2019년 7월 6일 2회(2부)

참고사항
① 본 그림은 꼭 실제시험문제와 동일하지 않을 수도 있음
② 그림 및 동영상은 참고만 하세요.(문제의 질의 내용은 동일함)

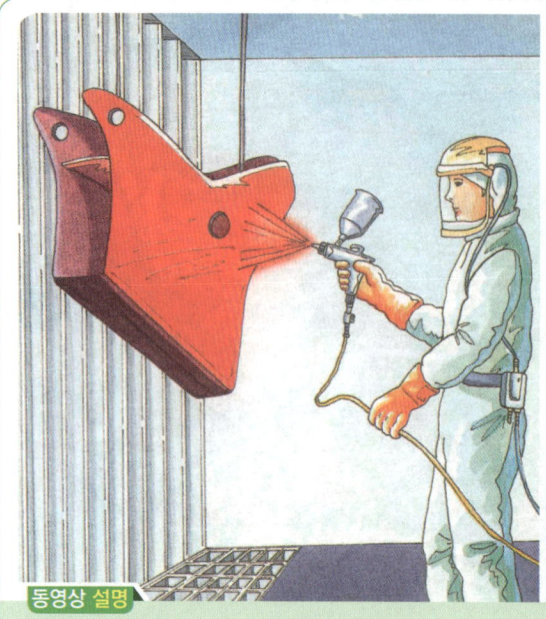

동영상 설명
작업자가 스프레이 건을 이용한 페인트로 철재 도장작업을 하는 모습

08 화면에서와 같이 도료 및 용제를 취급하는 작업장에서는 반드시 마스크를 착용해야 한다.
(1) 마스크의 종류, (2) 흡수제의 종류 2가지를 쓰시오.(6점)

합격KEY ① 2012년 7월 14일 출제
② 2012년 10월 21일 기사 출제
③ 2013년 4월 27일 기사 출제
④ 2013년 10월 12일 출제
⑤ 2016년 7월 3일 출제
⑥ 2016년 10월 15일 제3회 2부 기사 출제
⑦ 2017년 7월 2일 기사 출제
⑧ 2017년 10월 22일 제3회(문제 6번) 출제
⑨ 2018년 10월 14일 제3회(문제 8번) 출제

정답
(1) 마스크의 종류 : 방독마스크
(2) 흡수제의 종류
① 활성탄
② 소다라임
③ 호프카라이트
④ 실리카겔
⑤ 큐프라마이드

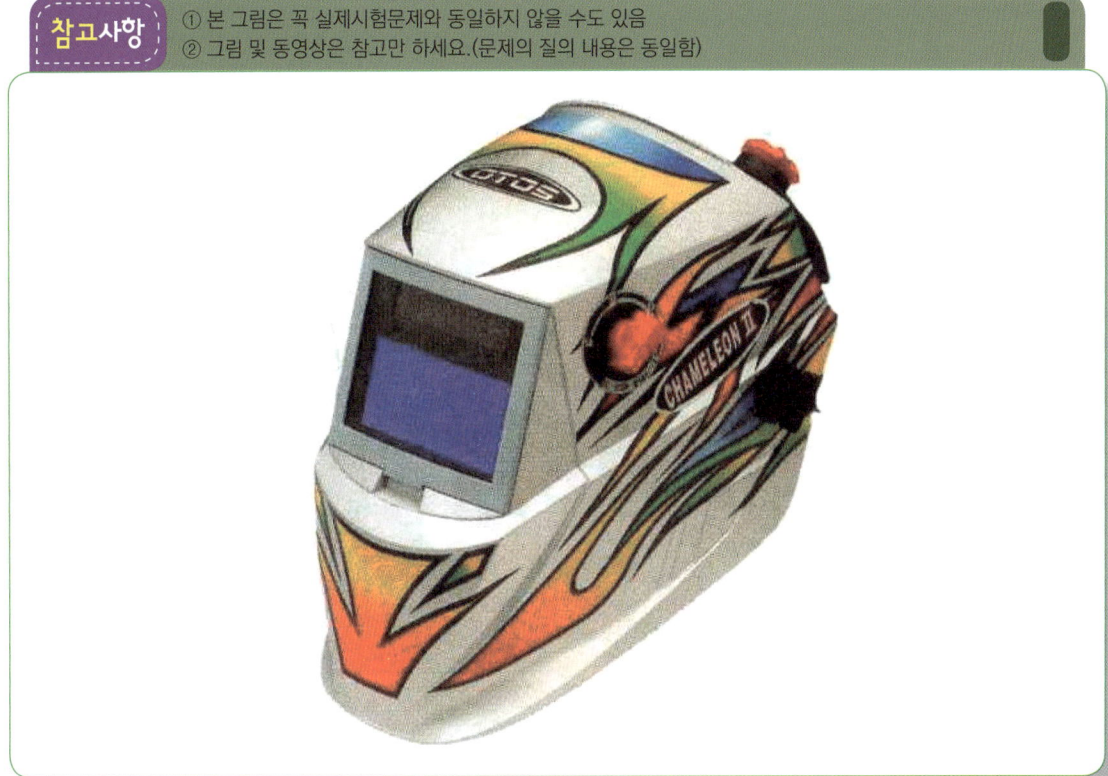

09 화면에 나타난 보호구(보안면) 면체의 성능기준 항목 5가지를 쓰시오. (5점)

합격KEY ① 2014년 4월 25일(문제 8번) 출제
② 2016년 7월 3일 제2회(문제 9번) 출제
③ 2018년 4월 21일 제1회(문제 9번) 출제

정답
① 내식성
② 내노후성
③ 내발화성
④ 내충격성
⑤ 투과율

자격종목 및 등급(선택분야)	시험시간	배점	시행일
산업안전기사	60분	45점	2019년 10월 19일 3회(1부)

참고사항
① 본 그림은 꼭 실제시험문제와 동일하지 않을 수도 있음
② 그림 및 동영상은 참고만 하세요.(문제의 질의 내용은 동일함)

동영상 설명
작업자가 인쇄용 윤전기의 전원을 끄지 않고 빙글빙글 서로 맞물려서 돌아가는 롤러를 걸레로 닦고 있다. 닦을 때 체중을 실어서 힘 있게 닦고, 위험하게 맞물리는 지점까지 걸레를 집어넣고 닦는다. 그 순간 작업자의 손이 롤러기 사이에 끼어서 사고를 당하고 사고 발생 후 전원을 차단하고 손을 빼내는 화면을 보여준다.

01 화면은 인쇄용 롤러를 청소하는 작업 중에 발생한 재해사례이다. 이 동영상을 보고 작업시 핵심 위험 요인을 2가지만 쓰시오.(4점)

참고 제2편 제2장 현장 안전편(응용) : 기계-2007

합격KEY
① 2006년 9월 23일 출제
② 2007년 4월 28일 기사 출제
③ 2007년 7월 15일 기사 출제
④ 2012년 4월 28일 기사 출제
⑤ 2013년 4월 27일 출제
⑥ 2013년 7월 20일 기사 출제
⑦ 2014년 10월 5일 기사 출제
⑧ 2019년 4월 23일 산업기사 제1회 1부(문제 1번) 출제

정답
① 회전중 롤러의 죄어 들어가는 쪽에서 직접 손으로 눌러 닦고 있어서 손이 말려 들어가게 된다.
② 체중을 걸쳐 닦고 있어서 말려 들어가게 된다.
③ 안전(방호)장치가 없어서 걸레를 위로 넣었을 때 롤러가 멈추지 않아 손이 말려 들어간다.

자격종목 및 등급(선택분야)	시험시간	형별	시행일
산업안전기사	60분	45점	2019년 10월 19일 3회(1부)

참고사항
① 본 그림은 꼭 실제시험문제와 동일하지 않을 수도 있음
② 그림 및 동영상은 참고만 하세요.(문제의 질의 내용은 동일함)

02 화면에서 가압상태의 LPG가 대기 중에 유출되어 순간적으로 기화가 일어나 점화원에 의해 발생하는 (1) 폭발의 종류 (2) 폭발의 원인을 쓰시오.(4점)

합격KEY
① 2002년 10월 6일 출제
② 2011년 7월 30일 출제
③ 2012년 7월 14일 산업기사 출제
④ 2013년 10월 12일 산업기사 제3회 제2부(문제 8번) 출제
⑤ 2015년 10월 11일(문제 5번) 출제
⑥ 2017년 4월 22일 제1회(문제 5번) 출제
⑦ 2017년 10월 22일 제3회 2부 출제
⑧ 2018년 7월 8일 제2회 2부(문제 2번) 출제

정답
(1) 폭발의 종류 : 증기운 폭발(UVCE : Unconfined Vapor Cloud Explosion)
(2) 폭발의 원인 : 저온 액화가스의 저장탱크나 고압의 인화성 액체용기가 파괴되어 다량의 인화성 증기가 폐쇄공간이 아닌 대기중으로 급격히 방출되어 공기 중에 분산 확산되어 있는 상태

자격종목 및 등급(선택분야)	시험시간	배점	시행일
산업안전기사	60분	45점	2019년 10월 19일 3회(1부)

참고사항
① 본 그림은 꼭 실제시험문제와 동일하지 않을 수도 있음
② 그림 및 동영상은 참고만 하세요.(문제의 질의 내용은 동일함)

동영상 설명
화면은 경사진(30[°] 정도) 컨베이어 기계가 작동하고, 작업자는 작동 중인 컨베이어 위에 1명과 아래쪽 작업장 바닥에 1명이 있으며, 기계 오른쪽에 있는 포대를 컨베이어 벨트 위로 올리는 작업을 하는 동영상이다. 화면 오른쪽에 포대가 많이 쌓여 있고, 작업자 한 명은 경사진 컨베이어 위에 회전하는 벨트 양끝부분 철로된 모서리에 양발을 벌리고 서 있으며, 밑에 작업자가 포대를 일정한 방향이 아닌 삐뚤(각기 다르게)게 포대를 컨베이어에 올리는 중 컨베이어 위에 양발을 벌리고 있는 작업자 발에 포대 끝부분이 부딪쳐 무게 중심을 잃고 기계 오른쪽으로 쓰러진 후 팔이 기계 하단으로 들어가면서 아파하는데 아래쪽 작업자가 와서 안아주는 동영상이다.

03
동영상은 경사용 컨베이어를 이용하여 화물을 운반하는 작업 중에 발생한 재해사례이다. 동영상을 참고하여 컨베이어에 설치하여야 하는 방호조치를 3가지 쓰시오. (6점)

참고
① 산업안전보건기준에 관한 규칙 제192조(비상정지장치)
② 산업안전보건기준에 관한 규칙 제193조(낙하물에 의한 위험 방지)

합격KEY
① 2008년 4월 26일 출제
② 2008년 7월 13일 출제
③ 2009년 4월 26일 출제
④ 2012년 4월 28일 기사 출제
⑤ 2013년 4월 27일 출제
⑥ 2013년 10월 12일 제3회 2부 출제
⑦ 2015년 4월 25일(문제 3번) 출제
⑧ 2016년 7월 18일 제2회 출제
⑨ 2016년 10월 15일 제3회(문제 3번) 출제

정답
① 비상정지장치
② 덮개
③ 울

자격종목 및 등급(선택분야)	시험시간	형별	시행일
산업안전기사	60분	45점	2019년 10월 19일 3회(1부)

참고사항
① 본 그림은 꼭 실제시험문제와 동일하지 않을 수도 있음
② 그림 및 동영상은 참고만 하세요.(문제의 질의 내용은 동일함)

동영상 설명
승강기 MCC패널 뒤쪽에서 작업자 1명이 열심히 보수작업을 하는 것을 보여주고 화면이 패널 앞쪽으로 이동하면서 다른 작업자 1명을 보여준다. 절연저항을 측정하는 메거장비를 들고 한선은 패널 접지에 꽂은 후 장비의 스위치를 ON시키고 배선용차단기에 나머지 한선을 여기 저기 대보고 있는데 뒤쪽 작업자가 패널 작업 중 쓰러졌는지 놀라서 일어나는 동영상이다.

04 동영상은 2만볼트가 인가된 배전판의 작업 중 발생한 재해사례이다. 이 동영상을 참고하여 재해의 발생형태와 가해물을 쓰시오.(4점)

합격KEY
① 2003년 7월 19일 산업기사 출제
② 2008년 10월 5일 산업기사 출제
③ 2013년 7월 20이리 제2회 2부(문제 1번) 출제

정답
① 재해의 발생형태 : 감전
② 가해물 : 전류 또는 전기

자격종목 및 등급(선택분야)	시험시간	배점	시행일
산업안전기사	60분	45점	2019년 10월 19일 3회(1부)

참고사항
① 본 그림은 꼭 실제시험문제와 동일하지 않을 수도 있음
② 그림 및 동영상은 참고만 하세요.(문제의 질의 내용은 동일함)

05 동영상은 높이가 2[m] 이상인 작업장소에서 근로자가 작업발판 위에서 작업을 하고 있다. ① 작업발판의 폭 몇 ( )[cm] 이상, ② 발판틈새는 몇 ( )[cm] 이하가 적정한지 쓰시오.(4점)

합격정보 산업안전보건기준에 관한 규칙 제56조(작업발판의 구조)

보충설명 부분점수 있습니다.(2점×2개=4점)

합격KEY
① 2006년 4월 29일 출제
② 2007년 7월 15일 출제
③ 2010년 7월 11일 출제
④ 2015년 10월 11일(문제 3번) 산업기사 출제
⑤ 2016년 4월 23일 제1회 출제
⑥ 2016년 10월 9일 산업기사 출제
⑦ 2017년 4월 22일 제1회 3부 출제
⑧ 2017년 7월 2일 제2회(문제 2번) 출제
⑨ 2018년 10월 14일 제3회 산업기사 출제
⑩ 2019년 7월 6일 제2회 3부(문제 3번) 출제

정답
① 40
② 3

자격종목 및 등급(선택분야)	시험시간	형별	시행일
산업안전기사	60분	45점	2019년 10월 19일 3회(1부)

참고사항
① 본 그림은 꼭 실제시험문제와 동일하지 않을 수도 있음
② 그림 및 동영상은 참고만 하세요.(문제의 질의 내용은 동일함)

06 동영상은 터널 지보공 설치작업을 하고 있다. 수시 점검사항 3가지를 쓰시오.(6점)

합격정보
① 산업안전보건기준에 관한 규칙 제347조(붕괴 등의 위험방지)
② 산업안전보건기준에 관한 규칙 제366조(붕괴 등의 방지)

합격KEY 2018년 7월 8일 제2회 기사 출제

정답
① 부재의 손상·변형·부식·변위·탈락의 유무 및 상태
② 부재의 긴압의 정도
③ 부재의 접속부 및 교차부의 상태
④ 기둥침하의 유무 및 상태

자격종목 및 등급(선택분야)	시험시간	배점	시행일
산업안전기사	60분	45점	2019년 10월 19일 3회(1부)

참고사항
① 본 그림은 꼭 실제시험문제와 동일하지 않을 수도 있음
② 그림 및 동영상은 참고만 하세요.(문제의 질의 내용은 동일함)

동영상 설명
동영상에서 작업자 A, B가 작업을 하고 있다. 창틀에서 작업 중인 A가 처마 위에 있는 B에게 작업발판을 건네준 후 B가 있는 옆 처마 위로 이동하다 발을 헛디뎌 바닥으로 추락하는 장면이다.(주변이 정리정돈 되어있지 않고, A작업자가 밟고 있던 콘크리트 부스러기가 추락할 때 같이 떨어진다.)

07 화면은 아파트 창틀에서 작업 중 발생한 재해사례이다. 이 영상의 작업자의 추락사고 원인 3가지를 쓰시오.(6점)

참고 산업안전보건기준에 관한 규칙 제42조(추락의 방지)

합격KEY
① 2004년 10월 2일 출제
② 2006년 7월 5일 출제
③ 2014년 4월 25일 출제
④ 2014년 7월 13일 산업기사 출제
⑤ 2014년 10월 5일(문제 1번) 출제
⑥ 2016년 4월 23일(문제 1번) 출제
⑦ 2017년 4월 22일 제1회 1부(문제 8번) 출제

정답
① 안전난간 미설치
② 안전대 미착용
③ 추락방호망 미설치

자격종목 및 등급(선택분야)	시험시간	형별	시행일
산업안전기사	60분	45점	2019년 10월 19일 3회(1부)

참고사항
① 본 그림은 꼭 실제시험문제와 동일하지 않을 수도 있음
② 그림 및 동영상은 참고만 하세요.(문제의 질의 내용은 동일함)

동영상 설명
작업자가 스프레이 건을 이용한 페인트로 철재 도장작업을 하는 모습

08 화면에서와 같이 도료 및 용제를 취급하는 작업장에서는 반드시 마스크를 착용해야 한다. 흡수제의 종류 3가지를 쓰시오.(6점)

합격KEY
① 2012년 7월 14일 출제
② 2012년 10월 21일 기사 출제
③ 2013년 4월 27일 기사 출제
④ 2013년 10월 12일 출제
⑤ 2016년 7월 3일 출제
⑥ 2016년 10월 15일 제3회 2부 기사 출제
⑦ 2017년 7월 2일 기사 출제
⑧ 2017년 10월 22일 제3회(문제 6번) 출제
⑨ 2018년 10월 14일 제3회(문제 8번) 출제
⑩ 2019년 7월 7일 제2회 2부 산업기사 출제
⑪ 2019년 10월 19일 제3회 1부, 2부 출제

정답
① 활성탄
② 소다라임
③ 호프카라이트
④ 실리카겔
⑤ 큐프라마이트

자격종목 및 등급(선택분야)	시험시간	배점	시행일
산업안전기사	60분	45점	2019년 10월 19일 3회(1부)

참고사항
① 본 그림은 꼭 실제시험문제와 동일하지 않을 수도 있음
② 그림 및 동영상은 참고만 하세요.(문제의 질의 내용은 동일함)

동영상 설명
작업자 한 명이 콘센트에 플러그를 꽂고 그라인더 작업 중이고, 다른 작업자가 다가와서 작업을 위해 콘센트에 플러그를 꽂고 주변을 만지는 도중 감전이 발생하는 동영상

09 화면상에서 분전반 전면에 위치한 그라인더 기기를 활용한 작업에서 위험요인 2가지를 쓰시오.(4점)

합격KEY ① 2015년 7월 18일 산업기사 출제
② 2019년 7월 6일 제2회 3부(문제 9번) 출제

정답
① 작업자가 맨손으로 작업을 하여 위험하다.
② 작업자가 내전압용 절연장갑 등 절연용 보호구를 착용하지 않아 위험하다.

문제 및 답안(지), 점수, 채점기준은 일체 공개하지 않는다.

비번호
총 점

자격종목 및 등급(선택분야)	시험시간	형별	시행일
산업안전기사	60분	45점	2019년 10월 19일 3회(2부)

참고사항
① 본 그림은 꼭 실제시험문제와 동일하지 않을 수도 있음
② 그림 및 동영상은 참고만 하세요.(문제의 질의 내용은 동일함)

01 동영상에서 나타난 것처럼 지게차의 작업계획서 내용 2가지를 쓰시오.(4점)

합격정보 ① 산업안전보건기준에 관한 규칙[별표 4]
② 사전조사 및 작업계획서 내용

보충학습 지게차는 차량계 하역운반기계로 분류합니다.

정답
① 해당 작업에 따른 추락(떨어짐)·낙하(물체에 맞음)·전도(넘어짐)·협착(끼임) 및 붕괴(무너짐) 등의 위험 예방대책
② 운행 경로 및 작업방법

자격종목 및 등급(선택분야)	시험시간	배점	시행일
산업안전기사	60분	45점	2019년 10월 19일 3회(2부)

참고사항
① 본 그림은 꼭 실제시험문제와 동일하지 않을 수도 있음
② 그림 및 동영상은 참고만 하세요.(문제의 질의 내용은 동일함)

동영상 설명
작업자가 인쇄용 윤전기의 전원을 끄지 않고 빙글빙글 서로 맞물려서 돌아가는 롤러를 걸레로 닦고 있다. 닦을 때 체중을 실어서 힘 있게 닦고, 위험하게 맞물리는 지점까지 걸레를 집어넣고 닦는다. 그 순간 작업자의 손이 롤러기 사이에 끼어서 사고를 당하고 사고 발생 후 전원을 차단하고 손을 빼내는 화면을 보여준다.

02 화면은 인쇄용 롤러를 청소하는 작업 중에 발생한 재해사례이다. 이 동영상을 보고 작업시 핵심 위험 요인과 안전대책을 2가지씩 쓰시오.(4점)

참고 제2편 제2장 현장 안전편(응용) : 기계-2007

합격KEY
① 2006년 9월 23일 출제
② 2007년 4월 28일 기사 출제
③ 2007년 7월 15일 기사 출제
④ 2012년 4월 28일 기사 출제
⑤ 2013년 4월 27일 출제
⑥ 2013년 7월 20일 기사 출제
⑦ 2014년 10월 5일 기사 출제
⑧ 2016년 4월 23일(문제 1번) 출제
⑨ 2016년 7월 3일 제2회 기사 출제
⑩ 2017년 10월 22일 산업기사 제3회 1부(문제 2번) 출제

정답
(1) 위험요인
  ① 회전체에 장갑을 착용하여 손이 다칠 우려가 있다.
  ② 작업자가 전원을 차단하지 않고 작업을 하였다.
  ③ 안전장치 없이 작업을 하여 다칠 우려가 있다.
(2) 안전대책
  ① 회전체에는 장갑을 착용하지 않는다.
  ② 이물질 제거시 롤러기의 전원을 차단하여 기계 작동을 방지한다.
  ③ 안전장치가 없어서 롤러가 멈추지 않아 손이 물려 들어가므로 안전장치를 설치한다.

자격종목 및 등급(선택분야)	시험시간	형별	시행일
산업안전기사	60분	45점	2019년 10월 19일 3회(2부)

참고사항
① 본 그림은 꼭 실제시험문제와 동일하지 않을 수도 있음
② 그림 및 동영상은 참고만 하세요.(문제의 질의 내용은 동일함)

03 화면은 작업자가 컨베이어가 작동하는 상태에서 컨베이어 벨트 끝부분에 올라서서 불안정한 자세로 형광등을 교체하다 추락하는 재해사례를 보여 주고 있다. 작업자의 불안전한 행동 2가지를 쓰시오. (4점)

합격KEY
① 2015년 4월 25일 기사 (문제 8번) 출제
② 2016년 7월 3일 기사 제2회 출제
③ 2016년 10월 15일 기사 (문제 9번) 출제
④ 2018년 4월 21일 제1회(문제 3번) 출제
⑤ 2019년 7월 7일 산업기사 제2회 2부(문제 3번) 출제

정답
① 작동하는 컨베이어에 올라가 작업하는 자세가 불안정하여 추락할 위험이 있다.
② 컨베이어 전원을 차단하지 않고 작업을 하고 있어 추락 위험이 있다.

자격종목 및 등급(선택분야)	시험시간	배점	시행일
산업안전기사	60분	45점	2019년 10월 19일 3회(2부)

참고사항
① 본 그림은 꼭 실제시험문제와 동일하지 않을 수도 있음
② 그림 및 동영상은 참고만 하세요.(문제의 질의 내용은 동일함)

04 동영상은 밀폐공간에서 작업을 하고 있다. 보기의 ( )에 알맞은 숫자를 쓰시오.(4점)

[보기]
"적정한 공기"라 함은 산소농도의 범위가 (①)[%] 이상, (②)[%] 미만, 이산화탄소의 농도가 (③)[%] 미만, 일산화탄소 농도가 30[ppm] 미만, 황화수소의 농도가 (④)[ppm] 미만인 수준의 공기를 말한다.

참고 산업안전보건기준에 관한 규칙 제618조(정의)

합격KEY
① 2006년 4월 29일(문제 3번) 출제
② 2016년 7월 3일 제2회(문제 3번) 출제
③ 2017년 10월 22일 기사 제3회(문제 4번) 출제
④ 2018년 10월 14일 산업기사 제3회 1부(문제 4번) 출제

정답
① 18
② 23.5
③ 1.5
④ 10

자격종목 및 등급(선택분야)	시험시간	형별	시행일
산업안전기사	60분	45점	2019년 10월 19일 3회(2부)

참고사항
① 본 그림은 꼭 실제시험문제와 동일하지 않을 수도 있음
② 그림 및 동영상은 참고만 하세요.(문제의 질의 내용은 동일함)

동영상 설명
① 톱에 덮개가 없으며 나무판자를 자르는 모습
③ 보안경 및 방진마스크 미착용
② 빨간색 장갑 착용
④ 손가락이 절단됨

05 목재가공용 둥근톱 방호장치 2가지와 자율안전확인대상 목재가공용 덮개 및 분할날에 자율안전확인표시 외에 추가로 표시하여야 할 사항 1가지를 쓰시오.(6점)

참고
① 산업안전보건기준에 관한 규칙 제105조(둥근톱기계의 반발예방장치)
② 산업안전보건기준에 관한 규칙 제106조(둥근톱기계의 톱날접촉예방장치)

합격KEY
① 2007년 4월 28일 출제   ② 2009년 7월 11일 출제
③ 2009년 9월 20일 출제   ④ 2010년 9월 19일 출제
⑤ 2012년 10월 21일 출제   ⑥ 2014년 7월 13일 산업기사 제2회 2부(문제 3번) 출제
⑦ 2019년 10월 19일 3회 산업기사 2부 출제

정답
(1) 방호장치
  ① 반발예방장치
  ② 톱날접촉예방장치
(2) 추가표시사항
  ① 덮개의 종류
  ② 둥근톱의 사용가능 치수

자격종목 및 등급(선택분야)	시험시간	배점	시행일
산업안전기사	60분	45점	2019년 10월 19일 3회(2부)

참고사항
① 본 그림은 꼭 실제시험문제와 동일하지 않을 수도 있음
② 그림 및 동영상은 참고만 하세요.(문제의 질의 내용은 동일함)

06 높이가 2[m] 이상인 작업장소에서 근로자가 작업발판 위에서 작업을 하고 있다. 작업발판 설치기준 3가지를 쓰시오. (6점)

참고 산업안전보건기준에 관한 규칙 제56조(작업발판의 구조)

합격KEY
① 2006년 4월 29일 출제
② 2007년 7월 15일 출제
③ 2010년 7월 11일 출제
④ 2015년 4월 25일(문제 6번) 출제
⑤ 2016년 7월 3일 제2회 출제
⑥ 2016년 10월 15일 제3회(문제 6번) 출제
⑦ 2017년 10월 22일 기사 3회(문제 6번) 출제
⑧ 2018년 10월 14일 제3회 1부(문제 6번) 출제

정답
① 발판재료는 작업시의 하중을 견딜 수 있도록 견고한 구조로 할 것
② 작업발판의 폭은 40[cm] 이상으로 하고, 발판재료 간의 틈은 3[cm] 이하로 할 것. 다만, 외줄비계의 경우에는 고용노동부장관이 별도로 정하는 기준에 따른다.
③ 추락의 위험이 있는 장소에는 안전난간을 설치할 것. 다만, 작업의 성질상 안전난간을 설치하는 것이 곤란한 경우, 작업의 필요상 임시로 안전난간을 해체할 때에 추락방호망을 설치하거나 근로자로 하여금 안전대를 사용하도록 하는 등 추락 위험 방지 조치를 한 경우에는 그러하지 아니하다.
④ 작업발판의 지지물은 하중에 의하여 파괴될 우려가 없는 것을 사용할 것
⑤ 작업발판 재료는 뒤집히거나 떨어지지 않도록 둘 이상의 지지물에 연결하거나 고정시킬 것
⑥ 작업발판을 작업에 따라 이동시킬 경우에는 위험 방지에 필요한 조치를 할 것

💬 **합격자의 조언** ( ) 안에 알맞은 내용 넣기로 출제된 문제도 있습니다.

자격종목 및 등급(선택분야)	시험시간	형별	시행일
산업안전기사	60분	45점	2019년 10월 19일 3회(2부)

참고사항
① 본 그림은 꼭 실제시험문제와 동일하지 않을 수도 있음
② 그림 및 동영상은 참고만 하세요.(문제의 질의 내용은 동일함)

07 동영상은 물체를 인양 중 떨어뜨려 아래 사람에게 재해를 발생시킨 사례이다. 사진 영상을 보고 ① 재해발생형태 ② 재해정의를 쓰시오.(6점)

합격KEY
① 2007년 10월 14일 출제
② 2009년 9월 20일 산업기사 출제
③ 2011년 10월 22일 산업기사 출제
④ 2012년 4월 28일 산업기사 출제
⑤ 2013년 7월 20일 산업기사 출제
⑥ 2013년 10월 12일 (문제 5번) 출제
⑦ 2015년 7월 18일 산업기사 출제
⑧ 2016년 4월 23일 제1회 3부(문제 5번) 출제

정답
① 재해발생형태 : 낙하(물체에 맞음)
② 재해정의 : 물건이 주체가 되어 사람이 맞은 경우(구조물, 기계 등에 고정되어 있던 물체가 중력, 원심력, 관성력 등에 의하여 고정부에서 이탈하거나 또는 설비 등으로부터 물질이 분출되어 사람을 가해하는 경우)

자격종목 및 등급(선택분야)	시험시간	배점	시행일
산업안전기사	60분	45점	2019년 10월 19일 3회(2부)

참고사항
① 본 그림은 꼭 실제시험문제와 동일하지 않을 수도 있음
② 그림 및 동영상은 참고만 하세요.(문제의 질의 내용은 동일함)

동영상 설명
작업자가 스프레이 건을 이용한 페인트로 철재 도장작업을 하는 모습

08 화면에서와 같이 도료 및 용제를 취급하는 작업장에서는 반드시 마스크를 착용해야 한다. 흡수제의 종류 3가지를 쓰시오.(6점)

합격KEY
① 2012년 7월 14일 출제 ② 2012년 10월 21일 기사 출제
③ 2013년 4월 27일 기사 출제 ④ 2013년 10월 12일 출제
⑤ 2016년 7월 3일 출제 ⑥ 2016년 10월 15일 제3회 2부 기사 출제
⑦ 2017년 7월 2일 기사 출제 ⑧ 2017년 10월 22일 제3회(문제 6번) 출제
⑨ 2018년 10월 14일 제3회(문제 8번) 출제 ⑩ 2019년 7월 7일 제2회 2부 산업기사 출제
⑪ 2019년 10월 19일 제3회 1부, 2부 출제

정답
① 활성탄
② 소다라임
③ 호프카라이트
④ 실리카겔
⑤ 큐프라마이트

자격종목 및 등급(선택분야)	시험시간	형별	시행일
산업안전기사	60분	45점	2019년 10월 19일 3회(2부)

참고사항
① 본 그림은 꼭 실제시험문제와 동일하지 않을 수도 있음
② 그림 및 동영상은 참고만 하세요.(문제의 질의 내용은 동일함)

09 방독 마스크의 시험성능기준 5가지를 쓰시오. (5점)

정답
① 안면부 흡기저항
② 안면부 배기저항
③ 안면부 누설률
④ 정화통 질량
⑤ 시야

자격종목 및 등급(선택분야)	시험시간	배점	시행일
산업안전기사	60분	45점	2019년 10월 19일 3회(3부)

참고사항
① 본 그림은 꼭 실제시험문제와 동일하지 않을 수도 있음
② 그림 및 동영상은 참고만 하세요.(문제의 질의 내용은 동일함)

01 화면은 지게차 주행안전작업을 하고 있다. 지게차의 작업시작전 점검사항 3가지를 쓰시오.(6점)

합격정보 산업안전보건기준에 관한 규칙 [별표 3] 작업시작전 검검사항

합격KEY ① 2018년 10월 14일 제3회 출제
② 2019년 7월 6일 제2회 1부(문제 1번) 출제

정답
① 제동장치 및 조종장치 기능의 이상 유무
② 하역장치 및 유압장치 기능의 이상 유무
③ 바퀴의 이상 유무
④ 전조등·후미등·방향지시기 및 경보장치 기능의 이상 유무

자격종목 및 등급(선택분야)	시험시간	형별	시행일
산업안전기사	60분	45점	2019년 10월 19일 3회(3부)

> **참고사항**
> ① 본 그림은 꼭 실제시험문제와 동일하지 않을 수도 있음
> ② 그림 및 동영상은 참고만 하세요.(문제의 질의 내용은 동일함)

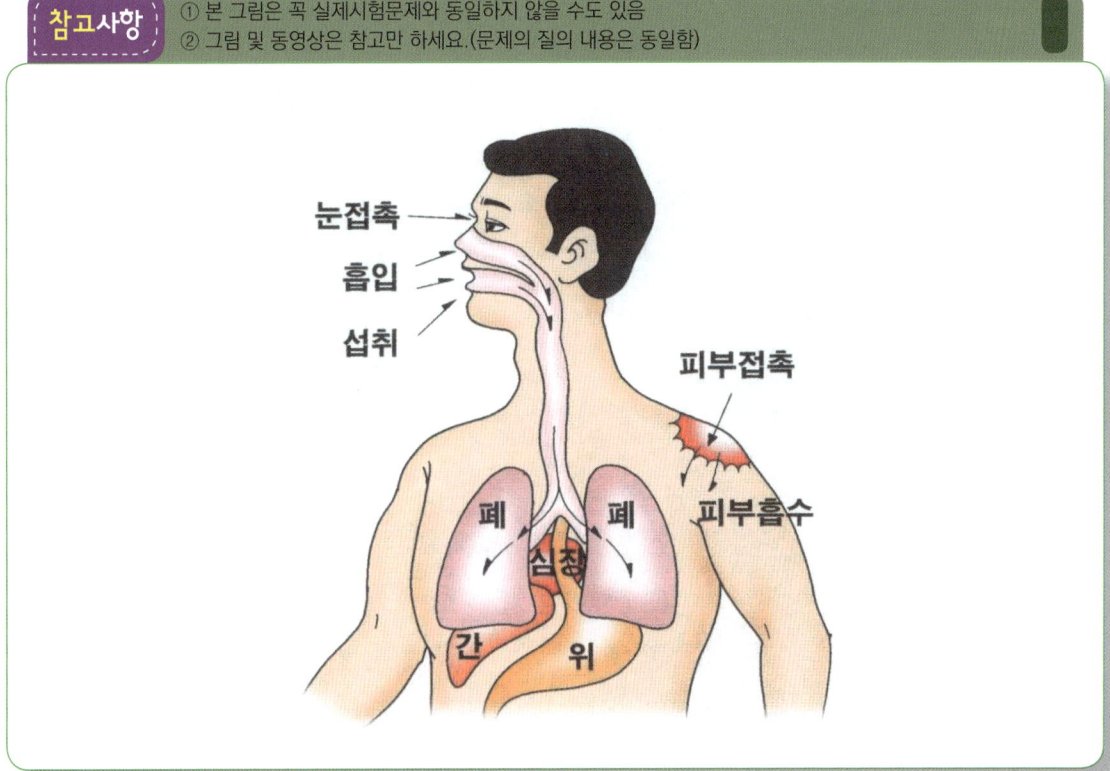

02 유리병을 황산(H_2SO_4)에 세척시 발생하는 ① 재해형태 ② 재해정의(세부내용)를 각각 쓰시오.(4점)

참고 KOSHA CODE : 산업재해 용어 정의

합격KEY
① 2013년 10월 12일(문제 7번) 출제
② 2016년 4월 23일(문제 1번) 출제
③ 2018년 4월 21일 제1회 1부 출제
④ 2018년 7월 8일 제2회 3부(문제 1번) 출제

정답
① 재해형태 : 유해·위험물질 노출·접촉
② 재해정의 : 유해·위험물질 노출·접촉 또는 흡입하였거나 독성동물에 쏘이거나 물린 경우

💬 **합격자의 조언** 작업형 만점합격은 기사·산업기사 모두 보셔야 합니다.

자격종목 및 등급(선택분야)	시험시간	배점	시행일
산업안전기사	60분	45점	2019년 10월 19일 3회(3부)

참고사항
① 본 그림은 꼭 실제시험문제와 동일하지 않을 수도 있음
② 그림 및 동영상은 참고만 하세요.(문제의 질의 내용은 동일함)

03 작업자가 전주에 올라가다 표지판에 부딪혀 추락하는 재해가 발생하였다. 재해발생 원인 2가지를 쓰시오.(4점)

합격KEY
① 2013년 10월 12일(문제 3번) 출제
② 2015년 7월 18일 제2회 출제
③ 2016년 10월 15일 제3회(문제 3번) 출제
④ 2018년 4월 21일 제1회 1부(문제 3번) 출제

정답
① 추락방지대 미착용 및 수직구명줄 미설치로 재해발생
② 안전대 또는 고소작업대를 사용하지 않아 재해발생

자격종목 및 등급(선택분야)	시험시간	형별	시행일
산업안전기사	60분	45점	2019년 10월 19일 3회(3부)

참고사항
① 본 그림은 꼭 실제시험문제와 동일하지 않을 수도 있음
② 그림 및 동영상은 참고만 하세요.(문제의 질의 내용은 동일함)

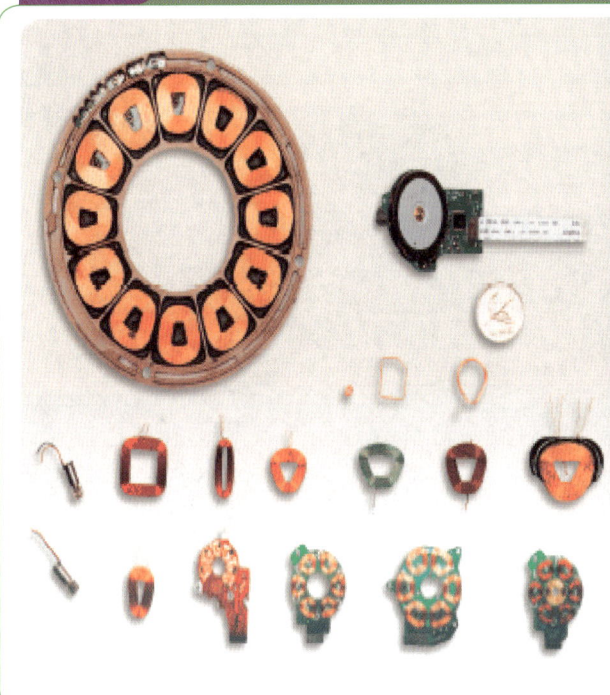
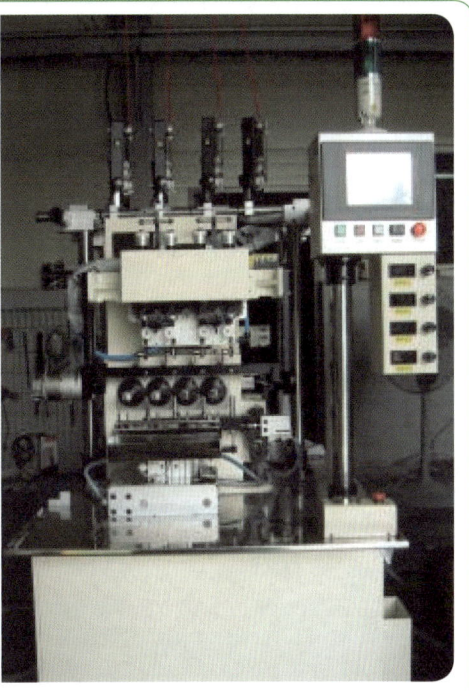

04 화면은 작업자가 전동 권선기에 동선을 감는 작업 중 기계가 정지하여 점검 중 발생한 재해사례이다. 재해유형(형태)과 재해 발생 원인이 무엇인지 1가지 서술하시오.(4점)
(1) 재해유형(형태) : (2점)
(2) 재해원인 : (2점)

참고 조사나 문맥이 모범답안과 다르더라도 의미가 같으면 정답으로 인정한다.

합격KEY ① 2004년 10월 2일 출제 ② 2005년 10월 1일 (문제 2번)
③ 2007년 4월 28일 출제 ④ 2011년 10월 22일 출제
⑤ 2012년 10월 21일 출제 ⑥ 2013년 4월 27일 제1회 출제
⑦ 2014년 10월 5일 제3회 출제 ⑧ 2015년 4월 25일 제1회 1부 출제
⑨ 2017년 7월 2일 제2회(문제 5번) 출제 ⑩ 2019년 7월 6일 제2회 3부(문제 4번) 출제

정답
① 재해유형(형태) : 감전
② 재해원인 : 작업자가 내전압용 절연장갑 등 절연용 보호구를 착용하지 않은 채 맨손으로 동선을 감는 중 기계를 정비하였기 때문에 감전되었다.

자격종목 및 등급(선택분야)	시험시간	배점	시행일
산업안전기사	60분	45점	2019년 10월 19일 3회(3부)

참고사항
① 본 그림은 꼭 실제시험문제와 동일하지 않을 수도 있음
② 그림 및 동영상은 참고만 하세요.(문제의 질의 내용은 동일함)

05 동영상은 건물해체에 관한 장면이다. 동영상에서와 같은 작업시 해체계획에 포함되어야 할 사항을 5가지 쓰시오.(단, 그 밖에 안전·보건에 관한 사항은 제외한다.)(5점)

합격정보 산업안전보건기준에 관한 규칙 [별표 4] 사전조사 및 작업계획서 내용

합격KEY
① 2004년 4월 29일 산업기사 출제
② 2008년 10월 5일 산업기사 출제
③ 2009년 7월 11일 출제
④ 2011년 5월 7일 산업기사 출제
⑤ 2011년 10월 22일 출제
⑥ 2012년 7월 14일 출제
⑦ 2013년 4월 27일 출제
⑧ 2013년 10월 12일 제3회 출제
⑨ 2014년 10월 5일 산업기사 출제
⑩ 2015년 4월 25일(문제 6번) 출제
⑪ 2015년 7월 18일 (문제 9번) 출제
⑫ 2016년 7월 3일 제2회 2부 출제
⑬ 2017년 7월 2일 제2회(문제 4번) 출제
⑭ 2018년 10월 14일 제3회(문제 5번) 출제
⑮ 2019년 7월 7일 제2회 산업기사(문제 4번) 출제

정답
① 해체의 방법 및 해체순서도면
② 가설설비·방호설비·환기설비 및 살수·방화설비 등의 방법
③ 사업장 내 연락방법
④ 해체물의 처분계획
⑤ 해체작업용 기계·기구 등의 작업계획서
⑥ 해체작업용 화약류 등의 사용계획서

자격종목 및 등급(선택분야)	시험시간	형별	시행일
산업안전기사	60분	45점	2019년 10월 19일 3회(3부)

참고사항
① 본 그림은 꼭 실제시험문제와 동일하지 않을 수도 있음
② 그림 및 동영상은 참고만 하세요.(문제의 질의 내용은 동일함)

06 동영상은 고소작업대에서 작업을 하고 있다. 고소작업대 이동시 준수사항 3가지를 쓰시오.(6점)

합격정보 산업안전보건기준에 관한 규칙 제186조(고소작업대 설치 등의 조치)

정답
① 작업대를 가장 낮게 내릴 것
② 작업대를 올린 상태에서 작업자를 태우고 이동하지 말 것
③ 이동통로의 요철의 상태 또는 장애물의 유무 등을 확인할 것

자격종목 및 등급(선택분야)	시험시간	배점	시행일
산업안전기사	60분	45점	2019년 10월 19일 3회(3부)

참고사항
① 본 그림은 꼭 실제시험문제와 동일하지 않을 수도 있음
② 그림 및 동영상은 참고만 하세요.(문제의 질의 내용은 동일함)

[그림 1] 용접작업 　　　　　　　　　　　　　　　　　　[그림 2] 교류아크용접기

동영상 설명
교류아크용접 작업장에서 작업자가 혼자 작업을 하고 있음.(작업 내용은 대형 관의 플랜지 아래 부위를 아크 용접하는 상황) 왼손으로는 플랜지 회전 스위치를 조작해 가며 오른손으로 용접을 하는 상황, 주위에는 인화성 물질로 보이는 깡통 등이 용접작업 주변에 쌓여 있음.

07 화면은 배관 용접작업에 관한 내용이다. 동영상의 내용 중 위험요인이 내재되어 있다. 작업현장의 위험요인 3가지를 쓰시오.(6점)

정답
① 단독으로 작업 중 양손 모두를 사용하여 작업하므로 위험에 노출되어 있다.
② 작업현장내 정리, 정돈 상태가 불량하여 인화성물질이 쌓여있으므로 화재폭발사고가 발생할 위험이 있다.
③ 감시인이 배치되어 있지 않아 사고발생의 위험이 있다.

자격종목 및 등급(선택분야)	시험시간	형별	시행일
산업안전기사	60분	45점	2019년 10월 19일 3회(3부)

참고사항
① 본 그림은 꼭 실제시험문제와 동일하지 않을 수도 있음
② 그림 및 동영상은 참고만 하세요.(문제의 질의 내용은 동일함)

08 화면은 이동식 크레인을 이용하여 철제 배관을 인양하는 작업으로 신호수의 신호에 따라 철제 배관을 인양 중 H빔에 부딪치면서 흔들리는 동영상이다. 배관 인양 작업시 위험요인 3가지를 쓰시오.(6점)

합격KEY ① 2015년 7월 18일 기사 (문제 8번) 출제
② 2016년 7월 3일 제2회 1부 출제
③ 2018년 7월 8일 산업기사 제2회 2부 출제

정답
① 와이어로프의 안전상태가 불안정하여 위험하다.
② 작업 반경 내 관계근로자 이외의 외부 작업자가 출입하여 위험하다.
③ 훅의 해지장치 및 안전상태가 불안정하여 위험하다.

자격종목 및 등급(선택분야)	시험시간	배점	시행일
산업안전기사	60분	45점	2019년 10월 19일 3회(3부)

참고사항
① 본 그림은 꼭 실제시험문제와 동일하지 않을 수도 있음
② 그림 및 동영상은 참고만 하세요.(문제의 질의 내용은 동일함)

동영상 설명
인화성 물질 저장창고에 인화성 물질을 저장한 드럼(200[ℓ]용)이 여러 개 있고 한 작업자가 인화성 물질이 든 운반용 캔(약 40[ℓ])을 몇 개 운반하다가 잠시 쉬려고 인화성 물질을 저장한 드럼 옆에서 웃옷을 벗는 순간 "퍽" 하고 폭발사고가 발생함

09 화면은 인화성 물질의 취급 및 저장소이다. 이 동영상을 참고하여 점화원의 형태와 종류를 쓰시오. (4점)

> **합격정보** 점화원의 종류는 '정전기'와 '전기스파크' 둘 중에 하나를 쓰면 됩니다.
> **합격KEY** 2016년 7월 3일 제2회 3부(문제 6번) 출제

정답
① 점화원의 형태 : 작업복에 의한 정전기
② 점화원의 종류 : 정전기 또는 전기스파크

자격종목 및 등급(선택분야)	시험시간	형별	시행일
산업안전산업기사	60분	45점	2019년 10월 19일 3회(1부)

참고사항
① 본 그림은 꼭 실제시험문제와 동일하지 않을 수도 있음
② 그림 및 동영상은 참고만 하세요.(문제의 질의 내용은 동일함)

동영상 설명
자동차부품(브레이크 라이닝)을 화학약품을 사용하여 세척하는 작업과정(세정제가 바닥에 흘어져 있으며, 고무장화 등을 착용하지 않고 작업을 하고 있음)을 보여주고 있다.

01 자동차 브레이크 라이닝을 세척 중이다. 착용해야할 보호구 3가지를 쓰시오.(6점)

합격KEY
① 2006년 9월 23일 산업기사 출제
② 2013년 10월 12일 제3회 출제
③ 2016년 10월 9일(문제 3번) 출제
④ 2017년 4월 22일 기사(문제 3번) 출제
⑤ 2018년 10월 14일 제3회 2부(문제 3번) 출제

정답
① 불침투성 보호의(복)
② 방독마스크
③ 보안경

자격종목 및 등급(선택분야)	시험시간	배점	시행일
산업안전산업기사	60분	45점	2019년 10월 19일 3회(1부)

참고사항
① 본 그림은 꼭 실제시험문제와 동일하지 않을 수도 있음
② 그림 및 동영상은 참고만 하세요.(문제의 질의 내용은 동일함)

동영상 설명
작업자 2[명]이 전주 위에서 작업을 하고 있다. 작업자 1[명]은 변압기 위에 올라가서 볼트를 풀면서 흡연을 하며 작업을 하고 있고, 잠시 후 영상은 전주 아래부터 위를 보여주는데 발판용 볼트에 C.O.S(Cut Out Switch)가 임시로 걸쳐있음이 보인다. 그리고 다른 작업자 근처에선 이동식크레인에 작업대를 매달고 또 다른 작업을 하는 화면을 보여 준다.

02 화면의 전기형강작업 중 위험요인(결여사항) 3가지를 기술하시오.(6점)

합격KEY
① 2000년 9월 6일 기사 출제　　　　② 2007년 4월 28일 기사 출제
③ 2009년 9월 19일 기사 출제　　　　④ 2010년 7월 11일 출제
⑤ 2014년 7월 13일 기사 출제　　　　⑥ 2014년 10월 5일(문제 3번) 출제
⑦ 2016년 7월 3일 제2회(문제 3번) 출제　⑧ 2017년 10월 22일 제3회(문제 1번) 출제
⑨ 2018년 4월 21일 기사 출제　　　　⑩ 2018년 7월 8일 제2회 2부(문제 2번) 출제

정답
① 작업중 흡연
② 작업자가 딛고 선 발판이 불안전
③ C.O.S(Cut Out Switch)를 발판용(볼트)에 임시로 걸쳐 놓았다.

자격종목 및 등급(선택분야)	시험시간	형별	시행일
산업안전산업기사	60분	45점	2019년 10월 19일 3회(1부)

참고사항
① 본 그림은 꼭 실제시험문제와 동일하지 않을 수도 있음
② 그림 및 동영상은 참고만 하세요.(문제의 질의 내용은 동일함)

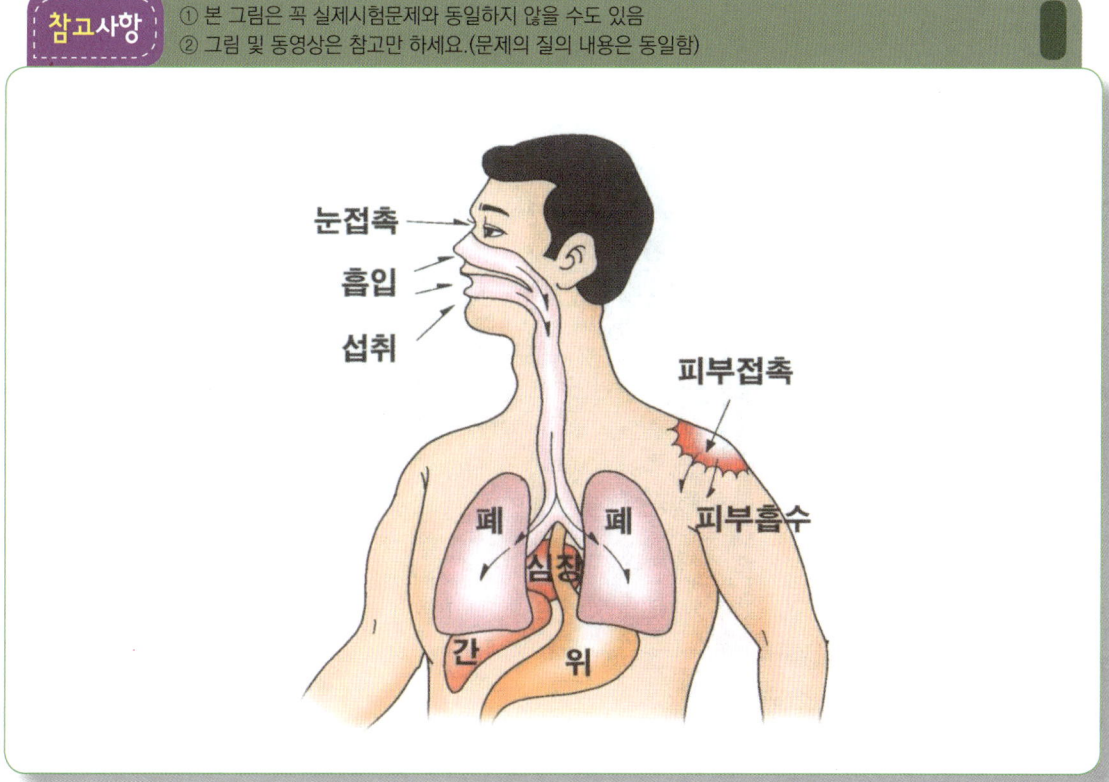

03 화면에서와 같이 장기간 근무할 경우 유해화학물질(H_2SO_4)이 작업자의 체내에 유입될 수 있다. 침입 경로 3가지를 쓰시오.(6점)

합격KEY
① 2001년 4월 29일 기사 출제　　② 2007년 10월 13일 출제
③ 2009년 4월 26일 출제　　　　④ 2010년 4월 24일 기사 출제
⑤ 2011년 5월 7일 기사 출제　　⑥ 2012년 7월 14일 출제
⑦ 2015년 4월 25일 기사 출제　　⑧ 2016년 4월 23일 산업기사 (문제 3번) 출제
⑨ 2016년 7월 3일 제2회(문제3번) 출제　　⑩ 2019년 7월 6일 기사 제2회 2부 출제

정답
① 호흡기
② 소화기
③ 피부점막

자격종목 및 등급(선택분야)	시험시간	배점	시행일
산업안전산업기사	60분	45점	2019년 10월 19일 3회(1부)

참고사항
① 본 그림은 꼭 실제시험문제와 동일하지 않을 수도 있음
② 그림 및 동영상은 참고만 하세요.(문제의 질의 내용은 동일함)

04 구내운반차를 사용하는 경우 준수사항 2가지를 쓰시오.(4점)

합격정보 산업안전 보건기준에 관한 규칙 제184조(제동장치 등)
보충학습 구내운반차 : 작업장 내 운반을 주목적으로 하는 차량

정답
① 주행을 제동하거나 정지상태를 유지하기 위하여 유효한 제동장치를 갖출 것
② 경음기를 갖출 것
③ 운전석이 차 실내에 있는 것은 좌우에 한개씩 방향지시기를 갖출 것
④ 전조등과 후미등을 갖출 것. 다만, 작업을 안전하게 하기 위하여 필요한 조명이 있는 장소에서 사용하는 구내운반차에 대해서는 그러하지 아니하다.

자격종목 및 등급(선택분야)	시험시간	형별	시행일
산업안전산업기사	60분	45점	2019년 10월 19일 3회(1부)

참고사항
① 본 그림은 꼭 실제시험문제와 동일하지 않을 수도 있음
② 그림 및 동영상은 참고만 하세요.(문제의 질의 내용은 동일함)

동영상 설명
공작물을 손으로 잡고 드릴 작업하다가 공작물이 튀는 현상임

05 동영상은 드릴작업을 하고 있다. 잘못된 점과 안전대책을 한 가지씩 쓰시오.(4점)

합격KEY
① 2008년 4월 26일 기사 출제
② 2009년 4월 26일 기사 출제
③ 2011년 7월 30일 출제
④ 2012년 7월 14일 기사 출제
⑤ 2012년 7월 14일 출제
⑥ 2014년 4월 25일 출제
⑦ 2015년 7월 18일 제2회 1부(문제 5번) 출제

정답
① 잘못된 점 : 작은 공작물을 손으로 잡고 드릴작업을 하고 있다.
② 안전대책 : 작은 공작물은 바이스를 사용하여 드릴작업을 한다.

자격종목 및 등급(선택분야)	시험시간	배점	시행일
산업안전산업기사	60분	45점	2019년 10월 19일 3회(1부)

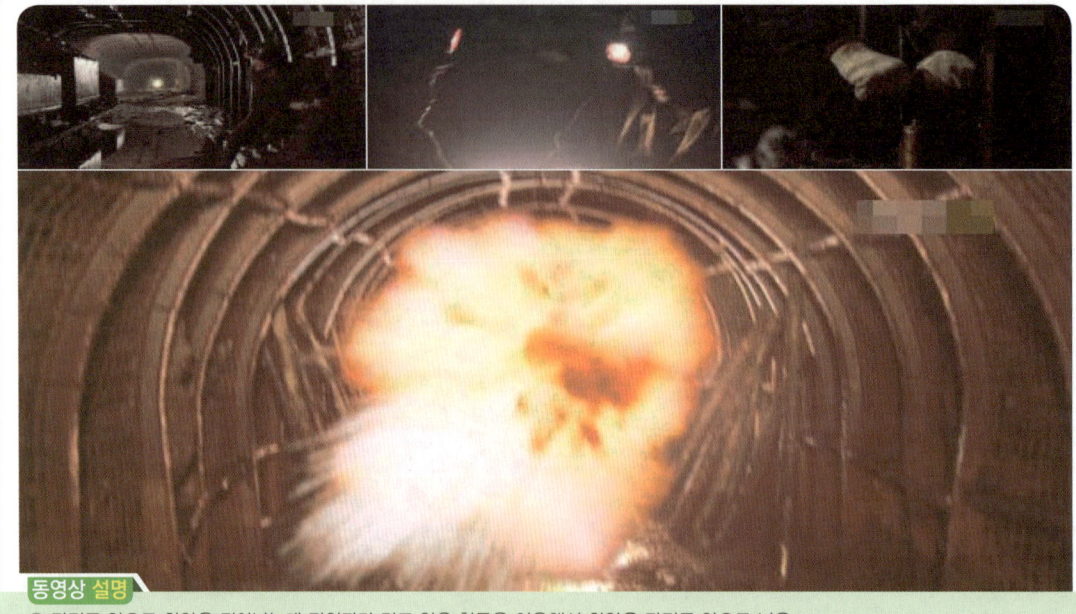

참고사항
① 본 그림은 꼭 실제시험문제와 동일하지 않을 수도 있음
② 그림 및 동영상은 참고만 하세요.(문제의 질의 내용은 동일함)

동영상 설명
① 장전구 안으로 화약을 집어넣는데 작업자가 길고 얇은 철물을 이용해서 화약을 장전구 안으로 넣음
② 3~4개 정도 밀어 넣고, 접속한 전선을 꼬아서 주변 선에 올려놓음
③ 폭파 스위치 장비를 보여주고 터널을 보여주는 동영상

06 화면은 터널 내 발파작업에 관한 사항이다. 동화상 내용 중 근로자가 화약장전시 위험요인 1가지를 쓰시오. (5점)

참고 산업안전보건기준에 관한 규칙 제348조(발파의 작업기준)

합격KEY
① 2000년 11월 9일 출제
③ 2009년 7월 11일 출제
⑤ 2013년 4월 27일 출제
⑦ 2014년 7월 13일 (문제 3번) 출제
⑨ 2016년 7월 3일 제2회(문제 7번) 출제
② 2007년 4월 28일 출제
④ 2012년 7월 14일 산업기사 출제
⑥ 2013년 10월 12일 산업기사 출제
⑧ 2015년 7월 18일 산업기사 (문제 7번) 출제
⑩ 2019년 7월 6일 기사 제2회 출제

정답 폭약을 장전할 때에는 마찰·충격·정전기 등에 의한 폭발의 위험성이 있으므로 강봉(철근)을 사용하지 말고 규정된 장전봉, 안전한 재료를 사용해야 하는데 얇은 철물을 이용하고 있다.

자격종목 및 등급(선택분야)	시험시간	형별	시행일
산업안전산업기사	60분	45점	2019년 10월 19일 3회(1부)

참고사항
① 본 그림은 꼭 실제시험문제와 동일하지 않을 수도 있음
② 그림 및 동영상은 참고만 하세요.(문제의 질의 내용은 동일함)

07 화면은 이동식 크레인을 이용하여 철제 배관을 인양하는 작업으로 신호수의 신호에 따라 철제 배관을 인양 중 H빔에 부딪치면서 흔들리는 동영상이다. 배관 인양 작업시 위험요인 2가지를 쓰시오.(4점)

합격KEY ① 2015년 7월 18일 기사 (문제 8번) 출제
② 2016년 7월 3일 제2회 산업기사(문제 8번) 출제
③ 2019년 7월 6일 기사 제2회 2부 출제

정답
① 와이어로프의 안전상태가 불안정하여 위험하다.
② 작업 반경 내 관계근로자 이외의 외부 작업자가 출입하여 위험하다.
③ 훅의 해지장치 및 안전상태가 불안정하여 위험하다.

자격종목 및 등급(선택분야)	시험시간	배점	시행일
산업안전산업기사	60분	45점	2019년 10월 19일 3회(1부)

참고사항
① 본 그림은 꼭 실제시험문제와 동일하지 않을 수도 있음
② 그림 및 동영상은 참고만 하세요.(문제의 질의 내용은 동일함)

08 동영상은 전주를 옮기다가 작업자가 전주에 맞아 사고를 당하였다. ① 재해요인(형태) ② 가해물과 ③ 전기작업시 사용할 수 있는 안전모의 종류를 쓰시오.(6점)

합격KEY
① 2006년 4월 29일 출제
② 2007년 4월 28일 출제
③ 2012년 7월 14일 산업기사 출제
④ 2012년 10월 21일 출제
⑤ 2014년 4월 25일 제1회 제3부 출제
⑥ 2015년 10월 11일 산업기사 출제
⑦ 2016년 10월 9일(문제 8번) 출제
⑧ 2017년 4월 22일 제1회 산업기사(문제 8번) 출제
⑨ 2019년 7월 6일 기사 제2회 2부 출제

정답
① 재해요인(형태) : 비래(물체에 맞음)
② 가해물 : 전주
③ 전기용 안전모의 종류 : AE형, ABE형

자격종목 및 등급(선택분야)	시험시간	형별	시행일
산업안전산업기사	60분	45점	2019년 10월 19일 3회(1부)

참고사항
① 본 그림은 꼭 실제시험문제와 동일하지 않을 수도 있음
② 그림 및 동영상은 참고만 하세요.(문제의 질의 내용은 동일함)

09 홈 위에서 기름이 들어 있는 드럼통을 떨어뜨리고 있다. 위험요인 2가지를 쓰시오.(4점)

[참고] 산업안전기사/산업기사 실기 작업형 p.5-55(건설-5017 드럼통 낙하 이동작업)

정답
① 장갑을 끼지 않아서 손이 잘리게 된다.
② 드럼통을 낙하할 때 아래에서 받는 사람이 다치게 된다.
③ 드럼통에 멈춤장치를 하지 않아서 저절로 굴러 사람이 맞게 된다.
④ 드럼통 낙하의 충격으로 배수구 철판의 덮개가 튀어 사람이 다치게 된다.

자격종목 및 등급(선택분야)	시험시간	배점	시행일
산업안전산업기사	60분	45점	2019년 10월 19일 3회(2부)

참고사항
① 본 그림은 꼭 실제시험문제와 동일하지 않을 수도 있음
② 그림 및 동영상은 참고만 하세요.(문제의 질의 내용은 동일함)

동영상 설명
동영상에서 작업자 A, B가 작업을 하고 있다. 창틀에서 작업 중인 A가 처마 위에 있는 B에게 작업발판을 건네준 후 B가 있는 옆 처마 위로 이동하다 발을 헛디뎌 바닥으로 추락하는 장면이다.(주변이 정리정돈 되어있지 않고, A작업자가 밟고 있던 콘크리트 부스러기가 추락할 때 같이 떨어진다.)

01 화면은 아파트 창틀에서 작업 중 발생한 재해사례를 나타내고 있다. 해당 동영상에서 작업자의 추락사고 (1) 기인물 (2) 가해물을 쓰시오.(4점)

합격KEY
① 2004년 10월 2일 기사 출제
② 2006년 7월 15일 기사 출제
③ 2015년 4월 25일 (문제 1번) 출제
④ 2016년 7월 3일 제2회 1부 출제
⑤ 2018년 7월 8일 제2회 2부(문제 1번) 출제

정답
(1) 기인물 : 작업발판
(2) 가해물 : 바닥

자격종목 및 등급(선택분야)	시험시간	형별	시행일
산업안전산업기사	60분	45점	2019년 10월 19일 3회(2부)

참고사항
① 본 그림은 꼭 실제시험문제와 동일하지 않을 수도 있음
② 그림 및 동영상은 참고만 하세요.(문제의 질의 내용은 동일함)

02 화면은 이동식 크레인을 이용하여 철제 배관을 인양하는 작업으로 신호수의 신호에 따라 철제 배관을 인양 중 H빔에 부딪치면서 흔들리는 동영상이다. 배관 인양 작업시 위험요인 2가지를 쓰시오.(4점)

합격KEY
① 2015년 7월 18일 기사 (문제 8번) 출제
② 2016년 7월 3일 제2회 1부 출제
③ 2018년 7월 8일 제2회 2부(문제 8번) 출제
④ 2019년 4월 21일 제1회 2부(문제 1번) 출제

정답
① 와이어로프의 안전상태가 불안정하여 위험하다.
② 작업 반경 내 관계근로자 이외의 외부 작업자가 출입하여 위험하다.
③ 훅의 해지장치 및 안전상태가 불안정하여 위험하다.

자격종목 및 등급(선택분야)	시험시간	배점	시행일
산업안전산업기사	60분	45점	2019년 10월 19일 3회(2부)

참고사항
① 본 그림은 꼭 실제시험문제와 동일하지 않을 수도 있음
② 그림 및 동영상은 참고만 하세요.(문제의 질의 내용은 동일함)

03 화면은 전주에 사다리를 기대고 작업 중 넘어지는 재해를 보여 주고 있다. 동영상에서와 같이 이동식 사다리의 넘어짐을 방지하기 위한 조치사항 3가지 쓰시오.(6점)

참고 산업안전보건기준에 관한 규칙 제42조(추락의 방지)

합격KEY ① 2014년 4월 25일(문제 3번) 출제
② 2015년 7월 18일 제2회 3부(문제 3번) 출제

정답
① 이동식 사다리를 견고한 시설물에 연결하여 고정할 것
② 아웃트리거(outrigger, 전도방지용 지지대)를 설치하거나 아웃트리거가 붙어있는 이동식 사다리를 설치할 것
③ 이동식 사다리를 다른 근로자가 지지하여 넘어지지 않도록 할 것

자격종목 및 등급(선택분야)	시험시간	형별	시행일
산업안전산업기사	60분	45점	2019년 10월 19일 3회(2부)

참고사항
① 본 그림은 꼭 실제시험문제와 동일하지 않을 수도 있음
② 그림 및 동영상은 참고만 하세요.(문제의 질의 내용은 동일함)

04 산업용 로봇 작업시 교시에서 오동작을 방지하기 위한 지침 3가지를 쓰시오.(6점)

[합격정보] 산업안전보건기준에 관한 규칙 제222조(교시 등)

정답
① 로봇의 조작방법 및 순서
② 작업 중의 매니퓰레이터의 속도
③ 2명 이상의 근로자에게 작업을 시킬 경우의 신호방법
④ 이상을 발견한 경우의 조치
⑤ 이상을 발견하여 로봇의 운전을 정지시킨 후 이를 재가동시킬 경우의 조치
⑥ 그 밖에 로봇의 예기치 못한 작동 또는 오조작에 의한 위험을 방지하기 위하여 필요한 조치

자격종목 및 등급(선택분야)	시험시간	배점	시행일
산업안전산업기사	60분	45점	2019년 10월 19일 3회(2부)

참고사항
① 본 그림은 꼭 실제시험문제와 동일하지 않을 수도 있음
② 그림 및 동영상은 참고만 하세요.(문제의 질의 내용은 동일함)

동영상 설명
피트 내에서 나무판자로 엉성하게 이어붙인 발판 위에서 벽면에 돌출되어 있는 못을 망치로 제거하는 동영상

05 화면은 승강기 설치 전 피트 내부에서 청소작업 중에 승강기의 개구부로 작업자가 추락하여 사망사고가 발생한 재해사례이다. 이 영상에서 나타난 핵심위험요인을 2가지 쓰시오.(4점)

참고 산업안전보건기준에 관한 규칙 제43조(개구부 등의 방호조치)

합격KEY
① 2006년 9월 23일 기사 출제
③ 2009년 4월 26일 기사 출제
⑤ 2014년 10월 5일 출제
⑦ 2016년 4월 23일(문제 5번) 출제
⑨ 2016년 10월 15일 제3회 기사 출제
⑪ 2019년 9월 6일 기사 제2회 2부(문제 5번) 출제
② 2007년 10월 14일 기사 출제
④ 2011년 5월 7일 출제
⑥ 2015년 7월 18일 기사 출제
⑧ 2016년 7월 3일 제2회 기사 출제
⑩ 2017년 10월 22일 제3회 산업기사(문제 5번) 출제

정답
① 작업발판이 고정되어 있지 않았다.
② 작업자가 안전난간 및 안전대를 걸지 않고 작업하였다.
③ 수직형 추락방망을 설치하지 않았다.

자격종목 및 등급(선택분야)	시험시간	형별	시행일
산업안전산업기사	60분	45점	2019년 10월 19일 3회(2부)

참고사항
① 본 그림은 꼭 실제시험문제와 동일하지 않을 수도 있음
② 그림 및 동영상은 참고만 하세요.(문제의 질의 내용은 동일함)

06 화면은 브레이크 라이닝을 작업하는 화면으로 작업자가 마스크를 착용하고 있으나 석면분진폭로 위험성에 노출되어 있어 작업자에게 직업성 질환으로 이환될 우려가 있다. 장기간 폭로 시 어떤 종류의 직업병이 발생할 위험이 있는지 서술하시오.(6점)

합격KEY
① 2003년 7월 19일 산업기사(문제 6번) 출제
② 2007년 7월 15일(문제 6번) 출제
③ 2013년 4월 27일(문제 7번) 출제
④ 2015년 7월 18일 산업기사(문제 7번) 출세
⑤ 2017년 4월 22일 산업기사 출제
⑥ 2017년 10월 22일 제3회 1부(문제 7번) 출제
⑦ 2019년 4월 20일 기사 제1회 3부(문제 7번) 출제

정답 해당 작업자가 착용한 마스크는 방진전용마스크가 아니기 때문에, 석면분진이 마스크를 통해 흡입될 수 있어 폐암, 석면폐증, 악성중피종과 같은 직업병이 발생할 수 있다.

💬 **합격자의 조언** 반드시 서술식으로 써야 정답입니다.

자격종목 및 등급(선택분야)	시험시간	배점	시행일
산업안전산업기사	60분	45점	2019년 10월 19일 3회(2부)

참고사항
① 본 그림은 꼭 실제시험문제와 동일하지 않을 수도 있음
② 그림 및 동영상은 참고만 하세요.(문제의 질의 내용은 동일함)

07 화면은 항타기·항발기 작업하는 주위에서 2~3명의 작업자가 안전모를 착용하고 작업하는 중, 순간 근처 전선에서 스파크가 발생한 사례이다. 고압선 주위에서 항타기·항발기 작업 시 관리적 대책 2가지를 쓰시오.(4점)

합격KEY
① 2004년 10월 2일 (문제 2번)
② 2007년 7월 15일 출제
③ 2008년 10월 5일 출제
④ 2011년 5월 7일 출제
⑤ 2011년 7월 30일 출제
⑥ 2012년 7월 14일 출제
⑦ 2014년 10월 5일 제3회 2부(문제 7번) 출제
⑧ 2019년 4월 20일 기사 제1회 1부(문제 7번) 출제

정답
① 해당 충전로를 이설할 것
② 감전의 위험을 방지하기 위한 방책을 설치할 것
③ 해당 충전로에 절연용 방호구를 설치할 것
④ 감시하는 사람을 두고 작업을 감시하도록 할 것

자격종목 및 등급(선택분야)	시험시간	형별	시행일
산업안전산업기사	60분	45점	2019년 10월 19일 3회(2부)

참고사항
① 본 그림은 꼭 실제시험문제와 동일하지 않을 수도 있음
② 그림 및 동영상은 참고만 하세요.(문제의 질의 내용은 동일함)

동영상 설명
① 톱에 덮개가 없으며 나무판자를 자르는 모습
② 빨간색 장갑 착용
③ 보안경 및 방진마스크 미착용
④ 손가락이 절단됨

08 목재가공용 둥근톱 방호장치 2가지와 자율안전확인대상 목재가공용 덮개 및 분할날에 자율안전확인표시 외에 추가로 표시하여야 할 사항 1가지를 쓰시오.(6점)

참고
① 산업안전보건기준에 관한 규칙 제105조(둥근톱기계의 반발예방장치)
② 산업안전보건기준에 관한 규칙 제106조(둥근톱기계의 톱날접촉예방장치)

합격KEY
① 2007년 4월 28일 출제　　② 2009년 7월 11일 출제
③ 2009년 9월 20일 출제　　④ 2010년 9월 19일 출제
⑤ 2012년 10월 21일 출제　　⑥ 2014년 7월 13일 산업기사 제2회 2부(문제 3번) 출제
⑦ 2019년 10월 19일 제3회 산업기사 2부 출제

정답
(1) 방호장치
　① 반발예방장치
　② 톱날접촉예방장치
(2) 추가표시사항
　① 덮개의 종류
　② 둥근톱의 사용가능 치수

자격종목 및 등급(선택분야)	시험시간	배점	시행일
산업안전산업기사	60분	45점	2019년 10월 19일 3회(2부)

참고사항
① 본 그림은 꼭 실제시험문제와 동일하지 않을 수도 있음
② 그림 및 동영상은 참고만 하세요.(문제의 질의 내용은 동일함)

09 화면에서와 같이 DMF 등 유해물(화학물질) 취급시(제조·수입·운반·저장) 취급 근로자가 쉽게 볼 수 있는 장소에 명칭 등의 게시 사항을 5가지 쓰시오.(5점)

참고 산업안전보건기준에 관한 규칙 제442조(명칭 등의 게시)

합격KEY
① 2007년 10월 13일 출제
② 2013년 4월 27일 기사 출제
③ 2014년 4월 25일(문제 7번) 출제
④ 2015년 7월 18일 제2회 출제
⑤ 2017년 10월 15일 제3회(문제 5번) 출제
⑥ 2017년 10월 22일 제3회(문제 3번) 출제
⑦ 2018년 10월 14일 제3회 2부(문제 9번) 출제

정답
① 관리대상 유해물질의 명칭
② 인체에 미치는 영향
③ 취급상 주의사항
④ 착용하여야 할 보호구
⑤ 응급조치와 긴급 방재 요령

문제 및 답안(지), 점수, 채점기준은 일체 공개하지 않는다.

비번호
총 점

2020년도

과년도 출제문제

- 산업안전기사(2020년 05월 16일 제1회 1부 시행)
- 산업안전기사(2020년 05월 16일 제1회 2부 시행)
- 산업안전기사(2020년 05월 16일 제1회 3부 시행)
- 산업안전산업기사(2020년 05월 16일 제1회 1부 시행)
- 산업안전산업기사(2020년 05월 16일 제1회 2부 시행)
- 산업안전기사(2020년 07월 27일 제2회 1부 시행)
- 산업안전기사(2020년 07월 27일 제2회 2부 시행)
- 산업안전기사(2020년 08월 02일 제2회 1부 시행)
- 산업안전기사(2020년 08월 02일 제2회 2부 시행)
- 산업안전기사(2020년 08월 02일 제2회 3부 시행)
- 산업안전산업기사(2020년 07월 25일 제2회 1부 시행)
- 산업안전산업기사(2020년 07월 25일 제2회 2부 시행)
- 산업안전산업기사(2020년 07월 25일 제2회 3부 시행)
- 산업안전기사(2020년 10월 10일 제3회 1부 시행)
- 산업안전기사(2020년 10월 10일 제3회 2부 시행)
- 산업안전기사(2020년 10월 10일 제3회 3부 시행)
- 산업안전산업기사(2020년 10월 17일 제3회 1부 시행)
- 산업안전산업기사(2020년 10월 17일 제3회 2부 시행)
- 산업안전산업기사(2020년 10월 17일 제3회 3부 시행)
- 산업안전기사(2020년 11월 22일 제4회 1부 시행)
- 산업안전기사(2020년 11월 22일 제4회 2부 시행)
- 산업안전기사(2020년 11월 22일 제4회 3부 시행)
- 산업안전산업기사(2020년 11월 15일 제4회 1부 시행)
- 산업안전산업기사(2020년 11월 22일 제4회 1부 시행)
- 산업안전산업기사(2020년 11월 22일 제4회 2부 시행)

자격종목	시험일	비번호	PC번호	남은시간
산업안전기사	2020년 5월 16일 1회(1부)	A001	1	60분

| 문제 1번 | 문제 2번 | 문제 3번 | 문제 4번 | 문제 5번 | 문제 6번 | 문제 7번 | 문제 8번 | 문제 9번 |

01 이동식 크레인 작업시작전 점검사항 3가지를 쓰시오.(6점)

보충학습 산업안전보건기준에 관한 규칙 [별표 3] 작업시작전 점검사항
합격KEY 2018년 1월 14일 3회(2부) 문제 1번 출제

정답
① 권과방지장치나 그 밖의 경보장치의 기능
② 브레이크·클러치 및 조정장치의 기능
③ 와이어로프가 통하고 있는 곳 및 작업장소의 지반상태

자격종목	시험일	비번호	PC번호	남은시간
산업안전기사	2020년 5월 16일 1회(1부)	A001	1	60분

02 동영상은 작업자가 퓨즈 교체 작업 중 감전사고가 발생했다. 산업안전보건법상 누전차단기 설치 장소 2가지를 쓰시오. (4점)

합격정보 산업안전보건기준에 관한 규칙 제304조(누전차단기에 의한 감전방지)

합격KEY
① 2006년 4월 29일 산업기사 출제
② 2010년 7월 11일 출제
③ 2013년 10월 12일(문제 2번) 출제
④ 2016년 4월 23일 제1회 1부 출제
⑤ 2018년 7월 8일 제2회 1부(문제 2번) 출제
⑥ 2019년 4월 20일 제1회 2부(문제 2번) 출제

정답
① 대지전압이 150[V]를 초과하는 이동형 또는 휴대형 전기 기계·기구
② 물 등 도전성이 높은 액체가 있는 습윤장소에서 사용하는 저압(1,500[V] 이하 직류전압이나 1,000[V] 이하의 교류전압을 말한다)용 전기기계·기구
③ 철판·철골 위 등 도전성이 높은 장소에서 사용하는 이동형 또는 휴대형 전기기계·기구
④ 임시배선의 전로가 설치되는 장소에서 사용하는 이동형 또는 휴대형 전기기계·기구

자격종목	시험일	비번호	PC번호	남은시간
산업안전기사	2020년 5월 16일 1회(1부)	A001	1	60분

문제 1번 | 문제 2번 | **문제 3번** | 문제 4번 | 문제 5번 | 문제 6번 | 문제 7번 | 문제 8번 | 문제 9번

03 작업자가 전주에 올라가다 표지판에 부딪혀 추락하는(사람이 떨어지는) 재해가 발생하였다. 재해발생 원인 2가지를 쓰시오.(4점)

합격정보 산업안전보건기준에 관한 규칙 제42조(추락의 방지)

합격KEY
① 2013년 10월 12일(문제 3번) 출제
② 2015년 7월 18일 제2회 출제
③ 2016년 10월 15일 제3회(문제 3번) 출제
④ 2018년 4월 21일 제1회 1부(문제 3번) 출제
⑤ 2019년 10월 19일 제3회 3부(문제 3번) 출제

정답
① 추락방호용 안전대 미착용 및 수직구명줄 미설치로 재해발생
② 안전대 또는 고소작업대를 사용하지 않아 재해발생

자격종목	시험일	비번호	PC번호	남은시간
산업안전기사	2020년 5월 16일 1회(1부)	A001	1	60분

04 동영상은 이동식 비계의 설치상태가 불량하여 발생된 재해 사례이다. 이동식 비계의 올바른 설치(조립)기준을 산업안전보건기준에 관한 규칙을 적용하여 2가지만 쓰시오. (4점)

> 참고 산업안전보건기준에 관한 규칙 제68조(이동식 비계)
> 합격KEY 2018년 7월 8일 제2회 1부(문제4번) 출제

정답
① 이동식 비계의 바퀴에는 뜻밖의 갑작스러운 이동 또는 전도를 방지하기 위하여 브레이크·쐐기 등으로 바퀴를 고정시킨 다음 비계의 일부를 견고한 시설물에 고정하거나 아웃트리거(outrigger)를 설치하는 등 필요한 조치를 할 것
② 승강용사다리는 견고하게 설치할 것
③ 비계의 최상부에서 작업을 하는 경우에는 안전난간을 설치할 것
④ 작업발판은 항상 수평을 유지하고 작업발판 위에서 안전난간을 딛고 작업을 하거나 받침대 또는 사다리를 사용하여 작업하지 않도록 할 것
⑤ 작업발판의 최대적재하중은 250[kg]을 초과하지 않도록 할 것

자격종목	시험일	비번호	PC번호	남은시간
산업안전기사	2020년 5월 16일 1회(1부)	A001	1	60분

05
화면은 지게차 주행안전작업을 하고 있다. 지게차의 작업시작전 점검사항 3가지를 쓰시오. (6점)

합격정보 산업안전보건기준에 관한 규칙 [별표 3] 작업시작전 검검사항

합격KEY
① 2018년 10월 14일 제3회 출제
② 2019년 7월 6일 제2회 1부(문제 1번) 출제
③ 2019년 10월 19일 제3회 3부(문제 1번) 출제

정답
① 제동장치 및 조종장치 기능의 이상 유무
② 하역장치 및 유압장치 기능의 이상 유무
③ 바퀴의 이상 유무
④ 전조등·후미등·방향지시기 및 경보장치 기능의 이상 유무

06 높이가 2[m] 이상인 작업장소에서 근로자가 작업발판 위에서 작업을 하고 있다. 작업발판 설치기준 3가지를(단, 작업발판 폭과 틈은 제외) 쓰시오. (6점)

참고 산업안전보건기준에 관한 규칙 제56조(작업발판의 구조)

합격KEY
① 2006년 4월 29일 출제
② 2007년 7월 15일 출제
③ 2010년 7월 11일 출제
④ 2015년 4월 25일(문제 6번) 출제
⑤ 2016년 7월 3일 제2회 출제
⑥ 2016년 10월 15일 제3회(문제 6번) 출제
⑦ 2017년 10월 22일 기사 3회(문제 6번) 출제
⑧ 2018년 10월 14일 제3회 1부(문제 6번) 출제
⑨ 2019년 10월 19일 제3회 2부(문제 6번) 출제

정답
① 발판재료는 작업시의 하중을 견딜 수 있도록 견고한 구조로 할 것
② 추락의 위험이 있는 장소에는 안전난간을 설치할 것. 다만, 작업의 성질상 안전난간을 설치하는 것이 곤란한 경우, 작업의 필요상 임시로 안전난간을 해체할 때에 추락방호망을 설치하거나 근로자로 하여금 안전대를 사용하도록 하는 등 추락 위험 방지 조치를 한 경우에는 그러하지 아니하다.
③ 작업발판의 지지물은 하중에 의하여 파괴될 우려가 없는 것을 사용할 것
④ 작업발판 재료는 뒤집히거나 떨어지지 않도록 둘 이상의 지지물에 연결하거나 고정시킬 것
⑤ 작업발판을 작업에 따라 이동시킬 경우에는 위험 방지에 필요한 조치를 할 것

💬 **합격자의 조언** ( ) 안에 알맞은 내용 넣기로 출제된 문제도 있습니다.

자격종목	시험일	비번호	PC번호	남은시간
산업안전기사	2020년 5월 16일 1회(1부)	A001	1	60분

07 화면은 승강기 설치작업을 하고 있다. 승강기 방호장치 6가지를 쓰시오.(6점)

참고 산업안전보건기준에 관한 규칙 제134조(방호장치의 조정)

합격KEY ① 2018년 7월 8일 산업기사 제2회(문제 4번) 출제
② 2018년 10월 14일 제3회 1부(문제 4번)출제

정답
① 과부하 방지장치
② 권과방지 장치
③ 비상정지장치
④ 제동장치
⑤ 파이널 리미트 스위치(final limit switch)
⑥ 속도 조절기
⑦ 출입문인터록(inter lock)

자격종목	시험일	비번호	PC번호	남은시간
산업안전기사	2020년 5월 16일 1회(1부)	A001	1	60분

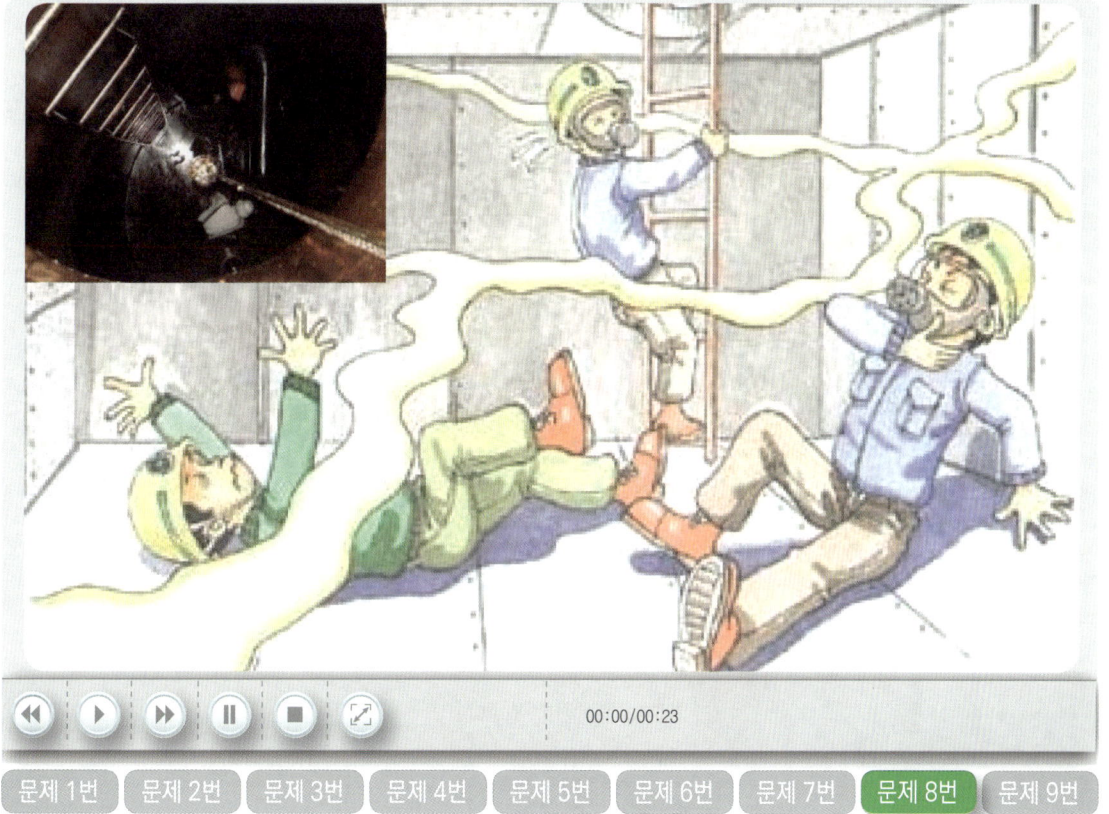

08 화면은 선박 밸러스트 탱크 내부의 슬러지를 제거하는 작업 도중에 작업자가 가스질식으로 의식을 잃었다. 이와 같은 사고에 대비하여 필요한 호흡용 보호구를 1가지만 쓰시오.(5점)

채점기준 유사(가능한)답안
① 에어라인 마스크
② 호스마스크
③ 복합식 에어라인 마스크
④ 산소호흡기
⑤ 공기호흡기

합격KEY
① 2005년 7월 15일 출제
② 2006년 9월 23일 출제
③ 2014년 10월 5일 (문제 5번) 기사 출제
④ 2015년 7월 18일 제2회 제3부 (문제 5번) 기사 출제
⑤ 2015년 10월 11일 출제
⑥ 2016년 10월 9일 기사 출제
⑦ 2017년 4월 22일 제1회(문제 8번) 출제
⑧ 2019년 7월 6일 제2회 1부 산업기사 출제

정답 송기마스크

자격종목	시험일	비번호	PC번호	남은시간
산업안전기사	2020년 5월 16일 1회(1부)	A001	1	60분

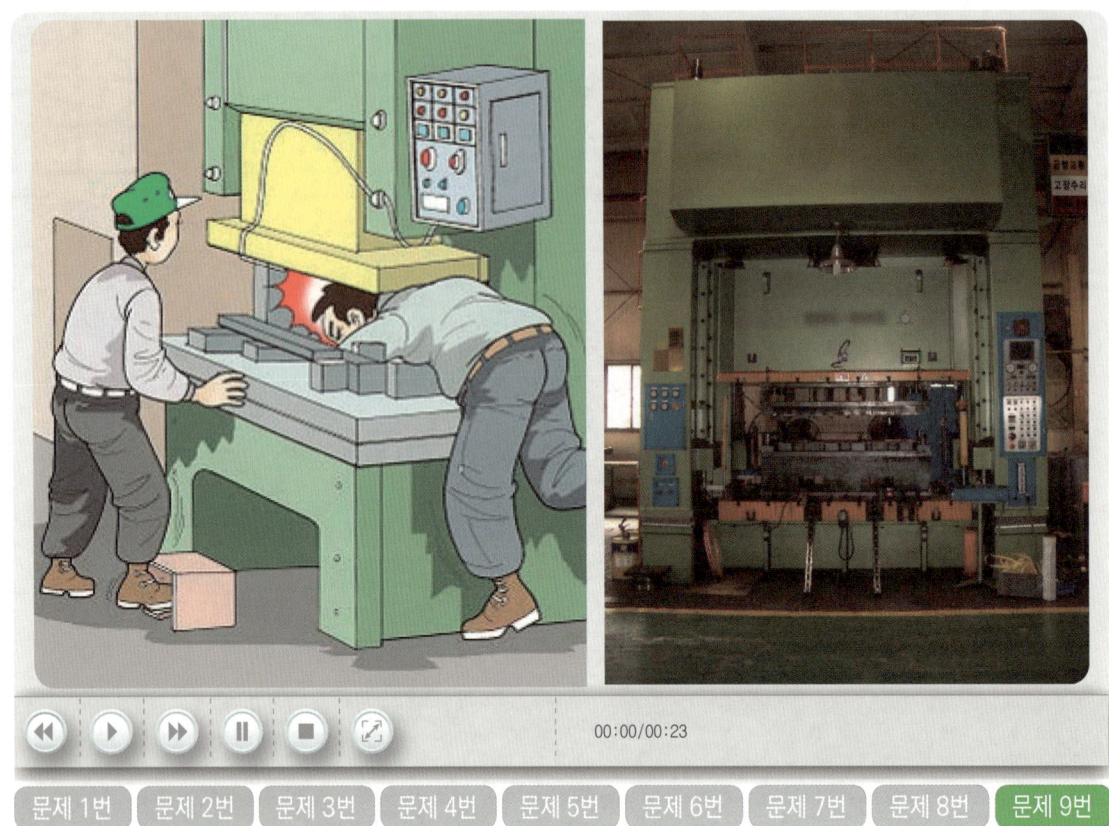

09 화면에서는 프레스 작업 중 작업자가 실수로 페달을 밟아 슬라이드가 하강하여 금형 사이에 손이 낀 사례이다. 이러한 재해의 재발을 방지하기 위하여 ① 페달에는 무엇을 설치하고 ② 상형과 하형 사이의 간격을 얼마 이하로 하는 것이 바람직한가?(4점)
① 설치장치 : (2점)
② 설치간격 : (2점)

합격KEY ▶ 2012년 4월 28일 제1회 1부(문제 8번) 출제

정답
① 설치장치 : U자형 덮개
② 설치간격 : 8[mm] 이하

01 화면은 에어배관 작업 중 고압의 증기 누출로 작업자가 눈에 상해를 당하는 영상이다. 에어배관 작업시 위험요인을 2가지 쓰시오.(4점)

합격KEY
① 2014년 7월 23일 제2회 제1부(문제 1번) 출제
② 2015년 10월 11일(문제 1번) 출제
③ 2017년 4월 22일 제1회(문제 1번) 출제
④ 2018년 10월 14일 제3회(문제 1번) 출제
⑤ 2019년 7월 6일 제2회 1부 산업기사(문제 1번) 출제

정답
① 보안경을 착용하지 않아 고압증기에 의한 눈 부위 손상의 위험이 존재한다.
② 배관에 남은 고압증기를 제거하지 않았고, 전용공구를 사용하지 않아 위험이 존재한다.
③ 작업자가 딛고 선 이동식사다리 설치가 불안전하여 추락 위험이 있다.

자격종목	시험일	비번호	PC번호	남은시간
산업안전기사	2020년 5월 16일 1회(2부)	A001	1	60분

마그네틱 크레인(천장크레인, 호이스트)으로 물건을 옮기는 동영상으로 마그네틱을 금형위에 올리고 손잡이를 작동시켜 이동하는데 작업자(안전모 미착용, 목장갑 착용, 신발 안보임)가 오른손으로 금형을 잡고, 왼손으로 상하좌우 조종장치(전기배선 외관에 피복이 벗겨져 있음)를 누르면서 이동하다가 갑자기 쓰러지면서 오른손이 마그네틱 ON/OFF봉을 건드려 금형이 발등으로 떨어져 협착사고가 발생하였다.(크레인은 훅 해지장치 없고, 훅에 샤클이 3개 연속으로 걸려 있고 마지막 훅에도 훅 해지장치 없음)

문제 1번 | **문제 2번** | 문제 3번 | 문제 4번 | 문제 5번 | 문제 6번 | 문제 7번 | 문제 8번 | 문제 9번

02 화면상에서와 같이 마그네틱 크레인으로 물건을 옮기다 발생한 재해에 있어서 그 위험요인을 3가지 쓰시오. (6점)

합격KEY ▶ 2014년 10월 5일 제3회 3부(문제 8번) 출제

정답
① 전선 피복이 벗겨져 감전위험이 있다.
② 조정장치 전선 피복이 벗겨져 있어 내부전선 단선으로 호이스트가 오동작하여 물건이(금형) 떨어질 위험이 있다.
③ 작업반경내 금형이 낙하(떨어질) 위험장소에서 조정장치를 조작하고 있어 위험하다.

03 화면은 전신주의 형강을 교체하고 있다. 이 작업(정전작업)이 완료된 후 조치사항 3가지를 쓰시오. (6점)

참고 4개 중에서 3개 선택. 2점×3개=6점

합격KEY
① 2001년 4월 29일 산업기사 출제
② 2013년 7월 20일(문제 6번) 출제
③ 2016년 4월 23일 제1회 3부(문제6번) 출제

정답
① 단락 접지기구의 철거
② 표지 철거
③ 개폐기를 투입해서 송전 재개
④ 작업자에 대한 위험이 없음을 확인

자격종목	시험일	비번호	PC번호	남은시간
산업안전기사	2020년 5월 16일 1회(2부)	A001	1	60분

04 화면은 장갑을 착용한 작업자가 드릴작업을 하면서 이물질을 입으로 불어 제거하고, 동시에 손으로 제거하려다가 드릴에 손을 다치는 사고 사례 장면을 보여주고 있다. 동영상에 나타나는 위험요인 2가지를 쓰시오. (4점)

합격KEY
① 2008년 4월 26일
② 2009년 4월 26일
③ 2011년 7월 30일 산업기사 출제
④ 2012년 7월 14일
⑤ 2012년 7월 14일 산업기사 출제
⑥ 2017년 10월 22일 기사 제3회(문제 4번) 출제
⑦ 2018년 10월 14일 제3회 3부(문제 4번) 출제

정답
① 보안경을 착용하지 않고 이물질을 입으로 불어 제거하다가 이물질이 눈에 들어갈 위험이 있다.
② 브러시를 사용하지 않고 회전체에 장갑을 착용한 손으로 이물질을 제거하다가 손이 다칠 위험이 있다.

05 화면의 밀폐된 공간에서 그라인더 작업시 위험요인 2가지를 쓰시오. (4점)

합격KEY ① 2015년 4월 25일 기사 출제
② 2016년 4월 23일 제1회 2부 출제
③ 2017년 7월 2일 제2회(문제 6번) 출제
④ 2018년 4월 21일 산업기사 제1회 2부 출제

정답
① 작업시작 전 산소농도 및 유해가스 농도 등의 미 측정과 작업 중에도 계속 환기를 시키지 않아 위험
② 환기를 실시할 수 없거나 산소결핍 위험 장소에 들어갈 때 호흡용 보호구를 착용하지 않아 위험
③ 국소배기장치의 전원부에 잠금장치가 없고, 감시인을 배치하지 않아 위험

자격종목	시험일	비번호	PC번호	남은시간
산업안전기사	2020년 5월 16일 1회(2부)	A001	1	60분

타워크레인으로 쇠파이프(비계)를 권상하여 작업자(신호수)가 있는 곳에서 다소 흔들리며 내리다 작업자와 부딪히는 동영상

06 동영상은 타워크레인을 이용하여 자재를 운반하는 도중에 발생한 재해사례이다. 재해발생 원인 중 타워크레인 운전시 준수되지 않은(잘못된 방법) 3가지만 쓰시오.(6점)

채점기준
① 조사나 문맥이 모범답안과 다르더라도 의미가 같으면 정답으로 인정
② 택 3. 3개 모두 맞으면 6점, 2개 맞으면 4점, 1개 맞으면 2점, 그 외 0점

합격KEY
① 2006년 9월 23일 출제
③ 2008년 7월 13일 출제
⑤ 2012년 7월 14일 출제
⑦ 2015년 7월 18일 제2회 출제
⑨ 2018년 7월 8일 제2회 3부(문제 6번) 출제
② 2007년 10월 14일 출제
④ 2012년 4월 28일 출제
⑥ 2013년 10월 12일(문제 7번) 출제
⑧ 2016년 10월 15일 제3회 1부 출제

정답
① 신호수를 배치하지 않았다.
② 무전기 등을 사용하여 신호하거나 일정한 신호방법을 미리 정하지 않았다.
③ 권상하중을 작업자 위로 통과시키면 안 된다.
④ 유도(보조) 로프를 설치하지 않았다.
⑤ 크레인 작업반경 밖의 적당한 위치에 하중을 내려놓기 위해서 매단 하물(하중)을 흔들어서는 안 된다.

자격종목	시험일	비번호	PC번호	남은시간
산업안전기사	2020년 5월 16일 1회(2부)	A001	1	60분

동영상에서 작업자 A, B가 작업을 하고 있다. 창틀에서 작업 중인 A가 처마 위에 있는 B에게 작업발판을 건네준 후 B가 있는 옆 처마 위로 이동하다 발을 헛디뎌 바닥으로 추락하는 장면이다.(주변이 정리정돈 되어있지 않고, A작업자가 밟고 있던 콘크리트 부스러기가 추락할 때 같이 떨어진다.)

07 화면은 아파트 창틀에서 작업 중 발생한 재해사례이다. 이 영상의 작업자의 추락사고 원인 3가지를 쓰시오. (6점)

참고 산업안전보건기준에 관한 규칙 제42조(추락의 방지)

합격KEY
① 2004년 10월 2일 출제
② 2006년 7월 5일 출제
③ 2014년 4월 25일 출제
④ 2014년 7월 13일 산업기사 출제
⑤ 2014년 10월 5일(문제 1번) 출제
⑥ 2016년 4월 23일(문제 1번) 출제
⑦ 2017년 4월 22일 제1회 1부(문제 8번) 출제
⑧ 2019년 10월 19일 제3회 1부(문제 7번) 출제

정답
① 안전난간 미설치
② 안전대 미착용
③ 추락방호망 미설치

자격종목	시험일	비번호	PC번호	남은시간
산업안전기사	2020년 5월 16일 1회(2부)	A001	1	60분

피트 내에서 나무판자로 엉성하게 이어붙인 발판 위에서 벽면에 돌출되어 있는 못을 망치로 제거하는 동영상

00:00/00:23

| 문제 1번 | 문제 2번 | 문제 3번 | 문제 4번 | 문제 5번 | 문제 6번 | 문제 7번 | 문제 8번 | 문제 9번 |

08 화면은 승강기 설치 전 피트 내부에서 청소작업 중에 승강기의 개구부로 작업자가 추락하여 사망사고가 발생한 재해사례이다. 이 영상에서 나타난 핵심위험요인을 2가지 쓰시오. (4점)

참고 산업안전보건기준에 관한 규칙 제43조(개구부 등의 방호조치)

합격KEY
① 2006년 9월 23일 기사 출제
② 2007년 10월 14일 기사 출제
③ 2009년 4월 26일 기사 출제
④ 2011년 5월 7일 출제
⑤ 2014년 10월 5일 출제
⑥ 2015년 7월 18일 기사 출제
⑦ 2016년 4월 23일(문제 5번) 출제
⑧ 2016년 7월 3일 제2회 기사 출제
⑨ 2016년 10월 15일 제3회 기사 출제
⑩ 2017년 10월 22일 산업기사 제3회(문제 5번) 출제
⑪ 2018년 10월 14일 제3회 2부(문제 8번) 출제

정답
① 작업발판이 고정되어 있지 않았다.
② 작업자가 안전난간 및 안전대를 걸지 않고 작업하였다.
③ 수직형 추락방망을 설치하지 않았다.

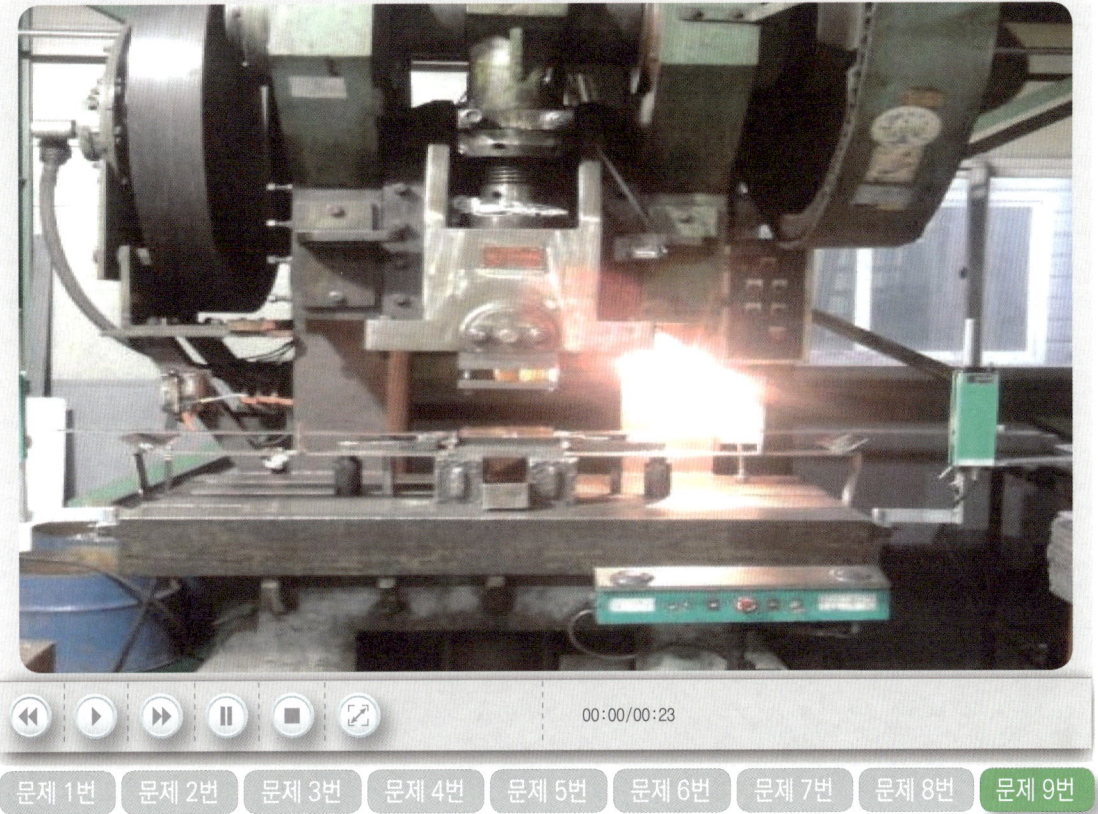

09 사진의 프레스 A-1의 방호장치명과 사용용도를 쓰시오. (5점)

합격정보 방호장치 자율안전 기준고시

보충학습

[표] 광전자식 방호장치의 종류

구분	종류	용도
광전자식 방호장치	A-1	프레스 또는 전단기에서 일반적으로 많이 활용하고 있는 형태로서 투광부, 수광부, 컨트롤 부분으로 구성된 것으로서 신체의 일부가 광선을 차단하면 기계를 급정지시키는 방호장치
	A-2	급정지기능이 없는 프레스의 클러치 개조를 통해 광선 차단 시 급정지시킬 수 있도록 한 방호장치

합격KEY 2018년 4월 21일 제1회 2부(문제 9번) 출제

정답
① 방호장치명 : 광전자식 방호장치
② 사용용도 : 신체의 일부가 광선을 차단하면 기계를 급정지시키는 방호장치

자격종목	시험일	비번호	PC번호	남은시간
산업안전기사	2020년 5월 16일 1회(3부)	A001	1	60분

01 화면과 같이 천정 크레인 작업을 하고 있다. (1) 크레인의 방호장치 4가지와 (2) 안전검사주기에서 사업장에 설치가 끝난 날부터 (①)년 이내에 최초 안전검사를 실시하되, 그 이후부터 매 (②)년 (건설현장에서 사용하는 것은 최초로 설치한 날부터 매 6개월)마다 안전검사를 실시한다. ( )안에 알맞은 내용을 쓰시오. (6점)

참고 ① 산업안전보건기준에 관한 규칙 제134조(방호장치의 조정)
② 산업안전보건기준에 관한 규칙 제137조(해지장치의 사용)

합격정보 2021년 1월 16일 개정법 적용

합격KEY ① 2010년 4월 24일 출제
② 2011년 10월 22일 제3회 출제
③ 2016년 10월 15일 제3회 2부(문제 1번) 출제

정답
(1) 방호장치 4가지
 ① 과부하방지장치   ② 권과방지장치
 ③ 제동장치   ④ 해지장치
(2) 안전검사주기
 ① 3   ② 2

자격종목	시험일	비번호	PC번호	남은시간
산업안전기사	2020년 5월 16일 1회(3부)	A001	1	60분

문제 1번 | 문제 2번 | 문제 3번 | 문제 4번 | 문제 5번 | 문제 6번 | 문제 7번 | 문제 8번 | 문제 9번

02 화면은 이동식 크레인을 이용하여 철제 배관을 인양하는 작업으로 신호수의 신호에 따라 철제 배관을 인양 중 H빔에 부딪치면서 흔들리는 동영상이다. 배관 인양 작업시 위험요인 2가지를 쓰시오.(4점)

합격KEY
① 2015년 7월 18일 기사 (문제 8번) 출제
② 2016년 7월 3일 제2회 1부 출제
③ 2018년 7월 8일 제2회 2부(문제 8번) 출제
④ 2019년 4월 21일 제1회 2부(문제 1번) 출제
⑤ 2019년 10월 19일 제3회 2부 산업기사 출제

정답
① 와이어로프의 안전상태가 불안정하여 위험하다.
② 작업 반경 내 관계근로자 이외의 외부 작업자가 출입하여 위험하다.
③ 훅의 해지장치 및 안전상태가 불안정하여 위험하다.

💬 **합격자의 조언** 정답은 3가지 입니다. 3가지중 2가지만 선택하셔서 쓰시면 됩니다.

자격종목	시험일	비번호	PC번호	남은시간
산업안전기사	2020년 5월 16일 1회(3부)	A001	1	60분

단무지가 있고 무릎 정도 물이 차 있는 상태에서 펌프 작동과 동시에 감전되는 동영상

00:00/00:23

| 문제 1번 | 문제 2번 | **문제 3번** | 문제 4번 | 문제 5번 | 문제 6번 | 문제 7번 | 문제 8번 | 문제 9번 |

03 화면의 동영상은 습윤상태에서 작업 중 감전재해를 당한 사례이다. 동영상을 참고하여 동종의 재해가 발생하지 않도록 예방조치사항 3가지만 쓰시오. (3점)

참고 각 1점×3개=3점

합격KEY
① 2002년 5월 4일 출제
② 2003년 5월 4일 출제
③ 2003년 10월 12일 출제
④ 2008년 7월 13일 출제
⑤ 2018년 7월 8일 제2회 1부(문제 1번) 출제

정답
① 모터와 전선의 이음새 부분을 작업 전 확인 또는 작업 전 펌프의 작동여부를 확인한다.
② 수중 및 습윤한 장소에서 사용하는 전선은 수분의 침투가 불가능한 것을 사용한다.
③ 감전 방지용 누전 차단기를 설치한다.

① 공작물을 장갑을 착용한 손으로 잡고 구멍 뚫는 작업하다가 공작물이 튀는 현상임
② 보안경 미착용

| 문제 1번 | 문제 2번 | 문제 3번 | **문제 4번** | 문제 5번 | 문제 6번 | 문제 7번 | 문제 8번 | 문제 9번 |

04 화면은 장갑을 착용한 작업자가 드릴작업을 하면서 이물질을 입으로 불어 제거하고, 동시에 손으로 칩을 제거하려다가 드릴에 손을 다치는 사고 사례 장면을 보여주고 있다. 동영상에 나타나는 위험요인 2가지를 쓰시오. (4점)

합격KEY
① 2008년 4월 26일
② 2009년 4월 26일
③ 2011년 7월 30일 산업기사 출제
④ 2012년 7월 14일
⑤ 2012년 7월 14일 산업기사 출제
⑥ 2017년 10월 22일 기사 제3회(문제 4번) 출제
⑦ 2018년 10월 14일 제3회 3부(문제 4번) 출제

정답
① 보안경을 착용하지 않고 이물질을 입으로 불어 제거하다가 이물질이 눈에 들어갈 위험이 있다.
② 브러시를 사용하지 않고 회전체에 장갑을 착용한 손으로 이물질을 제거하다가 손을 다칠 위험이 있다.

자격종목	시험일	비번호	PC번호	남은시간
산업안전기사	2020년 5월 16일 1회(3부)	A001	1	60분

[그림 1] 용접작업 [그림 2] 교류아크용접기

교류아크용접 작업장에서 작업자가 혼자 작업을 하고 있음.(작업 내용은 대형 관의 플랜지 아래 부위를 아크 용접하는 상황) 왼손으로는 플랜지 회전 스위치를 조작해 가며 오른손으로 용접을 하는 상황. 주위에는 인화성 물질로 보이는 깡통 등이 용접작업 주변에 쌓여 있음.

05 화면은 배관 용접작업에 관한 내용이다. 동영상의 내용 중 위험요인이 내재되어 있다. 작업현장의 위험요인 3가지를 쓰시오.(6점)

합격KEY 2019년 10월 19일 제3회 3부(문제 7번) 출제

정답
① 단독으로 작업 중 양손 모두를 사용하여 작업하므로 위험에 노출되어 있다.
② 작업현장내 정리, 정돈 상태가 불량하여 인화성물질이 쌓여있으므로 화재폭발사고가 발생할 위험이 있다.
③ 감시인이 배치되어 있지 않아 사고발생의 위험이 있다.

자격종목	시험일	비번호	PC번호	남은시간
산업안전기사	2020년 5월 16일 1회(3부)	A001	1	60분

06 화면은 공장 지붕 철골상에 패널 설치 중 작업자가 실족하여 사망한 재해사례이다. 이 영상 내용을 참고하여 재해원인 2가지를 쓰시오. (4점)

채점기준 조사나 문맥이 모범답안과 다르더라도 의미가 같으면 정답인정

합격KEY
① 2004년 10월 2일 산업기사 출제
② 2005년 10월 1일 산업기사 출제
③ 2007년 10월 13일 산업기사 출제
④ 2009년 7월 11일 산업기사 출제
⑤ 2015년 4월 25일 제1회 제2부(문제 1번) 출제
⑥ 2015년 10월 11일 산업기사 출제
⑦ 2016년 7월 3일 제2회 기사 출제
⑧ 2019년 4월 21일 제1회(문제 7번) 출제
⑨ 2019년 7월 6일 제2회 2부 산업기사(문제 6번) 출제

정답
① 안전대 부착설비 미설치 및 안전대 미착용
② 추락방호망 미설치

07 화면은 섬유기계의 운전 중 발생한 재해사례이다. 이 영상에서 사용한 기계 작업시 핵심위험요인 2가지와 착용하며 안되는 보호구 1가지를 쓰시오. (5점)

합격KEY
① 2004년 10월 2일(문제 1번)
② 2007년 7월 15일 출제
③ 2011년 7월 30일 출제
④ 2014년 4월 25일 제1회(문제 8번) 출제
⑤ 2017년 10월 22일 제3회 2부(문제 7번) 출제

정답
(1) 핵심위험요인
① 기계의 전원을 차단하지 않고, 기계를 정지시키지 않고 점검을 해서 사고의 위험이 있다.
② 장갑을 착용하고 작업하고 있어 롤러에 손이 끼일 염려가 있다.
(2) 보호구 : 면장갑

자격종목	시험일	비번호	PC번호	남은시간
산업안전기사	2020년 5월 16일 1회(3부)	A001	1	60분

| 문제 1번 | 문제 2번 | 문제 3번 | 문제 4번 | 문제 5번 | 문제 6번 | 문제 7번 | 문제 8번 | 문제 9번 |

08 화면에서와 같이 안전장치가 없는 둥근톱 기계에 고정식 접촉예방장치를 설치하고자 한다. 이때 하단과 테이블 사이의 높이와 하단과 가공재 사이의 간격을 얼마로 조정하는가?(4점)
① 하단과 테이블 사이 높이 :
② 하단과 가공재 사이 간격 :

채점기준 각 2점×2=4점

합격KEY ① 2003년 7월 19일 산업기사(문제 2번) 출제
② 2004년 4월 29일(문제 2번) 출제
③ 2007년 4월 28일 출제
④ 2007년 10월 14일(문제 2번) 출제
⑤ 2016년 7월 3일 제2회 출제
⑥ 2016년 10월 15일 제3회(문제 6번) 출제
⑦ 2017년 10월 22일 제3회 1부(문제 8번) 출제
⑧ 2019년 4월 20일 제1회 2부(문제 8번) 출제

정답
① 25[mm] 이하
② 8[mm] 이하

자격종목	시험일	비번호	PC번호	남은시간
산업안전기사	2020년 5월 16일 1회(3부)	A001	1	60분

문제 1번 | 문제 2번 | 문제 3번 | 문제 4번 | 문제 5번 | 문제 6번 | 문제 7번 | 문제 8번 | **문제 9번**

09 동영상은 변압기를 유기화합물에 담가서 절연처리하고 노에서 건조작업을 하고 있다. 이 작업시 착용이 필요한 보호구를 다음에 제시된 대로 쓰시오. (6점)

(1) 손
(2) 눈
(3) 피부

합격KEY
① 2006년 4월 29일(문제 2번)   ② 2007년 4월 28일 출제
③ 2007년 10월 14일 출제   ④ 2009년 9월 19일 출제
⑤ 2011년 5월 7일 출제   ⑥ 2014년 7월 13일 제2회 2부 출제
⑦ 2018년 4월 21일 제1회 2부 출제   ⑧ 2018년 7월 8일 제2회 1부(문제 9번) 출제

정답
(1) 손 : 절연 고무장갑
(2) 눈 : 보안경
(3) 피부 : 절연 보호복

합격자의 조언 ① 본 문제의 목적은 절연과 노(전기로)건조입니다.
② 결론은 전기에 대한 것 입니다.

문제 및 답안(지), 점수, 채점기준은 일체 공개하지 않는다.

자격종목	시험일	비번호	PC번호	남은시간
산업안전산업기사	2020년 5월 16일 1회(1부)	A001	1	60분

자동차부품(브레이크 라이닝)을 화학약품을 사용하여 세척하는 작업과정(세정제가 바닥에 흩어져 있으며, 고무장화 등을 착용하지 않고 작업을 하고 있음)을 보여주고 있다.

01 자동차 브레이크 라이닝을 세척 중이다. 착용해야할 보호구 2가지를 쓰시오.(4점)

합격KEY
① 2006년 9월 23일 산업기사 출제
② 2013년 10월 12일 제3회 출제
③ 2016년 10월 9일(문제 3번) 출제
④ 2017년 4월 22일 기사(문제 3번) 출제
⑤ 2018년 10월 14일 제3회 2부(문제 3번) 출제
⑥ 2019년 10월 19일 제3회 1부(문제 1번) 출제

정답
① 불침투성 보호의(복)
② 방독마스크
③ 보안경

자격종목	시험일	비번호	PC번호	남은시간
산업안전산업기사	2020년 5월 16일 1회(1부)	A001	1	60분

사출성형기 노즐 충전부의 이물질을 제거하다 감전당함

| 문제 1번 | 문제 2번 | 문제 3번 | 문제 4번 | 문제 5번 | 문제 6번 | 문제 7번 | 문제 8번 | 문제 9번 |

02 사출성형기 V형 금형 작업 중 감전재해가 발생한 사례이다. 다음 물음에 답하시오.(6점)
① 영상에 나타난 재해원인 중 기인물은 무엇인가?(3점)
② 영상에 나타난 재해원인 중 가해물은 무엇인가?(3점)

참고 2006년 7월 15일 기사 출제

합격KEY ① 2004년 10월 2일 기사 출제
② 2008년 4월 29일 출제
③ 2011년 7월 30일 출제
④ 2012년 10월 21일 출제
⑤ 2013년 10월 12일(문제 2번) 출제
⑥ 2015년 7월 18일 제2회 제2부(문제 6번) 출제
⑦ 2015년 10월 11일 제3회 1부 출제
⑧ 2017년 7월 2일 제2회 1부(문제 1번) 출제

정답
① 기인물 : 사출성형기(사출금형)
② 가해물 : 사출성형기 노즐 충전부

자격종목	시험일	비번호	PC번호	남은시간
산업안전산업기사	2020년 5월 16일 1회(1부)	A001	1	60분

임시배전반에서 일자 드라이버를 가지고 맨손으로 점검 중 옆 사람이 와서 문을 닫는 과정에서 손이 컨트롤 박스문에 끼어 감전이 발생하는 사고 동영상을 보여주고 있다.

03 동영상은 임시배전반의 작업 중에 발생한 재해사례이다. 동영상을 참고하여 위험요인을 3가지만 쓰시오.(6점)

합격KEY
① 2008년 7월 13일 출제
② 2009년 4월 26일 기사 출제
③ 2009년 9월 20일 출제
④ 2013년 4월 27일 제1회 2부(문제 1번) 출제

정답
① 작업자가 맨손으로 작업을 실시하여서 감전의 위험이 있다.
② 보수작업임을 나타내는 표지판 미설치 및 감시인 미배치
③ 전원을 차단(off)하지 않아 감전위험이 있다.

04 동영상은 밀폐공간에서 작업을 하고 있다. 보기의 ( )에 알맞은 숫자를 쓰시오. (4점)

[보기]
"적정공기"라 함은 산소농도의 범위가 (①)[%] 이상, (②)[%] 미만, 이산화탄소의 농도가 (③)[%] 미만, 일산화탄소 농도가 30[ppm] 미만, 황화수소의 농도가 (④)[ppm] 미만인 수준의 공기를 말한다.

참고 산업안전보건기준에 관한 규칙 제618조(정의)

합격KEY
① 2006년 4월 29일(문제 3번) 출제
② 2016년 7월 3일 제2회(문제 3번) 출제
③ 2017년 10월 22일 기사 제3회(문제 4번) 출제
④ 2018년 10월 14일 산업기사 제3회 1부(문제 4번) 출제
⑤ 2019년 10월 19일 제3회 2부(문제 4번) 출제

정답
① 18
② 23.5
③ 1.5
④ 10

자격종목	시험일	비번호	PC번호	남은시간
산업안전산업기사	2020년 5월 16일 1회(1부)	A001	1	60분

공장지붕에서 여러 명의 작업자가 작업중 한 명의 작업자가 바닥으로 떨어지는 영상

05 화면은 공장 지붕 철골상에 패널 설치 중 작업자가 실족하여 사망한 재해사례이다. 이 영상 내용을 참고하여 재해원인 2가지를 쓰시오. (6점)

참고 조사나 문맥이 모범답안과 다르더라도 의미가 같으면 정답 인정

합격KEY
① 2004년 10월 2일 산업기사 출제
② 2005년 10월 1일 산업기사 출제
③ 2007년 10월 13일 산업기사 출제
④ 2009년 7월 11일 산업기사 출제
⑤ 2015년 4월 25일 제1회 제2부(문제 1번) 출제
⑥ 2015년 10월 11일 산업기사 출제
⑦ 2016년 7월 3일 제2회 기사 출제
⑧ 2019년 4월 21일 제1회 1부(문제 7번) 출제

정답
① 안전대 부착설비 미설치 및 안전대 미착용
② 추락방호망 미설치

06 파지 작업장에서 작업자의 불안전 행동 3가지를 쓰시오. (6점)

정답
① 파지를 옮기는 기계가 작업자의 머리위로 지나간다.
② 안전모 등 보호구 미착용
③ 움직이는 컨베이어 위에서 작업하고 있다.

07 동영상은 물체를 인양 중 떨어뜨려 아래 사람에게 재해를 발생시킨 사례이다. 사진 영상을 보고 ① 재해발생형태 ② 재해정의를 쓰시오.(6점)

합격KEY
① 2007년 10월 14일 출제
② 2009년 9월 20일 산업기사 출제
③ 2011년 10월 22일 산업기사 출제
④ 2012년 4월 28일 산업기사 출제
⑤ 2013년 7월 20일 산업기사 출제
⑥ 2013년 10월 12일 (문제 5번) 출제
⑦ 2015년 7월 18일 산업기사 출제
⑧ 2016년 4월 23일 제1회 3부(문제 5번) 출제
⑨ 2019년 10월 19일 제3회 2부(문제 7번) 출제

정답
① 재해발생형태 : 낙하(물체에 맞음)
② 재해정의 : 물건이 주체가 되어 사람이 맞은 경우(구조물, 기계 등에 고정되어 있던 물체가 중력, 원심력, 관성력 등에 의하여 고정부에서 이탈하거나 또는 설비 등으로부터 물질이 분출되어 사람을 가해하는 경우)

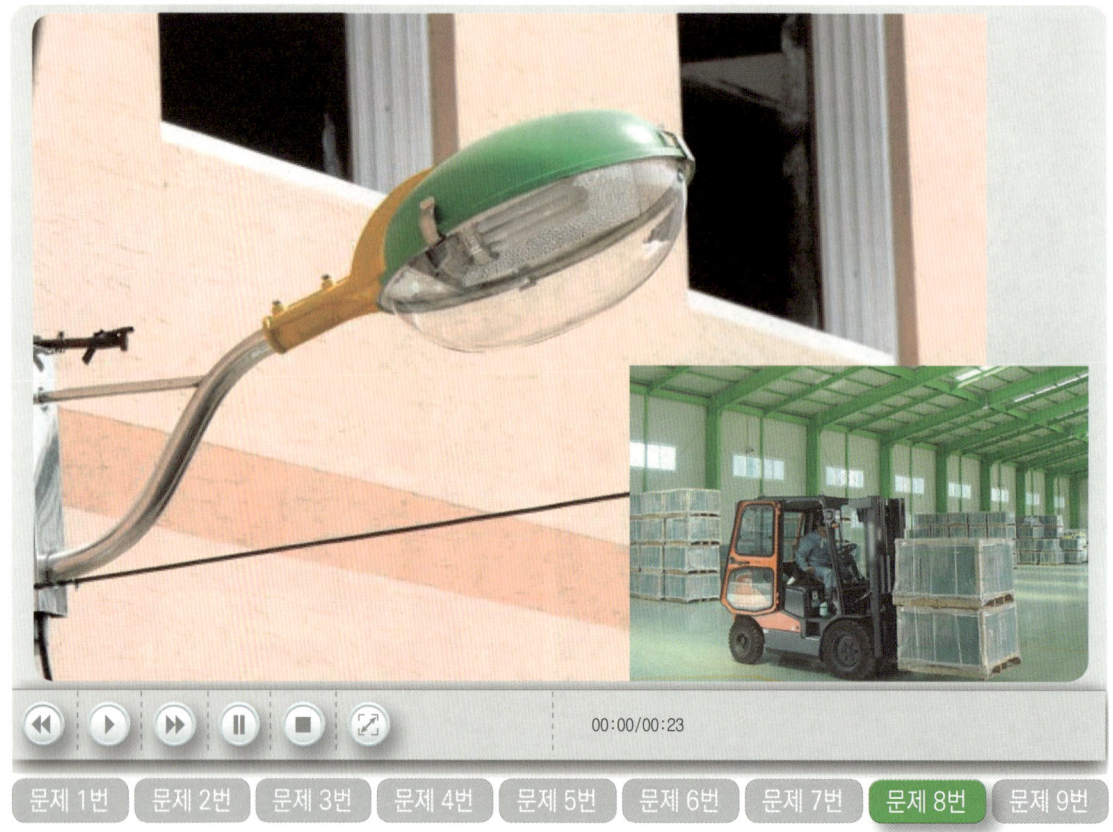

08 지게차 위 전구교체작업을 하고 있다. 불안전한 행동 3가지를 쓰시오.

정답
① 안전한 작업발판을 사용하지 않고 지게차 위에서 작업했다.
② 지게차의 운전자를 제외한 다른 작업자가 탑승했다.
③ 전원을 차단하지 않고 전구교체 작업을 했다.

09 프레스 금형교체 작업시 위험 요인 3가지를 쓰시오. (6점)

> 참고 산업안전실기 기사/산업기사 작업형 p.2-38 적중

정답

① 금형의 장치 운반 때, 떨어져서 발에 맞는다.
② 슬라이드가 하사점까지 내려오지 않은 상태에서 장치하여 파손된다.
③ 조이는 기구인 스패너 등이 맞지 않으면 미끄러지기도 하고, 조이는 기구가 나빠 작업중 사고가 일어난다.

01 용해쇳물공장에서 작업시 위험요인을 3가지 쓰시오. (6점)

> **정답**
> ① 고온의 용탕에 의한 화상과 수분의 반응 및 용제사용에 의한 폭발위험이 있다.
> ② 중량물 취급에 의한 협착 및 요통위험이 있다.
> ③ 분진 및 소음에 의한 건강장애를 입을 수 있다.

02 동영상에서와 같은 화학설비 중 특수화학설비 내부의 이상상태를 조기에 파악하기 위하여 설치해야 할 장치를 3가지만 쓰시오.(6점)

참고 산업안전보건기준에 관한 규칙 제273~276조(계측장치 등의 설치)

채점기준 2점×3개=6점(택 3개)

합격KEY
① 2003년 7월 19일 산업기사 출제
② 2005년 10월 1일 출제
③ 2007년 4월 28일 출제
④ 2007년 10월 13일 산업기사 출제
⑤ 2008년 10월 5일 출제
⑥ 2010년 7월 11일 산업기사 출제
⑦ 2013년 7월 20일 출제
⑧ 2014년 10월 5일(문제 4번) 출제
⑨ 2015년 7월 18일 제2회 3부 산업기사(문제 2번) 출제
⑩ 2015년 10월 11일 기사 출제
⑪ 2016년 10월 15일 제3회 산업기사(문제 2번) 출제
⑫ 2019년 7월 6일 제2회 3부 기사(문제 2번) 출제

정답
① 온도계·유량계·압력계 등의 계측장치
② 자동경보장치(설치가 곤란한 경우는 감시인 배치)
③ 긴급차단장치(원재료 공급차단, 제품방출, 불활성 가스 주입, 냉각용수 공급 등)
④ 예비동력원

자격종목	시험일	비번호	PC번호	남은시간
산업안전산업기사	2020년 5월 16일 1회(2부)	A001	1	60분

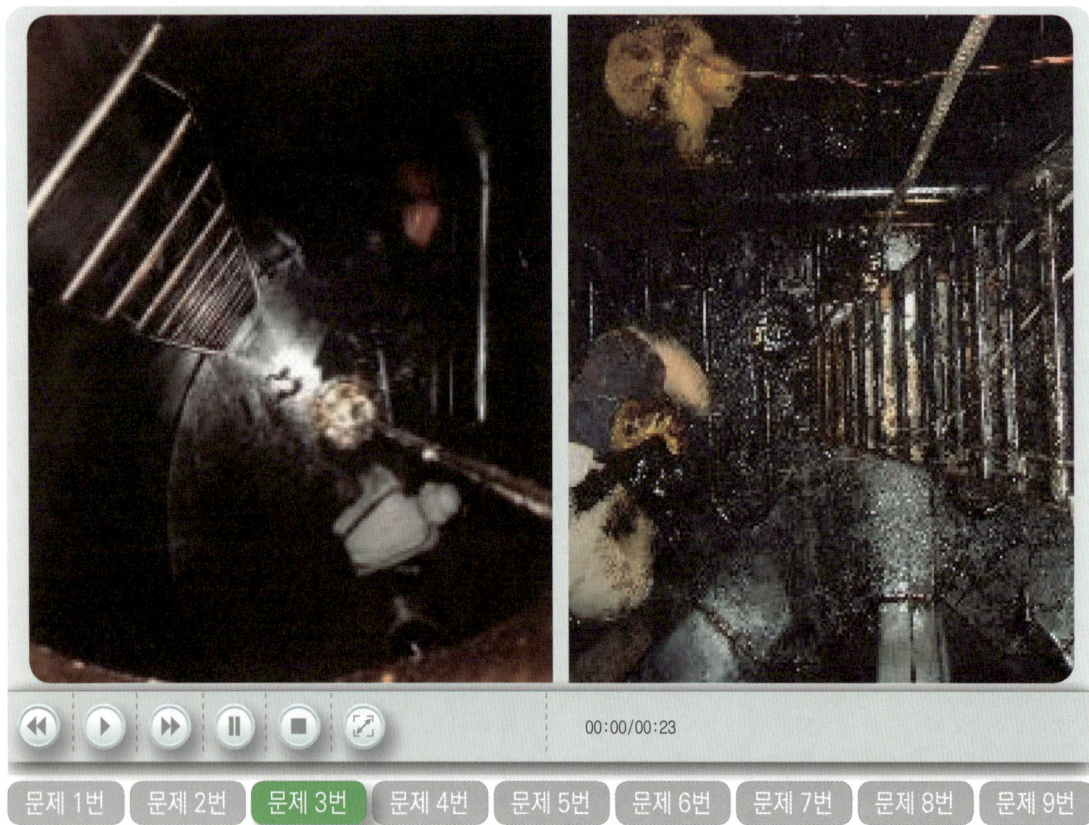

문제 1번 | 문제 2번 | **문제 3번** | 문제 4번 | 문제 5번 | 문제 6번 | 문제 7번 | 문제 8번 | 문제 9번

03 화면은 지하에 설치된 폐수처리조에서 슬러지처리 작업 중 발생한 사례이다. 영상에서와 같이 밀폐공간에 근로자 종사시 밀폐공간 보건작업 프로그램 수립 내용을 3가지 쓰시오.(6점)(단, 그 밖에 밀폐공간 작업근로자의 건강 장해 예방에 관한 사항 제외)

참고 산업안전보건기준에 관한 규칙 제619조(밀폐공간보건작업 프로그램 수립·시행 등)

합격KEY ① 2006년 7월 15일 기사 출제
② 2007년 4월 28일 기사 출제
③ 2009년 9월 19일 기사 출제
④ 2012년 10월 21일(문제 6번) 출제
⑤ 2016년 7월 3일 제2회(문제 3번) 출제
⑥ 2017년 10월 22일 제3회 2부(문제 3번) 출제

정답
① 사업장 내 밀폐공간의 위치 파악 및 관리 방안
② 밀폐공간 내 질식·중독 등을 일으킬 수 있는 유해·위험 요인의 파악 및 관리 방안
③ 제②항에 따라 밀폐공간 작업 시 사전 확인이 필요한 사항에 대한 확인 절차
④ 안전보건교육 및 훈련

자격종목	시험일	비번호	PC번호	남은시간
산업안전산업기사	2020년 5월 16일 1회(2부)	A001	1	60분

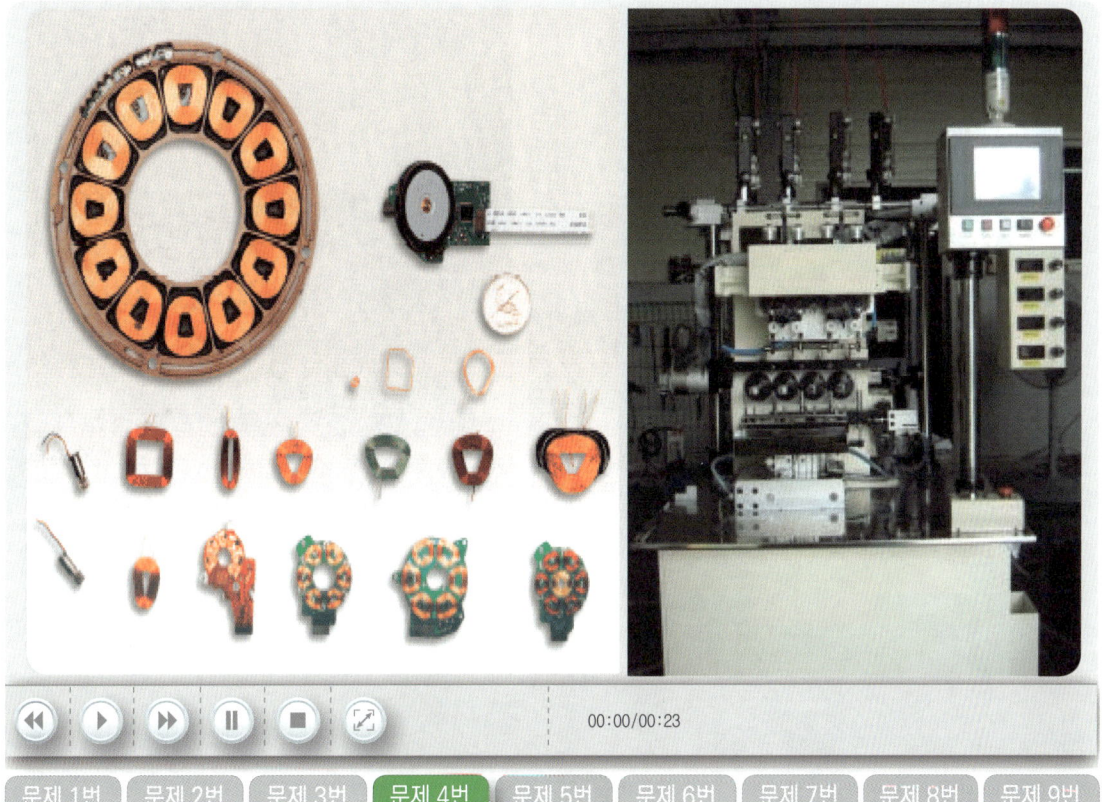

04 화면은 작업자가 전동 권선기에 동선을 감는 작업 중 기계가 정지하여 점검 중 발생한 재해사례이다. 재해유형(형태)과 재해 발생 원인이 무엇인지 1가지 서술하시오. (4점)
(1) 재해유형(형태) : (2점)
(2) 재해원인 : (2점)

[채점기준] 조사나 문맥이 모범답안과 다르더라도 의미가 같으면 정답으로 인정한다. (공지사항)

[합격KEY]
① 2004년 10월 2일 출제
② 2005년 10월 1일 (문제 2번)
③ 2007년 4월 28일 출제
④ 2011년 10월 22일 출제
⑤ 2012년 10월 21일 출제
⑥ 2013년 4월 27일 제1회 출제
⑦ 2014년 10월 5일 제3회 출제
⑧ 2015년 4월 25일 제1회 1부 출제
⑨ 2017년 7월 2일 제2회(문제 5번) 출제
⑩ 2019년 7월 6일 제2회 3부(문제 4번) 출제

[정답]
① 재해유형(형태) : 감전
② 재해원인 : 작업자가 내전압용 절연장갑 등 절연용 보호구를 착용하지 않은 채 맨손으로 동선을 감는 중 기계를 정비하였기 때문에 감전되었다.

자격종목	시험일	비번호	PC번호	남은시간
산업안전산업기사	2020년 5월 16일 1회(2부)	A001	1	60분

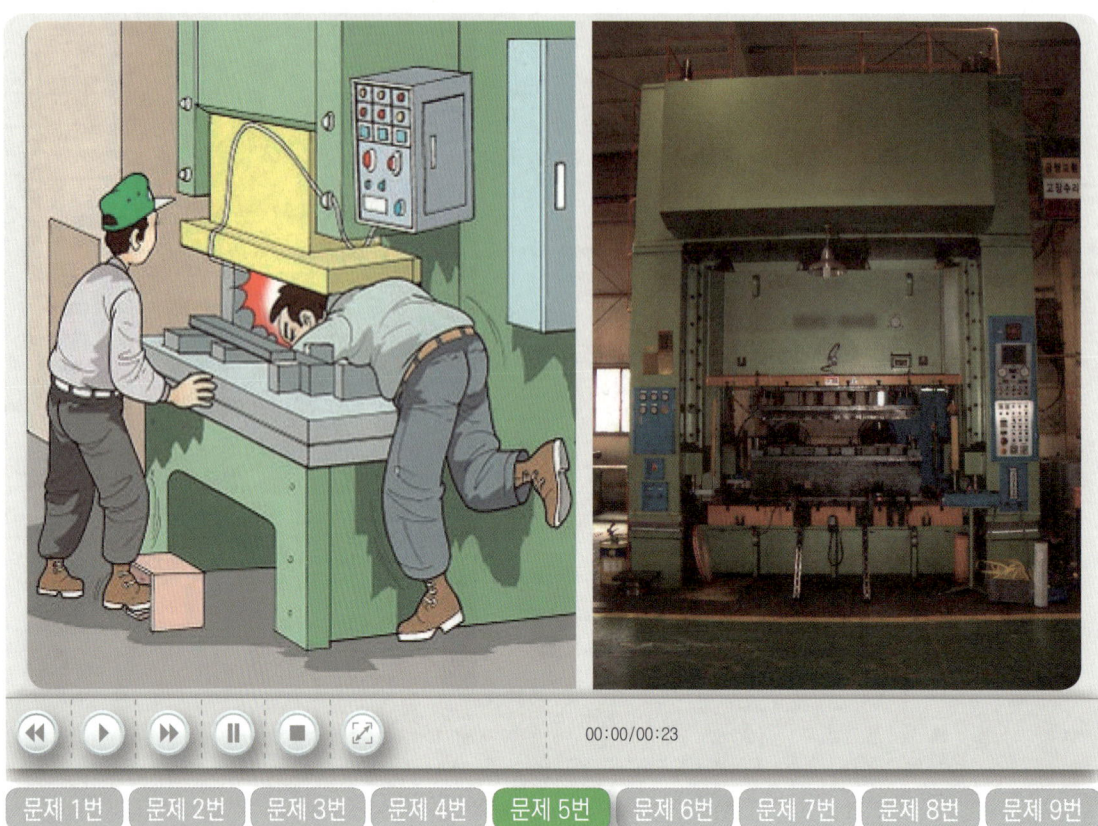

| 문제 1번 | 문제 2번 | 문제 3번 | 문제 4번 | 문제 5번 | 문제 6번 | 문제 7번 | 문제 8번 | 문제 9번 |

05 동영상은 프레스기로 철판에 구멍을 뚫는 작업 중 이 기계에 급정지기구가 부착되어 있지 않아 재해가 발생한 사례이다. 이 프레스에 설치하여 사용할 수 있는 유효한 방호장치를 2가지 쓰시오. (4점)

보충학습

[표] 급정지 기구에 따른 방호장치

구분	종류
급정지 기구가 부착되어 있어야만 유효한 방호장치	① 양수 조작식 방호장치 ② 감응식 방호장치
급정지 기구가 부착되어 있지 않아도 유효한 방호장치	① 양수 기동식 방호장치 ② 게이트 가드 방호장치 ③ 수인식 방호장치 ④ 손쳐 내기식 방호장치

합격KEY
① 2000년 11월 9일 출제
② 2001년 2월 18일 출제
③ 2002년 10월 6일 출제
④ 2002년 10월 6일 산업기사 출제
⑤ 2003년 5월 4일 산업기사 출제
⑥ 2008년 10월 5일 산업기사 출제
⑦ 2010년 4월 24일 산업기사 출제
⑧ 2012년 7월 14일 산업기사 출제
⑨ 2013년 7월 20일 출제
⑩ 2014년 7월 13일 제2회 제1부 산업기사 출제
⑪ 2015년 10월 11일 출제
⑫ 2016년 10월 15일 제3회 2부 출제
⑬ 2018년 7월 8일 제2회 1부(문제 5번) 출제

정답
① 양수 기동식
② 게이트 가드식(가드식)
③ 손쳐내기식
④ 수인식

자격종목	시험일	비번호	PC번호	남은시간
산업안전산업기사	2020년 5월 16일 1회(2부)	A001	1	60분

06 동영상은 높이가 2[m] 이상인 작업장소에서 근로자가 작업발판 위에서 작업을 하고 있다. ① 비계 발판의 폭 몇 (　)[cm] 이상, ② 발판틈새는 몇 (　)[cm] 이하가 적정한지 쓰시오.(4점)

합격정보 산업안전보건기준에 관한 규칙 제56조(작업발판의 구조)

보충설명 부분점수 있다.(2점×2개=4점)

합격KEY
① 2006년 4월 29일 출제
② 2007년 7월 15일 출제
③ 2010년 7월 11일 출제
④ 2015년 10월 11일(문제 3번) 산업기사 출제
⑤ 2016년 4월 23일 제1회 출제
⑥ 2016년 10월 9일 산업기사 출제
⑦ 2017년 4월 22일 제1회 3부 출제
⑧ 2017년 7월 2일 제2회(문제 2번) 출제
⑨ 2018년 10월 14일 제3회 산업기사 출제
⑩ 2019년 7월 6일 제2회 3부(문제 3번) 출제
⑪ 2019년 10월 19일 제3회 1부(문제 5번) 출제

정답
① 40
② 3

자격종목	시험일	비번호	PC번호	남은시간
산업안전산업기사	2020년 5월 16일 1회(2부)	A001	1	60분

정지된 컨베이어를 작업자가 점검을 하고 있다. 컨베이어는 작은 공장에서 볼 수 있는 그런 작업용 컨베이어 정도이다. 작업자가 점검 중일 때 다른 작업자가 전원 스위치 쪽으로 서서히 다가오더니 전원버튼을 누른다. 그 순간 점검중이던 작업자가 벨트에 손이 끼이는 사고를 당하는 화면을 보여 준다.

07 동영상은 컨베이어 작업을 하고 있다. 컨베이어의 작업시작 전 점검사항 3가지를 쓰시오. (6점)

참고 산업안전보건기준에 관한 규칙 [별표 3] 작업시작 전 점검사항

합격KEY
① 2006년 4월 29일 (문제 1번)
② 2007년 7월 15일 출제
③ 2008년 4월 26일 출제
④ 2009년 7월 11일 출제
⑤ 2010년 7월 11일 산업기사 출제
⑥ 2011년 10월 22일 산업기사 출제
⑦ 2013년 4월 27일 제1회 출제
⑧ 2015년 4월 25일 제1회 2부 출제
⑨ 2017년 7월 2일 1부, 3부 출제
⑩ 2017년 7월 2일 제2회 기사(문제 8번) 출제
⑪ 2018년 10월 14일 제3회 1부(문제 7번) 출제

정답
① 원동기 및 풀리기능의 이상유무
② 이탈 등의 방지장치 기능의 이상유무
③ 비상정지장치 기능의 이상유무
④ 원동기 · 회전축 · 기어 및 풀리 등의 덮개 또는 울 등의 이상유무

자격종목	시험일	비번호	PC번호	남은시간
산업안전산업기사	2020년 5월 16일 1회(2부)	A001	1	60분

타워크레인으로 쇠파이프(비계)를 권상하여 작업자(신호수)가 있는 곳에서 다소 흔들리며 내리다 작업자와 부딪히는 동영상

08 동영상은 타워크레인을 이용하여 자재를 운반하는 도중에 발생한 재해사례이다. 재해발생 원인 중 타워크레인 운전시 준수되지 않은 안전작업방법을 2가지만 쓰시오.(4점)

채점기준
① 조사나 문맥이 모범답안과 다르더라도 의미가 같으면 정답으로 인정
② 택 2. 2개 모두 맞으면 4점, 1개 맞으면 2점, 그 외 0점

합격KEY
① 2006년 9월 23일 출제
② 2007년 10월 14일 출제
③ 2008년 7월 13일 출제
④ 2012년 4월 28일 출제
⑤ 2012년 7월 14일 출제
⑥ 2013년 10월 12일(문제 7번) 출제
⑦ 2015년 7월 18일 제2회 출제
⑧ 2016년 10월 15일 제3회 1부 출제
⑨ 2018년 7월 8일 제2회 1부(문제 3번) 출제

정답
① 신호수를 배치하지 않았다.
② 무전기 등을 사용하여 신호하거나 일정한 신호방법을 미리 정하지 않았다.
③ 권상하중을 작업자 위로 통과시키면 안 된다.
④ 유도(보조) 로프를 설치하지 않았다.
⑤ 크레인 작업반경 밖의 적당한 위치에 하중을 내려놓기 위해서 매단 하물(하중)을 흔들어서는 안 된다.

자격종목	시험일	비번호	PC번호	남은시간
산업안전산업기사	2020년 5월 16일 1회(2부)	A001	1	60분

09 화면은 이동식 크레인을 이용하여 철제 배관을 인양하는 작업으로 신호수의 신호에 따라 철제 배관을 인양 중 H빔에 부딪치면서 흔들리는 동영상이다. 배관 인양 작업시 위험요인 2가지를 쓰시오. (4점)

합격KEY
① 2015년 7월 18일 기사 (문제 8번) 출제
② 2016년 7월 3일 제2회 산업기사(문제 8번) 출제
③ 2019년 7월 6일 기사 제2회 2부 출제
④ 2019년 10월 19일 제3회 1부(문제 7번) 출제

정답
① 와이어로프의 안전상태가 불안정하여 위험하다.
② 작업 반경 내 관계근로자 이외의 외부 작업자가 출입하여 위험하다.
③ 훅의 해지장치 및 안전상태가 불안정하여 위험하다.

문제 및 답안(지), 점수, 채점기준은 일체 공개하지 않는다.

자격종목	시험일	비번호	PC번호	남은시간
산업안전기사	2020년 7월 27일 2회(1부)	A001	1	60분

문제 1번 | 문제 2번 | 문제 3번 | 문제 4번 | 문제 5번 | 문제 6번 | 문제 7번 | 문제 8번 | 문제 9번

01 화면은 김치제조 공장에서 슬라이스 작업중 작동이 멈춰 기계를 점검하고 있는 도중에 재해가 발생한 상황을 보여주고 있다. 슬라이스 기계에서 무채를 썰어내는 부분에서 형성되는 위험점과 정의를 쓰시오.(5점)

 ① 2006년 7월 15일 산업기사 출제
② 2009년 9월 19일 출제
③ 2013년 4월 27일 제1회 3부(문제 1번) 출제

정답
① 위험점 : 절단점
② 정의 : 회전하는 운동부 자체의 위험이나 운동하는 기계 부분 자체의 위험에서 초래되는 위험점

자격종목	시험일	비번호	PC번호	남은시간
산업안전기사	2020년 7월 27일 2회(1부)	A001	1	60분

작업자 한명이 콘센트에 플러그를 꽂고 그라인더 작업 중이고, 다른 작업자가 다가와서 작업을 위해 콘센트에 플러그를 꽂고 주변을 만지는 도중 감전이 발생하는 동영상

02 동영상은 분전반 전면에 위치한 그라인더 기기재해사례이다. 동영상을 참고하여 위험요인을 2가지만 쓰시오.(4점)

합격KEY
① 2008년 7월 13일 출제 ② 2009년 4월 26일 기사 출제
③ 2009년 9월 20일 출제 ④ 2014년 7월 13일(문제 2번) 출제
⑤ 2016년 4월 23일(문제 2번) 출제 ⑥ 2017년 4월 22일 제1회 1부(문제 2번) 출제
⑦ 2019년 4월 21일 제1회 2부 산업기사 출제

정답
① 작업자가 맨손으로 작업을 실시하여 감전의 위험이 있다.
② 보수작업임을 나타내는 안전표지판 미설치 및 감시인 미배치

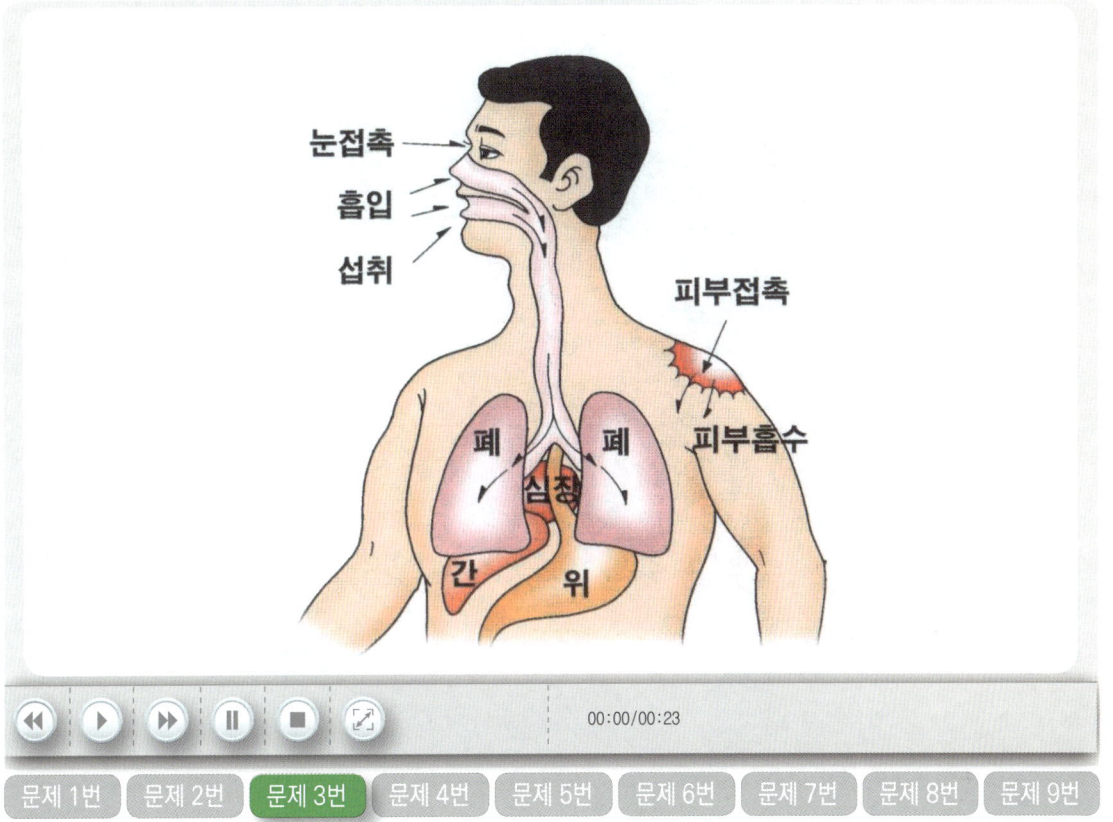

03 화면에서와 같이 장기간 근무할 경우 유해화학물질(H_2SO_4)이 작업자의 체내에 유입될 수 있다. 침입 경로 3가지를 쓰시오.(6점)

합격KEY
① 2001년 4월 29일 기사 출제
② 2007년 10월 13일 출제
③ 2009년 4월 26일 출제
④ 2010년 4월 24일 기사 출제
⑤ 2011년 5월 7일 기사 출제
⑥ 2012년 7월 14일 출제
⑦ 2015년 4월 25일 기사 출제
⑧ 2016년 4월 23일 산업기사 (문제 3번) 출제
⑨ 2016년 7월 3일 제2회(문제3번) 출제
⑩ 2019년 7월 6일 기사 제2회 2부 출제
⑪ 2019년 10월 19일 제3회 1부 산업기사 출제

정답
① 호흡기
② 소화기
③ 피부점막

자격종목	시험일	비번호	PC번호	남은시간
산업안전기사	2020년 7월 27일 2회(1부)	A001	1	60분

문제 1번 | 문제 2번 | 문제 3번 | **문제 4번** | 문제 5번 | 문제 6번 | 문제 7번 | 문제 8번 | 문제 9번

04 화면에서와 같이 터널 굴착공사시 이용되는 계측(측정)방법에 대하여 3가지를 쓰시오.(6점)

합격정보 터널공사 표준안전지침-NATM공법 제25조(계측의 목적)

채점정보 ① 5개 중 3개만 선택
② 2점×3=6점

합격KEY
① 2001년 4월 29일 산업기사출제
② 2003년 5월 4일 출제
③ 2007년 4월 28일 출제
④ 2010년 4월 24일 출제
⑤ 2013년 7월 20일(문제 7번) 출제
⑥ 2016년 4월 23일 제1회 3부 출제
⑦ 2017년 7월 2일 제2회 3부(문제 7번) 출제

정답
① 천단 침하 측정
② 내공변위 측정
③ 지중변위 측정
④ 록볼트(rock bolt) 측정
⑤ Shotcrete 응력측정

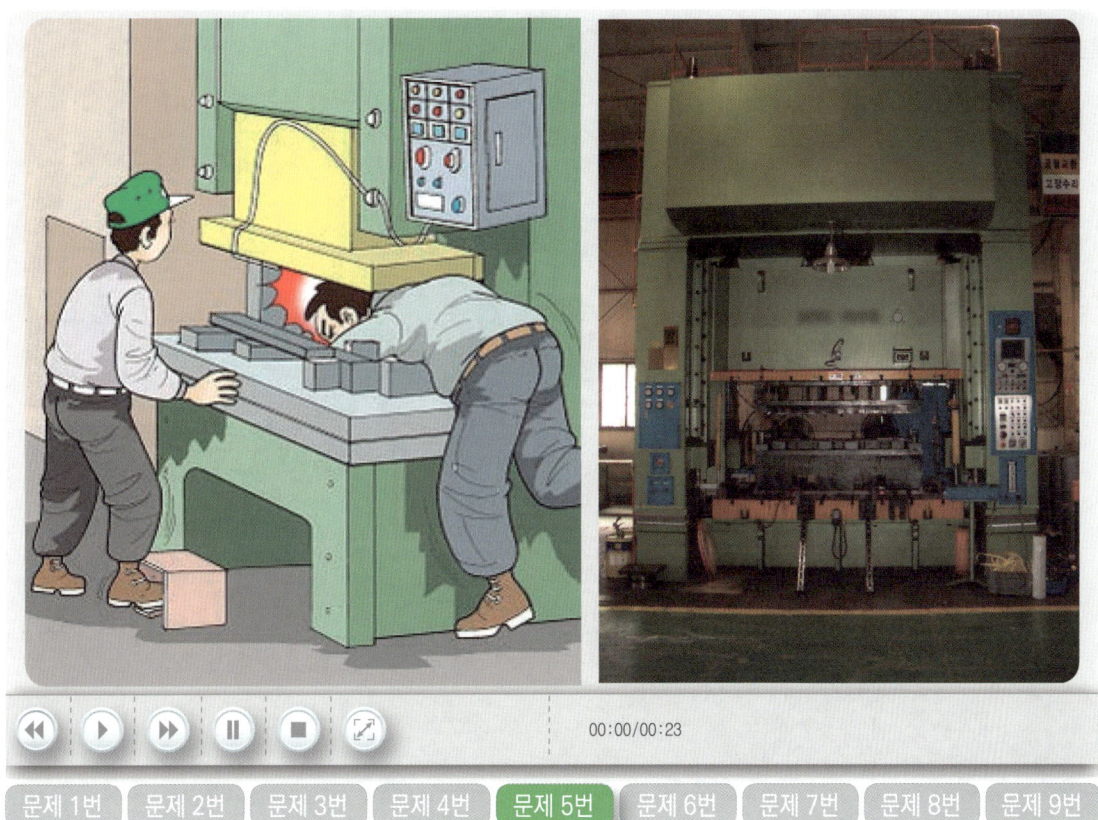

05 동영상은 프레스기로 철판에 구멍을 뚫는 작업 중 이 기계에 급정지기구가 부착되어 있지 않아 재해가 발생한 사례이다. 이 프레스에 설치하여 사용할 수 있는 유효한 방호장치를 2가지 쓰시오.(4점)

보충학습

[표] 급정지 기구에 따른 방호장치

구분	종류	
급정지 기구가 부착되어 있어야만 유효한 방호장치	① 양수 조작식 방호장치	② 감응식 방호장치
급정지 기구가 부착되어 있지 않아도 유효한 방호장치	① 양수 기동식 방호장치 ③ 수인식 방호장치	② 게이트 가드 방호장치 ④ 손쳐 내기식 방호장치

합격KEY
① 2000년 11월 9일 출제
② 2001년 2월 18일 출제
③ 2002년 10월 6일 출제
④ 2002년 10월 6일 산업기사 출제
⑤ 2003년 5월 4일 산업기사 출제
⑥ 2008년 10월 5일 산업기사 출제
⑦ 2010년 4월 24일 산업기사 출제
⑧ 2012년 7월 14일 산업기사 출제
⑨ 2013년 7월 20일 출제
⑩ 2014년 7월 13일 제2회 제1부 산업기사 출제
⑪ 2015년 10월 11일 출제
⑫ 2016년 10월 15일 제3회 2부 출제
⑬ 2018년 7월 8일 제2회 1부(문제 5번) 출제

정답
① 양수 기동식
② 게이트 가드식(가드식)
③ 손쳐내기식
④ 수인식

자격종목	시험일	비번호	PC번호	남은시간
산업안전기사	2020년 7월 27일 2회(1부)	A001	1	60분

06 동영상에서 항타기 또는 항발기 조립시 점검사항 2가지를 쓰시오. (4점)

[합격정보] 산업안전보건기준에 관한 규칙 제207조(조립시 점검)

[합격KEY]
① 2008년 4월 26일 출제
② 2010년 9월 19일 출제
③ 2016년 10월 15일 제3회(문제 5번) 출제
④ 2018년 4월 21일 제1회(문제 5번) 출제
⑤ 2019년 7월 6일 제2회 1부(문제 6번) 출제

[정답]
① 본체연결부의 풀림 또는 손상의 유무
② 권상용 와이어로프・드럼 및 도르래의 부착상태의 이상유무
③ 권상장치의 브레이크 및 쐐기장치 기능의 이상유무
④ 권상기의 설치상태의 이상유무
⑤ 리더(leader)의 버팀 방법 및 고정상태의 이상유무
⑥ 본체・부속장치 및 부속품의 강도가 적합한지 여부
⑦ 본체・부속장치 및 부속품에 심한 손상・마모・변형 또는 부식이 있는지 여부

[그림 1] 진공퍼지작업기계   [그림 2] 압력퍼지작업기계

07 산소결핍작업 중 퍼지하는 상황이 있는데 퍼지작업의 종류 4가지를 쓰시오. (4점)

합격KEY
① 2002년 5월 4일 출제
② 2003년 5월 4일(문제 5번) 출제
③ 2007년 4월 28일 출제
④ 2009년 7월 11일 출제
⑤ 2012년 4월 28일 출제
⑥ 2012년 10월 21일(문제 9번) 출제
⑦ 2015년 7월 18일 제2회 1부(문제 9번) 출제
⑧ 2015년 10월 11일(문제 9번) 출제
⑨ 2017년 4월 22일 제1회 2부 출제
⑩ 2018년 7월 8일 제2회 2부(문제 7번) 출제

정답
① 진공퍼지(저압퍼지 : vacuum purging)
② 압력퍼지(pressure purging)
③ 스위프퍼지(sweep-through purging)
④ 사이펀퍼지(siphon purging)

자격종목	시험일	비번호	PC번호	남은시간
산업안전기사	2020년 7월 27일 2회(1부)	A001	1	60분

소형변압기(일명 Down TR, 크기는 가로 세로 15[cm] 정도로 작은 변압기임)의 양쪽에 나와 있는 선을 일반 작업복만 입은 작업자(안전모 미착용, 보안경 미착용, 맨손, 신발 안보임)가 양손으로 들고 유기화합물통(스텐으로 사각형)에 넣었다 빼서 앞쪽 선반에 올리는 작업함(유기화합물을 손으로 작업). 화면 바뀌면서 선반 위 소형 변압기를 건조시키기 위해 업소용 냉장고(문 4개짜리 냉장고 : 전기로)처럼 생긴 곳에다가 넣고 문을 닫는 화면을 보여 준다.

08 동영상은 변압기를 유기화합물에 담가서 절연처리하고 건조작업을 하고 있다. 이 작업시 착용이 필요한 보호구 3가지를 다음에 제시된 대로 쓰시오. (6점)
① 손
② 눈
③ 피부

합격조건
① 본 문제는 동영상 설명과 같이 전기문제 입니다.
② 목적이 전기로에서 변압기 절연 입니다.

합격KEY
① 2006년 4월 29일 기사 출제
② 2007년 4월 28일 기사 출제
③ 2007년 10월 14일 기사 출제
④ 2009년 9월 19일 기사 출제
⑤ 2013년 4월 27일 제1회 1부 산업기사 출제

정답
① 절연 고무장갑
② 보안경
③ 절연 보호복

자격종목	시험일	비번호	PC번호	남은시간
산업안전기사	2020년 7월 27일 2회(1부)	A001	1	60분

09 동영상은 전주를 옮기다가 작업자가 전주에 맞아 사고를 당하였다. ① 재해요인(형태) ② 가해물과 ③ 전기작업시 사용할 수 있는 안전모의 종류를 쓰시오.(6점)

합격KEY
① 2006년 4월 29일 출제
③ 2012년 7월 14일 산업기사 출제
⑤ 2014년 4월 25일 제1회 제3부 출제
⑦ 2016년 10월 9일(문제 8번) 출제
⑨ 2019년 7월 6일 기사 제2회 2부 출제
② 2007년 4월 28일 출제
④ 2012년 10월 21일 출제
⑥ 2015년 10월 11일 산업기사 출제
⑧ 2017년 4월 22일 제1회 산업기사(문제 8번) 출제
⑩ 2019년 10월 19일 제3회 1부 산업기사 출제

정답
① 재해요인(형태) : 비래(물체에 맞음)
② 가해물 : 전주
③ 전기용 안전모의 종류 : AE종, ABE종

자격종목	시험일	비번호	PC번호	남은시간
산업안전기사	2020년 7월 27일 2회(2부)	A001	1	60분

문제 1번 | 문제 2번 | 문제 3번 | 문제 4번 | 문제 5번 | 문제 6번 | 문제 7번 | 문제 8번 | 문제 9번

01 선박 내부에서 공기압축기 작업 도중에 작업자가 가스질식으로 의식을 잃은 장면이다. 이와 같은 사고에 대비하여 필요한 호흡용 보호구를 2가지만 쓰시오. (5점)

채점기준
(1) 택 2, 2개 모두 맞으면 5점, 1개 맞으면 2점, 그 외 0점
(2) 유사(가능한)답안
 ① 에어라인 마스크 ② 호스마스크
 ③ 복합식 에어라인 마스크 ④ 산소호흡기

합격KEY
① 2005년 7월 15일 산업기사 출제
② 2006년 9월 23일 출제
③ 2014년 10월 5일(문제 5번) 출제
④ 2015년 7월 18일 제2회 제3부(문제 5번) 출제
⑤ 2015년 10월 11일 제3회 산업기사 출제
⑥ 2017년 10월 22일 기사(문제 5번) 출제
⑦ 2018년 10월 14일 제3회 1부(문제 5번) 출제

정답
① 송기마스크
② 공기호흡기

자격종목	시험일	비번호	PC번호	남은시간
산업안전기사	2020년 7월 27일 2회(2부)	A001	1	60분

02 동영상은 프레스기로 철판에 구멍을 뚫는 작업 중 이 기계에 급정지기구가 부착되어 있지 않아 재해가 발생한 사례이다. 이 프레스에 설치하여 사용할 수 있는 유효한 방호장치를 2가지 쓰시오. (4점)

보충학습

[표] 급정지 기구에 따른 방호장치

구분	종류
급정지 기구가 부착되어 있어야만 유효한 방호장치	① 양수 조작식 방호장치 ② 감응식 방호장치
급정지 기구가 부착되어 있지 않아도 유효한 방호장치	① 양수 기동식 방호장치 ② 게이트 가드 방호장치 ③ 수인식 방호장치 ④ 손쳐 내기식 방호장치

합격KEY
① 2000년 11월 9일 출제
③ 2002년 10월 6일 출제
⑤ 2003년 5월 4일 산업기사 출제
⑦ 2010년 4월 24일 산업기사 출제
⑨ 2013년 7월 20일 출제
⑪ 2015년 10월 11일 출제
⑬ 2018년 7월 8일 제2회 1부(문제 5번) 출제

② 2001년 2월 18일 출제
④ 2002년 10월 6일 산업기사 출제
⑥ 2008년 10월 5일 산업기사 출제
⑧ 2012년 7월 14일 산업기사 출제
⑩ 2014년 7월 13일 제2회 제1부 산업기사 출제
⑫ 2016년 10월 15일 제3회 2부 출제

정답
① 양수 기동식
③ 손쳐내기식
② 게이트 가드식(가드식)
④ 수인식

자격종목	시험일	비번호	PC번호	남은시간
산업안전기사	2020년 7월 27일 2회(2부)	A001	1	60분

03 화면은 작업자가 전동 권선기에 동선을 감는 작업 중 기계가 정지하여 점검 중 발생한 재해사례이다. 재해유형(형태)과 재해 발생 원인이 무엇인지 1가지 서술하시오. (4점)
(1) 재해유형(형태) : (2점)
(2) 재해원인 : (2점)

참고 조사나 문맥이 모범답안과 다르더라도 의미가 같으면 정답으로 인정한다. (공지사항)

합격KEY
① 2004년 10월 2일 출제 ② 2005년 10월 1일 (문제 2번)
③ 2007년 4월 28일 출제 ④ 2011년 10월 22일 출제
⑤ 2012년 10월 21일 출제 ⑥ 2013년 4월 27일 제1회 출제
⑦ 2014년 10월 5일 제3회 출제 ⑧ 2015년 4월 25일 제1회 1부 출제
⑨ 2017년 7월 2일 제2회 1부(문제 5번) 출제

정답
① 재해유형(형태) : 감전
② 재해원인 : 작업자가 내전압용 절연장갑 등 절연용 보호구를 착용하지 않은 채 맨손으로 동선을 감는 중 기계를 정비하였기 때문에 감전되었다.

자격종목	시험일	비번호	PC번호	남은시간
산업안전기사	2020년 7월 27일 2회(2부)	A001	1	60분

동영상은 탱크 내부 밀폐된 공간에서 작업자가 그라인더 작업을 하고 있고, 다른 작업자가 외부에 설치된 국소배기장치를 발로 차서 전원공급이 차단되어 내부 작업자가 의식을 잃고 쓰러지는 화면을 보여 준다.

문제 1번 · 문제 2번 · 문제 3번 · **문제 4번** · 문제 5번 · 문제 6번 · 문제 7번 · 문제 8번 · 문제 9번

04 화면의 밀폐된 공간에서 그라인더 작업시 위험요인 3가지를 쓰시오. (6점)

합격KEY
① 2015년 4월 25일 기사 출제
② 2016년 4월 23일 제1회 2부 출제
③ 2017년 7월 2일 제2회(문제 6번) 출제
④ 2018년 4월 21일 제1회 2부 산업기사 출제

정답
① 작업시작 전 산소농도 및 유해가스 농도 등의 미 측정과 작업 중에도 계속 환기를 시키지 않아 위험
② 환기를 실시할 수 없거나 산소결핍 위험 장소에 들어갈 때 호흡용 보호구를 착용하지 않아 위험
③ 국소배기장치의 전원부에 잠금장치가 없고, 감시인을 배치하지 않아 위험

자격종목	시험일	비번호	PC번호	남은시간
산업안전기사	2020년 7월 27일 2회(2부)	A001	1	60분

05 동영상은 높이가 2[m] 이상인 작업장소에서 근로자가 작업발판 위에서 작업을 하고 있다. ① 작업발판의 폭 몇 (　)[cm] 이상, ② 발판틈새는 몇 (　)[cm] 이하가 적정한지 쓰시오. (4점)

합격정보 산업안전보건기준에 관한 규칙 제56조(작업발판의 구조)

보충설명 부분점수 있습니다. (2점×2개=4점)

합격KEY
① 2006년 4월 29일 출제　　② 2007년 7월 15일 출제
③ 2010년 7월 11일 출제　　④ 2015년 10월 11일(문제 3번) 산업기사 출제
⑤ 2016년 4월 23일 제1회 출제　　⑥ 2016년 10월 9일 산업기사 출제
⑦ 2017년 4월 22일 제1회 3부 출제　　⑧ 2017년 7월 2일 제2회(문제 2번) 출제
⑨ 2018년 10월 14일 제3회 산업기사 출제　　⑩ 2019년 7월 6일 제2회 3부(문제 3번) 출제
⑪ 2019년 10월 19일 제3회 1부(문제 5번) 출제

정답
① 40
② 3

자격종목	시험일	비번호	PC번호	남은시간
산업안전기사	2020년 7월 27일 2회(2부)	A001	1	60분

타워크레인으로 쇠파이프(비계)를 권상하여 작업자(신호수)가 있는 곳에서 다소 흔들리며 내리다 작업자와 부딪히는 동영상

06 동영상은 타워크레인을 이용하여 자재를 운반하는 도중에 발생한 재해사례이다. 재해발생 원인 중 타워크레인 운전시 준수되지 않은(잘못된 방법) 3가지만 쓰시오.(6점)

채점기준
① 조사나 문맥이 모범답안과 다르더라도 의미가 같으면 정답으로 인정
② 택 3. 3개 모두 맞으면 6점, 2개 맞으면 4점, 1개 맞으면 2점, 그 외 0점

합격KEY
① 2006년 9월 23일 출제
② 2007년 10월 14일 출제
③ 2008년 7월 13일 출제
④ 2012년 4월 28일 출제
⑤ 2012년 7월 14일 출제
⑥ 2013년 10월 12일(문제 7번) 출제
⑦ 2015년 7월 18일 제2회 출제
⑧ 2016년 10월 15일 제3회 1부 출제
⑨ 2018년 7월 8일 제2회 3부(문제 6번) 출제
⑩ 2020년 5월 16일 제1회 2부(문제 6번) 출제

정답
① 신호수를 배치하지 않았다.
② 무전기 등을 사용하여 신호하거나 일정한 신호방법을 미리 정하지 않았다.
③ 권상하중을 작업자 위로 통과시키면 안 된다.
④ 유도(보조) 로프를 설치하지 않았다.
⑤ 크레인 작업반경 밖의 적당한 위치에 하중을 내려놓기 위해서 매단 하물(하중)을 흔들어서는 안 된다.

07 동영상은 금형제작을 위하여 방전가공기를 사용하던 중 발생한 재해사례이다. 동영상을 참고하여 재해발생의 주된 원인을 2가지만 쓰시오.(4점)

합격KEY
① 2008년 7월 13일(문제 2번) 출제
② 2015년 7월 18일 제2회 1부(문제 7번) 출제

정답
① 작업자는 절연장갑 등 절연용 보호구를 착용하지 않았다.
② 청소하기 전 전원을 차단하지 않고 실시하였다.

자격종목	시험일	비번호	PC번호	남은시간
산업안전기사	2020년 7월 27일 2회(2부)	A001	1	60분

문제 1번 | 문제 2번 | 문제 3번 | 문제 4번 | 문제 5번 | 문제 6번 | 문제 7번 | **문제 8번** | 문제 9번

08 동영상은 흙막이 지보공 설치작업을 하고 있다. 정기 점검사항 3가지를 쓰시오. (6점)

보충학습 터널 지보공의 수시 점검사항 4가지
① 부재의 손상·변형·부식·변위·탈락의 유무 및 상태
② 부재의 긴압의 정도
③ 부재의 접속부 및 교차부의 상태
④ 기둥침하의 유무 및 상태

합격정보 ① 산업안전보건기준에 관한 규칙 제347조(붕괴 등의 위험방지)
② 산업안전보건기준에 관한 규칙 제366조(붕괴 등의 방지)

합격KEY ① 2006년 4월 29일 기사 출제　② 2007년 7월 15일 출제
③ 2012년 10월 21일(문제 8번) 출제　④ 2016년 4월 23일 제1회(문제 8번) 출제
⑤ 2017년 10월 22일 제3회(문제 8번) 출제　⑥ 2018년 4월 21일 제1회 1부(문제 8번) 출제

정답
① 부재의 손상·변형·부식·변위 및 탈락의 유무와 상태
② 버팀대의 긴압의 정도
③ 부재의 접속부·부착부 및 교차부의 상태
④ 침하의 정도

자격종목	시험일	비번호	PC번호	남은시간
산업안전기사	2020년 7월 27일 2회(2부)	A001	1	60분

와이어로프에 묻은 기름과 이물질 등을 청소하던 중 재해발생

09 화면은 승강기 와이어에 묻은 기름과 먼지를 청소하는 도중에 발생한 재해사례이다. 영상을 보고 ① 위험점 ② 재해발생형태 ③ 재해의 정의를 쓰시오. (6점)

[표] 기계 설비에 의해 형성되는 위험점 6가지

종류	특징	위험점 기계
협착점 (Squeeze-point)	왕복운동하는 운동부와 고정부 사이에 형성 (작업점이라 부르기도 함)	① 프레스 금형 조립부위 ② 전단기의 누름판 및 칼날부위 ③ 선반 및 평삭기의 베드 끝 부위
끼임점 (Shear-point)	고정부분과 회전 또는 직선운동부분에 의해 형성	① 연삭숫돌과 작업대 ② 반복동작되는 링크기구 ③ 교반기의 교반날개와 몸체사이
절단점 (Cutting-point)	회전운동부분 자체와 운동하는 기계 자체에 의해 형성	① 밀링컷터 ② 둥근톱 날 ③ 목공용 피톱 날 부분
물림점 (Nip-point)	회전하는 두 개의 회전축에 의해 형성(회전체가 서로 반대방향으로 회전하는 경우)	① 기어와 피니언 ② 롤러의 회전 등
접선물림점 (Tangential Nip-point)	회전하는 부분이 접선방향으로 물려 들어가면서 형성	① V벨트와 풀리 ② 기어와 랙 ③ 롤러와 평벨트 등
회전말림점 (Trapping-point)	회전체의 불규칙 부위와 돌기 회전 부위에 의해 형성	① 회전축 ② 드릴축 등

합격KEY ① 2006년 9월 23일 출제   ② 2009년 4월 26일 출제
③ 2009년 9월 20일 산업기사 출제   ④ 2010년 9월 19일 출제
⑤ 2014년 10월 5일 제3회 제1부(문제 7번) 출제   ⑥ 2015년 10월 11일 기사 제3회(문제 7번) 출제
⑦ 2018년 10월 14일 제3회 3부(문제 7번) 출제

정답 ① 위험점 : 회전말림점   ② 재해의 발생형태 : 협착   ③ 정의 : 물건에 끼워진 상태 또는 말려든 상태

자격종목	시험일	비번호	PC번호	남은시간
산업안전기사	2020년 8월 2일 2회(1부)	A001	1	60분

작업자가 인쇄용 윤전기의 전원을 끄지 않고 빙글빙글 서로 맞물려서 돌아가는 롤러를 걸레로 닦고 있다. 닦을 때 체중을 실어서 힘 있게 닦고, 위험하게 맞물리는 지점까지 걸레를 집어넣고 닦는다. 그 순간 작업자의 손이 롤러기 사이에 끼어서 사고를 당하고 사고 발생 후 전원을 차단하고 손을 빼내는 화면을 보여준다.

00:00/00:23

문제 1번 문제 2번 문제 3번 문제 4번 문제 5번 문제 6번 문제 7번 문제 8번 문제 9번

01 화면은 인쇄용 롤러를 청소하는 작업 중에 발생한 재해사례이다. 이 동영상을 보고 작업시 핵심 위험 요인을 3가지를 쓰시오.(6점)

합격정보 제2편 제2장 현장 안전편(응용) : 기계-2007

합격KEY
① 2006년 9월 23일 산업기사 출제
② 2007년 4월 28일 출제
③ 2007년 7월 15일 출제
④ 2012년 4월 28일 출제
⑤ 2013년 4월 27일 산업기사 출제
⑥ 2013년 7월 20일 출제
⑦ 2014년 10월 5일 출제
⑧ 2016년 4월 23일 산업기사 출제
⑨ 2017년 10월 22일 제3회 2부(문제 1번) 출제

정답
① 회전중 롤러의 죄어 들어가는 쪽에서 직접 손으로 눌러 닦고 있어서 손이 말려 들어가게 된다.
② 체중을 걸쳐 닦고 있어서 말려 들어가게 된다.
③ 안전(방호)장치가 없어서 걸레를 위로 넣었을 때 롤러가 멈추지 않아 손이 말려 들어간다.

자격종목	시험일	비번호	PC번호	남은시간
산업안전기사	2020년 8월 2일 2회(1부)	A001	1	60분

02 화면은 이동식 크레인을 이용하여 철제 배관을 인양하는 작업으로 신호수의 신호에 따라 철제 배관을 인양 중 H빔에 부딪치면서 흔들리는 동영상이다. 배관 인양 작업시 위험요인 3가지를 쓰시오. (6점)

합격KEY ① 2015년 7월 18일 기사 (문제 8번) 출제
② 2016년 7월 3일 제2회 1부 출제
③ 2018년 7월 8일 제2회 2부(문제 8번) 출제
④ 2019년 4월 21일 제1회 2부 산업기사 출제

정답
① 와이어로프의 안전상태가 불안정하여 위험하다.
② 작업 반경 내 관계근로자 이외의 외부 작업자가 출입하여 위험하다.
③ 훅의 해지장치 및 안전상태가 불안정하여 위험하다.

03 동영상은 터널작업에서 다이너마이트를 사용하고 있다. 터널 등의 건설작업에 있어서 낙반 등에 의하여 근로자에게 위험을 미칠 우려가 있을 때 위험을 방지하기 위하여 필요한 조치사항을 2가지만 쓰시오. (4점)

합격정보 산업안전보건기준에 관한 규칙 제351조(낙반 등에 의한 위험방지)

합격KEY
① 2007년 4월 28일 출제
② 2008년 7월 13일 출제
③ 2010년 9월 19일 출제
④ 2012년 10월 21일 출제
⑤ 2014년 4월 25일(문제 8번) 출제
⑥ 2016년 4월 23일 제1회 2부(문제 8번) 출제
⑦ 2019년 4월 20일 제1회 2부(문제 3번) 출제

정답
① 터널지보공 및 록볼트 설치
② 부석(浮石)의 제거

자격종목	시험일	비번호	PC번호	남은시간
산업안전기사	2020년 8월 2일 2회(1부)	A001	1	60분

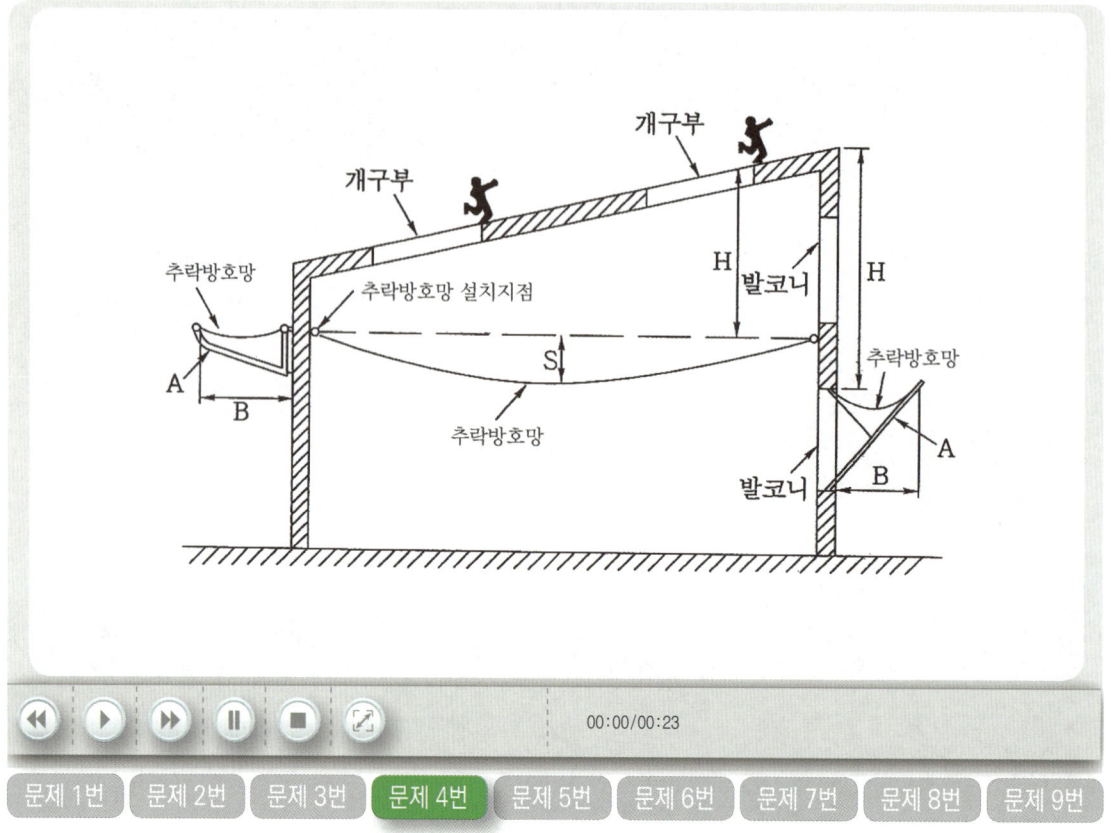

04 교량위에서 작업하고 있다. 교량위에서 작업자 추락을 방호하기 위한 방호장치와 설치지점의 수직 거리( )[m]를 초과하면 안되는지 쓰시오. (4점)

합격정보 산업안전보건기준에 관한 규칙 제42조(추락의 방지)

보충학습 추락방호망 설치기준
① 추락방호망 설치기준의 설치위치는 가능하면 작업면으로부터 가까운 지점에 설치하여야 하며, 작업면으로부터 망의 설치지점까지의 수직거리는 10미터를 초과하지 아니할 것
② 추락방호망은 수평으로 설치하고, 망의 처짐은 짧은 변 길이의 12퍼센트 이상이 되도록 할 것
③ 건축물 등의 바깥쪽으로 설치하는 경우 추락방호망의 내민 길이는 벽면으로부터 3미터 이상 되도록 할 것. 다만, 그물 코가 20밀리미터 이하인 추락방호망을 사용한 경우에는 낙하물에 의한 위험 방지에 따른 낙하물방지망을 설치한 것으로 본다.

정답
① 추락방호망
② 10

05 화면은 섬유기계의 운전 중 발생한 재해사례이다. 이 영상에서 사용한 기계 작업시 핵심위험요인 2가지를 쓰시오.(5점)

합격KEY
① 2004년 10월 2일(문제 1번)
② 2007년 7월 15일 출제
③ 2011년 7월 30일 출제
④ 2014년 4월 25일 제1회(문제 8번) 출제
⑤ 2017년 10월 22일 제2부(문제 7번) 출제

정답
① 기계의 전원을 차단하지 않고, 기계를 정지시키지 않고 점검을 해서 사고의 위험이 있다.
② 장갑을 착용하고 작업하고 있어 롤러에 손이 끼일 염려가 있다.

자격종목	시험일	비번호	PC번호	남은시간
산업안전기사	2020년 8월 2일 2회(1부)	A001	1	60분

06 화면은 활선작업에 대한 동영상이다. 이와 같이 활선작업시 내재되어 있는 핵심 위험 요인을 3가지만 쓰시오. (6점)

채점기준 배점 : 2점×3개=6점

합격KEY
① 2006년 9월 23일 산업기사 출제
② 2007년 10월 14일 출제
③ 2012년 7월 14일 출제
④ 2013년 4월 27일 산업기사 출제
⑤ 2015년 4월 25일(문제 6번) 출제
⑥ 2016년 4월 23일(문제 6번) 출제
⑦ 2017년 4월 22일 제1부 출제
⑧ 2018년 4월 22일 제1회 3부 출제
⑨ 2018년 7월 8일 제2회 2부(문제 6번) 출제

정답
① 작업자의 복장이 갖추어져 있지 않았다.
② 신호전달이 잘 이루어지지 않았다.
③ 작업자가 안전확인(활선 또는 사선)을 소홀히 했다.

자격종목	시험일	비번호	PC번호	남은시간
산업안전기사	2020년 8월 2일 2회(1부)	A001	1	60분

07 동영상은 가스용접작업 중 발생한 재해사례이다. 동영상을 참고하여 위험요인(문제점) 2가지를 쓰시오. (4점)

합격KEY
① 2008년 7월 13일(문제 2번) 출제
② 2010년 9월 19일 출제 제3회(문제 4번) 출제
③ 2015년 4월 25일(문제 4번) 출제
④ 2015년 7월 18일 산업기사(문제 9번) 출제
⑤ 2018년 10월 14일 제3회 1부(문제 7번) 출제

정답
① 작업자가 용접용 보안면과 용접용 장갑을 착용하지 않고 있어 화상의 위험이 있다.
② 용기를 눕혀서 보관, 작업 실시함과 별도의 안전장치가 없어 폭발위험이 있다.

자격종목	시험일	비번호	PC번호	남은시간
산업안전기사	2020년 8월 2일 2회(1부)	A001	1	60분

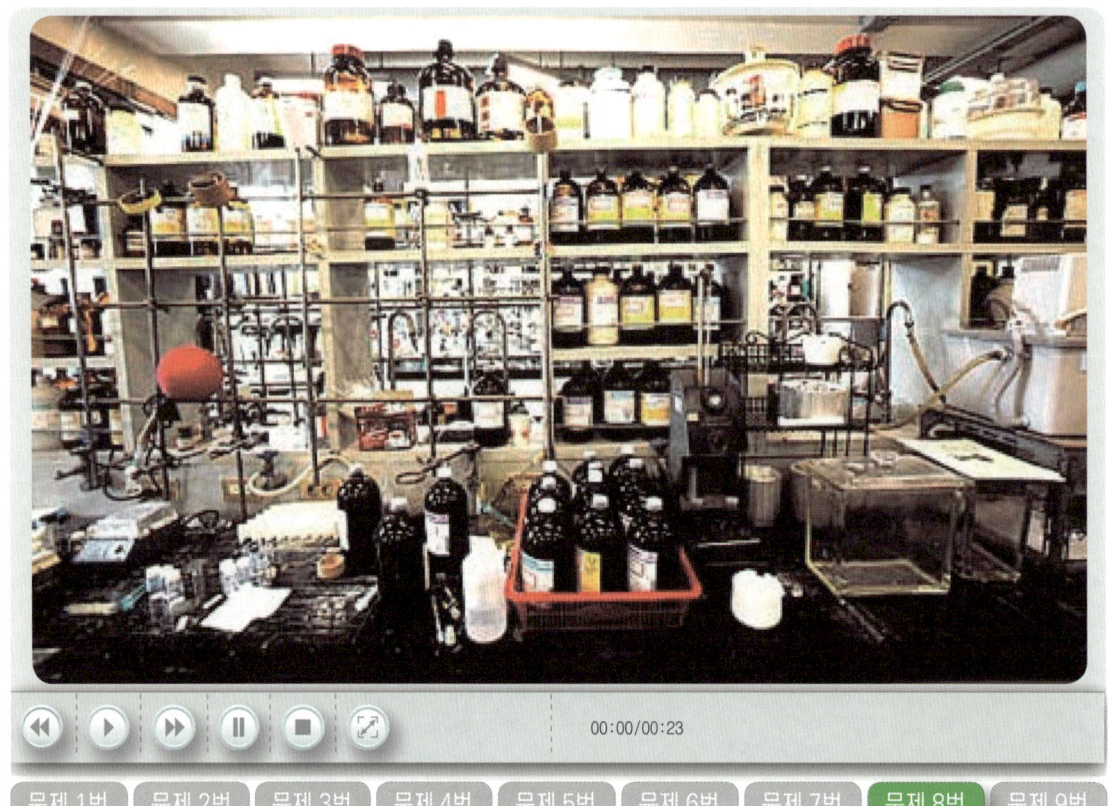

08 화면은 폭발성 화학물질 취급 중 작업자의 부주의로 발생한 사고 사례이다. 동영상에서 나타난 바와 같이 폭발성 물질 저장소에 들어가는 작업자가 신발에 물을 묻히는 이유는 무엇인지 설명하고, 화재시 적합한 소화방법은 무엇인지 쓰시오.(6점)
① 이유
② 소화방법

[채점기준] ① 조사나 문맥이 모범답안과 다르더라도 의미가 같으면 정답으로 인정한다.
② 냉각소화란 말만 들어가면 정답으로 인정한다.

[합격KEY] ① 2004년 10월 2일 출제   ② 2005년 10월 1일 출제
③ 2009년 4월 26일 출제   ④ 2012년 4월 28일 출제
⑤ 2013년 7월 20일 출제   ⑥ 2014년 10월 5일(문제 5번) 출제
⑦ 2015년 7월 18일 제2회 출제   ⑧ 2016년 10월 15일 기사 제3회(문제 8번) 출제
⑨ 2018년 10월 14일 제3회 2부(문제 8번) 출제

[정답]
① 이유 : 폭발성이 높은 화학약품을 취급할 때 정전기에 의한 폭발 위험성이 있으므로 작업화와 바닥면의 접촉으로 인한 정전기 발생을 줄이기 위해서이다.
② 소화방법 : 다량 주수에 의한 냉각소화

자격종목	시험일	비번호	PC번호	남은시간
산업안전기사	2020년 8월 2일 2회(1부)	A001	1	60분

09 화면은 선박 밸러스트 탱크 내부의 슬러지를 제거하는 작업 도중에 작업자가 가스질식으로 의식을 잃었다. 이와 같은 사고에 대비하여 필요한 호흡용 보호구를 2가지만 쓰시오. (5점)

채점기준
(1) 택 2. 2개 모두 맞으면 5점, 1개 맞으면 2점, 그 외 0점
(2) 유사(가능한)답안
　① 에어라인 마스크　　　② 호스마스크
　③ 복합식 에어라인 마스크　④ 산소호흡기

합격KEY
① 2005년 7월 15일 출제
② 2006년 9월 23일 출제
③ 2014년 10월 5일 (문제 5번) 기사 출제
④ 2015년 7월 18일 제2회 제3부 (문제 5번) 기사 출제
⑤ 2015년 10월 11일 출제
⑥ 2016년 10월 9일 기사 출제
⑦ 2017년 4월 22일 제1회(문제 8번) 출제
⑧ 2019년 7월 6일 제2회 1부 산업기사 출제

정답
① 송기마스크
② 공기호흡기

자격종목	시험일	비번호	PC번호	남은시간
산업안전기사	2020년 8월 2일 2회(2부)	A001	1	60분

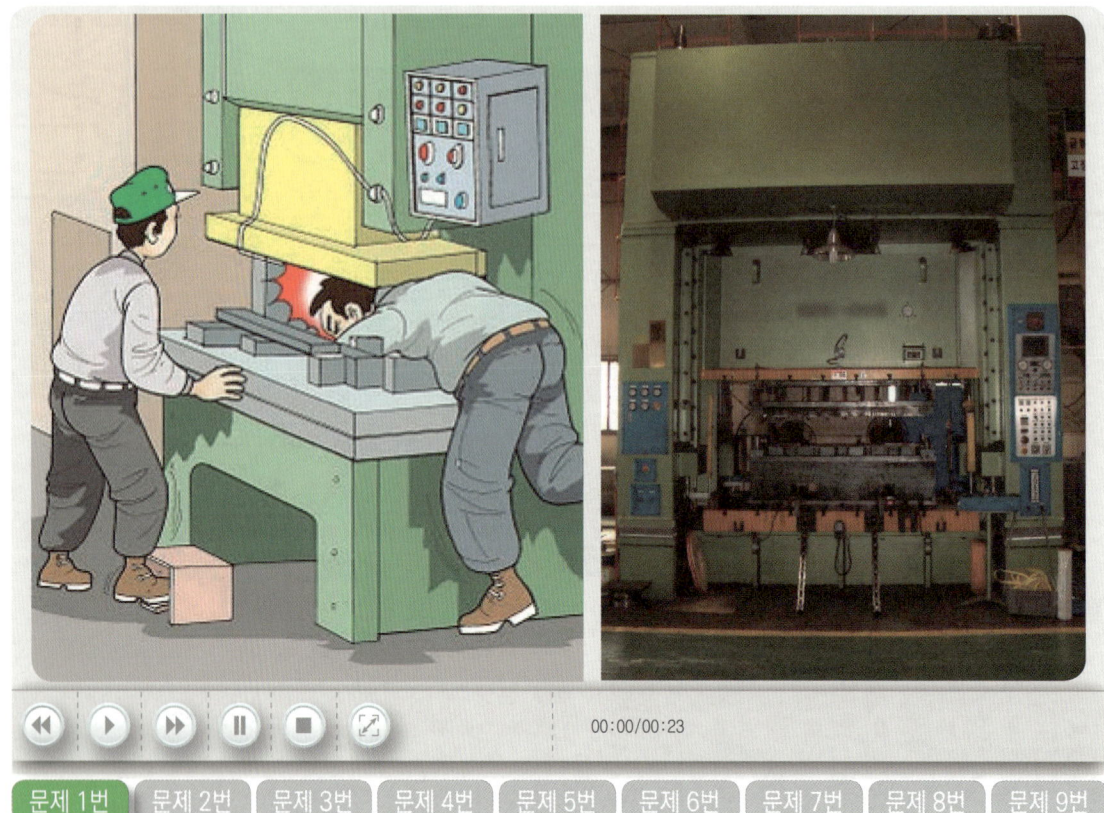

문제 1번 문제 2번 문제 3번 문제 4번 문제 5번 문제 6번 문제 7번 문제 8번 문제 9번

01 화면 동영상을 보면 작업자가 몸을 기울인 채 손으로 이물질을 제거하는 작업을 하다가 실수로 페달을 밟아 손이 다치는 사고가 발생하였다. 이러한 사고를 방지하기 위하여 조치하여야 할 사항을 2가지만 쓰시오. (4점)

합격KEY
① 2000년 11월 4일 출제
② 2010년 9월 19일 출제
③ 2013년 10월 12일 (문제 1번) 출제
④ 2016년 4월 23일 제1회 1부 출제
⑤ 2017년 7월 2일 제2회 3부(문제 1번) 출제

정답
① 이물질을 제거할 때에는 손으로 제거하는 것보다는 플라이어 등의 수공구를 사용한다.
② press를 일시 정지할 때에는 페달에 U자형 덮개를 씌운다.

💬 **합격자의 조언** 실기 작업형은 반드시 10년치 이상을 보셔야 안전하게 합격합니다. (기사+산업기사=만점)

자격종목	시험일	비번호	PC번호	남은시간
산업안전기사	2020년 8월 2일 2회(2부)	A001	1	60분

02 화면은 DMF작업장에서 한 작업자가 방독마스크, 안전장갑, 보호복 등을 착용하지 않은 채 유해물질 DMF작업을 하고 있다. 피부자극성 및 부식성 관리대상 유해물질 취급시 비치하여야 할 보호장구 3가지를 쓰시오. (6점)

합격KEY
① 2014년 7월 13일 제2회 3부(문제 2번) 출제
② 2015년 10월 11일 제3회 1부 출제
③ 2017년 7월 2일 제2회(문제 2번) 출제
④ 2018년 4월 21일 제1회 1부(문제 2번) 출제

정답
① 불침투성 보호장갑
② 불침투성 보호복
③ 불침투성 보호장화

💬 합격자의 조언 2014년 7월 6일 실기필답형 출제

자격종목	시험일	비번호	PC번호	남은시간
산업안전기사	2020년 8월 2일 2회(2부)	A001	1	60분

이동식크레인으로 작업하다 붐대가 전선에 닿아 감전되는 동영상

문제 1번 | 문제 2번 | **문제 3번** | 문제 4번 | 문제 5번 | 문제 6번 | 문제 7번 | 문제 8번 | 문제 9번

03 화면은 1만 볼트의 전압이 흐르는 고압선 아래에서 작업 중 발생한 재해사례이다. 크레인을 이용하여 고압선 주변에서 작업할 경우 안전대책 3가지를 쓰시오.(6점)

채점기준
① 조사나 문맥이 모범답안과 다르더라도 의미가 같으면 정답 인정
② 택 3, 2점×3개=6점

합격KEY
① 2004년 7월 10일 출제
② 2006년 7월 15일 출제
③ 2009년 9월 19일 출제
④ 2014년 4월 25일 출제
⑤ 2014년 7월 13일 제2회 3부(문제 1번) 출제

정답
① 작업계획 사전협의(전력공사 등과 협의하여 작업일정, 방법, 방호조치, 감시방법)
② 해당 충전전로를 이설한다.
③ 해당 충전전로에 절연용 방호구를 설치한다.
④ 감독자(작업감시인)를 선임한다.
⑤ 크레인에 대해서는 접지공사를 한다.
⑥ 크레인 운전자 및 작업자들에게 작업 시작 전에 전기위험요인을 교육시킨다.
⑦ 송·배전선에 대한 이격거리 유지를 위해 접근경보장치를 설치한다.
⑧ 지상 하역자는 활선 작업복장을 한다.

자격종목	시험일	비번호	PC번호	남은시간
산업안전기사	2020년 8월 2일 2회(2부)	A001	1	60분

소형변압기(일명 Down TR, 크기는 가로 세로 15cm 정도로 작은 변압기임)의 양쪽에 나와 있는 선을 일반 작업복만 입은 작업자(안전모 미착용, 보안경 미착용, 맨손, 신발 안보임)가 양손으로 들고 유기화합물통(스테인리스강으로 사각형)에 넣었다 빼서 앞쪽 선반에 올리는 작업함(유기화합물을 손으로 작업) 화면 바뀌면서 선반 위 소형변압기를 건조시키기 위해 음식점 냉장고(문 4개짜리 냉장고 : 전기로)처럼 생긴 곳에다가 넣고 문을 닫는 화면을 보여 준다.

04 동영상은 변압기를 유기화합물에 담가서 절연처리하고 건조작업을 하고 있다. 이 작업시 착용이 필요한 보호구를 다음에 제시된 대로 쓰시오.(5점)
① 손
② 눈

 ① 2006년 4월 29일(문제 2번)　　② 2007년 4월 28일 출제
③ 2007년 10월 14일 출제　　　　④ 2009년 9월 19일 출제
⑤ 2011년 5월 7일 제1회 출제　　⑥ 2014년 7월 13일 제2회 출제
⑦ 2015년 4월 25일(문제 8번) 출제　⑧ 2017년 10월 22일 기사 제3회(문제 8번) 출제
⑨ 2018년 10월 14일 산업기사 출제

정답
① 손 : 절연 고무장갑
② 눈 : 보안경

자격종목	시험일	비번호	PC번호	남은시간
산업안전기사	2020년 8월 2일 2회(2부)	A001	1	60분

운전석에서 내려 덤프트럭 적재함을 올리고 실린더 유압장치 밸브를 수리하던 중 적재함 사이에 끼임

05 동영상은 덤프트럭 적재함을 올리고 실린더 유압장치 밸브를 수리하던 중 발생한 재해사례이다. 동영상과 같이 차량계 하역운반기계 등의 수리 또는 부속장치의 장착 및 해체작업을 하는 때에 작업지휘자의 준수사항 2가지를 쓰시오. (4점)

합격정보
① 산업안전보건기준에 관한 규칙 제20조(출입의 금지 등)
② 산업안전보건기준에 관한 규칙 제176조(수리 등의 작업시의 조치)

합격KEY
① 2008년 7월 13일 출제 ② 2008년 10월 5일 출제
③ 2009년 9월 20일 출제 ④ 2012년 7월 14일 산업기사 출제
⑤ 2012년 10월 21일 출제 ⑥ 2013년 10월 12일 제3회(문제 2번) 출제
⑦ 2017년 10월 22일 기사(문제 2번) 출제 ⑧ 2018년 10월 14일 산업기사 출제

정답
① 포크・버킷・암 또는 이들에 의하여 지지되어 있는 화물의 밑에 근로자를 출입시키지 말 것
② 작업순서를 결정하고 작업을 지휘할 것
③ 안전지주 또는 안전블록 등의 사용상황 등을 점검할 것

합격자의 조언 조사나 문맥이 모범답안과 다르더라도 의미가 같으면 정답으로 인정한다.

06 동영상은 작업자가 수중펌프 접속부위에 감전되어 발생한 사고이다. 작업자가 감전 사고를 당한 원인을 인체의 피부저항과 관련하여 설명하시오. (4점)

합격KEY
① 2003년 7월 19일 출제
② 2008년 10월 5일 출제
③ 2015년 4월 25일(문제 4번) 출제
④ 2016년 7월 3일 제2회(문제 4번) 출제
⑤ 2017년 10월 22일 제3회 2부(문제 6번) 출제
⑥ 2019년 4월 20일 제1회 2부(문제 6번) 출제

정답 인체가 젖어 있는 상태에서의 피부저항은 보통 상태의 약 1/25로 감소(저하)하기 때문에 감전되기 쉽다.

자격종목	시험일	비번호	PC번호	남은시간
산업안전기사	2020년 8월 2일 2회(2부)	A001	1	60분

동영상은 MCC패널 점검 중으로 개폐기에는 통전중이라는 표지가 붙어 있고 작업자(면장갑 착용)가 개폐기문을 열어 전원을 차단하고 문을 닫은 후 다른 곳 패널에서 작업하려다 쓰러진 상황이다.

00:00/00:23

| 문제 1번 | 문제 2번 | 문제 3번 | 문제 4번 | 문제 5번 | 문제 6번 | 문제 7번 | 문제 8번 | 문제 9번 |

07 화면은 승강기 컨트롤 패널을 맨손으로 점검(전압측정) 중 발생한 재해사례이다. 감전 방지대책 2가지를 서술하시오.(4점)

채점기준
① 택 2개, 2점×2개=4점
② 조사나 문맥이 모범답안과 다르더라도 의미가 같으면 정답 인정

합격KEY
① 2004년 7월 10일 출제
② 2007년 7월 15일 출제
③ 2009년 9월 20일 출제
④ 2010년 4월 24일 기사 출제
⑤ 2013년 7월 20일 기사 출제
⑥ 2014년 10월 5일 제3회 제3부 기사(문제 6번) 출제
⑦ 2015년 10월 11일 제3회 기사 출제
⑧ 2017년 10월 22일 제3회(문제 6번) 출제
⑨ 2018년 10월 14일 제3회 2부 산업기사 출제
⑩ 2019년 4월 20일 제1회 1부(문제 7번) 출제

정답
① 각 차단기별로 회로명을 표기하여 오동작을 막는다.
② 잠금장치(시건장치) 및 표찰(TAG)을 사용하여 해당자 이외에 오작동을 막는다.
③ 작업자에게 해당 작업시의 전기위험에 대한 안전교육을 실시한다.
④ 작업자 간의 정확성을 기하기 위해 무전기 등의 연락가능장비를 이용하여 여러 차례 확인하는 절차를 준수한다.

자격종목	시험일	비번호	PC번호	남은시간
산업안전기사	2020년 8월 2일 2회(2부)	A001	1	60분

피트 내에서 나무판자로 엉성하게 이어붙인 발판 위에서 벽면에 돌출되어 있는 못을 망치로 제거하는 동영상

| 문제 1번 | 문제 2번 | 문제 3번 | 문제 4번 | 문제 5번 | 문제 6번 | 문제 7번 | 문제 8번 | 문제 9번 |

08 화면은 승강기 설치 전 피트 내부에서 청소작업 중에 승강기의 개구부로 작업자가 추락하여 사망사고가 발생한 재해사례이다. 이 영상에서 나타난 핵심위험요인을 3가지를 쓰시오. (6점)

합격정보 산업안전보건기준에 관한 규칙 제43조(개구부 등의 방호조치)

합격KEY
① 2006년 9월 23일 기사 출제
② 2007년 10월 14일 기사 출제
③ 2009년 4월 26일 기사 출제
④ 2011년 5월 7일 출제
⑤ 2014년 10월 5일 출제
⑥ 2015년 7월 18일 기사 출제
⑦ 2016년 4월 23일(문제 5번) 출제
⑧ 2016년 7월 3일 제2회 기사 출제
⑨ 2016년 10월 15일 제3회 기사 출제
⑩ 2017년 10월 22일 산업기사 제3회(문제 5번) 출제
⑪ 2018년 10월 14일 제3회 2부(문제 8번) 출제
⑫ 2020년 5월 16일 제1회 2부(문제 8번) 출제

정답
① 작업발판이 고정되어 있지 않았다.
② 작업자가 안전난간 및 안전대를 걸지 않고 작업하였다.
③ 수직형 추락방망을 설치하지 않았다.

자격종목	시험일	비번호	PC번호	남은시간
산업안전기사	2020년 8월 2일 2회(2부)	A001	1	60분

강교량 건설현장을 보여주면서 교량의 상부 기초위에 사람들이 서 있으며 상부와 상부 사이에는 단부가 형성되어 있음. 근로자들은 안전모 등의 보호구는 미착용 상태, 해머 등 공구가 떨어지는 동영상

00:00/00:23

문제 1번 | 문제 2번 | 문제 3번 | 문제 4번 | 문제 5번 | 문제 6번 | 문제 7번 | 문제 8번 | **문제 9번**

09 동영상은 강교량 가설현장을 보여주고 있다. 이와 같은 교량에서 고소작업시 낙하방지시설과 추락방지시설 2가지를 쓰시오. (6점)

참고
① 산업안전보건기준에 관한 규칙 제14조(낙하물에 의한 위험의 방지)
② 산업안전보건기준에 관한 규칙 제42조(추락의 방지)

정답
(1) 낙하방지설비
　① 낙하물방지망 설치
　② 수직보호망 설치
　③ 방호선반 설치
　④ 출입금지구역의 설정
(2) 추락방지설비
　① 작업발판 설치
　② 추락방호망 설치

문제 및 답안(지), 점수, 채점기준은 일체 공개하지 않는다.

비번호
총 점

01 동영상은 LPG 저장소에 가스누설감지경보기의 미설치로 인한 재해가 발생한 사례이다. 가스누설감지경보기의 적절한 설치 위치와 폭발범위에 대한 경보설정값[%]을 쓰시오.(6점)
① 설치위치 :
② 경보설정값 :

정답
① 설치위치 : LPG는 공기보다 무거우므로 바닥에 인접한 낮은 곳에 설치한다.
② 경보설정값 : 폭발하한계(L.F.L or L.G.L)의 25[%] 이하

02 사진은 거푸집동바리의 설치 잘못으로 거푸집의 붕괴사고가 발생한 장면이다. 거푸집동바리 해체 작업시 준수사항 3가지를 쓰시오.(6점)

참고) 산업안전보건기준에 관한 규칙 제333조(조립·해체 등 작업시의 준수사항)
합격KEY) 2018년 7월 8일 제2회 3부(문제 2번) 출제

정답
① 해당 작업을 하는 구역에는 관계 근로자가 아닌 사람의 출입을 금지할 것
② 비, 눈, 그 밖의 기상상태의 불안정으로 날씨가 몹시 나쁜 경우에는 그 작업을 중지할 것
③ 재료, 기구 또는 공구 등을 올리거나 내리는 경우에는 근로자로 하여금 달줄·달포대 등을 사용하도록 할 것
④ 낙하·충격에 의한 돌발적 재해를 방지하기 위하여 버팀목을 설치하고 거푸집동바리 등을 인양장비에 매단 후에 작업을 하도록 하는 등 필요한 조치를 할 것

자격종목	시험일	비번호	PC번호	남은시간
산업안전기사	2020년 8월 2일 2회(3부)	A001	1	60분

| 문제 1번 | 문제 2번 | **문제 3번** | 문제 4번 | 문제 5번 | 문제 6번 | 문제 7번 | 문제 8번 | 문제 9번 |

03 동영상에서와 같은 화학설비 중 특수화학설비 내부의 이상상태를 조기에 파악하기 위하여 설치해야 할 장치를 3가지만 쓰시오. (6점)

합격정보 산업안전보건기준에 관한 규칙 제273~276조(계측장치 등의 설치)

채점기준 2점×3개=6점(택 3개)

합격KEY
① 2003년 7월 19일 산업기사 출제
② 2005년 10월 1일 출제
③ 2007년 4월 28일 출제
④ 2007년 10월 13일 산업기사 출제
⑤ 2008년 10월 5일 출제
⑥ 2010년 7월 11일 산업기사 출제
⑦ 2013년 7월 20일 출제
⑧ 2014년 10월 5일(문제 4번) 출제
⑨ 2015년 7월 18일 제2회 3부 산업기사(문제 2번) 출제
⑩ 2015년 10월 11일 기사 출제
⑪ 2016년 10월 15일 산업기사 제3회(문제 2번) 출제
⑫ 2018년 10월 14일 제3회 2부(문제 3번) 출제

정답
① 온도계·유량계·압력계 등의 계측장치
② 자동경보장치(설치가 곤란한 경우는 감시인 배치)
③ 긴급차단장치(원재료 공급차단, 제품방출, 불활성 가스 주입, 냉각용수 공급 등)
④ 예비동력원

04 작업자가 전주에 올라가다 표지판에 부딪혀 추락하는 재해가 발생하였다. 재해발생 원인 2가지를 쓰시오.(4점)

합격KEY
① 2013년 10월 12일(문제 3번) 출제
② 2015년 7월 18일 제2회 출제
③ 2016년 10월 15일 제3회(문제 3번) 출제
④ 2018년 4월 21일 제1회 1부(문제 3번) 출제
⑤ 2019년 10월 19일 제3회 3부(문제 3번) 출제

정답
① 추락방지대 미착용 및 수직구명줄 미설치로 재해발생
② 안전대 또는 고소작업대를 사용하지 않아 재해발생

자격종목	시험일	비번호	PC번호	남은시간
산업안전기사	2020년 8월 2일 2회(3부)	A001	1	60분

00:00/00:23

문제 1번 | 문제 2번 | 문제 3번 | 문제 4번 | **문제 5번** | 문제 6번 | 문제 7번 | 문제 8번 | 문제 9번

05 동영상은 프레스기로 철판에 구멍을 뚫는 작업 중 이 기계에 급정지기구가 부착되어 있지 않아 재해가 발생한 사례이다. 이 프레스에 설치하여 사용할 수 있는 유효한 방호장치를 2가지 쓰시오. (4점)

보충학습

[표] 급정지 기구에 따른 방호장치

구분	종류
급정지 기구가 부착되어 있어야만 유효한 방호장치	① 양수 조작식 방호장치 ② 감응식 방호장치
급정지 기구가 부착되어 있지 않아도 유효한 방호장치	① 양수 기동식 방호장치 ② 게이트 가드 방호장치 ③ 수인식 방호장치 ④ 손쳐 내기식 방호장치

합격KEY ▶ ① 2000년 11월 9일 출제　② 2001년 2월 18일 출제
③ 2002년 10월 6일 출제　④ 2002년 10월 6일 산업기사 출제
⑤ 2003년 5월 4일 산업기사 출제　⑥ 2008년 10월 5일 산업기사 출제
⑦ 2010년 4월 24일 산업기사 출제　⑧ 2012년 7월 14일 산업기사 출제
⑨ 2013년 7월 20일 출제　⑩ 2014년 7월 13일 제2회 제1부 산업기사 출제
⑪ 2015년 10월 11일 출제　⑫ 2016년 10월 15일 제3회 2부 출제
⑬ 2018년 7월 8일 제2회 1부(문제 5번) 출제

정답
① 양수 기동식　② 게이트 가드식(가드식)
③ 손쳐내기식　④ 수인식

자격종목	시험일	비번호	PC번호	남은시간
산업안전기사	2020년 8월 2일 2회(3부)	A001	1	60분

활선작업 보호구 / 활선작업

화면에서 작업자 2명이 전주에서 활선작업을 하고 있다. 작업자 1명은 밑에서 절연방호구를 다른 작업자 1명은 크레인 위에서 물건을 받아 활선에 절연방호구 설치 작업을 하다 감전사고가 발생한다.

00:00/00:23

| 문제 1번 | 문제 2번 | 문제 3번 | 문제 4번 | 문제 5번 | 문제 6번 | 문제 7번 | 문제 8번 | 문제 9번 |

06 화면은 활선작업에 대한 동영상이다. 이와 같이 활선작업시 내재되어 있는 핵심 위험 요인을 3가지 쓰시오.(6점)

채점기준 2점×3개=6점

합격KEY
① 2006년 9월 23일 산업기사 출제
② 2007년 10월 14일 출제
③ 2012년 7월 14일 출제
④ 2013년 4월 27일 산업기사 출제
⑤ 2015년 4월 25일(문제 6번) 출제
⑥ 2016년 4월 23일(문제 6번) 출제
⑦ 2017년 4월 22일 제1부 출제
⑧ 2017년 4월 22일 제1회(문제 6번) 출제
⑨ 2018년 10월 14일 제3회 1부(문제 3번) 출제
⑩ 2019년 4월 20일 제1회 3부(문제 3번) 출제

정답
① 작업자의 복장이 갖추어져 있지 않았다.
② 신호전달이 잘 이루어지지 않았다.
③ 작업자가 안전확인(활선 또는 사선)을 소홀히 했다.

공장지붕에서 여러 명의 작업자가 작업중 한 명의 작업자가 바닥으로 떨어져 사망

07 화면은 공장 지붕 철골상에 패널 설치 중 작업자가 실족하여 사망한 재해사례이다. 이 영상 내용을 참고하여 재해원인 2가지를 쓰시오.(4점)

[채점기준] 조사나 문맥이 모범답안과 다르더라도 의미가 같으면 정답인정

[합격KEY]
① 2004년 10월 2일 산업기사 출제
② 2005년 10월 1일 산업기사 출제
③ 2007년 10월 13일 산업기사 출제
④ 2009년 7월 11일 산업기사 출제
⑤ 2015년 4월 25일 제1회 제2부(문제 1번) 출제
⑥ 2015년 10월 11일 산업기사 출제
⑦ 2016년 7월 3일 제2회 기사 출제
⑧ 2019년 4월 21일 제1회(문제 7번) 출제
⑨ 2019년 7월 6일 산업기사 출제

[정답]
① 안전대 부착설비 미설치 및 안전대 미착용
② 추락방호망 미설치

08 화면은 30[kV] 전압이 흐르는 고압선 아래에서 작업 중 발생한 재해사례이다. 크레인을 이용하여 고압선 주위에서 작업할 경우 사업주의 감전 조치사항(동종 재해예방을 위한 작업지휘자) 3가지를 쓰시오.(6점)

합격정보 산업안전보건기준에 관한 규칙 제322조(충전전로 인근에서의 차량·기계장치 작업)

합격KEY
① 2004년 10월 2일 (문제 2번)　　② 2007년 7월 15일 출제
③ 2008년 10월 5일 출제　　④ 2011년 5월 7일 출제
⑤ 2011년 7월 30일 출제　　⑥ 2012년 7월 14일 출제
⑦ 2012년 10월 21일 출제　　⑧ 2013년 10월 12일 산업기사 출제
⑨ 2014년 7월 13일 제2회 출제　　⑩ 2015년 10월 11일 제3회 출제
⑪ 2016년 10월 9일(문제 7번) 출제　　⑫ 2018년 4월 21일 제1회 1부 산업기사 (문제 7번) 출제
⑬ 2019년 4월 20일 제1회 2부(문제 8번) 출제

정답
① 차량 등을 충전부로부터 300[cm] 이상 이격시키되, 대지전압이 50[kV]를 넘는 경우 10[kV] 증가할 때마다 10[cm]씩 증가한다.
② 접지된 차량등이 충전전로와 접촉할 우려가 있을 경우 지상의 근로자가 접지점에 접촉하지 않도록 조치한다.
③ 차량과 근로자가 접촉하지 않도록 방책을 설치하거나 감시인 배치한다.

자격종목	시험일	비번호	PC번호	남은시간
산업안전기사	2020년 8월 2일 2회(3부)	A001	1	60분

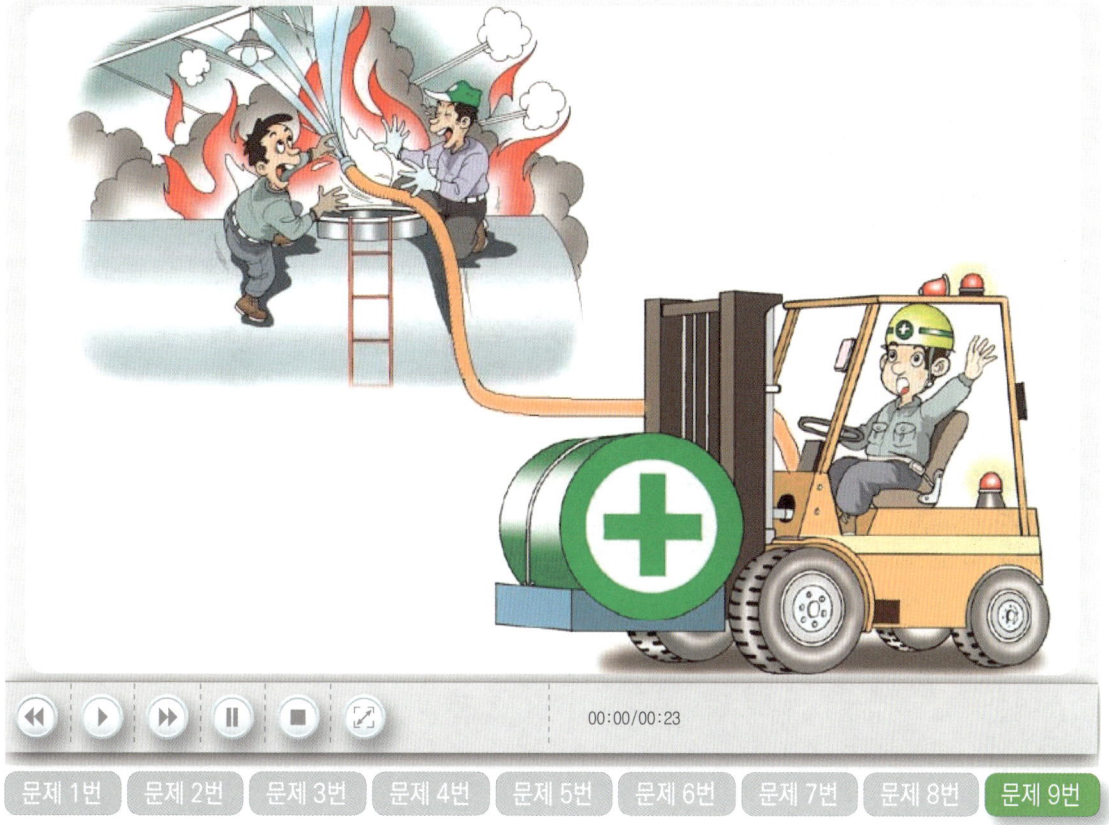

09 화면은 지게차에 경유를 주입하는 동안에 운전자가 시동을 건 채 내려 다른 작업자와 흡연을 하며 이야기를 나누고 있음을 나타내고 있다. 이 화면에서 지게차 운전자의 흡연(담뱃불)에 해당하는 발화원의 형태를 무엇이라 하는지 쓰시오. (3점)

보충학습 나화(裸火) : 담배나 성냥에 의한 화재

합격KEY
① 2008년 10월 5일 산업기사 출제
② 2010년 7월 11일 출제
③ 2012년 10월 21일 출제
④ 2014년 4월 25일(문제 3번) 출제
⑤ 2014년 4월 25일(문제 3번) 출제
⑥ 2017년 4월 22일 제1회 1부(문제 2번) 출제
⑦ 2019년 4월 20일 제1회 3부(문제 2번) 출제

정답 나화

작업자가 목장갑을 착용하고 환풍기를 수리하다가 감전되어 선반에 부딪히는 영상

01 동영상은 전기환풍기 팬 수리작업 중 감전에 의해 싱크대에서 떨어지면서 선반에 부딪혀 부상을 당한 재해이다. 재해를 분석하시오. (4점)
① 기인물 :
② 재해 형태 :

합격KEY
① 2006년 4월 29일 기사 출제
② 2007년 10월 13일 출제
③ 2009년 7월 12일 출제
④ 2010년 4월 23일(문제 1번) 출제
⑤ 2016년 4월 23일 제1회 2부(문제 1번) 출제

정답
① 기인물 : 전기환풍기 팬
② 재해 형태 : 충돌

자격종목	시험일	비번호	PC번호	남은시간
산업안전산업기사	2020년 7월 25일 2회(1부)	A001	1	60분

문제 1번 | **문제 2번** | 문제 3번 | 문제 4번 | 문제 5번 | 문제 6번 | 문제 7번 | 문제 8번 | 문제 9번

02 화면에서 가압상태의 LPG가 대기 중에 유출되어 순간적으로 기화가 일어나 점화원에 의해 발생하는 (1) 폭발의 종류 (2) 폭발의 원인을 쓰시오.(4점)

합격KEY
① 2002년 10월 6일 출제
② 2011년 7월 30일 출제
③ 2012년 7월 14일 산업기사 출제
④ 2013년 10월 12일 산업기사 제3회 제2부(문제 8번) 출제
⑤ 2015년 10월 11일(문제 5번) 출제
⑥ 2017년 4월 22일 제1회(문제 5번) 출제
⑦ 2017년 10월 22일 제3회 2부 출제
⑧ 2018년 7월 8일 제2회 2부(문제 2번) 출제
⑨ 2019년 10월 19일 제3회 1부(문제 2번) 출제

정답
(1) 폭발의 종류 : 증기운 폭발(UVCE : Unconfined Vapor Cloud Explosion)
(2) 폭발의 원인 : 저온 액화가스의 저장탱크나 고압의 인화성 액체용기가 파괴되어 다량의 인화성 증기가 폐쇄공간이 아닌 대기중으로 급격히 방출되어 공기 중에 분산 확산되어 있는 상태

자격종목	시험일	비번호	PC번호	남은시간
산업안전산업기사	2020년 7월 25일 2회(1부)	A001	1	60분

| 문제 1번 | 문제 2번 | **문제 3번** | 문제 4번 | 문제 5번 | 문제 6번 | 문제 7번 | 문제 8번 | 문제 9번 |

03 화면은 크롬 도금 공정 중에 도금의 상태를 검사하는 내용이다. 동영상에 나타난 도금조에 적합한 국소배기장치의 명칭과 크롬산 미스트의 발생을 억제하는 방법을 쓰시오. (4점)

합격KEY
① 2006년 9월 23일 출제
② 2012년 10월 21일 출제
③ 2014년 10월 5일(문제 5번) 출제
④ 2016년 4월 23일 제1회 (문제 5번) 출제
⑤ 2018년 4월 21일 제2부 (문제 5번) 출제
⑥ 2020년 7월 25일 제3부 출제

정답
① 국소배기장치명 : PUSH-PULL(기타 가능 답안 : 측방형, 슬롯형)
② 크롬산 미스트 발생 억제 방법 : 크롬도금조에 소형 플라스틱 볼을 넣어 크롬산 미스트가 발생되는 표면적을 최대한 줄여 크롬산 미스트 발생량을 최소화하고, 계면 활성제를 도금액과 함께 투입하여 크롬산 미스트의 발생을 억제토록 한다.

자격종목	시험일	비번호	PC번호	남은시간
산업안전산업기사	2020년 7월 25일 2회(1부)	A001	1	60분

문제 1번 | 문제 2번 | 문제 3번 | **문제 4번** | 문제 5번 | 문제 6번 | 문제 7번 | 문제 8번 | 문제 9번

04 화면의 동영상은 V벨트 교환 작업 중 발생한 재해사례이다. 기계운전상 안전작업수칙에 대하여 3가지를 기술하시오. (6점)

채점기준
① 각 2점×3개=6점
② 부분점수 있다.

합격KEY
① 2004년 10월 2일 기사 출제
② 2006년 7월 15일 기사 출제
③ 2007년 10월 13일 출제
④ 2012년 7월 14일 기사 출제
⑤ 2013년 7월 20일 출제
⑥ 2014년 10월 5일(문제 5번) 출제
⑦ 2016년 4월 23일 제1회(문제 4번) 출제
⑧ 2017년 10월 22일 제3회 2부(문제 4번) 출제

정답
① 작업시작 전(V벨트 교체작업 전) 전원을 차단한다.
② V벨트 교체 작업은 천대 장치를 사용한다.
③ 보수작업중이라는 작업중의 안내표지를 부착하고 실시한다.

💬 **합격자의 조언** 안전한 합격을 위해서는 기사, 산업기사 구분없이 정독하세요.

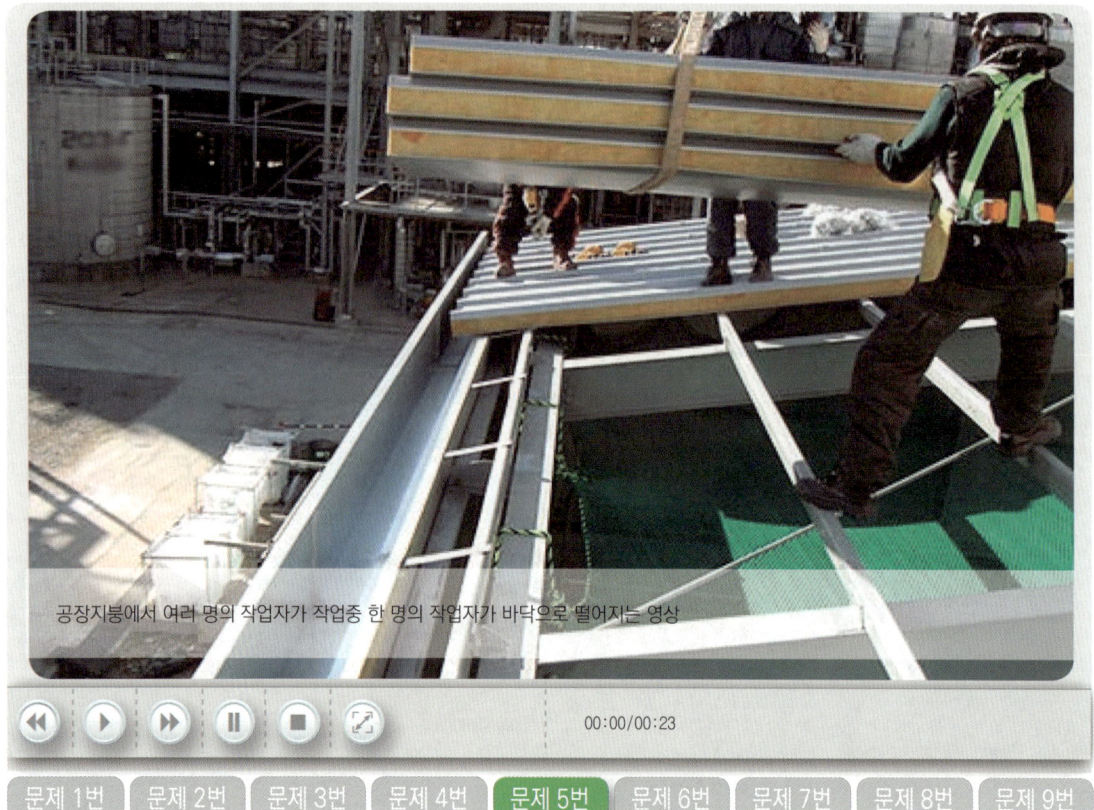

05 화면은 공장 지붕 철골상에 패널 설치 중 작업자가 실족하여 사망한 재해사례이다. 이 영상 내용을 참고하여 재해원인 2가지를 쓰시오. (5점)

합격정보 조사나 문맥이 모범답안과 다르더라도 의미가 같으면 정답 인정

합격KEY
① 2004년 10월 2일 산업기사 출제
② 2005년 10월 1일 산업기사 출제
③ 2007년 10월 13일 산업기사 출제
④ 2009년 7월 11일 산업기사 출제
⑤ 2015년 4월 25일 제1회 제2부(문제 1번) 출제
⑥ 2015년 10월 11일 산업기사 출제
⑦ 2016년 7월 3일 제2회 기사 출제
⑧ 2019년 4월 21일 제1회 1부(문제 7번) 출제
⑨ 2020년 5월 16일 제1회 1부(문제 5번) 출제

정답
① 안전대 부착설비 미설치 및 안전대 미착용
② 추락방호망 미설치

자격종목	시험일	비번호	PC번호	남은시간
산업안전산업기사	2020년 7월 25일 2회(1부)	A001	1	60분

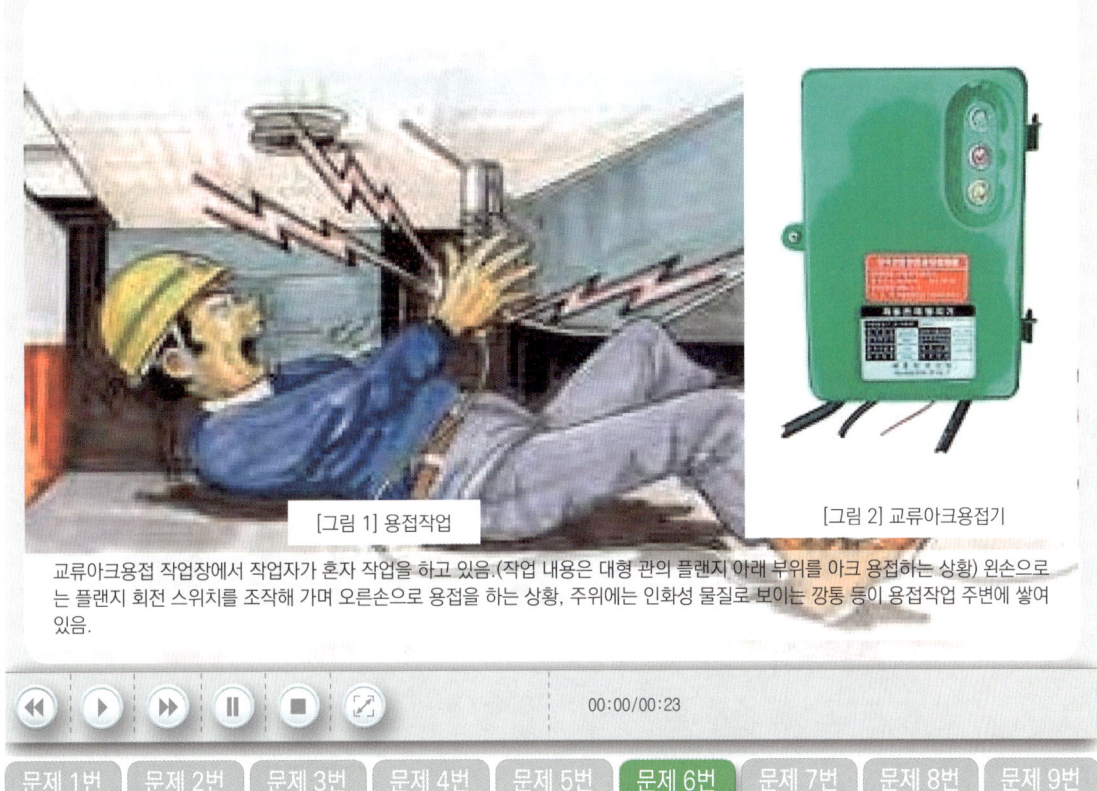

[그림 1] 용접작업   [그림 2] 교류아크용접기

교류아크용접 작업장에서 작업자가 혼자 작업을 하고 있음.(작업 내용은 대형 관의 플랜지 아래 부위를 아크 용접하는 상황) 왼손으로는 플랜지 회전 스위치를 조작해 가며 오른손으로 용접을 하는 상황. 주위에는 인화성 물질로 보이는 깡통 등이 용접작업 주변에 쌓여 있음.

06 화면은 배관 용접작업에 관한 내용이다. 동영상의 내용 중 위험요인이 내재되어 있다. 작업현장의 위험요인 3가지를 쓰시오. (6점)

합격KEY ① 2019년 10월 19일 제3회 3부(문제 7번) 출제
② 2020년 5월 16일 제1회 3부 기사 출제

정답
① 단독으로 작업 중 양손 모두를 사용하여 작업하므로 위험에 노출되어 있다.
② 작업현장내 정리, 정돈 상태가 불량하여 인화성물질이 쌓여있으므로 화재폭발사고가 발생할 위험이 있다.
③ 감시인이 배치되어 있지 않아 사고발생의 위험이 있다.

자격종목	시험일	비번호	PC번호	남은시간
산업안전산업기사	2020년 7월 25일 2회(1부)	A001	1	60분

동영상에서 작업자 A, B가 작업을 하고 있다. 창틀에서 작업 중인 A가 처마 위에 있는 B에게 작업발판을 건네준 후 B가 있는 옆 처마 위로 이동하다 발을 헛디뎌 바닥으로 추락하는 장면이다.(주변이 정리정돈 되어있지 않고, A작업자가 밟고 있던 콘크리트 부스러기가 추락할 때 같이 떨어진다.)

07 화면은 아파트 창틀에서 작업 중 발생한 재해사례이다. 이 영상의 작업자의 추락사고 원인 3가지를 쓰시오.(6점)

합격정보 산업안전보건기준에 관한 규칙 제42조(추락의 방지)

합격KEY
① 2004년 10월 2일 출제
② 2006년 7월 5일 출제
③ 2014년 4월 25일 출제
④ 2014년 7월 13일 산업기사 출제
⑤ 2014년 10월 5일(문제 1번) 출제
⑥ 2016년 4월 23일(문제 1번) 출제
⑦ 2017년 4월 22일 제1회 1부(문제 8번) 출제
⑧ 2019년 10월 19일 제3회 1부(문제 7번) 출제
⑨ 2020년 5월 16일 제1회 2부(문제 7번) 출제

정답
① 안전난간 미설치
② 안전대 미착용
③ 추락방호망 미설치

자격종목	시험일	비번호	PC번호	남은시간
산업안전산업기사	2020년 7월 25일 2회(1부)	A001	1	60분

08
화면은 승강기 컨트롤 패널을 맨손으로 점검(전압측정) 중 발생한 재해사례이다. 감전 방지대책 3가지를 서술하시오.(6점)

채점기준
① 택 3개, 2점×3개=6점
② 조사나 문맥이 모범답안과 다르더라도 의미가 같으면 정답 인정

합격KEY
① 2004년 7월 10일 출제
② 2007년 7월 15일 출제
③ 2009년 9월 20일 출제
④ 2010년 4월 24일 기사 출제
⑤ 2013년 7월 20일 기사 출제
⑥ 2014년 10월 5일 제3회 제3부 기사(문제 6번) 출제
⑦ 2015년 10월 11일 제3회 기사 출제
⑧ 2017년 10월 22일 제3회(문제 6번) 출제
⑨ 2018년 10월 14일 산업기사 제2부(문제 8번) 출제
⑩ 2020년 7월 25일 제3부 출제

정답
① 각 차단기별로 회로명을 표기하여 오동작을 막는다.
② 잠금장치(시건장치) 및 표찰(TAG)을 사용하여 해당자 이외에 오작동을 막는다.
③ 작업자에게 해당 작업시의 전기위험에 대한 안전교육을 실시한다.
④ 작업자 간의 정확성을 기하기 위해 무전기 등의 연락가능장비를 이용하여 여러 차례 확인하는 절차를 준수한다.

자격종목	시험일	비번호	PC번호	남은시간
산업안전산업기사	2020년 7월 25일 2회(1부)	A001	1	60분

동영상은 탱크 내부 밀폐된 공간에서 작업자가 그라인더 작업을 하고 있고, 다른 작업자가 외부에 설치된 국소배기장치를 발로 차서 전원공급이 차단되어 내부 작업자가 의식을 잃고 쓰러지는 화면을 보여 준다.

09 화면의 밀폐된 공간에서 그라인더 작업시 위험요인 2가지를 쓰시오. (4점)

합격KEY
① 2015년 4월 25일 기사 출제
② 2016년 4월 23일 제1회 2부 출제
③ 2017년 7월 2일 제2회(문제 6번) 출제
④ 2018년 4월 21일 산업기사 제1회 2부 출제
⑤ 2020년 5월 16일 제1회 기사 출제
⑥ 2020년 7월 25일 3부 출제

정답
① 작업시작 전 산소농도 및 유해가스 농도 등의 미 측정과 작업 중에도 계속 환기를 시키지 않아 위험
② 환기를 실시할 수 없거나 산소결핍 위험 장소에 들어갈 때 호흡용 보호구를 착용하지 않아 위험
③ 국소배기장치의 전원부에 잠금장치가 없고, 감시인을 배치하지 않아 위험

문제 및 답안(지), 점수, 채점기준은 일체 공개하지 않는다.

자격종목	시험일	비번호	PC번호	남은시간
산업안전산업기사	2020년 7월 25일 2회(2부)	A001	1	60분

문제 1번 | 문제 2번 | 문제 3번 | 문제 4번 | 문제 5번 | 문제 6번 | 문제 7번 | 문제 8번 | 문제 9번

01 화면은 에어배관 작업 중 고압의 증기 누출로 작업자가 눈에 상해를 당하는 영상이다. 에어배관 작업시 위험요인을 2가지 쓰시오.(4점)

합격KEY
① 2014년 7월 23일 제2회 제1부(문제 1번) 출제
② 2015년 10월 11일(문제 1번) 출제
③ 2017년 4월 22일 제1회(문제 1번) 출제
④ 2018년 10월 14일 제3회(문제 1번) 출제
⑤ 2019년 7월 6일 제2회 1부 산업기사(문제 1번) 출제
⑥ 2020년 5월 16일 제1회 2부 기사 출제

정답
① 보안경을 착용하지 않아 고압증기에 의한 눈 부위 손상의 위험이 존재한다.
② 배관에 남은 고압증기를 제거하지 않았고, 전용공구를 사용하지 않아 위험이 존재한다.
③ 작업자가 딛고 선 이동식사다리 설치가 불안전하여 추락 위험이 있다.

자격종목	시험일	비번호	PC번호	남은시간
산업안전산업기사	2020년 7월 25일 2회(2부)	A001	1	60분

마그네틱 크레인(천장크레인, 호이스트)으로 물건을 옮기는 동영상으로 마그네틱을 금형위에 올리고 손잡이를 작동시켜 이동하는데 작업자(안전모 미착용, 목장갑 착용, 신발 안보임)가 오른손으로 금형을 잡고, 왼손으로 상하좌우 조종장치(전기배선 외관에 피복이 벗겨져 있음)를 누르면서 이동하다가 갑자기 쓰러지면서 오른손이 마그네틱 ON/OFF봉을 건드려 금형이 발등으로 떨어져 협착사고가 발생하였다.(크레인은 훅 해지장치 없고, 훅에 샤클이 3개 연속으로 걸려 있고 마지막 훅에도 훅 해지장치 없음)

02 화면상에서와 같이 마그네틱 크레인으로 물건(금형 : 金型)을 옮기다 발생한 재해에 있어서 그 위험요인을 3가지 쓰시오.(6점)

합격KEY ① 2014년 10월 5일 제3회 3부(문제 8번) 출제
② 2020년 5월 16일 기사 1회 2부 출제

정답
① 전선 피복이 벗겨져 감전의 위험이 있다.
② 조정장치 전선 피복이 벗겨져 있어 내부전선 단선으로 호이스트가 오동작하여 물건이(금형) 떨어질 위험이 있다.
③ 작업반경내 금형이 낙하(떨어질) 위험장소에서 조정장치를 조작하고 있어 위험하다.

자격종목	시험일	비번호	PC번호	남은시간
산업안전산업기사	2020년 7월 25일 2회(2부)	A001	1	60분

샌드페이퍼를 손가락에 감아 공작물 구멍을 다듬고 있다.

| 문제 1번 | 문제 2번 | **문제 3번** | 문제 4번 | 문제 5번 | 문제 6번 | 문제 7번 | 문제 8번 | 문제 9번 |

03 화면의 동영상은 선반작업 중 발생한 재해사례이다.
동영상에서와 같이 안전준수사항을 지키지 않고 작업할 때 일어날 수 있는 재해요인을 2가지 쓰시오. (6점)

보충학습 회전말림점(trapping point) : 회전축, 커플링 등과 같이 회전하는 물체에 작업복 등이 말려드는 위험이 존재하는 점

합격KEY
① 2004년 7월 10일 출제
② 2014년 4월 25일 제1회 출제
③ 2015년 4월 25일 제1회(문제 1번) 출제
④ 2019년 7월 6일 기사 제2회 3부 출제

정답
① 회전물에 샌드페이퍼를 감아 손으로 지지하고 있기 때문에 작업복과 손이 감겨 들어간다.
② 작업에 집중하지 못하여(옆눈질) 실수로 작업복과 손이 말려 들어간다.
③ 손을 기계 위에 올려놓고 작업을 하고 있어 손이 미끄러져 회전물에 말려 들어간다.

자격종목	시험일	비번호	PC번호	남은시간
산업안전산업기사	2020년 7월 25일 2회(2부)	A001	1	60분

① 톱에 덮개가 없으며 나무판자를 자르는 모습
② 빨간색 장갑 착용
③ 보안경 및 방진마스크 미착용
④ 손가락이 절단됨

04 목재가공용 둥근톱 방호장치 2가지와 자율안전확인대상 목재가공용 덮개 및 분할날에 자율안전확인표시 외에 추가로 표시하여야 할 사항 1가지를 쓰시오.(6점)

참고
① 산업안전보건기준에 관한 규칙 제105조(둥근톱기계의 반발예방장치)
② 산업안전보건기준에 관한 규칙 제106조(둥근톱기계의 톱날접촉예방장치)

합격KEY
① 2007년 4월 28일 출제
② 2009년 7월 11일 출제
③ 2009년 9월 20일 출제
④ 2010년 9월 19일 출제
⑤ 2012년 10월 21일 출제
⑥ 2014년 7월 13일 산업기사 제2회 2부(문제 3번) 출제
⑦ 2019년 10월 19일 제3회 산업기사 2부 출제
⑧ 2019년 10월 19일 제3회 2부(문제 8번) 출제

정답
(1) 방호장치
  ① 반발예방장치
  ② 톱날접촉예방장치
(2) 추가표시사항
  ① 덮개의 종류
  ② 둥근톱의 사용가능 치수

자격종목	시험일	비번호	PC번호	남은시간
산업안전산업기사	2020년 7월 25일 2회(2부)	A001	1	60분

인화성 물질 저장창고에 인화성 물질을 저장한 드럼(200[ℓ]용)이 여러 개 있고 한 작업자가 인화성 물질이 든 운반용 캔(약 40[ℓ])을 몇 개 운반하다가 잠시 쉬려고 인화성 물질을 저장한 드럼 옆에서 웃옷을 벗는 순간 "퍽" 하고 폭발사고가 발생함

05 화면은 인화성 물질의 취급 및 저장소이다. 인화성 물질의 증기, 인화성 가스 또는 인화성 분진이 존재하여 폭발 또는 화재가 발생할 우려가 있을 경우의 예방대책을 2가지 쓰시오.(4점)

합격KEY
① 2004년 10월 2일 기사출제
② 2010년 9월 19일 출제
③ 2013년 7월 20일 제2회 2부(문제 8번) 출제
④ 2019년 4월 21일 제1회 2부(문제 8번) 출제

정답
① 통풍·환기 및 제진 등의 조치를 할 것
② 폭발 또는 화재를 미리 감지할 수 있는 가스검지 및 경보장치를 설치하고 그 성능이 발휘될 수 있도록 할 것
③ 불꽃 또는 아크를 발생하거나 고온으로 될 우려가 있는 화기 또는 기계·기구 및 공구 등을 사용하지 말 것

자격종목	시험일	비번호	PC번호	남은시간
산업안전산업기사	2020년 7월 25일 2회(2부)	A001	1	60분

철골구조물에서 작업자 2명이 볼트 체결작업 중 1명이 추락하는 화면(추락방지망미설치, 근로자 안전대 미착용)

| 문제 1번 | 문제 2번 | 문제 3번 | 문제 4번 | 문제 5번 | 문제 6번 | 문제 7번 | 문제 8번 | 문제 9번 |

06 화면을 참고하여 철골작업시 작업을 중지해야 할 경우 3가지를 기술하시오. (6점)

합격정보 산업안전보건기준에 관한 규칙 제383조(작업의 제한)

채점기준 2점 × 3개 = 6점

합격KEY
① 2003년 7월 19일 출제　　② 2010년 4월 24일 출제
③ 2011년 7월 30일 출제　　④ 2012년 4월 28일 출제
⑤ 2014년 10월 5일(문제 7번) 출제　　⑥ 2015년 7월 18일 제2회 출제
⑦ 2016년 10월 9일(문제 6번) 출제　　⑧ 2017년 4월 22일 제1회(문제 6번) 출제
⑨ 2018년 10월 14일 제3회 1부(문제 6번) 출제

정답
① 풍속이 초당 10[m] 이상인 경우
② 강우량이 시간당 1[mm] 이상인 경우
③ 강설량이 시간당 1[cm] 이상인 경우

자격종목	시험일	비번호	PC번호	남은시간
산업안전산업기사	2020년 7월 25일 2회(2부)	A001	1	60분

문제 1번 | 문제 2번 | 문제 3번 | 문제 4번 | 문제 5번 | 문제 6번 | **문제 7번** | 문제 8번 | 문제 9번

07 동영상은 변압기를 유기화합물에 담가서 절연처리하고 전기로에서 건조작업을 하고 있다. 이 작업 시 착용이 필요한 보호구를 다음에 제시된 대로 쓰시오. (5점)
① 손
② 눈
③ 피부

합격KEY
① 2006년 4월 29일(문제 2번) ② 2007년 4월 28일 출제
③ 2007년 10월 14일 출제   ④ 2009년 9월 19일 출제
⑤ 2011년 5월 7일 출제   ⑥ 2014년 7월 13일 제2회 2부 출제
⑦ 2018년 4월 21일 제1회 2부 출제 ⑧ 2018년 7월 8일 제2회 1부 기사 출제

정답
① 손 : 절연 고무장갑
② 눈 : 보안경
③ 피부 : 절연 보호복

합격자의 조언 본 문제의 목적은 절연과 건조입니다.(전기문제 입니다)

08 화면은 건설작업용 리프트의 안전을 확인하는 내용이다. 이 리프트의 방호장치 2가지를 쓰시오. (4점)

합격정보
① 산업안전보건기준에 관한 규칙 제134조(방호장치의 조정)
② 위험기계·기구 방호장치 기준 제18조(방호장치)

합격KEY
① 2007년 7월 15일 출제
② 2010년 4월 24일 출제
③ 2014년 7월 13일 제2회 제2부(문제 6번) 출제
④ 2015년 10월 11일 제3회 1부 출제
⑤ 2017년 7월 2일 제2회(문제 8번) 출제
⑥ 2018년 4월 21일 제1회 2부(문제 8번) 출제

정답
① 과부하방지장치
② 권과방지장치
③ 비상정지장치
④ 조작반에 잠금장치

자격종목	시험일	비번호	PC번호	남은시간
산업안전산업기사	2020년 7월 25일 2회(2부)	A001	1	60분

고무장갑, 고무장화를 착용하고 담배를 피우면서 작업

00:00/00:23

문제 1번 문제 2번 문제 3번 문제 4번 문제 5번 문제 6번 문제 7번 문제 8번 **문제 9번**

09 동영상은 자동차부품을 도금한 후 세척하는 과정이다. 이 영상을 참고하여 위험예지훈련을 하고자 한다면 이와 연관된 행동목표 2가지만 제시하시오.(4점)

합격KEY
① 2004년 10월 2일 출제 ② 2007년 4월 28일 출제
③ 2008년 7월 13일 출제 ④ 2011년 5월 7일 산업기사 출제
⑤ 2013년 10월 12일 제3회(문제 9번) 출제 ⑥ 2018년 4월 21일 제1회 1부 기사 출제

정답
① 작업 중 흡연을 하지 말자.
② 세척 작업시 불침투성 보호(의)복을 착용하자.

문제 및 답안(지), 점수, 채점기준은 일체 공개하지 않는다.

비번호
총 점

자격종목	시험일	비번호	PC번호	남은시간
산업안전산업기사	2020년 7월 25일 2회(3부)	A001	1	60분

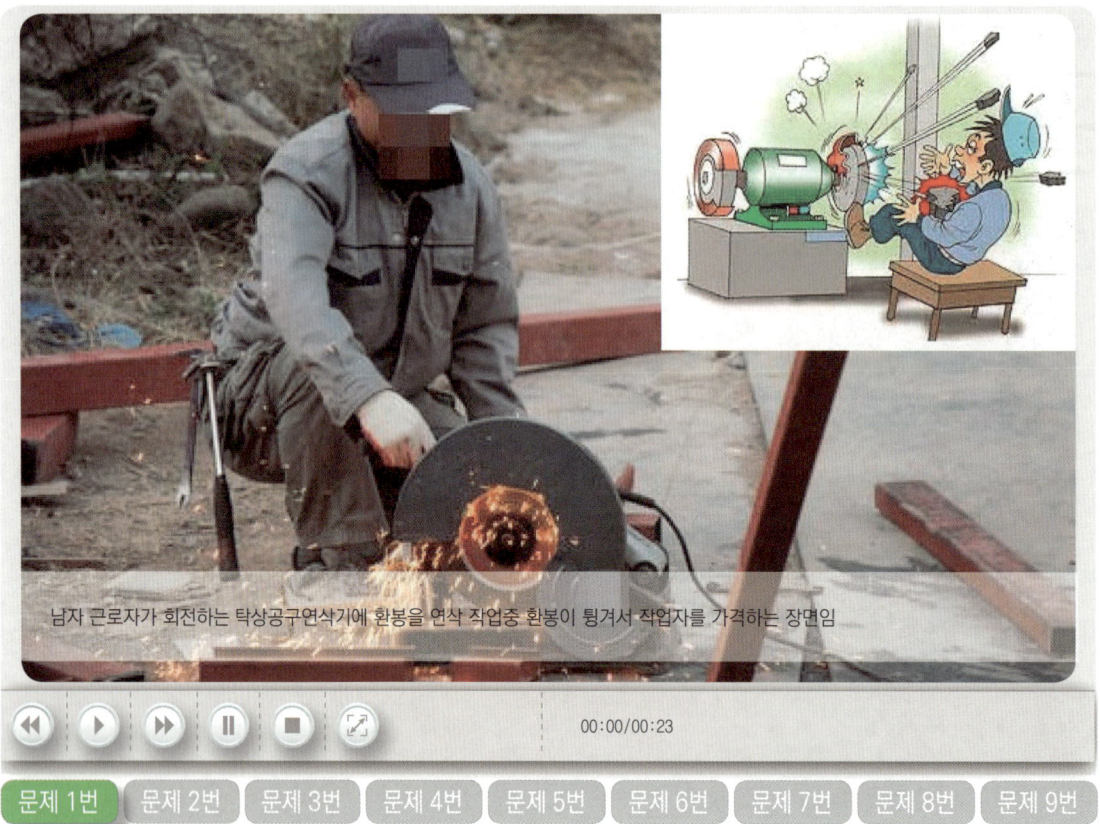

남자 근로자가 회전하는 탁상공구연삭기에 환봉을 연삭 작업중 환봉이 튕겨서 작업자를 가격하는 장면임

| 문제 1번 | 문제 2번 | 문제 3번 | 문제 4번 | 문제 5번 | 문제 6번 | 문제 7번 | 문제 8번 | 문제 9번 |

01 화면은 봉강 연마 작업중 발생한 사고사례이다. 기인물은 무엇이며, 연마작업시 파편이나 칩의 비래에 의한 위험에 대비하기 위해 설치해야 하는 방호장치명을 쓰시오.(4점)
① 기인물 : (2점)
② 방호장치명 : (2점)

합격정보 위험기계·기구 방호장치기준 제30조(방호조치)

합격KEY
① 2004년 10월 2일 산업기사출제
② 2005년 10월 1일 산업기사 출제
③ 2010년 7월 11일 출제
④ 2011년 10월 22일 출제
⑤ 2012년 10월 21일 출제
⑥ 2013년 4월 27일 출제
⑦ 2015년 7월 18일 산업기사 (문제 3번) 출제
⑧ 2017년 4월 22일 산업기사 출제
⑨ 2017년 10월 22일 기사(문제 1번) 출제
⑩ 2018년 10월 14일 제3회 2부(문제 1번) 출제

정답
① 기인물 : 탁상공구연삭기
② 방호장치명 : 투명한 비산 방지판

자격종목	시험일	비번호	PC번호	남은시간
산업안전산업기사	2020년 7월 25일 2회(3부)	A001	1	60분

단무지가 있고 무릎 정도 물이 차 있는 상태에서 펌프 작동과 동시에 감전되는 동영상

02 화면의 동영상은 습윤상태에서 작업 중 감전재해를 당한 사례이다. 동영상을 참고하여 동종의 재해가 발생하지 않도록 예방조치사항 3가지만 쓰시오.(6점)

배점기준 각 2점×3개=6점

합격KEY
① 2002년 5월 4일 출제
② 2003년 5월 4일 출제
③ 2003년 10월 12일 출제
④ 2008년 7월 13일 출제
⑤ 2018년 7월 8일 제2회 1부(문제 1번) 출제
⑥ 2020년 5월 16일 제1회 3부 기사 출제

정답
① 모터와 전선의 이음새 부분을 작업 전 확인 또는 작업 전 펌프의 작동여부를 확인한다.
② 수중 및 습윤한 장소에서 사용하는 전선은 수분의 침투가 불가능한 것을 사용한다.
③ 감전 방지용 누전 차단기를 설치한다.

자격종목	시험일	비번호	PC번호	남은시간
산업안전산업기사	2020년 7월 25일 2회(3부)	A001	1	60분

작업자가 안전대를 착용하고 전주에 올라서서 작업발판(볼트)을 딛고 변압기 볼트를 조이는 중 추락하는 동영상이다.

03 화면의 전기형강작업중 발생한 재해에서 재해형태와 위험요인(결여사항)을 쓰시오. (6점)

합격KEY
① 2000년 9월 6일 출제
② 2007년 4월 28일 출제
③ 2009년 9월 19일 출제
④ 2010년 7월 11일 산업기사 출제
⑤ 2014년 7월 13일 제2회 3부 기사 출제
⑥ 2019년 4월 21일 제1회 2부(문제 3번) 출제

정답
(1) 재해형태 : 추락(떨어짐)
(2) 위험요인
① 작업중 흡연
② 작업자가 딛고 선 발판이 불안전
③ C.O.S(Cut Out Switch)를 발판용(볼트)에 임시로 걸쳐 놓았다.

04 화면은 크롬 도금 공정 중에 도금의 상태를 검사하는 내용이다. 동영상에 나타난 도금조에 적합한 국소배기장치의 명칭과 크롬산 미스트의 발생을 억제하는 방법을 쓰시오.(6점)

합격KEY
① 2006년 9월 23일 출제
② 2012년 10월 21일 출제
③ 2014년 10월 5일 (문제 5번) 출제
④ 2016년 4월 23일 제1회 (문제 5번) 출제
⑤ 2018년 4월 21일 제2부(문제 5번) 출제
⑥ 2020년 7월 25일 제1부 출제

정답
① 국소배기장치명 : PUSH-PULL(기타 가능 답안 : 측방형, 슬롯형)
② 크롬산 미스트 발생 억제 방법 : 크롬도금조에 소형 플라스틱 볼을 넣어 크롬산 미스트가 발생되는 표면적을 최대한 줄여 크롬산 미스트 발생량을 최소화하고, 계면 활성제를 도금액과 함께 투입하여 크롬산 미스트의 발생을 억제토록 한다.

05 화면은 무채를 썰어내는 기계 작동 중 기계가 갑자기 멈추자 작업자가 점검하는 장면이다. 위험예지포인트를 2가지 적으시오. (4점)

참고
① 2점×2개=4점
② 부분점수 있습니다.

합격KEY
① 2002년 5월 4일 기사 출제
② 2003년 5월 4일 기사 출제
③ 2003년 10월 12일 기사 출제
④ 2007년 10월 13일 출제
⑤ 2014년 7월 13일 제2회 2부 출제
⑥ 2017년 7월 2일 제2회 1부(문제 7번) 출제

정답
① 기계를 정지시킨 상태에서 점검하지 않아 손을 다칠 위험이 있다.
② 인터로크 또는 연동 방호장치가 설치되어 있지 않다.

자격종목	시험일	비번호	PC번호	남은시간
산업안전산업기사	2020년 7월 25일 2회(3부)	A001	1	60분

박공지붕 위쪽과 바닥을 보여준다. 오른쪽에 안전난간, 추락방지망이 미설치된 모습이 보이고, 지붕 위쪽 중간에서 커피를 마시면서 앉아 휴식을 취하는 작업자(안전모, 안전화 착용함)들이 보인다. 작업자 왼쪽과 뒤편에 적재물이 적치되어 있는데, 뒤에 있던 삼각형 적재물이 굴러와 작업자 등에 맞아 작업자가 앞으로 쓰러지는 동영상이다.

06 화면은 박공지붕 설치 작업 중 발생한 재해사례이다. 해당 화면은 박공지붕의 비래에 의해 재해가 발생하였음을 나타내고 있다. 그 위험요인(문제점)과 안전대책 2가지를 쓰시오.(4점)

합격KEY
① 2004년 7월 10일 출제
② 2006년 9월 23일 출제
③ 2007년 10월 13일 출제
④ 2008년 4월 26일 출제
⑤ 2009년 9월 19일 출제
⑥ 2011년 7월 30일 산업기사 출제
⑦ 2012년 4월 28일 출제
⑧ 2012년 7월 14일 산업기사 출제
⑨ 2013년 4월 27일 출제
⑩ 2013년 7월 20일 출제
⑪ 2013년 10월 12일 산업기사 출제
⑫ 2014년 4월 25일 산업기사 출제
⑬ 2014년 7월 13일 산업기사 출제
⑭ 2014년 10월 5일 제3회(문제 3번) 출제
⑮ 2015년 7월 18일 제2회(문제 8번) 출제
⑯ 2017년 10월 22일 기사 제3회(문제 8번) 출제
⑰ 2019년 4월 21일 제1회(문제 6번) 출제
⑱ 2019년 7월 6일 제2회 2부(문제 6번) 출제

정답

(1) 위험요인
① 근로자가 위험한 장소에서 휴식을 취하고 있다.
② 추락방호망이 설치되지 않았다.
③ 한곳에 과적하여 적치하였다.
④ 안전대 부착설비가 없고, 안전대를 착용하지 않았다.

(2) 안전대책
① 근로자는 위험한 장소에서 휴식을 취하지 않는다.
② 추락방호망을 설치한다.
③ 한곳에 과적하여 적치하지 않는다.
④ 안전대 부착설비를 설치하고, 안전대를 착용한다.

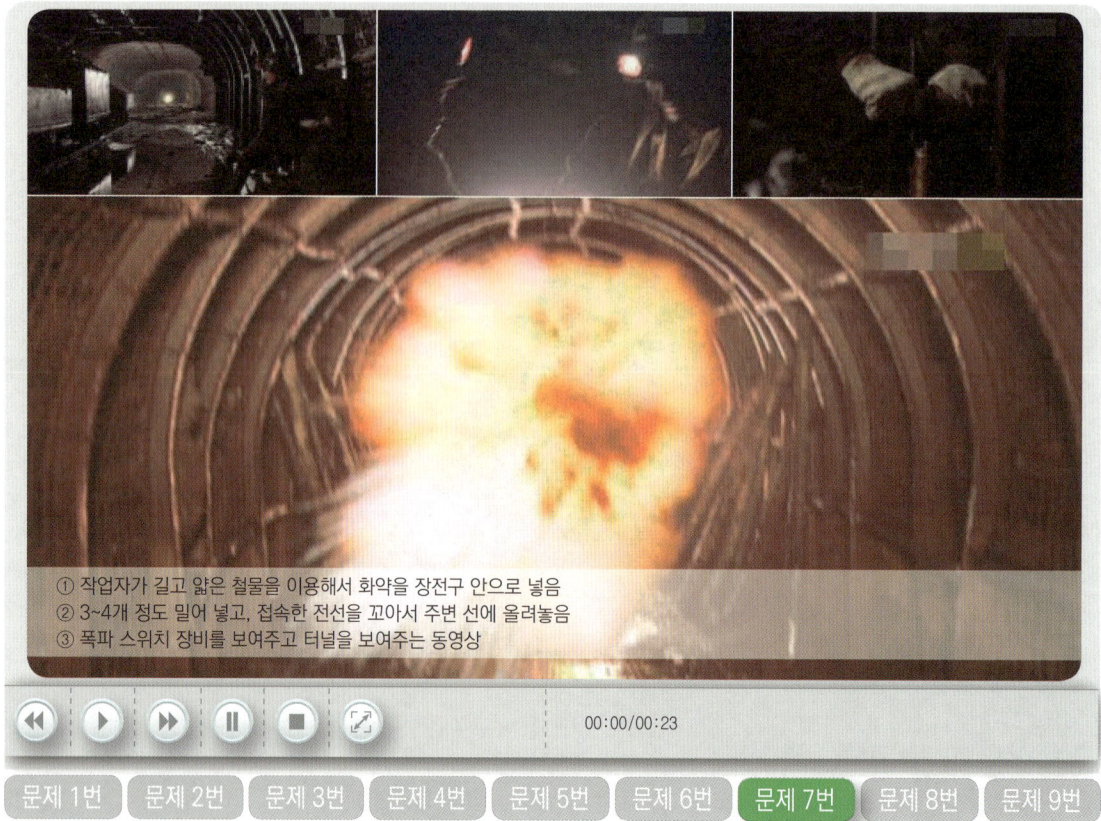

07 화면은 터널 내 발파작업에 관한 사항이다. 동화상 내용 중 근로자가 화약장전시 위험요인 1가지를 쓰시오.(5점)

합격정보 산업안전보건기준에 관한 규칙 제348조(발파의 작업기준)

합격KEY
① 2000년 11월 9일 출제
② 2007년 4월 28일 출제
③ 2009년 7월 11일 출제
④ 2012년 7월 14일 산업기사 출제
⑤ 2013년 4월 27일 출제
⑥ 2013년 10월 12일 산업기사 출제
⑦ 2014년 7월 13일 (문제 3번) 출제
⑧ 2015년 7월 18일 산업기사 (문제 7번) 출제
⑨ 2016년 7월 3일 제2회 2부 기사(문제 7번) 출제

정답 폭약을 장전할 때에는 마찰·충격·정전기 등에 의한 폭발의 위험성이 있으므로 강봉(철근)을 사용하지 말고 규정된 장전봉, 안전한 재료를 사용해야 하는데 얇은 철물을 이용하고 있다.

08 화면은 승강기 컨트롤 패널을 맨손으로 점검(전압측정) 중 발생한 재해사례이다. 감전 방지대책 3가지를 서술하시오.(6점)

채점기준
① 택 3개, 2점×3개=6점
② 조사나 문맥이 모범답안과 다르더라도 의미가 같으면 정답 인정

합격KEY
① 2004년 7월 10일 출제
② 2007년 7월 15일 출제
③ 2009년 9월 20일 출제
④ 2010년 4월 24일 기사 출제
⑤ 2013년 7월 20일 기사 출제
⑥ 2014년 10월 5일 제3회 제3부 기사(문제 6번) 출제
⑦ 2015년 10월 11일 제3회 기사 출제
⑧ 2017년 10월 22일 제3회(문제 6번) 출제
⑨ 2018년 10월 14일 제2부(문제 8번) 출제
⑩ 2020년 7월 25일 제1부 출제

정답
① 각 차단기별로 회로명을 표기하여 오동작을 막는다.
② 잠금장치(시건장치) 및 표찰(TAG)을 사용하여 해당자 이외에 오작동을 막는다.
③ 작업자에게 해당 작업시의 전기위험에 대한 안전교육을 실시한다.
④ 작업자 간의 정확성을 기하기 위해 무전기 등의 연락가능장비를 이용하여 여러 차례 확인하는 절차를 준수한다.

자격종목	시험일	비번호	PC번호	남은시간
산업안전산업기사	2020년 7월 25일 2회(3부)	A001	1	60분

동영상은 탱크 내부 밀폐된 공간에서 작업자가 그라인더 작업을 하고 있고, 다른 작업자가 외부에 설치된 국소배기장치를 발로 차서 전원공급이 차단되어 내부 작업자가 의식을 잃고 쓰러지는 화면을 보여 준다.

09 화면의 밀폐된 공간에서 그라인더 작업시 위험요인 2가지를 쓰시오. (4점)

합격KEY
① 2015년 4월 25일 기사 출제
② 2016년 4월 23일 제1회 2부 출제
③ 2017년 7월 2일 제2회(문제 6번) 출제
④ 2018년 4월 21일 산업기사 제1회 2부 출제
⑤ 2020년 5월 16일 제1회 기사 출제
⑥ 2020년 7월 25일 1부 출제

정답
① 작업시작 전 산소농도 및 유해가스 농도 등의 미 측정과 작업 중에도 계속 환기를 시키지 않아 위험
② 환기를 실시할 수 없거나 산소결핍 위험 장소에 들어갈 때 호흡용 보호구를 착용하지 않아 위험
③ 국소배기장치의 전원부에 잠금장치가 없고, 감시인을 배치하지 않아 위험

문제 및 답안(지), 점수, 채점기준은 일체 공개하지 않는다.

자격종목	시험일	비번호	PC번호	남은시간
산업안전기사	2020년 10월 10일 3회(1부)	A001	1	60분

문제 1번 | 문제 2번 | 문제 3번 | 문제 4번 | 문제 5번 | 문제 6번 | 문제 7번 | 문제 8번 | 문제 9번

01 화면에서와 같이 안전장치가 없는 둥근톱 기계에 고정식 접촉예방장치를 설치하고자 한다. 이때 하단과 테이블 사이의 높이와 하단과 가공재 사이의 간격을 얼마로 조정하는가?(4점)
① 하단과 테이블 사이 높이 :
② 하단과 가공재 사이 간격 :

배점기준 각 2점×2=4점

합격KEY
① 2003년 7월 19일 산업기사(문제 2번) 출제
② 2004년 4월 29일(문제 2번) 출제
③ 2007년 4월 28일 출제
④ 2007년 10월 14일(문제 2번) 출제
⑤ 2016년 7월 3일 제2회 출제
⑥ 2016년 10월 15일 제3회(문제 6번) 출제
⑦ 2017년 10월 22일 제3회 1부(문제 8번) 출제
⑧ 2019년 4월 20일 제1회 2부(문제 8번) 출제
⑨ 2020년 5월 16일 제3부(문제 8번) 출제

정답
① 25[mm] 이하
② 8[mm] 이하

자격종목	시험일	비번호	PC번호	남은시간
산업안전기사	2020년 10월 10일 3회(1부)	A001	1	60분

| 문제 1번 | **문제 2번** | 문제 3번 | 문제 4번 | 문제 5번 | 문제 6번 | 문제 7번 | 문제 8번 | 문제 9번 |

02 동영상은 덤프트럭 적재함을 올리고 실린더 유압장치 밸브를 수리하던 중 발생한 재해사례이다. 동영상과 같이 차량계 하역운반기계 등의 수리 또는 부속장치의 장착 및 해체작업을 하는 때에 작업지휘자를 지정하여 준수하여야 할 사항 2가지를 쓰시오. (4점)

참고
① 산업안전보건기준에 관한 규칙 제20조(출입의 금지 등)
② 산업안전보건기준에 관한 규칙 제176조(수리 등의 작업시의 조치)

합격KEY
① 2008년 7월 13일 출제
② 2008년 10월 5일 출제
③ 2009년 9월 20일 출제
④ 2012년 7월 14일 출제
⑤ 2015년 10월 11일 기사 제3회(문제 2번) 출제
⑥ 2018년 10월 14일 제2부(문제 2번) 출제

정답
① 작업순서를 결정하고 작업을 지휘할 것
② 안전지주 또는 안전블록 등의 사용상황 등을 점검할 것

💬 **합격자의 조언** 조사나 문맥이 모범답안과 다르더라도 의미가 같으면 정답으로 인정한다.

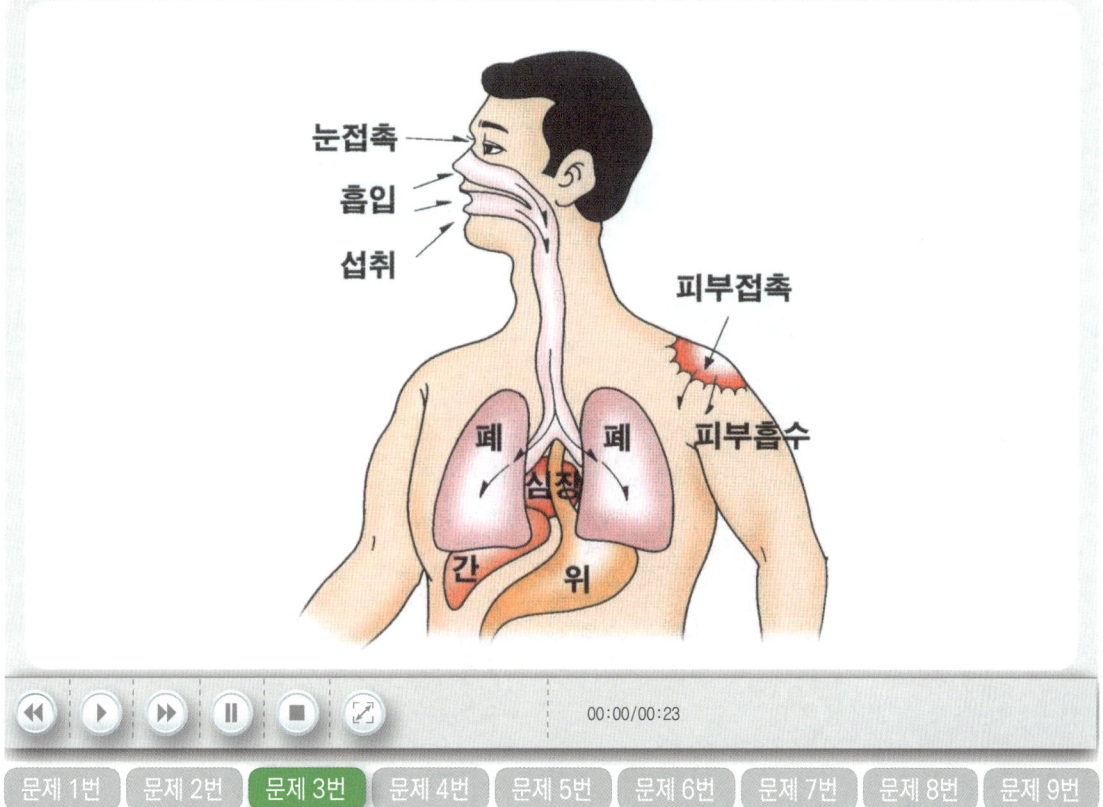

03 화면에서와 같이 장기간 근무할 경우 유해화학물질(H_2SO_4)이 작업자의 체내에 유입될 수 있다. 침입 경로 3가지를 쓰시오.(6점)

정답
① 호흡기
② 소화기
③ 피부점막

자격종목	시험일	비번호	PC번호	남은시간
산업안전기사	2020년 10월 10일 3회(1부)	A001	1	60분

[문제 1번] [문제 2번] [문제 3번] **[문제 4번]** [문제 5번] [문제 6번] [문제 7번] [문제 8번] [문제 9번]

04 동영상은 건물해체에 관한 장면이다. 동영상에서와 같은 작업시 해체계획에 포함되어야 할 사항을 3가지 쓰시오.(단, 그 밖에 안전보건에 관한 사항은 제외한다.)(6점)

참고 산업안전보건기준에 관한 규칙 [별표 4] 사전조사 및 작업계획서 내용

합격KEY
① 2004년 4월 29일 산업기사 출제
② 2008년 10월 5일 산업기사 출제
③ 2009년 7월 11일 출제
④ 2011년 5월 7일 산업기사 출제
⑤ 2011년 10월 22일 출제
⑥ 2012년 7월 14일 출제
⑦ 2013년 4월 27일 출제
⑧ 2013년 10월 12일 제3회 출제
⑨ 2014년 10월 5일 산업기사 출제
⑩ 2015년 4월 25일(문제 6번) 출제
⑪ 2015년 7월 18일 (문제 9번) 출제
⑫ 2016년 7월 3일 제2회 2부 출제
⑬ 2017년 7월 2일 제2회(문제 4번) 출제
⑭ 2018년 10월 14일 제3회(문제 5번) 출제
⑮ 2019년 7월 6일 제1부 산업기사 출제

정답
① 해체의 방법 및 해체순서도면
② 가설설비·방호설비·환기설비 및 살수·방화설비 등의 방법
③ 사업장 내 연락방법
④ 해체물의 처분계획
⑤ 해체작업용 기계·기구 등의 작업계획서
⑥ 해체작업용 화약류 등의 사용계획서

자격종목	시험일	비번호	PC번호	남은시간
산업안전기사	2020년 10월 10일 3회(1부)	A001	1	60분

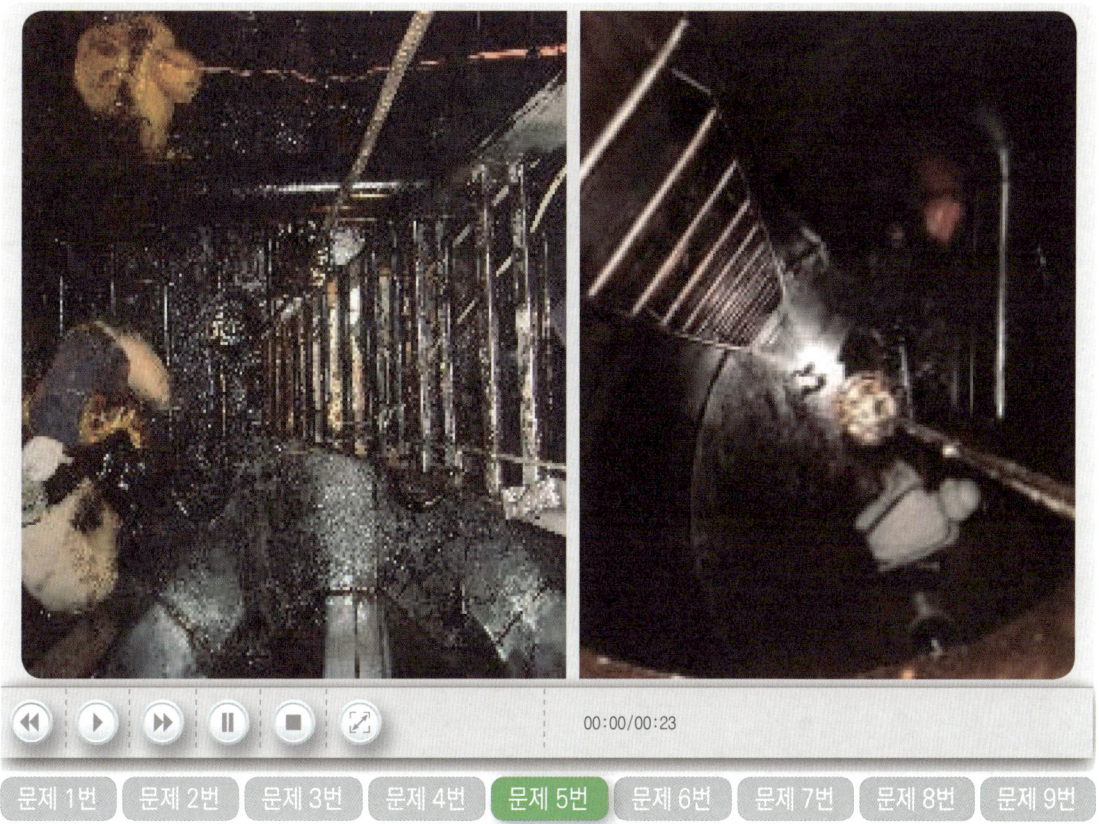

05 동영상은 밀폐된 공간에서 작업을 하고 있다. 밀폐공간 작업시 안전작업수칙 2가지를 쓰시오.(4점)

채점기준
① 6개 중 2개만 선택하세요.
② 2점×2개=4점

합격KEY
① 2003년 10월 12일 출제
② 2007년 4월 28일 출제
③ 2010년 4월 24일 산업기사 출제
④ 2011년 5월 7일 산업기사 출제
⑤ 2012년 7월 14일 출제
⑥ 2014년 4월 25일 산업기사 제1회 2부 출제
⑦ 2017년 7월 2일 기사 제2회(문제 5번) 출제
⑧ 2018년 10월 14일 산업기사 출제

정답
① 작업시작 전 산소 농도 및 유해가스 농도 등을 측정한다.
② 산소 농도가 18[%] 미만일 때는 환기를 실시한다.
③ 산소 농도가 18[%] 이상인가를 확인하고 작업을 실시하며 작업도중에도 계속 환기를 실시한다.
④ 급기·배기를 동시에 실시함을 원칙으로 한다.
⑤ 환기를 실시할 수 없거나 산소결핍 위험 장소에 들어갈 때는 호흡용 보호구를 착용한다.
⑥ 감독자는 항상 작업상황을 살피고 이상시 연락을 할 수 있는 체제를 유지한다.

자격종목	시험일	비번호	PC번호	남은시간
산업안전기사	2020년 10월 10일 3회(1부)	A001	1	60분

06 파지 작업장에서 작업자의 불안전 행동 3가지를 쓰시오. (6점)

합격KEY ▶ 2020년 5월 16일 산업기사 출제

정답
① 파지를 옮기는 기계가 작업자의 머리위로 지나간다.
② 안전모 등 보호구 미착용
③ 움직이는 컨베이어 위에서 작업하고 있다.

자격종목	시험일	비번호	PC번호	남은시간
산업안전기사	2020년 10월 10일 3회(1부)	A001	1	60분

07 화면은 섬유기계의 운전 중 발생한 재해사례이다. 이 영상에서 사용한 기계 작업시 핵심위험요인 2가지를 쓰시오.(5점)

합격KEY
① 2004년 10월 2일(문제 1번)
② 2007년 7월 15일 출제
③ 2011년 7월 30일 출제
④ 2014년 4월 25일 제1회(문제 8번) 출제
⑤ 2017년 10월 22일 제2부(문제 7번) 출제

정답
① 기계의 전원을 차단하지 않고, 기계를 정지시키지 않고 점검을 해서 사고의 위험이 있다.
② 장갑을 착용하고 작업하고 있어 롤러에 손이 끼일 염려가 있다.

자격종목	시험일	비번호	PC번호	남은시간
산업안전기사	2020년 10월 10일 3회(1부)	A001	1	60분

08 화면은 승강기 컨트롤 패널을 맨손으로 점검(전압측정) 중 발생한 재해사례이다. 감전 방지대책 3가지를 서술하시오.(6점)

채점기준
① 택 3개, 2점×3개=6점
② 조사나 문맥이 모범답안과 다르더라도 의미가 같으면 정답 인정

합격KEY
① 2004년 7월 10일 출제
② 2007년 7월 15일 출제
③ 2009년 9월 20일 출제
④ 2010년 4월 24일 기사 출제
⑤ 2013년 7월 20일 기사 출제
⑥ 2014년 10월 5일 제3회 제3부 기사(문제 6번) 출제
⑦ 2015년 10월 11일 제3회 기사 출제
⑧ 2017년 10월 22일 제3회(문제 6번) 출제
⑨ 2018년 10월 14일 제2부(문제 8번) 출제
⑩ 2020년 7월 25일 제1부 출제
⑪ 2020년 7월 25일 산업기사 출제

정답
① 각 차단기별로 회로명을 표기하여 오동작을 막는다.
② 잠금장치(시건장치) 및 표찰(TAG)을 사용하여 해당자 이외에 오작동을 막는다.
③ 작업자에게 해당 작업시의 전기위험에 대한 안전교육을 실시한다.
④ 작업자 간의 정확성을 기하기 위해 무전기 등의 연락가능장비를 이용하여 여러 차례 확인하는 절차를 준수한다.

자격종목	시험일	비번호	PC번호	남은시간
산업안전기사	2020년 10월 10일 3회(1부)	A001	1	60분

09 화면은 박공지붕 설치 작업 중 발생한 재해사례이다. 해당 화면은 박공지붕의 비래에 의해 재해가 발생하였음을 나타내고 있다. 그 위험요인(문제점)과 안전대책 2가지를 쓰시오.(4점)

합격KEY
① 2004년 7월 10일 출제
② 2006년 9월 23일 출제
③ 2007년 10월 13일 출제
④ 2008년 4월 26일 출제
⑤ 2009년 9월 19일 출제
⑥ 2011년 7월 30일 산업기사 출제
⑦ 2012년 4월 28일 출제
⑧ 2012년 7월 14일 산업기사 출제
⑨ 2013년 4월 27일 출제
⑩ 2013년 7월 20일 출제
⑪ 2013년 10월 12일 산업기사 출제
⑫ 2014년 4월 25일 산업기사 출제
⑬ 2014년 7월 13일 산업기사 출제
⑭ 2014년 10월 5일 제3회(문제 3번) 출제
⑮ 2015년 7월 18일 제2회(문제 8번) 출제
⑯ 2017년 10월 22일 기사 제3회(문제 8번) 출제
⑰ 2019년 4월 21일 제1회(문제 6번) 출제
⑱ 2019년 7월 6일 산업기사 출제

정답

(1) 위험요인
① 근로자가 위험한 장소에서 휴식을 취하고 있다.
② 추락방호망이 설치되지 않았다.
③ 한곳에 과적하여 적치하였다.
④ 안전대 부착설비가 없고, 안전대를 착용하지 않았다.

(2) 안전대책
① 근로자는 위험한 장소에서 휴식을 취하지 않는다.
② 추락방호망을 설치한다.
③ 한곳에 과적하여 적치하지 않는다.
④ 안전대 부착설비를 설치하고, 안전대를 착용한다.

자격종목	시험일	비번호	PC번호	남은시간
산업안전기사	2020년 10월 10일 3회(2부)	A001	1	60분

사출성형기 노즐 충전부의 이물질을 제거하다 감전당함

| 문제 1번 | 문제 2번 | 문제 3번 | 문제 4번 | 문제 5번 | 문제 6번 | 문제 7번 | 문제 8번 | 문제 9번 |

01 사출성형기 V형 금형 작업 중 감전재해가 발생한 사례이다. 다음 물음에 답하시오. (4점)
① 영상에 나타난 재해원인 중 기인물은 무엇인가? (2점)
② 영상에 나타난 재해원인 중 가해물은 무엇인가? (2점)

참고 2006년 7월 15일 기사 출제

합격KEY
① 2004년 10월 2일 기사 출제
② 2008년 4월 29일 출제
③ 2011년 7월 30일 출제
④ 2012년 10월 21일 출제
⑤ 2013년 10월 12일(문제 2번) 출제
⑥ 2015년 7월 18일 제2회 제2부(문제 6번) 출제
⑦ 2015년 10월 11일 제3회 1부 출제
⑧ 2017년 7월 2일 제2회 1부(문제 1번) 출제
⑨ 2020년 5월 16일 산업기사 출제

정답
① 기인물 : 사출성형기(사출금형)
② 가해물 : 사출성형기 노즐 충전부

자격종목	시험일	비번호	PC번호	남은시간
산업안전기사	2020년 10월 10일 3회(2부)	A001	1	60분

작업자 2[명]이 전주 위에서 작업을 하고 있다. 작업자 1[명]은 변압기 위에 올라가서 볼트를 풀면서 흡연을 하며 작업을 하고 있고, 잠시 후 영상은 전주 아래부터 위를 보여주는데 발판용 볼트에 C.O.S(Cut Out Switch)가 임시로 걸쳐있음이 보인다. 그리고 다른 작업자 근처에선 이동식크레인에 작업대를 매달고 또 다른 작업을 하는 화면을 보여 준다.

02 화면의 전기형강작업 중 위험요인(결여사항) 3가지를 기술하시오. (6점)

합격KEY
① 2000년 9월 6일 기사 출제
② 2007년 4월 28일 기사 출제
③ 2009년 9월 19일 기사 출제
④ 2010년 7월 11일 출제
⑤ 2014년 7월 13일 기사 출제
⑥ 2014년 10월 5일(문제 3번) 출제
⑦ 2016년 7월 3일 제2회(문제 3번) 출제
⑧ 2017년 10월 22일 제3회(문제 1번) 출제
⑨ 2018년 4월 21일 기사 출제
⑩ 2018년 7월 8일 제2회 2부(문제 2번) 출제
⑪ 2019년 10월 19일 산업기사 출제

정답
① 작업중 흡연
② 작업자가 딛고 선 발판이 불안전
③ C.O.S(Cut Out Switch)를 발판용(볼트)에 임시로 걸쳐 놓았다.

자격종목	시험일	비번호	PC번호	남은시간
산업안전기사	2020년 10월 10일 3회(2부)	A001	1	60분

| 문제 1번 | 문제 2번 | **문제 3번** | 문제 4번 | 문제 5번 | 문제 6번 | 문제 7번 | 문제 8번 | 문제 9번 |

03 동영상에서와 같은 화학설비 중 특수화학설비 내부의 이상상태를 조기에 파악하기 위하여 설치해야 할 장치를 3가지만 쓰시오. (6점)

합격정보 산업안전보건기준에 관한 규칙 제273~276조(계측장치 등의 설치)

채점기준 2점×3개=6점(택 3개)

합격KEY
① 2003년 7월 19일 산업기사 출제　　② 2005년 10월 1일 출제
③ 2007년 4월 28일 출제　　　　　　④ 2007년 10월 13일 산업기사 출제
⑤ 2008년 10월 5일 출제　　　　　　⑥ 2010년 7월 11일 산업기사 출제
⑦ 2013년 7월 20일 출제　　　　　　⑧ 2014년 10월 5일(문제 4번) 출제
⑨ 2015년 7월 18일 제2회 3부 산업기사(문제 2번) 출제　⑩ 2015년 10월 11일 기사 출제
⑪ 2016년 10월 15일 산업기사 제3회(문제 2번) 출제　　⑫ 2018년 10월 14일 제3회 2부(문제 3번) 출제
⑬ 2020년 8월 2일 3부(문제 3번) 출제

정답
① 온도계·유량계·압력계 등의 계측장치
② 자동경보장치(설치가 곤란한 경우는 감시인 배치)
③ 긴급차단장치(원재료 공급차단, 제품방출, 불활성 가스 주입, 냉각용수 공급 등)
④ 예비동력원

자격종목	시험일	비번호	PC번호	남은시간
산업안전기사	2020년 10월 10일 3회(2부)	A001	1	60분

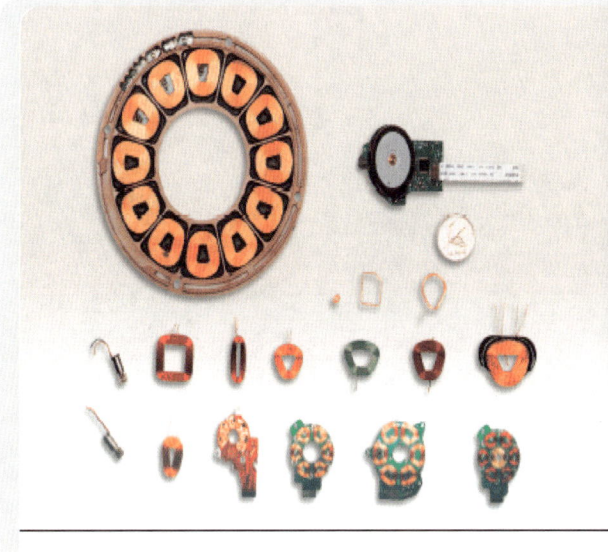
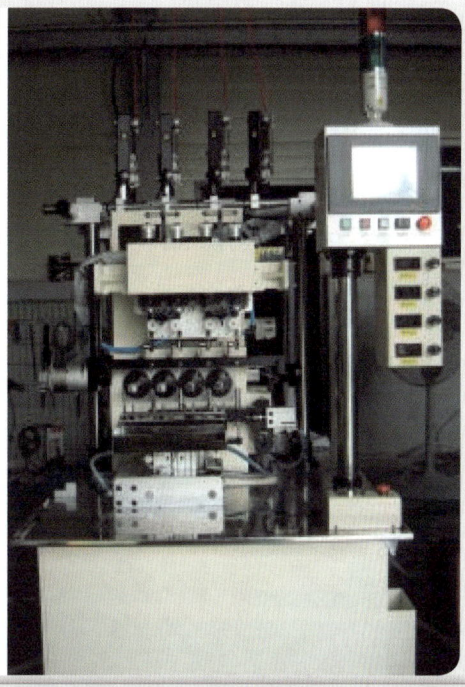

04 화면은 작업자가 전동 권선기에 동선을 감는 작업 중 기계가 정지하여 점검 중 발생한 재해사례이다. 재해유형(형태)과 재해 발생 원인이 무엇인지 1가지 서술하시오. (4점)
(1) 재해유형(형태) : (2점)
(2) 재해원인 : (2점)

참고 조사나 문맥이 모범답안과 다르더라도 의미가 같으면 정답으로 인정한다.

합격KEY ① 2004년 10월 2일 출제　　② 2005년 10월 1일 (문제 2번)
③ 2007년 4월 28일 출제　　④ 2011년 10월 22일 출제
⑤ 2012년 10월 21일 출제　　⑥ 2013년 4월 27일 제1회 출제
⑦ 2014년 10월 5일 제3회 출제　　⑧ 2015년 4월 25일 제1회 1부 출제
⑨ 2017년 7월 2일 제2회(문제 5번) 출제　　⑩ 2019년 7월 6일 제2회 3부(문제 4번) 출제
⑪ 2019년 10월 19일 제3부(문제 4번) 출제

정답
① 재해유형(형태) : 감전
② 재해원인 : 작업자가 내전압용 절연장갑 등 절연용 보호구를 착용하지 않은 채 맨손으로 동선을 감는 중 기계를 정비하였기 때문에 감전되었다.

05 화면은 콘크리트파일을 설치하기 위한 작업과정이다. 항타기 권상장치의 드럼축과 권상장치로부터 첫 번째 도르래의 축 간의 거리를 권상장치의 드럼폭의 (①)배 이상으로 해야 하며 권상장치의 드럼 (②)을 지나야 하며 축과 (③)에 있어야 한다. ( )에 알맞은 내용을 쓰시오. (6점)

참고 산업안전보건기준에 관한 규칙 제216조(도르래의 부착 등)

합격KEY
① 2004년 10월 2일 산업기사(문제 4번)
② 2005년 10월 1일 산업기사(문제 4번)
③ 2007년 7월 15일 출제
④ 2010년 7월 11일 출제
⑤ 2012년 4월 28일 출제
⑥ 2013년 7월 20일 제2회 제1부(문제 4번) 출제
⑦ 2015년 10월 11일 제3회(문제 4번) 출제
⑧ 2017년 10월 22일 제3회(문제 4번) 출제
⑨ 2018년 10월 14일 제1부(문제 2번) 출제

정답
① 15
② 중심
③ 수직면상

06 동영상은 타워크레인을 이용하여 자재를 운반하는 도중에 발생한 재해사례이다. 재해발생 원인 중 타워크레인 운전시 준수되지 않은(잘못된 방법) 3가지만 쓰시오.(6점)

채점기준
① 조사나 문맥이 모범답안과 다르더라도 의미가 같으면 정답으로 인정
② 택 3. 3개 모두 맞으면 6점, 2개 맞으면 4점, 1개 맞으면 2점, 그 외 0점

합격KEY
① 2006년 9월 23일 출제
② 2007년 10월 14일 출제
③ 2008년 7월 13일 출제
④ 2012년 4월 28일 출제
⑤ 2012년 7월 14일 출제
⑥ 2013년 10월 12일(문제 7번) 출제
⑦ 2015년 7월 18일 제2회 출제
⑧ 2016년 10월 15일 제3회 1부 출제
⑨ 2018년 7월 8일 제2회 3부(문제 6번) 출제
⑩ 2020년 5월 16일 제1회 2부(문제 6번) 출제
⑪ 2020년 7월 27일 제2부(문제 6번) 출제

정답
① 신호수를 배치하지 않았다.
② 무전기 등을 사용하여 신호하거나 일정한 신호방법을 미리 정하지 않았다.
③ 권상하중을 작업자 위로 통과시키면 안 된다.
④ 유도(보조) 로프를 설치하지 않았다.
⑤ 크레인 작업반경 밖의 적당한 위치에 하중을 내려놓기 위해서 매단 하물(하중)을 흔들어서는 안 된다.

자격종목	시험일	비번호	PC번호	남은시간
산업안전기사	2020년 10월 10일 3회(2부)	A001	1	60분

00:00/00:23

문제 1번 | 문제 2번 | 문제 3번 | 문제 4번 | 문제 5번 | 문제 6번 | **문제 7번** | 문제 8번 | 문제 9번

07 동영상은 스팀배관의 보수를 위해 누출 부위를 점검하던 중에 발생한 재해사례이다. 동영상에서와 같은 재해를 산업재해 기록·분류에 관한 기준에 따라 분류할 때 해당하는 재해발생형태를 쓰시오. (4점)

보충학습 재해 분류 및 분석

(1) 미국의 ANSI.Z16 분류
  ① 상해의 종류 ② 상해의 부위 ③ 가해물 ④ 사고의 형 ⑤ 불안전한 상태 ⑥ 기인물 ⑦ 불안전한 행위

(2) ILO의 재해 원인 분류

분류항목	내 용
재해형태	추락, 낙반 등
매개물	기계류, 운송 및 기중장비, 기타장비, 재료, 물질, 작업환경 등
재해의 성격	골절, 외상, 타박상 등
상해 부위	머리, 손, 발 등

(3) KOSHA CODE : 산업재해 용어 정의

합격KEY
① 2007년 7월 15일 출제
② 2008년 10월 5일 출제
③ 2011년 7월 30일 출제
④ 2012년 10월 21일 출제
⑤ 2015년 4월 25일 제1회(문제 7번) 출제
⑥ 2018년 4월 21일 제2부 (문제 6번) 출제

정답 스팀누출에 의한 화상 또는 이상온도 노출·접촉

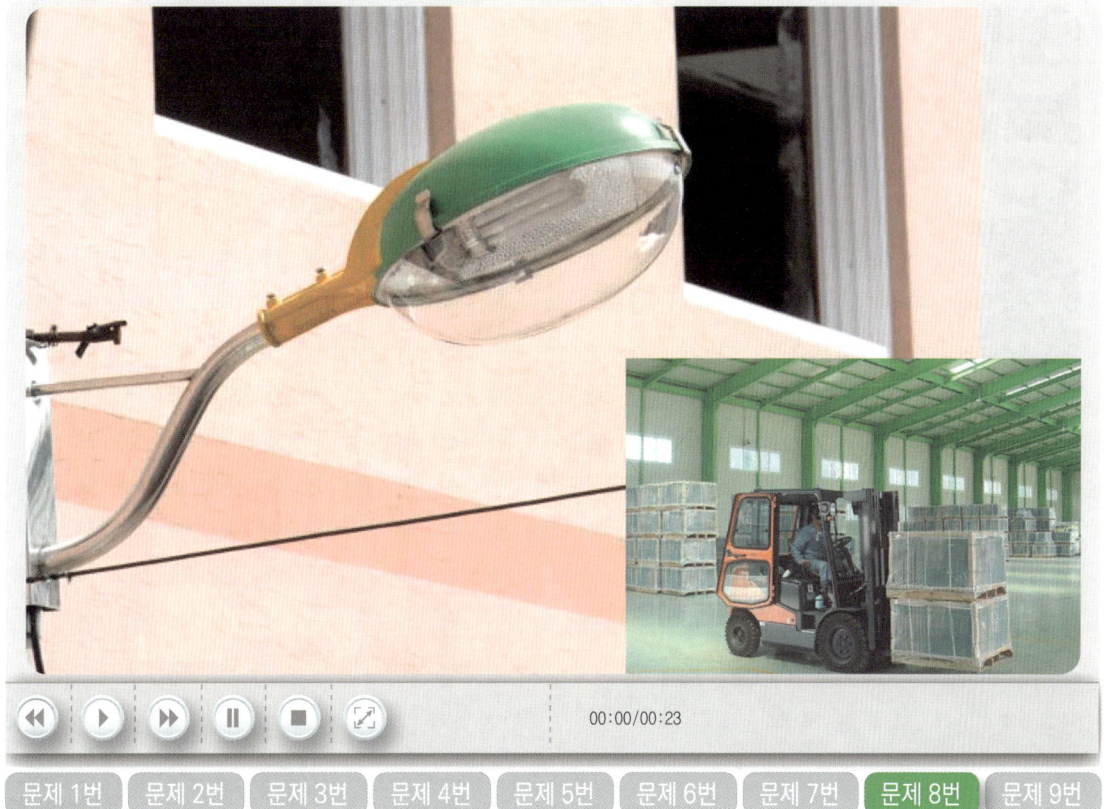

08 지게차 포크 위에서 전구교체작업을 하고 있다. 불안전한 행동 3가지를 쓰시오. (5점)

합격KEY ▶ 2020년 5월 16일 산업기사 출제

정답
① 안전한 작업발판을 사용하지 않고 지게차 위에서 작업했다.
② 지게차의 운전자를 제외한 다른 작업자가 탑승했다.
③ 전원을 차단하지 않고 전구교체 작업을 했다.

자격종목	시험일	비번호	PC번호	남은시간
산업안전기사	2020년 10월 10일 3회(2부)	A001	1	60분

고무장갑, 고무장화를 착용하고 담배를 피우면서 작업

00:00/00:23

09 동영상은 자동차부품을 도금한 후 세척하는 과정이다. 이 영상을 참고하여 위험예지훈련을 하고자 한다면 이와 연관된 행동목표 2가지만 제시하시오.(4점)

합격KEY
① 2004년 10월 2일 출제
② 2007년 4월 28일 출제
③ 2008년 7월 13일 출제
④ 2011년 5월 7일 산업기사 출제
⑤ 2013년 10월 12일 제3회(문제 9번) 출제
⑥ 2018년 4월 21일 제1회 1부 기사 출제
⑦ 2020년 7월 25일 산업기사 출제

정답
① 작업 중 흡연을 하지 말자.
② 세척 작업시 불침투성 보호(의)복을 착용하자.

문제 및 답안(지), 점수, 채점기준은 일체 공개하지 않는다.

자격종목	시험일	비번호	PC번호	남은시간
산업안전기사	2020년 10월 10일 3회(3부)	A001	1	60분

작업자가 사무실에서 의자에 앉아 컴퓨터 조작 중이다. 동영상은 작업자에게 의자 높이가 맞지 않아 다리를 구부리고 앉아있는 모습, 모니터가 놓여 있는 모습, 키보드를 손으로 조작하는 모습을 보여주고 있다.

01 화면에서 VDT(영상 표시 단말기) 작업시 위험요인 3가지를 쓰시오.(6점)

채점기준
① 각 항의 내용이 모범답안과 의미가 동일하면 정답이 된다.
② 각 2점×3개=6점

합격KEY
① 2003년 7월 19일 출제
② 2005년 10월 1일 기사 출제
③ 2007년 7월 15일 기사 출제
④ 2013년 7월 20일(문제 2번) 출제
⑤ 2016년 4월 23일 (문제 2번) 출제

정답
① 반복작업으로 인한 어깨결림, 손목통증 등의 장해를 입을 수 있다.
② 장시간 앉아 있는 작업자세로 인한 요통의 위험이 있다.
③ 장시간 화면에 시선집중 등으로 인한 시력부담 및 저하를 가져올 수 있다.

자격종목	시험일	비번호	PC번호	남은시간
산업안전기사	2020년 10월 10일 3회(3부)	A001	1	60분

| 문제 1번 | 문제 2번 | 문제 3번 | 문제 4번 | 문제 5번 | 문제 6번 | 문제 7번 | 문제 8번 | 문제 9번 |

02 화면은 건설작업용 리프트를 사용하여 작업하는 내용이다. 이 리프트의 작업시작 전 점검 내용을 2가지만 쓰시오.(4점)

> **참고** 산업안전보건기준에 관한 규칙 [별표 3] 작업시작 전 점검 사항

> **합격KEY**
> ① 2006년 9월 23일 산업기사 출제
> ② 209년 4월 19일 출제
> ③ 2011년 5월 7일 산업기사 출제
> ④ 2012년 7월 14일 제2회 출제
> ⑤ 2018년 4월 21일 제1회 출제
> ⑥ 2019년 7월 6일 제2회 (문제 2번) 출제

> **정답**
> ① 방호장치·브레이크 및 클러치의 기능
> ② 와이어로프가 통하고 있는 곳의 상태
>
> **합격대책**
> 실기 작업형 시험은 기사, 산업기사 구분없이 공부하셔야 만점이 가능합니다.

자격종목	시험일	비번호	PC번호	남은시간
산업안전기사	2020년 10월 10일 3회(3부)	A001	1	60분

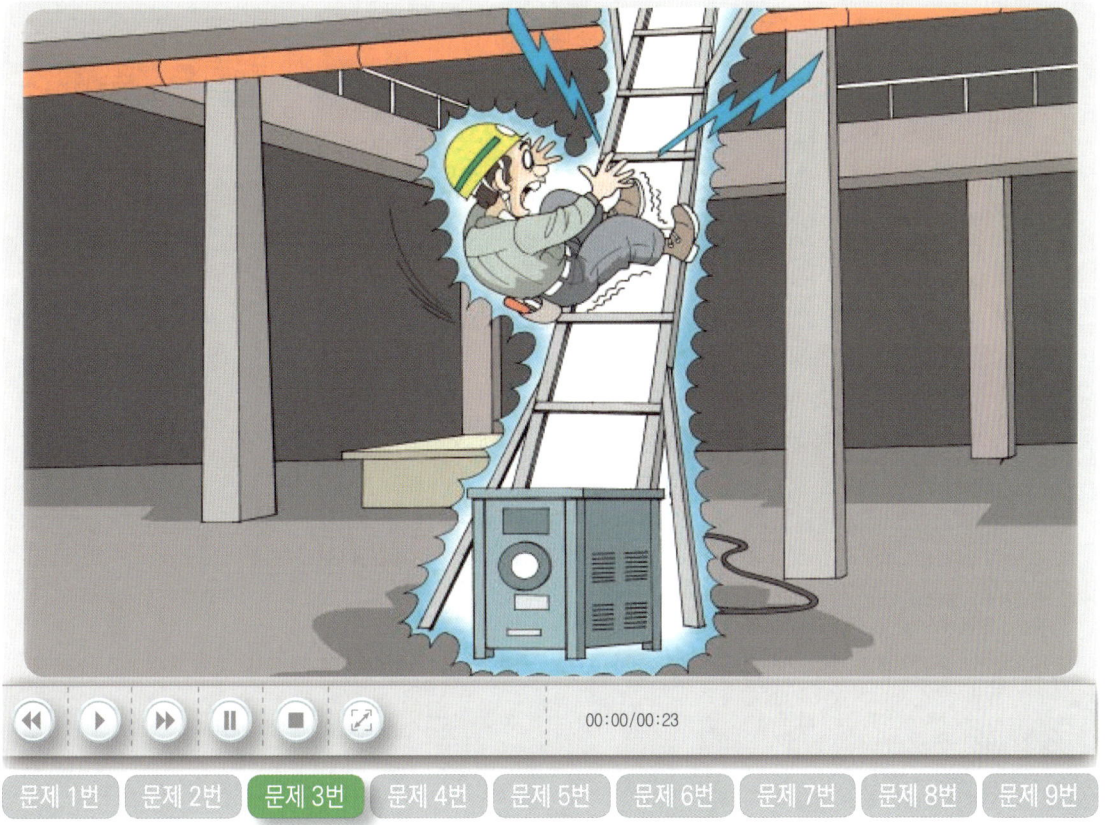

| 문제 1번 | 문제 2번 | 문제 3번 | 문제 4번 | 문제 5번 | 문제 6번 | 문제 7번 | 문제 8번 | 문제 9번 |

03 화면은 전주에 사다리를 기대고 작업 중 넘어지는 재해를 보여 주고 있다. 동영상에서와 같이 이동식 사다리의 넘어짐을 방지하기 위한 조치사항 3가지 쓰시오.(6점)

> **참고** 산업안전보건기준에 관한 규칙 제42조(추락의 방지)

> **합격KEY**
> ① 2014년 4월 25일(문제 3번) 출제
> ② 2015년 7월 18일 제2회 3부(문제 3번) 출제
> ③ 2019년 10월 19일 산업기사 출제

정답
① 이동식 사다리를 견고한 시설물에 연결하여 고정할 것
② 아웃트리거(outrigger, 전도방지용 지지대)를 설치하거나 아웃트리거가 붙어있는 이동식 사다리를 설치할 것
③ 이동식 사다리를 다른 근로자가 지지하여 넘어지지 않도록 할 것

자격종목	시험일	비번호	PC번호	남은시간
산업안전기사	2020년 10월 10일 3회(3부)	A001	1	60분

작업자가 교류아크용접을 한다. 용접을 한 번 하고서 슬러지를 털어낸 뒤 육안으로 확인 후 다시 한 번 용접을 위해 아크불꽃을 내는 순간 감전되어 쓰러진다.(작업자는 습윤장소에서 일반 캡 모자와 목장갑 착용)

| 문제 1번 | 문제 2번 | 문제 3번 | 문제 4번 | 문제 5번 | 문제 6번 | 문제 7번 | 문제 8번 | 문제 9번 |

04 화면은 교류아크용접 작업중 재해가 발생한 사례이다. (1) 기인물과 이 작업시 눈과 감전재해위험으로부터 작업자를 보호하기 위해 착용해야 할 (2) 보호구 명칭 두 가지를 쓰시오.(4점)

합격KEY
① 2004년 10월 2일 출제
② 2014년 4월 25일 기사 출제
③ 2014년 10월 5일(문제 2번) 출제
④ 2016년 7월 3일 제2회 출제
⑤ 2016년 10월 15일 제3회 기사 출제
⑥ 2017년 10월 22일 제3회 2부(문제 2번) 출제
⑦ 2019년 4월 21일 산업기사 출제

정답
(1) 기인물 : 교류아크용접기
(2) 보호구
  ① 차광보안경(용접용 보안면)
  ② 안전장갑(용접용 장갑)

자격종목	시험일	비번호	PC번호	남은시간
산업안전기사	2020년 10월 10일 3회(3부)	A001	1	60분

05 화면은 실험실에서 크롬도금작업을 하고 있다. 화학물질(유해물질) 취급시 일반적인 주의사항 3가지를 쓰시오. (6점)

채점기준 6개 중 3개 선택, 2점×3개=6점

합격KEY
① 2001년 11월 11일 산업기사 출제
② 2012년 4월 28일 출제
③ 2013년 7월 20일 출제
④ 2014년 10월 5일 제3회 제3부(문제 2번) 출제
⑤ 2015년 10월 11일(문제 1번) 출제
⑥ 2017년 4월 22일 제1회 2부 출제
⑦ 2018년 7월 8일 제2회(문제 7번) 출제

정답
① 유해물질에 대한 사전 조사
② 유해물 발생원인 봉쇄
③ 작업공정의 은폐, 작업장의 격리
④ 유해물의 위치, 작업공정의 변경
⑤ 실내환기와 점화원의 제거(밀폐공간 환풍기 설치, 국소배기장치 설치)
⑥ 환경의 정돈과 청소

💬 **합격자의 조언** ① 합격에도 기본이 필요합니다.
② 실기작업형은 기사, 산업기사 구분없이 10년치는 보셔야 안전하게 합격됩니다.

06 화면 사진의 H_2(수소)의 특성을 쓰시오. (4점)

보충학습 지구온난화를 유발하는 6대 온실가스
저탄소 녹색성장 기본법 제2조 : 이산화탄소(CO_2), 메탄(CH_4), 과불화탄소(PFCs), 육불화황(SF_6) 및 그 밖에 대통령령으로 정하는 것으로 적외선 복사열을 흡수하거나 재방출하여 온실효과를 유발하는 대기 중의 가스 상태의 물질을 말한다.

정답
① 수소는 무색·무미·무취의 기체다.
② 지구상에 존재하는 물질 중에서 가장 가볍다.
③ 항상 수소분자 H_2로 이루어진다.
④ 산소와의 2:1 혼합물은 500℃ 이상에서 격렬하게 반응하여 폭발하며, 산소수소 폭명기라고 한다.

자격종목	시험일	비번호	PC번호	남은시간
산업안전기사	2020년 10월 10일 3회(3부)	A001	1	60분

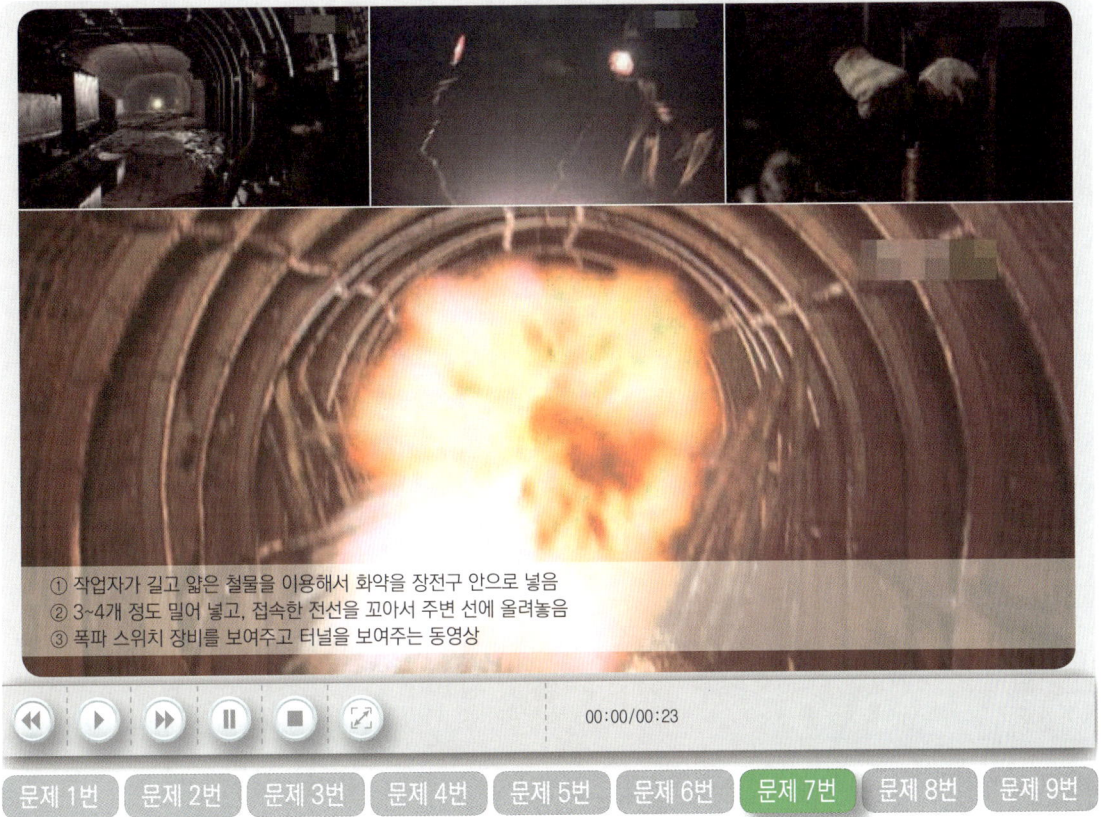

07 화면은 터널 내 발파작업에 관한 사항이다. 동화상 내용 중 근로자가 화약장전시 위험요인 1가지를 쓰시오. (5점)

합격정보 산업안전보건기준에 관한 규칙 제348조(발파의 작업기준)

합격KEY
① 2000년 11월 9일 출제
② 2007년 4월 28일 출제
③ 2009년 7월 11일 출제
④ 2012년 7월 14일 산업기사 출제
⑤ 2013년 4월 27일 출제
⑥ 2013년 10월 12일 산업기사 출제
⑦ 2014년 7월 13일 (문제 3번) 출제
⑧ 2015년 7월 18일 산업기사 (문제 7번) 출제
⑨ 2016년 7월 3일 제2회 2부 기사(문제 7번) 출제
⑩ 2020년 7월 25일 산업기사 출제

정답 폭약을 장전할 때에는 마찰·충격·정전기 등에 의한 폭발의 위험성이 있으므로 강봉(철근)을 사용하지 말고 규정된 장전봉, 안전한 재료를 사용해야 하는데 얇은 철물을 이용하고 있다.

자격종목	시험일	비번호	PC번호	남은시간
산업안전기사	2020년 10월 10일 3회(3부)	A001	1	60분

피트 내에서 나무판자로 엉성하게 이어붙인 발판 위에서 벽면에 돌출되어 있는 못을 망치로 제거하는 동영상

00:00/00:23

[문제 1번] [문제 2번] [문제 3번] [문제 4번] [문제 5번] [문제 6번] [문제 7번] **[문제 8번]** [문제 9번]

08 화면은 승강기 설치 전 피트 내부에서 청소작업 중에 승강기의 개구부로 작업자가 추락하여 사망사고가 발생한 재해사례이다. 이 영상에서 나타난 핵심위험요인을 3가지를 쓰시오. (6점)

합격정보 산업안전보건기준에 관한 규칙 제43조(개구부 등의 방호조치)

합격KEY
① 2006년 9월 23일 기사 출제
② 2007년 10월 14일 기사 출제
③ 2009년 4월 26일 기사 출제
④ 2011년 5월 7일 출제
⑤ 2014년 10월 5일 출제
⑥ 2015년 7월 18일 기사 출제
⑦ 2016년 4월 23일(문제 5번) 출제
⑧ 2016년 7월 3일 제2회 기사 출제
⑨ 2016년 10월 15일 제3회 기사 출제
⑩ 2017년 10월 22일 산업기사 제3회(문제 5번) 출제
⑪ 2018년 10월 14일 제3회 2부(문제 8번) 출제
⑫ 2020년 5월 16일 제1회 2부(문제 8번) 출제
⑬ 2020년 8월 2일 제2회 (문제 8번) 출제

정답
① 작업발판이 고정되어 있지 않았다.
② 작업자가 안전난간 및 안전대를 걸지 않고 작업하였다.
③ 수직형 추락방망을 설치하지 않았다.

자격종목	시험일	비번호	PC번호	남은시간
산업안전기사	2020년 10월 10일 3회(3부)	A001	1	60분

작업자 한 명이 콘센트에 플러그를 꽂고 그라인더 작업 중이고, 다른 작업자가 다가와서 작업을 위해 콘센트에 플러그를 꽂고 주변을 만지는 도중 감전이 발생하는 동영상

09 화면상에서 분전반 전면에 위치한 그라인더 기기를 활용한 작업에서 위험요인 2가지를 쓰시오. (4점)

합격KEY
① 2015년 7월 18일 산업기사 출제
② 2019년 7월 6일 제2회(문제 9번) 출제

정답
① 작업자가 맨손으로 작업을 하여 위험하다.
② 작업자가 내전압용 절연장갑 등 절연용 보호구를 착용하지 않아 위험하다.

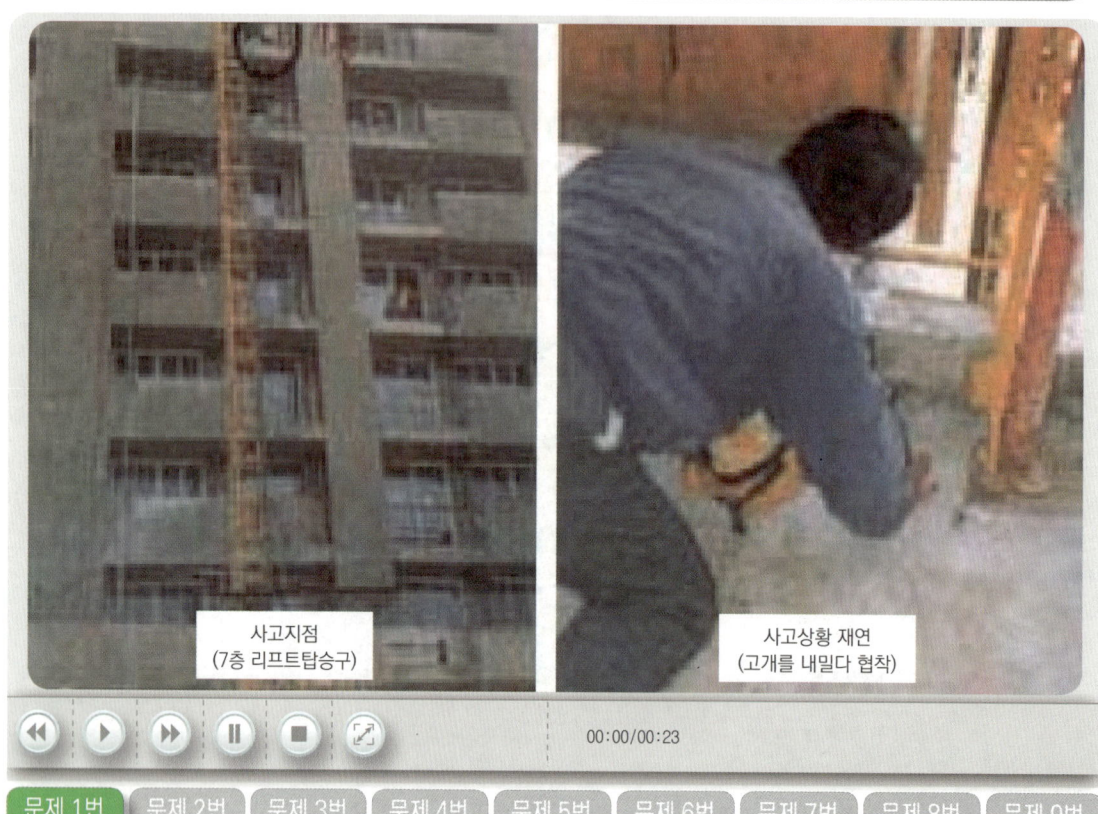

01 화면은 건설작업용 리프트의 안전을 확인하는 내용이다. 이 리프트의 방호장치 2가지를 쓰시오. (4점)

합격정보
① 산업안전보건기준에 관한 규칙 제134조(방호장치의 조정)
② 위험기계·기구 방호장치 기준 제18조(방호장치)

합격KEY
① 2007년 7월 15일 출제
② 2010년 4월 24일 출제
③ 2014년 7월 13일 제2회 제2부(문제 6번) 출제
④ 2015년 10월 11일 제3회 1부 출제
⑤ 2017년 7월 2일 제2회(문제 8번) 출제
⑥ 2018년 4월 21일 제1회 2부(문제 8번) 출제

정답
① 과부하방지장치
② 권과방지장치
③ 비상정지장치
④ 조작반에 잠금장치

자격종목	시험일	비번호	PC번호	남은시간
산업안전산업기사	2020년 10월 17일 3회(1부)	A001	1	60분

작업자가 도금된 제품상태를 확인하기 위해 냄새를 맡고 있다.

문제 1번 | **문제 2번** | 문제 3번 | 문제 4번 | 문제 5번 | 문제 6번 | 문제 7번 | 문제 8번 | 문제 9번

02 화면은 크롬 도금 공정 중에 도금의 상태를 검사하는 내용이다. 화면에서와 같은 작업시 근로자가 착용해야 할 보호구의 종류를 2가지만 쓰시오.(단, 고무장갑과 고무장화는 제외한다.)(4점)

참고 제4편 제1장 실제시험편(기초, 기본) : 화학-4013, 4014

합격KEY
① 2006년 9월 23일 출제
② 2012년 4월 28일 기사 출제
③ 2013년 4월 27일 제1회 1부(문제 1번) 기사 출제
④ 2015년 4월 25일(문제 1번) 출제
⑤ 2016년 7월 3일(문제 2번) 출제

정답
① 불침투성 보호의(복)
② 방독마스크

합격자의 조언
① 반드시 실기작업형은 기사와 산업기사가 공통으로 된 교재를 보셔야 만점합격 합니다.
② 이유는 기사에서 출제된 문제가 동일하게 산업기사에 출제됩니다.

자격종목	시험일	비번호	PC번호	남은시간
산업안전산업기사	2020년 10월 17일 3회(1부)	A001	1	60분

교류아크용접 작업장에서 작업자가 혼자 작업을 하고 있음.(작업 내용은 대형 관의 플랜지 아래 부위를 아크용접하는 상황) 왼손으로는 플랜지 회전 스위치를 조작해 가며 오른손으로 용접을 하는 상황, 주위에는 인화성 물질로 보이는 깡통 등이 용접작업 주변에 쌓여 있음.

03 화면은 배관 전기 용접작업에 관한 내용이다. 동영상의 내용 중 위험요인이 내재되어 있다. 감전되기 쉬운 장비의 부품(명칭)을 4가지 쓰시오.(4점)

참고

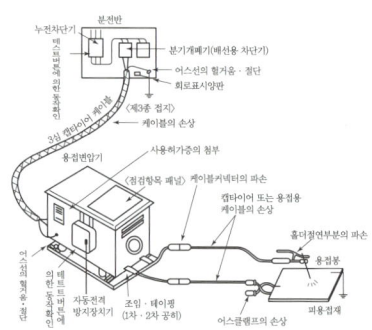

[그림] 교류아크용접기의 안전점검 계통도

합격KEY
① 2004년 10월 2일 기사 출제
② 2007년 4월 28일 기사 출제
③ 2014년 7월 13일 제2회 제1부(문제 3번) 출제
④ 2015년 10월 11일 제3회 2부 출제
⑤ 2017년 7월 2일 제2회 1부 출제

정답
① 용접홀더 ② 용접케이블
③ 용접봉 ④ 피용접재
⑤ 용접기 본체(케이스) ⑥ 용접기 리드 단자

자격종목	시험일	비번호	PC번호	남은시간
산업안전산업기사	2020년 10월 17일 3회(1부)	A001	1	60분

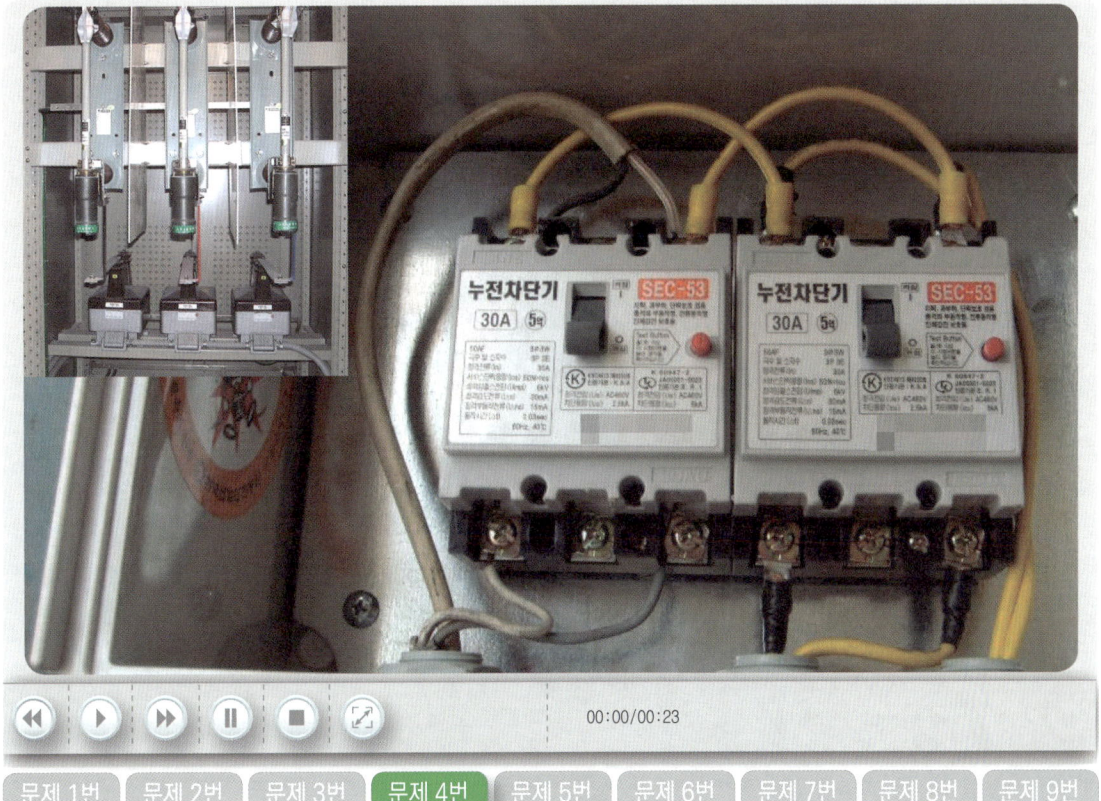

04 동영상에서 작업자가 퓨즈 교체 작업 중 감전사고가 발생했다. 감전위험요인 2가지를 쓰시오.(4점)

> **참고** 산업안전보건기준에 관한 규칙 제304조(누전차단기에 의한 감전방지)
>
> **합격KEY** ① 2014년 7월 13일 제2회 제1부(문제 4번) 출제
> ② 2015년 10월 11일(문제 4번) 출제
> ③ 2017년 4월 22일 제1회 2부 출제

정답
① 전원을 차단하지 않고 퓨즈교체 작업을 함
② 절연용보호구 미착용

자격종목	시험일	비번호	PC번호	남은시간
산업안전산업기사	2020년 10월 17일 3회(1부)	A001	1	60분

05 동영상은 건물해체에 관한 장면이다. 동영상에서와 같은 작업시 해체계획에 포함되어야 할 사항을 5가지 쓰시오.(단, 그 밖에 안전보건에 관한 사항은 제외한다.)(5점)

합격정보 산업안전보건기준에 관한 규칙 [별표 4] 사전조사 및 작업계획서 내용

합격KEY
① 2004년 4월 29일 산업기사 출제
② 2008년 10월 5일 산업기사 출제
③ 2009년 7월 11일 출제
④ 2011년 5월 7일 산업기사 출제
⑤ 2011년 10월 22일 출제
⑥ 2012년 7월 14일 출제
⑦ 2013년 4월 27일 출제
⑧ 2013년 10월 12일 제3회 출제
⑨ 2014년 10월 5일 산업기사 출제
⑩ 2015년 4월 25일(문제 6번) 출제
⑪ 2015년 7월 18일 (문제 9번) 출제
⑫ 2016년 7월 3일 제2회 2부 출제
⑬ 2017년 7월 2일 제2회(문제 4번) 출제
⑭ 2018년 10월 14일 제3회(문제 5번) 출제
⑮ 2019년 7월 7일 제2회 산업기사(문제 4번) 출제

정답
① 해체의 방법 및 해체순서도면
② 가설설비 · 방호설비 · 환기설비 및 살수 · 방화설비 등의 방법
③ 사업장 내 연락방법
④ 해체물의 처분계획
⑤ 해체작업용 기계 · 기구 등의 작업계획서
⑥ 해체작업용 화약류 등의 사용계획서

06 화면을 참고하여 철골작업시 작업을 중지해야 할 경우 3가지를 기술하시오. (6점)

정답
① 풍속이 초당 10[m] 이상인 경우
② 강우량이 시간당 1[mm] 이상인 경우
③ 강설량이 시간당 1[cm] 이상인 경우

자격종목	시험일	비번호	PC번호	남은시간
산업안전산업기사	2020년 10월 17일 3회(1부)	A001	1	60분

| 문제 1번 | 문제 2번 | 문제 3번 | 문제 4번 | 문제 5번 | 문제 6번 | **문제 7번** | 문제 8번 | 문제 9번 |

07 동영상은 변압기의 전압을 측정하는 작업중에 발생한 재해사례이다. 동영상에서와 같은 재해를 방지하기 위하여 변압기의 활선 유무를 확인할 수 있는 방법을 3가지만 쓰시오.(6점)

채점기준 3가지 모두 맞으면 6점, 2가지 맞으면 4점, 1가지 맞으면 2점

합격KEY
① 2005년 10월 1일 기사 출제
② 2008년 7월 13일 출제
③ 2009년 9월 20일 출제
④ 2012년 10월 21일 출제
⑤ 2014년 10월 5일(문제 3번) 출제

정답
① 검전기로 확인한다.
② 접지봉으로 접촉 확인한다.
③ 테스터의 지시치를 확인한다.

08 화면은 인화성 물질의 취급 및 저장소이다. 인화성 물질의 증기, 인화성 가스 또는 인화성 분진이 존재하여 폭발 또는 화재가 발생할 우려가 있을 경우의 예방대책을 2가지 쓰시오.(4점)

합격KEY ① 2004년 10월 2일 기사출제
② 2010년 9월 19일 출제
③ 2013년 7월 20일 제2회 2부(문제 8번) 출제

정답
① 통풍 · 환기 및 제진 등의 조치를 할 것
② 폭발 또는 화재를 미리 감지할 수 있는 가스검지 및 경보장치를 설치하고 그 성능이 발휘될 수 있도록 할 것
③ 불꽃 또는 아크를 발생하거나 고온으로 될 우려가 있는 화기 또는 기계 · 기구 및 공구 등을 사용하지 말 것

09 화면은 승강기 설치작업을 하고 있다. 승강기 방호장치 6가지를 쓰시오. (6점)

참고 산업안전보건기준에 관한 규칙 제134조(방호장치의 조정)

합격KEY ① 2018년 7월 8일 산업기사 제2회(문제 4번) 출제
② 2018년 10월 14일 제3회 1부(문제 4번)출제

정답
① 과부하 방지장치
② 권과방지 장치
③ 비상정지장치
④ 제동장치
⑤ 파이널 리미트 스위치(final limit switch)
⑥ 속도 조절기
⑦ 출입문인터록(inter lock)

자격종목	시험일	비번호	PC번호	남은시간
산업안전산업기사	2020년 10월 17일 3회(2부)	A001	1	60분

운전석에서 내려 덤프트럭 적재함을 올리고 실린더 유압장치 밸브를 수리하던 중 적재함 사이에 끼임

문제 1번 문제 2번 문제 3번 문제 4번 문제 5번 문제 6번 문제 7번 문제 8번 문제 9번

01 동영상은 덤프트럭 적재함을 올리고 실린더 유압장치 밸브를 수리하던 중 발생한 재해사례이다. 동영상과 같이 차량계 하역운반기계 등의 수리 또는 부속장치의 장착 및 해체작업을 하는 때에 작업지휘자의 준수사항 2가지를 쓰시오. (4점)

합격정보
① 산업안전보건기준에 관한 규칙 제20조(출입의 금지 등)
② 산업안전보건기준에 관한 규칙 제176조(수리 등의 작업시의 조치)

합격KEY
① 2008년 7월 13일 출제
② 2008년 10월 5일 출제
③ 2009년 9월 20일 출제
④ 2012년 7월 14일 산업기사 출제
⑤ 2012년 10월 21일 출제
⑥ 2013년 10월 12일 제3회(문제 2번) 출제
⑦ 2017년 10월 22일 기사(문제 2번) 출제
⑧ 2018년 10월 14일 산업기사 출제

정답
① 포크·버킷·암 또는 이들에 의하여 지지되어 있는 화물의 밑에 근로자를 출입시키지 말 것
② 작업순서를 결정하고 작업을 지휘할 것
③ 안전지주 또는 안전블록 등의 사용상황 등을 점검할 것

💬 **합격자의 조언** 조사나 문맥이 모범답안과 다르더라도 의미가 같으면 정답으로 인정한다.

02 화면상에서와 같이 마그네틱 크레인으로 물건(금형 : 金型)을 옮기다 발생한 재해에 있어서 그 위험요인을 3가지 쓰시오. (6점)

합격KEY ① 2014년 10월 5일 제3회 3부(문제 8번) 출제
② 2020년 5월 16일 기사 1회 2부 출제

정답
① 전선 피복이 벗겨져 감전의 위험이 있다.
② 조정장치 전선 피복이 벗겨져 있어 내부전선 단선으로 호이스트가 오동작하여 물건이(금형) 떨어질 위험이 있다.
③ 작업반경내 금형이 낙하(떨어질) 위험장소에서 조정장치를 조작하고 있어 위험하다.

03 높이가 2[m] 이상인 작업장소에서 근로자가 작업발판 위에서 작업을 하고 있다. 작업발판 설치기준 3가지를(단, 작업발판 폭과 틈은 제외) 쓰시오. (6점)

정답
① 발판재료는 작업시의 하중을 견딜 수 있도록 견고한 구조로 할 것
② 추락의 위험이 있는 장소에는 안전난간을 설치할 것. 다만, 작업의 성질상 안전난간을 설치하는 것이 곤란한 경우, 작업의 필요상 임시로 안전난간을 해체할 때에 추락방호망을 설치하거나 근로자로 하여금 안전대를 사용하도록 하는 등 추락위험 방지 조치를 한 경우에는 그러하지 아니하다.
③ 작업발판의 지지물은 하중에 의하여 파괴될 우려가 없는 것을 사용할 것
④ 작업발판 재료는 뒤집히거나 떨어지지 않도록 둘 이상의 지지물에 연결하거나 고정시킬 것
⑤ 작업발판을 작업에 따라 이동시킬 경우에는 위험 방지에 필요한 조치를 할 것

자격종목	시험일	비번호	PC번호	남은시간
산업안전산업기사	2020년 10월 17일 3회(2부)	A001	1	60분

작업자가 교류아크용접을 한다. 용접을 한 번 하고서 슬러지를 털어낸 뒤 육안으로 확인 후 다시 한 번 용접을 위해 아크불꽃을 내는 순간 감전되어 쓰러진다.(작업자는 일반 캡 모자와 목장갑 착용)

04 화면은 교류아크용접 작업중 재해가 발생한 사례이다. (1) 기인물과 이 작업시 눈과 감전재해위험으로부터 작업자를 보호하기 위해 착용해야 할 (2) 보호구 명칭 두 가지를 쓰시오.(4점)

합격KEY ① 2004년 10월 2일 출제
② 2014년 4월 25일 기사 출제
③ 2014년 10월 5일(문제 2번) 출제
④ 2016년 7월 3일 제2회 출제
⑤ 2016년 10월 15일 제3회 기사 출제
⑥ 2017년 10월 22일 제3회 2부(문제 2번) 출제

정답
(1) 기인물 : 교류아크용접기
(2) 보호구
　① 차광보안경(용접용 보안면)
　② 안전장갑(용접용 장갑)

자격종목	시험일	비번호	PC번호	남은시간
산업안전산업기사	2020년 10월 17일 3회(2부)	A001	1	60분

05 화면은 공장 지붕 철골상에 패널 설치 중 작업자가 실족하여 사망한 재해사례이다. 이 영상 내용을 참고하여 재해원인 2가지를 쓰시오.(5점)

합격정보 조사나 문맥이 모범답안과 다르더라도 의미가 같으면 정답 인정

합격KEY
① 2004년 10월 2일 산업기사 출제
② 2005년 10월 1일 산업기사 출제
③ 2007년 10월 13일 산업기사 출제
④ 2009년 7월 11일 산업기사 출제
⑤ 2015년 4월 25일 제1회 제2부(문제 1번) 출제
⑥ 2015년 10월 11일 산업기사 출제
⑦ 2016년 7월 3일 제2회 기사 출제
⑧ 2019년 4월 21일 제1회 1부(문제 7번) 출제
⑨ 2020년 5월 16일 제1회 1부(문제 5번) 출제

정답
① 안전대 부착설비 미설치 및 안전대 미착용
② 추락방호망 미설치

자격종목	시험일	비번호	PC번호	남은시간
산업안전산업기사	2020년 10월 17일 3회(2부)	A001	1	60분

일반 차량도로 공사에서 붉은 도로구획 전면 점검 중 전선과 전선을 연결한 부분(절연테이프로 Taping 처리됨)을 작업자가 만지다 감전사고를 일으킴.(이때 작업자는 맨손이었으며 안전화는 착용한 상태, 또한 전원을 인가한 상태임)

06. 화면은 도로에서 가설전선 점검 작업 중 발생한 재해사례이다. 이 영상을 참고하여 감전사고 예방대책 3가지를 쓰시오.(6점)

합격KEY
① 2004년 10월 2일 기사 출제
② 2005년 5월 7일 출제
③ 2007년 10월 13일 출제
④ 2013년 4월 27일 출제
⑤ 2014년 7월 13일 제2회 제1부(문제 9번) 출제
⑥ 2015년 10월 11일 제3회 2부 출제
⑦ 2017년 7월 2일 제2회 1부 산업기사 출제

정답
① 이동전선 절연조치를 할 것
② 누전차단기를 설치할 것
③ 정전작업실시
④ 작업근로자 감전에 대비한 보호구착용(절연보호구 착용)

💬 **합격자의 조언** 조사나 문맥이 모범답안과 다르더라도 의미가 같으면 정답으로 인정되니 공란을 두지 말고 꼭 쓰세요.

07 화면은 섬유기계의 운전 중 발생한 재해사례이다. 이 영상에서 사용한 기계 작업시 핵심위험요인 2가지와 착용하며 안되는 보호구 1가지를 쓰시오.(5점)

합격KEY
① 2004년 10월 2일(문제 1번)
② 2007년 7월 15일 출제
③ 2011년 7월 30일 출제
④ 2014년 4월 25일 제1회(문제 8번) 출제
⑤ 2017년 10월 22일 제3회 2부(문제 7번) 출제

정답
(1) 핵심위험요인
  ① 기계의 전원을 차단하지 않고, 기계를 정지시키지 않고 점검을 해서 사고의 위험이 있다.
  ② 장갑을 착용하고 작업하고 있어 롤러에 손이 끼일 염려가 있다.
(2) 보호구 : 면장갑

자격종목	시험일	비번호	PC번호	남은시간
산업안전산업기사	2020년 10월 17일 3회(2부)	A001	1	60분

00:00/00:23

[문제 1번] [문제 2번] [문제 3번] [문제 4번] [문제 5번] [문제 6번] [문제 7번] [문제 8번] [문제 9번]

08 화면은 폭발성 화학물질 취급 중 작업자의 부주의로 발생한 사고 사례이다. 동영상에서 나타난 바와 같이 폭발성 물질 저장소에 들어가는 작업자가 신발에 물을 묻히는 이유는 무엇인지 설명하고, 화재시 적합한 소화방법은 무엇인지 쓰시오. (6점)

① 이유
② 소화방법

[채점기준] ① 조사나 문맥이 모범답안과 다르더라도 의미가 같으면 정답으로 인정한다.
② 냉각소화란 말만 들어가면 정답으로 인정한다.

[합격KEY]
① 2004년 10월 2일 출제
② 2005년 10월 1일 출제
③ 2009년 4월 26일 출제
④ 2012년 4월 28일 출제
⑤ 2013년 7월 20일 출제
⑥ 2014년 10월 5일(문제 5번) 출제
⑦ 2015년 7월 18일 제2회 출제
⑧ 2016년 10월 15일 기사 제3회(문제 8번) 출제
⑨ 2018년 10월 14일 제3회 2부(문제 8번) 출제

[정답]
① 이유 : 폭발성이 높은 화학약품을 취급할 때 정전기에 의한 폭발 위험성이 있으므로 작업화와 바닥면의 접촉으로 인한 정전기 발생을 줄이기 위해서이다.
② 소화방법 : 다량 주수에 의한 냉각소화

자격종목	시험일	비번호	PC번호	남은시간
산업안전산업기사	2020년 10월 17일 3회(2부)	A001	1	60분

09 화면은 선박 밸러스트 탱크 내부의 슬러지를 제거하는 작업 도중에 작업자가 가스질식으로 의식을 잃었다. 이와 같은 사고에 대비하여 필요한 호흡용 보호구를 2가지만 쓰시오.(5점)

채점기준
(1) 택 2. 2개 모두 맞으면 5점, 1개 맞으면 2점, 그 외 0점
(2) 유사(가능한)답안
　① 에어라인 마스크
　② 호스마스크
　③ 복합식 에어라인 마스크
　④ 산소호흡기

합격KEY
① 2005년 7월 15일 출제
② 2006년 9월 23일 출제
③ 2014년 10월 5일 (문제 5번) 기사 출제
④ 2015년 7월 18일 제2회 제3부 (문제 5번) 기사 출제
⑤ 2015년 10월 11일 출제
⑥ 2016년 10월 9일 기사 출제
⑦ 2017년 4월 22일 제1회(문제 8번) 출제
⑧ 2019년 7월 6일 제2회 1부 산업기사 출제

정답
① 송기마스크
② 공기호흡기

자격종목	시험일	비번호	PC번호	남은시간
산업안전산업기사	2020년 10월 17일 3회(3부)	A001	1	60분

동영상에서 작업자 A, B가 작업을 하고 있다. 창틀에서 작업 중인 A가 처마 위에 있는 B에게 작업발판을 건네준 후 B가 있는 옆 처마 위로 이동하다 발을 헛디뎌 바닥으로 추락하는 장면이다.(주변이 정리정돈 되어있지 않고, A작업자가 밟고 있던 콘크리트 부스러기가 추락할 때 같이 떨어진다.)

01 화면은 아파트 창틀에서 작업 중 발생한 재해사례를 나타내고 있다. 해당 동영상에서 작업자의 추락사고 (1) 기인물 (2) 가해물을 쓰시오.(4점)

합격KEY
① 2004년 10월 2일 기사 출제
② 2006년 7월 15일 기사 출제
③ 2015년 4월 25일 (문제 1번) 출제
④ 2016년 7월 3일 제2회 1부 출제
⑤ 2018년 7월 8일 제2회 2부(문제 1번) 출제

정답
(1) 기인물 : 작업발판
(2) 가해물 : 바닥

자격종목	시험일	비번호	PC번호	남은시간
산업안전산업기사	2020년 10월 17일 3회(3부)	A001	1	60분

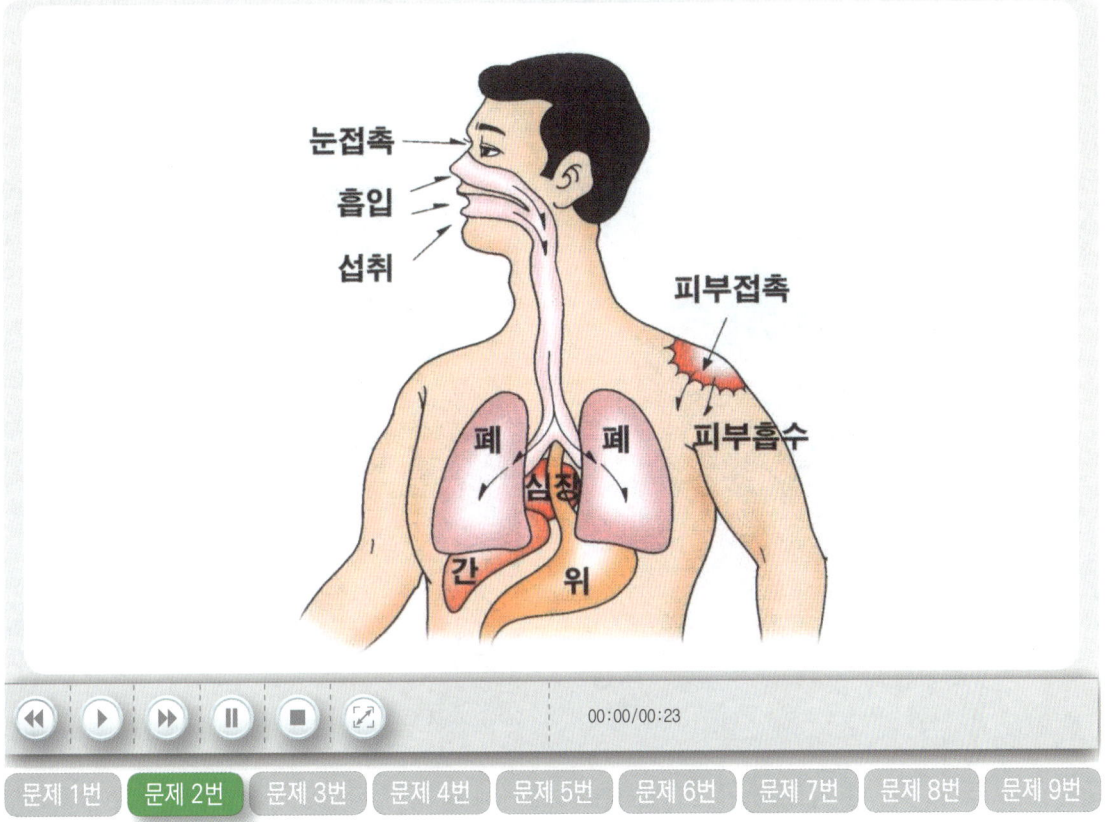

문제 1번 | 문제 2번 | 문제 3번 | 문제 4번 | 문제 5번 | 문제 6번 | 문제 7번 | 문제 8번 | 문제 9번

02 유리병을 황산(H_2SO_4)에 세척시 발생하는 ① 재해형태 ② 재해정의(세부내용)를 각각 쓰시오. (4점)

참고 KOSHA CODE : 산업재해 용어 정의

합격KEY
① 2013년 10월 12일(문제 7번) 출제
② 2016년 4월 23일(문제 1번) 출제
③ 2018년 4월 21일 제1회 1부 출제
④ 2018년 7월 8일 제2회 3부(문제 1번) 출제

정답
① 재해형태 : 유해·위험물질 노출·접촉
② 재해정의 : 유해·위험물질 노출·접촉 또는 흡입하였거나 독성동물에 쏘이거나 물린 경우

💬 **합격자의 조언** 작업형 만점합격은 기사·산업기사 모두 보셔야 합니다.

03 화면과 같은 프로판(LPG)가스 등 용기의 저장소로서 부적절한 장소 3가지를 기술하시오. (6점)

참고: 산업안전보건기준에 관한 규칙 제234조(가스 등의 용기)

합격KEY
① 2001년 2월, 1인 2자격 출제
② 2000년 11월 9일 출제
③ 2007년 7월 15일 출제
④ 2009년 4월 26일 출제
⑤ 2011년 10월 22일 출제
⑥ 2012년 4월 28일 출제
⑦ 2012년 4월 28일 출제
⑧ 2013년 7월 20일 출제

정답
① 통풍이나 환기가 불충분한 장소
② 화기를 사용하는 장소 및 그 부근
③ 위험물 또는 인화성 액체를 취급하는 장소 및 그 부근

자격종목	시험일	비번호	PC번호	남은시간
산업안전산업기사	2020년 10월 17일 3회(3부)	A001	1	60분

04 동영상은 흙막이 지보공 설치작업을 하고 있다. 정기 점검사항 3가지를 쓰시오. (6점)

보충학습 터널 지보공의 수시 점검사항 4가지
① 부재의 손상·변형·부식·변위·탈락의 유무 및 상태
② 부재의 긴압의 정도
③ 부재의 접속부 및 교차부의 상태
④ 기둥침하의 유무 및 상태

합격정보 ① 산업안전보건기준에 관한 규칙 제347조(붕괴 등의 위험방지)
② 산업안전보건기준에 관한 규칙 제366조(붕괴 등의 방지)

합격KEY ① 2006년 4월 29일 기사 출제
② 2007년 7월 15일 출제
③ 2012년 10월 21일(문제 8번) 출제
④ 2016년 4월 23일 제1회(문제 8번) 출제
⑤ 2017년 10월 22일 제3회(문제 8번) 출제
⑥ 2018년 4월 21일 제1회 1부(문제 8번) 출제

정답
① 부재의 손상·변형·부식·변위 및 탈락의 유무와 상태
② 버팀대의 긴압의 정도
③ 부재의 접속부·부착부 및 교차부의 상태
④ 침하의 정도

자격종목	시험일	비번호	PC번호	남은시간
산업안전산업기사	2020년 10월 17일 3회(3부)	A001	1	60분

00:00/00:23

| 문제 1번 | 문제 2번 | 문제 3번 | 문제 4번 | 문제 5번 | 문제 6번 | 문제 7번 | 문제 8번 | 문제 9번 |

05 동영상은 변압기를 유기화합물에 담가서 절연처리하고 노에서 건조작업을 하고 있다. 이 작업시 착용이 필요한 보호구를 다음에 제시된 대로 쓰시오.(6점)
(1) 손
(2) 눈
(3) 피부

합격KEY
① 2006년 4월 29일(문제 2번)
② 2007년 4월 28일 출제
③ 2007년 10월 14일 출제
④ 2009년 9월 19일 출제
⑤ 2011년 5월 7일 출제
⑥ 2014년 7월 13일 제2회 2부 출제
⑦ 2018년 4월 21일 제1회 2부 출제
⑧ 2018년 7월 8일 제2회 1부(문제 9번) 출제

정답
(1) 손 : 절연 고무장갑
(2) 눈 : 보안경
(3) 피부 : 절연 보호복

합격자의 조언 ① 본 문제의 목적은 절연과 노(전기로)건조입니다.
② 결론은 전기에 대한 것 입니다.

06 높이가 2[m] 이상인 작업장소에서 근로자가 작업발판 위에서 작업을 하고 있다. 작업발판 설치기준 3가지를(단, 작업발판 폭과 틈은 제외) 쓰시오.(6점)

참고 산업안전보건기준에 관한 규칙 제56조(작업발판의 구조)

합격KEY
① 2006년 4월 29일 출제
② 2007년 7월 15일 출제
③ 2010년 7월 11일 출제
④ 2015년 4월 25일(문제 6번) 출제
⑤ 2016년 7월 3일 제2회 출제
⑥ 2016년 10월 15일 제3회(문제 6번) 출제
⑦ 2017년 10월 22일 기사 3회(문제 6번) 출제
⑧ 2018년 10월 14일 제3회 1부(문제 6번) 출제
⑨ 2019년 10월 19일 제3회 2부(문제 6번) 출제

정답
① 발판재료는 작업시의 하중을 견딜 수 있도록 견고한 구조로 할 것
② 추락의 위험이 있는 장소에는 안전난간을 설치할 것. 다만, 작업의 성질상 안전난간을 설치하는 것이 곤란한 경우, 작업의 필요상 임시로 안전난간을 해체할 때에 추락방호망을 설치하거나 근로자로 하여금 안전대를 사용하도록 하는 등 추락위험 방지 조치를 한 경우에는 그러하지 아니하다.
③ 작업발판의 지지물은 하중에 의하여 파괴될 우려가 없는 것을 사용할 것
④ 작업발판 재료는 뒤집히거나 떨어지지 않도록 둘 이상의 지지물에 연결하거나 고정시킬 것
⑤ 작업발판을 작업에 따라 이동시킬 경우에는 위험 방지에 필요한 조치를 할 것

💬 합격자의 조언   ( ) 안에 알맞은 내용 넣기로 출제된 문제도 있습니다.

자격종목	시험일	비번호	PC번호	남은시간
산업안전산업기사	2020년 10월 17일 3회(3부)	A001	1	60분

07 화면은 작업자가 탁상용 드릴 작업중 발생한 쇳가루의 이물질을 손으로 치우다 손이 말려 들어가 드릴 날에 검지 손가락이 접촉되어 절단후 피가 나는 재해사례이다. 동영상의 ① 위험점 명칭 ② 위험점의 정의를 쓰시오. (4점)

[보충학습] 기계 설비에 의해 형성되는 위험점의 종류

종류	정의	예
협착점 (Squeeze point)	왕복운동하는 운동부와 고정부 사이에 형성	① 프레스 금형 조립부위 ② 전단기의 누름판 및 칼날부위 ③ 선반 및 평삭기의 베드 끝 부위
끼임점 (Shear point)	고정부분과 회전 또는 직선운동부분에 의해 형성	① 연삭 숫돌과 작업대 ② 반복동작되는 링크기구 ③ 교반기의 교반날개와 몸체사이
절단점 (Cutting point)	회전운동부분 자체와 운동하는 기계 자체에 의해 형성	① 밀링컷터 ② 둥근톱 날 ③ 목공용 띠톱 날 부분
물림점 (Nip point)	회전하는 두 개의 회전축에 의해 형성 (회전체가 서로 반대방향으로 회전하는 경우)	① 기어와 피니언 ② 롤러의 회전 등
접선 물림점 (Tangential Nip point)	회전하는 부분이 접선방향으로 물려 들어가면서 형성	① V벨트와 풀리 ② 기어와 랙 ③ 롤러와 평벨트 등

[합격KEY] 2014년 10월 5일 제3회 출제

[정답]
① 위험점 명칭 : 회전 말림점(Trapping point)
② 위험점 정의 : 회전체의 불규칙 부위와 돌기 회전 부위에 의해 형성 예) 회전축, 드릴축

08 화면에서와 같이 도료 및 용제를 취급하는 작업장에서는 반드시 마스크를 착용해야 한다. 흡수제의 종류 3가지를 쓰시오.(6점)

합격KEY
① 2012년 7월 14일 출제
② 2012년 10월 21일 기사 출제
③ 2013년 4월 27일 기사 출제
④ 2013년 10월 12일 출제
⑤ 2016년 7월 3일 출제
⑥ 2016년 10월 15일 제3회 2부 기사 출제
⑦ 2017년 7월 2일 기사 출제
⑧ 2017년 10월 22일 제3회(문제 6번) 출제
⑨ 2018년 10월 14일 제3회(문제 8번) 출제
⑩ 2019년 7월 7일 제2회 2부 산업기사 출제
⑪ 2019년 10월 19일 제3회 1부, 2부 출제

정답
① 활성탄
② 소다라임
③ 호프카라이트
④ 실리카겔
⑤ 큐프라마이트

자격종목	시험일	비번호	PC번호	남은시간
산업안전산업기사	2020년 10월 17일 3회(3부)	A001	1	60분

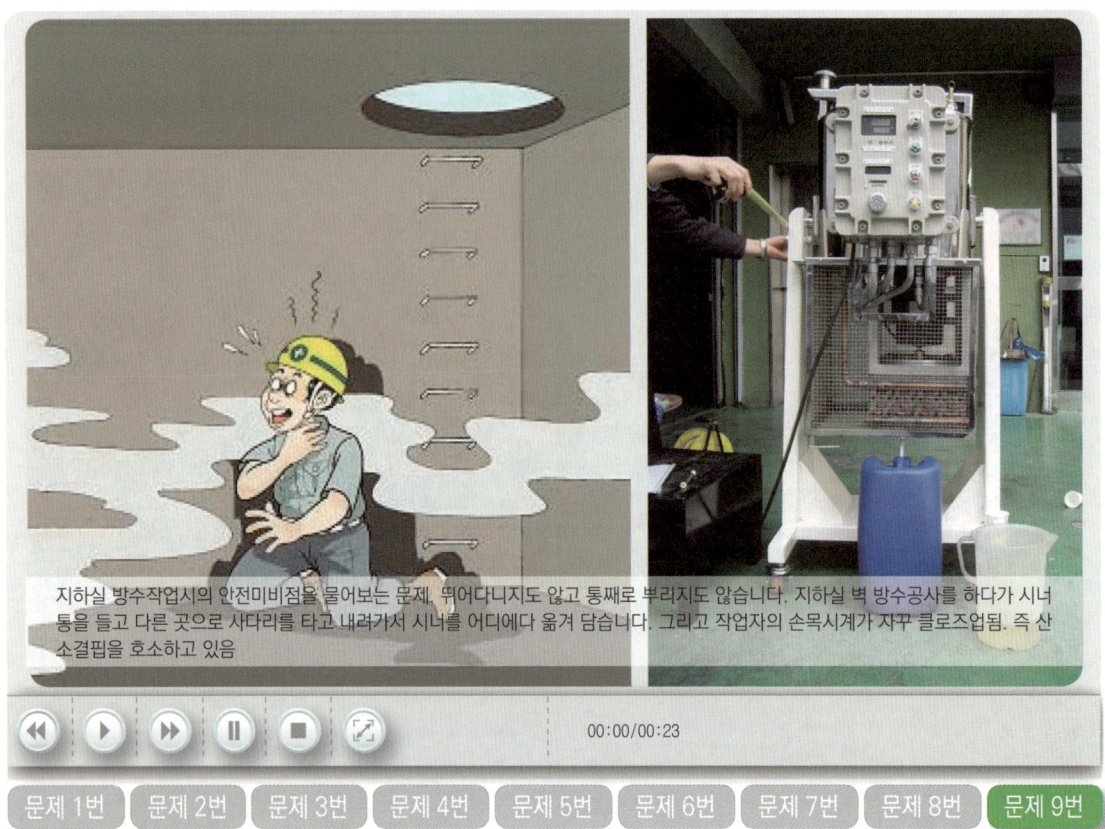

09 동영상에서 근로자는 밀폐공간에서 방수작업을 하고 있다. 동영상에서 (1) 산소결핍기준과 (2) 산소결핍 방지대책 3가지를 쓰시오. (5점)

참고
① 산업안전보건기준에 관한 규칙 제618조(정의)
② 산업안전보건기준에 관한 규칙 제377조(잠함등 내부에서 작업)

정답
(1) 산소결핍기준 : 공기중의 산소농도가 18[%] 미만인 상태
(2) 산소결핍시 방지대책
  ① 산소결핍의 우려가 있는 경우에는 산소의 농도를 측정하는 사람을 지명하여 측정하도록 할 것
  ② 근로자가 안전하게 오르내리기 위한 설비를 설치할 것
  ③ 굴착깊이가 20[m]를 초과하는 경우에는 해당 작업장소와 외부와의 연락을 위한 통신설비 등을 설치할 것

01 이동식 크레인 작업시작전 점검사항 3가지를 쓰시오.(6점)

참고 산업안전보건기준에 관한 규칙 [별표 3] 작업시작전 점검사항
합격KEY ▶ 2018년 10월 14일(문제 1번) 출제

정답
① 권과방지장치나 그 밖의 경보장치의 기능
② 브레이크·클러치 및 조정장치의 기능
③ 와이어로프가 통하고 있는 곳 및 작업장소의 지반상태

자격종목	시험일	비번호	PC번호	남은시간
산업안전기사	2020년 11월 22일 4회(1부)	A001	1	60분

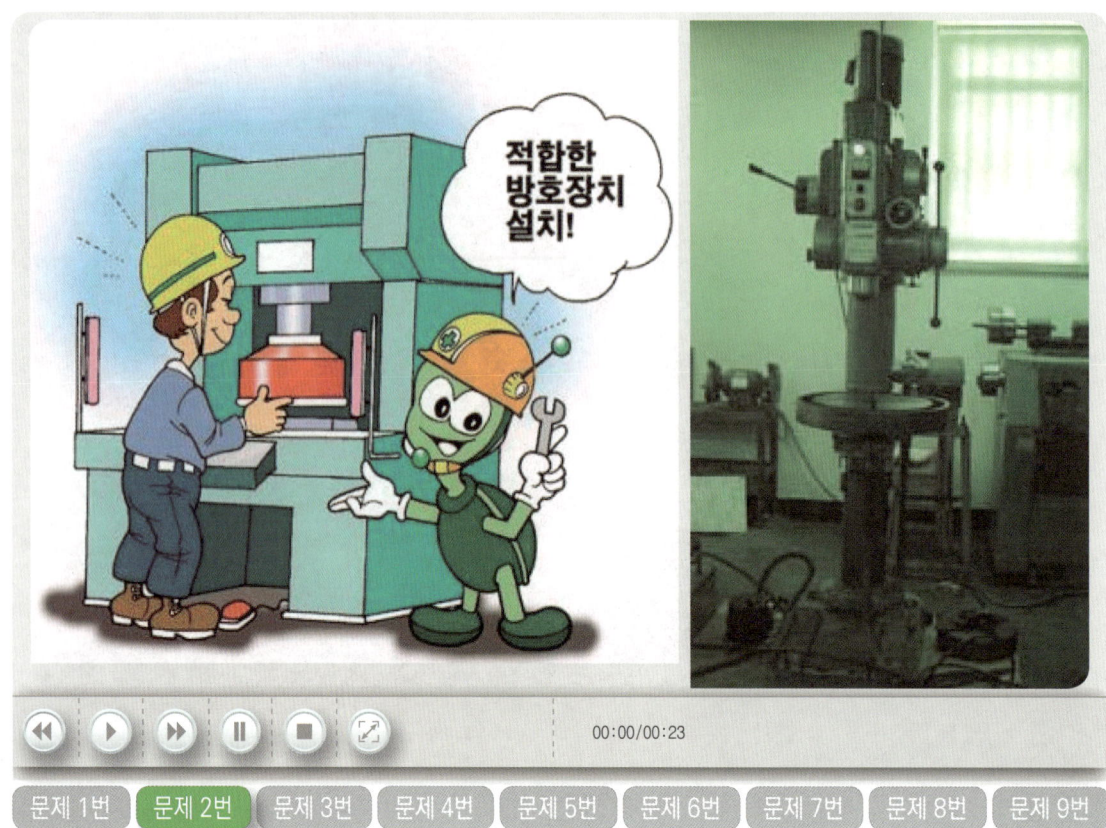

| 문제 1번 | 문제 2번 | 문제 3번 | 문제 4번 | 문제 5번 | 문제 6번 | 문제 7번 | 문제 8번 | 문제 9번 |

02 화면은 크랭크 프레스로 철판에 구멍을 뚫는 작업을 하고 있다. 위험 예지 포인트(핵심위험요인)를 3가지 적으시오. (6점)

채점기준
① 5개 중 3개만 선택
② 배점 : 2점×3개=6점

합격KEY
① 2002년 10월 6일 출제
② 2003년 5월 4일 산업기사(문제 1번) 출제
③ 2015년 7월 18일(문제 5번) 출제
④ 2017년 4월 22일 제1회 1부 출제
⑤ 2018년 7월 8일(문제 4번) 출제

정답
① 프레스 페달을 발로 밟아 프레스의 슬라이드가 작동해 손을 다친다.
② 금형에 붙어 있는 이물질을 제거하려다 손을 다친다.
③ 금형에 붙어 있는 이물질을 제거하려다 눈에 이물질이 들어가 눈을 다친다.
④ 주변정리가 되어 있지 않아 주변의 물건에 발이 걸려 넘어져 프레스 기계에 부딪친다.
⑤ 작업자의 실수로 슬라이드가 하강하여 작업자가 다친다.

03 자동차 브레이크 라이닝을 세척 중이다. 착용해야할 보호구 3가지를 쓰시오.(6점)

합격KEY
① 2006년 9월 23일 산업기사 출제
② 2013년 10월 12일 제3회 출제
③ 2016년 10월 9일(문제 3번) 출제
④ 2017년 4월 22일 기사(문제 3번) 출제
⑤ 2018년 10월 14일 제3회 2부(문제 3번) 출제
⑥ 2019년 10월 19일 산업기사 출제

정답
① 불침투성 보호의(복)
② 방독마스크
③ 보안경

자격종목	시험일	비번호	PC번호	남은시간
산업안전기사	2020년 11월 22일 4회(1부)	A001	1	60분

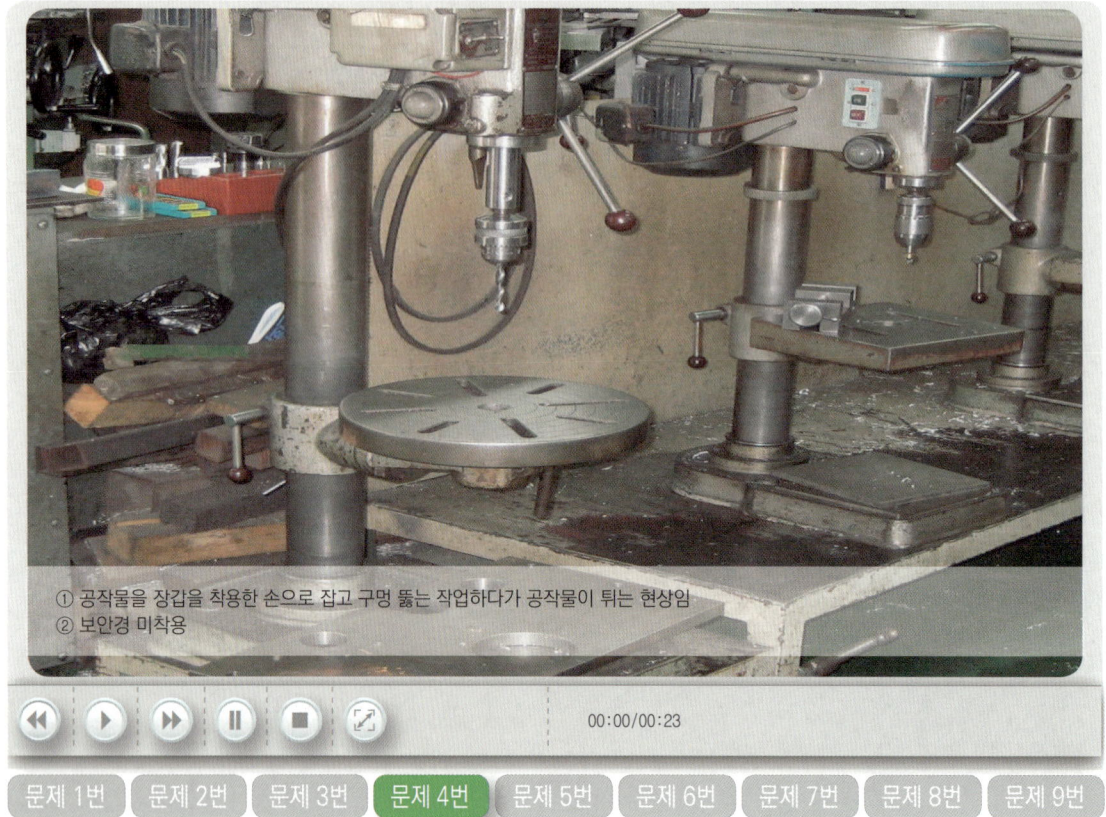

① 공작물을 장갑을 착용한 손으로 잡고 구멍 뚫는 작업하다가 공작물이 튀는 현상임
② 보안경 미착용

00:00/00:23

| 문제 1번 | 문제 2번 | 문제 3번 | 문제 4번 | 문제 5번 | 문제 6번 | 문제 7번 | 문제 8번 | 문제 9번 |

04 화면은 장갑을 착용한 작업자가 드릴작업을 하면서 이물질을 입으로 불어 제거하고, 동시에 손으로 칩을 제거하려다가 드릴에 손을 다치는 사고 사례 장면을 보여주고 있다. 동영상에 나타나는 위험요인 2가지를 쓰시오.(4점)

합격KEY
① 2008년 4월 26일
② 2009년 4월 26일
③ 2011년 7월 30일 산업기사 출제
④ 2012년 7월 14일
⑤ 2012년 7월 14일 산업기사 출제
⑥ 2017년 10월 22일 기사 제3회(문제 4번) 출제
⑦ 2018년 10월 14일 제3회 3부(문제 4번) 출제
⑧ 2020년 5월 16일(문제 4번) 출제

정답
① 보안경을 착용하지 않고 이물질을 입으로 불어 제거하다가 이물질이 눈에 들어갈 위험이 있다.
② 브러시를 사용하지 않고 회전체에 장갑을 착용한 손으로 이물질을 제거하다가 손을 다칠 위험이 있다.

자격종목	시험일	비번호	PC번호	남은시간
산업안전기사	2020년 11월 22일 4회(1부)	A001	1	60분

화면은 기울어진(30[°] 정도) 컨베이어 기계가 작동하고, 작업자는 작동중인 컨베이어 위에 1[명]과 아래쪽 작업장 바닥에 1[명]이 있으며, 기계 오른쪽에 있는 포대를 컨베이어 벨트 위로 올리는 작업을 하는 동영상이다. 화면 오른쪽에 포대가 많이 쌓여 있고, 작업자 1[명]은 경사진 컨베이어 위에 회전하는 벨트 양끝부분 철로 된 모서리에 양발을 벌리고 서 있으며, 밑에 작업자가 포대를 일정한 방향이 아닌 삐뚤(각기 다르게)게 포대를 컨베이어에 올리는 중 컨베이어 위에 양발을 벌리고 있는 작업자 발에 포대 끝부분이 부딪혀 무게 중심을 잃고 기계 오른쪽으로 쓰러진 후 팔이 기계 하단으로 들어가면서 아파하는데 아래쪽 작업자가 와서 안아주는 동영상이다.

05 화면상에서 작업자 측면에서의 (1) 잘못된 작업방법 2가지와 (2) 조치사항을 쓰시오. (6점)

합격KEY ① 2014년 7월 13일 출제
② 2014년 10월 5일(문제 6번) 출제
③ 2015년 7월 18일(문제 5번) 출제
④ 2017년 4월 22일 기사 출제
⑤ 2018년 7월 8일 제2회(문제 5번) 출제
⑥ 2019년 7월 6일 산업기사 출제

정답
(1) 잘못된 작업 방법
① 작업자가 양발을 컨베이어 양끝에 지지하여 불안전한 자세로 작업을 하고 있다.
② 시멘트 포대가 작업자의 발을 치고 있어서 작업자가 넘어져 상해를 당할 수 있다.
(2) 조치사항 : 피재기계정지

06 화면은 에어배관 작업 중 고압의 증기 누출로 작업자가 눈에 상해를 당하는 영상이다. 에어배관 작업시 위험요인을 2가지 쓰시오. (4점)

합격KEY
① 2014년 7월 23일 제2회 제1부(문제 1번) 출제
② 2015년 10월 11일(문제 1번) 출제
③ 2017년 4월 22일 제1회(문제 1번) 출제
④ 2018년 10월 14일 제3회(문제 1번) 출제
⑤ 2019년 7월 6일 제2회 1부 산업기사(문제 1번) 출제
⑥ 2020년 5월 16일 제1회 2부 기사 출제
⑦ 2020년 7월 25일 산업기사 출제

정답
① 보안경을 착용하지 않아 고압증기에 의한 눈 부위 손상의 위험이 존재한다.
② 배관에 남은 고압증기를 제거하지 않았고, 전용공구를 사용하지 않아 위험이 존재한다.
③ 작업자가 딛고 선 이동식사다리 설치가 불안전하여 추락 위험이 있다.

자격종목	시험일	비번호	PC번호	남은시간
산업안전기사	2020년 11월 22일 4회(1부)	A001	1	60분

[그림 1] 진공퍼지작업기계   [그림 2] 압력퍼지작업기계

07 산소결핍작업 중 퍼지하는 상황이 있는데 퍼지작업의 종류 3가지를 쓰시오. (3점)

합격KEY
① 2002년 5월 4일 출제
② 2003년 5월 4일(문제 5번) 출제
③ 2007년 4월 28일 출제
④ 2009년 7월 11일 출제
⑤ 2012년 4월 28일 출제
⑥ 2012년 10월 21일(문제 9번) 출제
⑦ 2015년 7월 18일 제2회 1부(문제 9번) 출제
⑧ 2015년 10월 11일(문제 9번) 출제
⑨ 2017년 4월 22일 제1회 2부 출제
⑩ 2018년 7월 8일 제2회 2부(문제 7번) 출제
⑪ 2020년 7월 27일(문제 7번) 출제

정답
① 진공퍼지(저압퍼지 : vacuum purging)
② 압력퍼지(pressure purging)
③ 스위프퍼지(sweep-through purging)
④ 사이펀퍼지(siphon purging)

자격종목	시험일	비번호	PC번호	남은시간
산업안전기사	2020년 11월 22일 4회(1부)	A001	1	60분

00:00/00:23

문제 1번 | 문제 2번 | 문제 3번 | 문제 4번 | 문제 5번 | 문제 6번 | 문제 7번 | **문제 8번** | 문제 9번

08 화면은 실험실에서 크롬도금작업을 하고 있다. 화학물질(유해물질) 취급시 일반적인 주의사항 3가지를 쓰시오. (6점)

참고 6개 중 3개 선택, 2점×3개=6점

합격KEY
① 2001년 11월 11일 산업기사 출제   ② 2012년 4월 28일 출제
③ 2013년 7월 20일 출제   ④ 2014년 10월 5일 제3회 제3부(문제 2번) 출제
⑤ 2015년 10월 11일(문제 1번) 출제   ⑥ 2017년 4월 22일 제1회 2부 출제
⑦ 2018년 7월 8일 제2회(문제 7번) 출제   ⑧ 2020년 10월 10일(문제 5번) 출제

정답
① 유해물질에 대한 사전 조사
② 유해물 발생원인 봉쇄
③ 작업공정의 은폐, 작업장의 격리
④ 유해물의 위치, 작업공정의 변경
⑤ 실내환기와 점화원의 제거(밀폐공간 환풍기 설치, 국소배기장치 설치)
⑥ 환경의 정돈과 청소

채점기준
① 합격에도 기본이 필요합니다.
② 실기작업형은 기사, 산업기사 구분없이 10년치는 보셔야 안전하게 합격됩니다.

자격종목	시험일	비번호	PC번호	남은시간
산업안전기사	2020년 11월 22일 4회(1부)	A001	1	60분

근로자가 회전물(선반)에 샌드페이퍼를 감아 손으로 지지하고 있다. 작업복과 손이 감겨들어 가는 동영상이다.

09 화면의 재해사례에서 나타나는 위험점을 기계의 운동 형태에 따라 분류하고자 할 때 해당되는 위험점의 명칭과 그 정의를 쓰시오. (4점)

합격KEY
① 2004년 7월 10일 출제
② 2006년 9월 23일 기사 출제
③ 2007년 10월 13일 기사 출제
④ 2012년 4월 28일 기사 출제
⑤ 2012년 10월 21일 출제
⑥ 2013년 10월 12일 출제
⑦ 2014년 7월 13일 기사 출제
⑧ 2015년 10월 11일 기사 출제
⑨ 2016년 4월 23일 산업기사 출제

정답
① 위험점의 명칭 : 회전 말림점(Trapping Point)
② 정의 : 회전축·커플링 등과 같이 회전하는 물체에 작업복 등이 말려드는 위험이 존재하는 점

자격종목	시험일	비번호	PC번호	남은시간
산업안전기사	2020년 11월 22일 4회(2부)	A001	1	60분

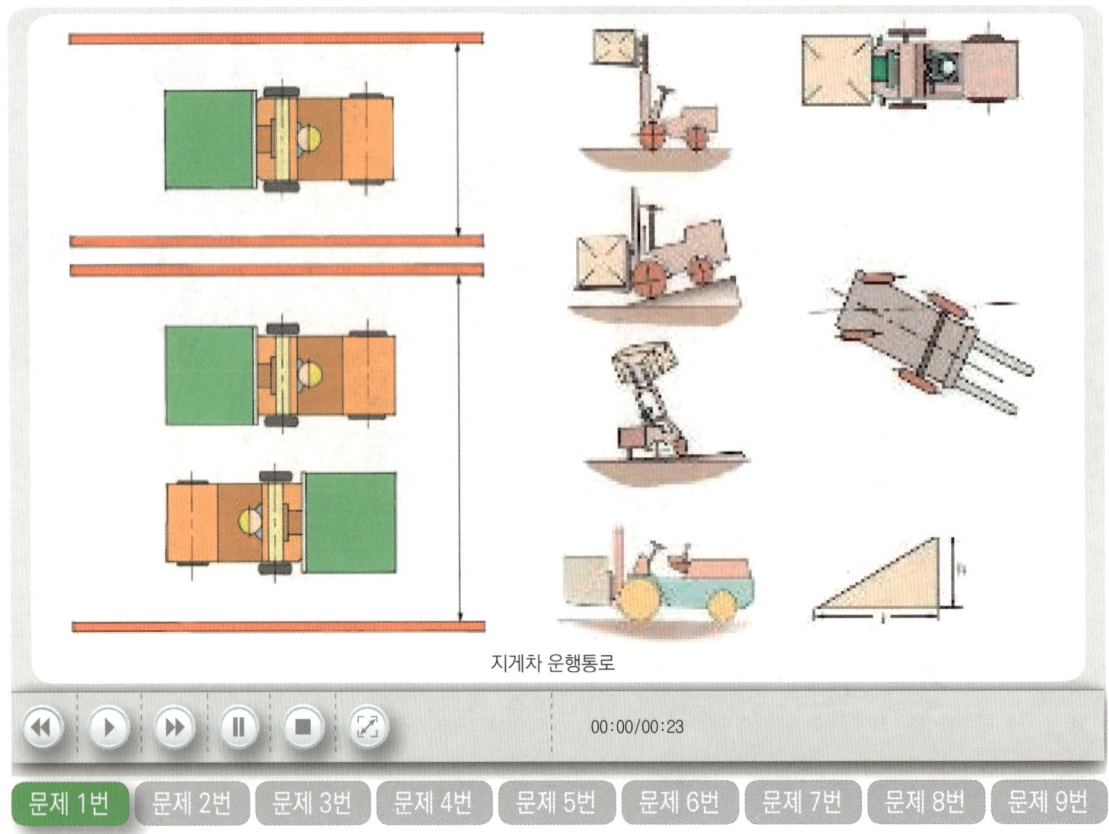

지게차 운행통로

문제 1번 | 문제 2번 | 문제 3번 | 문제 4번 | 문제 5번 | 문제 6번 | 문제 7번 | 문제 8번 | 문제 9번

01 동영상은 지게차로 운반 작업을 하고 있다. 지게차의 각각 안정도를 쓰시오.(4점)
① 하역작업시 전후 안정도 :
② 주행시 전후 안정도 :
③ 하역작업시 좌우 안정도 :
④ 5[km]의 속도로 주행시 좌우안정도 :

합격KEY
① 2006년 4월 29일 출제
② 2012년 4월 28일 출제
③ 2013년 7월 20일 (문제 2번) 출제
④ 2016년 7월 3일 제2회(문제 4번) 출제
⑤ 2019년 7월 6일(문제 1번) 출제

정답
① 4[%] ② 18[%]
③ 6[%]
④ 좌우안정도 = (15+1.1V) = 15+1.1×5 = 20.5[%]

합격자의 조언
① 13년전 문제도 출제됩니다.
② 과년도문제는 최소 10년치 이상 보는 것이 기본이고, 안전한 합격이 가능합니다.

피트 내에서 나무판자로 엉성하게 이어붙인 발판 위에서 벽면에 돌출되어 있는 못을 망치로 제거하는 동영상

02 화면은 승강기 설치 전 피트 내부에서 청소작업 중에 승강기의 개구부로 작업자가 추락하여 사망사고가 발생한 재해사례이다. 이 영상에서 나타난 핵심위험요인을 3가지를 쓰시오.(6점)

합격정보 산업안전보건기준에 관한 규칙 제43조(개구부 등의 방호조치)

합격KEY
① 2006년 9월 23일 기사 출제
② 2007년 10월 14일 기사 출제
③ 2009년 4월 26일 기사 출제
④ 2011년 5월 7일 출제
⑤ 2014년 10월 5일 출제
⑥ 2015년 7월 18일 기사 출제
⑦ 2016년 4월 23일(문제 5번) 출제
⑧ 2016년 7월 3일 제2회 기사 출제
⑨ 2016년 10월 15일 제3회 기사 출제
⑩ 2017년 10월 22일 산업기사 제3회(문제 5번) 출제
⑪ 2018년 10월 14일 제3회 2부(문제 8번) 출제
⑫ 2020년 5월 16일 제1회 2부(문제 8번) 출제
⑬ 2020년 8월 2일 제2회 (문제 8번) 출제
⑭ 2020년 10월 10일(문제 8번) 출제

정답
① 작업발판이 고정되어 있지 않았다.
② 작업자가 안전난간 및 안전대를 걸지 않고 작업하였다.
③ 수직형 추락방망을 설치하지 않았다.

자격종목	시험일	비번호	PC번호	남은시간
산업안전기사	2020년 11월 22일 4회(2부)	A001	1	60분

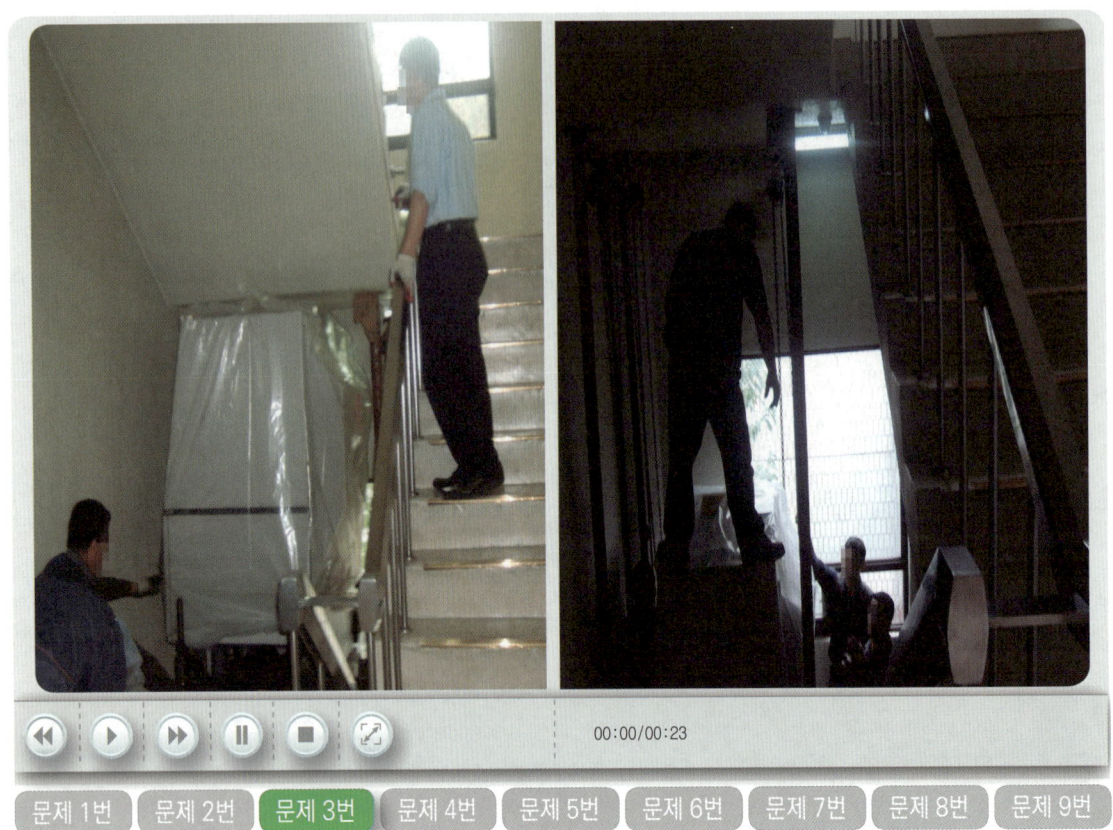

03 화면은 작업자가 가정용 배전반 점검을 하다 딛고 있는 의자(발판)가 불안정하여 추락하는 재해사례이다. 화면에서 점검시 불안전한 행동 2가지를 쓰시오. (4점)

합격KEY ① 2015년 4월 25일 (문제 8번) 출제
② 2016년 7월 3일 산업기사 출제

정답
① 절연용 보호구를 착용하지 않아 감전의 위험이 있다.
② 작업자가 딛고 있는 의자(발판)가 불안정하여 추락위험이 있다.

자격종목	시험일	비번호	PC번호	남은시간
산업안전기사	2020년 11월 22일 4회(2부)	A001	1	60분

04 동영상은 이동식 비계의 설치상태가 불량하여 발생된 재해 사례이다. 이동식 비계의 올바른 설치(조립)기준을 산업안전보건기준에 관한 규칙을 적용하여 2가지만 쓰시오. (4점)

참고 산업안전보건기준에 관한 규칙 제68조(이동식 비계)

합격KEY
① 2018년 7월 8일 제2회 1부(문제4번) 출제
② 2020년 5월 30일(문제 4번) 출제

정답
① 이동식 비계의 바퀴에는 뜻밖의 갑작스러운 이동 또는 전도를 방지하기 위하여 브레이크·쐐기 등으로 바퀴를 고정시킨 다음 비계의 일부를 견고한 시설물에 고정하거나 아웃트리거(outrigger)를 설치하는 등 필요한 조치를 할 것
② 승강용사다리는 견고하게 설치할 것
③ 비계의 최상부에서 작업을 하는 경우에는 안전난간을 설치할 것
④ 작업발판은 항상 수평을 유지하고 작업발판 위에서 안전난간을 딛고 작업을 하거나 받침대 또는 사다리를 사용하여 작업하지 않도록 할 것
⑤ 작업발판의 최대적재하중은 250[kg]을 초과하지 않도록 할 것

자격종목	시험일	비번호	PC번호	남은시간
산업안전기사	2020년 11월 22일 4회(2부)	A001	1	60분

05 화면에서와 같은 작업현장(밀폐공간)에서 관리 감독자의 직무 3가지를 쓰시오.(6점)

> **참고** 산업안전보건기준에 관한 규칙 [별표 2] 관리감독자의 유해·위험방지
>
> **합격KEY**
> ① 2003년 7월 19일 출제
> ② 2013년 7월 20일 제2회 출제
> ③ 2016년 10월 15일 제3회 1부(문제 5번) 출제
> ④ 2019년 4월 20일(문제 5번) 출제

정답
① 산소가 결핍된 공기나 유해가스에 노출되지 않도록 작업 시작 전에 해당 근로자의 작업을 지휘하는 업무
② 작업을 하는 장소의 공기가 적절한지를 작업 시작 전에 측정하는 업무
③ 측정장비·환기장치 또는 송기마스크 등을 작업 시작 전에 점검하는 업무
④ 근로자에게 송기마스크 등의 착용을 지도하고 착용 상황을 점검하는 업무

자격종목	시험일	비번호	PC번호	남은시간
산업안전기사	2020년 11월 22일 4회(2부)	A001	1	60분

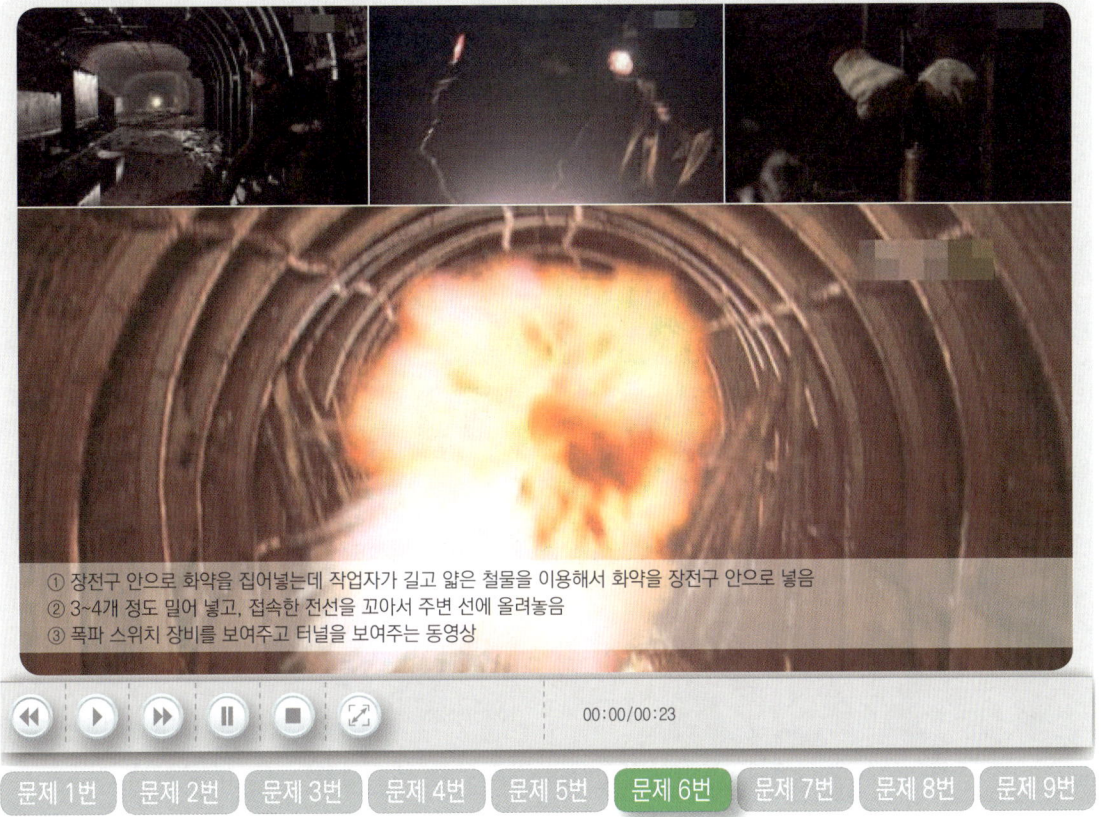

① 장전구 안으로 화약을 집어넣는데 작업자가 길고 얇은 철물을 이용해서 화약을 장전구 안으로 넣음
② 3~4개 정도 밀어 넣고, 접속한 전선을 꼬아서 주변 선에 올려놓음
③ 폭파 스위치 장비를 보여주고 터널을 보여주는 동영상

문제 6번

06 화면은 터널 내 발파작업에 관한 사항이다. 동화상 내용 중 근로자가 화약장전시 위험요인 1가지를 쓰시오. (5점)

참고 산업안전보건기준에 관한 규칙 제348조(발파의 작업기준)

합격KEY ① 2000년 11월 9일 출제
② 2007년 4월 28일 출제
③ 2009년 7월 11일 출제
④ 2012년 7월 14일 산업기사 출제
⑤ 2013년 4월 27일 출제
⑥ 2013년 10월 12일 산업기사 출제
⑦ 2014년 7월 13일 (문제 3번) 출제
⑧ 2015년 7월 18일 산업기사 (문제 7번) 출제
⑨ 2016년 7월 3일 제2회(문제 7번) 출제
⑩ 2019년 7월 6일 기사 제2회 출제
⑪ 2019년 10월 19일(문제 6번) 출제

정답 폭약을 장전할 때에는 마찰·충격·정전기 등에 의한 폭발의 위험성이 있으므로 강봉(철근)을 사용하지 말고 규정된 장전봉, 안전한 재료를 사용해야 하는데 얇은 철물을 이용하고 있다.

07 동영상은 컨베이어 작업을 하고 있다. 컨베이어의 작업시작 전 점검사항 3가지를 쓰시오. (6점)

참고 산업안전보건기준에 관한 규칙 [별표 3] 작업시작 전 점검사항

합격KEY
① 2006년 4월 29일 (문제 1번)　　　　　② 2007년 7월 15일 출제
③ 2008년 4월 26일 출제　　　　　　　　④ 2009년 7월 11일 출제
⑤ 2010년 7월 11일 산업기사 출제　　　⑥ 2011년 10월 22일 산업기사 출제
⑦ 2013년 4월 27일 제1회 출제　　　　　⑧ 2015년 4월 25일 제1회 2부 출제
⑨ 2017년 7월 2일 1부, 3부 출제　　　　⑩ 2017년 7월 2일 제2회 기사(문제 8번) 출제
⑪ 2018년 10월 14일 제3회 1부(문제 7번) 출제　⑫ 2020년 5월 16일 산업기사 출제

정답
① 원동기 및 풀리기능의 이상유무
② 이탈 등의 방지장치 기능의 이상유무
③ 비상정지장치 기능의 이상유무
④ 원동기·회전축·기어 및 풀리 등의 덮개 또는 울 등의 이상유무

자격종목	시험일	비번호	PC번호	남은시간
산업안전기사	2020년 11월 22일 4회(2부)	A001	1	60분

08 화면은 30[kV] 전압이 흐르는 고압선 아래에서 작업 중 발생한 재해사례이다. 크레인을 이용하여 고압선 주위에서 작업할 경우 사업주의 감전 조치사항(동종 재해예방을 위한 작업지휘자) 3가지를 쓰시오.(6점)

합격정보 산업안전보건기준에 관한 규칙 제322조(충전전로 인근에서의 차량·기계장치 작업)

합격KEY
① 2004년 10월 2일 (문제 2번) ② 2007년 7월 15일 출제
③ 2008년 10월 5일 출제 ④ 2011년 5월 7일 출제
⑤ 2011년 7월 30일 출제 ⑥ 2012년 7월 14일 출제
⑦ 2012년 10월 21일 출제 ⑧ 2013년 10월 12일 산업기사 출제
⑨ 2014년 7월 13일 제2회 출제 ⑩ 2015년 10월 11일 제3회 출제
⑪ 2016년 10월 9일(문제 7번) 출제 ⑫ 2018년 4월 21일 제1회 1부 산업기사 (문제 7번) 출제
⑬ 2019년 4월 20일 제1회 2부(문제 8번) 출제 ⑭ 2020년 8월 2일(문제 8번) 출제

정답
① 차량 등을 충전부로부터 300[cm] 이상 이격시키되, 대지전압이 50[kV]를 넘는 경우 10[kV] 증가할 때마다 10[cm]씩 증가한다.
② 접지된 차량등이 충전전로와 접촉할 우려가 있을 경우 지상의 근로자가 접지점에 접촉하지 않도록 조치한다.
③ 차량과 근로자가 접촉하지 않도록 방책을 설치하거나 감시인 배치한다.

자격종목	시험일	비번호	PC번호	남은시간
산업안전기사	2020년 11월 22일 4회(2부)	A001	1	60분

작업자 한 명이 콘센트에 플러그를 꽂고 그라인더 작업 중이고, 다른 작업자가 다가와서 작업을 위해 콘센트에 플러그를 꽂고 주변을 만지는 도중 감전이 발생하는 동영상

09 화면상에서 분전반 전면에 위치한 그라인더 기기를 활용한 작업에서 위험요인 2가지를 쓰시오. (4점)

합격KEY
① 2015년 7월 18일 산업기사 출제
② 2019년 7월 6일 제2회(문제 9번) 출제
③ 2020년 10월 10일(문제 9번) 출제

정답
① 작업자가 맨손으로 작업을 하여 위험하다.
② 작업자가 내전압용 절연장갑 등 절연용 보호구를 착용하지 않아 위험하다.

문제 및 답안(지), 점수, 채점기준은 일체 공개하지 않는다.

자격종목	시험일	비번호	PC번호	남은시간
산업안전기사	2020년 11월 22일 4회(3부)	A001	1	60분

작업자가 인쇄용 윤전기의 전원을 끄지 않고 빙글빙글 서로 맞물려서 돌아가는 롤러를 걸레로 닦고 있다. 닦을 때 체중을 실어서 힘 있게 닦고, 위험하게 맞물리는 지점까지 걸레를 집어넣고 닦는다. 그 순간 작업자의 손이 롤러기 사이에 끼어서 사고를 당하고 사고 발생 후 전원을 차단하고 손을 빼내는 화면을 보여준다.

문제 1번 | 문제 2번 | 문제 3번 | 문제 4번 | 문제 5번 | 문제 6번 | 문제 7번 | 문제 8번 | 문제 9번

01 화면은 인쇄용 롤러를 청소하는 작업 중에 발생한 재해사례이다. 이 동영상을 보고 작업시 핵심 위험 요인을 2가지만 쓰시오.(4점)

참고 제2편 제2장 현장 안전편(응용) : 기계-2007

합격KEY
① 2006년 9월 23일 산업기사 출제
② 2007년 4월 28일 출제
③ 2007년 7월 15일 출제
④ 2012년 4월 28일 출제
⑤ 2013년 4월 27일 산업기사 출제
⑥ 2013년 7월 20일 출제
⑦ 2014년 10월 5일 출제
⑧ 2016년 4월 23일 제1회 산업기사(문제 1번) 출제
⑨ 2018년 4월 21일(문제 1번) 출제

정답
① 회전중 롤러의 죄어 들어가는 쪽에서 직접 손으로 눌러 닦고 있어서 손이 말려 들어가게 된다.
② 체중을 걸쳐 닦고 있어서 말려 들어가게 된다.
③ 안전(방호)장치가 없어서 걸레를 위로 넣었을 때 롤러가 멈추지 않아 손이 말려 들어간다.

자격종목	시험일	비번호	PC번호	남은시간
산업안전기사	2020년 11월 22일 4회(3부)	A001	1	60분

문제 1번 | 문제 2번 | 문제 3번 | 문제 4번 | 문제 5번 | 문제 6번 | 문제 7번 | 문제 8번 | 문제 9번

02 화면을 보고 지게차 주행안전작업 사항 중 잘못된 내용(사고위험요인)을 3가지 쓰시오. (6점)

합격KEY
① 2000년 11월 9일 산업기사 출제
② 2004년 4월 29일 출제
③ 2006년 7월 15일 출제
④ 2011년 5월 7일 출제
⑤ 2013년 7월 20일(문제 3번) 출제
⑥ 2015년 7월 18일(문제 3번) 출제
⑦ 2017년 4월 22일 기사 제1회(문제 3번) 출제
⑧ 2018년 10월 14일(문제 2번) 출제

정답
① 전방의 시야 불충분으로 지게차에 의해 다른 작업자가 다칠 수 있다.
② 물건을 과적하여 운전자의 시야를 가려 다른 작업자가 다칠 수 있다.
③ 물건을 불안정하게 적재하여 화물이 떨어져 다른 작업자가 다칠 수 있다.
④ 다른 작업자가 작업통로에 나와서 작업을 하고 있어 지게차에 의해 다칠 수 있다.
⑤ 난폭한 운전 · 과속으로 운전자 본인이 다치거나 다른 작업자가 다칠 수 있다.

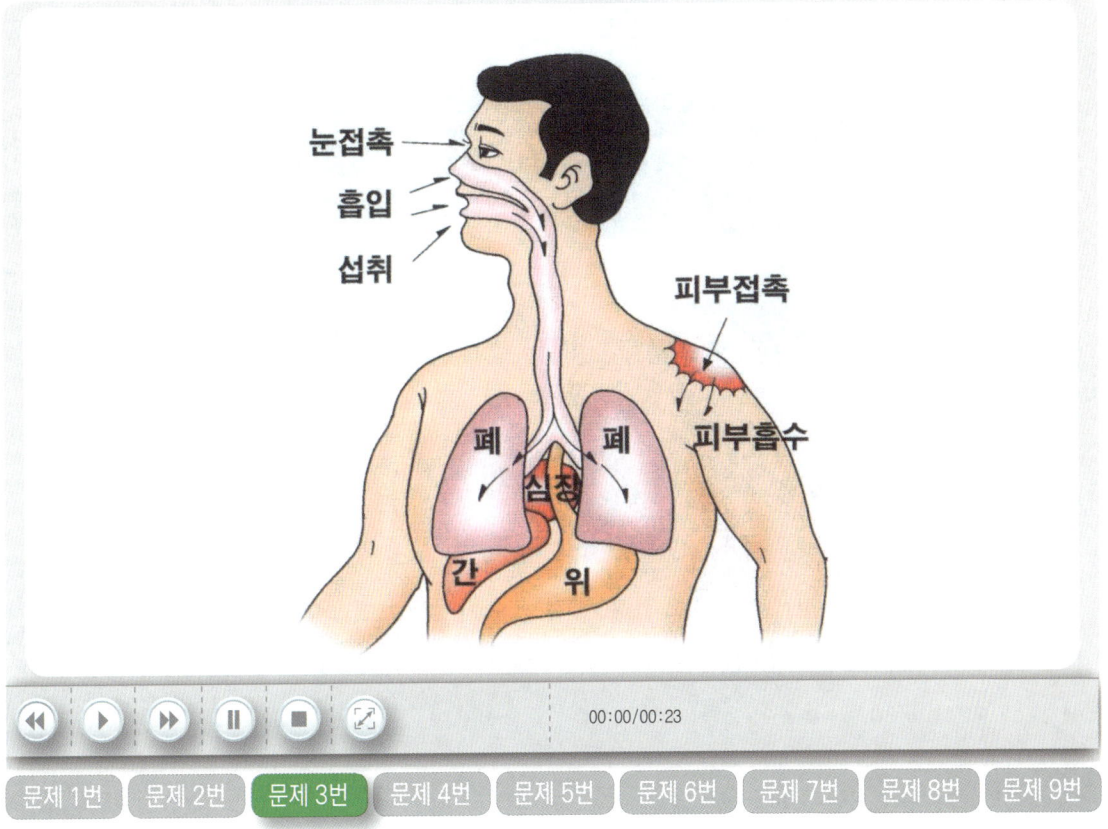

03 유리병을 황산(H_2SO_4)에 세척시 발생하는 ① 재해형태 ② 재해정의(세부내용)를 각각 쓰시오. (4점)

참고 KOSHA CODE : 산업재해 용어 정의

합격KEY
① 2013년 10월 12일(문제 7번) 출제
② 2016년 4월 23일(문제 1번) 출제
③ 2018년 4월 21일 제1회 1부 출제
④ 2018년 7월 8일 제2회 3부(문제 1번) 출제
⑤ 2020년 10월 17일 산업기사 출제

정답
① 재해형태 : 유해 · 위험물질 노출 · 접촉
② 재해정의 : 유해 · 위험물질 노출 · 접촉 또는 흡입하였거나 독성동물에 쏘이거나 물린 경우

합격자의 조언 작업형 만점합격은 기사·산업기사 모두 보셔야 합니다.

자격종목	시험일	비번호	PC번호	남은시간
산업안전기사	2020년 11월 22일 4회(3부)	A001	1	60분

04 동영상은 2만볼트가 인가된 배전판의 작업 중 발생한 재해사례이다. 이 동영상을 참고하여 재해의 발생형태와 가해물을 쓰시오. (4점)

합격KEY
① 2003년 7월 19일 산업기사 출제
② 2008년 10월 5일 산업기사 출제
③ 2013년 7월 20이리 제2회 2부(문제 1번) 출제
④ 2019년 10월 19일(문제 4번) 출제

정답
① 재해의 발생형태 : 감전
② 가해물 : 전류 또는 전기

자격종목	시험일	비번호	PC번호	남은시간
산업안전기사	2020년 11월 22일 4회(3부)	A001	1	60분

작업자가 작업발판 위에서 떨어지고 있음

05 동영상은 작업발판을 이용하여 전동톱 작업을 하던 중 작업발판의 불균형으로 뒤로 넘어져 바닥에 머리를 부딪히는 사고가 발생하는 장면이다. 동영상을 참고하여 재해발생 형태와 기인물을 쓰시오. (4점)
① 재해발생 형태 :
② 기인물 :

참고 재해발생 형태에서 발이 조금이라도 지면과 떨어져 있으면 추락입니다.

합격KEY
① 2006년 4월 29일 출제
② 2008년 7월 13일 출제
③ 2009년 9월 19일 출제
④ 2012년 10월 21일 산업기사 출제
⑤ 2014년 4월 25일 산업기사 출제
⑥ 2014년 7월 13일 제2회 1부(문제 6번) 출제
⑦ 2015년 10월 11일(문제 5번) 출제

정답
① 재해발생 형태 : 추락(떨어짐)
② 기인물 : 작업발판

자격종목	시험일	비번호	PC번호	남은시간
산업안전기사	2020년 11월 22일 4회(3부)	A001	1	60분

06 화면에서 가압상태의 LPG가 대기 중에 유출되어 순간적으로 기화가 일어나 점화원에 의해 발생하는 (1) 폭발의 종류 (2) 폭발의 원인을 쓰시오. (6점)

합격KEY
① 2002년 10월 6일 출제
② 2011년 7월 30일 출제
③ 2012년 7월 14일 산업기사 출제
④ 2013년 10월 12일 산업기사 제3회 제2부(문제 8번) 출제
⑤ 2015년 10월 11일(문제 5번) 출제
⑥ 2017년 4월 22일 제1회(문제 5번) 출제
⑦ 2017년 10월 22일 제3회 2부 출제
⑧ 2018년 7월 8일 제2회 2부(문제 2번) 출제
⑨ 2019년 10월 19일 제3회 1부(문제 2번) 출제
⑩ 2020년 7월 25일 산업기사 출제

정답
(1) 폭발의 종류 : 증기운 폭발(UVCE : Unconfined Vapor Cloud Explosion)
(2) 폭발의 원인 : 저온 액화가스의 저장탱크나 고압의 인화성 액체용기가 파괴되어 다량의 인화성 증기가 폐쇄공간이 아닌 대기중으로 급격히 방출되어 공기 중에 분산 확산되어 있는 상태

자격종목	시험일	비번호	PC번호	남은시간
산업안전기사	2020년 11월 22일 4회(3부)	A001	1	60분

동영상에서 작업자 A, B가 작업을 하고 있다. 창틀에서 작업 중인 A가 처마 위에 있는 B에게 작업발판을 건네준 후 B가 있는 옆 처마 위로 이동하다 발을 헛디뎌 바닥으로 추락하는 장면이다.(주변이 정리정돈 되어있지 않고, A작업자가 밟고 있던 콘크리트 부스러기가 추락할 때 같이 떨어진다.)

07 화면은 아파트 창틀에서 작업 중 발생한 재해사례이다. 이 영상의 작업자의 추락사고 원인 3가지를 쓰시오.(6점)

합격정보 산업안전보건기준에 관한 규칙 제42조(추락의 방지)

합격KEY
① 2004년 10월 2일 출제
② 2006년 7월 5일 출제
③ 2014년 4월 25일 출제
④ 2014년 7월 13일 산업기사 출제
⑤ 2014년 10월 5일(문제 1번) 출제
⑥ 2016년 4월 23일(문제 1번) 출제
⑦ 2017년 4월 22일 제1회 1부(문제 8번) 출제
⑧ 2019년 10월 19일 제3회 1부(문제 7번) 출제
⑨ 2020년 5월 16일 제1회 2부(문제 7번) 출제
⑩ 2020년 7월 25일 산업기사 출제

정답
① 안전난간 미설치
② 안전대 미착용
③ 추락방호망 미설치

08 작업자가 용광로 쇳물 탕도 내에 고무래로 출렁이는 쇳물 표면을 젖고 당기면서 일부 굳은 찌꺼기를 긁어내어 작업자 바로 앞에 고무래로 충격을 주며 털어낸다. 작업자는 보호구를 전혀 착용하지 않았다. 작업자의 불안전한 작업 시 손과 발, 몸을 보호할 수 있는 보호구 3가지를 쓰시오.(5점)

정답
① 손 : 방열 장갑
② 발 : 내열 안전화(방열 장화)
③ 몸 : 방열 일체복

자격종목	시험일	비번호	PC번호	남은시간
산업안전기사	2020년 11월 22일 4회(3부)	A001	1	60분

남자 근로자가 회전하는 탁상공구연삭기에 환봉을 연삭 작업중 환봉이 튕겨서 작업자를 가격하는 장면임

문제 1번 | 문제 2번 | 문제 3번 | 문제 4번 | 문제 5번 | 문제 6번 | 문제 7번 | 문제 8번 | **문제 9번**

09 화면은 봉강 연마 작업중 발생한 사고사례이다. 기인물은 무엇이며, 연마작업시 파편이나 칩의 비래에 의한 위험에 대비하기 위해 설치해야 하는 방호장치명을 쓰시오. (4점)
① 기인물 : (2점)
② 방호장치명 : (2점)

참고 위험기계 · 기구 방호장치기준 제30조(방호조치)

합격KEY
① 2004년 10월 2일 산업기사출제
② 2005년 10월 1일 산업기사 출제
③ 2010년 7월 11일 출제
④ 2011년 10월 22일 출제
⑤ 2012년 10월 21일 출제
⑥ 2013년 4월 27일 출제
⑦ 2015년 7월 18일 산업기사 (문제 3번) 출제
⑧ 2017년 4월 22일 산업기사 출제
⑨ 2017년 10월 22일(문제 1번) 출제

정답
① 기인물 : 탁상공구연삭기
② 방호장치명 : 투명한 비산 방지판

문제 및 답안(지), 점수, 채점기준은 일체 공개하지 않는다.

자격종목	시험일	비번호	PC번호	남은시간
산업안전산업기사	2020년 11월 15일 4회(1부)	A001	1	60분

작업자가 인쇄용 윤전기의 전원을 끄지 않고 빙글빙글 서로 맞물려서 돌아가는 롤러를 걸레로 닦고 있다. 닦을 때 체중을 실어서 힘 있게 닦고, 위험하게 맞물리는 지점까지 걸레를 집어넣고 닦는다. 그 순간 작업자의 손이 롤러카 사이에 끼어서 사고를 당하고 사고 발생 후 전원을 차단하고 손을 빼내는 화면을 보여준다.

00:00/00:23

문제 1번 | 문제 2번 | 문제 3번 | 문제 4번 | 문제 5번 | 문제 6번 | 문제 7번 | 문제 8번 | 문제 9번

01
화면의 인쇄윤전기 재해사례에서 나타나는 위험점을 기계의 운동 형태에 따라 분류하고자 할 때 해당되는 (1) 위험점의 명칭 (2) 정의 등을 쓰시오. (4점)

합격팁

기계 설비에 의해 형성되는 위험점

구분	정의	예
협착점 (squeeze-point)	왕복 운동하는 운동부와 고정부 사이에 형성(작업점이라 부르기도 함)	① 프레스 금형 조립부위 ② 전단기의 누름판 및 칼날부위 ③ 선반 및 평삭기의 베드 끝 부위
끼임점 (Shear-point)	고정부분과 회전 또는 직선운동부분에 의해 형성	① 연삭숫돌과 작업대　② 반복동작되는 링크기구 ③ 교반기의 교반날개와 몸체사이
절단점 (Cutting-point)	회전운동부분 자체와 운동하는 기계 자체에 의해 형성	① 밀링 컷터　② 둥근톱 날 ③ 목공용 띠톱 날 부분
물림점 (Nip-point)	회전하는 두 개의 회전축에 의해 형성(회전체가 서로 반대방향으로 회전하는 경우)	① 기어와 피니언　② 롤러의 회전 등
접선 물림점 (Tangential Nip-point)	회전하는 부분이 접선방향으로 물려 들어가면서 형성	① V벨트와 풀리　② 기어와 랙 ③ 롤러와 평벨트 등
회전 말림점 (Trapping-point)	회전체의 불규칙 부위와 돌기 회전 부위에 의해 형성	① 회전축　② 드릴축 등

정답
(1) 위험점의 명칭 : 물림점(nip point)
(2) 정의 : 회전하는 두 개의 회전체에 물려 들어가는 위험점
　　예 롤러와 롤러의 물림, 기어와 기어의 물림

💬 **합격자의 조언**　그 외 5가지 위험점 기억하세요. 차후 시험 대비

자격종목	시험일	비번호	PC번호	남은시간
산업안전산업기사	2020년 11월 15일 4회(1부)	A001	1	60분

공작물을 손으로 잡고 작업하다가 공작물이 튀는 현상임

02 전기드릴을 이용해 구멍을 넓히는 작업에서 작업자는 안전모와 보안경을 미착용하고, 방호장치도 설치되지 않은 상태에서 맨손으로 작업을 하고 있다. 위험방지방안을 2가지 쓰시오.(4점)

참고
① 2008년 4월 26일 출제
② 2009년 4월 26일 출제
③ 2012년 7월 14일(문제 6번)
④ 2016년 4월 23일 기사 출제

정답
① 작은 물건은 바이스나 클램프를 사용하여 고정시키고 직접 손으로 지지하는 것을 피한다.
② 보안경을 착용하거나, 안전덮개를 설치한다.
③ 판에 큰 구멍을 뚫고자 할 때에는 먼저 작은 드릴로 뚫은 후에 큰 드릴로 뚫도록 한다.
④ 안전모를 착용하고, 장갑은 착용하지 않는다.

자격종목	시험일	비번호	PC번호	남은시간
산업안전산업기사	2020년 11월 15일 4회(1부)	A001	1	60분

작업자가 안전대를 착용하고 전주에 올라서서 작업발판(볼트)을 딛고 변압기 볼트를 조이는 중 추락하는 동영상이다.

03 화면은 작업자가 변압기 볼트를 조이는 장면이다. 위험요인 3가지를 쓰시오. (6점)

합격KEY
① 2014년 10월 5일(문제 3번) 출제
② 2016년 4월 23일 제1회 1부 출제
③ 2017년 7월 2일 기사 제2회(문제 3번) 출제
④ 2018년 10월 14일 기사 출제

정답
① 작업자가 안전대를 전주에 걸지 않고 작업하여 위험하다.
② 작업자가 딛고 선 발판이 불안하다.
③ 절연장갑 등 절연용 보호구를 착용하지 않아 감전 위험이 있다.

자격종목	시험일	비번호	PC번호	남은시간
산업안전산업기사	2020년 11월 15일 4회(1부)	A001	1	60분

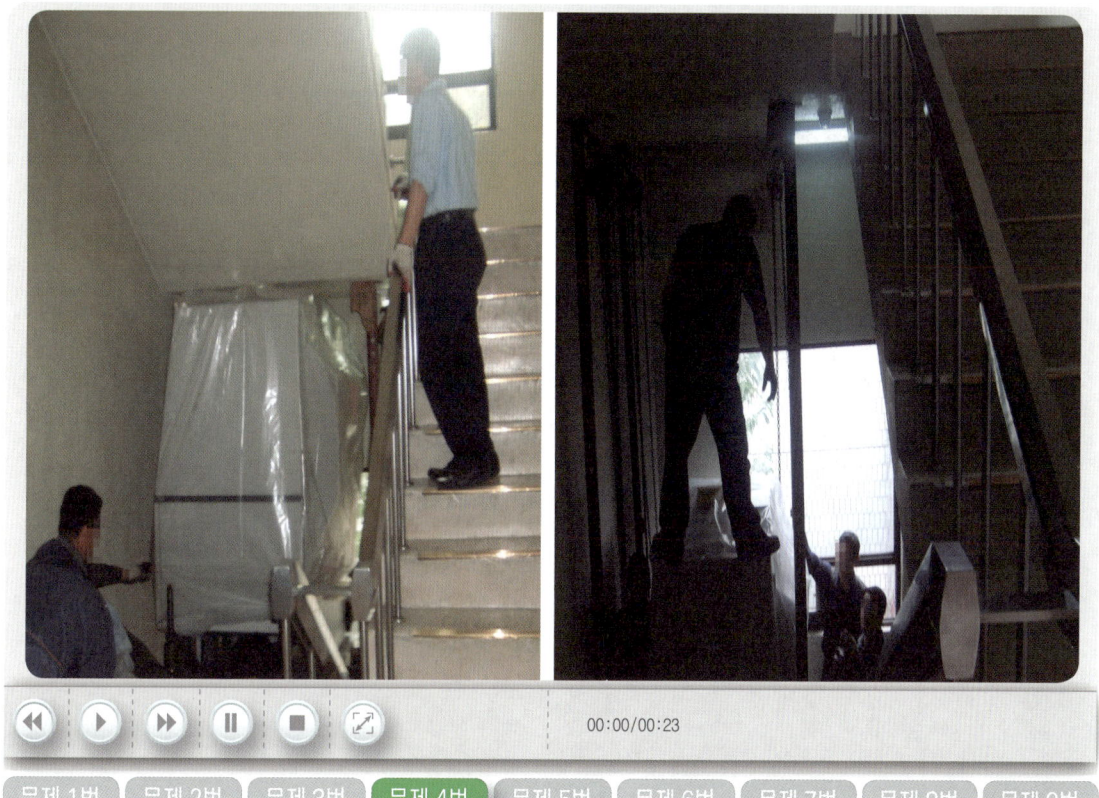

04 화면은 작업자가 가정용 배전반 점검을 하다 딛고 있는 의자(발판)가 불안정하여 추락하는 재해사례이다. 화면에서 (1) 재해형태 (2) 점검시 불안전한 행동 2가지를 쓰시오. (4점)

합격KEY ① 2015년 4월 25일 (문제 8번) 출제
② 2016년 7월 3일(문제 6번) 출제

정답
(1) 재해형태 : 추락(떨어짐)
(2) 불안전한 행동
① 절연용 보호구를 착용하지 않아 감전의 위험이 있다.
② 작업자가 딛고 있는 의자(발판)가 불안정하여 추락위험이 있다.

자격종목	시험일	비번호	PC번호	남은시간
산업안전산업기사	2020년 11월 15일 4회(1부)	A001	1	60분

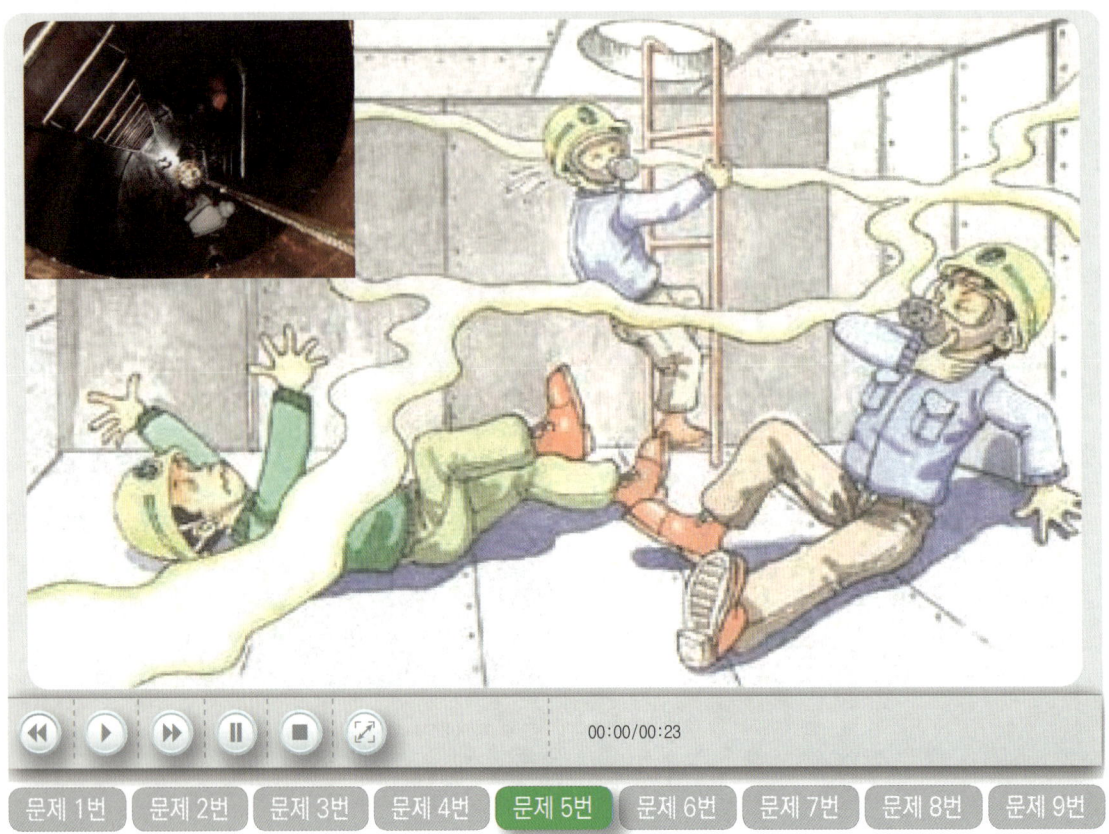

05 선박 밸러스트 탱크 내부의 슬러지를 제거하는 작업 도중에 작업자가 가스질식으로 의식을 잃는 장면이다. 이와 같은 사고에 대비하여 필요한 호흡용 보호구를 2가지만 쓰시오.(4점)

채점기준
(1) 택 2, 2개 모두 맞으면 4점, 1개 맞으면 2점, 그 외 0점
(2) 유사(가능한)답안
  ① 에어라인 마스크
  ② 호스마스크
  ③ 복합식 에어라인 마스크
  ④ 산소호흡기

합격KEY
① 2005년 7월 15일 출제
② 2006년 9월 23일 기사 출제
③ 2014년 10월 5일 기사(문제 5번) 출제
④ 2015년 7월 18일 제2회 제3부 기사(문제 5번) 출제
⑤ 2015년 10월 11일(문제 5번) 출제

정답
① 송기마스크
② 공기호흡기

06 파지 작업장에서 작업자의 불안전 행동 3가지를 쓰시오. (6점)

합격KEY ① 2020년 5월 16일 산업기사 출제
② 2020년 10월 10일 기사 출제

정답
① 파지를 옮기는 기계가 작업자의 머리위로 지나간다.
② 안전모 등 보호구 미착용
③ 움직이는 컨베이어 위에서 작업하고 있다.

자격종목	시험일	비번호	PC번호	남은시간
산업안전산업기사	2020년 11월 15일 4회(1부)	A001	1	60분

문제 1번 문제 2번 문제 3번 문제 4번 문제 5번 문제 6번 **문제 7번** 문제 8번 문제 9번

07 화면은 형강에 걸린 줄걸이 와이어를 빼내고 있는 상황하에서 발생된 사고사례이다. 가해물과 와이어를 빼기에 적합한 작업방식 2가지를 쓰시오.(6점)

합격KEY
① 2005년 7월 15일 출제
② 2010년 4월 24일 출제
③ 2013년 4월 27일 기사 출제
④ 2014년 7월 13일(문제 7번) 출제
⑤ 2016년 4월 23일(문제 7번) 출제

정답
(1) 가해물 : 줄걸이 와이어
(2) 작업방식
① 지렛대를 와이어가 물려 있는 형강 사이에 넣어 형강이 무너져 내리지 않을 정도로 들어올려 와이어를 빼내는 작업을 한다.
② 와이어를 빼기 위한 작업은 1[인]으로는 부적합하며 반드시 2[인] 이상이 지렛대를 동시에 넣어 들어올리는 작업을 한다.

08 동영상은 스팀배관의 보수를 위해 누출 부위를 점검하던 중에 발생한 재해사례이다. 동영상에서와 같은 재해를 산업재해 기록·분류에 관한 기준에 따라 분류할 때 해당하는 재해발생형태를 쓰시오. (4점)

보충학습 재해 분류 및 분석

(1) 미국의 ANSI.Z16 분류
　① 상해의 종류　② 상해의 부위　③ 가해물　④ 사고의 형　⑤ 불안전한 상태　⑥ 기인물　⑦ 불안전한 행위

(2) ILO의 재해 원인 분류

분류항목	내 용
재해형태	추락, 낙반 등
매개물	기계류, 운송 및 기중장비, 기타장비, 재료, 물질, 작업환경 등
재해의 성격	골절, 외상, 타박상 등
상해 부위	머리, 손, 발 등

(3) KOSHA CODE : 산업재해 용어 정의

합격KEY　① 2007년 7월 15일 출제　② 2008년 10월 5일 출제
　　　　　③ 2011년 7월 30일 출제　④ 2012년 10월 21일 출제
　　　　　⑤ 2015년 4월 25일 제1회(문제 7번) 출제　⑥ 2018년 4월 21일 기사 출제

정답 스팀누출에 의한 화상 또는 이상온도 노출·접촉

자격종목	시험일	비번호	PC번호	남은시간
산업안전산업기사	2020년 11월 15일 4회(1부)	A001	1	60분

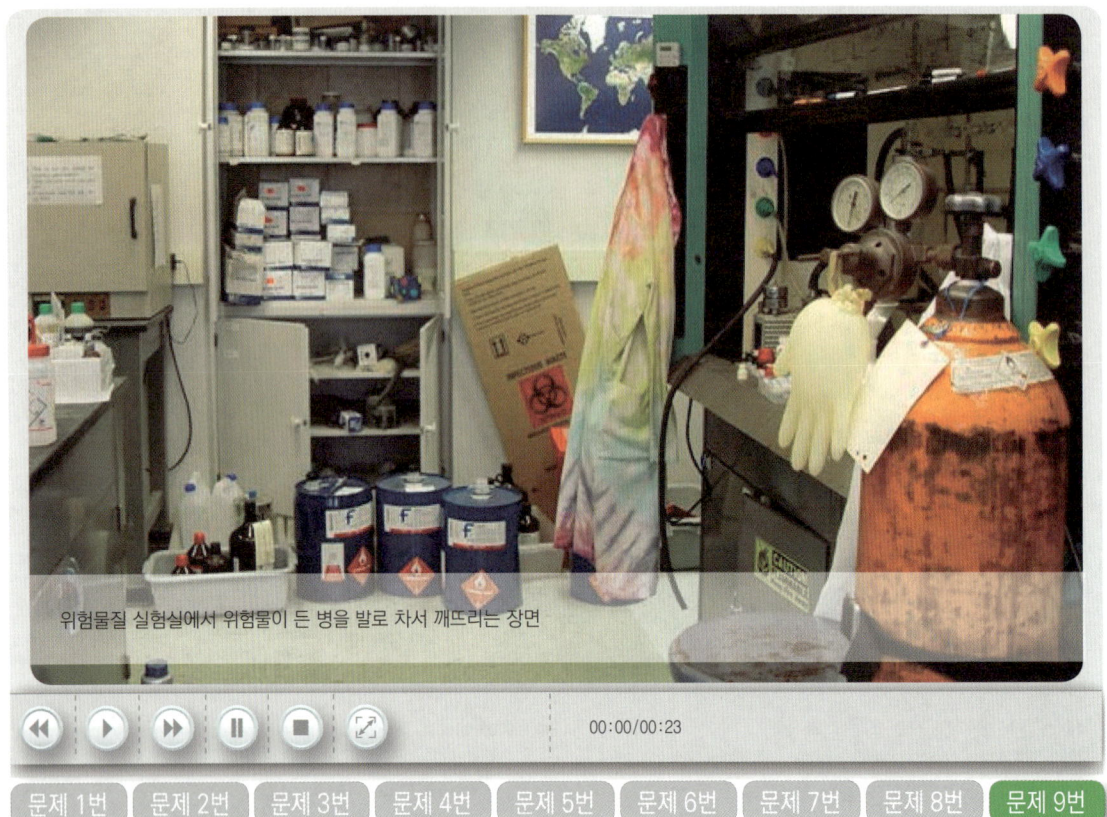

위험물질 실험실에서 위험물이 든 병을 발로 차서 깨뜨리는 장면

09 위험물을 다루는 바닥이 갖추어야 할 조건(유해물질 바닥의 구조) 2가지를 쓰시오. (4점)

합격KEY
① 2008년 4월 26일 출제
② 2009년 7월 11일 출제
③ 2010년 9월 19일 출제
④ 2013년 7월 20일 출제
⑤ 2014년 10월 5일 제3회 출제
⑥ 2016년 10월 15일 제3회 2부 출제
⑦ 2018년 7월 8일(문제 6번) 출제

정답
① 누출시 액체가 바닥이나 피트 등으로 확산되지 않도록 경사 또는 바닥의 둘레에 높이 15[cm] 이상의 턱을 설치한다.
② 바닥은 콘크리트 기타 불침유 재료로 하고, 턱이 있는 쪽은 낮고 경사지게 한다.

자격종목	시험일	비번호	PC번호	남은시간
산업안전산업기사	2020년 11월 22일 4회(1부)	A001	1	60분

프레스 금형을 상, 하 함께 교체한다.

01 프레스 금형교체 작업시 위험 요인 3가지를 쓰시오. (6점)

[참고] 산업안전실기 기사/산업기사 작업형 p.2-38 적중
[합격KEY] 2020년 5월 16일(문제 9번) 출제

정답
① 금형의 장치 운반 때, 떨어져서 발에 맞는다.
② 슬라이드가 하사점까지 내려오지 않은 상태에서 장치하여 파손된다.
③ 조이는 기구인 스패너 등이 맞지 않으면 미끄러지기도 하고, 조이는 기구가 나빠 작업중 사고가 일어난다.

자격종목	시험일	비번호	PC번호	남은시간
산업안전산업기사	2020년 11월 22일 4회(1부)	A001	1	60분

| 문제 1번 | 문제 2번 | 문제 3번 | 문제 4번 | 문제 5번 | 문제 6번 | 문제 7번 | 문제 8번 | 문제 9번 |

02 화면에서와 같이 DMF 등 유해물(화학물질) 취급시(제조·수입·운반·저장) 취급 근로자가 쉽게 볼 수 있는 장소에 명칭 등의 게시 사항을 5가지 쓰시오.(5점)

참고 산업안전보건기준에 관한 규칙 제442조(명칭 등의 게시)

합격KEY
① 2007년 10월 13일 출제
② 2013년 4월 27일 기사 출제
③ 2014년 4월 25일(문제 7번) 출제
④ 2015년 7월 18일 제2회 출제
⑤ 2017년 10월 15일 제3회(문제 5번) 출제
⑥ 2017년 10월 22일 제3회(문제 3번) 출제
⑦ 2018년 10월 14일 제3회 2부(문제 9번) 출제
⑧ 2019년 10월 19일(문제 9번) 출제

정답
① 관리대상 유해물질의 명칭
② 인체에 미치는 영향
③ 취급상 주의사항
④ 착용하여야 할 보호구
⑤ 응급조치와 긴급 방재 요령

자격종목	시험일	비번호	PC번호	남은시간
산업안전산업기사	2020년 11월 22일 4회(1부)	A001	1	60분

03 화면은 작업자가 가정용 배전반 점검을 하다 딛고 있는 의자(발판)가 불안정하여 추락하는 재해사례이다. 화면에서 (1) 재해형태 (2) 점검시 불안전한 행동 2가지를 쓰시오.(6점)

합격KEY
① 2015년 4월 25일 (문제 8번) 출제
② 2016년 7월 3일(문제 6번) 출제
③ 2020년 11월 15일(문제 4번) 출제

정답
(1) 재해형태 : 추락(떨어짐)
(2) 불안전한 행동
① 절연용 보호구를 착용하지 않아 감전의 위험이 있다.
② 작업자가 딛고 있는 의자(발판)가 불안정하여 추락위험이 있다.

자격종목	시험일	비번호	PC번호	남은시간
산업안전산업기사	2020년 11월 22일 4회(1부)	A001	1	60분

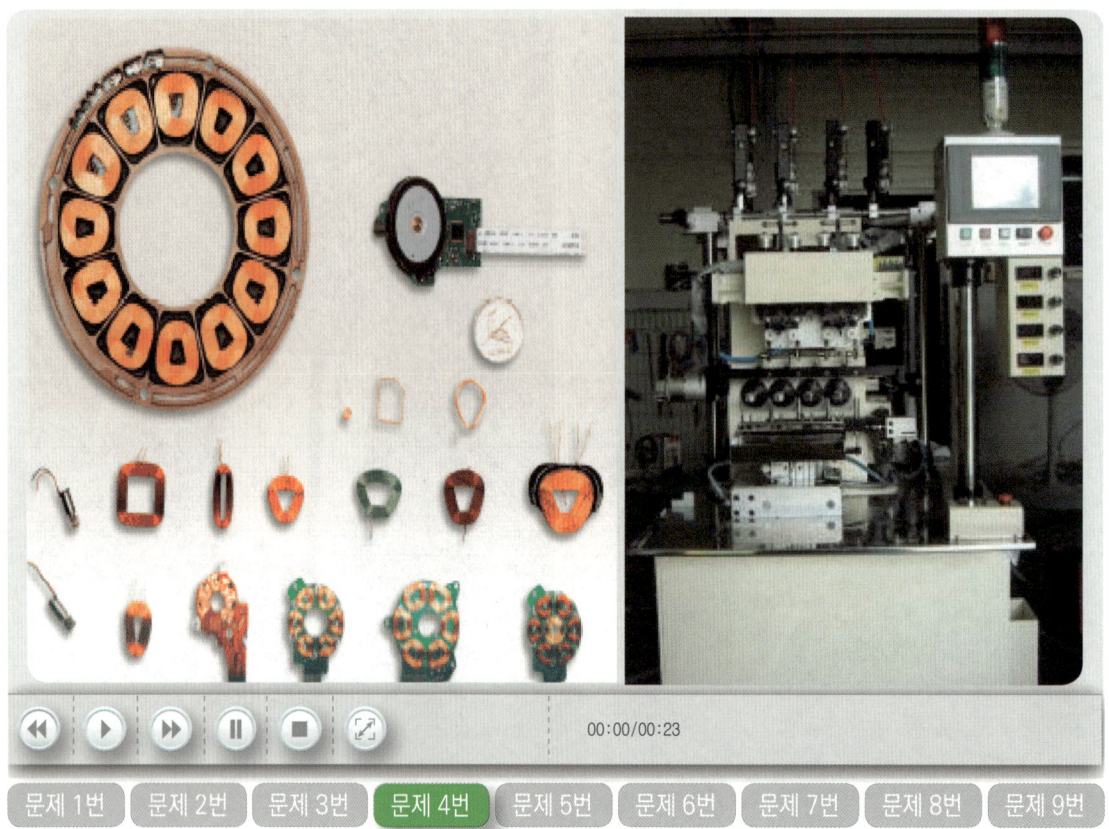

04 화면은 작업자가 전동 권선기에 동선을 감는 작업 중 기계가 정지하여 점검 중 발생한 재해사례이다. 재해유형(형태)과 재해 발생 원인이 무엇인지 1가지 서술하시오. (4점)
  (1) 재해유형(형태) : (2점)
  (2) 재해원인 : (2점)

채점기준 조사나 문맥이 모범답안과 다르더라도 의미가 같으면 정답으로 인정한다. (공지사항)

합격KEY
① 2004년 10월 2일 출제　　② 2005년 10월 1일 (문제 2번)
③ 2007년 4월 28일 출제　　④ 2011년 10월 22일 출제
⑤ 2012년 10월 21일 출제　　⑥ 2013년 4월 27일 제1회 출제
⑦ 2014년 10월 5일 제3회 출제　　⑧ 2015년 4월 25일 제1회 1부 출제
⑨ 2017년 7월 2일 제2회(문제 5번) 출제　　⑩ 2019년 7월 6일 제2회 3부(문제 4번) 출제)
⑪ 2020년 5월 16일(문제 4번) 출제

정답
① 재해유형(형태) : 감전
② 재해원인 : 작업자가 내전압용 절연장갑 등 절연용 보호구를 착용하지 않은 채 맨손으로 동선을 감는 중 기계를 정비하였기 때문에 감전되었다.

자격종목	시험일	비번호	PC번호	남은시간
산업안전산업기사	2020년 11월 22일 4회(1부)	A001	1	60분

05 화면은 무채를 썰어내는 기계 작동 중 기계가 갑자기 멈추자 작업자가 점검하는 장면이다. 위험예지포인트를 2가지 적으시오. (4점)

참고
① 2점×2개=4점
② 부분점수 있습니다.

합격KEY
① 2002년 5월 4일 기사 출제
② 2003년 5월 4일 기사 출제
③ 2003년 10월 12일 기사 출제
④ 2007년 10월 13일 출제
⑤ 2014년 7월 13일 제2회 2부 출제
⑥ 2017년 7월 2일 제2회 1부(문제 7번) 출제
⑦ 2020년 7월 25일(문제 5번) 출제

정답
① 기계를 정지시킨 상태에서 점검하지 않아 손을 다칠 위험이 있다.
② 인터로크 또는 연동 방호장치가 설치되어 있지 않다.

자격종목	시험일	비번호	PC번호	남은시간
산업안전산업기사	2020년 11월 22일 4회(1부)	A001	1	60분

06 동영상은 가스용접작업 중 발생한 재해사례이다. 동영상을 참고하여 위험요인(문제점) 2가지를 쓰시오. (4점)

합격KEY
① 2008년 7월 13일(문제 2번) 출제
② 2010년 9월 19일 출제 제3회(문제 4번) 출제
③ 2015년 4월 25일(문제 4번) 출제
④ 2015년 7월 18일 산업기사(문제 9번) 출제
⑤ 2018년 10월 14일 제3회 1부(문제 7번) 출제
⑥ 2020년 8월 2일 기사 출제

정답
① 작업자가 용접용 보안면과 용접용 장갑을 착용하지 않고 있어 화상의 위험이 있다.
② 용기를 눕혀서 보관, 작업 실시함과 별도의 안전장치가 없어 폭발위험이 있다.

07 화면은 공장 지붕 철골상에 패널 설치 중 작업자가 실족하여 사망한 재해사례이다. 이 영상 내용을 참고하여 재해원인 2가지를 쓰시오. (4점)

채점기준 조사나 문맥이 모범답안과 다르더라도 의미가 같으면 정답인정

합격KEY
① 2004년 10월 2일 산업기사 출제
② 2005년 10월 1일 산업기사 출제
③ 2007년 10월 13일 산업기사 출제
④ 2009년 7월 11일 산업기사 출제
⑤ 2015년 4월 25일 제1회 제2부(문제 1번) 출제
⑥ 2015년 10월 11일 산업기사 출제
⑦ 2016년 7월 3일 제2회 기사 출제
⑧ 2019년 4월 21일 제1회(문제 7번) 출제
⑨ 2019년 7월 6일(문제 7번) 출제

정답
① 안전대 부착설비 미설치 및 안전대 미착용
② 추락방호망 미설치

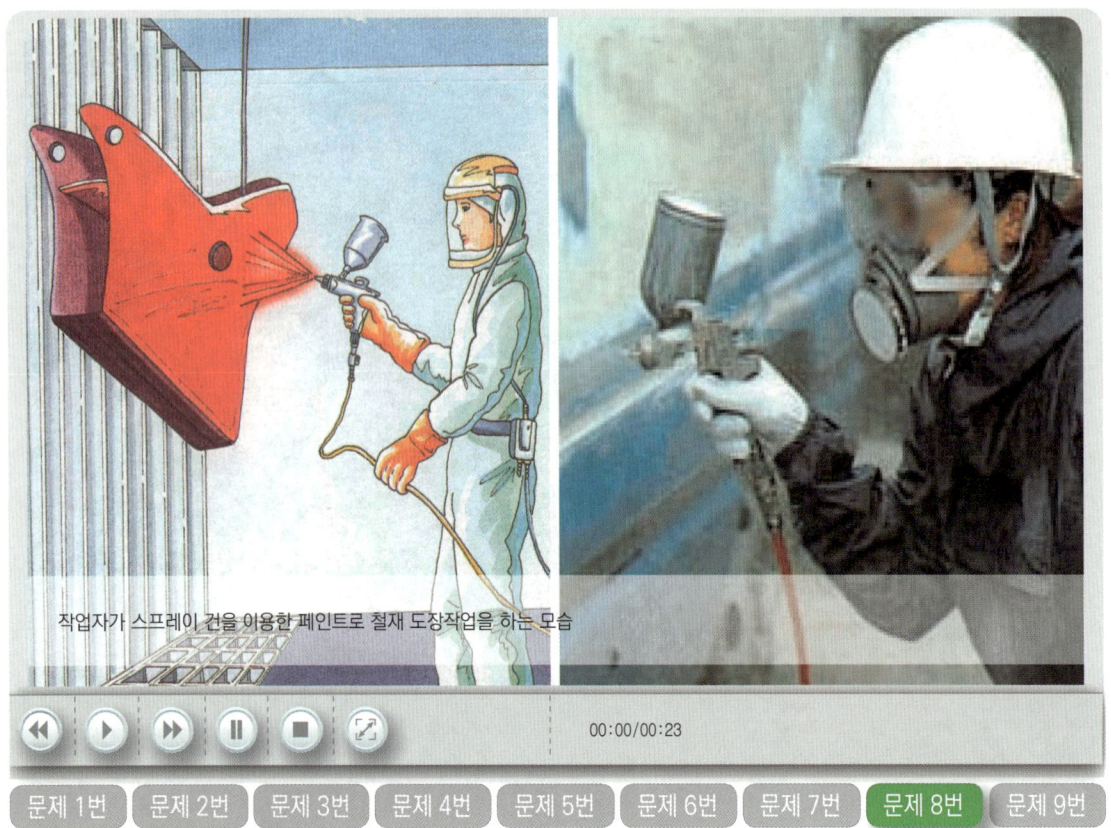

작업자가 스프레이 건을 이용한 페인트로 철재 도장작업을 하는 모습

문제 1번 문제 2번 문제 3번 문제 4번 문제 5번 문제 6번 문제 7번 문제 8번 문제 9번

08 화면에서와 같이 도료 및 용제를 취급하는 작업장에서는 반드시 마스크를 착용해야 한다.
(1) 마스크의 종류, (2) 흡수제의 종류 2가지를 쓰시오.(6점)

합격KEY
① 2012년 7월 14일 출제
② 2012년 10월 21일 기사 출제
③ 2013년 4월 27일 기사 출제
④ 2013년 10월 12일 출제
⑤ 2016년 7월 3일 출제
⑥ 2016년 10월 15일 제3회 2부 기사 출제
⑦ 2017년 7월 2일 기사 출제
⑧ 2017년 10월 22일 제3회(문제 6번) 출제
⑨ 2018년 10월 14일 제3회(문제 8번) 출제
⑩ 2019년 7월 6일(문제 8번) 출제

정답
(1) 마스크의 종류 : 방독마스크
(2) 흡수제의 종류
 ① 활성탄
 ② 소다라임
 ③ 호프카라이트
 ④ 실리카겔
 ⑤ 큐프라마이트

자격종목	시험일	비번호	PC번호	남은시간
산업안전산업기사	2020년 11월 22일 4회(1부)	A001	1	60분

09 화면은 이동식 크레인을 이용하여 철제 배관을 인양하는 작업으로 신호수의 신호에 따라 철제 배관을 인양 중 H빔에 부딪치면서 흔들리는 동영상이다. 배관 인양 작업시 위험요인 3가지를 쓰시오. (6점)

합격KEY
① 2015년 7월 18일 기사 (문제 8번) 출제
② 2016년 7월 3일 제2회 산업기사(문제 8번) 출제
③ 2019년 7월 6일 기사 제2회 2부 출제
④ 2019년 10월 19일 제3회 1부(문제 7번) 출제
⑤ 2020년 5월 16일(문제 9번) 출제

정답
① 와이어로프의 안전상태가 불안정하여 위험하다.
② 작업 반경 내 관계근로자 이외의 외부 작업자가 출입하여 위험하다.
③ 훅의 해지장치 및 안전상태가 불안정하여 위험하다.

01 용해쇳물공장에서 작업시 위험요인을 3가지 쓰시오. (6점)

합격KEY ▶ 2020년 5월 16일(문제 1번) 출제

정답
① 고온의 용탕에 의한 화상과 수분의 반응 및 용제사용에 의한 폭발위험이 있다.
② 중량물 취급에 의한 협착 및 요통위험이 있다.
③ 분진 및 소음에 의한 건강장애를 입을 수 있다.

자격종목	시험일	비번호	PC번호	남은시간
산업안전산업기사	2020년 11월 22일 4회(2부)	A001	1	60분

| 문제 1번 | 문제 2번 | 문제 3번 | 문제 4번 | 문제 5번 | 문제 6번 | 문제 7번 | 문제 8번 | 문제 9번 |

02 화면에서 가압상태의 LPG가 대기 중에 유출되어 순간적으로 기화가 일어나 점화원에 의해 발생하는 (1) 폭발의 종류 (2) 폭발의 원인을 쓰시오.(6점)

합격KEY
① 2002년 10월 6일 출제
② 2011년 7월 30일 출제
③ 2012년 7월 14일 산업기사 출제
④ 2013년 10월 12일 산업기사 제3회 제2부(문제 8번) 출제
⑤ 2015년 10월 11일(문제 5번) 출제
⑥ 2017년 4월 22일 제1회(문제 5번) 출제
⑦ 2017년 10월 22일 제3회 2부 출제
⑧ 2018년 7월 8일 제2회 2부(문제 2번) 출제
⑨ 2019년 10월 19일 제3회 1부(문제 2번) 출제
⑩ 2020년 7월 25일 산업기사 출제
⑪ 2020년 11월 2일 기사 출제

정답
(1) 폭발의 종류 : 증기운 폭발(UVCE : Unconfined Vapor Cloud Explosion)
(2) 폭발의 원인 : 저온 액화가스의 저장탱크나 고압의 인화성 액체용기가 파괴되어 다량의 인화성 증기가 폐쇄공간이 아닌 대기중으로 급격히 방출되어 공기 중에 분산 확산되어 있는 상태

자격종목	시험일	비번호	PC번호	남은시간
산업안전산업기사	2020년 11월 22일 4회(2부)	A001	1	60분

화면은 경사진(30[°] 정도) 컨베이어 기계가 작동하고, 작업자는 작동 중인 컨베이어 위에 1명과 아래쪽 작업장 바닥에 1명이 있으며, 기계 오른쪽에 있는 포대를 컨베이어 벨트 위로 올리는 작업을 하는 동영상이다. 화면 오른쪽에 포대가 많이 쌓여 있고, 작업자 한 명은 경사진 컨베이어 위에 회전하는 벨트 양끝부분 철로된 모서리에 양발을 벌리고 서 있으며, 밑에 작업자가 포대를 일정한 방향이 아닌 삐뚤(각기 다르게)게 포대를 컨베이어에 올리는 중 컨베이어 위에 양발을 벌리고 있는 작업자 발에 포대 끝부분이 부딪쳐 무게 중심을 잃고 기계 오른쪽으로 쓰러진 후 팔이 기계 하단으로 들어가면서 아파하는데 아래쪽 작업자가 와서 안아주는 동영상이다.

03 동영상은 경사용 컨베이어를 이용하여 화물을 운반하는 작업 중에 발생한 재해사례이다. 동영상을 참고하여 컨베이어에 설치하여야 하는 방호조치를 3가지 쓰시오. (6점)

참고
① 산업안전보건기준에 관한 규칙 제192조(비상정지장치)
② 산업안전보건기준에 관한 규칙 제193조(낙하물에 의한 위험 방지)

합격KEY
① 2008년 4월 26일 출제
② 2008년 7월 13일 출제
③ 2009년 4월 26일 출제
④ 2012년 4월 28일 기사 출제
⑤ 2013년 4월 27일 출제
⑥ 2013년 10월 12일 제3회 2부 출제
⑦ 2015년 4월 25일(문제 3번) 출제
⑧ 2016년 7월 18일 제2회 출제
⑨ 2016년 10월 15일 제3회(문제 3번) 출제
⑩ 2019년 10월 19일 기사 출제

정답
① 비상정지장치
② 덮개
③ 울

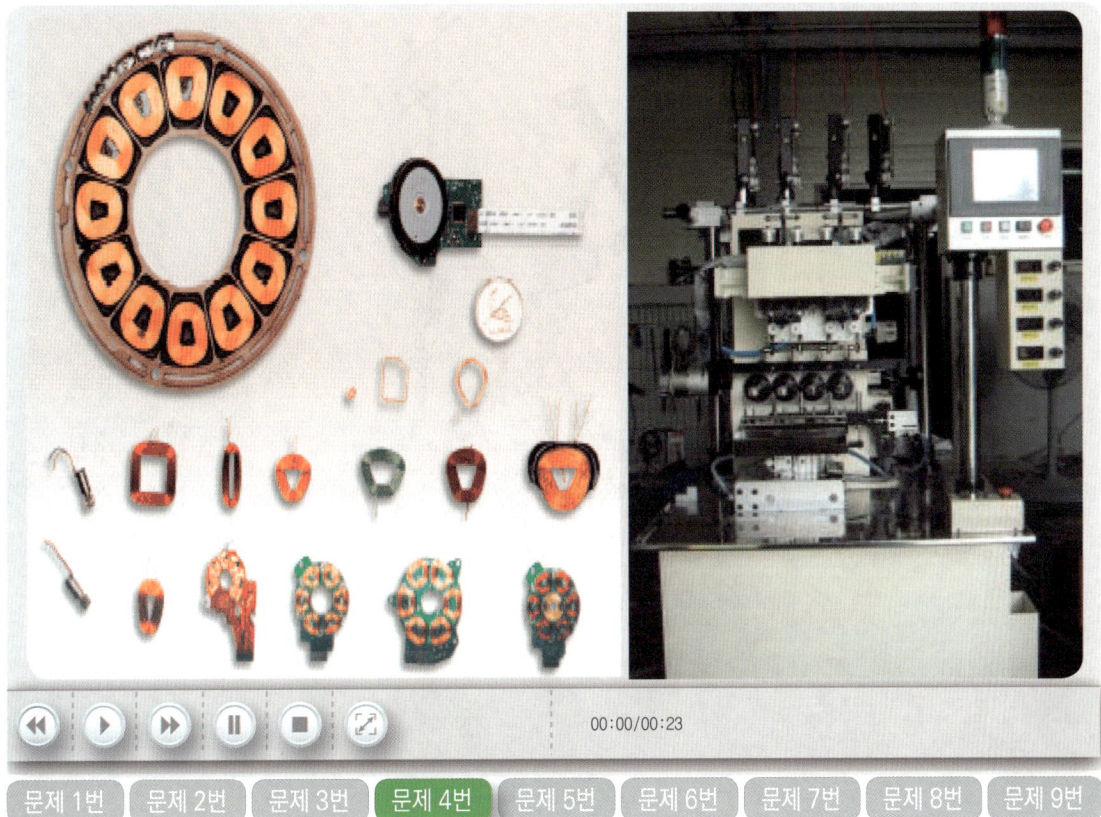

04 화면은 작업자가 전동 권선기에 동선을 감는 작업 중 기계가 정지하여 점검 중 발생한 재해사례이다. 재해유형(형태)과 재해 발생 원인이 무엇인지 1가지 서술하시오.(4점)

(1) 재해유형(형태) : (2점)
(2) 재해원인 : (2점)

[채점기준] 조사나 문맥이 모범답안과 다르더라도 의미가 같으면 정답으로 인정한다.(공지사항)

[합격KEY]
① 2004년 10월 2일 출제
③ 2007년 4월 28일 출제
⑤ 2012년 10월 21일 출제
⑦ 2014년 10월 5일 제3회 출제
⑨ 2017년 7월 2일 제2회(문제 5번) 출제
⑪ 2020년 5월 16일(문제 4번) 출제
② 2005년 10월 1일 (문제 2번)
④ 2011년 10월 22일 출제
⑥ 2013년 4월 27일 제1회 출제
⑧ 2015년 4월 25일 제1회 1부 출제
⑩ 2019년 7월 6일 제2회 3부(문제 4번) 출제
⑫ 2020년 11월 22일 제4회 1부(문제 1번) 출제

[정답]
① 재해유형(형태) : 감전
② 재해원인 : 작업자가 내전압용 절연장갑 등 절연용 보호구를 착용하지 않은 채 맨손으로 동선을 감는 중 기계를 정비하였기 때문에 감전되었다.

05 동영상은 콘크리트 전주 세우기 작업 도중에 발생한 재해사례이다. 동영상에서와 같은 재해를 예방하기 위한 대책 중 관리적 대책을 3가지만 쓰시오.(6점)

합격KEY
① 2004년 10월 2일 (문제 2번)
② 2007년 7월 15일 출제
③ 2008년 10월 5일 출제
④ 2011년 5월 7일 제1회(문제 6번) 출제
⑤ 2018년 4월 21일 제1회 3부 (문제 7번) 출제
⑥ 2019년 4월 20일 기사 출제

정답
① 해당 충전전로를 이설할 것
② 감전의 위험을 방지하기 위한 방책을 설치할 것
③ 해당 충전전로에 절연용 방호구를 설치할 것
④ 감시인을 두고 작업을 감시하도록 할 것

자격종목	시험일	비번호	PC번호	남은시간
산업안전산업기사	2020년 11월 22일 4회(2부)	A001	1	60분

작업자가 인쇄용 윤전기의 전원을 끄지 않고 빙글빙글 서로 맞물려서 돌아가는 롤러를 걸레로 닦고 있다. 닦을 때 체중을 실어서 힘 있게 닦고, 위험하게 맞물리는 지점까지 걸레를 집어넣고 닦는다. 그 순간 작업자의 손이 롤러가 사이에 끼어서 사고를 당하고 사고 발생 후 전원을 차단하고 손을 빼내는 화면을 보여준다.

06 화면의 인쇄윤전기 재해사례에서 나타나는 위험점을 기계의 운동 형태에 따라 분류하고자 할 때 해당되는 ① 위험점의 명칭 ② 정의 등을 쓰시오.(4점)

합격KEY
① 2000년 9월 5일 출제
③ 2006년 9월 23일 출제
⑤ 2010년 7월 11일 출제
⑦ 2012년 10월 21일 산업기사 출제
⑨ 2015년 4월 25일 산업기사 출제
⑪ 2016년 4월 23일 출제
⑬ 2017년 10월 22일 기사 제3회(문제 6번) 출제
② 2002년 5월 4일 출제
④ 2009년 4월 26일 출제
⑥ 2012년 7월 14일 출제
⑧ 2013년 10월 12일 출제
⑩ 2015년 7월 18일 산업기사 출제
⑫ 2016년 10월 9일 산업기사(문제 4번) 출제
⑭ 2018년 10월 14일 기사 출제

정답
① 위험점의 명칭 : 물림점(nip point)
② 정의 : 회전하는 두 개의 회전체에 물려 들어가는 위험점
    예 롤러와 롤러의 물림, 기어와 기어의 물림

합격자의 조언 그 외 5가지 위험점 기억하세요. 차후 시험 대비

자격종목	시험일	비번호	PC번호	남은시간
산업안전산업기사	2020년 11월 22일 4회(2부)	A001	1	60분

07 화면은 형강에 걸린 줄걸이 와이어를 빼내고 있는 상황하에서 발생된 사고사례이다. 가해물과 와이어를 빼기에 적합한 작업방식을 쓰시오. (4점)

합격KEY
① 2005년 7월 15일 출제
② 2010년 4월 24일 출제
③ 2013년 4월 27일 기사 출제
④ 2014년 7월 13일(문제 7번) 출제
⑤ 2016년 4월 23일(문제 7번) 출제
⑥ 2020년 11월 15일(문제 1번) 출제

정답
(1) 가해물 : 줄걸이 와이어
(2) 작업방식
  ① 지렛대를 와이어가 물려 있는 형강 사이에 넣어 형강이 무너져 내리지 않을 정도로 들어올려 와이어를 빼내는 작업을 한다.
  ② 와이어를 빼기 위한 작업은 1[인]으로는 부적합하며 반드시 2[인] 이상이 지렛대를 동시에 넣어 들어올리는 작업을 한다.

08 화면은 에어배관 작업 중 고압의 증기 누출로 작업자가 눈에 상해를 당하는 영상이다. 에어배관 작업시 위험요인을 2가지 쓰시오.(4점)

합격KEY ① 2014년 7월 23일 제2회 제1부(문제 1번) 출제
② 2015년 10월 11일(문제 1번) 출제
③ 2017년 4월 22일 제1회(문제 1번) 출제
④ 2018년 10월 14일 제3회(문제 1번) 출제
⑤ 2019년 7월 6일 제2회 1부 산업기사(문제 1번) 출제
⑥ 2020년 5월 16일 제1회 2부 기사 출제
⑦ 2020년 7월 25일 산업기사 출제
⑧ 2020년 11월 22일 기사 출제

정답 ① 보안경을 착용하지 않아 고압증기에 의한 눈 부위 손상의 위험이 존재한다.
② 배관에 남은 고압증기를 제거하지 않았고, 전용공구를 사용하지 않아 위험이 존재한다.
③ 작업자가 딛고 선 이동식사다리 설치가 불안전하여 추락 위험이 있다.

09 화면에서와 같이 DMF 등 유해물(화학물질) 취급시(제조·수입·운반·저장) 취급 근로자가 쉽게 볼 수 있는 장소에 명칭 등의 게시 사항을 5가지 쓰시오.(5점)

참고 산업안전보건기준에 관한 규칙 제442조(명칭 등의 게시)

합격KEY
① 2007년 10월 13일 출제
② 2013년 4월 27일 기사 출제
③ 2014년 4월 25일(문제 7번) 출제
④ 2015년 7월 18일 제2회 출제
⑤ 2017년 10월 15일 제3회(문제 5번) 출제
⑥ 2017년 10월 22일 제3회(문제 3번) 출제
⑦ 2018년 10월 14일 제3회 2부(문제 9번) 출제
⑧ 2019년 10월 19일(문제 9번) 출제
⑨ 2020년 11월 22일 제4회 1부(문제 2번) 출제

정답
① 관리대상 유해물질의 명칭
② 인체에 미치는 영향
③ 취급상 주의사항
④ 착용하여야 할 보호구
⑤ 응급조치와 긴급 방재 요령

2021년도

과년도 출제문제

- 산업안전기사(2021년 05월 02일 제1회 1부 시행)
- 산업안전기사(2021년 05월 02일 제1회 2부 시행)
- 산업안전기사(2021년 05월 02일 제1회 3부 시행)
- 산업안전산업기사(2021년 05월 05일 제1회 1부 시행)
- 산업안전산업기사(2021년 05월 05일 제1회 2부 시행)
- 산업안전기사(2021년 07월 18일 제2회 1부 시행)
- 산업안전기사(2021년 07월 18일 제2회 2부 시행)
- 산업안전기사(2021년 07월 18일 제2회 3부 시행)
- 산업안전산업기사(2021년 07월 24일 제2회 1부 시행)
- 산업안전산업기사(2021년 07월 24일 제2회 2부 시행)
- 산업안전기사(2021년 10월 23일 제3회 1부 시행)
- 산업안전기사(2021년 10월 23일 제3회 2부 시행)
- 산업안전기사(2021년 10월 23일 제3회 3부 시행)
- 산업안전산업기사(2021년 10월 24일 제3회 1부 시행)
- 산업안전산업기사(2021년 10월 24일 제3회 2부 시행)

자격종목	시험일	비번호	PC번호	남은시간
산업안전기사	2021년 5월 2일 1회(1부)	A001	1	60분

문제 1번 | 문제 2번 | 문제 3번 | 문제 4번 | 문제 5번 | 문제 6번 | 문제 7번 | 문제 8번 | 문제 9번

01 이동식 크레인의 작업시작전 점검사항 3가지를 쓰시오.(6점)

참고 산업안전보건기준에 관한 규칙 [별표 3] 작업시작전 점검사항

합격KEY
① 2018년 10월 14일(문제 1번) 출제
② 2020년 11월 22일(문제 1번) 출제

정답
① 권과방지장치나 그 밖의 경보장치의 기능
② 브레이크·클러치 및 조정장치의 기능
③ 와이어로프가 통하고 있는 곳 및 작업장소의 지반상태

자격종목	시험일	비번호	PC번호	남은시간
산업안전기사	2021년 5월 2일 1회(1부)	A001	1	60분

02 화면은 인쇄용 롤러를 청소하는 작업 중에 발생한 재해사례이다. 이 동영상을 보고 작업시 핵심 위험 요인과 안전대책을 2가지씩 쓰시오. (4점)

참고 제2편 제2장 현장 안전편(응용) : 기계-2007

합격KEY
① 2006년 9월 23일 출제
② 2007년 4월 28일 기사 출제
③ 2007년 7월 15일 기사 출제
④ 2012년 4월 28일 기사 출제
⑤ 2013년 4월 27일 출제
⑥ 2013년 7월 20일 기사 출제
⑦ 2014년 10월 5일 기사 출제
⑧ 2016년 4월 23일(문제 1번) 출제
⑨ 2016년 7월 3일 제2회 기사 출제
⑩ 2017년 10월 22일 산업기사 출제

정답

(1) 핵심 위험요인
① 회전체에 장갑을 착용하여 손이 다칠 우려가 있다.
② 작업자가 전원을 차단하지 않고 작업을 하였다.
③ 안전장치 없이 작업을 하여 다칠 우려가 있다.

(2) 안전대책
① 회전체에는 장갑을 착용하지 않는다.
② 이물질 제거시 인쇄기의 전원을 차단하여 기계 작동을 방지한다.
③ 안전장치가 없어서 롤러가 멈추지 않아 손이 물려 들어가므로 안전장치를 설치한다.

03 동영상과 같은 중량물 취급작업시 작업계획서의 내용 3가지를 쓰시오. (6점)

합격정보 산업안전보건기준에 관한 규칙 [별표 4] 사전조사 및 작업계획서 내용-(제38조 제1항 관련)

정답
① 추락위험을 예방할 수 있는 안전대책
② 낙하위험을 예방할 수 있는 안전대책
③ 전도위험을 예방할 수 있는 안전대책
④ 협착위험을 예방할 수 있는 안전대책
⑤ 붕괴위험을 예방할 수 있는 안전대책

자격종목	시험일	비번호	PC번호	남은시간
산업안전기사	2021년 5월 2일 1회(1부)	A001	1	60분

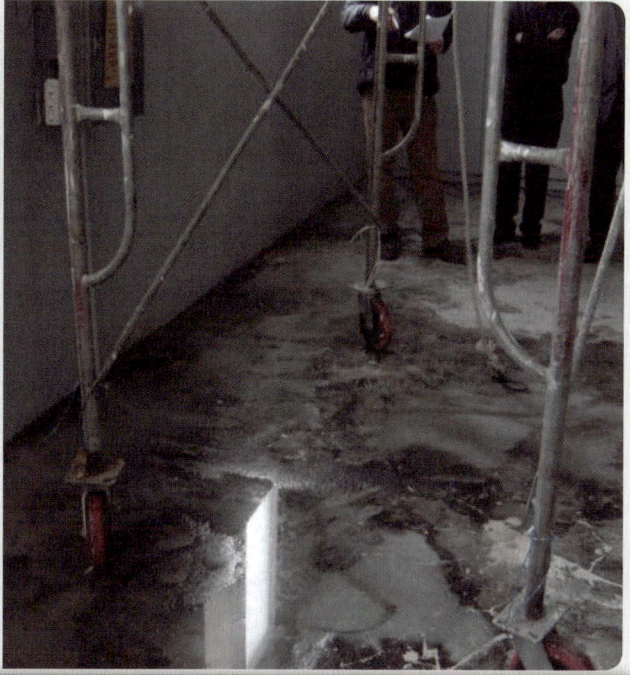

문제 1번 | 문제 2번 | 문제 3번 | **문제 4번** | 문제 5번 | 문제 6번 | 문제 7번 | 문제 8번 | 문제 9번

04 동영상은 이동식 비계의 설치상태가 불량하여 발생된 재해 사례이다. 이동식 비계의 올바른 설치 (조립)기준을 산업안전보건기준에 관한 규칙을 적용하여 3가지를 쓰시오.(6점)

> **참고** 산업안전보건기준에 관한 규칙 제68조(이동식 비계)
>
> **합격KEY** ① 2018년 7월 8일 제2회 1부(문제4번)출제
> ② 2020년 5월 30일(문제 4번) 출제
> ③ 2020년 11월 22일(문제 4번) 출제

정답
① 이동식 비계의 바퀴에는 뜻밖의 갑작스러운 이동 또는 전도를 방지하기 위하여 브레이크·쐐기 등으로 바퀴를 고정시킨 다음 비계의 일부를 견고한 시설물에 고정하거나 아웃트리거(outrigger)를 설치하는 등 필요한 조치를 할 것
② 승강용사다리는 견고하게 설치할 것
③ 비계의 최상부에서 작업을 하는 경우에는 안전난간을 설치할 것
④ 작업발판은 항상 수평을 유지하고 작업발판 위에서 안전난간을 딛고 작업을 하거나 받침대 또는 사다리를 사용하여 작업하지 않도록 할 것
⑤ 작업발판의 최대적재하중은 250[kg]을 초과하지 않도록 할 것

05 화면은 교량 하부 점검 중 발생한 재해사례이다. 영상을 참고하여 사고 원인 3가지를 쓰시오. (6점)

참고
① 택 3, 2점×3개=6점
② 조사나 문맥이 모범답안과 다르더라도 의미가 같으면 정답 인정

합격KEY
① 2004년 7월 10일 출제
② 2006년 7월 15일 출제
③ 2015년 4월 23일 제1회 2부 출제
④ 2018년 7월 8일(문제 5번) 출제

정답
① 안전대 부착 설비 및 안전대 착용을 하지 않았다.
② 안전난간 설치 불량
③ 수직방호망 미설치(추락방호망 미설치)
④ 작업자 주변 정리정돈 불량
⑤ 작업 전 작업발판 등 부속설비 점검 미비

06 산업안전보건기준에 관한 규칙에 따라서, 충전전로에서의 전기작업 중 조치 사항에 대해서 다음 (①, ②)을 채우시오.(5점)
(1) 충전전로를 취급하는 근로자에게 그 작업에 적합한 (①)를 착용시킬 것.
(2) 충전전로에 근접한 장소에서 전기작업을 하는 경우에는 해당 전압에 적합한(②)를 설치할 것. 다만, 저압인 경우에는 해당 전기작업자가 (①)를 착용하되, 충전전로에 접촉할 우려가 없는 경우에는 (②)를 설치하지 아니할 수 있다.

합격정보 산업안전보건기준에 관한 규칙 제321조(충전전로에서의 전기작업)

정답
① 절연용 보호구
② 절연용 방호구

07 화면의 밀폐된 공간에서 그라인더 작업시 위험요인 2가지를 쓰시오. (4점)

합격KEY
① 2015년 4월 25일 기사 출제
② 2016년 4월 23일 제1회 2부 출제
③ 2017년 7월 2일 제2회(문제 6번) 출제
④ 2018년 4월 21일 산업기사 제1회 2부 출제
⑤ 2020년 5월 16일 제1회 기사 출제
⑥ 2020년 7월 25일 1부 출제
⑦ 2020년 7월 25일 산업기사 출제

정답
① 작업시작 전 산소농도 및 유해가스 농도 등의 미 측정과 작업 중에도 계속 환기를 시키지 않아 위험
② 환기를 실시할 수 없거나 산소결핍 위험 장소에 들어갈 때 호흡용 보호구를 착용하지 않아 위험
③ 국소배기장치의 전원부에 잠금장치가 없고, 감시인을 배치하지 않아 위험

08 산업안전보건기준에 관한 규칙에 따라서, 용융고열물을 취급하는 설비를 내부에 설치한 건축물에 대하여 수증기 폭발을 방지하기 위하여 사업주가 해야하는 조치 2가지를 쓰시오. (4점)

합격정보 산업안전보건기준에 관한 규칙 제249조(건축물의 구조)
합격KEY 2021년 10월 12일 필답형 출제

정답
① 바닥은 물이 고이지 아니하는 구조로 할 것
② 지붕·벽·창 등은 빗물이 새어들지 아니하는 구조로 할 것

자격종목	시험일	비번호	PC번호	남은시간
산업안전기사	2021년 5월 2일 1회(1부)	A001	1	60분

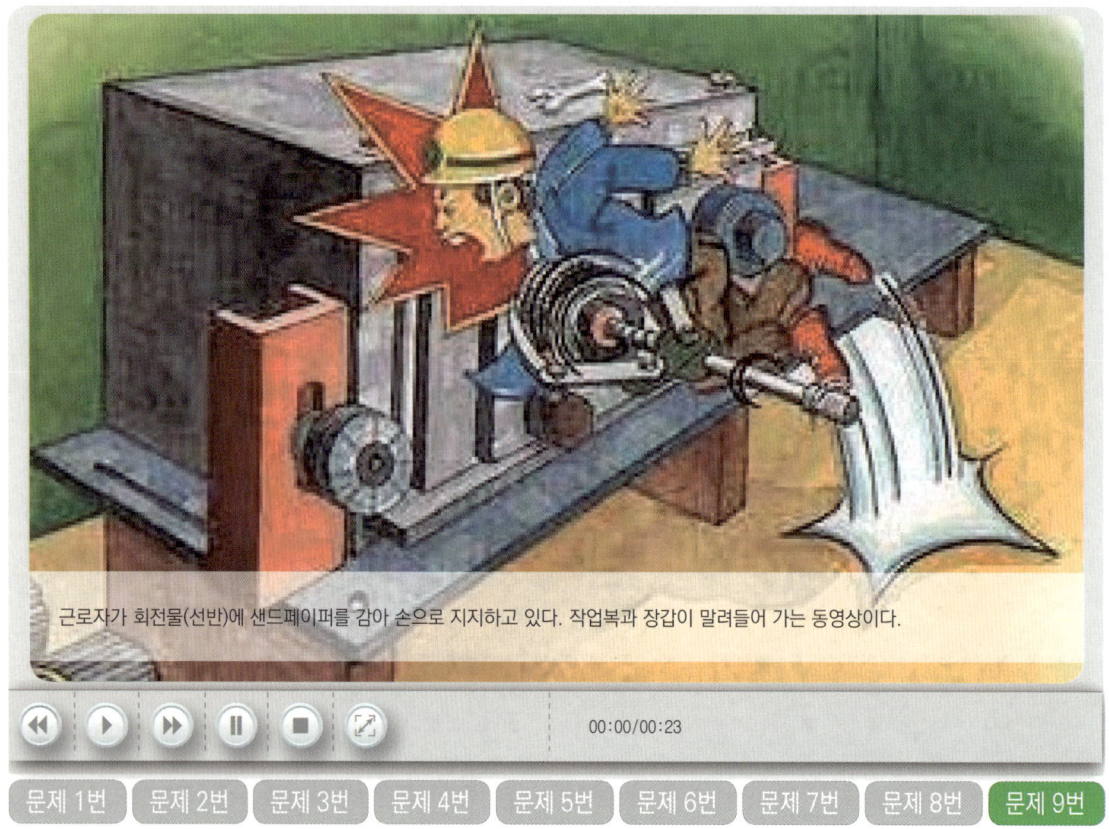

근로자가 회전물(선반)에 샌드페이퍼를 감아 손으로 지지하고 있다. 작업복과 장갑이 말려들어 가는 동영상이다.

00:00/00:23

| 문제 1번 | 문제 2번 | 문제 3번 | 문제 4번 | 문제 5번 | 문제 6번 | 문제 7번 | 문제 8번 | 문제 9번 |

09 화면의 재해사례에서 나타나는 위험점을 기계의 운동 형태에 따라 분류하고자 할 때 해당되는 위험점의 명칭과 그 정의를 쓰시오.(4점)

합격KEY
① 2004년 7월 10일 출제
② 2006년 9월 23일 기사 출제
③ 2007년 10월 13일 기사 출제
④ 2012년 4월 28일 기사 출제
⑤ 2012년 10월 21일 출제
⑥ 2013년 10월 12일 출제
⑦ 2014년 7월 13일 기사 출제
⑧ 2015년 10월 11일 기사 출제
⑨ 2016년 4월 23일 산업기사 출제
⑩ 2020년 11월 22일(문제 9번) 출제

정답
① 위험점의 명칭 : 회전 말림점(Trapping Point)
② 정의 : 회전축·커플링 등과 같이 회전하는 물체에 작업복 등이 말려드는 위험이 존재하는 점

문제 및 답안(지), 점수, 채점기준은 일체 공개하지 않는다.

비번호
총 점

자격종목	시험일	비번호	PC번호	남은시간
산업안전기사	2021년 5월 2일 1회(2부)	A001	1	60분

01 자동차 브레이크 라이닝을 세척 중이다. 착용해야할 보호구 3가지를 쓰시오.(6점)

합격KEY
① 2006년 9월 23일 산업기사 출제
② 2013년 10월 12일 제3회 출제
③ 2016년 10월 9일(문제 3번) 출제
④ 2017년 4월 22일 기사(문제 3번) 출제
⑤ 2018년 10월 14일 제3회 2부(문제 3번) 출제
⑥ 2019년 10월 19일 산업기사 출제

정답
① 불침투성 보호의(복)
② 방독마스크
③ 보안경

자격종목	시험일	비번호	PC번호	남은시간
산업안전기사	2021년 5월 2일 1회(2부)	A001	1	60분

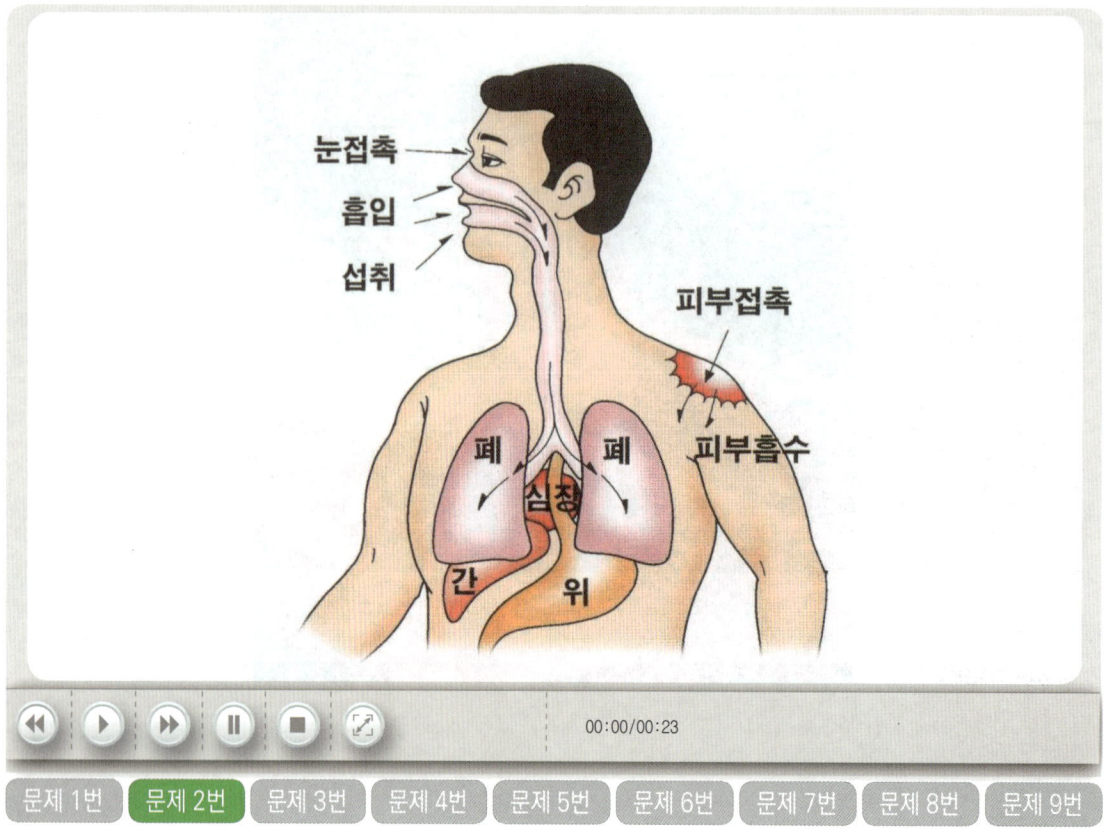

| 문제 1번 | 문제 2번 | 문제 3번 | 문제 4번 | 문제 5번 | 문제 6번 | 문제 7번 | 문제 8번 | 문제 9번 |

02 유리병을 황산(H_2SO_4)에 세척시 발생하는 (1) 재해형태 (2) 재해정의(세부내용)를 각각 쓰시오. (4점)

참고 KOSHA CODE : 산업재해 용어 정의

합격KEY
① 2013년 10월 12일(문제 7번) 출제
② 2016년 4월 23일 (문제 1번) 출제
③ 2018년 4월 21일 제1회 1부 출제
④ 2018년 7월 8일(문제 1번) 출제

정답
(1) 재해형태 : 유해 · 위험물질 노출 · 접촉
(2) 재해정의 : 유해 · 위험물질 노출 · 접촉 또는 흡입하였거나 독성동물에 쏘이거나 물린 경우

💬 **합격자의 조언** 작업형 만점합격은 기사·산업기사 모두 보셔야 합니다.

자격종목	시험일	비번호	PC번호	남은시간
산업안전기사	2021년 5월 2일 1회(2부)	A001	1	60분

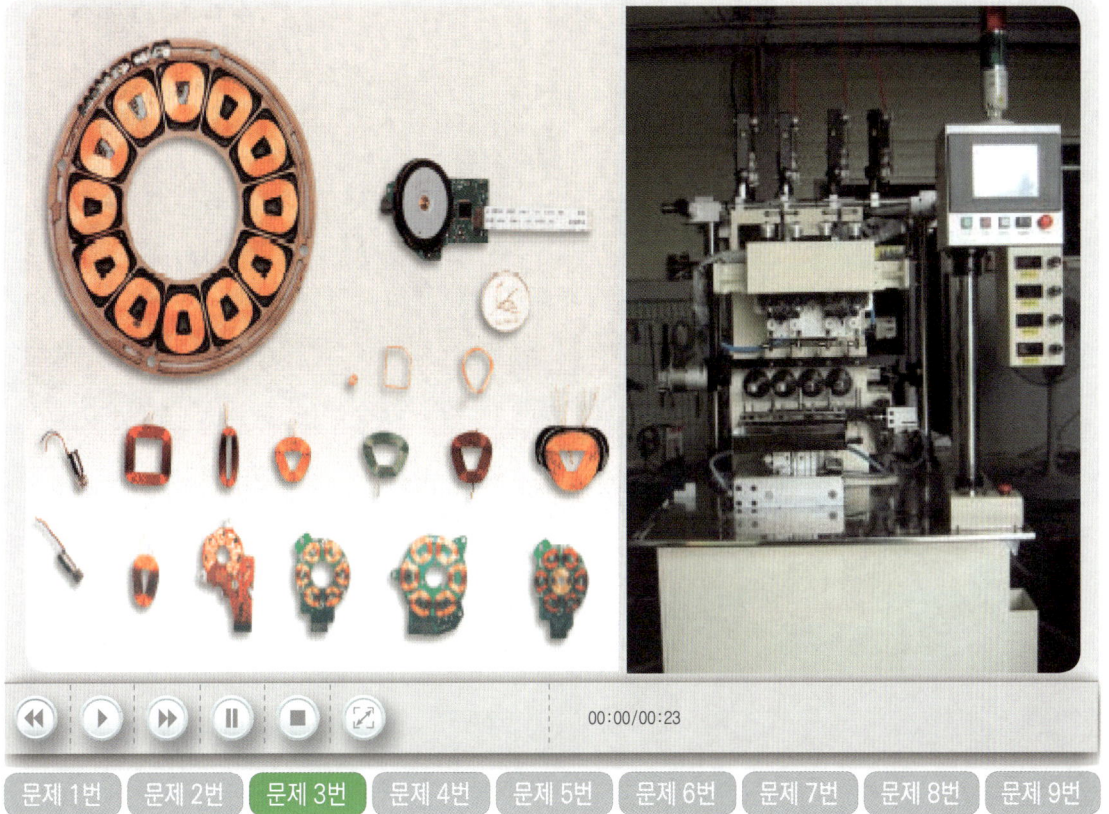

03 화면은 작업자가 전동 권선기에 동선을 감는 작업 중 기계가 정지하여 점검 중 발생한 재해사례이다. 재해유형(형태)과 재해 발생 원인이 무엇인지 1가지씩 서술하시오. (4점)
(1) 재해유형(형태) : (2점)
(2) 재해원인 : (2점)

[채점기준] 조사나 문맥이 모범답안과 다르더라도 의미가 같으면 정답으로 인정한다. (공지사항)

[합격KEY] ① 2004년 10월 2일 출제 ② 2005년 10월 1일 (문제 2번)
③ 2007년 4월 28일 출제 ④ 2011년 10월 22일 출제
⑤ 2012년 10월 21일 출제 ⑥ 2013년 4월 27일 제1회 출제
⑦ 2014년 10월 5일 제3회 출제 ⑧ 2015년 4월 25일 제1회 1부 출제
⑨ 2017년 7월 2일 제2회(문제 5번) 출제 ⑩ 2019년 7월 6일 제2회 3부(문제 4번) 출제)
⑪ 2020년 5월 16일 산업기사 출제

[정답]
① 재해유형(형태) : 감전
② 재해원인 : 작업자가 내전압용 절연장갑 등 절연용 보호구를 착용하지 않은 채 맨손으로 동선을 감는 중 기계를 정비하였기 때문에 감전되었다.

자격종목	시험일	비번호	PC번호	남은시간
산업안전기사	2021년 5월 2일 1회(2부)	A001	1	60분

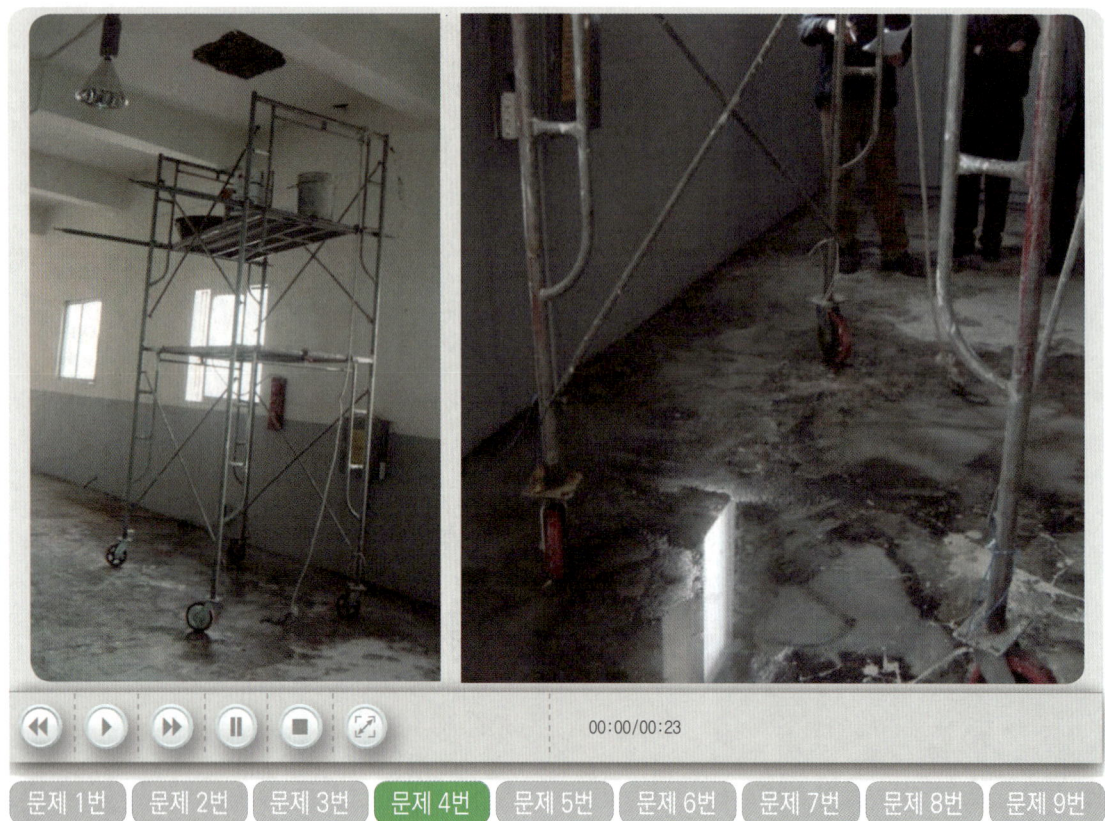

04 동영상은 이동식 비계의 설치상태가 불량하여 발생된 재해 사례이다. 이동식 비계의 올바른 설치(조립)기준을 산업안전보건기준에 관한 규칙을 적용하여 2가지만 쓰시오. (4점)

참고 산업안전보건기준에 관한 규칙 제68조(이동식 비계)

합격KEY
① 2018년 7월 8일 제2회 1부(문제4번) 출제
② 2020년 5월 30일(문제 4번) 출제
③ 2020년 11월 22일(문제 4번) 출제

정답
① 이동식 비계의 바퀴에는 뜻밖의 갑작스러운 이동 또는 전도를 방지하기 위하여 브레이크·쐐기 등으로 바퀴를 고정시킨 다음 비계의 일부를 견고한 시설물에 고정하거나 아웃트리거(outrigger)를 설치하는 등 필요한 조치를 할 것
② 승강용사다리는 견고하게 설치할 것
③ 비계의 최상부에서 작업을 하는 경우에는 안전난간을 설치할 것
④ 작업발판은 항상 수평을 유지하고 작업발판 위에서 안전난간을 딛고 작업을 하거나 받침대 또는 사다리를 사용하여 작업하지 않도록 할 것
⑤ 작업발판의 최대적재하중은 250[kg]을 초과하지 않도록 할 것

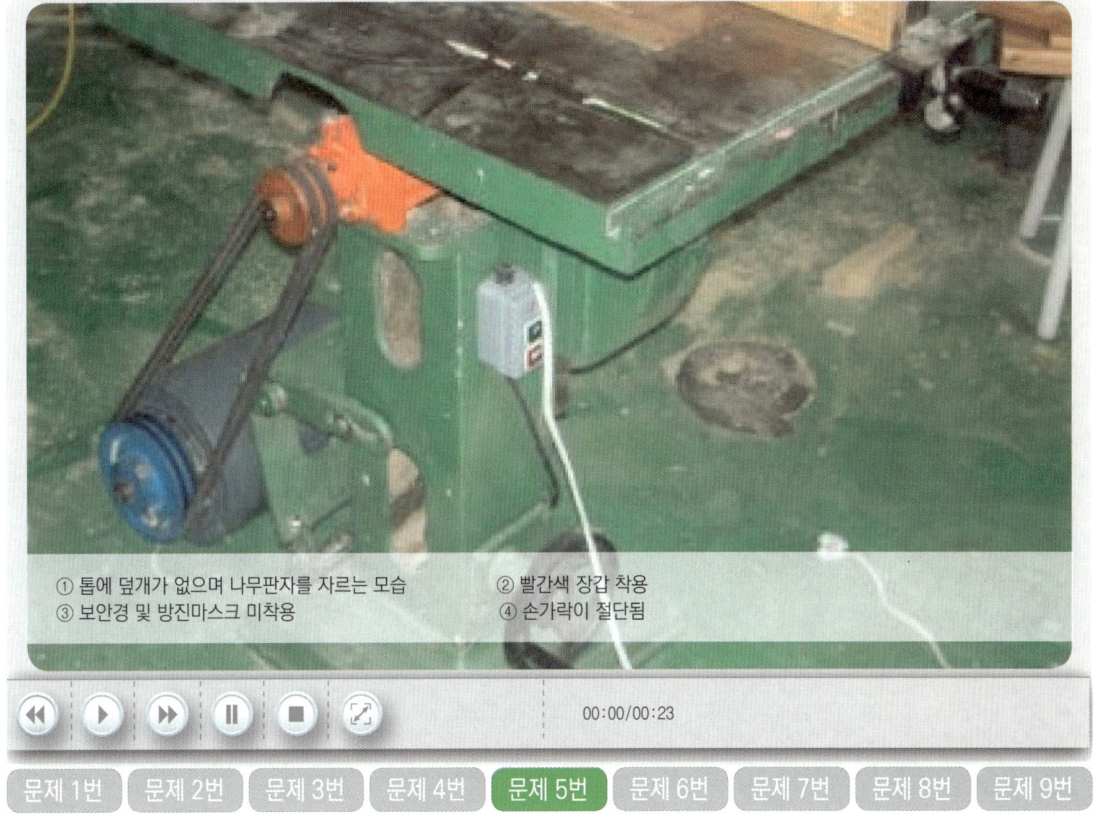

05 목재가공용 둥근톱 방호장치 2가지와 자율안전확인대상 목재가공용 덮개 및 분할날에 자율안전확인표시 외에 추가로 표시하여야 할 사항 1가지를 쓰시오. (6점)

참고
① 산업안전보건기준에 관한 규칙 제105조(둥근톱기계의 반발예방장치)
② 산업안전보건기준에 관한 규칙 제106조(둥근톱기계의 톱날접촉예방장치)

합격KEY
① 2007년 4월 28일 출제
② 2009년 7월 11일 출제
③ 2009년 9월 20일 출제
④ 2010년 9월 19일 출제
⑤ 2012년 10월 21일 출제
⑥ 2014년 7월 13일 산업기사 제2회 2부(문제 3번) 출제
⑦ 2019년 10월 19일 제3회 산업기사 2부 출제
⑧ 2019년 10월 19일 제3회 2부(문제 8번) 출제
⑨ 2020년 7월 22일 산업기사 출제

정답
(1) 방호장치
① 반발예방장치
② 톱날접촉예방장치
(2) 추가표시사항
① 덮개의 종류
② 둥근톱의 사용가능 치수

06 사진과 같이 가설통로 설치시 준수사항에서 ( )를 쓰시오.(6점)
① 경사는 (①)도 이하로 할 것. 다만, 계단을 설치하거나 높이 2미터 미만의 가설통로로서 튼튼한 손잡이를 설치한 경우에는 그러하지 아니하다.
② 경사가 (②)도를 초과하는 경우에는 미끄러지지 아니하는 구조로 할 것
③ 수직갱에 가설된 통로의 길이가 15미터 이상인 경우에는 (③)미터 이내마다 계단참을 설치할 것
④ 건설공사에 사용하는 높이 8미터 이상인 비계다리에는 7미터 이내마다 계단참을 설치할 것

합격정보 산업안전보건기준에 관한 규칙 제23조(가설통로의 구조)

정답
① 30
② 15
③ 10

자격종목	시험일	비번호	PC번호	남은시간
산업안전기사	2021년 5월 2일 1회(2부)	A001	1	60분

정지된 컨베이어를 작업자가 점검을 하고 있다. 컨베이어는 작은 공장에서 볼 수 있는 그런 작업용 컨베이어 정도이다. 작업자가 점검 중일 때 다른 작업자가 전원 스위치 쪽으로 서서히 다가오더니 전원버튼을 누른다. 그 순간 점검중이던 작업자가 벨트에 손이 끼이는 사고를 당하는 화면을 보여 준다.

07 동영상은 컨베이어 작업을 하고 있다. 컨베이어의 작업시작 전 점검사항 3가지를 쓰시오. (6점)

참고 산업안전보건기준에 관한 규칙 [별표 3] 작업시작 전 점검사항

합격KEY
① 2006년 4월 29일 (문제 1번)
② 2007년 7월 15일 출제
③ 2008년 4월 26일 출제
④ 2009년 7월 11일 출제
⑤ 2010년 7월 11일 산업기사 출제
⑥ 2011년 10월 22일 산업기사 출제
⑦ 2013년 4월 27일 제1회 출제
⑧ 2015년 4월 25일 제1회 2부 출제
⑨ 2017년 7월 2일 1부, 3부 출제
⑩ 2017년 7월 2일 제2회 기사(문제 8번) 출제
⑪ 2018년 10월 14일 제3회 1부(문제 7번) 출제
⑫ 2020년 5월 16일 산업기사 출제
⑬ 2020년 11월 22일(문제 7번) 출제

정답
① 원동기 및 풀리기능의 이상유무
② 이탈 등의 방지장치 기능의 이상유무
③ 비상정지장치 기능의 이상유무
④ 원동기·회전축·기어 및 풀리 등의 덮개 또는 울 등의 이상유무

동영상에서 작업자 A, B가 작업을 하고 있다. 창틀에서 작업 중인 A가 처마 위에 있는 B에게 작업발판을 건네준 후 B가 있는 옆 처마 위로 이동하다 발을 헛디뎌 바닥으로 추락하는 장면이다.(주변이 정리정돈 되어있지 않고, A작업자가 밟고 있던 콘크리트 부스러기가 추락할 때 같이 떨어진다.)

08 화면은 아파트 창틀에서 작업 중 발생한 재해사례이다. 이 영상의 작업자의 추락사고 원인 3가지를 쓰시오.(6점)

합격정보 산업안전보건기준에 관한 규칙 제42조(추락의 방지)

합격KEY
① 2004년 10월 2일 출제
② 2006년 7월 5일 출제
③ 2014년 4월 25일 출제
④ 2014년 7월 13일 산업기사 출제
⑤ 2014년 10월 5일(문제 1번) 출제
⑥ 2016년 4월 23일(문제 1번) 출제
⑦ 2017년 4월 22일 제1회 1부(문제 8번) 출제
⑧ 2019년 10월 19일 제3회 1부(문제 7번) 출제
⑨ 2020년 5월 16일 제1회 2부(문제 7번) 출제
⑩ 2020년 7월 25일 산업기사 출제
⑪ 2020년 11월 22일(문제 7번) 출제

정답
① 안전난간 미설치
② 안전대 미착용
③ 추락방호망 미설치

자격종목	시험일	비번호	PC번호	남은시간
산업안전기사	2021년 5월 2일 1회(2부)	A001	1	60분

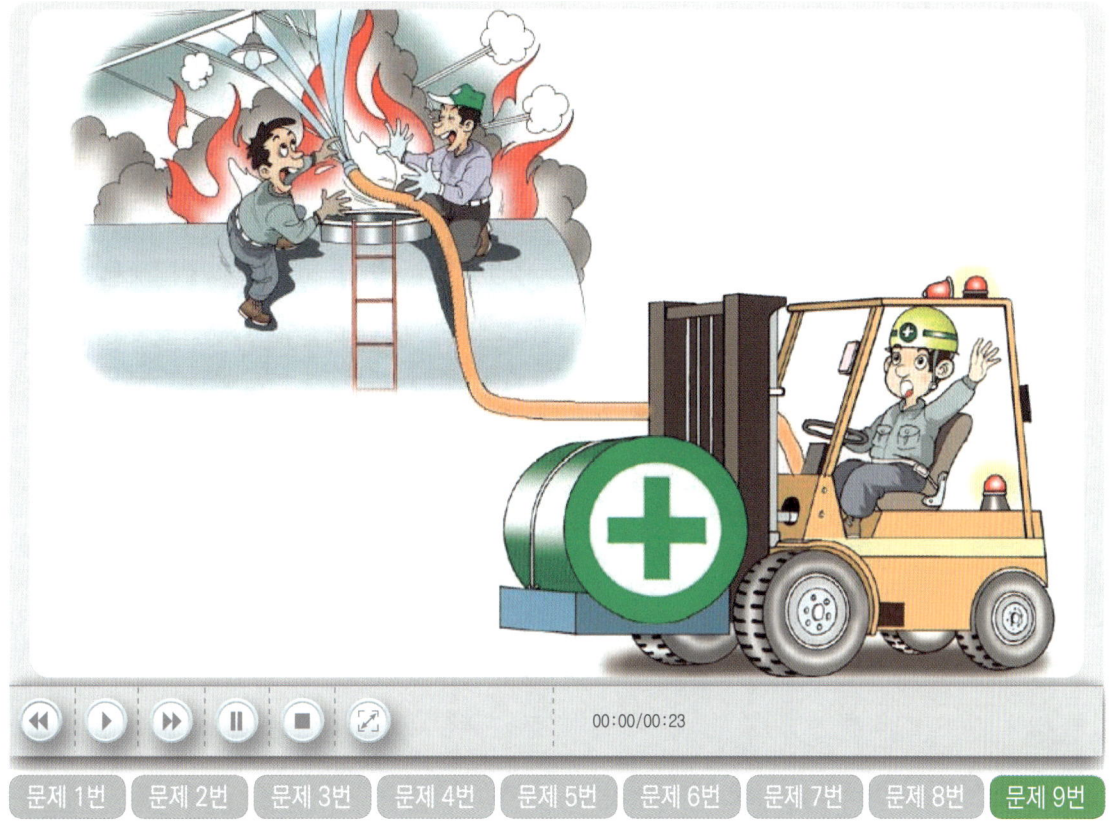

09 화면은 지게차에 경유를 주입하는 동안에 운전자가 시동을 건 채 내려 다른 작업자와 흡연을 하며 이야기를 나누고 있음을 나타내고 있다. 이 화면에서 지게차 운전자의 흡연(담뱃불)에 해당하는 발화원의 형태를 무엇이라 하는지 쓰시오. (3점)

보충학습 나화(裸火) : 담배나 성냥에 의한 화재

합격KEY
① 2008년 10월 5일 산업기사 출제
② 2010년 7월 11일 출제
③ 2012년 10월 21일 출제
④ 2014년 4월 25일(문제 3번) 출제
⑤ 2017년 4월 22일 제1회 1부(문제 2번) 출제
⑥ 2019년 4월 20일 제1회 3부(문제 2번) 출제
⑦ 2020년 8월 2일(문제 9번) 출제

정답 나화

자격종목	시험일	비번호	PC번호	남은시간
산업안전기사	2021년 5월 2일 1회(3부)	A001	1	60분

| 문제 1번 | 문제 2번 | 문제 3번 | 문제 4번 | 문제 5번 | 문제 6번 | 문제 7번 | 문제 8번 | 문제 9번 |

01 화면을 보고 지게차 주행안전작업 사항 중 잘못된 내용(사고위험요인)을 3가지 쓰시오.(6점)

합격KEY ① 2000년 11월 9일 산업기사 출제
② 2004년 4월 29일 출제
③ 2006년 7월 15일 출제
④ 2011년 5월 7일 출제
⑤ 2013년 7월 20일(문제 3번) 출제
⑥ 2015년 7월 18일(문제 3번) 출제
⑦ 2017년 4월 22일 기사 제1회(문제 3번) 출제
⑧ 2018년 10월 14일(문제 2번) 출제
⑨ 2020년 11월 22일(문제 2번) 출제)

정답
① 전방의 시야 불충분으로 지게차에 의해 다른 작업자가 다칠 수 있다.
② 물건을 과적하여 운전자의 시야를 가려 다른 작업자가 다칠 수 있다.
③ 물건을 불안정하게 적재하여 화물이 떨어져 다른 작업자가 다칠 수 있다.
④ 다른 작업자가 작업통로에 나와서 작업을 하고 있어 지게차에 의해 다칠 수 있다.
⑤ 난폭한 운전·과속으로 운전자 본인이 다치거나 다른 작업자가 다칠 수 있다.

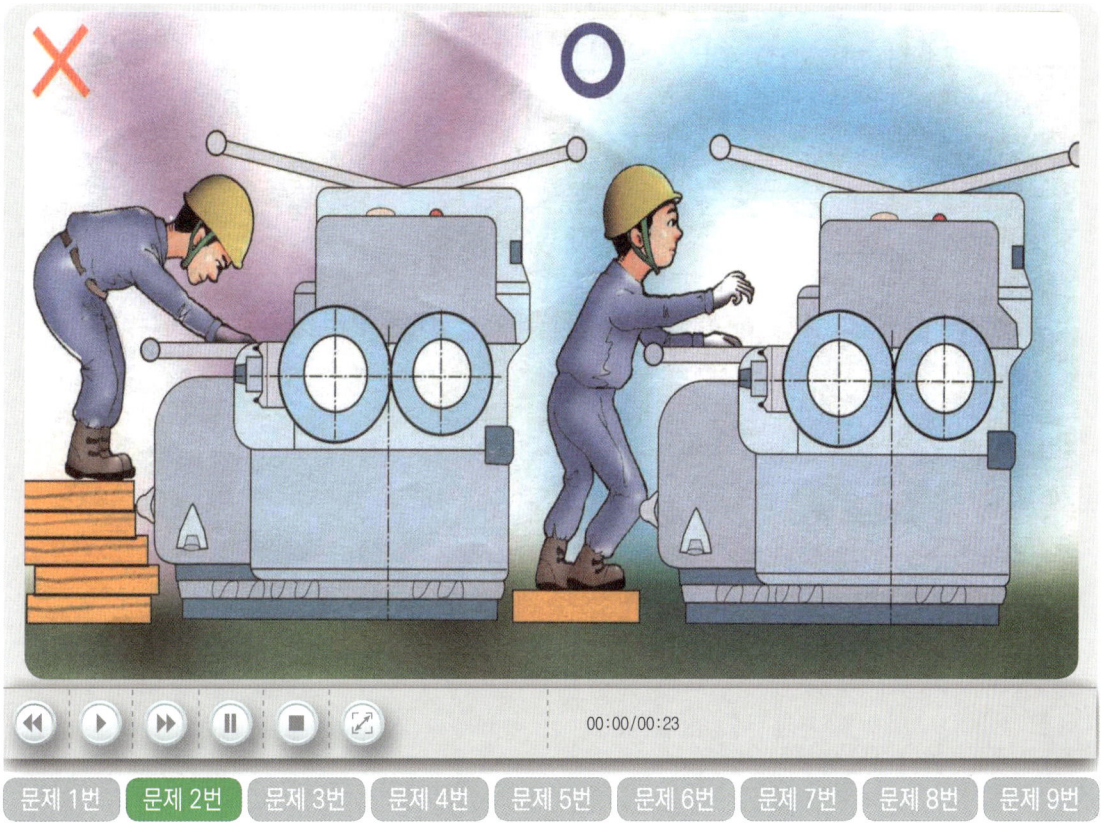

02 화면의 롤러기를 보고 롤러기 방호장치 3가지와 설치위치를 쓰시오. (6점)

방호장치	설치위치
손조작식	밑면에서 1.8[m] 이내
복부조작식	밑면에서 0.8[m] 이상 1.1[m] 이내
무릎조작식	밑면에서 0.6[m] 이내

03 화면은 장갑을 착용한 작업자가 드릴작업을 하면서 이물질을 입으로 불어 제거하고, 동시에 손으로 칩을 제거하려다가 드릴에 손을 다치는 사고 사례 장면을 보여주고 있다. 동영상에 나타나는 위험요인 2가지를 쓰시오.(4점)

합격KEY
① 2008년 4월 26일
② 2009년 4월 26일
③ 2011년 7월 30일 산업기사 출제
④ 2012년 7월 14일
⑤ 2012년 7월 14일 산업기사 출제
⑥ 2017년 10월 22일 기사 제3회(문제 4번) 출제
⑦ 2018년 10월 14일 제3회 3부(문제 4번) 출제
⑧ 2020년 5월 16일(문제 4번) 출제
⑨ 2020년 11월 22일(문제 4번) 출제

정답
① 보안경을 착용하지 않고 이물질을 입으로 불어 제거하다가 이물질이 눈에 들어갈 위험이 있다.
② 브러시를 사용하지 않고 회전체에 장갑을 착용한 손으로 이물질을 제거하다가 손을 다칠 위험이 있다.

04 동영상은 밀폐공간에서 작업을 하고 있다. 보기의 ( )에 알맞은 숫자를 쓰시오. (4점)

[보기]
"적정공기"라 함은 산소농도의 범위가 (①)[%] 이상, (②)[%] 미만, 이산화탄소의 농도가 (③)[%] 미만, 일산화탄소 농도가 30[ppm] 미만, 황화수소의 농도가 (④)[ppm] 미만인 수준의 공기를 말한다.

참고 산업안전보건기준에 관한 규칙 제618조(정의)

합격KEY
① 2006년 4월 29일(문제 3번) 출제
② 2016년 7월 3일 제2회(문제 3번) 출제
③ 2017년 10월 22일 기사 제3회(문제 4번) 출제
④ 2018년 10월 14일 산업기사 제3회 1부(문제 4번) 출제
⑤ 2019년 10월 19일 제3회 2부(문제 4번) 출제
⑥ 2020년 5월 16일 산업기사 출제

정답
① 18
② 23.5
③ 1.5
④ 10

자격종목	시험일	비번호	PC번호	남은시간
산업안전기사	2021년 5월 2일 1회(3부)	A001	1	60분

타워크레인으로 쇠파이프(비계)를 권상하여 작업자(신호수)가 없는 곳에서 다소 흔들리며 내리다 작업자와 부딪히는 동영상

| 문제 1번 | 문제 2번 | 문제 3번 | 문제 4번 | **문제 5번** | 문제 6번 | 문제 7번 | 문제 8번 | 문제 9번 |

05 동영상은 타워크레인을 이용하여 자재를 운반하는 도중에 발생한 재해사례이다. 재해발생 원인 중 타워크레인 운전시 준수되지 않은(잘못된 방법) 3가지만 쓰시오. (6점)

채점기준
① 조사나 문맥이 모범답안과 다르더라도 의미가 같으면 정답으로 인정
② 택 3. 3개 모두 맞으면 6점, 2개 맞으면 4점, 1개 맞으면 2점, 그 외 0점

합격KEY
① 2006년 9월 23일 출제   ② 2007년 10월 14일 출제
③ 2008년 7월 13일 출제   ④ 2012년 4월 28일 출제
⑤ 2012년 7월 14일 출제   ⑥ 2013년 10월 12일(문제 7번) 출제
⑦ 2015년 7월 18일 제2회 출제   ⑧ 2016년 10월 15일 제3회 1부 출제
⑨ 2018년 7월 8일 제2회 3부(문제 6번) 출제   ⑩ 2020년 5월 16일(문제 6번) 출제

정답
① 신호수를 배치하지 않았다.
② 무전기 등을 사용하여 신호하거나 일정한 신호방법을 미리 정하지 않았다.
③ 권상하중을 작업자 위로 통과시키면 안 된다.
④ 유도(보조) 로프를 설치하지 않았다.
⑤ 크레인 작업반경 밖의 적당한 위치에 하중을 내려놓기 위해서 매단 하물(하중)을 흔들어서는 안 된다.

06 동영상은 타워크레인을 이용하여 자재를 운반하는 도중에 발생한 재해사례이다. 재해발생 원인 중 타워크레인 운전시 준수되지 않은(잘못된 방법) 2가지를 쓰시오.(5점)

참고: 5번 6번 문제는 실제 출제된 내용 입니다.

합격KEY
① 2006년 9월 23일 출제
② 2007년 10월 14일 출제
③ 2008년 7월 13일 출제
④ 2012년 4월 28일 출제
⑤ 2012년 7월 14일 출제
⑥ 2013년 10월 12일(문제 7번) 출제
⑦ 2015년 7월 18일 제2회 출제
⑧ 2016년 10월 15일 제3회 1부 출제
⑨ 2018년 7월 8일 제2회 3부(문제 6번) 출제
⑩ 2020년 5월 16일 제1회 2부(문제 6번) 출제
⑪ 2020년 7월 27일 제2부(문제 6번) 출제
⑫ 2020년 10월 10일(문제 6번) 출제

정답
① 신호수를 배치하지 않았다.
② 무전기 등을 사용하여 신호하거나 일정한 신호방법을 미리 정하지 않았다.
③ 권상하중을 작업자 위로 통과시키면 안 된다.
④ 유도(보조) 로프를 설치하지 않았다.
⑤ 크레인 작업반경 밖의 적당한 위치에 하중을 내려놓기 위해서 매단 하물(하중)을 흔들어서는 안 된다.

자격종목	시험일	비번호	PC번호	남은시간
산업안전기사	2021년 5월 2일 1회(3부)	A001	1	60분

| 문제 1번 | 문제 2번 | 문제 3번 | 문제 4번 | 문제 5번 | 문제 6번 | **문제 7번** | 문제 8번 | 문제 9번 |

07 동영상에서 휴대용 연삭작업을 하고 있다. ① 방호장치 이름 ② 방호장치 설치 각도를 쓰시오. (4점)

보충학습 연삭기 덮개 표준양식 및 각도(방호장치 자율안전기준고시[별표 4] 연삭기 덮개의 성능기준 제9조 관련)

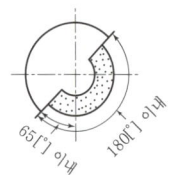

① 원통 연삭기, 센터리스연삭기, 공구연삭기, 만능연삭기 그 밖에 이와 비슷한 연삭기

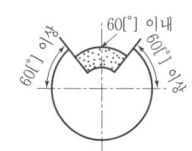

② 연삭숫돌의 상부를 사용하는 것을 목적으로 하는 탁상용 연삭기

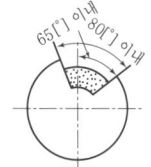

③ ② 및 ⑥ 이외의 탁상용 연삭기 그 밖에 이와 유사한 연삭기

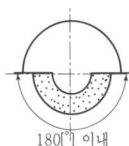

④ 휴대용 연삭기, 스윙연삭기, 슬래브 연삭기 그 밖에 이와 비슷한 연삭기

⑤ 평면연삭기, 절단연삭기, 그 밖에 이와 비슷한 연삭기

⑥ 일반 연삭작업 등에 사용하는 목적으로 하는 탁상용 연삭기

합격KEY ① 2008년 4월 26일 출제 ② 2014년 4월 25일(문제 8번) 출제
③ 2016년 4월 23일(문제 8번) 출제

정답 ① 방호장치 이름 : 덮개   ② 설치각도 : 180[°] 이상

자격종목	시험일	비번호	PC번호	남은시간
산업안전기사	2021년 5월 2일 1회(3부)	A001	1	60분

이동식크레인을 이용하여 작업하다 붐대가 전선에 닿아 감전되는 동영상

08 화면은 30[kV] 전압이 흐르는 고압선 아래에서 작업 중 발생한 재해사례이다. 이동식 크레인을 이용하여 고압선 주위에서 작업할 경우 사업주의 감전 조치사항(동종 재해예방을 위한 작업지휘자) 3가지를 쓰시오. (6점)

합격정보 산업안전보건기준에 관한 규칙 제322조(충전전로 인근에서의 차량·기계장치 작업)

합격KEY
① 2004년 10월 2일 (문제 2번)
② 2007년 7월 15일 출제
③ 2008년 10월 5일 출제
④ 2011년 5월 7일 출제
⑤ 2011년 7월 30일 출제
⑥ 2012년 7월 14일 출제
⑦ 2012년 10월 21일 출제
⑧ 2013년 10월 12일 산업기사 출제
⑨ 2014년 7월 13일 제2회 출제
⑩ 2015년 10월 11일 제3회 출제
⑪ 2016년 10월 9일(문제 7번) 출제
⑫ 2018년 4월 21일 제1회 1부 산업기사 (문제 7번) 출제
⑬ 2019년 4월 20일 제1회 2부(문제 8번) 출제
⑭ 2020년 8월 2일(문제 8번) 출제
⑮ 2020년 11월 22일(문제 8번) 출제

정답
① 차량 등을 충전부로부터 300[cm] 이상 이격시키되, 대지전압이 50[kV]를 넘는 경우 10[kV] 증가할 때마다 10[cm]씩 증가한다.
② 접지된 차량등이 충전전로와 접촉할 우려가 있을 경우 지상의 근로자가 접지점에 접촉하지 않도록 조치한다.
③ 차량과 근로자가 접촉하지 않도록 방책을 설치하거나 감시인을 배치한다.

자격종목	시험일	비번호	PC번호	남은시간
산업안전기사	2021년 5월 2일 1회(3부)	A001	1	60분

피트 내에서 나무판자로 엉성하게 이어붙인 발판 위에서 벽면에 돌출되어 있는 못을 망치로 제거하다가 추락하는 동영상

09 화면은 승강기 설치 전 피트 내부에서 청소작업 중에 승강기의 개구부로 작업자가 추락하여 사망사고가 발생한 재해사례이다. 이 영상에서 나타난 핵심위험요인을 2가지 쓰시오.(4점)

참고 산업안전보건기준에 관한 규칙 제43조(개구부 등의 방호조치)

합격KEY
① 2006년 9월 23일 기사 출제
② 2007년 10월 14일 기사 출제
③ 2009년 4월 26일 기사 출제
④ 2011년 5월 7일 출제
⑤ 2014년 10월 5일 출제
⑥ 2015년 7월 18일 기사 출제
⑦ 2016년 4월 23일(문제 5번) 출제
⑧ 2016년 7월 3일 제2회 기사 출제
⑨ 2016년 10월 15일 제3회 기사 출제
⑩ 2017년 10월 22일 산업기사 제3회(문제 5번) 출제
⑪ 2018년 10월 14일 제3회 2부(문제 8번) 출제
⑫ 2020년 5월 16일(문제 8번) 출제

정답
① 작업발판이 고정되어 있지 않았다.
② 작업자가 안전난간 및 안전대를 걸지 않고 작업하였다.
③ 수직형 추락방망을 설치하지 않았다.

자격종목	시험일	비번호	PC번호	남은시간
산업안전산업기사	2021년 5월 5일 1회(1부)	A001	1	60분

| 문제 1번 | 문제 2번 | 문제 3번 | 문제 4번 | 문제 5번 | 문제 6번 | 문제 7번 | 문제 8번 | 문제 9번 |

01 화면과 같이 천장 크레인 작업을 하고 있다. (1) 크레인의 방호장치 4가지와 (2) 안전검사주기에서 사업장에 설치가 끝난 날부터 (①)년 이내에 최초 안전검사를 실시하되, 그 이후부터 매 (②)년 (건설현장에서 사용하는 것은 최초로 설치한 날부터 매 6개월)마다 안전검사를 실시한다. ( )안에 알맞은 내용을 쓰시오.(6점)

참고 ① 산업안전보건기준에 관한 규칙 제134조(방호장치의 조정)
② 산업안전보건기준에 관한 규칙 제137조(해지장치의 사용)

합격정보 2021년 1월 16일 개정법 적용

합격KEY ① 2010년 4월 24일 출제
② 2011년 10월 22일 제3회 출제
③ 2016년 10월 15일 제3회 2부(문제 1번) 출제
④ 2020년 5월 16일 기사 출제

정답
(1) 방호장치 4가지
① 과부하방지장치   ② 권과방지장치
③ 제동장치   ④ 해지장치
(2) 안전검사주기
① 3   ② 2

자격종목	시험일	비번호	PC번호	남은시간
산업안전산업기사	2021년 5월 5일 1회(1부)	A001	1	60분

| 문제 1번 | 문제 2번 | 문제 3번 | 문제 4번 | 문제 5번 | 문제 6번 | 문제 7번 | 문제 8번 | 문제 9번 |

02 화면은 이동식 크레인을 이용하여 철제 배관을 인양하는 작업으로 신호수의 신호에 따라 철제 배관을 인양 중 H빔에 부딪치면서 흔들리는 동영상이다. 배관 인양 작업시 위험요인 3가지를 쓰시오.(6점)

합격KEY ① 2015년 7월 18일 기사 (문제 8번) 출제
② 2016년 7월 3일 제2회 산업기사(문제 8번) 출제
③ 2019년 7월 6일 기사 제2회 2부 출제
④ 2019년 10월 19일 제3회 1부(문제 7번) 출제
⑤ 2020년 5월 16일(문제 9번) 출제
⑥ 2020년 11월 22일 기사 출제

정답
① 와이어로프의 안전상태가 불안정하여 위험하다.
② 작업 반경 내 관계근로자 이외의 외부 작업자가 출입하여 위험하다.
③ 훅의 해지장치 및 안전상태가 불안정하여 위험하다.

자격종목	시험일	비번호	PC번호	남은시간
산업안전산업기사	2021년 5월 5일 1회(1부)	A001	1	60분

03 화면은 전주에 사다리를 기대고 작업 중 넘어지는 재해를 보여 주고 있다. 동영상에서와 같이 이동식 사다리의 넘어짐을 방지하기 위한 조치사항 3가지 쓰시오.(6점)

> 참고 산업안전보건기준에 관한 규칙 제42조(추락의 방지)

> 합격KEY
> ① 2014년 4월 25일(문제 3번) 출제
> ② 2015년 7월 18일 제2회 3부(문제 3번) 출제
> ③ 2019년 10월 19일 산업기사 출제
> ④ 2020년 10월 10일 기사 출제

> 정답
> ① 이동식 사다리를 견고한 시설물에 연결하여 고정할 것
> ② 아웃트리거(outrigger, 전도방지용 지지대)를 설치하거나 아웃트리거가 붙어있는 이동식 사다리를 설치할 것
> ③ 이동식 사다리를 다른 근로자가 지지하여 넘어지지 않도록 할 것

자격종목	시험일	비번호	PC번호	남은시간
산업안전산업기사	2021년 5월 5일 1회(1부)	A001	1	60분

문제 1번 | 문제 2번 | 문제 3번 | **문제 4번** | 문제 5번 | 문제 6번 | 문제 7번 | 문제 8번 | 문제 9번

04 화면은 작업자가 전동 권선기에 동선을 감는 작업 중 기계가 정지하여 점검 중 발생한 재해사례이다. 재해유형(형태)과 재해 발생 원인이 무엇인지 1가지씩 서술하시오. (4점)
 (1) 재해유형(형태) : (2점)
 (2) 재해원인 : (2점)

[채점기준] 조사나 문맥이 모범답안과 다르더라도 의미가 같으면 정답으로 인정한다. (공지사항)

[합격KEY]
① 2004년 10월 2일 출제
② 2005년 10월 1일 (문제 2번)
③ 2007년 4월 28일 출제
④ 2011년 10월 22일 출제
⑤ 2012년 10월 21일 출제
⑥ 2013년 4월 27일 제1회 출제
⑦ 2014년 10월 5일 제3회 출제
⑧ 2015년 4월 25일 제1회 1부 출제
⑨ 2017년 7월 2일 제2회(문제 5번) 출제
⑩ 2019년 7월 6일 제2회 3부(문제 4번) 출제
⑪ 2020년 5월 16일(문제 4번) 출제
⑫ 2020년 11월 22일 제4회 1부(문제 1번) 출제
⑬ 2020년 11월 22일(문제 4번) 출제

[정답]
① 재해유형(형태) : 감전
② 재해원인 : 작업자가 내전압용 절연장갑 등 절연용 보호구를 착용하지 않은 채 맨손으로 동선을 감는 중 기계를 정비하였기 때문에 감전되었다.

자격종목	시험일	비번호	PC번호	남은시간
산업안전산업기사	2021년 5월 5일 1회(1부)	A001	1	60분

05 화면은 무채를 썰어내는 기계 작동 중 기계가 갑자기 멈추자 작업자가 점검하는 장면이다. 위험예지포인트를 2가지 적으시오. (4점)

채점기준
① 2점×2개=4점
② 부분점수 있습니다.

합격KEY
① 2002년 5월 4일 기사 출제
③ 2003년 10월 12일 기사 출제
⑤ 2014년 7월 13일 제2회 2부 출제
⑦ 2020년 7월 25일(문제 5번) 출제
② 2003년 5월 4일 기사 출제
④ 2007년 10월 13일 출제
⑥ 2017년 7월 2일 제2회 1부(문제 7번) 출제
⑧ 2020년 11월 22일(문제 5번) 출제

정답
① 기계를 정지시킨 상태에서 점검하지 않아 손을 다칠 위험이 있다.
② 인터로크 또는 연동 방호장치가 설치되어 있지 않다.

자격종목	시험일	비번호	PC번호	남은시간
산업안전산업기사	2021년 5월 5일 1회(1부)	A001	1	60분

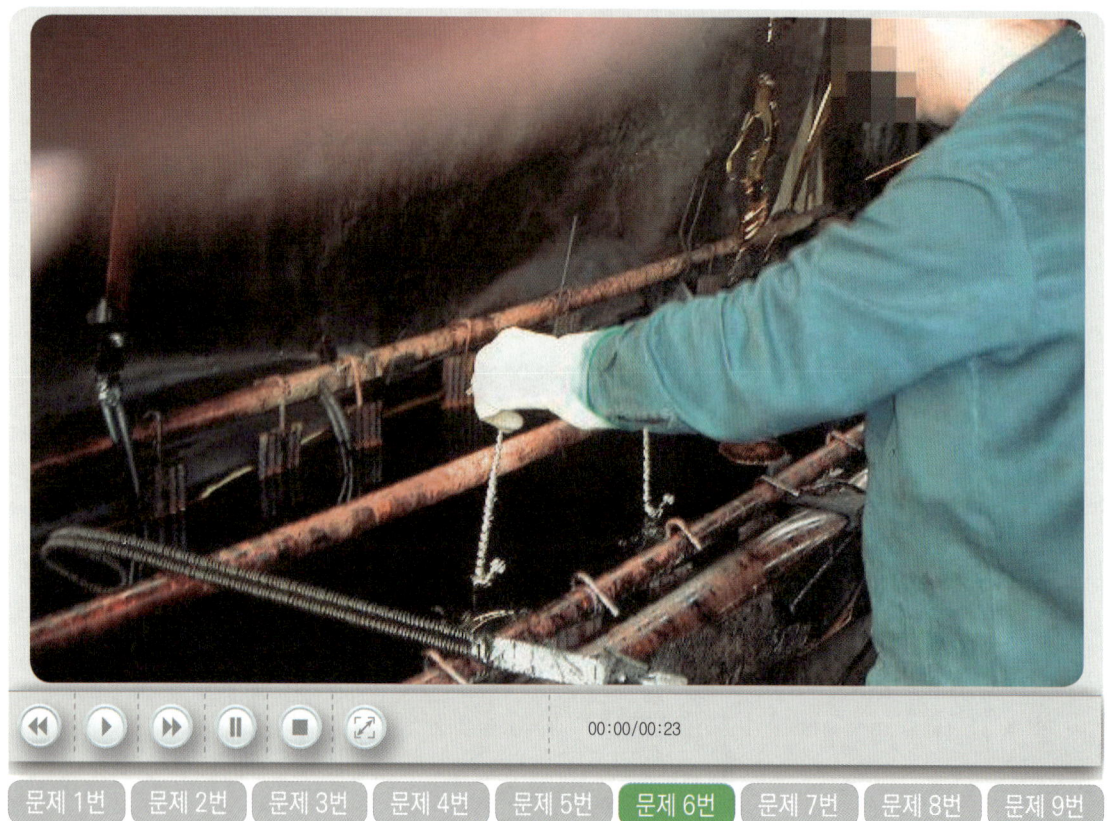

06 화면은 크롬도금을 실시하는 작업현장의 장면이다. 크롬 또는 크롬화합물의 퓸, 분진, 미스트를 장기간 흡입하여 발생되는 ① 직업병명과 ② 증상은 무엇인가?(6점)

합격KEY
① 2000년 11월 9일 출제
② 2001년 4월 29일 출제
③ 2004년 4월 29일 기사 출제
④ 2006년 7월 15일 기사 출제
⑤ 2007년 10월 13일 출제
⑥ 2011년 10월 22일(문제 4번) 출제
⑦ 2015년 7월 18일(문제 4번) 출제
⑧ 2017년 4월 22일 제1회 2부(문제 5번) 출제
⑨ 2019년 4월 21(문제 5번) 출제

정답
① 직업병명 : 비중격천공
② 증상 : 코에 구멍이 뚫림

07 화면상에서 분전반 전면에 위치한 그라인더 기기를 활용한 작업에서 위험요인 2가지를 쓰시오. (4점)

합격KEY ① 2015년 7월 18일 산업기사 출제
② 2019년 7월 6일(문제 9번) 출제

정답
① 작업자가 맨손으로 작업을 하여 위험하다.
② 작업자가 내전압용 절연장갑 등 절연용 보호구를 착용하지 않아 위험하다.

08 작업자가 용광로 쇳물 탕도 내에 고무래로 출렁이는 쇳물 표면을 젓고 당기면서 일부 굳은 찌꺼기를 긁어내어 작업자 바로 앞에 고무래로 충격을 주며 털어낸다. 작업자는 보호구를 전혀 착용하지 않았다. (1) 재해발생형태와 (2) 작업자의 불안전한 작업 시 손과 발, 몸을 보호할 수 있는 보호구 3가지를 쓰시오. (5점)

합격KEY ▶ 2020년 11월 22일 기사 출제

정답

(1) 재해발생형태 : 이상온도 노출접촉
(2) 보호구
 ① 손 : 방열 장갑
 ② 발 : 내열 안전화(방열 장화)
 ③ 몸 : 방열 일체복

자격종목	시험일	비번호	PC번호	남은시간
산업안전산업기사	2021년 5월 5일 1회(1부)	A001	1	60분

남자 근로자가 회전하는 탁상공구연삭기에 환봉을 연삭 작업중 환봉이 튕겨서 작업자를 가격하는 장면임

09 화면은 봉강 연마 작업중 발생한 사고사례이다. 기인물은 무엇이며, 연마작업시 파편이나 칩의 비래에 의한 위험에 대비하기 위해 설치해야 하는 방호장치명을 쓰시오. (4점)
① 기인물 : (2점)
② 방호장치명 : (2점)

참고 위험기계·기구 방호장치기준 제30조(방호조치)

합격KEY
① 2004년 10월 2일 산업기사출제
② 2005년 10월 1일 산업기사 출제
③ 2010년 7월 11일 출제
④ 2011년 10월 22일 출제
⑤ 2012년 10월 21일 출제
⑥ 2013년 4월 27일 출제
⑦ 2015년 7월 18일 산업기사 (문제 3번) 출제
⑧ 2017년 4월 22일 산업기사 출제
⑨ 2017년 10월 22일(문제 1번) 출제
⑩ 2020년 11월 22일 기사 출제

정답
① 기인물 : 탁상공구연삭기
② 방호장치명 : 투명한 비산 방지판

자격종목	시험일	비번호	PC번호	남은시간
산업안전산업기사	2021년 5월 5일 1회(2부)	A001	1	60분

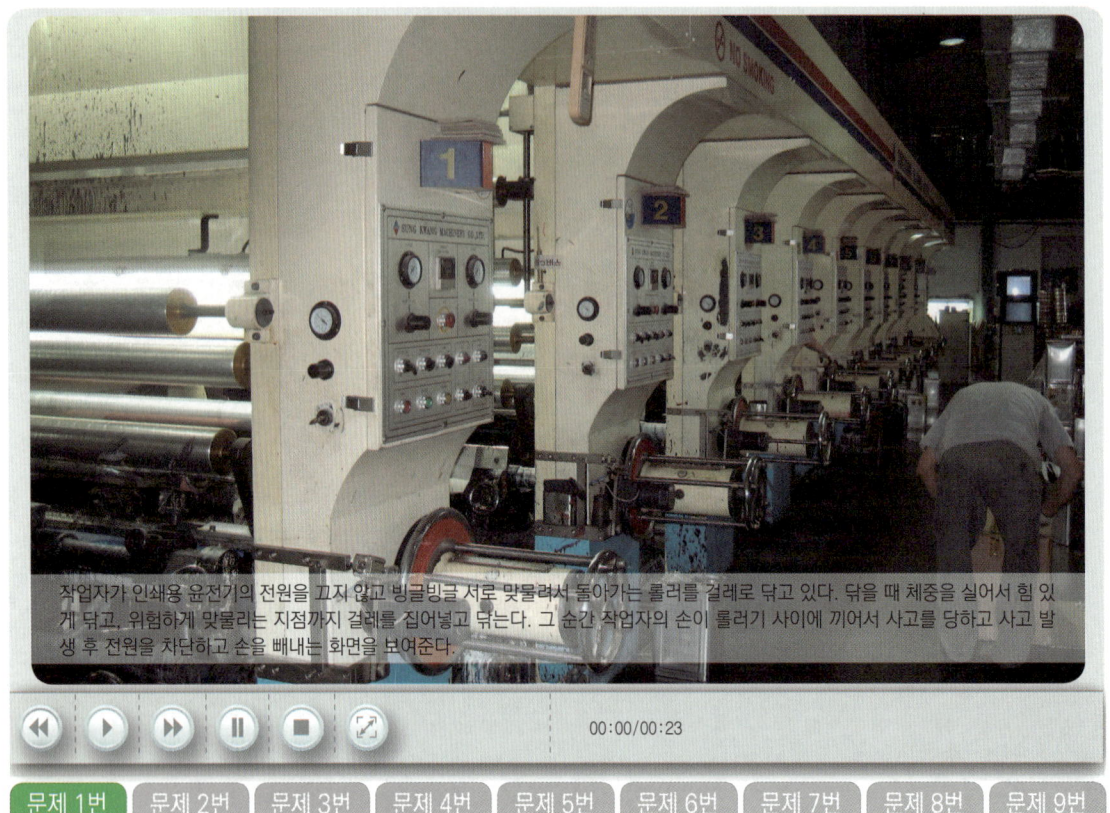

01 화면은 인쇄용 롤러를 청소하는 작업 중에 발생한 재해사례이다. 이 동영상을 보고 작업시 핵심 위험 요인을 2가지만 쓰시오.(4점)

참고 제2편 제2장 현장 안전편(응용) : 기계-2007

합격KEY
① 2006년 9월 23일 산업기사 출제
② 2007년 4월 28일 출제
③ 2007년 7월 15일 출제
④ 2012년 4월 28일 출제
⑤ 2013년 4월 27일 산업기사 출제
⑥ 2013년 7월 20일 출제
⑦ 2014년 10월 5일 출제
⑧ 2016년 4월 23일 제1회 산업기사(문제 1번) 출제
⑨ 2018년 4월 21일(문제 1번) 출제
⑩ 2020년 11월 22일 기사 출제

정답
① 회전중 롤러의 죄어 들어가는 쪽에서 직접 손으로 눌러 닦고 있어서 손이 말려 들어가게 된다.
② 체중을 걸쳐 닦고 있어서 말려 들어가게 된다.
③ 안전(방호)장치가 없어서 걸레를 위로 넣었을 때 롤러가 멈추지 않아 손이 말려 들어간다.

02 사출성형기 V형 금형 작업중 재해가 발생한 사례이다. 동영상에서 발생한 (1) 재해형태와 (2) 법적인 방호장치를 쓰시오. (6점)

> 참고 산업안전보건기준에 관한 규칙 제121조(사출성형기 등의 방호장치)

> 합격KEY
> ① 2010년 4월 24일 출제
> ② 2013년 4월 27일 제1회(문제 7번) 출제
> ③ 2015년 4월 25일 제1회 제2부(문제 7번) 출제
> ④ 2015년 10월 11일 제3회 2부 출제
> ⑤ 2017년 7월 2일 제2회 1부(문제 5번) 출제
> ⑥ 2019년 4월 21일(문제 2번) 출제

> 정답
> (1) 재해형태 : 협착(끼임)
> (2) 방호장치
>   ① 게이트가드(gate guard)
>   ② 양수조작식

자격종목	시험일	비번호	PC번호	남은시간
산업안전산업기사	2021년 5월 5일 1회(2부)	A001	1	60분

| 문제 1번 | 문제 2번 | **문제 3번** | 문제 4번 | 문제 5번 | 문제 6번 | 문제 7번 | 문제 8번 | 문제 9번 |

03 선박 밸러스트 탱크 내부의 슬러지를 제거하는 작업 도중에 작업자가 가스질식으로 의식을 잃는 장면이다. 이와 같은 사고에 대비하여 필요한 비상시 피난용구를 3가지만 쓰시오.(6점)

[채점기준]
(1) 택 3. 3개 모두 맞으면 6점, 2개 맞으면 4점, 1개 맞으면 2점, 그 외 0점
(2) 호흡용 보호구 대신 유사답안
  ① 송기마스크   ② 에어라인 마스크
  ③ 호스마스크   ④ 복합식 에어라인 마스크
  ⑤ 공기호흡기   ⑥ 산소호흡기

[합격정보] 산업안전보건기준에 관한 규칙 제624조, 제625조

[합격KEY]
① 2005년 7월 15일 산업기사 출제
② 2006년 9월 23일 출제
③ 2012년 10월 21일 출제
④ 2015년 4월 25일(문제 3번) 출제
⑤ 2016년 4월 23일 제1회(문제 3번) 출제
⑥ 2017년 10월 22일 기사 출제

[정답]
① 도르래   ② 로프(섬유로프)
③ 구명밧줄   ④ 안전대
⑤ 피재자 구조용 발판   ⑥ 호흡용 보호구

자격종목	시험일	비번호	PC번호	남은시간
산업안전산업기사	2021년 5월 5일 1회(2부)	A001	1	60분

피트 내에서 나무판자로 엉성하게 이어붙인 발판 위에서 벽면에 돌출되어 있는 못을 망치로 제거하다가 추락하는 동영상

04 화면은 승강기 설치 전 피트 내부에서 청소작업 중에 승강기의 개구부로 작업자가 추락하여 사망사고가 발생한 재해사례이다. 이 영상에서 나타난 핵심위험요인을 3가지를 쓰시오. (6점)

합격정보 산업안전보건기준에 관한 규칙 제43조(개구부 등의 방호조치)

합격KEY
① 2006년 9월 23일 기사 출제
② 2007년 10월 14일 기사 출제
③ 2009년 4월 26일 기사 출제
④ 2011년 5월 7일 출제
⑤ 2014년 10월 5일 출제
⑥ 2015년 7월 18일 기사 출제
⑦ 2016년 4월 23일(문제 5번) 출제
⑧ 2016년 7월 3일 제2회 기사 출제
⑨ 2016년 10월 15일 제3회 기사 출제
⑩ 2017년 10월 22일 산업기사 제3회(문제 5번) 출제
⑪ 2018년 10월 14일 제3회 2부(문제 8번) 출제
⑫ 2020년 5월 16일 제1회 2부(문제 8번) 출제
⑬ 2020년 8월 2일 제2회 (문제 8번) 출제
⑭ 2020년 10월 10일(문제 8번) 출제
⑮ 2020년 11월 25일 기사 출제

정답
① 작업발판이 고정되어 있지 않았다.
② 작업자가 안전난간 및 안전대를 걸지 않고 작업하였다.
③ 수직형 추락방망을 설치하지 않았다.

자격종목	시험일	비번호	PC번호	남은시간
산업안전산업기사	2021년 5월 5일 1회(2부)	A001	1	60분

05 화면은 작업자가 변압기 볼트를 조이는 장면이다. 위험요인 3가지를 쓰시오.(6점)

합격KEY
① 2014년 10월 5일(문제 3번) 출제
② 2016년 4월 23일 제1회 1부 출제
③ 2017년 7월 2일 기사 제2회(문제 3번) 출제
④ 2018년 10월 14일 기사 출제
⑤ 2020년 11월 15일(문제 3번) 출제

정답
① 작업자가 안전대를 전주에 걸지 않고 작업하여 위험하다.
② 작업자가 딛고 선 발판이 불안하다.
③ 절연장갑 등 절연용 보호구를 착용하지 않아 감전 위험이 있다.

자격종목	시험일	비번호	PC번호	남은시간
산업안전산업기사	2021년 5월 5일 1회(2부)	A001	1	60분

06 화면은 에어배관 작업 중 고압의 증기 누출로 작업자가 눈에 상해를 당하는 영상이다. 에어배관 작업시 위험요인을 2가지 쓰시오.(4점)

합격KEY
① 2014년 7월 23일 제2회 제1부(문제 1번) 출제
② 2015년 10월 11일(문제 1번) 출제
③ 2017년 4월 22일 제1회(문제 1번) 출제
④ 2018년 10월 14일 제3회(문제 1번) 출제
⑤ 2019년 7월 6일 제2회 1부 산업기사(문제 1번) 출제
⑥ 2020년 5월 16일 제1회 2부 기사 출제
⑦ 2020년 7월 25일 산업기사 출제
⑧ 2020년 11월 22일 기사 출제
⑨ 2020년 11월 22일 기사, 산업기사 동시출제

정답
① 보안경을 착용하지 않아 고압증기에 의한 눈 부위 손상의 위험이 존재한다.
② 배관에 남은 고압증기를 제거하지 않았고, 전용공구를 사용하지 않아 위험이 존재한다.
③ 작업자가 딛고 선 이동식사다리 설치가 불안전하여 추락 위험이 있다.

자격종목	시험일	비번호	PC번호	남은시간
산업안전산업기사	2021년 5월 5일 1회(2부)	A001	1	60분

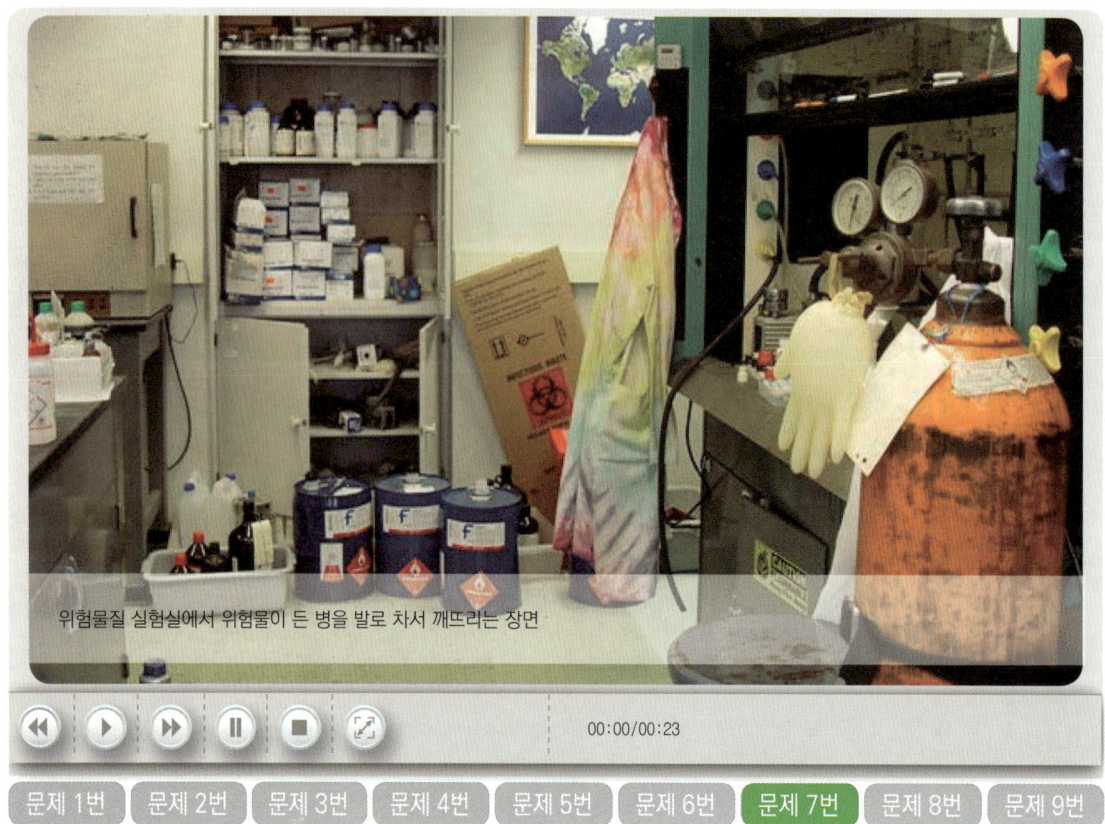

위험물질 실험실에서 위험물이 든 병을 발로 차서 깨뜨리는 장면

07 위험물을 다루는 바닥이 갖추어야 할 조건(유해물질 바닥의 구조) 2가지를 쓰시오. (4점)

합격정보 소방기술기준에 관한 규칙 제154조(위험물 제조소의 옥외시설의 바닥)

합격KEY
① 2008년 4월 26일 출제
② 2009년 7월 11일 출제
③ 2010년 9월 19일 출제
④ 2013년 7월 20일 출제
⑤ 2014년 10월 5일 제3회 출제
⑥ 2016년 10월 15일 제3회 2부 출제
⑦ 2018년 7월 8일(문제 6번) 출제
⑧ 2020년 11월 15일(문제 9번) 출제

정답
① 누출시 액체가 바닥이나 피트 등으로 확산되지 않도록 경사 또는 바닥의 둘레에 높이 15[cm] 이상의 턱을 설치한다.
② 바닥은 콘크리트 기타 불침유 재료로 하고, 턱이 있는 쪽은 낮고 경사지게 한다.

자격종목	시험일	비번호	PC번호	남은시간
산업안전산업기사	2021년 5월 5일 1회(2부)	A001	1	60분

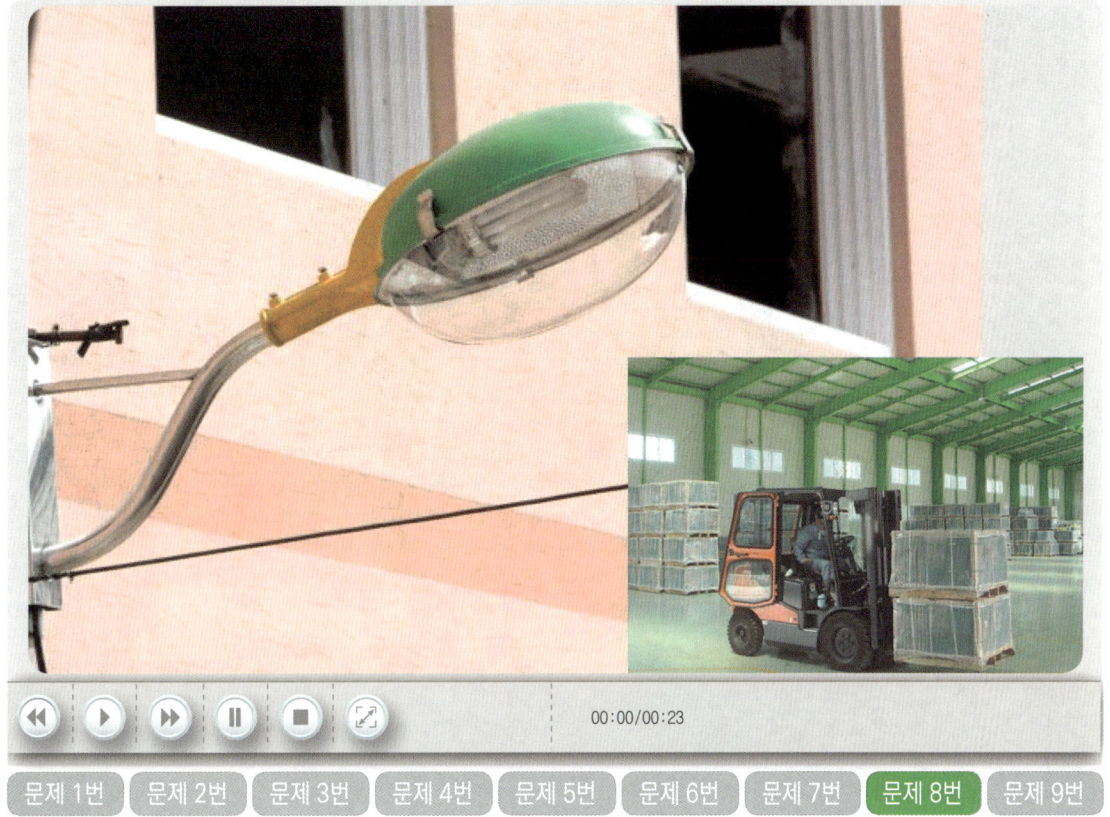

08
지게차 포크 위에서 전구교체작업을 하고 있다. 불안전한 행동 3가지를 쓰시오. (5점)

합격KEY
① 2020년 5월 16일 산업기사 출제
② 2020년 10월 10일 기사 출제

정답
① 안전한 작업발판을 사용하지 않고 지게차 위에서 작업했다.
② 지게차의 운전자를 제외한 다른 작업자가 탑승했다.
③ 전원을 차단하지 않고 전구교체 작업을 했다.

자격종목	시험일	비번호	PC번호	남은시간
산업안전산업기사	2021년 5월 5일 1회(2부)	A001	1	60분

동영상은 탱크 내부 밀폐된 공간에서 작업자가 그라인더 작업을 하고 있고, 다른 작업자가 외부에 설치된 국소배기장치를 발로 차서 전원공급이 차단되어 내부 작업자가 의식을 잃고 쓰러지는 화면을 보여 준다.

09 화면의 밀폐된 공간에서 그라인더 작업시 위험요인 2가지를 쓰시오.(4점)

합격정보 소방기술기준에 관한 규칙 제154조(위험물 제조소의 옥외시설의 바닥)

합격KEY
① 2015년 4월 25일 기사 출제
② 2016년 4월 23일 제1회 2부 출제
③ 2017년 7월 2일 제2회(문제 6번) 출제
④ 2018년 4월 21일 산업기사 제1회 2부 출제
⑤ 2020년 5월 16일 제1회 기사 출제
⑥ 2020년 7월 25일 1부 출제
⑦ 2020년 7월 25일(문제 9번) 출제

정답
① 작업시작 전 산소농도 및 유해가스 농도 등의 미 측정과 작업 중에도 계속 환기를 시키지 않아 위험
② 환기를 실시할 수 없거나 산소결핍 위험 장소에 들어갈 때 호흡용 보호구를 착용하지 않아 위험
③ 국소배기장치의 전원부에 잠금장치가 없고, 감시인을 배치하지 않아 위험

문제 및 답안(지), 점수, 채점기준은 일체 공개하지 않는다.

01 화면과 같이 작업자가 착용하여야 할 보호장구 2가지를 쓰시오. (4점)

합격KEY ① 2015년 7월 18일 제2회 산업기사(문제 1번) 출제
② 2017년 10월 22일 산업기사 출제

정답
① 내전압용 절연장갑
② 절연장화

자격종목	시험일	비번호	PC번호	남은시간
산업안전기사	2021년 7월 18일 2회(1부)	A001	1	60분

02 화면은 인쇄용 롤러를 청소하는 작업 중에 발생한 재해사례이다. 이 동영상을 보고 작업시 핵심 위험 요인과 안전대책을 2가지씩 쓰시오. (4점)

참고 제2편 제2장 현장 안전편(응용) : 기계-2007

합격KEY
① 2006년 9월 23일 출제
② 2007년 4월 28일 기사 출제
③ 2007년 7월 15일 기사 출제
④ 2012년 4월 28일 기사 출제
⑤ 2013년 4월 27일 출제
⑥ 2013년 7월 20일 기사 출제
⑦ 2014년 10월 5일 기사 출제
⑧ 2016년 4월 23일(문제 1번) 출제
⑨ 2016년 7월 3일 제2회 기사 출제
⑩ 2017년 10월 22일 산업기사 제3회 1부(문제 2번) 출제
⑪ 2019년 10월 19일(문제 2번) 출제

정답

(1) 핵심위험요인
  ① 회전체에 장갑을 착용하여 손이 다칠 우려가 있다.
  ② 작업자가 전원을 차단하지 않고 작업을 하였다.
  ③ 안전장치 없이 작업을 하여 다칠 우려가 있다.

(2) 안전대책
  ① 회전체에는 장갑을 착용하지 않는다.
  ② 이물질 제거시 롤러기의 전원을 차단하여 기계 작동을 방지한다.
  ③ 안전장치가 없어서 롤러가 멈추지 않아 손이 물려 들어가므로 안전장치를 설치한다.

03 산업안전보건기준에 관한 규칙에 따라서, 타워크레인을 사용하여 작업을 하는 경우 사업주가 관계 근로자에게 준수하도록 해야 할 안전수칙 3가지를 쓰시오.(6점)

[채점기준] ① 조사나 문맥이 모범답안과 다르더라도 의미가 같으면 정답으로 인정
② 택 3, 3개 모두 맞으면 6점, 1개 맞으면 2점, 그 외 0점

[합격정보] 산업안전보건기준에 관한 규칙 제146조(크레인 작업 시의 조치)

[정답]
① 인양할 하물(荷物)을 바닥에서 끌어당기거나 밀어내는 작업을 하지 아니할 것
② 유류드럼이나 가스통 등 운반 도중에 떨어져 폭발하거나 누출될 가능성이 있는 위험물 용기는 보관함(또는 보관고)에 담아 안전하게 매달아 운반할 것
③ 고정된 물체를 직접 분리·제거하는 작업을 하지 아니할 것
④ 미리 근로자의 출입을 통제하여 인양 중인 하물이 작업자의 머리 위로 통과하지 않도록 할 것
⑤ 인양할 하물이 보이지 아니하는 경우에는 어떠한 동작도 하지 아니할 것(신호하는 사람에 의하여 작업을 하는 경우는 제외한다.)

자격종목	시험일	비번호	PC번호	남은시간
산업안전기사	2021년 7월 18일 2회(1부)	A001	1	60분

04 화면은 작업자가 전동 권선기에 동선을 감는 작업 중 기계가 정지하여 점검 중 발생한 재해사례이다. 재해유형(형태)과 재해 발생 원인이 무엇인지 1가지 서술하시오. (4점)
(1) 재해유형(형태) : (2점)
(2) 재해원인 : (2점)

채점기준 조사나 문맥이 모범답안과 다르더라도 의미가 같으면 정답으로 인정한다. (공지사항)

합격KEY ① 2004년 10월 2일 출제　　　　　　　　② 2005년 10월 1일 (문제 2번)
③ 2007년 4월 28일 출제　　　　　　　　④ 2011년 10월 22일 출제
⑤ 2012년 10월 21일 출제　　　　　　　⑥ 2013년 4월 27일 제1회 출제
⑦ 2014년 10월 5일 제3회 출제　　　　　⑧ 2015년 4월 25일 제1회 1부 출제
⑨ 2017년 7월 2일 제2회(문제 5번) 출제　⑩ 2019년 7월 6일 제2회 3부(문제 4번) 출제)
⑪ 2020년 5월 16일(문제 4번) 출제　　　⑫ 2020년 11월 22일 산업기사 출제

정답
① 재해유형(형태) : 감전
② 재해원인 : 작업자가 내전압용 절연장갑 등 절연용 보호구를 착용하지 않은 채 맨손으로 동선을 감는 중 기계를 정비하였기 때문에 감전되었다.

자격종목	시험일	비번호	PC번호	남은시간
산업안전기사	2021년 7월 18일 2회(1부)	A001	1	60분

05 동영상은 이동식 비계의 설치상태가 불량하여 발생된 재해 사례이다. 이동식 비계의 올바른 설치(조립)기준을 산업안전보건기준에 관한 규칙을 적용하여 3가지만 쓰시오.(6점)

참고 산업안전보건기준에 관한 규칙 제68조(이동식 비계)

합격KEY
① 2018년 7월 8일 제2회 1부(문제4번) 출제
② 2020년 5월 30일(문제 4번) 출제
③ 2020년 11월 22일(문제 4번) 출제
④ 2021년 7월 18일 제2부 출제

정답
① 이동식 비계의 바퀴에는 뜻밖의 갑작스러운 이동 또는 전도를 방지하기 위하여 브레이크·쐐기 등으로 바퀴를 고정시킨 다음 비계의 일부를 견고한 시설물에 고정하거나 아웃트리거(outrigger)를 설치하는 등 필요한 조치를 할 것
② 승강용사다리는 견고하게 설치할 것
③ 비계의 최상부에서 작업을 하는 경우에는 안전난간을 설치할 것
④ 작업발판은 항상 수평을 유지하고 작업발판 위에서 안전난간을 딛고 작업을 하거나 받침대 또는 사다리를 사용하여 작업하지 않도록 할 것
⑤ 작업발판의 최대적재하중은 250[kg]을 초과하지 않도록 할 것

자격종목	시험일	비번호	PC번호	남은시간
산업안전기사	2021년 7월 18일 2회(1부)	A001	1	60분

샌드페이퍼를 손가락에 감아 공작물 구멍을 다듬고 있다.

| 문제 1번 | 문제 2번 | 문제 3번 | 문제 4번 | 문제 5번 | **문제 6번** | 문제 7번 | 문제 8번 | 문제 9번 |

06 화면의 동영상은 선반작업 중 발생한 재해사례이다.
동영상에서와 같이 안전준수사항을 지키지 않고 작업할 때 일어날 수 있는 재해요인을 3가지 쓰시오.(6점)

보충학습 회전말림점(trapping point) : 회전축, 커플링 등과 같이 회전하는 물체에 작업복 등이 말려드는 위험이 존재하는 점

합격KEY
① 2004년 7월 10일 출제
② 2014년 4월 25일 제1회 출제
③ 2015년 4월 25일 제1회(문제 1번) 출제
④ 2019년 7월 6일(문제 1번) 출제

정답
① 회전물에 샌드페이퍼를 감아 손으로 지지하고 있기 때문에 작업복과 손이 감겨 들어간다.
② 작업에 집중하지 못하여(옆눈질) 실수로 작업복과 손이 말려 들어간다.
③ 손을 기계 위에 올려놓고 작업을 하고 있어 손이 미끄러져 회전물에 말려 들어간다.

자격종목	시험일	비번호	PC번호	남은시간
산업안전기사	2021년 7월 18일 2회(1부)	A001	1	60분

07 화면은 아파트 창틀에서 작업 중 발생한 재해사례이다. 이 영상의 작업자의 추락사고 원인 3가지를 쓰시오. (6점)

[합격정보] 2021년 5월 28일 개정법 적용 산업안전보건기준에 관한 규칙 제42조(추락의 방지)

[합격KEY]
① 2004년 10월 2일 출제
② 2006년 7월 5일 출제
③ 2014년 4월 25일 출제
④ 2014년 7월 13일 산업기사 출제
⑤ 2014년 10월 5일(문제 1번) 출제
⑥ 2016년 4월 23일(문제 1번) 출제
⑦ 2017년 4월 22일 제1회 1부(문제 8번) 출제
⑧ 2019년 10월 19일 제3회 1부(문제 7번) 출제
⑨ 2020년 5월 16일 제1회 2부(문제 7번) 출제
⑩ 2020년 7월 25일 산업기사 출제
⑪ 2020년 11월 22일(문제 7번) 출제

[정답]
① 안전난간 미설치
② 안전대 미착용
③ 추락방호망 미설치

08 화면은 에어배관 작업 중 고압의 증기 누출로 작업자가 눈에 상해를 당하는 영상이다. 에어컴프레셔 작업시 보호구 3가지를 쓰시오.(5점)

정답
① 방진마스크
② 보안경
③ 귀마개 또는 귀덮개

자격종목	시험일	비번호	PC번호	남은시간
산업안전기사	2021년 7월 18일 2회(1부)	A001	1	60분

09 화면상에서 분전반 전면에 위치한 그라인더 기기를 활용한 작업에서 위험요인 2가지를 쓰시오. (4점)

합격KEY
① 2015년 7월 18일 산업기사 출제
② 2019년 7월 6일 제2회(문제 9번) 출제
③ 2020년 10월 10일(문제 9번) 출제
④ 2020년 11월 22일(문제 9번) 출제

정답
① 작업자가 맨손으로 작업을 하여 위험하다.
② 작업자가 내전압용 절연장갑 등 절연용 보호구를 착용하지 않아 위험하다.

문제 및 답안(지), 점수, 채점기준은 일체 공개하지 않는다.

자격종목	시험일	비번호	PC번호	남은시간
산업안전기사	2021년 7월 18일 2회(2부)	A001	1	60분

지게차에 화물이 높게 적재되어, 화물이 떨어질 위험이 있다.
화물을 2단으로 적재하고 로프 등으로 고박하지 않았고 맨위 박스가 흔들흔들거린다. 그러던 중 지나가는 다른 작업자를 치는 재해가 발생한다. 제품출하가 늦어져 운전자가 서두르고 있다.

문제 1번 문제 2번 문제 3번 문제 4번 문제 5번 문제 6번 문제 7번 문제 8번 문제 9번

01 화면을 보고 지게차 주행안전작업 사항 중 잘못된 내용(사고위험요인)을 3가지 쓰시오. (6점)

합격KEY
① 2000년 11월 9일 산업기사 출제
② 2004년 4월 29일 출제
③ 2006년 7월 15일 출제
④ 2011년 5월 7일 출제
⑤ 2013년 7월 20일(문제 3번) 출제
⑥ 2015년 7월 18일(문제 3번) 출제
⑦ 2017년 4월 22일 기사 제1회(문제 3번) 출제
⑧ 2018년 10월 14일(문제 2번) 출제
⑨ 2020년 11월 22일(문제 2번) 출제

정답
① 전방의 시야 불충분으로 지게차에 의해 다른 작업자가 다칠 수 있다.
② 물건을 과적하여 운전자의 시야를 가려 다른 작업자가 다칠 수 있다.
③ 물건을 불안정하게 적재하여 화물이 떨어져 다른 작업자가 다칠 수 있다.
④ 다른 작업자가 작업통로에 나와서 작업을 하고 있어 지게차에 의해 다칠 수 있다.
⑤ 난폭한 운전·과속으로 운전자 본인이 다치거나 다른 작업자가 다칠 수 있다.

02 화면의 전기형강작업 중 위험요인(결여사항) 3가지를 기술하시오.(6점)

합격KEY
① 2000년 9월 6일 기사 출제
③ 2009년 9월 19일 기사 출제
⑤ 2014년 7월 13일 기사 출제
⑦ 2016년 7월 3일 제2회(문제 3번) 출제
⑨ 2018년 4월 21일 기사 출제
⑪ 2019년 10월 19일 산업기사 출제
② 2007년 4월 28일 기사 출제
④ 2010년 7월 11일 출제
⑥ 2014년 10월 5일(문제 3번) 출제
⑧ 2017년 10월 22일 제3회(문제 1번) 출제
⑩ 2018년 7월 8일 제2회 2부(문제 2번) 출제
⑫ 2020년 10월 10일(문제 2번) 출제

정답
① 작업중 흡연
② 작업자가 딛고 선 발판이 불안전
③ C.O.S(Cut Out Switch)를 발판용(볼트)에 임시로 걸쳐 놓았다.

03 동영상은 영상표시단말기(VDT) 작업에 관한 영상이다. 동영상을 참고하여 개선해야 할 사항을 3가지만 쓰시오. (6점)

[합격정보] 영상표시단말기(VDT) 취급근로자 작업관리지침(고용노동부고시 제2004-50호 : 2004.11.1)

[채점기준] 2점×3개=6점

[합격KEY] ① 2002년 5월 4일 산업기사 출제 　② 2008년 10월 5일 출제
③ 2010년 9월 19일 산업기사 출제 　④ 2011년 10월 22일 출제
⑤ 2012년 4월 18일 산업기사(문제 2번) 출제 　⑥ 2015년 7월 18일 제2회 3부 출제
⑦ 2017년 7월 2일 제2회 1부(문제 3번)출제 　⑧ 2019년 4월 20일(문제 3번) 출제

[정답]
① 작업자가 의자의 등받이에 충분히 지지되어 있지 않다.
② 모니터가 보기 편한 위치에 조정되어 있지 않다.
③ 키보드가 조작하기 편한 위치에 놓여 있지 않다.

자격종목	시험일	비번호	PC번호	남은시간
산업안전기사	2021년 7월 18일 2회(2부)	A001	1	60분

04 동영상은 이동식 비계의 설치상태가 불량하여 발생된 재해 사례이다. 이동식 비계의 올바른 설치(조립)기준을 산업안전보건기준에 관한 규칙을 적용하여 2가지만 쓰시오.(4점)

참고 산업안전보건기준에 관한 규칙 제68조(이동식 비계)

합격KEY
① 2018년 7월 8일 제2회 1부(문제4번)출제
② 2020년 5월 30일(문제 4번) 출제
③ 2020년 11월 22일(문제 4번) 출제
④ 2021년 7월 18일 제1부 출제

정답
① 이동식 비계의 바퀴에는 뜻밖의 갑작스러운 이동 또는 전도를 방지하기 위하여 브레이크·쐐기 등으로 바퀴를 고정시킨 다음 비계의 일부를 견고한 시설물에 고정하거나 아웃트리거(outrigger)를 설치하는 등 필요한 조치를 할 것
② 승강용사다리는 견고하게 설치할 것
③ 비계의 최상부에서 작업을 하는 경우에는 안전난간을 설치할 것
④ 작업발판은 항상 수평을 유지하고 작업발판 위에서 안전난간을 딛고 작업을 하거나 받침대 또는 사다리를 사용하여 작업하지 않도록 할 것
⑤ 작업발판의 최대적재하중은 250[kg]을 초과하지 않도록 할 것

05 동영상은 콘크리트 전주 세우기 작업 도중에 발생한 재해사례이다. 동영상에서와 같은 재해를 예방하기 위한 대책 중 관리적 대책을 2가지만 쓰시오. (4점)

합격KEY
① 2004년 10월 2일 (문제 2번)
② 2007년 7월 15일 출제
③ 2008년 10월 5일 출제
④ 2011년 5월 7일 제1회(문제 6번) 출제
⑤ 2018년 4월 21일 제1회 3부 (문제 7번) 출제
⑥ 2019년 4월 20일 기사 출제
⑦ 2020년 11월 22일 산업기사 출제

정답
① 해당 충전전로를 이설할 것
② 감전의 위험을 방지하기 위한 방책을 설치할 것
③ 해당 충전전로에 절연용 방호구를 설치할 것
④ 감시인을 두고 작업을 감시하도록 할 것

자격종목	시험일	비번호	PC번호	남은시간
산업안전기사	2021년 7월 18일 2회(2부)	A001	1	60분

화면은 경사진(30[°] 정도) 컨베이어 기계가 작동하고, 작업자가 작동 중인 컨베이어 위에 1명과 아래쪽 작업장 바닥에 1명이 있으며, 기계 오른쪽에 있는 포대를 컨베이어 벨트 위로 올리는 작업을 하는 동영상이다. 화면 오른쪽에 포대가 많이 쌓여 있고, 작업자 한 명은 경사진 컨베이어 위에 회전하는 벨트 양끝부분 철로된 모서리에 양발을 벌리고 서 있으며, 밑에 작업자가 포대를 일정한 방향이 아닌 삐뚤(각기 다르게)게 포대를 컨베이어에 올리는 중 컨베이어 위에 양발을 벌리고 있는 작업자 발에 포대 끝부분이 부딪쳐 무게 중심을 잃고 기계 오른쪽으로 쓰러진 후 팔이 기계 하단으로 들어가면서 아파하는데 아래쪽 작업자가 와서 안아주는 동영상이다.

06 동영상은 경사용 컨베이어를 이용하여 화물을 운반하는 작업 중에 발생한 재해사례이다. (1) 컨베이어 벨트 (2) 선반축 (3) 휴대용 연삭기 등에 설치하여야 하는 방호조치를 1가지 쓰시오.(6점)

합격정보
① 산업안전보건기준에 관한 규칙 제192조(비상정지장치)
② 산업안전보건기준에 관한 규칙 제193조(낙하물에 의한 위험 방지)
③ 산업안전보건기준에 관한 규칙 제87조(원동기·회전축 등의 위험 방지)
④ 산업안전보건기준에 관한 규칙 제122조(연삭숫돌의 덮개 등)

합격KEY
① 2008년 4월 26일 출제   ② 2008년 7월 13일 출제
③ 2009년 4월 26일 출제   ④ 2012년 4월 28일 기사 출제
⑤ 2013년 4월 27일 출제   ⑥ 2013년 10월 12일 제3회 2부 출제
⑦ 2015년 4월 25일(문제 3번) 출제   ⑧ 2016년 7월 18일 제2회 출제
⑨ 2016년 10월 15일 제3회(문제 3번) 출제   ⑩ 2019년 10월 19일 기사 출제

정답
(1) 컨베이어 벨트
　① 비상정지장치　② 덮개　③ 울
(2) 선반 축(샤프트)
　① 덮개　② 울　③ 슬리브　④ 건널다리
(3) 그라인더(휴대용 연삭기)
　덮개

07 화면은 섬유기계의 운전 중 발생한 재해사례이다. 이 영상에서 사용한 기계 작업시 착용하여야 하는 보호구 3가지를 쓰시오. (5점)

정답
① 보안경
② 귀마개 또는 귀덮개
③ 방진마스크

08 건설현장 가설통로에서 작업자가 움직이다가 발이 걸려 추락한다. 가설통로가 갖춰야 할 구조관련하여 (　　)를 채우시오. (4점)

(1) 경사는 (　　)도 이하로 할 것. 다만, 계단을 설치하거나 높이 2m 미만의 가설통로로서 튼튼한 손잡이를 설치한 경우에는 그러하지 아니하다.
(2) 경사가 (　　)도를 초과하는 경우에는 미끄러지지 아니하는 구조로 할 것

합격정보 산업안전보건기준에 관한 규칙(약칭 : 안전보건규칙)
제23조(가설통로의 구조) 사업주는 가설통로를 설치하는 경우 다음 각 호의 사항을 준수하여야 한다.
1. 견고한 구조로 할 것
2. 경사는 30도 이하로 할 것. 다만, 계단을 설치하거나 높이 2미터 미만의 가설통로로서 튼튼한 손잡이를 설치한 경우에는 그러하지 아니하다.
3. 경사가 15도를 초과하는 경우에는 미끄러지지 아니하는 구조로 할 것
4. 추락할 위험이 있는 장소에는 안전난간을 설치할 것. 다만, 작업상 부득이한 경우에는 필요한 부분만 임시로 해체할 수 있다.
5. 수직갱에 가설된 통로의 길이가 15미터 이상인 경우에는 10미터 이내마다 계단참을 설치할 것
6. 건설공사에 사용하는 높이 8미터 이상인 비계다리에는 7미터 이내마다 계단참을 설치할 것

합격KEY 2021년 5월 2일 (문제 6번) 출제

정답
① 30
② 15

천장크레인(호이스트)로 화물 인양 중. 한손에는 조작스위치 한손에는 배관(인양물)을 잡고 있다.
한줄걸이 막 흔들다가 결국 기울며 추락하고, 작업자도 바닥은 난장판이라 부품에 걸려서 넘어지며 소리 지른다.

09 화면상에서와 같이 호이스트(hoist)로 물건(배관)을 옮기다(이동) 발생한 재해에 있어서 그 위험요인을 2가지 쓰시오. (4점)

합격정보 산업안전보건기준에 관한 규칙 제132조(양중기)

합격KEY
① 2014년 10월 5일 제3회 3부(문제 8번) 출제
② 2020년 5월 16일 기사 1회 2부 출제
③ 2020년 10월 17일 산업기사 출제

정답
① 훅에 해지장치가 없어 슬링와이어가 이탈할 위험이 있다.
② 조정장치 전선 피복이 벗겨져 있어 내부전선 단선으로 호이스트가 오동작하여 물건(배관형)이 떨어질 위험이 있다.
③ 작업반경내 낙하(배관) 위험장소에서 조정장치를 조작하고 있어 위험하다.

자격종목	시험일	비번호	PC번호	남은시간
산업안전기사	2021년 7월 18일 2회(3부)	A001	1	60분

01 화면은 보고 주행 안전작업을 하고 있다. 이 작업의 작업계획서에 포함될 사항 2가지를 쓰시오. (4점)

합격정보 산업안전보건기준에 관한 규칙 [별표 4] 사전조사 및 작업계획서 내용(제38조제1항 관련)
: 차량계 하역운반기계 등을 사용하는 작업

정답
① 해당 작업에 따른 추락·낙하·전도·협착 및 붕괴 등의 위험 예방대책
② 차량계 하역운반기계 등의 운행경로 및 작업방법

02 화면은 DMF작업장에서 한 작업자가 방독마스크, 안전장갑, 보호복 등을 착용하지 않은 채 유해물질 DMF작업을 하고 있다. 피부자극성 및 부식성 관리대상 유해물질 취급시 비치하여야 할 보호장구 3가지를 쓰시오.(5점)

합격KEY
① 2014년 7월 13일 제2회 3부(문제 2번) 출제
② 2015년 10월 11일 제3회 1부 출제
③ 2017년 7월 2일 제2회(문제 2번) 출제
④ 2018년 4월 21일 제1회 1부(문제 2번) 출제
⑤ 2020년 8월 2일(문제 2번) 출제

정답
① 불침투성 보호장갑
② 불침투성 보호복
③ 불침투성 보호장화

합격자의 조언 2014년 7월 6일 실기필답형 출제

03 화면은 전압이 흐르는 고압선 아래에서 작업 중 발생한 재해사례이다. 산업안전보건기준에 관한 규칙에 따라서, 충전전로에서의 전기작업 중 조치 사항에 대해서 다음 ( )을 채우시오. (4점)

(1) 충전전로를 취급하는 근로자에게 그 작업에 적합한 (①)를 착용시킬 것
(2) 충전전로에 근접한 장소에서 전기작업을 하는 경우에는 해당 전압에 적합한 (②)를 설치할 것. 다만, 저압인 경우에는 해당 전기작업자가 (①)를 착용하되, 충전전로에 접촉할 우려가 없는 경우에는 (②)를 설치하지 아니할 수 있다.

합격정보 산업안전보건기준에 관한 규칙 제321조(충전전로에서의 전기작업)

합격KEY 2021년 5월 2일 (문제 6번) 출제

정답
① 절연용 보호구
② 절연용 방호구

자격종목	시험일	비번호	PC번호	남은시간
산업안전기사	2021년 7월 18일 2회(3부)	A001	1	60분

문제 1번 문제 2번 문제 3번 **문제 4번** 문제 5번 문제 6번 문제 7번 문제 8번 문제 9번

04 동영상은 2만볼트가 인가된 배전판의 작업 중 발생한 재해사례이다. 이 동영상을 참고하여 재해의 발생형태와 가해물을 쓰시오.(4점)

합격KEY
① 2003년 7월 19일 산업기사 출제
② 2008년 10월 5일 산업기사 출제
③ 2013년 7월 20이리 제2회 2부(문제 1번) 출제
④ 2019년 10월 19일(문제 4번) 출제
⑤ 2020년 11월 22일(문제 4번) 출제

정답
① 재해의 발생형태 : 감전
② 가해물 : 전류 또는 전기

05 화면 동영상에서 작업자 측면에서의 잘못된 작업방법 2가지를 쓰시오. (4점)

합격KEY
① 2014년 7월 13일 출제
② 2014년 10월 5일(문제 6번) 출제
③ 2015년 7월 18일(문제 5번) 출제
④ 2017년 4월 22일 기사 출제
⑤ 2018년 7월 8일 제2회(문제 5번) 출제
⑥ 2019년 7월 6일 산업기사 출제
⑦ 2020년 11월 22일(문제 5번) 출제

정답
① 작업자가 양발을 컨베이어 양끝에 지지하여 불안전한 자세로 작업을 하고 있다.
② 시멘트 포대가 작업자의 발을 치고 있어서 작업자가 넘어져 상해를 당할 수 있다.

자격종목	시험일	비번호	PC번호	남은시간
산업안전기사	2021년 7월 18일 2회(3부)	A001	1	60분

[그림 1] 용접작업

교류아크용접 작업장에서 작업자가 혼자 작업을 하고 있음.(작업 내용은 대형 관의 플랜지 아래 부위를 아크 용접하는 상황) 왼손으로는 플랜지 회전 스위치를 조작해 가며 오른손으로 용접을 하는 상황, 주위에는 인화성 물질로 보이는 깡통 등이 용접작업 주변에 쌓여 있음.

06 화면은 배관 용접작업에 관한 내용이다. 동영상의 내용 중 위험요인이 내재되어 있다. 작업현장의 위험요인 3가지를 쓰시오.(6점)

합격KEY ① 2019년 10월 19일 제3회 3부(문제 7번) 출제
② 2020년 5월 16일 제1회 3부 기사 출제
③ 2020년 7월 25일 산업기사 출제

정답
① 단독으로 작업 중 양손 모두를 사용하여 작업하므로 위험에 노출되어 있다.
② 작업현장내 정리, 정돈 상태가 불량하여 인화성물질이 쌓여있으므로 화재폭발사고가 발생할 위험이 있다.
③ 감시인이 배치되어 있지 않아 사고발생의 위험이 있다.

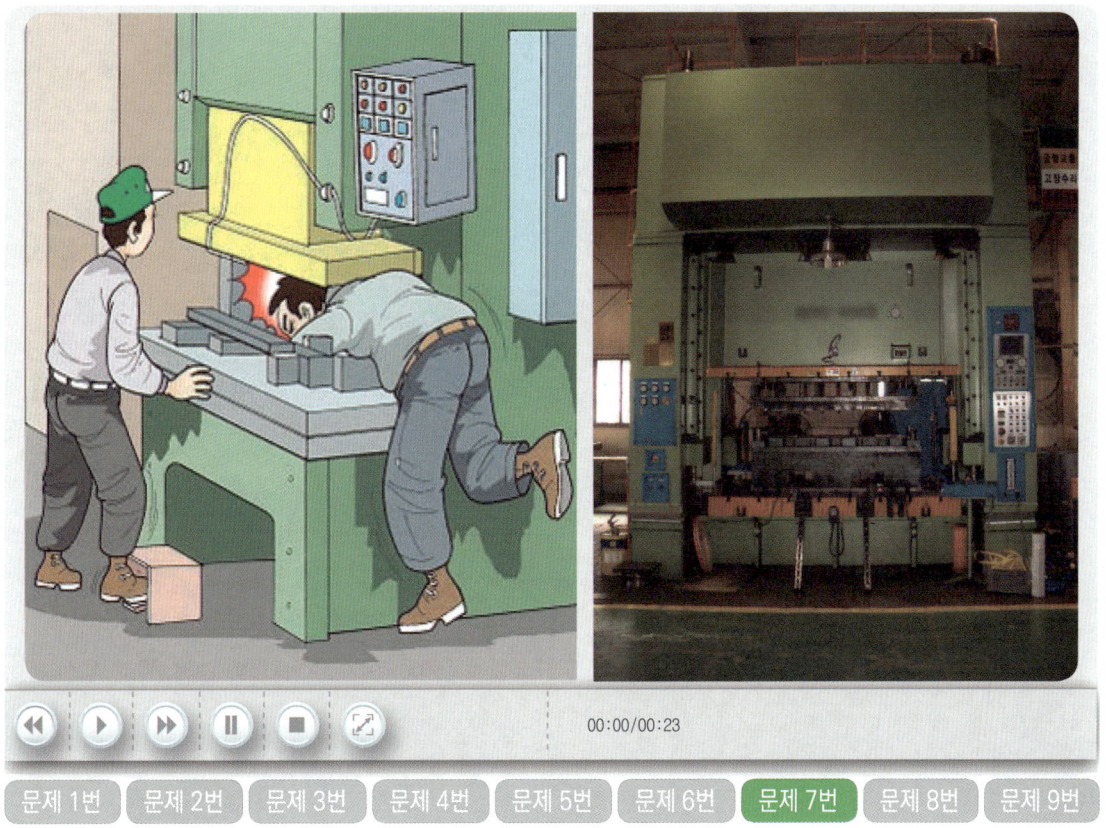

07 동영상은 프레스기로 철판에 구멍을 뚫는 작업 중 이다. 작업 시작 전 점검사항 3가지를 쓰시오.(6점)

보충학습

[표] 급정지 기구에 따른 방호장치

구분	종류	
급정지 기구가 부착되어 있어야만 유효한 방호장치	① 양수 조작식 방호장치	② 감응식 방호장치
급정지 기구가 부착되어 있지 않아도 유효한 방호장치	① 양수 기동식 방호장치 ③ 수인식 방호장치	② 게이트 가드 방호장치 ④ 손쳐 내기식 방호장치

합격정보 산업안전보건기준에 관한 규칙 [별표 3] 작업시작 전 점검사항(제35조제2항 관련)

정답
① 클러치 및 브레이크의 기능
② 크랭크축·플라이휠·슬라이드·연결봉 및 연결 나사의 풀림 여부
③ 1행정 1정지기구·급정지장치 및 비상정지장치의 기능
④ 슬라이드 또는 칼날에 의한 위험방지 기구의 기능
⑤ 프레스의 금형 및 고정볼트 상태
⑥ 방호장치의 기능
⑦ 전단기(剪斷機)의 칼날 및 테이블의 상태

자격종목	시험일	비번호	PC번호	남은시간
산업안전기사	2021년 7월 18일 2회(3부)	A001	1	60분

08 화면상에서와 같이 마그네틱 크레인으로 물건(금형 : 金型)을 옮기다 발생한 재해에 있어서 그 위험요인을 3가지 쓰시오.(6점)

합격KEY
① 2014년 10월 5일 제3회 3부(문제 8번) 출제
② 2020년 5월 16일 기사 1회 2부 출제
③ 2020년 10월 17일 산업기사 출제

정답
① 전선 피복이 벗겨져 감전의 위험이 있다.
② 조정장치 전선 피복이 벗겨져 있어 내부전선 단선으로 호이스트가 오동작하여 물건이(금형) 떨어질 위험이 있다.
③ 작업반경내 금형이 낙하(떨어질) 위험장소에서 조정장치를 조작하고 있어 위험하다.

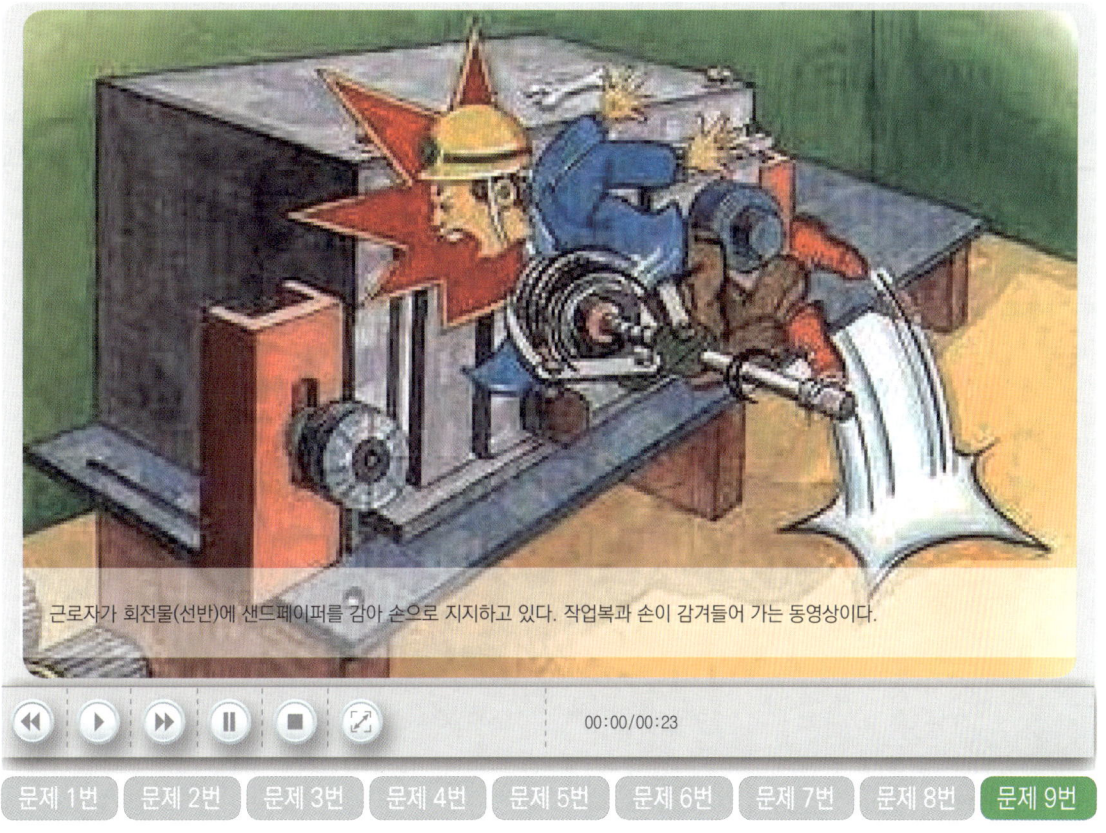

근로자가 회전물(선반)에 샌드페이퍼를 감아 손으로 지지하고 있다. 작업복과 손이 감겨들어 가는 동영상이다.

09 화면의 재해사례에서 나타나는 위험점을 기계의 운동 형태에 따라 분류하고자 할 때 해당되는 위험점의 명칭과 그 정의를 쓰시오. (4점)

합격KEY ▶
① 2004년 7월 10일 출제
② 2006년 9월 23일 기사 출제
③ 2007년 10월 13일 기사 출제
④ 2012년 4월 28일 기사 출제
⑤ 2012년 10월 21일 출제
⑥ 2013년 10월 12일 출제
⑦ 2014년 7월 13일 기사 출제
⑧ 2015년 10월 11일 기사 출제
⑨ 2016년 4월 23일 산업기사 출제
⑩ 2020년 11월 22일(문제 9번) 출제

정답
① 위험점의 명칭 : 회전 말림점(Trapping Point)
② 정의 : 회전축·커플링 등과 같이 회전하는 물체에 작업복 등이 말려드는 위험이 존재하는 점

자격종목	시험일	비번호	PC번호	남은시간
산업안전산업기사	2021년 7월 24일 2회(1부)	A001	1	60분

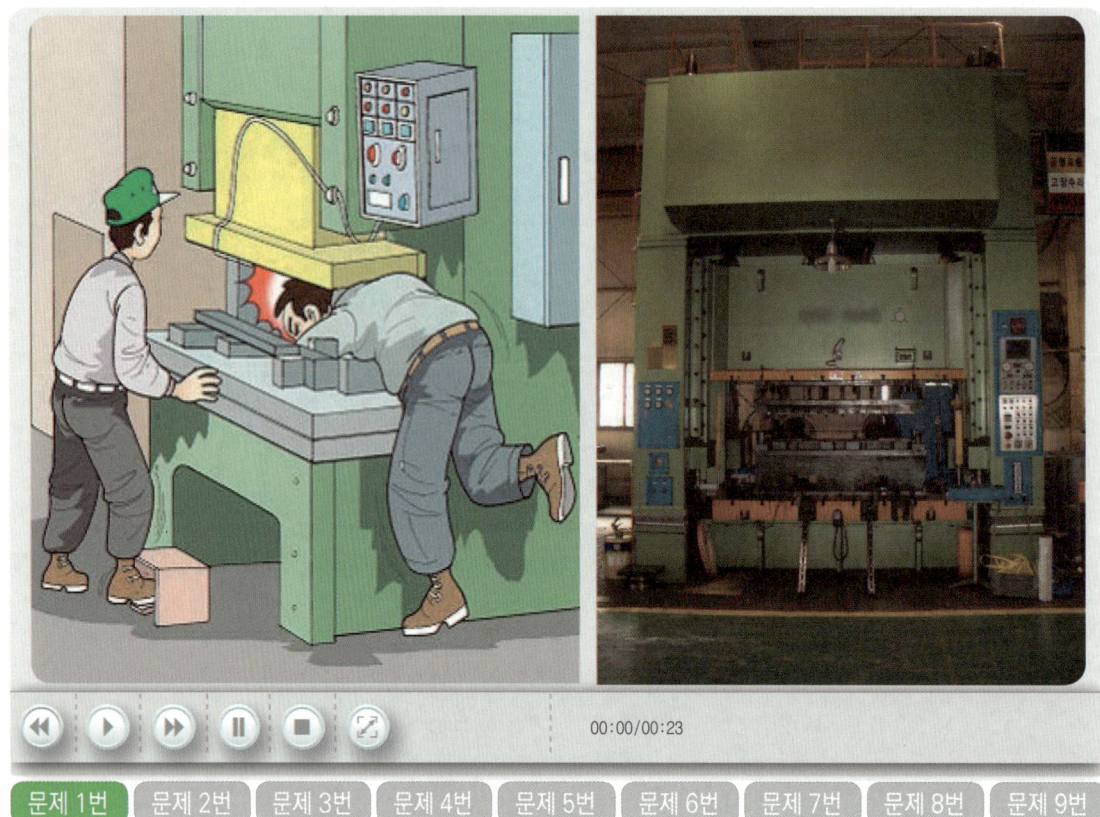

문제 1번 | 문제 2번 | 문제 3번 | 문제 4번 | 문제 5번 | 문제 6번 | 문제 7번 | 문제 8번 | 문제 9번

01 화면 동영상을 보면 작업자가 몸을 기울인 채 손으로 이물질을 제거하는 작업을 하다가 실수로 페달을 밟아 손이 다치는 사고가 발생하였다. 이러한 사고를 방지하기 위하여 (1) 방호장치 (2) 조치하여야 할 사항을 2가지만 쓰시오.(6점)

합격KEY
① 2000년 11월 4일 출제
② 2010년 9월 19일 출제
③ 2013년 10월 12일 (문제 1번) 출제
④ 2016년 4월 23일 기사 출제
⑤ 2020년 8월 2일 기사 출제

정답
(1) 방호장치 종류
　① 양수 조작식 방호장치　　② 감응식 방호장치
　③ 양수 기동식 방호장치　　④ 게이트 가드 방호장치
　⑤ 수인식 방호장치　　　　⑥ 손쳐 내기식 방호장치
(2) 조치하여야 할 사항
　① 이물질을 제거할 때에는 손으로 제거하는 것보다는 플라이어 등의 수공구를 사용한다.
　② press를 일시 정지할 때에는 페달에 U자형 덮개를 씌운다.

💬 **합격자의 조언** 실기 작업형은 반드시 10년치 이상을 보셔야 안전하게 합격합니다.(기사+산업기사=만점)

자격종목	시험일	비번호	PC번호	남은시간
산업안전산업기사	2021년 7월 24일 2회(1부)	A001	1	60분

02 화면을 보고 지게차 주행안전작업 사항 중 잘못된 내용(사고위험요인)을 2가지 쓰시오. (4점)

합격KEY
① 2000년 11월 9일 산업기사 출제
② 2004년 4월 29일 출제
③ 2006년 7월 15일 출제
④ 2011년 5월 7일 출제
⑤ 2013년 7월 20일(문제 3번) 출제
⑥ 2015년 7월 18일(문제 3번) 출제
⑦ 2017년 4월 22일 기사 제1회(문제 3번) 출제
⑧ 2018년 10월 14일(문제 2번) 출제
⑨ 2020년 11월 22일 기사 출제

정답
① 전방의 시야 불충분으로 지게차에 의해 다른 작업자가 다칠 수 있다.
② 물건을 과적하여 운전자의 시야를 가려 다른 작업자가 다칠 수 있다.
③ 물건을 불안정하게 적재하여 화물이 떨어져 다른 작업자가 다칠 수 있다.
④ 다른 작업자가 작업통로에 나와서 작업을 하고 있어 지게차에 의해 다칠 수 있다.
⑤ 난폭한 운전·과속으로 운전자 본인이 다치거나 다른 작업자가 다칠 수 있다.

자격종목	시험일	비번호	PC번호	남은시간
산업안전산업기사	2021년 7월 24일 2회(1부)	A001	1	60분

03 화면은 작업자가 컨베이어가 작동하는 상태에서 컨베이어 벨트 끝부분에 올라서서 불안정한 자세로 형광등을 교체하다 추락하는 재해사례를 보여 주고 있다. 작업자의 불안전한 행동 2가지를 쓰시오. (4점)

합격KEY
① 2015년 4월 25일 기사 (문제 8번) 출제
② 2016년 7월 3일 기사 제2회 출제
③ 2016년 10월 15일 기사 (문제 9번) 출제
④ 2018년 4월 21일 제1회(문제 3번) 출제
⑤ 2019년 7월 7일 산업기사 제2회 2부(문제 3번) 출제
⑥ 2019년 10월 19일 기사 출제

정답
① 작동하는 컨베이어에 올라가 작업하는 자세가 불안정하여 추락할 위험이 있다.
② 컨베이어 전원을 차단하지 않고 작업을 하고 있어 추락 위험이 있다.

04 동영상은 양수기(원동기) 수리작업 도중에 발생한 재해사례이다. 동영상을 참고하여 위험요인을 3가지만 쓰시오. (5점)

합격KEY
① 2008년 7월 13일 출제
② 2009년 9월 19일 출제
③ 2013년 10월 12일(문제 2번) 출제
④ 2016년 4월 23일 제1회 2부 출제
⑤ 2017년 7월 2일 기사 출제

정답
① 작업자들이 작업에 집중을 하지 못하고 있어 작업복과 손이 말려들어갈 위험이 있다.
② 작업자 중 한 명이 기계 위에 손을 올려놓고 있어 미끄러져 말려들어갈 위험이 있다.
③ 수리작업 전에 전원을 차단시켜 정지시키지 않아 작업복이 말려들어갈 위험이 있다.

자격종목	시험일	비번호	PC번호	남은시간
산업안전산업기사	2021년 7월 24일 2회(1부)	A001	1	60분

05 동영상에서와 같은 화학설비 중 특수화학설비 내부의 이상상태를 조기에 파악하기 위하여 설치해야 할 장치를 3가지만 쓰시오. (6점)

참고 산업안전보건기준에 관한 규칙 제273~276조(계측장치 등의 설치)

채점기준 2점×3개=6점(택 3개)

합격KEY
① 2003년 7월 19일 산업기사 출제
② 2005년 10월 1일 출제
③ 2007년 4월 28일 출제
④ 2007년 10월 13일 산업기사 출제
⑤ 2008년 10월 5일 출제
⑥ 2010년 7월 11일 산업기사 출제
⑦ 2013년 7월 20일 출제
⑧ 2014년 10월 5일(문제 4번) 출제
⑨ 2015년 7월 18일 제2회 3부 산업기사(문제 2번) 출제
⑩ 2015년 10월 11일 기사 출제
⑪ 2016년 10월 15일 제3회 산업기사(문제 2번) 출제
⑫ 2019년 7월 6일 제2회 3부 기사(문제 2번) 출제
⑬ 2020년 5월 16일(문제 2번) 출제

정답
① 온도계·유량계·압력계 등의 계측장치
② 자동경보장치(설치가 곤란한 경우는 감시인 배치)
③ 긴급차단장치(원재료 공급차단, 제품방출, 불활성 가스 주입, 냉각용수 공급 등)
④ 예비동력원

06 동영상은 타워크레인을 이용하여 자재를 운반하는 도중에 발생한 재해사례이다. 크레인 유해위험을 방지하기 위한 관리감독자의 직무 3가지를 쓰시오. (6점)

채점기준
① 조사나 문맥이 모범답안과 다르더라도 의미가 같으면 정답으로 인정
② 택 3. 3개 모두 맞으면 6점, 2개 맞으면 4점, 1개 맞으면 2점, 그 외 0점

합격정보
① 산업안전보건기준에 관한 규칙 제35조(관리감독자의 유해·위험 방지 업무 등)
② 산업안전보건기준에 관한 규칙 [별표 2] 관리감독자의 유해·위험 방지

정답
① 작업방법과 근로자 배치를 결정하고 그 작업을 지휘하는 일
② 재료의 결함 유무 또는 기구 및 공구의 기능을 점검하고 불량품을 제거하는 일
③ 작업 중 안전대 또는 안전모의 착용 상황을 감시하는 일

자격종목	시험일	비번호	PC번호	남은시간
산업안전산업기사	2021년 7월 24일 2회(1부)	A001	1	60분

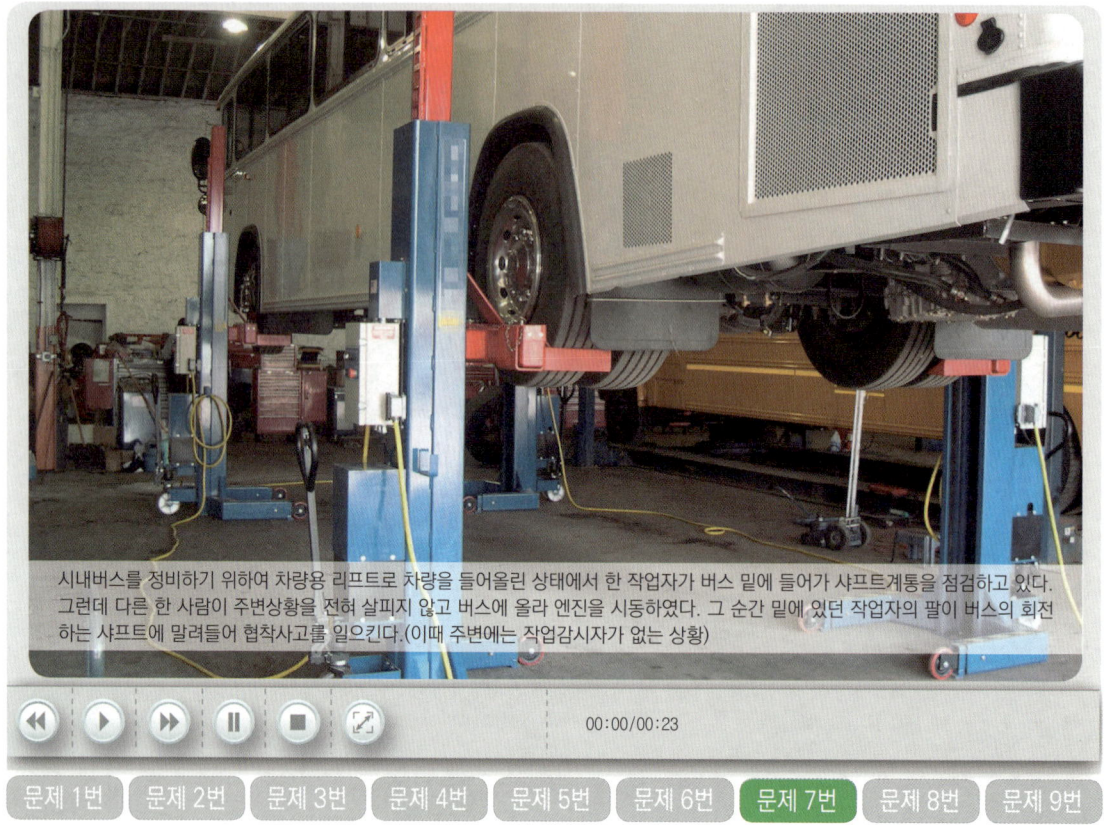

07 화면은 버스정비작업 중 재해가 발생한 사례이다. 버스정비작업 중 안전을 위해 취해야 할 사전안전조치 사항 2가지를 쓰시오.(4점)

채점기준
① 조사나 문맥이 모범답안과 다르더라도 의미가 같으면 정답으로 한다.
② 택 2, 2점×2개=4점

합격KEY
① 2004년 10월 2일 (문제 1번)
② 2007년 4월 28일 출제
③ 2008년 4월 26일 출제
④ 2015년 4월 25일 제1회 출제
⑤ 2016년 10월 15일 제3회 3부 출제
⑥ 2018년 7월 8일(문제 2번) 출제

정답
① 정비작업 중임을 나타내는 표지판을 설치할 것
② 작업과정을 지휘할 관리자를 배치할 것
③ 기동(시동)장치에 잠금장치를 할 것
④ 작업시 운전금지를 위하여 열쇠를 별도 관리할 것

자격종목	시험일	비번호	PC번호	남은시간
산업안전산업기사	2021년 7월 24일 2회(1부)	A001	1	60분

08 화면은 아파트 창틀에서 작업 중 발생한 재해사례를 나타내고 있다. 해당 동영상에서 작업자는 발판에서 떨어지고 있다. (1) 재해발생형태 (2) 산업안전보건법 위반사항을 쓰시오.(6점)

합격정보 2021년 5월 28일 개정법 적용
① 산업안전보건기준에 관한 규칙 제42조(추락의 방지)
② 산업안전보건기준에 관한 규칙 제86조(탑승의 제한)

합격KEY ① 2004년 10월 2일 기사 출제
② 2006년 7월 15일 기사 출제

정답
(1) 재해발생형태 : 추락(떨어짐)
(2) 산업안전보건법 위반사항
　　근로자를 달아올린 상태에서 작업에 종사

자격종목	시험일	비번호	PC번호	남은시간
산업안전산업기사	2021년 7월 24일 2회(1부)	A001	1	60분

09 화면은 승강기 컨트롤 패널 점검 중 발생한 재해사례이다. 화면에서와 같이 인체의 일부 또는 전체에 전기가 흐르고 있다. 이러한 원인으로 인하여 사람이 받는 충격을 무엇이라 하는지 쓰시오.(4점)

합격KEY
① 2004년 7월 10일 출제
② 2006년 9월 23일 산업기사 출제
③ 2009년 9월 20일 산업기사 출제
④ 2012년 7월 14일 산업기사 출제
⑤ 2013년 10월 12일 제3회(문제 9번) 출제
⑥ 2015년 4월 25일 제1회 산업기사 출제
⑦ 2016년 10월 9일 산업기사 출제
⑧ 2017년 4월 22일 기사 출제

정답 잔류전하에 의한 감전

문제 및 답안(지), 점수, 채점기준은 일체 공개하지 않는다.

01 동영상의 벽돌을 쌓는 건설현장에서의 위험요인 2가지를 쓰시오. (4점)

정답
① 작업발판 불안전 상태 및 작업발판 고정 불량
② 안전대 미착용

02 사출성형기 V형 금형 작업중 재해가 발생한 사례이다. 동영상에서 발생한 (1) 재해형태와 (2) 법적인 방호장치를 쓰시오. (6점)

참고 산업안전보건기준에 관한 규칙 제121조(사출성형기 등의 방호장치)

합격KEY
① 2010년 4월 24일 출제
② 2013년 4월 27일 제1회(문제 7번) 출제
③ 2015년 4월 25일 제1회 제2부(문제 7번) 출제
④ 2015년 10월 11일 제3회 2부 출제
⑤ 2017년 7월 2일 제2회 1부(문제 5번) 출제
⑥ 2019년 4월 21일(문제 2번) 출제

정답
(1) 재해형태 : 협착(끼임)
(2) 방호장치
① 게이트가드(gate guard)
② 양수조작식

03 동영상은 경사용 컨베이어를 이용하여 화물을 운반하는 작업 중에 발생한 재해사례이다. 동영상을 참고하여 컨베이어에 설치하여야 하는 방호조치를 3가지 쓰시오.(6점)

참고
① 산업안전보건기준에 관한 규칙 제192조(비상정지장치)
② 산업안전보건기준에 관한 규칙 제193조(낙하물에 의한 위험 방지)

합격KEY
① 2008년 4월 26일 출제
② 2008년 7월 13일 출제
③ 2009년 4월 26일 출제
④ 2012년 4월 28일 기사 출제
⑤ 2013년 4월 27일 출제
⑥ 2013년 10월 12일 제3회 2부 출제
⑦ 2015년 4월 25일(문제 3번) 출제
⑧ 2016년 7월 18일 제2회 출제
⑨ 2016년 10월 15일 제3회(문제 3번) 출제
⑩ 2019년 10월 19일 기사 출제
⑪ 2020년 11월 22일(문제 3번) 출제

정답
① 비상정지장치
② 덮개
③ 울

04 둥근톱 작업시 올바른(안전작업수칙) 작업방법 2가지를 쓰시오. (4점)

참고 산업안전(산업)기사 p.2-13(목재가공용 둥근 톱 안전작업)
합격정보 ① 산업안전보건기준에 관한 규칙 제105조(둥근톱기계의 반발예방장치)
② 산업안전보건기준에 관한 규칙 제106조(둥근톱기계의 톱날접촉예방장치)

정답
① 손상 또는 변형된 톱날의 사용을 금지한다.
② 공회전을 시켜 이상유무를 확인한다.
③ 작업대는 작업에 알맞은 높이로 조정한다.
④ 톱날이 재료보다 너무 높게 튀어나오지 않도록 조정한다.
⑤ 분할날은 톱날의 크기와 두께에 따라 적절히 선택한다.
⑥ 보안경, 안전화 등 보호구를 착용한다.
⑦ 작업중에는 장갑을 착용하지 않는다.
⑧ 톱날교체 및 보수작업시 반드시 전원을 차단한다.
⑨ 전원차단 후 회전하는 톱날을 정지시키기 위해 톱날을 옆에서 눌러 정지시키지 않도록 한다.

05 화면은 지게차 주행안전작업을 하고 있다. 지게차의 작업시작전 점검사항 3가지를 쓰시오. (6점)

합격정보 산업안전보건기준에 관한 규칙 [별표 3] 작업시작전 검검사항

합격KEY
① 2018년 10월 14일 제3회 출제
② 2019년 7월 6일 제2회 1부(문제 1번) 출제
③ 2019년 10월 19일 제3회 3부(문제 1번)출제
④ 2020년 5월 30일 기사 출제

정답
① 제동장치 및 조종장치 기능의 이상 유무
② 하역장치 및 유압장치 기능의 이상 유무
③ 바퀴의 이상 유무
④ 전조등 · 후미등 · 방향지시기 및 경보장치 기능의 이상 유무

자격종목	시험일	비번호	PC번호	남은시간
산업안전산업기사	2021년 7월 24일 2회(2부)	A001	1	60분

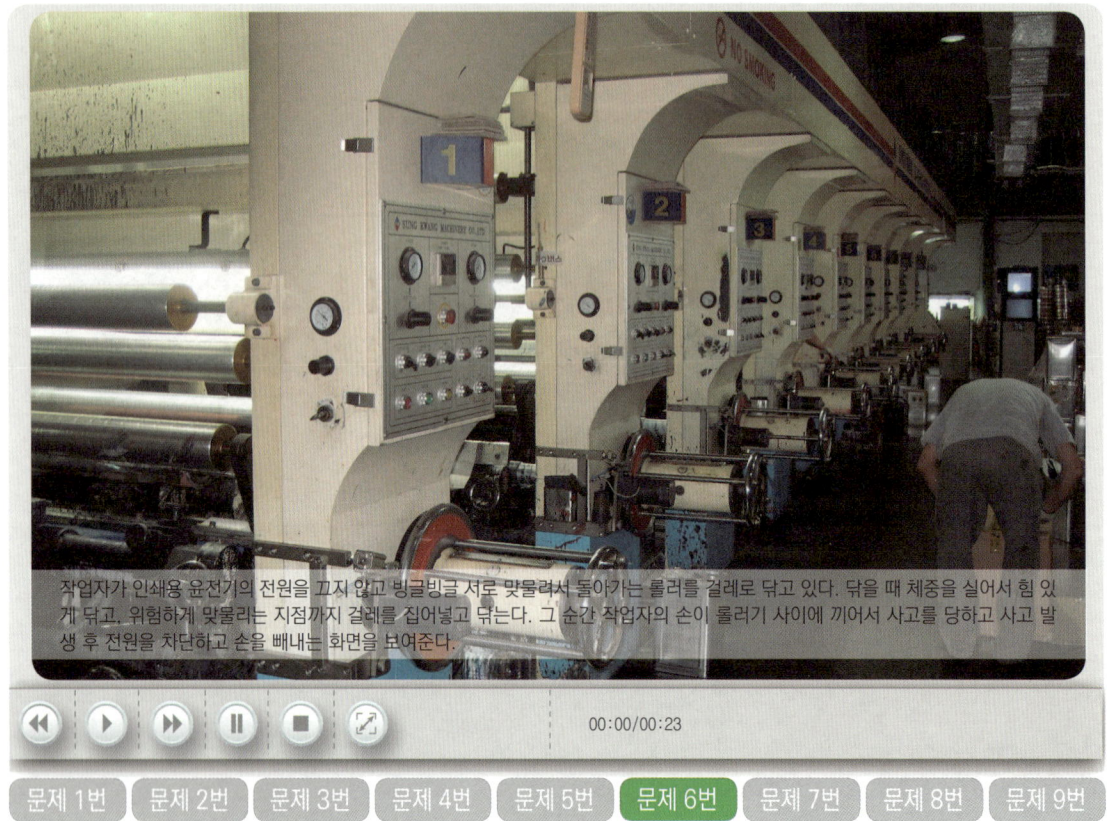

작업자가 인쇄용 윤전기의 전원을 끄지 않고 빙글빙글 서로 맞물려서 돌아가는 롤러를 걸레로 닦고 있다. 닦을 때 체중을 실어서 힘 있게 닦고, 위험하게 맞물리는 지점까지 걸레를 집어넣고 닦는다. 그 순간 작업자의 손이 롤러기 사이에 끼어서 사고를 당하고 사고 발생 후 전원을 차단하고 손을 빼내는 화면을 보여준다.

06
화면의 인쇄윤전기 재해사례에서 나타나는 위험점을 기계의 운동 형태에 따라 분류하고자 할 때 해당되는 (1) 위험점의 명칭 (2) 핵심위험요인 등을 쓰시오.(4점)

합격KEY
① 2000년 9월 5일 출제
② 2002년 5월 4일 출제
③ 2006년 9월 23일 출제
④ 2009년 4월 26일 출제
⑤ 2010년 7월 11일 출제
⑥ 2012년 7월 14일 출제
⑦ 2012년 10월 21일 산업기사 출제
⑧ 2013년 10월 12일 출제
⑨ 2015년 4월 25일 산업기사 출제
⑩ 2015년 7월 18일 산업기사 출제
⑪ 2016년 4월 23일 출제
⑫ 2016년 10월 9일 산업기사(문제 4번) 출제
⑬ 2017년 10월 22일 기사 제3회(문제 6번) 출제
⑭ 2018년 10월 14일 기사 출제

정답
(1) 위험점의 명칭 : 물림점(nip point)
(2) 핵심위험요인
 ① 회전중 롤러의 죄어들어가는 쪽에서 직접 손으로 눌러 닦고 있어서 손이 말려 들어가게 된다.
 ② 체중을 걸쳐 닦고 있어서 말려 들어가게 된다.
 ③ 안전(방호)장치가 없어서 걸레를 위로 넣었을 때 롤러가 멈추지 않아 손이 말려 들어간다.

07 휴대용 연삭기 작업의 문제점 3가지를 쓰시오. (6점)

정답
① 덮개가 없는 휴대용 연삭기로 작업해서 위험하다.
② 보안경 미착용으로 눈 실명 등 위험이 있다.
③ 방진마스크 미착용으로 코와 입으로 분진을 흡입한다.

자격종목	시험일	비번호	PC번호	남은시간
산업안전산업기사	2021년 7월 24일 2회(2부)	A001	1	60분

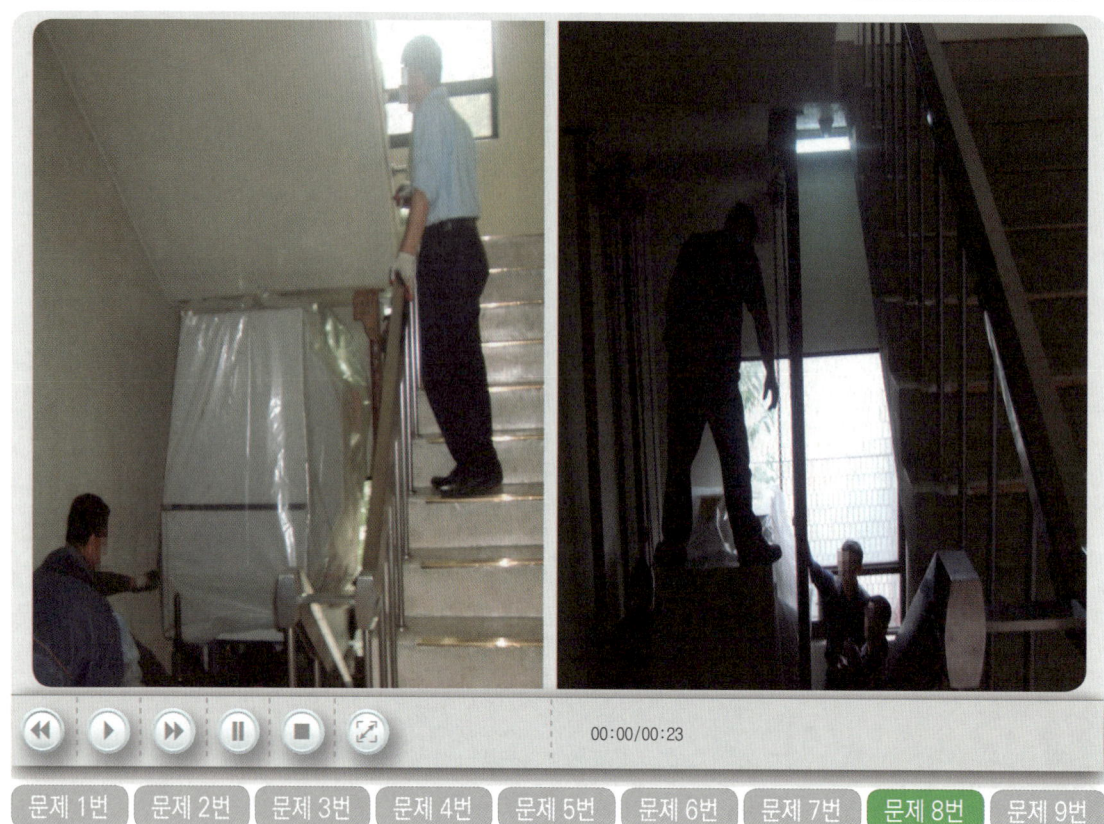

08 화면은 작업자가 가정용 배전반 점검을 하다 딛고 있는 의자(발판)가 불안정하여 추락하는 재해사례이다. 화면에서 점검시 불안전한 행동 2가지를 쓰시오.(4점)

합격KEY ① 2015년 4월 25일(문제 8번) 출제
② 2016년 7월 3일(문제 6번) 출제
③ 2020년 11월 15일(문제 4번) 출제
④ 2020년 11월 22일(문제 3번) 출제

정답
① 절연용 보호구를 착용하지 않아 감전의 위험이 있다.
② 작업자가 딛고 있는 의자(발판)가 불안정하여 추락위험이 있다.

자격종목	시험일	비번호	PC번호	남은시간
산업안전산업기사	2021년 7월 24일 2회(2부)	A001	1	60분

00:00/00:23

[문제 1번] [문제 2번] [문제 3번] [문제 4번] [문제 5번] [문제 6번] [문제 7번] [문제 8번] [문제 9번]

09 화면에서와 같이 DMF 등 관리대상 유해물질(화학물질) 취급시(제조 · 수입 · 운반 · 저장) 취급 근로자가 쉽게 볼 수 있는 장소에 게시 사항을 5가지 쓰시오.(5점)

참고 산업안전보건법 제44조(공정안전보고서의 작성 · 제출)

합격정보 산업안전보건기준에 관한 규칙 제442조(명칭 등의 게시)

합격KEY
① 2007년 10월 13일 출제
② 2013년 4월 27일 기사 출제
③ 2014년 4월 25일(문제 7번) 출제
④ 2015년 7월 18일 제2회 출제
⑤ 2017년 10월 15일 제3회(문제 5번) 출제
⑥ 2017년 10월 22일 제3회(문제 3번) 출제
⑦ 2018년 10월 14일 제3회 2부(문제 9번) 출제
⑧ 2019년 10월 19일(문제 9번) 출제
⑨ 2020년 11월 22일 제4회 1부(문제 2번) 출제
⑩ 2020년 11월 22일(문제 9번) 출제

정답
① 관리대상 유해물질의 명칭
② 인체에 미치는 영향
③ 취급상 주의사항
④ 착용하여야 할 보호구
⑤ 응급조치와 긴급 방재 요령

문제 및 답안(지), 점수, 채점기준은 일체 공개하지 않는다.

비번호
총 점

자격종목	시험일	비번호	PC번호	남은시간
산업안전기사	2021년 10월 23일 3회(1부)	A001	1	60분

단무지가 있고 무릎 정도 물이 차 있는 상태에서 펌프 작동과 동시에 감전되는 동영상

| 문제 1번 | 문제 2번 | 문제 3번 | 문제 4번 | 문제 5번 | 문제 6번 | 문제 7번 | 문제 8번 | 문제 9번 |

01 화면의 동영상은 습윤상태에서 작업 중 감전재해를 당한 사례이다. 동영상을 참고하여 동종의 재해가 발생하지 않도록 예방조치사항 3가지만 쓰시오. (6점)

배점기준 2021년 1월 16일 개정법 적용 각 2점×3개=6점

합격KEY
① 2002년 5월 4일 출제
② 2003년 5월 4일 출제
③ 2003년 10월 12일 출제
④ 2008년 7월 13일 출제
⑤ 2018년 7월 8일 제2회 1부(문제 1번) 출제
⑥ 2020년 5월 16일 제1회 3부 기사 출제
⑦ 2020년 7월 25일 산업기사 출제

정답
① 모터와 전선의 이음새 부분을 작업 전 확인 또는 작업 전 펌프의 작동여부를 확인한다.
② 수중 및 습윤한 장소에서 사용하는 전선은 수분의 침투가 불가능한 것을 사용한다.
③ 감전 방지용 누전 차단기를 설치한다.

자격종목	시험일	비번호	PC번호	남은시간
산업안전기사	2021년 10월 23일 3회(1부)	A001	1	60분

문제 1번 | **문제 2번** | 문제 3번 | 문제 4번 | 문제 5번 | 문제 6번 | 문제 7번 | 문제 8번 | 문제 9번

02 동영상은 건물해체에 관한 장면이다. 동영상에서와 같은 작업시 해체계획에 포함되어야 할 사항을 5가지 쓰시오.(단, 그 밖에 안전보건에 관한 사항은 제외한다.)(5점)

합격정보 산업안전보건기준에 관한 규칙 [별표 4] 사전조사 및 작업계획서 내용

합격KEY
① 2004년 4월 29일 산업기사 출제
③ 2009년 7월 11일 출제
⑤ 2011년 10월 22일 출제
⑦ 2013년 4월 27일 출제
⑨ 2014년 10월 5일 산업기사 출제
⑪ 2015년 7월 18일 (문제 9번) 출제
⑬ 2017년 7월 2일 제2회(문제 4번) 출제
⑮ 2019년 7월 7일 제2회 산업기사(문제 4번) 출제
② 2008년 10월 5일 산업기사 출제
④ 2011년 5월 7일 산업기사 출제
⑥ 2012년 7월 14일 출제
⑧ 2013년 10월 12일 제3회 출제
⑩ 2015년 4월 25일(문제 6번) 출제
⑫ 2016년 7월 3일 제2회 2부 출제
⑭ 2018년 10월 14일 제3회(문제 5번) 출제
⑯ 2020년 10월 17일 산업기사 출제

정답
① 해체의 방법 및 해체순서도면
② 가설설비·방호설비·환기설비 및 살수·방화설비 등의 방법
③ 사업장 내 연락방법
④ 해체물의 처분계획
⑤ 해체작업용 기계·기구 등의 작업계획서
⑥ 해체작업용 화약류 등의 사용계획서

자격종목	시험일	비번호	PC번호	남은시간
산업안전기사	2021년 10월 23일 3회(1부)	A001	1	60분

03 보호구 방열복의 내열원단의 성능시험과 절연저항 시험에서 다음의 (   )를 쓰시오.(6점)
① 잔염시간 : (   )초 미만
② 탄화길이 : (   )[mm] 이내
③ 절연저항 : (   )[MΩ] 이상

합격정보
① 방열복의 성능인증 및 제품검사의 기술기준(국민안전처 고시 제2015-1호)
② 방열복의 성능인증 및 제품검사의 기술기준(소방청고시 제2018-21호)
 ㉮ 제6조(방염성능시험)
 ㉯ 제14조(절연저항시험)
③ 보호구 안전인증고시[별표 5]

합격KEY 2019년 7월 6일 2회 2부 출제

정답
① 2
② 102
③ 1

04
화면의 인쇄윤전기 재해사례에서 나타나는 위험점을 기계의 운동 형태에 따라 분류하고자 할 때 해당되는 ① 위험점의 명칭 ② 정의 등을 쓰시오.(6점)

합격KEY
① 2000년 9월 5일 출제
③ 2006년 9월 23일 출제
⑤ 2010년 7월 11일 출제
⑦ 2012년 10월 21일 산업기사 출제
⑨ 2015년 4월 25일 산업기사 출제
⑪ 2016년 4월 23일 출제
⑬ 2017년 10월 22일 기사 제3회(문제 6번) 출제
⑮ 2020년 11월 22일 산업기사 출제
② 2002년 5월 4일 출제
④ 2009년 4월 26일 출제
⑥ 2012년 7월 14일 출제
⑧ 2013년 10월 12일 출제
⑩ 2015년 7월 18일 산업기사 출제
⑫ 2016년 10월 9일 산업기사(문제 4번) 출제
⑭ 2018년 10월 14일 기사 출제
⑯ 2021년 10월 24일 산업기사 출제

정답
① 위험점의 명칭 : 물림점(nip point)
② 정의 : 회전하는 두 개의 회전체에 물려 들어가는 위험점
　　예) 롤러와 롤러의 물림, 기어와 기어의 물림

💬 **합격자의 조언** 그 외 5가지 위험점 기억하세요. 차후 시험 대비

05 동영상은 낙하물 방지망을 보수하는 장면을 보여주고 있다. 방호선반 설치시 준수사항 (　　)를 쓰시오.(4점)

① 높이 10[m] 이내마다 설치하고, 내민 길이는 벽면으로부터 2[m] 이상으로 할 것
② 수평면과의 각도는 (①)[°] 이상 (②)[°] 이하를 유지할 것

참고　산업안전보건기준에 관한 규칙 제14조(낙하물에 의한 위험의 방지)

정답
① 20
② 30

자격종목	시험일	비번호	PC번호	남은시간
산업안전기사	2021년 10월 23일 3회(1부)	A001	1	60분

06 화면은 지게차 주행안전작업을 하고 있다. 지게차의 작업시작전 점검사항 3가지를 쓰시오. (6점)

합격정보 산업안전보건기준에 관한 규칙 [별표 3] 작업시작전 점검사항

합격KEY
① 2018년 10월 14일 제3회 출제
② 2019년 7월 6일 제2회 1부(문제 1번) 출제
③ 2019년 10월 19일 제3회 3부(문제 1번) 출제
④ 2020년 5월 30일 출제
⑤ 2021년 7월 24일 산업기사 출제
⑥ 2021년 10월 24일 산업기사 출제

정답
① 제동장치 및 조종장치 기능의 이상 유무
② 하역장치 및 유압장치 기능의 이상 유무
③ 바퀴의 이상 유무
④ 전조등·후미등·방향지시기 및 경보장치 기능의 이상 유무

자격종목	시험일	비번호	PC번호	남은시간
산업안전기사	2021년 10월 23일 3회(1부)	A001	1	60분

07 동영상은 타워크레인을 이용한 악천 후 작업현장이다. 동영상에서와 같은 타워크레인에 (　　) 를 쓰시오.(4점)

① 순간풍속이 매 초당 (　)미터를 초과하는 경우 : 타워크레인의 설치, 수리, 점검 또는 해체작업을 중지

② 순간풍속이 매 초당 (　)미터를 초과하는 경우 : 타워크레인의 운전작업을 중지

> 참고 산업안전보건기준에 관한 규칙 제37조(악천 후 및 강풍시 작업중지)

> 합격KEY ① 2018년 11월 18일 제4회 기사 1부(문제 1번) 출제　② 2018년 11월 18일 제4회 2부 산업기사(문제 4번) 출제
> ③ 2019년 7월 7일 제2회 2부(문제 3번) 출제　　　　　④ 2019년 11월 17일 제1부(문제 3번) 출제
> ⑤ 2020년 10월 10일(문제 7번) 출제　　　　　　　　　⑥ 2020년 11월 23일(문제 7번) 출제

정답
① 10
② 15

자격종목	시험일	비번호	PC번호	남은시간
산업안전기사	2021년 10월 23일 3회(1부)	A001	1	60분

작업자가 교류아크용접을 한다. 용접을 한 번 하고서 슬러지를 털어낸 뒤 육안으로 확인 후 다시 한 번 용접을 위해 아크불꽃을 내는 순간 감전되어 쓰러진다.(작업자는 일반 캡 모자와 목장갑 착용)

08 동영상은 교류아크용접 작업 중 재해가 발생한 사례이다. 용접 작업 중 사고를 예방하기 위해 착용해야 할 보호구를 4가지만 쓰시오. (4점)

정답
① 용접용 보안면
② 용접용 (가죽) 장갑
③ 용접용 (가죽) 앞치마
④ 용접용 (가죽) 자켓
⑤ 용접용 (가죽) 두건
⑥ 용접용 안전화

09 굴착공사표준안전작업지침에 따라 절토 시 상·하부 동시작업은 금지하여야 하나 부득이한 경우 작업해야 할 때 준수사항 2가지를 쓰시오. (4점)

합격정보: 굴착공사표준안전작업지침 제7조(절토)

합격KEY: 2021년 7월 14일(문제 5번) 출제

정답
① 견고한 낙하물 방호시설 설치
② 부석제거
③ 작업장소에 불필요한 기계 등의 방치금지
④ 신호수 및 담당자 배치

01 동영상은 LPG 저장소에 가스누설감지경보기의 미설치로 인한 재해가 발생한 사례이다. 가스누설감지경보기의 적절한 설치 위치와 폭발범위에 대한 경보설정값[%]을 쓰시오.(6점)
① 설치위치 :
② 경보설정값 :

정답
① 설치위치 : LPG는 공기보다 무거우므로 바닥에 인접한 낮은 곳에 설치한다.
② 경보설정값 : 폭발하한계(L.F.L or L.G.L)의 25[%] 이하

자격종목	시험일	비번호	PC번호	남은시간
산업안전기사	2021년 10월 23일 3회(2부)	A001	1	60분

공작물을 손으로 잡고 작업하다가 공작물이 튀는 현상임

02 전기드릴을 이용해 구멍을 넓히는 작업에서 작업자는 안전모와 보안경을 미착용하고, 방호장치도 설치되지 않은 상태에서 맨손으로 작업을 하고 있다. 위험방지방안을 2가지 쓰시오. (4점)

합격KEY
① 2008년 4월 26일 출제
② 2009년 4월 26일 출제
③ 2012년 7월 14일(문제 6번)
④ 2016년 4월 23일 기사 출제
⑤ 2020년 11월 15일 산업기사 출제

정답
① 작은 물건은 바이스나 클램프를 사용하여 고정시키고 직접 손으로 지지하는 것을 피한다.
② 보안경을 착용하거나, 안전덮개를 설치한다.
③ 판에 큰 구멍을 뚫고자 할 때에는 먼저 작은 드릴로 뚫은 후에 큰 드릴로 뚫도록 한다.
④ 안전모를 착용하고, 장갑은 착용하지 않는다.

03 작업자가 전주에 올라가다 표지판에 부딪혀 추락하는 재해가 발생하였다. 재해발생 원인 2가지를 쓰시오. (4점)

합격KEY
① 2013년 10월 12일(문제 3번) 출제
② 2015년 7월 18일 제2회 출제
③ 2016년 10월 15일 제3회(문제 3번) 출제
④ 2018년 4월 21일 제1회 1부(문제 3번) 출제
⑤ 2019년 10월 19일 (문제 3번) 출제

정답
① 추락방지대 미착용 및 수직구명줄 미설치로 재해발생
② 안전대 또는 고소작업대를 사용하지 않아 재해발생

04 화면은 DMF작업장에서 한 작업자가 방독마스크, 안전장갑, 보호복 등을 착용하지 않은 채 유해물질 DMF작업을 하고 있다. 피부자극성 및 부식성 관리대상 유해물질 취급시 비치하여야 할 보호장구 3가지를 쓰시오.(5점)

합격정보 산업안전보건기준에 관한 규칙 제451조(보호복 등의 비치 등)

합격KEY
① 2014년 7월 13일 제2회 3부(문제 2번) 출제
② 2015년 10월 11일 제3회 1부 출제
③ 2017년 7월 2일 제2회(문제 2번) 출제
④ 2018년 4월 21일 제1회 1부(문제 2번) 출제
⑤ 2020년 8월 2일(문제 2번) 출제
⑥ 2021년 7월 18일(문제 2번) 출제

정답
① 불침투성 보호장갑
② 불침투성 보호복
③ 불침투성 보호장화

합격자의 조언 2014년 7월 6일 실기필답형 출제

05 화면은 전압이 흐르는 고압선 아래에서 작업 중 발생한 재해사례이다. 산업안전보건기준에 관한 규칙에 따라서, 충전전로에서의 전기작업 중 조치 사항에 대해서 다음 ( )을 채우시오. (4점)

(1) 충전전로를 취급하는 근로자에게 그 작업에 적합한 (①)를 착용시킬 것
(2) 충전전로에 근접한 장소에서 전기작업을 하는 경우에는 해당 전압에 적합한 (②)를 설치할 것. 다만, 저압인 경우에는 해당 전기작업자가 (①)를 착용하되, 충전전로에 접촉할 우려가 없는 경우에는 (②)를 설치하지 아니할 수 있다.

합격정보 산업안전보건기준에 관한 규칙 제321조(충전전로에서의 전기작업)

합격KEY ① 2021년 5월 2일 제1회(문제 6번) 출제
② 2021년 7월 18일 제2회(문제 3번) 출제

정답
① 절연용 보호구
② 절연용 방호구

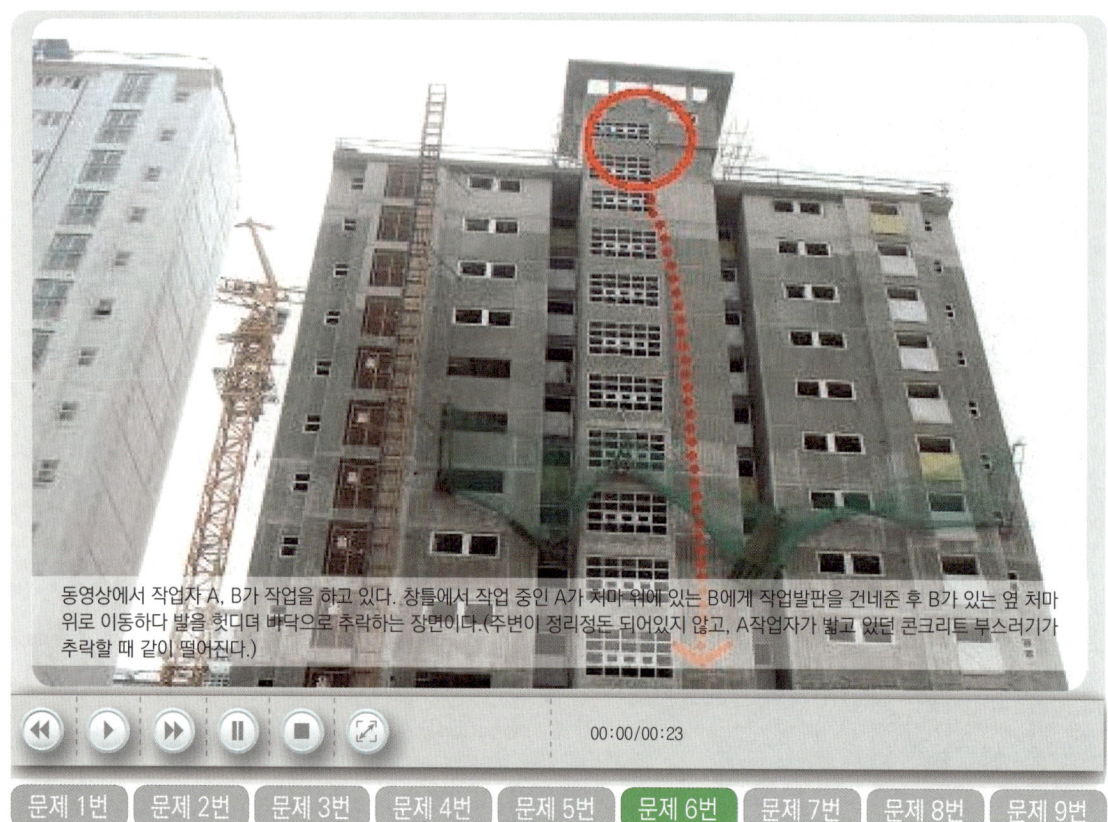

06 화면은 아파트 창틀에서 작업 중 발생한 재해사례이다. 이 영상의 작업자의 추락사고 원인 3가지를 쓰시오.(6점)

합격정보 2021년 5월 28일 개정법 적용
산업안전보건기준에 관한 규칙 제42조(추락의 방지)

합격KEY
① 2004년 10월 2일 출제
② 2006년 7월 5일 출제
③ 2014년 4월 25일 출제
④ 2014년 7월 13일 산업기사 출제
⑤ 2014년 10월 5일(문제 1번) 출제
⑥ 2016년 4월 23일(문제 1번) 출제
⑦ 2017년 4월 22일 제1회 1부(문제 8번) 출제
⑧ 2019년 10월 19일 제3회 1부(문제 7번) 출제
⑨ 2020년 5월 16일 제1회 2부(문제 7번) 출제
⑩ 2020년 7월 25일 산업기사 출제
⑪ 2020년 11월 22일(문제 7번) 출제
⑫ 2021년 7월 18일(문제 7번) 출제
⑬ 2021년 10월 24일 산업기사 출제

정답
① 안전난간 미설치
② 안전대 미착용
③ 추락방호망 미설치

자격종목	시험일	비번호	PC번호	남은시간
산업안전기사	2021년 10월 23일 3회(2부)	A001	1	60분

07 동영상에서 휴대용 연삭작업을 하고 있다. ① 방호장치 ② 방호장치 숫돌 노출 각도를 쓰시오. (4점)

보충학습 연삭기 덮개 표준양식 및 각도(방호장치 자율안전기준고시[별표 4] 연삭기 덮개의 성능기준 제9조 관련)

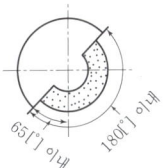
① 원통 연삭기, 센터리스연삭기, 공구연삭기, 만능연삭기 그 밖에 이와 비슷한 연삭기

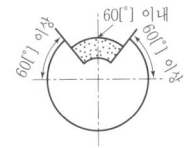
② 연삭숫돌의 상부를 사용하는 것을 목적으로 하는 탁상용 연삭기

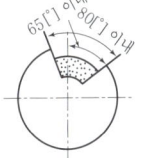
③ ② 및 ⑥ 이외의 탁상용 연삭기 그 밖에 이와 유사한 연삭기

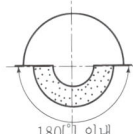
④ 휴대용 연삭기, 스윙연삭기, 슬래브 연삭기 그 밖에 이와 비슷한 연삭기

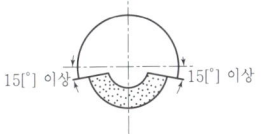
⑤ 평면연삭기, 절단연삭기, 그 밖에 이와 비슷한 연삭기

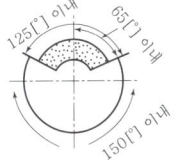
⑥ 일반 연삭작업 등에 사용하는 목적으로 하는 탁상용 연삭기

합격KEY ① 2008년 4월 26일 출제 ② 2014년 4월 25일(문제 8번) 출제
③ 2016년 4월 23일(문제 8번) 출제 ④ 2021년 5월 21일(문제 7번) 출제

정답 ① 방호장치 : 덮개   ② 숫돌 노출 각도 : 180[°] 이내

자격종목	시험일	비번호	PC번호	남은시간
산업안전기사	2021년 10월 23일 3회(2부)	A001	1	60분

정지된 컨베이어를 작업자가 점검을 하고 있다. 컨베이어는 작은 공장에서 볼 수 있는 그런 작업용 컨베이어 정도이다. 작업자가 점검 중일 때 다른 작업자가 전원 스위치 쪽으로 서서히 다가오더니 전원버튼을 누른다. 그 순간 점검중이던 작업자가 벨트에 손이 끼이는 사고를 당하는 화면을 보여 준다.

08 동영상은 컨베이어 작업을 하고 있다. 컨베이어의 작업시작 전 점검사항 3가지를 쓰시오. (6점)

참고 산업안전보건기준에 관한 규칙 [별표 3] 작업시작 전 점검사항

합격KEY
① 2006년 4월 29일 (문제 1번)
② 2007년 7월 15일 출제
③ 2008년 4월 26일 출제
④ 2009년 7월 11일 출제
⑤ 2010년 7월 11일 산업기사 출제
⑥ 2011년 10월 22일 산업기사 출제
⑦ 2013년 4월 27일 제1회 출제
⑧ 2015년 4월 25일 제1회 2부 출제
⑨ 2017년 7월 2일 1부, 3부 출제
⑩ 2017년 7월 2일 제2회 기사(문제 8번) 출제
⑪ 2018년 10월 14일 제3회 1부(문제 7번) 출제
⑫ 2020년 5월 16일 산업기사 출제
⑬ 2020년 11월 22일(문제 7번) 출제
⑭ 2021년 5월 2일(문제 7번) 출제

정답
① 원동기 및 풀리기능의 이상유무
② 이탈 등의 방지장치 기능의 이상유무
③ 비상정지장치 기능의 이상유무
④ 원동기 · 회전축 · 기어 및 풀리 등의 덮개 또는 울 등의 이상유무

09 휴대용 연마 작업 시 감전사고 예방을 위한 안전대책을 3가지를 쓰시오. (6점)

① 감전방지용 누전차단기를 설치한다.
② 전선을 서로 접속하는 경우에는 해당 전선의 절연성능 이상으로 절연될 수 있는것으로 충분히 피복하거나 적합한 접속기구를 사용하여야 한다.
③ 습윤한 장소에서는 충분한 절연효과가 있는 이동전선을 사용한다.
④ 통로바닥에 전선 또는 이동전선등을 설치하여 사용해서는 아니 된다.

자격종목	시험일	비번호	PC번호	남은시간
산업안전기사	2021년 10월 23일 3회(3부)	A001	1	60분

01 화면과 같이 작업자가 착용하여야 할 보호구 2가지를 쓰시오. (4점)

합격KEY
① 2015년 7월 18일 제2회(문제 1번) 출제
② 2017년 10월 22일 제3회(문제 1번) 출제
③ 2019년 4월 21일 산업기사 출제

정답
① 내전압용 절연장갑
② 절연장화

02 비계(달비계, 달대비계 및 말비계는 제외한다)의 높이가 2[m] 이상인 작업장소에 다음 각 호의 기준에 맞는 작업발판을 설치하여야 한다. 산업안전보건법령상 아래 빈칸을 채우시오.(4점)
① 발판재료는 작업할 때의 하중을 견딜 수 있도록 견고한 것으로 할 것
② 작업발판의 폭은 (   )[cm] 이상으로 하고, 발판재료 간의 틈은 3[cm]이하로 할 것. 다만, 외줄비계의 경우에는 고용노동부장관이 별도로 정하는 기준에 따른다.

참고   산업안전보건기준에 관한 규칙 제56조(작업발판의 구조)

합격KEY
① 2006년 4월 29일 출제
② 2007년 7월 15일 출제
③ 2010년 7월 11일 출제
④ 2015년 4월 25일(문제 6번) 출제
⑤ 2016년 7월 3일 제2회 출제
⑥ 2016년 10월 15일 제3회(문제 6번) 출제
⑦ 2017년 10월 22일 기사 3회(문제 6번) 출제
⑧ 2018년 10월 14일 제3회 1부(문제 6번) 출제
⑨ 2019년 10월 19일 제3회 2부(문제 6번) 출제
⑩ 2020년 10월 17일 산업기사 출제

정답 40

자격종목	시험일	비번호	PC번호	남은시간
산업안전기사	2021년 10월 23일 3회(3부)	A001	1	60분

03 화면은 박공지붕 설치 작업 중 발생한 재해사례이다. 해당 화면은 박공지붕의 비래에 의해 재해가 발생하였음을 나타내고 있다. 그 위험요인 3가지를 쓰시오.(5점)

합격KEY
① 2004년 7월 10일 출제
③ 2007년 10월 13일 출제
⑤ 2009년 9월 19일 출제
⑦ 2012년 4월 28일 출제
⑨ 2013년 4월 27일 출제
⑪ 2013년 10월 12일 산업기사 출제
⑬ 2014년 7월 13일 산업기사 출제
⑮ 2015년 7월 18일 제2회(문제 8번) 출제
⑰ 2019년 4월 21일 제1회(문제 6번) 출제
⑲ 2020년 10월 10일(문제 9번) 출제
② 2006년 9월 23일 출제
④ 2008년 4월 26일 출제
⑥ 2011년 7월 30일 산업기사 출제
⑧ 2012년 7월 14일 산업기사 출제
⑩ 2013년 7월 20일 출제
⑫ 2014년 4월 25일 산업기사 출제
⑭ 2014년 10월 5일 제3회(문제 3번) 출제
⑯ 2017년 10월 22일 기사 제3회(문제 8번) 출제
⑱ 2019년 7월 6일 산업기사 출제

정답
① 근로자가 위험한 장소에서 휴식을 취하고 있다.
② 추락방호망이 설치되지 않았다.
③ 한곳에 과적하여 적치하였다.
④ 안전대 부착설비가 없고, 안전대를 착용하지 않았다.

04 동영상은 이동식 비계의 설치상태가 불량하여 발생된 재해 사례이다. 이동식 비계의 올바른 설치(조립)기준을 산업안전보건기준에 관한 규칙을 적용하여 2가지만 쓰시오.(4점)

참고 산업안전보건기준에 관한 규칙 제68조(이동식 비계)

합격KEY
① 2018년 7월 8일 제2회 1부(문제4번) 출제
② 2020년 5월 30일(문제 4번) 출제
③ 2020년 11월 22일(문제 4번) 출제
④ 2021년 7월 18일 제1부 출제
⑤ 2021년 7월 18일(문제 4번) 출제

정답
① 이동식 비계의 바퀴에는 뜻밖의 갑작스러운 이동 또는 전도를 방지하기 위하여 브레이크·쐐기 등으로 바퀴를 고정시킨 다음 비계의 일부를 견고한 시설물에 고정하거나 아웃트리거(outrigger)를 설치하는 등 필요한 조치를 할 것
② 승강용사다리는 견고하게 설치할 것
③ 비계의 최상부에서 작업을 하는 경우에는 안전난간을 설치할 것
④ 작업발판은 항상 수평을 유지하고 작업발판 위에서 안전난간을 딛고 작업을 하거나 받침대 또는 사다리를 사용하여 작업하지 않도록 할 것
⑤ 작업발판의 최대적재하중은 250[kg]을 초과하지 않도록 할 것

자격종목	시험일	비번호	PC번호	남은시간
산업안전기사	2021년 10월 23일 3회(3부)	A001	1	60분

05 동영상은 콘크리트 전주 세우기 작업 도중에 발생한 재해사례이다. 동영상에서와 같은 재해를 예방하기 위한 대책 중 관리적 대책을 2가지만 쓰시오. (4점)

합격KEY
① 2004년 10월 2일 (문제 2번)
② 2007년 7월 15일 출제
③ 2008년 10월 5일 출제
④ 2011년 5월 7일 제1회(문제 6번) 출제
⑤ 2018년 4월 21일 제1회 3부 (문제 7번) 출제
⑥ 2019년 4월 20일 기사 출제
⑦ 2020년 11월 22일 산업기사 출제
⑧ 2021년 7월 18일 출제

정답
① 해당 충전전로를 이설할 것
② 감전의 위험을 방지하기 위한 방책을 설치할 것
③ 해당 충전전로에 절연용 방호구를 설치할 것
④ 감시인을 두고 작업을 감시하도록 할 것

06 화면은 배관 용접작업에 관한 내용이다. 동영상의 내용 중 위험요인이 내재되어 있다. 작업현장의 위험요인 3가지를 쓰시오. (6점)

합격KEY
① 2019년 10월 19일 제3회 3부(문제 7번) 출제
② 2020년 5월 16일 제1회 3부 기사 출제
③ 2020년 7월 25일 산업기사 출제
④ 2021년 7월 18일(문제 6번) 출제

정답
① 단독으로 작업 중 양손 모두를 사용하여 작업하므로 위험에 노출되어 있다.
② 작업현장내 정리, 정돈 상태가 불량하여 인화성물질이 쌓여있으므로 화재폭발사고가 발생할 위험이 있다.
③ 감시인이 배치되어 있지 않아 사고발생의 위험이 있다.

자격종목	시험일	비번호	PC번호	남은시간
산업안전기사	2021년 10월 23일 3회(3부)	A001	1	60분

07 자동차 브레이크 라이닝을 세척 중이다. 착용해야할 보호구 3가지를 쓰시오. (6점)

합격정보 산업안전보건기준에 관한 규칙 제451조(보호복 등의 비치 등)

합격KEY
① 2006년 9월 23일 산업기사 출제
② 2013년 10월 12일 제3회 출제
③ 2016년 10월 9일(문제 3번) 출제
④ 2017년 4월 22일 기사(문제 3번) 출제
⑤ 2018년 10월 14일 제3회 2부(문제 3번) 출제
⑥ 2019년 10월 19일 산업기사 출제
⑦ 2021년 5월 2일(문제 1번) 출제

정답
① 불침투성 보호의(복)
② 방독마스크
③ 보안경

08 화면은 작업자가 변압기 볼트를 조이는 장면이다. 위험요인 3가지를 쓰시오. (6점)

합격정보 산업안전보건기준에 관한 규칙 제56조(작업발판의 구조)

합격KEY
① 2014년 10월 5일(문제 3번) 출제
② 2016년 4월 23일 제1회 1부 출제
③ 2017년 7월 2일 기사 제2회(문제 3번) 출제
④ 2018년 10월 14일 기사 출제
⑤ 2020년 11월 15일 산업기사 출제
⑥ 2021년 10월 23일 기사 2부 출제

정답
① 작업자가 안전대를 전주에 걸지 않고 작업하여 위험하다.
② 작업자가 딛고 선 발판이 불안하다.
③ 절연장갑 등 절연용 보호구를 착용하지 않아 감전 위험이 있다.

09 산업안전보건법령상 사업내 안전보건교육에 있어, 밀폐공간에서의 작업 시의 특별교육 내용을 3가지 쓰시오.(6점)(단, 그 밖에 안전보건관리에 필요한 사항은 제외)

합격정보 산업안전보건법 시행규칙 [별표 5] 특별교육대상 작업별 교육내용

정답
① 산소농도 측정 및 작업환경에 관한 사항
② 사고 시의 응급처치 및 비상 시 구출에 관한 사항
③ 보호구 착용 및 보호 장비 사용에 관한 사항
④ 작업내용·안전작업방법 및 절차에 관한 사항
⑤ 장비·설비 및 시설 등의 안전점검에 관한 사항

자격종목	시험일	비번호	PC번호	남은시간
산업안전산업기사	2021년 10월 24일 3회(1부)	A001	1	60분

공장지붕에서 여러 명의 작업자가 작업중 한 명의 작업자가 바닥으로 떨어지는 영상

문제 1번 | 문제 2번 | 문제 3번 | 문제 4번 | 문제 5번 | 문제 6번 | 문제 7번 | 문제 8번 | 문제 9번

01 화면은 공장 지붕 철골상에 패널 설치 중 작업자가 실족하여 추락사망한 재해사례이다. 이 영상 내용을 참고하여 재해원인 2가지를 쓰시오.(5점)

합격정보 조사나 문맥이 모범답안과 다르더라도 의미가 같으면 정답 인정

합격KEY
① 2004년 10월 2일 산업기사 출제
② 2005년 10월 1일 산업기사 출제
③ 2007년 10월 13일 산업기사 출제
④ 2009년 7월 11일 산업기사 출제
⑤ 2015년 4월 25일 제1회 제2부(문제 1번) 출제
⑥ 2015년 10월 11일 산업기사 출제
⑦ 2016년 7월 3일 제2회 기사 출제
⑧ 2019년 4월 21일 제1회 1부(문제 7번) 출제
⑨ 2020년 5월 16일 제1회 1부(문제 5번) 출제
⑩ 2020년 10월 17일(문제 5번) 출제

정답
① 안전대 부착설비 미설치 및 안전대 미착용
② 추락방호망 미설치

02 파지 작업장에서 작업자의 불안전 행동(위험요인) 3가지를 쓰시오. (6점)

합격KEY ① 2020년 5월 16일 산업기사 출제
② 2020년 10월 10일 기사 출제
③ 2020년 11월 15일(문제 6번) 출제

정답
① 파지를 옮기는 기계가 작업자의 머리위로 지나간다.
② 안전모 등 보호구 미착용
③ 움직이는 컨베이어 위에서 작업하고 있다.

03 홈 위에서 기름이 들어 있는 드럼통을 떨어뜨리고 있다. 위험요인 3가지를 쓰시오. (6점)

> 참고 산업안전기사/산업기사 실기 작업형 p.5-55(건설-5017 드럼통 낙하 이동작업)
> 합격KEY 2019년 10월 19일(문제 9번) 출제

정답
① 장갑을 끼지 않아서 손이 잘리게 된다.
② 드럼통을 낙하할 때 아래에서 받는 사람이 다치게 된다.
③ 드럼통에 멈춤장치를 하지 않아서 저절로 굴러 사람이 맞게 된다.
④ 드럼통 낙하의 충격으로 배수구 철판의 덮개가 튀어 사람이 다치게 된다.

자격종목	시험일	비번호	PC번호	남은시간
산업안전산업기사	2021년 10월 24일 3회(1부)	A001	1	60분

작업자가 작업발판 위에서 떨어지고 있음

| 문제 1번 | 문제 2번 | 문제 3번 | 문제 4번 | 문제 5번 | 문제 6번 | 문제 7번 | 문제 8번 | 문제 9번 |

04 동영상은 작업발판을 이용하여 전동톱 작업을 하던 중 작업발판의 불균형으로 뒤로 넘어져 바닥에 머리를 부딪히는 사고가 발생하는 장면이다. 동영상을 참고하여 재해발생 형태와 기인물을 쓰시오. (4점)

① 재해발생 형태 :
② 기인물 :

> **참고** 재해발생 형태에서 발이 조금이라도 지면과 떨어져 있으면 추락입니다.

합격KEY ① 2006년 4월 29일 출제
② 2008년 7월 13일 출제
③ 2009년 9월 19일 출제
④ 2012년 10월 21일 산업기사 출제
⑤ 2014년 4월 25일 산업기사 출제
⑥ 2014년 7월 13일 제2회 1부(문제 6번) 출제
⑦ 2015년 10월 11일(문제 5번) 출제
⑧ 2020년 11월 22일 기사 출제

정답
① 재해발생 형태 : 추락(떨어짐)
② 기인물 : 작업발판

05 프레스기에 프레스 금형을 설치할 때 점검 사항 3가지를 쓰시오.(6점)

참고: 상크 또는 생크, 섕크(Shank) 무엇을 써도 된다.

합격KEY
① 2004년 4월 29일 산업기사 출제
② 2012년 10월 21일 출제
③ 2014년 4월 25일 (문제 1번) 산업기사 출제
④ 2016년 7월 3일 산업기사 출제
⑤ 2017년 4월 22일 기사 출제

정답
① 다이홀더와 펀치의 직각도, 섕크홀과 펀치의 직각도
② 펀치와 다이의 평행도
③ 펀치와 볼스터면의 평행도
④ 다이와 볼스터의 평행도

합격자의 조언 2000년 2월 18일 1인 2자격 출제

자격종목	시험일	비번호	PC번호	남은시간
산업안전산업기사	2021년 10월 24일 3회(1부)	A001	1	60분

06 동영상에서 항타기 또는 항발기 조립시 점검사항 3가지를 쓰시오.(6점)

합격정보 산업안전보건기준에 관한 규칙 제207조(조립시 점검)

합격KEY
① 2008년 4월 26일 출제
② 2010년 9월 19일 출제
③ 2016년 10월 15일 제3회(문제 5번) 출제
④ 2018년 4월 21일 제1회(문제 5번) 출제
⑤ 2019년 7월 6일 제2회 1부(문제 6번) 출제
⑥ 2020년 7월 27일 기사 출제

정답
① 본체연결부의 풀림 또는 손상의 유무
② 권상용 와이어로프·드럼 및 도르래의 부착상태의 이상유무
③ 권상장치의 브레이크 및 쐐기장치 기능의 이상유무
④ 권상기의 설치상태의 이상유무
⑤ 리더(leader)의 버팀 방법 및 고정상태의 이상유무
⑥ 본체·부속장치 및 부속품의 강도가 적합한지 여부
⑦ 본체·부속장치 및 부속품에 심한 손상·마모·변형 또는 부식이 있는지 여부

07 동영상은 밀폐공간에서 작업을 하고 있다. 보기의 ( )에 알맞은 숫자를 쓰시오.(4점)

[보기]
"적정공기"라 함은 산소농도의 범위가 (①)[%] 이상, (②)[%] 미만, 이산화탄소의 농도가 (③)[%] 미만, 일산화탄소 농도가 30[ppm] 미만, 황화수소의 농도가 (④)[ppm] 미만인 수준의 공기를 말한다.

참고: 산업안전보건기준에 관한 규칙 제618조(정의)

합격KEY
① 2006년 4월 29일(문제 3번) 출제
② 2016년 7월 3일 제2회(문제 3번) 출제
③ 2017년 10월 22일 기사 제3회(문제 4번) 출제
④ 2018년 10월 14일 산업기사 제3회 1부(문제 4번) 출제
⑤ 2019년 10월 19일 제3회 2부(문제 4번) 출제
⑥ 2020년 5월 16일 산업기사 출제
⑦ 2021년 5월 2일 기사 출제

정답
① 18
② 23.5
③ 1.5
④ 10

자격종목	시험일	비번호	PC번호	남은시간
산업안전산업기사	2021년 10월 24일 3회(1부)	A001	1	60분

작업자 한 명이 콘센트에 플러그를 꽂고 그라인더 작업 중이고, 다른 작업자가 다가와서 작업을 위해 콘센트에 플러그를 꽂고 주변을 만지는 도중 감전이 발생하는 동영상

00:00/00:23

| 문제 1번 | 문제 2번 | 문제 3번 | 문제 4번 | 문제 5번 | 문제 6번 | 문제 7번 | 문제 8번 | 문제 9번 |

08 화면상에서 분전반 전면에 위치한 그라인더 기기를 활용한 작업에서 위험요인 2가지를 쓰시오.(4점)

합격KEY
① 2015년 7월 18일 산업기사 출제
② 2019년 7월 6일 제2회(문제 9번) 출제
③ 2020년 10월 10일(문제 9번) 출제
④ 2020년 11월 22일(문제 9번) 출제
⑤ 2021년 7월 18일 기사 출제
⑥ 2021년 10월 24일 제2부 출제

정답
① 작업자가 맨손으로 작업을 하여 위험하다.
② 작업자가 내전압용 절연장갑 등 절연용 보호구를 착용하지 않아 위험하다.

자격종목	시험일	비번호	PC번호	남은시간
산업안전산업기사	2021년 10월 24일 3회(1부)	A001	1	60분

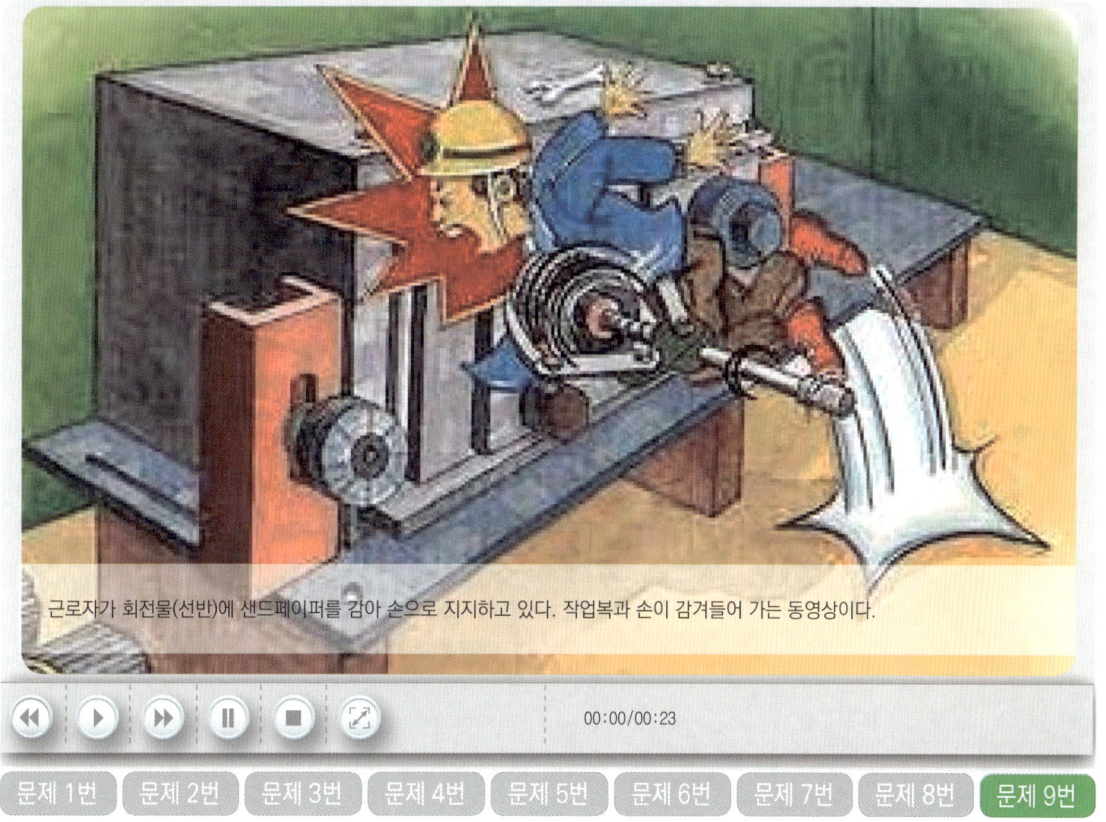

근로자가 회전물(선반)에 샌드페이퍼를 감아 손으로 지지하고 있다. 작업복과 손이 감겨들어 가는 동영상이다.

| 문제 1번 | 문제 2번 | 문제 3번 | 문제 4번 | 문제 5번 | 문제 6번 | 문제 7번 | 문제 8번 | 문제 9번 |

09 화면의 재해사례에서 나타나는 위험점을 기계의 운동 형태에 따라 분류하고자 할 때 해당되는 위험점의 명칭과 그 정의를 쓰시오. (4점)

합격KEY
① 2004년 7월 10일 출제
③ 2007년 10월 13일 기사 출제
⑤ 2012년 10월 21일 출제
⑦ 2014년 7월 13일 기사 출제
⑨ 2016년 4월 23일 산업기사 출제
⑪ 2021년 7월 18일 기사 출제
② 2006년 9월 23일 기사 출제
④ 2012년 4월 28일 기사 출제
⑥ 2013년 10월 12일 출제
⑧ 2015년 10월 11일 기사 출제
⑩ 2020년 11월 22일(문제 9번) 출제

정답
① 위험점의 명칭 : 회전 말림점(Trapping Point)
② 정의 : 회전축·커플링 등과 같이 회전하는 물체에 작업복 등이 말려드는 위험이 존재하는 점

문제 및 답안(지), 점수, 채점기준은 일체 공개하지 않는다.

자격종목	시험일	비번호	PC번호	남은시간
산업안전산업기사	2021년 10월 24일 3회(2부)	A001	1	60분

작업자가 인쇄용 윤전기의 전원을 끄지 않고 빙글빙글 서로 맞물려서 돌아가는 롤러를 걸레로 닦고 있다. 닦을 때 체중을 실어서 힘 있게 닦고, 위험하게 맞물리는 지점까지 걸레를 집어넣고 닦는다. 그 순간 작업자의 손이 롤러기 사이에 끼여서 사고를 당하고 사고 발생 후 전원을 차단하고 손을 빼내는 화면을 보여준다.

01 화면의 인쇄윤전기 재해사례에서 나타나는 위험점을 기계의 운동 형태에 따라 분류하고자 할 때 해당되는 ① 위험점의 명칭 ② 정의 등을 쓰시오.(4점)

합격KEY
① 2000년 9월 5일 출제
② 2002년 5월 4일 출제
③ 2006년 9월 23일 출제
④ 2009년 4월 26일 출제
⑤ 2010년 7월 11일 출제
⑥ 2012년 7월 14일 출제
⑦ 2012년 10월 21일 산업기사 출제
⑧ 2013년 10월 12일 출제
⑨ 2015년 4월 25일 산업기사 출제
⑩ 2015년 7월 18일 산업기사 출제
⑪ 2016년 4월 23일 출제
⑫ 2016년 10월 9일 산업기사(문제 4번) 출제
⑬ 2017년 10월 22일 기사 제3회(문제 6번) 출제
⑭ 2018년 10월 14일 기사 출제
⑮ 2020년 11월 22일 출제
⑯ 2021년 10월 24일 산업기사 출제

정답
① 위험점의 명칭 : 물림점(nip point)
② 정의 : 회전하는 두 개의 회전체에 물려 들어가는 위험점
　　예 롤러와 롤러의 물림, 기어와 기어의 물림

합격자의 조언　그 외 5가지 위험점 기억하세요. 차후 시험 대비

자격종목	시험일	비번호	PC번호	남은시간
산업안전산업기사	2021년 10월 24일 3회(2부)	A001	1	60분

유도자(신호수)가 지게차가 화물을 들도록 유도한 뒤, 지게차가 그 앞에 멈추자 유도자가 지게차 문에 매달린다. 화물(박스 3개)로 인해 시야 확보가 되지 않는다. 유도자가 매달린 채 후진하라고 유도하다가 뒷바퀴가 바닥에 있는 나무조각에 걸려 덜컹거리는 순간 유도자가 지게차에서 떨어진다.

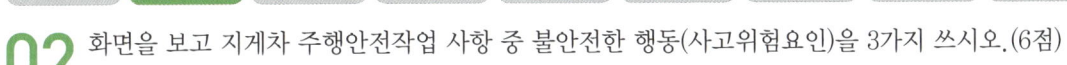

02 화면을 보고 지게차 주행안전작업 사항 중 불안전한 행동(사고위험요인)을 3가지 쓰시오.(6점)

합격정보 산업안전보건기준에 관한 규칙
　　　　　제172조(접촉의 방지)
　　　　　제173조(화물적재 시의 조치)
　　　　　제179조(전도등 등의 설치)

합격KEY
① 2000년 11월 9일 산업기사 출제　　② 2004년 4월 29일 출제
③ 2006년 7월 15일 출제　　　　　　 ④ 2011년 5월 7일 출제
⑤ 2013년 7월 20일(문제 3번) 출제　 ⑥ 2015년 7월 18일(문제 3번) 출제
⑦ 2017년 4월 22일 기사 제1회(문제 3번) 출제　⑧ 2018년 10월 14일(문제 2번) 출제
⑨ 2020년 11월 22일 기사 출제　　　⑩ 2021년 7월 24일(문제 2번) 출제

정답
① 전방의 시야 불충분으로 지게차에 의해 다른 작업자가 다칠 수 있다.
② 물건을 과적하여 운전자의 시야를 가려 다른 작업자가 다칠 수 있다.
③ 물건을 불안정하게 적재하여 화물이 떨어져 다른 작업자가 다칠 수 있다.
④ 다른 작업자가 작업통로에 나와서 작업을 하고 있어 지게차에 의해 다칠 수 있다.
⑤ 난폭한 운전 · 과속으로 운전자 본인이 다치거나 다른 작업자가 다칠 수 있다.

자격종목	시험일	비번호	PC번호	남은시간
산업안전산업기사	2021년 10월 24일 3회(2부)	A001	1	60분

| 문제 1번 | 문제 2번 | **문제 3번** | 문제 4번 | 문제 5번 | 문제 6번 | 문제 7번 | 문제 8번 | 문제 9번 |

03 화면은 작업자가 컨베이어가 작동하는 상태에서 컨베이어 벨트 끝부분에 올라서서 불안정한 자세로 형광등을 교체하다 추락하는 재해사례를 보여 주고 있다. 작업자의 불안전한 행동 2가지를 쓰시오. (4점)

합격KEY
① 2015년 4월 25일 기사 (문제 8번) 출제
② 2016년 7월 3일 기사 제2회 출제
③ 2016년 10월 15일 기사 (문제 9번) 출제
④ 2018년 4월 21일 제1회(문제 3번) 출제
⑤ 2019년 7월 7일 산업기사 제2회 2부(문제 3번) 출제
⑥ 2019년 10월 19일 기사 출제
⑦ 2021년 7월 24일(문제 3번) 출제

정답
① 작동하는 컨베이어에 올라가 작업하는 자세가 불안정하여 추락할 위험이 있다.
② 컨베이어 전원을 차단하지 않고 작업을 하고 있어 추락 위험이 있다.

자격종목	시험일	비번호	PC번호	남은시간
산업안전산업기사	2021년 10월 24일 3회(2부)	A001	1	60분

04 화면은 둥근톱을 이용하여 나무판자를 자르는 작업 중 옆눈질을 하는 등 부주의로 작업자의 손가락이 절단되는 재해사례를 보여 주고 있다.(일반장갑 착용, 톱에 덮개 없음, 보안경 및 방진마스크 미착용) 둥근톱 작업시 안전대책 2가지를 쓰시오.(4점)

참고
① 산업안전보건기준에 관한 규칙 제105조(둥근톱기계의 반발예방장치)
② 산업안전보건기준에 관한 규칙 제106조(둥근톱기계의 톱날접촉예방장치)

합격KEY
① 2007년 4월 28일 출제 ② 2009년 7월 11일 출제
③ 2009년 9월 20일 출제 ④ 2010년 9월 19일 출제
⑤ 2011년 7월 30일 출제 ⑥ 2012년 4월 28일 출제
⑦ 2013년 7월 20일 출제 ⑧ 2014년 10월 5일(문제 4번) 출제

정답
① 분할날 등 반발예방장치를 설치 후 작업한다.
② 톱날접촉예방장치를 설치 후 작업한다.
③ 회전기계에서는 장갑을 착용해서는 안 된다.
④ 분진작업시 보안경 및 방진마스크 착용 후 작업한다.

05 사출성형기 V형 금형 작업중 끼인 이물질을 제거하다가 감전 재해가 발생한 사례이다. 동영상에서 발생한 감전재해 방지대책 3가지를 쓰시오.(5점)

합격KEY
① 2004년 10월 2일(문제 2번)
② 2007년 4월 28일 출제
③ 2013년 4월 27일 출제
④ 2017년 10월 22일 제3회(문제 5번) 출제
⑤ 2018년 4월 21일 제1회(문제 5번) 출제
⑥ 2019년 7월 26일(문제 5번) 출제

정답
① 작업시작 전 전원을 차단한다.
② 작업시 안전 보호구를 착용한다.
③ 감시인을 배치 후 작업한다.
④ 금형에서 이물질제거는 전용공구를 사용한다.

06 동영상은 경사용 컨베이어를 이용하여 화물을 운반하는 작업 중에 발생한 재해사례이다. 방호조치를 2가지 쓰시오. (4점)

합격정보
① 산업안전보건기준에 관한 규칙 제192조(비상정지장치)
② 산업안전보건기준에 관한 규칙 제193조(낙하물에 의한 위험 방지)

합격KEY
① 2008년 4월 26일 출제
② 2008년 7월 13일 출제
③ 2009년 4월 26일 출제
④ 2012년 4월 28일 기사 출제
⑤ 2013년 4월 27일 출제
⑥ 2013년 10월 12일 제3회 2부 출제
⑦ 2015년 4월 25일(문제 3번) 출제
⑧ 2016년 7월 18일 제2회 출제
⑨ 2016년 10월 15일 제3회(문제 3번) 출제
⑩ 2019년 10월 19일 기사 출제

정답
① 비상정지장치
② 덮개
③ 울

자격종목	시험일	비번호	PC번호	남은시간
산업안전산업기사	2021년 10월 24일 3회(2부)	A001	1	60분

동영상에서 작업자 A, B가 작업을 하고 있다. 창틀에서 작업 중인 A가 처마 위에 있는 B에게 작업발판을 건네준 후 B가 있는 옆 처마 위로 이동하다 발을 헛디뎌 바닥으로 추락하는 장면이다.(주변이 정리정돈 되어있지 않고, A작업자가 밟고 있던 콘크리트 부스러기가 추락할 때 같이 떨어진다.)

07 화면은 아파트 창틀에서 작업 중 발생한 재해사례이다. 이 영상의 작업자의 추락사고 원인 3가지를 쓰시오.(6점)

합격정보 2021년 5월 28일 개정법 적용
산업안전보건기준에 관한 규칙 제42조(추락의 방지)

합격KEY
① 2004년 10월 2일 출제
② 2006년 7월 5일 출제
③ 2014년 4월 25일 출제
④ 2014년 7월 13일 산업기사 출제
⑤ 2014년 10월 5일(문제 1번) 출제
⑥ 2016년 4월 23일(문제 1번) 출제
⑦ 2017년 4월 22일 제1회 1부(문제 8번) 출제
⑧ 2019년 10월 19일 제3회 1부(문제 7번) 출제
⑨ 2020년 5월 16일 제1회 2부(문제 7번) 출제
⑩ 2020년 7월 25일 산업기사 출제
⑪ 2020년 11월 22일(문제 7번) 출제
⑫ 2021년 7월 18일(문제 7번) 출제
⑬ 2021년 10월 23일 기사 출제

정답
① 안전난간 미설치
② 안전대 미착용
③ 추락방호망 미설치

자격종목	시험일	비번호	PC번호	남은시간
산업안전산업기사	2021년 10월 24일 3회(2부)	A001	1	60분

| 문제 1번 | 문제 2번 | 문제 3번 | 문제 4번 | 문제 5번 | 문제 6번 | 문제 7번 | 문제 8번 | 문제 9번 |

08 화면은 지게차 주행안전작업을 하고 있다. 지게차의 작업시작전 점검사항 3가지를 쓰시오.(6점)

합격정보 산업안전보건기준에 관한 규칙 [별표 3] 작업시작전 점검사항

합격KEY
① 2018년 10월 14일 제3회 출제
② 2019년 7월 6일 제2회 1부(문제 1번) 출제
③ 2019년 10월 19일 제3회 3부(문제 1번)출제
④ 2020년 5월 30일 기사 출제
⑤ 2021년 7월 24일(문제 5번) 출제
⑥ 2021년 10월 24일 산업기사 출제

정답
① 제동장치 및 조종장치 기능의 이상 유무
② 하역장치 및 유압장치 기능의 이상 유무
③ 바퀴의 이상 유무
④ 전조등·후미등·방향지시기 및 경보장치 기능의 이상 유무

09 휴대용 연마 작업 시 감전사고 예방을 위한 안전대책을 3가지 쓰시오. (6점)

합격정보 산업안전보건기준에 관한 규칙
① 제304조(누전차단기에 의한 감전방지)
② 제313조(배선 등의 절연피복 등)
③ 제314조(습윤한 장소의 이동전선 등)
④ 제315조(통로바닥에서의 전선 등 사용 금지)

합격KEY 2021년 10월 23일 기사 출제

정답
① 감전방지용 누전차단기를 설치한다.
② 전선을 서로 접속하는 경우에는 해당 전선의 절연성능 이상으로 절연될 수 있는 것으로 충분히 피복하거나 적합한 접속기구를 사용하여야 한다.
③ 습윤한 장소에서는 충분한 절연효과가 있는 이동전선을 사용한다.
④ 통로바닥에 전선 또는 이동전선등을 설치하여 사용해서는 아니된다.

2022년도 과년도 출제문제

- 산업안전기사(2022년 05월 13일 제1회 1부 시행)
- 산업안전기사(2022년 05월 15일 제1회 1부 시행)
- 산업안전기사(2022년 05월 15일 제1회 2부 시행)
- 산업안전기사(2022년 05월 15일 제1회 3부 시행)
- 산업안전산업기사(2022년 05월 20일 제1회 1부 시행)
- 산업안전산업기사(2022년 05월 21일 제1회 1부 시행)
- 산업안전산업기사(2022년 05월 21일 제1회 2부 시행)
- 산업안전기사(2022년 07월 30일 제2회 1부 시행)
- 산업안전기사(2022년 07월 30일 제2회 2부 시행)
- 산업안전기사(2022년 07월 30일 제2회 3부 시행)
- 산업안전산업기사(2022년 08월 07일 제2회 1부 시행)
- 산업안전산업기사(2022년 08월 07일 제2회 2부 시행)
- 산업안전산업기사(2022년 08월 07일 제2회 3부 시행)
- 산업안전기사(2022년 10월 22일 제3회 1부 시행)
- 산업안전기사(2022년 10월 22일 제3회 2부 시행)
- 산업안전기사(2022년 10월 22일 제3회 3부 시행)
- 산업안전산업기사(2022년 10월 23일 제3회 1부 시행)
- 산업안전산업기사(2022년 10월 23일 제3회 2부 시행)

자격종목	시험일	비번호	PC번호	남은시간
산업안전기사	2022년 5월 13일 1회(1부)	A001	1	60분

단무지가 있고 무릎 정도 물이 차 있는 상태에서 펌프 작동과 동시에 감전되는 동영상

| 문제 1번 | 문제 2번 | 문제 3번 | 문제 4번 | 문제 5번 | 문제 6번 | 문제 7번 | 문제 8번 | 문제 9번 |

01 화면의 동영상은 습윤상태에서 작업 중 감전재해를 당한 사례이다. 동영상을 참고하여 동종의 재해가 발생하지 않도록 예방조치사항 3가지만 쓰시오.(6점)

채점기준 각 2점×3개=6점

합격KEY
① 2002년 5월 4일 출제
② 2003년 5월 4일 출제
③ 2003년 10월 12일 출제
④ 2008년 7월 13일 출제
⑤ 2018년 7월 8일 제2회 1부(문제 1번) 출제
⑥ 2020년 5월 16일 제1회 3부 기사 출제
⑦ 2020년 7월 25일 산업기사 출제
⑧ 2021년 10월 23일(문제 1번) 출제

정답
① 모터와 전선의 이음새 부분을 작업 전 확인 또는 작업 전 펌프의 작동여부를 확인한다.
② 수중 및 습윤한 장소에서 사용하는 전선은 수분의 침투가 불가능한 것을 사용한다.
③ 감전 방지용 누전 차단기를 설치한다.

자격종목	시험일	비번호	PC번호	남은시간
산업안전기사	2022년 5월 13일 1회(1부)	A001	1	60분

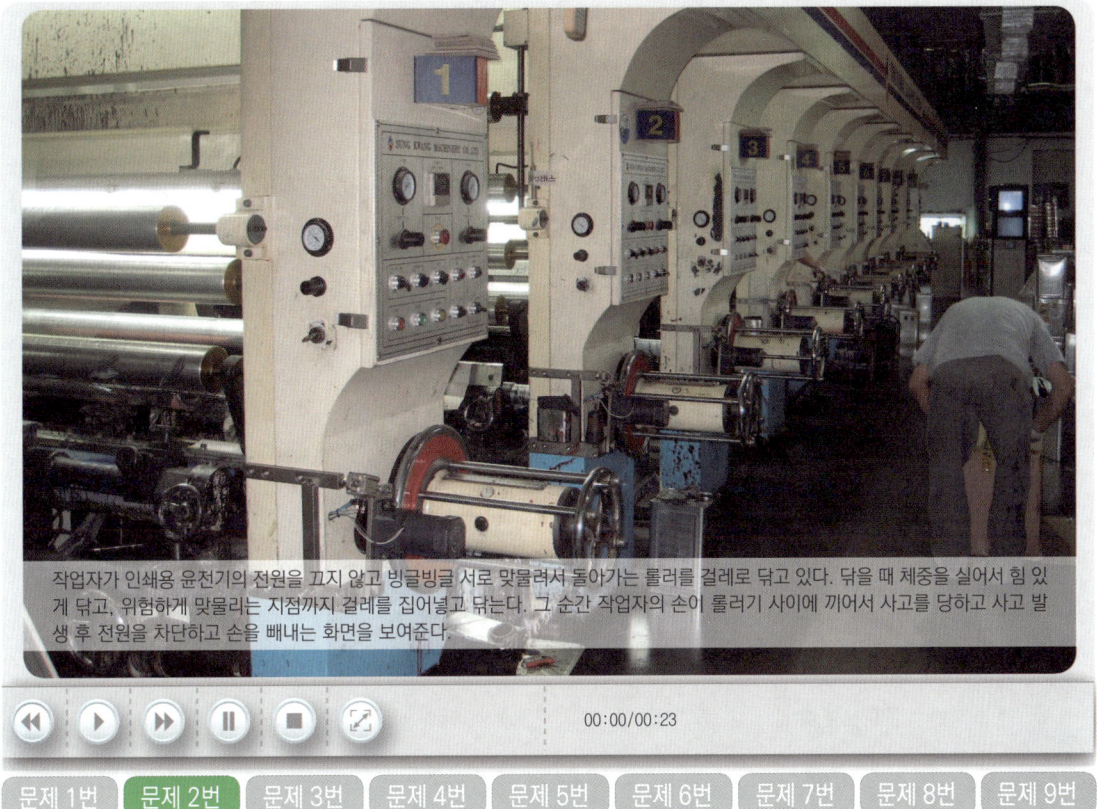

작업자가 인쇄용 윤전기의 전원을 끄지 않고 빙글빙글 서로 맞물려서 돌아가는 롤러를 걸레로 닦고 있다. 닦을 때 체중을 실어서 힘 있게 닦고, 위험하게 맞물리는 지점까지 걸레를 집어넣고 닦는다. 그 순간 작업자의 손이 롤러기 사이에 끼어서 사고를 당하고 사고 발생 후 전원을 차단하고 손을 빼내는 화면을 보여준다.

| 문제 1번 | 문제 2번 | 문제 3번 | 문제 4번 | 문제 5번 | 문제 6번 | 문제 7번 | 문제 8번 | 문제 9번 |

02 화면은 인쇄용 롤러를 청소하는 작업 중에 발생한 재해사례이다. 이 동영상을 보고 작업시 핵심 위험 요인과 안전대책을 2가지씩 쓰시오. (4점)

참고 제2편 제2장 현장 안전편(응용) : 기계-2007

합격KEY
① 2006년 9월 23일 출제
③ 2007년 7월 15일 기사 출제
⑤ 2013년 4월 27일 출제
⑦ 2014년 10월 5일 기사 출제
⑨ 2016년 7월 3일 제2회 기사 출제
⑪ 2019년 10월 19일(문제 2번) 출제
② 2007년 4월 28일 기사 출제
④ 2012년 4월 28일 기사 출제
⑥ 2013년 7월 20일 기사 출제
⑧ 2016년 4월 23일(문제 1번) 출제
⑩ 2017년 10월 22일 산업기사 제3회 1부(문제 2번) 출제
⑫ 2021년 7월 18일(문제 2번) 출제

정답

(1) 핵심위험요인
① 회전체에 장갑을 착용하여 손이 다칠 우려가 있다.
② 작업자가 전원을 차단하지 않고 작업을 하였다.
③ 안전장치 없이 작업을 하여 다칠 우려가 있다.

(2) 안전대책
① 회전체에는 장갑을 착용하지 않는다.
② 이물질 제거시 인쇄용 윤전기 전원을 차단하여 기계 작동을 방지한다.
③ 안전장치가 없어서 롤러가 멈추지 않아 손이 물려 들어가므로 안전장치를 설치한다.

03 산업안전보건법령상 사업내 안전보건교육에 있어, 밀폐공간에서의 작업 시의 특별교육 내용을 3가지 쓰시오. (6점)(단, 그 밖에 안전보건관리에 필요한 사항은 제외)

합격정보 산업안전보건법 시행규칙 [별표 5] 특별교육대상 작업별 교육내용
합격KEY 2021년 10월 23일(문제 9번) 출제

정답
① 산소농도 측정 및 작업환경에 관한 사항
② 사고 시의 응급처치 및 비상시 구출에 관한 사항
③ 보호구 착용 및 보호장비 사용에 관한 사항
④ 장비·설비 및 시설 등의 안전점검에 관한 사항

04 화면의 재해를 막기 위한 안전대책 2가지를 쓰시오.(4점)

[합격정보] ① 산업안전보건기준에 관한 규칙 제42조(추락의 방지)
② 산업안전보건기준에 관한 규칙 제43조(개구부 등의 방호 조치)

정답
① 작업발판
② 안전난간
③ 울타리
④ 수직형 추락방호망

자격종목	시험일	비번호	PC번호	남은시간
산업안전기사	2022년 5월 13일 1회(1부)	A001	1	60분

05 동영상은 낙하물 방지망을 보수하는 장면을 보여주고 있다. 산업안전보건법령상 방호선반 설치 시 준수사항 (　)를 쓰시오. (4점)

① 높이 (　①　)[m] 이내마다 설치하고, 내민 길이는 벽면으로부터 (　② 　)[m] 이상으로 할 것
② 수평면과의 각도는 (　③ 　)[°] 이상 (　④ 　)[°] 이하를 유지할 것

> 참고 산업안전보건기준에 관한 규칙 제14조(낙하물에 의한 위험의 방지)

정답
① 10
② 2
③ 20
④ 30

06 터널 작업 시 근로자 입장에서 위험요인을 2가지만 쓰시오. (4점)

참고
① 산업안전보건기준에 관한 규칙[별표 4] 사전조사 및 작업계획서의 내용
② 산업안전보건기준에 관한 규칙 제193조(낙하물에 의한 위험 방지)

정답
① 분진 발생
② 환기 및 조명 불량
③ 작업통로 상태불량

07 화면은 전압이 흐르는 고압선 아래에서 작업 중 발생한 재해사례이다. 산업안전보건기준에 관한 규칙에 따라서, 충전전로에서의 전기작업 중 조치 사항에 대해서 다음 (　)을 채우시오.(4점)

(1) 충전전로를 취급하는 근로자에게 그 작업에 적합한 (①)를 착용시킬 것
(2) 충전전로에 근접한 장소에서 전기작업을 하는 경우에는 해당 전압에 적합한 (②)를 설치할 것. 다만, 저압인 경우에는 해당 전기작업자가 (①)를 착용하되, 충전전로에 접촉할 우려가 없는 경우에는 (②)를 설치하지 아니할 수 있다.

합격정보 산업안전보건기준에 관한 규칙 제321조(충전전로에서의 전기작업)

합격KEY
① 2021년 5월 2일 제1회(문제 6번) 출제
② 2021년 7월 18일 제2회(문제 3번) 출제
③ 2021년 10월 23일(문제 5번) 출제
④ 2022년 5월 7일 필답형 출제

정답
① 절연용 보호구
② 절연용 방호구

자격종목	시험일	비번호	PC번호	남은시간
산업안전기사	2022년 5월 13일 1회(1부)	A001	1	60분

08 화면은 지게차 주행안전작업을 하고 있다. 지게차의 작업시작전 점검사항 3가지를 쓰시오. (6점)

합격정보 산업안전보건기준에 관한 규칙 [별표 3] 작업시작전 검검사항

합격KEY
① 2018년 10월 14일 제3회 출제
② 2019년 7월 6일 제2회 1부(문제 1번) 출제
③ 2019년 10월 19일 제3회 3부(문제 1번) 출제
④ 2020년 5월 30일 기사 출제
⑤ 2021년 7월 24일(문제 5번) 출제
⑥ 2021년 10월 24일 산업기사 출제
⑦ 2021년 10월 24일 산업기사 출제

정답
① 제동장치 및 조종장치 기능의 이상 유무
② 하역장치 및 유압장치 기능의 이상 유무
③ 바퀴의 이상 유무
④ 전조등·후미등·방향지시기 및 경보장치 기능의 이상 유무

09 동영상은 전주를 옮기다가 작업자가 전주에 맞아 사고를 당하였다. ① 재해요인(형태) ② 재해 정의를 쓰시오.(6점)

합격KEY
① 2006년 4월 29일 출제
② 2007년 4월 28일 출제
③ 2012년 7월 14일 산업기사 출제
④ 2012년 10월 21일 출제
⑤ 2014년 4월 25일 제1회 제3부 출제
⑥ 2015년 10월 11일 산업기사 출제
⑦ 2016년 10월 9일(문제 8번) 출제
⑧ 2017년 4월 22일 제1회 산업기사(문제 8번) 출제
⑨ 2019년 7월 6일 기사 제2회 2부 출제
⑩ 2019년 10월 19일 제3회 1부 산업기사 출제

정답
① 재해요인(형태) : 비래(물체에 맞음)
② 정의 : 물건이 주체가 되어 사람이 맞는 경우

01 화면은 김치제조 공장에서 슬라이스 작업중 작동이 멈춰 기계를 점검하고 있는 도중에 재해가 발생한 상황을 보여주고 있다. 슬라이스 기계에서 무채를 썰어내는 부분에서 형성되는 위험점과 정의를 쓰시오.(5점)

합격KEY
① 2006년 7월 15일 산업기사 출제
② 2009년 9월 19일 출제
③ 2013년 4월 27일 제1회 3부(문제 1번) 출제
④ 2020년 7월 27일(문제 1번) 출제

정답
① 위험점 : 절단점
② 정의 : 회전하는 운동부 자체의 위험이나 운동하는 기계 부분 자체의 위험에서 초래되는 위험점

02 화면을 보고 지게차 주행안전작업 사항 중 불안전한 행동(사고위험요인)을 3가지 쓰시오. (6점)

합격정보
① 산업안전보건기준에 관한 규칙 제172조(접촉의 방지)
② 산업안전보건기준에 관한 규칙 제173조(화물적재시의 조치)
③ 산업안전보건기준에 관한 규칙 제172조(전조등 등의 설치)

합격KEY
① 2000년 11월 9일 산업기사 출제 ② 2004년 4월 29일 출제
③ 2006년 7월 15일 출제 ④ 2011년 5월 7일 출제
⑤ 2013년 7월 20일(문제 3번) 출제 ⑥ 2015년 7월 18일(문제 3번) 출제
⑦ 2017년 4월 22일 기사 제1회(문제 3번) 출제 ⑧ 2018년 10월 14일(문제 2번) 출제
⑨ 2020년 11월 22일 기사 출제 ⑩ 2021년 7월 24일(문제 2번) 출제
⑪ 2021년 10월 24일 산업기사 출제

정답
① 전방의 시야 불충분으로 지게차에 의해 다른 작업자가 다칠 수 있다.
② 물건을 과적하여 운전자의 시야를 가려 다른 작업자가 다칠 수 있다.
③ 물건을 불안정하게 적재하여 화물이 떨어져 다른 작업자가 다칠 수 있다.
④ 다른 작업자가 작업통로에 나와서 작업을 하고 있어 지게차에 의해 다칠 수 있다.
⑤ 난폭한 운전 · 과속으로 운전자 본인이 다치거나 다른 작업자가 다칠 수 있다.

03 동영상은 건물해체에 관한 장면이다. 동영상에서와 같은 작업시 해체계획에 포함되어야 할 사항을 5가지 쓰시오.(단, 그 밖에 안전보건에 관한 사항은 제외한다.)(6점)

합격정보 산업안전보건기준에 관한 규칙 [별표 4] 사전조사 및 작업계획서 내용

합격KEY
① 2004년 4월 29일 산업기사 출제
② 2008년 10월 5일 산업기사 출제
③ 2009년 7월 11일 출제
④ 2011년 5월 7일 산업기사 출제
⑤ 2011년 10월 22일 출제
⑥ 2012년 7월 14일 출제
⑦ 2013년 4월 27일 출제
⑧ 2013년 10월 12일 제3회 출제
⑨ 2014년 10월 5일 산업기사 출제
⑩ 2015년 4월 25일(문제 6번) 출제
⑪ 2015년 7월 18일 (문제 9번) 출제
⑫ 2016년 7월 3일 제2회 2부 출제
⑬ 2017년 7월 2일 제2회(문제 4번) 출제
⑭ 2018년 10월 14일 제3회(문제 5번) 출제
⑮ 2019년 7월 7일 제2회 산업기사(문제 4번) 출제
⑯ 2020년 10월 17일 산업기사 출제
⑰ 2021년 10월 23일(문제 2번) 출제

정답
① 해체의 방법 및 해체순서도면
② 가설설비·방호설비·환기설비 및 살수·방화설비 등의 방법
③ 사업장 내 연락방법
④ 해체물의 처분계획
⑤ 해체작업용 기계·기구 등의 작업계획서
⑥ 해체작업용 화약류 등의 사용계획서

자격종목	시험일	비번호	PC번호	남은시간
산업안전기사	2022년 5월 15일 1회(1부)	A001	1	60분

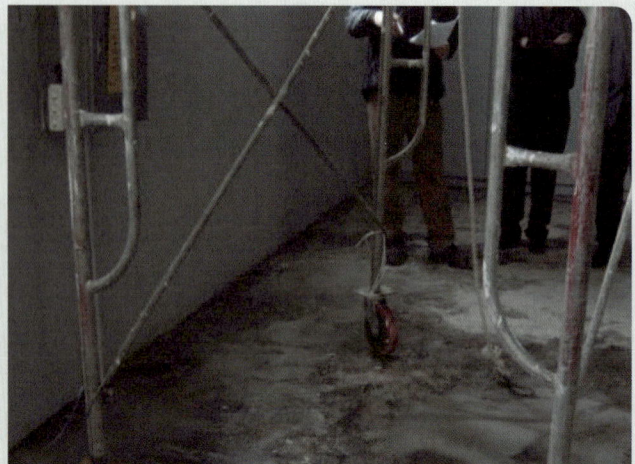

① 마스크를 미착용한 작업자가 2층에서 천정 작업을 하는데, 2층에서 포장 박스(KCC 마이톤)를 칼/가위로 뜯고 있는데, 주변이 엄청나게 어지럽다.
② 2층 안전난간이 양 옆에만 있고, 앞뒤에는 없다.
③ 바퀴 고정이 안되서 비계가 움직임
④ 목재로 된 작업 발판이 삐딱하게 비계에 걸쳐짐. 작업발판 폭은 40[cm] 넘지만, 발판재료 간 틈은 3[cm] 이상으로 굉장히 넓으며, 작업자가 움직일 때마다 작업발판이 덜컹거림.

04 동영상은 이동식 비계의 설치상태가 불량하여 발생된 재해 사례이다. 동영상의 작업에서 이동식 비계의 위험요인 2가지만 쓰시오.(4점)

참고 산업안전보건기준에 관한 규칙 제68조(이동식 비계)

합격KEY
① 2018년 7월 8일 제2회 1부(문제4번)출제
② 2020년 5월 30일(문제 4번) 출제
③ 2020년 11월 22일(문제 4번) 출제
④ 2021년 7월 18일 제1부 출제
⑤ 2021년 7월 18일(문제 4번) 출제
⑥ 2021년 10월 23일(문제 4번) 출제

정답
① 이동식 비계의 바퀴에는 뜻밖의 갑작스러운 이동 또는 전도를 방지하기 위하여 브레이크·쐐기 등으로 바퀴를 고정시킨 다음 비계의 일부를 견고한 시설물에 고정하거나 아웃트리거(outrigger)를 설치하는 등 필요한 조치를 하여야 하나 하지 않음.
② 승강용사다리가 견고하게 설치되어 있지 않음.
③ 비계의 최상부에서 작업을 하는 경우에는 안전난간을 설치해야 하나 설치되어 있지 않음.

05 화면은 콘크리트파일을 설치하기 위한 작업과정이다. 항타기 권상장치의 드럼축과 권상장치로부터 첫 번째 도르래의 축 간의 거리를 권상장치의 드럼폭의 (①)배 이상으로 해야 하며 권상장치의 드럼 (②)을 지나야 하며 축과 (③)에 있어야 한다. ( )에 알맞은 내용을 쓰시오. (6점)

참고 산업안전보건기준에 관한 규칙 제216조(도르래의 부착 등)

합격KEY
① 2004년 10월 2일 산업기사(문제 4번)
② 2005년 10월 1일 산업기사(문제 4번)
③ 2007년 7월 15일 출제
④ 2010년 7월 11일 출제
⑤ 2012년 4월 28일 출제
⑥ 2013년 7월 20일 제2회 제1부(문제 4번) 출제
⑦ 2015년 10월 11일 제3회(문제 4번) 출제
⑧ 2017년 10월 22일 제3회(문제 4번) 출제
⑨ 2018년 10월 14일 제1부(문제 2번) 출제
⑩ 2020년 10월 10일(문제 5번) 출제

정답
① 15
② 중심
③ 수직면상

자격종목	시험일	비번호	PC번호	남은시간
산업안전기사	2022년 5월 15일 1회(1부)	A001	1	60분

06 높이가 2[m] 이상인 작업장소에서 근로자가 작업발판 위에서 작업을 하고 있다. 작업발판 설치기준 3가지를(단, 작업발판 폭과 틈은 제외) 쓰시오.(6점)

참고 산업안전보건기준에 관한 규칙 제56조(작업발판의 구조)

합격KEY
① 2006년 4월 29일 출제
② 2007년 7월 15일 출제
③ 2010년 7월 11일 출제
④ 2015년 4월 25일(문제 6번) 출제
⑤ 2016년 7월 3일 제2회 출제
⑥ 2016년 10월 15일 제3회(문제 6번) 출제
⑦ 2017년 10월 22일 기사 3회(문제 6번) 출제
⑧ 2018년 10월 14일 제3회 1부(문제 6번) 출제
⑨ 2019년 10월 19일 제3회 2부(문제 6번) 출제
⑩ 2020년 10월 17일 산업기사 출제

정답
① 발판재료는 작업시의 하중을 견딜 수 있도록 견고한 구조로 할 것
② 추락의 위험이 있는 장소에는 안전난간을 설치할 것. 다만, 작업의 성질상 안전난간을 설치하는 것이 곤란한 경우, 작업의 필요상 임시로 안전난간을 해체할 때에 추락방호망을 설치하거나 근로자로 하여금 안전대를 사용하도록 하는 등 추락 위험 방지 조치를 한 경우에는 그러하지 아니하다.
③ 작업발판의 지지물은 하중에 의하여 파괴될 우려가 없는 것을 사용할 것
④ 작업발판 재료는 뒤집히거나 떨어지지 않도록 둘 이상의 지지물에 연결하거나 고정시킬 것
⑤ 작업발판을 작업에 따라 이동시킬 경우에는 위험 방지에 필요한 조치를 할 것

합격자의 조언 ( ) 안에 알맞은 내용 넣기로 출제된 문제도 있습니다.

07 화면에서와 같이 안전장치가 없는 둥근톱 기계에 고정식 접촉예방장치를 설치하고자 한다. 이때 하단과 테이블 사이의 높이와 하단과 가공재 사이의 간격을 얼마로 조정하는가?(4점)
① 하단과 테이블 사이 높이 :
② 하단과 가공재 사이 간격(빈틈) :

채점기준 각 2점×2=4점

합격정보 목재가공용둥근톱기계의 안전기준에 관한 기술상의 지침 제14조(고정식 접촉예방장치의 구조)
고정식 접촉 예방 장치는 비교적 얇은 가공재의 절단용의 것이고, 본체 덮개는 테이블위의 정한 위치에 고정해서 사용하는 것으로 톱날 등 분할 날에 대면하고 있는 부분 및 송급하는 가공재의 상면에서 덮개 하단까지의 빈틈이 8[mm] 이하가 되게 위치를 조절해 주어야 한다. 또한 덮개의 하단부와 테이블면 사이가 25[mm] 이하의 간격을 유지할 수 있는 스토퍼를 설치하여야 한다.

합격KEY
① 2003년 7월 19일 산업기사(문제 2번) 출제
② 2004년 4월 29일(문제 2번) 출제
③ 2007년 4월 28일 출제
④ 2007년 10월 14일(문제 2번) 출제
⑤ 2016년 7월 3일 제2회 출제
⑥ 2016년 10월 15일 제3회(문제 6번) 출제
⑦ 2017년 10월 22일 제3회 1부(문제 8번) 출제
⑧ 2019년 4월 20일 제1회 2부(문제 8번) 출제
⑨ 2020년 5월 16일 제3부(문제 8번) 출제
⑩ 2020년 10월 3일(문제 1번) 출제

정답
① 25[mm] 이하
② 8[mm] 이하

자격종목	시험일	비번호	PC번호	남은시간
산업안전기사	2022년 5월 15일 1회(1부)	A001	1	60분

| 문제 1번 | 문제 2번 | 문제 3번 | 문제 4번 | 문제 5번 | 문제 6번 | 문제 7번 | 문제 8번 | 문제 9번 |

08 화면은 건설용 리프트를 사용하여 작업하는 내용이다. 이 리프트의 작업시작 전 점검 내용을 2가지만 쓰시오. (4점)

참고 산업안전보건기준에 관한 규칙 [별표 3] 작업시작 전 점검 사항

합격KEY
① 2006년 9월 23일 산업기사 출제
② 209년 4월 19일 출제
③ 2011년 5월 7일 산업기사 출제
④ 2012년 7월 14일 제2회 출제
⑤ 2018년 4월 21일 제1회 출제
⑥ 2019년 7월 6일(문제 2번) 출제

정답
① 방호장치·브레이크 및 클러치의 기능
② 와이어로프가 통하고 있는 곳의 상태

💬 **합격자의 조언** 실기 작업형 시험은 기사, 산업기사 구분없이 공부하셔야 만점이 가능합니다.

09 휴대용 연마 작업 시 감전사고 예방을 위한 안전대책을 3가지 쓰시오.(6점)

[합격정보] 산업안전보건기준에 관한 규칙
① 제304조(누전차단기에 의한 감전방지)
② 제313조(배선 등의 절연피복 등)
③ 제314조(습윤한 장소의 이동전선 등)
④ 제315조(통로바닥에서의 전선 등 사용 금지)

[합격KEY] ① 2021년 10월 23일 기사 출제
② 2021년 10월 24일 산업기사 출제

정답
① 감전방지용 누전차단기를 설치한다.
② 전선을 서로 접속하는 경우에는 해당 전선의 절연성능 이상으로 절연될 수 있는 것으로 충분히 피복하거나 적합한 접속기구를 사용하여야 한다.
③ 습윤한 장소에서는 충분한 절연효과가 있는 이동전선을 사용한다.
④ 통로바닥에 전선 또는 이동전선등을 설치하여 사용해서는 아니된다.

자격종목	시험일	비번호	PC번호	남은시간
산업안전기사	2022년 5월 15일 1회(2부)	A001	1	60분

단무지가 있고 무릎 정도 물이 차 있는 상태에서 펌프 작동과 동시에 감전되는 동영상

00:00/00:23

| 문제 1번 | 문제 2번 | 문제 3번 | 문제 4번 | 문제 5번 | 문제 6번 | 문제 7번 | 문제 8번 | 문제 9번 |

01 화면의 동영상은 습윤상태에서 작업 중 감전재해를 당한 사례이다. 동영상을 참고하여 동종의 재해가 발생하지 않도록 예방조치사항 3가지만 쓰시오.(6점)

채점기준 각 2점×3개=6점

합격KEY
① 2002년 5월 4일 출제
② 2003년 5월 4일 출제
③ 2003년 10월 12일 출제
④ 2008년 7월 13일 출제
⑤ 2018년 7월 8일 제2회 1부(문제 1번) 출제
⑥ 2020년 5월 16일 제1회 3부 기사 출제
⑦ 2020년 7월 25일 산업기사 출제

정답
① 모터와 전선의 이음새 부분을 작업 전 확인 또는 작업 전 펌프의 작동여부를 확인한다.
② 수중 및 습윤한 장소에서 사용하는 전선은 수분의 침투가 불가능한 것을 사용한다.
③ 감전 방지용 누전 차단기를 설치한다.

자격종목	시험일	비번호	PC번호	남은시간
산업안전기사	2022년 5월 15일 1회(2부)	A001	1	60분

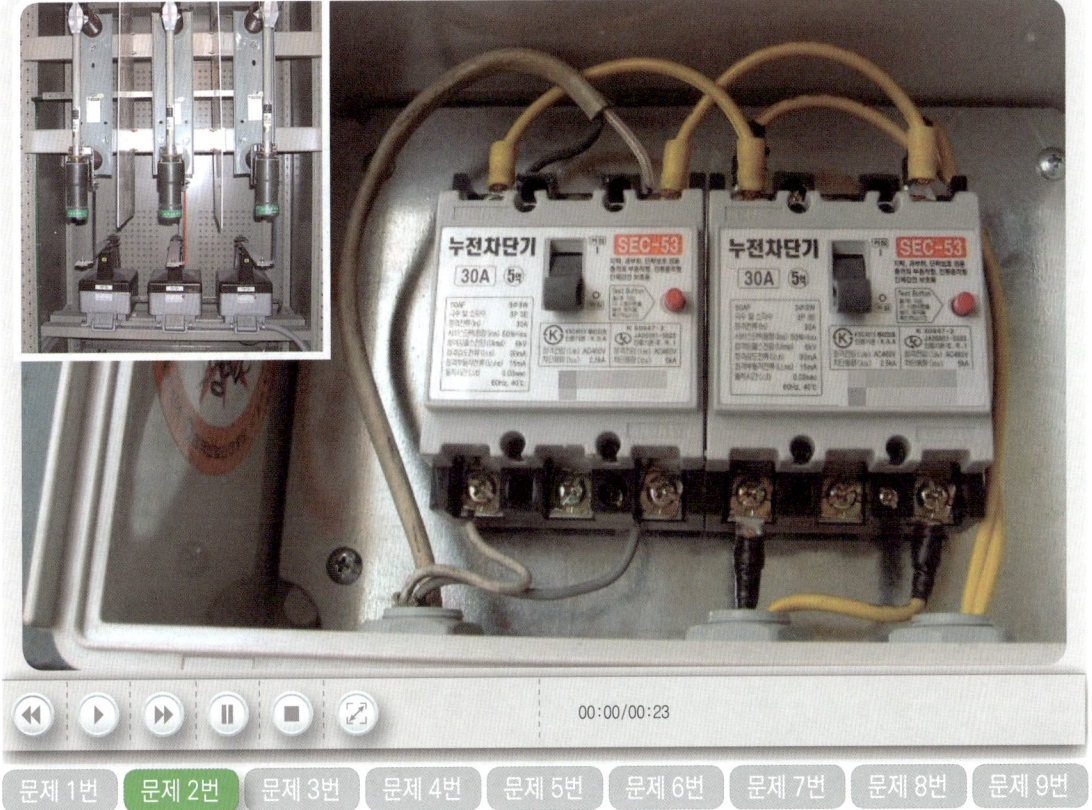

02 동영상은 작업자가 퓨즈 교체 작업 중 감전사고가 발생했다. 산업안전보건법상 누전차단기 설치 장소 3가지를 쓰시오. (6점)

참고 산업안전보건기준에 관한 규칙 제304조(누전차단기에 의한 감전방지)

합격KEY
① 2006년 4월 29일 산업기사 출제
② 2010년 7월 11일 출제
③ 2013년 10월 12일(문제 2번) 출제
④ 2016년 4월 23일 제1회 1부 출제
⑤ 2018년 7월 8일 제2회 1부(문제 2번) 출제

정답
① 대지전압이 150[V]를 초과하는 이동형 또는 휴대형 전기 기계·기구
② 물 등 도전성이 높은 액체가 있는 습윤장소에서 사용하는 저압(1,500[V] 이하 직류전압이나 1,000[V] 이하의 교류전압을 말한다)용 전기기계·기구
③ 철판·철골 위 등 도전성이 높은 장소에서 사용하는 이동형 또는 휴대형 전기기계·기구
④ 임시배선의 전로가 설치되는 장소에서 사용하는 이동형 또는 휴대형 전기기계·기구

자격종목	시험일	비번호	PC번호	남은시간
산업안전기사	2022년 5월 15일 1회(2부)	A001	1	60분

00:00/00:23

| 문제 1번 | 문제 2번 | 문제 3번 | 문제 4번 | 문제 5번 | 문제 6번 | 문제 7번 | 문제 8번 | 문제 9번 |

03 화면은 이동식 크레인을 이용하여 철제 배관을 인양하는 작업으로 신호수의 신호에 따라 철제 배관을 인양 중 H빔에 부딪치면서 흔들리는 동영상이다. 배관 인양 작업시 위험요인 3가지를 쓰시오.(6점)

합격KEY ① 2015년 7월 18일 기사 (문제 8번) 출제
② 2016년 7월 3일 제2회 1부 출제
③ 2018년 7월 8일 제2회 2부(문제 8번) 출제

정답
① 와이어로프의 안전상태가 불안정하여 위험하다.
② 작업 반경 내 관계근로자 이외의 외부 작업자가 출입하여 위험하다.
③ 훅의 해지장치 및 안전상태가 불안정하여 위험하다.

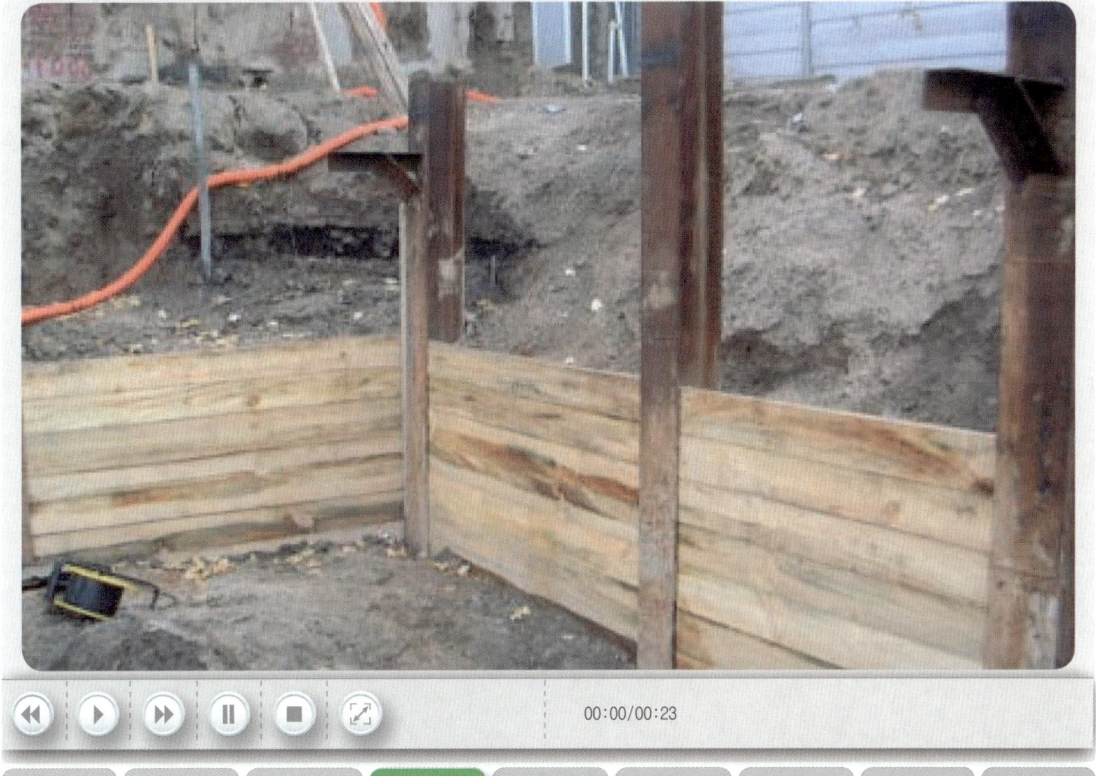

04 동영상은 흙막이 지보공 설치작업을 하고 있다. 정기 점검사항 3가지를 쓰시오. (6점)

보충학습 터널 지보공의 수시 점검사항 4가지
① 부재의 손상·변형·부식·변위·탈락의 유무 및 상태
② 부재의 긴압의 정도
③ 부재의 접속부 및 교차부의 상태
④ 기둥침하의 유무 및 상태

합격정보 ① 산업안전보건기준에 관한 규칙 제347조(붕괴 등의 위험방지)
② 산업안전보건기준에 관한 규칙 제366조(붕괴 등의 방지)

합격KEY ① 2006년 4월 29일 기사 출제 ② 2007년 7월 15일 출제
③ 2012년 10월 21일(문제 8번) 출제 ④ 2016년 4월 23일 제1회(문제 8번) 출제
⑤ 2017년 10월 22일 제3회(문제 8번) 출제 ⑥ 2018년 4월 21일 제1회 1부(문제 8번) 출제

정답
① 부재의 손상·변형·부식·변위 및 탈락의 유무와 상태
② 버팀대의 긴압의 정도
③ 부재의 접속부·부착부 및 교차부의 상태
④ 침하의 정도

자격종목	시험일	비번호	PC번호	남은시간
산업안전기사	2022년 5월 15일 1회(2부)	A001	1	60분

① 안전모 착용, 안전대 미착용한 작업자 A가 이동식 비계의 최상층에서 작업중
② 작업자 A가 작업중인데 다른 작업자 B가 이동식 비계를 옆으로 밀어서 이동하다가, 바닥에 철근에 걸려서 이동식 비계가 멈추고 작업자 A가 넘어진다.
③ 이동식 비계 최상층에는 안전난간이 4면에 있다. 승강용사다리나 작업 발판은 있으나, 작업발판이 밖으로 튀어나와있다.

00:00/00:23

문제 1번 | 문제 2번 | 문제 3번 | 문제 4번 | **문제 5번** | 문제 6번 | 문제 7번 | 문제 8번 | 문제 9번

05 동영상은 이동식 비계의 설치상태가 불량하여 발생된 재해 사례이다. 동영상의 작업에서 위험요인 2가지만 쓰시오.(4점)

참고 산업안전보건기준에 관한 규칙 제68조(이동식 비계)

합격KEY
① 2018년 7월 8일 제2회 1부(문제 4번) 출제
② 2020년 5월 30일(문제 4번) 출제
③ 2020년 11월 22일(문제 4번) 출제
④ 2021년 7월 18일 제1부 출제
⑤ 2021년 7월 18일(문제 4번) 출제
⑥ 2021년 10월 23일(문제 4번) 출제

정답
① 이동식 비계의 바퀴에는 뜻밖의 갑작스러운 이동 또는 전도를 방지하기 위하여 브레이크·쐐기 등으로 바퀴를 고정시킨 다음 비계의 일부를 견고한 시설물에 고정하거나 아웃트리거(outrigger, 전도방지용 지지대)를 설치하는 등 필요한 조치를 하여야 하나 하지 않았다.
② 이동식 비계를 작업자가 탑승한 상태로 이동시켰다.

자격종목	시험일	비번호	PC번호	남은시간
산업안전기사	2022년 5월 15일 1회(2부)	A001	1	60분

06 동영상은 고소작업대에서 작업을 하고 있다. 고소작업대 이동시 준수사항 3가지를 쓰시오.(6점)

합격정보 산업안전보건기준에 관한 규칙 제186조(고소작업대 설치 등의 조치)
합격KEY 2019년 10월 19일(문제 6번) 출제

정답
① 작업대를 가장 낮게 내릴 것
② 작업대를 올린 상태에서 작업자를 태우고 이동하지 말 것
③ 이동통로의 요철의 상태 또는 장애물의 유무 등을 확인할 것

① 보호구 안전인증 고시 제2020-35호

[표 5] 방열복의 내열원단 시험성능기준

항목	시험성능기준
난연성	잔염 및 잔진시간이 2초 미만이고 녹거나 떨어지지 말아야 하며, 탄화길이가 102[mm] 이내일 것
절연저항	표면과 이면의 절연저항이 1[MΩ] 이상일 것
인장강도	인장강도는 가로, 세로방향으로 각각 25[kgf]
내열성	균열 또는 부풀음이 없을 것
내한성	피복이 벗겨져 떨어지지 않을 것

② 방열복의 성능인증 및 제품검사의 기술기준[소방청고시 제2018-21호]
제6조(방염성능시험) 겉감 및 안감(펠트 제외)은 다음 각 호의 방법에 의하여 시험하는 경우 잔염시간은 2초 이내, 탄화길이는 10[cm]이내이어야 하고, 용융하거나 적하되지 아니하여야 한다.

07 보호구 방열복의 내열원단의 시험성능기준에서 난연성과 절연저항 시험에서 다음의 ( )를 쓰시오. (6점)
① 잔염시간 : (   )초 이내
② 탄화길이 : (   )[mm] 이내
③ 절연저항 : (   )[MΩ] 이상

정답
① 2
② 102
③ 1

💬 합격자의 조언 반드시 "시험성능기준"인지 "성능인증" 구분해야 합니다.(곧, 고용부와 소방청이 통일되어야 합니다.)

이동식크레인을 이용하여 작업하다 붐대가 전선에 닿아 감전되는 동영상

08 화면은 30[kV] 전압이 흐르는 고압선 아래에서 작업 중 발생한 재해사례이다. 이동식 크레인을 이용하여 고압선 주위에서 작업할 경우 사업주의 감전 조치사항(동종 재해예방을 위한 작업지휘자) 3가지를 쓰시오. (6점)

합격정보 산업안전보건기준에 관한 규칙 제322조(충전전로 인근에서의 차량·기계장치 작업)

합격KEY
① 2004년 10월 2일 (문제 2번)
③ 2008년 10월 5일 출제
⑤ 2011년 7월 30일 출제
⑦ 2012년 10월 21일 출제
⑨ 2014년 7월 13일 제2회 출제
⑪ 2016년 10월 9일(문제 7번) 출제
⑬ 2019년 4월 20일 제1회 2부(문제 8번) 출제
⑮ 2020년 11월 22일(문제 8번) 출제
② 2007년 7월 15일 출제
④ 2011년 5월 7일 출제
⑥ 2012년 7월 14일 출제
⑧ 2013년 10월 12일 산업기사 출제
⑩ 2015년 10월 11일 제3회 출제
⑫ 2018년 4월 21일 제1회 1부 산업기사 (문제 7번) 출제
⑭ 2020년 8월 2일(문제 8번) 출제

정답
① 차량 등을 충전부로부터 300[cm] 이상 이격시키되, 대지전압이 50[kV]를 넘는 경우 10[kV] 증가할 때마다 10[cm] 씩 증가한다.
② 접지된 차량등이 충전전로와 접촉할 우려가 있을 경우 지상의 근로자가 접지점에 접촉하지 않도록 조치한다.
③ 차량과 근로자가 접촉하지 않도록 방책을 설치하거나 감시인을 배치한다.

자격종목	시험일	비번호	PC번호	남은시간
산업안전기사	2022년 5월 15일 1회(2부)	A001	1	60분

근로자가 회전물(선반)에 샌드페이퍼를 감아 손으로 지지하고 있다. 작업복과 손이 감겨들어 가는 동영상이다.

09 화면의 재해사례에서 나타나는 위험점을 기계의 운동 형태에 따라 분류하고자 할 때 해당되는 위험점의 명칭과 그 정의를 쓰시오.(4점)

합격KEY
① 2004년 7월 10일 출제
③ 2007년 10월 13일 기사 출제
⑤ 2012년 10월 21일 출제
⑦ 2014년 7월 13일 기사 출제
⑨ 2016년 4월 23일 산업기사 출제
⑪ 2021년 7월 18일 기사 출제
② 2006년 9월 23일 기사 출제
④ 2012년 4월 28일 기사 출제
⑥ 2013년 10월 12일 출제
⑧ 2015년 10월 11일 기사 출제
⑩ 2020년 11월 22일(문제 9번) 출제
⑫ 2021년 10월 24일 산업기사 출제

정답
① 위험점의 명칭 : 회전 말림점(Trapping Point)
② 정의 : 회전축·커플링 등과 같이 회전하는 물체에 작업복 등이 말려드는 위험이 존재하는 점

문제 및 답안(지), 점수, 채점기준은 일체 공개하지 않는다.

01 동영상은 보고 주행 안전작업을 하고 있다. 이 작업의 작업계획서에 포함될 사항 2가지를 쓰시오. (4점)

합격정보 산업안전보건기준에 관한 규칙 [별표 4] 사전조사 및 작업계획서 내용(제38조제1항 관련)
: 차량계 하역운반기계 등을 사용하는 작업

합격KEY 2021년 7월 18일(문제 1번) 출제

정답
① 해당 작업에 따른 추락·낙하·전도·협착 및 붕괴 등의 위험 예방대책
② 차량계 하역운반기계 등의 운행경로 및 작업방법

자격종목	시험일	비번호	PC번호	남은시간
산업안전기사	2022년 5월 15일 1회(3부)	A001	1	60분

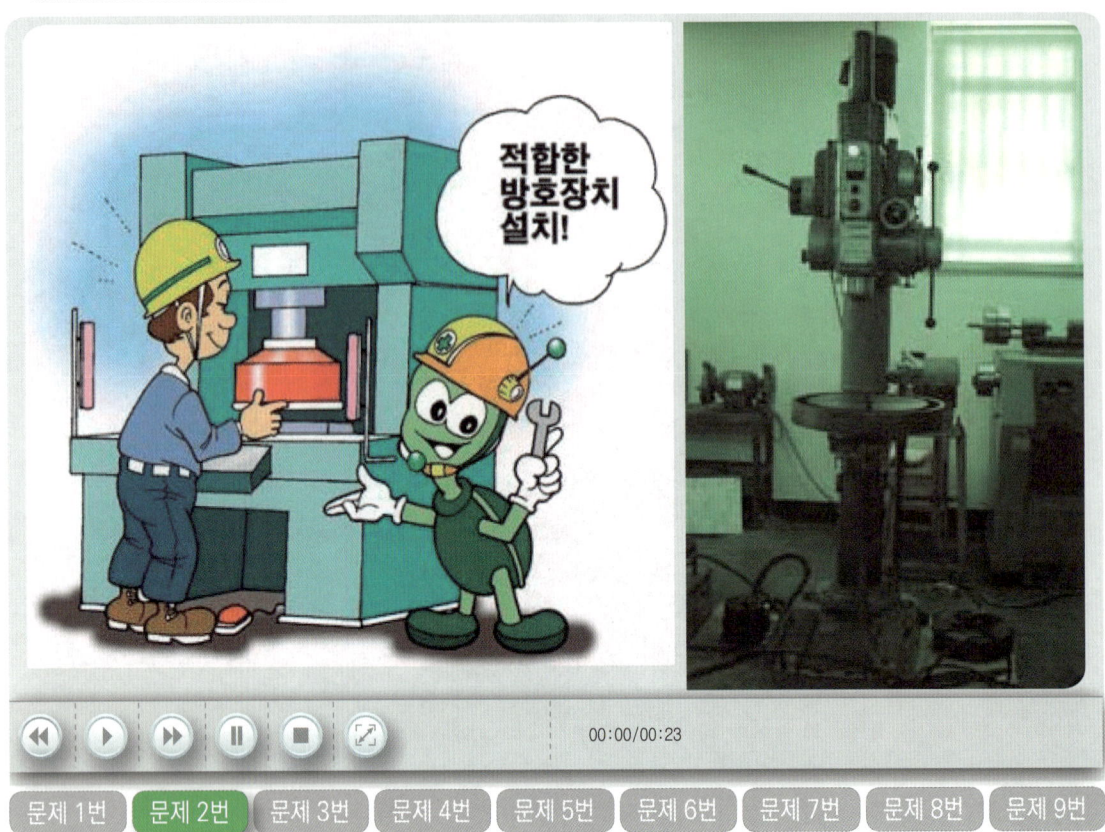

| 문제 1번 | 문제 2번 | 문제 3번 | 문제 4번 | 문제 5번 | 문제 6번 | 문제 7번 | 문제 8번 | 문제 9번 |

02 화면은 크랭크 프레스로 철판에 구멍을 뚫는 작업을 하고 있다. 위험 예지 포인트(핵심위험요인)를 3가지 적으시오. (6점)

채점기준
① 5개 중 3개만 선택
② 배점 : 2점×3개=6점

합격KEY
① 2002년 10월 6일 출제
② 2003년 5월 4일 산업기사(문제 1번) 출제
③ 2015년 7월 18일(문제 5번) 출제
④ 2017년 4월 22일 제1회 1부 출제
⑤ 2018년 7월 8일(문제 4번) 출제

정답
① 프레스 페달을 발로 밟아 프레스의 슬라이드가 작동해 손을 다친다.
② 금형에 붙어 있는 이물질을 제거하려다 손을 다친다.
③ 금형에 붙어 있는 이물질을 제거하려다 눈에 이물질이 들어가 눈을 다친다.
④ 주변정리가 되어 있지 않아 주변의 물건에 발이 걸려 넘어져 프레스 기계에 부딪친다.
⑤ 작업자의 실수로 슬라이드가 하강하여 작업자가 다친다.

자격종목	시험일	비번호	PC번호	남은시간
산업안전기사	2022년 5월 15일 1회(3부)	A001	1	60분

03 화면은 이동식 크레인을 이용하여 철제 배관을 인양하는 작업으로 신호수의 신호에 따라 철제 배관을 인양 중 H빔에 부딪치면서 흔들리는 동영상이다. 배관 인양 작업시 위험요인 3가지를 쓰시오.(6점)

합격KEY
① 2015년 7월 18일 기사 (문제 8번) 출제
② 2016년 7월 3일 제2회 산업기사(문제 8번) 출제
③ 2019년 7월 6일 기사 제2회 2부 출제
④ 2019년 10월 19일 제3회 1부(문제 7번) 출제
⑤ 2020년 5월 16일(문제 9번) 출제
⑥ 2020년 11월 22일 기사 출제

정답
① 와이어로프의 안전상태가 불안정하여 위험하다.
② 작업 반경 내 관계근로자 이외의 외부 작업자가 출입하여 위험하다.
③ 훅의 해지장치 및 안전상태가 불안정하여 위험하다.

자격종목	시험일	비번호	PC번호	남은시간
산업안전기사	2022년 5월 15일 1회(3부)	A001	1	60분

문제 1번 | 문제 2번 | 문제 3번 | **문제 4번** | 문제 5번 | 문제 6번 | 문제 7번 | 문제 8번 | 문제 9번

04 화면은 작업자가 전동 권선기에 동선을 감는 작업 중 기계가 정지하여 점검 중 발생한 재해사례이다. 재해유형(형태)과 재해 발생 원인이 무엇인지 1가지 서술하시오.(4점)

(1) 재해유형(형태) : (2점)
(2) 재해원인 : (2점)

채점기준 조사나 문맥이 모범답안과 다르더라도 의미가 같으면 정답으로 인정한다.(공지사항)

합격KEY
① 2004년 10월 2일 출제
② 2005년 10월 1일 (문제 2번)
③ 2007년 4월 28일 출제
④ 2011년 10월 22일 출제
⑤ 2012년 10월 21일 출제
⑥ 2013년 4월 27일 제1회 출제
⑦ 2014년 10월 5일 제3회 출제
⑧ 2015년 4월 25일 제1회 1부 출제
⑨ 2017년 7월 2일 제2회(문제 5번) 출제
⑩ 2019년 7월 6일 제2회 3부(문제 4번) 출제
⑪ 2020년 5월 16일(문제 4번) 출제
⑫ 2020년 11월 22일 산업기사 출제

정답
① 재해유형(형태) : 감전
② 재해원인 : 작업자가 내전압용 절연장갑 등 절연용 보호구를 착용하지 않은 채 맨손으로 동선을 감는 중 기계를 정비하였기 때문에 감전되었다.

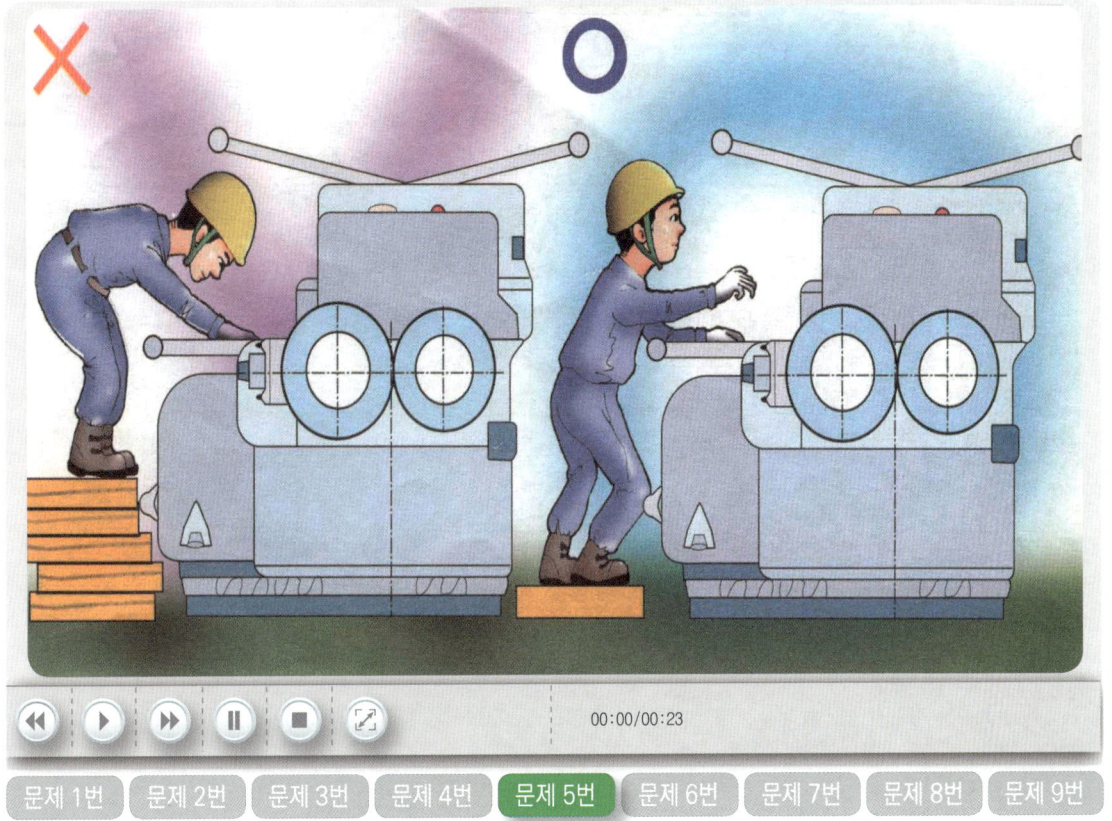

05 화면의 롤러기를 보고 롤러기 방호장치 3가지와 설치위치를 쓰시오.(6점)

참고 산업안전실기작업형 p.2-30(예제 1)
합격정보 산업안전보건기준에 관한 규칙 제451조(보호복 등의 비치 등)방호장치 자율안전기준 고시(2021-23)
[별표 3] 롤러기 급정지장치 성능기준(제7조 관련)
합격KEY 2017년 4월 22일 제1회 3부(문제 2번) 출제

정답

방호장치	설치위치
손조작식	밑면에서 1.8[m] 이내
복부조작식	밑면에서 0.8[m] 이상 1.1[m] 이내
무릎조작식	밑면에서 0.6[m] 이내

자격종목	시험일	비번호	PC번호	남은시간
산업안전기사	2022년 5월 15일 1회(3부)	A001	1	60분

와이어로프에 묻은 기름과 이물질 등을 청소하던 중 재해발생

06 화면은 승강기 와이어에 묻은 기름과 먼지를 청소하는 도중에 발생한 재해사례이다. 영상을 보고 ① 위험점 ② 재해발생형태 ③ 재해의 정의를 쓰시오. (6점)

합격KEY
① 2006년 9월 23일 출제
③ 2009년 9월 20일 산업기사 출제
⑤ 2014년 10월 5일 제3회 제1부(문제 7번) 출제
⑦ 2018년 10월 14일 제3회 3부(문제 7번) 출제
② 2009년 4월 26일 출제
④ 2010년 9월 19일 출제
⑥ 2015년 10월 11일 기사 제3회(문제 7번) 출제

[표] 기계 설비에 의해 형성되는 위험점 6가지

종류	특징	위험점 기계
협착점 (Squeeze-point)	왕복운동하는 운동부와 고정부 사이에 형성 (작업점이라 부르기도 함)	① 프레스 금형 조립부위　② 전단기의 누름판 및 칼날부위 ③ 선반 및 평삭기의 베드 끝 부위
끼임점 (Shear-point)	고정부분과 회전 또는 직선운동부분에 의해 형성	① 연삭숫돌과 작업대　② 반복동작되는 링크기구 ③ 교반기의 교반날개와 몸체사이
절단점 (Cutting-point)	회전운동부분 자체와 운동하는 기계 자체에 의해 형성	① 밀링컷터　② 둥근톱 날 ③ 목공용 띠톱 날 부분
물림점 (Nip-point)	회전하는 두 개의 회전축에 의해 형성(회전체가 서로 반대방향으로 회전하는 경우)	① 기어와 피니언 ② 롤러의 회전 등
접선물림점 (Tangential Nip-point)	회전하는 부분이 접선방향으로 물려 들어가면서 형성	① V벨트와 풀리　② 기어와 랙 ③ 롤러와 평벨트 등
회전말림점 (Trapping-point)	회전체의 불규칙 부위와 돌기 회전 부위에 의해 형성	① 회전축　② 드릴축 등

정답 ① 위험점 : 회전말림점　② 재해의 발생형태 : 협착　③ 정의 : 물건에 끼워진 상태 또는 말려든 상태

자격종목	시험일	비번호	PC번호	남은시간
산업안전기사	2022년 5월 15일 1회(3부)	A001	1	60분

07 자동차 브레이크 라이닝을 세척 중이다. 착용해야할 보호구 4가지를 쓰시오. (4점)

합격정보 산업안전보건기준에 관한 규칙 제451조(보호복 등의 비치 등)

합격KEY
① 2006년 9월 23일 산업기사 출제
② 2013년 10월 12일 제3회 출제
③ 2016년 10월 9일(문제 3번) 출제
④ 2017년 4월 22일 기사(문제 3번) 출제
⑤ 2018년 10월 14일 제3회 2부(문제 3번) 출제
⑥ 2019년 10월 19일 산업기사 출제
⑦ 2021년 5월 2일(문제 1번) 출제

정답
① 불침투성 보호의(복)
② 불침투성 보호장갑
③ 불침투성 보호장화
④ 방독마스크
⑤ 보안경

08 동영상은 컨베이어 작업을 하고 있다. 컨베이어의 작업시작 전 점검사항 3가지를 쓰시오. (6점)

> 참고 산업안전보건기준에 관한 규칙 [별표 3] 작업시작 전 점검사항
>
> 합격KEY ① 2006년 4월 29일 (문제 1번)　　　　② 2007년 7월 15일 출제
> ③ 2008년 4월 26일 출제　　　　　　　　④ 2009년 7월 11일 출제
> ⑤ 2010년 7월 11일 산업기사 출제　　　⑥ 2011년 10월 22일 산업기사 출제
> ⑦ 2013년 4월 27일 제1회 출제　　　　⑧ 2015년 4월 25일 제1회 2부 출제
> ⑨ 2017년 7월 2일 1부, 3부 출제　　　⑩ 2017년 7월 2일 제2회 기사(문제 8번) 출제
> ⑪ 2018년 10월 14일 제3회 1부(문제 7번) 출제　⑫ 2020년 5월 16일 산업기사 출제
> ⑬ 2020년 11월 22일(문제 7번) 출제　⑭ 2021년 5월 2일(문제 7번) 출제

정답
① 원동기 및 풀리기능의 이상유무
② 이탈 등의 방지장치 기능의 이상유무
③ 비상정지장치 기능의 이상유무
④ 원동기 · 회전축 · 기어 및 풀리 등의 덮개 또는 울 등의 이상유무

09 동영상은 강교량 가설현장을 보여주고 있다. 이와 같은 교량에서 고소작업시 낙하방지시설과 추락방지시설 2가지를 쓰시오. (6점)

참고
① 산업안전보건기준에 관한 규칙 제14조(낙하물에 의한 위험의 방지)
② 산업안전보건기준에 관한 규칙 제42조(추락의 방지)

정답
(1) 낙하방지설비
① 낙하물방지망 설치
② 수직보호망 설치
③ 방호선반 설치
④ 출입금지구역의 설정
(2) 추락방지설비
① 작업발판 설치
② 추락방호망 설치

자격종목	시험일	비번호	PC번호	남은시간
산업안전산업기사	2022년 5월 20일 1회(1부)	A001	1	60분

동영상에서 작업자 A, B가 작업을 하고 있다. 창틀에서 작업 중인 A가 처마 위에 있는 B에게 작업발판을 건네준 후 B가 있는 옆 처마 위로 이동하다 발을 헛디뎌 바닥으로 추락하는 장면이다.(주변이 정리정돈 되어있지 않고, A작업자가 밟고 있던 콘크리트 부스러기가 추락할 때 같이 떨어진다.)

| 문제 1번 | 문제 2번 | 문제 3번 | 문제 4번 | 문제 5번 | 문제 6번 | 문제 7번 | 문제 8번 | 문제 9번 |

01 화면은 아파트 창틀에서 작업 중 발생한 재해사례를 나타내고 있다. 해당 동영상에서 작업자의 추락사고 (1) 기인물 (2) 가해물을 쓰시오.(4점)

합격KEY
① 2004년 10월 2일 기사 출제
② 2006년 7월 15일 기사 출제
③ 2015년 4월 25일 (문제 1번) 출제
④ 2016년 7월 3일 제2회 1부 출제
⑤ 2018년 7월 8일 제2회 2부(문제 1번) 출제
⑥ 2020년 10월 17일(문제 1번) 출제

정답
(1) 기인물 : 작업발판
(2) 가해물 : 바닥

02 화면은 버스정비작업 중 재해가 발생한 사례이다. 버스정비작업 중 안전을 위해 취해야 할 사전안전조치 사항 2가지를 쓰시오.(4점)

채점기준
① 조사나 문맥이 모범답안과 다르더라도 의미가 같으면 정답으로 한다.
② 택 2, 2점×2개=4점

합격KEY
① 2004년 10월 2일 (문제 1번)
② 2007년 4월 28일 출제
③ 2008년 4월 26일 출제
④ 2015년 4월 25일 제1회 출제
⑤ 2016년 10월 15일 제3회 3부 출제
⑥ 2018년 7월 8일(문제 2번) 출제

정답
① 정비작업 중임을 나타내는 표지판을 설치할 것
② 작업과정을 지휘할 관리자를 배치할 것
③ 기동(시동)장치에 잠금장치를 할 것
④ 작업시 운전금지를 위하여 열쇠를 별도 관리할 것

03 화면은 교량 하부 점검 중 발생한 재해사례이다. 영상을 참고하여 사고 원인 3가지를 쓰시오.(6점)

참고
① 택 3, 2점×3개=6점
② 조사나 문맥이 모범답안과 다르더라도 의미가 같으면 정답 인정

합격KEY
① 2004년 7월 10일 출제
② 2006년 7월 15일 출제
③ 2015년 4월 23일 제1회 2부 출제
④ 2018년 7월 8일(문제 5번) 출제
⑤ 2021년 5월 2일 기사 출제

정답
① 안전대 부착 설비 및 안전대 착용을 하지 않았다.
② 안전난간 설치 불량
③ 수직방호망 미설치(추락방호망 미설치)
④ 작업자 주변 정리정돈 불량
⑤ 작업 전 작업발판 등 부속설비 점검 미비

04 화면은 둥근톱을 이용하여 나무판자를 자르는 작업 중 옆눈질을 하는 등 부주의로 작업자의 손가락이 절단되는 재해사례를 보여 주고 있다.(일반장갑 착용, 톱에 덮개 없음, 보안경 및 방진마스크 미착용) 둥근톱 작업시 안전대책 2가지를 쓰시오.(4점)

[참고]
① 산업안전보건기준에 관한 규칙 제105조(둥근톱기계의 반발예방장치)
② 산업안전보건기준에 관한 규칙 제106조(둥근톱기계의 톱날접촉예방장치)

[합격KEY]
① 2007년 4월 28일 출제
② 2009년 7월 11일 출제
③ 2009년 9월 20일 출제
④ 2010년 9월 19일 출제
⑤ 2011년 7월 30일 출제
⑥ 2012년 4월 28일 출제
⑦ 2013년 7월 20일 출제
⑧ 2014년 10월 5일(문제 4번) 출제
⑨ 2021년 10월 24일(문제 4번) 출제

[정답]
① 분할날 등 반발예방장치를 설치 후 작업한다.
② 톱날접촉예방장치를 설치 후 작업한다.
③ 회전기계에서는 장갑을 착용해서는 안 된다.
④ 분진작업시 보안경 및 방진마스크 착용 후 작업한다.

자격종목	시험일	비번호	PC번호	남은시간
산업안전산업기사	2022년 5월 20일 1회(1부)	A001	1	60분

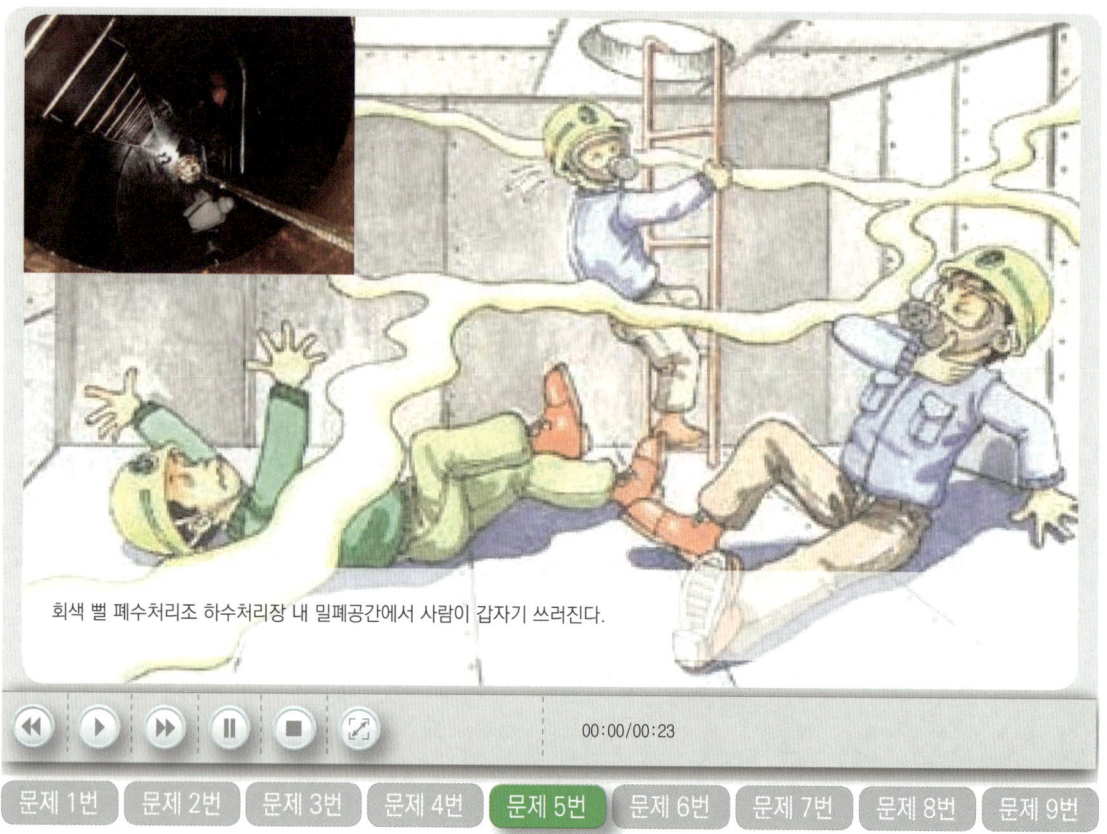

문제 1번 | 문제 2번 | 문제 3번 | 문제 4번 | **문제 5번** | 문제 6번 | 문제 7번 | 문제 8번 | 문제 9번

05 선박 밸러스트 탱크 내부의 슬러지를 제거하는 작업 도중에 작업자가 가스질식으로 의식을 잃는 장면이다. 이와 같은 사고에 대비하여 필요한 호흡용 보호구를 2가지만 쓰시오.(4점)

채점기준
(1) 택 2, 2개 모두 맞으면 4점, 1개 맞으면 2점, 그 외 0점
(2) 유사(가능한)답안
　① 에어라인 마스크　　② 호스마스크
　③ 복합식 에어라인 마스크　　④ 산소호흡기

합격KEY
① 2005년 7월 15일 출제
② 2006년 9월 23일 기사 출제
③ 2014년 10월 5일 기사(문제 5번) 출제
④ 2015년 7월 18일 제2회 제3부 기사(문제 5번) 출제
⑤ 2015년 10월 11일(문제 5번) 출제
⑥ 2020년 11월 15일(문제 5번) 출제

정답
① 송기마스크
② 공기호흡기

06
화면과 같이 천장 크레인 작업을 하고 있다. (1) 크레인의 방호장치 4가지와 (2) 안전검사주기에서 사업장에 설치가 끝난 날부터 (①)년 이내에 최초 안전검사를 실시하되, 그 이후부터 매 (②)년 (건설현장에서 사용하는 것은 최초로 설치한 날부터 매 6개월)마다 안전검사를 실시한다. ( )안에 알맞은 내용을 쓰시오.(6점)

참고
① 산업안전보건기준에 관한 규칙 제134조(방호장치의 조정)
② 산업안전보건기준에 관한 규칙 제137조(해지장치의 사용)

합격KEY
① 2010년 4월 24일 출제
② 2011년 10월 22일 제3회 출제
③ 2016년 10월 15일 제3회 2부(문제 1번) 출제
④ 2020년 5월 16일 기사 출제
⑤ 2021년 5월 5일(문제 1번) 출제

정답
(1) 방호장치 4가지
① 과부하방지장치 ② 권과방지장치
③ 제동장치   ④ 해지장치
(2) 안전검사주기
① 3 ② 2

자격종목	시험일	비번호	PC번호	남은시간
산업안전산업기사	2022년 5월 20일 1회(1부)	A001	1	60분

| 문제 1번 | 문제 2번 | 문제 3번 | 문제 4번 | 문제 5번 | 문제 6번 | 문제 7번 | 문제 8번 | 문제 9번 |

07 화면은 아파트 창틀에서 작업 중 발생한 재해사례이다. 이 영상의 작업자의 추락사고 원인 3가지를 쓰시오. (6점)

합격정보 2021년 5월 28일 개정법 적용
산업안전보건기준에 관한 규칙 제42조(추락의 방지)

합격KEY
① 2004년 10월 2일 출제
② 2006년 7월 5일 출제
③ 2014년 4월 25일 출제
④ 2014년 7월 13일 산업기사 출제
⑤ 2014년 10월 5일(문제 1번) 출제
⑥ 2016년 4월 23일(문제 1번) 출제
⑦ 2017년 4월 22일 제1회 1부(문제 8번) 출제
⑧ 2019년 10월 19일 제3회 1부(문제 7번) 출제
⑨ 2020년 5월 16일 제1회 2부(문제 7번) 출제
⑩ 2020년 7월 25일 산업기사 출제
⑪ 2020년 11월 22일(문제 7번) 출제
⑫ 2021년 7월 18일(문제 7번) 출제
⑬ 2021년 10월 23일 기사 출제
⑭ 2021년 10월 24일(문제 7번) 출제

정답
① 안전난간 미설치
② 안전대 미착용
③ 추락방호망 미설치

08 산업안전보건법령상, 해당 동영상의 운전자가 운전위치를 이탈하는 경우, 사업주가 해당 운전자에게 준수하도록 해야할 사항 2가지를 쓰시오. (4점)

합격정보 산업안전보건기준에 관한 규칙 제99조(운전위치 이탈 시의 조치)

정답
① 포크 등의 장치를 가장 낮은 위치 또는 지면에 내려둘 것
② 원동기를 정지시키고 브레이크 확실히 거는 등 갑작스러운 주행이나 이탈을 방지하기 위한 조치를 할 것
③ 운전석을 이탈하는 경우에는 시동키를 운전대에서 분리시킬 것. 다만, 운전석에 잠금장치를 하는 등 운전자가 아닌 사람이 운전하지 못하도록 조치한 경우에는 그러하지 아니하다.

① 수광부 발광부 2개가 프레스 입구를 통해서 보인다.
② 작업자가 광전자식 방호장치를 젖히고 2회 더 프레스 작업한다.
③ 프레스 안에 금형재료 위를 손으로 청소하다가 페달을 밟아 프레스가 가동되어 손이 끼임

09 화면 동영상을 보면 작업자가 몸을 기울인 채 손으로 이물질을 제거하는 작업을 하다가 실수로 페달을 밟아 손이 다치는 사고가 발생하였다. (1) 작업자 측면에서 재해원인 2가지 (2) 이러한 사고를 방지하기 위하여 페달에 부착하는 방호장치를 쓰시오.(4점)

정답
(1) 작업자 측면 재해원인
  ① 방호장치 해체
  ② 전원 미 차단상태에서 손으로 청소
(2) 페달에 부착하는 방호장치
  U자형 덮개

자격종목	시험일	비번호	PC번호	남은시간
산업안전산업기사	2022년 5월 21일 1회(1부)	A001	1	60분

작업자가 인쇄용 윤전기의 전원을 끄지 않고 빙글빙글 서로 맞물려서 돌아가는 롤러를 걸레로 닦고 있다. 닦을 때 체중을 실어서 힘 있게 닦고, 위험하게 맞물리는 지점까지 걸레를 집어넣고 닦는다. 그 순간 작업자의 손이 롤러기 사이에 끼어서 사고를 당하고 사고 발생 후 전원을 차단하고 손을 빼내는 화면을 보여준다.

01 화면은 인쇄용 롤러를 청소하는 작업 중에 발생한 재해사례이다. 이 동영상을 보고 작업시 핵심 위험 요인을 2가지만 쓰시오. (4점)

참고 제2편 제2장 현장 안전편(응용) : 기계-2007

합격정보
① 산업안전보건기준에 관한 규칙 제92조(정비 등의 작업 시의 운전정지 등)
② 산업안전보건기준에 관한 규칙 제93조(방호장치의 해체금지)
③ 산업안전보건기준에 관한 규칙 제94조(작업모 등의 착용)

합격KEY
① 2006년 9월 23일 산업기사 출제 　　② 2007년 4월 28일 출제
③ 2007년 7월 15일 출제 　　　　　　④ 2012년 4월 28일 출제
⑤ 2013년 4월 27일 산업기사 출제 　　⑥ 2013년 7월 20일 출제
⑦ 2014년 10월 5일 출제 　　　　　　⑧ 2016년 4월 23일 제1회 산업기사(문제 1번) 출제
⑨ 2018년 4월 21일(문제 1번) 출제 　　⑩ 2020년 11월 22일 기사 출제
⑪ 2021년 5월 5일(문제 1번) 출제

정답
① 회전중 롤러의 죄어 들어가는 쪽에서 직접 손으로 눌러 닦고 있어서 손이 말려 들어가게 된다.
② 체중을 걸쳐 닦고 있어서 말려 들어가게 된다.
③ 안전(방호)장치가 없어서 걸레를 위로 넣었을 때 롤러가 멈추지 않아 손이 말려 들어간다.

자격종목	시험일	비번호	PC번호	남은시간
산업안전산업기사	2022년 5월 21일 1회(1부)	A001	1	60분

작업자가 도금된 제품상태를 확인하기 위해 냄새를 맡고 있다.

문제 1번 | **문제 2번** | 문제 3번 | 문제 4번 | 문제 5번 | 문제 6번 | 문제 7번 | 문제 8번 | 문제 9번

02 화면은 크롬 도금 공정 중에 도금의 상태를 검사하는 내용이다. 화면에서와 같은 작업시 근로자가 착용해야 할 보호구의 종류를 2가지만 쓰시오.(단, 고무장갑과 고무장화는 제외한다.)(4점)

참고 제4편 제1장 실제시험편(기초, 기본) : 화학-4013, 4014

합격정보 산업안전보건기준에 관한 규칙 제451조(보호복 등의 비치 등)

합격KEY
① 2006년 9월 23일 출제
② 2012년 4월 28일 기사 출제
③ 2013년 4월 27일 제1회 1부(문제 1번) 기사 출제
④ 2015년 4월 25일(문제 1번) 출제
⑤ 2016년 7월 3일(문제 2번) 출제
⑥ 2020년 10월 17일(문제 2번) 출제

정답
① 불침투성 보호의(복)
② 방독마스크

합격자의 조언
① 반드시 실기작업형은 기사와 산업기사가 공통으로 된 교재를 보셔야 만점합격 합니다.
② 이유는 기사에서 출제된 문제가 동일하게 산업기사에 출제됩니다.

자격종목	시험일	비번호	PC번호	남은시간
산업안전산업기사	2022년 5월 21일 1회(1부)	A001	1	60분

공작물을 손으로 잡고 드릴 작업하다가 공작물이 튀는 현상임

| 문제 1번 | 문제 2번 | 문제 3번 | 문제 4번 | 문제 5번 | 문제 6번 | 문제 7번 | 문제 8번 | 문제 9번 |

03 동영상은 드릴작업을 하고 있다. 잘못된 점과 안전대책을 한 가지씩 쓰시오. (4점)

① 2008년 4월 26일 기사 출제
② 2009년 4월 26일 기사 출제
③ 2011년 7월 30일 출제
④ 2012년 7월 14일 기사 출제
⑤ 2012년 7월 14일 출제
⑥ 2014년 4월 25일 출제
⑦ 2015년 7월 18일 제2회 1부(문제 5번) 출제
⑧ 2019년 10월 19일(문제 5번) 출제

정답
① 잘못된 점 : 작은 공작물을 손으로 잡고 드릴작업을 하고 있다.
② 안전대책 : 작은 공작물은 바이스를 사용하여 드릴작업을 한다.

자격종목	시험일	비번호	PC번호	남은시간
산업안전산업기사	2022년 5월 21일 1회(1부)	A001	1	60분

작업자 2명이 공구없이 장갑을 낀 손으로 V벨트 교환 작업 중 다른 작업자가 표지판이 없는 벨트 전원부를 조작하여 벨트가 작동해 작업 중이던 작업자의 손이 말려 들어간다.

00:00/00:23

문제 1번 | 문제 2번 | 문제 3번 | **문제 4번** | 문제 5번 | 문제 6번 | 문제 7번 | 문제 8번 | 문제 9번

04 화면의 동영상은 V벨트 교환 작업 중 발생한 재해사례이다. 기계운전상 안전작업수칙에 대하여 3가지를 기술하시오. (6점)

채점기준
① 각 2점×3개=6점
② 부분점수 있다.

합격정보 산업안전보건기준에 관한 규칙 제92조(정비 등의 작업 시의 운전정지 등)

합격KEY
① 2004년 10월 2일 기사 출제
③ 2007년 10월 13일 출제
⑤ 2013년 7월 20일 출제
⑦ 2016년 4월 23일 제1회(문제 4번) 출제
⑨ 2020년 9월 25일(문제 4번) 출제
② 2006년 7월 15일 기사 출제
④ 2012년 7월 14일 기사 출제
⑥ 2014년 10월 5일(문제 5번) 출제
⑧ 2017년 10월 22일 제3회 2부(문제 4번) 출제

정답
① 작업시작 전(V벨트 교체작업 전) 전원을 차단한다.
② V벨트 교체 작업은 천대 장치를 사용한다.
③ 보수작업중이라는 작업중의 안내표지를 부착하고 실시한다.

💬 **합격자의 조언** 안전한 합격을 위해서는 기사, 산업기사 구분없이 정독하세요.

05 동영상에서와 같은 화학설비 중 특수화학설비 내부의 이상상태를 조기에 파악하기 위하여 설치해야 할 장치를 3가지만 쓰시오. (6점)

정답
① 온도계·유량계·압력계 등의 계측장치
② 자동경보장치(설치가 곤란한 경우는 감시인 배치)
③ 긴급차단장치(원재료 공급차단, 제품방출, 불활성 가스 주입, 냉각용수 공급 등)
④ 예비동력원

06 동영상에서 항타기 또는 항발기 조립시 점검사항 3가지를 쓰시오. (6점)

참고 산업안전보건기준에 관한 규칙 제207조(조립시 점검)

합격KEY
① 2008년 4월 26일 출제
② 2010년 9월 19일 출제
③ 2016년 10월 15일 제3회(문제 5번) 출제
④ 2018년 4월 21일 제1회(문제 5번) 출제
⑤ 2019년 7월 6일 제2회 1부(문제 6번) 출제
⑥ 2020년 7월 27일 기사 출제
⑦ 2021년 10월 24일(문제 6번) 출제

정답
① 본체연결부의 풀림 또는 손상의 유무
② 권상용 와이어로프·드럼 및 도르래의 부착상태의 이상유무
③ 권상장치의 브레이크 및 쐐기장치 기능의 이상유무
④ 권상기의 설치상태의 이상유무
⑤ 리더(leader)의 버팀 방법 및 고정상태의 이상유무
⑥ 본체·부속장치 및 부속품의 강도가 적합한지 여부
⑦ 본체·부속장치 및 부속품에 심한 손상·마모·변형 또는 부식이 있는지 여부

07 화면상의 절단 작업 중에 발생한 재해 관련해서 위험점과 위험점 정의를 쓰시오. (5점)

[보충학습] 기계설비에 의해 형성되는 위험점의 종류

종류	정의	예
협착점 (Squeeze point)	왕복운동하는 운동부와 고정부 사이에 형성	① 프레스 금형 조립부위 ② 전단기의 누름판 및 칼날부위 ③ 선반 및 평삭기의 베드 끝 부위
끼임점 (Shear point)	고정부분과 회전 또는 직선운동부분에 의해 형성	① 연삭 숫돌과 작업대 ② 반복동작되는 링크기구 ③ 교반기의 교반날개와 몸체사이
절단점 (Cutting point)	회전운동부분 자체와 운동하는 기계 자체에 의해 형성	① 밀링컷터 ② 둥근톱 날 ③ 목공용 띠톱 날 부분
물림점 (Nip point)	회전하는 두 개의 회전축에 의해 형성(회전체가 서로 반대방향으로 회전하는 경우)	① 기어와 피니언 ② 롤러의 회전 등
접선 물림점 (Tangential Nip point)	회전하는 부분이 접선방향으로 물려 들어가면서 형성	① V벨트와 풀리 ② 기어와 랙 ③ 롤러와 평벨트 등

[합격KEY] 2022년 5월 21일 제2부 출제

정답
① 위험점 : 협착점
② 위험점 정의 : 왕복운동을 하는 운동부와 고정부분 사이에 형성

자격종목	시험일	비번호	PC번호	남은시간
산업안전산업기사	2022년 5월 21일 1회(1부)	A001	1	60분

이동식 크레인으로 인양 작업 중에 인양물에 훅을 걸고 크레인 운전자에게 올리라고 유도한다. 작업자가 인양물에 올라탄 후 올라가다가 떨어진다.

00:00/00:23

문제 1번 문제 2번 문제 3번 문제 4번 문제 5번 문제 6번 문제 7번 문제 8번 문제 9번

08 화면은 아파트 창틀에서 작업 중 발생한 재해사례를 나타내고 있다. 해당 동영상에서 작업자는 발판에서 떨어지고 있다. (1) 재해발생형태 (2) 산업안전보건법 위반사항을 쓰시오.(6점)

[합격정보]
① 산업안전보건기준에 관한 규칙 제42조(추락의 방지)
② 산업안전보건기준에 관한 규칙 제86조(탑승의 제한)

[합격KEY]
① 2004년 10월 2일 기사 출제
② 2006년 7월 15일 기사 출제
③ 2021년 7월 24일(문제 8번) 출제

[정답]
(1) 재해발생형태 : 추락(떨어짐)
(2) 산업안전보건법 위반사항
  근로자를 달아올린 상태에서 작업에 종사

09 산업안전보건법령상 다음의 작업에서 근로자를 상시 취업시키는 장소의 조도기준을 쓰시오.(단, 갱내 등의 작업장은 제외)(4점)
① 정밀작업 :
② 보통작업 :
③ 그 밖의 작업 :

합격정보 산업안전보건기준에 관한 규칙 제8조(조도)

정답
① 정밀작업 : 300[Lux] 이상
② 보통작업 : 150[Lux] 이상
③ 그 밖의 작업 : 75[Lux] 이상

자격종목	시험일	비번호	PC번호	남은시간
산업안전산업기사	2022년 5월 21일 1회(2부)	A001	1	60분

작업자가 목장갑을 착용하고 환풍기를 수리하다가 감전되어 선반에 부딪히는 영상

01 동영상은 전기환풍기 팬 수리작업 중 감전에 의해 싱크대에서 떨어지면서 선반에 부딪혀 부상을 당한 재해이다. 재해를 분석하시오.(4점)
① 기인물 :
② 재해 형태 :

합격KEY
① 2006년 4월 29일 기사 출제
② 2007년 10월 13일 출제
③ 2009년 7월 12일 출제
④ 2010년 4월 23일(문제 1번) 출제
⑤ 2016년 4월 23일 제1회 2부(문제 1번) 출제
⑥ 2020년 7월 25일(문제 1번) 출제

정답
① 기인물 : 전기환풍기 팬
② 재해 형태 : 충돌

02 화면상의 절단 작업 중에 발생한 재해 관련해서 위험점과 위험점 정의를 쓰시오.(5점)

보충학습

[표] 기계 설비에 의해 형성되는 위험점 6가지

종류	특징	위험점 기계
협착점 (Squeeze-point)	왕복운동하는 운동부와 고정부 사이에 형성 (작업점이라 부르기도 함)	① 프레스 금형 조립부위 ② 전단기의 누름판 및 칼날부위 ③ 선반 및 평삭기의 베드 끝 부위
끼임점 (Shear-point)	고정부분과 회전 또는 직선운동부분에 의해 형성	① 연삭숫돌과 작업대 ② 반복동작되는 링크기구 ③ 교반기의 교반날개와 몸체사이
절단점 (Cutting-point)	회전운동부분 자체와 운동하는 기계 자체에 의해 형성	① 밀링컷터 ② 둥근톱 날 ③ 목공용 띠톱 날 부분
물림점 (Nip-point)	회전하는 두 개의 회전축에 의해 형성(회전체가 서로 반대방향으로 회전하는 경우)	① 기어와 피니언 ② 롤러의 회전 등
접선물림점 (Tangential Nip-point)	회전하는 부분이 접선방향으로 물려 들어가면서 형성	① V벨트와 풀리 ② 기어와 랙 ③ 롤러와 평벨트 등

합격KEY ▶ 2022년 5월 21일 제1부 출제

정답
① 위험점 : 협착점
② 정의 : 왕복운동을 하는 운동부와 고정 부분 사이에 형성

03 화면은 아파트 창틀에서 작업 중 발생한 재해사례이다. 이 영상의 작업자의 추락사고 원인 3가지를 쓰시오. (6점)

합격정보 산업안전보건기준에 관한 규칙 제42조(추락의 방지)

합격KEY
① 2004년 10월 2일 출제
② 2006년 7월 5일 출제
③ 2014년 4월 25일 출제
④ 2014년 7월 13일 산업기사 출제
⑤ 2014년 10월 5일(문제 1번) 출제
⑥ 2016년 4월 23일(문제 1번) 출제
⑦ 2017년 4월 22일 제1회 1부(문제 8번) 출제
⑧ 2019년 10월 19일 제3회 1부(문제 7번) 출제
⑨ 2020년 5월 16일 제1회 2부(문제 7번) 출제
⑩ 2020년 7월 25일 산업기사 출제
⑪ 2020년 11월 22일(문제 7번) 출제
⑫ 2021년 7월 18일(문제 7번) 출제
⑬ 2021년 10월 23일 기사 출제
⑭ 2021년 10월 24일(문제 3번) 출제

정답
① 안전난간 미설치
② 안전대 미착용
③ 추락방호망 미설치

자격종목	시험일	비번호	PC번호	남은시간
산업안전산업기사	2022년 5월 21일 1회(2부)	A001	1	60분

피트 내에서 나무판자로 엉성하게 이어붙인 발판 위에서 벽면에 돌출되어 있는 못을 망치로 제거하다가 추락하는 동영상

04 화면은 승강기 설치 전 피트 내부에서 청소작업 중에 승강기의 개구부로 작업자가 추락하여 사망사고가 발생한 재해사례이다. 이 영상에서 나타난 핵심위험요인을 3가지를 쓰시오. (6점)

합격정보 산업안전보건기준에 관한 규칙 제43조(개구부 등의 방호조치)

합격KEY
① 2006년 9월 23일 기사 출제
② 2007년 10월 14일 기사 출제
③ 2009년 4월 26일 기사 출제
④ 2011년 5월 7일 출제
⑤ 2014년 10월 5일 출제
⑥ 2015년 7월 18일 기사 출제
⑦ 2016년 4월 23일(문제 5번) 출제
⑧ 2016년 7월 3일 제2회 기사 출제
⑨ 2016년 10월 15일 제3회 기사 출제
⑩ 2017년 10월 22일 산업기사 제3회(문제 5번) 출제
⑪ 2018년 10월 14일 제3회 2부(문제 8번) 출제
⑫ 2020년 5월 16일 제1회 2부(문제 8번) 출제
⑬ 2020년 8월 2일 제2회 (문제 8번) 출제
⑭ 2020년 10월 10일(문제 8번) 출제
⑮ 2020년 11월 25일 기사 출제
⑯ 2021년 5월 5일(문제 4번) 출제

정답
① 작업발판이 고정되어 있지 않았다.
② 작업자가 안전난간 및 안전대를 걸지 않고 작업하였다.
③ 수직형 추락방망을 설치하지 않았다.

자격종목	시험일	비번호	PC번호	남은시간
산업안전산업기사	2022년 5월 21일 1회(2부)	A001	1	60분

작업자 1명이 시저형(자바라 형태) 고소작업대의 최상층에 탑승한 후 작업대를 위로 올리고 이동하다가, 바닥에 널려있는 대걸레에 걸려서 멈춘다.

05 동영상은 고소작업대 작업을 하고 있다. 고소작업대 이동시 사업주의 준수사항을 쓰시오. (6점)

[합격정보] 산업안전보건기준에 관한 규칙 제186조(고소작업대 설치 등의 조치)

정답
① 작업대를 가장 낮게 내릴 것
② 작업대를 올린 상태에서 작업자를 태우고 이동하지 말 것
③ 이동통로의 요철상태 또는 장애물의 유무 등을 확인할 것

자격종목	시험일	비번호	PC번호	남은시간
산업안전산업기사	2022년 5월 21일 1회(2부)	A001	1	60분

철골구조물에서 작업자 2명이 볼트 체결작업 중 1명이 추락하는 화면(추락방호망 미설치, 근로자 안전대 미착용)

06 화면을 참고하여 철골작업시 작업을 중지해야 할 경우 3가지를 기술하시오. (6점)

합격정보 산업안전보건기준에 관한 규칙 제383조(작업의 제한)

채점기준 2점×3개=6점

합격KEY ① 2003년 7월 19일 출제
② 2010년 4월 24일 출제
③ 2011년 7월 30일 출제
④ 2012년 4월 28일 출제
⑤ 2014년 10월 5일(문제 7번) 출제
⑥ 2015년 7월 18일 제2회 출제
⑦ 2016년 10월 9일(문제 6번) 출제
⑧ 2017년 4월 22일 제1회(문제 6번) 출제
⑨ 2018년 10월 14일 제3회 1부(문제 6번) 출제
⑩ 2020년 10월 17일(문제 6번) 출제

정답
① 풍속이 초당 10[m] 이상인 경우
② 강우량이 시간당 1[mm] 이상인 경우
③ 강설량이 시간당 1[cm] 이상인 경우

자격종목	시험일	비번호	PC번호	남은시간
산업안전산업기사	2022년 5월 21일 1회(2부)	A001	1	60분

07 동영상은 금형제작을 위하여 방전가공기를 사용하던 중 발생한 재해사례이다. 동영상을 참고하여 재해발생의 주된 원인을 2가지만 쓰시오. (4점)

합격KEY ① 2008년 7월 13일(문제 2번) 출제
② 2015년 7월 18일 제2회 1부(문제 7번) 출제
③ 2020년 7월 27일 기사 출제

정답
① 작업자는 절연장갑 등 절연용 보호구를 착용하지 않았다.
② 청소하기 전 전원을 차단하지 않고 실시하였다.

자격종목	시험일	비번호	PC번호	남은시간
산업안전산업기사	2022년 5월 21일 1회(2부)	A001	1	60분

08 동영상은 컨베이어 작업을 하고 있다. 컨베이어의 작업시작 전 점검사항 3가지를 쓰시오.(6점)

참고 산업안전보건기준에 관한 규칙 [별표 3] 작업시작 전 점검사항

합격KEY
① 2006년 4월 29일 (문제 1번)
② 2007년 7월 15일 출제
③ 2008년 4월 26일 출제
④ 2009년 7월 11일 출제
⑤ 2010년 7월 11일 산업기사 출제
⑥ 2011년 10월 22일 산업기사 출제
⑦ 2013년 4월 27일 제1회 출제
⑧ 2015년 4월 25일 제1회 2부 출제
⑨ 2017년 7월 2일 1부, 3부 출제
⑩ 2017년 7월 2일 제2회 기사(문제 8번) 출제
⑪ 2018년 10월 14일 제3회 1부(문제 7번) 출제
⑫ 2020년 5월 16일 산업기사 출제
⑬ 2020년 11월 22일(문제 7번) 출제
⑭ 2021년 5월 2일(문제 7번) 출제
⑮ 2021년 10월 23일 기사 출제

정답
① 원동기 및 풀리기능의 이상유무
② 이탈 등의 방지장치 기능의 이상유무
③ 비상정지장치 기능의 이상유무
④ 원동기·회전축·기어 및 풀리 등의 덮개 또는 울 등의 이상유무

09 화면은 천장 크레인 작업을 하고 있는 모습이다. 크레인의 방호장치 2가지를 쓰시오. (4점)

참고
① 산업안전보건기준에 관한 규칙 제134조(방호장치의 조정)
② 산업안전보건기준에 관한 규칙 제137조(해지장치의 사용)

합격KEY
① 2010년 4월 24일 출제
② 2011년 10월 22일 제3회 출제
③ 2016년 10월 15일 기사 출제

정답
① 과부하방지장치
② 권과방지장치
③ 제동장치
④ 해지장치

자격종목	시험일	비번호	PC번호	남은시간
산업안전기사	2022년 7월 30일 2회(1부)	A001	1	60분

01 화면은 김치제조 공장에서 슬라이스 작업중 작동이 멈춰 기계를 점검하고 있는 도중에 재해가 발생한 상황을 보여주고 있다. 슬라이스 기계에서 무채를 썰어내는 부분에서 형성되는 위험점과 정의를 쓰시오.(5점)

합격KEY
① 2006년 7월 15일 산업기사 출제
② 2009년 9월 19일 출제
③ 2013년 4월 27일 제1회 3부(문제 1번) 출제
④ 2020년 7월 27일(문제 1번) 출제
⑤ 2022년 5월 15일(문제 1번) 출제

정답
① 위험점 : 절단점
② 정의 : 회전하는 운동부 자체의 위험이나 운동하는 기계 부분 자체의 위험에서 초래되는 위험점

자격종목	시험일	비번호	PC번호	남은시간
산업안전기사	2022년 7월 30일 2회(1부)	A001	1	60분

유도자(신호수)가 지게차가 화물을 들도록 유도한 뒤, 지게차가 그 앞에 멈추자 유도자가 지게차 문에 매달린다. 화물(박스 3개)로 인해 시야 확보가 되지 않는다. 유도자가 매달린 채 후진하라고 유도하다가 뒷바퀴가 바닥에 있는 나무조각에 걸려 덜컹거리는 순간 유도자가 지게차에서 떨어진다.

02 화면을 보고 지게차 주행안전작업 사항 중 불안전한 행동(사고위험요인)을 3가지 쓰시오.(6점)

합격정보
① 산업안전보건기준에 관한 규칙 제172조(접촉의 방지)
② 산업안전보건기준에 관한 규칙 제173조(화물적재시의 조치)
③ 산업안전보건기준에 관한 규칙 제172조(전조등 등의 설치)

합격KEY
① 2000년 11월 9일 산업기사 출제
② 2004년 4월 29일 출제
③ 2006년 7월 15일 출제
④ 2011년 5월 7일 출제
⑤ 2013년 7월 20일(문제 3번) 출제
⑥ 2015년 7월 18일(문제 3번) 출제
⑦ 2017년 4월 22일 기사 제1회(문제 3번) 출제
⑧ 2018년 10월 14일(문제 2번) 출제
⑨ 2020년 11월 22일 기사 출제
⑩ 2021년 7월 24일(문제 2번) 출제
⑪ 2021년 10월 24일 산업기사 출제
⑫ 2022년 5월 15일(문제 2번) 출제

정답
① 전방의 시야 불충분으로 지게차에 의해 다른 작업자가 다칠 수 있다.
② 물건을 과적하여 운전자의 시야를 가려 다른 작업자가 다칠 수 있다.
③ 물건을 불안정하게 적재하여 화물이 떨어져 다른 작업자가 다칠 수 있다.
④ 다른 작업자가 작업통로에 나와서 작업을 하고 있어 지게차에 의해 다칠 수 있다.
⑤ 난폭한 운전 · 과속으로 운전자 본인이 다치거나 다른 작업자가 다칠 수 있다.

① 공작물을 장갑을 착용한 손으로 잡고 구멍 뚫는 작업하다가 공작물이 튀는 현상임
② 보안경 미착용

| 문제 1번 | 문제 2번 | **문제 3번** | 문제 4번 | 문제 5번 | 문제 6번 | 문제 7번 | 문제 8번 | 문제 9번 |

03 화면은 장갑을 착용한 작업자가 드릴작업을 하면서 이물질을 입으로 불어 제거하고, 동시에 손으로 칩을 제거하려다가 드릴에 손을 다치는 사고 사례 장면을 보여주고 있다. 동영상에 나타나는 위험요인 2가지를 쓰시오.(4점)

합격KEY
① 2008년 4월 26일
② 2009년 4월 26일
③ 2011년 7월 30일 산업기사 출제
④ 2012년 7월 14일
⑤ 2012년 7월 14일 산업기사 출제
⑥ 2017년 10월 22일 기사 제3회(문제 4번) 출제
⑦ 2018년 10월 14일 제3회 3부(문제 4번) 출제
⑧ 2020년 5월 16일(문제 4번) 출제
⑨ 2020년 11월 22일(문제 4번) 출제
⑩ 2021년 5월 2일(문제 3번) 출제

정답
① 보안경을 착용하지 않고 이물질을 입으로 불어 제거하다가 이물질이 눈에 들어갈 위험이 있다.
② 브러시를 사용하지 않고 회전체에 장갑을 착용한 손으로 이물질을 제거하다가 손을 다칠 위험이 있다.

자격종목	시험일	비번호	PC번호	남은시간
산업안전기사	2022년 7월 30일 2회(1부)	A001	1	60분

작업자가 교류아크용접을 한다. 용접을 한 번 하고서 슬러지를 털어낸 뒤 육안으로 확인 후 다시 한 번 용접을 위해 아크불꽃을 내는 순간 감전되어 쓰러진다.(작업자는 일반 캡 모자와 목장갑 착용)

| 문제 1번 | 문제 2번 | 문제 3번 | **문제 4번** | 문제 5번 | 문제 6번 | 문제 7번 | 문제 8번 | 문제 9번 |

04 화면은 교류아크용접 작업중 재해가 발생한 사례이다. 작업자를 보호하기 위한 방호장치를 쓰시오. (4점)

[합격정보] 산업안전보건기준에 관한 규칙 제306조(교류아크용접기 등)

[합격KEY]
① 2004년 10월 2일 출제
② 2014년 4월 25일 기사 출제
③ 2014년 10월 5일(문제 2번) 출제
④ 2016년 7월 3일 제2회 출제
⑤ 2016년 10월 15일 제3회 기사 출제
⑥ 2017년 10월 22일 제3회 2부(문제 2번) 출제
⑦ 2020년 10월 17일 산업기사 출제

정답 자동전격방지기

자격종목	시험일	비번호	PC번호	남은시간
산업안전기사	2022년 7월 30일 2회(1부)	A001	1	60분

① 안전모 착용, 안전대 미착용한 작업자 A가 이동식 비계의 최상층에서 작업중
② 작업자 A가 작업중인데 다른 작업자 B가 이동식 비계를 옆으로 밀어서 이동하다가, 바닥에 철근에 걸려서 이동식 비계가 멈추고 작업자 A가 넘어진다.
③ 이동식 비계 최상층에는 안전난간이 4면에 있다. 승강용사다리나 작업 발판은 있으나, 작업발판이 밖으로 튀어나와있다.

05 동영상은 이동식 비계의 설치상태가 불량하여 발생된 재해 사례이다. 동영상의 작업에서 위험요인 2가지만 쓰시오. (4점)

참고 산업안전보건기준에 관한 규칙 제68조(이동식 비계)

합격KEY
① 2018년 7월 8일 제2회 1부(문제 4번) 출제
② 2020년 5월 30일(문제 4번) 출제
③ 2020년 11월 22일(문제 4번) 출제
④ 2021년 7월 18일 제1부 출제
⑤ 2021년 7월 18일(문제 4번) 출제
⑥ 2021년 10월 23일(문제 4번) 출제
⑦ 2022년 5월 15일(문제 5번) 출제

정답
① 이동식 비계의 바퀴에는 뜻밖의 갑작스러운 이동 또는 전도를 방지하기 위하여 브레이크·쐐기 등으로 바퀴를 고정시킨 다음 비계의 일부를 견고한 시설물에 고정하거나 아웃트리거(outrigger, 전도방지용 지지대)를 설치하는 등 필요한 조치를 하여야 하나 하지 않았다.
② 이동식 비계를 작업자가 탑승한 상태로 이동시켰다.

자격종목	시험일	비번호	PC번호	남은시간
산업안전기사	2022년 7월 30일 2회(1부)	A001	1	60분

06 화면에서 가압상태의 LPG가 대기 중에 유출되어 순간적으로 기화가 일어나 점화원에 의해 발생하는 (1) 폭발의 종류 (2) 폭발의 원인을 쓰시오. (5점)

합격KEY
① 2002년 10월 6일 출제
② 2011년 7월 30일 출제
③ 2012년 7월 14일 산업기사 출제
④ 2013년 10월 12일 산업기사 제3회 제2부(문제 8번) 출제
⑤ 2015년 10월 11일(문제 5번) 출제
⑥ 2017년 4월 22일 제1회(문제 5번) 출제
⑦ 2017년 10월 22일 제3회 2부 출제
⑧ 2018년 7월 8일 제2회 2부(문제 2번) 출제
⑨ 2019년 10월 19일 제3회 1부(문제 2번) 출제
⑩ 2020년 7월 25일 산업기사 출제
⑪ 2020년 11월 2일 기사 출제
⑫ 2020년 11월 22일 산업기사 출제

정답
(1) 폭발의 종류 : 증기운 폭발(UVCE : Unconfined Vapor Cloud Explosion)
(2) 폭발의 원인 : 저온 액화가스의 저장탱크나 고압의 인화성 액체용기가 파괴되어 다량의 인화성 증기가 폐쇄공간이 아닌 대기중으로 급격히 방출되어 공기 중에 분산 확산되어 있는 상태

자격종목	시험일	비번호	PC번호	남은시간
산업안전기사	2022년 7월 30일 2회(1부)	A001	1	60분

| 문제 1번 | 문제 2번 | 문제 3번 | 문제 4번 | 문제 5번 | 문제 6번 | **문제 7번** | 문제 8번 | 문제 9번 |

07 동영상에서 휴대용 연삭작업을 하고 있다. ① 방호장치 이름 ② 방호장치 설치 각도를 쓰시오. (4점)

보충학습 연삭기 덮개 표준양식 및 각도(방호장치 자율안전기준 고시[별표 4] 연삭기 덮개의 성능기준 제9조 관련)

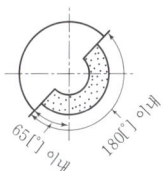
① 원통 연삭기, 센터리스연삭기, 공구연삭기, 만능연삭기 그 밖에 이와 비슷한 연삭기

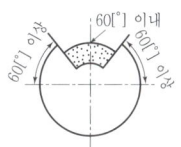
② 연삭숫돌의 상부를 사용하는 것을 목적으로 하는 탁상용 연삭기

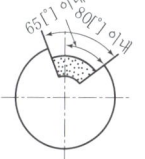
③ ② 및 ⑥ 이외의 탁상용 연삭기 그 밖에 이와 유사한 연삭기

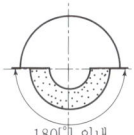
④ 휴대용 연삭기, 스윙연삭기, 슬래브 연삭기 그 밖에 이와 비슷한 연삭기

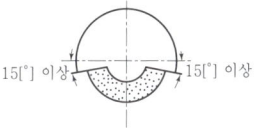
⑤ 평면연삭기, 절단연삭기, 그 밖에 이와 비슷한 연삭기

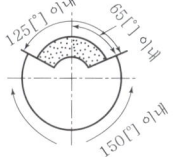
⑥ 일반 연삭작업 등에 사용하는 목적으로 하는 탁상용 연삭기

합격KEY ① 2008년 4월 26일 출제 ② 2014년 4월 25일(문제 8번) 출제
③ 2016년 4월 23일(문제 8번) 출제 ④ 2021년 5월 2일(문제 7번) 출제

정답 ① 방호장치 이름 : 덮개   ② 설치각도 : 180[°] 이상

08 화면은 폭발성 화학물질 취급 중 작업자의 부주의로 발생한 사고 사례이다. 동영상에서 나타난 바와 같이 폭발성 물질 저장소에 들어가는 작업자가 신발에 물을 묻히는 이유는 무엇인지 설명하고, 화재시 적합한 소화방법은 무엇인지 쓰시오.(6점)

① 이유 :

② 소화방법 :

참고
① 조사나 문맥이 모범답안과 다르더라도 의미가 같으면 정답으로 인정한다.
② 냉각소화란 말만 들어가면 정답으로 인정한다.

합격KEY
① 2004년 10월 2일 출제
② 2005년 10월 1일 출제
③ 2009년 4월 26일 출제
④ 2012년 4월 28일 출제
⑤ 2013년 7월 20일 출제
⑥ 2014년 10월 5일(문제 5번) 출제
⑦ 2015년 7월 18일 제2회 출제
⑧ 2016년 10월 15일(문제 8번) 출제

정답
① 이유 : 폭발성이 높은 화학약품을 취급할 때 정전기에 의한 폭발 위험성이 있으므로 작업화와 바닥면의 접촉으로 인한 정전기 발생을 줄이기 위해서이다.
② 소화방법 : 다량 주수에 의한 냉각소화

작동되는 양수기를 수리하는 모습. 잡담을 하며 수공구를 던져주고 하다가 손을 벨트(접선물림점)에 물리는 동영상

09 동영상은 양수기(원동기) 수리작업 도중에 발생한 재해사례이다. 동영상을 참고하여 위험요인을 3가지만 쓰시오. (5점)

합격KEY
① 2008년 7월 13일 출제
② 2009년 9월 19일 출제
③ 2013년 10월 12일(문제 2번) 출제
④ 2016년 4월 23일 제1회 2부 출제
⑤ 2017년 7월 2일 기사 출제
⑥ 2021년 7월 24일 산업기사 출제

정답
① 작업자들이 작업에 집중을 하지 못하고 있어 작업복과 손이 말려들어갈 위험이 있다.
② 작업자 중 한 명이 기계 위에 손을 올려놓고 있어 미끄러져 말려들어갈 위험이 있다.
③ 수리작업 전에 전원을 차단시켜 정지시키지 않아 작업복이 말려들어갈 위험이 있다.

자격종목	시험일	비번호	PC번호	남은시간
산업안전기사	2022년 7월 30일 2회(2부)	B001	1	60분

① 작업자 2명이 300[A]~400[A]정도되는 대형 엘보우(ㄱ자 파이프부품 : 배관)을 인양하기 위해 수신호를 하고 있다.
② 1줄걸이로 인양중인데, 넙적한 슬링벨트가 절반정도 찢어져 있다.
③ 작업자 1명이 인양물 밑에서 손으로 직접 인양물을 잡고 올리다가, 유도로프가 없어서 인양물이 흔들리면서 인양물에 머리를 맞는다.

01 화면은 이동식 크레인을 이용하여 철제 배관을 인양하는 작업으로 신호수의 신호에 따라 철제 배관을 인양 중 H빔에 부딪치면서 흔들리는 동영상이다. 배관 인양 작업시 위험요인 2가지를 쓰시오.(4점)

합격KEY
① 2015년 7월 18일 기사 (문제 8번) 출제
② 2016년 7월 3일 제2회 산업기사(문제 8번) 출제
③ 2019년 7월 6일 기사 제2회 2부 출제
④ 2019년 10월 19일 제3회 1부(문제 7번) 출제
⑤ 2020년 5월 16일(문제 9번) 출제
⑥ 2020년 11월 22일 기사 출제
⑦ 2022년 5월 15일(문제 3번) 출제

정답
① 와이어로프의 안전상태가 불안정하여 위험하다.
② 작업 반경 내 관계근로자 이외의 외부 작업자가 출입하여 위험하다.
③ 훅의 해지장치 및 안전상태가 불안정하여 위험하다.

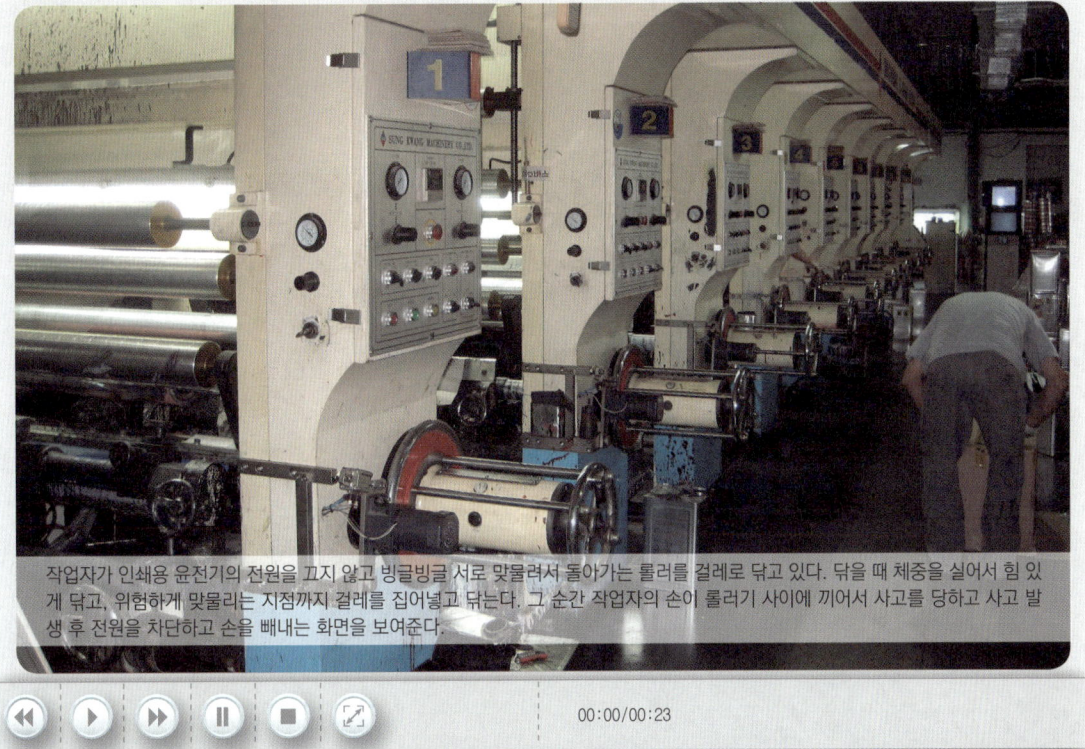

02 화면은 인쇄용 롤러를 청소하는 작업 중에 발생한 재해사례이다. 이 동영상을 보고 작업시 핵심 위험 요인과 안전대책을 2가지씩 쓰시오. (4점)

정답

(1) 핵심위험요인
① 회전체에 장갑을 착용하여 손이 다칠 우려가 있다.
② 작업자가 전원을 차단하지 않고 작업을 하였다.
③ 안전장치 없이 작업을 하여 다칠 우려가 있다.

(2) 안전대책
① 회전체에는 장갑을 착용하지 않는다.
② 이물질 제거시 롤러기의 전원을 차단하여 기계 작동을 방지한다.
③ 안전장치가 없어서 롤러가 멈추지 않아 손이 물려 들어가므로 안전장치를 설치한다.

자격종목	시험일	비번호	PC번호	남은시간
산업안전기사	2022년 7월 30일 2회(2부)	B001	1	60분

① 작업자 A는 아파트 대형 창틀(샷시 없음)에서 B는 약 50[cm] 벽을 두고 옆 처마 위에서 작업을 하고 있다.
② 주변에 정리정돈이 되어 있지 않다.
③ 작업 중의 높이는 알 수 없고, 바닥도 보이지는 않는다.
④ 작업자 A가 창틀 밖으로 작업발판을 작업자 B에게 건네준다.
⑤ 작업자 B가 있는 옆 처마 위로 이동하다 (창틀 위에) 콘크리트 조각을 밟고 미끄러져 콘크리트 조각과 함께 떨어진다.

03 화면은 아파트 창틀에서 작업 중 발생한 재해사례이다. 이 영상의 작업자의 추락사고 원인 3가지를 쓰시오.(6점)

합격정보 산업안전보건기준에 관한 규칙 제42조(추락의 방지)

합격KEY
① 2004년 10월 2일 출제
③ 2014년 4월 25일 출제
⑤ 2014년 10월 5일(문제 1번) 출제
⑦ 2017년 4월 22일 제1회 1부(문제 8번) 출제
⑨ 2020년 5월 16일 제1회 2부(문제 7번) 출제
⑪ 2020년 11월 22일(문제 7번) 출제
⑬ 2021년 10월 23일 기사 출제
⑮ 2022년 5월 21일 산업기사 출제
② 2006년 7월 5일 출제
④ 2014년 7월 13일 산업기사 출제
⑥ 2016년 4월 23일(문제 1번) 출제
⑧ 2019년 10월 19일 제3회 1부(문제 7번) 출제
⑩ 2020년 7월 25일 산업기사 출제
⑫ 2021년 7월 18일(문제 7번) 출제
⑭ 2021년 10월 24일(문제 3번) 출제

정답
① 안전난간 미설치
② 안전대 미착용
③ 추락방호망 미설치

자격종목	시험일	비번호	PC번호	남은시간
산업안전기사	2022년 7월 30일 2회(2부)	B001	1	60분

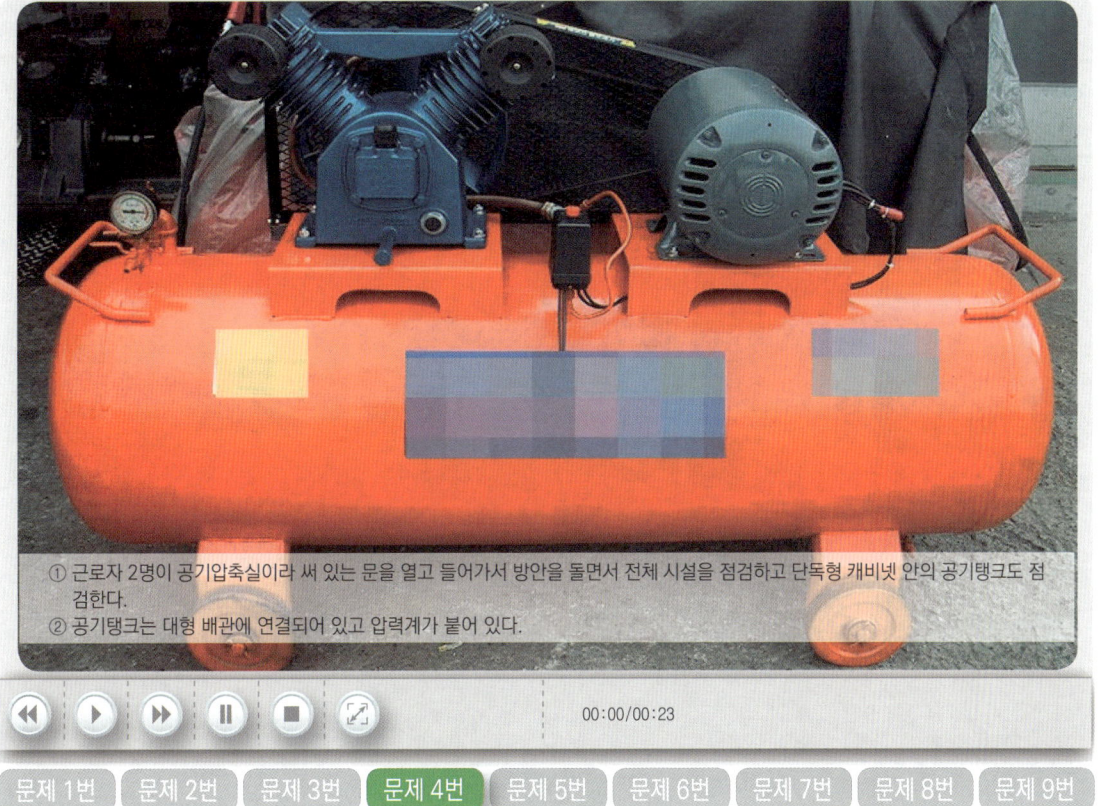

① 근로자 2명이 공기압축실이라 써 있는 문을 열고 들어가서 방안을 돌면서 전체 시설을 점검하고 단독형 캐비넷 안의 공기탱크도 점검한다.
② 공기탱크는 대형 배관에 연결되어 있고 압력계가 붙어 있다.

04 공기압축실의 점검사항을 2가지만 쓰시오. (6점)

[합격정보] 산업안전보건기준에 관한 규칙 [별표 3] 작업시작 전 점검사항

정답
① 공기저장 압력용기의 외관 상태
② 압력방출장치(안전밸브)의 상태

05 동영상은 추락방호망을 보수하는 장면을 보여주고 있다. 산업안전보건법령상 추락방호망 설치시 준수사항 ( )를 쓰시오.(5점)

(1) 추락방호망의 설치위치는 가능하면 작업면으로부터 가까운 지점에 설치하여야 하며, 작업면으로부터 망의 설치 지점까지의 수직거리는 (①)[m]를 초과하지 아니할 것
(2) 추락방호망은 (②)으로 설치하고, 망의 처짐은 짧은 변 길이의 (③)[%] 이상이 되도록 할 것

합격정보 산업안전보건기준에 관한 규칙 제42조(추락의 방지)

정답
① 10
② 수평
③ 12

자격종목	시험일	비번호	PC번호	남은시간
산업안전기사	2022년 7월 30일 2회(2부)	B001	1	60분

4면에 난간이 있는 고소작업대를 완전히 내린 상태에서 작업자를 태우고 다리 밑으로 이동한다. 이후 고소작업대를 상승시켜 작업자가 산소 절단 작업을 한다. 절단 작업자가 안전모는 썼지만 면장갑만 끼고 보안경이나 보안면은 착용하지 않았다. 작업장 정리정돈 안되어 보였지만 그다지 심하지는 않으며 소화기는 보인다. 마지막에 고소작업대 바퀴부분을 클로즈업 된다. 과상승 방지봉이 있는지 여부는 확인 안된다.

06 동영상은 고소작업대 작업을 하고 있다. 고소작업대 위에서 작업하는 근로자 준수사항을 2가지 쓰시오. (4점)

참고 2022년 5월 21일 산업기사(문제 5번) 출제
합격정보 산업안전보건기준에 관한 규칙 제186조(고소작업대 설치 등의 조치)

정답
① 안전모·안전대 등의 보호구를 착용
② 전환스위치는 다른 물체를 이용하여 고정하지 말 것
③ 작업대는 정격하중을 초과하여 물건을 싣거나 탑승하지 말 것
④ 작업대의 붐대를 상승시킨 상태에서 탑승자는 작업대를 벗어나지 말 것. 다만, 작업대에 안전대 부착설비를 설치하고 안전대를 연결하였을 때에는 그러하지 아니하다.

자격종목	시험일	비번호	PC번호	남은시간
산업안전기사	2022년 7월 30일 2회(2부)	B001	1	60분

이동식크레인으로 작업하다 붐대가 전선에 닿아 감전되는 동영상

07 화면은 전압이 흐르는 고압선 아래에서 작업 중 발생한 재해사례이다. 산업안전보건기준에 관한 규칙에 따라서, 충전전로에서의 전기작업 중 조치 사항에 대해서 다음 ( )을 채우시오.(4점)

(1) 충전전로를 취급하는 근로자에게 그 작업에 적합한 (①)를 착용시킬 것
(2) 충전전로에 근접한 장소에서 전기작업을 하는 경우에는 해당 전압에 적합한 (②)를 설치할 것. 다만, 저압인 경우에는 해당 전기작업자가 (①)를 착용하되, 충전전로에 접촉할 우려가 없는 경우에는 (②)를 설치하지 아니할 수 있다.

합격정보 산업안전보건기준에 관한 규칙 제321조(충전전로에서의 전기작업)

합격KEY
① 2021년 5월 2일 제1회(문제 6번) 출제
② 2021년 7월 18일 제2회(문제 3번) 출제
③ 2021년 10월 23일(문제 5번) 출제
④ 2022년 5월 7일 필답형 출제
⑤ 2022년 5월 13일(문제 7번) 출제

정답
① 절연용 보호구
② 절연용 방호구

자격종목	시험일	비번호	PC번호	남은시간
산업안전기사	2022년 7월 30일 2회(2부)	B001	1	60분

지게차를 운행하기 전, 별다른 보호구를 착용하지 않은 지게차 운전자가 바퀴를 발로 차고 포크를 올렸다 내렸다 하고, 포크 안쪽을 점검한 후 지게차 운행

08 화면은 지게차 주행안전작업을 하고 있다. 지게차의 작업시작전 점검사항 3가지를 쓰시오. (6점)

합격정보 산업안전보건기준에 관한 규칙 [별표 3] 작업시작전 검검사항

합격KEY
① 2018년 10월 14일 제3회 출제
② 2019년 7월 6일 제2회 1부(문제 1번) 출제
③ 2019년 10월 19일 제3회 3부(문제 1번)출제
④ 2020년 5월 30일 기사 출제
⑤ 2021년 7월 24일(문제 5번) 출제
⑥ 2021년 10월 24일 산업기사 출제
⑦ 2021년 10월 24일 산업기사 출제
⑧ 2022년 5월 13일(문제 8번) 출제

정답
① 제동장치 및 조종장치 기능의 이상 유무
② 하역장치 및 유압장치 기능의 이상 유무
③ 바퀴의 이상 유무
④ 전조등 · 후미등 · 방향지시기 및 경보장치 기능의 이상 유무

자격종목	시험일	비번호	PC번호	남은시간
산업안전기사	2022년 7월 30일 2회(2부)	B001	1	60분

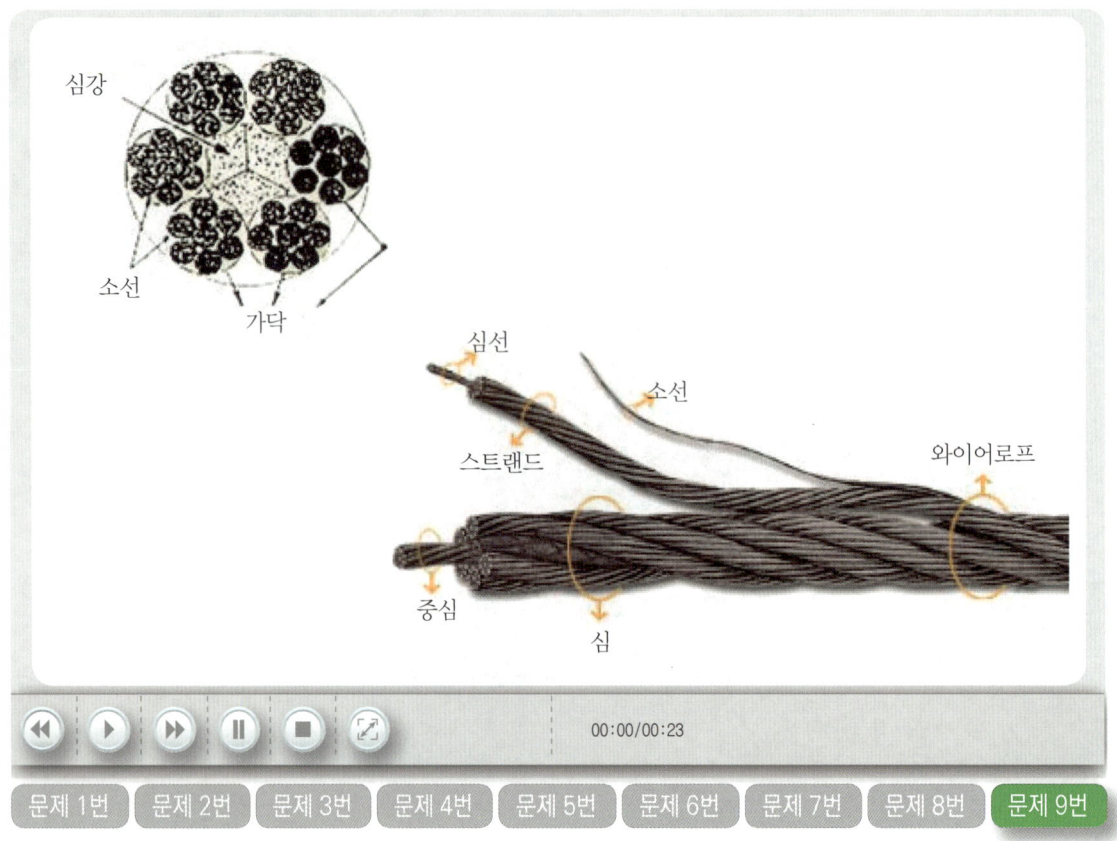

09 산업안전보건법령상, 권상용 와이어로프 폐기기준을 3가지만 쓰시오. (6점)

[합격정보] 산업안전보건기준에 관한 규칙 제63조(달비계의 구조)

정답
① 이음매가 있는 것
② 와이어로프의 한 꼬임에서 끊어진 소선(素線)의 수가 10[%] 이상인 것
③ 지름의 감소가 공칭지름의 7[%]를 초과인 것
④ 꼬인 것
⑤ 심하게 변형되거나 부식된 것
⑥ 열과 전기충격에 의해 손상된 것

자격종목	시험일	비번호	PC번호	남은시간
산업안전기사	2022년 7월 30일 2회(3부)	C001	1	60분

작업자가 인쇄용 윤전기의 전원을 끄지 않고 빙글빙글 서로 맞물려서 돌아가는 롤러를 걸레로 닦고 있다. 닦을 때 체중을 실어서 힘 있게 닦고, 위험하게 맞물리는 지점까지 걸레를 집어넣고 닦는다. 그 순간 작업자의 손이 롤러가 사이에 끼어서 사고를 당하고 사고 발생 후 전원을 차단하고 손을 빼내는 화면을 보여준다.

문제 1번 | 문제 2번 | 문제 3번 | 문제 4번 | 문제 5번 | 문제 6번 | 문제 7번 | 문제 8번 | 문제 9번

01 화면의 인쇄윤전기 재해사례에서 나타나는 위험점을 기계의 운동 형태에 따라 분류하고자 할 때 해당되는 ① 위험점의 명칭 ② 정의 등을 쓰시오.(4점)

① 2000년 9월 5일 출제
③ 2006년 9월 23일 출제
⑤ 2010년 7월 11일 출제
⑦ 2012년 10월 21일 산업기사 출제
⑨ 2015년 4월 25일 산업기사 출제
⑪ 2016년 4월 23일 출제
⑬ 2017년 10월 22일 기사 제3회(문제 6번) 출제
⑮ 2020년 11월 22일 출제
⑰ 2021년 10월 24일 산업기사 출제
② 2002년 5월 4일 출제
④ 2009년 4월 26일 출제
⑥ 2012년 7월 14일 출제
⑧ 2013년 10월 12일 출제
⑩ 2015년 7월 18일 산업기사 출제
⑫ 2016년 10월 9일 산업기사(문제 4번) 출제
⑭ 2018년 10월 14일 기사 출제
⑯ 2021년 10월 24일 산업기사 출제

정답
① 위험점의 명칭 : 물림점(nip point)
② 정의 : 회전하는 두 개의 회전체에 물려 들어가는 위험점
   예) 롤러와 롤러의 물림, 기어와 기어의 물림

💬 합격자의 조언 그 외 5가지 위험점 기억하세요. 차후 시험 대비

자격종목	시험일	비번호	PC번호	남은시간
산업안전기사	2022년 7월 30일 2회(3부)	C001	1	60분

| 문제 1번 | 문제 2번 | 문제 3번 | 문제 4번 | 문제 5번 | 문제 6번 | 문제 7번 | 문제 8번 | 문제 9번 |

02 동영상은 높이가 2[m] 이상인 작업장소에서 근로자가 작업발판 위에서 작업을 하고 있다. ① 비계 발판의 폭 몇 (　)[cm] 이상, ② 발판틈새는 몇 (　)[cm] 이하가 적정한지 쓰시오.(4점)

채점기준 부분점수 있다.(2점×2개=4점)

참고 산업안전보건기준에 관한 규칙 제56조(작업발판의 구조)

합격KEY
① 2006년 4월 29일 출제　　　　　　　② 2007년 7월 15일 출제
③ 2010년 7월 11일 출제　　　　　　　④ 2015년 10월 11일(문제 3번) 산업기사 출제
⑤ 2016년 4월 23일 제1회 출제　　　　⑥ 2016년 10월 9일 산업기사 출제
⑦ 2017년 4월 22일 제1회 3부 출제　　⑧ 2017년 7월 2일 기사 제2회(문제 2번) 출제
⑨ 2018년 10월 14일 제3회 1부 산업기사 출제　⑩ 2019년 7월 6일(문제 4번) 출제

정답
① 40
② 3

자격종목	시험일	비번호	PC번호	남은시간
산업안전기사	2022년 7월 30일 2회(3부)	C001	1	60분

| 문제 1번 | 문제 2번 | 문제 3번 | 문제 4번 | 문제 5번 | 문제 6번 | 문제 7번 | 문제 8번 | 문제 9번 |

03 화면은 이동식 크레인을 이용하여 철제 배관을 인양하는 작업으로 신호수의 신호에 따라 철제 배관을 인양 중 H빔에 부딪치면서 흔들리는 동영상이다. 배관 인양 작업시 위험요인 3가지를 쓰시오.(6점)

합격KEY
① 2015년 7월 18일 기사 (문제 8번) 출제
② 2016년 7월 3일 제2회 산업기사(문제 8번) 출제
③ 2019년 7월 6일 기사 제2회 2부 출제
④ 2019년 10월 19일 제3회 1부(문제 7번) 출제
⑤ 2020년 5월 16일(문제 9번) 출제
⑥ 2020년 11월 22일 기사 출제
⑦ 2022년 5월 15일(문제 3번) 출제

정답
① 와이어로프의 안전상태가 불안정하여 위험하다.
② 작업 반경 내 관계근로자 이외의 외부 작업자가 출입하여 위험하다.
③ 훅의 해지장치 및 안전상태가 불안정하여 위험하다.

자격종목	시험일	비번호	PC번호	남은시간
산업안전기사	2022년 7월 30일 2회(3부)	C001	1	60분

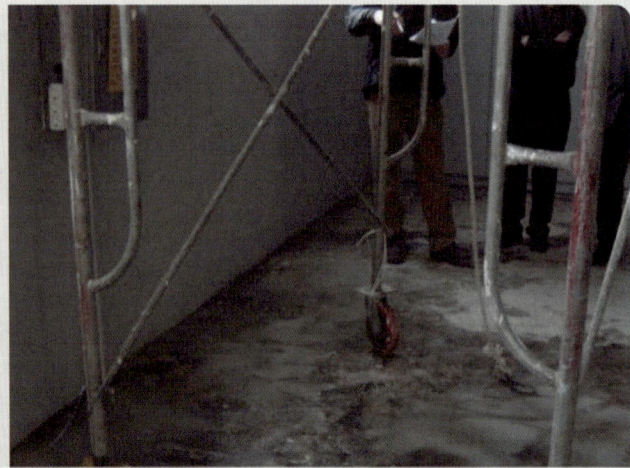

① 마스크를 미착용한 작업자가 2층에서 천정 작업을 하는데, 2층에서 포장 박스(KCC 마이톤)를 칼/가위로 뜯고 있는데, 주변이 엄청나게 어지럽다.
② 2층 안전난간이 양 옆에만 있고, 앞뒤에는 없다.
③ 바퀴 고정이 안되서 비계가 움직임
④ 목재로 된 작업 발판이 삐딱하게 비계에 걸쳐짐. 작업발판 폭은 40[cm] 넘지만, 발판재료 간 틈은 3[cm] 이상으로 굉장히 넓으며, 작업자가 움직일 때마다 작업발판이 덜컹거림.

00:00/00:23

04 동영상은 이동식 비계의 설치상태가 불량하여 발생된 재해 사례이다. 동영상의 작업에서 이동식 비계의 위험요인 2가지만 쓰시오.(4점)

참고 산업안전보건기준에 관한 규칙 제68조(이동식 비계)

합격KEY ① 2018년 7월 8일 제2회 1부(문제4번)출제
② 2020년 5월 30일(문제 4번) 출제
③ 2020년 11월 22일(문제 4번) 출제
④ 2021년 7월 18일 제1부 출제
⑤ 2021년 7월 18일(문제 4번) 출제
⑥ 2021년 10월 23일(문제 4번) 출제
⑦ 2022년 5월 15일(문제 4번) 출제

정답
① 이동식 비계의 바퀴에는 뜻밖의 갑작스러운 이동 또는 전도를 방지하기 위하여 브레이크·쐐기 등으로 바퀴를 고정시킨 다음 비계의 일부를 견고한 시설물에 고정하거나 아웃트리거(outrigger)를 설치하는 등 필요한 조치를 하여야 하나 하지 않음.
② 승강용사다리가 견고하게 설치되어 있지 않음.
③ 비계의 최상부에서 작업을 하는 경우에는 안전난간을 설치해야 하나 설치되어 있지 않음.
④ 작업발판은 항상 수평을 유지하고 작업발판 위에서 안전난간을 딛고 작업을 하거나 받침대 또는 사다리 등이 설치되어 있어야 하나 설치되어 있지 않음.

자격종목	시험일	비번호	PC번호	남은시간
산업안전기사	2022년 7월 30일 2회(3부)	C001	1	60분

회색 벌 폐수처리조 하수처리장 내 밀폐공간에서 사람이 갑자기 쓰러진다.

| 문제 1번 | 문제 2번 | 문제 3번 | 문제 4번 | 문제 5번 | 문제 6번 | 문제 7번 | 문제 8번 | 문제 9번 |

05 선박 밸러스트 탱크 내부의 슬러지를 제거하는 작업 도중에 작업자가 가스질식으로 의식을 잃는 장면이다. 이와 같은 사고에 대비하여 필요한 호흡용 보호구를 2가지만 쓰시오. (4점)

채점기준
(1) 택 2. 2개 모두 맞으면 4점, 1개 맞으면 2점, 그 외 0점
(2) 유사(가능한)답안
① 에어라인 마스크　　② 호스마스크
③ 복합식 에어라인 마스크　　④ 산소호흡기

합격KEY
① 2005년 7월 15일 출제
② 2006년 9월 23일 기사 출제
③ 2014년 10월 5일 기사(문제 5번) 출제
④ 2015년 7월 18일 제2회 제3부 기사(문제 5번) 출제
⑤ 2015년 10월 11일(문제 5번) 출제
⑥ 2020년 11월 15일(문제 5번) 출제
⑦ 2022년 5월 20일 산업기사 출제

정답
① 송기마스크
② 공기호흡기

자격종목	시험일	비번호	PC번호	남은시간
산업안전기사	2022년 7월 30일 2회(3부)	C001	1	60분

06 동영상에서와 같은 화학설비 중 특수화학설비 내부의 이상상태를 조기에 파악하기 위하여 설치해야 할 장치를 3가지만 쓰시오.(단, 온도계, 유량계, 압력계 등의 계측장치는 제외)(6점)

참고 산업안전보건기준에 관한 규칙 제273~276조(계측장치 등의 설치)

채점기준 2점×3개=6점(택 3개)

합격KEY
① 2003년 7월 19일 산업기사 출제
② 2005년 10월 1일 출제
③ 2007년 4월 28일 출제
④ 2007년 10월 13일 산업기사 출제
⑤ 2008년 10월 5일 출제
⑥ 2010년 7월 11일 산업기사 출제
⑦ 2013년 7월 20일 출제
⑧ 2014년 10월 5일(문제 4번) 출제
⑨ 2015년 7월 18일 제2회 3부 산업기사(문제 2번) 출제
⑩ 2015년 10월 11일 기사 출제
⑪ 2016년 10월 15일 제3회 산업기사(문제 2번) 출제
⑫ 2019년 7월 6일 제2회 3부 기사(문제 2번) 출제
⑬ 2020년 5월 16일(문제 2번) 출제
⑭ 2021년 7월 24일(문제 5번) 출제
⑮ 2022년 5월 21일 산업기사 출제

정답
① 자동경보장치(설치가 곤란한 경우는 감시인 배치)
② 긴급차단장치(원재료 공급차단, 제품방출, 불활성 가스 주입, 냉각용수 공급 등)
③ 예비동력원

자격종목	시험일	비번호	PC번호	남은시간
산업안전기사	2022년 7월 30일 2회(3부)	C001	1	60분

① 톱날에 덮개가 없으며 나무판자를 자르는 모습
② 빨간색 장갑 착용
③ 보안경 및 방진마스크 미착용
④ 손가락이 절단됨

문제 1번 | 문제 2번 | 문제 3번 | 문제 4번 | 문제 5번 | 문제 6번 | **문제 7번** | 문제 8번 | 문제 9번

07 목재가공용 둥근톱 방호장치 2가지와 자율안전확인대상 목재가공용 덮개 및 분할날에 자율안전확인표시 외에 추가로 표시하여야 할 사항 1가지를 쓰시오. (6점)

참고
① 산업안전보건기준에 관한 규칙 제105조(둥근톱기계의 반발예방장치)
② 산업안전보건기준에 관한 규칙 제106조(둥근톱기계의 톱날접촉예방장치)

합격KEY
① 2007년 4월 28일 출제
② 2009년 7월 11일 출제
③ 2009년 9월 20일 출제
④ 2010년 9월 19일 출제
⑤ 2012년 10월 21일 출제
⑥ 2014년 7월 13일 산업기사 제2회 2부(문제 3번) 출제
⑦ 2019년 10월 19일 제3회 산업기사 2부 출제
⑧ 2019년 10월 19일 제3회 2부(문제 8번) 출제
⑨ 2020년 7월 22일 산업기사 출제
⑩ 2021년 5월 2일(문제 5번) 출제

정답
(1) 방호장치
① 반발예방장치
② 톱날접촉예방장치
(2) 추가표시사항
① 덮개의 종류
② 둥근톱의 사용가능 치수

08 산업안전보건법령상 보일러 관련 ( )에 알맞은 것을 쓰시오. (4점)

사업주는 보일러의 안전한 가동을 위하여 보일러 규격에 맞는 압력방출장치를 1개 또는 2개 이상 설치하고 (①) 이하에서 작동되도록 하여야 한다.
다만, 압력방출장치가 2개 이상 설치된 경우에는 (①)배 이하에서 1개가 작동되고, 다른 압력방출장치는 (①)의 (②)배 이하에서 작동되도록 부착하여야 한다.

[합격정보] 산업안전보건기준에 관한 규칙 제116조(압력방출장치)

정답
① 최고사용압력
② 1.05

자격종목	시험일	비번호	PC번호	남은시간
산업안전기사	2022년 7월 30일 2회(3부)	C001	1	60분

천장크레인(호이스트)로 화물 인양 중. 한손에는 조작스위치 한손에는 배관(인양물)을 잡고 있다. 한줄걸이 막 흔들다가 결국 기울며 추락하고, 작업자도 바닥은 난장판이라 부품에 걸려서 넘어지며 소리 지른다.

09 화면상에서와 같이 호이스트(hoist)로 물건(배관)을 옮기다(이동) 발생한 재해에 있어서 그 위험요인을 2가지 쓰시오. (4점)

합격정보 산업안전보건기준에 관한 규칙 제132조(양중기)

합격KEY
① 2014년 10월 5일 제3회 3부(문제 8번) 출제
② 2020년 5월 16일 기사 1회 2부 출제
③ 2020년 10월 17일 산업기사 출제
④ 2021년 7월 18일(문제 9번) 출제

정답
① 훅에 해지장치가 없어 슬링와이어가 이탈할 위험이 있다.
② 조정장치 전선 피복이 벗겨져 있어 내부전선 단선으로 호이스트가 오동작하여 물건(배관)이 떨어질 위험이 있다.
③ 작업반경내 낙하(배관) 위험장소에서 조정장치를 조작하고 있어 위험하다.

자격종목	시험일	비번호	PC번호	남은시간
산업안전산업기사	2022년 8월 7일 2회(1부)	A001	1	60분

화면은 기울어진(30[°] 정도) 컨베이어 기계가 작동하고, 작업자는 작동중인 컨베이어 위에 1[명]과 아래쪽 작업장 바닥에 1[명]이 있으며, 기계 오른쪽에 있는 포대를 컨베이어 벨트 위로 올리는 작업을 하는 동영상이다. 화면 오른쪽에 포대가 많이 쌓여 있고, 작업자 1[명]은 경사진 컨베이어 위에 회전하는 벨트 양끝부분 철로 된 모서리에 양발을 벌리고 서 있으며, 밑에 작업자가 포대를 일정한 방향이 아닌 삐뚤(각기 다르게)게 포대를 컨베이어에 올리는 중 컨베이어 위에 양발을 벌리고 있는 작업자 발에 포대 끝부분이 부딪혀 무게 중심을 잃고 기계 오른쪽으로 쓰러진 후 팔이 기계 하단으로 들어가면서 아파하는데 아래쪽 작업자가 와서 안아주는 동영상이다.

00:00/00:23

문제 1번 | 문제 2번 | 문제 3번 | 문제 4번 | 문제 5번 | 문제 6번 | 문제 7번 | 문제 8번 | 문제 9번

01 화면상에서 작업자 측면에서의 (1) 잘못된 작업방법 2가지와 (2) 조치사항을 쓰시오. (5점)

합격KEY
① 2014년 7월 13일 출제
② 2014년 10월 5일(문제 6번) 출제
③ 2015년 7월 18일(문제 5번) 출제
④ 2017년 4월 22일 기사 출제
⑤ 2018년 7월 8일 제2회(문제 5번) 출제
⑥ 2019년 7월 6일 산업기사 출제
⑦ 2020년 11월 22일 기사 출제

정답
(1) 잘못된 작업 방법
① 작업자가 양발을 컨베이어 양끝에 지지하여 불안전한 자세로 작업을 하고 있다.
② 시멘트 포대가 작업자의 발을 치고 있어서 작업자가 넘어져 상해를 당할 수 있다.
(2) 조치사항 : 피재기계정지

자격종목	시험일	비번호	PC번호	남은시간
산업안전산업기사	2022년 8월 7일 2회(1부)	A001	1	60분

① 수광부 발광부 2개가 프레스 입구를 통해서 보인다.
② 작업자가 광전자식 방호장치를 젖히고 2회 더 프레스 작업한다.
③ 프레스 안에 금형재료 위를 손으로 청소하다가 페달을 밟아 프레스가 가동되어 손이 끼임

02 화면 동영상을 보면 작업자가 몸을 기울인 채 손으로 이물질을 제거하는 작업을 하다가 실수로 페달을 밟아 손이 다치는 사고가 발생하였다. (1) 작업자 측면에서 재해원인 2가지 (2) 이러한 사고를 방지하기 위하여 페달에 부착하는 방호장치를 쓰시오. (4점)

합격KEY 2022년 5월 20일(문제 9번) 출제

정답
(1) 작업자 측면 재해원인
 ① 방호장치 해체
 ② 전원 미 차단상태에서 손으로 청소
(2) 페달에 부착하는 방호장치
 U자형 덮개

자격종목	시험일	비번호	PC번호	남은시간
산업안전산업기사	2022년 8월 7일 2회(1부)	A001	1	60분

문제 1번 | 문제 2번 | **문제 3번** | 문제 4번 | 문제 5번 | 문제 6번 | 문제 7번 | 문제 8번 | 문제 9번

03 화면은 박공지붕 설치 작업 중 발생한 재해사례이다. 해당 화면은 박공지붕의 비래에 의해 재해가 발생하였음을 나타내고 있다. 그 위험요인 3가지를 쓰시오.(6점)

합격KEY
① 2004년 7월 10일 출제
② 2006년 9월 23일 출제
③ 2007년 10월 13일 출제
④ 2008년 4월 26일 출제
⑤ 2009년 9월 19일 출제
⑥ 2011년 7월 30일 산업기사 출제
⑦ 2012년 4월 28일 출제
⑧ 2012년 7월 14일 산업기사 출제
⑨ 2013년 4월 27일 출제
⑩ 2013년 7월 20일 출제
⑪ 2013년 10월 12일 산업기사 출제
⑫ 2014년 4월 25일 산업기사 출제
⑬ 2014년 7월 13일 산업기사 출제
⑭ 2014년 10월 5일 제3회(문제 3번) 출제
⑮ 2015년 7월 18일 제2회(문제 8번) 출제
⑯ 2017년 10월 22일 기사 제3회(문제 8번) 출제
⑰ 2019년 4월 21일 제1회(문제 6번) 출제
⑱ 2019년 7월 6일 산업기사 출제
⑲ 2020년 10월 10일(문제 9번) 출제
⑳ 2021년 10월 23일 기사 출제

정답
① 근로자가 위험한 장소에서 휴식을 취하고 있다.
② 추락방호망이 설치되지 않았다.
③ 한곳에 과적하여 적치하였다.
④ 안전대 부착설비가 없고, 안전대를 착용하지 않았다.

04 화면 속 작업자는 교류아크용접 작업을 진행하고 있다. 이 용접기의 방호장치 '사용 전 점검사항' 2가지를 쓰시오.(4점)

합격KEY ① 2014년 10월 5일 제3회 출제
② 2016년 10월 15일 제3회 1부 출제
③ 2018년 7월 8일(문제 8번) 출제

정답
① 전격방지기 외함의 접지상태
② 전격방지기 외함의 뚜껑상태
③ 전자접촉기의 작동상태
④ 이상소음, 이상냄새의 발생유무
⑤ 전격방지기와 용접기와의 배선 및 이에 부속된 접속기구의 피복 또는 외장의 손상 유무

합격자의 조언 산업안전기사 및 산업안전산업기사 필기 출제

자격종목	시험일	비번호	PC번호	남은시간
산업안전산업기사	2022년 8월 7일 2회(1부)	A001	1	60분

김치공장에서 무채를 썰어내는 기계(슬라이스 기계)에 무를 넣으며 써는 작업 중 기계가 갑자기 멈추자, 고무장갑을 착용한 작업자가 앞에 기계 뚜껑을 열고 무채를 털어내는데, 무채 기계의 회전식 기계칼날이 회전을 시작하면서 재해가 발생

05 화면은 무채를 썰어내는 기계 작동 중 기계가 갑자기 멈추자 작업자가 점검하는 장면이다. 위험예지포인트(위험요인)를 2가지 적으시오. (4점)

참고
① 2점×2개=4점
② 부분점수 있습니다.

합격KEY
① 2002년 5월 4일 기사 출제
② 2003년 5월 4일 기사 출제
③ 2003년 10월 12일 기사 출제
④ 2007년 10월 13일 출제
⑤ 2014년 7월 13일 제2회 2부 출제
⑥ 2017년 7월 2일 제2회 1부(문제 7번) 출제
⑦ 2020년 7월 25일(문제 5번) 출제
⑧ 2020년 11월 22일(문제 5번) 출제
⑨ 2021년 5월 5일(문제 5번) 출제

정답
① 기계를 정지시킨 상태에서 점검하지 않아 손을 다칠 위험이 있다.
② 인터로크 또는 연동 방호장치가 설치되어 있지 않다.

자격종목	시험일	비번호	PC번호	남은시간
산업안전산업기사	2022년 8월 7일 2회(1부)	A001	1	60분

① 에어배관을 파이프렌치나 전용공구가 아닌 일반 펜치로 작업하다 재해가 발생하는 동영상이다.
② 안전모착용, 주위에 작업지휘자는 없다.

06 화면은 에어배관 작업 중 고압의 증기 누출로 작업자가 눈에 상해를 당하는 영상이다. 에어배관 작업시 위험요인을 3가지 쓰시오.(6점)

합격KEY
① 2014년 7월 23일 제2회 제1부(문제 1번) 출제
② 2015년 10월 11일(문제 1번) 출제
③ 2017년 4월 22일 제1회(문제 1번) 출제
④ 2018년 10월 14일 제3회(문제 1번) 출제
⑤ 2019년 7월 6일 제2회 1부 산업기사(문제 1번) 출제
⑥ 2020년 5월 16일 제1회 2부 기사 출제
⑦ 2020년 7월 25일 산업기사 출제
⑧ 2020년 11월 22일 기사 출제
⑨ 2020년 11월 22일 기사, 산업기사 동시출제
⑩ 2021년 5월 5일(문제 6번) 출제

정답
① 보안경을 착용하지 않아 고압증기에 의한 눈 부위 손상의 위험이 존재한다.
② 배관에 남은 고압증기를 제거하지 않았고, 전용공구를 사용하지 않아 위험이 존재한다.
③ 작업자가 딛고 선 이동식사다리 설치가 불안전하여 추락 위험이 있다.

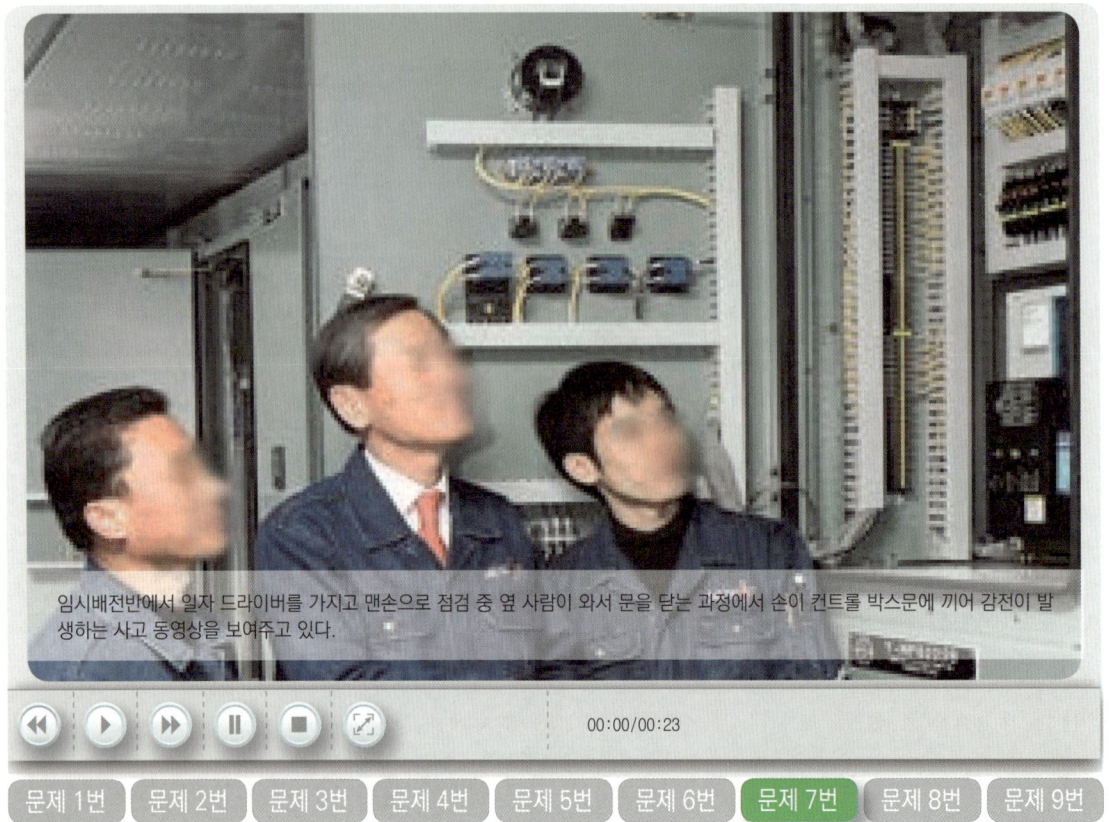

임시배전반에서 일자 드라이버를 가지고 맨손으로 점검 중 옆 사람이 와서 문을 닫는 과정에서 손이 컨트롤 박스문에 끼어 감전이 발생하는 사고 동영상을 보여주고 있다.

07 동영상은 임시배전반의 작업 중에 발생한 재해사례이다. 동영상을 참고하여 위험요인을 3가지만 쓰시오. (6점)

합격KEY
① 2008년 7월 13일 출제
② 2009년 4월 26일 기사 출제
③ 2009년 9월 20일 출제
④ 2013년 4월 27일 제1회 2부(문제 1번) 출제
⑤ 2020년 5월 16일(문제 3번) 출제

정답
① 작업자가 맨손으로 작업을 실시하여서 감전의 위험이 있다.
② 보수작업임을 나타내는 표지판 미설치 및 감시인 미배치
③ 전원을 차단(off)하지 않아 감전위험이 있다.

자격종목	시험일	비번호	PC번호	남은시간
산업안전산업기사	2022년 8월 7일 2회(1부)	A001	1	60분

근로자가 회전물(선반)에 샌드페이퍼를 감아 손으로 지지하고 있다. 작업복과 손이 감겨들어 가는 동영상이다.

08 화면의 재해사례에서 나타나는 위험점을 기계의 운동 형태에 따라 분류하고자 할 때 해당되는 위험점의 명칭과 그 정의를 쓰시오.(4점)

합격KEY
① 2004년 7월 10일 출제
③ 2007년 10월 13일 기사 출제
⑤ 2012년 10월 21일 출제
⑦ 2014년 7월 13일 기사 출제
⑨ 2016년 4월 23일 산업기사 출제
⑪ 2021년 7월 18일 기사 출제
⑬ 2022년 5월 15일 기사 출제
② 2006년 9월 23일 기사 출제
④ 2012년 4월 28일 기사 출제
⑥ 2013년 10월 12일 출제
⑧ 2015년 10월 11일 기사 출제
⑩ 2020년 11월 22일(문제 9번) 출제
⑫ 2021년 10월 24일 산업기사 출제

정답
① 위험점의 명칭 : 회전 말림점(Trapping Point)
② 정의 : 회전축·커플링 등과 같이 회전하는 물체에 작업복 등이 말려드는 위험이 존재하는 점

자격종목	시험일	비번호	PC번호	남은시간
산업안전산업기사	2022년 8월 7일 2회(1부)	A001	1	60분

09 화면은 천장 크레인 작업을 하고 있는 모습이다. 크레인의 방호장치 3가지를 쓰시오. (6점)

참고
① 산업안전보건기준에 관한 규칙 제134조(방호장치의 조정)
② 산업안전보건기준에 관한 규칙 제137조(해지장치의 사용)

합격KEY
① 2010년 4월 24일 출제
② 2011년 10월 22일 제3회 출제
③ 2016년 10월 15일 기사 출제
④ 2022년 5월 21일(문제 9번) 출제
⑤ 2022년 8월 7일 제2부 출제

정답
① 과부하방지장치
② 권과방지장치
③ 제동장치
④ 해지장치

자격종목	시험일	비번호	PC번호	남은시간
산업안전산업기사	2022년 8월 7일 2회(2부)	B001	1	60분

운전석에서 내려 덤프트럭 적재함을 올리고 실린더 유압장치 밸브를 수리하던 중 적재함 사이에 끼임

00:00/00:23

| 문제 1번 | 문제 2번 | 문제 3번 | 문제 4번 | 문제 5번 | 문제 6번 | 문제 7번 | 문제 8번 | 문제 9번 |

01 동영상은 덤프트럭 적재함을 올리고 실린더 유압장치 밸브를 수리하던 중 발생한 재해사례이다. 동영상과 같이 차량계 하역운반기계 등의 수리 또는 부속장치의 장착 및 해체작업을 하는 때에 작업지휘자의 준수사항 3가지를 쓰시오. (6점)

합격정보
① 산업안전보건기준에 관한 규칙 제20조(출입의 금지 등)
② 산업안전보건기준에 관한 규칙 제176조(수리 등의 작업시의 조치)

합격KEY
① 2008년 7월 13일 출제 ② 2008년 10월 5일 출제
③ 2009년 9월 20일 출제 ④ 2012년 7월 14일 산업기사 출제
⑤ 2012년 10월 21일 출제 ⑥ 2013년 10월 12일 제3회(문제 2번) 출제
⑦ 2017년 10월 22일 기사(문제 2번) 출제 ⑧ 2018년 10월 14일 산업기사 출제
⑨ 2020년 10월 17일(문제 1번) 출제

정답
① 포크 · 버킷 · 암 또는 이들에 의하여 지지되어 있는 화물의 밑에 근로자를 출입시키지 말 것
② 작업순서를 결정하고 작업을 지휘할 것
③ 안전지주 또는 안전블록 등의 사용상황 등을 점검할 것

💬 **합격자의 조언** 조사나 문맥이 모범답안과 다르더라도 의미가 같으면 정답으로 인정한다.

자격종목	시험일	비번호	PC번호	남은시간
산업안전산업기사	2022년 8월 7일 2회(2부)	B001	1	60분

작동되는 양수기를 수리하는 모습. 잡담을 하며 수공구를 던져주고 하다가 손을 벨트(접선물림점)에 물리는 동영상

| 문제 1번 | 문제 2번 | 문제 3번 | 문제 4번 | 문제 5번 | 문제 6번 | 문제 7번 | 문제 8번 | 문제 9번 |

02 동영상은 양수기(원동기) 수리작업 도중에 발생한 재해사례이다. 동영상을 참고하여 위험요인을 2가지만 쓰시오.(5점)

합격KEY
① 2008년 7월 13일 출제
② 2009년 9월 19일 출제
③ 2013년 10월 12일(문제 2번) 출제
④ 2016년 4월 23일 제1회 2부 출제
⑤ 2017년 7월 2일 기사 출제
⑥ 2021년 7월 24일 산업기사 출제
⑦ 2022년 7월 30일 기사 출제

정답
① 작업자들이 작업에 집중을 하지 못하고 있어 작업복과 손이 말려들어갈 위험이 있다.
② 작업자 중 한 명이 기계 위에 손을 올려놓고 있어 미끄러져 말려들어갈 위험이 있다.
③ 수리작업 전에 전원을 차단시켜 정지시키지 않아 작업복이 말려들어갈 위험이 있다.

03 화면은 박공지붕 설치 작업 중 발생한 재해사례이다. 해당 화면은 박공지붕의 비래에 의해 재해가 발생하였음을 나타내고 있다. 그 안전대책 2가지를 쓰시오. (4점)

합격KEY
① 2004년 7월 10일 출제
② 2006년 9월 23일 출제
③ 2007년 10월 13일 출제
④ 2008년 4월 26일 출제
⑤ 2009년 9월 19일 출제
⑥ 2011년 7월 30일 산업기사 출제
⑦ 2012년 4월 28일 출제
⑧ 2012년 7월 14일 산업기사 출제
⑨ 2013년 4월 27일 출제
⑩ 2013년 7월 20일 출제
⑪ 2013년 10월 12일 산업기사 출제
⑫ 2014년 4월 25일 산업기사 출제
⑬ 2014년 7월 13일 산업기사 출제
⑭ 2014년 10월 5일 제3회(문제 3번) 출제
⑮ 2015년 7월 18일 제2회(문제 8번) 출제
⑯ 2017년 10월 22일 기사 제3회(문제 8번) 출제
⑰ 2019년 4월 21일 제1회(문제 6번) 출제
⑱ 2019년 7월 6일 산업기사 출제
⑲ 2020년 10월 10일(문제 9번) 출제
⑳ 2021년 10월 23일 기사 출제

정답
① 근로자는 안전한 장소에서 휴식을 취한다.
② 추락방호망을 설치한다.
③ 한곳에 과적하여 적치하지 않는다.
④ 안전대 부착설비를 설치하고 안전대를 착용한다.

자격종목	시험일	비번호	PC번호	남은시간
산업안전산업기사	2022년 8월 7일 2회(2부)	B001	1	60분

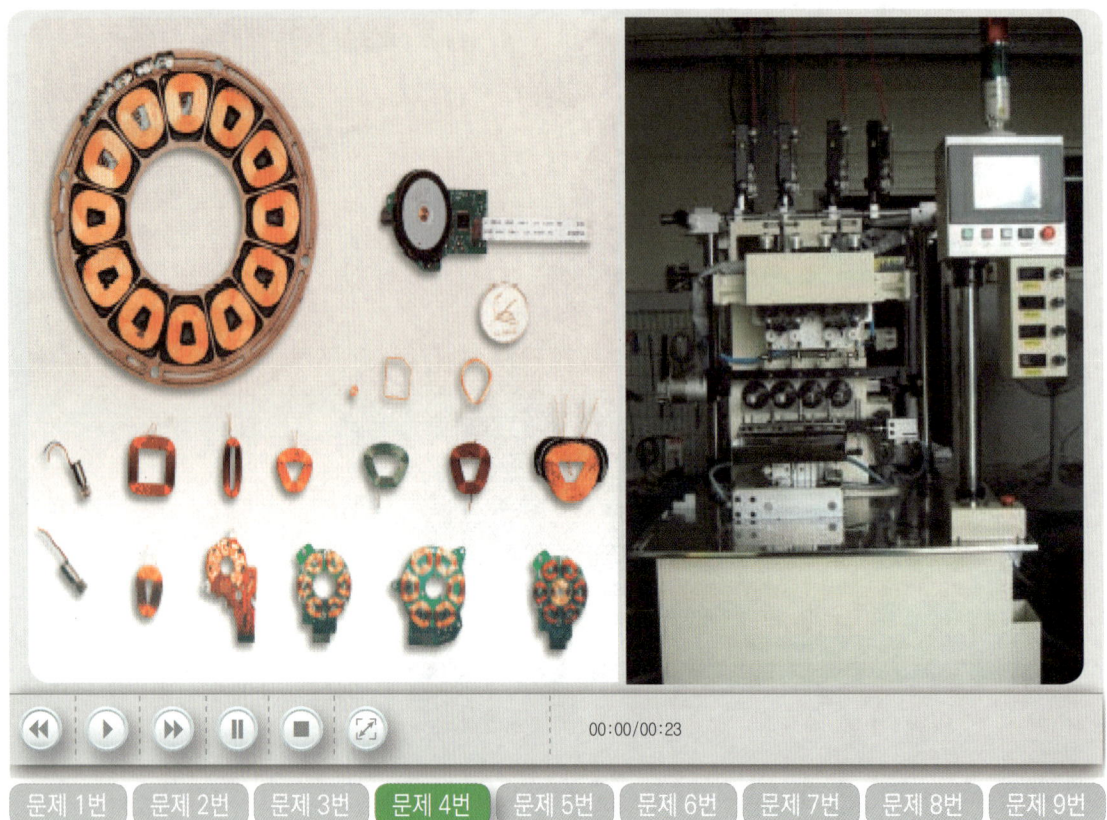

04 화면은 작업자가 전동 권선기에 동선을 감는 작업 중 기계가 정지하여 점검 중 발생한 재해사례이다. 재해유형(형태)과 재해 발생 원인이 무엇인지 1가지 서술하시오.(4점)
(1) 재해유형(형태) : (2점)
(2) 재해원인 : (2점)

[채점기준] 조사나 문맥이 모범답안과 다르더라도 의미가 같으면 정답으로 인정한다.(공지사항)

[합격KEY] ① 2004년 10월 2일 출제 ② 2005년 10월 1일 (문제 2번)
③ 2007년 4월 28일 출제 ④ 2011년 10월 22일 출제
⑤ 2012년 10월 21일 출제 ⑥ 2013년 4월 27일 제1회 출제
⑦ 2014년 10월 5일 제3회 출제 ⑧ 2015년 4월 25일 제1회 1부 출제
⑨ 2017년 7월 2일 제2회(문제 5번) 출제 ⑩ 2019년 7월 6일 제2회 3부(문제 4번) 출제)
⑪ 2020년 5월 16일(문제 4번) 출제 ⑫ 2020년 11월 22일 산업기사 출제
⑬ 2022년 5월 15일 기사 출제

[정답]
① 재해유형(형태) : 감전
② 재해원인 : 작업자가 내전압용 절연장갑 등 절연용 보호구를 착용하지 않은 채 맨손으로 동선을 감는 중 기계를 정비하였기 때문에 감전되었다.

자격종목	시험일	비번호	PC번호	남은시간
산업안전산업기사	2022년 8월 7일 2회(2부)	B001	1	60분

05 사출성형기 V형 금형 작업중 끼인 이물질을 제거하다가 감전 재해가 발생한 사례이다. 동영상에서 발생한 감전재해 방지대책 2가지를 쓰시오.(4점)

합격KEY
① 2004년 10월 2일(문제 2번)
② 2007년 4월 28일 출제
③ 2013년 4월 27일 출제
④ 2017년 10월 22일 제3회(문제 5번) 출제
⑤ 2018년 4월 21일 제1회(문제 5번) 출제
⑥ 2019년 7월 26일(문제 5번) 출제
⑦ 2021년 10월 24일(문제 5번) 출제

정답
① 작업시작 전 전원을 차단한다.
② 작업시 안전 보호구를 착용한다.
③ 감시인을 배치 후 작업한다.
④ 금형에서 이물질제거는 전용공구를 사용한다.

자격종목	시험일	비번호	PC번호	남은시간
산업안전산업기사	2022년 8월 7일 2회(2부)	B001	1	60분

화면은 경사진(30[°] 정도) 컨베이어 기계가 작동하고, 작업자는 작동 중인 컨베이어 위에 1명과 아래쪽 작업장 바닥에 1명이 있으며, 기계 오른쪽에 있는 포대를 컨베이어 벨트 위로 올리는 작업을 하는 동영상이다. 화면 오른쪽에 포대가 많이 쌓여 있고, 작업자 한 명은 경사진 컨베이어 위에 회전하는 벨트 양끝부분 철로된 모서리에 양발을 벌리고 서 있으며, 밑에 작업자가 포대를 일정한 방향이 아닌 삐뚤(각기 다르게)게 포대를 컨베이어에 올리는 중 컨베이어 위에 양발을 벌리고 있는 작업자 발에 포대 끝부분이 부딪쳐 무게중심을 잃고 기계 오른쪽으로 쓰러진 후 팔이 기계 하단으로 들어가면서 아파하는데 아래쪽 작업자가 와서 안아주는 동영상이다.

06 동영상은 경사용 컨베이어를 이용하여 화물을 운반하는 작업 중에 발생한 재해사례이다. 방호조치를 3가지 쓰시오. (6점)

합격정보
① 산업안전보건기준에 관한 규칙 제192조(비상정지장치)
② 산업안전보건기준에 관한 규칙 제193조(낙하물에 의한 위험 방지)

합격KEY
① 2008년 4월 26일 출제
② 2008년 7월 13일 출제
③ 2009년 4월 26일 출제
④ 2012년 4월 28일 기사 출제
⑤ 2013년 4월 27일 출제
⑥ 2013년 10월 12일 제3회 2부 출제
⑦ 2015년 4월 25일(문제 3번) 출제
⑧ 2016년 7월 18일 제2회 출제
⑨ 2016년 10월 15일 제3회(문제 3번) 출제
⑩ 2019년 10월 19일 기사 출제
⑪ 2021년 10월 24일(문제 6번) 출제

정답
① 비상정지장치
② 덮개
③ 울

자격종목	시험일	비번호	PC번호	남은시간
산업안전산업기사	2022년 8월 7일 2회(2부)	B001	1	60분

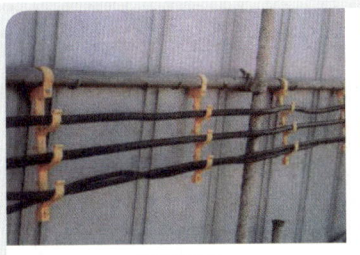

가설펜스용

계단난간대용

일반 차량도로 공사에서 붉은 도로구획 전면 점검 중 전선과 전선을 연결한 부분(절연테이프로 Taping 처리됨)을 작업자가 만지다 감전사고를 일으킴.(이때 작업자는 맨손이었으며 안전화는 착용한 상태, 또한 전원을 인가한 상태임)

00:00/00:23

07 화면은 도로에서 가설전선 점검 작업 중 발생한 재해사례이다. 이 영상을 참고하여 감전사고 예방대책 3가지를 쓰시오.(6점)

합격KEY ① 2004년 10월 2일 기사 출제
② 2005년 5월 7일 출제
③ 2007년 10월 13일 출제
④ 2013년 4월 27일 출제
⑤ 2014년 7월 13일 제2회 제1부(문제 9번) 출제
⑥ 2015년 10월 11일 제3회 2부 출제
⑦ 2017년 7월 2일 제2회 1부 산업기사 출제
⑧ 2020년 10월 17일(문제 7번) 출제

정답
① 이동전선 절연조치를 할 것
② 누전차단기를 설치할 것
③ 정전작업실시
④ 작업근로자 감전에 대비한 보호구착용(절연보호구 착용)

💬 **합격자의 조언** 조사나 문맥이 모범답안과 다르더라도 의미가 같으면 정답으로 인정되니 공란을 두지 말고 꼭 쓰세요.

08 화면은 인화성 물질의 취급 및 저장소이다. 인화성 물질의 증기, 인화성 가스 또는 인화성 분진이 존재하여 폭발 또는 화재가 발생할 우려가 있을 경우의 예방대책을 3가지 쓰시오.(단, 점화원에 의한 대책은 정답에서 제외한다.)(6점)

합격KEY
① 2004년 10월 2일 기사출제
② 2010년 9월 19일 출제
③ 2013년 7월 20일 제2회 2부(문제 8번) 출제
④ 2020년 10월 17일(문제 8번) 출제

정답
① 통풍·환기 및 제진 등의 조치를 할 것
② 폭발 또는 화재를 미리 감지할 수 있는 가스검지 및 경보장치를 설치하고 그 성능이 발휘될 수 있도록 할 것
③ 불꽃 또는 아크를 발생하거나 고온으로 될 우려가 있는 화기 또는 기계·기구 및 공구 등을 사용하지 말 것

자격종목	시험일	비번호	PC번호	남은시간
산업안전산업기사	2022년 8월 7일 2회(2부)	B001	1	60분

09 화면은 천장 크레인 작업을 하고 있는 모습이다. 크레인의 방호장치 2가지를 쓰시오. (4점)

참고
① 산업안전보건기준에 관한 규칙 제134조(방호장치의 조정)
② 산업안전보건기준에 관한 규칙 제137조(해지장치의 사용)

합격KEY
① 2010년 4월 24일 출제
② 2011년 10월 22일 제3회 출제
③ 2016년 10월 15일 기사 출제
④ 2022년 5월 21일(문제 9번) 출제
⑤ 2022년 8월 7일 제1부 출제

정답
① 과부하방지장치
② 권과방지장치
③ 제동장치
④ 해지장치

01 화면상의 작업시작 전 관리감독자의 점검사항을 2가지 쓰시오.(5점)

합격정보 ① 산업안전보건기준에 관한 규칙 [별표 3] 작업시작 전 점검사항
② 산업안전보건기준에 관한 규칙 제35조(관리감독자의 유해·위험 방지 업무 등)

정답
① 클러치 및 브레이크의 기능
② 크랭크축·플라이휠·슬라이드·연결봉 및 연결나사의 풀림 여부
③ 1행정 1정지기구·급정지장치 및 비상정지장치의 기능
④ 슬라이드 또는 칼날에 의한 위험방지 기구의 기능
⑤ 프레스의 금형 및 고정볼트 상태
⑥ 방호장치의 기능
⑦ 전단기(剪斷機)의 칼날 및 테이블의 상태

자격종목	시험일	비번호	PC번호	남은시간
산업안전산업기사	2022년 8월 7일 2회(3부)	C001	1	60분

작업자 2[명]이 전주 위에서 작업을 하고 있다. 작업자 1[명]은 변압기 위에 올라가서 볼트를 풀면서 흡연을 하며 작업을 하고 있고, 잠시 후 영상은 전주 아래부터 위를 보여주는데 발판용 볼트에 C.O.S(Cut Out Switch)가 임시로 걸쳐있음이 보인다. 그리고 다른 작업자 근처에선 이동식크레인에 작업대를 매달고 또 다른 작업을 하는 화면을 보여 준다.

02 화면의 전기형강작업 중 위험요인(결여사항) 3가지를 기술하시오. (6점)

합격KEY
① 2000년 9월 6일 기사 출제
② 2007년 4월 28일 기사 출제
③ 2009년 9월 19일 기사 출제
④ 2010년 7월 11일 출제
⑤ 2014년 7월 13일 기사 출제
⑥ 2014년 10월 5일(문제 3번) 출제
⑦ 2016년 7월 3일 제2회(문제 3번) 출제
⑧ 2017년 10월 22일 제3회(문제 1번) 출제
⑨ 2018년 4월 21일 기사 출제
⑩ 2018년 7월 8일 제2회 2부(문제 2번) 출제
⑪ 2019년 10월 19일 산업기사 출제
⑫ 2020년 10월 10일(문제 2번) 출제
⑬ 2021년 7월 18일 기사 출제

정답
① 작업중 흡연
② 작업자가 딛고 선 발판이 불안전
③ C.O.S(Cut Out Switch)를 발판용(볼트)에 임시로 걸쳐 놓았다.

03 화면 중 재해의 ① 위험점, ② 재해원인, ③ 재해방지 방법을 각각 1가지씩 쓰시오. (6점)

합격정보 한국 산업안전보건공단 자료실(미디어명 : 제조업 4대 끼임 위험기계 안전수칙 포스터)

정답
① 위험점 : 끼임점
② 재해원인 : 잠금장치 및 꼬리표를 부착하지 않음
③ 재해방지 방법 : 잠금장치 및 꼬리표를 부착함

04 산업용 로봇 작업시 교시에서 오동작을 방지하기 위한 지침 3가지를 쓰시오. (6점)

합격정보 산업안전보건기준에 관한 규칙 제222조(교시 등)
합격KEY 2019년 10월 17일(문제 4번) 출제

정답
① 로봇의 조작방법 및 순서
② 작업 중의 매니퓰레이터의 속도
③ 2명 이상의 근로자에게 작업을 시킬 경우의 신호방법
④ 이상을 발견한 경우의 조치
⑤ 이상을 발견하여 로봇의 운전을 정지시킨 후 이를 재가동시킬 경우의 조치
⑥ 그 밖에 로봇의 예기치 못한 작동 또는 오조작에 의한 위험을 방지하기 위하여 필요한 조치

자격종목	시험일	비번호	PC번호	남은시간
산업안전산업기사	2022년 8월 7일 2회(3부)	C001	1	60분

건설용 리프트 방호장치(사진확인 및 출처 : https://blog.naver.com/shipbuilding_pro/222503291329)

05 해당 사진에 맞는 장치의 이름을 쓰시오.(5점)
(단, C는 비상정지장치이며 답에서 제외)

[합격정보] 산업안전보건기준에 관한 규칙
① 제134조(방호장치의 조정)
② 제152조(무인작동의 제한)

정답
① 과부하방지장치
② 완충스프링(바닥스프링)
③ 리미트스위치(출입문 연동장치)
④ 방호울 출입문 연동장치
⑤ 3상 전원차단장치

자격종목	시험일	비번호	PC번호	남은시간
산업안전산업기사	2022년 8월 7일 2회(3부)	C001	1	60분

06 화면의 인쇄윤전기 재해사례에서 나타나는 위험점을 기계의 운동 형태에 따라 분류하고자 할 때 해당되는 (1) 위험점의 명칭 (2) 핵심위험요인 1가지를 쓰시오.(4점)

합격KEY
① 2000년 9월 5일 출제
② 2002년 5월 4일 출제
③ 2006년 9월 23일 출제
④ 2009년 4월 26일 출제
⑤ 2010년 7월 11일 출제
⑥ 2012년 7월 14일 출제
⑦ 2012년 10월 21일 산업기사 출제
⑧ 2013년 10월 12일 출제
⑨ 2015년 4월 25일 산업기사 출제
⑩ 2015년 7월 18일 산업기사 출제
⑪ 2016년 4월 23일 출제
⑫ 2016년 10월 9일 산업기사(문제 4번) 출제
⑬ 2017년 10월 22일 기사 제3회(문제 6번) 출제
⑭ 2018년 10월 14일 기사 출제
⑮ 2021년 7월 24일(문제 6번) 출제

정답
(1) 위험점의 명칭 : 물림점(nip point)
(2) 핵심위험요인
  ① 회전중 롤러의 죄어들어가는 쪽에서 직접 손으로 눌러 닦고 있어서 손이 말려 들어가게 된다.
  ② 체중을 걸쳐 닦고 있어서 말려 들어가게 된다.
  ③ 안전(방호)장치가 없어서 걸레를 위로 넣었을 때 롤러가 멈추지 않아 손이 말려 들어간다.

자격종목	시험일	비번호	PC번호	남은시간
산업안전산업기사	2022년 8월 7일 2회(3부)	C001	1	60분

어두운 곳에서 풀리에 롤러 체인이 감겨 돌아가고 있고 점검 중에 장갑을 착용한 손이 롤러체인에 끼인다.

07 화면 상의 재해에서 ① 가해물과 ② 재해원인을 1가지만 쓰시오.(5점)

합격정보 한국 산업안전보건공단 자료실(미디어명 : 제조업 4대 끼임 위험기계 안전수칙 포스터)

정답
① 가해물 : 롤러 체인
② 재해원인
  ㉮ 점검 전에 전원을 차단하지 않음.
  ㉯ 점검에 공구를 사용하지 않고 장갑을 끼고 손으로 점검

08 작업자가 용광로 쇳물 탕도 내에 고무래로 출렁이는 쇳물 표면을 젖고 당기면서 일부 굳은 찌꺼기를 긁어내어 작업자 바로 앞에 고무래로 충격을 주며 털어낸다. 작업자는 보호구를 전혀 착용하지 않았다. 작업자의 불안전한 작업 시 손과 발, 몸을 보호할 수 있는 보호구 2가지를 쓰시오. (4점)

합격KEY ▶ 2020년 11월 22일 기사 출제

정답
① 손 : 방열 장갑
② 발 : 내열 안전화(방열 장화)
③ 몸 : 방열 일체복

자격종목	시험일	비번호	PC번호	남은시간
산업안전산업기사	2022년 8월 7일 2회(3부)	C001	1	60분

작업자 한 명이 콘센트에 플러그를 꽂고 그라인더 작업 중이고, 다른 작업자가 다가와서 작업을 위해 콘센트에 플러그를 꽂고 주변을 만지는 도중 감전이 발생하는 동영상

문제 1번 | 문제 2번 | 문제 3번 | 문제 4번 | 문제 5번 | 문제 6번 | 문제 7번 | 문제 8번 | **문제 9번**

09 화면상에서 분전반 전면에 위치한 그라인더 기기를 활용한 작업에서 위험요인 2가지를 쓰시오.(4점)

합격KEY
① 2015년 7월 18일 산업기사 출제
② 2019년 7월 6일 제2회 3부(문제 9번) 출제
③ 2019년 10월 19일 기사 출제

정답
① 작업자가 맨손으로 작업을 하여 위험하다.
② 작업자가 내전압용 절연장갑 등 절연용 보호구를 착용하지 않아 위험하다.

01 동영상은 교류아크용접 작업 중 재해가 발생한 사례이다. 용접 작업 중 사고를 예방하기 위해 착용해야 할 보호구를 4가지만 쓰시오. (4점)

합격KEY ▶ 2021년 10월 23일(문제 8번) 출제

정답
① 용접용 보안면
② 용접용 (가죽) 장갑
③ 용접용 (가죽) 앞치마
④ 용접용 (가죽) 자켓
⑤ 용접용 (가죽) 두건
⑥ 용접용 안전화

02 전기드릴을 이용해 구멍을 넓히는 작업에서 작업자는 안전모와 보안경을 미착용하고, 방호장치도 설치되지 않은 상태에서 맨손으로 작업을 하고 있다. 위험방지방안을 2가지 쓰시오. (4점)

합격KEY
① 2008년 4월 26일 출제
② 2009년 4월 26일 출제
③ 2012년 7월 14일(문제 6번)
④ 2016년 4월 23일 기사 출제
⑤ 2020년 11월 15일 산업기사 출제
⑥ 2021년 10월 23일(문제 2번) 출제

정답
① 작은 물건은 바이스나 클램프를 사용하여 고정시키고 직접 손으로 지지하는 것을 피한다.
② 보안경을 착용하거나, 안전덮개를 설치한다.
③ 판에 큰 구멍을 뚫고자 할 때에는 먼저 작은 드릴로 뚫은 후에 큰 드릴로 뚫도록 한다.
④ 안전모를 착용하고, 장갑은 착용하지 않는다.

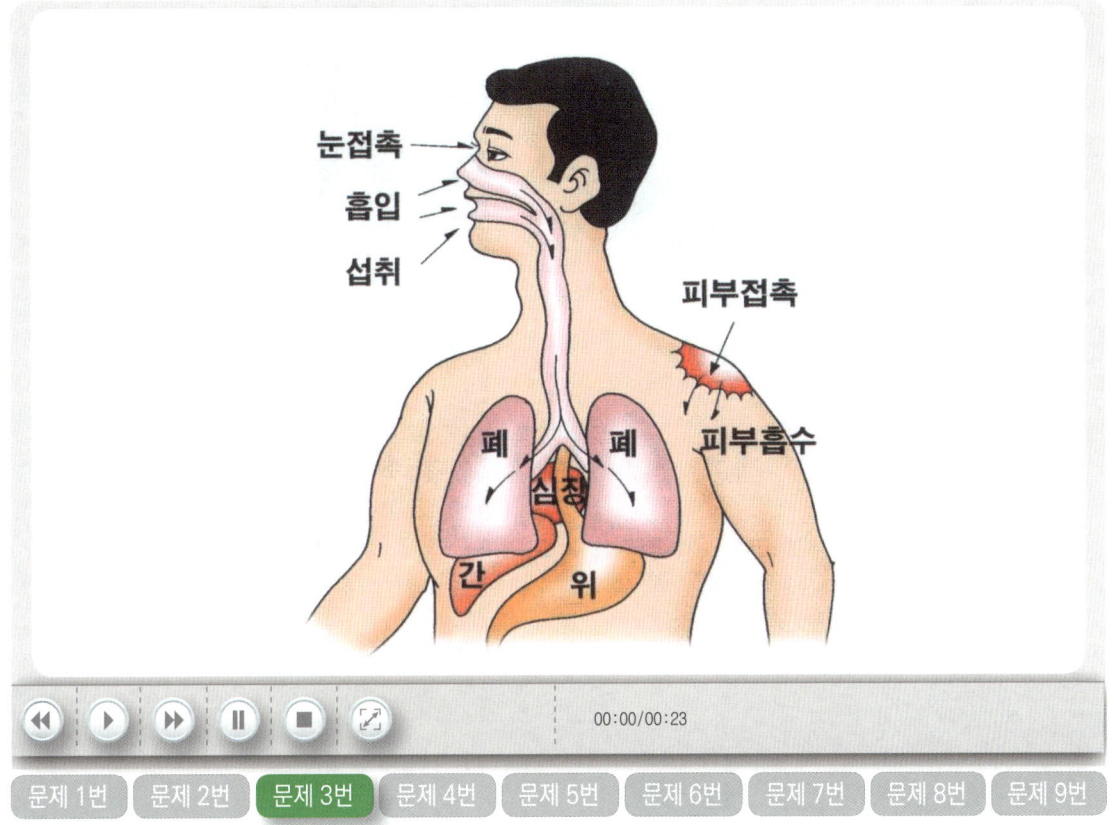

03 화면에서와 같이 장기간 근무할 경우 유해화학물질(H_2SO_4)이 작업자의 체내에 유입될 수 있다. (1) 침입 경로 3가지 (2) (　　)에 알맞은 것을 쓰시오.(6점)

> 사업주는 근로자가 '특별관리물질'을 취급하는 경우에는 그 물질이 '특별관리물질'이라는 사실과 산업안전보건법 시행규칙에 별표 18 제1호 나목에 따른 (①), (②), (③) 등 중 어느것에 해당하는지에 관한 내용을 게시판 등을 통하여 근로자에게 알려야 한다.

정답
(1) 침입경로
　① 호흡기　② 소화기　③ 피부점막
(2) 내용
　① 발암성 물질　② 생식세포 변이원성 물질　③ 생식독성 물질

자격종목	시험일	비번호	PC번호	남은시간
산업안전기사	2022년 10월 22일 3회(1부)	A001	1	60분

04 화면은 작업자가 전동 권선기에 동선을 감는 작업 중 기계가 정지하여 점검 중 발생한 재해사례이다. 재해유형(형태)과 재해 발생 원인이 무엇인지 2가지 서술하시오. (4점)
 (1) 재해유형(형태) : (2점)
 (2) 재해원인 : (2점)

[채점기준] 조사나 문맥이 모범답안과 다르더라도 의미가 같으면 정답으로 인정한다.(공지사항)

[합격KEY]
① 2004년 10월 2일 출제　　　② 2005년 10월 1일 (문제 2번)
③ 2007년 4월 28일 출제　　　④ 2011년 10월 22일 출제
⑤ 2012년 10월 21일 출제　　　⑥ 2013년 4월 27일 제1회 출제
⑦ 2014년 10월 5일 제3회 출제　⑧ 2015년 4월 25일 제1회 1부 출제
⑨ 2017년 7월 2일 제2회(문제 5번) 출제　⑩ 2019년 7월 6일 제2회 3부(문제 4번) 출제)
⑪ 2020년 5월 16일(문제 4번) 출제　⑫ 2020년 11월 22일 산업기사 출제
⑬ 2022년 5월 15일 기사 출제　　⑭ 2022년 8월 7일 산업기사 출제

정답
(1) 재해유형(형태) : 감전
(2) 재해원인
　① 전원을 차단하지 않고 기계 정비점검으로 감전
　② 작업자가 내전압용 절연장갑 등 절연용 보호구를 착용하지 않은 채 맨손으로 동선을 감아 감전

백호(굴삭기, 굴착기, 포크레인) 끝 버킷에 화물(절반형태로 잘려진 드럼통, C자형 세그먼트)을 아무런 장치가 없는 로프에 2줄걸이로 매달고 작업자 2명이 화물 양쪽으로 잡고 인양 후 이동하면서 잡담을 나눈다. 그런데, 갑자기 로프가 풀리며 드럼통이 떨어져 작업자가 깔린다.

05 화면상에서와 같이 인양(송) 작업시 발생한 재해에 있어서 그 위험요인을 2가지 쓰시오.(4점)

합격정보
① 산업안전보건기준에 관한 규칙 제221조의 5(인양작업시 조치)
② 2022년 10월 18일 신설법규

정답
① 훅에 해지장치가 없어 슬링와이어가 이탈할 위험이 있다.
② 신호수나 작업지휘자 미 배치
③ 인양물과 근로자가 접촉할 우려가 있는 장소에 근로자의 출입을 금지시키지 않아 위험하다.

06 화면은 에어배관 작업 중 고압의 증기 누출로 작업자가 눈에 상해를 당하는 영상이다. 에어배관 작업시 위험요인을 2가지 쓰시오.(4점)

합격KEY ① 2014년 7월 23일 제2회 제1부(문제 1번) 출제
② 2015년 10월 11일(문제 1번) 출제
③ 2017년 4월 22일 제1회(문제 1번) 출제
④ 2018년 10월 14일 제3회(문제 1번) 출제
⑤ 2019년 7월 6일 제2회 1부 산업기사(문제 1번) 출제
⑥ 2020년 5월 16일 제1회 2부 기사 출제
⑦ 2020년 7월 25일 산업기사 출제
⑧ 2020년 11월 22일 기사 출제
⑨ 2020년 11월 22일 기사, 산업기사 동시출제
⑩ 2021년 5월 5일(문제 6번) 출제
⑪ 2022년 8월 7일 산업기사 출제

정답
① 보안경을 착용하지 않아 고압증기에 의한 눈 부위 손상의 위험이 존재한다.
② 배관에 남은 고압증기를 제거하지 않았고, 전용공구를 사용하지 않아 위험이 존재한다.
③ 작업자가 딛고 선 이동식사다리 설치가 불안전하여 추락 위험이 있다.

07 동영상은 밀폐공간에서 작업을 하고 있다. 보기의 ( )에 알맞은 숫자를 쓰시오.(5점)

[보기]
"적정공기"라 함은 산소농도의 범위가 (①)[%] 이상, (②)[%] 미만, 이산화탄소의 농도가 (③)[%] 미만, 일산화탄소 농도가 (④)[ppm] 미만, 황화수소의 농도가 (⑤)[ppm] 미만인 수준의 공기를 말한다.

참고 산업안전보건기준에 관한 규칙 제618조(정의)

합격KEY ① 2006년 4월 29일(문제 3번) 출제
② 2016년 7월 3일 제2회(문제 3번) 출제
③ 2017년 10월 22일 기사 제3회(문제 4번) 출제
④ 2018년 10월 14일 산업기사 제3회 1부(문제 4번) 출제
⑤ 2019년 10월 19일 제3회 2부(문제 4번) 출제
⑥ 2020년 5월 16일 산업기사 출제
⑦ 2021년 5월 2일 기사 출제
⑧ 2021년 10월 24일 산업기사 출제

정답 ① 18 ② 23.5 ③ 1.5 ④ 30 ⑤ 10

08 화면은 인화성 물질의 취급 및 저장소이다. 인화성 물질의 증기, 인화성 가스 또는 인화성 분진이 존재하여 폭발 또는 화재가 발생할 우려가 있을 경우의 예방대책을 3가지 쓰시오.(단, 작업시설에 관련된 것은 제외하고 작업자, 작업장 관련 내용만 해당)(6점)

합격정보 산업안전보건기준에 관한 규칙 제325조(정전기로 인해 화재 폭발 등 방지) ②항

정답
① 정전기 대전방지용 안전화 착용
② 제전복(除電服) 착용
③ 정전기 제전용구 사용
④ 작업장 바닥 등에 도전성을 갖추도록 한다.

자격종목	시험일	비번호	PC번호	남은시간
산업안전기사	2022년 10월 22일 3회(1부)	A001	1	60분

09 화면은 천장 크레인 작업을 하고 있는 모습이다. 다음 설명에 맞는 크레인의 방호장치를 쓰시오.(6점)
① 권과를 방지하기 위하여 인양용 와이어로프가 일정한계 이상 감기게 되면 자동적으로 동력을 차단하고 작동을 정지시키는 장치
② 훅에서 와이어로프가 이탈하는 것을 방지하는 장치
③ 전도 사고를 방지하기 위하여 장비의 측면에 부착하여 전도 모멘트에 대하여 효과적으로 지탱할 수 있도록 한 장

참고
① 산업안전보건기준에 관한 규칙 제134조(방호장치의 조정)
② 산업안전보건기준에 관한 규칙 제137조(해지장치의 사용)

합격KEY
① 2010년 4월 24일 출제 ② 2011년 10월 22일 제3회 출제
③ 2016년 10월 15일 기사 출제 ④ 2022년 5월 21일(문제 9번) 출제
⑤ 2022년 8월 7일 제1부 출제 ⑥ 2022년 8월 7일 산업기사 출제

정답
① 권과방지장치
② 훅해지장치
③ 전도방지장치(아웃트리거)

문제 및 답안(지), 점수, 채점기준은 일체 공개하지 않는다.

자격종목	시험일	비번호	PC번호	남은시간
산업안전기사	2022년 10월 22일 3회(2부)	B001	1	60분

① 공장 안에 안전모와 면장갑을 착용한 작업자가 한손에는 천장 크레인(호이스트) 조작 스위치, 다른 한 손에는 인양물을 잡고 천천히 이동중
② 길이 4[m]정도 되어 보이는 여러개의 배관으로 묶인 인양물은 머리 높이 정도에 슬링벨트 1줄에 두어번 감긴 상태로 묶여 있다.
③ 훅의 해지 장치, 유도로프는 설치 되어 있지 않다.
④ 한줄걸이로 인양물이 흔들리다가 기울며 추락하고, 천장방향 인양물을 보면서 가느라 이동 통로에 여러 자재들이 널부러져 있는걸 보지 못하고 밟고 넘어진다.

문제 1번 | 문제 2번 | 문제 3번 | 문제 4번 | 문제 5번 | 문제 6번 | 문제 7번 | 문제 8번 | 문제 9번

01 화면은 크레인을 이용하여 철제 배관(인양물)을 인양하는 작업으로 신호수의 신호에 따라 철제 배관을 인양 중 H빔에 부딪치면서 흔들리는 동영상이다. 배관 인양 작업시 위험요인 3가지를 쓰시오. (6점)

합격KEY ▶ ① 2015년 7월 18일 기사 (문제 8번) 출제
② 2016년 7월 3일 제2회 산업기사(문제 8번) 출제
③ 2019년 7월 6일 기사 제2회 2부 출제
④ 2019년 10월 19일 제3회 1부(문제 7번) 출제
⑤ 2020년 5월 16일(문제 9번) 출제
⑥ 2020년 11월 22일 기사 출제
⑦ 2022년 5월 15일(문제 3번) 출제
⑧ 2022년 7월 30일(문제 1번) 출제

정답
① 와이어로프의 안전상태가 불안정하여 위험하다.
② 작업 반경 내 관계근로자 이외의 외부 작업자가 출입하여 위험하다.
③ 훅의 해지장치 및 안전상태가 불안정하여 위험하다.

자격종목	시험일	비번호	PC번호	남은시간
산업안전기사	2022년 10월 22일 3회(2부)	B001	1	60분

02 사업주는 사업장에서 지게차를 이용하여 하역 및 운반작업을 할 때에는 보유하고 있는 지게차별로 미리 작업에 관련되는 작업계획서를 작성하고 그 작업계획에 따라 작업을 실시하여야 한다. 일상작업 시 최초 작업개시 전에 작성하는 경우를 제외하고 작업계획서를 작성해야 하는 경우를 2가지 쓰시오. (4점)

[합격정보] 지게차의 안전작업계획서의 작성지침
(KOSHA GUIDE-185-2015) : 작업계획서의 작성

정답
① 작업장내 구조, 설비 및 작업방법이 변경되었을 때
② 작업장소 또는 화물의 상태가 변경되었을 때
③ 지게차 운전자가 변경되었을 때

자격종목	시험일	비번호	PC번호	남은시간
산업안전기사	2022년 10월 22일 3회(2부)	B001	1	60분

① 사방에 불꽃이 튀고 있는 가스용접 절단 작업 중, 야외용접 작업장 바닥에 여러 자재(철판, 목재, 인화성물질이라 표시된 페인트통)가 널부려져 있고, 산소통이 용접/절단 작업장 가까이에서 바닥에서 20도 정도로 눕혀 있고, 작업장에 소화기는 보이지 않는다.
② 용접용 보안면 등 안전보호구를 착용하지 않은 여러 작업자들이 맨얼굴로 목장갑을 끼고 용접하면서 산소통 줄을 당겨서 호수가 뽑혀 산소가 세어나오고 불꽃이 튐

03 동영상 작업장의 불안전한 요소 3가지를 쓰시오.(6점)
(단, 작업자의 불안전한 행동은 채점에서 제외)

정답
① 화기작업에 따른 인근 가연성물질에 대한 방호조치 및 소화기구 비치 미흡하여 화재 및 폭발사고 발생 위험이 있다.
② 용접불티 비산장비덮개, 용접방화포 등 불꽃 불티 등 비산방지조치 미흡으로 화재 및 폭발사고 발생 위험이 있다.
③ 작업현장 내 정리, 정돈 상태가 불량하여 인화성물질이 쌓여있으므로 화재폭발사고가 발생할 위험이 있다.
④ 감시인이 배치되어 있지 않아 화재 및 폭발 사고발생의 위험이 있다.

자격종목	시험일	비번호	PC번호	남은시간
산업안전기사	2022년 10월 22일 3회(2부)	B001	1	60분

04 산업안전보건법령상, 화면에서 보여주는 양중기를 사용하여 작업을 할 때 작업 시작 전 관리감독자의 점검사항 3가지를 쓰시오.(5점)

참고 산업안전보건기준에 관한 규칙 [별표 3] 작업시작전 점검사항

합격KEY
① 2018년 10월 14일(문제 1번) 출제
② 2020년 11월 22일(문제 1번) 출제
③ 2021년 5월 2일(문제 1번) 출제

정답
① 권과방지장치나 그 밖의 경보장치의 기능
② 브레이크·클러치 및 조정장치의 기능
③ 와이어로프가 통하고 있는 곳 및 작업장소의 지반상태

작업자 2명이 소형 모터를 슬링벨트 한줄걸이로 긴 막대 걸고, 어깨걸이로 양쪽에 걸고 이동한다. 그러다가, 계단을 오르는데 슬링벨트 고정이 안되어 앞뒤로 미끄러지다가 결국 뒤의 작업자가 균형을 잃고 쓰러지고, 소형모터도 떨어진다.

05 산업안전보건법령상, 중량물을 들어올리는 작업 시 조치 사항 관련해서, (　)에 알맞은 것을 쓰시오. (4점)

사업주는 근로자가 취급하는 물품의 (①)·(②)·(③)·(④) 등 인체에 부담을 주는 작업의 조건에 따라 작업시간과 휴식시간 등을 적정하게 배분하여야 한다.

[합격정보] 산업안전보건기준에 관한 규칙 제664조(작업조건)
[채점기준] 조사나 문맥이 모범답안과 다르더라도 의미가 같으면 정답인정

정답
① 중량
② 취급빈도
③ 운반거리
④ 운반속도

06 산업안전보건법령상, 밀폐공간에서 근로자에게 작업하도록 하는 경우, 사업주가 수립 시행해야 하는 밀폐공간 작업 프로그램의 내용 3가지를 쓰시오.(6점)
(단, 그 밖에 밀폐공간 작업근로자의 건강장해예방에 관한 사항 제외)

합격정보 산업안전보건기준에 관한 규칙 제619조(밀폐공간 작업 프로그램의 수립 · 시행)

정답
① 사업장 내 밀폐공간의 위치 파악 및 관리 방안
② 밀폐공간 내 질식 · 중독 등을 일으킬 수 있는 유해 · 위험 요인의 파악 및 관리 방안
③ 제②항에 따라 밀폐공간 작업 시 사전 확인이 필요한 사항에 대한 확인 절차
④ 안전보건교육 및 훈련

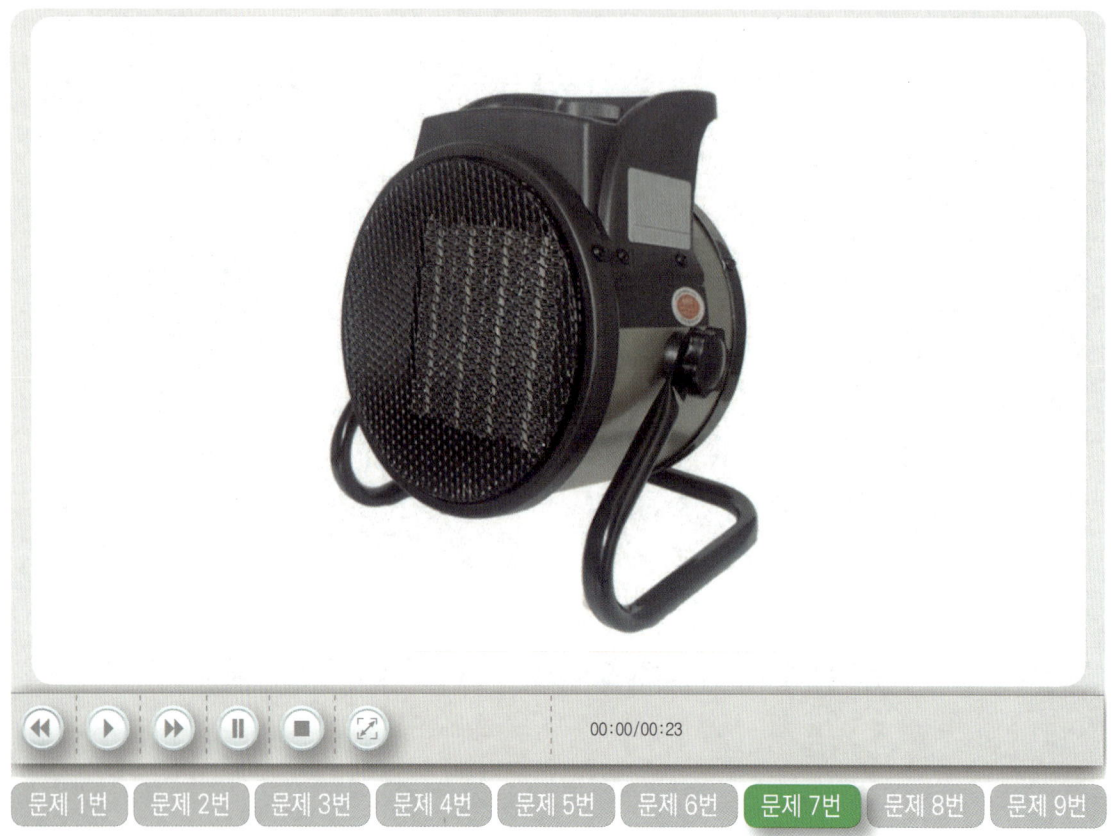

07 콘크리트 양생 시 사용되는 열풍기 사용시 준수사항 3가지를 쓰시오. (6점)

합격정보 한국산업안전보건공단(kosha)가이드 단순 슬래브 콘크리트 타설 안전작업지침(C-24-2011)

정답
① 질식 위험이 있는 장소에는 관리감독자 입회하에 안전성을 확인 후 출입하고, 갈탄, 열풍기 등을 사용하는 콘크리트 양생 장소에는 관리감독자의 지휘 감독에 따라 근로자를 출입시켜야 한다.
② 동절기에 밀폐공간에서 갈탄 등으로 양생 작업 시 적절한 환기실시, 산소농도측정기, 가스농도 측정기 등을 사용하여 안전성을 확인 후에 출입하여야 한다.
③ 동절기에 밀폐공간에서 갈탄 등으로 양생 작업 시 호흡용 보호구 등 개인 보호구 착용을 철저히 하여야 한다.
④ 열풍기 등 전기 기계기구 접지 및 누전차단기 등의 기능 점검으로 감전방지 조치를 하여야 한다.
⑤ 콘크리트 양생 장소에 갈탄 등을 사용 시 화재 예방조치를 하고, 소화기를 비치하여야 한다.

자격종목	시험일	비번호	PC번호	남은시간
산업안전기사	2022년 10월 22일 3회(2부)	B001	1	60분

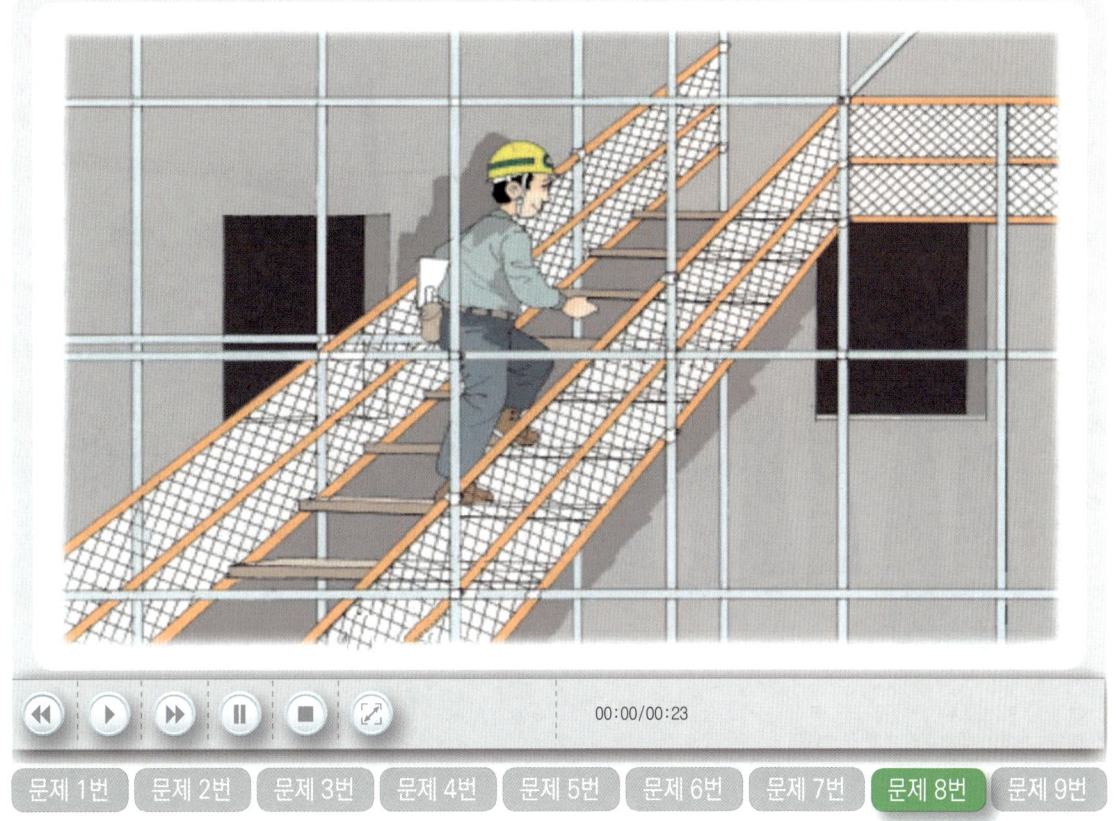

00:00/00:23

문제 1번 | 문제 2번 | 문제 3번 | 문제 4번 | 문제 5번 | 문제 6번 | 문제 7번 | **문제 8번** | 문제 9번

08 건설현장 가설통로에서 작업자가 움직이다가 발이 걸려 추락한다. 가설통로가 갖춰야 할 구조관련하여 (   )를 채우시오. (4점)

(1) 경사는 (   )도 이하로 할 것. 다만, 계단을 설치하거나 높이 2m 미만의 가설통로로서 튼튼한 손잡이를 설치한 경우에는 그러하지 아니하다.
(2) 경사가 (   )도를 초과하는 경우에는 미끄러지지 아니하는 구조로 할 것

[합격정보] 산업안전보건기준에 관한 규칙(약칭 : 안전보건규칙)
제23조(가설통로의 구조) 사업주는 가설통로를 설치하는 경우 다음 각 호의 사항을 준수하여야 한다.
1. 견고한 구조로 할 것
2. 경사는 30도 이하로 할 것. 다만, 계단을 설치하거나 높이 2미터 미만의 가설통로로서 튼튼한 손잡이를 설치한 경우에는 그러하지 아니하다.
3. 경사가 15도를 초과하는 경우에는 미끄러지지 아니하는 구조로 할 것
4. 추락할 위험이 있는 장소에는 안전난간을 설치할 것. 다만, 작업상 부득이한 경우에는 필요한 부분만 임시로 해체할 수 있다.
5. 수직갱에 가설된 통로의 길이가 15미터 이상인 경우에는 10미터 이내마다 계단참을 설치할 것
6. 건설공사에 사용하는 높이 8미터 이상인 비계다리에는 7미터 이내마다 계단참을 설치할 것

[합격KEY] ① 2021년 5월 2일(문제 6번) 출제
② 2021년 7월 18일(문제 8번) 출제

[정답] ① 30 ② 15

자격종목	시험일	비번호	PC번호	남은시간
산업안전기사	2022년 10월 22일 3회(2부)	B001	1	60분

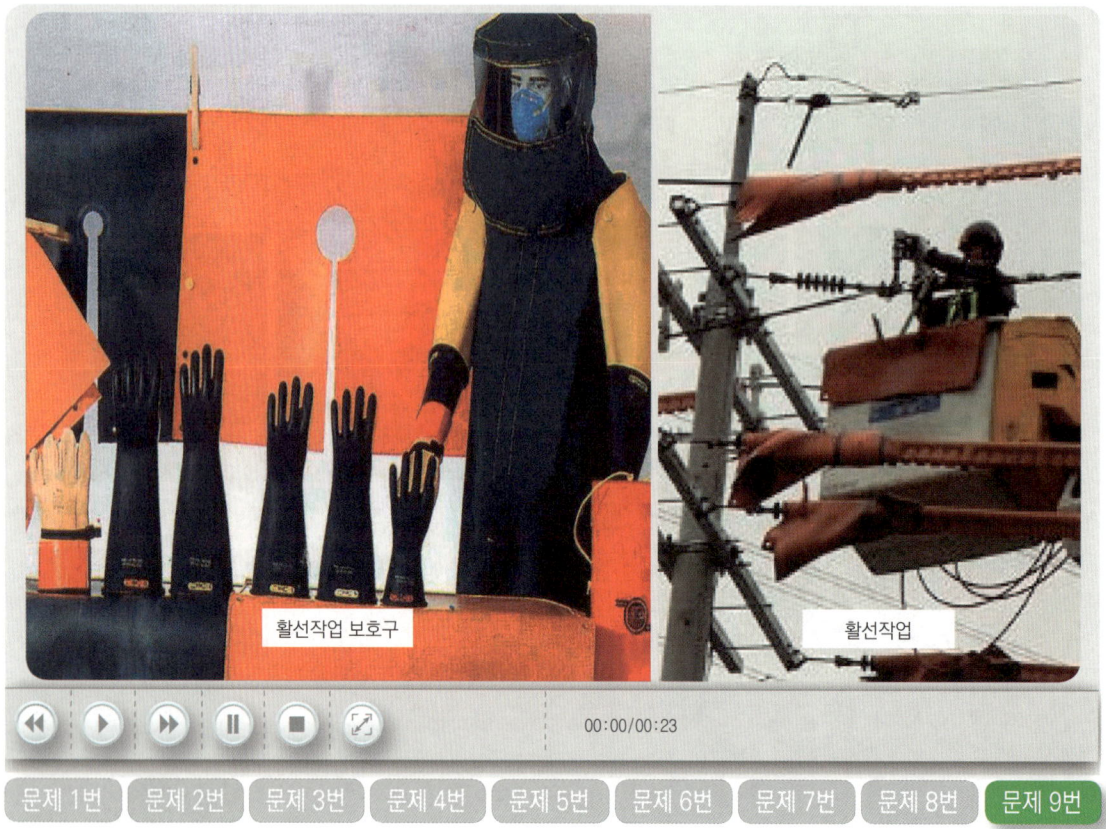

09 화면과 같이 활선 작업 시 작업자가 착용하여야 할 보호구 2가지를 쓰시오. (4점)

합격KEY ① 2015년 7월 18일 제2회(문제 1번) 출제
② 2017년 10월 22일 제3회(문제 1번) 출제
③ 2019년 4월 21일 산업기사 출제
④ 2021년 10월 23일(문제 1번) 출제

정답
① 내전압용 절연장갑
② 절연장화
③ AE종 또는 ABE종 안전모

자격종목	시험일	비번호	PC번호	남은시간
산업안전기사	2022년 10월 22일 3회(3부)	C001	1	60분

유도자(신호수)가 지게차가 화물을 들도록 유도한 뒤, 지게차가 그 앞에 멈추자 유도자가 지게차 문에 매달린다. 화물(박스 3개)로 인해 시야 확보가 되지 않는다. 유도자가 매달린 채 후진하라고 유도하다가 뒷바퀴가 바닥에 있는 나무조각에 걸려 덜컹거리는 순간 유도자가 지게차에서 떨어진다.

01 건설기계 안전기준에 관한 규칙에 따라서, 지게차의 안정도 관련해서 (   )안에 알맞은 것을 쓰시오. (4점)

① 지게차는 다음 각 호에 해당하는 지면에서 중심선이 지면의 기울어진 방향과 평행할 경우 앞이나 뒤로 넘어지지 아니하여야 한다.
  1. 지게차의 최대하중상태에서 쇠스랑을 가장 높이 올린 경우 기울기가 (㉠) 지게차의 최대하중이 5톤 이상인 경우에는 (㉡)인 지면
  2. 지게차의 기준무부하상태에서 주행할 경우 기울기가 (㉢)인 지면

② 지게차는 다음 각 호에 해당하는 지면에서 중심선이 지면의 기울어진 방향과 직각으로 교차할 경우 옆으로 넘어지지 아니하여야 한다.
  1. 지게차의 최대하중상태에서 쇠스랑을 가장 높이 올리고 마스트를 가장 뒤로 기울인 경우 기울기가 (㉣)인 지면
  2. 지게차의 기준무부하상태에서 주행할 경우 구배가 지게차의 최고주행속도에 1.1을 곱한 후 15를 더한 값인 지면. 다만 규격이 5,000킬로그램 미만인 경우에는 최대 기울기가 100분의 50, 5,000킬로그램 이상인 경우에는 최대 기울기가 100분의 40인 지면을 말한다.

[합격정보] 건설기계안전기준에 관한 규칙 제22조(안정도)

정답 ㉠ $\frac{4}{100}$ 또는 4[%] ㉡ $\frac{3.5}{100}$ 또는 3.5[%] ㉢ $\frac{18}{100}$ 또는 18[%] ㉣ $\frac{6}{100}$ 또는 6[%]

02 산업안전보건법령상, 말비계를 조립하여 사용하는 경우에 사업주의 준수 사항 관련해서 (   )에 알맞은 것을 쓰시오. (4점)

① 지주부재(支柱部材)의 하단에는 미끄럼 방지장치를 하고, 근로자가 양측 끝부분에 올라서서 작업하지 않도록 할 것
② 지주부재와 수평면의 기울기를 (㉠)도 이하로 하고, 지주부재와 지주부재 사이를 고정시키는 (㉡)를 설치할 것
③ 말비계의 높이가 2미터를 초과하는 경우에는 작업발판의 폭을 40센티미터 이상으로 할 것

합격정보 산업안전보건기준에 관한 규칙 제67조(말비계)

정답
㉠ 75
㉡ 보조부재

03 산업안전보건법령상, 차량계 건설기계의 붐·암 등을 올리고 그 밑에서 수리·점검작업 등을 하는 경우 붐·암 등이 갑자기 내려옴으로써 발생하는 위험을 방지하기 위하여, 사업주가 해당 작업에 종사하는 근로자에게 사용하도록 해야하는 방호장치 2가지를 쓰시오. (4점)

합격정보 산업안전보건기준에 관한 규칙 제205조(붐 등의 강하에 의한 위험방지)

정답
① 안전지지대
② 안전블록(Safety Block)

합격자의 조언 조사나 문맥이 모범답안과 다르더라도 의미가 같으면 정답으로 인정한다.

자격종목	시험일	비번호	PC번호	남은시간
산업안전기사	2022년 10월 22일 3회(3부)	C001	1	60분

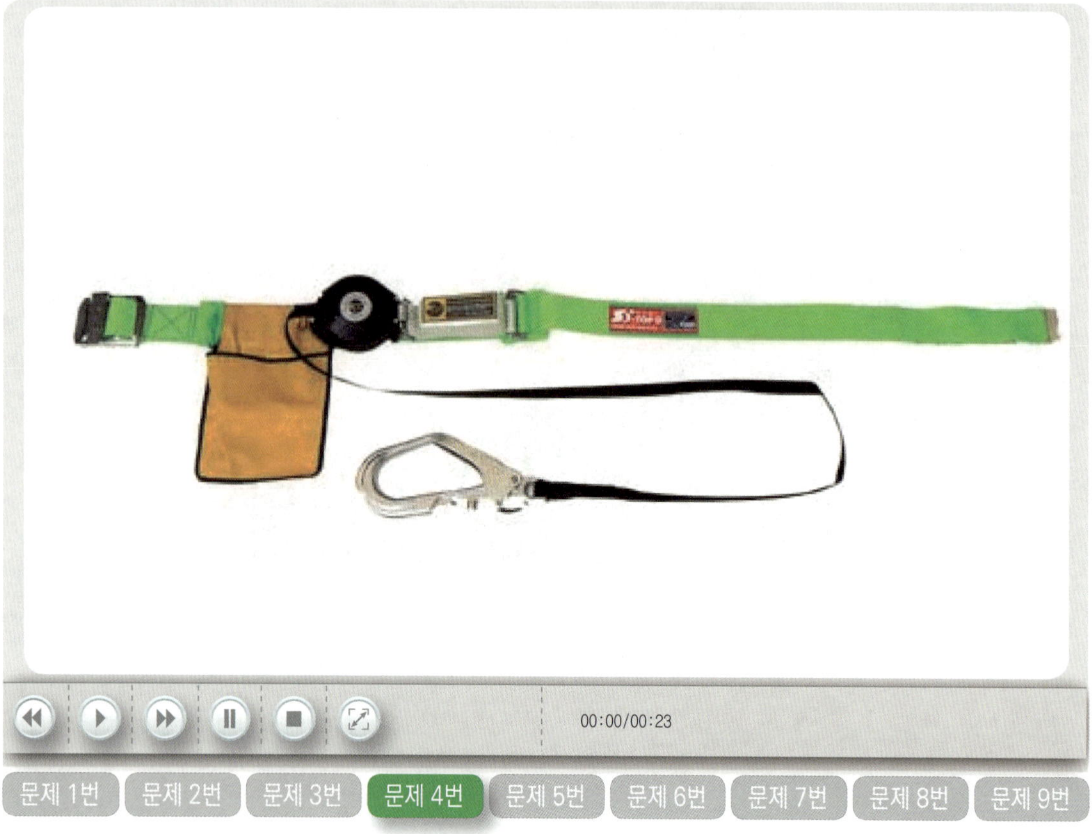

04 보호구 안전인증고시상, 안전대 충격방지장치 중 벨트의 제원 관련해서 (　　)에 알맞은 것을 쓰시오.(5점)(단, U자걸이로 사용할 수 있는 안전대는 제외)

① 너비 : (　　　　)[mm] 이상

② 두께 : (　　　　)[mm] 이상

③ 정하중 : (　　　　)[kN] 이상

합격정보 보호구 안전인증고시 [별표 9] 안전대의 성능기준

정답 ① 50　② 2　③ 15

05 화면은 승강기 설치 전 피트 내부에서 청소작업 중에 승강기의 개구부로 작업자가 추락하여 사망사고가 발생한 재해사례이다. 이 영상에서 나타난 핵심위험요인을 3가지를 쓰시오.(6점)

합격정보 산업안전보건기준에 관한 규칙 제43조(개구부 등의 방호조치)

합격KEY
① 2006년 9월 23일 기사 출제
② 2007년 10월 14일 기사 출제
③ 2009년 4월 26일 기사 출제
④ 2011년 5월 7일 출제
⑤ 2014년 10월 5일 출제
⑥ 2015년 7월 18일 기사 출제
⑦ 2016년 4월 23일(문제 5번) 출제
⑧ 2016년 7월 3일 제2회 기사 출제
⑨ 2016년 10월 15일 제3회 기사 출제
⑩ 2017년 10월 22일 산업기사 제3회(문제 5번) 출제
⑪ 2018년 10월 14일 제3회 2부(문제 8번) 출제
⑫ 2020년 5월 16일 제1회 2부(문제 8번) 출제
⑬ 2020년 8월 2일 제2회 (문제 8번) 출제
⑭ 2020년 10월 10일(문제 8번) 출제
⑮ 2020년 11월 25일 기사 출제
⑯ 2021년 5월 5일(문제 4번) 출제
⑰ 2022년 5월 21일 산업기사 출제

정답
① 작업발판이 고정되어 있지 않았다.
② 작업자가 안전난간 및 안전대를 걸지 않고 작업하였다.
③ 수직형 추락방망을 설치하지 않았다.

자격종목	시험일	비번호	PC번호	남은시간
산업안전기사	2022년 10월 22일 3회(3부)	C001	1	60분

[그림 1] 용접작업

교류아크용접 작업장에서 작업자가 혼자 작업을 하고 있음.(작업 내용은 대형 관의 플랜지 아래 부위를 아크 용접하는 상황) 왼손으로는 플랜지 회전 스위치를 조작해 가며 오른손으로 용접을 하는 상황, 주위에는 인화성 물질로 보이는 깡통 등이 용접작업 주변에 쌓여 있음.

06 화면은 배관 용접작업에 관한 내용이다. 동영상의 내용 중 위험요인이 내재되어 있다. 작업현장의 위험요인 3가지를 쓰시오.(6점)

합격KEY
① 2019년 10월 19일 제3회 3부(문제 7번) 출제
② 2020년 5월 16일 제1회 3부 기사 출제
③ 2020년 7월 25일 산업기사 출제
④ 2021년 7월 18일(문제 6번) 출제

정답
① 단독으로 작업 중 양손 모두를 사용하여 작업하므로 위험에 노출되어 있다.
② 작업현장내 정리, 정돈 상태가 불량하여 인화성물질이 쌓여있으므로 화재폭발사고가 발생할 위험이 있다.
③ 감시인이 배치되어 있지 않아 사고발생의 위험이 있다.

07 화면은 전류가 흐르는 고압선 아래에서 작업 중 발생한 재해사례이다. 산업안전보건기준에 관한 규칙에 따라서, 충전전로에서의 전기작업 중 조치 사항에 대해서 다음 ( )을 채우시오.(6점)

(1) 충전전로를 취급하는 근로자에게 그 작업에 적합한 (①)를 착용시킬 것
(2) 충전전로에 근접한 장소에서 전기작업을 하는 경우에는 해당 전압에 적합한 (②)를 설치할 것. 다만, 저압인 경우에는 해당 전기작업자가 (①)를 착용하되, 충전전로에 접촉할 우려가 없는 경우에는 (②)를 설치하지 아니할 수 있다.
(3) 유자격자가 아닌 근로자가 충전전로 인근의 높은 곳에서 작업할 때에 근로자의 몸 또는 긴 도전성 물체가 방호되지 않은 충전전로에서 대지전압이 50킬로볼트 이하인 경우에는 (③)[cm] 이내로, 대지전압이 50[kV]를 넘는 경우에는 10[kV]당 10[cm]씩 더한 거리 이내로 각각 접근할 수 없도록 할 것

정답 ① 절연용 보호구 ② 절연용 방호구 ③ 300

공사현장에 건설용 리프트에 작업자가 탑승하여 리프트가 상승하고 도착, 문이 열리고 작업자가 내린다.

08 화면은 건설용 리프트를 사용하여 작업하는 내용이다. 건설용 리프트 방호장치를 3가지만 쓰시오. (6점)

합격정보
① 산업안전보건기준에 관한 규칙 제134조(방호장치의 조정)
② 위험기계·기구 방호장치 기준 제18조(방호장치)

합격KEY
① 2007년 7월 15일 출제
② 2010년 4월 24일 출제
③ 2014년 7월 13일 제2회 제2부(문제 6번) 출제
④ 2015년 10월 11일 제3회 1부 출제
⑤ 2017년 7월 2일 제2회(문제 8번) 출제
⑥ 2018년 4월 21일 2부(문제 8번) 출제
⑦ 2020년 10월 7일(문제 1번) 출제

정답
① 과부하방지장치
② 권과방지장치
③ 비상정지장치
④ 제동장치

09 화면상의 작업시 위험요인 3가지를 쓰시오. (6점)

합격정보 산업안전보건기준에 관한 규칙 제132조(양중기)

합격KEY
① 2014년 10월 5일 제3회 3부(문제 8번) 출제
② 2020년 5월 16일 기사 1회 2부 출제
③ 2020년 10월 17일 산업기사 출제
④ 2021년 7월 18일(문제 9번) 출제

정답
① 훅에 해지장치가 없어 슬링와이어가 이탈할 위험이 있다.
② 조정장치 전선 피복이 벗겨져 있어 내부전선 단선으로 호이스트가 오동작하여 물건(베어링)이 떨어질 위험이 있다.
③ 작업반경내 낙하(베어링) 위험장소에서 조정장치를 조작하고 있어 위험하다.

01 정전 작업 시 전로 차단 절차를 보기에서 순서대로 ( )에 쓰시오. (5점)

[보기]
① 전기기기등에 공급되는 모든 전원을 관련 도면, 배선도 등으로 확인할 것
② 검전기를 이용하여 작업 대상 기기가 충전되었는지를 확인할 것
③ 차단장치나 단로기 등에 잠금장치 및 꼬리표를 부착할 것
④ 개로된 전로에서 유도전압 또는 전기에너지가 축적되어 근로자에게 전기위험을 끼칠 수 있는 전기기기등은 접촉하기 전에 잔류전하를 완전히 방전시킬 것
⑤ 전원을 차단한 후 각 단로기 등을 개방하고 확인할 것
⑥ 전기기기등이 다른 노출 충전부와의 접촉, 유도 또는 예비동력원의 역송전 등으로 전압이 발생할 우려가 있는 경우에는 충분한 용량을 가진 단락 접지기구를 이용하여 접지할 것

합격KEY
① 2017년 6월 25일 실기 필답형 출제
② 2022년 7월 24일 실기 필답형 출제

정답 ① - ⑤ - ③ - ④ - ② - ⑥

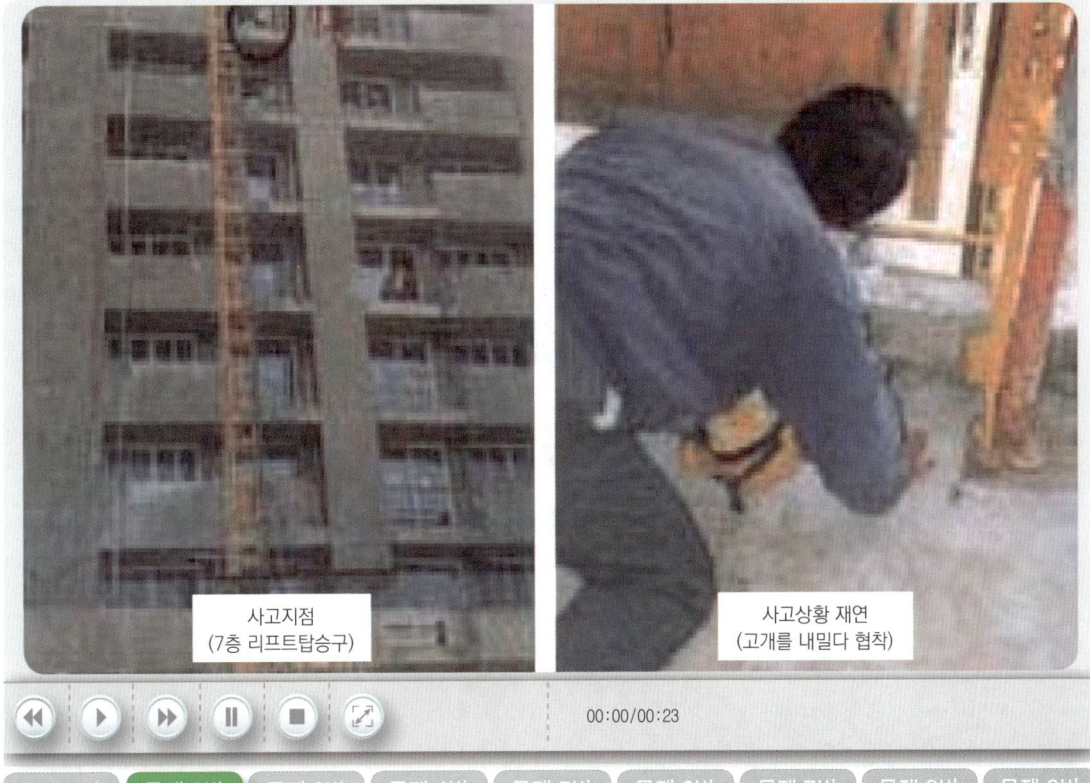

02 산업안전보건법령상 건설용 리프트를 이용하는 작업을 하는 근로자에게 하여야 하는 특별안전보건교육 내용을 3가지만 쓰시오. (단, 채용시 및 작업내용 변경 시 교육사항, 그 밖에 안전보건관리에 필요한 사항은 제외)(6점)

[합격정보] 산업안전보건법 시행규칙 [별표 5] 안전보건교육 교육대상별 교육내용(15. 건설용 리프트 · 곤돌라를 이용한 작업)

정답
① 방호장치의 기능 및 사용에 관한 사항
② 기계, 기구, 달기체인 및 와이어 등의 점검에 관한 사항
③ 화물의 권상 · 권하 작업방법 및 안전작업 지도에 관한 사항
④ 기계 · 기구에 특성 및 동작원리에 관한 사항
⑤ 신호방법 및 공동작업에 관한 사항

자격종목	시험일	비번호	PC번호	남은시간
산업안전산업기사	2022년 10월 23일 3회(1부)	A001	1	60분

① 컨베이어 점검 중 다른 사람이 와서 기계를 가동시킨다.
② 체인의 움직임과는 반대방향으로 손이 딸려가서 컨베이어 체인 옆쪽의 고정부에 손이 낌

03 화면 중 재해의 ① 위험점, ② 재해원인, ③ 재해방지 방법을 각각 1가지씩 쓰시오. (단, 화면과는 달리 1인 작업으로 가정할 것)(6점)

합격정보 한국 산업안전보건공단 자료실(미디어명 : 제조업 4대 끼임 위험기계 안전수칙 포스터)
참고 산업안전보건기준에 관한 규칙 제92조(정비 등의 작업시의 운전정지 등)
합격KEY 2022년 8월 7일(문제 3번) 출제

정답
① 위험점 : 끼임점
② 재해원인 : 잠금장치 및 꼬리표를 부착하지 않음
③ 재해방지 방법 : 잠금장치 및 꼬리표를 부착함

자격종목	시험일	비번호	PC번호	남은시간
산업안전산업기사	2022년 10월 23일 3회(1부)	A001	1	60분

절연장갑을 착용하지 않은 작업자 혼자 사출성형기를 점검하다가 밑에 판을 열어서 드라이버로 수리하다가 쓰러진다.

04 화면 상의 (1) 재해발생형태 (2) 작업자의 불안전한 행동을 1가지 쓰시오.(4점)

정답
(1) 재해발생형태 : 감전
(2) 불안전한 행동
　① 전원을 차단하지 않고 점검하다가 감전됨
　② 절연용 보호구를 착용하지 않고 작업

05 아래의 정의에 맞는 고온 관련 온열질환의 이름을 보기에서 골라 쓰시오.(4점)

[보기]
열탈진   열사병   열발진   열피로   열경련   열실신

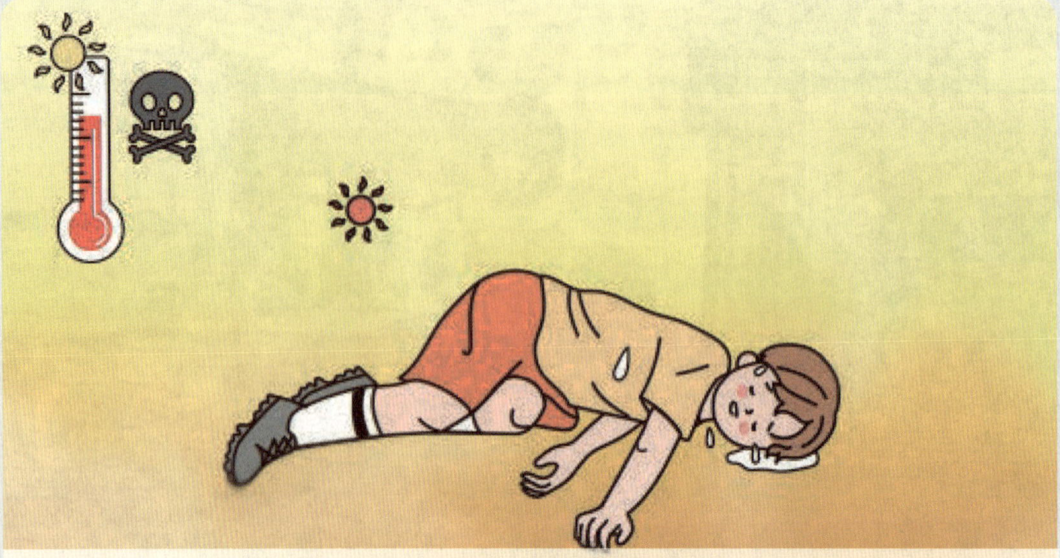

① 땀을 많이 흘린 후에 고온장소에서 격한 작업하다 발한과 땀이 많이나는데 염분과 수분을 부적절하게 보충하였을 때, 심한 갈증, 현기증, 구토, 피로감 등이 발생한다. (   )
② 열에 의해서 유발되는 가장 흔한 질환 중 하나로, 수분이나 염분이 결핍되어 발생합니다. 무더운 환경에서 심하게 운동하거나 활동한 뒤 발생할 수 있습니다.(   )

보충학습
① 열사병(Heat Stroke)
고온의 밀폐된 공간에 오래 머무를 경우 발생하는 질환으로, 체온이 40도 이상으로 올라가 치명적일 수 있다. 일반적으로 중추 신경계 이상이 발생하고 정신 혼란, 발작, 의식 소실도 일어날 수 있다.
② 열경련(Heat Cramp)
고온에 지속적으로 노출되 근육에 경련이 일어나는 질환이다. 무더위가 기능을 부리는 7월 말에서 8월에 집중적으로 발생한다. 두통, 오한을 동반하고 심할 경우 의식 장애를 일으키거나 혼수상태에 빠질 수 있다.

 ① 열탈진
② 열피로(일사병)

자격종목	시험일	비번호	PC번호	남은시간
산업안전산업기사	2022년 10월 23일 3회(1부)	A001	1	60분

위험물 탱크에서 액상화학물질이 새고 있다.
(출처 : 그린ENG 홈페이지 - 이 사진은 위험물 탱크 참고용 입니다.)

| 문제 1번 | 문제 2번 | 문제 3번 | 문제 4번 | 문제 5번 | **문제 6번** | 문제 7번 | 문제 8번 | 문제 9번 |

06 위험물을 저장하는 탱크에서 위험물이 누출될 경우, 주변으로 확산을 방지하기 위한 방지벽 명칭을 쓰시오. (4점)

보충학습 방류둑 설치기준

① 철근콘크리트, 철골·철근콘크리트는 수밀성 콘크리트를 사용하고 균열발생을 방지하도록 배근, 리베팅 이음, 신축 이음 및 신축이음의 간격, 배치 등을 정하여야 한다.
② 방류둑은 수밀한 것이어야 한다.
③ 성토는 수평에 대하여 45° 이하의 기울기로 하여 쉽게 허물어지지 않도록 충분히 다져 쌓고, 강우 등에 의하여 유실되지 않도록 그 표면에 콘크리트 등으로 보호한다.
④ 성토 윗부분의 폭은 30[cm] 이상으로 하여야 한다.

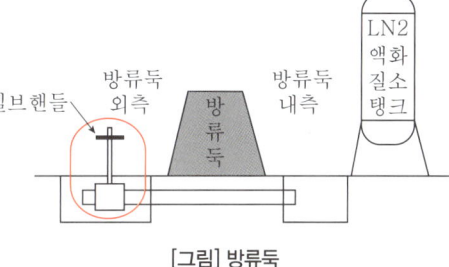

[그림] 방류둑

정답 방류둑

자격종목	시험일	비번호	PC번호	남은시간
산업안전산업기사	2022년 10월 23일 3회(1부)	A001	1	60분

동영상은 탱크 내부 밀폐된 공간에서 작업자가 그라인더 작업을 하고 있고, 다른 작업자가 외부에 설치된 국소배기장치를 발로 차서 전원공급이 차단되어 내부 작업자가 의식을 잃고 쓰러지는 화면을 보여 준다.

07 산업안전보건법령상, 화면상의 작업을 시작하기 전에 전 확인해야 할 사항 3가지를 쓰시오. (6점)

[합격정보] ① 산업안전보건기준에 관한 규칙 제619조(밀폐공간 작업 프로그램의 수립·시행)
② [별표 2] 관리감독자의 유해·위험방지

[정답]
① 산소농도
② 유해가스 농도
③ 호흡용 보호구
④ 국소배기장치

08 화면은 작업자가 딛고 있는 의자(발판)가 불안정하여 추락하는 재해사례이다. 화면에서 점검시 불안전한 행동 2가지를 쓰시오.(4점)

합격KEY
① 2015년 4월 25일 (문제 8번) 출제
② 2016년 7월 3일(문제 6번) 출제
③ 2020년 11월 15일(문제 4번) 출제
④ 2020년 11월 22일(문제 3번) 출제
⑤ 2021년 7월 24일(문제 8번) 출제

정답
① 절연용 보호구를 착용하지 않아 감전의 위험이 있다.
② 작업자가 딛고 있는 의자(발판)가 불안정하여 추락위험이 있다.

자격종목	시험일	비번호	PC번호	남은시간
산업안전산업기사	2022년 10월 23일 3회(1부)	A001	1	60분

09 화면에서와 같이 DMF 등 관리대상 유해물질(화학물질) 취급시(제조·수입·운반·저장) 취급 근로자가 쉽게 볼 수 있는 장소에 게시 사항을 3가지 쓰시오. (6점)

합격정보 산업안전보건기준에 관한 규칙 제442조(명칭 등의 게시)

합격KEY
① 2007년 10월 13일 출제
② 2013년 4월 27일 기사 출제
③ 2014년 4월 25일(문제 7번) 출제
④ 2015년 7월 18일 제2회 출제
⑤ 2017년 10월 15일 제3회(문제 5번) 출제
⑥ 2017년 10월 22일 제3회(문제 3번) 출제
⑦ 2018년 10월 14일 제3회 2부(문제 9번) 출제
⑧ 2019년 10월 19일(문제 9번) 출제
⑨ 2020년 11월 22일 제4회 1부(문제 2번) 출제
⑩ 2020년 11월 22일(문제 9번) 출제
⑪ 2021년 7월 24일(문제 9번) 출제

정답
① 관리대상 유해물질의 명칭
② 인체에 미치는 영향
③ 취급상 주의사항
④ 착용하여야 할 보호구
⑤ 응급조치와 긴급 방재 요령

김치공장에서 배추를 씻는 모습

01 산업안전보건법령상, 근골격계질환 예방관리 프로그램 시행 관련해서 (   )안에 적당한 것을 쓰시오. (6점)

근골격계질환으로 「산업재해보상보험법 시행령」 별표 3 제2호 가목·마목 및 12호 라목에 따라 업무상 질병으로 인정받은 근로자가 연간 (①)명 이상 발생한 사업장 또는 (②)명 이상 발생한 사업장으로서 발생 비율이 그 사업장 근로자 수의 (③)[%] 이상인 경우

[합격정보] 산업안전보건기준에 관한 규칙 제622조(근골격계질환 예방관리 프로그램 시행)

정답
① 10
② 5
③ 10

02 산업안전보건법령상, 화학설비와 그 부속설비의 개조·수리 및 청소 등을 위하여 해당 설비를 분해하거나 해당설비의 내부에서 작업을 하는 경우에는 준수 사항을 2가지만 쓰시오.(4점)

합격정보 산업안전보건기준에 관한 규칙 제278조(개조·수리 등)

정답
① 작업책임자를 정하여 해당 작업을 지휘하도록 할 것
② 작업장소에 위험물 등이 누출되거나 고온의 수증기가 새어나오지 않도록 할 것
③ 작업장 및 그 주변의 인화성 액체의 증기나 인화성 가스의 농도를 수시로 측정할 것

03 산업안전보건법령상, 관리대상 유해물질을 취급하는 작업장의 보기 쉬운 장소에 게시해야하는 사항을 3가지만 쓰시오. (단, 그 밖에 근로자의 건강장해 예방에 관한 사항은 제외)(6점)

합격정보 산업안전보건기준에 관한 규칙 제442조(명칭 등의 게시)

합격KEY
① 2007년 10월 13일 출제
② 2013년 4월 27일 기사 출제
③ 2014년 4월 25일(문제 7번) 출제
④ 2015년 7월 18일 제2회 출제
⑤ 2017년 10월 15일 제3회(문제 5번) 출제
⑥ 2017년 10월 22일 제3회(문제 3번) 출제
⑦ 2018년 10월 14일 제3회 2부(문제 9번) 출제
⑧ 2019년 10월 19일(문제 9번) 출제
⑨ 2020년 11월 22일 제4회 1부(문제 2번) 출제
⑩ 2020년 11월 22일(문제 9번) 출제
⑪ 2021년 7월 24일(문제 9번) 출제

정답
① 관리대상 유해물질의 명칭
② 인체에 미치는 영향
③ 취급상 주의사항
④ 착용하여야 할 보호구
⑤ 응급조치와 긴급 방재 요령

04

타워크레인 작업종료 후 안전조치 관련해서 맞는 설명은 ○, 틀린 설명은 ×표시를 하시오.(6점)

① 운전자는 매달은 하물을 지상에 내리고 훅(Hook)을 가능한 한 높이 올린다.(　)
② 바람이 심하게 불면 지브가 흔들려 훅 등이 건물 또는 족장 등에 부딪힐 우려가 있으므로 지브의 최고작업반경이 유지되도록 트롤리를 가능한 한 운전석 "최대한 먼" 위치로 이동시킨다.(　)
③ 타워크레인의 운전정지 시에는 선회치차(Slewing gear)의 회전을 자유롭게 한다. 따라서 운전자가 운전석을 떠날때는 항상 선회기어 브레이크를 풀어놓아 자유롭게 선회될 수 있도록 한다.(　)
④ 선회기어 브레이크는 단지 컨트롤 레버가 "0"점의 위치에 있을 때만 작동되므로 운전을 마칠 때는 모든 제어장치를 "0"점 또는 중립에 위치시키며 모든 동력스위치를 끄고 키를 잠근 후 운전석을 떠나도록 한다.(　)

보충학습 타워크레인의 지지·고정 및 운전에 관한 기술지침KOSHA GUIDE M – 91 – 2012

① 운전자는 매달은 하물을 지상에 내리고 훅(Hook)을 가능한한 높이 올린다.
② 바람이 심하게 불면 지브가 흔들려 훅 등이 건물 또는 족장 등에 부딪힐 우려가 있으므로 지브의 최소작업반경이 유지되도록 트롤리를 가능한 한 운전석 가까운 위치로 이동시킨다.
③ 타워크레인의 운전정지 시에는 선회치차(Slewing gear)의 회전을 자유롭게 한다. 따라서 운전자가 운전석을 떠날때는 항상 선회기어 브레이크를 풀어놓아 자유롭게 선회될 수 있도록 한다.
④ 선회기어 브레이크는 단지 컨트롤 레버가 "0"점의 위치에 있을 때만 작동되므로 운전을 마칠 때는 모든 제어장치를 "0"점 또는 중립에 위치시키며 모든 동력스위치를 끄고 키를 잠근 후 운전석을 떠나도록 한다.

정답 ① ○　② ×　③ ○　④ ○

자격종목	시험일	비번호	PC번호	남은시간
산업안전산업기사	2022년 10월 23일 3회(2부)	B001	1	60분

① 교류아크용접 작업장에서 작업자가 혼자 작업을 하고 있음.(작업 내용은 대형 관의 플랜지 아래 부위를 아크 용접하는 상황) 왼손으로는 플랜지 회전 스위치를 조작해 가며 오른손으로 용접을 하는 상황)
② 목장갑을 끼고 용접기 케이블 리드 단자쪽을 만지다 감전 발생 후 구조자가 절연장갑 착용 후 전원차단

05 화면상의 (1) 재해발생형태와 (2) 불안전한 행동을 1가지만 쓰시오.(5점)

정답
(1) 재해발생형태 : 감전(전류 접촉)
(2) 불안전한 행동
  ① 단독으로 작업 중 양손 모두를 사용하여 작업하므로 감전 위험에 노출되어 있다.
  ② 감시인이 배치되어 있지 않아 사고발생의 위험이 있다.

동영상 사진 3장
① 컨베이어 ② 사출성형기 ③ 휴대용 연삭기

| 문제 1번 | 문제 2번 | 문제 3번 | 문제 4번 | 문제 5번 | **문제 6번** | 문제 7번 | 문제 8번 | 문제 9번 |

06 동영상은 경사용 컨베이어를 이용하여 화물을 운반하는 작업 중에 발생한 재해사례이다. (1) 컨베이어 벨트 (2) 선반축 (3) 휴대용 연삭기 등에 설치하여야 하는 방호조치를 1가지 쓰시오. (6점)

합격정보
① 산업안전보건기준에 관한 규칙 제192조(비상정지장치)
② 산업안전보건기준에 관한 규칙 제193조(낙하물에 의한 위험 방지)
③ 산업안전보건기준에 관한 규칙 제87조(원동기·회전축 등의 위험 방지)
④ 산업안전보건기준에 관한 규칙 제122조(연삭숫돌의 덮개 등)

합격KEY
① 2008년 4월 26일 출제　　　　② 2008년 7월 13일 출제
③ 2009년 4월 26일 출제　　　　④ 2012년 4월 28일 기사 출제
⑤ 2013년 4월 27일 출제　　　　⑥ 2013년 10월 12일 제3회 2부 출제
⑦ 2015년 4월 25일(문제 3번) 출제　⑧ 2016년 7월 18일 제2회 출제
⑨ 2016년 10월 15일 제3회(문제 3번) 출제　⑩ 2019년 10월 19일 기사 출제

정답
(1) 컨베이어 벨트
　① 비상정지장치　② 덮개　③ 울
(2) 선반 축(샤프트)
　① 덮개　② 울　③ 슬리브　④ 건널다리
(3) 그라인더(휴대용 연삭기)
　덮개

07 화면의 밀폐된 공간에서 그라인더 작업시 위험요인 2가지를 쓰시오.(4점)

합격KEY
① 2015년 4월 25일 기사 출제
② 2016년 4월 23일 제1회 2부 출제
③ 2017년 7월 2일 제2회(문제 6번) 출제
④ 2018년 4월 21일 산업기사 제1회 2부 출제
⑤ 2020년 5월 16일 제1회 기사 출제
⑥ 2020년 7월 25일 1부 출제
⑦ 2020년 7월 25일 산업기사 출제
⑧ 2021년 5월 2일 기사 출제

정답
① 작업시작 전 산소농도 및 유해가스 농도 등의 미 측정과 작업 중에도 계속 환기를 시키지 않아 위험
② 환기를 실시할 수 없거나 산소결핍 위험 장소에 들어갈 때 호흡용 보호구를 착용하지 않아 위험
③ 국소배기장치의 전원부에 잠금장치가 없고, 감시인을 배치하지 않아 위험

자격종목	시험일	비번호	PC번호	남은시간
산업안전산업기사	2022년 10월 23일 3회(2부)	B001	1	60분

① 울타리에 "고압전기" 표지판이 붙어 있는 옥상 변전실 근초에서 작업자 몇 명이 공놀이를 하다가 공이 변전실에 들어가는 바람에 작업자 1인이 단독으로 공을 꺼내오려 하다가 변전실 안에서 재해 발생. 배해자 발 밑에 물이 고여 있다.
② 출입구에는 흰 종이만 붙어있고, 별도의 "출입금지" 등 표지판은 보이지 않는다.

08 화면상의 감전 재해를 막기 위한, 안전대책을 2가지 쓰시오. (4점)

합격KEY
① 2006년 9월 23일 기사 출제
② 2008년 4월 26일 출제
③ 2009년 7월 11일 출제
④ 2013년 7월 20일 출제
⑤ 2015년 7월 18일(문제 4번) 출제
⑥ 2017년 4월 22일 제1회 1부(문제 7번) 출제
⑦ 2019년 4월 21일(문제 7번) 출제

정답
① 변전실에 관계자 외의 자 출입을 막기 위해 출입구에 잠금장치를 한다.
② 전원을 차단하고, 정전을 확인 후 작업자로 하여금 공을 제거하도록 한다.
③ 변전실 근처에서 공놀이를 할 수 없도록 하고 안전표지판을 부착한다.
④ 작업자들에게 변전실의 전기위험에 대한 안전교육을 실시한다.

09 산업안전보건법령상, 화면에서 보여주는 이동식 크레인을 사용하여 작업을 할 때 작업 시작 전 관리감독자의 점검 사항 2가지를 쓰시오.(4점)

합격정보 산업안전보건기준에 관한 규칙 [별표 3] 작업시작 전 점검사항(5. 이동식 크레인을 사용하여 작업을 할 때)

합격KEY
① 2018년 10월 14일(문제 1번) 출제
② 2020년 11월 22일(문제 1번) 출제
③ 2021년 5월 2일 기사 출제

정답
① 권과방지장치나 그 밖의 경보장치의 기능
② 브레이크·클러치 및 조정장치의 기능
③ 와이어로프가 통하고 있는 곳 및 작업장소의 지반상태

2023년도 과년도 출제문제

- 산업안전기사(2023년 04월 29일 제1회 1부 시행)
- 산업안전기사(2023년 04월 29일 제1회 2부 시행)
- 산업안전기사(2023년 04월 29일 제1회 3부 시행)
- 산업안전기사(2023년 04월 30일 제1회 1부 시행)
- 산업안전산업기사(2023년 05월 07일 제1회 1부 시행)
- 산업안전산업기사(2023년 05월 07일 제1회 2부 시행)
- 산업안전기사(2023년 07월 29일 제2회 1부 시행)
- 산업안전기사(2023년 07월 29일 제2회 2부 시행)
- 산업안전기사(2023년 07월 29일 제2회 3부 시행)
- 산업안전산업기사(2023년 07월 30일 제2회 1부 시행)
- 산업안전산업기사(2023년 07월 30일 제2회 2부 시행)
- 산업안전기사(2023년 10월 14일 제3회 1부 시행)
- 산업안전기사(2023년 10월 14일 제3회 2부 시행)
- 산업안전기사(2023년 10월 14일 제3회 3부 시행)
- 산업안전산업기사(2023년 10월 15일 제3회 1부 시행)
- 산업안전산업기사(2023년 10월 15일 제3회 2부 시행)

자격종목	시험일	비번호	PC번호	남은시간
산업안전기사	2023년 4월 29일 1회(1부)	A001	1	60분

문제 1번 | 문제 2번 | 문제 3번 | 문제 4번 | 문제 5번 | 문제 6번 | 문제 7번 | 문제 8번 | 문제 9번

01 산업안전보건법령상 동영상의 작업을 하는 경우, 사업주는 근로자의 위험을 방지하기 위하여 작업계획서를 작성하고 그 계획에 따라 작업을 하도록 하여야 한다. 그 작업계획서에 포함되어야 할 사항을 2가지 쓰시오. (5점)

참고 산업안전보건기준에 관한 규칙 [별표 4] 사전조사 및 작업계획서 내용(제38조제1항 관련)
 : 차량계 하역운반기계 등을 사용하는 작업

합격KEY ① 2021년 7월 18일(문제 1번) 출제
② 2022년 5월 15일(문제 1번) 출제

정답
① 해당 작업에 따른 추락·낙하·전도·협착 및 붕괴 등의 위험 예방대책
② 차량계 하역운반기계 등의 운행경로 및 작업방법

자격종목	시험일	비번호	PC번호	남은시간
산업안전기사	2023년 4월 29일 1회(1부)	A001	1	60분

바닥의 콘크리트를 파쇄하는 작업

02 화면상의 작업에서 근로자가 착용해야할 보호구를 4가지 쓰시오. (4점)

정답
① 귀마개 혹은 귀덮개
② 방진마스크
③ 보안경
④ 안전모
⑤ 안전화
⑥ (방진)장갑

03 산업안전보건법령상, 등유나 경유를 주입할 때 주의사항 관련하여 (　)에 알맞은 것을 쓰시오. (4점)
① 등유나 경유를 주입하기 전에 탱크·드럼 등과 주입설비 사이에 접속선이나 접지선을 연결하여 (　)를 줄이도록 할 것
② 등유나 경유를 주입하는 경우에는 그 액표면의 높이가 주입관의 선단의 높이를 넘을 때까지 주입속도를 초당 (　)미터 이하로 할 것

합격정보　산업안전보건기준에 관한 규칙 제228조(가솔린이 남아 있는 설비에 등유 등의 주입)

정답
① 전위차
② 1

04 동영상은 프레스기로 철판에 구멍을 뚫는 작업 중이다. 작업시작 전 점검사항 3가지를 쓰시오. (6점)

보충학습

[표] 급정지 기구에 따른 방호장치

구분	종류	
급정지 기구가 부착되어 있어야만 유효한 방호장치	① 양수 조작식 방호장치	② 감응식 방호장치
급정지 기구가 부착되어 있지 않아도 유효한 방호장치	① 양수 기동식 방호장치 ③ 수인식 방호장치	② 게이트 가드 방호장치 ④ 손쳐 내기식 방호장치

합격정보 산업안전보건기준에 관한 규칙 [별표 3] 작업시작 전 점검사항(제35조제2항 관련)

합격KEY 2021년 7월 18일(문제 7번) 출제

정답
① 클러치 및 브레이크의 기능
② 크랭크축·플라이휠·슬라이드·연결봉 및 연결 나사의 풀림 여부
③ 1행정 1정지기구·급정지장치 및 비상정지장치의 기능
④ 슬라이드 또는 칼날에 의한 위험방지 기구의 기능
⑤ 프레스의 금형 및 고정볼트 상태
⑥ 방호장치의 기능
⑦ 전단기(剪斷機)의 칼날 및 테이블의 상태

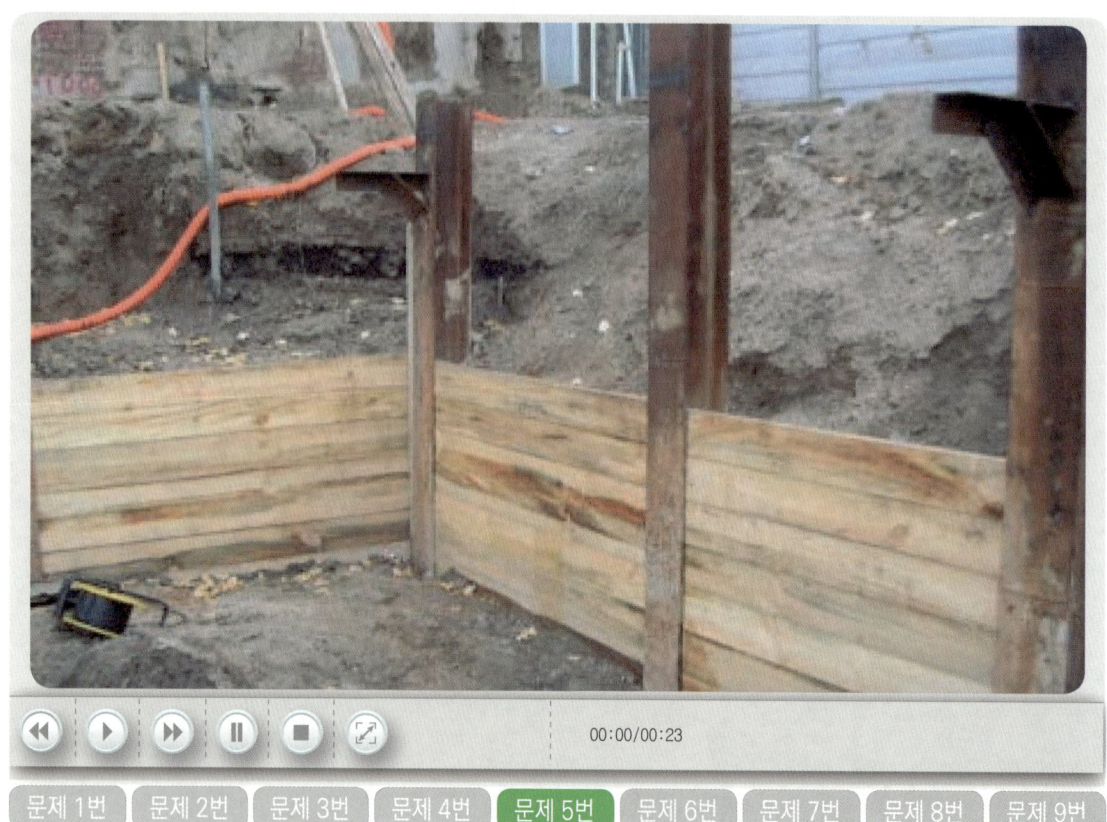

05 산업안전보건법령상, 사업주가 흙막이 지보공을 설치하였을 때는 ① 설치 목적과 ② 정기적으로 점검하고 이상을 발견하면 즉시 보수하여야 하는 사항 3가지를 쓰시오.(6점)

[합격정보] 터널 지보공의 수시 점검사항 4가지
① 부재의 손상·변형·부식·변위·탈락의 유무 및 상태
② 부재의 긴압의 정도 ③ 부재의 접속부 및 교차부의 상태
④ 기둥침하의 유무 및 상태

[참고] ① 산업안전보건기준에 관한 규칙 제347조(붕괴 등의 위험방지)
② 산업안전보건기준에 관한 규칙 제366조(붕괴 등의 방지)

[합격KEY] ① 2006년 4월 29일 기사 출제 ② 2007년 7월 15일 출제
③ 2012년 10월 21일(문제 8번) 출제 ④ 2016년 4월 23일 제1회(문제 8번) 출제
⑤ 2017년 10월 22일 제3회(문제 8번) 출제 ⑥ 2018년 4월 21일 제1회 1부(문제 8번) 출제

[정답]
① 설치목적 : 토사 붕괴 방지(무너짐 방지)
② 이상 발견 시 즉시 보수하여야 할 사항
  • 부재의 손상·변형·부식·변위 및 탈락의 유무와 상태
  • 버팀대의 긴압의 정도
  • 부재의 접속부·부착부 및 교차부의 상태
  • 침하의 정도

06 화면에서 나타난 작업장에 국소배기장치를 설치할 때 덕트의 기준 3가지를 쓰시오. (6점)

합격정보 산업안전보건기준에 관한 규칙 제73조(덕트)
합격KEY 2018년 10월 7일 필답형 출제

정답
① 가능하면 길이는 짧게 하고 굴곡부의 수는 적게 할 것
② 접속부의 안쪽은 돌출된 부분이 없도록 할 것
③ 청소구를 설치하는 등 청소하기 쉬운 구조로 할 것
④ 덕트 내부에 오염물질이 쌓이지 않도록 이송속도를 유지할 것
⑤ 연결 부위 등은 외부 공기가 들어오지 않도록 할 것

07 산소농도 및 유해가스 농도를 측정할 수 있는 사람에게 작업시작 전 교육 실시 내용 3가지를 쓰시오. (6점)

합격정보
① 산업안전보건기준에 관한 규칙 제619조2(산소 및 유해가스 농도의 측정)
② 2024년 6월 28일 개정법으로 수정

정답
① 밀폐공간의 위험성
② 측정장비의 이상 유무 확인 및 조작 방법
③ 밀폐공간 내에서의 산소 및 유해가스 농도 측정방법
④ 적정공기의 기준과 평가 방법

08 화면은 30[kV] 전압이 흐르는 고압선 아래에서 작업 중 발생한 재해사례이다. 이동식 크레인을 이용하여 고압선 주위에서 작업할 경우 사업주의 감전 조치사항(동종 재해예방을 위한 작업지휘자) 3가지를 쓰시오. (6점)

정답
① 차량 등을 충전부로부터 300[cm] 이상 이격시키되, 대지전압이 50[kV]를 넘는 경우 10[kV] 증가할 때마다 10[cm] 씩 증가한다.
② 접지된 차량등이 충전전로와 접촉할 우려가 있을 경우 지상의 근로자가 접지점에 접촉하지 않도록 조치한다.
③ 차량과 근로자가 접촉하지 않도록 울타리를 설치하거나 감시인을 배치한다.

09 화면은 박공지붕 설치 작업 중 발생한 재해사례이다. 해당 화면은 박공지붕에서 비래에 의해 재해가 발생하였음을 나타내고 있다. 안전대책 4가지를 쓰시오. (4점)

정답
① 근로자는 위험한 장소에서 휴식을 취하지 않는다.
② 추락방호망을 설치한다.
③ 한 곳에 과적하여 적치하지 않는다.
④ 안전대 부착설비를 설치하고, 안전대를 착용한다.

자격종목	시험일	비번호	PC번호	남은시간
산업안전기사	2023년 4월 29일 1회(2부)	A001	1	60분

작업자가 인쇄용 윤전기의 전원을 끄지 않고 빙글빙글 서로 맞물려서 돌아가는 롤러를 걸레로 닦고 있다. 닦을 때 체중을 실어서 힘 있게 닦고, 위험하게 맞물리는 지점까지 걸레를 집어넣고 닦는다. 그 순간 작업자의 손이 롤러기 사이에 끼어서 사고를 당하고 사고 발생 후 전원을 차단하고 손을 빼내는 화면을 보여준다.

문제 1번 | 문제 2번 | 문제 3번 | 문제 4번 | 문제 5번 | 문제 6번 | 문제 7번 | 문제 8번 | 문제 9번

01 화면의 인쇄윤전기 재해사례에서 나타나는 위험점을 기계의 운동 형태에 따라 분류하고자 할 때 해당되는 ① 위험점의 명칭 ② 정의(발생가능조건) 등을 쓰시오.(4점)

합격KEY
① 2000년 9월 5일 출제
② 2002년 5월 4일 출제
③ 2006년 9월 23일 출제
④ 2009년 4월 26일 출제
⑤ 2010년 7월 11일 출제
⑥ 2012년 7월 14일 출제
⑦ 2012년 10월 21일 산업기사 출제
⑧ 2013년 10월 12일 출제
⑨ 2015년 4월 25일 산업기사 출제
⑩ 2015년 7월 18일 산업기사 출제
⑪ 2016년 4월 23일 출제
⑫ 2016년 10월 9일 산업기사(문제 4번) 출제
⑬ 2017년 10월 22일 기사 제3회(문제 6번) 출제
⑭ 2018년 10월 14일 기사 출제
⑮ 2020년 11월 22일 출제
⑯ 2021년 10월 24일 산업기사 출제
⑰ 2021년 10월 24일 산업기사 출제

정답
① 위험점의 명칭 : 물림점(nip point)
② 정의(발생가능조건) : 회전하는 두 개의 회전체에 물려 들어가는 위험점
  예 롤러와 롤러의 물림, 기어와 기어의 물림

💬 **합격자의 조언** 그 외 5가지 위험점 기억하세요. 차후 시험 대비

자격종목	시험일	비번호	PC번호	남은시간
산업안전기사	2023년 4월 29일 1회(2부)	A001	1	60분

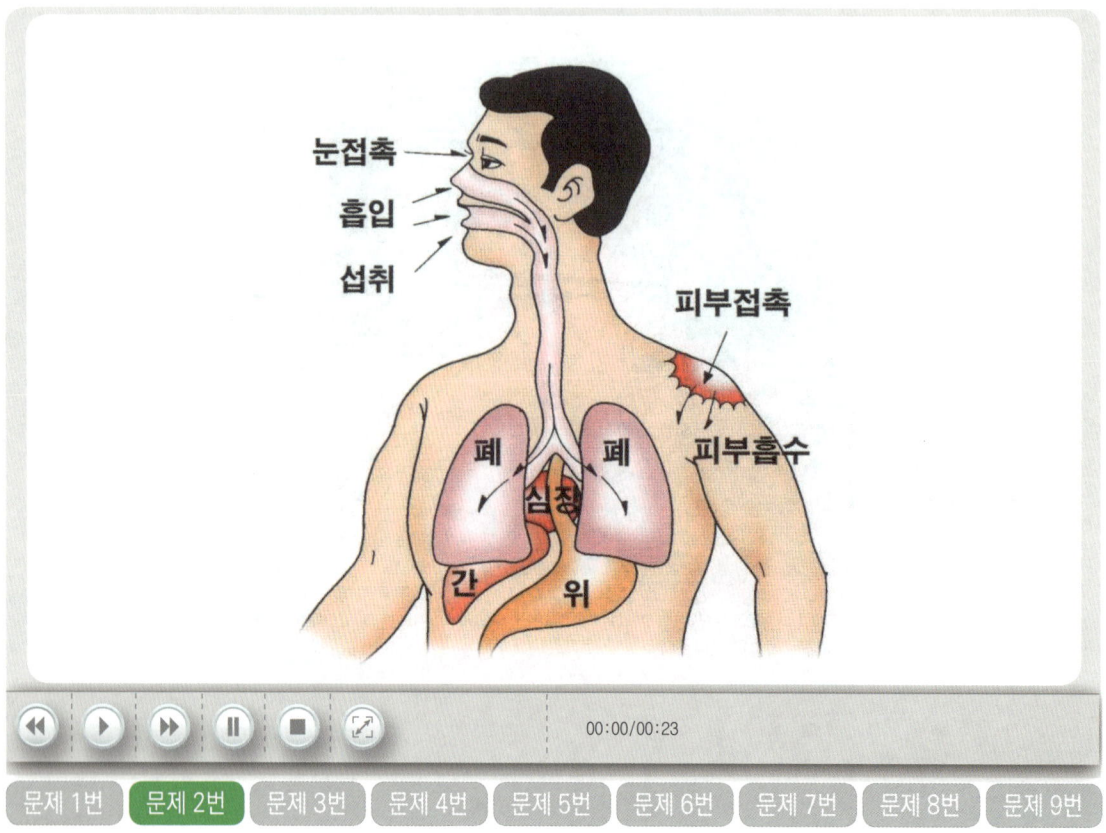

| 문제 1번 | 문제 2번 | 문제 3번 | 문제 4번 | 문제 5번 | 문제 6번 | 문제 7번 | 문제 8번 | 문제 9번 |

02 유리병을 황산(H_2SO_4)에 세척시 발생하는 ① 재해형태 ② 재해정의(세부내용)를 각각 쓰시오. (4점)

참고 KOSHA CODE : 산업재해 용어 정의

합격KEY
① 2013년 10월 12일(문제 7번) 출제
② 2016년 4월 23일 (문제 1번) 출제
③ 2018년 4월 21일 제1회 1부 출제
④ 2018년 7월 8일(문제 1번) 출제
⑤ 2021년 5월 2일(문제 2번) 출제

정답
① 재해형태 : 유해·위험물질 노출·접촉
② 재해정의 : 유해·위험물질 노출·접촉 또는 흡입하였거나 독성동물에 쏘이거나 물린 경우

💬 **합격자의 조언** 작업형 만점합격을 위해서는 기사·산업기사 모두 보셔야 합니다.

03 동영상은 건물 해체 작업 장면이다. 동영상에서 보여주고 있는 해체 작업을 할 때 재해 예방 대책을 3가지 쓰시오. (6점)

합격정보 해체공사표준안전작업지침 제3조(압쇄기)

정답
① 압쇄기의 중량, 작업충격을 사전에 고려하고, 차체 지지력을 초과하는 중량의 압쇄기 부착을 금지하여야 한다.
② 압쇄기 부착과 해체에는 경험이 많은 사람으로서 선임된 자에 한하여 실시한다.
③ 압쇄기 연결구조부는 보수점검을 수시로 하여야 한다.
④ 배관 접속부의 핀, 볼트 등 연결구조의 안전 여부를 점검하여야 한다.
⑤ 절단날은 마모가 심하기 때문에 적절히 교환하여야 하며 교환대체품목을 항상 비치하여야 한다.

자격종목	시험일	비번호	PC번호	남은시간
산업안전기사	2023년 4월 29일 1회(2부)	A001	1	60분

건설 현장 내 발판이 미설치된 높은 곳에서 안전모는 착용했지만, 안전대는 미착용한 작업자가 강관 비계에 발을 올리고 플라이어(니퍼)로 케이블 타이를 강관 비계에 묶고 있는데, 흔들흔들하다가 추락한다.

00:00/00:23

| 문제 1번 | 문제 2번 | 문제 3번 | 문제 4번 | 문제 5번 | 문제 6번 | 문제 7번 | 문제 8번 | 문제 9번 |

04 화면은 작업자가 추락하여 사망사고가 발생한 재해사례이다. 이 영상에서 나타난 핵심위험요인을 2가지 쓰시오. (4점)

참고
산업안전보건기준에 관한 규칙 제43조(개구부 등의 방호조치)
산업안전보건기준에 관한 규칙 제57조(비계 등의 조립·해체 및 변경)

합격KEY
① 2006년 9월 23일 기사 출제
② 2007년 10월 14일 기사 출제
③ 2009년 4월 26일 기사 출제
④ 2011년 5월 7일 출제
⑤ 2014년 10월 5일 출제
⑥ 2015년 7월 18일 기사 출제
⑦ 2016년 4월 23일(문제 5번) 출제
⑧ 2016년 7월 3일 제2회 기사 출제
⑨ 2016년 10월 15일 제3회 기사 출제
⑩ 2017년 10월 22일 산업기사 제3회(문제 5번) 출제
⑪ 2018년 10월 14일 제3회 2부(문제 8번) 출제
⑫ 2020년 5월 16일 제1회 2부(문제 8번) 출제
⑬ 2020년 8월 2일 제2회 (문제 8번) 출제
⑭ 2020년 10월 10일(문제 8번) 출제
⑮ 2020년 11월 25일 기사 출제
⑯ 2021년 5월 5일(문제 4번) 출제

정답
① 작업발판이 고정되어 있지 않았다.
② 작업자가 안전난간 및 안전대를 걸지 않고 작업하였다.

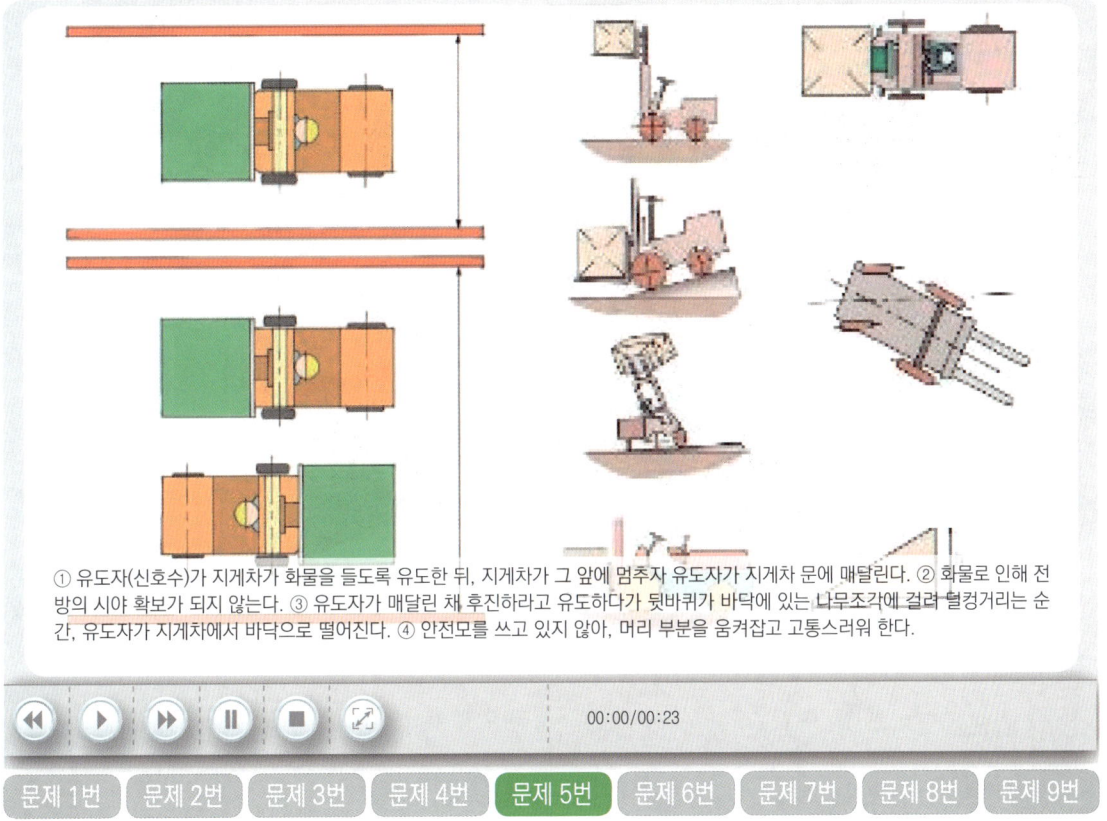

① 유도자(신호수)가 지게차가 화물을 들도록 유도한 뒤, 지게차가 그 앞에 멈추자 유도자가 지게차 문에 매달린다. ② 화물로 인해 전방의 시야 확보가 되지 않는다. ③ 유도자가 매달린 채 후진하라고 유도하다가 뒷바퀴가 바닥에 있는 나무조각에 걸려 덜컹거리는 순간, 유도자가 지게차에서 바닥으로 떨어진다. ④ 안전모를 쓰고 있지 않아, 머리 부분을 움켜잡고 고통스러워 한다.

05 건설기계안전기준에 관한 규칙에 따라, 지게차의 안정도와 관련하여 ( )안에 알맞은 것을 쓰시오.(6점)
① 지게차는 다음 각 호에 해당하는 지면에서 중심선이 지면의 기울어진 방향과 평행할 경우 앞이나 뒤로 넘어지지 아니하여야 한다.
  1. 지게차의 최대하중상태에서 쇠스랑을 가장 높이 올린 경우 기울기가 (㉠)(지게차의 최대하중이 5톤 이상인 경우에는 (㉡)인 지면)
  2. 지게차의 기준부하상태에서 주행할 경우 기울기가 (㉢)인 지면
② 지게차는 다음 각 호에 해당하는 지면에서 중심선이 지면의 기울어진 방향과 직각으로 교차할 경우 옆으로 넘어지지 아니하여야 한다.
  1. 지게차의 최대하중상태에서 쇠스랑을 가장 높이 올리고 마스트를 가장 뒤로 기울인 경우 기울기가 (㉣)인 지면
  2. 지게차의 기준무부하상태에서 주행할 경우 구배가 지게차의 최고주행속도에 1.1을 곱한 후 15를 더한 값인 지면. 다만, 규격이 5,000킬로그램 미만인 경우에는 최대 기울기가 100분의 50, 5,000킬로그램 이상인 경우에는 최대 기울기가 100분의 40인 지면을 말한다.

합격정보 건설기계안전기준에 관한 규칙 제22조(안정도)

합격KEY ① 2006년 4월 29일 출제 ② 2012년 4월 28일 출제
③ 2013년 7월 20일 (문제 2번) 출제 ④ 2016년 7월 3일 제2회(문제 4번) 출제
⑤ 2019년 7월 6일(문제 1번) 출제 ⑥ 2020년 11월 22일(문제 1번) 출제

정답 ㉠ 4[%] ㉡ 3.5[%] ㉢ 18[%] ㉣ 6[%]

💬 **합격자의 조언** ① 13년전 문제도 출제됩니다.
② 과년도문제는 최소 10년치 이상 보는 것이 기본이고, 안전한 합격이 가능합니다.

06 화면의 동영상은 선반작업 중 발생한 재해사례이다.
동영상에서와 같이 안전준수사항을 지키지 않고 작업할 때 일어날 수 있는 재해요인을 3가지 쓰시오. (5점)

보충학습 회전말림점(trapping point) : 회전축, 커플링 등과 같이 회전하는 물체에 작업복 등이 말려드는 위험이 존재하는 점

합격정보 산업안전보건기준에 관한 규칙 제87조(원동기·회전축 등의 위험 방지)

합격KEY
① 2004년 7월 10일 출제
② 2014년 4월 25일 제1회 출제
③ 2015년 4월 25일 제1회(문제 1번) 출제
④ 2019년 7월 6일(문제 1번) 출제
⑤ 2021년 7월 18일(문제 6번) 출제

정답
① 회전물에 샌드페이퍼를 감아 손으로 지지하고 있기 때문에 작업복과 손이 감겨 들어간다.
② 작업에 집중하지 못하여 실수로 작업복과 손이 말려 들어간다.
③ 손을 기계 위에 올려놓고 작업을 하고 있어 손이 미끄러져 회전물에 말려 들어간다.

[사진 1] 플레어스택   [사진 2] 플레어스택 정상가동 시   [사진 3] 플레어스택 비정상 가동(사고) 시

07 플레어시스템 중 스택 형식의 소각탑으로서 스택지지대, 주버너팁, 파일럿 버너 및 점화장치 등으로 구성된 설비의 ① 명칭 ② 설치목적을 쓰시오. (6점)

정답
① 설비명칭 : 플레어스택(flare stack : 플레어 타워)
② 설치목적 : 정유·석유화학 공장에서 발생하는 가연성 가스를 안전하게 연소시켜 대기로 배출하는 설비(가스연소 굴뚝)

근로자 1[명]이 맨손으로 높은 곳에서 아크 용접중인데 그 옆에 있는 트럭 2[대]에 회색가스통 1[개], 녹색가스통 1[개]가 있다. 근로자가 회색가스통을 차에서 내리는데 땅에 세게 놓자 폭발함

08 산업안전보건법령상, 아세틸렌 용접장치 관련해서 다음 ( )에 알맞은 것을 쓰시오.(4점)

① 사업주는 아세틸렌 용접장치를 사용하여 금속의 용접·용단 또는 가열작업을 하는 경우에는 게이지 압력이 (①)[kPa]을 초과하는 압력의 아세틸렌을 발생시켜 사용해서는 아니된다.

② 주관 및 분기관에는 (②)를 설치할 것. 이 경우 하나의 취관에 2개 이상의 (②)를 설치하여야 한다.

③ 발생기실은 건물의 최상층에 위치하여야 하며, 화기를 사용하는 설비로부터 (③)[m]를 초과하는 장소에 설치하여야 한다.

④ 사업주는 용해아세틸렌의 가스집합용접장치의 배관 및 부속기구는 구리나 구리 함유량이 (④)[%] 이상인 합금을 사용해서는 아니 된다.

합격정보
① 산업안전보건기준에 관한 규칙 제285조(압력의 제한)
② 산업안전보건기준에 관한 규칙 제286조(발생기실의 설치장소 등)
③ 산업안전보건기준에 관한 규칙 제293조(가스집합용접장치의 배관)

정답
① 127
② 안전기
③ 3
④ 70

자격종목	시험일	비번호	PC번호	남은시간
산업안전기사	2023년 4월 29일 1회(2부)	A001	1	60분

① 2명의 작업자가 방진마스크, 보안경을 착용하지 않고 휴대용 연삭기(핸드 그라인더)로 기다란 대리석 돌판을 연마 작업중이다.
② 연삭기의 덮개가 낡아 보이며 작업자는 팔을 조금 들며 연삭기 측면을 사용하다 대리석 가공물이 떨어진다.
③ 작업장에는 이동전선 및 충전부가 어지럽게 널려 물에 닿은 채 있으며, 작업자 2명이 기다란 대리석 돌판을 들고 간다.

09 동영상의 그라인더 기기를 활용한 작업에서 위험요인 3가지를 쓰시오. (6점)

합격KEY
① 2015년 7월 18일 산업기사 출제
② 2019년 7월 6일 제2회 3부(문제 9번) 출제
③ 2019년 10월 19일 기사 출제

정답
① 작업자가 맨손으로 작업을 하여 위험하다.
② 작업자가 방진마스크 등 보호구를 착용하지 않아 위험하다.
③ 연삭기 측면을 사용하여 숫돌파괴 위험이 있다.

자격종목	시험일	비번호	PC번호	남은시간
산업안전기사	2023년 4월 29일 1회(3부)	A001	1	60분

01 이동식 크레인의 방호장치를 (　)에 쓰시오. (4점)
① 인양할 때 와이어가 과하게 감기는 것을 방지하는 방호장치 (　)
② 훅에서 와이어로프가 이탈하는 것을 방지하는 장치 (　)
③ 이동식 크레인이 전도되지 않게 옆면에 있는 장치 (　)

참고
① 산업안전보건기준에 관한 규칙 제134조(방호장치의 조정)
② 산업안전보건기준에 관한 규칙 제137조(해지장치의 사용)

합격KEY
① 2010년 4월 24일 출제
② 2011년 10월 22일 제3회 출제
③ 2016년 10월 15일 기사 출제
④ 2022년 5월 21일 산업기사 출제

정답
① 권과방지장치
② 훅 해지장치
③ 아웃트리거(outrigger : 전도방지용 안전지지대)

02 해당 사진에 맞는 장치의 이름을 쓰시오. (5점)
(단, C는 비상정지장치이며 답에서 제외)

합격정보 ① 산업안전보건기준에 관한 규칙 제134조(방호장치의 조정)
② 산업안전보건기준에 관한 규칙 제152조(무인작동의 제한)

합격KEY 2022년 8월 27일 산업기사 출제

정답
① 과부하방지장치
② 완충스프링(바닥스프링)
③ 리미트스위치(출입문 연동장치)
④ 방호울 출입문 연동장치
⑤ 3상 전원차단장치

자격종목	시험일	비번호	PC번호	남은시간
산업안전기사	2023년 4월 29일 1회(3부)	A001	1	60분

작업자 2명이 전주 위에서 작업을 하고 있다. 작업자 1명은 변압기 위에 올라가서 볼트를 풀면서 흡연을 하며 작업을 하고 있고, 잠시 후 영상은 전주 아래부터 위를 보여주는데 발판용 볼트에 C.O.S(cut out switch)가 임시로 걸쳐 있음이 보인다. 그리고 다른 작업자 근처에선 이동식크레인에 작업대를 매달고 또 다른 작업을 하는 화면을 보여준다.

| 문제 1번 | 문제 2번 | **문제 3번** | 문제 4번 | 문제 5번 | 문제 6번 | 문제 7번 | 문제 8번 | 문제 9번 |

03 화면은 전신주의 형강을 교체하고 있다. 이 작업(정전작업)이 완료된 후 조치사항 3가지를 쓰시오. (6점)

참고 4개 중에서 3개 선택. 2점×3개=6점

합격KEY ① 2001년 4월 29일 산업기사 출제
② 2013년 7월 20일(문제 6번) 출제
③ 2016년 4월 23일 제1회 3부(문제6번) 출제
④ 2020년 5월 16일(문제 3번) 출제

정답
① 단락 접지기구의 철거
② 표지 철거
③ 개폐기를 투입해서 송전 재개
④ 작업자에 대한 위험이 없음을 확인

[사진 1] 가설계단 　　[사진 2] 건물계단

04 다음은 계단 설치 기준이다. 산업안전보건법령상, 다음 (   )을 채우시오.(6점)

(1) 사업주는 계단 및 계단참을 설치하는 경우 매제곱미터당 (①)[kg] 이상의 하중에 견딜 수 있는 강도를 가진 구조로 설치하여야 하며, 안전율은 (②) 이상으로 하여야 한다.

(2) 사업주는 계단을 설치하는 경우 그 폭을 (③)[m] 이상으로 하여야 한다. (다만, 급유용·보수용·비상용 계단 및 나선형 계단이거나 높이 (③)[m] 미만의 이동식 계단인 경우에는 그러하지 아니하다.)

(3) 사업주는 높이가 (④)[m]를 초과하는 계단에 높이 (④)[m] 이내마다 너비 (⑤)[m] 이상의 계단참을 설치하여야 한다.

[합격정보] 산업안전보건기준에 관한 규칙 제28조(계단참의 높이)

정답
① 500
② 4
③ 1
④ 3
⑤ 1.2

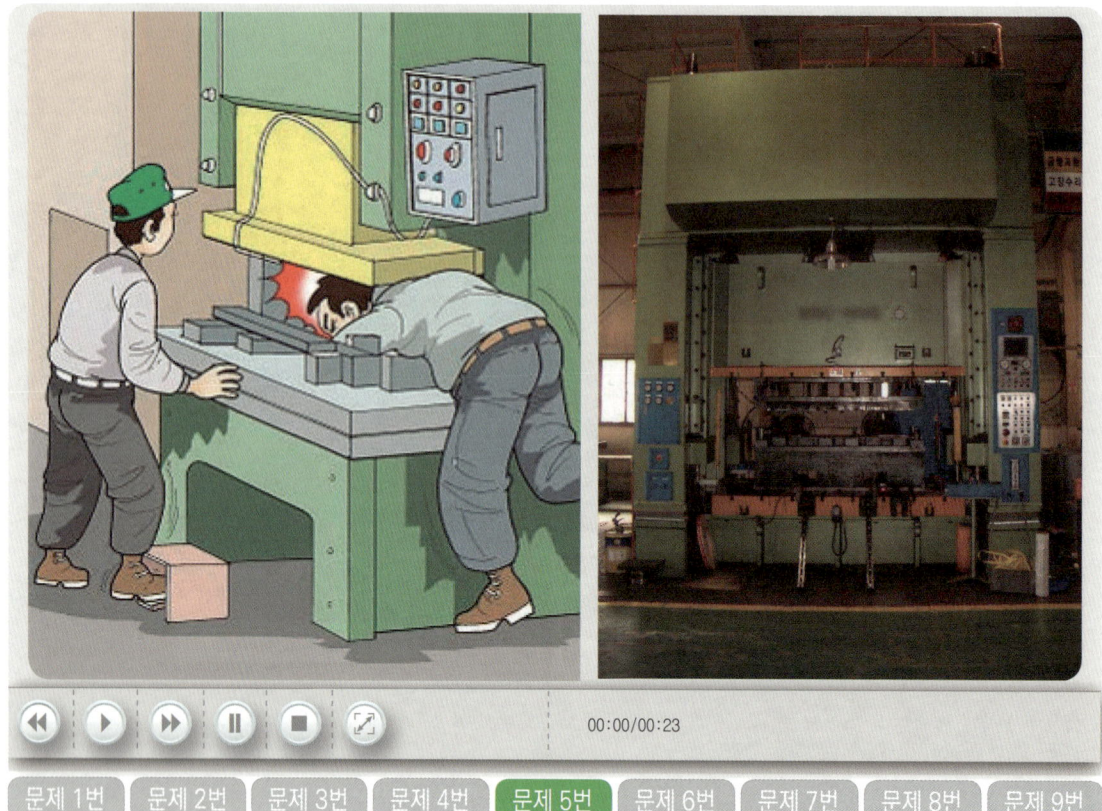

05 동영상은 프레스기로 철판에 구멍을 뚫는 작업 중 이 기계에 급정지기구가 부착되어 있지 않아 재해가 발생한 사례이다. 이 프레스에 설치하여 사용할 수 있는 유효한 방호장치를 4가지 쓰시오.(5점)

보충학습

[표] 급정지 기구에 따른 방호장치

구분	종류	
급정지 기구가 부착되어 있어야만 유효한 방호장치	① 양수 조작식 방호장치	② 감응식 방호장치
급정지 기구가 부착되어 있지 않아도 유효한 방호장치	① 양수 기동식 방호장치 ③ 수인식 방호장치	② 게이트 가드 방호장치 ④ 손쳐 내기식 방호장치

합격KEY
① 2000년 11월 9일 출제
③ 2002년 10월 6일 출제
⑤ 2003년 5월 4일 산업기사 출제
⑦ 2010년 4월 24일 산업기사 출제
⑨ 2013년 7월 20일 출제
⑪ 2015년 10월 11일 출제
⑬ 2018년 7월 8일 제2회 1부(문제 5번) 출제

② 2001년 2월 18일 출제
④ 2002년 10월 6일 산업기사 출제
⑥ 2008년 10월 5일 산업기사 출제
⑧ 2012년 7월 14일 산업기사 출제
⑩ 2014년 7월 13일 제2회 제1부 산업기사 출제
⑫ 2016년 10월 15일 제3회 2부 출제
⑭ 2020년 8월 2일(문제 5번) 출제

정답
① 양수 기동식
② 게이트 가드식(가드식)
③ 손쳐내기식
④ 수인식

가설펜스용 　　　가설펜스용 　　　지하층작업용

계단난간대용 　　　A형펜스용

일반 차량도로 공사에서 붉은 도로구획 전면 점검 중 전선과 전선을 연결한 부분(절연테이프로 Taping 처리됨)을 작업자가 만지다 감전사고를 일으킴.(이때 작업자는 맨손이었으며 안전화는 착용한 상태, 또한 전원을 인가한 상태임)

06 화면은 도로에서 가설전선 점검 작업 중 발생한 재해사례이다. 이 영상을 참고하여 감전사고 예방대책 2가지를 쓰시오.(4점)

합격KEY
① 2004년 10월 2일 기사 출제
② 2005년 5월 7일 출제
③ 2007년 10월 13일 출제
④ 2013년 4월 27일 출제
⑤ 2014년 7월 13일 제2회 제1부(문제 9번) 출제
⑥ 2015년 10월 11일 제3회 2부 출제
⑦ 2017년 7월 2일 제2회 1부 산업기사 출제
⑧ 2020년 10월 17일 산업기사 출제

정답
① 이동전선 절연조치를 할 것
② 누전차단기를 설치할 것
③ 정전작업실시
④ 작업근로자 감전에 대비한 보호구착용(절연보호구 착용)

💬 **합격자의 조언** 　조사나 문맥이 모범답안과 다르더라도 의미가 같으면 정답으로 인정되니 공란을 두지 말고 꼭 쓰세요.

07 자동차 브레이크 라이닝을 세척 중이다. 착용해야할 보호구 4가지를 쓰시오. (4점)

합격정보 산업안전보건기준에 관한 규칙 제451조(보호복 등의 비치 등)

합격KEY
① 2006년 9월 23일 산업기사 출제
② 2013년 10월 12일 제3회 출제
③ 2016년 10월 9일(문제 3번) 출제
④ 2017년 4월 22일 기사(문제 3번) 출제
⑤ 2018년 10월 14일 제3회 2부(문제 3번) 출제
⑥ 2019년 10월 19일 산업기사 출제
⑦ 2021년 5월 2일(문제 1번) 출제
⑧ 2022년 5월 15일(문제 7번) 출제

정답
① 불침투성 보호의(복)
② 불침투성 보호장갑
③ 불침투성 보호장화
④ 방독마스크
⑤ 보안경

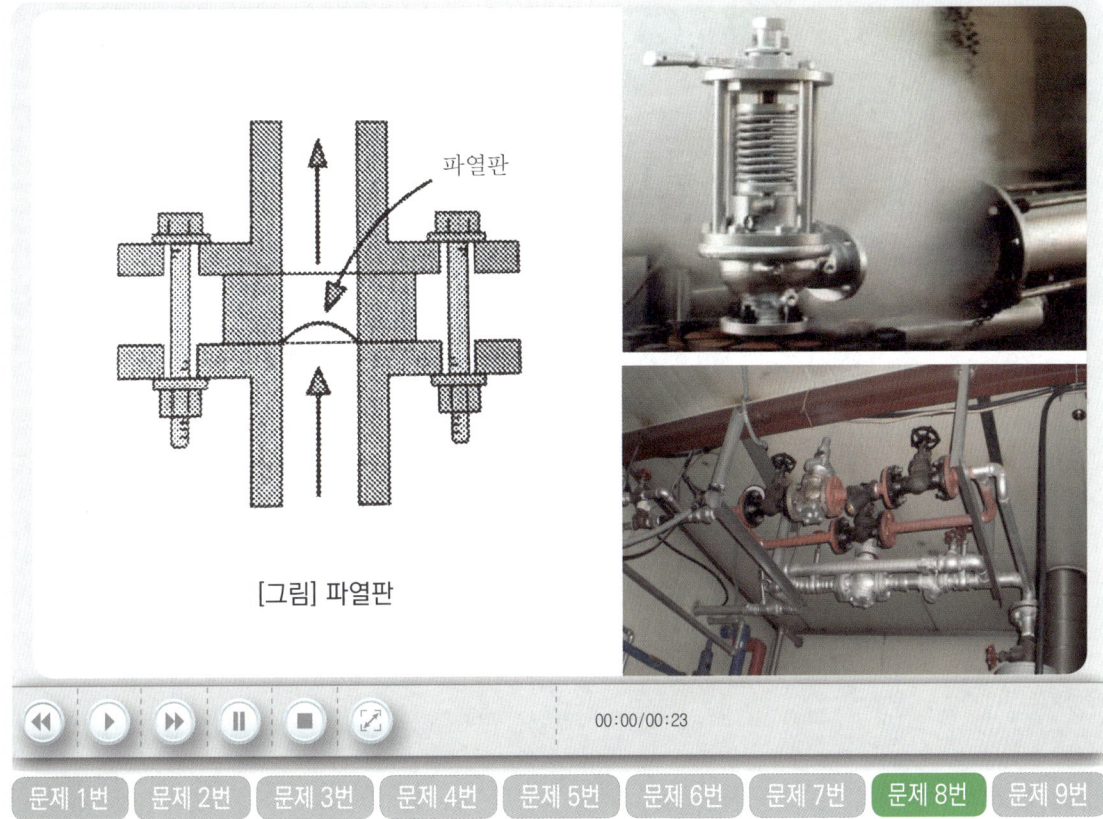

[그림] 파열판

08 설비배관 앞에 사용하는 안전장치로 내부 압력이 높아져 일정압력이 되면 방출하는 (1) 얇은 판의 안전장치의 이름과 (2) 설치해야하는 이유 2가지를 쓰시오.(6점)

합격정보 산업안전보건기준에 관한 규칙 제262조(파열판의 설치)

보충학습 파열판(rupture disc : 破裂板)
밀폐된 용기, 배관 등의 내압이 이상 상승 하였을 경우 정해진 압력에서 파열되어 본체의 파괴를 막을 수 있도록 제조된 원형의 얇은 금속판. 구리, 알루미늄 등의 재료가 사용되며 평판상, 돔상 등으로 된 것이 있다.

정답
(1) 안전장치 이름 : 파열판
(2) 파열판을 설치하여야 하는 이유
 ① 반응 폭주 등 급격한 압력 상승 우려가 있는 경우
 ② 급성 독성물질의 누출로 인하여 주위의 작업환경을 오염시킬 우려가 있는 경우
 ③ 운전 중 안전밸브에 이상 물질이 누적되어 안전밸브가 작동되지 아니할 우려가 있는 경우

자격종목	시험일	비번호	PC번호	남은시간
산업안전기사	2023년 4월 29일 1회(3부)	A001	1	60분

남자 근로자가 회전하는 탁상공구연삭기에 환봉을 연삭 작업 하는 도중 환봉이 튕겨서 작업자를 가격하는 장면임

09 화면은 봉강 연마 작업중 발생한 사고사례이다. 기인물은 무엇이며, 연마작업시 파편이나 칩의 비래에 의한 위험에 대비하기 위해 설치해야 하는 방호장치명을 쓰시오.(4점)
① 기인물 : (2점)
② 방호장치명 : (2점)

참고 위험기계 · 기구 방호장치기준 제30조(방호조치)

합격KEY
① 2004년 10월 2일 산업기사출제
② 2005년 10월 1일 산업기사 출제
③ 2010년 7월 11일 출제
④ 2011년 10월 22일 출제
⑤ 2012년 10월 21일 출제
⑥ 2013년 4월 27일 출제
⑦ 2015년 7월 18일 산업기사 (문제 3번) 출제
⑧ 2017년 4월 22일 산업기사 출제
⑨ 2017년 10월 22일(문제 1번) 출제
⑩ 2020년 11월 22일 기사 출제
⑪ 2021년 5월 5일 산업기사 출제

정답
① 기인물 : 탁상공구연삭기
② 방호장치명 : 투명한 비산 방지판

문제 및 답안(지), 점수, 채점기준은 일체 공개하지 않는다.

자격종목	시험일	비번호	PC번호	남은시간
산업안전기사	2023년 4월 30일 1회(1부)	A001	1	60분

시내버스를 정비하기 위하여 차량용 리프트로 차량을 들어올린 상태에서 한 작업자가 버스 밑에 들어가 샤프트계통을 점검하고 있다. 그런데 다른 한 사람이 주변상황을 전혀 살피지 않고 버스에 올라 엔진을 시동하였다. 그 순간 밑에 있던 작업자의 팔이 버스의 회전하는 샤프트에 말려들어 협착사고를 일으킨다.(이때 주변에는 작업감시자가 없는 상황)

00:00/00:23

| 문제 1번 | 문제 2번 | 문제 3번 | 문제 4번 | 문제 5번 | 문제 6번 | 문제 7번 | 문제 8번 | 문제 9번 |

01 화면은 버스정비작업 중 재해가 발생한 사례이다. 버스정비작업 중 안전을 위해 취해야 할 사전안전조치 사항 3가지를 쓰시오.(6점)

[합격정보] 산업안전보건기준에 관한 규칙 제92조(정비 등의 작업시의 운전정지 등)

[채점기준] ① 조사나 문맥이 모범답안과 다르더라도 의미가 같으면 정답으로 한다.
② 택 3, 2점×3개=6점

[합격KEY]
① 2004년 10월 2일 (문제 1번) ② 2007년 4월 28일 출제
③ 2008년 4월 26일 출제 ④ 2015년 4월 25일 제1회 출제
⑤ 2016년 10월 15일 제3회 3부 출제 ⑥ 2018년 7월 8일(문제 2번) 출제
⑦ 2022년 5월 20일 산업기사 출제

[정답]
① 정비작업 중임을 나타내는 표지판을 설치할 것
② 작업과정을 지휘할 관리자를 배치할 것
③ 기동(시동)장치에 잠금장치를 할 것
④ 작업시 운전금지를 위하여 열쇠를 별도 관리할 것

자격종목	시험일	비번호	PC번호	남은시간
산업안전기사	2023년 4월 30일 1회(1부)	A001	1	60분

문제 1번 | 문제 2번 | 문제 3번 | 문제 4번 | 문제 5번 | 문제 6번 | 문제 7번 | 문제 8번 | 문제 9번

02 다음은 강관비계에 관한 내용이다. 산업안전보건법령상, 다음 (   )을 채우시오. (4점)
비계기둥의 간격은 띠장 방향에서는 (①)[m] 이하, 장선 방향에서는 (②)[m] 이하로 할 것.

[합격정보] 산업안전보건기준에 관한 규칙 제60조(강관비계의 구조)

정답
① 1.85
② 1.5

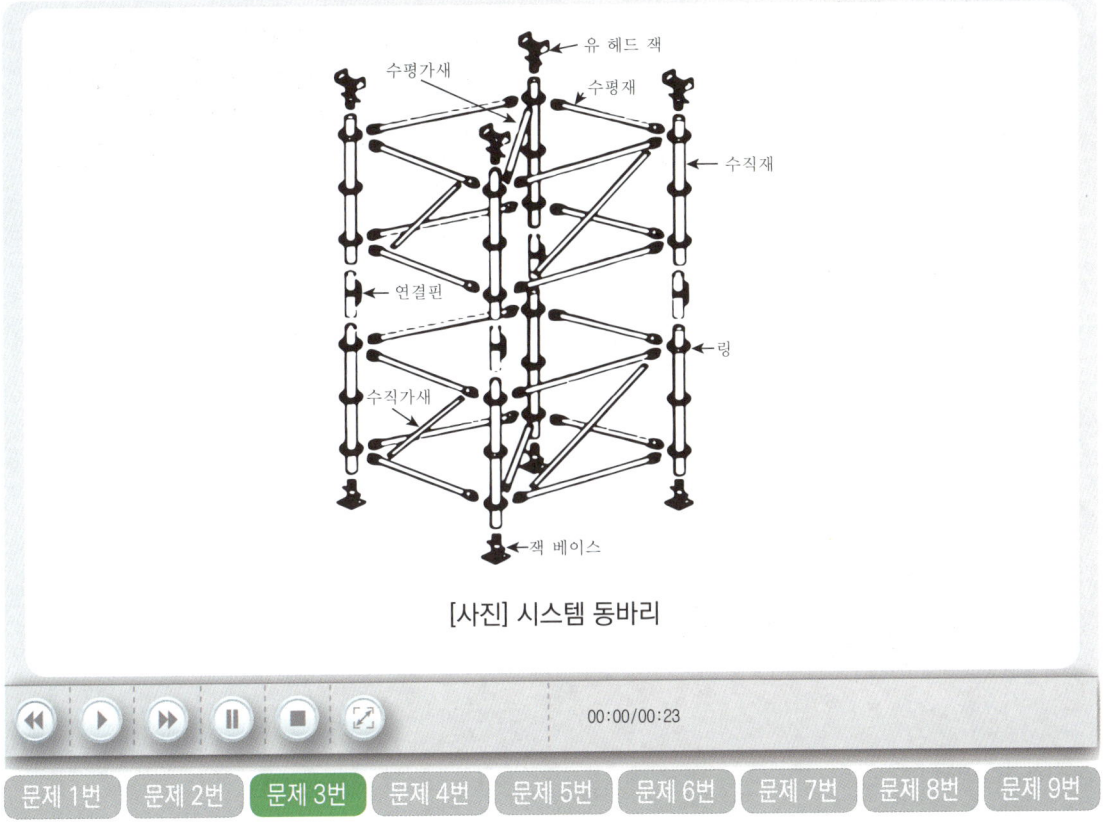

[사진] 시스템 동바리

03 거푸집 동바리에서 다음 ( )에 알맞은 내용을 쓰시오.(4점)
① 규격화·부품화된 수직재, 수평재 및 가새재 등의 부재를 현장에서 조립하여 거푸집으로 지지하는 동바리 형식의 이름을 쓰시오. ( )
② 동바리 최상단과 최하단의 수직재와 받침철물은 서로 밀착되도록 설치하고 수직재와 받침철물의 연결부의 겹침 길이는 받침철물 전체길이의 ( )이상 되도록 할 것

[합격정보] 산업안전보건기준에 관한 규칙 제332조의2(동바리 유형에 따른 동바리 조립시의 안전조치)

정답
① 시스템 동바리
② $\frac{1}{3}$

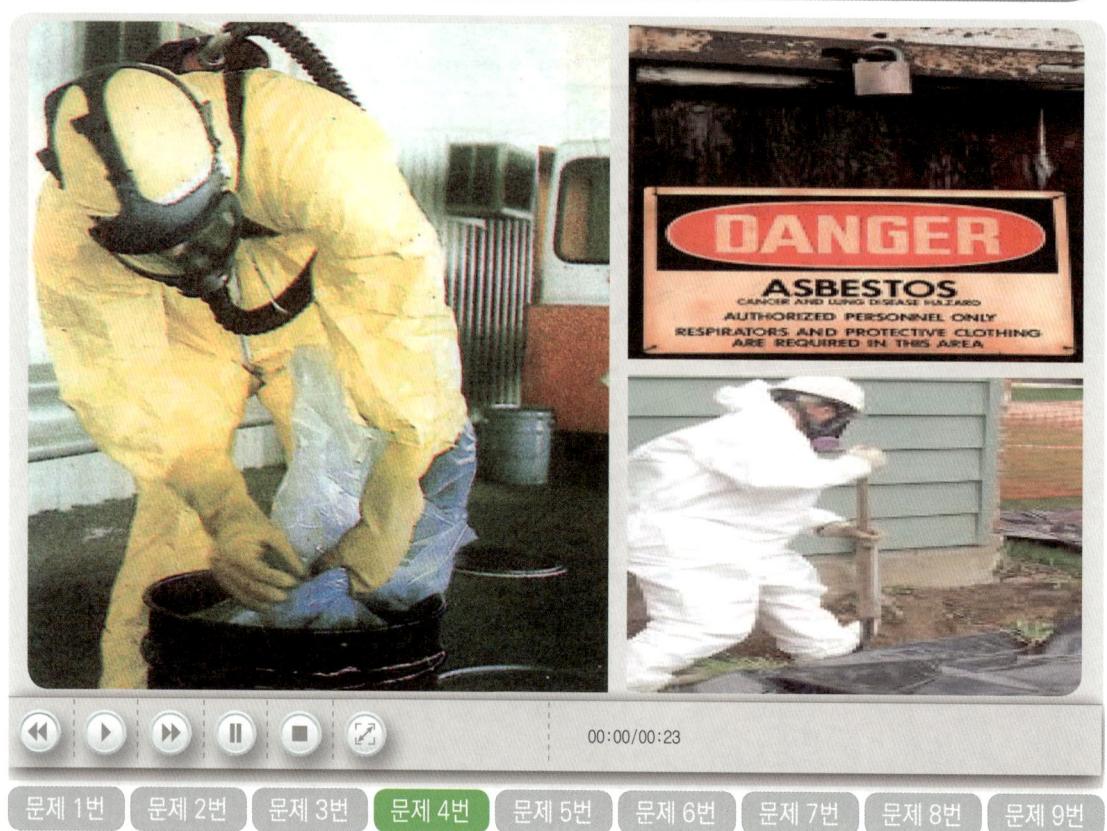

04 화면에서 작업자가 마스크를 착용하고 있으나 석면분진폭로 위험성에 노출되어 있어 작업자에게 직업성 질환으로 이환될 우려가 있다. 장기간 폭로시 어떤 종류의 직업병이 발생할 위험이 있는지 3가지를 쓰시오.(6점)

합격KEY
① 2003년 7월 19일 산업기사(문제 6번) 출제
② 2007년 7월 15일 출제
③ 2013년 4월 27일 출제
④ 2013년 10월 12일 제3회 출제
⑤ 2014년 7월 13일 제2회 출제
⑥ 2015년 4월 25일(문제 3번) 출제
⑦ 2015년 7월 18일(문제 3번) 출제
⑧ 2016년 4월 23일(문제 8번) 출제

정답
① 폐암
② 석면폐증
③ 악성중피종

05 산업안전보건법령상, 사업주가 근로자가 노출된 충전부 또는 그 부근에서 작업함으로써 감전될 우려가 있는 경우에는 작업에 들어가기 전에 해당 전로를 차단하지 않아도 되는 경우 3가지를 쓰시오. (6점)

합격정보 산업안전보건기준에 관한 규칙 제319조(정전전로에서의 전기작업)

정답
① 생명유지장치, 비상경보설비, 폭발위험장소의 환기설비, 비상조명설비 등의 장치·설비의 가동이 중지되어 사고의 위험이 증가되는 경우
② 기기의 설계상 또는 작동상 제한으로 전로차단이 불가능한 경우
③ 감전, 아크 등으로 인한 화상, 화재·폭발의 위험이 없는 것으로 확인된 경우

06 산업안전보건법령상, (1) 고열의 정의와 다량의 고열물체를 취급하거나 매우 더운 장소에서 작업하는 근로자에게 사업주가 지급하고 착용하도록 하여야 하는 (2) 보호구 2가지를 쓰시오.(6점)

합격정보
① 산업안전보건기준에 관한 규칙 제558조(정의)
② 산업안전보건기준에 관한 규칙 제572조(보호구의 지급 등)

보충학습
① 열사병(Heat Stroke)
고온의 밀폐된 공간에 오래 머무를 경우 발생하는 질환으로, 체온이 40도 이상으로 올라가 치명적일 수 있다. 일반적으로 중추 신경계 이상이 발생하고 정신 혼란, 발작, 의식 소실도 일어날 수 있다.
② 열경련(Heat Cramp)
고온에 지속적으로 노출되 근육에 경련이 일어나는 질환이다. 무더위가 기승을 부리는 7월 말에서 8월에 집중적으로 발생한다. 두통, 오한을 동반하고 심할 경우 의식 장애를 일으키거나 혼수상태에 빠질 수 있다.

정답
(1) 고열 : 열에 의하여 근로자에게 열경련·열탈진 또는 열사병 등의 건강장해를 유발할 수 있는 더운 온도
(2) 보호구
① 방열장갑
② 방열복

자격종목	시험일	비번호	PC번호	남은시간
산업안전기사	2023년 4월 30일 1회(1부)	A001	1	60분

[그림] 용접작업

교류아크용접 작업장에서 작업자가 혼자 작업을 하고 있음.(작업 내용은 대형 관의 플랜지 아래 부위를 아크 용접하는 상황) 왼손으로는 플랜지 회전 스위치를 조작해 가며 오른손으로 용접을 하는 상황. 주위에는 인화성 물질로 보이는 깡통 등이 용접작업 장소 주변에 쌓여 있음.

07 화면은 배관 용접작업에 관한 내용이다. 동영상의 내용 중 위험요인이 내재되어 있다. 작업현장의 위험요인 3가지를 쓰시오.(6점)

합격KEY
① 2019년 10월 19일 제3회 3부(문제 7번) 출제
② 2020년 5월 16일 제1회 3부 기사 출제
③ 2020년 7월 25일 산업기사 출제
④ 2021년 7월 18일(문제 6번) 출제
⑤ 2021년 10월 23일(문제 6번) 출제

정답
① 단독으로 작업 중 양손 모두를 사용하여 작업하므로 위험에 노출되어 있다.
② 작업현장내 정리, 정돈 상태가 불량하여 인화성물질이 쌓여있으므로 화재폭발사고가 발생할 위험이 있다.
③ 감시인이 배치되어 있지 않아 사고발생의 위험이 있다.

08 산업안전보건법령상, 용융(鎔融)한 고열의 광물(이하 '용융고열물'이라 한다.)을 취급하는 피트(고열의 금속찌꺼기를 물로 처리하는 것은 제외한다)에 대하여 수증기 폭발을 방지하기 위하여 사업주가 해야하는 조치 1가지를 쓰시오. (4점)

합격정보 | 산업안전보건기준에 관한 규칙 제248조(용융고열물 취급 피트의 수증기 폭발방지)

정답
① 지하수가 내부로 새어드는 것을 방지할 수 있는 구조로 할 것. 다만, 내부에 고인 지하수를 배출할 수 있는 설비를 설치한 경우에는 그러하지 아니하다.
② 작업용수 또는 빗물 등이 내부로 새어드는 것을 방지할 수 있는 격벽 등의 설비를 주위에 설치할 것

자격종목	시험일	비번호	PC번호	남은시간
산업안전기사	2023년 4월 30일 1회(1부)	A001	1	60분

① 가로수 나무 위로 2~3[m] 높이에 있는 건설공사 현장에서 작업자가 안전대 없이 위태롭게 망치를 들고 약간 기울어진 철판을 발로 여러번 두드림.
② 발판 설치 작업 중 망치를 떨어트림.

09 동영상은 고소작업 중인 공사현장을 보여주고 있다. 이와 같은 고소작업시 낙하방지시설과 추락방지시설 2가지를 쓰시오.(6점)

참고
① 산업안전보건기준에 관한 규칙 제14조(낙하물에 의한 위험의 방지)
② 산업안전보건기준에 관한 규칙 제42조(추락의 방지)

정답
(1) 낙하방지설비
 ① 낙하물방지망 설치
 ② 수직보호망 설치
 ③ 방호선반 설치
 ④ 출입금지구역의 설정
(2) 추락방지설비
 ① 작업발판 설치
 ② 추락방호망 설치

자격종목	시험일	비번호	PC번호	남은시간
산업안전산업기사	2023년 5월 7일 1회(1부)	A001	1	60분

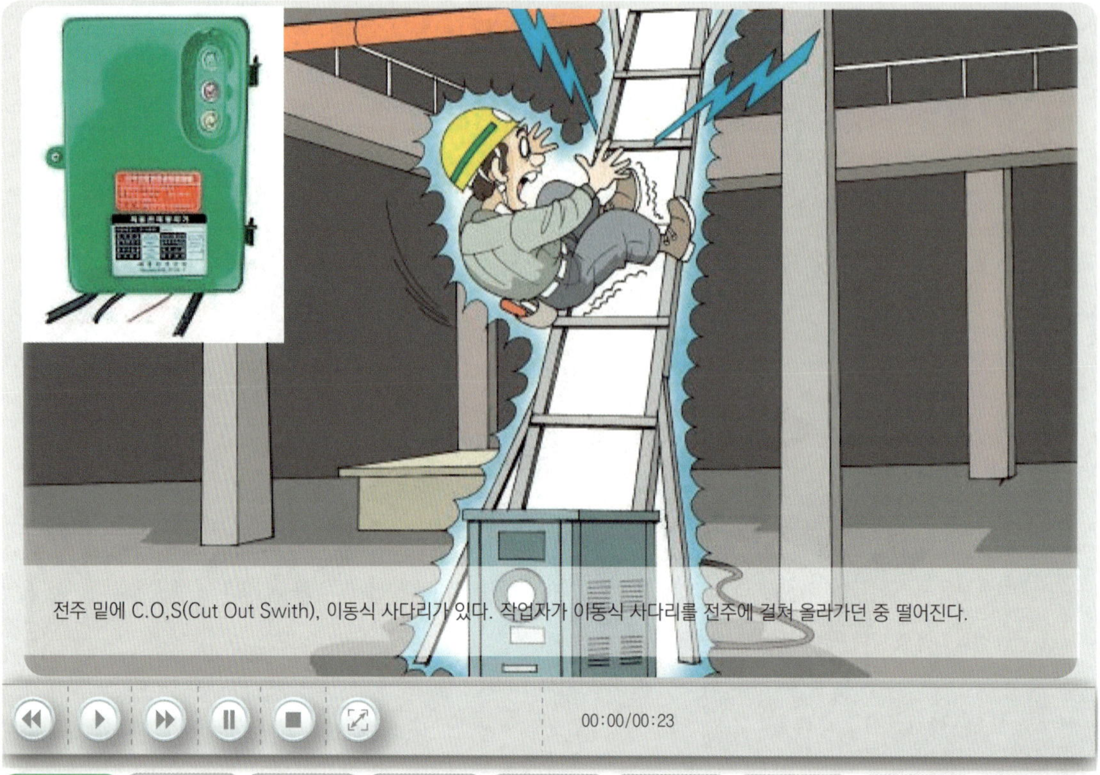

전주 밑에 C.O,S(Cut Out Swith), 이동식 사다리가 있다. 작업자가 이동식 사다리를 전주에 걸쳐 올라가던 중 떨어진다.
00:00/00:23

문제 1번 | 문제 2번 | 문제 3번 | 문제 4번 | 문제 5번 | 문제 6번 | 문제 7번 | 문제 8번 | 문제 9번

01

동영상에서와 같은 이동식 사다리의 최대 설치 사용 길이는 얼마인지 단위를 포함해서 쓰시오.(4점)

합격정보 가설공사 표준안전 작업지침 제20조(이동식 사다리)

정답 6[m]

자격종목	시험일	비번호	PC번호	남은시간
산업안전산업기사	2023년 5월 7일 1회(1부)	A001	1	60분

작업자 2[명]이 전주 위에서 작업을 하고 있다. 작업자 1[명]은 변압기 위에 올라가서 볼트를 풀면서 흡연을 하며 작업을 하고 있고, 잠시 후 영상은 전주 아래부터 위를 보여주는데 발판용 볼트에 C.O.S(Cut Out Switch)가 임시로 걸쳐있음이 보인다. 그리고 다른 작업자 근처에선 이동식크레인에 작업대를 매달고 또 다른 작업을 하는 화면을 보여 준다.

02 화면의 전기형강작업 중 위험요인(결여사항) 3가지를 기술하시오. (6점)

합격정보 산업안전보건기준에 관한 규칙 제301조(전기 기계·기구 등의 충전부 방호)

합격KEY
① 2000년 9월 6일 기사 출제 ② 2007년 4월 28일 기사 출제
③ 2009년 9월 19일 기사 출제 ④ 2010년 7월 11일 출제
⑤ 2014년 7월 13일 기사 출제 ⑥ 2014년 10월 5일(문제 3번) 출제
⑦ 2016년 7월 3일 제2회(문제 3번) 출제 ⑧ 2017년 10월 22일 제3회(문제 1번) 출제
⑨ 2018년 4월 21일 기사 출제 ⑩ 2018년 7월 8일 제2회 2부(문제 2번) 출제
⑪ 2019년 10월 19일 산업기사 출제 ⑫ 2020년 10월 10일(문제 2번) 출제
⑬ 2021년 7월 18일 기사 출제 ⑭ 2022년 8월 7일(문제 2번) 출제

정답
① 작업중 흡연
② 작업자가 딛고 선 발판이 불안전
③ C.O.S(Cut Out Switch)를 발판용(볼트)에 임시로 걸쳐 놓았다.

03 산업안전보건기준에 관한 규칙에 따라서, 타워크레인을 사용하여 작업을 하는 경우 사업주가 관계근로자에게 준수하도록 해야할 안전수칙 3가지를 쓰시오.(6점)

합격정보 산업안전보건기준에 관한 규칙 제146조(크레인 작업 시의 조치)

채점기준 ① 조사나 문맥이 모범답안과 다르더라도 의미가 같으면 정답으로 인정
② 택 3. 3개 모두 맞으면 6점, 1개 맞으면 2점, 그 외 0점

합격KEY 2021년 7월 18일 기사 출제

정답
① 인양할 하물(荷物)을 바닥에서 끌어당기거나 밀어내는 작업을 하지 아니할 것
② 유류드럼이나 가스통 등 운반 도중에 떨어져 폭발하거나 누출될 가능성이 있는 위험물 용기는 보관함(또는 보관고)에 담아 안전하게 매달아 운반할 것
③ 고정된 물체를 직접 분리·제거하는 작업을 하지 아니할 것
④ 미리 근로자의 출입을 통제하여 인양 중인 하물이 작업자의 머리 위로 통과하지 않도록 할 것
⑤ 인양할 하물이 보이지 아니하는 경우에는 어떠한 동작도 하지 아니할 것(신호하는 사람에 의하여 작업을 하는 경우는 제외한다.)

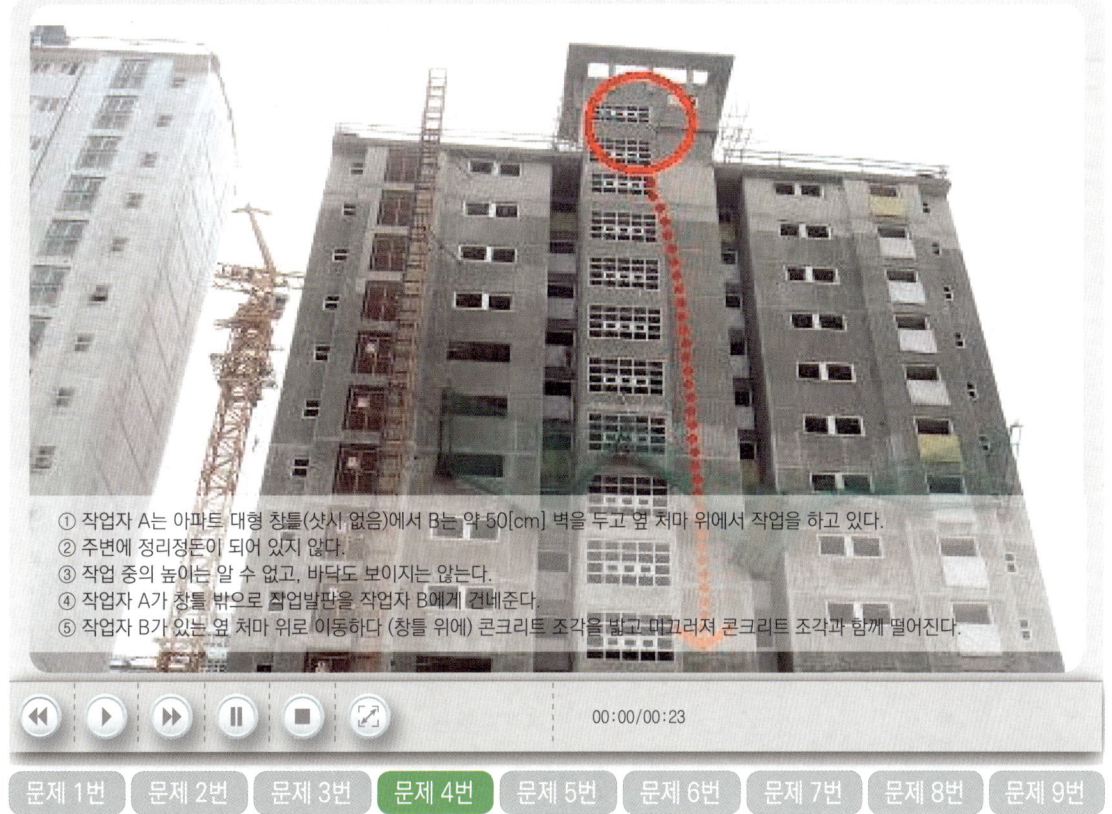

04 화면은 아파트 창틀에서 작업 중 발생한 재해사례이다. 이 영상의 작업자의 추락사고 원인 3가지를 쓰시오. (6점)

합격정보 산업안전보건기준에 관한 규칙 제42조(추락의 방지)

합격KEY
① 2004년 10월 2일 출제
② 2006년 7월 5일 출제
③ 2014년 4월 25일 출제
④ 2014년 7월 13일 산업기사 출제
⑤ 2014년 10월 5일(문제 1번) 출제
⑥ 2016년 4월 23일(문제 1번) 출제
⑦ 2017년 4월 22일 제1회 1부(문제 8번) 출제
⑧ 2019년 10월 19일 제3회 1부(문제 7번) 출제
⑨ 2020년 5월 16일 제1회 2부(문제 7번) 출제
⑩ 2020년 7월 25일 산업기사 출제
⑪ 2020년 11월 22일(문제 7번) 출제
⑫ 2021년 7월 18일(문제 7번) 출제
⑬ 2021년 10월 23일 기사 출제
⑭ 2021년 10월 24일(문제 3번) 출제
⑮ 2022년 5월 21일 산업기사 출제
⑯ 2022년 7월 30일 기사 출제

정답
① 안전난간 미설치
② 안전대 미착용
③ 추락방호망 미설치

자격종목	시험일	비번호	PC번호	남은시간
산업안전산업기사	2023년 5월 7일 1회(1부)	A001	1	60분

00:00/00:23

| 문제 1번 | 문제 2번 | 문제 3번 | 문제 4번 | 문제 5번 | 문제 6번 | 문제 7번 | 문제 8번 | 문제 9번 |

05 사출성형기 V형 금형 작업중 끼인 이물질을 제거하다가 감전 재해가 발생한 사례이다. 동영상에서 발생한 감전재해 방지대책 2가지를 쓰시오. (4점)

합격정보
① 산업안전보건기준에 관한 규칙 제121조(사출성형기 등의 방호장치)
② 산업안전보건기준에 관한 규칙 제302조(전기 기계·기구의 접지)

합격KEY
① 2004년 10월 2일(문제 2번)
② 2007년 4월 28일 출제
③ 2013년 4월 27일 출제
④ 2017년 10월 22일 제3회(문제 5번) 출제
⑤ 2018년 4월 21일 제1회(문제 5번) 출제
⑥ 2019년 7월 26일(문제 5번) 출제
⑦ 2021년 10월 24일(문제 5번) 출제
⑧ 2022년 8월 7일(문제 5번) 출제

정답
① 작업시작 전 전원을 차단한다.
② 작업시 안전 보호구를 착용한다.
③ 감시인을 배치 후 작업한다.
④ 금형의 이물질제거는 전용공구를 사용한다.

06 화면에서처럼 가압상태의 LPG가 대기 중에 유출되어 순간적으로 기화가 일어나 점화원에 의해 발생하는 폭발의 종류를 쓰시오. (4점)

정답: 증기운 폭발(UVCE : Unconfined Vapor Cloud Explosion)

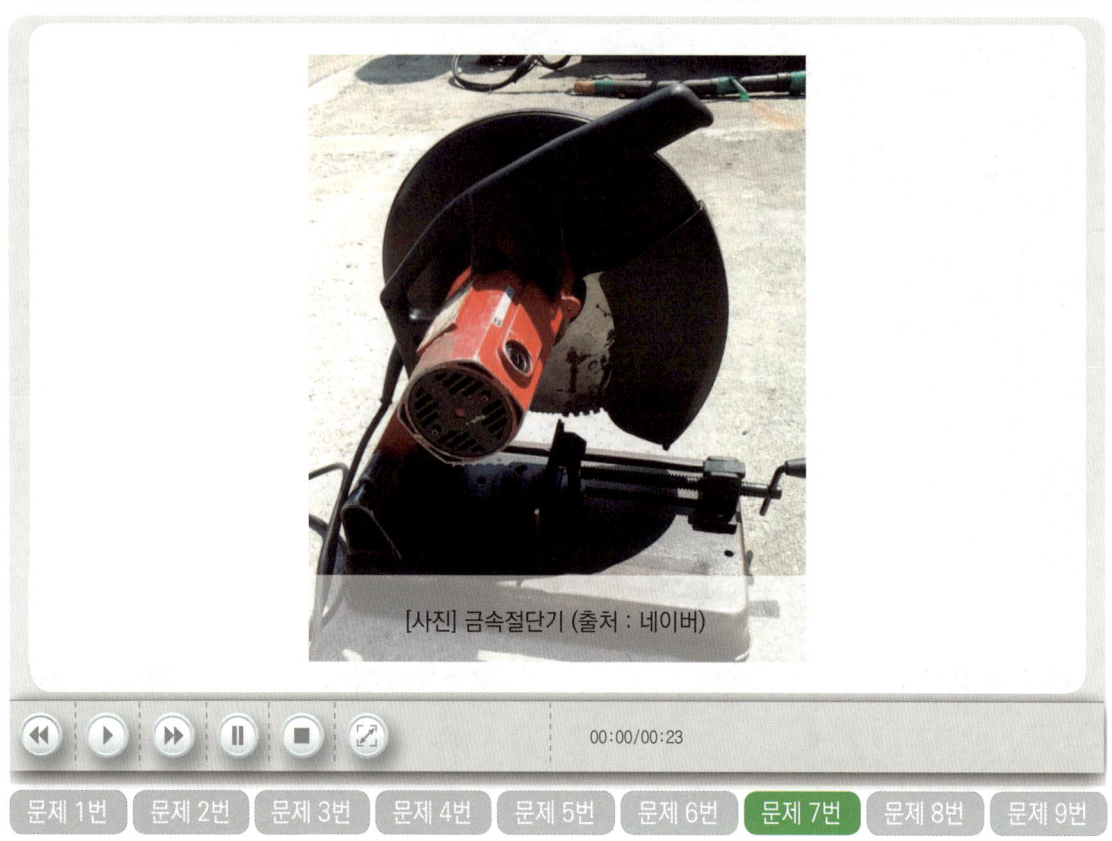

07 금속절단기의 날접촉 예방장치가 갖추어야 할 조건 3가지를 쓰시오. (5점)

합격정보 위험기계·기구 방호조치 기준 제16조(설치방법)

정답
① 작업부분을 제외한 톱날 전체를 덮을 수 있을 것
② 가드와 함께 움직이며 가공물을 절단하는 톱날에는 조정식 가이드를 설치할 것
③ 톱날, 가공물 등의 비산을 방지할 수 있는 충분한 강도를 가질 것
④ 둥근 톱날의 경우 회전날의 뒤, 옆, 밑 등을 통한 신체 일부의 접근을 차단할 수 있을 것

자격종목	시험일	비번호	PC번호	남은시간
산업안전산업기사	2023년 5월 7일 1회(1부)	A001	1	60분

장면 1 : 장발에 야구모자를 쓴 작업자가 원심기 덮개를 닫는다.
장면 2 : 동일한 작업자가 같은 복장에 야구모자를 벗은 채 스프링처럼 꼬인 전기줄 끝에 있는 플러그를 콘센트에 꽂는다.
장면 3 : 동일한 작업자가 같은 복장에 야구모자를 벗은 채 원심기 통 안에 몸을 반쯤 넣고 있다.(1인 2역이라 혼란을 준다)
[출처: https://post.naver.com/viewer/postView.nhn?volumeNo=21671694&memberNo=42932463&vType=VERTICAL(원심기)]

08 영상과 같은 사고를 예방하기 위한 대책 2가지를 쓰시오.(4점)
(단, 작업지휘자 배치 및 안전교육 관련 내용은 제외)

합격정보 산업안전보건기준에 관한 규칙 제111조(운전의 정지)

정답
① 덮개를 설치해야 한다.
② 내용물을 꺼낼때는 운전을 정지해야 한다.
③ 회전수를 초과사용해서는 안된다.

자격종목	시험일	비번호	PC번호	남은시간
산업안전산업기사	2023년 5월 7일 1회(1부)	A001	1	60분

작업자가 위험물이라고 붙어있는 작업장에 들어오면서 출입구 바닥에 있는 물받이를 발로 툭툭치면서 신발에 물을 묻힌다. 다른 작업자(맨손에 안전모 미착용)가 바닥에 가루가 떨어져 있는 작업장에 들어가 폭발물 제조 시약을 만지다가, 신발이 미끄러지는 듯 하더니 신발 바닥에서 불꽃이 발생

09 동영상에서와 같이 ① 폭발성 물질 저장소에 들어가는 작업자가 신발에 물을 묻히는 이유는 무엇인지 상세히 설명하고, ② 인체에 대전된 정전기에 의한 화재 또는 폭발 위험이 있는 경우에 착용해야 할 보호구를 2가지 쓰시오. (6점)

합격정보 산업안전보건기준에 관한 규칙 제325조(정전기로 인한 화재 폭발 등 방지)

합격KEY
① 2004년 10월 2일 출제
③ 2009년 4월 26일 출제
⑤ 2013년 7월 20일 출제
⑦ 2015년 7월 18일 제2회 출제
⑨ 2022년 7월 30일 기사 출제
② 2005년 10월 1일 출제
④ 2012년 4월 28일 출제
⑥ 2014년 10월 5일(문제 5번) 출제
⑧ 2016년 10월 15일(문제 8번) 출제

정답
① 이유 : 폭발성이 높은 화학약품을 취급할 때 정전기에 의한 폭발 위험성이 있으므로 작업화와 바닥면의 접촉으로 인한 정전기 발생을 줄이기 위해서이다.
② 보호구
㉮ 정전기 대전방지용 안전화
㉯ 제전복

자격종목	시험일	비번호	PC번호	남은시간
산업안전산업기사	2023년 5월 7일 1회(2부)	A001	1	60분

파지압축장에서 작업자 두명은 컨베이어 위에서 작업을 하고 있는데, 집게암으로 파지를 들어서 작업자 머리 위를 통과한 후 흔들어서 파지를 떨어뜨리고 있다. 작업자가 안전모를 쓰고 있지 않다.

01 파지 작업장에서 작업자의 불안전 행동(위험요인) 3가지를 쓰시오.(6점)

합격KEY
① 2020년 5월 16일 산업기사 출제
② 2020년 10월 10일 기사 출제
③ 2020년 11월 15일(문제 6번) 출제
④ 2021년 10월 24일(문제 2번) 출제

정답
① 파지를 옮기는 기계가 작업자의 머리위로 지나간다.
② 안전모 등 보호구 미착용
③ 움직이는 컨베이어 위에서 작업하고 있다.

자격종목	시험일	비번호	PC번호	남은시간
산업안전산업기사	2023년 5월 7일 1회(2부)	A001	1	60분

유도자(신호수)가 지게차가 화물을 들도록 유도한 뒤, 지게차가 그 앞에 멈추자 유도자가 지게차 문에 매달린다. 화물로 인해 전방의 시야 확보가 되지 않는다. 유도자가 매달린 채 후진하라고 유도하다가 뒷바퀴가 바닥에 있는 나무조각에 걸려 덜컹거리는 순간, 유도자가 지게차에서 떨어진다.

| 문제 1번 | 문제 2번 | 문제 3번 | 문제 4번 | 문제 5번 | 문제 6번 | 문제 7번 | 문제 8번 | 문제 9번 |

02 화면을 보고 지게차 주행안전작업 사항 중 불안전한 행동(사고위험요인)을 3가지 쓰시오. (6점)

합격정보
① 산업안전보건기준에 관한 규칙 제172조(접촉의 방지)
② 산업안전보건기준에 관한 규칙 제173조(화물적재시의 조치)
③ 산업안전보건기준에 관한 규칙 제172조(전조등 등의 설치)

합격KEY
① 2000년 11월 9일 산업기사 출제
② 2004년 4월 29일 출제
③ 2006년 7월 15일 출제
④ 2011년 5월 7일 출제
⑤ 2013년 7월 20일(문제 3번) 출제
⑥ 2015년 7월 18일(문제 3번) 출제
⑦ 2017년 4월 22일 기사 제1회(문제 3번) 출제
⑧ 2018년 10월 14일(문제 2번) 출제
⑨ 2020년 11월 22일 기사 출제
⑩ 2021년 7월 24일(문제 2번) 출제
⑪ 2021년 10월 24일 산업기사 출제
⑫ 2022년 5월 15일(문제 2번) 출제
⑬ 2022년 7월 30일 기사 출제

정답
① 전방의 시야 불충분으로 지게차에 의해 다른 작업자가 다칠 수 있다.
② 물건을 과적하여 운전자의 시야를 가려 다른 작업자가 다칠 수 있다.
③ 물건을 불안정하게 적재하여 화물이 떨어져 다른 작업자가 다칠 수 있다.
④ 다른 작업자가 작업통로에 나와서 작업을 하고 있어 지게차에 의해 다칠 수 있다.
⑤ 난폭한 운전·과속으로 운전자 본인이 다치거나 다른 작업자가 다칠 수 있다.

03 화면은 사출성형기 V형 금형 작업 중 재해가 발생한 사례이다. ① 재해발생형태와 ② 기인물을 쓰시오. (4점)

합격정보 산업안전보건기준에 관한 규칙 제121조(사출성형기 등의 방호장치)

정답
① 재해발생형태 : 끼임
② 기인물 : 사출성형기

자격종목	시험일	비번호	PC번호	남은시간
산업안전산업기사	2023년 5월 7일 1회(2부)	A001	1	60분

04 동영상의 자동차 정비 중 발생한 재해에 대해서 ① 가해물과 ② 재해발생원인을 쓰시오. (4점)

[합격정보] ① 산업안전보건기준에 관한 규칙 제205조(붐 등의 강하에 의한 위험방지)
② 산업안전보건기준에 관한 규칙 제176조(수리 등의 작업 시 조치)

[정답]
① 가해물 : 자동차
② 재해발생원인 : 안전지지대 또는 안전블록 등을 사용하지 않음

05 화면상의 크레인 인양 작업 중에, 유해위험을 방지하기 위한 관리감독자의 직무 3가지를 쓰시오. (6점)

[합격정보] ① 산업안전보건기준에 관한 규칙 제35조(관리감독자의 유해·위험 방지업무 등)
② 산업안전보건기준에 관한 규칙 [별표 2] 관리감독자의 유해·위험 방지

[정답]
① 작업방법과 근로자 배치를 결정하고 그 작업을 지휘하는 일
② 재료의 결함 유무 또는 기구 및 공구의 기능을 점검하고 불량품을 제거하는 일
③ 작업 중 안전대 또는 안전모의 착용 상황을 감시하는 일

작업자가 교류아크용접을 한다. 용접을 한 번 하고서 슬러지를 털어낸 뒤 육안으로 확인 후 다시 한 번 용접을 위해 아크불꽃을 내는 순간 감전되어 쓰러진다.(작업자는 일반 캡 모자와 목장갑 착용)

06 산업안전보건법령상, 사업주가 교류아크용접기에 자동전격방지기를 설치해야 하는 장소 3가지를 쓰시오.(6점)

[합격정보] 산업안전보건기준에 관한 규칙 제306조(교류아크용접기 등)

정답
① 선박의 이중 선체 내부, 밸러스트 탱크(ballast tank : 평형수 탱크), 보일러 내부 등 도전체에 둘러싸인 장소
② 추락할 위험이 있는 높이 2미터 이상의 장소로 철골 등 도전성이 높은 물체에 근로자가 접촉할 우려가 있는 장소
③ 근로자가 물·땀 등으로 인하여 도전성이 높은 습윤 상태에서 작업하는 장소

자격종목	시험일	비번호	PC번호	남은시간
산업안전산업기사	2023년 5월 7일 1회(2부)	A001	1	60분

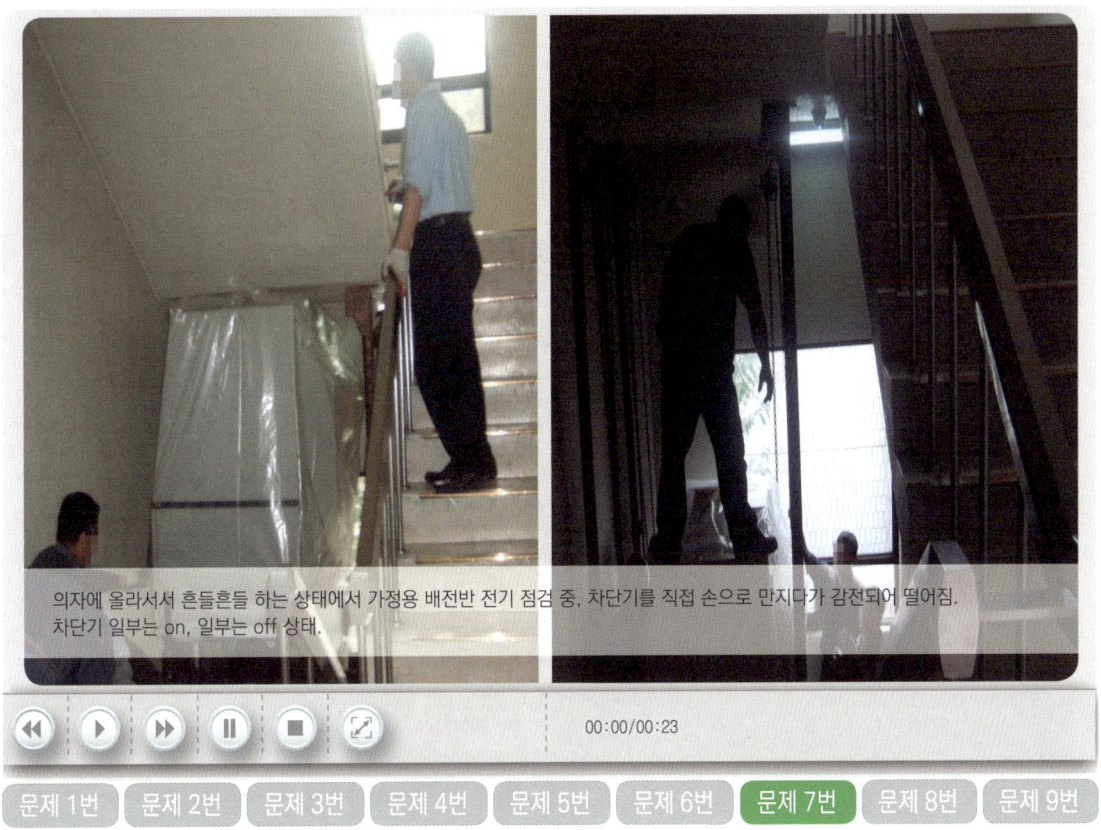

의자에 올라서서 흔들흔들 하는 상태에서 가정용 배전반 전기 점검 중, 차단기를 직접 손으로 만지다가 감전되어 떨어짐. 차단기 일부는 on, 일부는 off 상태.

07 화면 상의 배전반 차단기 교체 작업 중 불안전한 행동 2가지를 쓰시오. (5점)

합격KEY
① 2015년 4월 25일 (문제 8번) 출제
② 2016년 7월 3일(문제 6번) 출제
③ 2020년 11월 15일(문제 4번) 출제
④ 2020년 11월 22일(문제 3번) 출제
⑤ 2021년 7월 24일(문제 8번) 출제
⑥ 2022년 10월 23일(문제 8번) 출제

정답
① 절연용 보호구를 착용하지 않아 감전의 위험이 있다.
② 작업자가 딛고 있는 의자(발판)가 불안정하여 추락위험이 있다.

자격종목	시험일	비번호	PC번호	남은시간
산업안전산업기사	2023년 5월 7일 1회(2부)	A001	1	60분

동영상 사진 3장
① 컨베이어 ② 사출성형기 ③ 휴대용 연삭기

00:00/00:23

문제 1번 | 문제 2번 | 문제 3번 | 문제 4번 | 문제 5번 | 문제 6번 | 문제 7번 | **문제 8번** | 문제 9번

08 산업안전보건법령상, 다음 ( ) 안에 알맞은 방호장치를 쓰시오. (4점)
① 운전중인 컨베이어 등의 위로 근로자를 넘어가도록 하는 경우에는 위험을 방지 (   )
② 사출성형기 (   )
③ 휴대용연삭기 (   )

합격정보
① 산업안전보건기준에 관한 규칙 제195조(통행의 제한 등)
② 산업안전보건기준에 관한 규칙 제121조(사출성형기 등의 방호장치)
③ 산업안전보건기준에 관한 규칙 제122조(연삭숫돌의 덮개 등)

합격KEY
① 2008년 4월 26일 출제　　　　　　　② 2008년 7월 13일 출제
③ 2009년 4월 26일 출제　　　　　　　④ 2012년 4월 28일 기사 출제
⑤ 2013년 4월 27일 출제　　　　　　　⑥ 2013년 10월 12일 제3회 2부 출제
⑦ 2015년 4월 25일(문제 3번) 출제　　⑧ 2016년 7월 18일 제2회 출제
⑨ 2016년 10월 15일 제3회(문제 3번) 출제　⑩ 2019년 10월 19일 기사 출제
⑪ 2022년 10월 23일(문제 6번) 출제

정답
① 건널다리
② 게이트가드(gate guard), 양수조작식, 연동구조, 방호덮개
③ 덮개

자격종목	시험일	비번호	PC번호	남은시간
산업안전산업기사	2023년 5월 7일 1회(2부)	A001	1	60분

위험물질 실험실에서 위험물이 든 병을 발로 차서 깨뜨리는 장면

[문제 1번] [문제 2번] [문제 3번] [문제 4번] [문제 5번] [문제 6번] [문제 7번] [문제 8번] **[문제 9번]**

09 위험물을 다루는 바닥이 갖추어야 할 조건(유해물질 바닥의 구조) 2가지를 쓰시오. (4점)

합격정보 산업안전보건기준에 관한 규칙 제431조(작업장의 바닥)

합격KEY
① 2008년 4월 26일 출제
② 2009년 7월 11일 출제
③ 2010년 9월 19일 출제
④ 2013년 7월 20일 출제
⑤ 2014년 10월 5일 제3회 출제
⑥ 2016년 10월 15일 제3회 2부 출제
⑦ 2018년 7월 8일(문제 6번) 출제
⑧ 2020년 11월 15일(문제 9번) 출제
⑨ 2021년 5월 5일(문제 7번) 출제

정답
① 불침투성 재료를 사용
② 청소하기 쉬운 구조

자격종목	시험일	비번호	PC번호	남은시간
산업안전기사	2023년 7월 29일 2회(1부)	A001	1	60분

| 문제 1번 | 문제 2번 | 문제 3번 | 문제 4번 | 문제 5번 | 문제 6번 | 문제 7번 | 문제 8번 | 문제 9번 |

01 동영상은 LPG 저장소에 가스누설감지경보기의 미설치로 인한 재해가 발생한 사례이다. 가스누설 감지경보기의 적절한 설치 위치와 폭발범위에 대한 경보설정값[%]을 쓰시오.(6점)
① 설치위치 :
② 경보설정값 :

합격정보 가스누출감지경보기 설치에 관한 기술상의 지침 제5조(설치위치)

채점기준 배점 각 3점

합격KEY
① 2002년 10월 6일 산업기사 출제
② 2003년 5월 4일 산업기사 출제
③ 2005년 10월 1일 출제
④ 2008년 10월 5일 산업기사 출제
⑤ 2014년 4월 25일(문제 2번) 출제
⑥ 2015년 7월 18일 제2회 2부 출제
⑦ 2017년 7월 2일 기사 제2회(문제 2번) 출제
⑧ 2018년 10월 14일 제3회 3부(문제 1번) 출제
⑨ 2020년 8월 2일 (문제 1번) 출제
⑩ 2021년 10월 23일(문제 1번) 출제

정답
① 설치위치 : LPG는 공기보다 무거우므로 바닥에 인접한 낮은 곳에 설치한다.
② 경보설정값 : 폭발하한계(L.F.L or L.G.L)의 25[%] 이하

자격종목	시험일	비번호	PC번호	남은시간
산업안전기사	2023년 7월 29일 2회(1부)	A001	1	60분

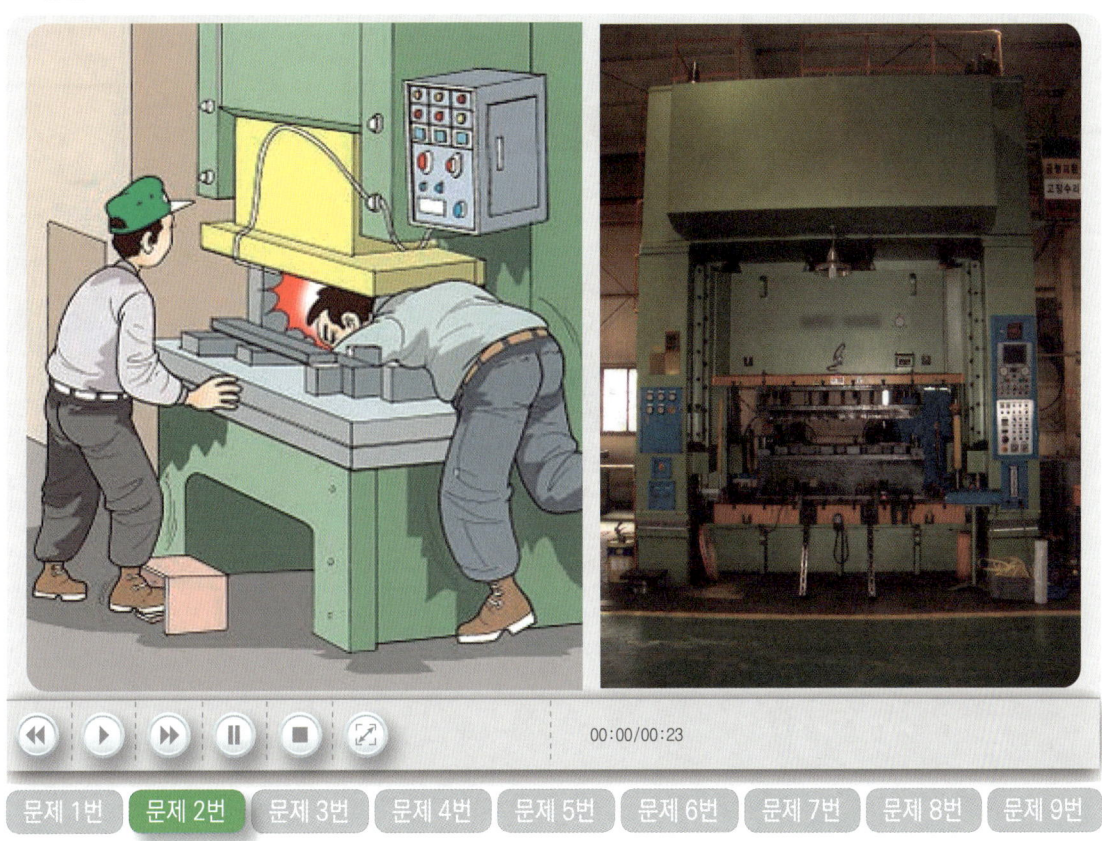

02 동영상은 프레스기로 철판에 구멍을 뚫는 작업 중 이 기계에 급정지기구가 부착되어 있지 않아 재해가 발생한 사례이다. 이 프레스에 설치하여 사용할 수 있는 유효한 방호장치를 2가지 쓰시오. (4점)

보충학습

[표] 급정지 기구에 따른 방호장치

구분	종류	
급정지 기구가 부착되어 있어야만 유효한 방호장치	① 양수 조작식 방호장치	② 감응식 방호장치
급정지 기구가 부착되어 있지 않아도 유효한 방호장치	① 양수 기동식 방호장치 ③ 수인식 방호장치	② 게이트 가드 방호장치 ④ 손쳐 내기식 방호장치

합격KEY
① 2000년 11월 9일 출제
③ 2002년 10월 6일 출제
⑤ 2003년 5월 4일 산업기사 출제
⑦ 2010년 4월 24일 산업기사 출제
⑨ 2013년 7월 20일 출제
⑪ 2015년 10월 11일 출제
⑬ 2018년 7월 8일 제2회 1부(문제 5번) 출제
⑮ 2023년 4월 29일(문제 5번) 출제
② 2001년 2월 18일 출제
④ 2002년 10월 6일 산업기사 출제
⑥ 2008년 10월 5일 산업기사 출제
⑧ 2012년 7월 14일 산업기사 출제
⑩ 2014년 7월 13일 제2회 제1부 산업기사 출제
⑫ 2016년 10월 15일 제3회 2부 출제
⑭ 2020년 8월 2일(문제 5번) 출제

정답
① 양수 기동식
③ 손쳐내기식
② 게이트 가드식(가드식)
④ 수인식

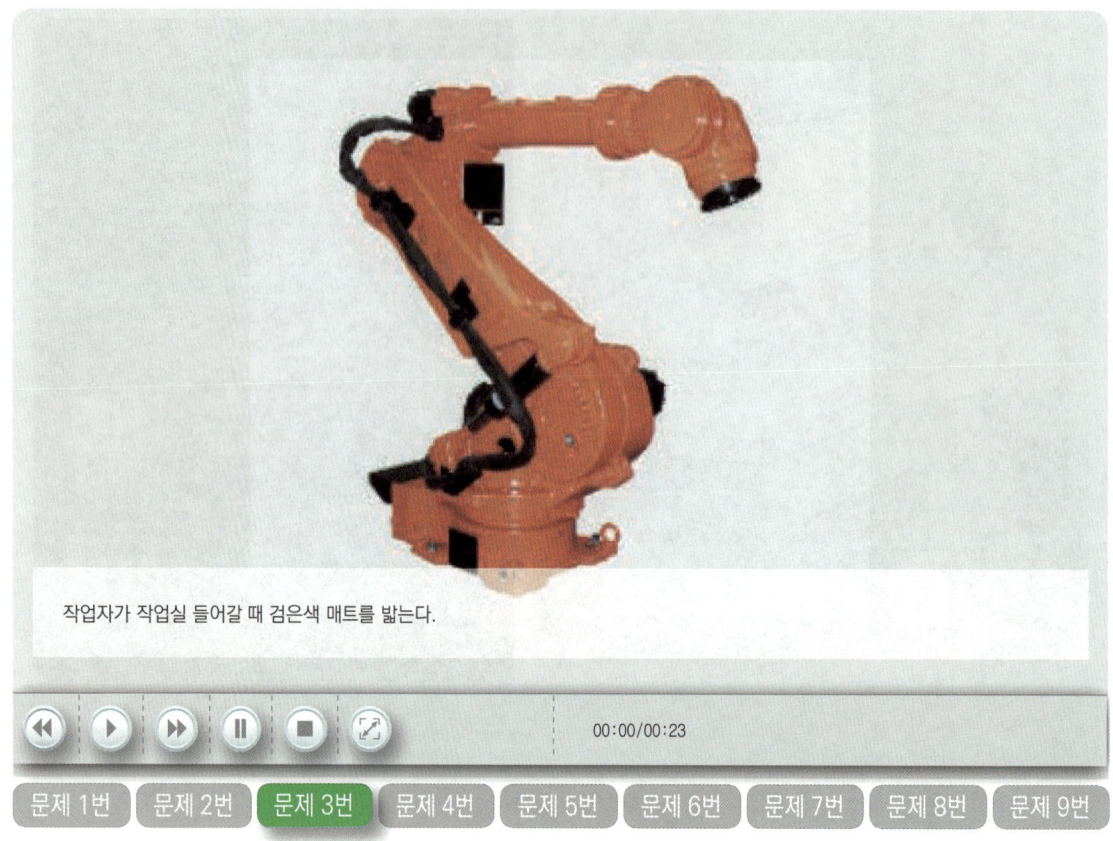

작업자가 작업실 들어갈 때 검은색 매트를 밟는다.

03 산업용로봇 안전매트 관련하여 (1) 작동원리와 (2) 안전인증의 표시 외에 추가로 표시할 사항 2가지를 쓰시오. (4점)

합격정보
① 산업안전보건기준에 관한 규칙 제223조(운전 중 위험방지)
② 방호장치 안전인증 고시 제37조(정의) [별표 25] 안전매트 성능기준 및 시험방법

정답
(1) 작동원리
　유효감지영역 내의 임의의 위치에 일정한 정도 이상의 압력이 주어졌을 때 이를 감지하여 신호를 발생
(2) 추가 표시 사항
　① 작동하중
　② 감응시간
　③ 복귀신호의 자동 또는 수동여부
　④ 대소인공용 여부

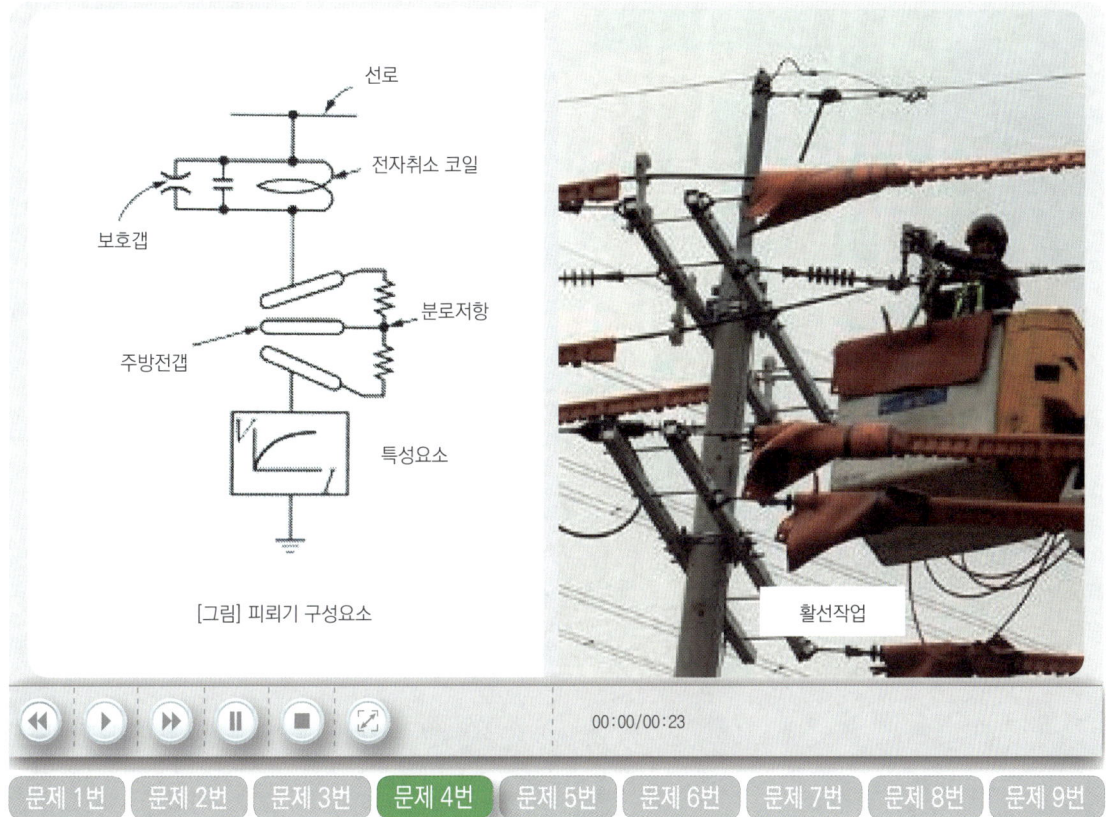

[그림] 피뢰기 구성요소 / 활선작업

04 뇌격(雷擊)에 따른 뇌서지(雷surge)를 이용하여 전주를 보호하기 위하여, 동영상에 표시된 방호 장치의 명칭과 그 장치가 갖추어야 할 구비조건을 3가지만 쓰시오. (6점)

읽을꺼리
① 피뢰기(lightning arrester)는 전력 시스템에서 시스템의 절연이 번개로 인해 손상되지 않도록 보호하는 기구다.
② 산화금속 배리스터(Metal oxide varistors, MOVs)는 1970년대 중반부터 전력 시스템을 보호하기 위해 쓰였다.
③ 전형적인 피뢰기는 고압 단자와 접지 단자가 있다.
④ 뇌 서지(lightning surge)와 스위칭 서지가 전력 시스템에서 피뢰기로 이동하면, 서지 전류가 피보호 절연으로 흐르지 않고 대지로 방전된다.

정답
(1) 명칭 : 피뢰기(Lightning Arrestor)
(2) 피뢰기가 갖추어야 할 구비조건
 ① 반복동작이 가능할 것
 ② 구조가 견고할 것
 ③ 특성이 변하지 않을 것
 ④ 점검, 보수가 간단할 것
 ⑤ 방전 개시 전압이 낮을 것
 ⑥ 제한 전압이 낮을 것
 ⑦ 방전능력이 클 것
 ⑧ 속류의 차단이 확실할 것

05 동영상은 낙하물 방지망을 보수하는 장면을 보여주고 있다. 방호선반 설치시 준수사항 (   )를 쓰시오. (4점)

(1) 높이 (①)[m] 이내마다 설치하고, 내민 길이는 벽면으로부터 (②)[m] 이상으로 할 것
(2) 수평면과의 각도는 (③)[°] 이상 (④)[°] 이하를 유지할 것

> 참고 산업안전보건기준에 관한 규칙 제14조(낙하물에 의한 위험의 방지)

정답
① 10
② 2
③ 20
④ 30

자격종목	시험일	비번호	PC번호	남은시간
산업안전기사	2023년 7월 29일 2회(1부)	A001	1	60분

06 높이가 2[m] 이상인 작업장소에서 근로자가 작업발판 위에서 작업을 하고 있다. 작업발판 설치기준 3가지를(단, 작업발판 폭과 틈은 제외) 쓰시오.(6점)

참고 산업안전보건기준에 관한 규칙 제56조(작업발판의 구조)

합격KEY
① 2006년 4월 29일 출제　② 2007년 7월 15일 출제
③ 2010년 7월 11일 출제　④ 2015년 4월 25일(문제 6번) 출제
⑤ 2016년 7월 3일 제2회 출제　⑥ 2016년 10월 15일 제3회(문제 6번) 출제
⑦ 2017년 10월 22일 기사 3회(문제 6번) 출제　⑧ 2018년 10월 14일 제3회 1부(문제 6번) 출제
⑨ 2019년 10월 19일 제3회 2부(문제 6번) 출제　⑩ 2020년 10월 17일 산업기사 출제
⑪ 2022년 5월 15일(문제 6번) 출제

정답
① 발판재료는 작업할 때의 하중을 견딜 수 있도록 견고한 구조로 할 것
② 추락의 위험이 있는 장소에는 안전난간을 설치할 것. 다만, 작업의 성질상 안전난간을 설치하는 것이 곤란한 경우, 작업의 필요상 임시로 안전난간을 해체할 때에 추락방호망을 설치하거나 근로자로 하여금 안전대를 사용하도록 하는 등 추락위험 방지 조치를 한 경우에는 그러하지 아니하다.
③ 작업발판의 지지물은 하중에 의하여 파괴될 우려가 없는 것을 사용할 것
④ 작업발판 재료는 뒤집히거나 떨어지지 않도록 둘 이상의 지지물에 연결하거나 고정시킬 것
⑤ 작업발판을 작업에 따라 이동시킬 경우에는 위험 방지에 필요한 조치를 할 것

💬 **합격자의 조언** ( ) 안에 알맞은 내용 넣기로 출제된 문제도 있습니다.

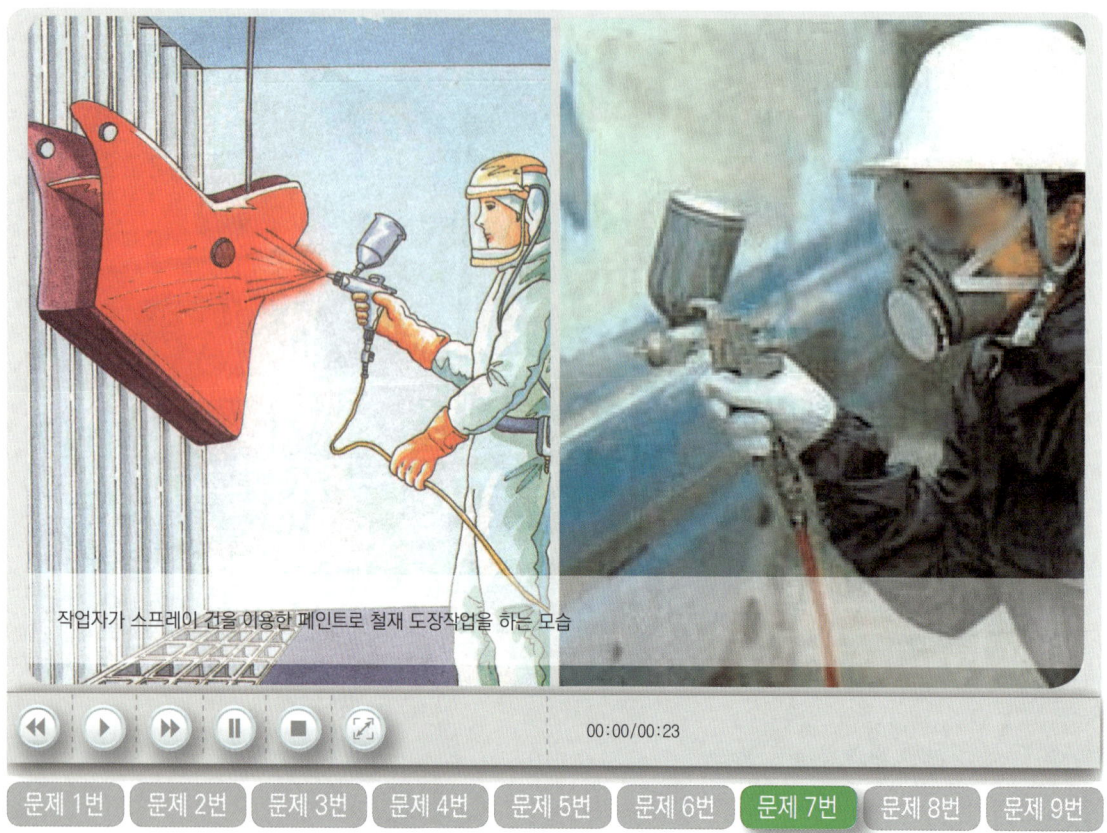

07 화면에서와 같이 도료 및 용제를 취급하는 작업장에서는 반드시 마스크를 착용해야 한다. 흡수제의 종류 2가지를 쓰시오. (5점)

합격KEY
① 2012년 7월 14일 출제
② 2012년 10월 21일 기사 출제
③ 2013년 4월 27일 기사 출제
④ 2013년 10월 12일 출제
⑤ 2016년 7월 3일 출제
⑥ 2016년 10월 15일 제3회 2부 기사 출제
⑦ 2017년 7월 2일 기사 출제
⑧ 2017년 10월 22일 제3회(문제 6번) 출제
⑨ 2018년 10월 14일 제3회(문제 8번) 출제
⑩ 2019년 7월 7일 제2회 2부 산업기사 출제
⑪ 2019년 10월 19일 제3회 1부, 2부 출제
⑫ 2020년 10월 17일 산업기사 출제

정답
① 활성탄
② 소다라임
③ 호프카라이트
④ 실리카겔
⑤ 큐프라마이트

자격종목	시험일	비번호	PC번호	남은시간
산업안전기사	2023년 7월 29일 2회(1부)	A001	1	60분

지게차를 운행하기 전, 별다른 보호구를 착용하지 않은 지게차 운전자가 바퀴를 발로 차고 포크를 올렸다 내렸다 하고, 포크 안쪽을 점검한 후 지게차 운행

08 화면은 지게차 주행안전작업을 하고 있다. 지게차의 작업시작 전 점검사항 3가지를 쓰시오. (6점)

합격정보 산업안전보건기준에 관한 규칙 [별표 3] 작업시작 전 검검사항

합격KEY
① 2018년 10월 14일 제3회 출제
③ 2019년 10월 19일 제3회 3부(문제 1번)출제
⑤ 2021년 7월 24일(문제 5번) 출제
⑦ 2021년 10월 24일 산업기사 출제
⑨ 2022년 7월 30일(문제 8번) 출제
② 2019년 7월 6일 제2회 1부(문제 1번) 출제
④ 2020년 5월 30일 기사 출제
⑥ 2021년 10월 24일 산업기사 출제
⑧ 2022년 5월 13일(문제 8번) 출제

정답
① 제동장치 및 조종장치 기능의 이상 유무
② 하역장치 및 유압장치 기능의 이상 유무
③ 바퀴의 이상 유무
④ 전조등·후미등·방향지시기 및 경보장치 기능의 이상 유무

자격종목	시험일	비번호	PC번호	남은시간
산업안전기사	2023년 7월 29일 2회(1부)	A001	1	60분

09 산업안전보건법령상, 내부의 이상 상태를 조기에 파악하기 위하여 특수화학설비에 설치해야하는 계측장치 2가지를 쓰시오. (4점)

합격정보 산업안전보건기준에 관한 규칙 제273조(계측장치 등의 설치)

채점기준 2점×3개=6점(택 3개)

합격KEY 혼돈문제 출제일
① 2003년 7월 19일 산업기사 출제
② 2005년 10월 1일 출제
③ 2007년 4월 28일 출제
④ 2007년 10월 13일 산업기사 출제
⑤ 2008년 10월 5일 출제
⑥ 2010년 7월 11일 산업기사 출제
⑦ 2013년 7월 20일 출제
⑧ 2014년 10월 5일(문제 4번) 출제
⑨ 2015년 7월 18일 제2회 3부 산업기사(문제 2번) 출제
⑩ 2015년 10월 11일 기사 출제
⑪ 2016년 10월 15일 산업기사 제3회(문제 2번) 출제
⑫ 2018년 10월 14일 제3회 2부(문제 3번) 출제
⑬ 2020년 8월 2일 3부(문제 3번) 출제

정답
① 온도계
② 유량계
③ 압력계

문제 및 답안(지), 점수, 채점기준은 일체 공개하지 않는다.

자격종목	시험일	비번호	PC번호	남은시간
산업안전기사	2023년 7월 29일 2회(2부)	A001	1	60분

01 동영상은 이동식 비계의 설치상태가 불량하여 발생된 재해 사례이다. 이동식비계의 올바른 설치(조립)기준을 산업안전보건기준에 관한 규칙을 적용하여 3가지만 쓰시오.(6점)

[참고] 산업안전보건기준에 관한 규칙 제68조(이동식비계)

[합격KEY]
① 2018년 7월 8일 제2회 1부(문제4번)출제
② 2020년 5월 30일(문제 4번) 출제
③ 2020년 11월 22일(문제 4번) 출제
④ 2021년 7월 18일 제1부 출제
⑤ 2021년 7월 18일(문제 4번) 출제
⑥ 2021년 10월 23일(문제 4번) 출제

[정답]
① 이동식비계의 바퀴에는 뜻밖의 갑작스러운 이동 또는 전도를 방지하기 위하여 브레이크·쐐기 등으로 바퀴를 고정시킨 다음 비계의 일부를 견고한 시설물에 고정하거나 아웃트리거(outrigger)를 설치하는 등 필요한 조치를 할 것
② 승강용사다리는 견고하게 설치할 것
③ 비계의 최상부에서 작업을 하는 경우에는 안전난간을 설치할 것
④ 작업발판은 항상 수평을 유지하고 작업발판 위에서 안전난간을 딛고 작업을 하거나 받침대 또는 사다리를 사용하여 작업하지 않도록 할 것
⑤ 작업발판의 최대적재하중은 250[kg]을 초과하지 않도록 할 것

자격종목	시험일	비번호	PC번호	남은시간
산업안전기사	2023년 7월 29일 2회(2부)	A001	1	60분

① 지게차의 포크에 김치냉장고 박스들을 2열로 높게 쌓아 올렸는데, 높이도 안맞고 고정되어 있지도 않으며, 운전자의 시야가 가린다.
② 다른 작업자가 수레로 공구 등을 내려 놓고 정리한 뒤 뒤돌아 나오는 순간 지게차와 부딪힌다.
③ 마지막에 박스가 흔들리고 화면도 같이 흔들린다.

문제 1번 | **문제 2번** | 문제 3번 | 문제 4번 | 문제 5번 | 문제 6번 | 문제 7번 | 문제 8번 | 문제 9번

02 화면을 보고 지게차 주행안전작업 사항 중 불안전한 행동(사고위험요인)을 3가지 쓰시오. (6점)

합격정보
① 산업안전보건기준에 관한 규칙 제172조(접촉의 방지)
② 산업안전보건기준에 관한 규칙 제173조(화물적재시의 조치)
③ 산업안전보건기준에 관한 규칙 제172조(전조등 등의 설치)

합격KEY
① 2000년 11월 9일 산업기사 출제
③ 2006년 7월 15일 출제
⑤ 2013년 7월 20일(문제 3번) 출제
⑦ 2017년 4월 22일 기사 제1회(문제 3번) 출제
⑨ 2020년 11월 22일 기사 출제
⑪ 2021년 10월 24일 산업기사 출제
⑬ 2022년 7월 30일 기사 출제
② 2004년 4월 29일 출제
④ 2011년 5월 7일 출제
⑥ 2015년 7월 18일(문제 3번) 출제
⑧ 2018년 10월 14일(문제 2번) 출제
⑩ 2021년 7월 24일(문제 2번) 출제
⑫ 2022년 5월 15일(문제 2번) 출제

정답
① 전방의 시야 불충분으로 지게차에 의해 다른 작업자가 다칠 수 있다.
② 물건을 과적하여 운전자의 시야를 가려 다른 작업자가 다칠 수 있다.
③ 물건을 불안정하게 적재하여 화물이 떨어져 다른 작업자가 다칠 수 있다.
④ 다른 작업자가 작업통로에 나와서 작업을 하고 있어 지게차에 의해 다칠 수 있다.
⑤ 난폭한 운전·과속으로 운전자 본인이 다치거나 다른 작업자가 다칠 수 있다.

03 산업안전보건법령상, 가스집합용접장치(이동식을 포함)의 배관을 하는 경우에는 사업주의 준수 사항을 2가지만 쓰시오.(4점)

> [합격정보] 산업안전보건기준에 관한 규칙 제293조(가스집합용접장치의 배관)

정답
① 플랜지·밸브·콕 등의 접합부에는 개스킷을 사용하고 접합면을 상호 밀착시키는 등의 조치를 할 것
② 주관 및 분기관에는 안전기를 설치할 것. 이 경우 하나의 취관에 2개 이상의 안전기를 설치하여야 한다.

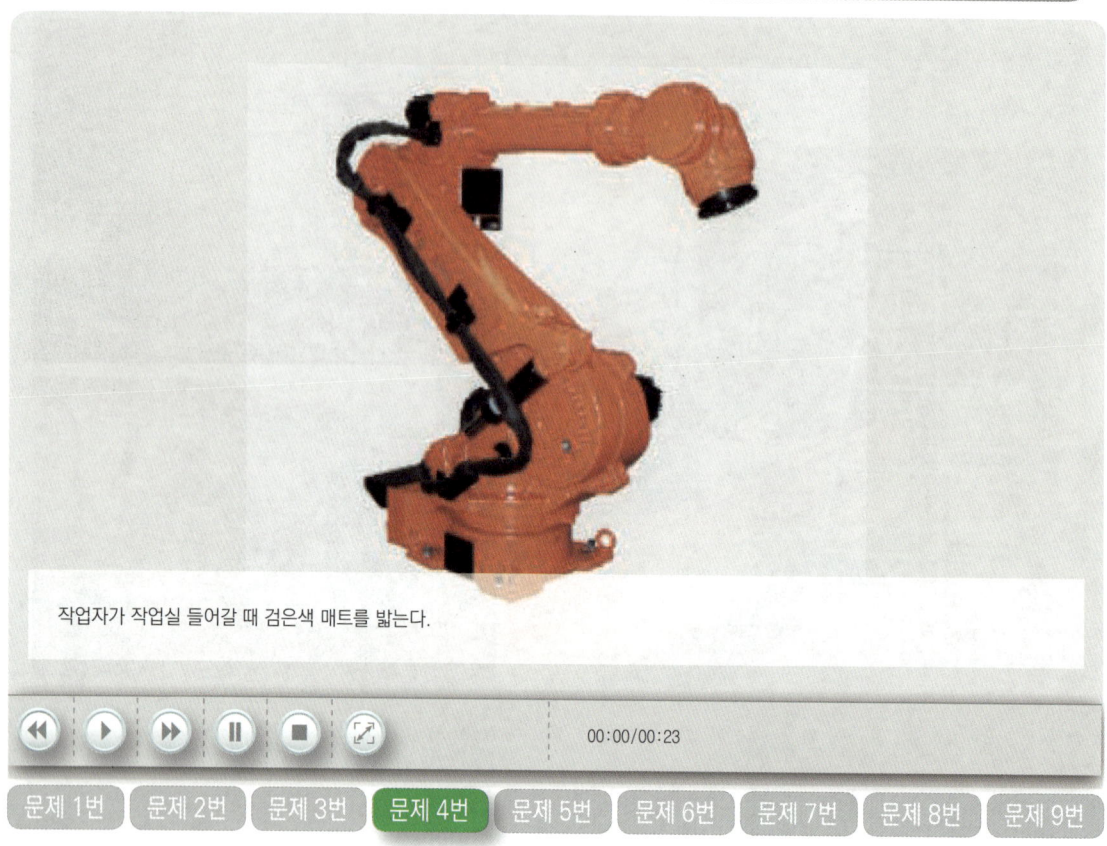

작업자가 작업실 들어갈 때 검은색 매트를 밟는다.

04 산업안전보건법령상, 산업용 로봇 주변에 높이 1.8[m] 이상의 울타리를 설치할 수 없는 일부 구간에 대해서 설치해야하는 방호장치를 2가지만 쓰시오. (4점)

합격정보 산업안전보건기준에 관한 규칙 제223조(운전 중 위험방지)

정답
① 안전매트
② 광전자식 방호장치

자격종목	시험일	비번호	PC번호	남은시간
산업안전기사	2023년 7월 29일 2회(2부)	A001	1	60분

[그림] 프레스 금형 Punch와 Die간격

① 수광부 발광부 2개가 프레스 입구를 통해서 보인다.
② 작업자가 광전자식 방호장치를 젖히고 2회 더 프레스 작업한다.
③ 프레스 안에 금형재료 위를 손으로 청소하다가 페달을 밟아 프레스가 가동되어 손이 끼임

05 (1) 금형 프레스기에 발로 작동하는 조작장치에 설치해야 하는 방호장치와 (2) 프레스의 상사점에 있어서 상형과 하형과의 간격은 얼마 이하로 금형을 설치해야 하는지 쓰시오.(단, 단위를 반드시 적을 것)(4점)

합격KEY ① 2022년 5월 20일(문제 9번) 출제
② 2022년 8월 7일 산업기사 출제

정답
① 페달에 부착하는 방호장치 : U자형 덮개
② 상형과 하형 간격 : 8[mm] 이하

자격종목	시험일	비번호	PC번호	남은시간
산업안전기사	2023년 7월 29일 2회(2부)	A001	1	60분

화면은 경사진(30[°] 정도) 컨베이어 기계가 작동하고, 작업자는 작동 중인 컨베이어 위에 1명과 아래쪽 작업장 바닥에 1명이 있으며, 기계 오른쪽에 있는 포대를 컨베이어 벨트 위로 올리는 작업을 하는 동영상이다. 화면 오른쪽에 포대가 많이 쌓여 있고, 작업자 한 명은 경사진 컨베이어 위에 회전하는 벨트 양끝부분 철로된 모서리에 양발을 벌리고 서 있으며, 밑에 작업자가 포대를 일정한 방향이 아닌 삐둘(각기 다르게)게 포대를 컨베이어에 올리는 중 컨베이어 위에 양발을 벌리고 있는 작업자 발에 포대 끝부분이 부딪쳐 무게 중심을 잃고 기계 오른쪽으로 쓰러진 후 팔이 기계 하단으로 들어가면서 아파하는데 아래쪽 작업자가 와서 안아주는 동영상이다.

06
동영상은 경사용 컨베이어를 이용하여 화물을 운반하는 작업 중에 발생한 재해사례이다. 이와 같은 재해를 방지하기 위한 컨베이어 방호조치를 3가지 쓰시오.(6점)

합격정보
① 산업안전보건기준에 관한 규칙 제192조(비상정지장치)
② 산업안전보건기준에 관한 규칙 제193조(낙하물에 의한 위험 방지)
③ 산업안전보건기준에 관한 규칙 제195조(통행의 제한 등)

합격KEY
① 2008년 4월 26일 출제
② 2008년 7월 13일 출제
③ 2009년 4월 26일 출제
④ 2012년 4월 28일 기사 출제
⑤ 2013년 4월 27일 출제
⑥ 2013년 10월 12일 제3회 2부 출제
⑦ 2015년 4월 25일(문제 3번) 출제
⑧ 2016년 7월 18일 제2회 출제
⑨ 2016년 10월 15일 제3회(문제 3번) 출제
⑩ 2019년 10월 19일 기사 출제
⑪ 2021년 10월 24일(문제 6번) 출제
⑫ 2022년 8월 7일 산업기사 출제

정답
① 비상정지장치
② 덮개
③ 울
④ 건널다리

07 동영상은 타워크레인을 이용한 악천 후 작업현장이다. 타워크레인 작업 중지 관련하여 다음 (   )에 알맞은 내용을 쓰시오. (4점)

① 순간풍속이 매 초당 (   )미터를 초과하는 경우 : 타워크레인의 설치, 수리, 점검 또는 해체작업을 중지

② 순간풍속이 매 초당 (   )미터를 초과하는 경우 : 타워크레인의 운전작업을 중지

참고 산업안전보건기준에 관한 규칙 제37조(악천 후 및 강풍시 작업중지)

합격KEY
① 2018년 11월 18일 제4회 기사 1부(문제 1번) 출제
② 2018년 11월 18일 제4회 2부 산업기사(문제 4번) 출제
③ 2019년 7월 7일 제2회 2부(문제 3번) 출제
④ 2019년 11월 17일 제1부(문제 3번) 출제
⑤ 2020년 10월 10일(문제 7번) 출제
⑥ 2020년 11월 23일(문제 7번) 출제
⑦ 2021년 10월 23일(문제 7번) 출제

정답
① 10
② 15

08 산업안전보건법령상, (1) 반복적인 동작, 부적절한 작업자세, 무리한 힘의 사용, 날카로운 면과의 신체접촉, 진동 및 온도 등의 요인에 의하여 발생하는 건강장해로서 목, 어깨, 허리, 팔·다리의 신경·근육 및 주변 신체조직 등에 나타나는 질환의 명칭과 (2) 근로자가 컴퓨터 단말기의 조작업무를 하는 경우에 사업주의 조치 사항을 3가지만 쓰시오.(5점)

합격정보 산업안전보건기준에 관한 규칙 제667조(컴퓨터 단말기 조작업무에 대한 조치)

정답
(1) 질환 명칭 : 근골격계질환
(2) 사업주의 조치사항
 ① 실내는 명암의 차이가 심하지 않도록 하고 직사광선이 들어오지 않는 구조로 할 것
 ② 저휘도형(低輝度型)의 조명기구를 사용하고 창·벽면 등은 반사되지 않는 재질을 사용할 것
 ③ 컴퓨터 단말기와 키보드를 설치하는 책상과 의자는 작업에 종사하는 근로자에 따라 그 높낮이를 조절할 수 있는 구조로 할 것
 ④ 연속적으로 컴퓨터 단말기 작업에 종사하는 근로자에 대하여 작업시간 중에 적절한 휴식시간을 부여할 것

09 동영상의 재해에서 ① 재해발생형태 ② 가해물 ③ 감전사고를 방지할 수 있는 안전모의 종류 2가지를 영어기호로 쓰시오. (6점)

합격KEY ▶ 유사문제 확인
① 2006년 4월 29일 출제
② 2007년 4월 28일 출제
③ 2012년 7월 14일 산업기사 출제
④ 2012년 10월 21일 출제
⑤ 2014년 4월 25일 제1회 제3부 출제
⑥ 2015년 10월 11일 산업기사 출제
⑦ 2016년 10월 9일(문제 8번) 출제
⑧ 2017년 4월 22일 제1회 산업기사(문제 8번) 출제
⑨ 2019년 7월 6일 기사 제2회 2부 출제
⑩ 2019년 10월 19일 제3회 1부 산업기사 출제

정답
① 재해발생형태 : 비래(물체에 맞음)
② 가해물 : 전주
③ 전기 안전모 종류 2가지
  - AE종
  - ABE종

01 연마작업시 착용해야 하는 보호구를 3가지 쓰시오. (5점)

정답
① 보안경
② 방진마스크
③ 안전모

자격종목	시험일	비번호	PC번호	남은시간
산업안전기사	2023년 7월 29일 2회(3부)	A001	1	60분

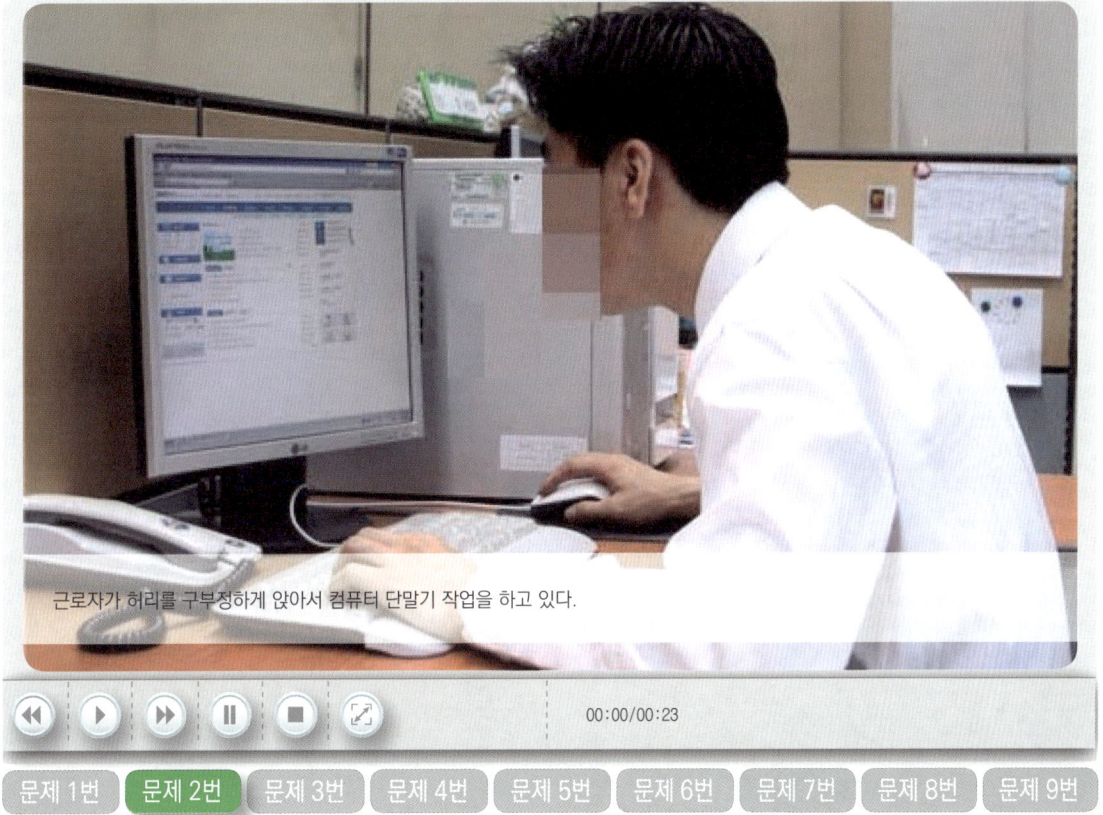

근로자가 허리를 구부정하게 앉아서 컴퓨터 단말기 작업을 하고 있다.

02 (1) 영상과 같은 근골격계부담작업시 유해요인 조사 항목 2가지와 (2) 신설되는 사업장의 경우에는 신설일부터 얼마 기간 이내에 최초의 유해요인 조사를 하여야 하는지 쓰시오.(6점)

[합격정보] 산업안전보건기준에 관한 규칙 제657조(유해요인 조사)

[정답]
(1) 유해요인 조사 항목
  ① 설비·작업공정·작업량·작업속도 등 작업장 상황
  ② 작업시간·작업자세·작업방법 등 작업조건
  ③ 작업과 관련된 근골격계질환 징후와 증상 유무 등
(2) 최초 유해요인 조사 : 1년 이내

겐트리 크레인(Gantry Crane) [출처 : 산업안전보건공단]

03 동영상에 나오는 (1) 크레인의 명칭 및 (2) 작업장 바닥에 고정된 레일을 따라 주행하는 크레인의 새들(saddle) 돌출부와 주변 구조물 사이의 안전공간은 최소 얼마 이상이어야 하는지 쓰시오. (4점)

합격정보 산업안전보건기준에 관한 규칙 제139조(크레인의 수리 등의 작업)

정답
① 명칭 : 갠트리 크레일(Gantry Crane)
② 간격 : 40[cm]

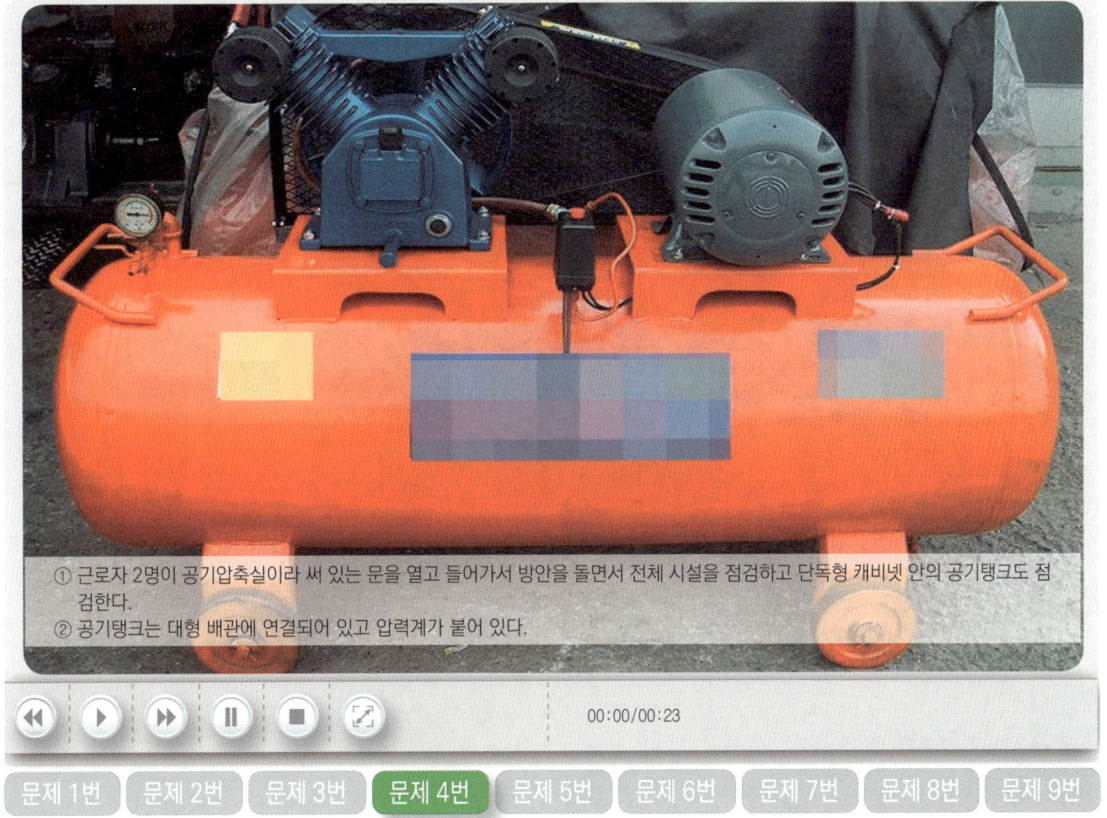

04 산업안전보건법령상, 화면 상의 기계 기구 작업을 하는 때 작업시작 전, 사업주가 관리감독자로 하여금 점검하도록 해야 할 사항 2가지를 쓰시오. (4점)

합격정보 산업안전보건기준에 관한 규칙 [별표 3] 작업시작 전 점검사항

합격KEY 2022년 7월 30일(문제 4번) 출제

정답
① 공기저장 압력용기의 외관 상태
② 드레인밸브의 조작 및 배수
③ 압력방출장치(안전밸브)의 기능
④ 언로드밸브의 기능
⑤ 윤활유의 상태
⑥ 회전부의 덮개 또는 울
⑦ 그 밖의 연결 부위의 이상 유무

자격종목	시험일	비번호	PC번호	남은시간
산업안전기사	2023년 7월 29일 2회(3부)	A001	1	60분

| 문제 1번 | 문제 2번 | 문제 3번 | 문제 4번 | 문제 5번 | 문제 6번 | 문제 7번 | 문제 8번 | 문제 9번 |

05 동영상은 변압기를 유기화합물에 담가서 절연처리하고 노에서 건조작업을 하고 있다. 이 작업시 착용이 필요한 보호구를 다음에 제시된 대로 쓰시오. (6점)
  (1) 손
  (2) 눈
  (3) 피부

① 2006년 4월 29일(문제 2번)   ② 2007년 4월 28일 출제
③ 2007년 10월 14일 출제   ④ 2009년 9월 19일 출제
⑤ 2011년 5월 7일 출제   ⑥ 2014년 7월 13일 제2회 2부 출제
⑦ 2018년 4월 21일 제1회 2부 출제   ⑧ 2018년 7월 8일 제2회 1부(문제 9번) 출제
⑨ 2020년 10월 17일 산업기사 출제

정답
(1) 손 : 절연 고무장갑
(2) 눈 : 보안경
(3) 피부 : 절연 보호복

💬 합격자의 조언   ① 본 문제의 목적은 절연과 노(전기로)건조입니다.
                     ② 결론은 전기에 대한 것 입니다.

단무지 공장에서 무릎 정도 물이 차 있는 상태에서 수중펌프 작동과 동시에 작업자가 접속부위에 감전

06 동영상은 작업자가 수중펌프 접속부위에 감전되어 발생한 사고이다. 작업자가 감전 사고를 당한 원인을 인체의 피부저항과 관련하여 설명하시오.(4점)

합격KEY
① 2003년 7월 19일 출제
② 2008년 10월 5일 출제
③ 2015년 4월 25일(문제 4번) 출제
④ 2016년 7월 3일 제2회(문제 4번) 출제
⑤ 2017년 10월 22일 제3회 2부(문제 6번) 출제
⑥ 2019년 4월 20일 제1회 2부(문제 6번) 출제
⑦ 2020년 8월 2일(문제 6번) 출제

정답 인체가 젖어 있는 상태에서의 피부저항은 보통 상태의 약 1/25로 감소(저하)하기 때문에 감전되기 쉽다.

자격종목	시험일	비번호	PC번호	남은시간
산업안전기사	2023년 7월 29일 2회(3부)	A001	1	60분

보안경 및 방진마스크를 미착용한 작업자 A, B 두 사람이 톱날 접촉 예방장치가 없는 둥근톱을 이용하여 나무판자를 밀며 절단 작업 중 작업자A가 작업자B를 불렀는지 곁눈질하다가 작업자A의 빨간색 코팅 반장갑을 낀 손가락이 반 정도 절단되면서 넘어진다. 작업자B도 검은색 장갑을 착용하였다.

문제 1번 문제 2번 문제 3번 문제 4번 문제 5번 문제 6번 **문제 7번** 문제 8번 문제 9번

07 방호장치 자율안전기준 고시상, 방호장치가 없는 둥근톱 기계에 고정식 접촉예방장치를 설치하고자 한다. 이때 간격은 각각 얼마로 조정하는지 쓰시오. (4점)
① 가공재의 상면에서 덮개 하단까지의 최대 간격
② 덮개의 하단과 테이블면 사이의 최대 간격

합격정보 방호장치 자율안전기준 고시 [별표 5] 목재가공용 덮개 및 분할날 성능기준

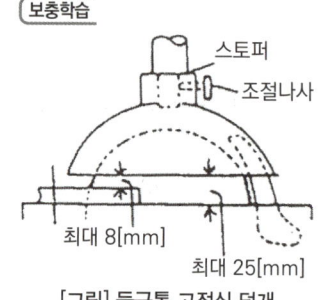

[그림] 둥근톱 고정식 덮개

정답
① 8[mm] 이내
② 25[mm] 이내

근로자가 회전물(선반)에 샌드페이퍼를 감아 손으로 지지하고 있다. 작업복과 손이 감겨들어 가는 동영상이다.

08 동영상의 재해사례에서 나타나는 위험점을 기계의 운동 형태에 따라 분류하고자 할 때, 해당되는 ① 위험점의 명칭과 ② 그 정의를 쓰시오. (6점)

합격KEY
① 2004년 7월 10일 출제
③ 2007년 10월 13일 기사 출제
⑤ 2012년 10월 21일 출제
⑦ 2014년 7월 13일 기사 출제
⑨ 2016년 4월 23일 산업기사 출제
⑪ 2021년 7월 18일 기사 출제
⑬ 2022년 5월 15일 기사 출제

② 2006년 9월 23일 기사 출제
④ 2012년 4월 28일 기사 출제
⑥ 2013년 10월 12일 출제
⑧ 2015년 10월 11일 기사 출제
⑩ 2020년 11월 22일(문제 9번) 출제
⑫ 2021년 10월 24일 산업기사 출제
⑭ 2022년 8월 7일 산업기사 출제

정답
① 위험점의 명칭 : 회전 말림점(Trapping Point)
② 정의 : 회전축 · 커플링 등과 같이 회전하는 물체에 작업복 등이 말려드는 위험이 존재하는 점

자격종목	시험일	비번호	PC번호	남은시간
산업안전기사	2023년 7월 29일 2회(3부)	A001	1	60분

타워크레인으로 쇠파이프(비계)를 권상하여 작업자(신호수)가 없는 곳에서 다소 흔들리며 내리다 작업자와 부딪히는 동영상

00:00/00:23

문제 1번 | 문제 2번 | 문제 3번 | 문제 4번 | 문제 5번 | 문제 6번 | 문제 7번 | 문제 8번 | **문제 9번**

09 동영상은 타워크레인을 이용하여 자재를 운반하는 도중에 발생한 재해사례이다. 재해발생 원인 중 타워크레인 운전시 준수되지 않은(잘못된 방법) 3가지만 쓰시오.(6점)

채점기준
① 조사나 문맥이 모범답안과 다르더라도 의미가 같으면 정답으로 인정
② 택 3. 3개 모두 맞으면 6점, 2개 맞으면 4점, 1개 맞으면 2점, 그 외 0점

합격KEY
① 2006년 9월 23일 출제 　　② 2007년 10월 14일 출제
③ 2008년 7월 13일 출제 　　④ 2012년 4월 28일 출제
⑤ 2012년 7월 14일 출제 　　⑥ 2013년 10월 12일(문제 7번) 출제
⑦ 2015년 7월 18일 제2회 출제 　　⑧ 2016년 10월 15일 제3회 1부 출제
⑨ 2018년 7월 8일 제2회 3부(문제 6번) 출제 　　⑩ 2020년 5월 16일(문제 6번) 출제
⑪ 2021년 5월 2일(문제 5번) 출제

정답
① 신호수를 배치하지 않았다.
② 무전기 등을 사용하여 신호하거나 일정한 신호방법을 미리 정하지 않았다.
③ 권상하중을 작업자 위로 통과시키면 안 된다.
④ 유도(보조) 로프를 설치하지 않았다.
⑤ 크레인 작업반경 밖의 적당한 위치에 하중을 내려놓기 위해서 매단 하물(하중)을 흔들어서는 안 된다.

문제 및 답안(지), 점수, 채점기준은 일체 공개하지 않는다.

비번호
총 점

01 화면의 인쇄윤전기 재해사례에서 나타나는 핵심위험요인 2가지를 쓰시오.(4점)

합격KEY ① 2000년 9월 5일 출제   ② 2002년 5월 4일 출제
③ 2006년 9월 23일 출제   ④ 2009년 4월 26일 출제
⑤ 2010년 7월 11일 출제   ⑥ 2012년 7월 14일 출제
⑦ 2012년 10월 21일 산업기사 출제   ⑧ 2013년 10월 12일 출제
⑨ 2015년 4월 25일 산업기사 출제   ⑩ 2015년 7월 18일 산업기사 출제
⑪ 2016년 4월 23일 출제   ⑫ 2016년 10월 9일 산업기사(문제 4번) 출제
⑬ 2017년 10월 22일 기사 제3회(문제 6번) 출제   ⑭ 2018년 10월 14일 기사 출제
⑮ 2021년 7월 24일(문제 6번) 출제   ⑯ 2022년 8월 7일(문제 6번) 출제

정답
① 회전중 롤러의 죄어들어가는 쪽에서 직접 손으로 눌러 닦고 있어서 손이 말려 들어가게 된다.
② 체중을 걸쳐 닦고 있어서 말려 들어가게 된다.
③ 안전(방호)장치가 없어서 걸레를 위로 넣었을 때 롤러가 멈추지 않아 손이 말려 들어간다.

자격종목	시험일	비번호	PC번호	남은시간
산업안전산업기사	2023년 7월 30일 2회(1부)	A001	1	60분

야외 분전반(내부에 콘센트와 ELB가 있음)에 콘센트에 플러그를 꽂고 전원을 연결하여 휴대용 연삭기로 연마(그라인딩) 작업을 하는 작업자는 목장갑 착용, 보안경 미착용, 덮개가 없는 그라인더의 측면으로 철구조물 연마 작업 다른 작업자가 도착하여 분전반 콘센트에 플러그를 맨손으로 꽂고 분전반에 걸쳐 있는 전기줄을 한쪽으로 치우고 ELB를 조작하는 순간 부르르 떨며 쓰러진다. 그라인더 작업자가 놀라서 감전당한 작업자에게 다가간다.

문제 1번 | **문제 2번** | 문제 3번 | 문제 4번 | 문제 5번 | 문제 6번 | 문제 7번 | 문제 8번 | 문제 9번

02 화면상의 분전반 전면에 위치한 그라인더 기기를 활용한 작업에서 위험요인 2가지를 쓰시오. (4점)

합격정보 산업안전보건기준에 관한 규칙 제304조(누전차단기에 의한 감전방지)

합격KEY ① 2015년 7월 18일 산업기사 출제
② 2019년 7월 6일 제2회 3부(문제 9번) 출제
③ 2019년 10월 19일 기사 출제

정답
① 작업자가 맨손으로 작업을 하여 위험하다.
② 작업자가 내전압용 절연장갑 등 절연용 보호구를 착용하지 않아 위험하다.

자격종목	시험일	비번호	PC번호	남은시간
산업안전산업기사	2023년 7월 30일 2회(1부)	A001	1	60분

03 다음을 쓰시오. (6점)
(1) 화면에 보이는 건설 작업 중 쓰이는 양중기 운반구 이름
(2) 사업주는 해당 운반구에 근로자를 탑승시켜서는 아니 된다. 다만, 예외적으로 작업자를 탑승시키기 위해 필요한 추락위험 방지조치 2가지

[합격정보] 산업안전보건기준에 관한 규칙 제86조(탑승의 제한)

정답
(1) 운반구 이름 : 곤돌라
(2) 탑승필요 조치사항
  ① 운반구가 뒤집히거나 떨어지지 않도록 필요한 조치를 할 것
  ② 안전대나 구명줄을 설치하고, 안전난간을 설치할 수 있는 구조인 경우이면 안전난간을 설치할 것

자격종목	시험일	비번호	PC번호	남은시간
산업안전산업기사	2023년 7월 30일 2회(1부)	A001	1	60분

04 화면은 천장 크레인 작업을 하고 있는 모습이다. 다음 문제에 알맞은 내용을 각각 쓰시오.(6점)

(1) 권과를 방지하기 위하여 인양용 와이어로프가 일정한계 이상 감기게 되면 자동적으로 동력을 차단하고 작동을 정지시키는 장치

(2) 훅에서 와이어로프가 이탈하는 것을 방지하는 장치

(3) 산업안전보건법령상, 안전검사의 주기 관련하여, (   )안에 적절한 수치를 적어 넣으시오.
크레인(이동식 크레인은 제외) : 사업장에 설치가 끝난날 (①)년 이내에 최초 안전검사를 실시하되, 그 이후부터 매(②)년[건설현장에서 사용하는 것은 최초로 설치한 날로부터 6개월]

참고
① 산업안전보건기준에 관한 규칙 제134조(방호장치의 조정)
② 산업안전보건기준에 관한 규칙 제137조(해지장치의 사용)
③ 산업안전보건법 시행규칙 제126조(안전검사의 주기와 합격표시 및 표시방법)

합격KEY
① 2010년 4월 24일 출제 ② 2011년 10월 22일 제3회 출제
③ 2016년 10월 15일 기사 출제 ④ 2022년 5월 21일(문제 9번) 출제
⑤ 2022년 8월 7일 제1부 출제 ⑥ 2022년 8월 7일 산업기사 출제

정답
(1) 권과방지장치
(2) 훅해지장치
(3) ① 3 ② 2

자격종목	시험일	비번호	PC번호	남은시간
산업안전산업기사	2023년 7월 30일 2회(1부)	A001	1	60분

피트 내에서 나무판자로 엉성하게 이어붙인 발판 위에서 벽면에 돌출되어 있는 못을 망치로 제거하다가 추락하는 동영상

05 화면은 승강기 설치 전 피트 내부에서 청소작업 중에 승강기의 개구부로 작업자가 추락하여 사망사고가 발생한 재해사례이다. 이 영상에서 나타난 핵심위험요인을 3가지를 쓰시오.(6점)

합격정보 산업안전보건기준에 관한 규칙 제43조(개구부 등의 방호조치)

합격KEY
① 2006년 9월 23일 기사 출제
② 2007년 10월 14일 기사 출제
③ 2009년 4월 26일 기사 출제
④ 2011년 5월 7일 출제
⑤ 2014년 10월 5일 출제
⑥ 2015년 7월 18일 기사 출제
⑦ 2016년 4월 23일(문제 5번) 출제
⑧ 2016년 7월 3일 제2회 기사 출제
⑨ 2016년 10월 15일 제3회 기사 출제
⑩ 2017년 10월 22일 산업기사 제3회(문제 5번) 출제
⑪ 2018년 10월 14일 제3회 2부(문제 8번) 출제
⑫ 2020년 5월 16일 제1회 2부(문제 8번) 출제
⑬ 2020년 8월 2일 제2회 (문제 8번) 출제
⑭ 2020년 10월 10일(문제 8번) 출제
⑮ 2020년 11월 25일 기사 출제
⑯ 2021년 5월 5일(문제 4번) 출제
⑰ 2022년 5월 21일 산업기사 출제
⑱ 2022년 10월 22일 기사 출제

정답
① 작업발판이 고정되어 있지 않았다.
② 작업자가 안전난간 및 안전대를 걸지 않고 작업하였다.
③ 수직형 추락방망을 설치하지 않았다.

06 동영상은 경사용 컨베이어를 이용하여 화물을 운반하는 작업 중에 발생한 재해사례이다. 이와 같은 재해를 방지하기 위한 컨베이어 방호조치를 2가지 쓰시오. (4점)

합격정보
① 산업안전보건기준에 관한 규칙 제192조(비상정지장치)
② 산업안전보건기준에 관한 규칙 제193조(낙하물에 의한 위험 방지)
③ 산업안전보건기준에 관한 규칙 제195조(통행의 제한 등)

합격KEY
① 2008년 4월 26일 출제　　② 2008년 7월 13일 출제
③ 2009년 4월 26일 출제　　④ 2012년 4월 28일 기사 출제
⑤ 2013년 4월 27일 출제　　⑥ 2013년 10월 12일 제3회 2부 출제
⑦ 2015년 4월 25일(문제 3번) 출제　　⑧ 2016년 7월 18일 제2회 출제
⑨ 2016년 10월 15일 제3회(문제 3번) 출제　　⑩ 2019년 10월 19일 기사 출제
⑪ 2021년 10월 24일(문제 6번) 출제　　⑫ 2022년 8월 7일 산업기사 출제

정답
① 비상정지장치
② 덮개
③ 울
④ 건널다리

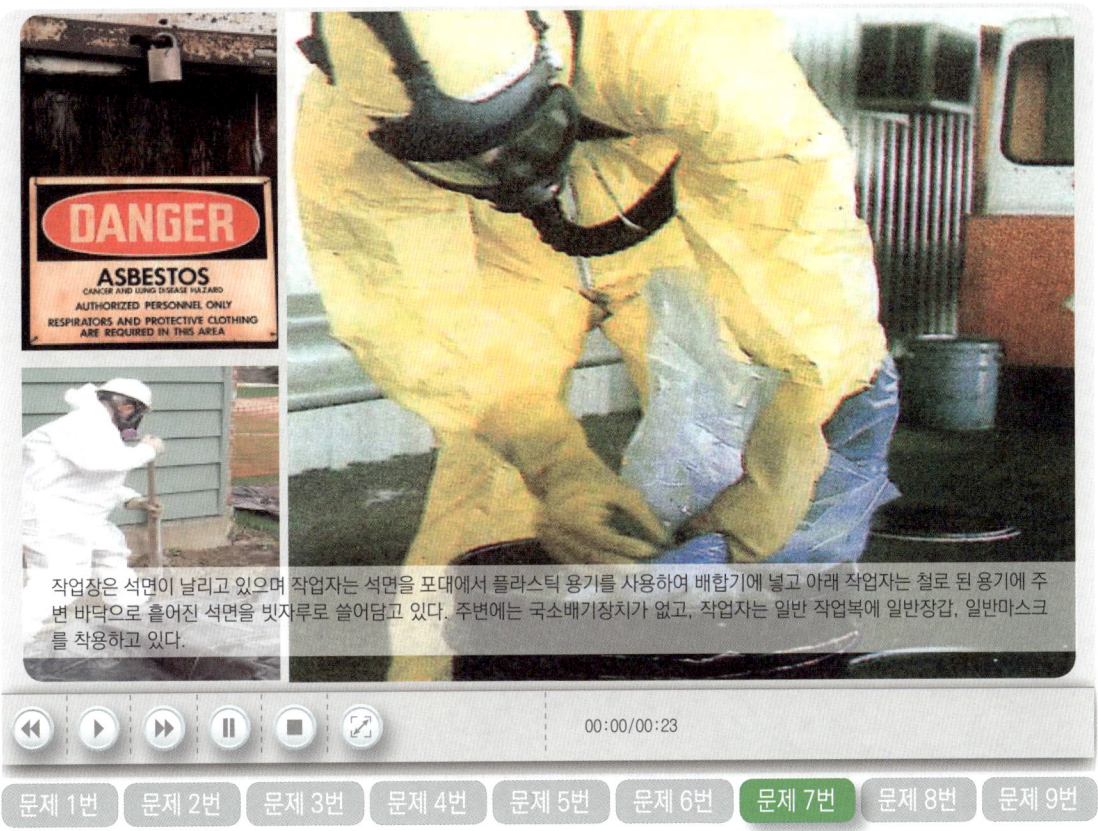

작업장은 석면이 날리고 있으며 작업자는 석면을 포대에서 플라스틱 용기를 사용하여 배합기에 넣고 아래 작업자는 철로 된 용기에 주변 바닥으로 흩어진 석면을 빗자루로 쓸어담고 있다. 주변에는 국소배기장치가 없고, 작업자는 일반 작업복에 일반장갑, 일반마스크를 착용하고 있다.

07 화면에서 작업자가 마스크를 착용하고 있으나 석면분진폭로 위험성에 노출되어 있어 작업자에게 직업성 질환으로 이환될 우려가 있다. 장기간 폭로시 어떤 종류의 직업병이 발생할 위험이 있는지 3가지를 쓰시오.(6점)

정답
① 폐암
② 석면폐증
③ 악성중피종

자격종목	시험일	비번호	PC번호	남은시간
산업안전산업기사	2023년 7월 30일 2회(1부)	A001	1	60분

| 문제 1번 | 문제 2번 | 문제 3번 | 문제 4번 | 문제 5번 | 문제 6번 | 문제 7번 | 문제 8번 | 문제 9번 |

08 산업안전보건법령상, 해당 동영상의 운전자가 운전위치를 이탈하는 경우, 사업주가 해당 운전자에게 준수하도록 해야할 사항 2가지를 쓰시오. (4점)

[합격정보] 산업안전보건기준에 관한 규칙 제99조(운전위치 이탈 시의 조치)
[합격KEY] 2022년 5월 20일(문제 8번) 출제

정답
① 포크 등의 장치를 가장 낮은 위치 또는 지면에 내려둘 것
② 원동기를 정지시키고 브레이크 확실히 거는 등 갑작스러운 주행이나 이탈을 방지하기 위한 조치를 할 것
③ 운전석을 이탈하는 경우에는 시동키를 운전대에서 분리시킬 것. 다만, 운전석에 잠금장치를 하는 등 운전자가 아닌 사람이 운전하지 못하도록 조치한 경우에는 그러하지 아니하다.

09 휴대용 연마 작업 시 감전사고 예방을 위한 안전대책을 3가지 쓰시오. (5점)

합격정보 산업안전보건기준에 관한 규칙
① 제304조(누전차단기에 의한 감전방지)
② 제313조(배선 등의 절연피복 등)
③ 제314조(습윤한 장소의 이동전선 등)
④ 제315조(통로바닥에서의 전선 등 사용 금지)

합격KEY ① 2021년 10월 23일 기사 출제
② 2021년 10월 24일 산업기사 출제

정답
① 감전방지용 누전차단기를 설치한다.
② 전선을 서로 접속하는 경우에는 해당 전선의 절연성능 이상으로 절연될 수 있는 것으로 충분히 피복하거나 적합한 접속기구를 사용하여야 한다.
③ 습윤한 장소에서는 충분한 절연효과가 있는 이동전선을 사용한다.
④ 통로바닥에 전선 또는 이동전선등을 설치하여 사용해서는 아니된다.

운전석에서 내려 덤프트럭 적재함을 올리고 실린더 유압장치 밸브를 수리하던 중 적재함 사이에 끼임

01. 산업안전보건법령상, 차량계 건설기계의 수리나 부속장치의 장착 및 제거작업을 하는 경우 그 작업을 지휘하는 사람의 준수 사항 2가지를 쓰시오. (4점)

합격정보 산업안전보건기준에 관한 규칙 제206조(수리 등의 작업시의 조치)

합격KEY 유사혼동문제 확인
① 2008년 7월 13일 출제
② 2008년 10월 5일 출제
③ 2009년 9월 20일 출제
④ 2012년 7월 14일 산업기사 출제
⑤ 2012년 10월 21일 출제
⑥ 2013년 10월 12일 제3회(문제 2번) 출제
⑦ 2017년 10월 22일 기사(문제 2번) 출제
⑧ 2018년 10월 14일 산업기사 출제
⑨ 2020년 10월 17일(문제 1번) 출제

정답
① 작업순서를 결정하고 작업을 지휘할 것
② 안전지지대 또는 안전블록 등의 사용상황 등을 점검할 것

💬 **합격자의 조언** 조사나 문맥이 모범답안과 다르더라도 의미가 같으면 정답으로 인정한다.

02 산업안전보건법령상, 사업주가 관리대상 유해물질을 취급하는 작업에 근로자를 종사하도록 하는 경우에 근로자를 작업에 배치하기 전에 근로자에게 알려야 하는 사항 4가지만 쓰시오.(단, 그 밖에 근로자의 건강장해 예방 관한 사항은 제외)(4점)

합격정보 산업안전보건기준에 관한 규칙 제449조(유해성 등의 주지)

합격KEY 유사혼돈문제 확인
① 2007년 10월 13일 출제
② 2013년 4월 27일 기사 출제
③ 2014년 4월 25일(문제 7번) 출제
④ 2015년 7월 18일 제2회 출제
⑤ 2017년 10월 15일 제3회(문제 5번) 출제
⑥ 2017년 10월 22일 제3회(문제 3번) 출제
⑦ 2018년 10월 14일 제3회 2부(문제 9번) 출제
⑧ 2019년 10월 19일(문제 9번) 출제
⑨ 2020년 11월 22일 제4회 1부(문제 2번) 출제
⑩ 2020년 11월 22일(문제 9번) 출제
⑪ 2021년 7월 24일(문제 9번) 출제

정답
① 관리대상 유해물질의 명칭 및 물리적·화학적 특성
② 인체에 미치는 영향과 증상
③ 취급상 주의사항
④ 착용하여야 할 보호구와 착용방법
⑤ 위급상황 시의 대처방법과 응급조치 요령

자격종목	시험일	비번호	PC번호	남은시간
산업안전산업기사	2023년 7월 30일 2회(2부)	A001	1	60분

작업자가 인쇄용 윤전기의 전원을 끄지 않고 빙글빙글 서로 맞물려서 돌아가는 롤러를 걸레로 닦고 있다. 닦을 때 체중을 실어서 힘 있게 닦고, 위험하게 맞물리는 지점까지 걸레를 집어넣고 닦는다. 그 순간 작업자의 손이 롤러기 사이에 끼어서 사고를 당하고 사고 발생 후 전원을 차단하고 손을 빼내는 화면을 보여준다.

| 문제 1번 | 문제 2번 | **문제 3번** | 문제 4번 | 문제 5번 | 문제 6번 | 문제 7번 | 문제 8번 | 문제 9번 |

03 화면의 인쇄윤전기 재해사례에서 나타나는 위험점을 기계의 운동 형태에 따라 분류하고자 할 때 해당되는 ① 위험점의 명칭 ② 정의(발생가능조건) 등을 쓰시오.(6점)

합격KEY
① 2000년 9월 5일 출제
② 2002년 5월 4일 출제
③ 2006년 9월 23일 출제
④ 2009년 4월 26일 출제
⑤ 2010년 7월 11일 출제
⑥ 2012년 7월 14일 출제
⑦ 2012년 10월 21일 산업기사 출제
⑧ 2013년 10월 12일 출제
⑨ 2015년 4월 25일 산업기사 출제
⑩ 2015년 7월 18일 산업기사 출제
⑪ 2016년 4월 23일 출제
⑫ 2016년 10월 9일 산업기사(문제 4번) 출제
⑬ 2017년 10월 22일 기사 제3회(문제 6번) 출제
⑭ 2018년 10월 14일 기사 출제
⑮ 2020년 11월 22일 출제
⑯ 2021년 10월 24일 산업기사 출제
⑰ 2021년 10월 24일 산업기사 출제
⑱ 2023년 4월 29일 기사 출제

정답
① 위험점의 명칭 : 물림점(nip point)
② 정의(발생가능조건) : 회전하는 두 개의 회전체에 물려 들어가는 위험점
　예 롤러와 롤러의 물림, 기어와 기어의 물림

💬 **합격자의 조언** 그 외 5가지 위험점 기억하세요. 차후 시험 대비

자격종목	시험일	비번호	PC번호	남은시간
산업안전산업기사	2023년 7월 30일 2회(2부)	A001	1	60분

맨손에 보안경, 방진마스크, 귀마개를 미착용한 작업자가 탁상용 연삭기 전원을 켜고 쇠파이프(봉강, 환봉) 연마작업을 한다. 연삭기에 덮개는 설치되어 있는데 칩비산방지투명판이 없다. 작업자가 두 손으로 연삭 가공을 하는데 칩이 눈에 튀어서 한손으로는 비산물이 눈앞으로 튀는것을 막으며 작업한다. 쇠파이프가 덜덜 흔들리다가 결국엔 작업자 가슴으로 날아간다. 작업장 주변이 정리 되어있지 않다.

04 화면은 봉강 연마 작업중 발생한 사고사례이다. (1) 기인물과 (2) 사고의 직접 원인 2가지를 쓰시오. (5점)

합격정보 위험기계·기구 방호장치기준 제30조(방호조치)

합격KEY
① 2004년 10월 2일 산업기사출제
② 2005년 10월 1일 산업기사 출제
③ 2010년 7월 11일 출제
④ 2011년 10월 22일 출제
⑤ 2012년 10월 21일 출제
⑥ 2013년 4월 27일 출제
⑦ 2015년 7월 18일 산업기사 (문제 3번) 출제
⑧ 2017년 4월 22일 산업기사 출제
⑨ 2017년 10월 22(문제 1번) 출제
⑩ 2020년 11월 22일 기사 출제
⑪ 2021년 5월 5일 산업기사 출제

정답
(1) 기인물 : 탁상공구연삭기
(2) 사고의 직접 원인
 ① 쇠파이프(봉강, 환봉) 고정 지지 부실
 ② 덮개 또는 울 등 미설치

05. 사출성형기 V형 금형 작업중 끼인 이물질을 제거하다가 감전 재해가 발생한 사례이다. 동영상에서 발생한 감전재해 방지대책 2가지를 쓰시오. (4점)

합격정보
① 산업안전보건기준에 관한 규칙 제121조(사출성형기 등의 방호장치)
② 산업안전보건기준에 관한 규칙 제302조(전기 기계·기구의 접지)

합격KEY
① 2004년 10월 2일(문제 2번) ② 2007년 4월 28일 출제
③ 2013년 4월 27일 출제 ④ 2017년 10월 22일 제3회(문제 5번) 출제
⑤ 2018년 4월 21일 제1회(문제 5번) 출제 ⑥ 2019년 7월 26일(문제 5번) 출제
⑦ 2021년 10월 24일(문제 5번) 출제 ⑧ 2022년 8월 7일(문제 5번) 출제

정답
① 작업시작 전 전원을 차단한다.
② 작업시 안전 보호구를 착용한다.
③ 감시인을 배치 후 작업한다.
④ 금형의 이물질제거는 전용공구를 사용한다.

06 화면을 참고하여 철골작업시 작업을 중지해야 할 경우 3가지를 기술하시오. (6점)

정답
① 풍속이 초당 10[m] 이상인 경우
② 강우량이 시간당 1[mm] 이상인 경우
③ 강설량이 시간당 1[cm] 이상인 경우

07 산업안전보건법령상, 구내운반차를 사용하는 경우에 사업주의 준수 사항 관련하여 (　)에 알맞은 것을 쓰시오. (6점)

(1) 사업주는 구내운반차를 작업장 내 (　①　)을 주목적으로 할 것
(2) 주행을 제동하거나 정지상태를 유지하기 위하여 유효한 (　②　)를 갖출 것
(3) (　③　)를 갖출 것
(4) 운전석이 차 실내에 있는 것은 좌우에 한개씩 (　④　)를 갖출 것
(5) (　⑤　)과 (　⑥　)을 갖출것. 다만, 작업을 안전하게 하기 위하여 필요한 조명이 있는 장소에서 사용하는 구내운반차에 대해서는 그러하지 아니하다.

합격정보 산업안전 보건기준에 관한 규칙 제184조(제동장치 등)

합격KEY 2019년 10월 19일(문제 4번) 출제

정답
① 운반
② 제동장치
③ 경음기
④ 방향지시기
⑤ 전조등
⑥ 후미등

자격종목	시험일	비번호	PC번호	남은시간
산업안전산업기사	2023년 7월 30일 2회(2부)	A001	1	60분

08 지게차 포크 위에서 전구교체작업을 하고 있다. 불안전한 행동 2가지를 쓰시오. (4점)

합격KEY
① 2020년 5월 16일 산업기사 출제
② 2020년 10월 10일 기사 출제
③ 2021년 5월 5일(문제 8번) 출제

정답
① 안전한 작업발판을 사용하지 않고 지게차 위에서 작업했다.
② 지게차의 운전자를 제외한 다른 작업자가 탑승했다.
③ 전원을 차단하지 않고 전구교체 작업을 했다.

09 산업안전보건법령상, ① 발파작업에 사용되는 장전구(裝塡具)가 갖춰야 할 조건 1가지와 ② 발파공의 충진재료가 갖춰야 할 조건 1가지를 쓰시오. (6점)

합격정보 산업안전보건기준에 관한 규칙 제348조(발파의 작업기준)

합격KEY 유사문제 출제 확인
① 2000년 11월 9일 출제
② 2007년 4월 28일 출제
③ 2009년 7월 11일 출제
④ 2012년 7월 14일 산업기사 출제
⑤ 2013년 4월 27일 출제
⑥ 2013년 10월 12일 산업기사 출제
⑦ 2014년 7월 13일 (문제 3번) 출제
⑧ 2015년 7월 18일 산업기사 (문제 7번) 출제
⑨ 2016년 7월 3일 제2회(문제 7번) 출제
⑩ 2019년 7월 6일 기사 제2회 출제
⑪ 2019년 10월 19일(문제 6번) 출제

정답
① 장전구(裝塡具) : 마찰, 충격, 정전기 등에 의한 폭발의 위험이 없는 것
② 발파공의 충진재료 조건 : 점토, 모래 등 발화성 또는 인화성의 위험이 없는 것

자격종목	시험일	비번호	PC번호	남은시간
산업안전기사	2023년 10월 14일 3회(1부)	A001	1	60분

01 동영상은 추락방호망을 보수하는 장면을 보여주고 있다. 산업안전보건법령상 추락방호망 설치시 준수사항 ( )를 쓰시오. (5점)

(1) 추락방호망의 설치위치는 가능하면 작업면으로부터 가까운 지점에 설치하여야 하며, 작업면으로부터 망의 설치 지점까지의 수직거리는 (①)[m]를 초과하지 아니할 것

(2) 추락방호망은 (②)으로 설치하고, 망의 처짐은 짧은 변 길이의 (③)[%] 이상이 되도록 할 것

합격정보 산업안전보건기준에 관한 규칙 제42조(추락의 방지)

합격KEY 2022년 7월 30일 제2부(문제 5번) 출제

정답
① 10
② 수평
③ 12

자격종목	시험일	비번호	PC번호	남은시간
산업안전기사	2023년 10월 14일 3회(1부)	A001	1	60분

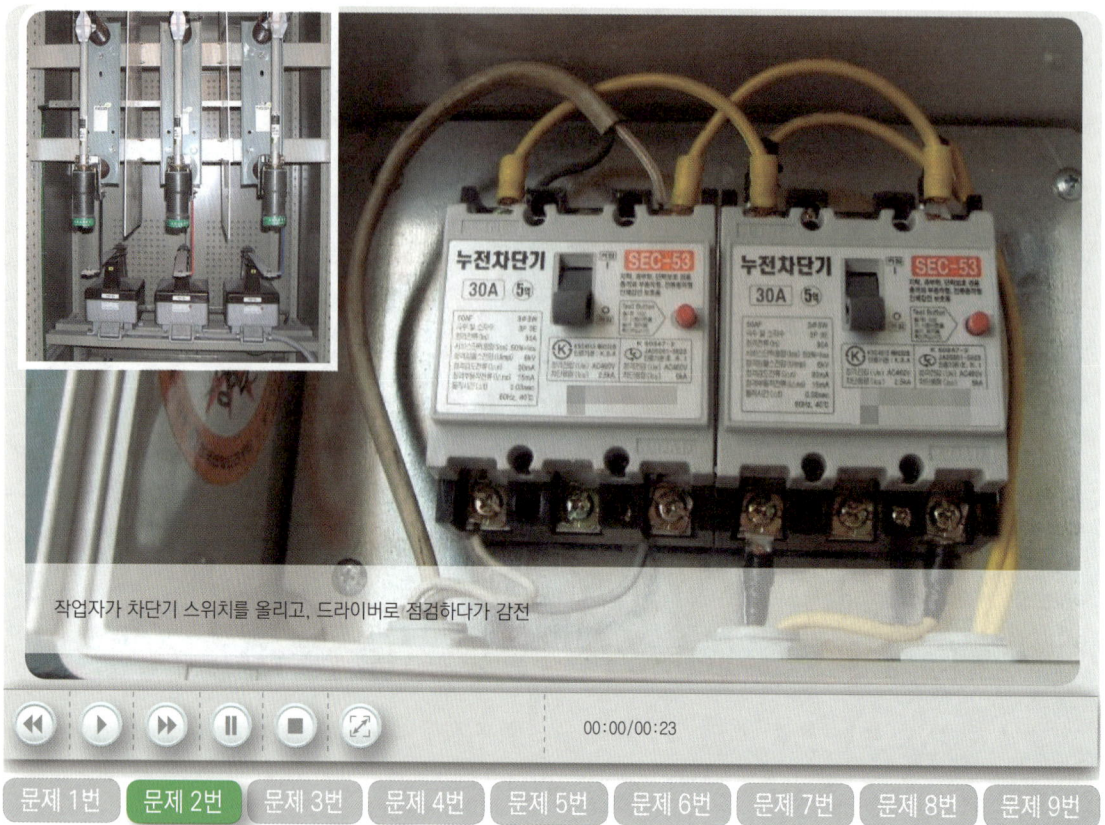

작업자가 차단기 스위치를 올리고, 드라이버로 점검하다가 감전

02 산업안전보건법령상, 누전에 의한 감전위험을 방지하기 위하여 사업주가 해당 전로의 정격에 적합하고 감도가 양호하며 확실하게 작동하는 감전방지용 누전차단기를 설치해야 하는 전기 기계·기구를 3가지만 쓰시오. (3점)

참고 산업안전보건기준에 관한 규칙 제304조(누전차단기에 의한 감전방지)

합격KEY
① 2006년 4월 29일 산업기사 출제
② 2010년 7월 11일 출제
③ 2013년 10월 12일(문제 2번) 출제
④ 2016년 4월 23일 제1회 1부 출제
⑤ 2018년 7월 8일 제2회 1부(문제 2번) 출제
⑥ 2022년 5월 15일 제2부(문제 2번) 출제

정답
① 대지전압이 150[V]를 초과하는 이동형 또는 휴대형 전기 기계·기구
② 물 등 도전성이 높은 액체가 있는 습윤장소에서 사용하는 저압(1,500[V] 이하 직류전압이나 1,000[V] 이하의 교류전압을 말한다)용 전기기계·기구
③ 철판·철골 위 등 도전성이 높은 장소에서 사용하는 이동형 또는 휴대형 전기기계·기구
④ 임시배선의 전로가 설치되는 장소에서 사용하는 이동형 또는 휴대형 전기기계·기구

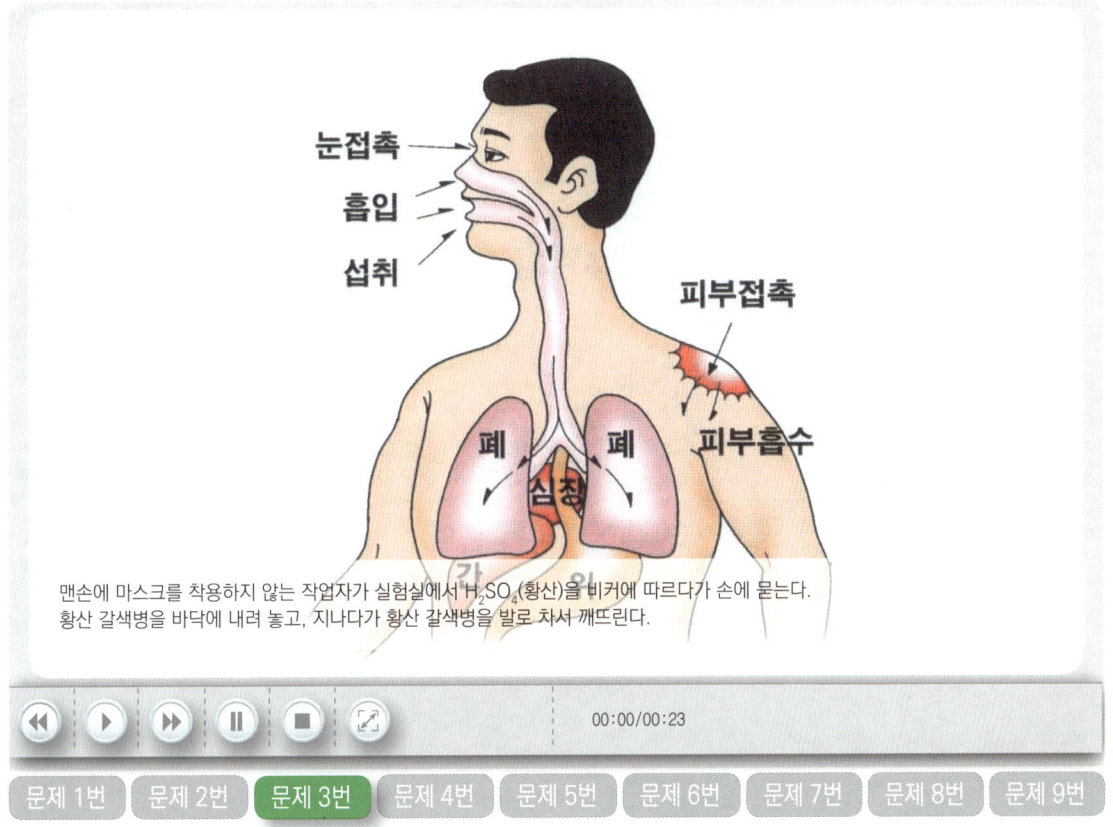

03 화면 상의 작업에서 황산이 체내에 유입될 수 있다. 인체로 흡수되는 경로를 3가지로 쓰시오. (4점)

정답
① 호흡기
② 소화기
③ 피부점막

자격종목	시험일	비번호	PC번호	남은시간
산업안전기사	2023년 10월 14일 3회(1부)	A001	1	60분

높이 약 20[cm] 직육면체 나무 발판을 바닥에 두고 나무 발판 위로 올라가는데, 나무발판이 흔들린다.
오른쪽 다리는 나무 발판에, 왼쪽 다리를 (복부 높이) 작업대에 걸치고, 목재토막을 작업대 위에 올려놓고 한발로 목재를 고정하고 기계톱으로 톱질을 하다 나무발판이 흔들려 작업자가 균형을 잃고 떨어지는 장면이다.

04 동영상에서 작업자가 작업발판에서 작업중 바닥에 머리를 부딪혀 부상을 입었다. 해당 재해에서의 ① 재해발생형태와 ② 가해물을 쓰시오. (4점)

참고 재해발생 형태에서 발이 조금이라도 지면과 떨어져 있으면 추락입니다. (강조내용 : 높이 20cm)

합격KEY
① 2006년 4월 29일 출제
② 2008년 7월 13일 출제
③ 2009년 9월 19일 출제
④ 2012년 10월 21일 산업기사 출제
⑤ 2014년 4월 25일 산업기사 출제
⑥ 2014년 7월 13일 제2회 1부(문제 6번) 출제
⑦ 2015년 10월 11일(문제 5번) 출제
⑧ 2020년 11월 22일 기사 출제
⑨ 2021년 10월 24일 산업기사 출제

정답
① 재해발생 형태 : 추락(떨어짐)
② 가해물 : 바닥

자격종목	시험일	비번호	PC번호	남은시간
산업안전기사	2023년 10월 14일 3회(1부)	A001	1	60분

계단 아래 폐수조에 마스크 보안경 안전모 등 보호구를 착용하지 않는 작업자가 2명이 들어간다. 작업자가 장비를 받아서 삽질하다가 하다가 고개를 갸웃거린다.

| 문제 1번 | 문제 2번 | 문제 3번 | 문제 4번 | 문제 5번 | 문제 6번 | 문제 7번 | 문제 8번 | 문제 9번 |

05 산업안전보건법령상, 동영상의 슬러지 작업에서 착용해야 하는 호흡용 보호구를 2가지 쓰시오. (4점)

채점기준 (1) 택 2, 2개 모두 맞으면 4점, 1개 맞으면 2점, 그 외 0점
(2) 유사(가능한)답안
① 에어라인 마스크 ② 호스마스크
③ 복합식 에어라인 마스크 ④ 산소호흡기

합격정보 산업안전보건기준에 관한 규칙 제620조(환기 등)

합격KEY ① 2005년 7월 15일 출제 ② 2006년 9월 23일 기사 출제
③ 2014년 10월 5일 기사(문제 5번) 출제 ④ 2015년 7월 18일 제2회 제3부 기사(문제 5번) 출제
⑤ 2015년 10월 11일(문제 5번) 출제 ⑥ 2020년 11월 15일(문제 5번) 출제
⑦ 2022년 5월 20일 산업기사 출제 ⑧ 2022년 7월 30일 제3부(문제 5번) 출제

정답
① 송기마스크
② 공기호흡기

06 산업안전보건법령상, 영상에 보이는 기계를 조립하거나 해체하는 경우 사업주가 점검해야 할 사항 3가지를 쓰시오.(6점)

합격정보 ▶ 산업안전보건기준에 관한 규칙 제207조(조립시 점검) : 2022년 10월 18일 개정

합격KEY ▶
① 2008년 4월 26일 출제
② 2010년 9월 19일 출제
③ 2016년 10월 15일 제3회(문제 5번) 출제
④ 2018년 4월 21일 제1회(문제 5번) 출제
⑤ 2019년 7월 6일 제2회 1부(문제 6번) 출제
⑥ 2020년 7월 27일 기사 출제
⑦ 2021년 10월 24일(문제 6번) 출제
⑧ 2022년 5월 21일 제1부 산업기사 출제

정답
① 본체 연결부의 풀림 또는 손상의 유무
② 권상용 와이어로프·드럼 및 도르래의 부착상태의 이상 유무
③ 권상장치의 브레이크 및 쐐기장치 기능의 이상 유무
④ 권상기의 설치상태의 이상 유무
⑤ 리더(leader)의 버팀 방법 및 고정상태의 이상 유무
⑥ 본체·부속장치 및 부속품의 강도가 적합한지 여부
⑦ 본체·부속장치 및 부속품에 심한 손상·마모·변형 또는 부식이 있는지 여부

자격종목	시험일	비번호	PC번호	남은시간
산업안전기사	2023년 10월 14일 3회(1부)	A001	1	60분

지게차가 적당한 높이의 물체를 싣고 운행중임.

07 동영상의 장비의 (1) 이름과 (2) 산업안전보건법령상, 해당 장비에서 필요한 방호장치를 4가지 쓰시오. (6점)

[합격정보] 산업안전보건법 시행규칙 제98조(방호조치)

정답
(1) 이름 : 지게차
(2) 방호장치
  ① 헤드가드
  ② 백레스트(backrest)
  ③ 전조등
  ④ 후미등
  ⑤ 안전벨트

08 산업안전보건법령상, 동영상에 보이는 장소 주변에서 작업하는 경우 '작업장의 조치사항'을 3가지 쓰시오.(단, 안전대 착용 관련 사항 제외)(6점)

합격정보 산업안전보건기준에 관한 규칙 제43조(개구부 등의 방호조치)

합격KEY
① 2006년 9월 23일 기사 출제　　② 2007년 10월 14일 기사 출제
③ 2009년 4월 26일 기사 출제　　④ 2011년 5월 7일 출제
⑤ 2014년 10월 5일 출제　　⑥ 2015년 7월 18일 기사 출제
⑦ 2016년 4월 23일(문제 5번) 출제　　⑧ 2016년 7월 3일 제2회 기사 출제
⑨ 2016년 10월 15일 제3회 기사 출제　　⑩ 2017년 10월 22일 산업기사 제3회(문제 5번) 출제
⑪ 2018년 10월 14일 제3회 2부(문제 8번) 출제　　⑫ 2020년 5월 16일 제1회 2부(문제 8번) 출제
⑬ 2020년 8월 2일 제2회 (문제 8번) 출제　　⑭ 2020년 10월 10일(문제 8번) 출제
⑮ 2020년 11월 25일 기사 출제　　⑯ 2021년 5월 5일(문제 4번) 출제
⑰ 2022년 5월 21일 산업기사 출제　　⑱ 2022년 10월 22일 기사 출제
⑲ 2023년 7월 30일 산업기사 출제

정답
① 안전난간 설치
② 울타리 설치
③ 수직형 추락방망 설치
④ 덮개 설치

자격종목	시험일	비번호	PC번호	남은시간
산업안전기사	2023년 10월 14일 3회(1부)	A001	1	60분

작업자가 동력식 수동대패기에 2×4 각목을 밀어 넣는다. 노란색 덮개가 보이고, 기계 아래로 톱밥이 떨어진다. 마지막에는 공작물과 테이블만 있다. 동영상 시작과 끝에 덮개 위치가 다르다.

(출처 : 산업보건공단 2020년 만화로 보는 산업안전보건기준에 관한 규칙(박희도) 저작물)

09 동영상의 장비 (1) 이름과 (2) 해당 장비에서 필요한 방호장치를 쓰시오. (4점)

합격정보 산업안전보건기준에 관한 규칙 제109조(대패기계의 날접촉 예방장치)

보충학습 **동력식 수동대패기계**(動力式 手動-機械 : hand push type wood planing machine)
목재를 가공하기 위해 사용되며 대패날을 부착한 둥근 축을 회전시켜 목재를 매끄럽게 깎아 가공하는 기계이다. 목재를 공급하려면 테이블 위를 손으로 밀면서 하는 것과, 송급 롤에 의한 자동적인 것들이 있다. 손으로 미는 형식에는 가공물을 밀고 있을 때 실수로 손을 대패 날에 접촉되는 일이 없도록 날 접촉예방장치가 필요하다.

정답
(1) 동력식 수동대패기계
(2) 날접촉예방장치

01
산업안전보건법령상, 사업주가 근로자의 추락 등의 위험을 방지하기 위하여 안전난간을 설치하는 경우 기준에 맞는 구조로 설치하기 위하여 다음 (   )을 알맞은 숫자를 쓰시오.(단위 및 범위 등을 확실히 기재할 것)(6점)
(1) 상부난간대 :
(2) 발끝막이판 :
(3) 난간대 지름 :

합격정보 산업안전보건기준에 관한 규칙 제13조(안전난간의 구조 및 설치요건)

정답
① 상부난간대 : 90cm 이상~120cm 이하
② 발끝막이판 : 10cm 이상
③ 난간대 지름 : 2.7cm 이상

02 산업안전보건법령상, 말비계를 조립하여 사용하는 경우에 사업주의 준수 사항 관련해서 (   )에 알맞은 것을 쓰시오. (4점)

① 지주부재(支柱部材)의 하단에는 미끄럼 방지장치를 하고, 근로자가 양측 끝부분에 올라서서 작업하지 않도록 할 것
② 지주부재와 수평면의 기울기를 (①)도 이하로 하고, 지주부재와 지주부재 사이를 고정시키는 보조부재를 설치할 것
③ 말비계의 높이가 2미터를 초과하는 경우에는 작업발판의 폭을 (②) 이상으로 할 것

합격정보 산업안전보건기준에 관한 규칙 제67조(말비계)
합격KEY ▶ 2022년 10월 22일 제3부 (문제 2번) 출제

정답
① 75
② 40

자격종목	시험일	비번호	PC번호	남은시간
산업안전기사	2023년 10월 14일 3회(2부)	A001	1	60분

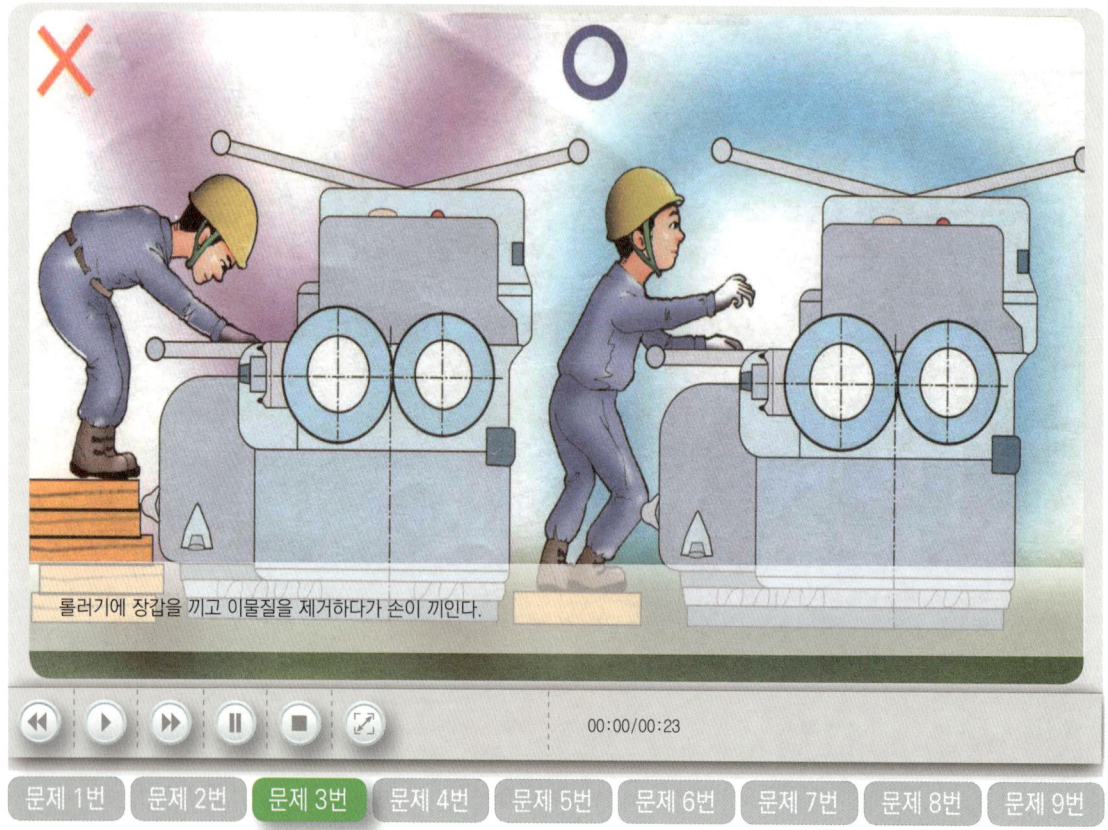

| 문제 1번 | 문제 2번 | **문제 3번** | 문제 4번 | 문제 5번 | 문제 6번 | 문제 7번 | 문제 8번 | 문제 9번 |

03 방호장치 자율안전기준 고시상, 롤러기의 급정지장치 종류 3가지와 그 장치들의 설치 위치를 각각 상세히 쓰시오.(6점)

[참고] 산업안전실기작업형 p.2-30(예제 1)

[합격정보] 방호장치 자율안전기준 고시(2021-23) [별표 3] 롤러기 급정지장치 성능기준(제7조 관련)

[합격KEY] ① 2017년 4월 22일 제1회 3부(문제 2번) 출제
② 2022년 5월 15일 제3부(문제 5번) 출제

[정답]

방호장치 종류	설치위치
손조작식	밑면에서 1.8[m] 이내
복부조작식	밑면에서 0.8[m] 이상 1.1[m] 이내
무릎조작식	밑면에서 0.6[m] 이내

자격종목	시험일	비번호	PC번호	남은시간
산업안전기사	2023년 10월 14일 3회(2부)	A001	1	60분

04 화면은 교류아크용접 작업중 재해가 발생한 사례이다. 작업자를 보호하기 위한 (1) 방호장치 명칭과 (2) 용접 홀더 구비조건을 쓰시오. (4점)

합격정보 산업안전보건기준에 관한 규칙 제306조(교류아크용접기 등)

합격KEY
① 2004년 10월 2일 출제
② 2014년 4월 25일 기사 출제
③ 2014년 10월 5일(문제 2번) 출제
④ 2016년 7월 3일 제2회 출제
⑤ 2016년 10월 15일 제3회 기사 출제
⑥ 2017년 10월 22일 제3회 2부(문제 2번) 출제
⑦ 2020년 10월 17일 산업기사 출제
⑧ 2022년 7월 30일 제1부(문제 4번) 출제

정답
(1) 방호장치명 : 자동전격방지기
(2) 용접홀더 구비조건
　① 절연내력
　② 내열성

05 산업안전보건법령상, 특수화학설비를 설치하는 경우, 그 내부의 이상 상태를 조기에 파악 및 이상 상태의 발생에 따른 폭발·화재 또는 위험물의 누출을 방지하기 위해서 사업주가 설치해야 하는 장치를 2가지만 쓰시오.(단, 온도계·유량계·압력계 등의 계측장치는 제외)(4점)

합격정보 산업안전보건기준에 관한 규칙 제273~276조(계측장치 등의 설치)

채점기준 2점×3개=6점(택 3개)

합격KEY
① 2003년 7월 19일 산업기사 출제
② 2005년 10월 1일 출제
③ 2007년 4월 28일 출제
④ 2007년 10월 13일 산업기사 출제
⑤ 2008년 10월 5일 출제
⑥ 2010년 7월 11일 산업기사 출제
⑦ 2013년 7월 20일 출제
⑧ 2014년 10월 5일(문제 4번) 출제
⑨ 2015년 7월 18일 제2회 3부 산업기사(문제 2번) 출제
⑩ 2015년 10월 11일 기사 출제
⑪ 2016년 10월 15일 제3회 산업기사(문제 2번) 출제
⑫ 2019년 7월 6일 제2회 3부 기사(문제 2번) 출제
⑬ 2020년 5월 16일(문제 2번) 출제
⑭ 2021년 7월 24일(문제 5번) 출제
⑮ 2022년 5월 21일 산업기사 출제

정답
① 자동경보장치
② 긴급차단장치

자격종목	시험일	비번호	PC번호	남은시간
산업안전기사	2023년 10월 14일 3회(2부)	A001	1	60분

| 문제 1번 | 문제 2번 | 문제 3번 | 문제 4번 | 문제 5번 | **문제 6번** | 문제 7번 | 문제 8번 | 문제 9번 |

06 산업안전보건법령상, 사업주가 비계(달비계, 달대비계 및 말비계는 제외)의 높이가 2m 이상인 작업장소에 작업발판 '구조' 설치기준 3가지를 쓰시오.(단, 폭과 틈에 관한 설치 기준은 제외)(6점)

합격정보 산업안전보건기준에 관한 규칙 제56조(작업발판의 구조)

합격KEY
① 2006년 4월 29일 출제
② 2007년 7월 15일 출제
③ 2010년 7월 11일 출제
④ 2015년 4월 25일(문제 6번) 출제
⑤ 2016년 7월 3일 제2회 출제
⑥ 2016년 10월 15일 제3회(문제 6번) 출제
⑦ 2017년 10월 22일 기사 3회(문제 6번) 출제
⑧ 2018년 10월 14일 제3회 1부(문제 6번) 출제
⑨ 2019년 10월 19일 제3회 2부(문제 6번) 출제
⑩ 2020년 10월 17일 산업기사 출제
⑪ 2022년 5월 15일(문제 6번) 출제
⑫ 2023년 7월 29일 제1부(문제 6번) 출제

정답
① 발판재료는 작업할 때의 하중을 견딜 수 있도록 견고한 구조로 할 것
② 추락의 위험이 있는 장소에는 안전난간을 설치할 것. 다만, 작업의 성질상 안전난간을 설치하는 것이 곤란한 경우, 작업의 필요상 임시로 안전난간을 해체할 때에 추락방호망을 설치하거나 근로자로 하여금 안전대를 사용하도록 하는 등 추락 위험 방지 조치를 한 경우에는 그러하지 아니하다.
③ 작업발판의 지지물은 하중에 의하여 파괴될 우려가 없는 것을 사용할 것
④ 작업발판 재료는 뒤집히거나 떨어지지 않도록 둘 이상의 지지물에 연결하거나 고정시킬 것
⑤ 작업발판을 작업에 따라 이동시킬 경우에는 위험 방지에 필요한 조치를 할 것

💬 **합격자의 조언** ( ) 안에 알맞은 내용 넣기로 출제된 문제도 있습니다.

자격종목	시험일	비번호	PC번호	남은시간
산업안전기사	2023년 10월 14일 3회(2부)	A001	1	60분

07 작업자의 손에 들려있는 기구의 자율안전확인대상 ① 기계 명칭과 ② 덮개 설치 시 숫돌 '노출' 각도를 쓰시오. (4점)

보충학습 연삭기 덮개 표준양식 및 각도(방호장치 자율안전기준 고시[별표 4] 연삭기 덮개의 성능기준 제9조 관련)

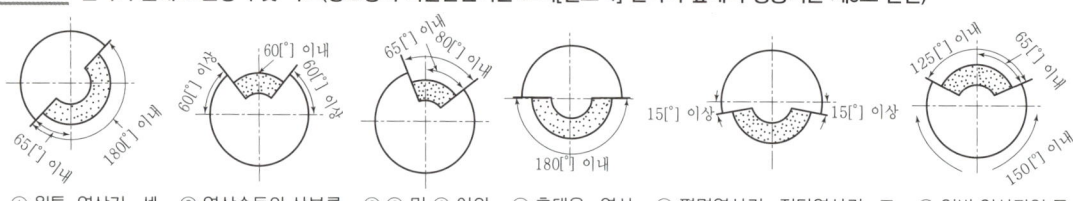

① 원통 연삭기, 센터리스연삭기, 공구연삭기, 만능연삭기 그 밖에 이와 비슷한 연삭기
② 연삭숫돌의 상부를 사용하는 것을 목적으로 하는 탁상용 연삭기
③ 및 ⑥ 이외의 탁상용 연삭기 그 밖에 이와 유사한 연삭기
④ 휴대용 연삭기, 스윙연삭기, 슬래브연삭기 그 밖에 이와 비슷한 연삭기
⑤ 평면연삭기, 절단연삭기, 그 밖에 이와 비슷한 연삭기
⑥ 일반 연삭작업 등에 사용하는 목적으로 하는 탁상용 연삭기

합격KEY
① 2008년 4월 26일 출제
③ 2016년 4월 23일(문제 8번) 출제
⑤ 2022년 7월 30일 제1부(문제 3번) 출제
② 2014년 4월 25일(문제 8번) 출제
④ 2021년 5월 2일(문제 7번) 출제

정답 ① 이름 : 휴대용 연삭기 ② 설치각도 : 180[°] 이내

자격종목	시험일	비번호	PC번호	남은시간
산업안전기사	2023년 10월 14일 3회(2부)	A001	1	60분

작업자 2명이 지게차 포크 위에 파레트를 얹고 올라가서 전구를 교체하는데, 교체하자 마자 전구가 켜진다. 교체가 완료된 후 포크가 지면에 다 내려오지 않았는데, 지게차 운전자가 먼저 하역장치를 제동하여 반동에 의해 떨어지게 된다. 안전모 등 안전장구는 제대로 착용하지 않고, 1명은 목장갑, 1명은 3m 장갑 착용 중. 신호수는 없고, 지게차 운전자가 발연기로 어색하게 카메라를 쳐다본다.

08 지게차 포크 위에서 전구교체작업을 하고 있다. 불안전한 행동 3가지를 쓰시오. (5점)

합격정보 산업안전보건기준에 관한 규칙 제175조(주용도 외의 사용 제한)

합격KEY
① 2020년 5월 16일 산업기사 출제
② 2020년 10월 10일 기사 출제
③ 2021년 5월 5일(문제 8번) 출제

정답
① 안전한 작업발판을 사용하지 않고 지게차 위에서 작업했다.
② 지게차의 운전자를 제외한 다른 작업자가 탑승했다.
③ 전원을 차단하지 않고 전구교체 작업을 했다.

슬러지처리시설에서 포대와 삽을 건네 받은 작업자가 가루를 퍼담다가 쓰러진다. 작업자가 마스크 안전모는 착용하지 않았다.

09 동영상을 참고하여 산소결핍장소에서의 안전수칙 3가지를 쓰시오.(단, 감시자를 배치한다는 것을 안전교육 관련은 제외)(6점)

[합격정보] 산업안전보건기준에 관한 규칙
① 제619조의2(산소 및 유해가스 농도의 측정)
② 제620조(환기 등)
③ 제469조(방독마스크의 지급 등)
④ 제450조(호흡용 보호구의 지급 등)

[정답]
① 산소의 농도를 측정하는 사람을 지명하며, 작업시작 전 밀폐공간에 공기 상태를 측정
② 산소 결핍이 인정될 경우, 송기를 위한 설비를 설치하여 필요한 양의 공기를 공급
③ 공기호흡기, 송기마스크를 착용

① 이동식비계 상부 작업발판에 안전모 및 장갑을 착용한 작업자 1명이 서서 안전대를 안전난간의 중간난간대(무릎높이)에 체결하고 있으며, 별도의 작업은 진행하고 있지 않음.
② 이동식비계 하부는 바퀴로만 되어 있고 다른 작업자 1명이 이동식 비계를 붙잡고 있고, 이동식비계는 고정 상태로 이동하지는 않음.
③ 이동식비계 하부는 바퀴가 브레이트·쐐기 등으로 고정된지 여부는 확실하지 않다.
④ 배경으로는 주변 약 10m 이내에 전주(전봇대) 여러개가 일정한 간격으로 설치되어 연결되어 있음.

01 화면상의 위험요인을 3가지 쓰시오. (6점)

[합격정보] 산업안전보건기준에 관한 규칙 제68조(이동식비계)

정답
① 안전대를 너무 낮은 곳에 체결
② 브레이크·쐐기 등으로 바퀴를 고정하지 않음.
③ 이동식비계의 일부를 견고한 시설물에 고정하지 않음.
④ 이동식비계의 하부에 아웃트리거(outrigger, 전도방지용 지지대)를 설치하지 않음.

자격종목	시험일	비번호	PC번호	남은시간
산업안전기사	2023년 10월 14일 3회(3부)	A001	1	60분

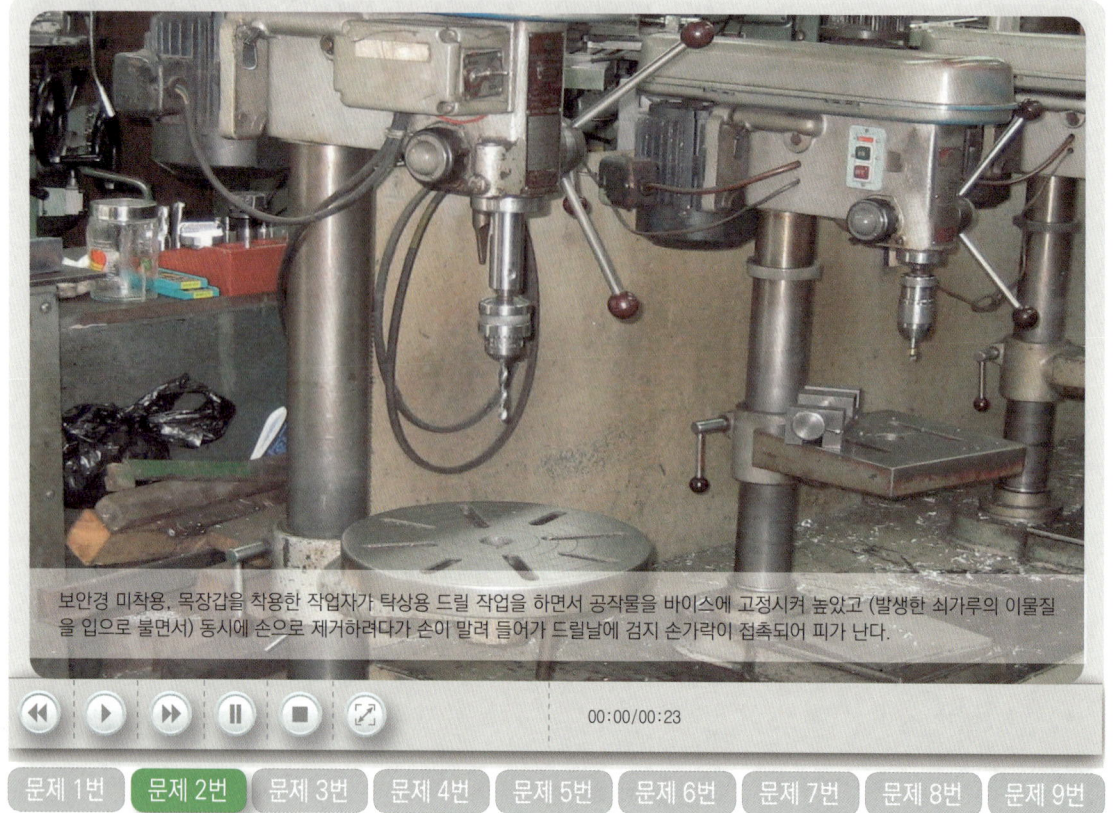

보안경 미착용, 목장갑을 착용한 작업자가 탁상용 드릴 작업을 하면서 공작물을 바이스에 고정시켜 놓았고 (발생한 쇠가루의 이물질을 입으로 불면서) 동시에 손으로 제거하려다가 손이 말려 들어가 드릴날에 검지 손가락이 접촉되어 피가 난다.

00:00/00:23

| 문제 1번 | 문제 2번 | 문제 3번 | 문제 4번 | 문제 5번 | 문제 6번 | 문제 7번 | 문제 8번 | 문제 9번 |

02 동영상 내 드릴 작업 중 "작업방법 및 작업자의"위험요인을 2가지만 쓰시오.(단, 안전모는 제외) (4점)

정답
① 작은 물건은 바이스나 클램프를 사용하여 고정시키지 않고 직접 손으로 지지하여 위험
② 보안경을 미착용하거나, 안전덮개 미설치하여 위험
③ 판에 큰 구멍을 뚫고자 할 때에는 먼저 작은 드릴로 뚫은 후에 큰 드릴로 뚫도록 해야하지만 그렇게 하지않아 위험

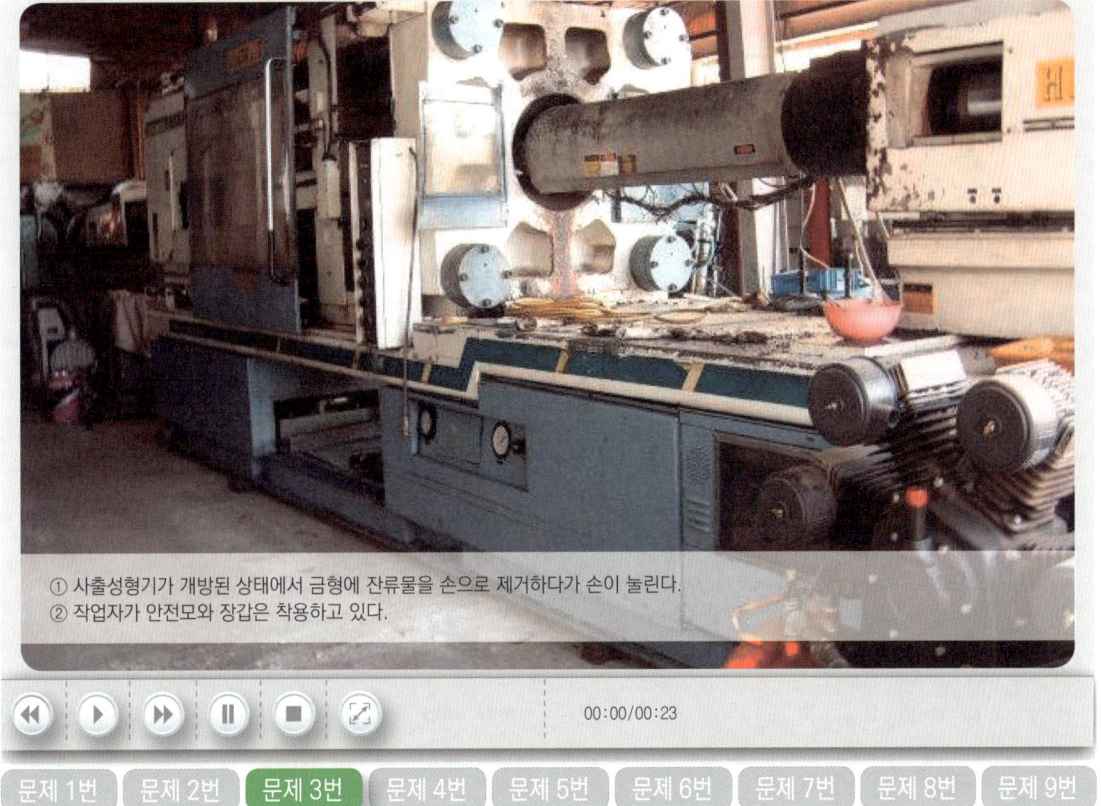

03 화면은 사출성형기 V형 금형 작업 중 재해가 발생한 사례이다. ① 재해발생형태와 ② 기인물을 쓰시오. (4점)

합격정보 산업안전보건기준에 관한 규칙 제121조(사출성형기 등의 방호장치)
합격KEY 2023년 5월 7일 산업기사 출제

정답
① 재해발생형태 : 끼임
② 기인물 : 사출성형기

자격종목	시험일	비번호	PC번호	남은시간
산업안전기사	2023년 10월 14일 3회(3부)	A001	1	60분

회전체에 코일(구리선)을 감는 전동권선기가 갑자기 멈추어, 작업자가 기계의 전원을 수차례 on, off 하더니, 기계의 배전반을 열어서 맨손으로 점검하다 푸른색 번개같은것이 보인다.

00:00/00:23

| 문제 1번 | 문제 2번 | 문제 3번 | 문제 4번 | 문제 5번 | 문제 6번 | 문제 7번 | 문제 8번 | 문제 9번 |

04 화면은 작업자가 전동 권선기에 동선을 감는 작업 중 기계가 정지하여 점검 중 발생한 재해사례이다. 재해유형(형태)과 재해 발생 원인이 무엇인지 서술하시오.(4점)
(1) 재해유형(형태) : (2점)
(2) 재해원인 : (2점)

채점기준 조사나 문맥이 모범답안과 다르더라도 의미가 같으면 정답으로 인정한다.(공지사항)

합격정보 산업안전보건기준에 관한 규칙
① 제319조(정전전로에서의 전기작업)   ② 제302조(전기 기계·기구의 접지)
③ 제323조(절연용 보호구 등의 사용)

합격KEY
① 2004년 10월 2일 출제
③ 2007년 4월 28일 출제
⑤ 2012년 10월 21일 출제
⑦ 2014년 10월 5일 제3회 출제
⑨ 2017년 7월 2일 제2회(문제 5번) 출제
⑪ 2020년 5월 16일(문제 4번) 출제
⑬ 2022년 5월 15일 기사 출제
⑮ 2022년 10월 22일 제1부(문제 4번) 출제
② 2005년 10월 1일 (문제 2번)
④ 2011년 10월 22일 출제
⑥ 2013년 4월 27일 제1회 출제
⑧ 2015년 4월 25일 제1회 1부 출제
⑩ 2019년 7월 6일 제2회 3부(문제 4번) 출제)
⑫ 2020년 11월 22일 산업기사 출제
⑭ 2022년 8월 7일 산업기사 출제

정답
(1) 재해유형(형태) : 감전
(2) 재해원인
① 전원을 차단하지 않고 기계 정비점검으로 감전
② 작업자가 내전압용 절연장갑 등 절연용 보호구를 착용하지 않은 채 맨손으로 동선을 감아 감전

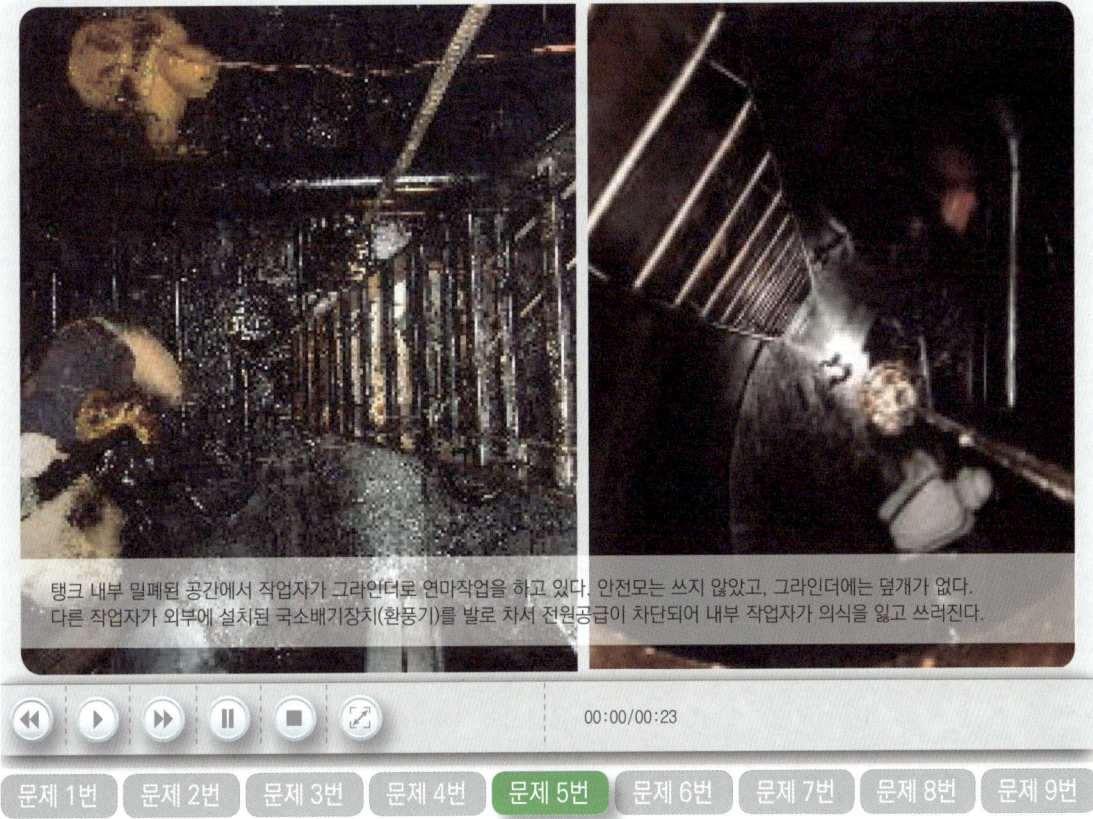

탱크 내부 밀폐된 공간에서 작업자가 그라인더로 연마작업을 하고 있다. 안전모는 쓰지 않았고, 그라인더에는 덮개가 없다. 다른 작업자가 외부에 설치된 국소배기장치(환풍기)를 발로 차서 전원공급이 차단되어 내부 작업자가 의식을 잃고 쓰러진다.

05 산업안전보건법령상, 밀폐공간에서의 작업을 하는 근로자에게 하여야 하는 특별안전보건교육 내용을 3가지만 쓰시오.(단, 그 밖에 안전·보건관리에 필요한 사항은 제외)(6점)

[합격정보] 산업안전보건법 시행규칙 [별표 5] 안전보건교육 교육대상별 교육내용 34. 밀폐공간에서의 작업

정답
① 산소농도 측정 및 작업환경에 관한 사항
② 사고 시의 응급처치 및 비상시 구출에 관한 사항
③ 보호구 착용 및 보호 장비 사용에 관한 사항
④ 작업내용·안전작업방법 및 절차에 관한 사항
⑤ 장비·설비 및 시설 등의 안전점검에 관한 사항

자격종목	시험일	비번호	PC번호	남은시간
산업안전기사	2023년 10월 14일 3회(3부)	A001	1	60분

화기주의, 인화성 물질이라고 써있는 드럼통(200[ℓ])이 여러 개 보관된 창고 안에서 작업자가 인화성 물질이 든 운반용 캔(약 40[ℓ])을 몇 개 운반하다가 잠시 쉰다. 작업자가 작은 용기에 있는 걸 큰 용기에 담으려고 하는지 드럼통 뚜껑을 열고 스웨터를 벗는 순간 폭발.

06 화면상의 ① 폭발 종류 및 ② 그에 대한 설명을 쓰시오. (5점)

합격KEY
① 2002년 10월 6일 출제
② 2011년 7월 30일 출제
③ 2012년 7월 14일 산업기사 출제
④ 2013년 10월 12일 산업기사 제3회 제2부(문제 8번) 출제
⑤ 2015년 10월 11일(문제 5번) 출제
⑥ 2017년 4월 22일 제1회(문제 5번) 출제
⑦ 2017년 10월 22일 제3회 2부 출제
⑧ 2018년 7월 8일 제2회 2부(문제 2번) 출제
⑨ 2019년 10월 19일 제3회 1부(문제 2번) 출제
⑩ 2020년 7월 25일 산업기사 출제
⑪ 2020년 11월 2일 기사 출제
⑫ 2020년 11월 22일 산업기사 출제
⑬ 2022년 7월 30일 기사 출제
⑭ 2023년 5월 7일 산업기사 출제

정답
① 폭발의 종류 : 증기운 폭발(UVCE : Unconfined Vapor Cloud Explosion)
② 설명 : 인화성 가스가 대기 중에 존재하다가 (점화원에 의해) 폭발

07 산업안전보건법령상, 낙하물 방지망을 설치하는 경우에는 사업주의 준수 사항에 대해서 ( )에 알맞은 것을 쓰시오.(4점)
수평면과의 각도는 (①)[°] 이상 (②)[°] 이하를 유지할 것

[합격정보] 산업안전보건기준에 관한 규칙 제14조(낙하물에 의한 위험의 방지)
[합격KEY] 2023년 7월 29일 제1부(문제 5번) 출제

정답
① 20
② 30

08 산업안전보건법령상, 고정식 사다리를 설치하는 경우 준수 사항을 3가지 쓰시오.(단, 견고한 구조 관련 내용은 제외하고, 범위나 치수를 포함하는 내용만 쓰시오.(6점)

합격정보 산업안전보건기준에 관한 규칙 제24조(사다리식 통로 등의 구조)

정답
① 발판과 벽과의 사이는 15cm 이상의 간격을 유지할 것
② 폭은 30cm 이상으로 할 것
③ 사다리의 상단은 걸쳐놓은 지점으로부터 60cm 이상 올라가도록 할 것
④ 사다리식 통로의 길이가 10m 이상인 경우에는 5m 이내마다 계단참을 설치할 것

09 교류아크용접기 자동전격방지기 종류를 4가지 쓰시오.(6점)

합격정보 방호장치 자율안전확인 고시 [별표 2] 전격방지기의 성능기준

정답
① 외장형
② 내장형
③ 저저항 시동형(L형)
④ 고저항 시동형(H형)

합격자의 조언 L은 Low, H는 High

자격종목	시험일	비번호	PC번호	남은시간
산업안전산업기사	2023년 10월 15일 3회(1부)	A001	1	60분

동영상에서 작업자 A, B가 작업을 하고 있다. 창틀에서 작업 중인 A가 처마 위에 있는 B에게 작업발판을 건네준 후 B가 있는 옆 처마 위로 이동하다 발을 헛디뎌 바닥으로 추락하는 장면이다.(주변이 정리정돈 되어있지 않고, A작업자가 밟고 있던 콘크리트 부스러기가 추락할 때 같이 떨어진다.)

01 화면은 아파트 창틀에서 작업 중 발생한 재해사례를 나타내고 있다. 해당 동영상에서 작업자의 추락사고 ① 재해 발생 형태 ② 기인물을 쓰시오.(4점)

합격KEY
① 2004년 10월 2일 기사 출제
② 2006년 7월 15일 기사 출제
③ 2015년 4월 25일 (문제 1번) 출제
④ 2016년 7월 3일 제2회 1부 출제
⑤ 2018년 7월 8일 제2회 2부(문제 1번) 출제
⑥ 2020년 10월 17일(문제 1번) 출제
⑦ 2022년 5월 20일 1부(문제 1번) 출제

정답
① 재해 발생 형태 : 추락(떨어짐)
② 기인물 : 작업발판

자격종목	시험일	비번호	PC번호	남은시간
산업안전산업기사	2023년 10월 15일 3회(1부)	A001	1	60분

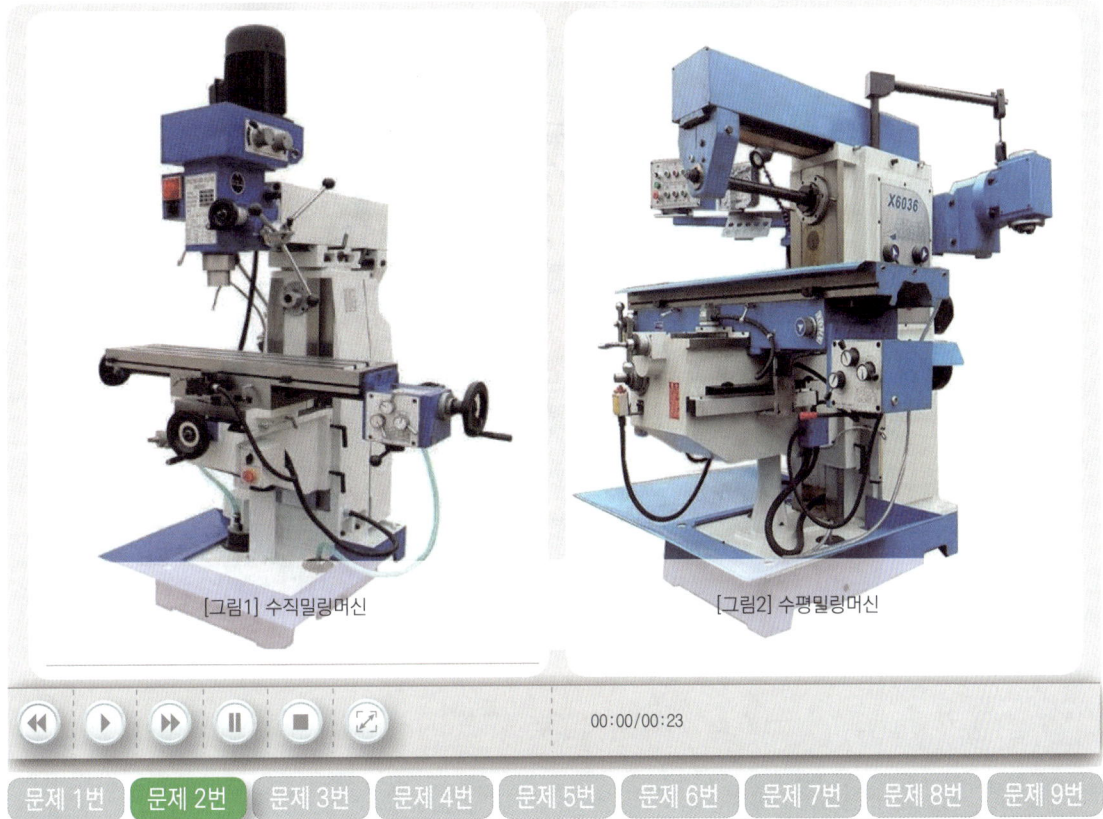

[그림1] 수직밀링머신 [그림2] 수평밀링머신

02 다음 영상에서 보이는 (1) 공작기계 종류와 (2) 위험기계·기구 자율안전확인기계에 지워지지 않도록 표시하여야 할 사항 4가지를 쓰시오. (6점)

합격정보 위험기계·기구 자율안전확인 고시 [별표 8] 공장기계(선반, 드릴기, 평삭·형삭기, 밀링)의 제작 및 안전기준

보충학습
① 수직밀링머신 : 주축이 테이블에 대해 수직으로 설치되는 형태이며 주로 엔드밀을 사용해 공작물의 내면 또는 바깥면을 절삭하거나 홈절삭 및 정면 커터로 평면 절삭을 가공
② 수평밀링머신 : 주축 및 아버가 수평으로 설치되며 주로 플레인 밀링 커터, 측면 커터로 평면 가공

정답
(1) 공작기계의 종류 : 밀링머신
(2) 위험기계·기구 자율안전확인기계 표시 사항
  ① 제조자명, 주소, 모델번호, 제조번호 및 제조연도
  ② 기계의 중량
  ③ 전기, 유·공압 시스템에 관한 정보
  ④ 스핀들의 회전수 범위
  ⑤ 자율안전확인표시(KCs마크)

자격종목	시험일	비번호	PC번호	남은시간
산업안전산업기사	2023년 10월 15일 3회(1부)	A001	1	60분

작업자가 인쇄용 윤전기의 전원을 끄지 않고 빙글빙글 서로 맞물려서 돌아가는 롤러를 걸레로 닦고 있다. 닦을 때 체중을 실어서 힘 있게 닦고, 위험하게 맞물리는 지점까지 걸레를 집어넣고 닦는다. 그 순간 작업자의 손이 롤러가 사이에 끼어서 사고를 당하고 사고 발생 후 전원을 차단하고 손을 빼내는 화면을 보여준다.

00:00/00:23

| 문제 1번 | 문제 2번 | **문제 3번** | 문제 4번 | 문제 5번 | 문제 6번 | 문제 7번 | 문제 8번 | 문제 9번 |

03 화면의 인쇄윤전기 재해사례에서 나타나는 위험점을 기계의 운동 형태에 따라 분류하고자 할 때 해당되는 ① 위험점의 명칭 ② 정의(발생가능조건) 등을 쓰시오.(5점)

합격KEY
① 2000년 9월 5일 출제
② 2002년 5월 4일 출제
③ 2006년 9월 23일 출제
④ 2009년 4월 26일 출제
⑤ 2010년 7월 11일 출제
⑥ 2012년 7월 14일 출제
⑦ 2012년 10월 21일 산업기사 출제
⑧ 2013년 10월 12일 출제
⑨ 2015년 4월 25일 산업기사 출제
⑩ 2015년 7월 18일 산업기사 출제
⑪ 2016년 4월 23일 출제
⑫ 2016년 10월 9일 산업기사(문제 4번) 출제
⑬ 2017년 10월 22일 기사 제3회(문제 6번) 출제
⑭ 2018년 10월 14일 기사 출제
⑮ 2020년 11월 22일 출제
⑯ 2021년 10월 24일 산업기사 출제
⑰ 2021년 10월 24일 산업기사 출제
⑱ 2023년 4월 29일 기사 출제
⑲ 2023년 7월 30일 2부(문제 3번) 출제

정답
① 위험점의 명칭 : 물림점(nip point)
② 정의(발생가능조건) : 회전하는 두 개의 회전체에 물려 들어가는 위험점
  예 롤러와 롤러의 물림, 기어와 기어의 물림

💬 **합격자의 조언** 그 외 5가지 위험점 기억하세요. 차후 시험 대비

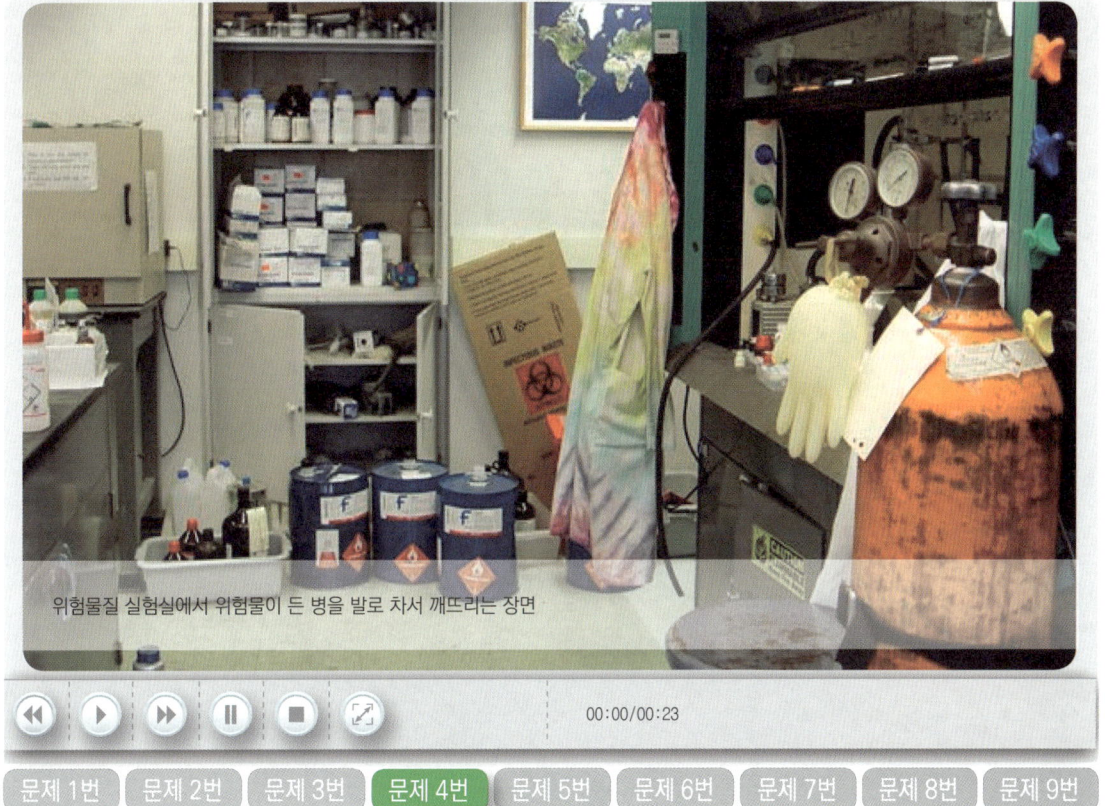

위험물질 실험실에서 위험물이 든 병을 발로 차서 깨뜨리는 장면

04 크롬 등 위험물을 다루는 바닥이 갖추어야 할 조건(유해물질 바닥의 구조) 2가지를 쓰시오. (4점)

합격정보 산업안전보건기준에 관한 규칙 제431조(작업장의 바닥)

합격KEY
① 2008년 4월 26일 출제
③ 2010년 9월 19일 출제
⑤ 2014년 10월 5일 제3회 출제
⑦ 2018년 7월 8일(문제 6번) 출제
⑨ 2021년 5월 5일(문제 7번) 출제
② 2009년 7월 11일 출제
④ 2013년 7월 20일 출제
⑥ 2016년 10월 15일 제3회 2부 출제
⑧ 2020년 11월 15일(문제 9번) 출제
⑩ 2023년 5월 7일 2부 (문제 9번) 출제

정답
① 불침투성 재료를 사용
② 청소하기 쉬운 구조

자격종목	시험일	비번호	PC번호	남은시간
산업안전산업기사	2023년 10월 15일 3회(1부)	A001	1	60분

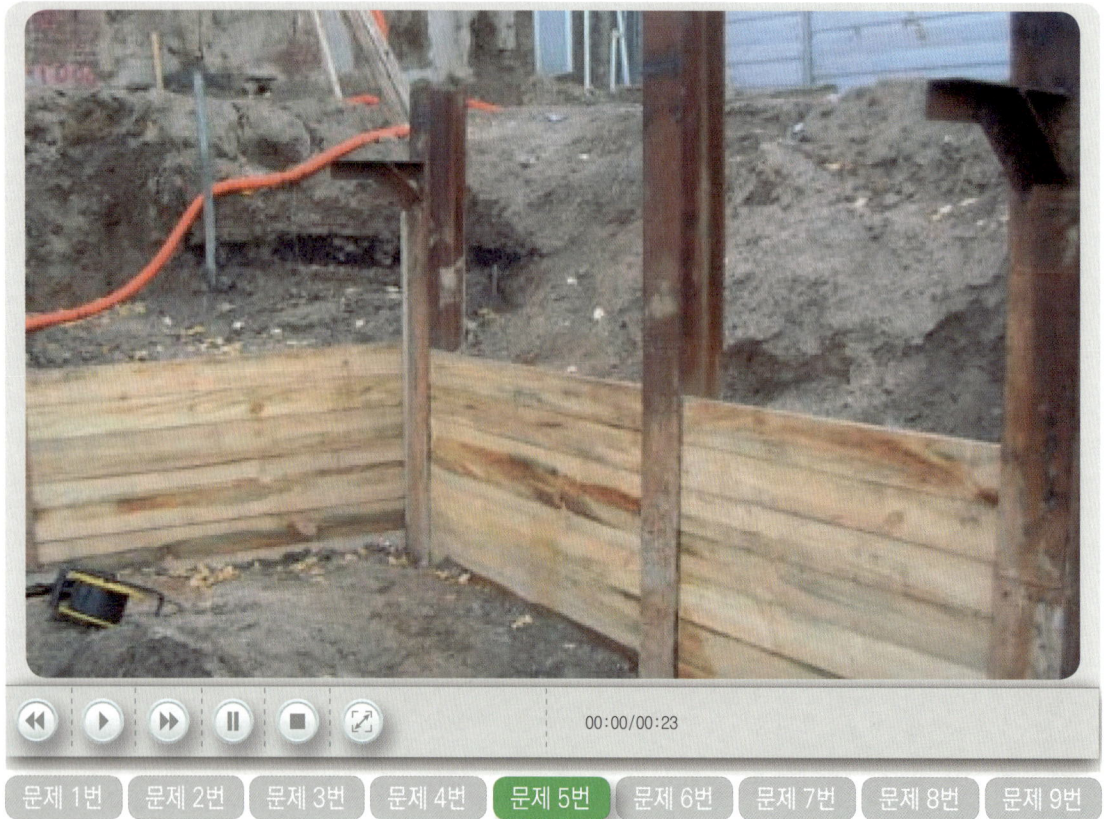

05 산업안전보건법령상, 사업주가 흙막이 지보공을 설치하였을 때에는 정기적으로 점검하고 이상을 발견하면 즉시 보수하여야 하는 사항 2가지를 쓰시오. (4점)

보충학습 터널 지보공의 수시 점검사항 4가지
① 부재의 손상·변형·부식·변위·탈락의 유무 및 상태
② 부재의 긴압의 정도
③ 부재의 접속부 및 교차부의 상태
④ 기둥침하의 유무 및 상태

합격정보 ① 산업안전보건기준에 관한 규칙 제347조(붕괴 등의 위험방지)
② 산업안전보건기준에 관한 규칙 제366조(붕괴 등의 방지)

합격KEY ① 2006년 4월 29일 기사 출제　② 2007년 7월 15일 출제
③ 2012년 10월 21일(문제 8번) 출제　④ 2016년 4월 23일 제1회(문제 8번) 출제
⑤ 2017년 10월 22일 제3회(문제 8번) 출제　⑥ 2018년 4월 21일 제1회 1부(문제 8번) 출제
⑦ 2023년 4월 29일 기사(문제 5번) 출제

정답
① 부재의 손상·변형·부식·변위 및 탈락의 유무와 상태
② 버팀대의 긴압의 정도
③ 부재의 접속부·부착부 및 교차부의 상태
④ 침하의 정도

06 산업안전보건법령상, 비계의 높이가 2m 이상인 작업장소에 설치하는 작업발판 관련 (   )에 알맞은 것을 쓰시오.(4점)

작업발판의 폭은 (①)cm 이상으로 하고, 발판재료 간의 틈은 (②)cm 이하로 할 것.

정답
① 40
② 3

자격종목	시험일	비번호	PC번호	남은시간
산업안전산업기사	2023년 10월 15일 3회(1부)	A001	1	60분

07 동영상은 변압기의 전압을 측정하는 작업중에 발생한 재해사례이다. 동영상에서와 같은 재해를 방지하기 위하여 변압기의 활선 유무를 확인할 수 있는 방법을 3가지만 쓰시오.(6점)

채점기준 3가지 모두 맞으면 6점, 2가지 맞으면 4점, 1가지 맞으면 2점

합격KEY
① 2005년 10월 1일 기사 출제
② 2008년 7월 13일 출제
③ 2009년 9월 20일 출제
④ 2012년 10월 21일 출제
⑤ 2014년 10월 5일(문제 3번) 출제
⑥ 2020년 10월 17일 1부(문제 7번) 출제

정답
① 검전기로 확인한다.
② 접지봉으로 접촉 확인한다.
③ 테스터의 지시치를 확인한다.

자격종목	시험일	비번호	PC번호	남은시간
산업안전산업기사	2023년 10월 15일 3회(1부)	A001	1	60분

지게차를 운행하기 전, 별다른 보호구를 착용하지 않은 지게차 운전자가 바퀴를 발로 차고 포크를 올렸다 내렸다 하고, 포크 안쪽을 점검한 후 지게차 운행

08 산업안전보건법령상, 화면 상의 기계 기구 작업을 하는 때 작업시작 전, 사업주가 관리감독자로 하여금 점검하도록 해야 할 사항 3가지를 쓰시오.(6점)

합격정보 산업안전보건기준에 관한 규칙 [별표 3] 작업시작 전 검검사항

합격KEY
① 2018년 10월 14일 제3회 출제
② 2019년 7월 6일 제2회 1부(문제 1번) 출제
③ 2019년 10월 19일 제3회 3부(문제 1번)출제
④ 2020년 5월 30일 기사 출제
⑤ 2021년 7월 24일(문제 5번) 출제
⑥ 2021년 10월 24일 산업기사 출제
⑦ 2021년 10월 24일 산업기사 출제
⑧ 2022년 5월 13일(문제 8번) 출제
⑨ 2022년 7월 30일(문제 8번) 출제
⑩ 2023년 7월 29일 기사 출제

정답
① 제동장치 및 조종장치 기능의 이상 유무
② 하역장치 및 유압장치 기능의 이상 유무
③ 바퀴의 이상 유무
④ 전조등·후미등·방향지시기 및 경보장치 기능의 이상 유무

자격종목	시험일	비번호	PC번호	남은시간
산업안전산업기사	2023년 10월 15일 3회(1부)	A001	1	60분

① 2명의 작업자가 방진마스크, 보안경을 착용하지 않고 휴대용 연삭기(핸드 그라인더)로 기다란 대리석 돌판을 연마 작업중이다.
② 연삭기의 덮개가 낡아 보이며 작업자는 팔을 조금 들며 연삭기 측면을 사용하다 대리석 가공물이 떨어진다.
③ 작업장에는 이동전선 및 충전부가 어지럽게 널려 물에 닿은 채 있으며, 작업자 2명이 기다란 대리석 돌판을 들고 간다.

09 동영상의 그라인더 기기를 활용한 작업에서 위험요인 3가지를 쓰시오.(단, 안전모 관련사항은 제외)(5점)

합격KEY
① 2015년 7월 18일 산업기사 출제
② 2019년 7월 6일 제2회 3부(문제 9번) 출제
③ 2019년 10월 19일 기사 출제
④ 2023년 4월 29일 기사 출제

정답
① 작업자가 맨손으로 작업을 하여 위험하다.
② 작업자가 방진마스크 등 보호구를 착용하지 않아 위험하다.
③ 연삭기 측면을 사용하여 숫돌파괴 위험이 있다.

자격종목	시험일	비번호	PC번호	남은시간
산업안전산업기사	2023년 10월 15일 3회(2부)	A001	1	60분

안전모 및 안전대 미착용한 2명의 작업자가 공장 지붕 철골 위에서 패널 설치 중 작업자 1명이 패널을 옮기다 발을 헛디디며 발이 빠져 다리부터 점점 안보이더니 추락. 주변사람들 아무 반응이 없고, 안전난간 및 추락방호망은 보이지 않는다.

01 지붕 철골작업 중 추락사고 예방대책 2가지를 쓰시오. (4점)

합격정보
① 조사나 문맥이 모범답안과 다르더라도 의미가 같으면 정답 인정
② 산업안전보건기준에 관한 규칙 제45조(지붕 위에서의 위험방지)

합격KEY 유사문제 확인
① 2004년 10월 2일 산업기사 출제
② 2005년 10월 1일 산업기사 출제
③ 2007년 10월 13일 산업기사 출제
④ 2009년 7월 11일 산업기사 출제
⑤ 2015년 4월 25일 제1회 제2부(문제 1번) 출제
⑥ 2015년 10월 11일 산업기사 출제
⑦ 2016년 7월 3일 제2회 기사 출제
⑧ 2019년 4월 21일 제1회 1부(문제 7번) 출제
⑨ 2020년 5월 16일 제1회 1부(문제 5번) 출제
⑩ 2020년 10월 17일(문제 5번) 출제

정답
① 지붕의 가장자리에 안전난간 설치
② 추락방호망 미설치
③ 안전대 착용

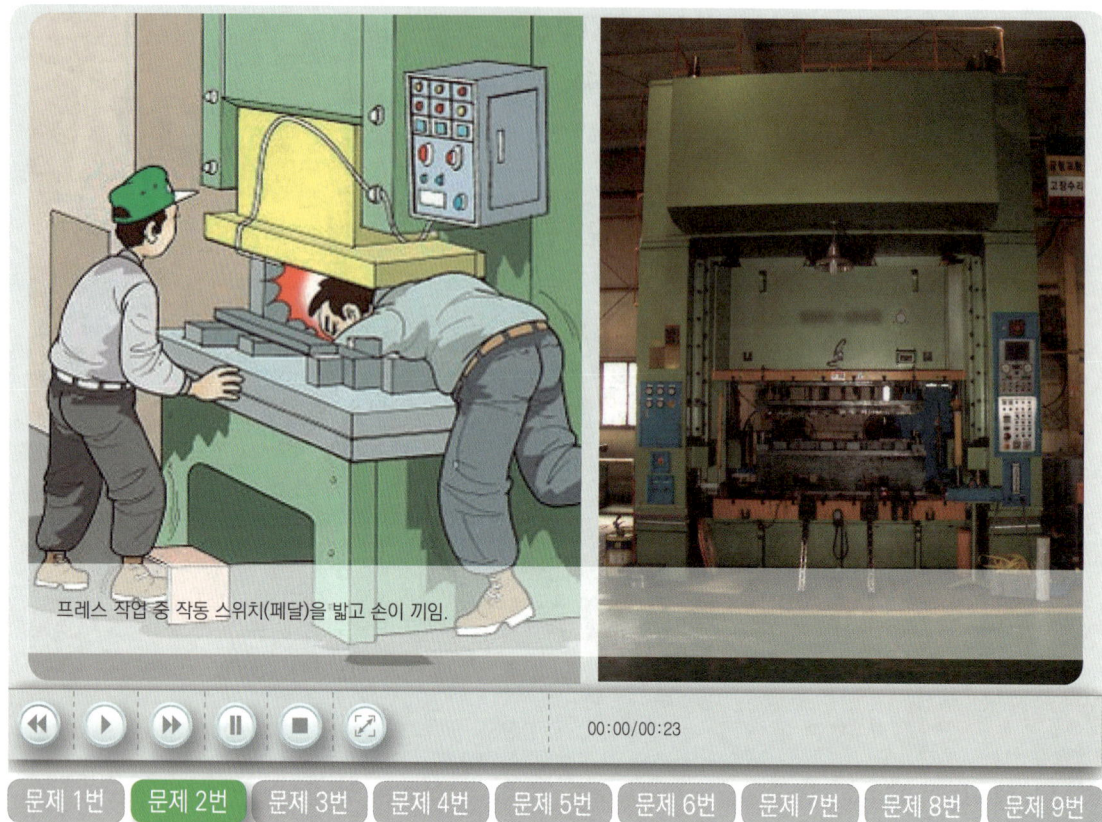

02 프레스에 사용가능한 방호장치 종류 4가지를 쓰시오.(단, 급정지기구 등 프레스 종류에 상관 없음) (4점)

[표] 급정지 기구에 따른 방호장치

구분	종류	
급정지 기구가 부착되어 있어야만 유효한 방호장치	① 양수 조작식 방호장치	② 감응식 방호장치
급정지 기구가 부착되어 있지 않아도 유효한 방호장치	① 양수 기동식 방호장치 ③ 수인식 방호장치	② 게이트 가드 방호장치 ④ 손쳐 내기식 방호장치

합격KEY
① 2000년 11월 9일 출제
② 2001년 2월 18일 출제
③ 2002년 10월 6일 출제
④ 2002년 10월 6일 산업기사 출제
⑤ 2003년 5월 4일 산업기사 출제
⑥ 2008년 10월 5일 산업기사 출제
⑦ 2010년 4월 24일 산업기사 출제
⑧ 2012년 7월 14일 산업기사 출제
⑨ 2013년 7월 20일 출제
⑩ 2014년 7월 13일 제2회 제1부 산업기사 출제
⑪ 2015년 10월 11일 출제
⑫ 2016년 10월 15일 제3회 2부 출제
⑬ 2018년 7월 8일 제2회 1부(문제 5번) 출제
⑭ 2020년 8월 2일(문제 5번) 출제
⑮ 2023년 4월 29일(문제 5번) 출제
⑯ 2023년 7월 29일 기사 출제

정답
① 양수 조작식
② 게이트 가드식(가드식)
③ 손쳐내기식
④ 수인식
⑤ 광전자식

보안경 미착용에 목장갑만 낀 작업자가 걸어오다가 바닥에 깔린 빨간색 에어배관 플랜지 볼트를 점검한다. 거의 눕다시피 자세를 숙이고 플라이어(니퍼)로 볼트를 풀었다가 잠근다. 하얀증기(스팀)이 갑자기 분출되면서 작업자의 얼굴로 향하고 작업자가 쓰러졌다가 손바닥으로 눈을 가린 채 일어난다.

03 화면상의 작업에서 안전대책을 3가지 쓰시오. (6점)

합격정보 산업안전보건기준에 관한 규칙 제92조(정비 등의 작업 시의 운전정지 등)

합격KEY 유사문제 확인
① 2014년 7월 23일 제2회 제1부(문제 1번) 출제
② 2015년 10월 11일(문제 1번) 출제
③ 2017년 4월 22일 제1회(문제 1번) 출제
④ 2018년 10월 14일 제3회(문제 1번) 출제
⑤ 2019년 7월 6일 제2회 1부 산업기사(문제 1번) 출제
⑥ 2020년 5월 16일 제1회 2부 기사 출제
⑦ 2020년 7월 25일 산업기사 출제
⑧ 2020년 11월 22일 기사 출제
⑨ 2020년 11월 22일 기사, 산업기사 동시출제
⑩ 2021년 5월 5일(문제 6번) 출제
⑪ 2022년 8월 7일 산업기사 출제
⑫ 2022년 10월 22일 기사 출제

정답
① 작업 전 배관 내용물을 방출
② 보안경을 착용
③ 방열장갑을 착용

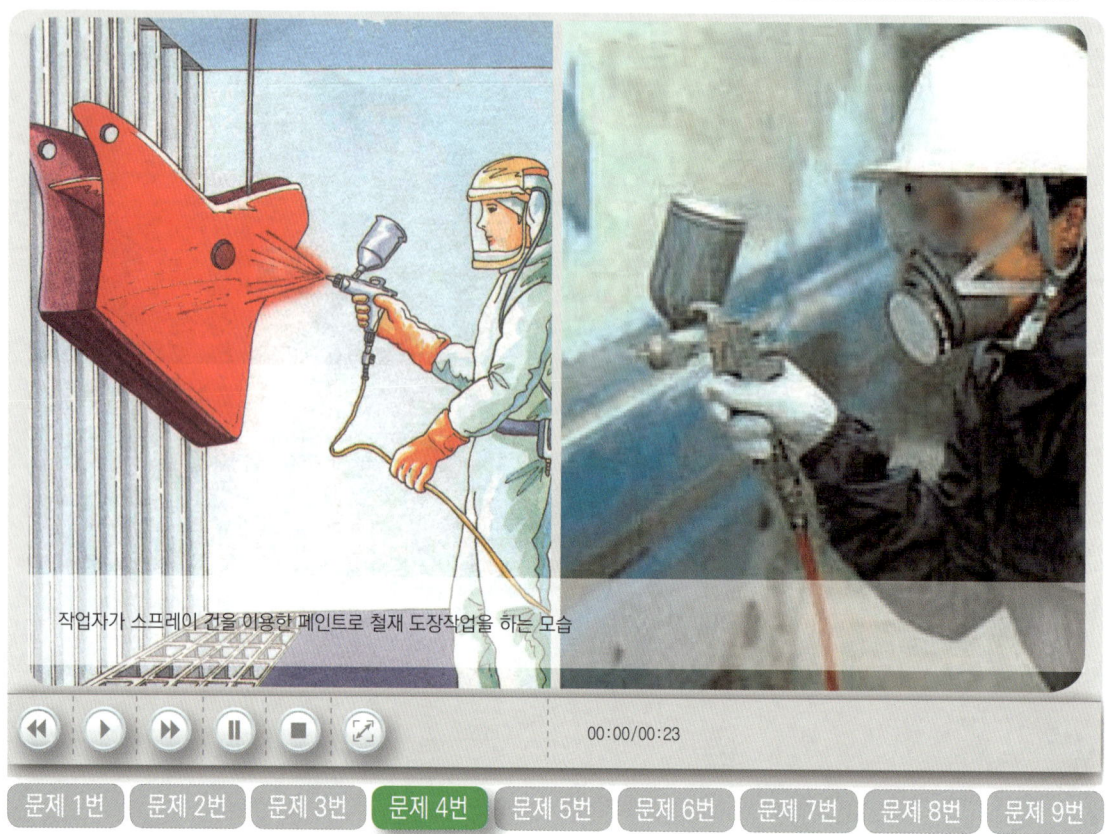

04 화면상의 작업에서 작업자가 착용해야 하는 (1) 호흡용 보호구 명칭과 (2) 해당 호흡용 보호구에 사용되는 흡수제의 종류를 2가지 쓰시오. (6점)

합격KEY
① 2012년 7월 14일 출제
③ 2013년 4월 27일 기사 출제
⑤ 2016년 7월 3일 출제
⑦ 2017년 7월 2일 기사 출제
⑨ 2018년 10월 14일 제3회(문제 8번) 출제
⑪ 2019년 10월 19일 제3회 1부, 2부 출제
⑬ 2023년 7월 29일 기사 출제
② 2012년 10월 21일 기사 출제
④ 2013년 10월 12일 출제
⑥ 2016년 10월 15일 제3회 2부 기사 출제
⑧ 2017년 10월 22일 제3회(문제 6번) 출제
⑩ 2019년 7월 7일 제2회 2부 산업기사 출제
⑫ 2020년 10월 17일 산업기사 출제

정답
(1) 호흡용 보호구 : 방독마스크
(2) 해당 호흡용 보호구에 사용되는 흡수제의 종류
  ① 활성탄
  ② 소다라임
  ③ 호프카라이트
  ④ 실리카겔
  ⑤ 큐프라마이트

자격종목	시험일	비번호	PC번호	남은시간
산업안전산업기사	2023년 10월 15일 3회(2부)	A001	1	60분

작업자 1명이 시저형(자바라 형태) 고소작업대의 최상층에 탑승한 후 작업대를 위로 올리고 이동하다가, 바닥에 널려있는 대걸레에 걸려서 멈춘다.

05 동영상은 고소작업대 작업을 하고 있다. 고소작업대 이동시 사업주의 준수사항을 쓰시오. (6점)

합격정보 산업안전보건기준에 관한 규칙 제186조(고소작업대 설치 등의 조치)
합격KEY 2022년 5월 21일 2부(문제 5번) 출제

정답
① 작업대를 가장 낮게 내릴 것
② 작업대를 올린 상태에서 작업자를 태우고 이동하지 말 것
③ 이동통로의 요철상태 또는 장애물의 유무 등을 확인할 것

자격종목	시험일	비번호	PC번호	남은시간
산업안전산업기사	2023년 10월 15일 3회(2부)	A001	1	60분

[그림 1] 용접작업

교류아크용접 작업장에서 작업자가 혼자 작업을 하고 있음.(작업 내용은 대형 관의 플랜지 아래 부위를 아크 용접하는 상황) 왼손으로는 플랜지 회전 스위치를 조작해 가며 오른손으로 용접을 하는 상황, 주위에는 인화성 물질로 보이는 깡통 등이 용접작업 주변에 쌓여 있음.

06 화면은 배관 용접작업에 관한 내용이다. 동영상의 내용 중 위험요인이 내재되어 있다. 작업현장의 위험요인(불안전한 행동 및 상태) 3가지를 쓰시오.(5점)

합격KEY
① 2019년 10월 19일 제3회 3부(문제 7번) 출제
② 2020년 5월 16일 제1회 3부 기사 출제
③ 2020년 7월 25일 산업기사 출제
④ 2021년 7월 18일(문제 6번) 출제
⑤ 2022년 10월 22일 기사 출제

정답
① 단독으로 작업 중 양손 모두를 사용하여 작업하므로 위험에 노출되어 있다.
② 작업현장내 정리, 정돈 상태가 불량하여 인화성물질이 쌓여있으므로 화재폭발사고가 발생할 위험이 있다.
③ 감시인이 배치되어 있지 않아 사고발생의 위험이 있다.

07 목재가공용 둥근톱 방호장치 2가지와 자율안전확인대상 목재가공용 덮개 및 분할날에 자율안전확인표시 외에 추가로 표시하여야 할 사항 1가지를 쓰시오. (6점)

참고
① 산업안전보건기준에 관한 규칙 제105조(둥근톱기계의 반발예방장치)
② 산업안전보건기준에 관한 규칙 제106조(둥근톱기계의 톱날접촉예방장치)
③ 방호장치 자율안전기준 고시 [별표 5] 목재가공용 덮개 및 분할날 성능기준

합격KEY
① 2007년 4월 28일 출제 ② 2009년 7월 11일 출제
③ 2009년 9월 20일 출제 ④ 2010년 9월 19일 출제
⑤ 2012년 10월 21일 출제 ⑥ 2014년 7월 13일 산업기사 제2회 2부(문제 3번) 출제
⑦ 2019년 10월 19일 제3회 산업기사 2부 출제 ⑧ 2019년 10월 19일 제3회 2부(문제 8번) 출제
⑨ 2020년 7월 22일 산업기사 출제 ⑩ 2021년 5월 2일(문제 5번) 출제
⑪ 2022년 7월 30일 기사 출제

정답
(1) 방호장치
  ① 반발예방장치
  ② 톱날접촉예방장치
(2) 추가표시사항
  ① 덮개의 종류
  ② 둥근톱의 사용가능 치수

자격종목	시험일	비번호	PC번호	남은시간
산업안전산업기사	2023년 10월 15일 3회(2부)	A001	1	60분

밸브 등이 있는 방(보일러실)

08 산업안전보건법령상, 화학설비·압력용기에 반응 폭주 등 급격한 압력 상승 우려가 있는 경우 설치해야 하는 안전장치를 2가지만 쓰시오. (4점)

[합격정보]
① 산업안전보건기준에 관한 규칙 제261조(안전밸브 등의 설치)
② 산업안전보건기준에 관한 규칙 제262조(파열판의 설치)

[정답]
① 압력방출용 파열판
② 압력방출용 안전밸브

자격종목	시험일	비번호	PC번호	남은시간
산업안전산업기사	2023년 10월 15일 3회(2부)	A001	1	60분

크레인으로 "회색 콘크리트"전주를 운반하는 도중, 전주가 회전하면서, 크레인 운전자가 전주에 머리를 맞는다.

09 영상의 재해에서 ① 가해물 ② 감전사고를 방지할 수 있는 안전모의 종류 2가지를 영어 기호로 쓰시오.(단, 기호로만 써도 됨)(6점)

합격KEY 유사문제 확인
① 2006년 4월 29일 출제
② 2007년 4월 28일 출제
③ 2012년 7월 14일 산업기사 출제
④ 2012년 10월 21일 출제
⑤ 2014년 4월 25일 제1회 제3부 출제
⑥ 2015년 10월 11일 산업기사 출제
⑦ 2016년 10월 9일(문제 8번) 출제
⑧ 2017년 4월 22일 제1회 산업기사(문제 8번) 출제
⑨ 2019년 7월 6일 기사 제2회 2부 출제
⑩ 2019년 10월 19일 제3회 1부 산업기사 출제
⑪ 2023년 7월 29일 기사 출제

정답
① 가해물 : 전주
② 전기 안전모 종류 2가지
  ㉠ AE종
  ㉡ ABE종

2024년도

과년도 출제문제

- 산업안전기사(2024년 05월 04일 제1회 1부 시행)
- 산업안전기사(2024년 05월 04일 제1회 2부 시행)
- 산업안전기사(2024년 05월 04일 제1회 3부 시행)
- 산업안전기사(2024년 05월 04일 제1회 4부 시행)
- 산업안전산업기사(2024년 05월 11일 제1회 1부 시행)
- 산업안전산업기사(2024년 05월 11일 제1회 2부 시행)
- 산업안전기사(2024년 08월 03일 제2회 1부 시행)
- 산업안전기사(2024년 08월 03일 제2회 2부 시행)
- 산업안전기사(2024년 08월 03일 제2회 3부 시행)
- 산업안전산업기사(2024년 08월 11일 제2회 1부 시행)
- 산업안전산업기사(2024년 08월 11일 제2회 2부 시행)
- 산업안전기사(2024년 11월 03일 제3회 1부 시행)
- 산업안전기사(2024년 11월 03일 제3회 2부 시행)
- 산업안전기사(2024년 11월 03일 제3회 3부 시행)
- 산업안전산업기사(2024년 10월 27일 제3회 1부 시행)
- 산업안전산업기사(2024년 10월 27일 제3회 2부 시행)

알려 드립니다

2024년 부터 배점항목이 변경됩니다.
① 각 문제당 5점 × 9문제 = 45점
② 시험시간은 1시간 이지만 자유롭게 퇴실이 가능합니다.

01 산업안전보건법령상, 사업주가 근로자의 추락 등의 위험을 방지하기 위하여 안전난간을 설치하는 경우 물체가 떨어질 위험을 방지하기 위한 조치기준을 쓰시오.

합격정보 산업안전보건기준에 관한 규칙 제13조(안전난간의 구조 및 설치요건)
합격KEY 2023년 10월 14일 (문제 1번) 출제

정답 발끝막이판 : 높이 10cm 이상

02 가스장치실의 구조적 설치요건을 3가지 쓰시오.

합격정보 산업안전보건기준에 관한 규칙 제292조(가스장치실의 구조 등)

정답
① 가스가 누출된 경우에는 그 가스가 정체되지 않도록 할 것
② 지붕과 천장에는 가벼운 불연성 재료를 사용할 것
③ 벽에는 불연성 재료를 사용할 것

자격종목	시험일	비번호	PC번호	남은시간
산업안전기사	2024년 5월 04일 1회(1부)	A001	1	60분

00:00/00:23

[문제 1번] [문제 2번] **[문제 3번]** [문제 4번] [문제 5번] [문제 6번] [문제 7번] [문제 8번] [문제 9번]

03 선박 밸러스트 탱크 내부(밀폐공간)의 슬러지를 제거하는 작업 도중에 작업자가 가스질식으로 의식을 잃는 장면이다. 이와 같은 사고에 대비하여 필요한 비상시 피난용구를 3가지만 쓰시오.

보충학습 호흡용 보호구 대신 유사답안
① 송기마스크
② 에어라인 마스크
③ 호스마스크
④ 복합식 에어라인 마스크
⑤ 공기호흡기
⑥ 산소호흡기

합격정보 산업안전보건기준에 관한 규칙 제624조, 제625조(대피용 기구의 비치)

합격KEY
① 2005년 7월 15일 산업기사 출제
② 2006년 9월 23일 출제
③ 2012년 10월 21일 출제
④ 2015년 4월 25일(문제 3번) 출제
⑤ 2016년 4월 23일 제1회(문제 3번) 출제
⑥ 2017년 10월 22일 기사 출제
⑦ 2021년 5월 5일(문제 3번) 출제

정답
① 도르래
② 로프(섬유로프)
③ 구명밧줄
④ 안전대
⑤ 피재자 구조용 발판
⑥ 호흡용 보호구

자격종목	시험일	비번호	PC번호	남은시간
산업안전기사	2024년 5월 04일 1회(1부)	A001	1	60분

금형을 제작하는 과정에서 작업자는 계속 천을 이용하여 맨손으로 이물질을 직접 제거하고 있으며 금형의 한쪽에서는 연기가 조금씩 나는 과정에 작업자가 금형을 만지다 감전되는 동영상

04 동영상은 금형제작을 위하여 방전가공기를 사용하던 중 발생한 재해사례이다. 동영상을 참고하여 재해발생의 주된 원인을 2가지만 쓰시오.
(1) 재해발생 형태
(2) 주된 원인

합격KEY
① 2008년 7월 13일(문제 2번) 출제
② 2015년 7월 18일 제2회 1부 출제
③ 2017년 7월 2일(문제 7번) 출제

정답
(1) 재해발생 형태 : 감전
(2) 주된 원인
① 작업자는 절연장갑 등 절연용 보호구를 착용하지 않았다.
② 청소하기 전 전원을 차단하지 않고 실시하였다.

자격종목	시험일	비번호	PC번호	남은시간
산업안전기사	2024년 5월 04일 1회(1부)	A001	1	60분

| 문제 1번 | 문제 2번 | 문제 3번 | 문제 4번 | 문제 5번 | 문제 6번 | 문제 7번 | 문제 8번 | 문제 9번 |

05 화면은 지게차에 경유를 주입하는 동안에 운전자가 시동을 건 채 내려 다른 작업자와 흡연을 하며 이야기를 나누고 있음을 나타내고 있다. 이 화면에서 지게차 운전자의 ① 불안전한 요소와 ② 발생 가능한 재해 발생형태를 쓰시오.

보충학습 나화(裸火) : 담배나 성냥에 의한 화재

합격KEY
① 2008년 10월 5일 산업기사 출제
② 2010년 7월 11일 출제
③ 2012년 10월 21일 출제
④ 2014년 4월 25일(문제 3번) 출제
⑤ 2017년 4월 22일 제1회 1부(문제 2번) 출제
⑥ 2019년 4월 20일 제1회 3부(문제 2번) 출제
⑦ 2020년 8월 2일(문제 9번) 출제

정답
① 불안전한 요소 : 인화성 가스가 존재하는 곳에서 흡연으로 폭발 발생
② 발생가능한 재해발생 형태 : 폭발

06 인체에 해로운 분진, 흄, 미스트 증기 또는 가스 상태의 물질을 배출하기 위하여 설치하는 국소배기장치의 후드의 설치 기준을 3가지 쓰시오.

합격정보 산업안전보건기준에 관한 규칙 제72조(후드)

정답
① 유해물질이 발생하는 곳마다 설치할 것
② 유해인자의 발생형태와 비중, 작업방법 등을 고려하여 해당 분진 등의 발산원(發散源)을 제어할 수 있는 구조로 설치할 것
③ 후드(hood) 형식은 가능하면 포위식 또는 부스식 후드를 설치할 것
④ 외부식 또는 리시버식 후드는 해당 분진 등의 발산원에 가장 가까운 위치에 설치할 것

자격종목	시험일	비번호	PC번호	남은시간
산업안전기사	2024년 5월 04일 1회(1부)	A001	1	60분

지게차가 적당한 높이의 물체를 싣고 운행중임.

00:00/00:23

| 문제 1번 | 문제 2번 | 문제 3번 | 문제 4번 | 문제 5번 | 문제 6번 | 문제 7번 | 문제 8번 | 문제 9번 |

07 동영상의 장비에서 (1) 지게차 마스트를 뒤로 기울일 경우 마스트 후방으로 물건이 떨어지는 것을 막아주는 짐받이틀(안전장치)의 이름과 (2) 지게차 헤드가드(head guard)가 갖춰야하는 조건을 1가지만 쓰시오.

합격정보 산업안전보건법 시행규칙 제180조(헤드가드)

합격KEY 2023년 10월 14일(문제 7번) 출제

정답
(1) 이름 : 백레스트(backrest)
(2) 헤드가드의 조건 :
① 강도는 지게차의 최대하중의 2배 값(4톤을 넘는 값에 대해서는 4톤)의 등분포정하중(等分布靜荷重)에 견딜 수 있을 것
② 상부틀의 각 개구의 폭 또는 길이가 16cm 미만일 것

자격종목	시험일	비번호	PC번호	남은시간
산업안전기사	2024년 5월 04일 1회(1부)	A001	1	60분

① 항타기로 땅을 파고, 면장갑은 착용했지만, 안전모는 쓰지 않은 작업자가 항타기가 들어가있는 구멍으로 손을 넣어 보도블럭을 끄집어 냄.
② 이동식 크레인이 1줄걸이로 전주 가운데를 2번 감아서 전주를 세로로 세워서 들고 이동 함
③ 전주에 흔들림이 많아 작업자가 3명이 아래서 흔들리지 못하도록 잡고 있음
④ 기존에 설치된 전주가 있는 상태에서 항타기가 파놓은 구멍으로 전주를 넣으려다 활선에 달아 지지직 소리 남

08 화면은 30[kV] 전압이 흐르는 고압선 아래에서 작업 중 발생한 재해사례이다. 이동식 크레인을 이용하여 고압선 주위에서 작업할 경우 사업주의 감전 조치사항(동종 재해예방을 위한 작업지휘자) 3가지를 쓰시오.

[합격정보] 산업안전보건기준에 관한 규칙 제322조(충전전로 인근에서의 차량·기계장치 작업)

[합격KEY]
① 2004년 10월 2일 (문제 2번)
② 2007년 7월 15일 출제
③ 2008년 10월 5일 출제
④ 2011년 5월 7일 출제
⑤ 2011년 7월 30일 출제
⑥ 2012년 7월 14일 출제
⑦ 2012년 10월 21일 출제
⑧ 2013년 10월 12일 산업기사 출제
⑨ 2014년 7월 13일 제2회 출제
⑩ 2015년 10월 11일 제3회 출제
⑪ 2016년 10월 9일(문제 7번) 출제
⑫ 2018년 4월 21일 제1회 1부 산업기사 (문제 7번) 출제
⑬ 2019년 4월 20일 제1회 2부(문제 8번) 출제
⑭ 2020년 8월 2일(문제 8번) 출제
⑮ 2020년 11월 22일(문제 8번) 출제
⑯ 2021년 5월 2일(문제 8번) 출제
⑰ 2023년 4월 29일(문제 8번) 출제

[정답]
① 차량 등을 충전부로부터 300[cm] 이상 이격시키되, 대지전압이 50[kV]를 넘는 경우 10[kV] 증가할 때마다 10[cm] 씩 증가한다.
② 접지된 차량등이 충전전로와 접촉할 우려가 있을 경우 지상의 근로자가 접지점에 접촉하지 않도록 조치한다.
③ 차량과 근로자가 접촉하지 않도록 울타리를 설치하거나 감시인을 배치한다.

자격종목	시험일	비번호	PC번호	남은시간
산업안전기사	2024년 5월 04일 1회(1부)	A001	1	60분

이동식 크레인 붐대 와이어로프에 화물을 매달아 올린다. 훅, 호루라기를 부는 신호수, 지반 상태 등을 강조하면서 보여준다.

09 산업안전보건법령상, 화면에서 보여주는 이동식 크레인을 사용하여 작업을 할 때 작업 시작 전 관리감독자의 점검 사항 3가지를 쓰시오.

합격정보 산업안전보건기준에 관한 규칙 [별표 3] 작업시작 전 점검사항(5. 이동식 크레인을 사용하여 작업을 할 때)

합격KEY
① 2018년 10월 14일(문제 1번) 출제
② 2020년 11월 22일(문제 1번) 출제
③ 2021년 5월 2일 기사 출제
④ 2022년 10월 23일 산업기사 출제

정답
① 권과방지장치나 그 밖의 경보장치의 기능
② 브레이크·클러치 및 조정장치의 기능
③ 와이어로프가 통하고 있는 곳 및 작업장소의 지반상태

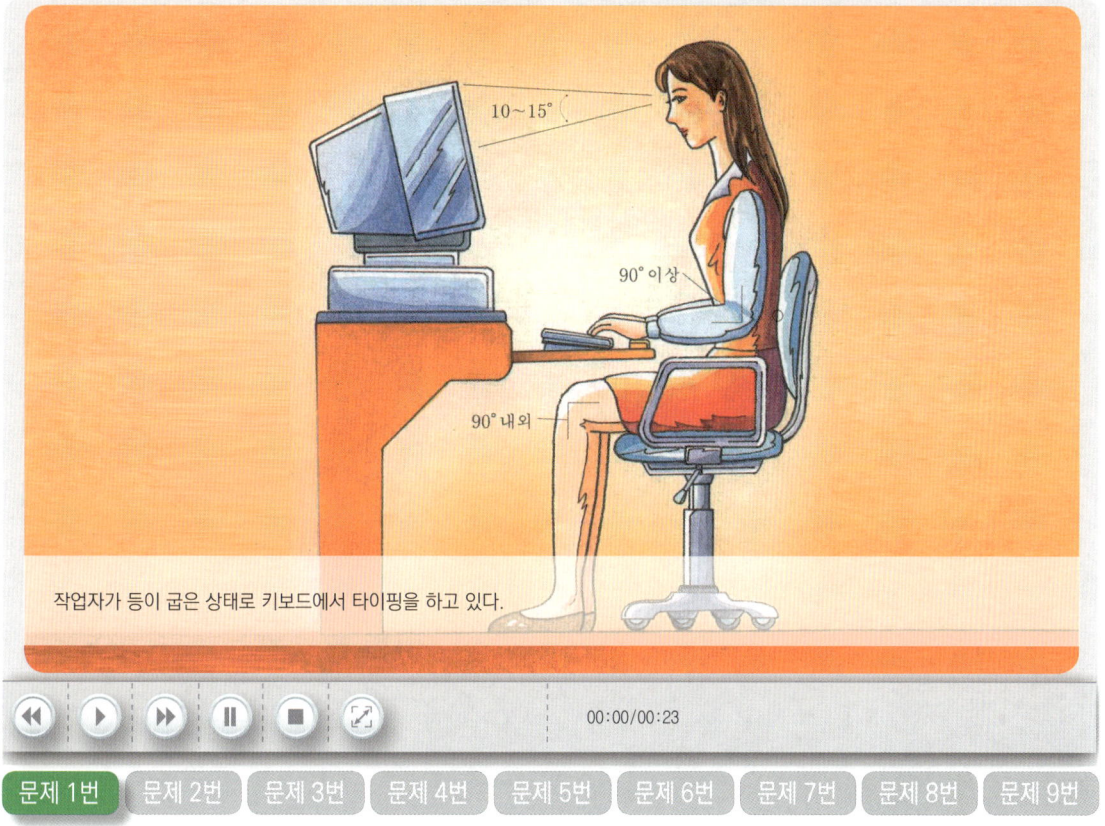

01 근로자가 컴퓨터 단말기의 조작업무를 하는 경우에 사업주의 조치 사항을 3가지만 쓰시오.

[합격정보] 산업안전보건기준에 관한 규칙 제667조(컴퓨터 단말기 조작업무에 대한 조치)

정답
① 실내는 명암의 차이가 심하지 않도록 하고 직사광선이 들어오지 않는 구조로 할 것
② 저휘도형(低輝度型)의 조명기구를 사용하고 창·벽면 등은 반사되지 않는 재질을 사용할 것
③ 컴퓨터 단말기와 키보드를 설치하는 책상과 의자는 작업에 종사하는 근로자에 따라 그 높낮이를 조절할 수 있는 구조로 할 것
④ 연속적으로 컴퓨터 단말기 작업에 종사하는 근로자에 대하여 작업시간 중에 적절한 휴식시간을 부여할 것

자격종목	시험일	비번호	PC번호	남은시간
산업안전기사	2024년 5월 04일 1회(2부)	A001	1	60분

안전대를 착용하지 않은 작업자들이 가운데가 밑으로 꺼진 부실한 발판에서 교량 하부를 점검 중 로프 두줄로 된 난간만 설치되어 있고 추락방호망은 없다. 작업자가 로프 난간에 기대다가 로프가 느슨해지며 떨어진다.

02 화면을 보고 불안전한 상태 및 행동요인을 3가지 쓰시오.

합격정보 ① 산업안전보건기준에 관한 규칙 제42조(추락의 방지)
② 산업안전보건기준에 관한 규칙 제43조(개구부 등의 방호 조치)

합격KEY ▶ 2024년 5월 11일 기사 출제

정답
① 작업발판 설치 불량
② 난간 설치 불량
③ 안전대 미착용 및 미체결
④ 추락방호망 미설치

03 산업안전보건법령상, 낙하물 방지망을 설치하는 경우에는 사업주의 준수 사항에 대해서 (　)에 맞는 숫자를 쓰시오.

수평면과의 각도는 (①)[°] 이상 (②)[°] 이하를 유지할 것

정답
① 20
② 30

자격종목	시험일	비번호	PC번호	남은시간
산업안전기사	2024년 5월 04일 1회(2부)	A001	1	60분

보안경 및 방진마스크를 미착용한 작업자가 덮개가 없는 둥근 톱을 이용하여 나무판자를 밀며 절단 작업중 다른 사람이 이 작업자를 불렀는지 곁눈질하다가 작업자의 빨간색 코팅 반장갑을 낀 새끼손가락이 반 정도 절단되면서 뒤로 넘어진다.

04 화면 상의 (1) 재해 발생 원인 한가지와 (2) 방호장치의 종류 2가지를 쓰시오.

참고
① 산업안전보건기준에 관한 규칙 제105조(둥근톱기계의 반발예방장치)
② 산업안전보건기준에 관한 규칙 제106조(둥근톱기계의 톱날접촉예방장치)
③ 방호장치 자율안전기준 고시 [별표 5] 목재가공용 덮개 및 분할날 성능기준

합격KEY
① 2007년 4월 28일 출제 ② 2009년 7월 11일 출제
③ 2009년 9월 20일 출제 ④ 2010년 9월 19일 출제
⑤ 2012년 10월 21일 출제 ⑥ 2014년 7월 13일 산업기사 제2회 2부(문제 3번) 출제
⑦ 2019년 10월 19일 제3회 산업기사 2부 출제 ⑧ 2019년 10월 19일 제3회 2부(문제 8번) 출제
⑨ 2020년 7월 22일 산업기사 출제 ⑩ 2021년 5월 2일(문제 5번) 출제
⑪ 2022년 7월 30일 기사 출제 ⑫ 2023년 10월 15일 산업기사 출제

정답
(1) 재해 발생 원인 : 방호장치 미설치
(2) 방호장치 :
  ① 반발예방장치
  ② 톱날접촉예방장치

05 산업안전보건법령상, 특수화학설비를 설치하는 경우, 그 내부의 이상 상태를 조기에 파악 및 이상 상태의 발생에 따른 폭발·화재 또는 위험물의 누출을 방지하기 위해서 사업주가 설치해야 하는 계측 장치를 3가지를 쓰시오.

정답
① 온도계
② 유량계
③ 압력계

자격종목	시험일	비번호	PC번호	남은시간
산업안전기사	2024년 5월 04일 1회(2부)	A001	1	60분

06
(1) 동영상의 자율안전확인대상에 의거한 명칭을 쓰시오.
(2) 운전 중인 이 장치 위로 근로자를 넘어가도록 하는 경우에는 위험을 방지하기 위하여 설치해야 하는 방호장치 명칭을 쓰시오.

합격정보
① 산업안전보건법 시행령 제77조(자율안전확인대상기계등)
② 산업안전보건기준에 관한 규칙 제195조(통행의 제한 등)

합격KEY
① 2008년 4월 26일 출제
② 2008년 7월 13일 출제
③ 2009년 4월 26일 출제
④ 2012년 4월 28일 기사 출제
⑤ 2013년 4월 27일 출제
⑥ 2013년 10월 12일 제3회 2부 출제
⑦ 2015년 4월 25일(문제 3번) 출제
⑧ 2016년 7월 18일 제2회 출제
⑨ 2016년 10월 15일 제3회(문제 3번) 출제
⑩ 2019년 10월 19일 기사 출제
⑪ 2021년 10월 24일(문제 6번) 출제
⑫ 2022년 8월 7일 산업기사 출제
⑬ 2023년 7월 30일 산업기사 출제

정답
① 컨베이어
② 건널다리

① 보호구 안전인증 고시 제2020-35호

[표 5] 방열복의 내열원단 시험성능기준

항목	시험성능기준
난연성	잔염 및 잔진시간이 2초 미만이고 녹거나 떨어지지 말아야 하며, 탄화길이가 102[mm] 이내일 것
절연저항	표면과 이면의 절연저항이 1[MΩ] 이상일 것
인장강도	인장강도는 가로, 세로방향으로 각각 25[kgf]
내열성	균열 또는 부풀음이 없을 것
내한성	피복이 벗겨져 떨어지지 않을 것

② 방열복의 성능인증 및 제품검사의 기술기준[소방청고시 제2018-21호]
제6조(방염성능시험) 겉감 및 안감(펠트 제외)은 다음 각 호의 방법에 의하여 시험하는 경우 잔염시간은 2초 이내, 탄화길이는 10[cm]이내이어야 하고, 용융하거나 적하되지 아니하여야 한다.

07 보호구 방열복의 내열원단의 시험성능기준에서 난연성과 절연저항 시험에서 다음의 ( )를 쓰시오.
① 난연성 잔염시간 : ( )초 미만
② 탄화길이 : ( )[mm] 이내
③ 절연저항 : ( )[MΩ] 이상

합격KEY ▶ 2022년 5월 15일(문제 7번) 출제

정답
① 2
② 102
③ 1

💬 **합격자의 조언** 반드시 "시험성능기준"인지 "성능인증" 구분해야 합니다.(고용부와 소방청이 통일되어야 합니다.)

공사현장에 건설용 리프트에 작업자가 탑승하여 리프트가 상승하고 도착, 문이 열리고 작업자가 내린다.

08 화면은 건설용 리프트를 사용하여 작업하는 내용이다. 건설용 리프트 방호장치를 3가지만 쓰시오.

합격정보
① 산업안전보건기준에 관한 규칙 제134조(방호장치의 조정)
② 위험기계·기구 방호장치 기준 제18조(방호장치)

합격KEY
① 2007년 7월 15일 출제
② 2010년 4월 24일 출제
③ 2014년 7월 13일 제2회 제2부(문제 6번) 출제
④ 2015년 10월 11일 제3회 1부 출제
⑤ 2017년 7월 2일 제2회(문제 8번) 출제
⑥ 2018년 4월 21일 2부(문제 8번) 출제
⑦ 2020년 10월 7일(문제 1번) 출제
⑧ 2022년 10월 22일(문제 8번) 출제

정답
① 과부하방지장치
② 권과방지장치
③ 비상정지장치
④ 제동장치

자격종목	시험일	비번호	PC번호	남은시간
산업안전기사	2024년 5월 04일 1회(2부)	A001	1	60분

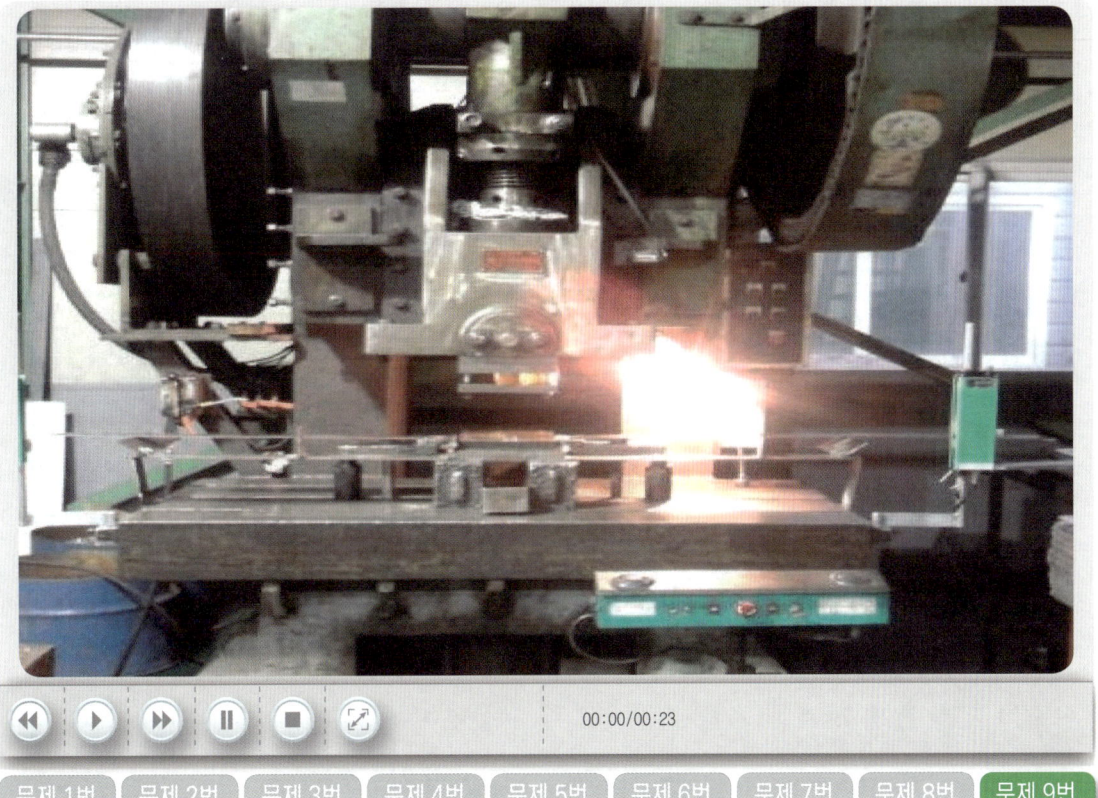

09 사진의 프레스 A-1의 방호장치명과 사용용도(기능)를 쓰시오.

합격정보 방호장치 자율안전 기준고시(별표 1)

보충학습

[표] 광전자식 방호장치의 종류

구분	종류	용도
광전자식 방호장치	A-1	프레스 또는 전단기에서 일반적으로 많이 활용하고 있는 형태로서 투광부, 수광부, 컨트롤 부분으로 구성된 것으로서 신체의 일부가 광선을 차단하면 기계를 급정지시키는 방호장치
	A-2	급정지기능이 없는 프레스의 클러치 개조를 통해 광선 차단 시 급정지시킬 수 있도록 한 방호장치

합격KEY ① 2018년 4월 21일 제1회 2부(문제 9번) 출제 ② 2020년 5월 16일(문제 9번) 출제

정답
① 방호장치명 : 광전자식 방호장치
② 사용용도 : 신체의 일부가 광선을 차단하면 기계를 급정지시키는 방호장치

문제 및 답안(지), 점수, 채점기준은 일체 공개하지 않는다.

자격종목	시험일	비번호	PC번호	남은시간
산업안전기사	2024년 5월 04일 1회(3부)	A001	1	60분

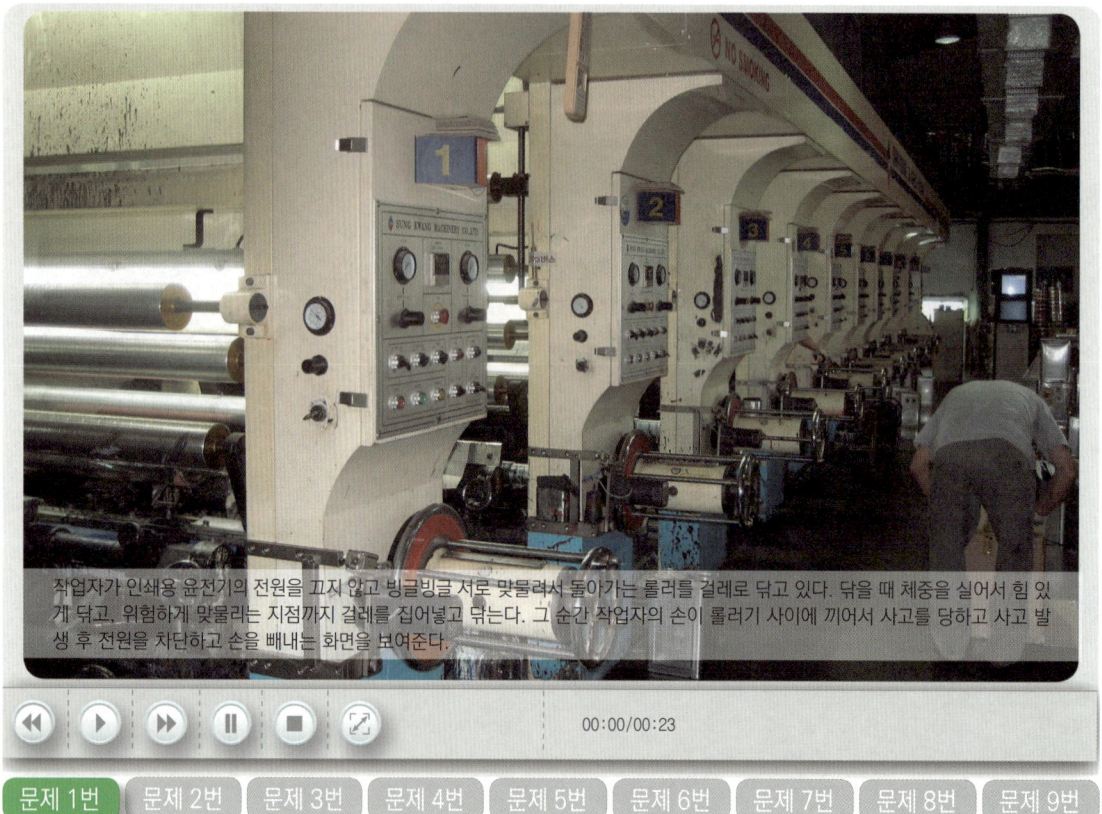

작업자가 인쇄용 윤전기의 전원을 끄지 않고 빙글빙글 서로 맞물려서 돌아가는 롤러를 걸레로 닦고 있다. 닦을 때 체중을 실어서 힘있게 닦고.. 위험하게 맞물리는 지점까지 걸레를 집어넣고 닦는다. 그 순간 작업자의 손이 롤러기 사이에 끼어서 사고를 당하고 사고 발생 후 전원을 차단하고 손을 빼내는 화면을 보여준다.

01 화면의 인쇄윤전기 재해사례에서 나타나는 안전대책 3가지를 쓰시오.

합격정보
① 산업안전보건기준에 관한 규칙 제92조(정비 등의 작업 시의 운전정지 등)
② 산업안전보건기준에 관한 규칙 제123조(롤러기의 울 등 설치)
③ 산업안전보건기준에 관한 규칙 제95조(장갑의 사용 금지)

합격KEY
① 2000년 9월 5일 출제
② 2002년 5월 4일 출제
③ 2006년 9월 23일 출제
④ 2009년 4월 26일 출제
⑤ 2010년 7월 11일 출제
⑥ 2012년 7월 14일 출제
⑦ 2012년 10월 21일 산업기사 출제
⑧ 2013년 10월 12일 출제
⑨ 2015년 4월 25일 산업기사 출제
⑩ 2015년 7월 18일 산업기사 출제
⑪ 2016년 4월 23일 출제
⑫ 2016년 10월 9일 산업기사(문제 4번) 출제
⑬ 2017년 10월 22일 기사 제3회(문제 6번) 출제
⑭ 2018년 10월 14일 기사 출제
⑮ 2021년 7월 24일(문제 6번) 출제
⑯ 2022년 8월 7일(문제 6번) 출제
⑰ 2023년 7월 30일 산업기사 출제

정답
① 청소를 할 때, 기계의 운전을 정해야 한다.
② 울 또는 가이드롤러(guide roller) 등을 설치해야한다.
③ 손이 말려 들어갈 위험이 없는 장갑을 사용하지 않아야 한다.

자격종목	시험일	비번호	PC번호	남은시간
산업안전기사	2024년 5월 04일 1회(3부)	A001	1	60분

① 지게차의 포크에 김치냉장고 박스들을 2열로 높게 쌓아 올렸는데, 높이도 안맞고 고정되어 있지도 않으며, 운전자의 시야가 가린다.
② 다른 작업자가 수레로 공구 등을 내려 놓고 정리한 뒤 하품하며 뒤돌아 나오는 순간 지게차와 부딪힌다.
③ 마지막에 박스가 흔들리고 화면도 같이 흔들린다.

02 화면을 보고 지게차 주행 재해 관련하여 안전수칙 2가지를 쓰시오.

[합격정보]
① 산업안전보건기준에 관한 규칙 제172조(접촉의 방지)
② 산업안전보건기준에 관한 규칙 제173조(화물적재시의 조치)
③ 산업안전보건기준에 관한 규칙 제172조(전조등 등의 설치)

[합격KEY]
① 2000년 11월 9일 산업기사 출제
③ 2006년 7월 15일 출제
⑤ 2013년 7월 20일(문제 3번) 출제
⑦ 2017년 4월 22일 기사 제1회(문제 3번) 출제
⑨ 2020년 11월 22일 기사 출제
⑪ 2021년 10월 24일 산업기사 출제
⑬ 2022년 7월 30일 기사 출제
② 2004년 4월 29일 출제
④ 2011년 5월 7일 출제
⑥ 2015년 7월 18일(문제 3번) 출제
⑧ 2018년 10월 14일(문제 2번) 출제
⑩ 2021년 7월 24일(문제 2번) 출제
⑫ 2022년 5월 15일(문제 2번) 출제

[정답]
① 지게차 접촉 우려 장소에 다른 작업자가 출입하지 않게 한다.
② 작업지휘자 또는 유도자가 배치한다.
③ 운전자의 시야를 가리도록 화물을 낮게 적재한다.
④ 경광등이 작동되도록 한다.

자격종목	시험일	비번호	PC번호	남은시간
산업안전기사	2024년 5월 04일 1회(3부)	A001	1	60분

03 동영상의 공작기계에 (1) 사용할 수 있는 방호장치 종류 3가지와 (2) 그 중에 작업자가 기능을 무력화시킨 방호장치 1개를 쓰시오.

[합격정보] 방호장치 안전인증 고시 [별표 1] 프레스 또는 전단기 방호장치의 성능기준(제4조 관련)

정답
(1) 방호장치의 종류
  ① 광전자식
  ② 양수조작식(혹은 양수기동식)
  ③ 가드식
  ④ 손쳐내기식
  ⑤ 수인식
(2) 작업자가 기능을 무력화시킨 방호장치 : 광전자식

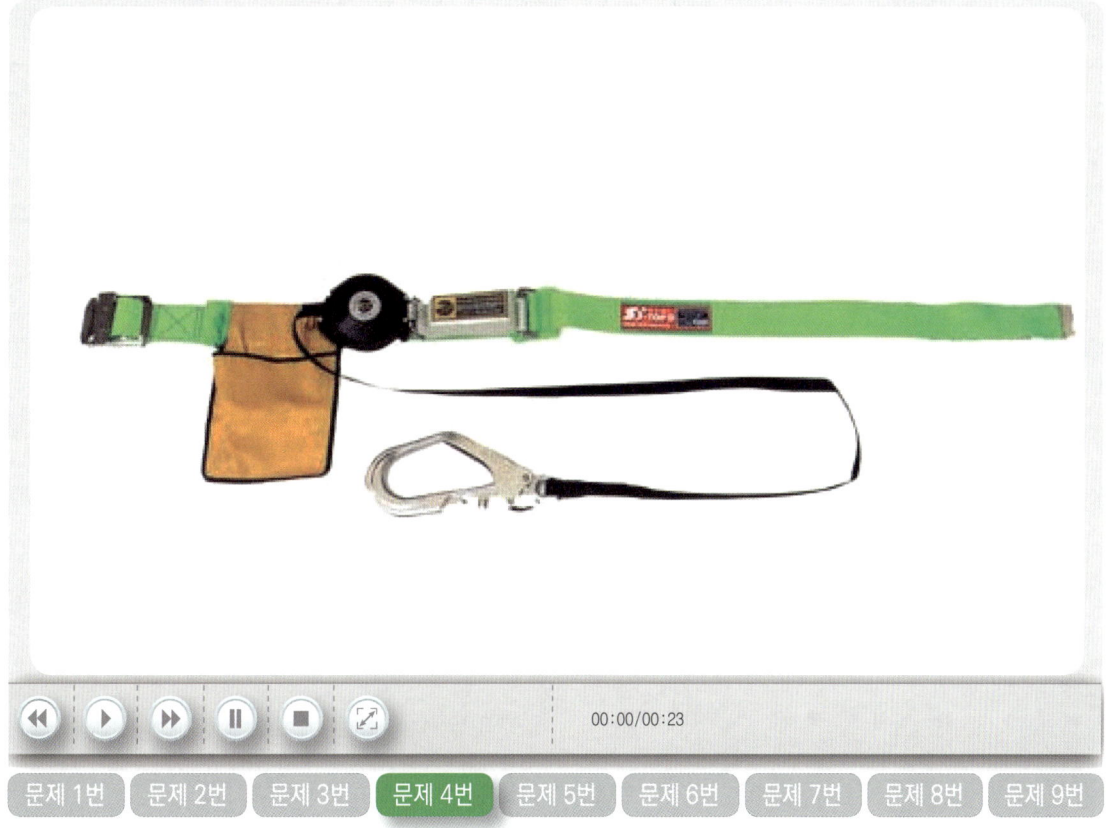

04 보호구 안전인증고시상, 안전대 충격방지장치 중 벨트의 제원 관련해서 ( )에 알맞은 것을 쓰시오.(단, U자걸이로 사용할 수 있는 안전대는 제외)
① 너비 : (   )[mm] 이상
② 두께 : (   )[mm] 이상
③ 정하중 : (   )[kN] 이상

합격정보 보호구 안전인증고시 [별표 9] 안전대의 성능기준
합격KEY 2022년 10월 22일(문제 4번) 출제

정답
① 50
② 2
③ 15

자격종목	시험일	비번호	PC번호	남은시간
산업안전기사	2024년 5월 04일 1회(3부)	A001	1	60분

작업자 1명이 시저형(자바라 형태) 고소작업대의 최상층에 탑승한 후 작업대를 위로 올리고 이동하다가, 바닥에 널려있는 대걸레에 걸려서 멈춘다.

| 문제 1번 | 문제 2번 | 문제 3번 | 문제 4번 | **문제 5번** | 문제 6번 | 문제 7번 | 문제 8번 | 문제 9번 |

05 동영상은 고소작업대 작업을 하고 있다. 고소작업대 이동시 사업주의 준수사항을 쓰시오.(단, 이동 및 설치 시 준수 사항 제외)

[합격정보] 산업안전보건기준에 관한 규칙 제186조(고소작업대 설치 등의 조치)
[합격KEY] 2022년 5월 21일 2부(문제 5번) 출제

정답
① 작업자가 안전모 안전대 등 보호구를 착용하도록
② 관계자가 아닌 사람이 작업구역에 들어오는 것을 방지하기 위하여 필요한 조치를 할 것
③ 안전한 작업을 위하여 적정수준의 조도를 유지할 것
④ 전로에 근접하여 작업을 하는 경우에는 작업감시자를 배치하는 등 감전사고를 방지하기 위하여 필요한 조치를 할 것
⑤ 작업대를 정기적으로 점검하고 붐 작업대 등 각 부위의 이상 유무를 확인할 것
⑥ 전환스위치는 다른 물체를 이용하여 고정하지 말 것
⑦ 작업대는 정격하중을 초과하여 물건을 싣거나 탑승하지 말 것
⑧ 작업대의 붐대를 상승시킨 상태에서 탑승자는 작업대를 벗어나지 말 것(다만, 작업대에 안전대 부착설비를 설치하고 안전대를 연결하였을 때에는 그러지 아니하다.)

자격종목	시험일	비번호	PC번호	남은시간
산업안전기사	2024년 5월 04일 1회(3부)	A001	1	60분

[그림 1] 용접작업

교류아크용접 작업장에서 작업자가 혼자 작업을 하고 있음.(작업 내용은 대형 관의 플랜지 아래 부위를 아크 용접하는 상황) 왼손으로는 플랜지 회전 스위치를 조작해 가며 오른손으로 용접을 하는 상황, 주위에는 인화성 물질로 보이는 깡통 등이 용접작업 주변에 쌓여 있음.

00:00/00:23

| 문제 1번 | 문제 2번 | 문제 3번 | 문제 4번 | 문제 5번 | **문제 6번** | 문제 7번 | 문제 8번 | 문제 9번 |

06 화면은 배관 용접작업에 관한 내용이다. 동영상의 내용 중 위험요인이 내재되어 있다. 작업현장의 (1) 재해발생 형태 (2) 위험요인(불안전한 행동 및 상태) 2가지를 쓰시오.

합격KEY
① 2019년 10월 19일 제3회 3부(문제 7번) 출제
② 2020년 5월 16일 제1회 3부 기사 출제
③ 2020년 7월 25일 산업기사 출제
④ 2021년 7월 18일(문제 6번) 출제
⑤ 2022년 10월 22일 기사 출제

정답
(1) 재해발생 형태 : 감전
(2) 위험요인
　① 단독으로 작업 중 양손 모두를 사용하여 작업하므로 위험에 노출되어 있다.
　② 작업현장내 정리, 정돈 상태가 불량하여 인화성물질이 쌓여있으므로 화재폭발사고가 발생할 위험이 있다.
　③ 감시인이 배치되어 있지 않아 사고발생의 위험이 있다.

자격종목	시험일	비번호	PC번호	남은시간
산업안전기사	2024년 5월 04일 1회(3부)	A001	1	60분

천장크레인이 철판을 트럭위로 이동 중. 천장크레인은 고리가 아닌 철판집게로 철판을 ㄷ자로 물고 있는 방식이다. 트럭위에서 작업자가 이동해 온 철판을 내리려는 찰나에 ㄷ자 틈에서 철판이 빠지면서 철판이 낙하하여 트럭위의 작업자가 깔린다. 옆에는 스위치를 조작하는 작업자가 1명 더 있고 유도로프는 없다. 크레인에 훅의 해지장치가 없다.

07 화면은 천장 크레인 작업을 하고 있는 모습이다. 다음 문제에 알맞은 내용을 각각 쓰시오.
(1) 동영상의 양중기에 필요한 방호장치를 3가지 쓰시오.
(2) 크레인(이동식 크레인은 제외) 안전검사주기 관련 (   )을 채우시오.
　　사업장에 설치가 끝난 날부터 (①)년 이내에 최초 안전검사를 실시하되, 그 이후부터 (②)년 마다(건설현장에서 사용하는것은 최초로 설치한 날부터 6개월마다)

합격정보
① 산업안전보건기준에 관한 규칙 제134조(방호장치의 조정)
② 산업안전보건기준에 관한 규칙 제137조(해지장치의 사용)
③ 산업안전보건법 시행규칙 제126조(안전검사의 주기와 합격표시 및 표시방법)

합격KEY
① 2010년 4월 24일 출제　　　　　　② 2011년 10월 22일 제3회 출제
③ 2016년 10월 15일 기사 출제　　　④ 2022년 5월 21일(문제 9번) 출제
⑤ 2022년 8월 7일 제1부 출제　　　⑥ 2022년 8월 7일 산업기사 출제
⑦ 2023년 7월 30일 산업기사 출제

정답
(1) 방호장치 종류
　　① 과부하방지장치　　　　　　② 권과방지장치
　　③ 비상정지장치　　　　　　　④ 제동장치
(2) 검사주기 : ① 3　　　　　　　　② 2

자격종목	시험일	비번호	PC번호	남은시간
산업안전기사	2024년 5월 04일 1회(3부)	A001	1	60분

정지된 컨베이어를 작업자가 점검 하고 있다. 작업자가 점검 중일때 다른 작업자가 전원 스위치 쪽으로 서서히 다가오더니 전원버튼을 누른다. 그 순간 점검 중이던 작업자의 손이 벨트에 끼인다.

08 「산업안전보건법령」상, 화면상의 기계 기구 작업을 하는 때 작업시작 전, 사업주가 관리감독자로 하여금 점검하도록 해야 할 사항 3가지를 쓰시오.

[합격정보] 산업안전보건기준에 관한 규칙 [별표 3] 작업시작 전 점검사항

정답
① 원동기 및 풀리 기능의 이상 유무
② 이탈 등의 방지장치 기능의 이상 유무
③ 비상정지장치 기능의 이상 유무
④ 원동기·회전축·기어 및 풀리 등의 덮개 또는 울 등의 이상 유무

09 동력을 사용하는 항타기 또는 항발기에 대하여 무너짐을 방지하기 위하여 사업주의 준수 사항 관련 ( )에 알맞은 것을 쓰시오.(단, ( )안에 각각 하나씩 쓰시오.)
- 연약한 지반에 설치하는 경우에는 (①) 등 지지구조물의 침하를 방지하기 위하여 깔판·받침목 등을 사용할 것
- 궤도 또는 차로 이동하는 항타기 또는 항발기에 대해서는 불시에 이동하는 것을 방지하기 위하여 (②) 등으로 고정시킬 것

[합격정보] 산업안전보건기준에 관한 규칙 제209조(무너짐의 방지)

정답
① 아웃트리거·받침
② 레일클램프 및 쐐기

자격종목	시험일	비번호	PC번호	남은시간
산업안전기사	2024년 5월 04일 1회(4부)	A001	1	60분

지게차를 운행하기 전, 별다른 보호구를 착용하지 않은 지게차 운전자가 바퀴를 발로 차고 포크를 올렸다 내렸다 하고, 포크 안쪽을 점검한 후 지게차 운행

01 산업안전보건법령상, 화면 상의 기계 기구 작업을 하는 때 작업시작 전, 사업주가 관리감독자로 하여금 점검하도록 해야 할 사항 3가지를 쓰시오.

합격정보 산업안전보건기준에 관한 규칙 [별표 3] 작업시작 전 검검사항

합격KEY
① 2018년 10월 14일 제3회 출제
② 2019년 7월 6일 제2회 1부(문제 1번) 출제
③ 2019년 10월 19일 제3회 3부(문제 1번)출제
④ 2020년 5월 30일 기사 출제
⑤ 2021년 7월 24일(문제 5번) 출제
⑥ 2021년 10월 24일 산업기사 출제
⑦ 2021년 10월 24일 산업기사 출제
⑧ 2022년 5월 13일(문제 8번) 출제
⑨ 2022년 7월 30일(문제 8번) 출제
⑩ 2023년 7월 29일 기사 출제
⑪ 2023년 10월 15일 산업기사 출제

정답
① 제동장치 및 조종장치 기능의 이상 유무
② 하역장치 및 유압장치 기능의 이상 유무
③ 바퀴의 이상 유무
④ 전조등·후미등·방향지시기 및 경보장치 기능의 이상 유무

자격종목	시험일	비번호	PC번호	남은시간
산업안전기사	2024년 5월 04일 1회(4부)	A001	1	60분

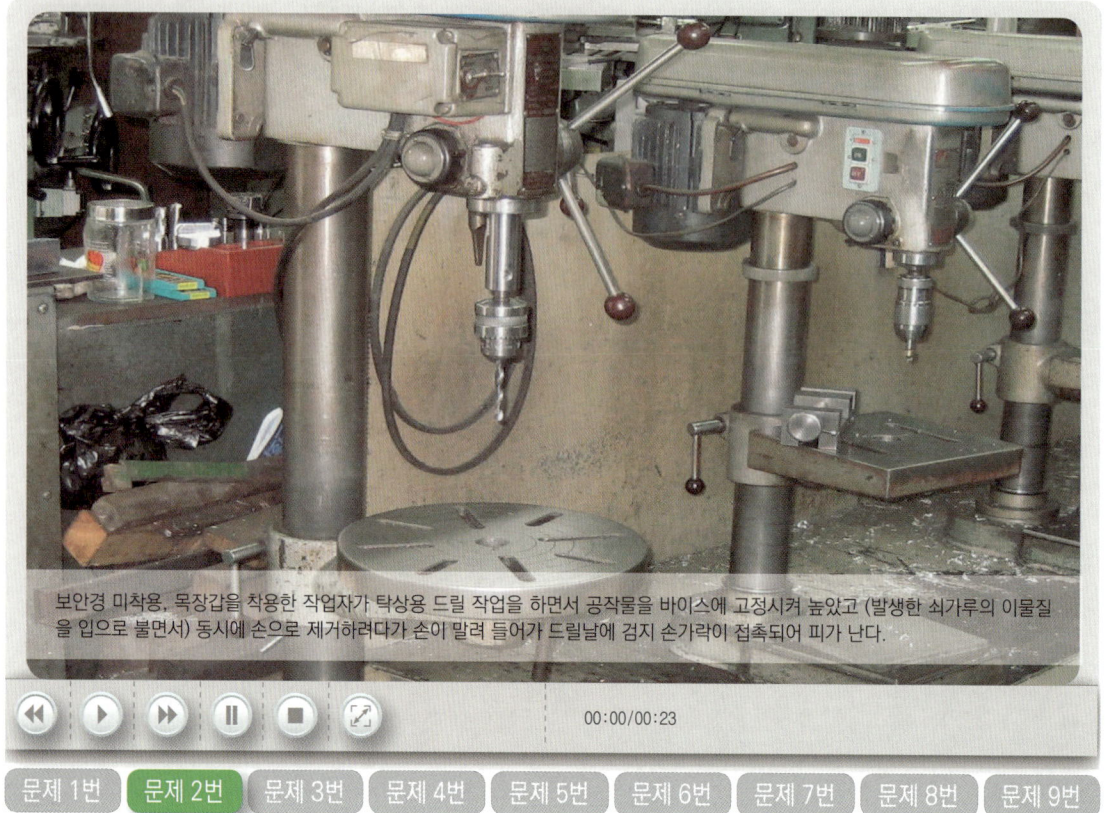

보안경 미착용, 목장갑을 착용한 작업자가 탁상용 드릴 작업을 하면서 공작물을 바이스에 고정시켜 놓았고 (발생한 쇠가루의 이물질을 입으로 불면서) 동시에 손으로 제거하려다가 손이 말려 들어가 드릴날에 검지 손가락이 접촉되어 피가 난다.

00:00/00:23

| 문제 1번 | 문제 2번 | 문제 3번 | 문제 4번 | 문제 5번 | 문제 6번 | 문제 7번 | 문제 8번 | 문제 9번 |

02 동영상 내 드릴 작업 중 "작업방법 및 작업자의" 위험요인을 2가지만 쓰시오.(단, 안전모는 제외)

합격KEY ▶ 2023년 10월 14일(문제 2번) 출제

정답
① 작은 물건은 바이스나 클램프를 사용하여 고정시키지 않고 직접 손으로 지지하여 위험
② 보안경을 미착용하거나, 안전덮개 미설치하여 위험
③ 판에 큰 구멍을 뚫고자 할 때에는 먼저 작은 드릴로 뚫은 후에 큰 드릴로 뚫도록 해야하지만 그렇게 하지않아 위험

작업자 2[명]이 전주 위에서 작업을 하고 있다. 작업자 1[명]은 변압기 위에 올라가서 볼트를 풀면서 흡연을 하며 작업을 하고 있고, 잠시 후 영상은 전주 아래부터 위를 보여주는데 발판용 볼트에 C.O.S(Cut Out Switch)가 임시로 걸쳐있음이 보인다. 그리고 다른 작업자 근처에선 이동식크레인에 작업대를 매달고 또 다른 작업을 하는 화면을 보여 준다.

03 화면의 전기형강작업 중 위험요인(결여사항) 3가지를 기술하시오.

합격정보 산업안전보건기준에 관한 규칙 제301조(전기 기계·기구 등의 충전부 방호)

합격KEY
① 2000년 9월 6일 기사 출제
② 2007년 4월 28일 기사 출제
③ 2009년 9월 19일 기사 출제
④ 2010년 7월 11일 출제
⑤ 2014년 7월 13일 기사 출제
⑥ 2014년 10월 5일(문제 3번) 출제
⑦ 2016년 7월 3일 제2회(문제 3번) 출제
⑧ 2017년 10월 22일 제3회(문제 1번) 출제
⑨ 2018년 4월 21일 기사 출제
⑩ 2018년 7월 8일 제2회 2부(문제 2번) 출제
⑪ 2019년 10월 19일 산업기사 출제
⑫ 2020년 10월 10일(문제 2번) 출제
⑬ 2021년 7월 18일 기사 출제
⑭ 2022년 8월 7일(문제 2번) 출제
⑮ 2023년 5월 7일 산업기사 출제

정답
① 작업중 흡연
② 작업자가 딛고 선 발판이 불안전
③ C.O.S(Cut Out Switch)를 발판용-(볼트)에 임시로 걸쳐 놓았다.

자격종목	시험일	비번호	PC번호	남은시간
산업안전기사	2024년 5월 04일 1회(4부)	A001	1	60분

선반 작업 영상 : 덮개 또는 울이 없고, 공작물이 길게 물려서 흔들림. 칩브레이커가 설치되지 않아서 칩이 끊어지지 않고 길게 나옴(얼굴에 모자이크라서 보안경 자체가 잘 안보임). 맨손의 작업자가 선반에서 칩이 나오는 모습을 계속 보고 있음. 선반에 "비산주의"라는 표지판이 부착되어 있어, 동영상에서 힌트를 주고 시작하는 문제

00:00/00:23

[문제 1번] [문제 2번] [문제 3번] [문제 4번] [문제 5번] [문제 6번] [문제 7번] [문제 8번] [문제 9번]

04 화면의 동영상은 선반작업 중 발생한 재해사례이다.
동영상에서와 같이 안전준수사항을 지키지 않고 작업할 때 일어날 수 있는 재해요인을 3가지 쓰시오.

보충학습 회전말림점(trapping point) : 회전축, 커플링 등과 같이 회전하는 물체에 작업복 등이 말려드는 위험이 존재하는 점

합격정보 산업안전보건기준에 관한 규칙 제87조(원동기·회전축 등의 위험 방지)

합격KEY
① 2004년 7월 10일 출제
② 2014년 4월 25일 제1회 출제
③ 2015년 4월 25일 제1회(문제 1번) 출제
④ 2019년 7월 6일(문제 1번) 출제
⑤ 2021년 7월 18일(문제 6번) 출제
⑥ 2023년 4월 29일(문제 6번) 출제

정답
① 회전물에 샌드페이퍼를 감아 손으로 지지하고 있기 때문에 작업복과 손이 감겨 들어간다.
② 작업에 집중하지 못하여 실수로 작업복과 손이 말려 들어간다.
③ 손을 기계 위에 올려놓고 작업을 하고 있어 손이 미끄러져 회전물에 말려 들어간다.

자격종목	시험일	비번호	PC번호	남은시간
산업안전기사	2024년 5월 04일 1회(4부)	A001	1	60분

① 수광부 발광부 2개가 프레스 입구를 통해서 보인다.
② 작업자가 광전자식 방호장치를 젖히고 2회 더 프레스 작업한다.
③ 프레스 안에 금형재료 위를 손으로 청소하다가 페달을 밟아 프레스가 가동되어 손이 끼임

05 화면 동영상을 보면 작업자가 몸을 기울인 채 손으로 이물질을 제거하는 작업을 하다가 실수로 페달을 밟아 손이 다치는 사고가 발생하였다. (1) 작업자 측면에서 재해원인 2가지 (2) 이러한 사고를 방지하기 위하여 페달에 부착하는 방호장치를 쓰시오.

합격KEY ▶ 2022년 5월 20일(문제 9번) 출제

정답
(1) 작업자 측면 재해원인
　① 방호장치 해체
　② 전원 미 차단상태에서 손으로 청소
(2) 페달에 부착하는 방호장치
　U자형 덮개

06 동영상은 경사용 컨베이어를 이용하여 화물을 운반하는 작업 중에 발생한 재해사례이다. (1) 컨베이어 (2) 선반축 (3) 휴대용 연삭기 등에 설치하여야 하는 방호조치를 1가지 쓰시오.

합격정보
① 산업안전보건기준에 관한 규칙 제192조(비상정지장치)
② 산업안전보건기준에 관한 규칙 제193조(낙하물에 의한 위험 방지)
③ 산업안전보건기준에 관한 규칙 제87조(원동기·회전축 등의 위험 방지)
④ 산업안전보건기준에 관한 규칙 제122조(연삭숫돌의 덮개 등)

합격KEY
① 2008년 4월 26일 출제
② 2008년 7월 13일 출제
③ 2009년 4월 26일 출제
④ 2012년 4월 28일 기사 출제
⑤ 2013년 4월 27일 출제
⑥ 2013년 10월 12일 제3회 2부 출제
⑦ 2015년 4월 25일(문제 3번) 출제
⑧ 2016년 7월 18일 제2회 출제
⑨ 2016년 10월 15일 제3회(문제 3번) 출제
⑩ 2019년 10월 19일 기사 출제
⑪ 2022년 10월 23일 산업기사 출제

정답
(1) 컨베이어
  ① 비상정지장치 ② 덮개 ③ 울
(2) 선반 축(샤프트)
  ① 덮개 ② 울 ③ 슬리브 ④ 건널다리
(3) 그라인더(휴대용 연삭기)
  덮개

07 산업안전보건법령상, 밀폐공간에서 근로자에게 작업하도록 하는 경우, 사업주가 수립 시행해야 하는 밀폐공간 작업 프로그램의 내용 3가지를 쓰시오.
(단, 그 밖에 밀폐공간 작업근로자의 건강장해예방에 관한 사항 제외)

합격정보 산업안전보건기준에 관한 규칙 제619조(밀폐공간 작업 프로그램의 수립 · 시행)
합격KEY 2022년 10월 22일(문제 6번) 출제

정답
① 사업장 내 밀폐공간의 위치 파악 및 관리 방안
② 밀폐공간 내 질식 · 중독 등을 일으킬 수 있는 유해 · 위험 요인의 파악 및 관리 방안
③ 밀폐공간 작업 시 사전 확인이 필요한 사항에 대한 확인 절차
④ 안전보건교육 및 훈련

자격종목	시험일	비번호	PC번호	남은시간
산업안전기사	2024년 5월 04일 1회(4부)	A001	1	60분

08 산업안전보건법령상 보일러 관련 (   )에 알맞은 것을 쓰시오.

사업주는 보일러의 안전한 가동을 위하여 보일러 규격에 맞는 압력방출장치를 1개 또는 2개 이상 설치하고 (①) 이하에서 작동되도록 하여야 한다.
다만, 압력방출장치가 2개 이상 설치된 경우에는 (①)배 이하에서 1개가 작동되고, 다른 압력방출장치는 (①)의 (②)배 이하에서 작동되도록 부착하여야 한다.

[합격정보] 산업안전보건기준에 관한 규칙 제116조(압력방출장치)
[합격KEY] 2022년 7월 30일(문제 8번) 출제

정답
① 최고사용압력
② 1.05

09 작업자가 용광로 쇳물 탕도 내에 고무래로 출렁이는 쇳물 표면을 젓고 당기면서 일부 굳은 찌꺼기를 긁어내어 작업자 바로 앞에 고무래로 충격을 주며 털어낸다. 작업자는 보호구를 전혀 착용하지 않았다. (1) 재해발생형태와 (2) 작업자의 불안전한 작업 시 손과 발, 몸을 보호할 수 있는 보호구 3가지를 쓰시오.

합격KEY ▶ 2020년 11월 22일 기사 출제

정답
(1) 재해발생형태 : 이상온도 노출접촉
(2) 보호구
  ① 손 : 방열 장갑
  ② 발 : 내열 안전화(방열 장화)
  ③ 몸 : 방열 일체복

자격종목	시험일	비번호	PC번호	남은시간
산업안전산업기사	2024년 5월 11일 1회(1부)	A001	1	60분

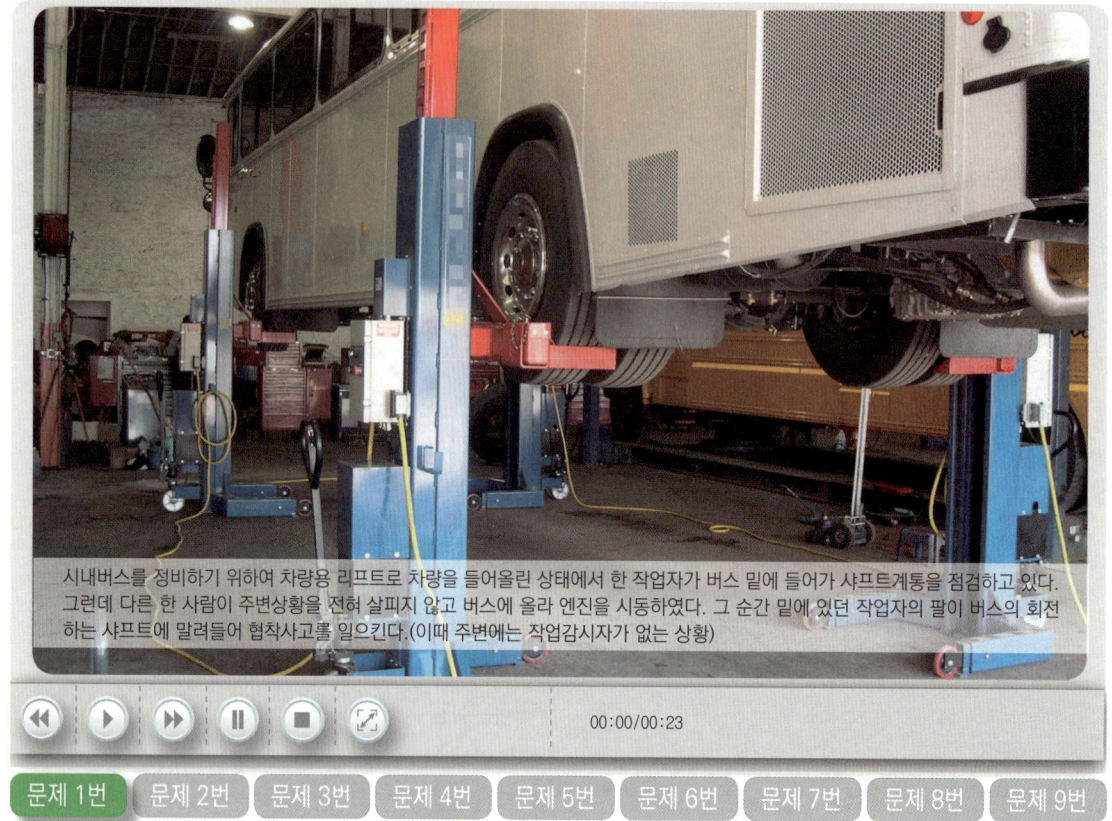

시내버스를 정비하기 위하여 차량용 리프트로 차량을 들어올린 상태에서 한 작업자가 버스 밑에 들어가 샤프트계통을 점검하고 있다. 그런데 다른 한 사람이 주변상황을 전혀 살피지 않고 버스에 올라 엔진을 시동하였다. 그 순간 밑에 있던 작업자의 팔이 버스의 회전하는 샤프트에 말려들어 협착사고를 일으킨다.(이때 주변에는 작업감시자가 없는 상황)

문제 1번 | 문제 2번 | 문제 3번 | 문제 4번 | 문제 5번 | 문제 6번 | 문제 7번 | 문제 8번 | 문제 9번

01
화면은 버스정비작업 중 재해가 발생한 사례이다. 버스정비작업 중 안전을 위해 취해야 할 사전안전조치 사항 3가지를 쓰시오.

합격정보 산업안전보건기준에 관한 규칙 제92조(정비 등의 작업시의 운전정지 등)

합격KEY
① 2004년 10월 2일 (문제 1번)　　② 2007년 4월 28일 출제
③ 2008년 4월 26일 출제　　　　　④ 2015년 4월 25일 제1회 출제
⑤ 2016년 10월 15일 제3회 3부 출제　⑥ 2018년 7월 8일(문제 2번) 출제
⑦ 2022년 5월 20일 산업기사 출제　⑧ 2023년 4월 30일 기사 출제

정답
① 정비작업 중임을 나타내는 표지판을 설치할 것
② 작업과정을 지휘할 관리자를 배치할 것
③ 기동(시동)장치에 잠금장치를 할 것
④ 작업시 운전금지를 위하여 열쇠를 별도 관리할 것

자격종목	시험일	비번호	PC번호	남은시간
산업안전산업기사	2024년 5월 11일 1회(1부)	A001	1	60분

02 화면상의 절단 작업 중에 발생한 재해 관련해서 위험점과 위험점 정의를 쓰시오.

보충학습

[표] 기계 설비에 의해 형성되는 위험점

종류	특징	위험점 기계
협착점 (Squeeze-point)	왕복운동하는 운동부와 고정부 사이에 형성 (작업점이라 부르기도 함)	① 프레스 금형 조립부위 ② 전단기의 누름판 및 칼날부위 ③ 선반 및 평삭기의 베드 끝 부위
끼임점 (Shear-point)	고정부분과 회전 또는 직선운동부분에 의해 형성	① 연삭숫돌과 작업대 ② 반복동작되는 링크기구 ③ 교반기의 교반날개와 몸체사이
절단점 (Cutting-point)	회전운동부분 자체와 운동하는 기계 자체에 의해 형성	① 밀링컷터 ② 둥근톱 날 ③ 목공용 띠톱 날 부분
물림점 (Nip-point)	회전하는 두 개의 회전축에 의해 형성(회전체가 서로 반대방향으로 회전하는 경우)	① 기어와 피니언 ② 롤러의 회전 등
접선물림점 (Tangential Nip-point)	회전하는 부분이 접선방향으로 물려 들어가면서 형성	① V벨트와 풀리 ② 기어와 랙 ③ 롤러와 평벨트 등

합격KEY ① 2022년 5월 21일 제1부 출제 ② 2022년 5월 21일(문제 2번) 출제

정답
① 위험점 : 협착점
② 정의 : 왕복운동을 하는 운동부와 고정 부분 사이에 형성

03 화면은 사출성형기 V형 금형 작업 중 재해가 발생한 사례이다. ① 재해발생형태와 ② 산업안전보건법령상 사출성형기의 방호장치의 "방식"을 2가지만 쓰시오.

합격정보 산업안전보건기준에 관한 규칙 제121조(사출성형기 등의 방호장치)

합격KEY ① 2023년 5월 7일 산업기사 출제
② 2023년 10월 14일 기사 출제

정답
① 재해발생형태 : 끼임
② 방호장치
  ㉠ 게이트가드식(gate guard)
  ㉡ 양수조작식

04 화면상의 작업에서 작업자가 해당 호흡용 보호구에 사용되는 흡수제의 종류를 2가지 쓰시오.

합격KEY
① 2012년 7월 14일 출제
② 2012년 10월 21일 기사 출제
③ 2013년 4월 27일 기사 출제
④ 2013년 10월 12일 출제
⑤ 2016년 7월 3일 출제
⑥ 2016년 10월 15일 제3회 2부 기사 출제
⑦ 2017년 7월 2일 기사 출제
⑧ 2017년 10월 22일 제3회(문제 6번) 출제
⑨ 2018년 10월 14일 제3회(문제 8번) 출제
⑩ 2019년 7월 7일 제2회 2부 산업기사 출제
⑪ 2019년 10월 19일 제3회 1부, 2부 출제
⑫ 2020년 10월 17일 산업기사 출제
⑬ 2023년 7월 29일 기사 출제
⑭ 2023년 10월 15일(문제 4번) 출제

정답
① 활성탄
② 소다라임
③ 호프카라이트
④ 실리카겔
⑤ 큐프라마이트

05 화면은 무채를 썰어내는 기계 작동 중 기계가 갑자기 멈추자 작업자가 점검하는 장면이다. 위험예지포인트(위험요인)를 2가지 적으시오.

합격정보
① 산업안전보건기준에 관한 규칙 제87조(원동기·회전축 등의 위험방지)
② 산업안전보건기준에 관한 규칙 제92조(정비 등의 작업 시의 운전정지 등)

합격KEY
① 2002년 5월 4일 기사 출제
② 2003년 5월 4일 기사 출제
③ 2003년 10월 12일 기사 출제
④ 2007년 10월 13일 출제
⑤ 2014년 7월 13일 제2회 2부 출제
⑥ 2017년 7월 2일 제2회 1부(문제 7번) 출제
⑦ 2020년 7월 25일(문제 5번) 출제
⑧ 2020년 11월 22일(문제 5번) 출제
⑨ 2021년 5월 5일(문제 5번) 출제
⑩ 2022년 8월 7일(문제 5번) 출제

정답
① 기계를 정지시킨 상태에서 점검하지 않아 손을 다칠 위험이 있다.
② 인터로크 또는 연동 방호장치가 설치되어 있지 않다.

06 동영상은 유해물질이 근로자에게 노출되기 전 포집, 제거, 배출하는 설비이다. 산업안전보건법령상 해당 설비를 설치하지 않아도 되는 특례 1가지만 적으시오.(단, 급기·배기 환기장치는 설치되었다고 가정한다.

합격정보 산업안전보건기준에 관한 규칙 제425조(국소배기장치의 설비 특례)

정답 관리대상 유해물질의 발산 면적이 넓어 설치하기 곤란한 경우

07 화면은 형강에 걸린 줄걸이 와이어를 빼내고 있는 상황하에서 발생된 사고사례이다. (1) 가해물과 (2) 와이어를 빼기에 적합한 안전 작업 방법을 쓰시오.

합격KEY
① 2005년 7월 15일 출제
② 2010년 4월 24일 출제
③ 2013년 4월 27일 기사 출제
④ 2014년 7월 13일(문제 7번) 출제
⑤ 2016년 4월 23일(문제 7번) 출제
⑥ 2020년 11월 22일(문제 7번) 출제

정답
(1) 가해물 : 줄걸이 와이어
(2) 안전 작업 방법
　① 지렛대를 와이어가 물려 있는 형강 사이에 넣어 형강이 무너져 내리지 않을 정도로 들어올려 와이어를 빼내는 작업을 한다.
　② 와이어를 빼기 위한 작업은 1[인]으로는 부적합하며 반드시 2[인] 이상이 지렛대를 동시에 넣어 들어올리는 작업을 한다.

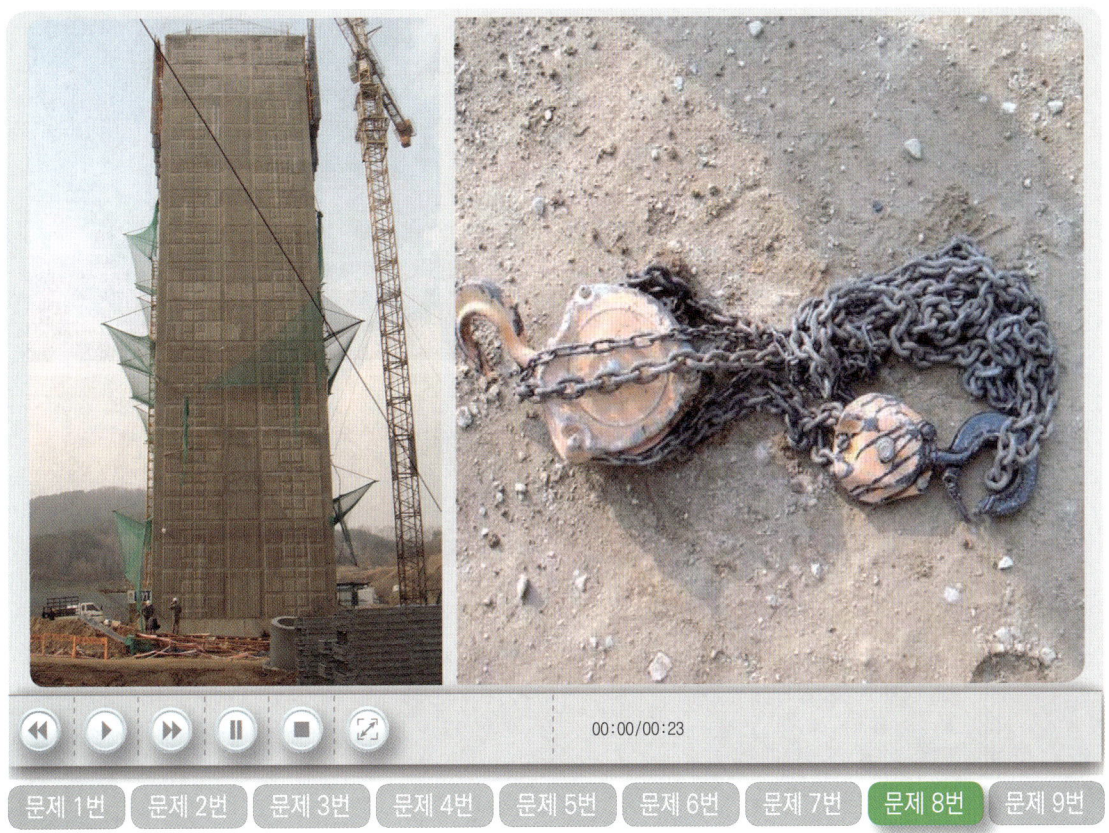

08 달비계에 사용할 수 없는 달기체인의 기준 2가지를 쓰시오.

합격정보 산업안전보건기준에 관한 규칙 제63조(달비계의 구조)

정답
① 달기 체인의 길이가 달기 체인이 제조된 때의 길이의 5%를 초과한 것
② 링의 단면지름이 달기 체인이 제조된 때의 해당 링의 지름의 10%를 초과하여 감소한 것
③ 균열이 있거나 심하게 변형된 것

09 산업안전보건법령상, 화학설비와 그 부속설비의 개조·수리 및 청소 등을 위하여 해당 설비를 분해하거나 해당설비의 내부에서 작업을 하는 경우에는 준수 사항을 2가지만 쓰시오.

[합격정보] 산업안전보건기준에 관한 규칙 제278조(개조·수리 등)
[합격KEY] 2022년 10월 23일(문제 2번) 출제

정답
① 작업책임자를 정하여 해당 작업을 지휘하도록 할 것
② 작업장소에 위험물 등이 누출되거나 고온의 수증기가 새어 나오지 않도록 할 것
③ 작업장 및 그 주변의 인화성 액체의 증기나 인화성 가스의 농도를 수시로 측정할 것

보안경 및 방진마스크를 착용하지 않고 안전모는 쓴 작업자가 맨손으로 야외에서 콘센트에 전원을 꽂고 휴대용 연삭기(덮개 없음) 단독 작업

01 영상의 작업에서 착용하여야 할 보호구를 2가지 쓰시오.

합격정보 산업안전보건기준에 관한 규칙
① 제32조(보호구의 지급 등)
② 제518조(진동보호구의 지급 등)

정답
① 방진장갑
② 보안경
③ 방진마스크
④ 안전모
⑤ 안전화
⑥ 귀마개 및 귀덮개

자격종목	시험일	비번호	PC번호	남은시간
산업안전산업기사	2024년 5월 11일 1회(2부)	A001	1	60분

02 화면을 보고 불안전한 상태 및 행동요인을 3가지 쓰시오.

합격정보 ① 산업안전보건기준에 관한 규칙 제42조(추락의 방지)
② 산업안전보건기준에 관한 규칙 제43조(개구부 등의 방호 조치)

합격KEY ▶ 2024년 5월 4일 기사 출제

정답
① 작업발판 설치 불량
② 난간 설치 불량
③ 안전대 미착용 및 미체결
④ 추락방호망 미설치

자격종목	시험일	비번호	PC번호	남은시간
산업안전산업기사	2024년 5월 11일 1회(2부)	A001	1	60분

① 컨베이어 아랫쪽에서 작업자가 볼트를 풀고 조이는 점검 중
② 왼쪽에 풀리가 있고 오른쪽에 이탈방지장치가 있음
③ 다른 작업자가 와서 버튼을 누르고(표지판이나 잠금장치는 보이지 않음) 컨베이어는 오른쪽 방향으로 회전하며 벨트의 움직임과는 반대방향으로 목장갑을 낀 손이 딸려가 컨베이어 벨트와 이탈방지장치 사이에 손이 끼어 고통스러워 하는 장면

00:00/00:23

| 문제 1번 | 문제 2번 | 문제 3번 | 문제 4번 | 문제 5번 | 문제 6번 | 문제 7번 | 문제 8번 | 문제 9번 |

03 화면 중 재해의 ① 위험점, ② 재해원인, ③ 재해방지 방법을 각각 1가지씩 쓰시오. (단, 화면과는 달리 1인 작업으로 가정할 것)

합격정보 한국 산업안전보건공단 자료실(미디어명 : 제조업 4대 끼임 위험기계 안전수칙 포스터)
참고 산업안전보건기준에 관한 규칙 제92조(정비 등의 작업시의 운전정지 등)
합격KEY ① 2022년 8월 7일(문제 3번) 출제
② 2022년 10월 23일(문제 3번) 출제

정답
① 위험점 : 끼임점
② 재해원인 : 잠금장치 및 꼬리표를 부착하지 않음
③ 재해방지 방법
 ㉮ 잠금장치 및 꼬리표를 부착함
 ㉯ 검사 작업을 할 때 기계의 운전을 정지

자격종목	시험일	비번호	PC번호	남은시간
산업안전산업기사	2024년 5월 11일 1회(2부)	A001	1	60분

| 문제 1번 | 문제 2번 | 문제 3번 | 문제 4번 | 문제 5번 | 문제 6번 | 문제 7번 | 문제 8번 | 문제 9번 |

04
화면은 에어배관 작업 중 고압의 증기 누출로 작업자가 눈에 상해를 당하는 영상이다. 에어배관 작업시 작업자 측면 위험요인을 3가지 쓰시오.

합격KEY
① 2014년 7월 23일 제2회 제1부(문제 1번) 출제
② 2015년 10월 11일(문제 1번) 출제
③ 2017년 4월 22일 제1회(문제 1번) 출제
④ 2018년 10월 14일 제3회(문제 1번) 출제
⑤ 2019년 7월 6일 제2회 1부 산업기사(문제 1번) 출제
⑥ 2020년 5월 16일 제1회 2부 기사 출제
⑦ 2020년 7월 25일 산업기사 출제
⑧ 2020년 11월 22일 기사 출제
⑨ 2020년 11월 22일(문제 8번) 출제

정답
① 보안경을 착용하지 않아 고압증기에 의한 눈 부위 손상의 위험이 존재한다.
② 배관에 남은 고압증기를 제거하지 않았고, 전용공구를 사용하지 않아 위험이 존재한다.
③ 작업자가 딛고 선 이동식사다리 설치가 불안전하여 추락 위험이 있다.

위험물탱크에서 액상화학물질(염산20[%])이 새고 있고 주변에 벽돌로 빙 둘러싸인 구조물 흐물흐물 소세지 같은 것을 작업자 2명이 바닥에 설치하고 있다.

| 문제 1번 | 문제 2번 | 문제 3번 | 문제 4번 | 문제 5번 | 문제 6번 | 문제 7번 | 문제 8번 | 문제 9번 |

05 위험물을 액체상태로 저장하는 저장탱크를 설치하는 경우에는 위험물질이 누출되어 확산되는 것을 방지하기 위하여 사업주가 설치해야 하는 설비를 1가지 쓰시오.

유사문제확인 : 2022년 10월 23일(문제 6번)

합격정보 산업안전보건기준에 관한 규칙 제272조(방유제 설치)

보충학습 방류둑 설치기준
① 철근콘크리트, 철골·철근콘크리트는 수밀성 콘크리트를 사용하고 균열발생을 방지하도록 배근, 리베팅 이음, 신축 이음 및 신축이음의 간격, 배치 등을 정하여야 한다.
② 방류둑은 수밀한 것이어야 한다.
③ 성토는 수평에 대하여 45° 이하의 기울기로 하여 쉽게 허물어지지 않도록 충분히 다져 쌓고, 강우 등에 의하여 유실되지 않도록 그 표면에 콘크리트 등으로 보호한다.
④ 성토 윗부분의 폭은 30[cm] 이상으로 하여야 한다.

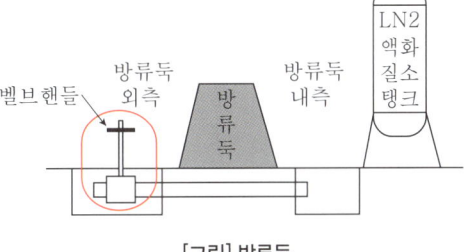

[그림] 방류둑

정답 방유제(防油堤)

자격종목	시험일	비번호	PC번호	남은시간
산업안전산업기사	2024년 5월 11일 1회(2부)	A001	1	60분

항타기 항발기 장비로 땅을 파고 콘크리트 세우기 작업 도중에 항타기에 고정된 전주가 조금씩 돌아가서 인접 활선전로에 접촉되어 스파크 발생. 2~3명의 작업자가 안전모는 착용하고 있다.

06 산업안전보건법령상, 영상에 보이는 기계를 조립하거나 해체하는 경우 사업주가 점검해야 할 사항 3가지를 쓰시오.

[합격정보] 산업안전보건기준에 관한 규칙 제207조(조립시 점검) : 2022년 10월 18일 개정

[합격KEY]
① 2008년 4월 26일 출제
② 2010년 9월 19일 출제
③ 2016년 10월 15일 제3회(문제 5번) 출제
④ 2018년 4월 21일 제1회(문제 5번) 출제
⑤ 2019년 7월 6일 제2회 1부(문제 6번) 출제
⑥ 2020년 7월 27일 기사 출제
⑦ 2021년 10월 24일(문제 6번) 출제
⑧ 2022년 5월 21일 제1부 산업기사 출제
⑨ 2023년 10월 14일 기사 출제

[정답]
① 본체 연결부의 풀림 또는 손상의 유무
② 권상용 와이어로프 · 드럼 및 도르래의 부착상태의 이상 유무
③ 권상장치의 브레이크 및 쐐기장치 기능의 이상 유무
④ 권상기의 설치상태의 이상 유무
⑤ 리더(leader)의 버팀 방법 및 고정상태의 이상 유무
⑥ 본체 · 부속장치 및 부속품의 강도가 적합한지 여부
⑦ 본체 · 부속장치 및 부속품에 심한 손상 · 마모 · 변형 또는 부식이 있는지 여부

① 작업명 : 스프레이건으로 페인트 도색 작업.
② 환풍기 3대가 작동중인 넓은 공장 안에서 볼캡과 방독마스크(격리형, 반면형), 일반작업복, 목장갑을 착용하고 보안경, 불침투성 보호복 등은 착용하지 않은 작업자

07 영상의 작업에서 ① 유해요인 1가지와 ② 착용하여야 할 보호구를 1가지 쓰시오.

합격정보 산업안전보건기준에 관한 규칙 제450조(호흡용 보호구의 지급 등)

정답
① 유해요인 : 페인트에 포함된 유독 물질
② 착용하여야 할 보호구 : 방독마스크

자격종목	시험일	비번호	PC번호	남은시간
산업안전산업기사	2024년 5월 11일 1회(2부)	A001	1	60분

① 작업명 : 작업자는 쟁반 제작 프레스 작업 중
② 작업 중간에 광전자식 센서를 옆으로 돌려버리고 계속 작업
③ 금형 사이에 손을 넣어 쓱쓱 털다가 발로 덮개가 없는 페달을 밟고 프레스에 손이 끼어 쓰러짐

00:00/00:23

08 프레스 금형 작업 영상에서의 (1) 불안전한 행동 1가지와 (2) 보완해야 할 방호장치를 1가지 쓰시오.

합격정보
① 산업안전보건기준에 관한 규칙 제103호(프레스 등의 위험 방지)
② 산업안전보건기준에 관한 규칙 제104호(금형조정작업의 위험 방지)

정답
(1) 불안전한 행동
  ① 광전자식 방호장치 해체
  ② 금형 조정 작업을 할 때, 안전블록을 사용하지 않음
  ③ 금형 조정 작업을 할 때, 발 스위치를 제거하지 않음
(2) 보완해야 할 방호장치 : 감응식 안전장치

09 영상은 가솔린이 남아 있는 화학설비, 탱크로리, 드럼 등에 등유나 경유를 주입하는 설비이다. 영상에서 지시하는 ① B의 명칭과 ② B의 역할을 쓰시오.(단, A는 문제와 관계 없음)

합격정보 산업안전보건기준에 관한 규칙 제228조(가솔린이 남아 있는 설비에 등유 등의 주입)

정답
① 명칭 : 접속선
② 역할 : 전위차를 줄임

01 산업안전보건법령상, 사업주가 근로자의 추락 등의 위험을 방지하기 위하여 안전난간을 설치하는 경우 ① 발끝막이판의 높이 ② 난간대의 지름을 쓰시오.

합격정보 산업안전보건기준에 관한 규칙 제13조(안전난간의 구조 및 설치요건)

합격KEY
① 2023년 10월 14일(문제 1번) 출제
② 2024년 5월 4일(문제 1번) 출제
③ 2024년 8월 11일 산업기사 출제

정답
① 발끝막이판 높이 : 10cm 이상
② 난간대 지름 : 2.7cm 이상

02 산업안전보건법령상, 화면 상의 기계 기구 작업을 하는 때 작업시작 전, 사업주가 관리감독자로 하여금 점검하도록 해야 할 사항 3가지를 쓰시오.

합격정보 산업안전보건기준에 관한 규칙 [별표 3] 작업시작 전 검검사항

합격KEY
① 2018년 10월 14일 제3회 출제
③ 2019년 10월 19일 제3회 3부(문제 1번)출제
⑤ 2021년 7월 24일(문제 5번) 출제
⑦ 2021년 10월 24일 산업기사 출제
⑨ 2022년 7월 30일(문제 8번) 출제
⑪ 2023년 10월 15일 산업기사 출제
⑬ 2024년 8월 11일 산업기사 출제
② 2019년 7월 6일 제2회 1부(문제 1번) 출제
④ 2020년 5월 30일 기사 출제
⑥ 2021년 10월 24일 산업기사 출제
⑧ 2022년 5월 13일(문제 8번) 출제
⑩ 2023년 7월 29일 기사 출제
⑫ 2024년 5월 4일(문제 1번) 출제

정답
① 제동장치 및 조종장치 기능의 이상 유무
② 하역장치 및 유압장치 기능의 이상 유무
③ 바퀴의 이상 유무
④ 전조등 · 후미등 · 방향지시기 및 경보장치 기능의 이상 유무

자격종목	시험일	비번호	PC번호	남은시간
산업안전기사	2024년 8월 3일 2회(1부)	A001	1	60분

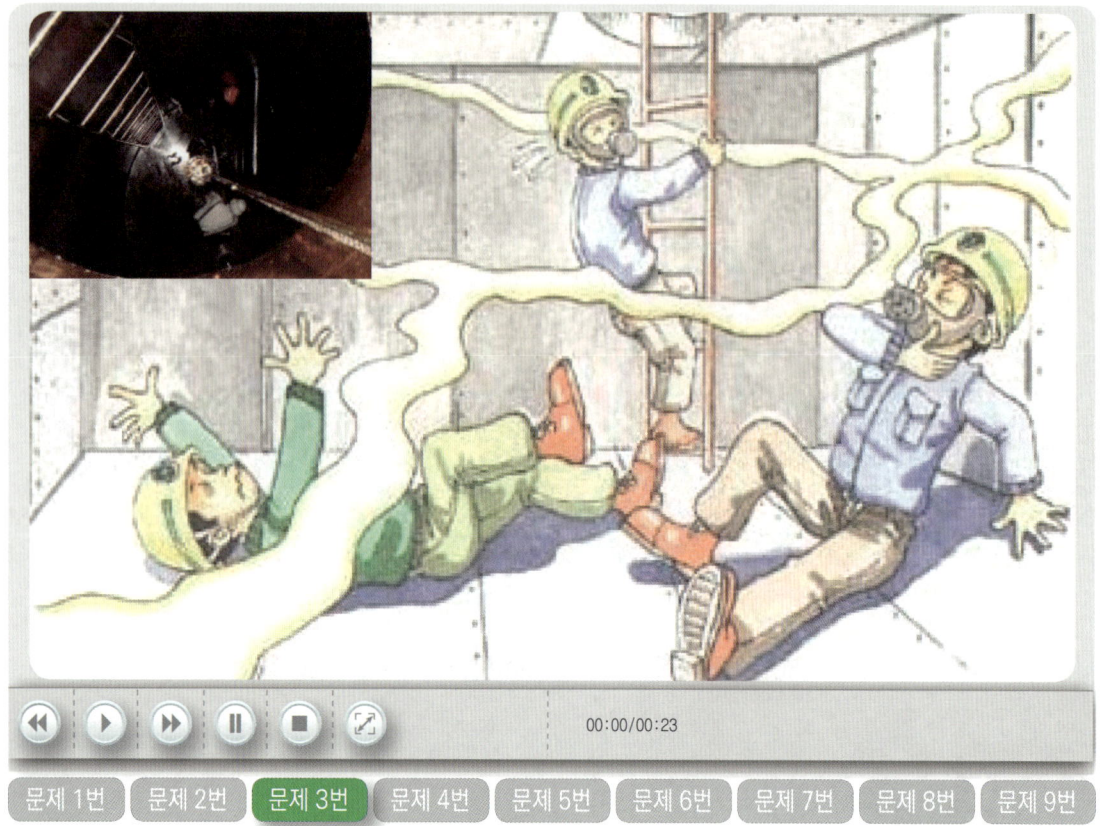

03 선박 밸러스트 탱크 내부(밀폐공간)의 슬러지를 제거하는 작업 도중에 작업자가 가스질식으로 의식을 잃는 장면이다. 이와 같은 사고에 대비하여 필요한 비상시 피난용구를 3가지만 쓰시오.

보충학습 호흡용 보호구 대신 유사답안
① 송기마스크　　　　　　② 에어라인 마스크
③ 호스마스크　　　　　　④ 복합식 에어라인 마스크
⑤ 공기호흡기　　　　　　⑥ 산소호흡기

합격정보 산업안전보건기준에 관한 규칙 제624조, 제625조(대피용 기구의 비치)

합격KEY ① 2005년 7월 15일 산업기사 출제　　② 2006년 9월 23일 출제
③ 2012년 10월 21일 출제　　　　　　④ 2015년 4월 25일(문제 3번) 출제
⑤ 2016년 4월 23일 제1회(문제 3번) 출제　⑥ 2017년 10월 22일 기사 출제
⑦ 2021년 5월 5일(문제 3번) 출제　　⑧ 2024년 5월 4일(문제 3번) 출제

정답
① 도르래　　　　　　　　② 로프(섬유로프)
③ 구명밧줄　　　　　　　④ 안전대
⑤ 피재자 구조용 발판　　⑥ 호흡용 보호구

04 산업안전보건법령상, 등유나 경유를 주입할 때 주의사항 관련하여 (　)에 알맞은 것을 쓰시오.
① 등유나 경유를 주입하기 전에 탱크·드럼 등과 주입설비 사이에 접속선이나 접지선을 연결하여 (　　)를 줄이도록 할 것
② 등유나 경유를 주입하는 경우에는 그 액표면의 높이가 주입관의 선단의 높이를 넘을 때까지 주입속도를 초당 (　　)미터 이하로 할 것

합격정보 산업안전보건기준에 관한 규칙 제228조(가솔린이 남아 있는 설비에 등유 등의 주입)
합격KEY 2023년 4월 29일 출제

정답
① 전위차
② 1

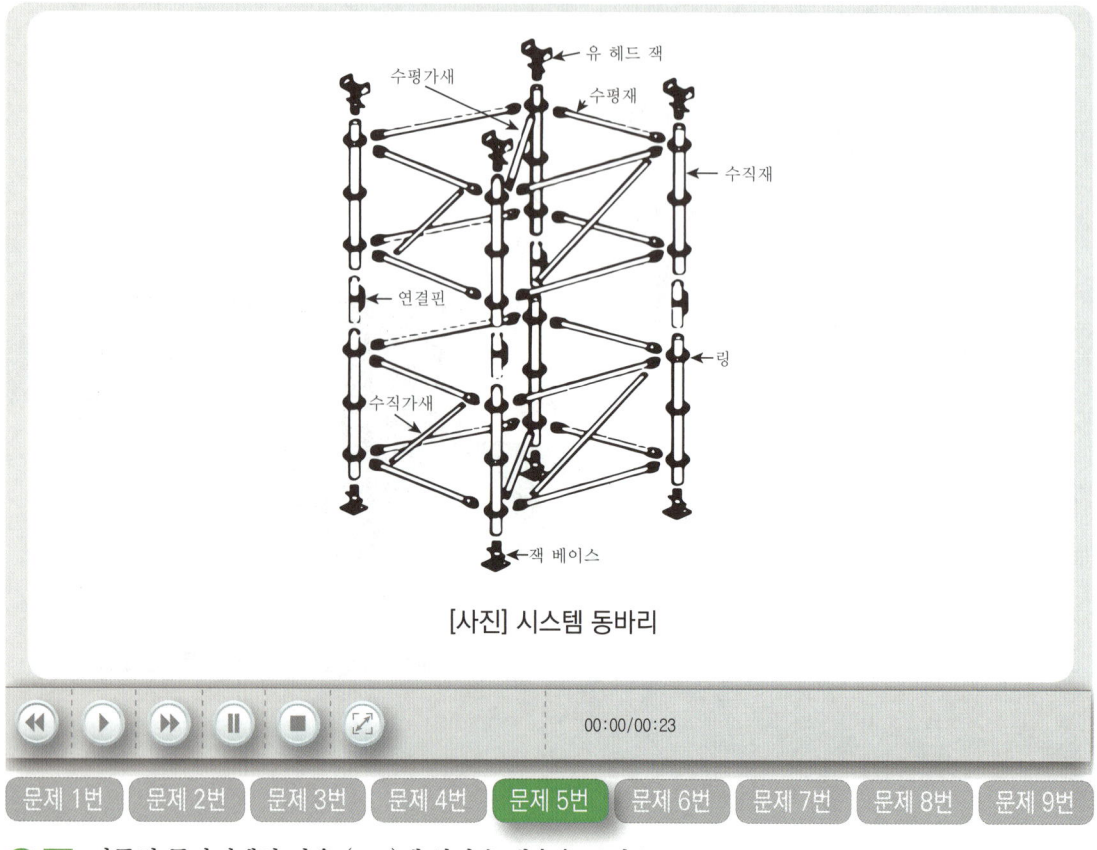

[사진] 시스템 동바리

05 거푸집 동바리에서 다음 ( )에 알맞은 내용을 쓰시오.
① 규격화·부품화된 수직재, 수평재 및 가새재 등의 부재를 현장에서 조립하여 거푸집으로 지지하는 동바리 형식의 이름을 쓰시오. ( )
② 동바리 최상단과 최하단의 수직재와 받침철물은 서로 밀착되도록 설치하고 수직재와 받침철물의 연결부의 겹침 길이는 받침철물 전체길이의 ( )이상 되도록 할 것

[합격정보] 산업안전보건기준에 관한 규칙 제332조의2(동바리유형에 따른 동바리 조립시의 안전조치)
[합격KEY] 2023년 4월 30일 출제

정답
① 시스템 동바리
② $\frac{1}{3}$

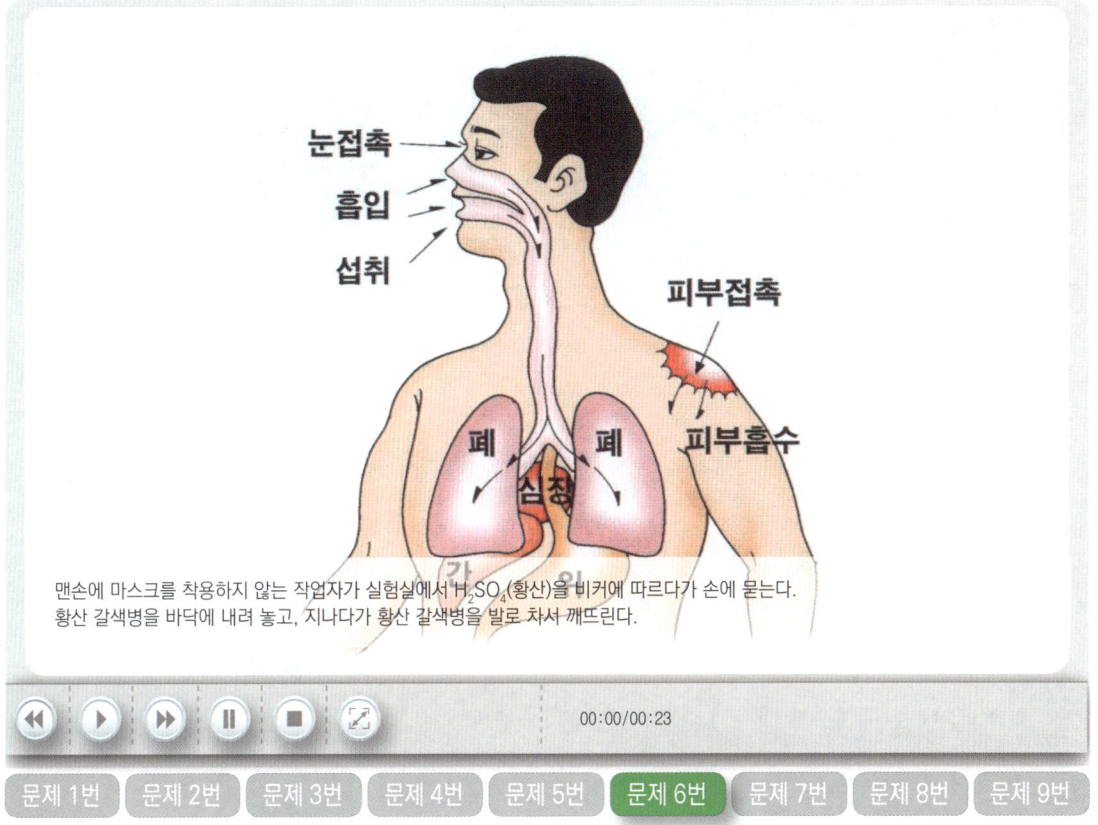

맨손에 마스크를 착용하지 않는 작업자가 실험실에서 H₂SO₄(황산)을 비커에 따르다가 손에 묻는다. 황산 갈색병을 바닥에 내려 놓고, 지나다가 황산 갈색병을 발로 차서 깨뜨린다.

06
화면 상의 작업에서 황산이 체내에 유입될 수 있다. 인체로 흡수되는 경로를 3가지로 쓰시오.

합격정보 산업안전보건기준에 관한 규칙 제440조(특별관리물질의 고지)

합격KEY
① 2001년 4월 29일 기사 출제
② 2007년 10월 13일 출제
③ 2009년 4월 26일 출제
④ 2010년 4월 24일 기사 출제
⑤ 2011년 5월 7일 기사 출제
⑥ 2012년 7월 14일 출제
⑦ 2015년 4월 25일 기사 출제
⑧ 2016년 4월 23일 산업기사 (문제 3번) 출제
⑨ 2016년 7월 3일 제2회(문제3번) 출제
⑩ 2019년 7월 6일 기사 제2회 2부 출제
⑪ 2019년 10월 19일 제3회 1부 산업기사 출제
⑫ 2020년 7월 27일 제1부(문제 3번) 출제
⑬ 2020년 10월 10일(문제 3번) 출제
⑭ 2022년 10월 22일 제1부(문제 3번) 출제
⑮ 2023년 10월 14일 출제

정답
① 호흡기
② 소화기
③ 피부점막

자격종목	시험일	비번호	PC번호	남은시간
산업안전기사	2024년 8월 3일 2회(1부)	A001	1	60분

보안경 및 방진마스크를 미착용한 작업자 A, B 두 사람이 톱날 접촉 예방장치가 없는 둥근톱을 이용하여 나무판자를 밀며 절단 작업 중 작업자A가 작업자B를 불렀는지 곁눈질하다가 작업자A의 빨간색 코팅 반장갑을 낀 손가락이 반 정도 절단되면서 넘어진다. 작업자B도 검은색 장갑을 착용하였다.

07 방호장치 자율안전기준 고시상, 방호장치가 없는 둥근톱 기계에 고정식 접촉예방장치를 설치하고자 한다. 이때 간격은 각각 얼마로 조정하는지 (　　)를 쓰시오.
① 톱날 등 분할날에 대면하고 있는 부분 및 가공재의 상면에서 덮개 하단까지의 틈새가 (　　)가 되도록 위치를 조절
② 덮개의 하단부와 테이블면 사이가 (　　)의 간격을 유지할 수 있는 스토퍼를 설치

합격KEY ▶ 2023년 7월 29일 출제

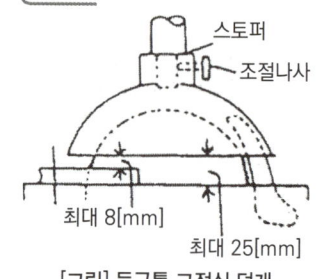

[그림] 둥근톱 고정식 덮개

정답
① 8[mm] 이내
② 25[mm] 이내

자격종목	시험일	비번호	PC번호	남은시간
산업안전기사	2024년 8월 3일 2회(1부)	A001	1	60분

① 2명의 작업자가 방진마스크, 보안경을 착용하지 않고 휴대용 연삭기(핸드 그라인더)로 기다란 대리석 돌판을 연마 작업중이다.
② 연삭기의 덮개가 낡아 보이며 작업자는 팔을 조금 들며 연삭기 측면을 사용하다 대리석 가공물이 떨어진다.
③ 작업장에는 이동전선 및 충전부가 어지럽게 널려 물에 닿은 채 있으며, 작업자 2명이 기다란 대리석 돌판을 들고 간다.

00:00/00:23

| 문제 1번 | 문제 2번 | 문제 3번 | 문제 4번 | 문제 5번 | 문제 6번 | 문제 7번 | 문제 8번 | 문제 9번 |

08 동영상의 그라인더 기기를 활용한 작업에서 위험요인(불안전한 행동 및 상태) 3가지를 쓰시오.(단, 안전모 관련사항은 제외)

합격KEY
① 2015년 7월 18일 산업기사 출제
② 2019년 7월 6일 제2회 3부(문제 9번) 출제
③ 2019년 10월 19일 기사 출제
④ 2023년 4월 29일 기사 출제
⑤ 2023년 10월 15일 산업기사 출제

정답
① 작업자가 맨손으로 작업을 하여 위험하다.
② 작업자가 방진마스크 등 보호구를 착용하지 않아 위험하다.
③ 연삭기 측면을 사용하여 숫돌파괴 위험이 있다.

자격종목	시험일	비번호	PC번호	남은시간
산업안전기사	2024년 8월 3일 2회(1부)	A001	1	60분

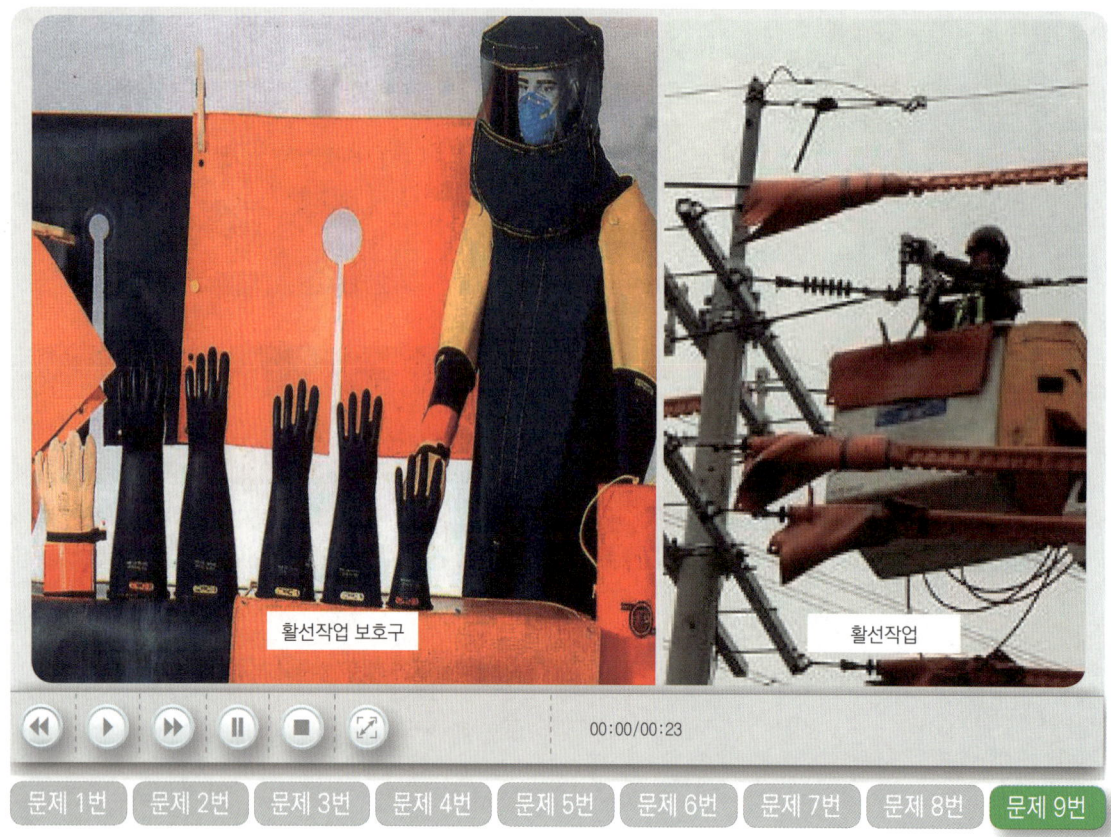

09 화면과 같이 활선 작업 시 작업자가 착용하여야 할 보호구 2가지를 쓰시오.

합격KEY
① 2015년 7월 18일 제2회(문제 1번) 출제
② 2017년 10월 22일 제3회(문제 1번) 출제
③ 2019년 4월 21일 산업기사 출제
④ 2021년 10월 23일(문제 1번) 출제
⑤ 2022년 10월 22일 출제

정답
① 내전압용 절연장갑
② 절연장화
③ AE종 또는 ABE종 안전모

작업자가 전주에 올라가다 표지판에 부딪혀 떨어짐

01 동영상의 재해에서 (①)재해발생형태 및 (②) 이런 상황에서 착용해야 하는 안전모 종류를 쓰시오.

합격KEY ① 2013년 10월 12일(문제 3번) 출제
② 2015년 7월 18일 제2회 출제
③ 2016년 10월 15일 제3회(문제 3번) 출제
④ 2018년 4월 21일 제1회 1부(문제 3번) 출제
⑤ 2019년 10월 19일 (문제 3번) 출제

정답
① 재해발생형태 : 추락(떨어짐)
② 안전모의 종류 : ABE종

자격종목	시험일	비번호	PC번호	남은시간
산업안전기사	2024년 8월 3일 2회(2부)	A001	1	60분

교량 및 다리 기둥에서 철폐 발판에서 나무로 만든 작은 의자 크기 말비계에 올라서서 작업자가 기둥 부분에 몽키스패너로 작업을 하고 있다. 안전모, 안전복, 안전장갑을 착용 중인 작업자가 발을 헛디뎌 말비계에서 추락

02 산업안전보건법령상, 말비계를 조립하여 사용하는 경우에 사업주의 준수 사항 관련해서 (   )에 알맞은 것을 쓰시오.
① 지주부재(支柱部材)의 하단에는 미끄럼 방지장치를 하고, 근로자가 양측 끝부분에 올라서서 작업하지 않도록 할 것
② 지주부재와 수평면의 기울기를 (㉠)도 이하로 하고, 지주부재와 지주부재 사이를 고정시키는 (㉡)를 설치할 것
③ 말비계의 높이가 2미터를 초과하는 경우에는 작업발판의 폭을 40센티미터 이상으로 할 것

합격정보 산업안전보건기준에 관한 규칙 제67조(말비계)

합격KEY 2022년 10월 22일 출제

정답
㉠ 75
㉡ 보조부재

자격종목	시험일	비번호	PC번호	남은시간
산업안전기사	2024년 8월 3일 2회(2부)	A001	1	60분

① 사방에 불꽃이 튀고 있는 가스용접 절단 작업 중, 야외용접 작업장 바닥에 여러 자재(철판, 목재, 인화성물질이라 표시된 페인트통)가 널부러져 있고, 산소통이 용접/절단 작업장 가까이에서 바닥에서 20도 정도로 눕혀 있고, 작업장에 소화기는 보이지 않는다.
② 용접용 보안면 등 안전보호구를 착용하지 않은 여러 작업자들이 맨얼굴로 목장갑을 끼고 용접하면서 산소통 줄을 당겨서 호수가 뽑혀 산소가 세어나오고 불꽃이 튐

00:00/00:23

| 문제 1번 | 문제 2번 | 문제 3번 | 문제 4번 | 문제 5번 | 문제 6번 | 문제 7번 | 문제 8번 | 문제 9번 |

03 동영상 작업장의 불안전한 요소 3가지를 쓰시오.
(단, 작업자의 불안전한 행동은 채점에서 제외)

합격정보
① 산업안전보건기준에 관한 규칙 제234조(가스등의 용기)
② 산업안전보건기준에 관한 규칙 제241조(화재위험작업 시의 준수사항)
③ 산업안전보건기준에 관한 규칙 제233조(가스용접 등의 작업)

합격KEY
① 2022년 10월 22일 출제
② 2024년 8월 11일 산업기사 출제

정답
① 화기작업에 따른 인근 가연성물질에 대한 방호조치 및 소화기구 비치 미흡하여 화재 및 폭발사고 발생 위험이 있다.
② 용접불티 비산장비덮개, 용접방화포 등 불꽃 불티 등 비산방지조치 미흡으로 화재 및 폭발사고 발생 위험이 있다.
③ 작업현장 내 정리, 정돈 상태가 불량하여 인화성물질이 쌓여있으므로 화재폭발사고가 발생할 위험이 있다.
④ 감시인이 배치되어 있지 않아 화재 및 폭발 사고발생의 위험이 있다.

04 동영상은 프레스기로 철판에 구멍을 뚫는 작업 중이다. 작업시작 전 점검사항 3가지를 쓰시오.

보충학습

[표] 급정지 기구에 따른 방호장치

구분	종류	
급정지 기구가 부착되어 있어야만 유효한 방호장치	① 양수 조작식 방호장치	② 감응식 방호장치
급정지 기구가 부착되어 있지 않아도 유효한 방호장치	① 양수 기동식 방호장치 ③ 수인식 방호장치	② 게이트 가드 방호장치 ④ 손쳐 내기식 방호장치

합격정보 산업안전보건기준에 관한 규칙 [별표 3] 작업시작 전 점검사항(제35조제2항 관련)

합격KEY
① 2021년 7월 18일(문제 7번) 출제
② 2023년 4월 29일 출제
③ 2024년 8월 11일 산업기사 출제

정답
① 클러치 및 브레이크의 기능
② 크랭크축·플라이휠·슬라이드·연결봉 및 연결 나사의 풀림 여부
③ 1행정 1정지기구·급정지장치 및 비상정지장치의 기능
④ 슬라이드 또는 칼날에 의한 위험방지 기구의 기능
⑤ 프레스의 금형 및 고정볼트 상태
⑥ 방호장치의 기능
⑦ 전단기(剪斷機)의 칼날 및 테이블의 상태

05 산업안전보건법령상, 사업주가 흙막이 지보공을 설치하였을 때는 ① 설치 목적과 ② 정기적으로 점검하고 이상을 발견하면 즉시 보수하여야 하는 사항 3가지를 쓰시오.

[합격정보] 터널 지보공의 수시 점검사항 4가지
① 부재의 손상·변형·부식·변위·탈락의 유무 및 상태
② 부재의 긴압의 정도
③ 부재의 접속부 및 교차부의 상태
④ 기둥침하의 유무 및 상태

[참고] ① 산업안전보건기준에 관한 규칙 제347조(붕괴 등의 위험방지)
② 산업안전보건기준에 관한 규칙 제366조(붕괴 등의 방지)

[합격KEY] ① 2006년 4월 29일 기사 출제 ② 2007년 7월 15일 출제
③ 2012년 10월 21일(문제 8번) 출제 ④ 2016년 4월 23일 제1회(문제 8번) 출제
⑤ 2017년 10월 22일 제3회(문제 8번) 출제 ⑥ 2018년 4월 21일 제1회 1부(문제 8번) 출제
⑦ 2023년 4월 29일 출제

[정답]
① 설치목적 : 토사 붕괴 방지(무너짐 방지)
② 이상 발견 시 즉시 보수하여야 할 사항
 • 부재의 손상·변형·부식·변위 및 탈락의 유무와 상태
 • 버팀대의 긴압의 정도
 • 부재의 접속부·부착부 및 교차부의 상태
 • 침하의 정도

자격종목	시험일	비번호	PC번호	남은시간
산업안전기사	2024년 8월 3일 2회(2부)	A001	1	60분

이동식 사다리 작업 중 바닥으로 떨어짐

06 영상의 재해에서 ① 기인물 ② 가해물을 쓰시오.

[합격정보] 산업안전보건기준에 관한 규칙 제42조(사다리식 추락의 방지)

정답
① 기인물 : 이동식 사다리
② 가해물 : 바닥

자격종목	시험일	비번호	PC번호	남은시간
산업안전기사	2024년 8월 3일 2회(2부)	A001	1	60분

문제 1번 | 문제 2번 | 문제 3번 | 문제 4번 | 문제 5번 | 문제 6번 | **문제 7번** | 문제 8번 | 문제 9번

07 동영상에서 휴대용 연삭작업을 하고 있다. ① 방호장치 이름 ② 방호장치 설치 각도를 쓰시오.

보충학습 연삭기 덮개 표준양식 및 각도(방호장치 자율안전기준 고시[별표 4] 연삭기 덮개의 성능기준 제9조 관련)

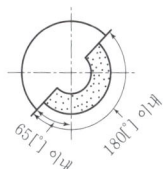 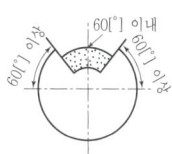 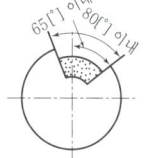

① 원통 연삭기, 센터리스연삭기, 공구연삭기, 만능연삭기 그 밖에 이와 비슷한 연삭기
② 연삭숫돌의 상부를 사용하는 것을 목적으로 하는 탁상용 연삭기
③ ② 및 ⑥ 이외의 탁상용 연삭기 그 밖에 이와 유사한 연삭기

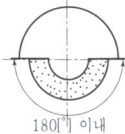 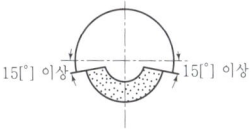 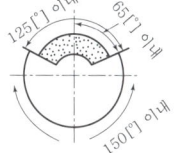

④ 휴대용 연삭기, 스윙연삭기, 슬래브 연삭기 그 밖에 이와 비슷한 연삭기
⑤ 평면연삭기, 절단연삭기, 그 밖에 이와 비슷한 연삭기
⑥ 일반 연삭작업 등에 사용하는 목적으로 하는 탁상용 연삭기

합격KEY ① 2008년 4월 26일 출제　② 2014년 4월 25일(문제 8번) 출제
③ 2016년 4월 23일(문제 8번) 출제　④ 2021년 5월 2일(문제 7번) 출제
⑤ 2022년 7월 30일 출제

정답 ① 방호장치 이름 : 덮개　② 설치각도 : 180[°] 이상

08 화면에서 터널 등의 건설작업에 있어서 낙반 등에 의하여 근로자에게 위험을 미칠 우려가 있을 때 위험을 방지하기 위하여 필요한 조치를 2가지 쓰시오.

합격정보 산업안전보건기준에 관한 규칙 제351조(낙반 등에 의한 위험의 방지)

보충학습 발파 후 터널 내 "뜬돌" : 부석(浮石)

정답
① 부석 제거
② 록볼트의 설치(rock bolt)
③ 터널 지보공 설치

09 화면상 작업의 위험요인을 2가지 쓰시오.

합격정보 산업안전보건기준에 관한 규칙 제221조의5(인양작업 시 조치)

정답
① 달기구에 해지장치 미사용으로 위험
② 신호수나 작업지휘자 미배치로 위험
③ 인양물과 근로자가 접촉할 우려가 있는 장소에 근로자의 출입을 금지시키지 않음으로 위험

자격종목	시험일	비번호	PC번호	남은시간
산업안전기사	2024년 8월 3일 2회(3부)	A001	1	60분

4면에 난간이 있는 고소작업대를 완전히 내린 상태에서 작업자를 태우고 다리 밑으로 이동한다. 이후 고소작업대를 상승시켜 작업자가 산소 절단 작업을 한다. 절단 작업자가 안전모는 썼지만 면장갑만 끼고 보안경이나 보안면은 착용하지 않았다. 작업장 정리정돈 안되어 보였지만 그다지 심하지는 않으며 소화기는 보인다. 마지막에 고소작업대 바퀴부분을 클로즈업 된다. 과상승 방지봉이 있는지 여부는 확인 안된다.

01
해당 영상의 기계 관련하여 ( )에 알맞은 것을 쓰시오.
(1) 작업대에 정격하중 – 안전율 (①)이상을 표시할 것
(2) 작업대에 끼임·충돌 등 재해를 예방하기 위한 가드 또는 (②)를 설치할 것

합격정보 산업안전보건기준에 관한 규칙 제186조(고소작업대 설치 등의 조치)

정답
① 5
② 과상승 방지장치

자격종목	시험일	비번호	PC번호	남은시간
산업안전기사	2024년 8월 3일 2회(3부)	A001	1	60분

02 동영상은 전주를 옮기다가 작업자가 전주에 맞아 사고를 당하였다. ① 재해요인(형태) ② 재해 정의를 쓰시오.

합격KEY
① 2006년 4월 29일 출제
② 2007년 4월 28일 출제
③ 2012년 7월 14일 산업기사 출제
④ 2012년 10월 21일 출제
⑤ 2014년 4월 25일 제1회 제3부 출제
⑥ 2015년 10월 11일 산업기사 출제
⑦ 2016년 10월 9일(문제 8번) 출제
⑧ 2017년 4월 22일 제1회 산업기사(문제 8번) 출제
⑨ 2019년 7월 6일 기사 제2회 2부 출제
⑩ 2019년 10월 19일 제3회 1부 산업기사 출제
⑪ 2022년 5월 13일 출제

정답
① 재해요인(형태) : 비래(물체에 맞음)
② 정의 : 물건이 주체가 되어 사람이 맞는 경우

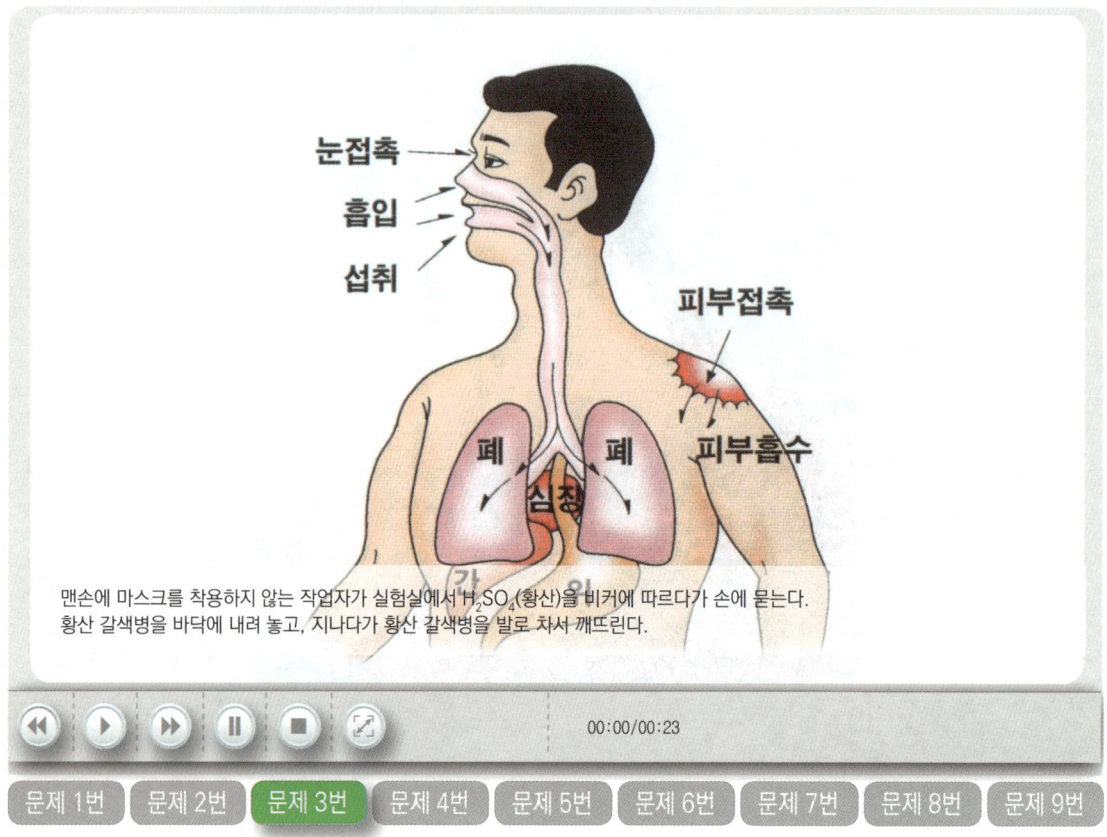

03 화면 상의 작업에서 (1) 직업성 질병에 노출되는 경로를 1가지만 쓰시오. (2) 소분되어 있는 화학물질의 유해, 위험요인을 표시하기 위해 용기에 표시하는 자료의 명칭을 쓰시오. (단, 정확한 명칭을 쓸 것)

합격정보 산업안전보건기준에 관한 규칙 제440조(특별관리물질의 고지)

정답
(1) 직업성 질병에 노출되는 경로
① 호흡기
② 소화기
③ 피부점막
(2) 자료의 명칭 : 물질안전보건자료(MSDS)

자격종목	시험일	비번호	PC번호	남은시간
산업안전기사	2024년 8월 3일 2회(3부)	A001	1	60분

04
화면은 천장 크레인 작업을 하고 있는 모습이다. 다음 문제에 알맞은 내용을 각각 쓰시오.
① 권과를 방지하기 위하여 인양용 와이어로프가 일정한계 이상 감기게 되면 자동적으로 동력을 차단하고 작동을 정지시키는 장치
② 훅에서 와이어로프가 이탈하는 것을 방지하는 장치
③ 전도사고를 방지하기 위하여 장비의 측면에 부착하여 전도 모멘트에 대하여 효과적으로 지탱할 수 있도록 한 장치

합격정보
① 산업안전보건기준에 관한 규칙 제134조(방호장치의 조정)
② 산업안전보건기준에 관한 규칙 제137조(해지장치의 사용)

합격KEY
① 2010년 4월 24일 출제　② 2011년 10월 22일 제3회 출제
③ 2016년 10월 15일 기사 출제　④ 2022년 5월 21일(문제 9번) 출제
⑤ 2022년 8월 7일 제1부 출제　⑥ 2022년 8월 7일 산업기사 출제
⑦ 2023년 7월 30일 산업기사 출제

정답
① 권과방지장치
② 훅해지장치
③ 아웃트리거(outrigger)

자격종목	시험일	비번호	PC번호	남은시간
산업안전기사	2024년 8월 3일 2회(3부)	A001	1	60분

[그림] 용접작업

교류아크용접 작업장에서 작업자가 혼자 작업을 하고 있음.(작업 내용은 대형 관의 플랜지 아래 부위를 아크 용접하는 상황) 왼손으로는 플랜지 회전 스위치를 조작해 가며 오른손으로 용접을 하는 상황, 주위에는 인화성 물질로 보이는 깡통 등이 용접작업 주변에 쌓여 있음.

| 문제 1번 | 문제 2번 | 문제 3번 | 문제 4번 | 문제 5번 | 문제 6번 | 문제 7번 | 문제 8번 | 문제 9번 |

05 화면은 배관 용접작업에 관한 내용이다. 동영상의 내용 중 위험요인이 내재되어 있다. 작업현장의 위험요인 3가지를 쓰시오.

합격KEY
① 2019년 10월 19일 제3회 3부(문제 7번) 출제
② 2020년 5월 16일 제1회 3부 기사 출제
③ 2020년 7월 25일 산업기사 출제
④ 2021년 7월 18일(문제 6번) 출제
⑤ 2021년 10월 23일 출제

정답
① 단독으로 작업 중 양손 모두를 사용하여 작업하므로 위험에 노출되어 있다.
② 작업현장내 정리, 정돈 상태가 불량하여 인화성물질이 쌓여있으므로 화재폭발사고가 발생할 위험이 있다.
③ 감시인이 배치되어 있지 않아 사고발생의 위험이 있다.

06 산업안전보건법령상, (1) 고열의 정의와 다량의 고열물체를 취급하거나 매우 더운 장소에서 작업하는 근로자에게 사업주가 지급하고 착용하도록 하여야 하는 (2) 보호구 2가지를 쓰시오.

합격정보
① 산업안전보건기준에 관한 규칙 제558조(정의)
② 산업안전보건기준에 관한 규칙 제572조(보호구의 지급 등)

보충학습
① 열사병(Heat Stroke)
고온의 밀폐된 공간에 오래 머무를 경우 발생하는 질환으로, 체온이 40도 이상으로 올라가 치명적일 수 있다. 일반적으로 중추 신경계 이상이 발생하고 정신 혼란, 발작, 의식 소실도 일어날 수 있다.
② 열경련(Heat Cramp)
고온에 지속적으로 노출되 근육에 경련이 일어나는 질환이다. 무더위가 기승을 부리는 7월 말에서 8월에 집중적으로 발생한다. 두통, 오한을 동반하고 심할 경우 의식 장애를 일으키거나 혼수상태에 빠질 수 있다.

합격KEY 2023년 4월 30일 출제

정답
(1) 고열 : 열에 의하여 근로자에게 열경련·열탈진 또는 열사병 등의 건강장해를 유발할 수 있는 더운 온도
(2) 보호구
① 방열장갑
② 방열복

자격종목	시험일	비번호	PC번호	남은시간
산업안전기사	2024년 8월 3일 2회(3부)	A001	1	60분

작업자가 덮개가 없는 휴대용 연삭기(핸드그라인더 : grinder)로 연마작업

07 작업자의 손에 들려있는 기구의 자율안전확인대상품 ① 기계 정식 명칭과 ② 해당기계에 설치하는 방호장치명을 쓰시오.

합격정보 연삭기 덮개 표준양식 및 각도(방호장치 자율안전기준 고시[별표 4] 연삭기 덮개의 성능기준 제9조 관련)

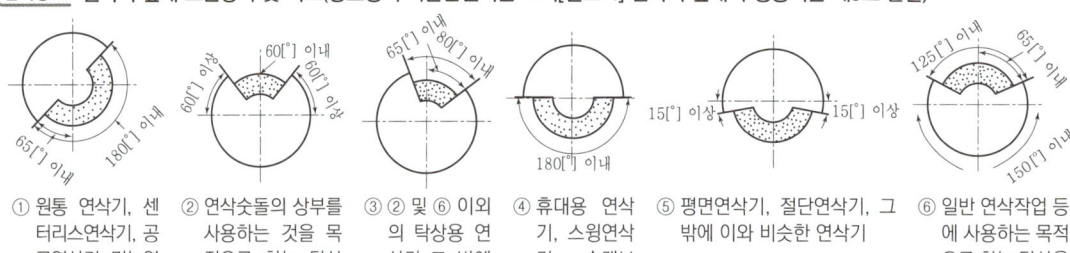

① 원통 연삭기, 센터리스연삭기, 공구연삭기, 만능연삭기 그 밖에 이와 비슷한 연삭기
② 연삭숫돌의 상부를 사용하는 것을 목적으로 하는 탁상용 연삭기
③ ② 및 ⑥ 이외의 탁상용 연삭기 그 밖에 이와 유사한 연삭기
④ 휴대용 연삭기, 스윙연삭기, 슬래브연삭기 그 밖에 이와 비슷한 연삭기
⑤ 평면연삭기, 절단연삭기, 그 밖에 이와 비슷한 연삭기
⑥ 일반 연삭작업 등에 사용하는 목적으로 하는 탁상용 연삭기

합격KEY
① 2008년 4월 26일 출제
② 2014년 4월 25일(문제 8번) 출제
③ 2016년 4월 23일(문제 8번) 출제
④ 2021년 5월 2일(문제 7번) 출제
⑤ 2022년 7월 30일 제1부(문제 3번) 출제
⑥ 2023년 10월 14일 출제

정답 ① 기계명칭 : 휴대용 연삭기　　② 방호장치 : 덮개

08 화면은 인화성 물질의 취급 및 저장소이다. 인화성 물질의 증기, 인화성 가스 또는 인화성 분진이 존재하여 폭발 또는 화재가 발생할 우려가 있을 경우의 예방대책을 3가지 쓰시오.(단, 작업시설에 관련된 것은 제외하고 작업자, 작업장 관련 내용만 해당)

[합격정보] 산업안전보건기준에 관한 규칙 제325조(정전기로 인해 화재 폭발 등 방지) ②항
[합격KEY] 2022년 10월 22일 출제

정답
① 정전기 대전방지용 안전화 착용
② 제전복(除電服) 착용
③ 정전기 제전용구 사용
④ 작업장 바닥 등에 도전성을 갖추도록 한다.

09
동영상에서와 같이 ① 폭발성 물질 저장소에 들어가는 작업자가 신발에 물을 묻히는 이유는 무엇인지 상세히 설명하고, ② 화재시 적합한 소화방법을 쓰시오.

합격정보 산업안전보건기준에 관한 규칙 제325조(정전기로 인한 화재 폭발 등 방지)

합격KEY
① 2004년 10월 2일 출제
② 2005년 10월 1일 출제
③ 2009년 4월 26일 출제
④ 2012년 4월 28일 출제
⑤ 2013년 7월 20일 출제
⑥ 2014년 10월 5일(문제 5번) 출제
⑦ 2015년 7월 18일 제2회 출제
⑧ 2016년 10월 15일(문제 8번) 출제
⑨ 2022년 7월 30일 기사 출제
⑩ 2023년 5월 7일 산업기사 출제

정답
① 이유 : 폭발성이 높은 화학약품을 취급할 때 정전기에 의한 폭발 위험성이 있으므로 작업화와 바닥면의 접촉으로 인한 정전기 발생을 줄이기 위해서이다.
② 소화방법 : 다량의 주수에 의한 냉각소화

자격종목	시험일	비번호	PC번호	남은시간
산업안전산업기사	2024년 8월 11일 2회(1부)	A001	1	60분

파지압축장에서 작업자 두명은 컨베이어 위에서 작업을 하고 있는데, 집게암으로 파지를 들어서 작업자 머리 위를 통과한 후 흔들어서 파지를 떨어뜨리고 있다. 작업자가 안전모를 쓰고 있지 않다.

01 파지 작업장에서 작업자의 불안전 행동(위험요인) 3가지를 쓰시오.

합격KEY
① 2020년 5월 16일 산업기사 출제
② 2020년 10월 10일 기사 출제
③ 2020년 11월 15일(문제 6번) 출제
④ 2021년 10월 24일(문제 2번) 출제
⑤ 2023년 5월 7일 출제

정답
① 파지를 옮기는 기계가 작업자의 머리위로 지나간다.
② 안전모 등 보호구 미착용
③ 움직이는 컨베이어 위에서 작업하고 있다.

02 산업안전보건법령상, 사업주가 근로자의 추락 등의 위험을 방지하기 위하여 안전난간을 설치하는 경우 기준에 맞는 구조로 설치하기 위하여 다음 (   )을 알맞은 숫자를 쓰시오.(단위 및 범위 등을 확실히 기재할 것)
(1) 상부난간대 :
(2) 발끝막이판 :
(3) 난간대 지름 :

합격정보 산업안전보건기준에 관한 규칙 제13조(안전난간의 구조 및 설치요건)

합격KEY ① 2023년 10월 14일 기사 출제
② 2024년 8월 3일 기사 출제

정답
① 상부난간대 : 90cm 이상~120cm 이하
② 발끝막이판 : 10cm 이상
③ 난간대 지름 : 2.7cm 이상

자격종목	시험일	비번호	PC번호	남은시간
산업안전산업기사	2024년 8월 11일 2회(1부)	A001	1	60분

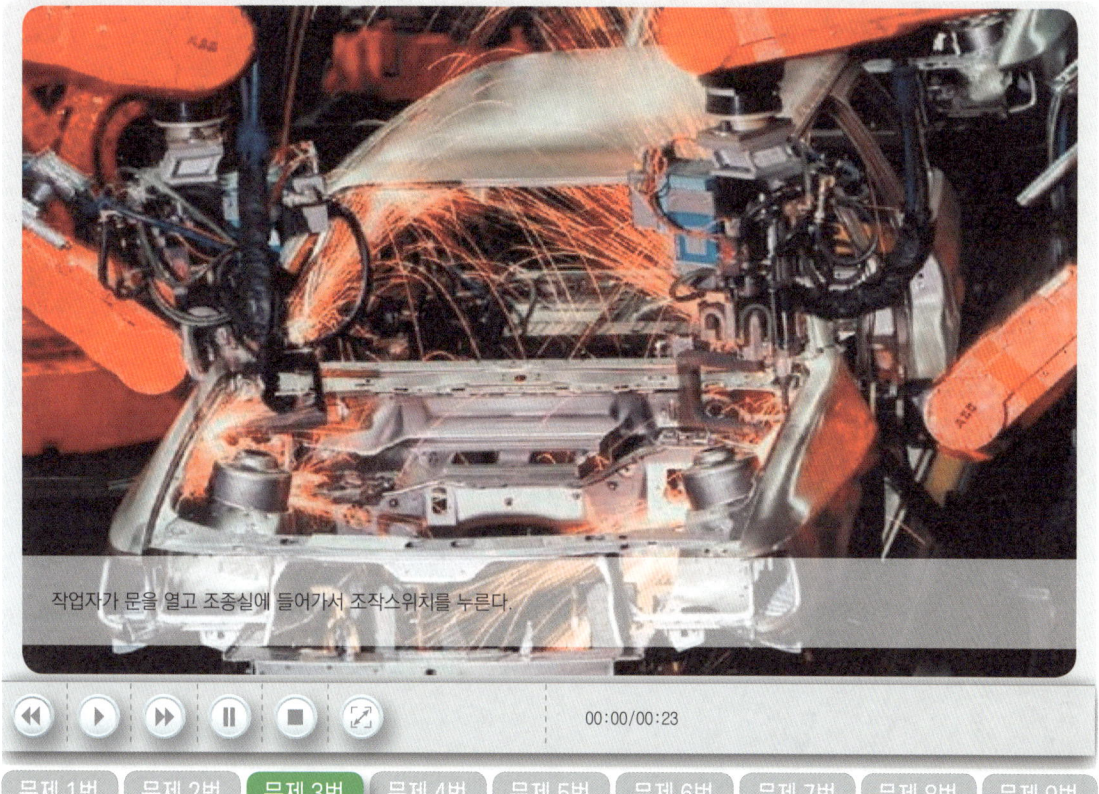

작업자가 문을 열고 조종실에 들어가서 조작스위치를 누른다.

문제 1번 | 문제 2번 | **문제 3번** | 문제 4번 | 문제 5번 | 문제 6번 | 문제 7번 | 문제 8번 | 문제 9번

03 영상의 장비에 교시 등의 작업을 할 경우, 예기치 못한 작동 또는 오조작에 의한 위험을 방지하기 위하여 관련 지침을 정하여 그 지침에 따라 작업을 하도록 해야하는데, 이에 관련 지침에 포함되어야 할 사항을 3가지 쓰시오.(단, 그 밖에 예기치 못한 작동 또는 오동작에 의한 위험 방지를 하기 위하여 필요한 조치 제외)

합격정보 산업안전보건기준에 관한 규칙 제222조(교시 등)

합격KEY ① 2019년 10월 17일(문제 4번) 출제
② 2022년 8월 7일 출제

정답
① 로봇의 조작방법 및 순서
② 작업 중의 매니퓰레이터의 속도
③ 2명 이상의 근로자에게 작업을 시킬 경우의 신호방법
④ 이상을 발견한 경우의 조치
⑤ 이상을 발견하여 로봇의 운전을 정지시킨 후 이를 재가동시킬 경우의 조치7

자격종목	시험일	비번호	PC번호	남은시간
산업안전산업기사	2024년 8월 11일 2회(1부)	A001	1	60분

위험물질 실험실에서 위험물이 든 병을 발로 차서 깨뜨리는 장면

---

04 산업안전보건법령상, 위험물을 다루는 작업장 바닥에 갖추어야 할 조건 2가지를 쓰시오.

합격정보 산업안전보건기준에 관한 규칙 제431조(작업장의 바닥)

합격KEY
① 2008년 4월 26일 출제
② 2009년 7월 11일 출제
③ 2010년 9월 19일 출제
④ 2013년 7월 20일 출제
⑤ 2014년 10월 5일 제3회 출제
⑥ 2016년 10월 15일 제3회 2부 출제
⑦ 2018년 7월 8일(문제 6번) 출제
⑧ 2020년 11월 15일(문제 9번) 출제
⑨ 2021년 5월 5일(문제 7번) 출제
⑩ 2023년 5월 7일 2부 (문제 9번) 출제
⑪ 2023년 10월 15일 출제

정답
① 불침투성 재료를 사용
② 청소하기 쉬운 구조

05 사출성형기 V형 금형 작업중 끼인 이물질을 제거하다가 감전 재해가 발생한 사례이다. 동영상에서 발생한 감전재해 방지대책 2가지를 쓰시오.

① 작업시작 전 전원을 차단한다.
② 작업시 안전 보호구를 착용한다.
③ 감시인을 배치 후 작업한다.
④ 금형의 이물질제거는 전용공구를 사용한다.

자격종목	시험일	비번호	PC번호	남은시간
산업안전산업기사	2024년 8월 11일 2회(1부)	A001	1	60분

위험물 탱크에서 액상화학물질이 세고 있다.

문제 1번 | 문제 2번 | 문제 3번 | 문제 4번 | 문제 5번 | **문제 6번** | 문제 7번 | 문제 8번 | 문제 9번

06
① 영상에서 지시하는 설비의 명칭을 쓰시오.
② 다음 ( )에 알맞은 것을 쓰시오.
영상의 설비는 정상운전 시에 대기압탱크 내부가 ( )되지 않도록 충분한 용량의 것을 사용하여야 한다.

[보충학습]
① 통기관(Vent) : 탱크가 진공 또는 가압 상태가 되지 않도록 대기로 개방된 배관
② 통기밸브(Breather valve) : 평상시에 닫친 상태로 있다가 탱크의 압력이 미리 설정된 압력에 도달하면 밸브가 열려 탱크 내부의 가스, 증기 등을 외부로 방출하고 탱크 내부로 외부 공기를 흡입하는 밸브

[정답]
① 통기밸브
② 진공 또는 가압

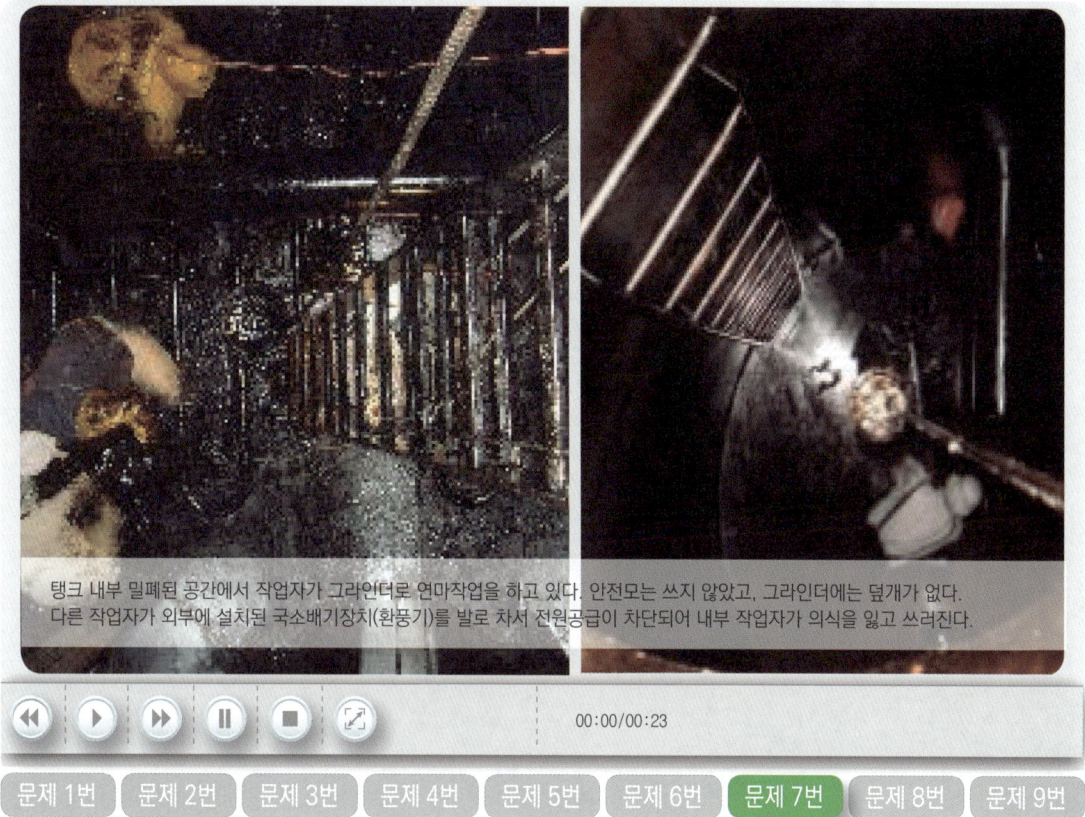

탱크 내부 밀폐된 공간에서 작업자가 그라인더로 연마작업을 하고 있다. 안전모는 쓰지 않았고, 그라인더에는 덮개가 없다. 다른 작업자가 외부에 설치된 국소배기장치(환풍기)를 발로 차서 전원공급이 차단되어 내부 작업자가 의식을 잃고 쓰러진다.

07 산업안전보건법령상, 밀폐공간에서 근로자에게 작업하도록 하는 경우, 사업주가 수립 시행해야 하는 밀폐공간 작업 프로그램의 내용 3가지를 쓰시오.
(단, 그 밖에 밀폐공간 작업근로자의 건강장해예방에 관한 사항 제외)

합격정보 산업안전보건기준에 관한 규칙 제619조(밀폐공간 작업 프로그램의 수립·시행)

합격KEY ① 2022년 10월 22일(문제 6번) 출제
② 2024년 5월 4일 기사 출제

정답
① 사업장 내 밀폐공간의 위치 파악 및 관리 방안
② 밀폐공간 내 질식·중독 등을 일으킬 수 있는 유해·위험 요인의 파악 및 관리 방안
③ 밀폐공간 작업 시 사전 확인이 필요한 사항에 대한 확인 절차
④ 안전보건교육 및 훈련

자격종목	시험일	비번호	PC번호	남은시간
산업안전산업기사	2024년 8월 11일 2회(1부)	A001	1	60분

동영상 사진 3장
① 컨베이어 ② 사출성형기 ③ 휴대용 연삭기

08 산업안전보건법령상, 다음 ( ) 안에 알맞은 방호장치를 쓰시오.
① 운전중인 컨베이어 등의 위로 근로자를 넘어가도록 하는 경우에는 위험을 방지 (　　　)
② 사출성형기 (　　　)
③ 휴대용연삭기 (　　　)

합격정보 ① 산업안전보건기준에 관한 규칙 제195조(통행의 제한 등)
② 산업안전보건기준에 관한 규칙 제121조(사출성형기 등의 방호장치)
③ 산업안전보건기준에 관한 규칙 제122조(연삭숫돌의 덮개 등)

합격KEY ① 2008년 4월 26일 출제　　　② 2008년 7월 13일 출제
③ 2009년 4월 26일 출제　　　④ 2012년 4월 28일 기사 출제
⑤ 2013년 4월 27일 출제　　　⑥ 2013년 10월 12일 제3회 2부 출제
⑦ 2015년 4월 25일(문제 3번) 출제　　　⑧ 2016년 7월 18일 제2회 출제
⑨ 2016년 10월 15일 제3회(문제 3번) 출제　　　⑩ 2019년 10월 19일 기사 출제
⑪ 2022년 10월 23일(문제 6번) 출제　　　⑫ 2023년 5월 7일 출제

정답
① 건널다리
② 게이트가드(gate guard), 양수조작식, 연동구조, 방호덮개
③ 덮개

① 울타리에 "고압전기" 표지판이 붙어 있는 옥상 변전실 근초에서 작업자 몇 명이 공놀이를 하다가 공이 변전실에 들어가는 바람에 작업자 1인이 단독으로 공을 꺼내오려 하다가 변전실 안에서 재해 발생. 배해자 발 밑에 물이 고여 있다.
② 출입구에는 흰 종이만 붙어있고, 별도의 "출입금지" 등 표지판은 보이지 않는다.

09 화면상의 감전 재해를 막기 위한, 안전대책을 2가지 쓰시오.

합격KEY
① 2006년 9월 23일 기사 출제
② 2008년 4월 26일 출제
③ 2009년 7월 11일 출제
④ 2013년 7월 20일 출제
⑤ 2015년 7월 18일(문제 4번) 출제
⑥ 2017년 4월 22일 제1회 1부(문제 7번) 출제
⑦ 2019년 4월 21일(문제 7번) 출제
⑧ 2022년 10월 23일 출제

정답
① 변전실에 관계자 외의 자 출입을 막기 위해 출입구에 잠금장치를 한다.
② 전원을 차단하고, 정전을 확인 후 작업자로 하여금 공을 제거하도록 한다.
③ 변전실 근처에서 공놀이를 할 수 없도록 하고 안전표지판을 부착한다.
④ 작업자들에게 변전실의 전기위험에 대한 안전교육을 실시한다.

자격종목	시험일	비번호	PC번호	남은시간
산업안전산업기사	2024년 8월 11일 2회(2부)	A001	1	60분

문제 1번 | 문제 2번 | 문제 3번 | 문제 4번 | 문제 5번 | 문제 6번 | 문제 7번 | 문제 8번 | 문제 9번

01 산업안전보건법령상, 구내운반차를 이용한 작업을 하는 때 작업전, 사업주가 관리감독자로 하여금 점검하도록 해야 할 사항 3가지를 쓰시오.

합격정보 산업안전 보건기준에 관한 규칙 [별표 3] 작업시작전 점검사항

보충학습 작업시작전 점검사항

지게차	화물자동차
① 제동장치 및 조종장치 기능의 이상 유무 ② 하역장치 및 유압장치 기능의 이상 유무 ③ 바퀴의 이상 유무 ④ 전조등·후미등·방향지시기 및 경보장치 기능의 이상 유무	① 제동장치 및 조종장치의 기능 ② 하역장치 및 유압장치의 기능 ③ 바퀴의 이상 유무

합격KEY 2024년 8월 3일 기사 출제

정답
① 제동장치 및 조종장치 기능의 이상유무
② 하역장치 및 유압장치 기능의 이상유무
③ 바퀴의 이상유무
④ 전조등 · 후미등 · 방향지시기 및 경음기 기능의 이상유무
⑤ 충전장치를 포함한 홀더 등의 결합상태의 이상유무

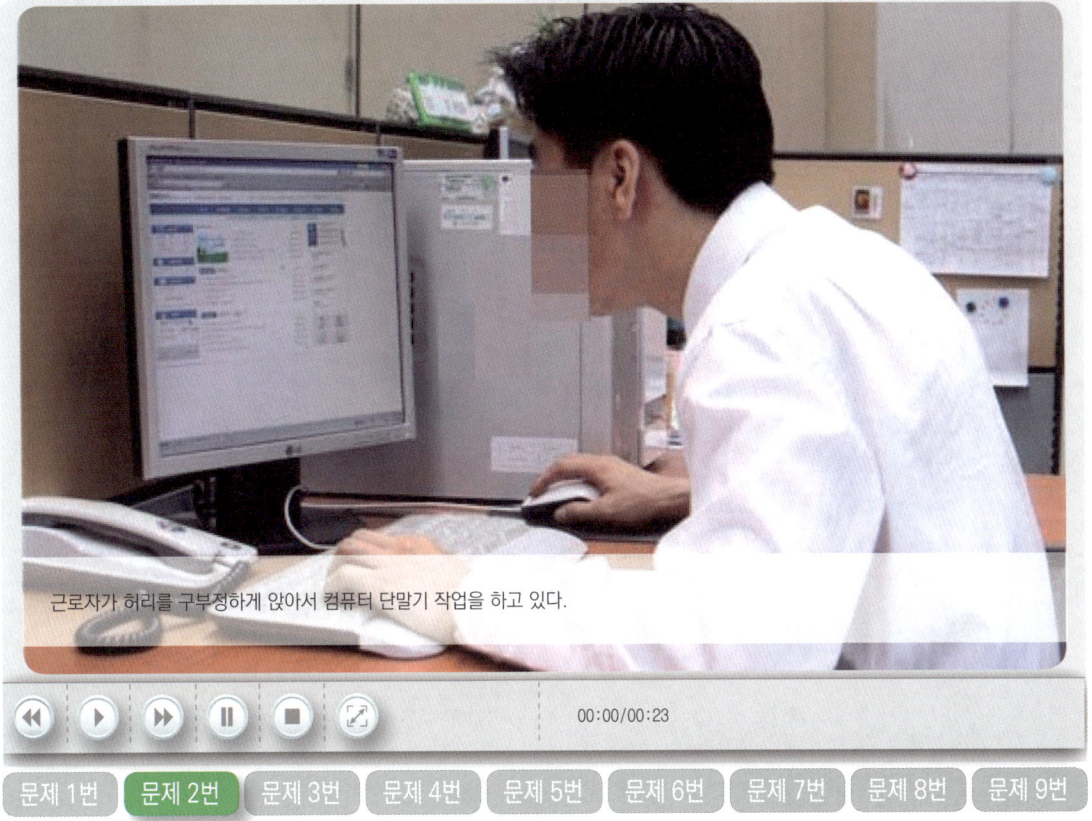

02 산업안전보건법령상, ① 반복적인 동작, 부적절한 작업자세, 무리한 힘의 사용, 날카로운 면과의 신체접촉, 진동 및 온도 등의 요인에 의하여 발생하는 건강장해로서 목, 어깨, 허리, 팔·다리의 신경·근육 및 주변 신체조직 등에 나타나는 질환의 명칭과 ② ①의 작업을 하는 경우, 사업주의 유해요인조사를 몇년마다 실시해야 하는지 쓰시오.(단, 신설되는 사업장의 경우에는 제외)

합격정보 ▶ 산업안전보건기준에 관한 규칙 제657조(유해요인 조사)

합격KEY ▶ 2023년 7월 29일 기사 출제

정답
① 질환 명칭 : 근골격계질환
② 유해요인 조사 : 3년

자격종목	시험일	비번호	PC번호	남은시간
산업안전산업기사	2024년 8월 11일 2회(2부)	A001	1	60분

① 사방에 불꽃이 튀고 있는 가스용접 절단 작업 중, 야외용접 작업장 바닥에 여러 자재(철판, 목재, 인화성물질이라 표시된 페인트통)가 널부러져 있고, 산소통이 용접/절단 작업장 가까이에서 바닥에서 20도 정도로 눕혀 있고, 작업장에 소화기는 보이지 않는다.
② 용접용 보안면 등 안전보호구를 착용하지 않은 여러 작업자들이 맨얼굴로 목장갑을 끼고 용접하면서 산소통 줄을 당겨서 호수가 뽑혀 산소가 세어나오고 불꽃이 튐

| 문제 1번 | 문제 2번 | **문제 3번** | 문제 4번 | 문제 5번 | 문제 6번 | 문제 7번 | 문제 8번 | 문제 9번 |

03 동영상 작업장의 불안전한 요소 3가지를 쓰시오.
(단, 작업자의 불안전한 행동은 채점에서 제외)

합격정보 ① 산업안전보건기준에 관한 규칙 제241조(화재위험 작업시 준수사항)
② 산업안전보건기준에 관한 규칙 제241조의2(화재감시자)

합격KEY ① 2022년 10월 22일 기사 출제
② 2024년 8월 3일 기사 출제

정답
① 화기작업에 따른 인근 가연성물질에 대한 방호조치 및 소화기구 비치 미흡하여 화재 및 폭발사고 발생 위험이 있다.
② 용접불티 비산장비덮개, 용접방화포 등 불꽃 불티 등 비산방지조치 미흡으로 화재 및 폭발사고 발생 위험이 있다.
③ 작업현장 내 정리, 정돈 상태가 불량하여 인화성물질이 쌓여있으므로 화재폭발사고가 발생할 위험이 있다.
④ 감시인이 배치되어 있지 않아 화재 및 폭발 사고발생의 위험이 있다.

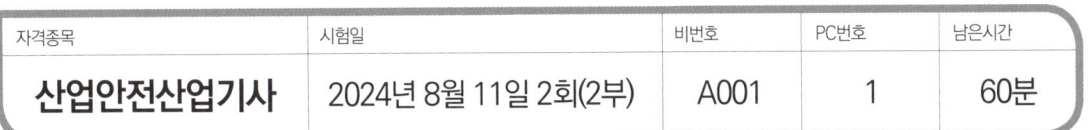

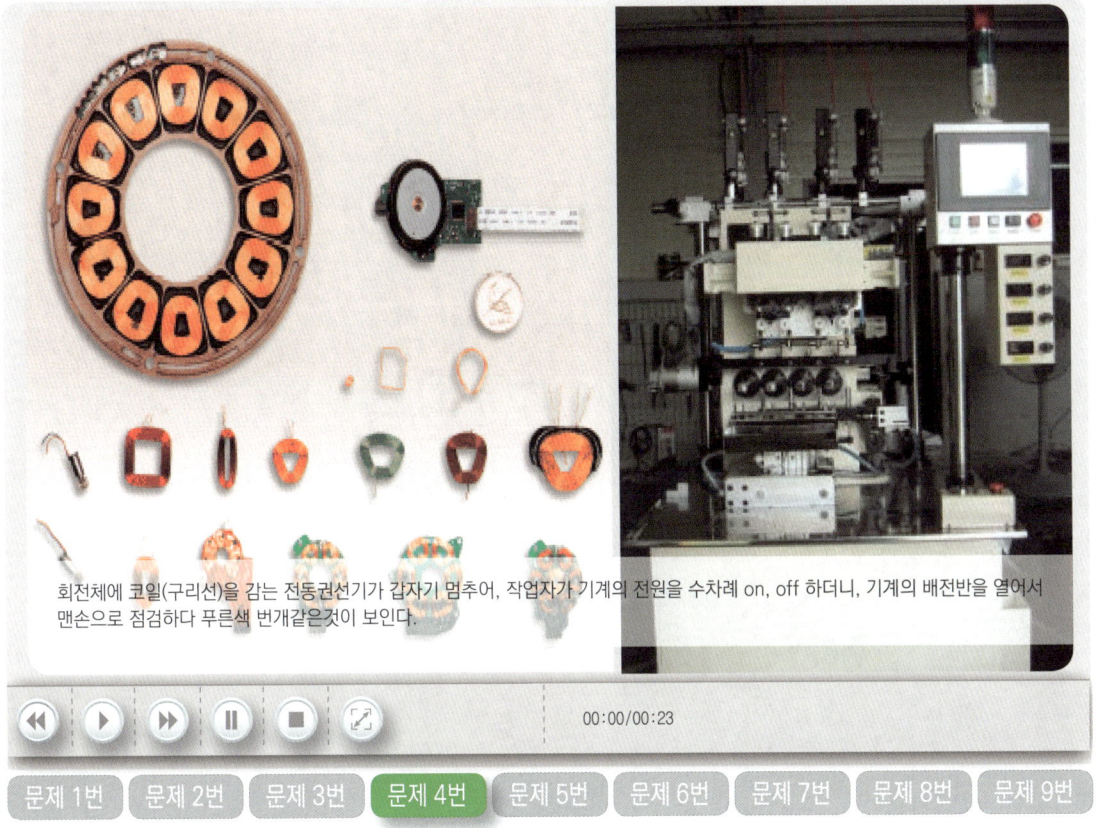

회전체에 코일(구리선)을 감는 전동권선기가 갑자기 멈추어, 작업자가 기계의 전원을 수차례 on, off 하더니, 기계의 배전반을 열어서 맨손으로 점검하다 푸른색 번개같은것이 보인다.

04 해당 영상 중에, 전원이 차단되었음에도 불구하고 감전된 재해원인 1가지를 쓰시오.

> 합격정보 산업안전보건기준에 관한 규칙 제319조(정전전로에서의 전기작업)

정답 잔류전하

자격종목	시험일	비번호	PC번호	남은시간
산업안전산업기사	2024년 8월 11일 2회(2부)	A001	1	60분

작업자가 화학설비를 스패너로 두드리다가 위에서 떨어진다.

| 문제 1번 | 문제 2번 | 문제 3번 | 문제 4번 | 문제 5번 | 문제 6번 | 문제 7번 | 문제 8번 | 문제 9번 |

05 산업안전보건법령상, 특수화학설비를 설치하는 경우, 그 내부의 이상 상태를 조기에 파악 및 이상 상태의 발생에 따른 폭발·화재 또는 위험물의 누출을 방지하기 위해서 사업주가 설치해야 하는 장치를 2가지만 쓰시오.(단, 온도계·유량계·압력계 등의 계측장치는 제외)

합격정보 산업안전보건기준에 관한 규칙 제273~276조(계측장치 등의 설치)

합격KEY
① 2003년 7월 19일 산업기사 출제
② 2005년 10월 1일 출제
③ 2007년 4월 28일 출제
④ 2007년 10월 13일 산업기사 출제
⑤ 2008년 10월 5일 출제
⑥ 2010년 7월 11일 산업기사 출제
⑦ 2013년 7월 20일 출제
⑧ 2014년 10월 5일(문제 4번) 출제
⑨ 2015년 7월 18일 제2회 3부 산업기사(문제 2번) 출제
⑩ 2015년 10월 11일 기사 출제
⑪ 2016년 10월 15일 제3회 산업기사(문제 2번) 출제
⑫ 2019년 7월 6일 제2회 3부 기사(문제 2번) 출제
⑬ 2020년 5월 16일(문제 2번) 출제
⑭ 2021년 7월 24일(문제 5번) 출제
⑮ 2022년 5월 21일 산업기사 출제
⑯ 2023년 10월 14일 기사 출제

정답
① 자동경보장치
② 긴급차단장치

자격종목	시험일	비번호	PC번호	남은시간
산업안전산업기사	2024년 8월 11일 2회(2부)	A001	1	60분

작업자가 프레스의 외관을 점검하고 있다.
프레스의 이곳저곳을 보여준다. 페달도 밟아보고 전원을 올려 레버를 조작하고 금형의 상태도 확인

06 동영상은 프레스기로 철판에 구멍을 뚫는 작업 중이다. 작업시작 전 점검사항 3가지를 쓰시오.

보충학습

[표] 급정지 기구에 따른 방호장치

구분	종류	
급정지 기구가 부착되어 있어야만 유효한 방호장치	① 양수 조작식 방호장치	② 감응식 방호장치
급정지 기구가 부착되어 있지 않아도 유효한 방호장치	① 양수 기동식 방호장치 ③ 수인식 방호장치	② 게이트 가드 방호장치 ④ 손쳐 내기식 방호장치

합격정보 산업안전보건기준에 관한 규칙 [별표 3] 작업시작 전 점검사항(제35조제2항 관련)

합격KEY
① 2021년 7월 18일(문제 7번) 기사 출제
② 2023년 4월 29일 기사 출제
③ 2024년 8월 3일 기사 출제
④ 2024년 8월 11일 산업기사 출제

정답
① 클러치 및 브레이크의 기능
② 크랭크축 · 플라이휠 · 슬라이드 · 연결봉 및 연결 나사의 풀림 여부
③ 1행정 1정지기구 · 급정지장치 및 비상정지장치의 기능
④ 슬라이드 또는 칼날에 의한 위험방지 기구의 기능
⑤ 프레스의 금형 및 고정볼트 상태
⑥ 방호장치의 기능
⑦ 전단기(剪斷機)의 칼날 및 테이블의 상태

07 화면은 천장 크레인 작업을 하고 있는 모습이다. 동영상의 양중기에 필요한 방호장치를 3가지 쓰시오.

합격정보
① 산업안전보건기준에 관한 규칙 제134조(방호장치의 조정)
② 산업안전보건기준에 관한 규칙 제137조(해지장치의 사용)

합격KEY
① 2010년 4월 24일 출제
② 2011년 10월 22일 제3회 출제
③ 2016년 10월 15일 기사 출제
④ 2022년 5월 21일(문제 9번) 출제
⑤ 2022년 8월 7일 제1부 출제
⑥ 2022년 8월 7일 산업기사 출제
⑦ 2023년 7월 30일 산업기사 출제
⑧ 2024년 5월 4일 기사 출제

정답
① 과부하방지장치
② 권과방지장치
③ 비상정지장치
④ 제동장치

08 ① 영상의 재해의 재해발생형태를 쓰시오. ② 재해발생 원인 1가지를 쓰시오.

정답
① 재해발생형태 : 추락(떨어짐)
② 재해발생원인
  ㉮ 추락방지대 미착용 및 수직구명줄 미설치로 재해발생
  ㉯ 안전대 또는 고소작업대를 사용하지 않아 재해발생

09 화면은 아파트 창틀에서 작업 중 발생한 재해사례이다. 이 영상의 작업자의 추락사고 원인 3가지를 쓰시오.

정답
① 안전난간 미설치
② 안전대 미착용
③ 추락방호망 미설치

자격종목	시험일	비번호	PC번호	남은시간
산업안전기사	2024년 11월 3일 3회(1부)	A001	1	60분

01 동영상은 프레스기로 철판에 구멍을 뚫는 작업 중 이 기계에 급정지기구가 부착되어 있지 않다. 이 프레스에 설치하여 사용할 수 있는 유효한 방호장치를 2가지 쓰시오.

보충학습

[표] 급정지 기구에 따른 방호장치

구분	종류	
급정지 기구가 부착되어 있어야만 유효한 방호장치	① 양수 조작식 방호장치	② 감응식 방호장치
급정지 기구가 부착되어 있지 않아도 유효한 방호장치	① 양수 기동식 방호장치 ③ 수인식 방호장치	② 게이트 가드 방호장치 ④ 손쳐 내기식 방호장치

합격KEY
① 2000년 11월 9일 출제
② 2001년 2월 18일 출제
③ 2002년 10월 6일 출제
④ 2002년 10월 6일 산업기사 출제
⑤ 2003년 5월 4일 산업기사 출제
⑥ 2008년 10월 5일 산업기사 출제
⑦ 2010년 4월 24일 산업기사 출제
⑧ 2012년 7월 14일 산업기사 출제
⑨ 2013년 7월 20일 출제
⑩ 2014년 7월 13일 제2회 제1부 산업기사 출제
⑪ 2015년 10월 11일 출제
⑫ 2016년 10월 15일 제3회 2부 출제
⑬ 2018년 7월 8일 제2회 1부(문제 5번) 출제
⑭ 2020년 8월 2일(문제 5번) 출제
⑮ 2023년 4월 29일(문제 5번) 출제
⑯ 2024년 11월 3일(2부) 출제

정답
① 양수 기동식
② 게이트 가드식(가드식)
③ 손쳐내기식
④ 수인식

자격종목	시험일	비번호	PC번호	남은시간
산업안전기사	2024년 11월 3일 3회(1부)	A001	1	60분

작동되는 양수기를 수리하는 모습. 잡담을 하며 수공구를 던져주고 하다가 손을 벨트(접선물림점)에 물리는 동영상

| 문제 1번 | 문제 2번 | 문제 3번 | 문제 4번 | 문제 5번 | 문제 6번 | 문제 7번 | 문제 8번 | 문제 9번 |

02 동영상은 양수기(원동기) 수리작업 도중에 발생한 재해사례이다. 동영상을 참고하여 위험요인을 3가지 쓰시오.(단, 작업감시자(유도자) 배치 미실시, 안전교육 미실시, 주변 정리정돈 미실시 등은 제외한다.)

합격KEY
① 2008년 7월 13일 출제
② 2009년 9월 19일 출제
③ 2013년 10월 12일(문제 2번) 출제
④ 2016년 4월 23일 제1회 2부 출제
⑤ 2017년 7월 2일 기사 출제
⑥ 2021년 7월 24일 산업기사 출제
⑦ 2022년 7월 30일 기사 출제
⑧ 2022년 8월 7일 산업기사 출제

정답
① 작업자들이 작업에 집중을 하지 못하고 있어 작업복과 손이 말려들어갈 위험이 있다.
② 작업자 중 한 명이 기계 위에 손을 올려놓고 있어 미끄러져 말려들어갈 위험이 있다.
③ 수리작업 전에 전원을 차단시켜 정지시키지 않아 작업복이 말려들어갈 위험이 있다.

자격종목	시험일	비번호	PC번호	남은시간
산업안전기사	2024년 11월 3일 3회(1부)	A001	1	60분

아파트를 으스러트리는 해체작업을 하고 있다.
신호수가 압쇄기 근처에서 신호 보내다가 떨어진 해체물에 맞는다.

03 동영상은 건물 해체 작업 장면이다. 동영상에서 보여주고 있는 해체 작업을 할 때 재해 예방 대책을 3가지 쓰시오.

합격정보 해체공사표준안전작업지침 제3조(압쇄기)

합격KEY 2023년 4월 29일(문제 3번) 출제

정답
① 압쇄기의 중량, 작업충격을 사전에 고려하고, 차체 지지력을 초과하는 중량의 압쇄기 부착을 금지하여야 한다.
② 압쇄기 부착과 해체에는 경험이 많은 사람으로서 선임된 자에 한하여 실시한다.
③ 압쇄기 연결구조부는 보수점검을 수시로 하여야 한다.
④ 배관 접속부의 핀, 볼트 등 연결구조의 안전 여부를 점검하여야 한다.
⑤ 절단날은 마모가 심하기 때문에 적절히 교환하여야 하며 교환대체품목을 항상 비치하여야 한다.

자격종목	시험일	비번호	PC번호	남은시간
산업안전기사	2024년 11월 3일 3회(1부)	A001	1	60분

04 화면은 에어배관 작업 중 고압의 증기 누출로 작업자가 눈에 상해를 당하는 영상이다. 에어배관 작업시 작업자 측면 위험요인을 3가지 쓰시오.(단, 작업감시자(유도자) 배치 미실시, 안전교육 미실시, 주변 정리정돈 미실시 등은 제외)

합격KEY
① 2014년 7월 23일 제2회 제1부(문제 1번) 출제
② 2015년 10월 11일(문제 1번) 출제
③ 2017년 4월 22일 제1회(문제 1번) 출제
④ 2018년 10월 14일 제3회(문제 1번) 출제
⑤ 2019년 7월 6일 제2회 1부 산업기사(문제 1번) 출제
⑥ 2020년 5월 16일 제1회 2부 기사 출제
⑦ 2020년 7월 25일 산업기사 출제
⑧ 2020년 11월 22일 기사 출제
⑨ 2020년 11월 22일(문제 8번) 출제
⑩ 2024년 5월 11일 산업기사 출제

정답
① 보안경을 착용하지 않아 고압증기에 의한 눈 부위 손상의 위험이 존재한다.
② 배관에 남은 고압증기를 제거하지 않았고, 전용공구를 사용하지 않아 위험이 존재한다.
③ 작업자가 딛고 선 이동식사다리 설치가 불안전하여 추락 위험이 있다.

05 산업안전보건법령상, 중량물을 들어올리는 작업 시 조치 사항 관련해서, ( )에 알맞은 것을 쓰시오.

사업주는 근로자가 취급하는 물품의 (①)·(②)·(③)·(④) 등 인체에 부담을 주는 작업의 조건에 따라 작업시간과 휴식시간 등을 적정하게 배분하여야 한다.

합격정보 산업안전보건기준에 관한 규칙 제664조(작업조건)
채점기준 조사나 문맥이 모범답안과 다르더라도 의미가 같으면 정답인정
합격KEY 2022년 10월 22일(문제 5번) 출제

보충학습 중량물의 취급 작업 작업계획서 내용
① 추락위험을 예방할 수 있는 안전대책
② 낙하위험을 예방할 수 있는 안전대책
③ 전도위험을 예방할 수 있는 안전대책
④ 협착위험을 예방할 수 있는 안전대책
⑤ 붕괴위험을 예방할 수 있는 안전대책

정답
① 중량
② 취급빈도
③ 운반거리
④ 운반속도

06 산업안전보건법령상, 근로자가 충전전로를 취급하거나 그 인근에서 작업하는 경우에는 사업주의 조치 사항 관련해서 ①, ②, ③에 알맞은 것을 쓰시오.

(1) 충전전로를 취급하는 근로자에게 그 작업에 적합한 (①)를 착용시킬 것
(2) 충전전로에 근접한 장소에서 전기작업을 하는 경우에는 해당 전압에 적합한 (②)를 설치할 것. 다만, 저압인 경우에는 해당 전기작업자가 (①)를 착용하되, 충전전로에 접촉할 우려가 없는 경우에는 (②)를 설치하지 아니할 수 있다.
(3) 고압 및 특별고압의 전로에서 전기작업을 하는 근로자에게 활선작업용 기구 및 장치를 사용하도록 할 것
(4) 근로자가 (②)의 설치·해체작업을 하는 경우에는 (①)를 착용하거나 활선작업용 기구 및 장치를 사용하도록 할 것
(5) 유자격자가 아닌 근로자가 충전전로 인근의 높은 곳에서 작업할 때에 근로자의 몸 또는 긴 도전성 물체가 방호되지 않은 충전전로에서 대지전압이 50[kV] 이하인 경우에는 (③)[cm]이내로, 대지전압이 50[kV]를 넘는 경우에는 10[kV]당 10[cm]씩 더한 거리 이내로 각각 접근할 수 없도록 할 것

정답 ① 절연용 보호구 ② 절연용 방호구 ③ 300

자격종목	시험일	비번호	PC번호	남은시간
산업안전기사	2024년 11월 3일 3회(1부)	A001	1	60분

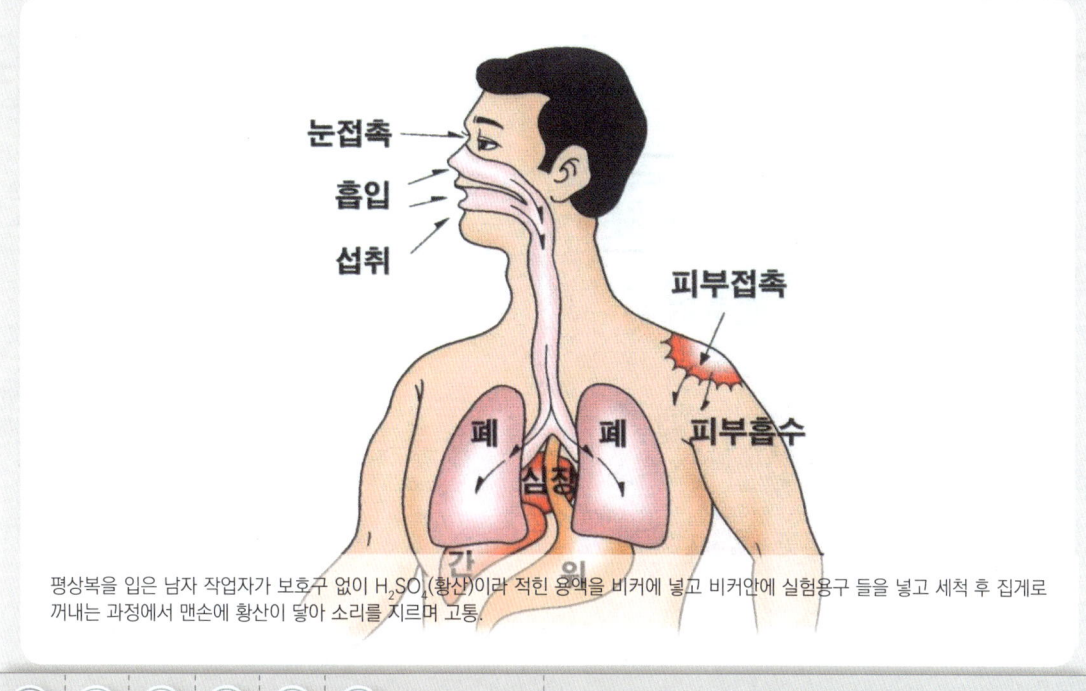

평상복을 입은 남자 작업자가 보호구 없이 H_2SO_4(황산)이라 적힌 용액을 비커에 넣고 비커안에 실험용구 들을 넣고 세척 후 집게로 꺼내는 과정에서 맨손에 황산이 닿아 소리를 지르며 고통.

07 동영상과 같은 재해를 「산업재해 기록 분류에 관한 지침」에 따라 분류하고자 할 때 해당하는 재해의 ① 재해발생형태 및 ② 그 정의를 각각 쓰시오.

합격정보 KOSHA CODE : 산업재해 용어 정의

합격KEY
① 2013년 10월 12일(문제 7번) 출제
② 2016년 4월 23일 (문제 1번) 출제
③ 2018년 4월 21일 제1회 1부 출제
④ 2018년 7월 8일(문제 1번) 출제
⑤ 2021년 5월 2일(문제 2번) 출제

정답
(1) 재해형태 : 유해 · 위험물질 노출 · 접촉
(2) 재해정의 : 유해 · 위험물질 노출 · 접촉 또는 흡입하였거나 독성동물에 쏘이거나 물린 경우

💬 **합격자의 조언** 작업형 만점합격은 기사·산업기사 모두 보셔야 합니다.

08 산업안전보건법령상 보일러 관련 (　　)에 알맞은 것을 쓰시오.

사업주는 보일러의 안전한 가동을 위하여 보일러 규격에 맞는 압력방출장치를 1개 또는 2개 이상 설치하고 (①) 이하에서 작동되도록 하여야 한다.
다만, 압력방출장치가 2개 이상 설치된 경우에는 (①)배 이하에서 1개가 작동되고, 다른 압력방출장치는 (①)의 (②)배 이하에서 작동되도록 부착하여야 한다.

합격정보 산업안전보건기준에 관한 규칙 제116조(압력방출장치)

합격KEY ① 2022년 7월 30일(문제 8번) 출제
② 2024년 5월 4일(문제 8번) 출제

정답
① 최고사용압력
② 1.05

자격종목	시험일	비번호	PC번호	남은시간
산업안전기사	2024년 11월 3일 3회(1부)	A001	1	60분

이동식 크레인 붐대 와이어로프에 화물을 매달아 올린다. 훅, 호루라기를 부는 신호수, 지반 상태 등을 강조하면서 보여준다.

09 산업안전보건법령상, 화면에서 보여주는 이동식 크레인을 사용하여 작업을 할 때 작업 시작 전 관리감독자의 점검 사항 3가지를 쓰시오.

[합격정보] 산업안전보건기준에 관한 규칙 [별표 3] 작업시작 전 점검사항(5. 이동식 크레인을 사용하여 작업을 할 때)

[합격KEY]
① 2018년 10월 14일(문제 1번) 출제
② 2020년 11월 22일(문제 1번) 출제
③ 2021년 5월 2일 기사 출제
④ 2022년 10월 23일 산업기사 출제
⑤ 2024년 5월 4일(문제 9번) 출제

[정답]
① 권과방지장치나 그 밖의 경보장치의 기능
② 브레이크·클러치 및 조정장치의 기능
③ 와이어로프가 통하고 있는 곳 및 작업장소의 지반상태

자격종목	시험일	비번호	PC번호	남은시간
산업안전기사	2024년 11월 3일 3회(2부)	A001	1	60분

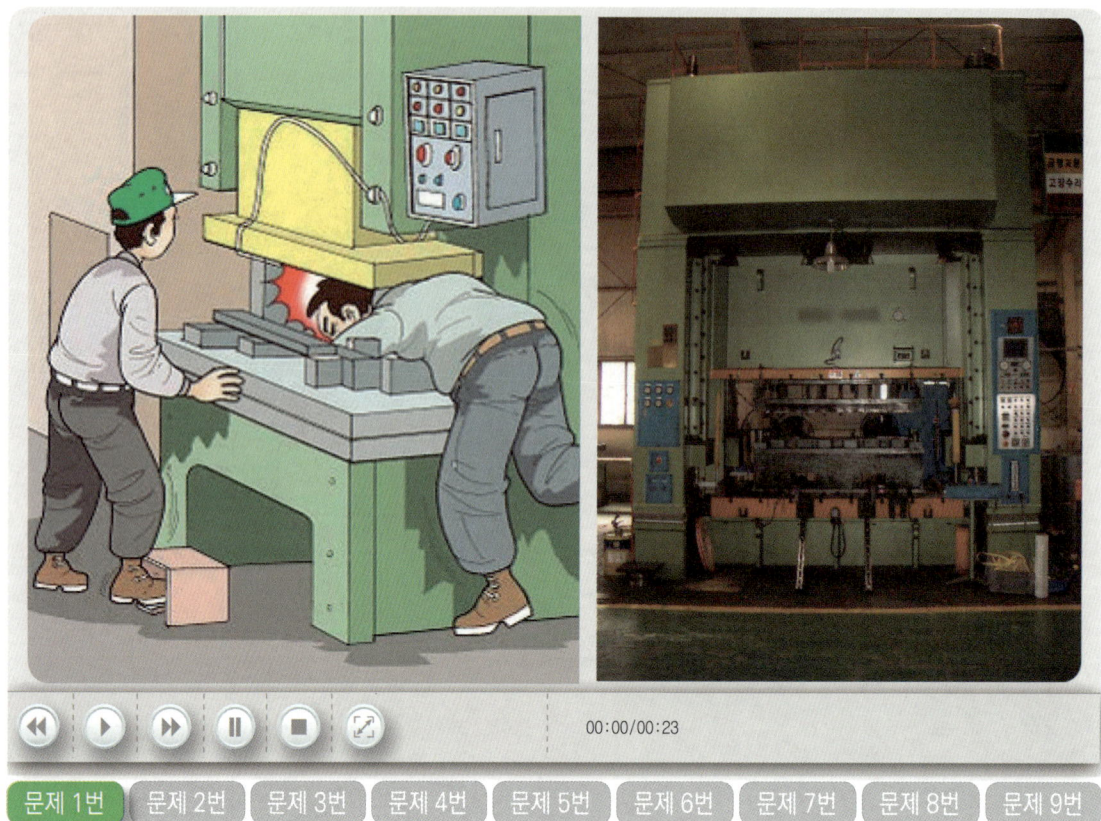

01 동영상은 프레스기로 철판에 구멍을 뚫는 작업 중 이 기계에 급정지기구가 부착되어 있지 않다. 이 프레스에 설치하여 사용할 수 있는 유효한 방호장치를 2가지 쓰시오.

보충학습

[표] 급정지 기구에 따른 방호장치

구분	종류	
급정지 기구가 부착되어 있어야만 유효한 방호장치	① 양수 조작식 방호장치	② 감응식 방호장치
급정지 기구가 부착되어 있지 않아도 유효한 방호장치	① 양수 기동식 방호장치 ③ 수인식 방호장치	② 게이트 가드 방호장치 ④ 손쳐 내기식 방호장치

합격KEY
① 2000년 11월 9일 출제　　② 2001년 2월 18일 출제
③ 2002년 10월 6일 출제　　④ 2002년 10월 6일 산업기사 출제
⑤ 2003년 5월 4일 산업기사 출제　　⑥ 2008년 10월 5일 산업기사 출제
⑦ 2010년 4월 24일 산업기사 출제　　⑧ 2012년 7월 14일 산업기사 출제
⑨ 2013년 7월 20일 출제　　⑩ 2014년 7월 13일 제2회 제1부 산업기사 출제
⑪ 2015년 10월 11일 출제　　⑫ 2016년 10월 15일 제3회 2부 출제
⑬ 2018년 7월 8일 제2회 1부(문제 5번) 출제　　⑭ 2020년 8월 2일(문제 5번) 출제
⑮ 2023년 4월 29일(문제 5번) 출제　　⑯ 2024년 11월 3일(1부) 출제

정답
① 양수 기동식　　② 게이트 가드식(가드식)
③ 손쳐내기식　　④ 수인식

자격종목	시험일	비번호	PC번호	남은시간
산업안전기사	2024년 11월 3일 3회(2부)	A001	1	60분

① 지게차의 포크에 김치냉장고 박스들을 2열로 높게 쌓아 올렸는데, 높이도 안맞고 고정되어 있지도 않으며, 운전자의 시야가 가린다.
② 다른 작업자가 수레로 공구 등을 내려 놓고 정리한 뒤 하품하며 뒤돌아 나오는 순간 지게차와 부딪힌다.
③ 마지막에 박스가 흔들리고 화면도 같이 흔들린다.

02 화면을 보고 지게차 주행안전작업 사항 중 불안전한 행동(사고위험요인)을 3가지 쓰시오.

[합격정보]
① 산업안전보건기준에 관한 규칙 제172조(접촉의 방지)
② 산업안전보건기준에 관한 규칙 제173조(화물적재시의 조치)
③ 산업안전보건기준에 관한 규칙 제172조(전조등 등의 설치)

[합격KEY]
① 2000년 11월 9일 산업기사 출제
③ 2006년 7월 15일 출제
⑤ 2013년 7월 20일(문제 3번) 출제
⑦ 2017년 4월 22일 기사 제1회(문제 3번) 출제
⑨ 2020년 11월 22일 기사 출제
⑪ 2021년 10월 24일 산업기사 출제
⑬ 2022년 7월 30일 기사 출제
② 2004년 4월 29일 출제
④ 2011년 5월 7일 출제
⑥ 2015년 7월 18일(문제 3번) 출제
⑧ 2018년 10월 14일(문제 2번) 출제
⑩ 2021년 7월 24일(문제 2번) 출제
⑫ 2022년 5월 15일(문제 2번) 출제

[정답]
① 전방의 시야 불충분으로 지게차에 의해 다른 작업자가 다칠 수 있다.
② 물건을 과적하여 운전자의 시야를 가려 다른 작업자가 다칠 수 있다.
③ 물건을 불안정하게 적재하여 화물이 떨어져 다른 작업자가 다칠 수 있다.
④ 다른 작업자가 작업통로에 나와서 작업을 하고 있어 지게차에 의해 다칠 수 있다.
⑤ 난폭한 운전·과속으로 운전자 본인이 다치거나 다른 작업자가 다칠 수 있다.

자격종목	시험일	비번호	PC번호	남은시간
산업안전기사	2024년 11월 3일 3회(2부)	A001	1	60분

① 작업자 A는 아파트 대형 창틀(샷시 없음)에서 B는 약 50[cm] 벽을 두고 옆 처마 위에서 작업을 하고 있다.
② 주변에 정리정돈이 되어 있지 않다.
③ 작업 중의 높이는 알 수 없고, 바닥도 보이지는 않는다.
④ 작업자 A가 창틀 밖으로 작업발판을 작업자 B에게 건네준다.
⑤ 작업자 B가 있는 옆 처마 위로 이동하다 (창틀 위에) 콘크리트 조각을 밟고 미끄러져 콘크리트 조각과 함께 떨어진다.

| 문제 1번 | 문제 2번 | **문제 3번** | 문제 4번 | 문제 5번 | 문제 6번 | 문제 7번 | 문제 8번 | 문제 9번 |

03 화면은 아파트 창틀에서 작업 중 발생한 재해사례이다. 이 영상의 작업자의 추락사고 원인 3가지를 쓰시오.

합격정보 산업안전보건기준에 관한 규칙 제42조(추락의 방지)

합격KEY
① 2004년 10월 2일 출제
③ 2014년 4월 25일 출제
⑤ 2014년 10월 5일(문제 1번) 출제
⑦ 2017년 4월 22일 제1회 1부(문제 8번) 출제
⑨ 2020년 5월 16일 제1회 2부(문제 7번) 출제
⑪ 2020년 11월 22일(문제 7번) 출제
⑬ 2021년 10월 23일 기사 출제
⑮ 2022년 5월 21일 산업기사 출제
② 2006년 7월 5일 출제
④ 2014년 7월 13일 산업기사 출제
⑥ 2016년 4월 23일(문제 1번) 출제
⑧ 2019년 10월 19일 제3회 1부(문제 7번) 출제
⑩ 2020년 7월 25일 산업기사 출제
⑫ 2021년 7월 18일(문제 7번) 출제
⑭ 2021년 10월 24일(문제 3번) 출제

정답
① 안전난간 미설치
② 안전대 미착용
③ 추락방호망 미설치

자격종목	시험일	비번호	PC번호	남은시간
산업안전기사	2024년 11월 3일 3회(2부)	A001	1	60분

[사진 1] 플레어스택   [사진 2] 플레어스택 정상가동 시   [사진 3] 플레어스택 비정상가동(사고) 시

04 플레어시스템 중 스택 형식의 소각탑으로서 스택지지대, 주버너팁, 파일럿 버너 및 점화장치 등으로 구성된 설비의 ① 명칭 ② 설치목적을 쓰시오.

합격KEY ▶ 2023년 4월 29일(문제 7번) 출제

정답
① 설비명칭 : 플레어스택(flare stack : 플레어 타워)
② 설치목적 : 정유·석유화학 공장에서 발생하는 가연성 가스를 안전하게 연소시켜 대기로 배출하는 설비(가스연소 굴뚝)

05 산업안전보건법령상, 사업주가 근로자가 노출된 충전부 또는 그 부근에서 작업함으로써 감전될 우려가 있는 경우에는 작업에 들어가기 전에 해당 전로를 차단하지 않아도 되는 경우 3가지를 쓰시오.

[합격정보] 산업안전보건기준에 관한 규칙 제319조(정전전로에서의 전기작업)
[합격KEY] 2023년 4월 30일(문제 5번) 출제

정답
① 생명유지장치, 비상경보설비, 폭발위험장소의 환기설비, 비상조명설비 등의 장치·설비의 가동이 중지되어 사고의 위험이 증가되는 경우
② 기기의 설계상 또는 작동상 제한으로 전로차단이 불가능한 경우
③ 감전, 아크 등으로 인한 화상, 화재·폭발의 위험이 없는 것으로 확인된 경우

06 동영상은 가스용접작업 중 발생한 재해사례이다. 동영상을 참고하여 위험요인(문제점) 2가지를 쓰시오.

합격KEY
① 2008년 7월 13일(문제 2번) 출제
② 2010년 9월 19일 출제 제3회(문제 4번) 출제
③ 2015년 4월 25일(문제 4번) 출제
④ 2015년 7월 18일 산업기사(문제 9번) 출제
⑤ 2018년 10월 14일 제3회 1부(문제 7번) 출제
⑥ 2020년 8월 2일 기사 출제

정답
① 작업자가 용접용 보안면과 용접용 장갑을 착용하지 않고 있어 화상의 위험이 있다.
② 용기를 눕혀서 보관, 작업 실시함과 별도의 안전장치가 없어 폭발위험이 있다.

자격종목	시험일	비번호	PC번호	남은시간
산업안전기사	2024년 11월 3일 3회(2부)	A001	1	60분

문제 1번 | 문제 2번 | 문제 3번 | 문제 4번 | 문제 5번 | 문제 6번 | **문제 7번** | 문제 8번 | 문제 9번

07 동영상은 밀폐공간에서 작업을 하고 있다. 보기의 ( )에 알맞은 숫자를 쓰시오.

> [보기]
> "적정공기"라 함은 산소농도의 범위가 (①)[%] 이상, (②)[%] 미만, 이산화탄소의 농도가 (③)[%] 미만, 일산화탄소 농도가 (④)[ppm] 미만, 황화수소의 농도가 (⑤)[ppm] 미만인 수준의 공기를 말한다.

참고 산업안전보건기준에 관한 규칙 제618조(정의)

합격KEY
① 2006년 4월 29일(문제 3번) 출제
② 2016년 7월 3일 제2회(문제 3번) 출제
③ 2017년 10월 22일 기사 제3회(문제 4번) 출제
④ 2018년 10월 14일 산업기사 제3회 1부(문제 4번) 출제
⑤ 2019년 10월 19일 제3회 2부(문제 4번) 출제
⑥ 2020년 5월 16일 산업기사 출제
⑦ 2021년 5월 2일 기사 출제
⑧ 2021년 10월 24일 산업기사 출제

정답 ① 18 ② 23.5 ③ 1.5 ④ 30 ⑤ 10

08 화면은 30[kV] 전압이 흐르는 고압선 아래에서 작업 중 발생한 재해사례이다. 이동식 크레인을 이용하여 고압선 주위에서 작업할 경우 사업주의 감전 조치사항(동종 재해예방을 위한 작업지휘자) 3가지를 쓰시오.

합격정보 산업안전보건기준에 관한 규칙 제322조(충전전로 인근에서의 차량·기계장치 작업)

합격KEY
① 2004년 10월 2일 (문제 2번)
② 2007년 7월 15일 출제
③ 2008년 10월 5일 출제
④ 2011년 5월 7일 출제
⑤ 2011년 7월 30일 출제
⑥ 2012년 7월 14일 출제
⑦ 2012년 10월 21일 출제
⑧ 2013년 10월 12일 산업기사 출제
⑨ 2014년 7월 13일 제2회 출제
⑩ 2015년 10월 11일 제3회 출제
⑪ 2016년 10월 9일(문제 7번) 출제
⑫ 2018년 4월 21일 제1회 1부 산업기사 (문제 7번) 출제
⑬ 2019년 4월 20일 제1회 2부(문제 8번) 출제
⑭ 2020년 8월 2일(문제 8번) 출제
⑮ 2020년 11월 22일(문제 8번) 출제
⑯ 2021년 5월 2일(문제 8번) 출제

정답
① 차량 등을 충전부로부터 300[cm] 이상 이격시키되, 대지전압이 50[kV]를 넘는 경우 10[kV] 증가할 때마다 10[cm] 씩 증가한다.
② 접지된 차량등이 충전전로와 접촉할 우려가 있을 경우 지상의 근로자가 접지점에 접촉하지 않도록 조치한다.
③ 차량과 근로자가 접촉하지 않도록 울타리를 설치하거나 감시인을 배치한다.

09 보호구 안전인증고시상 방독마스크 시험성능기준 3가지를 쓰시오.

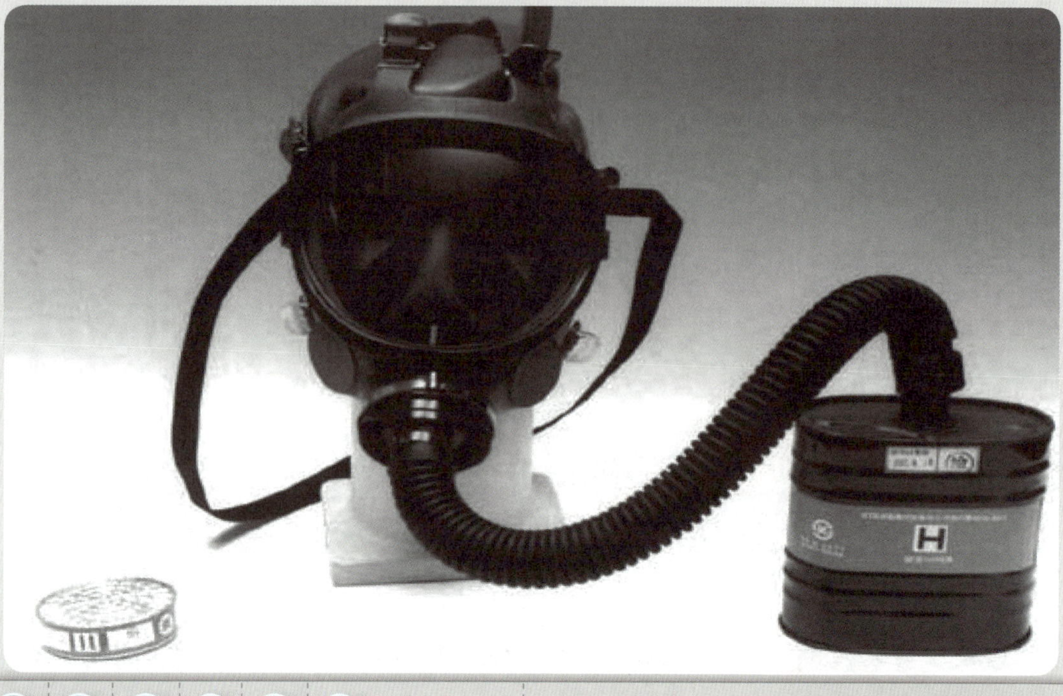

합격정보 보호구안전인증고시 [별표 5] 방독마스크의 성능기준

정답
① 안면부 흡기저항
② 안면부 배기저항
③ 안면부 누설률
④ 안면부 내부의 이산화탄소 농도
⑤ 정화통의 제독 능력
⑥ 배기밸브 작동
⑦ 시감 투과율=시야
⑧ 강도, 신장률 및 영구 변형률
⑨ 불연성
⑩ 음성전달판
⑪ 투시부의 내충격성
⑫ 정화통의 질량

자격종목	시험일	비번호	PC번호	남은시간
산업안전기사	2024년 11월 3일 3회(3부)	A001	1	60분

01 화면은 버스정비작업 중 재해가 발생한 사례이다. 버스정비작업 중 안전을 위해 취해야 할 사전안전조치 사항 3가지를 쓰시오.

정답
① 정비작업 중임을 나타내는 표지판을 설치할 것
② 작업과정을 지휘할 관리자를 배치할 것
③ 기동(시동)장치에 잠금장치를 할 것
④ 작업시 운전금지를 위하여 열쇠를 별도 관리할 것

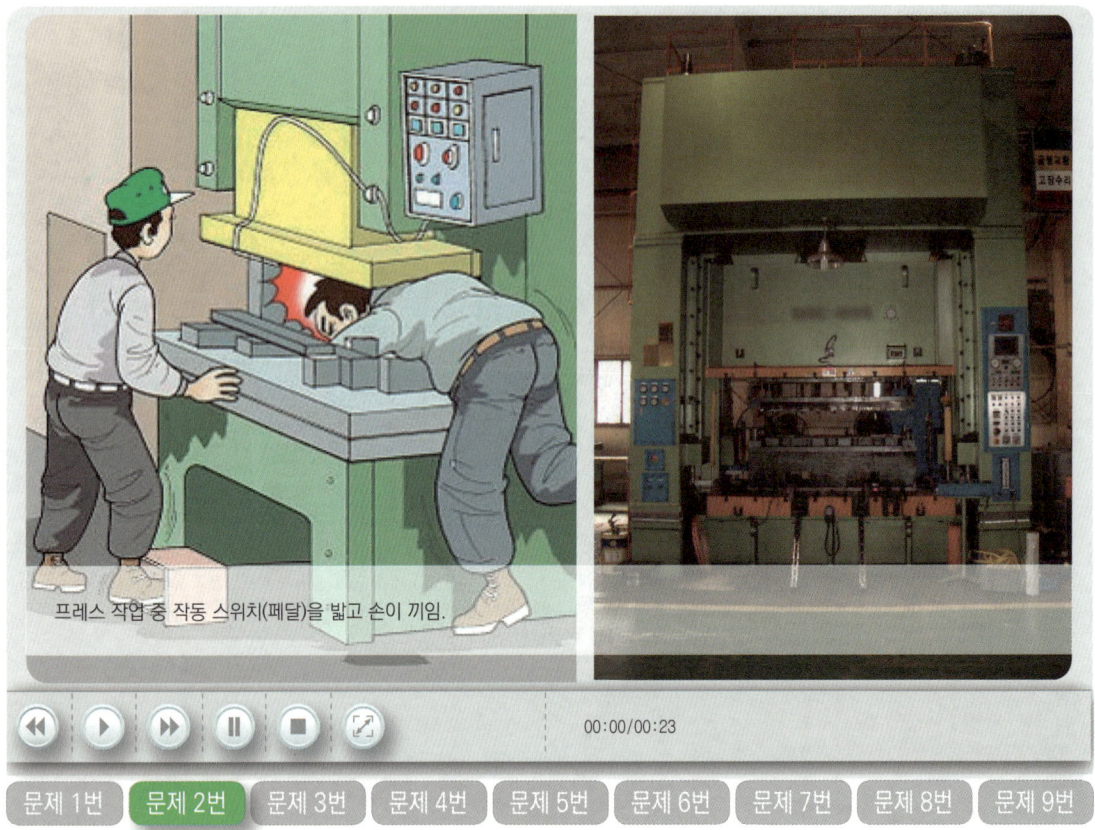

02 동영상 공작기계에 사용가능한 방호장치 종류 4가지를 쓰시오.(단, 급정지기구 등 프레스 종류에 상관 없음)

보충학습

[표] 급정지 기구에 따른 방호장치

구분	종류
급정지 기구가 부착되어 있어야만 유효한 방호장치	① 양수 조작식 방호장치 ② 감응식 방호장치
급정지 기구가 부착되어 있지 않아도 유효한 방호장치	① 양수 기동식 방호장치 ② 게이트 가드 방호장치 ③ 수인식 방호장치 ④ 손쳐 내기식 방호장치

합격KEY
① 2000년 11월 9일 출제　② 2001년 2월 18일 출제
③ 2002년 10월 6일 출제　④ 2002년 10월 6일 산업기사 출제
⑤ 2003년 5월 4일 산업기사 출제　⑥ 2008년 10월 5일 산업기사 출제
⑦ 2010년 4월 24일 산업기사 출제　⑧ 2012년 7월 14일 산업기사 출제
⑨ 2013년 7월 20일 출제　⑩ 2014년 7월 13일 제2회 제1부 산업기사 출제
⑪ 2015년 10월 11일 출제　⑫ 2016년 10월 15일 제3회 2부 출제
⑬ 2018년 7월 8일 제2회 1부(문제 5번) 출제　⑭ 2020년 8월 2일(문제 5번) 출제
⑮ 2023년 4월 29일(문제 5번) 출제　⑯ 2023년 7월 29일 기사 출제
⑰ 2023년 10월 15일 산업기사 출제

정답
① 양수 조작식　② 게이트 가드식(가드식)
③ 손쳐내기식　④ 수인식
⑤ 광전자식

03 영상의 작업 중 위험 요인을 2가지 쓰시오.(단, 안전보건교육, 유도자 배치, 작업장 정리정돈은 제외)

정답
① 유도 로프(보조 로프) 미사용
② 인양물 하부에 출입금지 미실시
③ 훅 해지장치 미사용
④ 샤클 체결 방향 잘못됨

자격종목	시험일	비번호	PC번호	남은시간
산업안전기사	2024년 11월 3일 3회(3부)	A001	1	60분

높이 약 20[cm] 직육면체 나무 발판을 바닥에 두고 나무 발판 위로 올라가는데, 나무발판이 흔들린다. 오른쪽 다리는 나무 발판에, 왼쪽 다리를 (복부 높이) 작업대에 걸치고, 목재토막을 작업대 위에 올려놓고 한발로 목재를 고정하고 기계톱으로 톱질을 하다 나무발판이 흔들려 작업자가 균형을 잃고 떨어지는 장면이다.

04 동영상에서 작업자가 작업발판에서 작업중 바닥에 머리를 부딪혀 부상을 입었다. 해당 재해에서의 ① 재해발생형태와 ② 기인물을 쓰시오.

참고 재해발생 형태에서 발이 조금이라도 지면과 떨어져 있으면 추락입니다.(강조내용 : 높이 20cm)

합격KEY
① 2006년 4월 29일 출제
③ 2009년 9월 19일 출제
⑤ 2014년 4월 25일 산업기사 출제
⑦ 2015년 10월 11일(문제 5번) 출제
⑨ 2021년 10월 24일 산업기사 출제

② 2008년 7월 13일 출제
④ 2012년 10월 21일 산업기사 출제
⑥ 2014년 7월 13일 제2회 1부(문제 6번) 출제
⑧ 2020년 11월 22일 기사 출제
⑩ 2023년 10월 14일(문제 4번) 출제

정답
① 재해발생 형태 : 추락(떨어짐)
② 기인물 : 작업발판

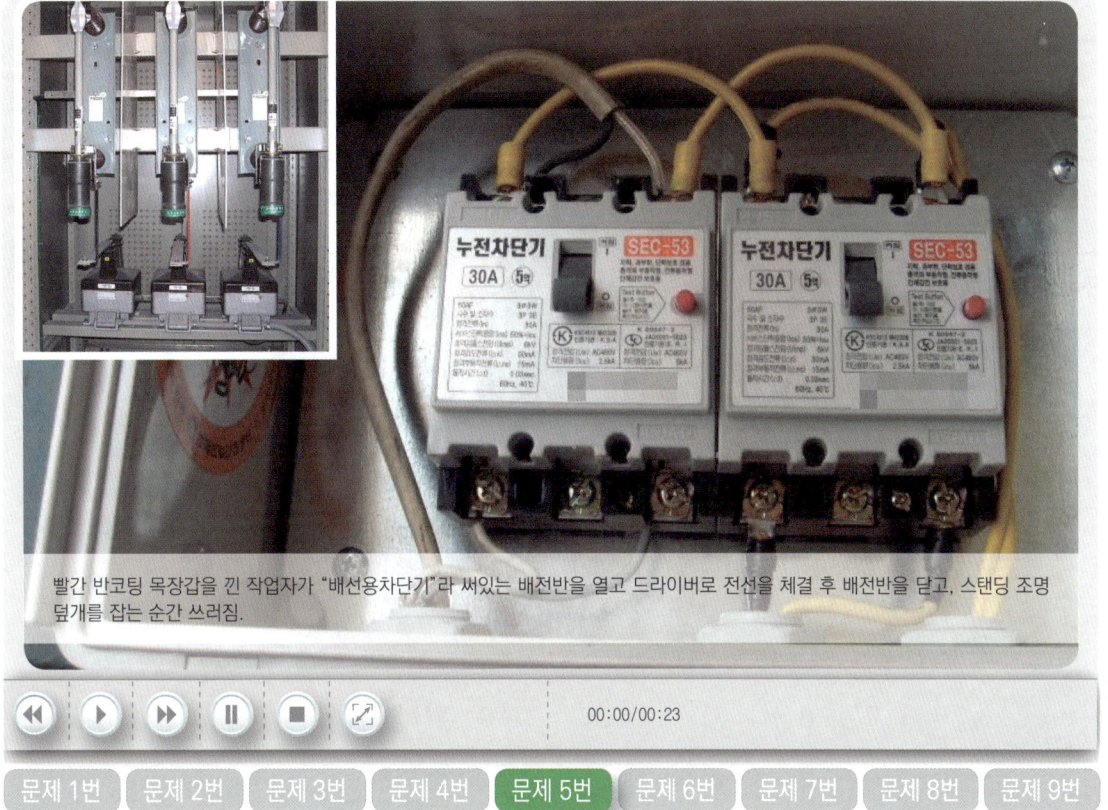

빨간 반코팅 목장갑을 낀 작업자가 "배선용차단기"라 써있는 배전반을 열고 드라이버로 전선을 체결 후 배전반을 닫고, 스탠딩 조명 덮개를 잡는 순간 쓰러짐.

05 해당 영상 재해의 (1) 재해발생형태와 (2) 재해를 발생시킨 원인을 1가지만 쓰시오.

합격정보
① 산업안전보건기준에 관한 규칙 제319조(정전전로에서의 전기작업)
② 산업안전보건기준에 관한 규칙 제323조(절연용 보호구 등의 사용)

합격KEY ▶ 2024년 10월 27일 산업기사 출제

정답
(1) 재해발생형태
　　감전(전류 접촉)
(2) 재해를 발생시킨 원인
　　① 작업에 들어가기전에 전로를 차단하지 않고 작업한다.
　　② 절연용 보호구를 착용하지 않고 작업한다.

06 산업안전보건법령상, 근로자가 충전전로를 취급하거나 그 인근에서 작업하는 경우에는 사업주의 조치 사항 관련해서 ①, ②, ③에 알맞은 것을 쓰시오.

(1) 충전전로를 취급하는 근로자에게 그 작업에 적합한 (①)를 착용시킬 것
(2) 충전전로에 근접한 장소에서 전기작업을 하는 경우에는 해당 전압에 적합한 (②)를 설치할 것. 다만, 저압인 경우에는 해당 전기작업자가 (①)를 착용하되, 충전전로에 접촉할 우려가 없는 경우에는 (②)를 설치하지 아니할 수 있다.
(3) 고압 및 특별고압의 전로에서 전기작업을 하는 근로자에게 활선작업용 기구 및 장치를 사용하도록 할 것
(4) 근로자가 (②)의 설치·해체작업을 하는 경우에는 (①)를 착용하거나 활선작업용 기구 및 장치를 사용하도록 할 것
(5) 유자격자가 아닌 근로자가 충전전로 인근의 높은 곳에서 작업할 때에 근로자의 몸 또는 긴 도전성 물체가 방호되지 않은 충전전로에서 대지전압이 50[kV] 이하인 경우에는 (③)[cm]이내로, 대지전압이 50[kV]를 넘는 경우에는 10[kV]당 10[cm]씩 더한 거리 이내로 각각 접근할 수 없도록 할 것

정답 ① 절연용 보호구 ② 절연용 방호구 ③ 300

07 산업안전보건법령상, 동력을 사용하는 항타기 또는 항발기에 대하여 무너짐을 방지하기 위한 사업주의 준수 사항 관련해서 (   )안에 알맞은 것을 한가지 쓰시오.

① 연약한 지반에 설치하는 경우에는 (①) 등 지지구조물의 침하를 방지하기 위하여 깔판 혹은 받침목 등을 사용할 것

② 궤도 또는 차로 이동하는 항타기 또는 항발기에 대해서는 불시에 이동하는 것을 방지하기 위하여 (②) 등으로 고정시킬 것

합격정보 산업안전보건기준에 관한 규칙 제209조(무너짐의 방지)

합격KEY 2024년 5월 1일(문제 9번) 출제

정답
① 아웃트리거 · 받침
② 레일클램프 및 쐐기

08 산업안전보건법령상, 용융(鎔融)한 고열의 광물(이하 '용융고열물'이라 한다.)을 취급하는 피트(고열의 금속찌꺼기를 물로 처리하는 것은 제외한다)에 대하여 수증기 폭발을 방지하기 위하여 사업주가 해야하는 조치 1가지를 쓰시오.

합격정보 산업안전보건기준에 관한 규칙 제248조(용융고열물 취급 피트의 수증기 폭발방지)

합격KEY 2023년 4월 30일(문제 8번) 출제

정답
① 지하수가 내부로 새어드는 것을 방지할 수 있는 구조로 할 것. 다만, 내부에 고인 지하수를 배출할 수 있는 설비를 설치한 경우에는 그러하지 아니하다.
② 작업용수 또는 빗물 등이 내부로 새어드는 것을 방지할 수 있는 격벽 등의 설비를 주위에 설치할 것

09 DMF용기 외부에 부착해야 하는 경고표지를 보기에서 2가지 고르시오.

[보기]
① 인화성물질경고 ② 산화성물질경고
③ 급성독성물질경고 ④ 발암성물질경고
⑤ 부식성물질경고

합격정보 산업안전보건기준에 관한 규칙 제442조(명칭 등의 게시)

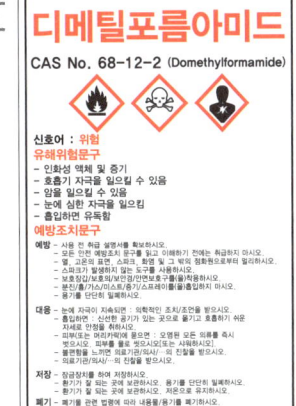

정답
① 인화성물질경고
② 급성독성물질경고
③ 발암성물질경고

자격종목	시험일	비번호	PC번호	남은시간
산업안전산업기사	2024년 10월 27일 3회(1부)	A001	1	60분

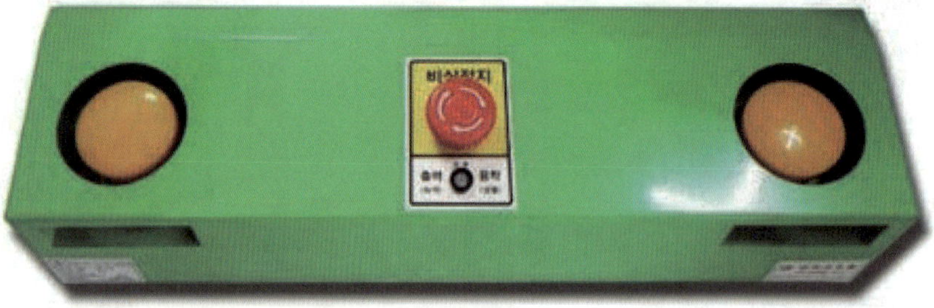

프레스 양수조작식 방호장치

00:00/00:23

문제 1번 문제 2번 문제 3번 문제 4번 문제 5번 문제 6번 문제 7번 문제 8번 문제 9번

01 ① 화면의 방호장치 명칭을 쓰고 ② 해당 방호장치의 내측거리 기준을 쓰시오.

합격정보 방호장치 안전인증 고시 [별표 1] 프레스 또는 전단기 방호장치의 성능기준(제4조 관련)

정답
① 명칭 : 양수조작식
② 내측거리 기준 : 300mm 이상

자격종목	시험일	비번호	PC번호	남은시간
산업안전산업기사	2024년 10월 27일 3회(1부)	A001	1	60분

① 지게차의 포크에 김치냉장고 박스들을 2열로 높게 쌓아 올렸는데, 높이도 안맞고 고정되어 있지도 않으며, 운전자의 시야가 가린다.
② 다른 작업자가 수레로 공구 등을 내려 놓고 정리한 뒤 하품하며 뒤돌아 나오는 순간 지게차와 부딪힌다.
③ 마지막에 박스가 흔들리고 화면도 같이 흔들린다.

02 화면을 보고 지게차 주행안전작업 사항 중 불안전한 행동(사고위험요인)을 3가지 쓰시오.(단, 작업장 정리정돈 및 작업지휘자 배치 제외할 것)

합격정보
① 산업안전보건기준에 관한 규칙 제172조(접촉의 방지)
② 산업안전보건기준에 관한 규칙 제173조(화물적재시의 조치)
③ 산업안전보건기준에 관한 규칙 제175조(주용도 외의 사용제한)

합격KEY
① 2000년 11월 9일 산업기사 출제
② 2004년 4월 29일 출제
③ 2006년 7월 15일 출제
④ 2011년 5월 7일 출제
⑤ 2013년 7월 20일(문제 3번) 출제
⑥ 2015년 7월 18일(문제 3번) 출제
⑦ 2017년 4월 22일 기사 제1회(문제 3번) 출제
⑧ 2018년 10월 14일(문제 2번) 출제
⑨ 2020년 11월 22일 기사 출제
⑩ 2021년 7월 24일(문제 2번) 출제
⑪ 2021년 10월 24일 산업기사 출제
⑫ 2022년 5월 15일(문제 2번) 출제
⑬ 2022년 7월 30일 기사 출제
⑭ 2023년 7월 29일 기사 출제

정답
① 전방의 시야 불충분으로 지게차에 의해 다른 작업자가 다칠 수 있다.
② 물건을 과적하여 운전자의 시야를 가려 다른 작업자가 다칠 수 있다.
③ 물건을 불안정하게 적재하여 화물이 떨어져 다른 작업자가 다칠 수 있다.
④ 다른 작업자가 작업통로에 나와서 작업을 하고 있어 지게차에 의해 다칠 수 있다.
⑤ 난폭한 운전·과속으로 운전자 본인이 다치거나 다른 작업자가 다칠 수 있다.

자격종목	시험일	비번호	PC번호	남은시간
산업안전산업기사	2024년 10월 27일 3회(1부)	A001	1	60분

야외 분전반(내부에 콘센트와 ELB가 있음)에 콘센트에 플러그를 꽂고 전원을 연결하여 휴대용 연삭기로 연마(그라인딩) 작업을 하는 작업자는 목장갑 착용, 보안경 미착용, 덮개가 없는 그라인더의 측면으로 철구조물 연마 작업 다른 작업자가 도착하여 분전반 콘센트에 플러그를 맨손으로 꽂고 분전반에 걸쳐 있는 전기줄을 한쪽으로 치우고 ELB를 조작하는 순간 부르르 떨며 쓰러진다. 그라인더 작업자가 놀라서 감전당한 작업자에게 다가간다.

03 화면상의 분전반 전면에 위치한 그라인더 기기를 활용한 작업에서 위험요인 2가지를 쓰시오.

합격정보 산업안전보건기준에 관한 규칙 제304조(누전차단기에 의한 감전방지)

합격KEY
① 2015년 7월 18일 산업기사 출제
② 2019년 7월 6일 제2회 3부(문제 9번) 출제
③ 2019년 10월 19일 기사 출제

정답
① 작업자가 맨손으로 작업을 하여 위험하다.
② 작업자가 내전압용 절연장갑 등 절연용 보호구를 착용하지 않아 위험하다.

자격종목	시험일	비번호	PC번호	남은시간
산업안전산업기사	2024년 10월 27일 3회(1부)	A001	1	60분

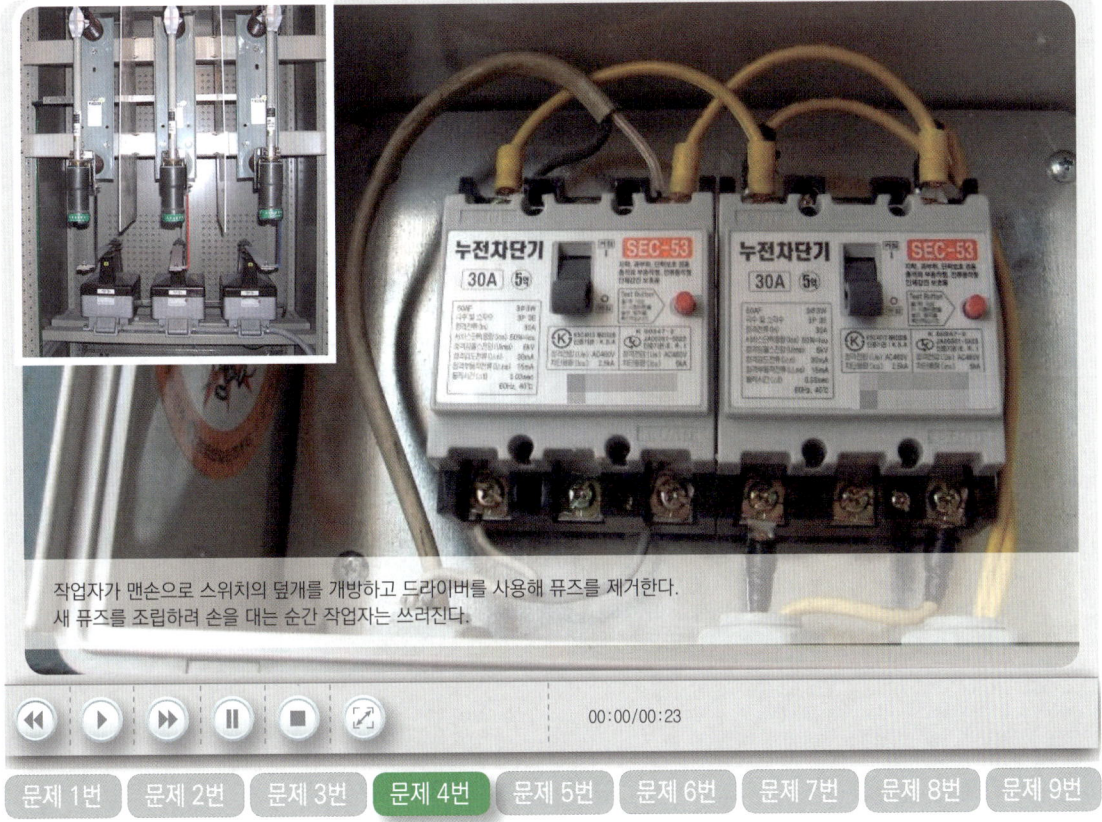

04 화면 상의 감전 사고의 원인 2가지를 쓰시오.

참고
① 산업안전보건기준에 관한 규칙 제319조(정전전로에서의 전기작업)
② 산업안전보건기준에 관한 규칙 제323조(절연용 보호구 등의 사용)

정답
① 작업에 들어가기전에 전로를 차단하지 않고 작업한다.
② 절연용보호구를 착용하지 않고 작업한다.

자격종목	시험일	비번호	PC번호	남은시간
산업안전산업기사	2024년 10월 27일 3회(1부)	A001	1	60분

① 맨홀 뚜껑을 열고 1명이 키 높이 정도 밀폐공간에 혼자 들어감.
② 윗쪽에 서 있는 동료에게 삽을 전달받아 삽질 두어번 하고 기절하는 영상임.

05 산업안전보건법령상, 동영상의 슬러지 작업에서 착용해야 하는 호흡용 보호구를 2가지 쓰시오.

유사답안
① 에어라인 마스크
② 호스마스크
③ 복합식 에어라인 마스크
④ 산소호흡기

합격정보 산업안전보건기준에 관한 규칙 제620조(환기 등)

합격KEY
① 2005년 7월 15일 출제
② 2006년 9월 23일 기사 출제
③ 2014년 10월 5일 기사(문제 5번) 출제
④ 2015년 7월 18일 제2회 제3부 기사(문제 5번) 출제
⑤ 2015년 10월 11일(문제 5번) 출제
⑥ 2020년 11월 15일(문제 5번) 출제
⑦ 2022년 5월 20일 산업기사 출제
⑧ 2022년 7월 30일 제3부(문제 5번) 출제
⑨ 2023년 10월 14일 기사 출제

정답
① 송기마스크
② 공기호흡기

자격종목	시험일	비번호	PC번호	남은시간
산업안전산업기사	2024년 10월 27일 3회(1부)	A001	1	60분

06 동영상은 경사용 컨베이어를 이용하여 화물을 운반하는 작업 중에 발생한 재해사례이다. 이와 같은 재해를 방지하기 위한 컨베이어 방호조치를 2가지 쓰시오.

[합격정보] ① 산업안전보건기준에 관한 규칙 제192조(비상정지장치)
② 산업안전보건기준에 관한 규칙 제193조(낙하물에 의한 위험 방지)
③ 산업안전보건기준에 관한 규칙 제195조(통행의 제한 등)

[합격KEY]
① 2008년 4월 26일 출제
② 2008년 7월 13일 출제
③ 2009년 4월 26일 출제
④ 2012년 4월 28일 기사 출제
⑤ 2013년 4월 27일 출제
⑥ 2013년 10월 12일 제3회 2부 출제
⑦ 2015년 4월 25일(문제 3번) 출제
⑧ 2016년 7월 18일 제2회 출제
⑨ 2016년 10월 15일 제3회(문제 3번) 출제
⑩ 2019년 10월 19일 기사 출제
⑪ 2021년 10월 24일(문제 6번) 출제
⑫ 2022년 8월 7일 산업기사 출제
⑬ 2023년 7월 30일(문제 6번) 출제

[정답]
① 비상정지장치
② 덮개
③ 울
④ 건널다리

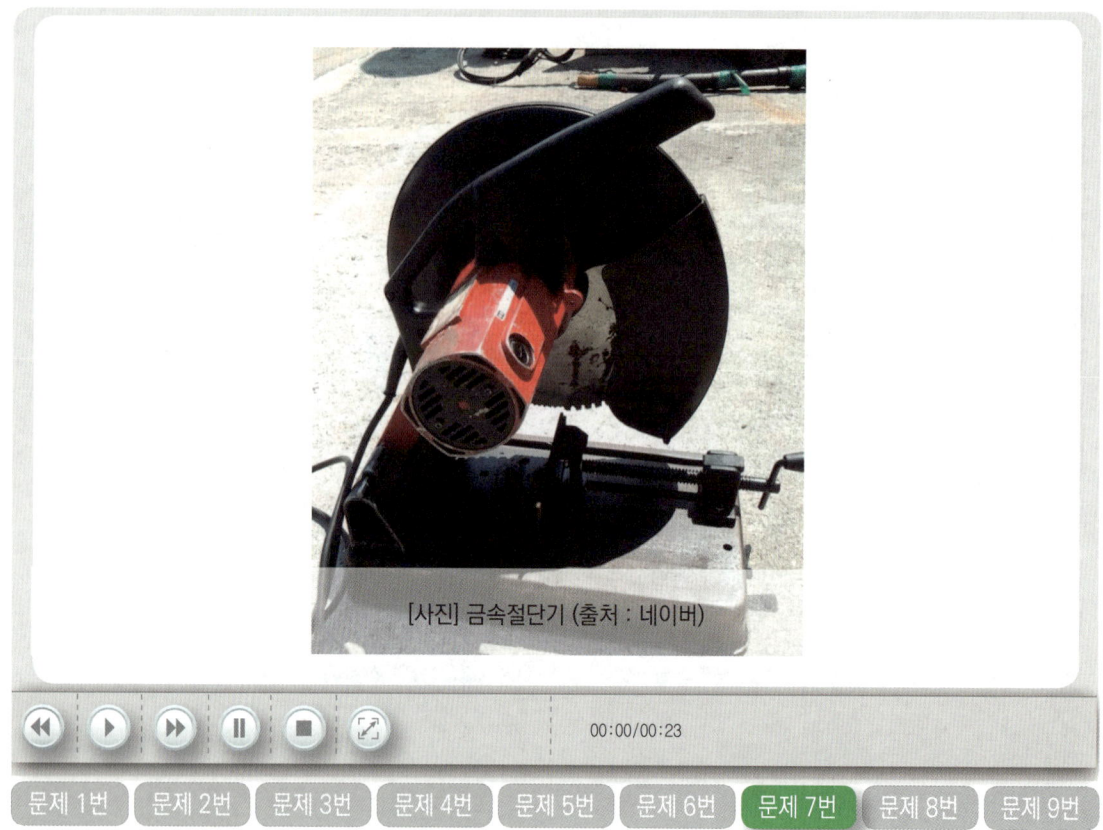

[사진] 금속절단기 (출처 : 네이버)

07 금속절단기의 날접촉 예방장치가 갖추어야 할 조건 3가지를 쓰시오.

합격정보 위험기계·기구 방호조치 기준 제16조(설치방법)
합격KEY 2023년 5월 7일(문제 7번) 출제

정답
① 작업부분을 제외한 톱날 전체를 덮을 수 있을 것
② 가드와 함께 움직이며 가공물을 절단하는 톱날에는 조정식 가이드를 설치할 것
③ 톱날, 가공물 등의 비산을 방지할 수 있는 충분한 강도를 가질 것
④ 둥근 톱날의 경우 회전날의 뒤, 옆, 밑 등을 통한 신체 일부의 접근을 차단할 수 있을 것

08 산업안전보건법령상, 작업발판 및 통로의 끝이나 개구부에 재해방지를 위해서 작업장의 조치사항을 3가지 쓰시오.

합격정보 산업안전보건기준에 관한 규칙 제43조(개구부 등의 방호조치)

정답
① 안전난간 설치
② 울타리 설치
③ 수직형 추락방망 설치
④ 덮개 설치

09 산업안전보건법령상 다음의 작업에서 근로자를 상시 취업시키는 장소의 조도기준을 쓰시오.(단, 갱내(坑內) 작업장과 감광재료(感光材料)를 취급하는 작업장은 제외)
① 정밀작업 :
② 보통작업 :
③ 그 밖의 작업 :

합격정보 산업안전보건기준에 관한 규칙 제8조(조도)

정답
① 정밀작업 : 300[Lux] 이상
② 보통작업 : 150[Lux] 이상
③ 그 밖의 작업 : 75[Lux] 이상

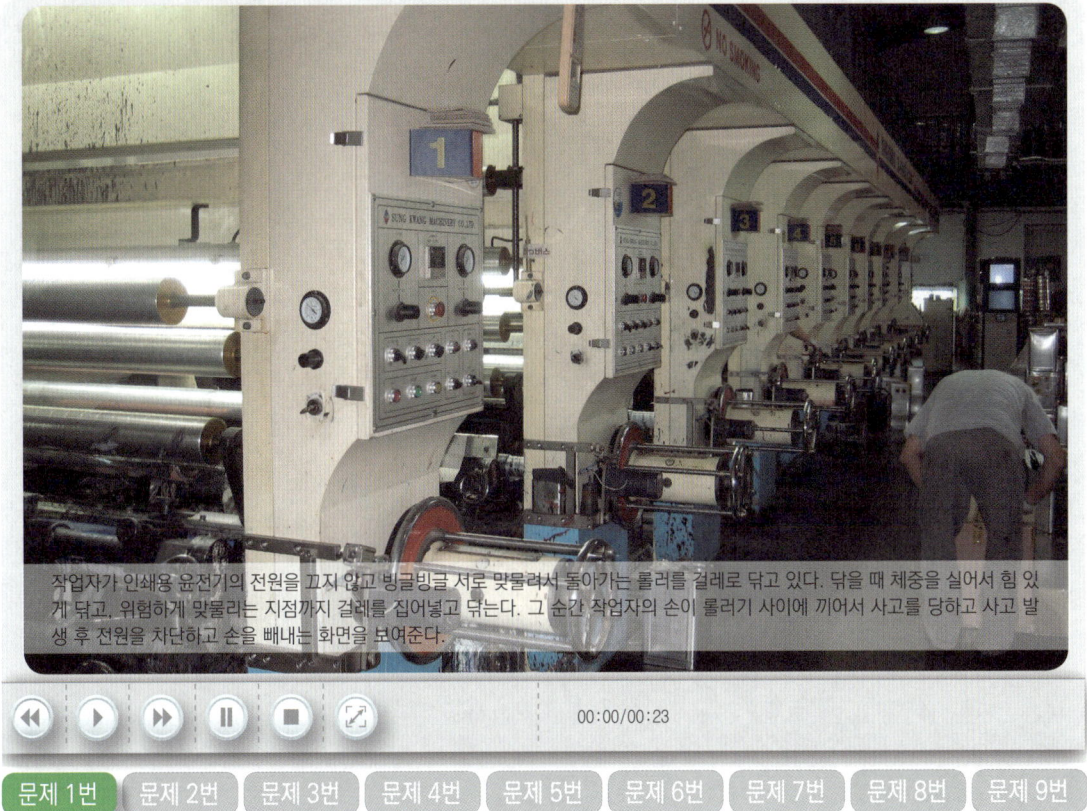

작업자가 인쇄용 윤전기의 전원을 끄지 않고 빙글빙글 서로 맞물려서 돌아가는 롤러를 걸레로 닦고 있다. 닦을 때 체중을 실어서 힘 있게 닦고, 위험하게 맞물리는 지점까지 걸레를 집어넣고 닦는다. 그 순간 작업자의 손이 롤러기 사이에 끼어서 사고를 당하고 사고 발생 후 전원을 차단하고 손을 빼내는 화면을 보여준다.

01 화면의 인쇄윤전기 재해사례에서 나타나는 핵심위험요인 2가지를 쓰시오.

[합격정보] 산업안전보건기준에 관한 규칙
① 제92조(정비 등의 작업 시의 운전정지 등)
② 제123조(롤러기의 울 등 설치)
③ 제94조(작업모 등의 착용)

[합격KEY]
① 2000년 9월 5일 출제
② 2002년 5월 4일 출제
③ 2006년 9월 23일 출제
④ 2009년 4월 26일 출제
⑤ 2010년 7월 11일 출제
⑥ 2012년 7월 14일 출제
⑦ 2012년 10월 21일 산업기사 출제
⑧ 2013년 10월 12일 출제
⑨ 2015년 4월 25일 산업기사 출제
⑩ 2015년 7월 18일 산업기사 출제
⑪ 2016년 4월 23일 출제
⑫ 2016년 10월 9일 산업기사(문제 4번) 출제
⑬ 2017년 10월 22일 기사 제3회(문제 6번) 출제
⑭ 2018년 10월 14일 기사 출제
⑮ 2021년 7월 24일(문제 6번) 출제
⑯ 2022년 8월 7일(문제 6번) 출제
⑰ 2023년 7월 30일 출제

[정답]
① 회전중 롤러의 죄어들어가는 쪽에서 직접 손으로 눌러 닦고 있어서 손이 말려 들어가게 된다.
② 체중을 걸쳐 닦고 있어서 말려 들어가게 된다.
③ 안전(방호)장치가 없어서 걸레를 위로 넣었을 때 롤러가 멈추지 않아 손이 말려 들어간다.

자격종목	시험일	비번호	PC번호	남은시간
산업안전산업기사	2024년 10월 27일 3회(2부)	A001	1	60분

문제 1번 | **문제 2번** | 문제 3번 | 문제 4번 | 문제 5번 | 문제 6번 | 문제 7번 | 문제 8번 | 문제 9번

02 화면은 봉강 연마 작업중 발생한 사고사례이다. (1) 기인물과 (2) 사고의 직접 원인 2가지를 쓰시오.

합격정보 위험기계·기구 방호장치기준 제30조(방호조치)

합격KEY
① 2004년 10월 2일 산업기사출제
② 2005년 10월 1일 산업기사 출제
③ 2010년 7월 11일 출제
④ 2011년 10월 22일 출제
⑤ 2012년 10월 21일 출제
⑥ 2013년 4월 27일 출제
⑦ 2015년 7월 18일 산업기사 (문제 3번) 출제
⑧ 2017년 4월 22일 산업기사 출제
⑨ 2017년 10월 22일(문제 1번) 출제
⑩ 2020년 11월 22일 기사 출제
⑪ 2021년 5월 5일 산업기사 출제

정답
(1) 기인물 : 탁상공구연삭기
(2) 사고의 직접 원인
① 쇠파이프(봉강, 환봉) 고정 지지 부실
② 덮개 또는 울 등 미설치

03 자동차 브레이크 라이닝을 세척 중이다. 착용해야할 보호구 4가지를 쓰시오.

합격정보 산업안전보건기준에 관한 규칙 제451조(보호복 등의 비치 등)

합격KEY
① 2006년 9월 23일 산업기사 출제
② 2013년 10월 12일 제3회 출제
③ 2016년 10월 9일(문제 3번) 출제
④ 2017년 4월 22일 기사(문제 3번) 출제
⑤ 2018년 10월 14일 제3회 2부(문제 3번) 출제
⑥ 2019년 10월 19일 산업기사 출제
⑦ 2021년 5월 2일(문제 1번) 출제
⑧ 2022년 5월 15일(문제 7번) 출제
⑨ 2023년 4월 29일 기사 출제

정답
① 불침투성 보호의(복)
② 불침투성 보호장갑
③ 불침투성 보호장화
④ 방독마스크
⑤ 보안경

자격종목	시험일	비번호	PC번호	남은시간
산업안전산업기사	2024년 10월 27일 3회(2부)	A001	1	60분

자동차 정비소에서 자동차 보닛이 45도 정도 앞으로 들려있는 자동차를 유압잭(Jack)으로 들어올리고, 그 아래로 작업자가 들어가 누워 작업을 하다가 공구로 유압잭을 건드려 승용차가 내려와서 작업자가 깔린다.

04 동영상의 자동차 정비 중 발생한 재해에 대해서 ① 가해물과 ② 재해발생원인을 쓰시오.

합격정보
① 산업안전보건기준에 관한 규칙 제205조(붐 등의 강하에 의한 위험방지)
② 산업안전보건기준에 관한 규칙 제176조(수리 등의 작업 시 조치)

합격KEY 2023년 5월 7일(문제 4번) 출제

정답
① 가해물 : 자동차
② 재해발생원인 : 안전지지대 또는 안전블록 등을 사용하지 않음

05 산업안전보건법령상, 구내운반차를 사용하는 경우에 사업주의 준수 사항 관련하여 (   )에 알맞은 것을 쓰시오.

(1) 사업주는 구내운반차를 작업장 내 (①)을 주목적으로 할 것
(2) 주행을 제동하거나 정지상태를 유지하기 위하여 유효한 (②)를 갖출 것
(3) (③)를 갖출 것
(4) 운전석이 차 실내에 있는 것은 좌우에 한개씩 (④)를 갖출 것
(5) (⑤)과 (⑥)을 갖출것. 다만, 작업을 안전하게 하기 위하여 필요한 조명이 있는 장소에서 사용하는 구내운반차에 대해서는 그러하지 아니하다.

합격정보 산업안전 보건기준에 관한 규칙 제184조(제동장치 등)

합격KEY ① 2019년 10월 19일(문제 4번) 출제
② 2023년 7월 30일(문제 7번) 출제

정답
① 운반
② 제동장치
③ 경음기
④ 방향지시기
⑤ 전조등
⑥ 후미등

06 산업안전보건법령상, 사업주가 교류아크용접기에 자동전격방지기를 설치해야 하는 장소 3가지를 쓰시오.

[합격정보] 산업안전보건기준에 관한 규칙 제306조(교류아크용접기 등)
[합격KEY] 2023년 5월 7일(문제 6번) 출제

정답
① 선박의 이중 선체 내부, 밸러스트 탱크(ballast tank : 평형수 탱크), 보일러 내부 등 도전체에 둘러싸인 장소
② 추락할 위험이 있는 높이 2미터 이상의 장소로 철골 등 도전성이 높은 물체에 근로자가 접촉할 우려가 있는 장소
③ 근로자가 물·땀 등으로 인하여 도전성이 높은 습윤 상태에서 작업하는 장소

07 화면상의 절단 작업 중에 발생한 재해 관련해서 위험점과 위험점 정의를 쓰시오.

보충학습   기계설비에 의해 형성되는 위험점의 종류

종류	정의	예
협착점 (Squeeze point)	왕복운동하는 운동부와 고정부 사이에 형성	① 프레스 금형 조립부위 ② 전단기의 누름판 및 칼날부위 ③ 선반 및 평삭기의 베드 끝 부위
끼임점 (Shear point)	고정부분과 회전 또는 직선운동부분에 의해 형성	① 연삭 숫돌과 작업대 ② 반복동작되는 링크기구 ③ 교반기의 교반날개와 몸체사이
절단점 (Cutting point)	회전운동부분 자체와 운동하는 기계 자체에 의해 형성	① 밀링컷터 ② 둥근톱 날 ③ 목공용 띠톱 날 부분
물림점 (Nip point)	회전하는 두 개의 회전축에 의해 형성(회전체가 서로 반대방향으로 회전하는 경우)	① 기어와 피니언 ② 롤러의 회전 등
접선 물림점 (Tangential Nip point)	회전하는 부분이 접선방향으로 물려 들어가면서 형성	① V벨트와 풀리 ② 기어와 랙 ③ 롤러와 평벨트 등

합격KEY ▶ ① 2022년 5월 21일 제2부 출제   ② 2022년 5월 21일(문제 7번) 출제

정답
① 위험점 : 협착점
② 위험점 정의 : 왕복운동을 하는 운동부와 고정부분 사이에 형성

자격종목	시험일	비번호	PC번호	남은시간
산업안전산업기사	2024년 10월 27일 3회(2부)	A001	1	60분

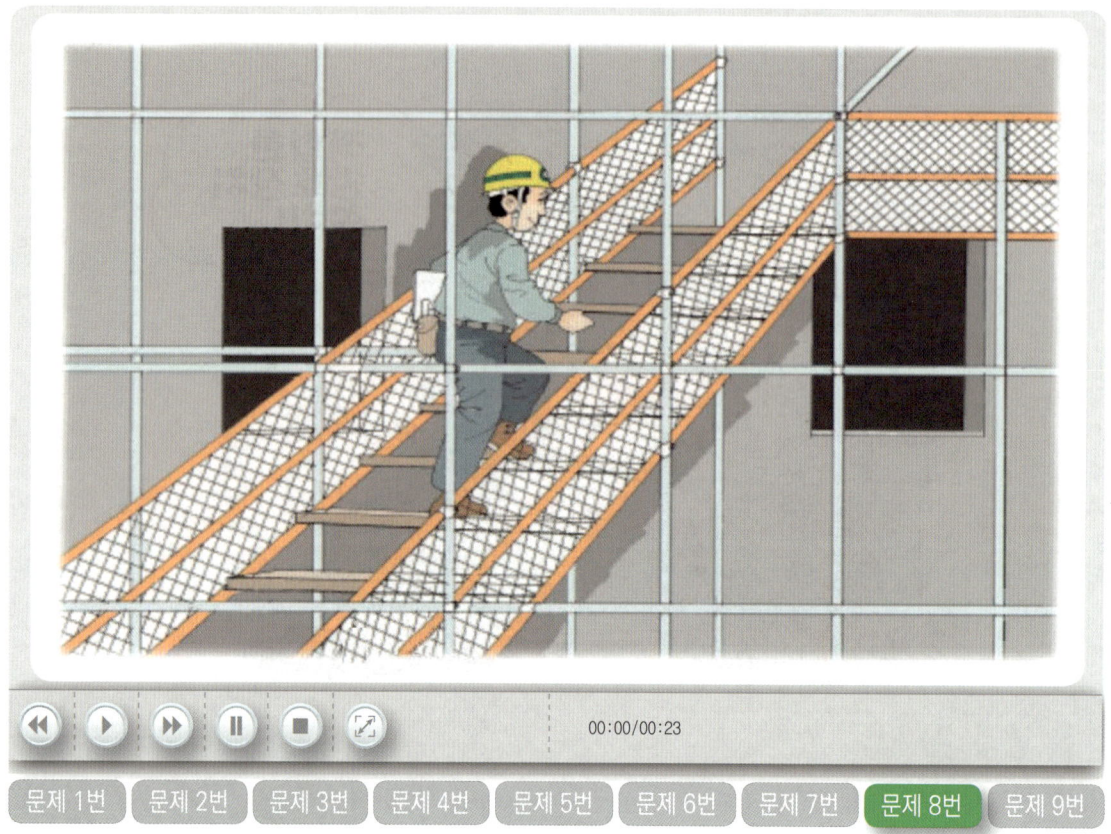

08 건설현장 가설통로에서 작업자가 움직이다가 발이 걸려 추락한다. 가설통로가 갖춰야 할 구조관련하여 ( )를 채우시오.
(1) 경사는 ( )도 이하로 할 것. 다만, 계단을 설치하거나 높이 2m 미만의 가설통로로서 튼튼한 손잡이를 설치한 경우에는 그러하지 아니하다.
(2) 경사가 ( )도를 초과하는 경우에는 미끄러지지 아니하는 구조로 할 것

합격정보 산업안전보건기준에 관한 규칙(약칭 : 안전보건규칙)
제23조(가설통로의 구조) 사업주는 가설통로를 설치하는 경우 다음 각 호의 사항을 준수하여야 한다.
1. 견고한 구조로 할 것
2. 경사는 30도 이하로 할 것. 다만, 계단을 설치하거나 높이 2미터 미만의 가설통로로서 튼튼한 손잡이를 설치한 경우에는 그러하지 아니하다.
3. 경사가 15도를 초과하는 경우에는 미끄러지지 아니하는 구조로 할 것
4. 추락할 위험이 있는 장소에는 안전난간을 설치할 것. 다만, 작업상 부득이한 경우에는 필요한 부분만 임시로 해체할 수 있다.
5. 수직갱에 가설된 통로의 길이가 15미터 이상인 경우에는 10미터 이내마다 계단참을 설치할 것
6. 건설공사에 사용하는 높이 8미터 이상인 비계다리에는 7미터 이내마다 계단참을 설치할 것

합격KEY ① 2021년 5월 2일(문제 6번) 출제
② 2021년 7월 18일(문제 8번) 출제
③ 2022년 10월 22일 기사 출제

정답 ① 30 ② 15

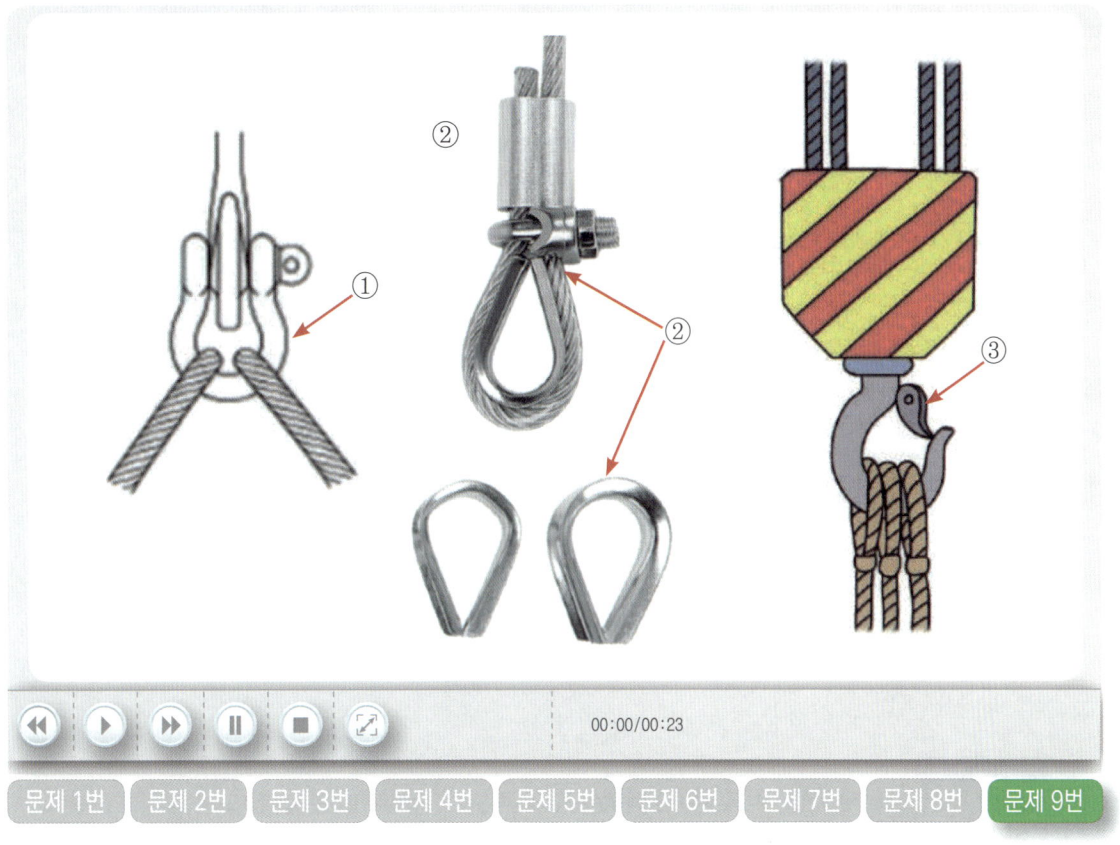

09 다음 영상에서 지시하는 것 ①, ②, ③의 명칭을 쓰시오.

정답
① 샤클
② 심블(Thimble)
③ 훅 해지장치

정재수(靑波 : 鄭再琇)

인하대학교 공학박사/GTCC대학교 명예교육학 박사/한양대학교 공학석사/공학사/문학사/각종국가고시 출제, 검토, 채점, 감독, 면접위원역임/매경TV/EBS/KBS라디오 출연 및 강사/중소기업진흥공단 강사/대한산업안전협회 강사/호원대학교/신성대학교/대림대학교/수원대학교 외래교수/울산대학교/군산대학교/한경대학교 등 특강/한국폴리텍Ⅱ대학 산학협력단장, 평생교육원장, 산학기술연구소장, 디자인센터장/한국폴리텍 대학 교수/한국폴리텍대학남인천캠퍼스 학장/대한민국산업현장 교수/GTCC대학교 겸임교수 (사)대한민국에너지상생포럼 집행위원장/(사)한국안전돌봄서비스협회 회장/(사)대한민국 청렴코리아 공동대표/협성대학교 IPP추진기획단 특별위원/인천광역시 새마을문고 및 직장 회장/생명살림운동강사/ISO국제선임 심사원/우수산업안전 숙련기술자/한국방송통신대학교 및 한국 폴리텍 대학 공동 선정 동영상 강의

저서
- 산업안전공학(도서출판 세화)
- 건설안전기술사(도서출판 세화)
- 건설안전기사(필기, 실기 필답형, 실기 작업형)(도서출판 세화)
- 산업보건지도사 시리즈(도서출판 세화)
- 공업고등학교안전교재(서울교과서)
- 한국방송통신대학과 한국폴리텍대학 선정 동영상 촬영
- 기계안전기술사(도서출판 세화)
- 산업안전기사(필기, 실기 필답형, 실기 작업형)(도서출판 세화)
- 산업안전지도사 시리즈(도서출판 세화)
- 산업안전보건(한국산업인력공단)
- 산업안전보건동영상(한국산업인력공단) 등 60여권 저술

상훈
대한민국 근정 포장(대통령)/국무총리표창/행정자치부 장관표창/300만 인천광역시민상 및 효행표창 등 8회 수상/ 2024년 남동구 봉사상 수상/Vision2010교육혁신대상수상/2017 청렴한국인대상수상/30년 새마을 봉사상 수상/ 몽골 옵스주지사 표창

출강기업(무순)
삼성(건설, 중공업, 조선)/현대(건설, 자동차, 중공업, 제철)/대우(건설, 자동차, 조선)/SK(정유)/GS건설/에스원(S1)/ 두산(건설, 중공업), 동부(반도체), POSCO건설, 멀티캠퍼스, e-mart, 한국수자원공사 등 100여기업/이상 안전자격증특강

국가기술자격 실기시험 집중 대비서(녹색자격증, 녹색직업)
산업안전기사/산업기사 실기 작업형

29판 50쇄 발행	2025. 1. 27. (인쇄 2024. 11. 25.)	15판 34쇄 발행	2013. 1. 1.	7판 17쇄 발행	2005. 6. 10.
28판 49쇄 발행	2024. 3. 30.	14판 33쇄 발행	2012. 8. 20.	7판 16쇄 발행	2005. 1. 10.
27판 48쇄 발행	2023. 3. 30.	14판 32쇄 발행	2012. 1. 1.	6판 15쇄 발행	2004. 8. 5.
26판 47쇄 발행	2022. 7. 26.	13판 31쇄 발행	2011. 5. 20.	6판 14쇄 발행	2004. 6. 30.
25판 46쇄 발행	2022. 2. 10.	13판 30쇄 발행	2011. 1. 1.	6판 13쇄 발행	2004. 4. 10.
24판 45쇄 발행	2021. 2. 10.	12판 29쇄 발행	2010. 7. 30.	5판 12쇄 발행	2003. 6. 10.
23판 44쇄 발행	2020. 2. 10.	12판 28쇄 발행	2010. 1. 1.	5판 11쇄 발행	2003. 1. 10.
22판 43쇄 발행	2019. 5. 30.	11판 27쇄 발행	2009. 2. 1.	4판 10쇄 발행	2002. 6. 10.
21판 42쇄 발행	2019. 2. 10.	10판 26쇄 발행	2008. 7. 30.	4판 9쇄 발행	2002. 1. 10.
20판 41쇄 발행	2018. 1. 10.	10판 25쇄 발행	2008. 5. 11.	3판 8쇄 발행	2001. 7. 10.
19판 40쇄 발행	2017. 1. 1.	10판 24쇄 발행	2008. 1. 1.	3판 7쇄 발행	2001. 1. 10.
18판 39쇄 발행	2016. 7. 20.	9판 23쇄 발행	2007. 7. 30.	2판 6쇄 발행	2000. 9. 10.
18판 38쇄 발행	2016. 1. 1.	9판 22쇄 발행	2007. 1. 10.	2판 5쇄 발행	2000. 6. 10.
17판 37쇄 발행	2015. 1. 1.	8판 21쇄 발행	2006. 8. 20.	2판 4쇄 발행	2000. 1. 10.
16판 36쇄 발행	2014. 1. 1.	8판 20쇄 발행	2006. 5. 30.	1판 3쇄 발행	1999. 9. 30.
15판 35쇄 발행	2013. 8. 30.	8판 19쇄 발행	2006. 1. 10.	1판 2쇄 발행	1999. 6. 10.
		7판 18쇄 발행	2005. 8. 10.	1판 1쇄 발행	1999. 1. 10.

지은이　정재수
펴낸이　박　용
펴낸곳　도서출판 세화
주소　경기도 파주시 회동길 325-22(서패동 469-2)
영업부　(031)955-9331~2
편집부　(031)955-9333
FAX　(031)955-9334
등록　1978. 12. 26(제 1-338호)

정가　**43,000**원
ISBN　978-89-317-1315-2　13530

파손된 책은 교환하여 드립니다.
본 도서의 내용 문의 및 궁금한 점은 더 정확한 정보를 위하여 저자분에게 문의하시고, 저희 홈페이지 수험서 자료실이나 저자 이메일에 문의바랍니다.
저자 정재수(jjs90681@naver.com)

산업안전, 건설안전, 기술사, 지도사 등 안전자격증취득 준비는 이렇게 하세요

기초부터 차근차근 다져나가는 것이 중요합니다.
이론 습득을 정확히 한 후 과년도 기출문제 풀이와 출제예상문제로 반복훈련하십시오.

기사·산업기사

STEP 1 | 기초이론 | 기사 산업기사 필기
과목별 필수요점 및 이론 학습과 출제예상문제 풀이로 개념잡고 최근 과년도 기출문제 풀이로 유형잡는 필기 수험 완벽 대비서

⇩

STEP 2 | 기출문제풀이 | 기사 산업기사 필기 과년도
과년도 기출문제를 상세한 백과사전식 문제풀이로 필기 수험 출제경향을 미리 알고 대비할 수 있는 최고·최상의 수험준비서

⇩

STEP 3 | 실기대비 | 실기 필답형
요점 및 예상문제 합격작전과 과년도기출문제 풀이로 준비하는 실기 필답형시험 완벽 대비서

⇩

STEP 4 | 실전테스트 | 실기 작업형
요점 및 예상문제 합격작전과 과년도기출문제 풀이로 준비하는 실기 작업형시험 완벽 대비서

지도사·기술사

STEP 1 | 공통필수 | 1차 필기
과목별 필수요점과 출제예상문제 풀이 및 과년도 기출문제 풀이로 준비하는 1차 필기시험 완벽 대비서

⇩

STEP 2 | 전공필수 | 2차 필기
전공별 필수요점과 출제예상문제 풀이 및 과년도 기출문제 풀이로 준비하는 2차 필기시험 완벽 대비서
(기술사 STEP 1, 2 동시)

⇩

STEP 3 | 실기 | 3차 면접
각 자격증별 면접의 시작부터 면접 사례까지, 심층면접 대비를 위한 면접합격 가이드

건설안전

「일품」 건설안전기사 필기, 건설안전산업기사 필기

2색 컬러 B5_합격요점 포함 [필기수험 대비 01]

- 본서의 요점정리는 간단하고 명료하게 구체적으로 표현을 했다.
- 본서는 최근 심도있게 거론이 되고 있는 출제예상문제를 빠짐없이 수록하여 타 교재와 차별화가 되도록 구성하였다.
- 건설안전기사(산업기사) 자격 취득의 결론은 본서의 요점과 예상문제 합격작전으로 합격을 보장할 수 있도록 엮었다.
- 최근까지 출제된 과년도 출제 문제를 수록하여 수험준비에 만전을 기하였다.

「일품」 건설안전기사필기 과년도, 건설안전산업기사필기 과년도

2색 컬러 B5_계산문제총정리, 미공개문제 포함 [필기수험 대비 02]

- 제1회의 해설에서 이해하지 못했다면 제2, 제3의 문제해설을 통하여 반드시 이해할 수 있도록 하였다.
- 한 문제(1항목)를 이해하여 열 문제(10항목)를 해결할 수 있게 구성하였다.
- 건설안전기사(산업기사) 자격취득의 결론은 본서의 문제와 해설의 합격작전으로 합격을 보장할 수 있도록 엮었다.
- 최근까지 출제된 과년도 출제 문제를 수록하여 수험준비에 만전을 기하였다.

「일품」 건설안전(산업)기사실기필답형, 건설안전(산업)기사실기작업형

2색 컬러 B5_최종정리 포함 [실기수험 대비 01] | _전면컬러 B5 [실기수험 대비 02]

- 본서의 요점정리는 간단하고 명료하게 구체적으로 표현을 했다.
- 본문의 요점에서 이해하지 못했다면 예상문제 합격작전에서 반드시 이해할 수 있도록 하였다.
- 한 문제(1항목)를 이해하면 열 문제(10항목)를 해결할 수 있도록 구성하였다.
- 참고 및 고시 등을 수록하여 단원마다 중요점을 재강조하였다.
- 본서는 최근 심도있게 거론이 되고 출제가 예상되는 모든 문제를 빠짐없이 수록하여 타 교재와 차별화가 되도록 구성하였다.
- 건설안전 자격취득의 결론은 본서의 요점과 예상문제 합격작전이 합격을 보장한다.

산업안전지도사

「일품」 산업안전지도사 1차필기

총 3단계로 구성 _1색 B5 [1차 필기수험 대비]

- [Ⅰ] 산업안전보건법령, [Ⅱ] 산업안전 일반, [Ⅲ] 기업진단·지도, 산업안전지도사(과년도)
- 본서의 요점정리는 간단하고 명료하게 구체적으로 표현을 했다.
- 본문의 요점에서 이해하지 못했다면 출제예상문제에서 반드시 이해할 수 있도록 하였다.
- 본서는 최근 심도있게 거론이 되고 있는 출제예상문제를 빠짐없이 수록하여 타 교재와 차별화가 되도록 구성하였다.
- 산업안전지도사 자격 취득의 결론은 본서의 요점과 예상문제 합격작전으로 합격을 보장할 수 있도록 엮었다.

「일품」 산업안전지도사 2차전공필수 및 3차 면접

총 4과목 중 택1 _1색 B5 [2차 전공필수수험 대비]

- 본서의 요점정리는 간단하고 명료하게 구체적으로 표현을 했다.
- 본문의 요점에서 이해하지 못했다면 출제예상문제에서 반드시 이해할 수 있도록 하였다.
- 산업안전지도사 자격 취득의 결론은 본서의 요점과 예상문제·실전모의시험 합격작전으로 합격을 보장할 수 있도록 엮었다.

산업안전

「일품」 산업안전기사 필기, 산업안전산업기사 필기

2색 컬러 B5_합격요점 포함 [필기수험 대비 01]
- 본서의 요점정리는 간단하고 명료하게 구체적으로 표현을 했다.
- 본서는 최근 심도있게 거론이 되고 있는 출제예상문제를 빠짐없이 수록하여 타 교재와 차별화가 되도록 구성하였다.
- 산업안전기사(산업기사) 자격 취득의 결론은 본서의 요점과 예상문제 합격작전으로 합격을 보장할 수 있도록 엮었다.
- 최근까지 출제된 과년도 출제 문제를 수록하여 수험준비에 만전을 기하였다.

「일품」 산업안전기사필기 과년도, 산업안전산업기사필기 과년도

2색 컬러 B5_계산문제총정리, 미공개문제 포함 [필기수험 대비 02]
- 제1회의 해설에서 이해하지 못했다면 제2, 제3의 문제해설을 통하여 반드시 이해할 수 있도록 하였다.
- 한 문제(1항목)를 이해하여 열 문제(10항목)를 해결할 수 있게 구성하였다.
- 산업안전기사(산업기사) 자격취득의 결론은 본서의 문제와 해설의 합격작전으로 합격을 보장할 수 있도록 엮었다.
- 최근까지 출제된 과년도 출제 문제를 수록하여 수험준비에 만전을 가하였다.

「일품」 산업안전(산업)기사실기필답형, 산업안전(산업)기사실기작업형

2색 컬러 B5_최종정리 포함 [실기수험 대비 01] | _전면컬러 B5 [실기수험 대비 02]
- 본서의 요점정리는 간단하고 명료하게 구체적으로 표현을 했다.
- 본문의 요점에서 이해하지 못했다면 예상문제 합격작전에서 반드시 이해할 수 있도록 하였다.
- 한 문제(1항목)를 이해하면 열 문제(10항목)를 해결할 수 있도록 구성하였다.
- 참고 및 고시 등을 수록하여 단원마다 중요점을 재강조하였다.
- 본서는 최근 심도있게 거론이 되고 출제가 예상되는 모든 문제를 빠짐없이 수록하여 타 교재와 차별화가 되도록 구성하였다.
- 산업안전 자격취득의 결론은 본서의 요점과 예상문제 합격작전이 합격을 보장한다.

기술사

「일품」 기계안전기술사, 건설안전기술사, 화공안전기술사, 전기안전기술사

1색 B5 [기술사 필기수험 대비]
- 본서의 요점정리는 간단하고 명료하게 구체적으로 표현을 했다.
- 본문의 요점에서 이해하지 못했다면 출제예상문제에서 반드시 이해할 수 있도록 하였다.
- 본서는 최근 심도있게 거론이 되고 있는 출제예상문제를 빠짐없이 수록하여 타 교재와 차별화가 되도록 구성하였다.
- 기술사 자격 취득의 결론은 본서의 요점과 예상문제 합격작전으로 합격을 보장할 수 있도록 엮었다.
- 최근까지 출제된 과년도 출제 문제를 수록하여 수험준비에 만전을 기하였다.

기술사 200점

「일품」 기계안전기술사, 건설안전기술사, 화공안전기술사, 전기안전기술사

1색 B5 [기술사 필기수험 대비]
- 본서의 요점정리는 간단하고 명료하게 구체적으로 표현을 했다.
- 본문의 요점에서 이해하지 못했다면 출제예상문제에서 반드시 이해할 수 있도록 하였다.
- 본서는 최근 심도있게 거론이 되고 있는 시사성문제 및 모범답안을 빠짐없이 수록하여 타 교재와 차별화가 되도록 구성하였다.
- 기술사 자격 취득의 결론은 본서의 요점과 예상문제 합격작전으로 합격을 보장할 수 있도록 엮었다.
- 최근까지 출제된 과년도 출제 문제를 수록하여 수험준비에 만전을 기하였다.

안전관리 수험서의 대표기업

도서출판 세화

기사 · 산업기사

「일품」 건설안전분야 수험서

우리나라 국내 각종 안전관리자격증 수험에 대비하려면 이러한 내용들을 학습해야 합니다. 대부분의 내용이 자격증 취득에 많은 도움을 주도록 알찬 내용들로 꾸며져 있습니다. 추천감수 : 대한산업안전협회 기술안전이사 공학박사 이백현

건설안전기사 필기 | 건설안전산업기사 필기 | 건설안전기사필기 과년도 | 건설안전산업기사필기 과년도 | 건설안전(산업)기사 실기 필답형 | 건설안전(산업)기사 실기 작업형

「일품」 산업안전분야 수험서

산업안전기사 필기 | 산업안전산업기사 필기 | 산업안전기사필기 과년도 | 산업안전산업기사필기 과년도 | 산업안전(산업)기사 실기 필답형 | 산업안전(산업)기사 실기 작업형

지도사 · 기술사

「일품」 산업안전지도사 수험서

1차 필기   **2차 전공필수**   **3차 면접**

[Ⅰ]산업안전보건법령 | [Ⅱ]산업안전 일반 | [Ⅲ]기업진단·지도 | 기계안전공학 | 건설안전공학

안전분야 베스트셀러
34년 독보적 판매
최신 기출문제 수록

「일품」 기술사 200(300)점 수험서   「일품」 기술사 수험서

기계안전기술사 300점 | 건설안전기술사 300점 | 화공안전기술사 200점 | 전기안전기술사 200점 | 기계안전기술사 | 건설안전기술사

www.sehwapub.co.kr 에서 주문하세요!!